（第八版）
EIGHTH EDITION

0—12岁儿童社会性发展
——理论与技巧

GUIDING CHILDREN'S SOCIAL DEVELOPMENT AND LEARNING: THEORY AND SKILLS

［美］Marjorie J. Kostelnik，Anne K. Soderman
Alice Phipps Whiren，Michelle Rupiper
Kara Murphy Gregory 著

王晓波 译

中国轻工业出版社

图书在版编目(CIP)数据

0—12岁儿童社会性发展：理论与技巧：第八版／（美）马乔里·J. 科斯特尔尼克等著；王晓波译. —北京：中国轻工业出版社，2018.2（2024.1重印）

ISBN 978-7-5184-1565-6

Ⅰ. ①学…　Ⅱ. ①马… ②王…　Ⅲ. ①学前儿童-儿童心理学-发展心理学-研究　Ⅳ. ①B844.12

中国版本图书馆CIP数据核字（2017）第206915号

版权声明

Guiding Children's Social Development and Learning: Theory and Skills, 8th Edition

Marjorie J. Kostelnik, Anne K. Soderman, Alice Phipps Whiren, Michelle Rupiper, Kara Murphy Gregory

王晓波 译

ISBN: 978-7-5184-1565-6

Cengage Learning Asia Pte. Ltd.

151 Lorong Chuan, #02-08 New Tech Park, Singapore 556741

责任编辑：孙蔚雯　　责任终审：杜文勇

策划编辑：孙蔚雯　　责任校对：刘志颖　　责任监印：吴维斌

出版发行：中国轻工业出版社（北京鲁谷东街5号，邮编：100040）

印　　刷：三河市鑫金马印装有限公司

经　　销：各地新华书店

版　　次：2024年1月第1版第5次印刷

开　　本：889×1194　1/16　印张：31.5　插页：4

字　　数：640千字

书　　号：ISBN 978-7-5184-1565-6　定价：98.00元

读者热线：010-65181109

发行电话：010-85119832　010-85119912

网　　址：http://www.chlip.com.cn　http://www.wqedu.com

电子信箱：1012305542@qq.com

如发现图书残缺请拨打读者热线联系调换

231911Y2C105ZYW

相关标准指南

章	利于发展的实践指导原则	NAEYC 颁布的专业准备标准	NAEYC 颁布的学前和学校评审标准	DEC 推荐的做法
第 1 章：改变儿童的生活	**1C4.** 教师倾听并认可儿童的感受和沮丧，带着尊重以儿童能够理解的方式做出回应，引导儿童化解冲突，并且向儿童示范能够帮助他们自己解决问题的技能。pp.18-21 **2B1.** 教师与每个儿童及其家人建立积极的、私人的关系，以便更好地了解儿童的个体需求、兴趣和能力，及其家人的目标、价值观、期望和育儿的方法。pp.11-15 **2G1.** 教师应当意识到在任何一个集体中，儿童所掌握的技能都是不一样的，因此教师需给他们提供不同的帮助并做出不同的反应；教师还应明白每个儿童的技能水平以及所需的帮助在不同的发展阶段有所不同。pp.9-11 **5F.** 从业人员应当让儿童的家庭经常提供有关儿童的信息，并在为儿童制订方案时让他们也参与其中。pp.11-15	**1a.** 知道并理解每个儿童的特点和需要（0—8）。pp.2-6 **1b.** 使用有关发展的知识帮幼儿构建一个健康的环境。pp.6-8 **2c.** 在幼儿的发展和学习过程中让其家庭和所在的社区参与进来。pp.11-15 **4a.** 意识到与儿童建立积极的关系并在互动时给予他们帮助是与他们相处的基础。pp.11-15 **4d.** 反思自己的做法，从而确保与每个儿童相处都能取得积极成效。pp.15-18 **5c.** 利用自己的知识、适当的早期学习标准以及其他资源来为每个儿童设计、实施和评估对其发展有益又具有挑战性的课程设置。pp.9-11 **6b.** 了解并坚决贯彻道德标准和其他幼儿教育专业人士应遵守的指导原则。pp.21-24	**1.B.01.** 教师通过对儿童表示尊重并构建一个积极的情绪环境来确保儿童的健康情绪，具体的做法包括经常与他们进行交流、一起大笑和表达爱。pp.2-8 **1.B.06.** 教师应鼓励儿童适当地表达情绪，无论是正面的（比如，快乐、高兴、激动）还是负面的（比如，生气、沮丧、悲伤）。pp.11-15 **2.A.10.a.** 课程设置会引导教师将内容、观念和活动结合在一起，培养儿童的社会性发展。pp.9-11 **3.B.05.** 教师通过为儿童提供适合其发展水平的指导帮助每个儿童习得能够被社会接纳的行为。pp.2-8 **6.B.01.** 所有的教师都要通过反思自己当前的工作以及从主管、同事和儿童及其家人那里得到的反馈对自己的业绩进行评估，进而得到改进。pp.15-18 **7.A.08.** 校方人员要经常与儿童的家人进行沟通，更多地了解儿童的兴趣、学习方法及发展需求；同时也了解家长对儿童的关切和目标，要将这些信息与现行的课堂规划结合起来。pp.11-15	**F1.** 从业人员与儿童的家庭通过互动来建立信任和尊重的合作关系，在互动时要充分考虑彼此的文化、语言和政治经济的多样性。pp.11-15 **INT1.** 从业人员通过观察、解释并对儿童的情绪表情做出不同的反应，帮助儿童促进其社交和情绪的发展。pp.2-8
第 2 章：好的开端：与婴幼儿建立关系	**1B.** 与儿童的关系非常重要，儿童通过它才能得以发展和学习。pp.28-31，43-45 **1C1.** 教师帮助儿童增强责任感和自我调节的能力。pp.45-47 **2B2.** 教师不断通过各种渠道收集有关儿童的信息，同时注意监督每个儿童的学习和发展过程，并据此制订方案帮助他们不断进步。pp.31-36 **2E4.** 教师通过经验、材料和互动帮助儿童在游戏时最充分地发挥自己的想象力、语言、与人交往的能力和自我调节能力，同时尽可能地练习他们新学到的技能。pp.39-42 **2J4.** 教师要做好准备，满足每个儿童的特殊需要，包括那些有残障的儿童和那些表现出不同寻常的兴趣和技能的儿童。pp.47-56 **3A1.** 教师考虑儿童在体育、社交、情绪和认知发展方面应当知道、理解和学会做什么，涉及的学科包括语言、阅读、算术、社会研究、科学、艺术、音乐、体育和健康。pp.36-39	**1a.** 知道和理解儿童的特点和需要（0—8）。pp.43-45 **1b.** 使用有关发展的知识为幼儿构建健康的环境。pp.28-29 **1c.** 构建健康、尊重、给予帮助但又具有挑战性的学习环境。pp.45-56 **4a.** 意识到与儿童建立积极的关系并在互动时给予他们帮助是与他们相处的基础。pp.29-36 **4c.** 使用大量的适于儿童发展的教与学的方法。pp.39-42 **5c.** 利用自己的知识、适当的早期学习标准以及其他资源来为每个儿童设计、实施和评估对其发展有益的同时又具有挑战性的课程设置。pp.36-39	**1.B.11.** 教师每天都要频繁地与婴儿进行面对面的互动，这包括言语行为（比如，说话、低语、重复婴儿发出的声音、唱歌）和非言语行为（比如，微笑、抚摩和怀抱）。pp.29-36	**A3.** 从业人员使用适合儿童年龄和发展水平的评估材料，同时也要适应儿童的感官、身体、交流、文化、语言、社交和情绪特点。pp.47-48 **INT2.** 从业人员在日常安排和活动的过程中通过示范、传授、反馈或其他类型的引导和帮助，鼓励儿童与其他儿童或成人建立并保持积极的互动，从而提升他们的社会性发展。pp.43-45 **INT3.** 从业人员通过以下方式来促进儿童交流能力的发展：给予儿童观察、解释和回应；为儿童的言语交流和非言语交流提供自然的结果；用语言定义儿童的请求、需要、喜好或兴趣，并加以扩展。pp.39-42

章	利于发展的实践指导原则	NAEYC 颁布的专业准备标准	NAEYC 颁布的学前和学校评审标准	DEC 推荐的做法
第 3 章： 通过非言语沟通与儿童建立积极的关系	**2B1.** 教师与每个儿童及其家人建立积极的、私人的关系，以便更好地了解儿童的个体需求、兴趣和能力，及其家人的目标、价值观、期望和育儿的方法。pp.74-78 **2B2.** 教师不断通过各种渠道收集有关儿童的信息，同时注意监督每个儿童的学习和发展过程，并据此制订方案帮助他们不断进步。pp.60-74 **2F.** 教师具备大量的自己可以使用的技能和策略，同时他们清楚什么时候以怎样的方式使用它们能够最有效地提高每个儿童目前的学习能力并促进其发展。pp.78-81	**1b.** 使用有关发展的知识为幼儿构建健康的环境。pp.60-74 **2c.** 在幼儿的发展和学习过程中让其家庭和所在的社区参与进来。pp.74-77 **4a.** 意识到与儿童建立积极的关系并在互动时给予他们帮助是与他们相处的基础。pp.77-78 **5c.** 利用自己的知识、适当的早期学习标准以及其他资源来为每个儿童设计、实施和评估对其发展有益的同时又具有挑战性的课程设置。pp.78-81	**1.B.11.** 教师每天都要频繁地与婴儿进行面对面的互动，这包括言语行为（比如，说话、低语、重复婴儿发出的声音、唱歌）和非言语行为（比如，微笑、抚摩和怀抱）。pp.60-74，78-81 **2.D.03.** 儿童有各种机会来发展其言语和非言语交流的能力。pp.61-74，78-81 **3.B.03.** 教学人员分别与每个儿童发展关系，为他们提供关照，包括：回应、倾听、始终如一、安慰和支持，同时也要考虑到他们的文化敏感性。pp.74-78 **3.B.09.** 看护人员要为婴儿营造一个受到尊重的环境，不仅要留意观察他们的非言语暗示，还要注意倾听和做出反应。pp.60-74，78-81 **3.E.07.** 看护人员要通过对婴儿的非言语暗示进行识别并做出回应，主动试着理解他们的需求和愿望。pp.60-74，78-81	**INT3.** 从业人员通过以下方式来促进儿童交流能力的发展：给予儿童观察、解释和回应；为儿童的言语交流和非言语交流提供自然的结果；用语言定义儿童的请求、需要、喜好或兴趣，并加以扩展。pp.60-74，78-81
第 4 章： 通过言语交流培养儿童积极的自我意识	**2B2.** 教师不断通过各种渠道收集有关儿童的信息，同时注意监督每个儿童的学习和发展过程，并据此制订方案帮助他们不断进步。pp.102-116 **2F.** 教师具备大量的自己可以使用的技能和策略，同时他们清楚什么时候以怎样的方式使用它们能够最有效地提高每个儿童目前的学习能力并促进其发展。pp.92-102	**1b.** 使用有关发展的知识为幼儿构建健康的环境。pp.92-101 **3d.** 与儿童的家庭和专业方面的同事建立评估时的伙伴关系，从而为儿童提供最有效的学习环境。pp.102-116 **4c.** 使用大量的适于儿童发展的教与学的方法。pp.92-101 **5c.** 利用自己的知识、适当的早期学习标准以及其他资源来为每个儿童设计、实施和评估对其发展有益的同时又具有挑战性的课程设置。pp.92-102	**1.D.01.** 教学人员要去除可能的偏见和歧视，给予每个儿童同样的尊重和照顾；为他们组织能够树立积极的自我认知的活动和讨论，并教育他们尊重彼此的差异；当儿童嘲讽或拒绝他人时，要予以干预；要抵制在种族、性别、能力、地理环境和年龄方面带有成见的限制，对不同能力、种族和文化背景的儿童都要一视同仁并在这方面为儿童树立榜样；也要注意避免在语言使用上的刻板。pp.92-101 **2.D.03.** 儿童有各种机会来发展其言语和非言语交流的能力，包括对问题做出回应；表达需求、想法和经历；叙述发生的事件等。pp.101-116 **2.L.01.** 要为儿童提供各种学习机会，培养他们逐渐形成对自己和他人的积极认知。pp.92-101 **3.D.02.** 教学人员在平时对儿童的看护过程中注意培养他们的自我意识、语言能力和社会交往能力。pp.92-101 **3.F.05.** 教学人员应在任何可能的情况下帮助儿童保持和发展自己的母语。pp.114-116	**INS11.** 从业人员要为那些学习双语的儿童给予学习上的帮助，使他们能够在学习英语的同时继续发展他们母语所需的使用技能。pp.114-116 **INT3.** 从业人员通过以下方式来促进儿童交流能力的发展：给予儿童观察、解释和回应；为儿童的言语交流和非言语交流提供自然的结果；用语言定义儿童的请求、需要、喜好或兴趣，并加以扩展。pp.101-116 **INT5.** 从业人员在儿童发展自主性和自我调节能力的过程中要通过观察、解释和衔接对他们做出回应，帮助他们提升解决问题的能力。pp.92-101

章	利于发展的实践指导原则	NAEYC 颁布的专业准备标准	NAEYC 颁布的学前和学校评审标准	DEC 推荐的做法
第 5 章：支持儿童的情绪发展	**1C4.** 教师倾听并认可儿童的感受和沮丧，带着尊重以儿童能够理解的方式做出回应，引导儿童化解冲突，并且向儿童示范能够帮助他们学会自己解决问题的技能。pp.141-144 **2B1.** 教师与每个儿童及其家人建立积极的、私人的关系，以便更好地了解儿童的个体需求、兴趣和能力，及其家人的目标、价值观、期望和育儿的方法。pp.139-141 **3A.** 应当明确并且能够清楚地阐述在幼儿学习和发展方面所期望的重要目标。pp.127-139	**1a.** 知道并理解每个儿童的特点和需要（0—8）。pp.127-139 **1b.** 使用有关发展的知识为幼儿构建健康的环境。pp.141-144 **4a.** 意识到与儿童建立积极的关系并在互动时给予他们帮助是与他们相处的基础。pp.139-141 **4c.** 使用大量的适于发展的教与学的方法。pp.144-147	**1.B.01** 教师通过对儿童表示尊重并构建一个积极的情绪环境来确保儿童的健康情绪，具体的做法包括经常与他们进行交流、一起大笑和表达爱。pp.129-147 **1.B.05.** 教师应当成为儿童安全的依靠，他们应当以适于儿童发展的方式对儿童取得的进步立即做出反应；对儿童的负面情绪、受伤害的感觉和恐惧感给予安慰、体贴的关怀和帮助。pp.129-147 **1.B.06.** 教师应鼓励儿童适当地表达情绪，无论是正面的（比如，快乐、高兴、激动）还是负面的（比如，生气、沮丧、悲伤）。pp.144-147 **1.D.04.** 教师帮助儿童说出自己和他人的情绪，并为他们创造机会使他们可以用更多不同的方式来表达自己的感受。pp.144-147 **2.B.02.** 儿童应当有各种机会来识别和说出自己及他人的感受。pp.130-139 **2.B.03.** 儿童应当有各种机会学习管控自己的情绪、行为和注意力所需的技能。pp.139-144	**INT1.** 从业人员通过观察、解释并对儿童的情绪表情做出不同的反应，帮助儿童提升其社交和情绪的发展。pp.129-147
第 6 章：培养儿童的韧性	**2B3.** 教师要对每个儿童生活中遇到的过度压力和创伤性事件保持警觉，并采取措施帮他们减轻压力，增强适应能力。pp.161-181	**1a.** 知道并理解每个儿童的特点和需要（0—8）。pp.159-161 **2a.** 利用家庭和社区的多样性特点。pp.159-161 **2c.** 在幼儿的发展和学习过程中让其家庭和所在的社区参与进来。pp.181-182 **3d.** 与儿童的家庭和专业方面的同事建立评估时的伙伴关系，从而为儿童提供最有效的学习环境。pp.161-181 **4c.** 使用大量的适于发展的教与学的方法。pp.161-181 **5c.** 利用自己的知识、适当的早期学习标准以及其他资源来为每个儿童设计、实施和评估对其发展有益的同时又具有挑战性的课程设置。pp.161-181 **6d.** 将有关幼儿教育的知识、反思以及批评的观点综合起来思考。pp.161-181	**10.D.01.** 校方应当有书面规定，不仅要保障儿童和成人的健康和安全，还要促进儿童的身心得到更好的发展。pp.161-181	**INS1.** 从业人员要与儿童的家人一道，发现每个儿童的长处、喜好和兴趣，从而使他们能在学习时具有主动性。pp.181-182 **INS2.** 从业人员要与儿童的家人一道，发现需要引导儿童掌握的技能，从而使他们能够变得更具韧性、更有能力并能参与更多的社会交往；同时激励他们能在自然、包容的环境中学习。pp.173-181

章	利于发展的实践指导原则	NAEYC 颁布的专业准备标准	NAEYC 颁布的学前和学校评审标准	DEC 推荐的做法
第 7 章： 将社会性发展融入游戏中	**1E2.** 教师要培养儿童对学习的喜爱和投入。pp.191-196 **2E4.** 教师通过经验、材料和互动帮助儿童在游戏时最充分地发挥自己的想象力、语言、与人交往的能力和自我调节能力，同时尽可能地练习他们新学到的技能。pp.196-216 **2F5.** 增强儿童作为学习者的能力感、自信心、坚定的毅力和甘愿冒一定风险的决心。教师应当为儿童在怎样取得成功和面对挑战方面提供大量的经验。pp.196-216	**1b.** 使用有关发展的知识为幼儿构建健康的环境。pp.191-196 **4c.** 使用大量的适于儿童发展的教与学的方法。pp.191-196 **5c.** 利用自己的知识、适当的早期学习标准以及其他资源来为每个儿童设计、实施和评估对其发展有益的同时又具有挑战性的课程设置。pp.196-216	**1.C.02.** 教学人员帮助儿童发展友谊，并为他们在一起玩和互相学习提供机会。pp.191-216 **1.C.03.** 教学人员要在儿童练习社交技能和建立友谊时给予他们帮助，比如，怎样加入一个游戏；怎样让游戏持续下去；怎样增加游戏的内容。pp.191-216	**INS.7.** 从业人员通过使用清晰的反馈和结果来帮助儿童积极参与游戏并提高他们的游戏技能。pp.191-216 **INT4.** 从业人员通过有意识地观察和解释儿童的探索、游戏和社交活动，并做出积极回应来促进儿童认知能力的发展；从业人员也可以参与儿童的活动，帮助儿童在注意力、行为和意图方面得到提升。pp.191-216
第 8 章： 帮助儿童发展与同伴的关系和友谊	**1B.** 与儿童的关系非常重要，儿童通过它才能得以发展和学习。pp.230-233，246-252 **2E.** 教师策划环境、日程以及每天的活动促进每个儿童的学习和发展。pp.245-246	**1a.** 知道并理解每个儿童的特点和需要（0—8）。pp.230-233，245-252 **4a.** 意识到与儿童建立积极的关系并在互动时给予他们帮助是与他们相处的基础。pp.233-244 **5c.** 利用自己的知识、适当的早期学习标准以及其他资源来为每个儿童设计、实施和评估对其发展有益的同时又具有挑战性的课程设置。pp.245-246	**1.C.02.** 教学人员帮助儿童发展友谊，并为他们在一起玩和互相学习提供机会。pp.237-245 **1.C.03.** 教学人员要在儿童练习社交技能和建立友谊时给予他们帮助，比如，怎样加入一个游戏；怎样让游戏持续下去；怎样增加游戏的内容。pp.237-245 **2.B.05.** 儿童有各种机会发展进入社交群体的技能、与他人建立友谊的技能、学着帮助别人的技能以及其他亲社会行为的技能。pp.230-233，237-245 **2.L.06.** 儿童有各种机会参与有关公平、友谊、责任、权威和差异的讨论。pp.233-237，245-252	**INS8.** 从业人员采用同伴间互相调解的干预方法给儿童传授相关的技能，并且加强他们的参与意识和学习效果。pp.233-237，245-252
第 9 章： 布置促进儿童社会性发展的物质环境	**1E3.** 教师要确保儿童所处的场所组织有序，日程安排得有条理，从而为儿童的学习和发展营造一个安稳的环境。pp.279-283 **2E.** 教师策划环境、日程及每天的活动，促进每个儿童的学习和发展。pp.263-279 **2E2.** 教师为儿童提供机会，让他们自己做出有意义的选择，尤其是在自选活动时间。pp.272-279	**5c.** 利用自己的知识、适当的早期学习标准以及其他资源来为每个儿童设计、实施和评估对其发展有益的同时又具有挑战性的课程设置。pp.263-283	**3.A.04.** 教师要在所有场合和有利于儿童发展的区域合理布置空间和选用物品，激发他们进行探索、实验、发现和认知的习得。pp.263-279 **3.D.10.** 教师每天都应在时间和空间方面做出合理安排，使儿童可以单独、结伴、组成小组或者集体学习和玩。pp.279-283 **9.A.12.** 室内空间的设计和安排既要适合儿童单独活动或小组活动，也要考虑他们可以集体活动；把空间划分成不同的区域，不同的区域准备和布置不同的物品，便于儿童游戏和学习；要安排半私人的区域，可供儿童在那里单独或只与另一个同伴一起玩或学习；要考虑残疾儿童的实际状况，确保他们也能够参加所有的室内课程和活动。pp.268-279 **9.A.16.** 在设计室外的活动场所时，准备的设备一定要符合儿童的年龄和发展程度，所处的位置要界限分明，并备有半私人区域，可供儿童在那里单独或只与另一个同伴一起玩；活动场所应非常适合儿童运动，包括跑、爬、练习平衡、骑车、跳、攀高、快走和荡秋千；可以考虑安排的活动包括：戏剧表演、搭积木、操控游戏、艺术活动以及各种探索大自然的活动，比如，各种天然或人造的表面、长有无毒植物、灌木和树木的环境。校方还要考虑到残疾儿童的实际状况，为他们提供适合的场地，确保他们也能够参加室外课程和活动。pp.266-268	**INS4.** 从业人员要根据儿童的需要设计并提供相应的帮助和关照，使儿童能够在活动和日程安排过程中及过渡期间获得最充分的参与和学习。pp.263-283 **INS5.** 从业人员要在日常安排、活动和不同的场合下将相关的指导提供给儿童，使他们可以在各种情境中都获得学习的机会。pp.263-283

章	利于发展的实践指导原则	NAEYC 颁布的专业准备标准	NAEYC 颁布的学前和学校评审标准	DEC 推荐的做法
第 10 章： 培养儿童的自我调节能力：交流期望和规则	**1C4.** 教师倾听并认可儿童的感受和沮丧，带着尊重以儿童能够理解的方式做出回应，引导儿童化解冲突，并且向儿童示范能够帮助他们学会自己解决问题的技能。pp.294-298 **1C5.** 教师自己在与其他成人（同事、儿童的家人）和儿童互动时要表现出高度的责任感和自我调节能力。pp.302-320 **2E4.** 教师通过经验、材料和互动帮助儿童在游戏时最充分地发挥自己的想象力、语言、与人交往的能力和自我调节能力，同时尽可能地练习他们新学到的技能。pp.302-320	**1c.** 构建健康、尊重、给予帮助但又具有挑战性的学习环境。pp.294-298 **4c.** 使用大量的适于发展的教与学方法。pp.298-302 **5c.** 利用自己的知识、适当的早期学习标准以及其他资源来为每个儿童设计、实施和评估对其发展有益的同时又具有挑战性的课程设置。pp.302-320	**1.F.01.** 教师要主动向儿童传授有关社交、交流和情绪调节方面的技能。pp.298-305 **1.F.02.** 教师应通过这些方法来帮助儿童管控自己的行为：引导和帮助儿童在遇到挫折时学会坚持；与其他儿童在一起玩的时候能够互相配合；通过语言来表达自己的需要；学会轮流；控制住自己想动手的冲动；使用不会伤及他人和自己的方法表达负面情绪；掌握解决问题的技能以及学着更多地认识自己和他人。pp.305-320	**INT5.** 从业人员在儿童发展自主性和自我调节能力的过程中要通过观察、解释和衔接对他们做出回应，帮助他们提升解决问题的能力。pp.305-320
第 11 章： 培养儿童的自我调节能力：结果的意义	**1C4.** 教师倾听并认可儿童的感受和沮丧，带着尊重以儿童能够理解的方式做出回应，引导儿童化解冲突，并且向儿童示范能够帮助他们学会自己解决问题的技能。pp.332-352	**1c.** 构建健康、尊重、给予帮助但又具有挑战性的学习环境。pp.332-352 **5c.** 利用自己的知识、适当的早期学习标准以及其他资源来为每个儿童设计、实施和评估对其发展有益的同时又具有挑战性的课程设置。pp.332-352	**1.F.01.** 教师要主动向儿童传授有关社交、交流和情绪调节方面的技能。pp.346-352 **1.F.02.** 教师应通过这些方法来帮助儿童管控自己的行为：引导和帮助儿童在遇到挫折时学会坚持；与其他儿童在一起玩的时候能够互相配合；通过语言来表达自己的需要；学会轮流；控制住自己想动手的冲动；使用不会伤及他人和自己的方法表达负面情绪；掌握解决问题的技能以及学着更多地认识自己和他人。pp.334-346	**INS.7.** 从业人员通过使用清晰的反馈和结果来帮助儿童积极参与游戏并提高他们的游戏技能。pp.334-346
第 12 章： 应对儿童带有攻击性的行为	**1C2.** 教师在任何时候都要对所有儿童负责，包括监督、管理、设定期望、干预以及纠正其不利于学习的行为或在社区中表现出的无礼行为；同时要向儿童传授亲社会行为。pp.379-388 **1C4.** 教师倾听并认可儿童的感受和沮丧，带着尊重以儿童能够理解的方式做出回应，引导儿童化解冲突，并且向儿童示范能够帮助他们学会自己解决问题的技能。pp.371-379	**1a.** 知道并理解每个儿童的特点和需要（0—8）。pp.365-370 **4a.** 意识到与儿童建立积极的关系并在互动时给予他们帮助是与他们相处的基础。pp.371-379 **5c.** 利用自己的知识、适当的早期学习标准以及其他资源来为每个儿童设计、实施和评估对其发展有益的同时又具有挑战性的课程设置。pp.379-388	**1.C.05.** 教师要引导那些欺凌、孤立或伤害其他孩子的儿童学会并遵守班级规则。pp.384-388 **1.E.04.** 教师要对儿童包括肢体攻击在内的具有挑战性的行为做出反应，以确保儿童本人及教室里其他孩子的安全，但对待他们仍要保持镇静和尊重，同时告诉他们怎样的行为是可被接纳的。pp.371-384	**INT5.** 从业人员在儿童发展自主性和自我调节能力的过程中要通过观察、解释和衔接对他们做出回应，帮助他们提升解决问题的能力。pp.371-384
第 13 章： 促进儿童的亲社会行为的发展	**1C2.** 教师在任何时候都要对所有儿童负责，包括监督、管理、设定期望、干预以及纠正其不利于学习的行为或在社区中表现出的无礼行为；同时要向儿童传授亲社会行为。pp.404-411 **1C4.** 教师倾听并认可儿童的感受和沮丧，带着尊重以儿童能够理解的方式做出回应，引导儿童化解冲突，并且向儿童示范能够帮助他们学会自己解决问题的技能。pp.404-411	**1a.** 知道并理解每个儿童的特点和需要（0—8）。pp.400-404 **1b.** 使用有关发展的知识帮幼儿构建健康的环境。pp.404-411 **4a.** 意识到与儿童建立积极的关系并在互动时给予他们帮助是与他们相处的基础。pp.404-411 **5c.** 利用自己的知识、适当的早期学习标准以及其他资源来为每个儿童设计、实施和评估对其发展有益的同时又具有挑战性的课程设置。pp.404-411	**1.F.01.** 教师要主动向儿童传授有关社交、交流和情绪调节方面的技能。pp.400-411 **1.F.02.** 教师应通过这些方法来帮助儿童管控自己的行为：引导和帮助儿童在遇到挫折时学会坚持；与其他儿童在一起玩的时候能够互相配合；通过语言来表达自己的需要；学会轮流；控制住自己想动手的冲动；使用不会伤及他人和自己的方法表达负面情绪；掌握解决问题的技能以及学着更多地认识自己和他人。pp.400-411	**INT5.** 从业人员在儿童发展自主性和自我调节能力的过程中要通过观察、解释和衔接对他们做出回应，帮助他们提升解决问题的能力。pp.404-411

章	利于发展的实践指导原则	NAEYC 颁布的专业准备标准	NAEYC 颁布的学前和学校评审标准	DEC 推荐的做法
第 14 章： 培养儿童对性和多样性的正确态度	**1C2.** 教师在任何时刻都要对所有儿童负责，包括监督、管理、设定期望、干预以及纠正其不利于学习的行为或在社区中表现出的无礼行为；同时要向儿童传授亲社会行为。pp.424-428 **2B1.** 教师与每个儿童及其家人建立积极的、私人的关系，以便更好地了解儿童的个体需求、兴趣和能力，及其家人的目标、价值观、期望和育儿的方法。pp.428-433 **2J1.** 教师应当充分考虑儿童个体在发展、技能、能力、过往的经历、需求和兴趣方面的差异，然后结合自己的经验、使用的材料和设备以及教学方法，为他们提供相应的帮助。pp.444-448 **2J3.** 教师应当让班里所有的儿童都参与组织的活动，同时鼓励他们在与同伴互动时要在行为上表现出包容性。pp.433-444 **4I.** 如果在评估过程中发现有儿童在学习和发展方面有特殊的需要，就应当进一步观察、测评，并在必要时向其推荐其他专业机构寻求帮助。pp.433-444 **5F.** 从业人员应当让儿童的家庭经常提供有关儿童的信息，并在为儿童制订方案时让他们也参与其中。pp.428-433	**1a.** 知道并理解每个儿童的特点和需要（0—8）。pp.424-428 **2c.** 在幼儿的发展和学习过程中让其家庭和所在的社区参与进来。pp.428-433 **3d.** 与儿童的家庭和专业方面的同事建立评估时的伙伴关系，从而为儿童提供最有效的学习环境。pp.433-444 **4a.** 意识到与儿童建立积极的关系并在互动时给予他们帮助是与他们相处的基础。pp.444-448 **5c.** 利用自己的知识、适当的早期学习标准以及其他资源来为每个儿童设计、实施和评估对其发展有益的同时又具有挑战性的课程设置。pp.444-448	**1.B.07.** 教师应当基于儿童的个体需要评价或者改变自己的反应；同时教师要对儿童在能力、气质、活动程度以及认知和社会性发展状况方面的差异保持敏感，需要针对不同的情况采取不同的互动方式，并做出不同的回应。pp.444-448 **2.L.03.** 要为儿童提供各种机会和材料帮助他们对文化、家庭结构、能力、语言、年龄和性别的多样性形成不带成见的理解。pp.428-433 **3.A.01** 对于个体化的教育方案、个体化的家庭服务方案以及其他类似的个体方案，教师和校方人员要组成一个团队，安排并完成每天的教与学的内容。pp.433-444 **3.B.04.** 教师如果在教学方法、课程设置以及所使用的材料中发现有对性别、性取向、年龄、语言、能力、种族、宗教、家庭结构、背景或文化表现出歧视的地方，要主动指出并予以抵制。pp.424-428	**E1.** 从业人员在每天的日常安排和活动时通过自然、包容的环境给予儿童帮助，促使他们积极参与学习的体验。pp.433-444 **INS4.** 从业人员要根据儿童的需要设计并提供相应的帮助和关照，使儿童能够在活动和日程安排过程中及过渡期间获得最充分的参与和学习。pp.433-444 **INS.7.** 从业人员通过使用清晰的反馈和结果来帮助儿童积极参与游戏并提高他们的游戏技能。pp.444-448 **INT2.** 从业人员在日常安排和活动的过程中通过示范、传授、反馈或其他类型的引导和帮助，鼓励儿童与其他孩子或成人建立并保持积极的互动，从而提升他们的社会性发展。pp.444-448
第 15 章： 做出道德判断和决定	**2B1.** 教师与每个儿童及其家人建立积极的、私人的关系，以便更好地了解儿童的个体需求、兴趣和能力，及其家人的目标、价值观、期望和育儿的方法。pp.470-474	**6b.** 了解并坚决贯彻道德标准和其他幼儿教育专业人士应遵守的指导原则。pp.460-467 **6c.** 始终坚持与同事共同学习最佳的教学方法，并且作为专业人员，应当与同事对儿童有效地使用先进的技术。pp.467-470 **6d.** 将有关幼儿教育的知识、反思以及批评的观点综合起来思考。pp.470-474 **6e.** 密切关注有关儿童以及儿童早期职业教育的最新发展。pp.473-483	**6.A.02.** 所有的教学人员作为幼儿教育的专业工作者都应在其工作中了解并践行道德原则。pp.460-483	**L2.** 机构负责人要鼓励工作人员遵守和执行 DEC 制订的职业道德规范、岗位责任和相关文件及其推荐的做法。pp.460-483

译者序

本书是由一些在儿童教育工作方面具有丰富经验的专业人士、研究人员和传授过这门课程的教师共同创作完成的。他们不仅在教育学、心理学和社会学方面具备深厚的理论知识，同时拥有和各发展阶段的儿童工作的经验，因此他们非常了解儿童在不同时期在社会性发展方面的认知和行为及其背后的成因。可以说，这本书涉及儿童社会性发展进程中的方方面面，是一本非常翔实、实用的教科书。第八版更是在原有基础上更新了许多数据、信息和事例，并引入了相关方面大量的最新研究成果，从而使之完全能够跟上时代发展的步伐，也能满足当今社会的实际需要。

在现实生活中，我们经常会遇到这样两种职业人员：一种人员具有深厚的理论知识，在教育学、心理学等相关学科方面有很扎实的功底，可是当他们面对孩子或学生时显得力不从心，在遇到问题或挑战时更是束手无策。由于不知道怎样将自己所学的知识恰当地运用到工作中，他们甚至会对所学的东西产生怀疑。另一种人员一方面对自己从事的工作充满热情，也非常爱所教的儿童或学生；另一方面由于缺乏必要的科学指导，他们只能按自己的认知去应对工作中出现的各种情况。如果自己采用的方法没能奏效，他们不仅会非常不理解，而且会产生一种挫败感，严重时甚至可能会因此放弃自己本来喜爱的工作。应该说这两种职业人员从本质上讲都具备成为合格的教育工作者的基本素质（相关的知识和对事业的热爱），但因为他们在工作中缺乏建立在科学理论基础上的技能和方法，就出现了即使努力工作也没有取得积极效果的结果。这对他们本人和受教的对象来说都是一件非常遗憾的事情。本书的作者们正是在经历和目睹了太多类似的情形后，决定撰写这样一本既包含科学解释又具有操作性的工具书的。上述两类职业人员如果能认真阅读本书，并将书中提供的技能在自己的工作中充分实践，一定会获益匪浅。

对于中国的儿童和青少年教育工作者来说，此书同样能够提供很大的帮助。儿童的社会性发展在我国是一个尚未被充分认识和深入探索的领域。众所周知，中国的家长都极其看重孩子的学习能力，一句“不能让孩子输在起跑线上”的口号让许多父母在孩子尚未出生就开始对他们进行胎教。孩子出生之后，家长们更是通过亲子班、学前班、兴趣班、课外辅导班等方式让孩子学习和掌握尽可能多的知识和技能。但与此同时，对孩子的心理素质和社会能力没有引起足够的重视，他们或许认为这些在孩子的成长过程中自然而然就能提升，或许觉得它们相较于分数和成绩来说并不那么重要。由于家长对孩子的成长存在这样的认知，导致许多幼儿园和学校为了迎合和满足家长的期望，也将教育的重点放在了知识的传授和灌输方面，而忽视了儿童的综合素质，特别是社会能力。但事实上，儿童的社会能力的发展在其成长过程中占据着非常重要的地位，对其今后的身心健康、工作和事业发展、与他人建立并保持积极关系、爱情和家庭乃至整个人生都会产生非常重大的影响。如果长时间忽视孩子的社会能力发展，很可能造成他们一方面成绩优异，另一方面心智并不健全的局面，甚至使他们变得非常自私、孤独、冷漠、暴躁、畏惧、焦虑、缺少同情心、无法承受压力和失败、不具备与他人沟通和合作的能力。这样的孩子长大成人后很有可能成为我们今天所说的“巨婴”，因为他们没有独立应对生活的能力。不过，这种现象现在已经引起了儿童家长、教育工作者乃至整个社会的关注，素质教育和对社会能力的培养也开始被列入了幼儿园和学校教育的范畴。但由于我们在这方面起步较晚，因此许多专业工作人员虽然意识到了其对孩子的成长不可或缺的重要性和现实意义，却缺乏系统的理论指导，在实践中更是不得要领，备感困惑。在这种情形下，本书的翻译和出版显然是非常及时和必要的。本书在叙述相关理论时，语言浅显易懂，而列举的事例也都带有普遍性，因此非常适合专业人员边学边用，达到学用结合的效果。此外，它对孩子的父母或其他看护人员也很有帮助，因为它有助于他们更好地理解孩子身上表现出的情绪和行为，并适时做出恰当的反应，从而对孩子的健康成长起到促进作用。

由于本人没有直接从事幼儿教育，因此在翻译一些术语和相关词汇时可能不够专业和准确，在这方面希望能够得到专业人员的理解和谅解。

最后衷心希望本书能对广大幼儿教育工作者和儿童家长在促进孩子的社会性发展方面有所帮助。

王晓波

2017 年 3 月

序 言

我们现在生活在一个快节奏的社会里，鼠标一点，就可以认识数百个“朋友”；通过发信息和使用其他社交媒体，就能及时了解世界各地不同人的生活。很显然，技术已经对人们的社交方式带来了革命性的改变。但是，在内心深处，人们仍然需要与他人建立亲密关系来真正获得满足。而且，人们要想在生活中最终获得成功，娴熟的社交技能仍然是必不可少的。因此，如果你的工作需要与年幼的儿童在一起，而且你也希望自己有非常专业的表现，那么具备充分的社交技能就是极其重要的了。

孩子们每天都会在社区活动中和学校里与许多儿童和成人接触，在此过程中，他们会学到有关自己及他人在社交和情感方面的许多极具价值的东西。因此，当你与他们在一起时，你所说和所做的一切都会对他们产生重大的影响，而且你永远无法准确地知道这些会对他们的未来起到正面还是负面的作用。虽然你看起来是在给他们上课，但实际上在儿童成长、家庭生活、社会学习以及更清楚地认识你自己等方面，你从孩子们身上也能学到许多。而本书将有助于你最充分地利用上述学习机会。

教师和专业人士在给予儿童情感帮助和引导方面起着极为重要的作用，这其中包括：帮助儿童树立对自己正面的认知，提升他们与他人有效交往的能力，以及向他们传授被社会所接纳的社交行为规范等。如果希望他们在这些方面的学习过程更为顺畅，教师和专业人士首先必须让儿童认同自己能够带给他们安慰、鼓励和行为方面的引导。而成人如何做到这一点又取决于他们对儿童成长过程的了解程度、他们与儿童建立良好关系的能力和他们对行为管控的驾驭水平。这就需要成人在儿童成长和行为方面具备广泛综合的理论知识和实践能力，从而能够应对儿童在学习和发展社会能力时出现的各类情况。

在很多时候，我们都发现教师在与学生沟通时完全凭直觉行事，他们靠感觉或通过一些小把戏来引导学生实现一些短期目标，比如让一个孩子不要再打断别人的讲话。他们缺乏系统的方法和策略来帮助孩子们实现长远的目标，比如教会孩子做到延迟满足。还有一些成人，他们虽然具备很多有关建立人际交往和行为管理方面的知识，但他们不知道如何将这些知识转换成系统连贯、切实可行的操作方案。最令我们感到痛心的是，有一些成人由于缺乏专业培训，竟误将孩子们在社交过程中表现出的一些正常行为视为不当的，甚至是怀有恶意的。而且他们对自己的行为给孩子造成的影响也缺乏认识。当孩子的表现与成年人的期望不符时，后者通常都是指责而非引导，并且认为这么做是对的。本书的写作目的就是试图解决上述问题。我们希望能够帮助专业人士减少随意的做法和遇到的困扰，同时也为孩子们营造一个更好的学习社交之道的环境。为此，我们首先要在有关儿童和成人行为研究方面为学习者打下坚实的基础，之后我们会把这些研究理论转化为行之有效的实用技巧，让学习者能够在现实生活中应用它们，从而切实促进儿童的社会性发展。

新版增添的内容

本书的内容有很多更新，每一章的重大改变体现在以下方面：

- 更新了多达1/3的参考文献，使用了2006—2014年的新的研究成果。
- 本版本强调了美国幼儿教育协会（National Association for the Education of Young Children, NAEYC）所制订的标准，每一章都特别列出了它所涉及的具体标准。
- 书的封二和封三还列出了美国幼儿教育协会标准的详细指南。
- 每一章都有几个“要点”专栏，旨在对一些材料或事例进行简要的归纳总结，起到进一步强调的作用。
- 附录一提供了四个案例，案例中的孩子对成人来讲都具有挑战性。每章结尾处也都有案例分析，让读者利用在本章学到的知识应对相关的案例。

- 每章的最后有一个“检查你的做法”表，学生可以用它来监督和检查自己在与儿童互动时使用与本章相关技能的状况。
- 附录二提供了一个专业技能调查表，它是一个综合性的、可以用作检查学生在教室实际表现的工具，以此来测评和考核学生的成绩。

本版的显著特点

- 在第 1 章中引入了社会支持金字塔这一概念，它叙述了指导儿童社会行为的四个阶段。这个金字塔在之后的每一章都会出现，强调该章所呈现的技能在这个金字塔中处于哪个社会支持和干预阶段。
- 利用各领域的研究和实践，将理论与实践结合起来，使读者易于理解研究成果并将其应用于课堂的教学活动。
- 为学生的学习提出了明确的目标。
- 为所列举的技能和方法提供了最新的、以研究为基础的理论依据。
- 为重点的地方提供了许多真实的事例。
- 为怎样实施每章所涉及的相关技能提供了一步步的指导。
- 指出了学习每项技能时可能会犯的错误以及规避方法。
- 讨论了社会能力与学业优异间的密切关系。
- 每章都提到了有特殊需要的孩子，包括具体事例以及关于适应其特殊需要的指导原则。
- 为怎样有效地与具有挑战性的孩子相处提供了许多生动的案例。
- 提供了一些孩子的作品，真实反映了“孩子的声音”。

致学习者

本书将给予学习者在专业实践中指导儿童社会性发展所需的基础知识和技能。我们希望它们能够唤起你对从事这一领域工作的热情和与儿童及其家庭相处的信心。虽然你在本书中阅读到的内容并不能囊括你需要掌握的全部，但它可以为你奠定一个坚实的基础，帮助你形成自己的职业风格。你只需通过这一门课程就能学到或许要花许多年才能体会到的知识和策略。

最后，本书由一些具有丰富的儿童教育工作经验的专业人士、参与过相关研究的研究人员和传授过这门课程的教师共同创作完成。因此，我们非常清楚学习者在学习儿童发展方法时会遇到的关键问题，并将重点放在这些问题上。我们也能预料到你可能会提出的一些问题和在使用本书时碰到的困难，所以，我们也有意地在相关部分对它们进行了讨论。

使用提示

1. 认真阅读每一章，而且应当阅读不止一遍。第一次阅读时，先对其大致内容有一定的了解；第二遍阅读时，重点关注内容的发展脉络。留意那些与成人行为有关的重要概念，并且聚焦与每项技能有关的操作程序。
2. 在书的空白处做一些笔记，并在你希望记住的重点地方画线。
3. 不要一味地记忆那些术语，重要的是从儿童的实际行为中识别出你正在学习的理论，以及思考你应当怎样将你学到的知识应用在你与儿童的互动过程中。
4. 提出问题。与你的同学和老师分享你在使用教材时的经历，并且积极参与班级讨论和角色扮演练习。
5. 把你所学的应用在儿童身上。无论你目前是正在实习、做志愿者还是受聘于某个教学机构，都要充分利用这一机会。不要仅仅因为这些内容是你刚学到的而且你不能确信其效果就犹豫不决。即使不成功或者出现失误也不要放弃，但要记下需要改进的地方。聚焦自己取得的进步和技能的增强，而非那些尚不完美之处。

目 录

第5章 支持儿童的情绪发展 / 121

第6章 培养儿童的韧性 / 151

第7章 将社会性发展融入游戏中 / 181

第8章 帮助儿童发展与同伴的关系和友谊 / 217

第9章 布置促进儿童社会性发展的物质环境 / 249

第10章 培养儿童的自我调节能力：交流期望和规则 / 277

第11章 培养儿童的自我调节能力：结果的意义 / 313

第12章 应对儿童带有攻击性的行为 / 345

第13章 促进儿童的亲社会行为发展 / 379

第14章 培养儿童对性和多样性的正确态度 / 403

第 1 章 改变儿童的生活

本章目标

在学习完本章后，你应该了解：

什么是社会能力，以及它对儿童的生活产生的影响。

儿童的发展和学习如何影响其社会能力。

学习能力在获取社会能力的过程中所起的作用。

儿童发展社会能力的环境。

专业人士在儿童获取社会能力方面所能给予的帮助。

适应发展的教学法可以怎样提高儿童的社会能力。

NAEYC标准

1. 促进儿童的发展和学习。
2. 与儿童的家庭和社区建立联系。
3. 运用适应发展的教学法与儿童及其家人进行沟通。
4. 使用相关的知识来设计有意义的课程内容。
5. 成为专业人士。

思考一下每天的生活中对你最为重要的部分——家庭生活、与朋友在一起的时光、上学、工作和娱乐，这些都和人际交往有关系。人是社会动物，从出生的那一刻开始，我们一辈子都离不开与他人的相处。在社交过程中，我们获得了友情、鼓励和归属感，同时我们也更好地认识了在自己身上以及周围世界中发生的一切。日复一日，我们的个人技能和与人交往的能力都在不断提升，我们也越发清楚自身的期望以及所处社会的价值观。我们在幼年时所学到的应该怎样做和怎样与他人交往的社会经验能够为我们日后的成功奠定良好的基础。因此，这一时期的人生经历极为重要，儿童需要在童年时代将很大的注意力放在学习怎样有效地适应所处的社会环境上。

社会环境是非常复杂的。想象一下，当你第一次遇见某个人时，你会怎么做？你应该怎样和他打招呼？你可能会说，“那得视情况而定”。你这么想是对的。要想在社会上如鱼得水，你需要学习很多东西，你也需要明白怎样去应对很多事情。如果希望与他人有效地沟通，你应该懂得因人而异的道理，并且清楚哪些做法在别人看来是友好得体的。而在做出得体与否的判断时，你必须得考虑你对对方的了解程度、他是怎样一个人、你与他是怎样的关系，以及你们交往的时间、场合和文化背景。只有在充分考虑过这一切后，你才能知道与刚认识的人相处的最妥当的方法；同样的，你也会很清楚，与一个人在足球场上打招呼和在葬礼上问候他人时所使用的语言是完全不同的。对成人来说，这些不同的待人之道属于普通的常识，但对孩子而言，世界上的一切都是陌生的，他们需要学习才能掌握被我们视为理所当然的社交常识和行为。

想象一下，你正在一个幼儿园或小学的教室里，与孩子们在一起，注意观察其中 3 个 6 岁孩子的不同表现，他们是丹尼斯、萝莎莉和莎拉·乔。

丹尼斯是个很活跃的孩子，他对身边的人和事会立即做出强烈的反应。他充满想象力，在玩的方面有很多主意。为了实现自己的想法，他愿意花许多时间来告诉别的孩子应该怎么做和怎么说。当别的孩子提出其他想法或方法时，他总是阻止人家那么做，并且大声喊着要求大家都听他的。如果别的孩子想玩他正在玩的东西，他常常会说“不行”。如果这些孩子执意要玩，为了把东西据为已有，他通常会推或打他们。

萝莎莉则是个安静的孩子，很少有不当的表现。她总是玩一会儿一种游戏，再去玩另一种，但并不与其他孩子交流。当别人跟她说话时，她也会回应，可她很少主动与其他孩子或教师互动。她说不出班上谁是她的朋友，也没有别的孩子把她当作最好的伙伴。虽然其他孩子不会拒绝和她玩，但他们常常会忽视她，也很少主动邀请她跟他们一起玩。大多数时候，萝莎莉在班上都显得形单影只。

莎拉·乔对别的孩子特别感兴趣，她总是邀他们和她一起玩。通常在玩的时候，她愿意采纳别的孩子的建议，但她也会表达自己的想法。她愿意与人分享，并且懂得怎样让大家都玩得开心。虽然她也会有不高兴的时候，但大多数时候她总是很开心的样子。其他的孩子也都愿意跑来找她玩，而且一旦发现她不在，他们马上就会注意到。

可见，这几个孩子的表现完全不一样。很遗憾，丹尼斯和萝莎莉与他人互动的方法对他们是不利的。实际上，如果长此下去，他们今后获得成功的可能性会大大降低（Goleman，2011）。与此相对应，莎拉·乔与人相处的表现肯定会在未来为她带来积极影响。

作为一名从事儿童教育的专业人士，你可以帮助丹尼斯和萝莎莉改善与他人相处的行为，你也可以让莎拉·乔做到好上加好。而你所做的一切其实是在帮助他们提升自己的社会能力。但要实现这一目标，你首先必须明白社会能力指的是什么，以及哪些行为最能反映出孩子具备了良好的社会能力。

社会能力是什么

社会能力指的是儿童为实现他们的人生目标

并能与他人进行有效沟通所需具备的知识和技能（Davidson，Welsh，& Bierman，2006；Rose-Krasnor & Denham，2009）。让我们来看看在下面这个教室里的互动情景中，孩子们表现出了哪些社交、情感、语言和认知方面的技能：

克劳德和亚历克斯两人都正在搭积木。当亚历克斯从架子上拿起一块积木时，克劳德抗议道："我搭的飞机场需要所有的长型积木！把它给我！"说着他就从亚历克斯手中将那块积木抢走了。而亚历克斯马上喊道："我搭的桥也需要它！"结果两个孩子开始争抢那块积木。几秒钟后，克劳德提出了一个建议，"嘿，让你的桥通往机场吧，所有想去机场的人都得通过这座桥！"亚历克斯回应说，"太棒了！这真是个好主意！咱们搭一座大桥，所有的汽车都得从它上面驶过！"于是两个孩子开始一起搭建一条路，把机场和桥连了起来。

思考一下亚历克斯和克劳德在搭积木的过程中遇到问题时所使用的技能。他们在承认彼此都遇到了问题时，使用了认知技能；在表达各自的需要时，使用了语言技能；当他们找出办法一起玩时，使用了社交技能。刚开始的时候，两人都想抢积木，但他们控制住了这一冲动，这表明他们能在情绪上进行自我调节，并能体会到他人可能的感受。由此你会发现，很显然，即使在这样一个简单的互动过程中，也需要用到各种知识和技能。

许多行为都与社会能力有关，下面是最常见的一些方面：

- 社会价值
- 个人身份
- 情商
- 社交技巧
- 自我调节
- 规划、组织和做出决定
- 文化能力

通过图 1.1，你会发现社会能力覆盖的范围很广，包括了有关自我和他人的价值观、态度、知识和技能的各个方面。

在美国和其他许多国家，当儿童表现得有责任感而不是不负责任、友好而不是敌对、配合而不是反抗、有目标而不是随意、能自我控制而不是冲动行事时，人们就倾向于认为他们更具备社会能力（Hastings et al.，2006；Denham，Bassett，& Wyatt，2008）。按照这样的观点，凯莎就比拉尔夫具备更强的社会能力，因为当她发现加里不开心时就走过去试图安慰他，拉尔夫却对加里的情绪视而不见。黛娜通常一想到什么就脱口而出，而不懂得不能打断别人，这说明她的社会能力也比较差。丹特会用讲道理的方法说服他的小伙伴们让他玩一会儿游戏，这证明他远比他的另一个同学有社会能力，因为那个同学只会发牢骚或用动手的办法来达到目的。要点 1.1 对儿童的社会能力进行了归纳和描述，有助于你理解社会能力最终将怎样在他们的性格和行为中呈现出来（McClellan，Katz，2001）。

幼儿教育的专业人士应该注意密切观察儿童的行为，以便对他们所展现出的社交技能做出评估。看看图中这两个孩子表现出了哪些社会行为？

在描述具备良好社会能力的儿童的行为时，使用"通常""频繁地"和"有时候"等词语是最恰当的，因为他们不可能总是保持正面的情绪，也不

要点 1.1

具有社会能力的儿童所表现出的行为

个体特征：

1. 通常保持正面情绪
2. 不会过度依赖教师
3. 通常愿意参加社交团体
4. 通常能够恰当地应对挫折和拒绝
5. 表现出对他人的同情心
6. 与一两个同伴有良好的关系；表现出对他们真正的关心，以及当他们不在时的思念
7. 富有幽默感
8. 看上去没有强烈的孤独感

社会技能：

1. 能够积极地接近他人
2. 能够清楚地表达自己的愿望和喜好，并讲出自己的行为和立场的理由
3. 能够恰当地维护自己的权利和需要
4. 不会轻易被人欺侮或威胁
5. 能够有效地表达自己的沮丧和愤怒，但不会让与他人的分歧升级，更不会伤害他人
6. 能够很快加入正在工作或娱乐的人群
7. 能够很快加入正在进行的讨论，并对正在进行的活动发挥自己的作用
8. 很容易接受公平轮流的做法
9. 对他人表现出兴趣，能与他们交流信息，并且得体地从他们那里获得信息
10. 能够恰当地与他人协商，并做出妥协
11. 不会用不妥当的方式吸引别人的注意，也不会打断别人的工作或休息
12. 能够接受和欣赏非本民族的同伴和成人
13. 能够与其他孩子进行非言语互动，比如：微笑、挥手、点头等

同伴关系：

1. 通常会很容易被其他孩子接受，而不是被忽视或拒绝
2. 时常会被其他孩子邀请加入他们的活动和工作，并与他们建立友情
3. 被其他的孩子视为朋友，并愿意与他一起工作或玩

来源：Reprinted with permission from Assessing Young Children's Social Competence，by D.McClellan and L.Katz，2001，ERIC Clearinghouse on Elementary and Early Childhood Education，Champaign，IL.(ERIC Document Reproduction Service No.ED450953).

可能在维护自己的权利时总是获得成功。"任何一个孩子都会偶尔遇到交际方面的困难。对大多数孩子来说，这样的困难是暂时的，而且为他们学习和操练新的技能提供了机会"（Hastings et al.，2006，p.4）。那些勇于将这些困难视为机遇而不是抵触或放弃的孩子会在社会交往过程中取得更大的成功，并且更能够实现他们的个人目标。

个体社会能力的差异

我们需要考虑下面这些特质：

- 善良

- 诚实
- 害羞
- 慷慨
- 友好
- 武断

你认为上述哪些特质与社会能力有关？

如果你将自己的回答与其他读者的答案进行比较，你会发现你们的许多选择都是一致的，又不可能完全一致。这是因为世界各地对社会能力的定义都差不多，具体的分类在图 1.1（van Hamond & Haccou，2006）里已经列出。不过也有一些行为，在一种文化中被定义为社会能力，在另一种文化中却并非如此。比如，加拿大、中国、瑞典和美国的人都认同友好、善良、助人、慷慨和善于解决问题等性格特质是有社会能力的（Land，2005）。但是，在另一方面，虽然国与国之间存在相同之处，但它们之间也有不一致的地方。比如，中国人将“腼腆”视为社会能力，而在其他一些国家却将“不腼腆”看作社会能力。更为复杂的是，同样的社会价值在不同的人群中会以不同的行为体现出来。比如，虽然在许多社会里都崇尚尊重，但在一个家庭中或一种文化背景下被看作表示尊重的言与行可能在另一个家庭或文化里不会得到同样的认同（举例来说，在有些家庭，进门脱鞋是表示尊重，可在另一些家庭就没有这样的要求）。

这些差异导致了在不同文化背景下，有时甚至是在同一个文化背景下，对社会能力的不同定义。

图 1.1　社会能力的元素

然而，在某一特定人群中，无论哪些行为被看作与社会能力相关，所有的儿童最终都要在其所处的环境中习得并发展这些行为模式，它们也将对他们今后的生活产生重大影响。

具备社会能力的益处

……事实上，成年期的适应能力在童年时最好的体现不是智商，也不是学习成绩，而是他在那个时候就能恰当地与他人相处。

那些通常不被喜欢的、有攻击性和惹人讨厌的、不能与他人保持亲密关系的儿童是非常"危险"的。

——威拉德·哈塔普（Willard Hartup），幼儿研究学者

社会能力不是一件可有可无的奢侈品，它能对儿童如何认知自己以及别人如何看待他们产生极其重要的影响。研究表明，社会能力强的儿童比社会能力弱的儿童更快乐，他们在与别人交往时更容易成功，更受欢迎，而且他们对生活也更满意。此外，儿童的社会能力与他们的学业成绩也紧密相关，因为积极的社交技能会使他们在学校获得更大的成就（Epstein，2009）。参见要点 1.2。

由于社会能力能产生这些益处，那些具备社会能力的儿童就倾向于把自己看作有价值的人，将来能够改变世界的人。其他人也会视他们为有能力的社会成员，渴望与他们做朋友。而那些社会能力弱的儿童就无法享受这样的殊荣了。在社会交往方面，不成功的年轻人常常会感到沮丧和孤独，甚至是从幼年时就开始了。他们经常遭到同伴的拒绝，缺乏自尊，在学校的表现也不好（Miles & Stipek，2006）。而且更糟糕的是，社会能力差的儿童在长大成人后，很可能会继续保持那些有问题的行为模式（Ladd，2008）。

具备社会能力的儿童在与他人沟通时更容易取得成功。

儿童最终能否具有较高的社会能力受很多因素的影响，其中包括儿童的发育、童年期的学习能力以及他们的成长环境。因此，如果你希望在儿童获取社会能力的过程中给予其帮助，你首先需要充分了解所有这些因素。

要点 1.2

学习其实就是一个社交过程

童年时，儿童在学校的成绩其实取决于他们的社交和管控情绪的能力。如果他们在与他人相处时有障碍，并且不能控制自己的情绪；如果他们爱冲动；如果他们不懂得怎样考虑别人的意见，怎样制订和完成一个计划，或者怎样向别人寻求帮助，他们就无法学会阅读、做算术题或解答一个科学方面的问题。

那些社交和管控情绪能力强的学生通常都会有下列表现：

- 强烈的学习动机
- 对去学校上学有非常积极的态度
- 很少缺课
- 愿意参与课堂活动
- 数学学得好
- 语言和艺术方面成绩不错
- 积极参与有关社会研究的活动
- 成绩优秀
- 不太可能休学
- 不太可能在中学辍学

来源：Zins, J., Bloodworth, M., Weissberg, R., &Walberg, H.(2004). The scientific base linking social and emotional learning to school success. In J.Zins，R.Weissberg，M.Wang，& H.J.Walberg(Eds.). Building academic success on social and emotional learning：What does the research say?(pp.1-22). New York：Teachers College Press，Columbia University；Land，G.W.(2008).Social competence and peer relations：Significance for young children and their service providers. Early Childhood Services，2(3)，129-148.

在儿童发展和社会能力方面，幼教专业人士须知

卡蒂和桑德拉是两个 5 岁的孩子，她们正在幼儿园里玩玩具。

卡　蒂：我们是朋友，是不是？

桑德拉：是啊，你有一个小孩，我也有一个小孩。

卡　蒂：可这两个小孩不是朋友，他们不会说话，什么也干不了。

桑德拉：小孩也不会玩游戏和荡秋千。

卡　蒂：还不行！

桑德拉：不像我们！

卡　蒂：就是！

卡蒂和桑德拉很高兴她们是朋友，并为她们所拥有的社会能力感到骄傲，因为“她们的孩子”还不具备这样的能力。随着儿童长大，渐渐显现的发展变化会增强其社会能力。这些变化是由一定的发展原则决定的，而这些原则能帮助我们认识儿童的共性以及不同年龄阶段的典型特性（Copple & Bredekamp，2009）。这些原则还提醒我们，儿童的社会性发展是一件非常复杂的事情，需要有知识的成人的帮助，但这些成人一定要理解其所面对的孩子的独特性。

所有的发展都是彼此关联的

发展的几个方面（社会的、情绪的、认知的、语言的和身体的）都是彼此关联并且同时存在的。每个方面都同样重要，也没有哪个方面可以单独存在。以儿童交朋友这件事为例就能证明这样的说法是正确的。他们与同伴建立关系的能力需要依靠发展所有方面的技能：

- **社会的**：协商游戏规则；等候轮到自己；决定谁该第一个玩。
- **情绪的**：充满信心地接近另一个孩子；当被同伴邀请一起玩时能热情地做出回应；能对别的孩子表现出同情心。
- **认知的**：能够记住另一个孩子的名字；当冲突发生时，能够找出不同的策略来应对和解决；懂得在不同的社会环境下需要表现出不同的行为。
- **语言的**：会使用得体的语言向其他孩子打招呼，或者叙述怎样玩一种游戏；对朋友的问题能用适当的语言给予回复。
- **身体的**：能给新加入的伙伴腾出位子；在和小伙伴们玩电子游戏或追捕游戏时，懂得使用必要的动作技能。

如果你能意识到发展的几个方面都是彼此关联的，你就可以更好地理解儿童在努力习得许多社会行为时的不易，你也可以更恰当地在日常生活中抓住机会来引导他们的社会性发展。事实上，这样的机会无处不在，比如在他们假装在商店买东西时、讨论搭积木的规则时、做科学实验时或者和小组成员一起做数学题时。这样的机会可能出现在室内、户外、餐桌上、体育馆里、汽车里、野外旅行途中或者家访时。儿童的社会性发展随时随地都在发生。

社会性发展的顺序

试着把下面这些与自我意识有关的社会性发展方面的重大事件按照其在童年时出现的顺序排列一下：

- 儿童通过与他人进行对比来评价自己（我骑自行车比苏珊骑得好；我比马克矮）
- 儿童根据他们的个性特点来评价自己（我很诚实；别人和我在一起很开心）
- 儿童以自己的外在形象来评价自己（我是个男孩；我的眼睛是褐色的）

你是怎样排列的？如果排列正确，像这样重大的社会性发展事件能够反映出发展顺序的规律。

社会性发展是以递进的方式进行的，并且相对而言是可预料的。世界各地的科学家们都一致认同与社会性发展和社会能力各方面相关的行为具有典型的顺序（Berk，2013）。比如，儿童需要几年的时间发展其对自我的概念。

学龄前儿童主要关注自己的身体特征。随着他们慢慢长大，他们会逐渐将与他人的对比纳入其自我定义。到了八九岁的时候，他们才开始逐渐意识

到构成其性格的内在特征。虽然不同的孩子在不同的阶段花费的时间不一样，有的孩子还可能会跳过某个阶段，但每个孩子的自我意识的发展顺序是基本相同的。

社会能力的许多方面遵循这样的发展顺序：自我调节、同情心、亲社会行为、道德接受能力、对友谊的理解，等等。如果你了解了这些顺序，你就能知道在个体社会成熟的发展过程中什么是最先发生的、什么是其次发生的以及什么是位于第三位的。这些知识能够帮助你确定对每个儿童的合理期望，并且判断他们在当前行为基础上会接着发展出怎样合乎情理的新的理解能力和行为模式。比如，你知道孩子在三四岁时重点关注自己的身体特征，你就可以设计诸如画自画像或身体示意图的课堂活动来加强他们的自我意识。而对于刚上小学的孩子来说，由于他们已经有了对自己身体的意识，你就可以让他们讲述或描写他们所看重的自身的内在品质，比如诚实和怎样做一个好朋友。

儿童社会性发展速度的差异性

达琳和艾玛都是4岁。达琳两岁时就能用完整的短语描述自己的感受，她能用各种各样的方法来得到她想要的，包括制订方案使所有的孩子都能轮流玩他们最喜欢的玩具。而艾玛三岁时才会说出含有几个单词的句子。如果她想得到某个玩具，她会问正在玩的孩子接下来能不能让她玩一会儿，或者让老师帮她找另一个类似的玩具。达琳和艾玛在很多方面很相似，但彼此也有很大的不同。这两个孩子都在以各自的方式发展。

就像达琳和艾玛所表现的那样，每个孩子在发展进程中都有自己的时间表。没有两个孩子是完全一样的。虽然发展的顺序原则仍适用于每个孩子，但他们在每个阶段的发展节奏是不尽相同的。

这就能够解释为什么达琳在两岁时就可以表达自己的感受，而艾玛要等几个月后才能做到这一点。两个孩子都在按顺序发展，但所用的时间不一样。

由于儿童的发展速度存在差异，因此你应该理解同龄的儿童会表现出不同的社会能力。在某一具体的社交技能上，有的孩子可能尚处于早期阶段，另一些孩子则可能已经有了很大发展。这样的差异没有好坏之分，只是表明儿童的社会性发展节奏存在差异。认识到这一点能够使你对儿童更有耐心，对他们的期望也更现实。

社会性发展的最佳时期

童年时期肯定会有一些时机，大门打开，让未来走进来。

——格雷厄姆·格林（Graham Greene），小说家

人生中的某些特定时刻会对人今后的发展产生重大影响（Brophy-Herb，Schiffman，& Fitzgerald，2007）。在这样的时刻，儿童会在发展方面有新的领悟，并学到新的技能。反之，如果他们错过了这样有助于发展的时机，他们日后在获取一些技能或能力方面就会遇到更大的障碍。这就是发展的最佳时期的原理。

从出生到年满12岁，孩子们都渴望且有动机学习社交技能，他们希望与人联结，并能参与社会活动。同样在这一阶段，错误的行为模式尚未在他们身上扎根，因此改变起来并不困难。所以说，童年期是发展与社会能力相关的态度和行为的最理想阶段，这些态度和行为包括：

- 信任
- 自我意识和自尊
- 与人交流的技能
- 亲社会的态度和行为
- 建立和维护友谊的技能
- 解决问题的策略
- 应对事件的能力
- 执行力（包括做出决定、组织、事先规划）
- 自我调节

如果这些态度和行为在孩子的童年没有得到重视和培养，他们在步入青少年期和成年后就很难适应社会。最佳时期的原理要求我们从孩子出生就开始关注其社会性发展，直至他们长到十几岁。

社会性发展的累积作用和延迟作用

在一段时间里如果某种经历偶尔发生，它对儿童发展的影响就微乎其微；反之，如果它在很长的时间里频繁发生，就会产生或有益或有害的影响（Katz & Chard，2000）。这就是累积作用的原理。例如，偶尔批评一下孩子不会对其自尊造成永久性伤害，可是如果总是挑一个小孩子的错，就可能让他形成自卑感和悲观情绪（Seligman，2007）。另一方面，只给孩子讲一次道理不会带来太大的影响，可是如果成人养成和孩子讲道理的习惯，孩子自己就会渐渐懂得凡事要讲道理。

除了累积的作用，发展的结果也有可能延迟出现。也就是说，一些早期的经历给儿童行为造成的影响可能要过很长一段时间才会显现。比如，儿童自我调节能力的发展需要历经数年才能取得。成人甚至可能怀疑在孩子幼年时就同他们讲道理是否能产生积极的效果。但是研究表明，只要成人不断地向孩子阐述自己的观点，同时也能考虑孩子的想法，那么最终即使在没有监督的情况下，他们也会很好地控制自己的行为（Shaffer & Kipp，2013）。当然，只有长此以往才能使孩子将其转化成自己的行为。

了解累积作用和延迟作用的原理有助于你认识到引导儿童社会性发展的长期意义。这样，你在某些情况下就不会采用迅速解决问题的办法，因为你知道那会破坏长期目标的实现。例如，当儿童不服从安排时，虽然简单地告诉他们“不行”会很省事，可是如果想培养儿童自我调节的能力，就需要花时间和他谈为什么他的行为不可取。唯有如此，讲道理的累积作用和延迟作用才能最终促进儿童社会能力的发展。

由此可见，发展在儿童获得社会能力方面起着重要作用。了解发展的原理能帮助你对儿童的行为表现做出正确的解释，也有助于你的专业实践。接下来的童年期的学习是另一个需要思考的方面。

学习与社会能力

合作、慷慨、忠诚和诚实并不是与生俱来的品格，它们必须通过年长者，比如父母、其他成人或年轻人，灌输给孩子。

——尤里·布朗芬布伦纳（Urie Bronfenbrenner），人类生态学家

我们向儿童传授的一些社会习得包括：当不小心撞到别人时，要说“对不起”；要在有斑马线的地方过马路；要通过与他人分享来获得欢乐等。我们通过自己的言行教儿童这些东西，而他们学得怎样取决于一些影响社会能力的学习原理。

儿童是积极的社会学习者

请思考下面这段话：

闻之，会忘。
见之，则记。
行之，即明。

它说出了儿童的学习过程的一个重要事实：需要行动。他们不可以消极地等着别人给他们提供信息，而需要积极地行动和思考，这样才能真正理解和掌握其所经历的社会经验。他们借由观察、实际操作和与他人互动来实现这一切（Copple & Bredekamp，2009）。通过自己的亲身经历，孩子们对周围的社会活动规律形成了自己的认知（比如，科里会认为，“如果我说‘请’，穆罕默德就会马上把剪刀给我”。）有时候，孩子的想法得到了证实（穆罕默德的确回答说，“好的”）。也有时候，孩子遇到了和他想的相反的结果（穆罕默德说“不行”，因为他自己也要用这把剪刀）。在观察、实践并对发生的事情进行反思后，孩子会逐渐调整自己的想法（科里决定，“我得等会儿才能用那把剪刀，但下一个该轮到我了”）。孩子们需要通过数百次的经历才能真正获得应该遵循的行为模式和遇事应该采取的策略（Piget，1962；Vygotsky，1978）。

因为儿童是积极的学习者，他们需要许多机会去直接体验社会。比如，与其让他们听和议论关于分享的理念，不如让他们在日常生活中亲自体验与他人分享，使他们更清楚分享的意义。在点心时间怎样分配饼干，两个人怎样合用一台计算机，做游戏时怎样让另一个人加入进来……这些都是需要孩子自行解决或向你求助解决的实际问题。这些很自然的社会习得的机会也恰好是对他们进行教育的契机，因为这时他们会非常愿意学习新的方法来解决他们的问题。当西莉亚想加入一组正在跳绳的孩子时，一个典型的教育契机就出现了。她的教师可以利用这一机会帮助她找出接近那些孩子时应该使用

的词语。像这样小小的现场指导其实能够起很大的作用，因为儿童可以马上对学到的新技能进行实践，而且能够得到反馈验证。因此，在指导儿童的社会性发展时，你需要注意寻找类似的时机，并利用它们为儿童提供学习的机会。

儿童社会学习的多种途径

虽然所有的儿童都是积极的学习者，但是他们认识、实践和处理社会信息的方法各种各样。看看下面这个例子：

加里对音乐很敏感，并用它来表达自己的情感。当他遇到问题时，他倾向于自己思考解决方法。

萨曼莎的语言表达能力很强。对她来说，用语言向他人倾诉需要和感受是很容易的事。出现问题时，她更愿意与朋友商量解决办法。

加里和萨曼莎在认识和学习方面采用的方法是迥异的。

当儿童遇到与他喜欢的学习方式相吻合的学习机会时，就能取得最好的学习效果。由于你不可能总是很确定哪种学习方式最适合某个孩子，所以你在课堂上需要使用各种教学方式，以便使孩子们都能获益。例如，假设你想让孩子们学会助人，一些孩子可能会认为下面的方法是有益的：

- 自己独立完成一项课堂作业或者自己读一本关于帮助他人的书。
- 与另一个孩子互相配合完成一项课堂作业。
- 事先设计一个帮助他人的行为，然后把它实施出来。
- 讨论他们观察到的或做过的帮助他人的行为。
- 演唱或自编一首简单的助人为乐主题的歌曲。
- 思考一个他们见过或听过的有关帮助他人的行为。

大多数儿童会将几种方法结合起来，并从他们喜欢的学习方式中获取重要信息。在指导儿童的社会性发展时，你需要对他们各自不同的学习方式了如指掌，并且能够因人而异地设计出针对性策略。可以考虑使用工具表 1.1，以便更好地了解每个孩子的社会能力。

工具表 1.1　社会能力事例记录

儿童的姓名：__________　　日期：__________
- 社会能力强的方面：
- 我观察到的体现这些强项的事例：
- 尚待改善的方面：
- 我观察到的可以用于改善的机会：
- 我将采取的帮助这个孩子进一步提升其社会能力的步骤：

© Cengage Learning

如果儿童能得到很多互动机会，将对他们最有益，这时成人应尽量减少干预。

掌握社会能力及其面对的不断挑战

儿童喜欢面对这样的挑战：学习他们已经差不多明白但并未完全掌握的东西；尝试他们差不多能做，但还不能完全独立完成的事情。这意味着他们取得进步的途径是掌握稍微超出他们目前熟练水平的观念和技能，进而使用它们，以获得更大的能力（Bodrova & Leong，2007）。同时，研究还表明，如果要使孩子保持学习的兴趣，就需要经常与他们沟通习得的内容，并确保他们的学习是出于自愿的。负担过重的学生是无法取得成功的，而一旦失败成了家常便饭，大多数学生就会选择放弃（Copple & Bredekamp，2009）。因此，只有在孩子既有兴趣又能取得成功的状态下，积极的社会学习才能实现。认识到这些后，你的任务就是控制社会环境，激励孩子充分拓展他们的理解力，在他们尝试新的社会技能时给予帮助，以及帮助他们找到更有效的方法。有时候，同伴也能给予孩子这样的帮助。当孩子已经适应某种社会环境后，你就要逐渐从中撤出，让他们依靠自己进一步掌握那些新技能。

2 岁的凯丽想要更多的零食，可她不知道怎样表达自己的想法——这个例子可以用来说明挑战和掌握这一过程。你或某个更成熟的同伴可以在现场训练她，帮助她习得一种新技能。训练可以是教凯丽一两句简单的话，让她通过对同伴说这样的话得到饼干盒。如果你教她的话过于复杂或抽象，她就理解不了。但如果你对她说的话只比她平时用的稍多一点，她就能扩展自己的思维来接受新的东西。凯丽恐怕不能一次就完全学会这些新句子，但这次的互动会让她试着在其他场合使用它们，并且不断练习，直到最终不用别人提醒就能自如地说出来。经过这样的过程，她将进入更高层次的社会学习。

社会学习需要假以时日

> 生活中有比加速更重要的事。
>
> ——**甘地**（Mahatma Gandhi），**政治家、精神领袖**

社会习得是一个循序渐进的过程。虽然孩子们自打出生就生活在社会中，但他们并不天生具备社会能力，也不可能一下子就达到成熟水平（Shaffer & Kipp，2013）。因此，当他们刚进幼儿园，甚至上到小学五年级时，都不能够完全具备社会能力。在整个学前期和小学阶段，儿童需要花大量的时间来了解社会观念、尝试各种交流方法，并找出那些能够被社会接纳的技能。这样的社会学习过程是不能急于求成的，儿童需要无数次的与他人互动的机会才能不断完善其对社会的认知并掌握娴熟的应对技能。成长中儿童需要这样的过程，那些有特殊需求的儿童也是如此。所有的儿童在发展社会技能时都不仅需要时间，还需要他人的引导，其中有些儿童还需要格外的帮助，比如下面提到的帕特里克的例子。

作为幼儿教育的专业人士，你有责任确保儿童，包括像帕特里克这样的孩子，都能得到时间和机会来发展他们的社会技能。与此同时，你还必须有足够的耐心，在他们操练新技能时提供及时的帮助。事实上，孩子们需要在各种社交场合操练新技能。但作为教师，你不可能时刻与他们在一起，因此，其他的成人也应参与到这一过程中。这要求你首先考虑到儿童能够获取社会能力的所有环境。

具有挑战性的案例

帕特里克

帕特里克 4 岁，他在上启智项目（Head Start）的幼儿园。他喜欢搭积木、在艺术课上创作作品、在操场上骑单车和在家里玩蹦床。他是个爱动的孩子，常常露出迷人的微笑，而且好奇心十足。但是他的注意力总是很快就从一件事转移到另一件事，并且很容易分心。他几乎不能完整地听完一个故事、注意大人给他的指令、坐在椅子上安静地吃东西或者按别人的要求做事情。虽然大多数幼儿都会有坐不住和动来动去的时候，但帕特里克的问题是他几乎一直在动。他很冲动，而且动不动就生气。他的这些性格特点使他很难与其他小伙伴相处。最近，帕特里克的父母、老师和医生一直在探讨他是不是得了多动症（ADHD）。

多动症（注意缺陷 / 多动障碍）患儿的表现是易激动，超紧张，对他们看到或听到的所有事情都要马上做出反应。这就导致了他们爱冲动和无法在一件事上集中注意力。他们的这些表现超出了他们所处的发展阶段，并且已经影响了他们的日常生活。在美国，大约有 3% ～ 7% 的人患有多动症，其中男孩的患病率是女孩的 4 倍（CDC，2006）。由于他们无法集中注意力和容易冲动，多动症患儿需要得到有爱心的成人持续不断的帮助，才能发展和改善他们的社会能力。

社交环境

可让儿童形成与社会能力有关的社会认知和行为的环境有很多，其中包括家里、祖父母家、幼儿中心、学校、操场、同伴小组、教会和邻居家。发生在这些地方的事情会以不同的方式对儿童产生影响，并且最终影响其社会能力发展的程度。为了有效地引导儿童的社会性发展，你必须考虑将外界因素结合起来，以达到改变儿童生活的目的（Arnett，2008）。

儿童面对的最直接的社交环境包括：人、物、活动以及儿童在面对面场合中（比如在家或在学校）经历的与他人之间的交往。

在这些场合中，儿童通过待人接物获取社会经验。现在就让我们来仔细了解一下其中对孩子影响尤为重要的三个方面：家庭、同伴群体和儿童早期所处的环境。

家庭影响

在世界上的任何一个地方，家庭都承担着满足孩子物质需要、培养他们并使他们社会化的重要责任（Turnbull，Erwin，& Soodak，2006）。家庭成员与孩子保持着长期的接触，让他们可以知道以前发生的事情，同时帮他们展望未来（Gonzalez-Mena & Eyer，2011）。父母，有时候还有祖父母、叔叔、婶婶或者哥哥和姐姐，是孩子的第一位教师。他们给孩子提供了最初的社会关系、行为和角色的榜样、价值和信仰的基本准则以及智力开发。孩子对他人、教育、工作和社会的最初认知都来自他们的家庭。家庭通过各自的行为和选择，在向孩子传递能够被社会接纳的方法、观念、信仰和看法时发挥了首要作用。不过，孩子的社交网络终会扩展到家庭以外。

同伴群体的影响

当儿童在幼儿中心、学校和家庭周边与其他同伴接触时，大量的社会学习就发生了。在同伴关系中，儿童通过给予和接受的行为懂得了互惠和公平的原则。在同伴中出现的协商、讨论和冲突能够帮助儿童学会理解别人的想法、情绪、动机和意图，而这样的理解有助于他们思考自己的行为可能会给自己和别人造成的影响（Doll，Zucker，& Brehm，2004）。然后，在从同伴那里得到反馈后，儿童会开始分析自己的做法是否妥当，并能做出相应的调整（Santrock，2012）。还有一点，同伴间的关系为儿童的社会认知（即思考社会现象）和社会行为提供了最重要的环境，这些认知和行为既可能带来积极的社会结果，也可能带来消极的社会结果。关于这一点，我们可以通过 7 岁的马文的例子来解释清楚。每次当马文没有击中球时，他都好像要“崩溃”了一样。刚开始，他的伙伴们并没有说什么，但这样几次之后，他们就不愿意再跟他玩了，因为他们觉得他的反应太幼稚了。马文后来不再大喊大叫了，因为他希望别的孩子能接纳他，而且他也明白了，他的伙伴们可以容忍他的球技，但受不了他的坏脾气。你肯定还能想出很多类似的例子来证明同伴群体为社会学习提供了一个重要环境。

儿童看护人员和教师的影响

儿童看护人员和教师在提升儿童的社会能力方面发挥着重要作用（Wentzel & Looney，2008；Ladd, 2008）。他们可以通过各种各样的社会行为发挥作用，比如：

- 与儿童建立关系。
- 向儿童传递价值观。
- 教导儿童。
- 给儿童示范社会行为和观念。
- 设计活动，使儿童操练相关的知识和技能。
- 布置相关的环境。
- 制订日常作息。
- 向儿童灌输要遵守的规则。
- 向儿童讲明哪些行为是可取的，哪些是需要改正的，从而帮助他们逐渐达到社会期望。

要想取得成功，社会能力和管控情绪的能力是必不可少的。启智项目儿童结果框架（Head Start Child Outcomes Framework）明确指出，儿童早期的社会和情绪发展对他们日后的学习成绩是至关重要的，而且能减少他们未来在社会性发展方面遇到的阻碍 (Bierman et al.，2008)。在美国，在由国家资助的幼儿教育方案和小学教育方案中都将社会能力列为正式的学习标准。这些标准明确规定了儿童应该知道什么和做什么。虽然每个州的标准不尽相同，但所有州的标准中都提到了社会能力这一项。表 1.1 即是一个例子。

文化背景

家庭成员、同伴、儿童看护人员和教师都是在

表1.1　与社会能力相关的儿童学习标准

州名称	阶段	要求	学习效果
佐治亚州	学龄前 4—5 岁	儿童将加强其自我控制的能力。 儿童将提升自信心和积极的自我认知。	■ 儿童可以学着制定班级规则和管理日常事务。 ■ 儿童在学习期间能够遵守这些规则，并完成这些日常事务。 ■ 儿童只在需要时才使用教室的器具，并懂得爱惜它们。 ■ 儿童能够通过恰当的手势、动作和语言来表达他们的情绪。 ■ 儿童能够陈述关于自己的简单情况。 ■ 儿童能够意识到自己作为个体的独立性，同时也能意识到他人的独立性。 ■ 儿童能够自信地展示个体的能力，并对自己取得的成就感到骄傲。 ■ 儿童开始发展自己的兴趣爱好。
亚利桑那州	学龄前 3—5 岁	儿童能够清楚自己和他人的权利和所有权	■ 儿童在使用他人的物品时会先征得物主许可。 ■ 儿童能够捍卫自己的权利以及他人的权利。 ■ 儿童懂得使用礼貌的言语和行为。 ■ 儿童会参与清洁教室的环境。
伊利诺伊州	小学初期 小学后期	儿童掌握了做出决定的技能，并能负责任地应对日常的学习任务和社交环境	■ 儿童意识到他们需要就学校里发生的一些情况做出决定。 ■ 儿童在与同学互动的过程中能够做出正确的选择。 ■ 儿童能够做出系统性决定，并且按照这样的决定采取措施。 ■ 面对各异的学习任务和社交环境，儿童能够采取不同的解决方案，并对结果做出评估。
新泽西州	入学前	儿童具备了自我导向的能力	■ 儿童能够从各种不同的兴趣中独立做出选择并制订计划。 ■ 儿童展现出自立能力（比如，做清洁、倒果汁、洗手时用肥皂、把自己的东西放在一起）。 ■ 儿童几乎可以在不需要教师提醒的情况下自己按照班级规则完成日常事务，并且在做完一件事后会主动去做下一件事。

来源：Georgia's Prek-K Program Content Standards, Georgia Department of Early Care and Learning 2011; Atlanta, GA; Arizona Early Learning Standards, Arizona Department of Education 2005; Phoenix, AZ; Illinois Learning Standards, Illinois State Board of Education 2010; Springfield, IL; Preschool Teaching and Learning Standards, State of New Jersey Department of Education 2009; Trenton, NJ.

某个文化背景下与儿童进行互动的，而且儿童每天也都受到文化的影响。文化包括人们所持有的价值观、信仰、法律和传统，个体间很可能有相同的价值观、传统和信仰，因为他们都：

- 讲同一种语言。
- 有着共同的历史经历。
- 祖先都来自同一个国家或宗教背景。
- 信仰同一种宗教。
- 居住在同一个地方。
- 视彼此为同时代的人。
- 认为他们都属于某一个经济或社会阶层。

不同的社会有不同的价值观和观念，而且即使在同一个社会里，也还存在各种亚文化。要点 1.3 中列出了一些不同的人群间的差异。

这些文化观念被一代代地传承下来。儿童可以直接通过教育习得这些观念，也可以通过观察周围人的行为间接地了解（Copple & Bredekamp, 2009）。由于不同的人处理事情的方法不尽相同，所以儿童学到的东西也不一样。比如，在一些社会中，儿童知道竞争是对的，但在另一些社会中，儿童发现合作会受到高度好评。在某些群体中，时间被视为有形的物体，绝对不能浪费；而在另一些群体中，人们觉得时间是不固定的，对它完全没有紧迫感。成人的这些不同的价值观和观念导致他们在对待儿童、教育儿童以及儿童应当学习哪些体现社交行为的态度和行为方面也是各不相同的 (Berns, 2012)。

要点 1.3

文化差异

人们在观念、价值观和行为方面存在着很大的差异，具体表现在：

- 人类彼此相处的方式。
- 人们对时间和个人空间的不同理解。
- 什么样的个性特点受到高度评价。
- 有关人类性本善还是性本恶的基本观点。
- 怎样表达尊重。
- 怎样与你认识的人和初次见面的人交往。
- 怎样着装。
- 吃什么、什么时候吃。
- 怎样表达积极和消极的情感。
- 什么时候、以怎样的方式、跟谁表达爱、愤怒、拒绝以及其他情感是合适的。
- 哪些东西能与别人分享、分享到什么程度。
- 彼此肢体接触的方式和程度。
- 哪些事情可以直截了当地交流、哪些不可以。
- 有怎样的宗教仪式。
- 在人生的一些重要时刻和庆祝场合，有哪些仪式。

来源：Cole & Tan, 2008; Copple & Bredekamp, 2009; Rogoff et al., 2008, Rothbaum & Thommsdorff, 2008.

放眼全局

综上所述，儿童的社会性发展受诸多因素的影响，而且这些因素又相互作用，因此当你与儿童、他们的家人和你的同事在一起时，你需要牢记下面这几个要点：

- **你设计的课程或方案会对提升儿童的社会能力起辅助作用，但它们不能取代家庭在这方面所起的重要作用。**在儿童获取社会能力的过程中，儿童教育的专业人士和儿童的家庭是合作伙伴。当你与他们的家人建立了互相尊重的关系，而且你承认可以从他们那里得到有价值的观点时，你们的合作关系就能对儿童有所帮助。
- **许多因素都会影响儿童的社会行为。**比如，当戈登打另一个孩子时，他很可能是饿了、生病了或者是因为不知道怎样加入一个游戏；他也可能是以前看到过别人使用暴力达到了目的，所以就试着模仿；他还可能只是因为实在没招了。你能否有效地帮助戈登改进行为取决于你是否考虑到了这些因素，并且找出了他的问题所在。
- **儿童社会能力的增强需要依靠其生活环境中重要成员之间的交流（家庭成员与教师的沟通、教师与儿童看护人员的沟通等）。**这样的交流有助于父母和幼教专业人士对儿童能有更全面彻底的了解，然后协同努力，争取让儿童在每一个环境中都早日达到他们的预期。如果能做到这一点，对儿童来说是非常有好处的；如果没有彼此间的沟通，成人在面对儿童时就可能出现信息缺失或无法取得多重功效的结果，这对儿童的发展是很不利的。因此，与儿童生活中重要的人保持交流对你来说是必不可少的，这不仅可以使他们及时掌握儿童的情况，也能够让他们就儿童的社交技能的发展提供建议。
- **给年幼儿童教育方案有助于减少他们在一些社交场合中遭遇的负面经历。**例如，2012 年的桑迪飓风对美国十几个州造成了影响，尤其是给新泽西州和纽约市带来了严重的损害。那里的许多建筑物被刮倒，公共交通被迫关闭，许多人在好几周里都得不到电力供应，一连几个月的日常生活被打乱。当地的专业人员迅速采取应对举措，在努力满足居民的合理生活需求的同时，特别安排了专门为儿童提供服务的方案。这些方案重在帮助儿童建立安全感，它们为儿童提供了安全的环境、有章可循的日常生活以及与当时因飓风给社区造成的巨变迥然不同的生活条件。

幼儿中心和学校的成人可以在很多方面帮助儿童减轻因社会中一些负面经历造成的影响，表 1.2 里就列举了一些例子。

表1.2　抵御系统压力的措施

如果儿童或家庭遇到……	你可以提供……
拒绝	接纳
孤独感	支持和联结

续表

如果儿童或家庭遇到……	你可以提供……
由于离婚、死亡、家庭关系发生变化所造成的不确定感	稳定的关系、将这些情况告知儿童的家庭成员
混乱的环境	事先安排好的环境和日常生活
恐惧、愤怒、害羞	安全感、同情心、接纳
压力	镇定、耐心的沟通、思索的时间、有效应对压力的措施
贫穷	人际资源和学习的机会
无家可归	在教室环境中的安全、稳定、踏实和归属感
在家庭、社区和媒体上遭遇暴力	非暴力的教室环境、解决冲突的和平方案
虐待或忽视	保护、照顾和关爱
偏见和歧视	公平的对待、帮助儿童发展积极的自我认同感、理解他人和反偏见的行为

可见，社交环境对儿童的社会性发展是非常重要的。下面我们就来具体思考一下你在这样错综复杂的状况下应当发挥怎样的作用。

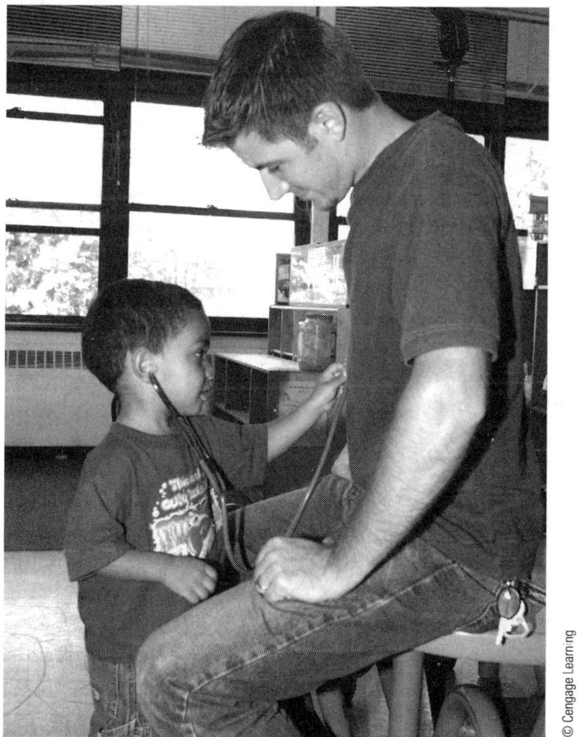

如果儿童与他们的看护人员能够建立积极的关系，他们的社会能力就可以得到提升。

你在培养儿童社会能力方面所能发挥的作用

如果被问到“你为什么愿意从事儿童工作？”你会怎样回答？无论你给出怎样的回答，有一点几乎是可以肯定的，那就是你渴望未来能够给儿童的生活带来积极的改变。相较其他方面，社交和情绪方面的改变会是最显著的。每一天你都会面对不同的情况，需要你做出判断，怎样才能更好地帮助和引导儿童。这是非常具有挑战性的工作。在一些特定的情况下，你很可能会犹豫不决，比如：

我是应当抱起那个哭泣的孩子呢，还是就让她继续哭？

对咬人的孩子我该怎么办？

什么时候是让孩子懂得分享的恰当时机？

孩子怎样才能学到解决分歧的更好方法？

如果我怀疑一个孩子遭到了性虐待，我应该向谁反映？

你如何回答这些问题以及你采取什么样的措施都会或多或少地影响儿童和他们的家人。有时，你的回应甚至可能对儿童造成伤害。比如，你的行为可能增强或降低儿童的自我价值感；可能会提升他们的与人交往的能力，也可能会让他们在与人有效交往的方面更加不知所措；你的反应既可能促进也可能阻碍儿童自我控制能力的发展。

尽管对任何情形都不会只有一个准确答案，但你所说和所做的的确会对儿童的生活产生很大的影响。那么，你将利用哪些资源来帮你形成合理的判断并采取有效的行动呢？

如果你有爱心，并且致力于帮助儿童的社会性发展，你可以借助你以前的工作经验、掌握的相关知识、同事给出的建议和你认为什么是最佳方案的直觉。事实上，这些资源非常具有参考价值，但当你在应对具体情况并需做出非常专业的反应时，仅仅依靠它们是远远不够的，你还需要大量的从生活经历中积累起来的知识和技能。虽然有些人天生就具备一些性格特质，再加上以往的经验，使他们显得在促进儿童社会性发展方面很有能力，但如果想从一名有天赋的普通人士成为真正的行家里手，还必须掌握更多的知识和技能。

作为专业人士应当怎样与儿童相处

想想成人如果想与儿童很好地相处，应该具备哪些性格。估计你会提到下面这些：

- 有耐心
- 有爱心
- 尊重人
- 思想开放
- 风趣幽默

有的人虽然具备了上述性格，可还是不能成为一名专业人士。即使你的职业已经是教师、儿童看护人员、咨询师、社会工作者或者儿童生活专家，可如果你在下面五个方面有欠缺，你仍然算不上专业人士。这五个方面指的是：专业知识、可展示的技能、正规的行业标准、终身教育和行为道德准则。可以从工具表 1.2 中进一步了解如何增进各方面所需的知识和技能。①

工具表 1.2

专业知识

- 阅读三篇有关儿童社会能力的专业文章。
- 参加一个网上有关社会性发展的论坛。

可展示的技能

- 做一下附录二中的测试，找出三个你希望提升的地方，并且制订你将采取的具体步骤加以改进。你可以让一位同事或上司来观察你的行动，并给出反馈。

正规的行业标准

- 浏览与幼儿教育相关的专业网站，阅读发表的论文。

终身学习

- 参加一个当地、州或国家级的专业机构。
- 加入一个为幼儿教育专业人士成立的工作坊。
- 定期去图书馆，阅览有关幼儿教育的专业杂志。

行为伦理准则

- 了解本国幼儿教育协会颁布的伦理准则①。

专业知识

专业人士应当具备大量超出普通人的专业知识，这些知识基础是专业人士通过阅读、思考、观察和亲身经历所获取的理论和研究的结合。它包括能帮助我们理解儿童为什么会采取某些行为的术语、事实、原理和概念，也提供了关于哪些干预措施能够奏效、哪些起不到作用的线索。相关知识的获取是长期教育和专业训练的结果（Ryan & Cooper，2013；Horowitz，Darling-Hammond，& Bransford,2005）。美国大学教师教育协会（American Association of Colleges of Teacher Education, AACTE）、国际儿童教育协会（Association of Childhood Education International, ACEI）和美国幼儿教育协会（NAEYC）都对在各个与儿童有关的领域培训专业人士提出了建议。它们建议的知识结构包括基础知识（即人文学科、数学、科技、社会科学、生物学、物理学、艺术、体育和健康）、儿童发展、教与学、课程的开发和实施、与家庭和社区的关系、测量和评估以及在适当监督下与幼儿相处的实习经历。一些其他专业机构，比如儿童生活专家协会（Children Life Specialist Association, CLSA），在此基础上提出了有关健康护理方面的专业知识。

可展示的技能

专业人士与业余人员的不同之处在于他们展示了其所在领域的专业技能。许多专业都会要求从业人员拥有执照或证书，它们通常是由国家或州按照一定的标准颁发的。当充满理想追求的专业人员在业内资深专家的监督指导下参加了培训课程和考试，并且在实习或工作中都有称职的表现后，就不再需要接受正式的监督了。

无论用怎样的方式进行评估，作为一名专业人员都不可能仅仅靠记一些理论知识就通过测试，你必须能将知识转换为切实有效的实践或技能。这些**技能**是由可观察到的行为组成的，当你能够把它们结合起来使用时，就证明你已经掌握了一定的策略。它们是可以被观察、习得和评估的（Gazda, Balzer, Children, & Nealy, 2005）。比如，研究

① 我国教育部于 2012 年颁布出台了《幼儿园教师专业标准》。——译者注

告诉我们，一种提高儿童情绪发展的有效策略就是先准确说出儿童在不同场合的情绪反应（Denham, Bassett, & Wyatt, 2008）。虽然这听上去很简单，但它实际上需要成人使用大量表达情感的词汇来准确定义儿童的情绪，对儿童做出非判断性描述，之后才能确定使用这一策略的最佳时机和场合。所有这些行为都属于技能的范畴：第一，它们是可被观察的，你可以听到和看到人们使用的表达不同情绪的词汇以及他们的判断是否客观；第二，如果一个人的词汇量有限，他应该学着使用更多表达情绪的词语，如果他喜欢判断性地同孩子讲话，那他需要让自己变得客观一些；第三，资深人士可以对这位专业人员的操作能力做出评估，同时给出反馈意见，以便他进一步改进提高。

只有当一位专业人员能够正确地使用所有的策略时，才能说他已经真正掌握了这项技能。大多数有理想、有抱负的专业人员都认为要达到这个目标需要大量的时间和实践。

有些技能比较容易理解和掌握，有些却非常复杂和具有挑战性。不过在所有情形下，掌握技能的前提是你需要明白做什么、为什么做以及怎样做。在弄清楚这些后，再将打算采用的策略准确地用于合适的情境中，这样才算真正掌握了它们。仅仅知道儿童情绪的重要性或者只能在教室或工作坊的角色扮演中使用表达情绪的词语是远远不够的，你必须能够在活动中心、操场上和教室里准确地分辨儿童的各种情绪。将训练从模拟场景转换至真实环境是专业能力最终的呈现。

正规的行业标准

专业人员通常需要按照这一领域正规的行业标准来履行他们的职责（Business Roundtable, 2004）。行业标准是由专家通过研究和讨论制定出来的，并在业内以自我监督的方式（有时可能会通过政府部门的规定）来贯彻执行。比如，在幼儿教育方面，行业标准就是一切有助于帮助儿童提升社会性、情绪、认知、语言和身体的发展的策略。有些标准还包括确保儿童的健康和安全的措施；幼教人员与儿童的比例——保证每个儿童都能经常与专业人员互动；成人在儿童发展和早期教育方面必须接受过专业培训；稳定的教师队伍，以便儿童与他们建立信任的关系；根据儿童的发展水平和兴趣所制订出的适当的方案（NAEYC, 2009）。努力达到这些标准的专业人员更可能为他们负责的儿童提供高质量的教学方案，而达不到标准则对儿童不利。行业标准给我们提供了一个尺度，从业人员可以据此评估自己的业绩以及为儿童及其家庭提供服务的整体质量。NAEYC 也为准备从事这一职业的人员设计了发展标准，这些标准列在本书的内封上，可在阅读本书内容的同时随时对照检查自己是否达标。

终身学习

要想使自己的工作一直跟上行业标准，从事这一职业的人士就得接受终身教育（NAEYC, 2009）。他们需要通过参加工作坊的活动、咨询同事、加入专业机构、阅读专业杂志和继续接受培训等方式不断更新自己的知识和技能。也就是说，专业人员要将学习视为一个伴其一生的过程，在从业期间始终保持学习的状态。

行为伦理准则

任何一个职业都有一套指引其从业人员行为的伦理准则。这些准则包括对职业价值观和行为标准的陈述，可以帮助人们分清对与错、得当与不得当的方法（Ryan & Cooper, 2013）。这些准则对个体从业人员已有的道德水准又进行了补充。

虽然个体的道德品质对职业发展极为重要，但区分职业层面上的对与错不能单靠个人的判断（Feeney, 2010）。它需要我们了解这一领域中被一致认同的伦理标准。因此，职业化要求你采用经过业界权威机构正式批准的行为伦理准则。

伦理准则能够为你做出决定提供指引，也为你在不同的环境中判断行为正确与否提供了参考标准。它是我们在探讨**道德困境**时的一个工具，并且可以使我们在无人可咨询时获得来自他人的集体智慧。行业外的人士不可能得到同样的帮助。

花一点时间思考上述五个有关职业化的因素对你回答“如果孩子咬人，我该怎么办？”这个问题有何影响。在表 1.3 中，与每个因素相对应，分别示范性地列出了专业人士可能思考、知道和做些什么。从中你会发现，专业人士需要掌握丰富的知识、技能和标准才能帮助儿童发展他们的社会能力。有证据表明，具备这样专业背景的从业人员最有可能在培养儿童的社会能力时获得积极效果（Gestwicki，2011）。他们这样的行为常常被称为发展的适宜性。

表1.3 职业化的因素

对一个咬人的孩子，我该怎么做？	
职业化因素	**考虑、了解和要做的事情**
专业知识	了解与儿童年龄相关的性格特点 对儿童咬人行为做出理论解释 研究旨在减少儿童咬人行为的各种相关策略
可展示的技能	通过转移方向、代替、逻辑推理或减压策略对咬人儿童进行干预 采用补偿、自我对话或确立自信心的办法处理受害者的需求 使用调解冲突的策略减少攻击行为 对旁观者采取事先阻止和警示的方法 与咬人的孩子和被咬的孩子的家庭进行有效沟通
行业标准	当地的职业要求 NAEYC 中的认证标准和程序 家庭团体的认证标准 幼教项目中适应发展的教学法标准 英语教师全国委员会（NCTE）的认证标准 当地的教师资格指南 与儿童发展相关的标准 全校范围的纪律规定
终身学习	掌握有关情绪自我调节的最新研究 了解有关幼儿咬人现象的最新发现
行为伦理准则	思考和解决问题时要根据与儿童及其家庭的安全、稳私和责任有关的伦理原则

适应发展的教学法与社会能力

适应发展的教学法（DAP）包括从业人员的职业化和为儿童设计的高质量的课程 (Horowitz et al.，2005)。要设计出适应发展的教学法，你可以根据下面的信息做出决策（Copple & Bredekamp，2009）：

- 对于所有儿童的发展和学习能力，你都知道些什么？
- 对于每个儿童的优点、需求和兴趣，你都知道些什么？
- 对于儿童生活的社会和文化环境，你都知道些什么？

思考并回答上面三个问题能够确保你在引导儿童社会性发展时使用在年龄、个体以及社会和文化方面适宜的方法。

年龄适应性方法

杰克 3 岁，艾米 10 岁。两个人都想玩游戏。你会为他们选择同样的游戏吗？在玩游戏的过程中，你会期望他们表现出差不多的技能或者对所玩游戏有相同的理解吗？

作为了解儿童发展的专业人士，你肯定会对这几个问题给出否定的回答，因为你很清楚年龄对孩子的知识结构和做事情的能力会产生极大的影响。因此，要为杰克和艾米选出既有趣又合理的游戏，你必须考虑各种可供他们玩的游戏是否适合他们各自的年龄。比如，搭个简单的积木，然后再把它推倒，可能会让杰克很开心，但肯定很快就会让艾米感到无趣。相反，艾米可能会对和其他孩子到户外做游戏很有兴趣，可这对杰克就比较难。在两种情形下，你能否为他们选出合适的游戏取决于你对杰克和艾米的实际了解，这其中包括他们的动手能力、认知理解能力、语言能力和社会技能（比如，等候、遵守规划、轮流、适应他人的需要和与人分享的能力）。虽然年龄并不能说明孩子的思维和能力的一切，但它在我们做判断时的确能够起到很大的帮助作用，使我们可以做出合理的假设，即在不同的年龄段，儿童的哪些行为是安全的、有趣的、可实现的和具有挑战性的（Copple & Bredekamp，2009）。所以说，我们应该承认儿童的社会能力深受年龄差异的影响，不同年龄段的儿童的理解力和技能也是不同的。

个体适应性方法

孩子们正在参观一座农场。沃尔特跑到栅栏那里，大声喊着，“这儿有马，快来看！”玛格丽特没有和大家一起过去，她不能确定自己可以离那个全身是毛的庞然大物多近。卡洛斯和洛佩兹小姐一起走向栅栏，只要洛佩兹小姐在旁边，他就可以很开心地看那些动物。

三个不同的孩子，三种不同的表现。每一个都需要你做出个别化反应。

每一个来到这个世界上的孩子都是一个独特的个体，是其父母数以万计基因相结合的产物。每个孩子大脑的大小、形状和运转都与其他孩子略有不同。孩子的性格也在出生时就表现出了与他人不同的地方，所以我们经常会听到他们的家人这样说，“露西娅从小就是这样”。这些生理上的差异再加上成长过程中不同的环境和经历，使得孩子之间的差别越来越大。在任何一个群体中的每个孩子的社会能力都会受到其经历和理解能力的影响。一个几乎没有群体经历的孩子与一个从出生就受到群体关照的孩子在需求和能力方面有很大的不同。同样的，在家中就玩过一些游戏的孩子比那些从未做过游戏的孩子更容易理解游戏规则并向他人进行解释。每个孩子不同的经历以及这些经历不同的数量、内容和结果导致他们的发展是完全不一样的。

将每一个孩子作为个体考虑，能够使你懂得因人而异，并且针对一个群体中不同的孩子采取不同的方法和策略（Copple & Bredekamp，2009）。你可以从孩子们在参观农场的过程中的不同表现里体会到个体适应性方法的必要性。

一个成人和沃尔特一起走向栅栏，与他分享看到马时的兴奋，并帮他控制住立刻想要伸手摸马的冲动。另一个成人则站在玛格丽格和卡洛斯身后，给予他们情绪上的安慰，确保他们能够放松地观察马。这些个性化的应对方法充分考虑了孩子们不同的反应和需求。如果要求所有孩子都远远地站着，就无法给沃尔特提供近距离观察马的机会；可如果让他们都站得足够近，又会令玛格丽特和卡洛斯感到恐惧。因此，在这种情形下，对所有孩子采取完全同样的做法是不合适的。个性适应性方法这个原则提醒我们，若要公平地对待每个孩子，就要把他们当作独立的个体来看待，这有时意味着需要根据他们的不同需求对他们区别对待。

社会和文化适应性方法

除了考虑年龄和个体差异外，你还需要注意孩子所处的家庭环境、社区和文化背景，从而有效地帮助他们发展社会能力。看看下面两个发生在教室的事例：

场景一：

海斯小姐注意到有两个孩子在游戏区争抢一个洋娃娃。她过去小心翼翼地将他们分开，并开始向他们了解为什么发生冲突。胡安妮塔一直低头看着地板。海斯小姐对她说，“胡安妮塔，现在我希望你认真听我说话，而且我在说话时你要看着我。”可胡安妮塔还是低着头，于是海斯小姐轻轻托起她的下巴，坚持让她看着自己的眼睛，以表明这个小女孩在听她讲话。

场景二：

弗里兰德小姐注意到有两个孩子在积木区抢夺一个蒸汽挖土机模型。她过去小心翼翼地将他们分开，并开始向他们了解为什么发生冲突。卡洛斯一直低头看着地板。弗里兰德小姐继续与他们交流。最后两个孩子都同意再去找一个工具，这样他们就都有工具用了。

在上面两个事例中，成人都在尽力帮孩子解决一个典型的教室冲突。两位教师都竭力想通过讲道理的方法帮助孩子化解争端，这是符合行业标准的。但是，在此过程中，海斯小姐执意要胡安妮塔看着自己，而弗里兰德小姐却没有这样要求卡洛斯。弗里兰德小姐的做法符合当时的社会和文化环境，因此是适宜的，而海斯小姐的要求就欠妥当。这是因为弗里兰德小姐明白而海斯小姐不明白，在胡安妮塔和卡洛斯的家庭中，孩子们被要求在面对大人时，特别是当他们被批评时，目光朝下；否则就表明他们缺乏尊重（Trawick-Smith，2013）。

由于没有意识到这一点，海斯小姐在处理问题时忽视了胡安妮塔所处的社会环境。而她自己在成长过程中得到的教导是要直视对方以示专注，所以她也这样要求班上的孩子，可是这样的推理是不准确的。

如果我们忽视孩子生活的文化环境，就无法意识到他们的家庭背景千差万别（Arnett，2008）。要想避免由此带来的不良后果，你需要努力了解班上每个孩子所处的文化环境。当你以欣赏和感兴趣的方式与孩子及其家人接触时，你就能了解更多的在他们看来有意义和值得尊重的行为，你也能够发现家庭对孩子社会性发展的期望。此外，你还可以知道更多孩子在家里遇到的事情。所有这些对你更准确、更体贴地解释孩子的行为、情绪和需求都是大有帮助的。

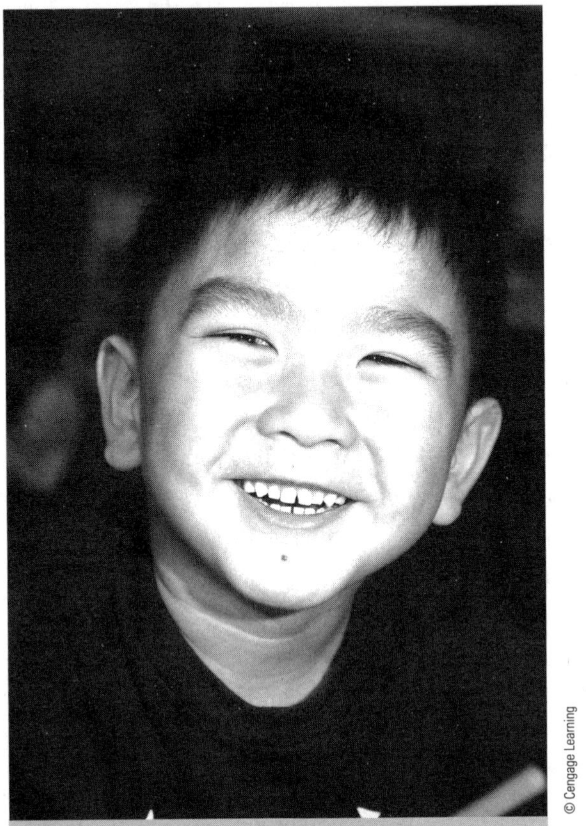

聪聪今年3岁，根据你对这个年龄的孩子的了解，你觉得他会是怎样的？而他又可能在哪些方面与其他同龄的孩子不一样？

为谨记适应发展的教学法，我们需要设计一个社会干预框架，来帮助专业人员明确应当采用哪些方法、在什么时候和向怎样的孩子使用它们。

引导儿童社会性发展的框架

在本章开篇，我们曾让你想象一下应该怎样面对一个幼儿园或小学教室里的三个6岁的孩子：

丹尼斯：活跃、充满想象力、拒绝接受别的孩子的意见、靠使用伤害他人的行为获得自己想要的东西。

萝莎莉：安静、被同伴忽视、在教室里显得很孤单。

莎拉·乔：总是很开心、社会能力强、被别的孩子关注。

事实上，你可以采取数以百计的方法来帮助他们提升各自的社会能力。那么，你究竟可能采取哪些方法呢？你怎样才能知道应该在什么时候做什么呢？你又应该从何处着手呢？

幸运的是，你不用凭着自己的直觉或猜测来决定应该在什么时候开始并怎样继续往下进行。好的教师会先与每一个孩子建立积极的、有利于教学的关系；再为他们提供一个可以从中得到激励和帮助的学习环境；然后有意识地向他们传授社交技能，并指导他们实际使用这些技能；最后一步就是根据需要为一些孩子进行深入的个别化干预。这些步骤体现了在引导儿童发展社会能力时的渐进过程，图1.2也有清晰的展示，接下来还会更进一步地展开叙述。从现在开始，我们就将其称为**社会支持金字塔**。它是在由一些资深教育家设计的，旨在帮助提升儿童社会能力的教学金字塔模型的基础上演变而成的（Fox et al.，2009）。社会支持金字塔为你思

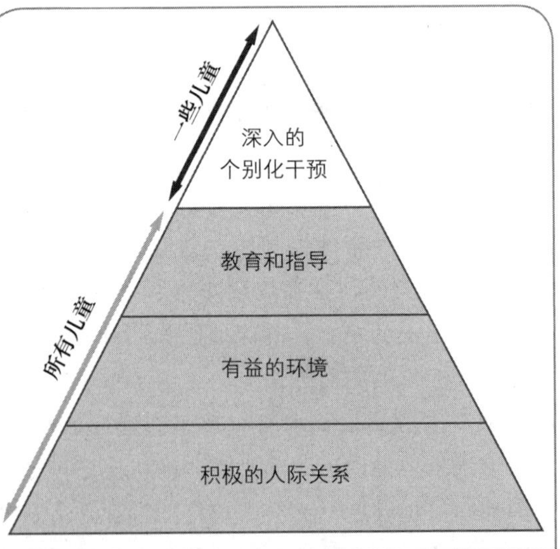

图1.2 社会支持金字塔：持续渐进地引导儿童的社会性发展和行为：彻底改变孩子的生活

来源：Adapted from Fox, Dunlap, Hemmeter, Joseph, & Strain, 2003.

考怎样引导所有儿童的社会性发展提供了非常有效的帮助。

与儿童建立积极的人际关系

儿童如果能感受到教师是真正地关心他们——关心他们的学习，也关心他们发展社交技能，他们就能在学校迅速成长。

——**克劳迪亚·伊莱亚森**（Claudia Eliason）**和罗亚·詹金斯**（Loa Jenkins），**儿童早期教育家**

成人在提升儿童的社会能力方面需要做的第一步也是最重要的一步就是与他们建立亲密关系（Hemmeter, Ostrosky, & Fox, 2006）。积极的关系是所有其他干预措施的基础，因此，它是社会支持金字塔上范围最广的一个方面。这是因为儿童只有在心理上感到非常安全和放松时才能学得最好、成长得最快（Goleman, 2011）。而安全感来自与成人建立的持续的信任。孩子们如果在犯错时能得到接纳，付出努力时能得到鼓励，他们就会乐于学习新的东西，比如，怎样用语言表达自己的情绪、怎样按顺序等候或者怎样善待别人。而那些充满恐惧和怀疑的孩子不太可能做到这些。对遭到拒绝或觉得不自在的孩子来说，情况也是如此。最终，与成人享有温暖、接纳关系的儿童能够提高他们的社会能力并不断调整他们的行为（Denham, Bassett, & Wyatt, 2008）。而另一方面，缺乏这种关系的儿童很可能在行为方面出现问题，遇到挫折时无法接受，与同伴交往时的社会能力也很弱。

构建有益的环境

社会支持金字塔的第二层是构建有益的现实环境和语言环境。现实环境的意义非常重要，它会影响我们的感知以及我们所做的事情，决定我们如何与他人互动，并且对我们能否成功地实现目标产生很大的影响（Weinstein, Romano, & Mignano, 2010）。对所有人来说都是如此，尤其是对孩子。因为孩子的社会行为受环境因素的影响更大，比如颜色、光、材料、房间的布置、声音和日常安排。精心安排的早期学习环境能使孩子很自然地互动，有助于他们表现出被社会认可的行为，并且为他们实践与自我调节相关的技能创造了条件（Kostelnik & Grady, 2009）。

成人怎样与孩子交流、怎样注重倾听他们说话、怎样把他们的非言语表达和语言表达结合起来，以及怎样通过语言来扩展孩子的社会理解能力，都会对孩子的行为产生重大影响。在教与学的过程中，你所采用的肢体语言和语音语调与你的措辞具有相同的重要作用（Nabobo-Baba & Tiko, 2009）。同样地，语言也会对孩子的幸福感和自信心产生伤害、治愈、帮助、疏离等影响。与社会支持金字塔这个方面相关的非言语策略和言语策略都能够起到提升自我意识以及发展语言和交流的效果。

教育和指导

孩子不可能一生下来就具备娴熟的应对社会的能力。社交和掌控情绪的技能需要通过在社会中长时间地与他人友好相处和成功实践来逐步发展和习得。你的任务就是教给他们这些技能，并指导他们有效地使用它们，从而增进他们的社会理解能力。因此，社会支持金字塔的第三步就是提升孩子的技能习得和社会性发展。成人竭力向孩子传授各类社交和管控情绪的策略，帮助他们保持好的行为，并将不太恰当的行为改变为能够被人接纳的行为。提醒孩子“走就可以了，不要跑”，或在孩子解决发生的口角时给他们一些引导，都属于这方面的例子（Epstein, 2007）。在这样的情况下，成人要帮助孩子达到正确的行为标准，但不要因他们不当的行为而限制或惩罚他们。最典型的教育和指导的策略包括讨论、示范、当场下达要求、提醒、纠正、强调、兑现承诺和贯彻始终。这些策略能使每个孩子在一定时候都获得益处，但具体使用哪些策略、怎样使用它们、什么时候和以怎样的方式使用则需要根据不同的孩子和不同的情况来决定。

深入的个别化干预

在经过社会支持金字塔的上述三个阶段后，大多数孩子的社会能力都会得到提升。实际上，只要在孩子儿童期时一直合理使用上述策略，大部分孩子在进入幼儿园时就已经具备了所需的与同伴和成人有效交往（当然还不可能完美）的基本技能（参见图 1.3）。这些早期掌握的技能为他们步入小学时进一步发展社会能力打下了一个坚实的基础。

但是，也有一小部分孩子（大约3%～15%）对前面三个方面没有做出相应的反应，而是持续表现出挑战性行为。要解决他们有问题的行为并帮助他们发展新的技能，需要对他们采取其他干预性措施（Hemmeter, Ostrosky, & Fox，2006; Kaiser & Rasminsky, 2012）。在大多数情况下，专业团队需要和孩子的家庭成员共同设计干预性方案，并在不同的社会环境中系统地使用它们。深入的个别化干预之所以出现在金字塔的顶端，是因为它只需要用于普遍性干预措施后，并且只需针对一小部分孩子。

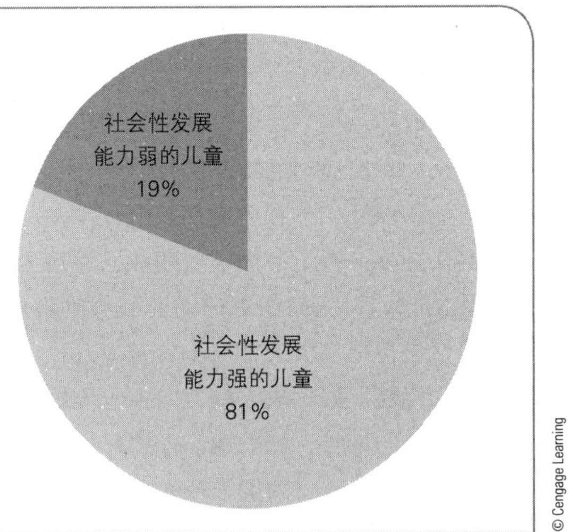

图 1.3 进入幼儿园时，在与同伴互动时表现出积极的社交行为的儿童比例

没有人会完全按照图 1.2 中的顺序一步一步向上迈进，也没有人会在某个时间只停留在一个方面。相反，幼儿教育的专业人士都明白应当在什么时候、以怎样的方式使用金字塔中的哪个部分，并会有效地采用与每个方面相配合的做法予以实施。这些就是你在接下来的章节中需要学习的内容。

章节结构

本书旨在帮助你获得作为一个与孩子打交道的专业人士所需具备的知识、技能和观念，因此，下面每一章里的内容都围绕着职业化的五个要素展开。

专业知识

每章开篇的目标是为了引导你的阅读和学习，其后是本章所需掌握的知识库，它首先讨论有关某个领域的最新研究和观察发现，比如儿童的情绪发展，还会包括对关键术语的定义。

可展示的技能

接下来是与本章研究相关的特殊技能部分，这些技能可以直接运用在你与孩子的互动中，反映出你在提升儿童社会性发展方面的专业水准。技能中也包括了与孩子的家人沟通的技能，目的是加强家校联系。每一章都有与图 1.2 的社会支持金字塔中列出的前三个方面有关的技能，并且在需要采取深入干预措施的地方提供了具体的做法。

每一项技能都通过一系列可观察的行为呈现出来，这样你可以在阅读后尝试将其运用到你的专业行为中。经常有学生反映，阅读时觉得那些技能就跟普通的常识一样，但真要在工作中有效地运用，需要反复实践。我们还特意将有关技能的部分用深色在页边标了出来，方便你快速查找。

为了让你尽快发展技能，我们还罗列了你在运用新学到的行为与孩子及其家庭沟通时需要注意的地方，这些注意事项能够帮助初学者避免一些易犯的错误，同时也能衡量你取得的进步。

行业标准

每一章中的技能都与这一领域中已被普遍认可的行业标准相吻合。适应发展的教学法都有对应的行业标准，而且这些标准也适用于图 1.2 所展示的各阶段的社会干预。

后续学习

每一章结束时都有总结部分，简要回顾了本章的主要话题。紧随其后的问题讨论则可帮助你评估自己对所学材料的理解程度。附录一里提供了四个案例分析，每一章里都会提及其中一个，让你将本章习得的具体策略恰当地运用于解决这个孩子的实际问题中。课外作业让你有机会在幼儿教育项目中将学到的知识真正用在孩子身上。设计这几个部分是为了帮助你概括归纳在课堂以外所学的东西，并为今后的工作打下基础。随着你在这一领域的不断深入，你可以通过阅读学术杂志、参加学术会议以及其他继续教育的方式来持续更新你的知识结构。

伦理准则

每一章都充分考虑了其内容所涉及的伦理准则。因为伦理是职业化必不可缺的要素，所以每一章都设计了与伦理相关的问题讨论。虽然对这类问题不可能有唯一正确的答案，但与教师和同伴讨论它们对你的道德判断能力还是很有益的。

NAEYC 的伦理准则将贯穿本书的始终，我们希望你在学完本书后能对这一整套准则有一个全面的了解和认识。

总　结

社会能力指的是一个人以社会认可的方式实现个人目标的能力。社会能力的获得始于童年时期，是发展和习得的结果。

儿童在社会环境的互相影响下获得社会能力，因此在思考这些综合因素对儿童生活的影响时，一定要有追根溯源，通盘考虑。

只有持有这样的认识，你才能留意儿童的过往经历，理解他在发展过程中受到的各种影响，并且能够与儿童生活中至关重要的一些人进行有效的沟通。首先对儿童产生重大影响的是其家庭，然后在成长过程中，他会越来越多地受到同伴和家庭以外的环境（比如幼儿中心或学校）的影响。当儿童进入这些环境时，他们通常会开始与专业人士的接触。这时，专业人士就必须在五个方面表现出与外行的不同之处，即：专业知识、可展示的能力、行为标准、终身学习和伦理准则。

与儿童打交道的专业人士可以借助于社会支持金字塔来指导自己采用的方法。这个金字塔包括四方面的内容：(1）与孩子建立积极的关系；(2）营造有益的环境；(3）教育和指导；(4）在必要时采取深入的个别化干预措施。如果你能真正习得并有效实践这些做法，你就完全有可能在改变孩子的生活方面发挥积极的作用。

关键词

道德困境（ethical dilemma，p.17）
技能（skills，p.16）
伦理准则（code of ethics，p.17）
社会能力（social competencies，p.2）
社会支持金字塔（Social Support Pyramid，p.20）
适应发展的教学法（developmentally appropriate practices，DAP，p.18）

问题讨论

1. 按照图 1.1，对社会能力做出定义，随意选取其中的某个因素进行讨论，并列举实例来进一步阐述与该因素相关的知识、技能和价值观。
2. 最近针对俄罗斯父母和幼教专业人士的调查发现，社会能力中的下列方面最受重视：

- 善良
- 得体的举止
- 对个体差异的尊重
- 独立思考和行动
- 自信心
- 自我导向
- 主动
- 快乐

将这些行为或价值观与本章提及的美国儿童的社会能力特点进行比较，并展开讨论。

3. 有证据表明，在有学习障碍的学生中，大约有75%的学生在小时候就表现出了社会能力方面的缺陷。此外，智力发育迟滞的儿童与其同龄的正常儿童相比，更可能在社会交往和沟通中遇到问题（McCay & Keyes，2002）。讨论一下，对于这样儿童的家庭和与他们打交道的幼教专业人士，这意味着他们应当怎么做？
4. 一些科学家认为，“儿童是有其特质的完整的人，而不是尚有不足的成人。”根据你在本章学到的内容，以及你对儿童社会性发展的理解，你认为这样的说法对儿童社会能力的发展有什么重要意义？
5. 假设一些孩子刚加入你负责的项目，你需要和他们的家长进行沟通，那么在儿童的社会能力以及你的项目会如何帮助儿童发展他们的社会能力方面，你最想告诉他们的三点是什么？
6. 思考一下专业人士需要具备的五个要素——专业知识、可展示的技能、行为标准、终身学习和伦理准则，把它们列在一张纸上，然后就你应当通过怎样的方式做到这些展开讨论。
7. 每个孩子的发展节奏是不一样的，有的孩子会遇到挑战，在社会性发展方面显得比较滞后。就你会怎样通过适应发展的教学法来帮助他们展开讨论。
8. 简要叙述一下图1.2中列出的社会支持金字塔的四个方面，列举并讨论一下成人在这些方面有所作为的实际例子。

案例分析

阅读附录一中赛斯的案例，然后思考下面这些问题：

1. 根据图1.1，叙述赛斯在社会能力中的那三个方面的实际情况。
2. 在这个案例中直接提到了两个社会背景（家庭和幼儿园），还可能存在哪些其他社会环境也会影响赛斯的发展？
3. 讨论一下可以用于赛斯的年龄适应性方法、个体适应性方法以及社会和文化适应性方法。看看这些方法与那些可用于班上其他同龄孩子的方法有哪些相同或不同不处。
4. 如果你是赛斯的老师，你希望自己具备哪些专业知识和特殊的技能。设法找到获得这些知识和技能的机会和策略。
5. 思考如何将社会支持金字塔用于这个案例，看看你可以怎样与赛斯建立和发展积极的人际关系。描述一下教室这样的环境会对赛斯的行为产生怎样的影响。指出增进赛斯与同伴互动的潜在机会。你希望通过这些机会向赛斯传授哪些技能？你还希望向赛斯的同伴传授哪些技能以便他们在与赛斯互动时更有效果？

课外作业

1. 将你这学期打算操练技能的教室或其他场所做成一个示意图，确保把有关门、窗户和家具的所有细节都列出来。同时写出每天在此发生的事情的日程表以及你在每件事情上扮演的角色。写出至少3个你需与之互动的成人的名字和他们所起的作用，再列出至少10个孩子的名字。写出两个你认为校方负责人希望这些孩子在社会能力方面实现的目标，以及你是怎样做出这个判断的。
2. 选出本章中提及的有关社会性发展的一个原理，写出这个原理，并且给出在你的工作中，孩子有这方面表现的一个例子。要客观记录，侧重那些可观察的行为。
3. 参考表1.2，将它复制一份，与一位儿童问题专家分享。询问他遇到过表中的哪些现象，并请他给出帮助孩子解决问题的实际事例。
4. 观察一个儿童早期所处的环境，写下你观察到的可用于这个环境的年龄适应性方法、个体适应性方法以及社会和文化适应性方法。
5. 思考图1.2的社会支持金字塔列出的四个方面，考察一个与儿童发展有关的项目，从中找出可以体现前三个方面的成人行为的例子，同时看看是否有为需要第四个方面（即深入的个别化干预）介入的孩子准备的方案。

检查你的做法

下面是一个对照检查表，作为一个刚入门的专业人士，你可以用它来检查自己是怎样实践这些技能的。你还可以在附录二中获得更多的观察教室行为的检测标准。

能够帮助儿童实现社会和情绪发展的教师应该是这样的：

√ 积极主动地了解自己应该担负的责任。
√ 按时到场，全程参与。
√ 协助布置和维护学习环境。
√ 参与班里所有的日常活动。
√ 作为团队的一员，能与他人密切配合。
√ 帮助所有集体活动中的其他人。
√ 随时保持与孩子的互动。

第 2 章　好的开端：与婴幼儿建立关系

本章目标

在学习完本章后，你应该了解：

积极的成人与儿童关系的基本要素。

为什么依恋是关系的基础。

儿童表现出的影响关系建立的暗示。

婴幼儿如何通过个性化和与父母分离渐渐成为他们自己。

儿童逐渐表现出的交流技能对其社会能力的影响。

儿童与同伴关系的早期发展。

早期的自我调节对社会学习的影响。

帮助婴幼儿掌握特殊技能的方法。

增进你与婴幼儿关系的策略。

在与婴幼儿以及他们的家庭沟通时的注意事项。

NAEYC标准

1. 提高儿童的发展和学习能力。
2. 与儿童的家庭和社区建立关系。
3. 观察、记录和评估对儿童及其家庭的帮助。
4. 运用适应发展的教学法与儿童及其家人进行沟通。
5. 使用相关的知识设计有意义的课程内容。

当14个月大的勃兰特和他的爸爸走进房间时，派费尔小姐从地板上站起来，带着灿烂的微笑向他们走去。“我们正满怀期待地等你们来呢。”她轻声说道，同时回应着勃兰特的笑脸和伸出的胳膊，她搂住了他。勃兰特的爸爸点点头，向她简单说了说带孩子去看医生的经过。勃兰特则紧紧拥抱着派费尔小姐。

从勃兰特到达的短短瞬间，我们可以注意到派费尔小姐和勃兰特都很高兴见到对方，他们之间的关系是令人舒服和充满爱意的。对婴幼儿来说，与一个或多个成人保持充满爱意的关系是其取得最大发展的必要条件（Raikes & Edwards，2009）。当然，父母通常是首先与孩子建立牢固纽带关系的成人，但是，随着孩子渐渐接触外部世界，家庭中的其他成员、朋友以及负责照料他们的专业人员也可以与他们建立起亲密关系。这样的关系为孩子的早期学习和发展提供了一个安全保障，使孩子可以放松地观察周边的世界，并且相信成人会悉心培养他们、保护他们和指导他们（Thompson & Goodman，2009）。生活在这样的环境里，年幼的孩子就能在情感、社交和认知方面良好发展，茁壮成长 (Labile & Thompson，2009)。

当你和婴幼儿在一起时，你需要首先成为他们寻求安全和爱的人，这既是一个重要的责任，也是一件很享受的事情。你怎样接近他们、在他们身上注意到了什么以及你怎样对他们做出回应都有可能对他们的自信心和社会能力产生或正面或负面的影响。如果你希望能够在这方面取得最佳的效果，那你就需要明白这几点：

- 成人自身的性格对与孩子建立关系起着最为重要的作用。
- 孩子在头3年表现出的能力会对他与你或别人的关系产生的影响。
- 要学会将你已经理解的东西转换成适应发展的教学法，用于实践。

成人与儿童积极关系的基本要素

与所有儿童建立积极关系的五个基本要素是：热情、接纳、真诚、共情和尊重。图2.1也反映了这五个方面：

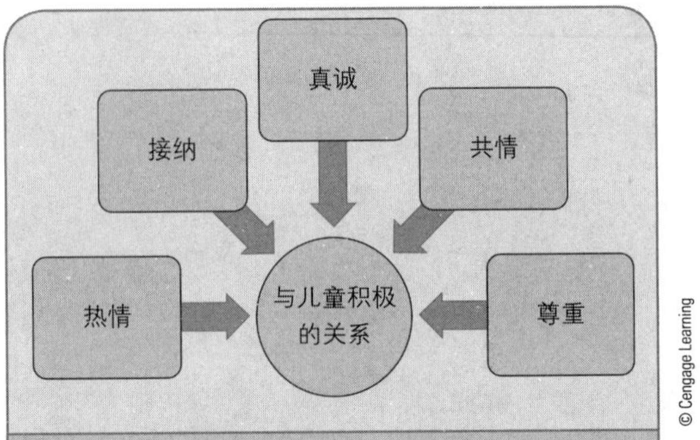

图2.1 培养与儿童关系的五个要素

让我们来花点时间进一步了解这五个要素的含义。

热情

热情意味着要对孩子表现出真正的兴趣、对他们非常友好并且能够及时与他们互动。成人需要通过微笑、轻轻抚摩他们、说话时声音悦耳动听和使用孩子能够听懂的语言等方式让孩子感到放松、得到保护和受到重视。汉莫兹小姐在问候2岁的莎拉时会先蹲下来，这样她就可以直视莎拉了；在莎拉向她讲述前一天晚上发生的事情时，她始终冲她微笑点头以作为回应。她这些做法就体现了热情。

接纳

接纳一个孩子就要无条件地重视他，这意味着无论他有怎样的性格、家庭背景或行为表现，都要在意他、关心他（Remland，2009）。对于婴幼儿，不管他们是很脏、有味或吵闹，还是开心、微笑和可爱，成人都要呵护他们，这就是接纳。成人应该“无论孩子怎样”都全然接纳他们，并且认为他们是值得成人付出时间、精力和爱的（Egan，2010）。

但是接纳并不等于纵容孩子所有的行为，包括破坏性或伤害性行为。在本章中你会发现，你完全可以做到既接纳孩子，又引导他们表现出更得体的行为。齐可小姐就同时做到了这两点。当她看到两个孩子正在扔沙箱里的沙子时，立刻赶了过去。一个孩子很开心，大笑着，另一个却很生气。齐可小姐接纳了两个人的情绪，同时她也明确指出，出于安全考虑，乱扔沙子是不可以的，她让他们改玩挖沙坑。

真诚

积极的成人与儿童的关系应当建立在**真诚**的基础上。真诚的大人从来不会虚伪地对待儿童，他们在孩子面前既坦诚又讲道理，并且总是鼓励他们。他们会花时间根据不同的孩子和不同的环境分别做出回应。斯托弗先生就是这么做的。他一方面理解安娜渴望妈妈“马上就来”的心情，另一方面又向她耐心解释妈妈要等午饭后才能来。他安慰了安娜一会儿，然后又把她带到美术课桌那里。他在那里又陪了她一会儿，直到她开始自己玩起水彩笔。

共情

关爱儿童最重要的一点就是**共情**（Carkhuff, 2012）。共情需要你从另一个人的角度去看待和理解事情，即使他的观点与你的完全不一样。一个懂得共情的人在对另一个人做出回应时会假设自己也经历过同样的情绪。因此，共情既需要观察和理解的认知过程，又需要感同身受的情感经历，也就是我们通常说的“站在别人的角度看问题”或者“通过他人的眼睛观察世界”。琼斯先生的回应就是共情的体现。当他看到图拉从台阶上滑倒摔下来的时候，他脸上的表情马上变得很痛苦，并且关切地问道，“哎哟！你一定摔得很重吧，肯定很疼，让我扶你起来。”

尊重

尊重就是相信孩子有与其年龄相符的学习和行动的能力。当成人允许孩子自己探索和行动、独立思考、做出决定、找到问题的解决办法并与他人沟通观点时，就体现了成人对孩子的尊重（Morrison, 2009）。如果成人一味地替孩子做他们自己能做的事、告诉他们应该怎样思考和感受、忽视他们自己的看法或者剥夺他们成长和学习的机会，很显然，这就是缺乏尊重了。如果成人认为孩子因为年龄、性别、文化或社会经济背景的原因而无法学习，也是不尊重孩子的行为。朗小姐耐心地等卡尔自己穿上靴子就是尊重他的表现，因为她没有催他，也没有抢着替他去做。当卡尔最后终于穿好靴子后，她微笑着点点头，表示肯定。卡尔抬起头，对自己的行为感到满意。

成人与孩子互动时如果能做到热情、接纳、真诚、共情和尊重，就等于向孩子表明他们很爱他们，愿意和他们在一起，和他们在一起时很开心，对他们付出的努力和取得的成绩很满意。成人的这些行为能在教室里营造一种让孩子感到放松、舒服的氛围，与你在第 1 章中学到的社会支持金字塔中的环境是一致的。图 2.2 更进一步说明了这五个要素在构建关系中的作用。从中你会发现，你正在学习的有关引导儿童社会性发展的部分是其中最基础的，所有其他的进展都取决于儿童与他们生活中最重要的人首先建立的亲密关系。

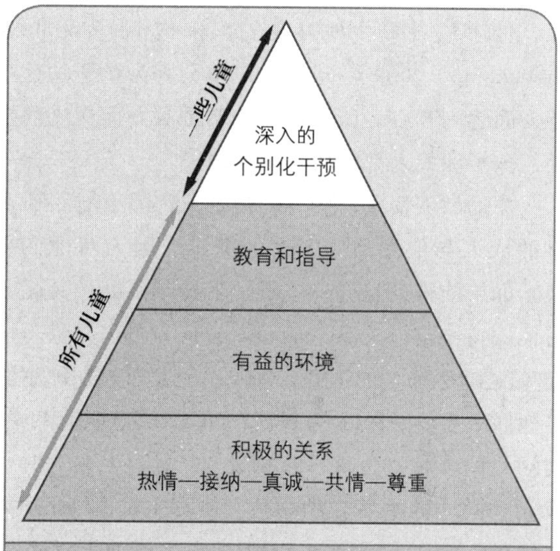

图 2.2　积极的关系是基础

来源：National Scientific Council on the Developing Child，2004.

依恋是关系的基础

徐太太将小宝贝雅各紧紧地抱在胸前，她一边轻轻地拍着他的后背，一边小声地哼着歌。雅各的头很舒服地靠在她的肩膀上。这一刻对他们俩来说都是安静的、充满爱的。

如果一个婴儿或幼儿与某个成人有一种积极的联结，那他们就是彼此**依恋**的（Thompson,

2006）。妈妈通常是让孩子第一个产生依恋的成人，因为她为孩子提供了持续不断的、随时做出反应的关爱。不过，让孩子第一个产生依恋的成人也可能是爸爸、祖父母、哥哥姐姐或其他常与孩子接触的家人。能够满足婴儿需要并且能够对婴儿的举动迅速做出回应的成人是婴儿最喜爱的，我们可以称他们为婴儿的主要照料者。儿童可以有多个喜爱的人，但至少要有一个这样的成人。儿童早期依恋行为的功能是使身边的成人可满足他们在食品、保护、安慰和安全方面的需要（Hinde，2006）。敏感的照料者能够迅速察觉婴幼儿表现出的兴趣、感觉和欲望，并立即做出回应。成人的这些行为会得到孩子相应的带有感情的行为回报，比如微笑、伸手或者寻找他喜爱的人来抱他（Copple & Bredekamp，2009）。成人肯定也会因为孩子的这些行为而感到开心。所以说，依恋是双方面交流的前提，孩子和成人都会从中得到回报。

在幼教项目中，所有的婴幼儿都需要有一位可靠的成人与他们建立紧密的联结，因为对他们来说，如果能得到这样一位看护者持续不断的关爱并与他保持稳定的关系，他们就会认为自己是值得引起关注和爱的，并且相信总有一个人守候在那里满足他们的需要（Riley et al，2008）。从早期关系中，婴幼儿们会对"关系"形成概念，并对未来与其他成人和同伴的关系充满期待（Ziv，Oppenheim，& Sagi-Schwartz，2004）。所以，与孩子前期建立关系的成人是他们感到安全的基地，孩子可以从他们身上探索和发展与其他人的关系。

与婴幼儿的关系需要成人的精心维护。除了前面提到的要素外，你还必须时刻观察他们是不是感到舒服，是不是需要吃东西了，是不是想睡觉了，或者是不是烦了，然后迅速给予他们妥帖的关照。通过满足他们的需要和对他们的行为暗示做出及时、准确的回应，成人能够帮助小家伙们形成对自己的积极认知。

当贾内尔早上到达幼儿中心时，妈妈一为她脱掉外衣，她就开始环顾四周。当看到爱丽丝小姐时，她马上露出了微笑。她抬头对妈妈说了声"再见"，就又继续看着爱丽丝小姐，并冲她挥着手说，"嘿！"爱丽丝小姐也朝她走来，并向她挥手说，"你好！"爱丽丝小姐面带微笑地同贾内尔的妈妈打招呼，并向她了解贾内尔前一天晚上的睡眠情况和今早的情况。然后她与贾内尔的妈妈告别。这时贾内尔指着自己的包说，"牛奶"。爱丽丝小姐马上回答她，"我这就给你拿"。

幼儿教育的专业人员不仅要与孩子建立亲密关系，还要通过示范和提供信息的方式帮助孩子的父母与自己的孩子建立这样的关系。如果看护人员能将有关儿童发展的知识和事实分享给孩子的家人，就能帮助他们对发展过程有更好的理解，也会对孩子的行为有一个合理的期望。将孩子每天的经历告知家长可以使他们感觉置身于孩子的生活中。因此，如果儿童的看护人员能与孩子的家人就每天发生的事情及时沟通，就等于把孩子和家庭成员紧紧地连接在一起了（Riley et al.，2008）。墨菲太太到幼儿中心接她的女儿雅基时，幼儿中心的艾利森小姐就是这样做的。

© Cengage Learning

雅基和妈妈。

一天结束时，艾利森小姐与来接孩子的墨菲太太打招呼。她面带微笑，手里拿着一些图画，对墨菲太太说，"雅基今天特别棒，她尤其喜欢画画，画了好多。有意思的是，她画的都是你和她在一起的场景。这些都是她画的。她画最上面这张画时，我记录下了她说的话，因为我觉得你听到会很开心。她画画时这样说，‘看，这是我，我的头发是卷的。这是我妈妈，她的头发也是卷的。我们俩拉着手，因为我们很爱彼此！’你们俩之间的关系真让人羡慕！”当墨菲太太看女儿的作品时，她的眼神里充满了喜悦。

依恋关系不是碰巧产生的，它是通过成人与孩子之间的一些行为促成的。下面的要点 2.1 列出了其中的一些：

要点 2.1

你与你看护的婴幼儿之间的关系有多牢固?

经常反思你的行为以确保你与你看护的所有孩子保持着牢固的关系是非常重要的。回答下面的问题，对你的行为进行自我评估。

- 你和孩子会直视对方吗?
- 你们见面时，都会很兴奋吗?
- 你会根据孩子的实际状况调整自己的反应吗?
- 当你抱着孩子或与其很接近时，孩子很放松吗?
- 孩子见到你后会平静下来吗?
- 当你在孩子旁边时，他会玩得很放松吗?
- 当孩子进入房间时，他会用目光寻找你吗?

来源：Adapted from Riley et al., 2008.

要点 2.1 中所列的依恋行为需要你善于观察，并能够迅速发现孩子对其内在状况和周围世界的反应。婴幼儿一直在对他们的感受做出暗示，而你对这些暗示的理解能力决定了你能否与孩子建立起牢固的关系并且帮助他们今后的社会性发展。我们来看看你需要对孩子的哪些暗示保持敏感性。

了解婴幼儿的暗示

7 个月大的布兰迪·玛丽静静地躺在她的小床上，睁着眼睛。看护她的人走近她，对她说，“你好，布兰迪！你好，小姑娘！”布兰迪露出了微笑，还挥了挥自己的手。“你想玩这个吗？还是想玩那个？”看护人员用悦耳的声音，不断地重复一些词语。布兰迪也开心地发出咿咿呀呀的声音。

当 6 个月大的杰罗姆哭的时候，他的看护人员乔立刻把他抱起来，将他的头紧紧地贴在自己脸上。杰罗姆不哭了，可没一会儿他哭得更凶了。乔帮他转过身，让他可以看到外面的环境。杰罗姆转过身后就不再哭了，高兴地看着外面的景色。

在上述两个事例中，两位成人都非常注意观察孩子的反应，并且根据孩子的需要调整自己的行为。婴幼儿虽然不会说话，但可以对自己的需要发出暗示。孩子的气质、行为、哭泣和身体动作都为成人了解他们的需要提供了重要线索。

气质对社会关系的影响

每一个孩子从出生开始就是不一样的，他们有着各自遗传而来的气质，会对他们一生的发展产生影响（Bates & Pettit，2008；Rothbart & Bates，2006）。**气质**指的是孩子内在差异性的外在表现，包括他们对外界刺激的反应程度、对刺激的关注时间、运动活动的程度、他们的生物节律有规律和没有规律的范围，以及他们对情绪的自我调节水平（Rothbart & Bates，2006）。因为气质的不同，一个婴儿可能表现出胆小或者胆大；消极被动或者积极好奇；易动怒或者不爱生气；食宿习惯极其有规律或者非常混乱；容易接受安慰或者极度绝望沮丧。这些与生俱来的性格特点就像一个过滤器，孩子们从中形成了对世界的看法和自我定位（Caspi & Shiner，2006）。它们也会影响成人对孩子的反应，促进或者妨碍彼此间的交往。比如，儿童看护人员的一些气质特点对他们的工作是很有挑战性的，会影响他们与孩子互动的效果以及孩子对所处环境的适应能力（Coplan，Bowker，& Cooper，2003）。不过，即使是最具挑战性的气质也有其积极的一面。比如，亨利特别活跃和热情，对周围的环境总是充满兴趣和好奇，他会有许多机会来学习和实践与他人互动（表 2.1 中有更多对不同气质特点的分析）。当成人看清楚孩子身上的这些优势和会遇到的挑战后，就可以帮助孩子取长补短，更好地调节自己（Wittmer，2008）。因此，承认并接纳婴幼儿的个体气质能够带来更有效的互动结果。

表2.1　气质的优势和挑战

气质特点	优势	挑战
积极情感：与他人配合、开心、微笑、很容易高兴	与成人和同伴进行社会交往时很愉快	易受陌生人的攻击、过于相信环境
易怒沮丧：挑剔、不开心、容易受挫、爱生气、急躁	需求会被注意到并且得到满足	要想改进社会交往能力和对他人的共情，需要帮助和"改变"
恐惧沮丧：很难适应新的环境	持续得到看护人员的呵护、与看护人员有更多的语言沟通并获得帮助	面对改变时需要得到安慰和帮助、在改变过程中通常需要他人更多的陪伴和帮助
极其活跃	有更多得到刺激（事件和人）的机会	在聚焦注意力方面需要得到帮助、在确保安全和清晰的边界方面需要得到成人的监督
聚精会神或坚持不懈	能够长时间专注或坚持一件事	在探索新的环境和尝试新的机会方面需要得到更多的鼓励
行为非常有规律	喜欢按部就班、愿意学习和遵守规则	当孩子预期的规则或作息发生变化时，可能需要得到帮助

研究儿童发展的专家指出了三种不同类型的气质，它们对我们理解儿童天生的行为模式是很有帮助的。这三种类型是：容易型、慢热型和复杂型（Thomas & Chess，1986；Berk，2013）。容易型孩子（大约占40%）通常表现得开心、友好、守规矩并有很强的适应能力。慢热型孩子（大约占15%）的情绪表现比较温和，有自己的时间安排，但面对新的环境会显得犹豫不决。这类孩子最终还是能够与新结识的人相处或融入新的环境，不过需要一段时间的适应期。复杂型孩子（大约占10%）很容易长时间大声地笑或发脾气，他们的情感非常强烈，作息时间既没有规律也无法预期，通常很爱生气，但也很活跃。还有一些孩子（大约占35%）不明确属于这三种类型中的任何一种，而是结合了每种类型的一些特点。我们必须密切关注自己对儿童气质做出的反应，否则就会不自觉地完全按照自己的理解行事。

比如，两个气质明显不同的孩子应该引起成人不同的反应。

迈克的动作很慢，观察着周围发生的一切。他很少哭，醒来后可以自己在小床上开心地玩很长时间。但是泰德的情况就不同了，任何一点响动或者声音都会分散他的注意力。他动作很快，爱哭，而且哭声很大，哭的时间也长。醒来后他很少能自己在小床上玩。两个孩子都是8个月大。麦金农先生负责照看他们俩。他不经常和迈克互动，因为他发现虽然迈克通常不爱跟别人玩，但他自己玩得很开心，也很安静。泰德则需要更多的关注，因为他只有在和大人一起玩时才能安静下来，尽管麦金农先生和他在一起时常常很烦。麦金农先生意识到他有点忽视迈克而过多关注泰德，因此他会时常提醒自己去看看迈克，也和他玩一会儿。

随着成人与孩子的互动方式渐渐发展成习惯，成人与孩子在气质方面的**匹配**就变得非常重要，因为互动的双方在应对行为和情绪时有各自鲜明的风格。像迈克这样的婴儿不怎么爱动，也不怎么爱与人交往，他与一个爱冲动、缺乏耐心而且总是期望婴儿迅速做出反应的成人相处是一种经历，但如果换成与一个比较随和、有耐心、愿意等候婴儿在自己感到合适时才有所反应的成人相处会有截然不同的经历。

相较于气质本身，婴儿、看护人员的气质和期望以及婴儿的整体生活环境之间的拟合优度对于孩子的长期发展更为重要。即便是复杂型气质的孩子也同样可以感到快乐并取得成功，只要他的看护人员能够保持冷静，接纳他的行为，同时努力发挥他的优势。如果对孩子的期许是清晰合理的，如果看护人员采用的技能对孩子的暗示是察觉的、有回应的，那么孩子就能得到发展。要做到这一点，成人必须有效地满足儿童的需求，也就是说，要学会读懂孩子的行为状态所反映的真实含义。

理解和热情对帮助有困难型气质的孩子的社会性发展是至关重要的。

行为状态

婴儿的行为是随时变化的。有时他们处于清醒和活跃的状态，有时则保持安静和警觉，还有些时候他们会昏昏欲睡或啼哭。所有这些**行为状态**都会影响孩子对社会的认知和回应。举例来讲，如果一个婴儿正在犯困或者正在大哭，他就不太可能加入别人正在玩的拍手游戏，而另一个一直在观察并且已经做好准备的婴儿就可以马上加入。再比如，对一个处在安静觉醒状态的婴儿，最好使用温柔的话语和轻轻地抚摩；而对一个完全清醒的婴儿，则可以用激烈的游戏吸引他。新生儿的行为状态变化得很快，而且没有规律，但到了两三个月大时，他们的变化就趋于有章可循了，行为模式也开始有自己的规律了。在婴儿渐渐长大的过程中，每一种行为状态的保持时间也会发生变化。比如，刚出生时，安静觉醒的状态只占他们醒着时的 10%；到 3 个月大时，就可以占到 50%；6 个月大时，可占到 80%（Lock & Zukow-Goldring，2012）。成人如果能够迅速觉察婴儿的每个行为状态，并掌握每个婴儿各自的规律，就可以在最佳时机对婴儿的行为做出恰当的回应，以满足他们的需要。婴幼儿给出的暗示既可能是希望与别人共处，也可能是想摆脱别人（Martin & Berke，2007）。成人如果能够理解准确，就可以与孩子建立和谐的关系。这样及时适宜的看护通常被称为**敏感的看护**。表 2.2 中列出了婴儿的一些行为状态，以及成人对此应当怎样关注和做出回应。

表2.2　婴儿行为状态及成人应做出的适当回应

行为状态	面部表情	动作	成人的回应
有规律的睡眠	眼睛闭着，不动，脸部放松	会有一点点小动作，大拇指伸着，另四个手指微微蜷曲	不要打扰他
没有规律的睡眠	眼睛闭着，有时眼珠会快速转动，微笑或做鬼脸	会有轻微的动作	不要打扰他
阶段性睡眠	或呈现有规律睡眠时的状态，或呈现没有规律睡眠时的状态	会缓慢移动，有时会惊醒	不要打扰他
困倦	眼睛一会儿睁，一会儿闭；或者半睁半闭、目光呆滞、没精打采	动作比没有规律睡眠状态少，手是张开并且放松的，手指伸着	快睡着时把他抱起来；如果快醒了就不要打搅他
安静觉醒	眼睛很亮，完全睁着，面部放松，目光炯炯	略有动作，手张开，手指伸直，胳膊弯着，凝视	要同他说话，拿东西给他看，评价他的表现
清醒状态	脸色红润，不太像警醒时那么专注	四肢和身体都在动，发出声音，大声喊叫	介入：和他说话、唱歌、做游戏；给予必要的照料
哭泣	皮肤发红，表情怪异，眼睛或半睁或全睁	动作用力，发出哭的声音，紧攥拳头	马上把他抱起来，安慰他，找出让他不适的原因

© Cengage Learning

当婴儿处在安静、觉醒的状态时，他们最具备学习和互动的能力。

哭泣

哭泣是婴儿早期向看护他的成人表达需要的一个方法，他期望以此引起大人的注意并走近他。在婴儿三四个月大的时候，哭通常是由于困倦、饥饿、消化系统的问题或身体不适引发的自然生理反应。再大一点以后，哭就慢慢成了心理的反应，用来表达他的恐惧、厌倦、过度刺激、愤怒或反抗（Kovach & Da Ros-Voseles，2008）。4个月大的婴儿可能会仅仅因为睡姿不舒服而大哭，而一个半岁多的小孩哭的原因则可能是因为够不到一个玩具而生气。9～15个月大的孩子在哭的时候通常会伴着手势，在他们的不满被发现并解决后，他们感到了安慰，也就不再哭了。

在所有阶段，婴儿都可能因一些普通的琐事或极度的恐惧、愤怒、沮丧和疼痛而哭泣（Gustafson，Wood，& Green，2000）。如果导致哭泣的问题得不到及时解决，婴儿饥饿、不适和困倦的程度就会不断加重，因此迅速找出原因能够帮助婴儿停止哭泣。通常，看护人员会根据当时的环境、听觉方面的线索以及他们对婴儿个体的了解来判断哭泣的诱因。

疼痛会引发长时间的、刺耳的号啕大哭，之后会有一段时间没有声音，然后是喘息。这样的哭法意味着孩子有什么地方出毛病了（Gustafson，Wood，& Green，2000）。它与普通的声音完全不一样，需要马上引起看护人员的关注。刚开始时，你可能无法准确判断孩子哭闹的原因，但经过一段时间，你分辨婴儿哭泣是想寻求关注还是由于沮丧、生气或疼痛的能力就会提高。

菲利普4个月大，正在大声地哭闹，他的看护人员史密斯夫人过来把他抱了起来，然后抱着他去冰箱那里拿他的配方奶粉。他闻了闻奶粉，渐渐不再哭了。就在这时，电话响了，当史密斯夫人放下他去接电话时，他又大声地哭起来了。

7个月大的汉娜因为饿了从睡梦中醒来，开始哭，她的看护人员立刻明白她需要吃东西和换尿片了，于是快步走向她。而汉娜在看护人员还没把她抱起来的时候就不再哭了。

中午12:15的时候，阿尔贝托东倒西歪地走到冰箱前，指着它，这时他的妈妈正在整理另一个房间，没有注意到他。他继续指着冰箱，开始含混不清地说话，接着就哭了起来，直到他妈妈赶了过来。阿尔贝托看到妈妈走进厨房，立刻就不哭了。

只要成人做出反应，婴儿会学着自我控制哭的行为。刚开始，婴儿发现他们只有通过哭才能马上得到需要的照顾，比如喂饭、换尿片和受到关注。在孩子出生后的头6个月里，忽视他们哭的行为并不能有效地减少他们哭的时长或次数。总体来讲，婴儿哭的时间越长，需要得到安抚的时间就会越多，而且难度会加大。因此，婴儿的看护人员需要对他们的每一个行为状态及时做出回应。在婴儿的身体需求得到满足后，如果他还在哭，看护人员要做的就是安抚他。

安抚

安抚一个正在哭的婴儿的最有效的方法就是把他抱起来，让他的脸靠着你的肩膀。还有五个办法也挺管用，它们是：包裹孩子、侧抱孩子或者让孩子趴着、对孩子不断地发出“嘘”声、以从头到脚的方向摇晃孩子和给孩子一个可吸吮的东西（Karp，2012）。（参见要点2.2）

要点2.2

安慰婴儿的五个办法：

- 包裹孩子：用一个毯子把婴儿轻轻但贴身地裹起来，裹的时候把他的胳膊放在身体两侧，裹在里面。
- 在婴儿没有睡着的情形下，侧抱婴儿或者让婴儿趴在你的胳膊上。
- 摇晃婴儿：以从头到脚的方向摇晃婴儿，不要左右摇晃。
- 发出“嘘”声：不停地向婴儿发出“嘘”声（这是模仿妈妈子宫里的声音）。
- 吸吮：给婴儿一个东西让他吸吮，这对他今后的自我安抚也有帮助。

来源：Karp，2012

说到安抚，孩子感受到的持续刺激越多，就会变得越安静（Karp，2012）。因此，把哭的孩子抱起来、用襁褓包裹住他们、抱着他们走动或者轻轻晃动、给他们唱摇篮曲等都是可行的办法。稍大一点的孩子会喜欢他们熟悉的安抚方式，所以看护人员要同孩子的家人沟通他们的特殊喜好。在婴儿出生后的头几个月里，成人对他们的哭泣回应得越及时，他们哭泣的次数就会越少，而且这些孩子后期在与别人进行其他形式的沟通时也会更顺畅（Bell & Ainsworth，1972）。

比较麻烦的是，有时候，婴儿的哭泣并没有什么明显的原因，而且通常采用的安抚方法也不起作用。这种情形一般被认为是由于“疝气”，它出现在婴儿刚出生的头 3 周，在第二个月时情况加重，然后到第四个月时又会迅速减轻，直至达到基本正常的状况（Barr & Gunnar，2000）。患上疝气的婴儿每天会哭长达3个多小时，每周至少会哭上3天。他们每天会在可预知的时间段哭闹，但在其他时间是正常、健康的。

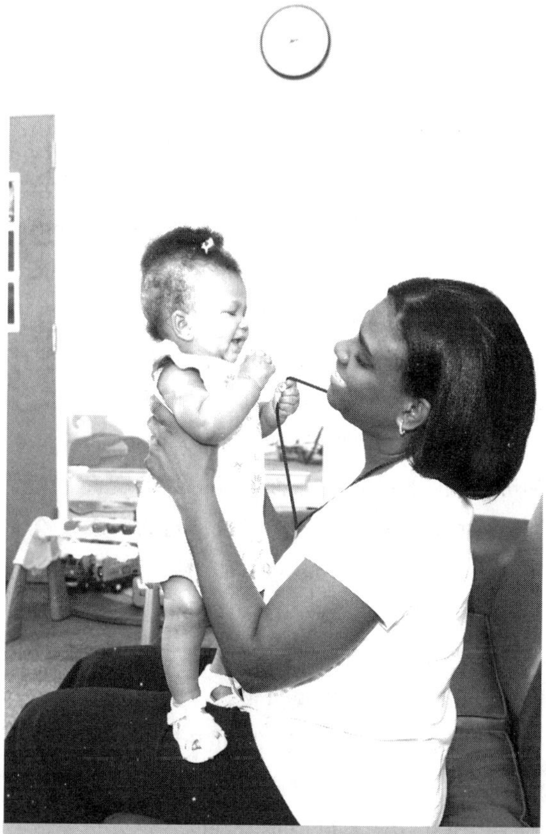

如果婴儿的看护人员对他们的需求给予最大可能的回应，婴儿就会觉得他所处的环境是可预知的，看护人员也是可以信任和依靠的。

成人有时候会因为无法安抚一个哭闹的婴儿而备感压力，特别是当他们面对一个患上疝气的婴儿时。出现这种情况时，婴儿会由于成人的压力表现而变得更加烦躁不安。因此，这时最好找另一个成人来代替看护孩子，让原来那位看护人员休息一下。无论婴儿哭的原因是什么，只要成人立即对他们采用安抚的措施，他们就会感觉到看护人员是可靠的，会对他们的不适做出回应。这是建立彼此信任关系的一个重要因素。成人与孩子建立信任关系的另一个方法是通过动作来准确理解他们的意图。

动作与社会交往

婴儿移动他们的身体以表明他们想与他人在一起的愿望（或者也可能是不想在一起）。即使在他们已经会说话以后，幼儿还是会继续通过身体的动作发出暗示。随着他们对自己的头、胳膊和肩膀的控制能力越来越强，他们就更能用动作来操控社会交往了。

刚出生时，婴儿只能抬起头看一小会儿，就又低下了。1 个月以后，他们就能控制自己的脖子了。到了 3 个月的时候，他们可以变换头的位置，注视看护人员，以此作为一种交流方式。当婴儿凝视着看护人员时，他们是全神贯注的。当他们微微转动头时，他们虽然仍与看护人员保持联结，但同时已经发出了信号，可能是想表明彼此间的互动进展得太快或太慢了。当他们完全转过头并且向下看时，就表明联结中断了，互动也刻意停止了（Beebe & Stern，1977；March of Dimes，2003）。过分强烈的互动会让孩子不知所措，他们会避开看护人员的目光、打瞌睡、哭或者变得没精打采。

3 个月大的婴儿能够用目光追随在房间里走动的人，他们也可以长时间地注视他人。再大一点时，他们还能转换头的位置，以便更好地观察他人的行为。许多细心的看护人员都明白，这实际上是希望别人能与他们交流或玩耍。下面的表 2.3 总结了与婴儿的头、眼神和面部表情相关的行为，以及它们向看护人员传递出的信息。

表2.3 婴儿的状态和它们向看护人员传递的社交意义

姿势和表情	传递的意义
面对面，清醒	全神贯注，聚精会神
面对面，微笑	开心，感兴趣
头微微转向一侧	保持兴趣，互动太快或太慢
转动头	不感兴趣，交流暂停一会儿
低头	停止交流
快速转动头	不喜欢当前的互动
看别处，歪头，头部一部分避开	停止或者改变交流的策略
低头，身体倾斜	放弃接受过度刺激

在6—10个月的时候，一旦婴儿可以坐起来了，他们手眼配合的能力就会有更大的提高，同时对物体的兴趣也增加了。他们可能会完全不理睬看护人员，而只是专注于一件物体。这不是对看护人员的拒绝，是他们渴望探索周围的环境，而且只有当他们已经与成人建立了信任、和谐的关系后，这样的探索才有可能发生。同样在这段时间里，婴儿学会了爬行，可以跟着看护人员从一个房间爬到另一个房间。

随着动作的增多，婴幼儿的视野也拓宽了，但同时，接触不安全物体和环境以及拿别人东西的可能性和好奇心也大大增加了。因此在这个时候，他们需要看护人员持续不断地悉心引导，以确保他们的安全，并使他们学到更多的东西。通过与成人的互动，儿童的行动能够成为他们理解世界的第一个台阶。

支持儿童的个性化和社会化发展

婴儿自出生起就生活在两个既相关又独立的过程中，而且这两个过程将伴随他的一生。这两个过程就是识别自己作为个体是怎样的人和找到融入社会的路径，它们分别被称为个性化和社会化。**个性化**是自我身份的发展过程，在此过程中，个体在社会系统中的地位也得到了确立。当个体显现出的各个方面（包括感觉、思想、情感和行为）结合在一起时，一个完整的个体或称自我身份就形成了。这个过程从婴儿期就开始了，存在于人际关系的社会范围中。**社会化**则包括一个人在团队中与他人配合的能力、按照社会规范约束自己行为的能力和与他人相处的能力。个性化和社会化都是成功应对生活的基本要素，但其发展过程是渐进的。

婴儿

新生儿天生就对人感兴趣，他们会调动自己所有的感官去密切关注周围的人。处于觉醒的状态时，他们会模仿成人简单的动作，比如张嘴。这时，如果成人也模仿婴儿的动作，他们会再次张嘴作为回应。这样一来，彼此的交流就能够继续了。随着婴儿渐渐长大，他们的自我意识也逐渐形成。自我意识的最初迹象包括早期的社会参与行为，例如，当成人把他抱起来时，他会自动贴近成人的身体；与他最重要的看护人员相互暗示；很容易接受他最喜欢的看护人员的安抚；对成人向他发出的信息做出可能的回应等。所谓的**偶发行为**就像一次轮流的对话——但只是借助手势、面部表情、抚摩或玩的方式，并伴随着咿咿呀呀的声音。比如，小乔伊挥动他的胳膊，雷诺兹夫人也挥动她的胳膊。小乔伊张开嘴，雷诺兹夫人微笑着模仿他。通过模仿婴儿动作的方法，看护人员开启了模仿过程的第一个环节，为今后的互动搭建好了平台，而孩子正是借着这个互动平台逐步了解自己和他人的（Rochat，2012）。

到6个月大的时候，婴儿开始与看护人员有了更多的互动，在此期间，他们需要认识自己和他人，记住更多的经历，并且开始习得积极的社交行为。如果能在孩子的婴儿期给予他们细心的日常看护和可预知的成人与孩子面对面的互动模式，就可以期望他在这个阶段开始习得社交行为。成人给予孩子的回应越多，孩子就越有能力学会将自己的行为与他人的行为联系在一起。这时，如果成人表现出异常的行为，孩子会很吃惊，他们会有所觉察，继而不安，之后会变得很沮丧。

在9—12个月的时候，婴儿开始明白不止他们自己能够做一些事情，别人也可以。比如，兰迪够不到一个盒子，于是她就拉着她的看护人员去帮她够（她知道她的看护人员能做到）。最终，孩子将学会分辨“谁在给谁做什么事情”，即一件事的经过以及其中涉及的人和物。

到 1 岁时，婴儿已经懂得与他的看护人员配合了，比如在给他换尿片时，他会抬起腿来。他们开始发现人与人之间存在差别，也渐渐理解人们表露情感和意图的特定环境。他们的行动带着明显的要影响成人行为的意图。在成人与婴儿日复一日的亲密互动中，社会认知的基础得以奠定（Raikes & Edwards，2009）。有规律的、频繁的交流是这一过程的首要条件，否则，社会期望是不可能实现的。婴儿可以和几个看护人员相互配合，比如他们的父母和幼儿中心的工作人员，但如果让他们在一天或者一周内接触太多不同的成人，他们就会打消与他人建立联结的想法。看护小组里的婴儿能够和那些一直与他们在一起并且给予他们日常照料的工作人员建立期望的联结。如果成人不经常与婴儿在一起，婴儿就没有机会对他们产生期望，而缺乏预知会令婴幼儿产生不安全感。

幼儿

幼儿开始表现出自己是一个独立的个体，他已经有意愿并且开始发展自主意识了。爬和走使得这些小不点儿们能够尝试用新的方法来实现自己的愿望。孩子在这一阶段的探索需要成人时刻的陪伴和耐心。因为他们可能会翻越用来保护他们的障碍物，或者爬起来够放在架子上不让他们触碰的东西。与自我意愿相伴而生的是逐渐发展的自我控制能力，它能帮助孩子采取行动和达到目标。如果幼儿能够控制好自己的身体，他们就能通过动作来实现自己的意愿。如果不让幼儿学着控制自己的动作，他们就会怀疑自己是否具备这样的能力。

2 岁半的时候，幼儿就形成了客观的自我意识，他们的行为是有意识的、自省的。他们会使用“我的”和其他人称代词就可以证明这一点。“我想”的表达法说明孩子已经对自己的经历产生了看法和感受。此外，这个阶段的孩子也开始考虑别人的想法，不过他们的观念还很幼稚，因为他们会以为别人和他们想的是一样的（Thompson，2006）。比如，凯迪尔害怕蜘蛛，她让每个人都站在椅子上躲避蜘蛛，因为她以为大家也都害怕这个小动物！

个体差异

培养有益的信任感对个性化过程至关重要（Erikson，1963）。如果来自感官世界的感受都是令人非常愉悦的，婴儿就会发展出信任感；而如果感官刺激都是严酷的，婴儿就会形成不信任感，或者以为世界是个危险的地方。当成人能够满足（或者不能满足）孩子的基本需求时，会加深他们的信任感（或不信任感）。信任和不信任是一个统一体的两极，每个孩子都处于两者之间。

绝对的信任和绝对不信任同样不适宜。一方面，如果一个孩子对一切都充满信任，就可能对现实世界中的危险视而不见，比如急驶的汽车，因为他误以为别人会一直替他考虑。另一方面，如果孩子对一切都不信任，他就无法与人交往，也没法做事情，因为他认为外界带给他的只有痛苦和危险。

理想的做法是让孩子位于这个连续谱的信任端，这样他们会敢于探索，同时也能学着接受挫折和延迟享乐。这样的孩子在大多数时候都能处在安全放心的环境中，因此他们对世界的看法就会是积极的。信任需要依靠交流获得，婴儿的行为和看护人员的回应相互作用，是建立积极关系并确保婴幼儿感到安全和可信赖的基础，而且这一切将决定儿童发展的程度。

社会化和个性化过程的另一个结果是儿童自我概念的形成。如果成人能陪伴孩子，对他们的需求做出回应，并且关爱他们，孩子就会认为自己是可爱的、有价值的和讨人喜欢的；反之，如果成人没有陪伴孩子，不愿意理睬他们，也不爱他们，孩子就会认为自己令人讨厌、没有价值且没有人喜欢。成人表达感情和拒绝的常用方法会影响婴儿对感情和安全的强烈需求能得到多大程度的满足（Thompson，2006）。

虽然长大成人并继而成为群体中的一员的过程始于婴儿期，但这个过程是永远不会结束的。对“我是谁”和“我应该怎样适应世界”的回答会持续挑战每个人，即使他已经成为某个文化中的一员。这样，婴幼儿需要面对的一个最具难度的挑战就是与自己的父母或生活中主要依靠的人分离，并开始在社会环境中学习与其他人相处。

成人与儿童的分离

对分离感到焦虑出现的时间因人而异，焦虑的程度和持续时间也是如此。当孩子遇到一个新环境并要开始与不认识的人相处时，由于一切都不确定，他会感到焦虑。通常，这种现象出现在婴儿八九个月大的时候，在 13—15 个月时达到最严重的程度（Martin & Berke，2007）。当一个孩子第一次见到一位不熟悉的看护人员时，特别是如果他比较怕见陌生人，他会感到非常紧张。孩子会通过哭喊、抓住父母不松手以及其他表达不安的方法显示他们对分离的焦虑。对于旁观者（和手足无措的父母）来说，这一场景令人感到十分尴尬，但其实如果你认识到这是孩子成长过程中的一个重要节点，它就是孩子学习的好机会。

几个月前，这个小家伙还不知道他是一个独立的个体，慢慢地，他开始察觉到他的行动会引起别人的回应。孩子差不多在 6 个月大时开始发现自己是独立于父母（或其主要看护者）的。到了八九个月的时候，他开始明白物体的存在，即使他自己有时看不到它们。因此，当孩子因父母或主要看护者离开而哭闹时，他实际上是要表明他不高兴，不想这样，希望能继续和他熟悉的人待在一起。这时，幼儿教育的专业人员就要发挥作用，帮助孩子适应新的环境。经过一段时间，他就会明白，他可以两者都拥有：另一个安全的地方——这里也有能够满足他需求的充满爱心和周到的看护人员，而他的父母（或者其他的看护人员）会按时来接他的。

幼儿教育的专业人员可以设计一些行为，并将它们推荐给儿童的父母，让他们也能帮助孩子尽快适应从家到幼儿中心这一改变（Deiner，2009）。父母应对分离的最好做法是先在自己在场的情况下让孩子在新环境中与一位看护人员充分接触，在孩子看上去已经放松后，父母或看护人员再向孩子解释父母很快要离开了。当新的看护人员已经能单独与孩子相处时，父母（在事先告知孩子后）就可以离开了。有些孩子可能还是会哭或者跑去追赶父母。这时，专业人员一定要给予孩子安慰，让他们感到放心，并且帮他们尽快适应新环境。要避免对孩子撒谎、欺骗孩子、让父母偷偷溜走或者强行把孩子从父母身边拉走，因为孩子很可能会把这些令他们痛苦的经历与某个看护人员联系在一起，而且这些行为还会导致孩子对父母、看护人员和新环境的不信任。

看护人员的一个重要职责就是在分离过程中为孩子的家庭提供帮助。一些孩子可能只需要几天时间就能适应新的环境，但也有一些孩子需要数周甚至数月的时间，这都取决于他们以前的经历和各自的气质类型。有时候，已经适应的孩子会突然又对分离感到不安。这可能是由各种变化引起的：孩子自身的变化（比如认知方面）、孩子家庭里的变故（比如新添了一个弟弟妹妹或有一位家人离世），以及周围环境的变化（比如搬家）。如果我们对孩子和他们的父母能做到热情、接纳、真诚、共情和尊重，我们就可以逐渐加深与他们所有人的关系。最后一点，只要成人能以理解、热情和悉心的方法应对分离，婴幼儿最终一定可以适应新的环境。父母与孩子告别的方式要提前设计好，并且坚持使用，这对这一过程中的每个人都是有益的。表 2.4 里提供了一些建议可供参考。

表2.4　帮助家人与孩子分离：告别时的常规做法

在到达幼儿中心前：

父母用非常肯定的语气告诉孩子今天的安排，比如，“妈妈（或爸爸）今天要去上班，你要去学校”。要让家长理解语气肯定的重要性，千万不要闪烁其词。

到达幼儿中心时：

要在门口迎接孩子和他的家长，对待他们要热情、接纳、真诚、共情和尊重（有时候这一点并不容易做到）。让家长帮孩子进入新环境，比如，可以让他们帮孩子脱掉外衣，或将孩子的包挂在墙上。建议让家长和孩子一起走进房间。

进到房间后：

指给孩子看一个你确信他会感兴趣的玩具（对于婴儿，可以把他们轻轻地抱过来，然后走到玩具前；对于幼儿，可以将玩具的位置指给他们看，然后拉着他们的手走过去）。让孩子立刻开始玩玩具，这是一个把孩子从家长转交给看护人员的机会。有些孩子起初可能仍想拉着自己父母的手待一会儿，不愿意马上跟你走，直到他们开始玩玩具。要准确掌握孩子发出的暗示。

在确定孩子已经有了一个转换注意力的东西（比如一个他喜欢的玩具或一条毯子）后，提醒孩子父母要离开了。建议父母告诉孩子他们非常爱他，他们会来接他。最好给孩子一个具体的来接他的时间，比如下午餐后或者外出玩的时候。当孩子已经专注于玩的时候，要赶快抽身，告别的时间拖得太长对孩子的安全感并没有任何好处。建议父母离开时要面带微笑，态度坚定，这会让孩子觉得这是一个安全的地方，在这里他的需求能够得到满足。

要悉心呵护不开心的孩子，抱着他们或者拉着他们的手，抚摩他们，对他们说一些充满爱意的话。在你与他们玩玩具哄他们开心时，也要记得告诉他们，父母是爱他们的，会回来接他们。

在孩子父母离开后的头一个小时，要给他们打个电话，告知他们孩子的最新情况。

坚持使用设计好的告别方式能尽快化解分离的难题。因为能否实现顺利告别以及孩子需要多长时间才能适应新环境不仅取决于他本人和他的个人气质，也离不开成人在分别时在互动方式上的配合。虽然刚开始使用这样的告别方式时可能需要花不少时间，因为父母和孩子的看护人员需要设计和操练，但它最终对所有的人都是有好处的，特别是能让孩子受益。

虽然孩子适应了新环境，可是当一天结束又看到自己的父母时，他们还有可能哭。他可能一天都很高兴，玩得也很投入和开心，再见到父母时却开始掉眼泪。这也是一个我们需要向可能会感到失望的父母解释的重要方面。其实它反映出孩子对父母的依恋是如此强烈，他们虽然可以做到一整天都忍着，但当和父母一起回家时还是会释放出来。父母会很感激你提供有关孩子分离行为的解释。通过帮助孩子适应新环境和帮助父母明白怎样可以做得更好，你就在孩子、父母和你本人之间建立起了相互信任的关系！

现在你已经对分离焦虑有所了解了，那就读一读玛丽的案例，看看你有什么建议。

具有挑战性的案例

玛丽

18 个月大的玛丽和她的妈妈罗赛妮正去往家附近的幼儿中心。玛丽被紧紧地绑在汽车座椅上，可她不停地扭来扭去。罗赛妮用悦耳的声音对她说：“玛丽，你知道妈妈得去上班。你喜欢布里奇夫人，你在学校会很开心的。”

当车子驶进停车场时，玛丽喊道：“不，不去！”虽然玛丽拼命想挣脱，但罗赛妮还是抓着玛丽的手，朝幼儿中心走去。

布里奇夫人面带微笑地迎接她们俩，“早上好！罗赛妮。你好！玛丽，桌子上有一些橡皮泥，你可以去玩。”

罗赛妮面带不安，小声对玛丽说：“妈妈现在得去上班，玛丽，你不要哭，好吗？”当玛丽快要走到放橡皮泥的桌子边时，一直站在门口紧张地看着玛丽的罗赛妮说道：“亲爱的，再见！”

可玛丽还没有开始玩，她转过身，朝妈妈跑过来。

玛丽紧紧地抱着妈妈，哭了起来。

罗赛妮又带她回到放橡皮泥的桌子旁，然后转过身，匆匆离开房间。

玛丽又跑到门口，用力拍打门，哭得很厉害。布里奇夫人蹲下身，轻轻搂着玛丽，安慰她，“今天下午晚些时候你妈妈会来接你，就像昨天一样。我知道你现在很想和她在一起，可是她得去上班啊。我会在这儿照看你。咱们来看看能不能找个擀面杖给你玩。”

玛丽从她的口袋里掏出一个小小的玩具青蛙，这是她最喜欢的玩具，她不管走到哪里都会带着它。玛丽吸着鼻子，走到放玩具的桶边，用一只手拿出一根擀面杖，另一只手里仍然紧紧抓着她的玩具青蛙。但是没过多久，她就把青蛙放下了，用两只手玩起了擀面杖。布里奇夫人帮她擦了擦鼻子，又在她旁边待了一会儿，直到她开始津津有味地玩起来。半小时后，布里奇夫人给罗赛妮打了个电话：“玛丽现在很好，她正在玩橡皮泥，她的玩具青蛙在她的旁边。你走后几分钟她就不哭了。我觉得我们需要找出一个办法让你们在分别时感觉好一些。你今天能略微早点来接她吗？这样我们可以商量出一个可行的方法。

根据学过的内容，指出布里奇夫人在帮助孩子及其家人在从家来到幼儿中心的过程中使用了哪些策略？她还需要做些什么？怎样的过渡方法对玛丽和她的妈妈更有帮助？你认为布里奇夫人会对分离方案提出哪些建议？

从上面这些讨论中你会发现，在早期个性化的过程中，每个婴儿的发展轨迹都是不一样的。各自的气质、与父母和其他看护人员的日常关系以及各种各样愉快或不愉快的经历都会对信任的程度、依恋的强弱和他们的自我意识产生影响。而他们此时在现实社会中呈现出的交流模式对于他们是谁和将成为怎样的人同样具有重要意义。

在交流中发展儿童的能力

“啊，哈哈！啊，哈哈！我看到你了！”，艾拉小姐用唱歌一样的声音冲着格雷戈里打招呼。格雷戈里目不转睛地看着她，咧开嘴大笑起来。艾拉小姐也冲他咯咯地笑，她把他轻轻地从他妈妈怀里抱过来，同时热情地对他说道：“咱们去看看今天还有谁来了。”格雷戈里兴奋地扭动着身体，仿佛在说，“好，咱们走！”艾拉小姐继续笑着回应他，“你很盼望见你的朋友啊！”

艾拉小姐和格雷戈里之间的对话衔接得非常好：她发出邀请，他做出回应；他反应后，她接着回应。虽然这样的对话看起来“很自然”，但实际上它是艾拉小姐动了脑筋、付出努力后的结果，因为她深知自己在解释和培养孩子对环境的适应方面所起的作用。

最初的交流

婴儿天生具备学习语言的能力。他们能够通过发出不同的信号来表达自己的需要并实现与看护人员的互动。婴儿发出悦耳的声音，看护人员则满意地做出回应。婴儿长时间注视成人的眼睛，成人就开始同他们说话，好像他们能听懂一样，并且会时不时停下来，等待婴儿的回应。婴儿把头转向说话的人，日常看护他们的人的声音会让他们感到放松，不过他们还是更偏爱自己父母的声音（Gleason & Ratner，2012）。在早期阶段，婴儿会发出非言语的信号，同时开始尝试口语交流的最初技能，包括声音的高低、停顿等。

成人对尚不会说话的婴儿发出的语言几乎都代表着某种社会意义，因此说话时的语音语调非常重要：抑扬顿挫的语调反映出热情和赞许；短促、间断的爆破音意味着“停止”“注意”或者“不要触摸”；而温柔的呢喃声则用来表达安慰。这样的节奏适用于讲任何语言的成人（Otto，2009）。

1—3 个月的时候，婴儿对语言的反应是发出咕咕声。如果逗他，他会微笑，大笑，并且发出类似说话的声音。随着安静觉醒状态的延长，婴儿与成人交流的机会也增多了。在 3—7 个月的阶段，婴儿已经能够分辨成人说话时的不同语调了。

从第 8 个月开始，婴儿就可以重复一些简单的声音了，比如“爸爸”“妈妈”，并试图模仿成人的一些发音。虽然大部分的牙牙学语出现在婴儿独自待着的时候或者睡觉前后，不过如果哥哥姐姐或成人同他们说话，他们也会发出这种声音。婴儿的牙牙学语也会吸引成人与他们交流，而且婴儿独自一人时发出的声音和他们与看护人员“交谈”时的声音是不一样的。在整个婴儿期，他们需要不断重复这种与他人面对面的语言互动的模式（Kovach & Da Ros-Voseles，2008）。在孩子学会用词表达前，婴儿与看护人员在这种类似谈话的交流中能够对彼此产生重大影响（Zero to Three，2008）。

从半岁开始，婴儿的交流技能大幅度扩展，他们对一些较为简单的游戏产生了兴趣；当感到失望时会放声大哭；当感到警觉时会把脸转过去，或者紧锁眉头，或者呈现出非常清醒严肃的表情。看护人员能否与婴儿保持顺畅的互动主要取决于成人是否能读懂孩子发出的暗示，并且愿意花费很多的时间和精力与孩子待在一起。因为毕竟在交流过程中成人先要发挥主要作用，之后在 1—3 岁，孩子会渐渐有越来越多的参与。

即使是很小的婴儿，他们也能发现、明白和理解看护人员的面部表情（Thompson & Lagattuta，2008）。而且他们的理解能力和运用手势的本领发展得很快。在轮流交流时，他们掌握了一些把控能力，并且可以对交流做出积极反应。这样，他们就逐渐学会了社会交往的模式（Burgoon，Guerrero，& Floyd，2010）。

到了 6 个月大的时候，孩子与成人的互动开始聚焦在共同关注的物体上。成人一边将一样东西递给孩子，一边试着与他们交流。这时，如果孩子正专注于玩自己的玩具，他们就会转身背对成人。这时不要将这种行为理解成他们不喜欢这个东西，事实上，这只是说明婴儿尚不能同时专注于几件事。

在 9—15 个月的时候，婴儿主动与看护人员进行交流的能力逐步加强，成人的行为也会因此受到影响（Carpenter，Nagell，& Tomasello，1998）。他们首先会要求成人与他们**共同关注**某样东西。最典型的例子就是婴儿会先看一下玩具，再看看成人的脸，以确定成人也在看这个玩具。当婴儿指着一样东西并急切地想说话时，他就借助这样的**交流手势**表达了自己对它的渴望，或者他也可能指着那样东西，嘟囔着发出声音，意思是“你不觉得它很好玩吗？”在这两种情形下，婴儿都希望得到成人的回应。当婴儿发现成人关注的是别处的东西时，他或许会将自己的目光也转向那里，这种现象叫作**凝视追踪**。婴儿 12 个月大的时候就能顺着看护人员所指的方向张望了。如果看护人员没有对他们做出恰当的回应，婴儿会试图继续交流，他们会改变或进一步细化自己的手势。比如，亨利希望得到桌子上那个旋转的装饰物，他会把自己的手一张一合，同时发出“嗯，嗯”的声音，而且声音会越来越大。如果没能成功，他会继续指着那样东西，然后把自己发出的声音拉长。最终，看护人员会走向他，把他抱起来，再把那个东西移到他看不见的地方，并向他解释为什么不能让他玩。

婴儿在 1 岁的时候已经可以用不同的方式来表达一些情绪了。他们不再马上对一个新环境做出反应，而是会先仔细观察观察再说。**社会参照**是他们用来观察环境的一种方法。婴儿凭借他们习得的社会能力来理解看护人员的面部表情和语调。如果成人对一个新环境的反应是姿势放松、表情平和或者带着微笑，那么孩子的反应就很可能是一些好奇探索的动作。可是如果看护人员表现得烦躁或紧张不安，孩子的行为就会变得很谨慎（Labile & Thompson，2008）。儿童在整个童年时期会一直使用社会参照这种方法，因为当他们面对一个不熟悉的环境或突发事件时，他们需要从其他孩子和成人那里得到暗示。

婴儿同时也能发出信息。当他们想做某件事情时，他们可以清楚地通过手势、凝视和发声“告诉”看护人员他们的想法。大多数成人在看到婴儿抬起手臂时能够迅速明白他们希望被抱起来。稍大一点的婴儿可以不用哭的方法得到关注。然后，语言就慢慢形成了。13 个月大的婴儿可以开始象征性地交流，到了幼儿阶段，随着他们与成年看护人员互动的增多，他们的交流模式也越来越固定了。

模仿学习也在这个阶段开始了。幼儿可以意识到成人或另一个孩子正在模仿他们的动作，他们常常会看着模仿他们的人并冲他们微笑。早期的角色扮演游戏（比如婴儿洗脸）也属于模仿行为的一类。然后他们会试着模仿别人表现出的情绪。正因为如此，儿童对开心、感兴趣、生气或恐惧的表现通常和他身边成人的表现极其相似。

更进一步的交流

“我做！”

“不！”

“很大”

“谢谢”

终于到了幼儿可以把之前听过多次的语言变成自己的话表达出来的时刻了，这样的语言能力也代表着他们可以对周围的环境施加自己的影响了。

词

在 18—24 个月时，幼儿对语言的理解和使用达到了高潮。到 2 岁末时，幼儿应该已经具备了社会能力，并且可以有意识地使用言语来影响别人的行为。要做到这一点，幼儿需要同时习得两类语言：（1）**接收型语言**，即别人对他说的话，比如，“你太聪明了”；（2）**表达型语言**，即他对别人说的话，比如，“不，是我的”。

从出生开始，儿童就生活在语言世界中，但只有到了这个阶段，他们才能做到有意识地将听到的与想要说的融合起来，并且从中逐渐形成对自我的认知（Martin & Berke，2007）。为此，幼儿需要掌握发音、词意、句型规则以及其他语言在社会环境中的使用方法（Byrnes & Wasik，2009；Genishi & Dyson，2009）。学会从咿咿呀呀到说单词（通常是名词和名字），再到两个词组成的词组，最终到一个完整的句子，不是一件容易的事情，它需要孩子身边的成人持续不断地给予他帮助和反馈。交流和互动的敏感期出现在一个人出生后的头 3 年，这个阶段的孩子身边的成人一定要多与他进行语言交流（National Scientific Council on the Development Child，2007）。

手语

当孩子可以开始吃饭时，许多家庭会同时选择与孩子进行手语交流。父母会教孩子一些简单的手势，比如，“再来一点”或者“吃完了”，这样可使交流的内容更具体，增加孩了的自主意识，同时也能减少吃饭时的压力。孩子在学会说话前通常能够使用50～100个手语，专业人士普遍认为这种方法是很有用的。如果看护人员在这个阶段能够熟练使用手语与孩子交流，那么其看护人员若说两种不同的语言，孩子也可以学会两种语言。

有些幼儿中心为儿童提供了这样的双语学习，不过因为儿童要同时学习两种语言里的词汇，他们的学习过程可能会比只学习一种语言用时稍长（Otto，2009）。因此，专业人员一定要尽早教儿童一般物品的准确名称（如椅子、洗手间），并向他们规范地展示一些常规动作（如洗、放），以便尽快开始交流。

在口语学习阶段，儿童起初理解的多于能表达的（Byrnes & Wasik，2009），所以绝对不能忽视将单词与准确的意思联系在一起的重要性。一般来讲，在儿童能用母语交流后再学习第二语言会更容易。一些看护机构的专业人员通过成功地使用关键手语词（比如，来、整理、停止、去洗手间、休息等），在儿童最初理解口语和自己使用语言之间搭建了一座桥梁。

在一组2岁的孩子中，一半孩子的母语是英语，另一半孩子的家人说芬兰语、韩语和中文。埃平格小姐负责教所有孩子学习美国手语（ASL）。开学的第一天，为了让孩子在互动中不感到紧张，她先教了他们“停”“帮助”和“看”的手语表达法。在帮助孩子遵守规则和化解冲突时，她同时使用了英语单词以及它们对应的手语。在大部分孩子学会说英语之前，所有孩子都学会了使用手语，这样他们就可以在没有语言障碍的情况下顺畅地进行社会交往了。

提升儿童的交流能力

儿童和与他互动的看护人员学习交流技能，在日常互动过程中领会词语和手势的社会文化含义（Genishi & Dyson，2009）。细心敏感的看护人员能及时捕捉每个孩子想参与社会活动时发出的暗示，同时也会注意到他们想撤出时的信号，并且尊重他们的选择。注意观察孩子的状态、眼神、姿势和与成人的距离就能知道他们是否想介入社会活动。强行让一个已经疲倦或正在做别的事情的婴儿参与社交互动只会引发他的哭闹和愤怒，对幼儿来说也是如此。如果一个幼儿已经筋疲力尽了，再和他进行语言交流是没有效果的。一定要注意观察他们发出的暗示。

如果希望儿童得到最快的发展，就应该让他们“沐浴”在与他们所做的事情紧密相关的语言环境中。成人要不停地向他们讲述平时发生的各种事情，这样能够增加他们发声的机会。轮流说话、唱摇篮曲或唱歌、评论眼前发生的事情也都是很好的交流方法。但是看护人员与房间里其他成人的对话对孩子起不到任何作用。对孩子来讲，给他们唱歌、说简单的词语和讲有关他们的故事是最好的语言环境。

在孩子会说话之前，他们已经懂得了词和手势的意思。因此，当成人针对孩子对某件事的反应而定义他们的感受时，他们就教给了孩子一些恰当并有用的词汇，同时这些词汇也让孩子明白接下来应该怎样做。比如，“哦，你不认识罗杰斯先生是吧？他是新来的，所以你有些不确定。过来和我坐在一起，我们一起和他交流。”当你用安抚的语调轻轻讲这番话的时候，孩子不仅会感到放松，也能明白周围所发生的事情如何用语言表达。

在语言学习的早期，儿童的用词会太笼统化，比如，他们可能会把所有的男性都叫作“爸爸”。不过只要成人始终使用准确的词语定义物品和动作，孩子就能很快掌握它们的正确用法（Gleason & Ratner，2012）。他们会懂得“爸爸”只能用于一个最重要的男性；“爷爷”只能用于自己的祖父。由于有些音很难发，年幼儿童可能会先用简单的发音代替它们，直至他们慢慢学会。只要成人使用准确的语言描述物品、动作、位置和人，孩子在2岁末时也一定能做到用词准确。

友　情

成人可能会以为婴儿之间不存在友情，但实际上，随着越来越多的孩子进入幼儿中心，他们中的大部分人会与其他的同伴产生真正的互动，而且他们会表现出更愿意和与自己同龄的孩子在一起（Ross，Vickar，& Perlman，2012）。孩子似乎在家庭中就已经学会了社交行为，并对他人产生了持久的兴趣。表 2.5 总结了在婴幼儿阶段同伴之间的一些典型行为。

表2.5　婴幼儿时期的同伴关系

年龄段	婴幼儿的行为
0—2 个月	一个孩子的哭会引发其他孩子跟着哭；互相盯着看
2—6 个月	互相抚摩
6—9 个月	微笑；接近和跟随；发出声音；关注
9—12 个月	互换玩具；在一起玩简单的游戏；挥手；主动参与别人的活动
12—15 个月	轮流发出声音；社会性模仿；争抢玩具；许多孩子在一起时会出现“蜂拥而至”的现象
15—24 个月	开始说话；玩“捉迷藏”；相互模仿并意识到被模仿；能分清“我的”和“你的”；分享玩具

当不认识的婴儿接近他们时，他们更多地表现出了感兴趣，而不是恐惧。已经与同伴有过互动经历的孩子比几乎没有社交经历的孩子表现得更好。婴儿可以与家中的其他孩子有越来越多的互动，但他们还不能应对同时和几个孩子一起玩，因此互动的时间不能太久。孩子们在一起玩的时候，看护人员一定要在旁边密切关注，还要时不时地同他们说话，让他们模仿一些动作，并为他们传递玩具等。

稍大一点的孩子会试着用不同的方法接近彼此。他们可能会远远地向另一个孩子打招呼；可能会走近另一个孩子并且抚摩他；也可能在做这些动作的同时向对方发出声音。通常，他们自己靠这些方法不一定能成功，不过通过看护人员的帮助就可以了。有时候，好几个小孩都被一件物品或一个人吸引，为了接近那个人或者得到那个东西，他们会迅速聚在一起，推推搡搡。这种现象被称为“蜂拥而至”，它通常不是一种有效的互动方式。

玩具可以吸引孩子，把他们聚在一起，但也可以分散他们对同伴的注意力。孩子们在一起时，刚开始会表现得很友好，但往往不能持续很长时间。等到了 15—20 个月大时，他们就懂得了要按次序轮流，还学会了相互模仿。随着渐渐长大，他们在一起互动的时间也越来越长，而且因为他们慢慢懂得与他人分享，他们玩的内容也多起来了。在此基础上，他们与更多的人相处、参与更多的社会活动的能力也得到了增强。要让他们学会与人分享，先得让他们明白，他们只需将玩具交给另一个人一小会儿，之后他们还可以再拿回来。要取得这样的认知可不是一件容易的事，通常只有关系非常亲密的孩子才能够做到这一点（Wittmer，2008）。

学步儿喜欢和同伴在一起。

朋友

许多父母和看护人员都想知道，“婴幼儿之间能结成友谊吗？”经常在一起的孩子是会彼此关心的，这就是友谊。当看不到对方时，他们会寻找；当不能见面时，他们会彼此想念（Howes，2000）。当再相聚时，他们会拥抱对方，并且会面带微笑（Wittmer，2008）。这样的友谊是能够持续的，而且会添加帮助、亲热、忠诚和分享等行为以及一些有规律的活动（Whaley & Rubenstein，1994）。他们之间的活动包括跑、追（或者跟随）、模仿彼此的声音和动作等，他们会在一起开心地玩上一遍又一遍（Wittmer，2012）。这种友谊一旦建立，是可以继续发展的。有的孩子有两个甚至更多的朋友（Rose，Vickar，& Perlman，2013）。这样的亲密关系对于发展儿童的共情和亲社会行为是非常有好处的。如果一个2岁的孩子能通过轻拍对方的手臂来安慰这个正在大哭的同伴，或者他之所以能放弃玩具为的是不让对方继续哭，他就表现出了共情的能力（Witmer，2008）。

成人可以通过他们的语言、介入和为孩子提供互动的玩具和机会等方式鼓励孩子与同伴建立关系和友谊。成人还可以大声地对孩子们说出他们每个人的行为、动机和情绪，这样有助于他们相互了解。比如，“卡蒂，杰瑞德跌倒了。他是想走过来拿玩具，咱们帮帮他吧。杰瑞德，你想要哪个玩具？”安排游戏并且邀请其他孩子参加，为他们的互动提供了机会，同时成人也可在此过程中给予相应的指导。记着，要叫出每个孩子的名字。比如，“卡蒂，杰瑞德和我要去玩火车了，你也可以一起玩……”只要你和孩子们在一起，哪怕你只是坐在地板上，也会吸引他们过来玩。为一个孩子与其他孩子的互动提供帮助对他们操练社交技能是非常有益的。

只要他们能得到互动的机会，即使是很小的孩子也能与其他同龄人建立亲密关系。

孩子们有时会因为争抢玩具而发生短暂的冲突，而且大多数时候是与他们最好的朋友。11—12个月的孩子对抢到的玩具感兴趣的时间通常不会很长，很快，他们就会对同伴正在玩的东西更感兴趣了。孩子在大概19个月大时开始有了“所属”的概念，所以在18—30个月，当发现别人对自己的东西感兴趣时，他们会表示抗议或者把它抢回来（Ross，Vickar，& Perlman，2012）。

成人对孩子在与他人交往方面的教育和引导有助于他们取得更大的成功。孩子在幼年时是能够做到与同伴建立关系并发展友谊的，因为他们这时已经开始发展自我调节能力了。

培养儿童的自我调节能力

自我调节是指自身能够管控自己的思想、注意力、情绪和行为来应对外部的环境和发生的事件（Thompson，2006，p.33）。这其中也包括能够根据现实的需要调整自己的情绪、观念和反应的能力（Calkins & Williford，2009）。虽然具备自我调节的能力需要一个漫长的过程，但它的确从婴儿时期就开始了。

婴儿3个月大时通过发声而不是哭来引起别人的注意，实际上就是在调节自己的行为（Field，2007）。再比如，当面对一个可能令他们感到害怕的东西时，有的婴儿会开始吮手指或毯子，同时将头转向别的地方，这些行为都说明他们在试图控制局面。还有，婴儿能做到自己入睡也是自我调节的早期表现。只要成人坚持满足孩子的需求，并且在可预知的、平和的环境中安排他们的日常生活，孩子自我调节的能力就会不断提高。

孩子挪动身体也是自我调节的反映，因为他们想做某件事，比如该换尿片了（在换尿片时，他们甚至还会配合大人的动作）；或者是想自己解决某个问题，比如设法拿到一个够不着的玩具。成人这时要陪伴在他们身边，给他们一步步描述情况的进展，并且尽量先让他们自己解决问题，而不要过早干预（Elliot & Gonzales-Mena，2011）。

孩子在上厕所方面的进步也是自我调节能力提高的表现。随着动作和语言能力的发展，并且学会了控制膀胱和直肠，孩子最终可以靠自己解决上厕所排泄这件大事，他们会对此感到非常骄傲。在此过程中，成人不用介入太多，要保持冷静，只需给他们一些直截了当的指示，但不要控制他们的行动，避免和他们发生冲突，这样儿童的自主性也建立起来了！要点 2.3 是一些这方面的提醒。

要点 2.3

帮助孩子学会自己上厕所的初学指导

1. 将你所做的与孩子的父母和其他看护人员沟通，目的是给予孩子连贯、一致的指示，让他们非常清楚该做什么和怎样做。同孩子说话时语气要保持平静和放松。了解孩子在家中上厕所时的习惯用语，并在初期也使用这些词语。
2. 将所有的必需品放在触手可及的地方，并要全程陪伴孩子。
3. 从换尿片开始就要给孩子做这些事情：
   - 换尿片后要给孩子洗手。
   - 当给孩子换尿片时，要向他们解释所有细节。
   - 让孩子尽可能多地参与其中（比如保持不要动、抬腿、在成人的帮助下爬上换尿片的台子）。
4. 在孩子真正小便前的 10 ～ 15 分钟就把他带到洗手间，这需要你细心的观察。大多数孩子的小便时间是有规律可循的。要戴上塑料手套，并按国家的卫生标准操作。
5. 在操作下面这些步骤时，不仅要有动作帮助，还要有语言的解释。这些步骤需要不断重复，孩子才能渐渐理解和掌握，他们通常一次只能学会一个。
   - 孩子先解开衣服，再打开尿片。
   - 让孩子坐在马桶上，后期要教小男孩站立在马桶边。无论站着还是坐着，都要告诉男孩要把小鸡鸡对准马桶池。
   - 让孩子在马桶上坐几分钟，在这期间要和他们交谈。
   - 孩子撕下纸巾，叠好，然后自己从前往后擦。成人可以在旁边给他们示范，或在必要时帮他们擦一下。这一步通常是最后才学会的。
   - 孩子从马桶上下来，重新穿好衣服。必要时可给他们换干净的衣服。
   - 孩子自己冲马桶。
   - 孩子洗手并擦干。
6. 成人带孩子回去继续玩。
7. 成人清洗用过的洗手间。如果你忘记提醒小男孩对准马桶撒尿，还要清洗墙面和地板。如有遗留，要冲洗马桶里的排泄物。将弄脏的衣服装入塑料袋交给孩子的父母。摘掉手套，卷好尿片，将其放在密封的地方。
8. 用肥皂洗手。
9. 在孩子基本上可以自己控制大小便后，与孩子的父母沟通，征求他们同意给孩子试穿裤子或内裤。
10. 与孩子及其父母共同庆祝孩子开始穿裤子这一进步。

当孩子学会调节自己的身体和动作时，他们会对自己感到很满意。

自我调节涉及生活中的许多方面，它是一个极为复杂漫长的过程，每一个孩子要从一点点约束自己开始，直至最终可以基本独立。成人要帮助孩子理解为什么有些事情不可以做（Elliot & Gonzalez-Mena，2011）。有时候，培养孩子自我调节的能力可以从**共同调节**入手，即在面对一件事情时，成人试着与孩子共同承担一些责任，或者将一个目标拆分成可操控的若干部分，这样一来，孩子可以经常感受到进步和成功。共同调节可以让孩子在不断取得成功的同时一步步走向独立（Bath，2008）。

还是以上厕所为例来说明共同调节的好处。孩子第一步可以做到在想上厕所时示意成人，并且在脱裤子时配合成人。第二步是可以做到自己独立脱掉裤子，但还得依靠成人给他擦洗。最后一步就是他自己可以独立完成整个过程中的所有步骤。将一个大目标分解成几个切实可行的阶段能够减少或避免孩子产生挫败感，同时能让他们觉察自己的掌控能力，感受到成功的喜悦。

“发脾气”是孩子情绪失控的表现，当他们既想独立，又想依靠他人，却无法同时把握两者的尺度时，就会产生挫败感，表现出跌坐在地上、大喊大叫和挥舞胳臂等行为。这时候成人如果能保持冷静，对孩子给予理解，就能帮助他们逐渐恢复正常。反之，如果成人反应过度，急于控制孩子，就会干扰孩子学习掌控环境的进程。接纳发脾气的孩子，并且在必要时帮助他们重获自控力，对孩子日益强烈的自主意识是有好处的。在孩子恢复正常后，成人可以给他们建议一些其他的方法，帮助他们继续实现目标。

检查一下你的理解程度

看看你是否会使用下列有助于和婴幼儿共同调节的方法：

- 为孩子提供可预知的日常安排。
- 和正在挪步的孩子交谈，把前方的物品提前指给他们，让他们集中注意力。
- 鼓励婴儿自己解决问题（比如够一个玩具），但同时要和他们交流整个过程中的每个环节。
- 在给孩子指令时，使用简短、易懂的句子，对他们的行动做出评价，并且鼓励他们进行各种尝试。
- 将比较复杂的事情（比如自己独立吃饭和上厕所）分成可掌控的几部分，这样可以让孩子不断感受到成功的喜悦。
- 当孩子受挫或失控（发脾气）时，要保持冷静，并给予他们帮助。
- 不要对孩子过度反应或对他们控制太多，应当使用积极关系五要素法。
- 为孩子提供尽可能多的"地板时间"，让孩子充分学习和实践社会交往的技能。

随着孩子认知的不断发展，他们能够掌握越来越多的社交技能，因为他们解决问题的能力也增强了。他们可以模仿，制订计划，对未来的事情有期望，记住他人——即便这个人现在不在场（Martin & Berke，2007）。他们不仅对环境充满好奇，也能注意力集中、解决问题，并在受挫时坚持下去（Petersen，2012）。他们学会了因果关系，理解社会环境的能力也得到了提高。在经过反复操练后，他们能够牢记所学习的内容并将其固化成记忆。在需要时，这些记忆就会被唤起，并会根据新的情况进行调整，从而形成坚固的神经通道以应对和解决社会问题（Bauer，2009）。他们的社会经历越多，成长得就越快！

在有爱心、负责任、耐心周到的看护人员的引导和帮助下，儿童能发展与其年龄和经历相适应的自我调节能力、知识和社交技能（Petersen，2012）。这些新增的能力是他们长期努力学习的结果。美国各州在此方面都制定了教育标准，图 2.3 就是从中选取的两个州的标准。

密歇根州教育委员会

方案标准：该方案旨在促进儿童之间积极关系的发展

- 儿童彼此能够非正式地互动。
- 儿童能够在看护人员必要的干预和引导下和平地协商和解决他们之间的冲突。

宾夕法尼亚州教育部

方案标准：儿童能够恰当地向成人和其他同伴表达他们的情绪、想法和需要。

- 儿童在平静下来并且得到成人的交流、拥抱和抚慰后，可以恢复正常。
- 儿童在成人的协助下能够管控好失败。
- 儿童对自己取得的成就感到骄傲，并且表现出一个有强大执行能力的人所具有的自我意识。

图 2.3 取自美国各州与婴幼儿有关的学习标准（密歇根州教育委员会，2006；宾夕法尼亚州教育部和公共福利部，2009）

对待有特殊需要的婴幼儿

至此，我们都是在讨论和讲述正常婴幼儿的发展，但是也有一些婴儿的先天条件改变了他们的发展速度和结果，甚至有些被认为根本不能正常发展。有时候，他们面对的这种挑战到后期才会显现。比如，语言发展迟缓的孩子要到 2 岁或者更晚些时候才被发现有这方面的问题。专业人士有责任为这样的孩子提供特殊的服务，并协同干预团队为他们的发展创造最有利的条件。医生和儿童看护人员最有可能首先发现孩子在成长过程中不正常的地方，因为他们在孩子出生的头 3 年里会定期接触他们。早期干预对许多 3 岁以下有缺陷的儿童的发展会起到一定的积极作用。

在美国一些州，面临高风险的婴幼儿享有获得特殊服务的权利。美国各州对高风险的定义不尽相同，但大体都包括出生时母亲有化学依赖的婴儿、遭到虐待和忽视的孩子、铅中毒的孩子以及出生时体重太轻的婴儿。语言障碍是最常见的问题，对孩子的社会性发展和后期教育的效果都会产生重大的影响。

幼儿教育的专业人士在关注所有儿童的发展方面责任重大，他们要对儿童的行为有敏锐的观察力，保持与孩子父母的交流，并在必要时带孩子进行检测和评估。从网上可以找到有关儿童发展的信息，它们都是由专业机构提供的，你所关切的大多数内容都能从中找到答案。比如，美国讲话、语言和听力协会（American Speech-Language-Hearing Association, ASHA）就在其网站上发布了各年龄段语言发展特征的指导意见。在转介孩子去社区相关机构进行评估前，咨询机构的管理人员并与孩子的父母充分沟通是必需的，这样就不会遗露任何有潜在迹象的孩子（当地公立学校都可以提供各个社区的机构名单）。所谓评估就是由一个受过特殊培训的专业人员对孩子进行详细的测评。有些孩子处于正常的边缘，可能并不需要专业干预，但也会有一些孩子因为看护人员和家长误以为问题今后能自动解决而错过了干预时机。

许多幼儿教育专业人员没有意识到他们可以并且应该将其所获得的技能用在有特殊需要的婴幼儿身上。比如，患有唐氏综合征的孩子在学习方面会比正常孩子慢很多，他们需要更多的重复，他们学会自己吃饭和上厕所的时间会比一般孩子晚很多。他们社会性发展的方向与其他孩子一致，但要缓慢得多。这样的孩子适于待在一个外界变化不大的环境中发展，对他们使用的方法可以与培养和引导其他孩子的方法一样。

现在你已经了解了和婴幼儿建立积极关系的重大意义，以及在此过程中你和婴幼儿分别应该做些什么。接下来就需要将知识化作行动了。尽管你可能已经被孩子们吸引了，他们也能感受到你的爱，但是具备帮助他们社会性发展的技能不是单凭直觉就能有的，需要学习和积累。下面提供的这些技能会对你有所帮助。更重要的是，借助于它们，你可以日复一日地操练热情、接纳、真诚、共情和尊重，并且以让孩子觉得可信赖和有帮助的方式呈现给他们。

帮婴幼儿发展积极的社会关系的技巧

提供及时的基本护理

1. **对婴儿的需求及时做出反应**。当一个 6 个月以下的婴儿哭的时候，要马上把他抱起来，并了解他的实际需要。再大一点的孩子具备了等待的能力，因此他们在等待被关照时能够接受语言和其他表示关注的信号，不过他们的耐心是有限的。1 岁以下的孩子对于日常所需的照料（比如吃饭、换尿片或到床上睡一会儿）都不可能等太长的时间。
2. **在照看过程中，对婴儿发出的信号建立一种常规的反应模式**。与每个孩子建立一套适合他的反应模式，包括抱他起来、和他交谈、安抚他、给他换尿片、喂他吃东西以及抱他的姿势。孩子的情况各不相同，所以需要因人而异。
3. **与婴儿的父母商议他们的日常看护**。了解孩子在家时起居、吃饭和玩的模式可以避免一些不必要的麻烦，因为文化差异常常会影响每个家庭的生活习惯。注意倾听，并在允许的范围内尽可能使你的看护方式与孩子父母采用的方式保持一致。
4. **触碰婴儿时要轻而稳，要经常改变他们的位置，使他们能看到你的脸以及其他有趣的东西**。在走动的时候把他们的脸靠在你的肩上，这样他们可以看到周围的环境。喂他们吃东西时，把他们的头放在你的胳膊肘内侧，这样他们就能看着你的脸。孩子稍大一点时可以让他们坐在你旁边，但一定要用胳膊搂着他们的后背，即使他们离开你的身体时，也不会向后摔倒。有的孩子到了1周岁时可能会完全拒绝大人的搂抱等呵护，遇到这种情况，如果因为某个原因让你必须抱他，就要把他紧贴在你的身上，用你的胳膊把他的胳膊和腿都搂紧，这样一来，他想反抗时就不会打着你。婴儿被抱着时，应该是安全和舒服的，不能摔着他们，也不能挤压他们或让他们感到有任何不适。

5. **确保婴儿的触觉感受是舒服的**。
   a. 要及时给婴儿换下湿的尿片和衣服。如果婴儿尿过几次后才给他换尿片，他会起湿疹的。
   b. 婴儿打嗝时，可以轻轻拍他们，但不要使劲。
   c. 在需要时为婴儿擦洗身体。
   d. 只要有合适的机会就要给予婴儿爱抚，因为这会令他们感到愉悦。揉搓和按摩他们的后背也会使他们放松。
6. **当婴儿开始自己行动时，要整理好周围的环境，确保他们的安全和卫生**。要保护婴儿不受伤。当他们开始翻身、爬动或行走时，最好为他们准备有序、安全和干净的空间，而不要限制他们的行动，比如挪去可拆卸的东西、地板上不要有乱七八糟的杂物、关紧碗橱的门和在上楼梯的地方加一个门等。

觉察婴幼儿的个体需求

1. **运用你的所有感官去捕捉儿童发出的各种信息**。定时扫视一下你看护的所有孩子，看看他们有没有困倦的迹象，了解他们活动的状况、玩的投入程度以及与他人互动的可能性，同时确保他们周边没有任何安全隐患。注意听他们发出的声音和有没有哭。
2. **记录儿童重大发展行为出现的时间和日期**。不光要写下你的结论，更要记下当时的情境以及成人与孩子是怎样互动的。
3. **用你所掌握的有关儿童发展的知识和孩子的具体表现来解释发生的事件**。根据你对儿童发展的整体认知和个体儿童的具体表现，对每个孩子的行为做出反应。
4. **充分考虑你所看护的所有儿童的个体气质和经历**。确定你对非常安静的孩子和非常挑剔的孩子所使用的刺激方法是不一样的。即使你更愿意和安静的孩子待在一起，也一定不要忽略爱哭闹的孩子，尽管你可能不喜欢他们。要把你的注意力大体平均地放在你所看护的每个孩子身上。
5. **要与儿童因成长而变化的需求保持一致**。在孩子生命中的头3年里，能力和兴趣都发展得很快，刚对他们做出的适当反应很可能已经变得过时了，所以要对孩子发出的暗示保持警觉，并且及时调整你的反应。
6. **鼓励稍大一点的儿童自己做事**。指导孩子在低一点的洗手池前自己打开水龙头；让孩子自己从带盖的小塑料壶里倒果汁；让孩子自己从筐里选饼干；鼓励孩子自己从架子上选取喜欢的玩具。
7. **及时向儿童的家人汇报他们新掌握的技能**。让孩子的父母了解孩子每天的进步。注意，不要马上告诉他们孩子已经取得的重大进展，而是提醒家长观察孩子在某方面的发展，然后让他们“发现”，并且由他们来告诉你，这样他们就不会“吃醋”了。

建立并保持有效的交流

1. **按照你的理解对婴幼儿发出的信号做出回应，回应也要符合婴幼儿的发展阶段**。在确定回应是否适当时，要充分考虑孩子当时的行为能力、面部表情的非言语暗示和发出的声音、手势和用词、环境以及孩子的具体表现。
2. **要和每个婴幼儿交谈。和孩子说再多的话都不是白费口舌**。说话时要和他们保持面对面的姿势，并且眼睛直视他们。使用简单易懂的句子或短语，然后根据每个孩子的年龄和能力逐渐增加语言难度。和婴儿在一起时，要用高一点的音调，发音时突出元音，并留给孩子一定的反应时间。

当你开始和孩子说话时，不同年龄的孩子会有不同的反应，包括发出咕咕的声音、微笑、大笑、牙牙学语和非常注意你的讲话。说话时要经常停顿一下让孩子做出反应，就如同你与成人交流一样。对稍大一点的孩子更要留出多一点的时间，让他们可以对你的话语做出语言或手势的回应。

3. **在看护婴儿的同时与他们保持交流，向他们讲述你正在做的事情以及看到和听到的**。使用准确的单词、简单的语法和短的句子。说话时语速要慢，发音要清楚（Otto，2009）。下面摘录的是一个 3 个月大的婴儿与他的看护人员之间互动的片断：

   查利开始哭闹，努小姐走近他，“查利，你是饿了吗？奶瓶正在加热呢。”（她抱起孩子，朝换尿片的台子走去。）“我猜你肯定尿了……该换尿片了。嗯，我说对了……”（查利这时已经不哭，他看着努小姐的手。）“你躺下……好，现在解开尿片……把它拿走，哦，哦。”（她微笑着，看着孩子的脸。查利则扭动着身体，摆动着胳膊。）努小姐给查利换完尿片，把他放进附近的婴儿座椅，然后自己洗手，在这期间她一直在告诉查利她所做的一切。

4. **当婴儿目光转移、低头或者哭闹时，放慢或者干脆停止与他的互动**。这时他可能觉得刺激过度了。睡觉或者闭上眼睛是小婴儿停止互动的又一做法，而大一点的孩子还可能选择爬到别处或者走开的方法。
5. **用语言回应大一点的婴儿的手势**。当小孩子指着饼干时，你要对他说，“饼干？”或者当一个大一点的婴儿在喝完果汁后把杯子重重地放下时，你可以对他说，“你好像喝完了，是吗？”要把孩子做的每一个动作都对着他们说出来。比如，当音乐响起时，杰夫会随着音乐扭动身体，这时他的看护人员就应该对他说，“哎，杰夫，你在跳舞！”最好用简短、精练、直接的方法表达。
6. **在你实际做一件事之前先告诉婴幼儿你要做什么，然后等一两秒钟再行动**。尽一切可能让孩子参与对他们的看护。比如，在你实际做之前，先对他说，“我现在要抱你起来。”给孩子留出充分的时间来回应你。要避免匆忙、缺乏人情味的行为，因为孩子不是物品，他是一个社会人。
7. **重复并扩展婴幼儿说的话**。到 1 岁时，孩子开始会说话了，这时你要重复他说的话，就好像这么做是有意义的。比如，迪拉叫道：“妈妈！”她的看护人员马上回应道：“妈妈上班去啦。”有时候，外人听不懂孩子的用词，就要询问孩子的家人那是什么意思。比如，“Manky”被用来特指一种毯子；“Doe”则是“看那里”的意思。你在回应他时应该说，“你想要你的毯子吗？”或者“毯子？”
8. **根据环境分析婴幼儿说出的单个词的意思**。观察孩子的举动来判断你对他的表达是否做出了正确的回应。重复你认为他想说的话对孩子是有帮助的，因为这样可以增加他的词汇量。把你用的新词和他已经学会说的词一起说给他听有助于其语言能力的提高和词汇量的增加。
9. **“把你的想法大声地讲出来。”**把你的想法以及别人可能有的想法都对孩子讲出来，并且向他们解释你和他人为什么要这样做，还要向他们描述你们的情绪、观点、想法和希望。比如，波得夫人一边画画，一边说：“我正在画一个头，因为我长着一个头。现在我在画卷发，因为我希望我的头顶和两侧都能有许多卷发。”

鼓励婴幼儿的探索和学习

1. **为婴幼儿提供能助于探索环境的玩具和互动经验**。允许小孩子通过摸你的头发、皮肤或者拍你的衣服来了解你的身体。给他们提供的玩具应当既符合其发展阶段，又能激发他们对物品逐渐产生的兴趣，并且要不断地为他们准备新的玩具。在用新玩具替换旧玩具时，要注意保留他们最喜欢的。不要一次性地更换所有的玩具，那样会令他们很不适的。
2. **不光要给婴幼儿提供玩具，还要给他们演示怎样玩，这样才能激发他们玩的兴趣**。可以和孩子一起玩一些即兴的互动游戏，比如，“藏猫猫”“玩具在哪里”或者“扮鬼脸”等。玩的时候让孩子控制节奏，不要干涉他们的行动。
3. **和婴幼儿一起为取得的进步而欢喜**。对于一个 8 个月大的孩子来讲，找到一个藏在盒子里的玩具是件了不起的事。一个 1 岁的孩子能学会自己把食物盛到勺子里然后再送进嘴里也是一个很大的进步。第一次学会坐、爬或者走都是成长中的孩子集中注意力、不断努力和练习的结果，因此要让孩子感觉到你在为他的进步而骄傲。你可以和他一起开怀大笑，拥抱他，和他说话，让他知道你有多么高兴。

4. **婴幼儿玩的时候要陪伴在他们身边，这有利于他们探索**。在孩子没有睡觉和其他日常安排的时候，就让他们在地板上玩。当他们接近物品时，要待在他们旁边。他们刚开始玩时，不要马上走开。不要让他们单独待在一个新环境里或者和陌生人在一起，得给他们一些时间慢慢适应。胆小的孩子尤其需要耐心的呵护，因为对他们来说，周围的环境看上去吓人而危险。
5. **和婴幼儿一起玩，并安排集体活动的内容，这样一个成人可以同时与一群孩子互动**。对孩来讲，没有什么比大人和他们一起玩游戏更令他们感兴趣的了。玩的时候注意下面几点提醒。

与婴幼儿一起玩时的几点提醒

√ 5 ~ 6个月大的婴儿在玩的时候会背对着成人，而专注于所玩的玩具。

√ 12个月大的婴儿最喜欢别人的玩具。

√ 大人和婴儿一起玩时，可先把玩具放在别处的一个盒子里或者一个架子上，然后再把它们当着他们的面倒出来，这会让婴儿觉得特别有趣，而且能延长玩的时间。

√ 最好准备两个一样的玩具，而不是两个相似的玩具，因为婴儿通常愿意玩一样的东西。

√ 把玩具交给婴儿，再从他们那里要回来，这是一种早期的社会性游戏，不过不能玩太长时间。

帮助婴幼儿达到成人的要求

1. **用简单、常用的动词向较大的幼儿提出要求**。比如，“到这儿来”“看”和“指给我”。婴儿在8—10个月时就开始明白这些口头要求了，并且会照着去做。手语如果使用得当，可以被婴儿在学会说话前先模仿使用。说话时语气要亲切、放松，声音不要太高，用一种交谈的方式提出要求或建议就可以了，这样孩子会更愿意服从。千万不要使用严厉的声音或者动手，它们是无效的，而且只会造成孩子的恐惧和疏远。
2. **把你的要求演示给婴幼儿看**。先把你希望孩子做的动作演示给他们看，同时还要把它描述出来。比如，如果你想让孩子把玩具放进储藏盒里，你可以坐在地板上，捡起一个玩具，把它放进盒子里，然后再将另一个玩具递给孩子，指着盒子，让他也这么做。
3. **重复你的建议或要求**。孩子需要多听指令，多看演示。记着说话时声音要亲切。3岁以下的孩子不会主动停下正在做的事，但只要你把要求重复几遍，并稍微等一会儿，他会服从的。有时候，当你让他做一件事时，他可能会拒绝。不要着急，等一会儿把要求再说一遍。他不是在抗拒你，只是想表明他也有自我意志。大多数孩子过一会儿就能很乐意地接受你的要求，因此尽量不要表现得不耐烦或急切。所有的孩子都需要重复，而那些有特殊需求的孩子需要你重复的次数更多一些。
4. **用代替动作或物品转移婴幼儿的注意力**。先引起孩子的注意力，然后给他一个代替物品，或者把他的目光引向他可能会感兴趣的另一个东西。通过一个简单的代替品，孩子会放弃正拿着的东西。转移孩子的注意力，再让他聚焦新的东西，向他提出新的建议并且演示怎样做，这样就能够避免正面冲突，也能让孩子变得更温顺。语言命令和强行从孩子手里拿走某样东西不是好方法，只会引起不必要的愤怒和反抗。
5. **在危险的情况下，如果婴幼儿不服从你的要求，要赶快把他抱起来离开**。在有安全隐患的情况下，绝对不要拖延行动！恰当而有效的做法就是迅速、果断、和蔼地抱起孩子离开，同时转移孩子的兴趣点。可以平静地向他们解释，比如，“你一个人在外面不安全”或者“你可以玩盆里的水，但不能玩马桶里的水”。在将他们移开的同时要给他们再找一个适合玩的地方。
6. **给婴幼儿的选择要简单，并且容易做到**。比如，“你想要红的杯子还是蓝的杯子？”“你想先穿靴子还是先穿外衣？”

帮助婴幼儿开始与同伴建立关系和友谊

1. **在确定婴儿处于放松、觉醒状态时，为他们安排社交经历**。可以让他们彼此近距离地待一会儿，并在同一区域为已经会爬的孩子提供寻找物品的机会。
2. **当大一点的儿童在一起玩的时候，要为他们准备足够的空间和玩具**。年幼一点的孩子还不会马上停下来，他们的平衡能力也比较弱，常常会不小心倒在其他孩子身上。因此，要给他们提供大一点、没有障碍物的活动空间，这样他们玩的时候就不会互相碰撞了。最好为他们准备同样的玩具，这样可以避免起争执，有利于社交性游戏的开展。虽然孩子们有时也懂得分享，但总体来讲，在 3 岁以前要求他们分享玩具还是不太现实的。因为他们刚开始学着按自己的目标行事，还不明白别人也有他们的目标。对孩子间可能产生的冲突要立即采取行动制止，这有利于他们最终建立起更积极的人际关系。

3. **通过简单的动作或言语扩展婴幼儿之间的互动**。一个方法是"和孩子说话"，或者替孩子向其他同伴表达一起玩的意愿。"当卡桑德拉指着橡皮泥时，她是想让你知道她想和你一起玩。"再比如，斯宾塞走进储藏室，拿起一个玩具，然后看着奥斯汀，这时他们的教师说道："奥斯汀，你正在准备吃的东西，我觉得斯宾塞的娃娃可能也饿了，你能给他也准备点好吃的东西吗？"于是奥斯汀把高椅子搬到桌子旁边，开始准备食物，而斯宾塞也把他的娃娃放在高椅子上观望。教师通过仔细观察将孩子们的想法和意图用语言表达了出来，这样一来，社会交往就开始了，而且能够保持下去。

   另一种方法就是让一个孩子模仿另一个孩子的动作，然后发展成彼此轮流模仿对方。"瞧，罗莉在推车，这里还有一辆车，你也可以推。"
4. **给婴幼儿读有关社会交往的书**。当你指着书上的图片给他们念上面的文字时，还要给他们讲解书里有关社会交往的事件。可以把它们与孩子们的亲身经历结合起来进行比较。比如，"亨利，你看书里这个小男孩正在和他的朋友荡秋千，就跟你刚才和苏西在外面玩的一样。"
5. **把婴幼儿的照片或他们活动时拍的照片制作成相册**。给你看护的孩子拍照片并制作成册，用它们和孩子讨论社会行为，记忆每个人的名字，识别他们的表情。把孩子的照片拿给他看，可以对他说，"瞧，这是你和卡马尔，你正在画彩色的图画。你还记得那天的情景吗？你当时特别特别开心，瞧你的脸……"
6. **帮助婴幼儿记住彼此的名字**。用准确的发音叫每个孩子的名字，也可以把他们的名字唱出来或用做游戏的方法进行练习，以便孩子们都能记住彼此的名字。当孩子能够记住班上小朋友的名字后，他们就会对自己的"朋友"产生印象，并在和他们互动时称呼他们的名字。孩子还能因为自己有了朋友而形成对自我身份的认知。

参与和婴幼儿的互动

虽然你已经知道了该做什么和怎样去做，但难免会因为时间和精力的限制而不能马上对孩子的需求做出回应。那些总能得到看护人员细心呵护的孩子是非常受益的，他们可以实现成人对他们的期待，获得成就感，并且因自己的行动而产生出预期的结果。与孩子同在并不仅仅指身体方面，你需要从身体和思想两方面都参与和他们的互动。

1. **尽量把杂活留在儿童睡觉时，或者在确定有另一个人能照顾并与他们互动时再做**。任何分散你对孩子注意力的事情都没法使你真正与孩子同在。
2. **和婴幼儿在一起的时候，要控制成人之间交流的时间和次数**。把你的注意力放在孩子身上，与孩子在一起时，尽量少打电话和发短信。在幼儿中心，除了给孩子的父母打电话，不应该与他人通话。告诉那些认为你有时间聊天的人晚些时候再联系你。成人间面对面的交流也要尽量简短，并且仅限于有关孩子的事情。
3. **对于那些在稍远处活动的婴幼儿，要给他们暗示，让他们知道你与他们同在，随时可以拥抱和抚摩他们，并且能够分享他们的快乐**。如果在房间里，要冲房间另一边的孩子微笑；如果在户外，要向一个笑着跑过来的孩子伸出双臂。要为孩子取得的进步鼓掌；当他们做完一件事抬头看你时，要对他们点头并微笑；孩子跑一会儿后要让他们在你的膝盖上坐一会儿。所有这些动作都是为了让孩子知道你与他们同在，证明你全身心地关注着他们。

帮助有特殊需要的婴幼儿

1. **阅读当地特殊服务机构提供的"个别家庭服务方案"**。被诊断出有特殊需要的孩子在加入这个项目前会得到一份书面的干预计划。此外，有的孩子会有一些特殊的医疗和饮食需要，你也必须非常清楚。要尽可能多地从孩子的家庭成员或其他专业人员那里了解情况。

2. **申请并参加特殊培训，以便你能为特殊儿童提供安全、健康的看护**。在正式看护特殊儿童前，要先咨询有经验的人士，掌握特殊设备的使用和维护。了解特殊儿童的切实需要，并且清楚你的职责。
3. **与正在接受特殊服务的孩子的父母及其他专业人员定期沟通，交换意见**。最好给孩子写日志，并且互相传阅，以确保每个人都能了解孩子的最新进展。父母、负责特殊干预的专业人员和幼儿中心的看护人员一定要经常交流信息，因为孩子自己什么也讲不出来。而且，孩子平时的一些常见行为在面对偶尔一见的来访者时很可能不会表现出来，所以对于经常换环境的孩子，传阅记录他们表现的日志是很有必要和帮助的。
4. **要与婴幼儿的家庭保持顺畅的交流**。与家长分享孩子取得的每个进步，咨询他们，增加你对孩子需求的了解，并且清楚孩子在家中的最新状况。
5. **要遵守机构或方案的要求，只有在得到书面许可后，方可与他人分享相关信息或提及接受特殊服务的家庭**。只有在孩子父母同意后才能与他人交流信息。所有孩子的行为都应当被视为保密的。
6. **对你观察到的婴幼儿的行为和发展进行详细的记录**。记录时一定要客观，并且要做一些有意义的观察，从而对干预方案有帮助。既要记录孩子的正常行为，也要记录他的非正常行为。当发现孩子行为异常时，在告知孩子的家人前要先向机构的负责人或资深人士咨询。这样的孩子在发展过程中会出现许多的变数。
7. **在适当的时候可以亲自参与新的或更改过的“个别家庭服务方案”**。可以根据你与孩子的互动为方案和干预策略提供事实数据，注意聆听他人的建议，以便更好地关照你所看护的孩子，遇到不理解的地方要及时提问。
8. **要及时调整你与婴幼儿互动时的方法，以适应孩子的特殊需要和发展能力**。每个孩子都是独特的，特别是那些有特殊需要的孩子，他们在交流、集中注意力、自我调节、与同伴进行社会交往等方面都需要得到更多特别的回应和帮助。

为婴幼儿的家人提供帮助

1. **倾听婴幼儿的家人告诉你关于孩子的情况**。自孩子出生就全职看护他的家人对他非常了解，他们会告诉你孩子能做些什么，其他专业人士对他的发展有怎样的评价，他的饮食和睡眠如何，以及他在行为方面是否发生了变化等细节。
2. **记录相关信息，并提供给其他看护婴幼儿的成人**。如果孩子的家人告诉你孩子头天晚上没有休息好，或者家里出了一些麻烦事，扰乱了孩子的正常生活，要把这些细节记录下来，提供给来接替你的其他看护人员，因为许多孩子会在幼儿中心待9～10小时。但是要注意，孩子的个人信息只能告诉有必要知道的人，不可以随便透露。
3. **给孩子父母机会，让他们交流把孩子留在幼儿中心的感受**。几乎所有的家长都会有些不放心，他们中有许多人对是否应该把孩子放在幼儿中心感到很纠结。

瓦林萨克夫人带着7个月大的儿子凯文走进幼儿中心，她看上去有点不安。在把凯文交给看护人员时，她说，“我觉得他不太稳定。”比格小姐面带微笑接过凯文，可是凯文伸出手要找妈妈，并且号啕大哭起来。瓦林萨克夫人立刻感到很难过，好像她也要哭了。她匆匆说了声“再见”，就离开了。比格小姐向她保证会让她知道凯文的情况。瓦林萨克夫人走向自己的汽车，进去坐了一会儿，又回到窗户外向里面窥视。凯文虽然还在掉眼泪，但哭得已经不厉害了。瓦林萨克夫人犹豫了一会儿，又走回车子，开车走了。过了大概45分钟，比格小姐给正在上班的瓦林萨克夫人打去电话：“我想让你知道，你走了以后，凯文就开始玩了。他现在正在滚皮球，很开心。”瓦林萨克夫人叹了口气，“我真的需要工作，可是你也知道，做这种选择确实很难。”比格小姐回答说：“是的，大多数父母都认为这很难，鱼与熊掌不可兼得。”瓦林萨克夫人听后说，“你说得太对了！”

4. **定期对婴幼儿的父母进行问卷调查，让他们有机会表达他们的关切，并咨询孩子的一些特别的行为**。可以问他们一些简单的问题，比如：
   - “你观察到艾达最近有什么变化吗？”
   - “最近你在照看伊恩时有什么困难吗？”
   - “卡拉在家最喜欢玩什么游戏？”
   - “在桑德拉的发展方面，你有什么疑惑吗？”
5. **将观察到的有关婴幼儿发展方面的准确信息提供给孩子的家人**。要将孩子在发展方面有代表性的行为告知他的父母，因为没能和孩子在一起的父母对孩子的日常生活（特别是明显的进步）会非常感兴趣。但同时，也要把你观察到的孩子的一些异常行为告诉父母，包括像烦躁、挑剔这样的行为，这样他们在看护孩子时也能相应地做些调整。

   但有些行为是比较严重的，比如如果你发现一个 5～7 个月的孩子还不能牙牙学语，对能令别的孩子感到惊讶的声音也几乎无动于衷，应该立即与孩子的父母沟通这一现象。当然孩子的这种状况也可能是由于耳朵感染或其他原因造成的，但不管怎样，看护人员有责任及时将观察到的现象与孩子的父母交流，并且可以推荐专业人员为孩子做进一步检查。
6. **尊重婴幼儿的家庭的文化背景和语言习俗。如果孩子的家人不能说英语，必要时可以为他们找一个翻译**。要用得体的方法称呼孩子的父母。使用孩子在家里用的名字，不要擅自给孩子改名。设法寻找并阅读一些与孩子的家庭文化背景和习俗相关的书面材料，这对于和一个把自己的孩子托付给你的家庭进行有效的交流是很有帮助的。同时也要记住，即使在同一文化背景下，个体之间也是不同的，就如同不同文化之间的人有差异一样。
7. **要了解婴幼儿的家庭在养育孩子方面的观念和习惯做法**。要确保文化在孩子家庭和幼儿中心的一致性，这是孩子和他们的家庭所渴望的（Day & Parlakian，2004）。即使在一些很普通的日常事情上，比如，抱孩子的行为应该持续到什么时候，不同文化之间的观念也是不一样的。在韩国，妈妈在头 3 年里抱孩子的时间远远多于美国大部分主流文化。被美国妈妈视为亲切、关爱的行为可能在韩国妈妈看来是冷漠和忽视的。这些文化上的差异会反映在许多日常事情中，比如，孩子应该在什么时候学会自己上厕所，什么时候自己吃饭，什么时候可以自己捡起玩具，什么时候能够表现出一些对情绪的控制能力等。在你努力考虑孩子家庭间的文化差异时，要告知孩子的家人你所做的安排并且解释这样做的原因。比如，“我会尽可能多抱安·素克一会儿，不过我也不能忽视其他孩子的需要。”
8. **知道寻找有关婴幼儿发展和育儿方面的信息渠道以及社区在这方面的资源**。各种当地政府机构以及专业机构都会提供免费或低价格的书面资料，它们对了解怎样育儿是很有帮助的。一些商业机构，比如保险公司，也会提供有关安全的信息。当地书店肯定也有不少关于儿童护理的书籍，其中一些写得很不错。互联网上也出现了越来越多有关健康和育儿的材料。

注意事项

不管你是独立从事还是在集体中从事婴幼儿的看护工作，也不管你的工作是非正式的还是极为正规的，你都要注意避免犯下面这些错误：

1. **不在意婴幼儿的哭闹**。有些观点，比如，“让他尽情哭吧”或者“如果她一哭你就把她抱起来，这会宠坏她的”，是不对的，也不会起任何作用。孩子不停地哭是因为他只能用哭来表达他感到的疼痛、饥饿和不开心。孩子在头 6 个月里是不可能被宠坏的（Santrock，2006）。立刻给予孩子细心的关照能够使孩子变得听话、配合和有能力，而绝不会出现不可接受的行为。
2. **认为儿童 2 岁前的行为都是有意的**。孩子哭不是因为他想让你马上跑过来，他哭是因为他感到了不适。他们不会做令你生气的事，他们只是在探索周边的环境，他们的大脑思维尚未达到能刻意做出惹你生气的事的能力。从半岁开始，孩子会注意到他们的行为带给成人的影响，这时有意识的行为就逐渐开始了。他们在摸索和试错的过程中会有一些不当的行为，这时不要对他们不满或发怒，可以试着变换一种方法，比如，“拿给我看”或者“你这样大喊大叫我不知道你想要什么，指给我你要什么”。

3. **认为婴幼儿已经具备了道德品格**。有的孩子比较好带，有的则比较麻烦，或者颇具挑战。但不能因此就认定有的孩子“好”，有的孩子“坏”。有时候，成人会把自己的情绪投射到孩子身上。孩子天生的气质不是他们自己能够选择的。有疝气的孩子会感到很难受，他们自己的生活以及看护他们的成人的生活都很不容易。一个孩子具有阳光、开朗的气质并不等于他将来就会成为“天使”；反之，一个因体内疾患而情绪烦躁的孩子也不是注定要变成“恶魔”。孩子需要好几年的时间才能具备根据价值体系做出选择的能力。因此，千万不要基于他们的某些行为或表现就对他们做出“好孩子或坏孩子”的判断。

4. **只关注可爱、有趣或反应灵敏的儿童**。要关注每一个孩子，尤其要确保那些慢热的孩子和看上去不那么可爱的孩子也能得到应有的关照。不要让那些被动的、不爱表现的婴儿在睡醒后独自在床上躺着超过15分钟。即使孩子看上去什么也不想做，也要向探索环境和社交方面引导他们。

5. **以为婴幼儿不会说话就不能交流**。实际上，交流既包括言语行为，也包括非言语行为，都是为了让我们彼此传递和接收信息。如果人人都能说同一种语言，言语交流当然最方便易懂了，但是婴幼儿早在开始说话前就具备了用其他方法传递和接收信息的能力。手语也可以在从非言语交流到言语交流的转换期间起非常有益的作用。

6. **忽视在婴幼儿的发展过程中出现的不良迹象，并且对父母提出的关切也没有予以重视**。没有什么比认为“他再大点就能学会”更不应该的了。在几乎没有干预的情况下，孩子的身体会长高，脚会长大，但是他在语言、认知、动作和社会交往方面的发展需要成人不断的引导和纠正。有时候，就连普通的纠正都不够，还需要专家给予他们强烈的干预。孩子父母的任何关切都不是小题大做，必须予以重视，因为如果你一次不认真对待，他们以后就可能什么也不告诉你了。

7. **在交流有关婴幼儿的行为或发展方面的重要信息或严重关切时，表现得漫不经心或匆匆忙忙**。看护人员这么做有时是为了不让父母着急，有时则是因为他们太忙了，没有时间与父母静静地沟通。但是，随便、匆忙的交流会让孩子的父母困惑和备感压力，因此要尽量避免。试想一下，如果你只告诉父母，“米歇尔今天表现得很不好，他咬了其他4个孩子，留下了很深的牙印。”说完你就去干别的事了。这时他们会有怎样的感受？你可以让孩子的家长稍微等你一会儿，或者重新安排一个谈话时间，给他们打电话也行。及时沟通是很有必要的。比如，“今天凯茜和卡尔玩积木玩了半天的时间”或者对父母的肯定，“你今天让彼得带来的书其他孩子也都很喜欢”，都是比较适宜的。

8. **用同样的方法对待所有家庭**。孩子各不相同，孩子的家庭也不一样。美国的一大特色就是汇集了世界上各种各样的人。家庭在结构、经济条件、宗教、教育、文化背景和语言等方面都千差万别，因此发展与家庭的关系需要和你在与孩子发展关系时一样细心敏感。不要急于对家庭在看护孩子方面的某些做法做出判断，因为它们很可能是由于文化差异造成的，并不一定不正确。千万不要以为家长对你所说的不感兴趣，要花时间多与他们沟通，倾听、了解他们的想法，同时和他们分享你的看法。

总　结

婴幼儿作为社会成员的生活始于他们的家庭，通过与家人的交流，以及后期与同伴和其他成人的积极关系，他们得以真正了解生活。如果成人能够与儿童在热情、接纳、真诚、共情和尊重的基础上建立积极关系，会为儿童的社会能力发展提供很大的帮助。

如果上述要素能够体现在平时与他们的互动过程中，他们就会感到安全、放心，这对他们探索和了解世界是非常有益的。儿童对看护人员产生的依恋源自看护人员对他们的悉心呵护，即总能捕捉他们发出的暗示并立刻给予回应，而且这样的呵护还必须是持续的、可预知的。婴儿通常会首先对自己的妈妈产生依恋，但也可能对专业机构的主要看护人员产生这种感情。

婴儿天生就带有某种气质，包括在他身上的一些行为出现的强度和频率，这也会影响成人对他做出的回应。在出生的头几个月里，他们的行为状态变化得很快，安静、觉醒的时间渐渐增多，睡眠的时间则会减少。哭是需要关照的明显迹象，但它的形式也会发生改变，并在得到安抚后停止。此外，婴儿还会用手势和肢体动作进行交流。

个性化过程使婴儿可以在 3 岁左右时将自己看作独立的个人。渐渐地，他们的社会意识增强了，并且开始理解他人也有自己的目标。两三岁的时候，他们的社会能力不断提高，也可以独自行动了。与所依恋的成人分离总是一件很难的事，因此这方面也为父母和婴儿提供了引导。

婴儿在 1 岁的时候可以很自然地通过凝视、发声、共同关注、打手势等方法与成人进行交流。与此同时，成人则可以通过纠正他们的发音和对他们的暗示做出回应的方法对他们进行刺激并与他们共同练习。

因为在幼儿中心里会有不少孩子在一起，所以他们会对其他孩子表现出兴趣，特别是那些与他们同龄的同伴。从感兴趣开始，在成人的帮助下，他们的互动交流技能得到了发展，不过婴儿一般只会同他经常接触的人建立和保持友谊。

差不多 6 个月的时候，当婴儿意识到看护人员走近他们时，他们会控制住自己不再哭了。在这个阶段，成人可以通过许多方法帮助或与孩子共同调节他们的行为，比如，将日常生活安排得有规律、可预知；帮助孩子学会集中注意力；给他们一些简短的指令；指导他们完成一些像上厕所这类的具有挑战性的事情。

有些孩子可能从一开始就要面对生活的挑战，他们的发展需要得到专业人士的干预和教师的大力配合。儿童教育的专业人员可能会第一个发现孩子的发展存在问题，因此他们有责任建议孩子的家长带孩子做进一步的检测和评估，并接受专家的干预。

如果你希望自己能成为一个周到细心、反应迅速的看护人员，使你所看护的孩子能够与你建立亲密关系，能够学会探索周边的环境，能够树立自我意识，并且能够开始与成人或其他孩子进行社会交往，你就应该认真阅读本章提供的各种相关技能。此外，掌握与儿童的家人沟通的技能也有助于确保专业人士与家庭在培养儿童的过程中保持一致和相互理解。

通过使用这些技能，你会发现儿童之间存在的个体差异，并且能够快速了解他们的实际需要，准确理解他们发出的信息，然后采取适当的应对行动。将社会交往融入对儿童的日常照料中，并且通过各种交流技能的引导，使儿童的社会性发展得到提高。

在使用这些技能时，要尽量避免犯注意事项中提到的那些错误。

关键词

表达型语言（expressive language，p.39）

个性化（individuation，p.34）

共情（empathy，p.27）

共同关注（joint attention，p.38）

共同调节（shared-regulation，p.43）

交流手势（communicative gestures，p.39）
接纳（acceptance，p.26）
接收型语言（receptive language，p.39）
敏感的看护（sensitive caregiving，p.31）
模仿学习（imitative learning，p.39）
凝视追踪（gaze following，p.39）
偶发行为（contingent behavior，p.34）
匹配（goodness of fit，p.30）
气质（temperament，p.29）
热情（warmth，p.26）
社会参照（social referencing，p.39）
社会化（socialization，p.34）
行为状态（behavioral state，p.31）
依恋（attachment，p.27）
真诚（genuineness，p.27）
自我调节（self-regulation，p.42）
尊重（respect，p.27）

问题讨论

1. 请解释为什么成人与儿童的积极关系对儿童的社会性发展是至关重要的，并且说明积极关系是由哪些因素构成的。
2. 请解释“婴儿参与其自身发展的过程”这句话的意思。
3. 叙述婴幼儿发出的一些暗示，以及它们对建立关系的影响。
4. 列出安抚一个正在哭闹的婴儿的最有效办法。
5. 看看表 2.1，不要重复已经列出的每种气质的优势和挑战，再分别说出一个其他的优势和挑战。然后选出其中两种气质，分析它们在儿童与看护人员互动时的有利和不利之处。
6. 说明为什么给予婴幼儿基本看护的方法会对他们的发展过程产生影响?
7. 叙述个性化过程，并且指出自我意识是在什么时候以怎样的方式呈现出来的?
8. 假设你正与一些 18 个月大的幼儿在一起，你注意到他们中的一些孩子非常爱说话，发出的声音远多于其他孩子。如果你想了解这是否正常，你会从哪些渠道寻找有关儿童语言发展的准确信息？将这些信息下载下来，说出儿童在这个年龄段的五个“典型”行为。
9. 叙述婴幼儿的交流技能会对他们的社会能力产生怎样的影响。
10. 阅读本章后，你认为一个 12 个月大的婴儿应该具备哪些社会行为?
11. 特雷弗 1 岁半，他非常胆小和害怕，因此当他妈妈把他留在幼儿中心时，他吓坏了。根据本章的内容，你认为他害怕什么？针对这种情况，你能为这个家庭做些什么？你会告诉他的家人哪些信息以便他们调整自己的行为?
12. 米克动作很快，对周围的一切都充满好奇，他常常会做一些让你意想不到的事。他很愿意接近别的孩子，但有时人家接纳他，有时不接纳。当他生气的时候，他会表现得很暴躁，甚至还可能打或咬别的孩子。由于他很难安静下来，所以哄他睡觉是件麻烦事，而且他通常只睡一小会儿。当大人想抱他时，他会拼命挣脱，大声抗议。他只有 1 岁半，整体性格开朗、讨人喜欢，可他几乎能把整个幼儿中心的成人都折腾得筋疲力尽。为这个孩子设计一个方案，帮助他发展社会技能。
13. 帕齐 19 个月大，还不会说话，而且似乎对周围发出的声音也没有什么反应。你很担心她的听力有问题，按顺序列出你打算做些什么来处理这件事。
14. 找出在注意事项中列出的你容易犯的一个错误，然后说出你打算怎么纠正。

案例分析

阅读附录一中马尔科这个可爱的小男孩的案例，然后思考下面这些问题:

1. 教师使用了哪些策略来与马尔科的家人协调？这些策略奏效了吗？如果你回答不出来，列出你还需要知道哪些信息。
2. 写出这个案例中让你能了解马尔科的气质的相关词汇。
3. 为鼓励马尔科与他人发展友谊而制订一个方案，列出你的具体策略并解释使用它们的原因。
4. 在这个案例中，马尔科呈现出哪些自我调节的行为？

5. 在帮助马尔科发展适当的行为方面，教师采用了哪些方法？

课外作业

1. 参观一个幼儿中心，观察那里的孩子的日常行为，比如，到达幼儿中心时的状况，离开父母时的情形，吃饭、换尿片和午睡时的表现。记录下看护人员如何与儿童互动以及儿童的反应，仔细从中找出体现热情、接纳、真诚、共情和尊重的地方。
2. 记录下至少两个有关儿童哭闹的例子。看护人员是如何回应的？儿童的哭传递出哪些信息或有怎样的暗示？有时候，成人不能马上明白儿童为什么哭，他们会尝试不同的回应。如果你观察到这种现象，就把儿童对成人不同行为的反应也记下来。最终发现对不同的儿童，怎样的安抚方法起作用了？
3. 观察 2 个儿童的行为，并把他们呈现出的社交暗示记录下来。他俩有哪些相同之处，又有哪些不同之处？根据他们发出的不同暗示，你会分别与他们用怎样的方式互动？
4. 先观察一个稍大点的儿童玩玩具的情形，然后过去和他一起玩。了解他发出的暗示，模仿他的动作，再在他的动作基础上增加一点新动作。记录下你所说的和所做的，以及儿童对你的行为的回应。
5. 选一个儿童，密切关注他一整天。看看他是怎样接近其他孩子的。在什么样的情况下他会只看别的同伴玩？注意观察他怎样与其他儿童和成人进行互动，以及互动持续的时间和质量。一天结束后，写下这个儿童在社会交往方面的三个特点。
6. 在你与一组儿童互动时，用本章最后的自我评估表对照检查你的行为，看看有经验的专业人员是怎么做的，你又是怎么做的。不过你不可能有机会把所有的技能都实践一遍。反思一下自己做得好的地方。

检查你的做法

下面是一个对照检查表，作为一个刚入门的专业人士，你可以用它来检查自己是怎样实践这些技能的。你还可以在附录二中获得更多的观察教室行为的检测标准。

能够帮助儿童的社会和情绪发展的教师应该是这样的：

√ 检查儿童所处的环境以及每个儿童的状况。
√ 和儿童一起坐在地板上，并在他们可触摸到的范围内。
√ 在给他们换尿片或帮助他们上厕所时，与他们保持对话交流。
√ 与儿童讲话时用简短的句子，并给予他们实际的帮助，以满足他们的需要。
√ 为同龄儿童间的互动创造条件。

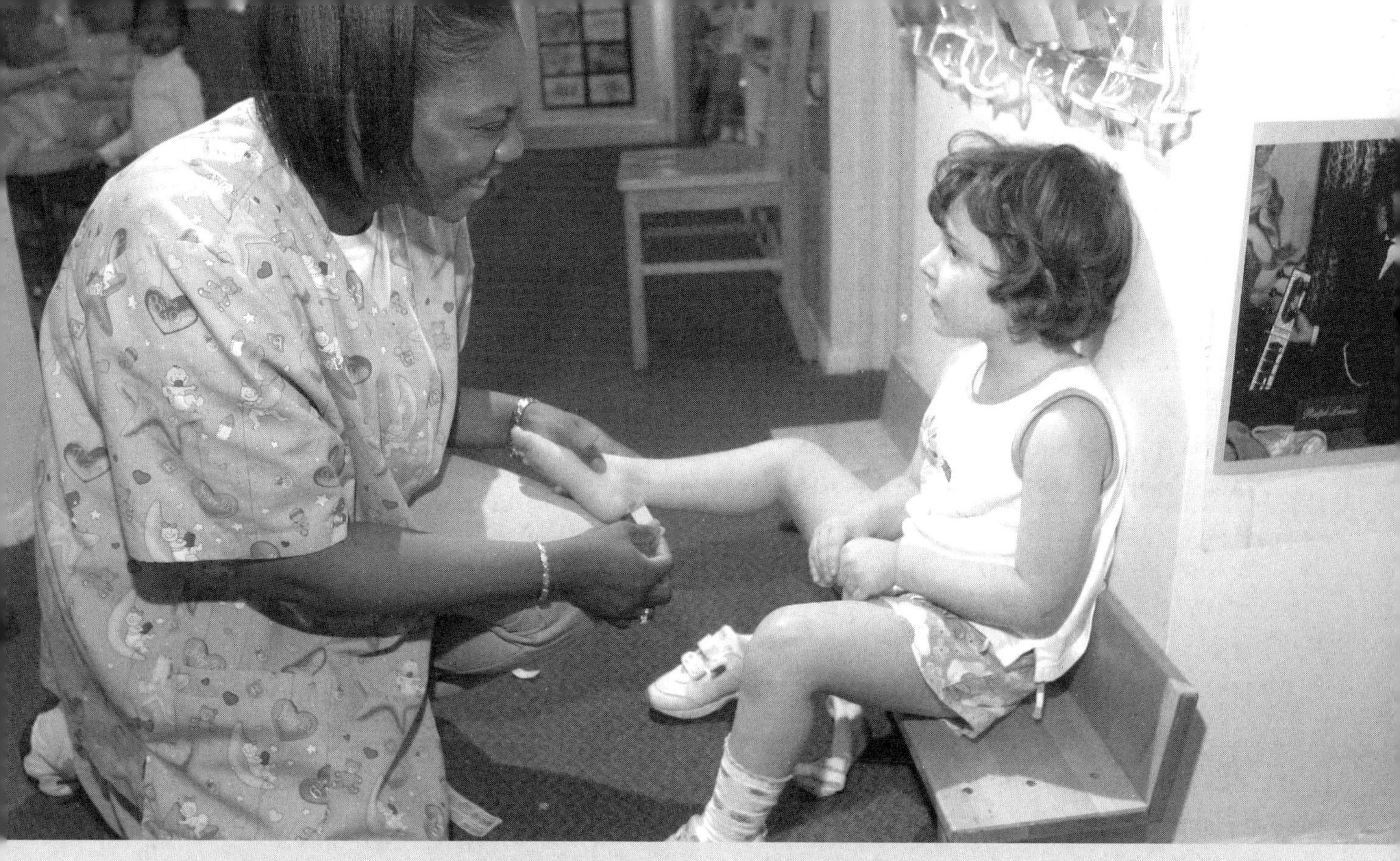

第 3 章　通过非言语沟通与儿童建立积极的关系

本章目标

在学习完本章后，你应该了解：

非言语沟通所起的作用。

非言语沟通的方式以及它们对社交互动产生的影响。

非言语沟通对建立关系所起的作用。

能够体现权威的非言语行为。

准确发出和理解非言语信息面对的挑战。

儿童怎样才能获得有效的非言语沟通技能。

在培养儿童社会能力时，成人需具备的非言语沟通技能。

与儿童及其家庭进行非言语沟通时的注意事项。

NAEYC 标准

1. 提高儿童的发展和学习能力。
2. 与儿童的家庭和社区建立关系。
3. 运用适应发展的教学法与儿童及其家人进行沟通。
4. 使用相关的知识来设计有意义的课程内容。

5岁的莎瑞看到她的妈妈走进厨房，没有说话，脸上带着怒气。她妈妈刚要开口，莎瑞就马上抗议道：“别用这种表情和我讲话！”

莎瑞显然看懂了她妈妈传递出的信息：当妈妈看到莎瑞因为在“做曲奇饼”而把厨房里的烘焙用具放得乱七八糟，柜子和架子上到处撒满面粉时，她双腿不自然地分开，双手向后放在臀部，皱着眉头，站在门口。和大多数孩子一样，莎瑞从妈妈的这种姿势和表情解读出了她的想法。因此不用等她开口，莎瑞已经知道她不高兴了。

无论有没有言语，只要在视觉范围内，人们就可以不断地通过非言语暗示发出和接收信息。**非言语沟通**是指所有不是用言语发出或接收的信息（Matsumoto，Frank，& Hwang，2013）。非言语行为包括身体动作、个体身体与他人或他物的距离、手势、触摸和面部表情，此外，非言语沟通还包括副语言学，又称声音行为，即非言语的声音、说话的节奏、声音的高低、音频和音调、停顿、快慢和话语的多寡（Gazda et al.，2006；Matsumoto，Frank，& Hwang，2013）。

在口语中，每个说出的词都有明确的意思，而非言语代码的意思是模糊的，它需要借助环境和互动的内容才能弄清楚，因此，同一个动作在不同的环境中表达出的意思是不一样的。比如，在一个场合中，点头是打招呼的意思；而在另一个场合中，它可能表示让你离开。有时候，非言语沟通的意思是清晰的，就比如上述例子中莎瑞和她妈妈的情形。但也有一些时候，它们会让人感到模棱两可甚至很困惑。无论是哪种情况，非言语发出的信息都会出现在大多数的社会交往中，人们借助它们来表达或理解大量的想法和感受（Doherty-Sneddon，2004）。这也使得非言语沟通成为人们日常生活中一种主要的沟通形式（Remland，2009）。

关注、规范和管控非言语沟通会对人们互动的过程和结果产生影响，并且能够使人际间的交流变得更为有效（Riggio，2006）。因此，成人和孩子如果希望交流得准确顺畅，就需要重视非言语发出的信息。而且最为重要的是，孩子出生后，首先是通过非言语的交流与成人产生了联结，进而认识了世界（Butterfield，Martin，& Prairie，2004）。在本章中，为了说明这种交流方式的重要性，我们特别强调了成人在与儿童非言语互动时应如何表现出热情、接纳、真诚、共情和尊重。本章还会提到非言语沟通同样能够表达权威和安全感。最后，我们将讨论怎样帮助儿童准确理解他人在非言语交流中的意思，并且让他们自己也学会积极的非言语交流的技能。图3.1描绘了非言语交流与社会支持金字塔中的第一、二、三级对应的三个重要方面。

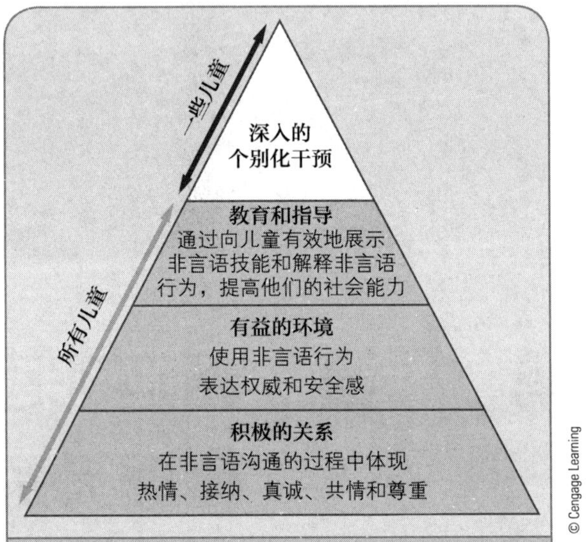

图3.1 社会支持金字塔中的非言语行为：通过非言语沟通建立积极的人际关系

要想将非言语辅助策略使用得当，你首先必须清楚非言语沟通在人们的生活中所起的作用。

非言语沟通的作用

非言语行为在人们的沟通过程中发挥着很大的作用（Knapp，Hall，& Horgan，2013）：

- **表达完整的意思**：像握手、点头或挥手这样的手势被称为**象征动作**，它们虽然可以被翻译成对应的词语，但其实它们本身的意思就已经很明确了。因此，伸出的手可以理解为尊重和友好的象征；微笑可以被认为是问候、让你继续或者在困难时的鼓励。

- **有助于言语沟通的进行**：儿童经常使用一些**说明性姿势**作为对他们说的话的补充，特别是在他们的词汇量还很有限的阶段（Doherty-Sneddon，2004）。比如，3岁的托米在描述一个盒子时，会用手“在空中画一幅画”，来体现这个盒子的大小和形状。当他说“它真的很重”时，他会把自己的胳膊甩下来，就好像他正举着它一样。
- **分享情感**：有时候，单靠词语无法表达一个很深的内涵，这时加上非言语的暗示就能让意思表达得更加丰富或深刻。通常与情感和评论有关的内容都可以通过非言语进行表达，而且比只用言语表达更准确。当想表达快乐、惊讶、开心、生气、感兴趣、厌恶、悲伤和恐惧的情绪时，可以在用语言叙述的同时加上面部表情、手势以及其他非言语动作，这样的表达更加充分。
- **调节社会互动的过程**：比如，彼此目光接触的变化可以反映大家在一起谈话时的实际状况：倾听别人讲话时目光接触多；轮到自己讲话时目光接触减少，而且与此同时，声音的高低和身体的姿势也会发生相应的变化。在交流中，说话的人为了让听话的人参与进来，会用手发出信号，表示“你是知道的”；或者通过向听话的人点头，表示“我知道你理解我”(Burgoon，Guerrero，& Floyd，2010)。还有其他一些手势用来向对方寻求信息，比如用手拍额头，就是想问，“那个人叫什么名字来着？”（Bavelas，Chovil，Coates，& Roe，1995）
- **帮助理解所传递的信息**：非言语暗示还可以起到**元沟通**的作用，即非言语动作已经传递了信息本身的意思。比如，面部表情能够以很直观的方式表达一个完整的信息，像“我只是开玩笑呢”或者“现在，言归正传”等。
- **表明身份和地位**：它指的是个体印象形成和管理的过程。他人可以从一个人的姿势、声调、面部表情、手势以及其他非言语行为中了解他的社会地位、自信程度、气质、性格和其他个性特点。例如，当基钦小姐注意到两个孩子正在争抢餐桌边的最后一个位子时，她立刻赶过去干涉。当她同孩子们讲话时，她发现她的声音很尖，语速也很快，她马上意识到这些非言语的特点与她作为一个负责调解孩子矛盾的成人的身份是很不符的，而且这会削弱她控制局面的能力。于是她深吸了一口气，降低声音，放慢语速，使孩子们能更关注她所说的话。
- **隐藏和掩盖**：年龄稍大一点的孩子已经学会使用非言语暗示为自己开脱了。他们会在自己做的错事被发现后表现出一副故作惊讶的无辜状。那种“谁？我吗？”的表情通常不会被认为是欺骗，可是如果用语言否认就另当别论了。“谁？我吗？”这样的表情需要他们把本来的不安隐藏起来。同样的，年纪大一点的孩子还会用微笑来表示礼貌，尽管他们其实并不真正对发生的事情有兴趣。
- **伪装**：非言语暗示可以有不同的解读。因为它的意思不够清晰，所以它可以被误解，也可以被否认。当成人试图表现出能够融入一个尴尬的环境时，他常常会故意使用这种做法，这样的“表演”要求他显得在那样的环境里很放松。有证据表明，如果孩子也故意要在一个不熟悉的环境里表现得很适应，那实际上他的情绪已经得到了改变（Saarni & Weber，1999）。这种现象最常出现在嘉年华晚会、独唱或独奏音乐会中以及在班上回答问题的时候。

个人的社会技能发展水平与其能否成功地解释和使用非言语行为有明显的关系。能够掌握大量的非言语技能对于人的社交发展和心理健康至关重要（Riggio，2006）。能够观察到并且理解他人非言语行为的孩子是敏感的，同时也会是同伴们喜欢的玩伴（Doherty-Sneddon，2004）。而能够有效使用非言语行为的成人则会被孩子看作值得信赖的。还有一点，如果你能越来越迅速地捕捉孩子发出的非言语信号，你的主动观察能力就提高了，你也能更加准确地解释那些信号释放的意思（Matsumoto，Frank，& Hwang，2013）。

非言语沟通的渠道

沟通渠道是指非言语交流的模式和类型。比如，语音语调就是一种渠道或类型；姿势和在空间的位置则是另一种渠道或类型。非言语沟通的每一种渠道可以是独立的，也可以与言语信息相互交融。在一般情况下，非言语信息常常是无意识地发出的。比如，一个人可能会对另一个人“怒目而视”“视而不见”“目不转睛”或者“懒得搭理”，而他自己却没有觉察到。当一群人在一起互动时，通过观察他们的非言语暗示，就能知道他们之间的关系怎么样。从每个人的坐姿、头仰起的程度和使用的手势就可以判断他们中谁是头儿或发言人。例如，观察一群在操场另一边玩耍的孩子，从他们的互动中你会马上发现谁是他们的头儿：一个孩子打着手势，仰着头，逐一看着其他孩子；其他孩子都看看她，并且点头回应她的手势。因此，尽管听不见他们在说些什么，但那个小女孩显而易见是他们的中心人物。

接下来，我们选取了一些非言语行为进行详细分析，因为它们对提高你与儿童在一起时刻意发出和接收信息的能力很有关系。

空间位置

7岁以前，孩子在与朋友和认识的人进行互动时，会保持各种距离。在这个阶段，他们会模仿成人的习惯。孩子越小，和成人挨得越近。通常不论是男孩还是女孩，都更喜欢和女性挨得近一点；也愿意跟特别年幼或年长的人靠近。人们都愿意接近看上去很友好的人，因为这会令他们感到放松。一旦对方变得不友好了，或者到了一个陌生环境，对方又是一个男性，人立刻就会选择离开（Knapp, Hall, & Horgan, 2013）。成人尚且如此，如果一个孩子要进入一个新环境，那么刚开始时他表现得有点犹豫，往后退，就没什么好奇怪的了。

个人空间是指从个体的身体向外扩展至一定的范围内。在与他人互动时，0～0.5米属于亲密范围；0.5～1.2米属于较随意的个人活动范围；1.2～3米属于社交和咨询的领域；3米以上就是公众活动的空间了（Krannich & krannich, 2001; Knapp, Hall, & Horgan, 2013; Matsumoto & Hwang, 2013a）。当然这些距离的设定会因为年龄、性别、文化、互动时的环境、情绪以及其他因素而有所不同。另一种对个人空间的描述则是将界限与个体身体各器官及其功能联系起来（Machotka & Spiegel, 1982）。与孩子在一起时，个人空间的规则需要引起极大的重视，因为孩子会认为侵入个人空间将给他们带来潜在的威胁。图3.2标明了内部、私密、轴向和远端空间的范围。

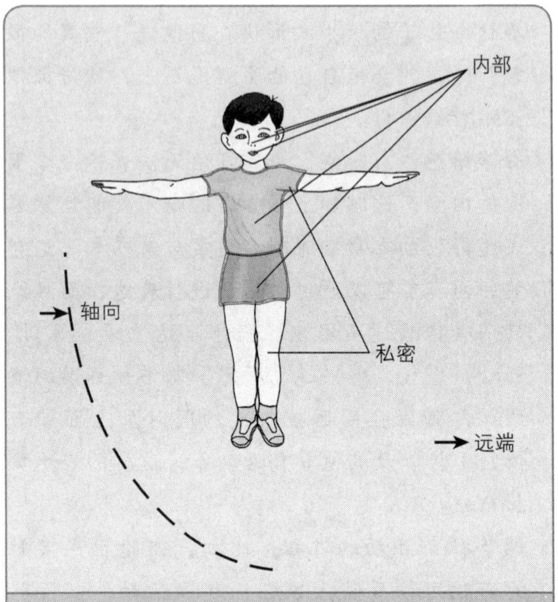

图3.2　个人空间

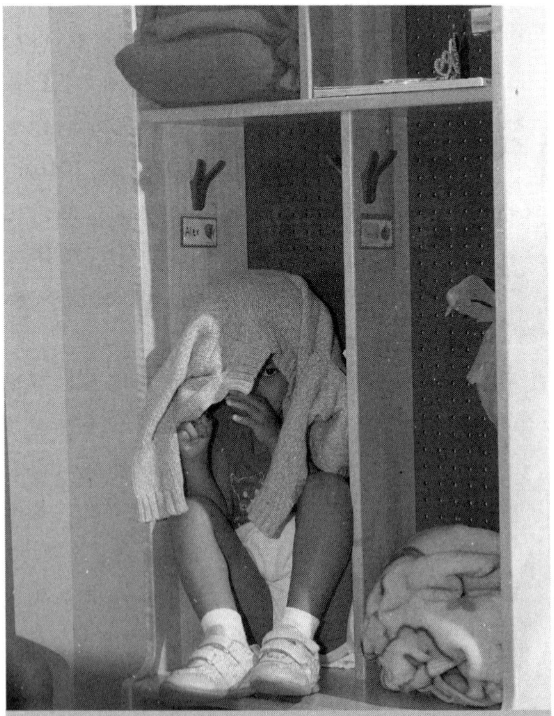

“走开！”这是一个典型的表现孩子希望远离他人的非言语信号。这个孩子一方面拒绝别人进入她的个人空间，另一方面，她仍在窥视附近发生的一切。

内部空间是指身体内部各器官与皮肤之间的区域，它是所有空间中最隐秘和最个人的部分。嘴、耳、鼻孔、肛门和阴道是进入内部空间的通道。当受伤导致皮肤破损或通过皮下注射也可以进到内部空间。比如，尼克手上扎了根刺，很疼，可是当佩恩小姐掏出尖尖的镊子时，他马上开始反抗，而且要把它拿走。因为在他看来，她要侵入他的内部空间，这让他感到很痛苦。

私密空间是指身体与外穿的衣服、头发或饰物之间的区域。身体没有被遮盖的部分，比如脸，虽然从身体角度未受限，但从心理角度也是受到限制的。例如，不太熟的人不可以随便摸对方的胳膊、腿或脸，即使这些部分没有衣服覆盖。另一些没有被遮盖的器官，比如手，是可以触摸的，除非对方表现出抗拒的动作，像把胳膊抱在胸前或转过身子。总之，在一般情况下，人们不可以触摸别人身体上穿着衣服的部分，但可以在获得允许后有限度地接触暴露在外的部分，比如握手和拥抱。当你在沙发上看书时，如果一个孩子在旁边紧挨着你，那他就在你的私密空间范围里了。

轴向空间是指胳膊和腿能伸展到的范围。因此如果一个人张开双臂，就意味着他欢迎别人进入他的轴向空间，反之，如果他交叉胳膊或腿，就表明他是排斥的。当孩子与你都坐在一张小桌子旁时，他们就在你的轴向空间里了。

远端空间介于轴向空间以外，视觉和听觉范围以内。可知的世界，或者说非个体的世界，都属于远端空间。通常当孩子们在操场上跑、追、玩时，他们就处于你的远端空间，他们在体育馆参加活动或者在餐厅吃饭也处于你的远端空间。

对于专业人员来说，了解人际空间的隐性规则是很重要的，这是因为：

1. 如果侵犯了个人空间，会让对方产生负面情绪。
2. 个人空间对口语交流的内容有很大影响。
3. 个人空间受到文化和亚文化的影响。

首先，侵犯个人空间会引发负面情绪（Hall，2002；Knapp，Hall，& Horgan，2013）。负面情绪可能只是略微的不悦，比如，当过道或者电梯过挤时，成人会小心翼翼地避免与他人无意地相撞。但孩子们可能会推推搡搡，侵犯别人的轴向空间和私密空间，引来抗议声。当儿童认为他的私密空间被侵犯时，他会保护自己，或者会从此避开某个人或某个环境。比如，当一群儿童被挤在一起时，他们很可能会去推那些不小心碰到他们的其他孩子，他们也可能选择走开或向别人求助，因为这样的经历在他们看来是一种侵犯。还有，如果成人揪孩子的头发，那么即使是很小的孩子也会选择移开。如果未经允许就进入他人的内部空间，常常会引发愤怒和激烈的反抗。医疗人员要有思想准备，他们很可能会遭到孩子的强烈抗拒。这些孩子不会因为他们是医生和护士就允许他们进入自己的内部空间。人们一般只会允许与自己最亲密的人，也就是他们最喜欢的人，进入他们的内部空间。事实上，这也是为什么孩子在生病时只愿意让自己的母亲或自己最喜欢的看护人员来照顾他们。从内部空间向外排泄（排便或呕吐）也被认为是件很隐秘的事。

需要了解个人空间规则的第二个原因是，当人与人之间的距离很远时，一个人表达的信息就显得很模糊，没有针对性，也无法应用。举例来讲，7岁的莎拉正在操场旁一个小泥潭边用鞋尖玩水。她抬起头，看见操场管理员正冲她这个方向摇头，并且喊着，“不要！”莎拉发现她周围还有许多其他孩子，就没有理会管理员发出的信息。但是，当管理员走近她并且建议她用小树枝玩水而不要用脚时，她很乐意地接受了，因为这时她知道这个信息是提供给她的。沟通双方处得越近，信息就越清晰明确；处得越远，信息就越模糊和缺乏针对性。

需要了解个人空间规则的第三个原因是，个人空间的界定在不同的文化和亚文化中是不一样的。成人很可能会因一个行为与自己的预期不一致而产生误解。虽然文化差异反映在非言语交流的各种渠道中，但其中对距离的不同解读最为明显。比如，如果一个孩子站得离他人很近，说话的声音有点大，并且与他人呈面对面的姿势，目光对视的时间也较长，那么欧洲裔的教师就会认为他有些激进、鲁莽或是带有攻击性，而其实这是阿拉伯国家男孩的典型行为。另一个孩子在与成人说话时也站得很近，但不怎么看着对方，说话声音也比较小，他可能就会被误认为黏人或者依赖性强，但实际上，这样的行为在亚洲文化中是有礼貌的表现。

身体动作

桃莉刚到幼儿中心里3岁孩子所在的班时，一位老师也不认识。因此刚开始那2小时，她似乎很安静，也没有和别人一起玩。但到了9点钟，当她看到克罗丝小姐走进房间时，她的脸上露出了微笑，并且立刻跑了过去。克罗丝小姐也笑着蹲下身来，张开双臂，给了她一个大大的拥抱。桃莉这样做是因为她之前已经认识克罗丝小姐了。

丹纳夫人听到从房间后面传来一阵拍巴掌和揉纸的声音，她抬起头，看到马特在冲着她笑。他显然和往常一样，已经早早完成了作业。坐在他旁边的朱丽叶也做完了作业，她的眼神告诉丹纳夫人，他俩正玩得起劲呢。因为教室里的其他孩子还需要在安静的环境下做作业，丹纳夫人走到他俩坐的地方，给每人的桌子上放了一本书，然后她就待在教室的后面，直到马特和朱丽叶开始看书。

在上述两个例子中，成人都通过身体动作向孩子传递了信息，而孩子也不仅理解了这些信息，并且很友好地回应了。

人不可能保持静止不动。他们会在空间移动，走向或者离开他人。当你走近一个人的轴向空间时，他会通过原地不动或伸出手臂来表示接纳。而如果双方都朝对方走去，则表明他们都很愿意接近对方。不过，接近的行为也可能会被对方通过走开、避免接触或者交叉双臂抱在胸前的动作而拒绝。所有这些信息都反映了一个人在与他人的互动中被接纳的程度。你可以从孩子身上观察到这些信息，同样地，孩子也会注意到你身上的这些信息。

比如，抓着别人是孩子与人接触的最初表现。一个孩子可能会抱着别人或者抓着那个人的手，表达“我想和你在一起”的意思。这时候，给孩子一个拥抱就清楚地说明你愿意和他接触。如果对方无动于衷，没有任何回应，就表明他不想与这个孩子接触。在这种情况下，他甚至可能会甩开孩子的手，或把他推到一边。例如，当玛尔塔试着握凯文的手时，凯文移开了身体，挣脱了她，什么话也没说。

当不认识的成人初次接触时，一般会采用一些已经固化的动作，比如握手、敬礼或者其他正式的介绍和问候。成人对孩子常常不太注意礼节，特别是当一群孩子在一起时。许多孩子都经历过被一个陌生人推到队伍里，或者被拍头、拧脸颊和摸下巴。遇到这种情况，孩子会准确地将它们理解成对他们私密空间的侵犯，并尽可能地避免或躲开这样的接触。因此，接近孩子时，最好与他们直面相对（具体细节后面会进一步描述），并用语言引起他们的注意。

互动结束的最明显的信号就是两个人同时走开。但是，有时会出现这种情况，就是一个孩子继续往前，另一个孩子却选择后退。这时候，他们可能需要一个成人过去帮助他们协调。比如，在幼儿园的一个班里，莫莉非常愿意一直待在桑德拉旁边，可桑德拉只愿意和莫莉偶尔玩一会儿，更多时候她会避开莫莉去别处听故事，或者和她喜欢的其他孩子一起玩。有时，莫莉会跟着桑德拉，可桑德拉会再撇开她。不过如果有教师在场，莫莉就能接受桑德拉离开她。有时候，桑德拉也会把莫莉从她身边推开。如果一个孩子不愿意和他人分离，他会放慢脚步，甚至干脆转过身，站在那里，通过面部表情和姿势表达他对对方的不满。有时候只能通过迅速离开的方法强行分离。但在这种情况下，既要向莫莉做出解释，也要给予她安慰，让她不仅可以理解桑德拉，也能和其他的孩子一起玩。

身体方向

兰尼和瑞秋坐在生物课的实验桌旁，解剖活的虫子。卡特小姐走过来，双手向后放在臀部。在孩子们做实验时，她站在后边待了一会儿。

过了一会儿，杰克逊小姐也走了过来，在桌子旁蹲了下来。在孩子们做实验时，她面对孩子们待了一会儿。

谁对孩子们的活动表现出了更多的兴趣？是卡特小姐还是杰克逊小姐？

根据我们对身体方向的了解，孩子们应该会认为杰克逊小姐对他们更感兴趣，也更容易接近，因为她的身体动作更能反映出她对他们的实验的关注度。

你在另一个人面前的身体姿势能够传递很多重要信息。面对面时的身体方向是很明显的，它常出现在与人打招呼、安慰人、打架和亲密交谈的时候。回避姿势通常意味着试图躲避或隐藏。当人们轮流做一件事、跟随或追赶别人时，他们一般是面对他人的后背。肩并肩的姿势代表伙伴、共同面对或团结一致。背对背则意味着不是简单的分离，而是在敌对情形下的对峙或警戒。略微侧身不仅是从一个姿势向另一个姿势转换的过程，也可能代表不感兴趣、不信任或即将到来的分别。

互动时，人们的身体方向在纵向维度上也会彼此影响。“高人一等”这个词既有直观上的意思，也有引申出的含义。位置较高或者处于顶端通常代表地位、权威或权力；而位置较低则意味着无能、卑微或屈从。在人的自然发展过程中，成人表现得高大而有力；孩子则表现得弱小而无力。减少成人与孩子间纵向的距离能够传递非常重要的信息。成人可以蹲下来与孩子一样高；也可以把孩子举起来，让他能与成人面对面，对特别小的孩子通常要这么做。成人之间要想寻求平衡，可以选择坐着的姿势，因为人在身高方面的差异主要体现在腿上。蹲下的姿势还能表现出友好和愿意在合作的基础上与对方互动。

身体方向还有其他的维度。比如身体倾向他人意味着对其感兴趣和关心；而身体向后仰则表明互动的两个人之间有距离、戒备或者不感兴趣。包围，即一个人包围住另一个人的轴向空间，可以是一种积极的情感表达，比如拥抱；但也可能是负面的，比如打斗。专业人员通过把孩子抱在怀中的动作传递爱和安慰，也可以使孩子不受他人的伤害。比如，托维米娜小姐把3岁的雅各紧紧地抱在自己身上，这样在他发脾气和乱挥胳膊时就不会伤到自己或别人。

手势

头、手、胳膊、腿和身体的动作称为**手势**，它在语言的配合下可以表达出话语的意思，比如，把两只手分开可以形容一条鱼有多大；强调一个说法，比如用拳头敲桌子；代替语言，直接表达意思，比如用手指向卡车丢失的地方，或者用走路的姿势表达悲伤或喜悦的情绪。手势也可以用来侮辱他人，比如从握紧的拳头中伸出中指；表达喜爱，比如亲吻。它们还能反映说话人对所传递的信息以及听话人的情绪和态度（Feyereisen & deLannoy，1991；Janssen，Schollhorn et al.，2008）。手势与其他非言语交流渠道的不同之处在于，它体现的是经过深思熟虑的想法或思考的过程。它们可以增加语言的准确度，比如数东西的时候用手一个个指出来；它对加深记忆也是有益的，比如在清点单子时，用手指按顺序一项一项地点下去（Matsumoto & Hwang，2013a）。

大多数手势出现在发出者的轴向空间范围，而且不需要言语相伴。虽然在一般情况下，孩子们会在学习口语的同时掌握手势的使用，但他们也可以在尚不知道怎样用词时就会用手势了。婴儿稍大一点时就可以通过手势传递信息了，比如他们会指着一个杯子表达喝水的需求。懂手语的孩子会在交流时将手势和语言结合起来使用，学龄前的孩子常需要借助手势表达意思。所以，手势在孩子的童年时期意义重大。即使是在他们上小学以后，如果交流的对方既能听到他们说的话，也能看到他们给出的手势，他们传递的信息就能被更清晰地接受了(Doherty-Sneedon，2004)。当说话的人情绪激动，或者迫切希望对方理解他的意思，或者想控制整个谈话时，他的手势会不由自主地多起来。3岁的孩子理解的手势多于他能使用的；到了5岁，他们无论在理解还是使用上都已经很娴熟了(Knapp，Hall，& Horgan，2013)。

当一个人的手势所表达的意思与他说的话的意思不一致时，交流就会出现问题(O’Hair & Ropo，1994)。虽然有时这可能是故意的，但在多数情况下，问题源自文化习俗的不同。在所有文化中，与社会地位高的人相比，社会地位低的人会使用更多的手势，而且使用得更形象逼真。但在不同种族间，使用手势的数量和范围有着明显的差异。与欧洲人和非洲人比起来，亚洲人使用手势的次数少一些，动作也更含蓄。北欧人使用手势的时候也不太多，南欧人却到处频繁地使用手势。北美说英语的孩子或是瑞典籍的后裔不会像拉美裔孩子那样随处使用手势。华裔背景的小孩在说话时更不爱动手或身体。孩子在美国这种多元文化背景下生活的时间越长，他们说话时的身体动作也会越多（Ting-Toomey，1999）。

有些手势被广泛使用，并且很容易理解，比如打响指以吸引别人的注意；但另一些手势，比如把几个手指蜷缩成爪形（这在沙特阿拉伯代表轻蔑），只在部分地区使用，因此它们是特殊文化的产物，并且有直接对应的语言（Ting-Toomey，1999）。每种文化中都有其成员容易理解的大量手势，但它们很可能使来自其他文化背景的人形成误解，因为他们对同样的动作有不同的解读。比如，上下点头在保加利亚意味着“不”，但在其他一些地方表示“是”。再比如，举起手，将拇指与食指形成一个圈，这个手势在许多地方表示“好”，但它在日本是“钱”的意思，在巴西是性侮辱的动作，在俄罗斯是个粗俗的手势，在法国则代表“零”。所以手势是很容易引起误解和困惑的，特别是对那些在跨文化环境中工作的成人来说。

触摸

触摸既可能在最亲密的环境下发生，带给人爱的体验；也可能出现在最敌对、愤怒的状态下，给人造成伤害。它最不可能出现在几乎没有情绪的时候。触摸的发生与人的空间位置（彼此接近）和身体方向（面对面相遇）有关。

肌肤既可以发出信息，也可以接收信息。触摸能够传递温暖，让人的身体得到安抚（Garttrell，2012）。它也能表达爱、恐惧、依恋、生气和开玩笑的情绪。轻拍、拥抱和爱抚是孩子的成长和健康发展所需要的（Hansen，2007）。手指沿着孩子的手臂向上移动或与孩子做一些带有抚摩动作的游戏则属于在嬉戏中触摸。但拍、踢、拧和捅孩子的身体显然是带有敌意的动作。

触摸也可以被用来控制或影响他人，比如抓住一个想打人的孩子的手。成人轻拍孩子的肩膀引起他的注意，或者孩子抓着教师的衣服，都属于不太用力的触摸。触摸也可以用来体现互动时彼此参与的程度和反应，成人和孩子都会这么做（Knapp，Hall，& Horgan，2013）。有意思的是，触摸还与顺从有关。当你请求一个人做某件事时，如果你摸他一下，他会更乐意去做（Matsumoto & Hwang，2013a）。

有三个因素影响触觉沟通的效果：数量（触摸发生的次数和持续的时间）、触摸发生在身体的哪个部位和触摸时的强度（McCornack，2012）。人们触摸朋友和家人的次数多于触摸普通人的次数；触摸同伴或比自己年轻的人多于触摸比自己年长的人 (Hall，1996)。触摸更多的时候发生在非正式的场合，这时地位高的人会用一些更放松和带有爱意的动作，而地位低的人会用一些更正式的方法，比如握手（Hall，1996)。孩子会通过彼此触摸来建立友谊、缩短距离和表达亲密关系（Hansen，2007）。

只要看一眼，就能知道图中的成人与孩子的关系是温馨而亲密的（距离很近、触摸、身体放松、环抱的胳膊），尽管这时孩子好像不太开心（略微皱眉、左臂抬起），成人的身体也微微向后。

身体可被触摸的范围受年龄、关系和性别的限制。孩子在婴儿阶段时，无论是男性还是女性看护人员都可以给他们换尿片、喂奶和给予其他方面的照料。但进入童年后，胸部至膝盖之间的部位就绝对禁止再随便触摸了。成年以后，可以直接触摸的部分就仅限于手、胳膊、脖子和脸，而且只能是父母和同性的朋友才可以这么做。在一般情况下，母亲或其他直系亲属触摸孩子的次数多于其他人。不过那些和孩子建立了良好关系的看护人员也会有很多机会触摸他们或被他们触摸。

无论是男性看护人员还是女性看护人员，都可以在适当的公众场合触摸孩子穿着衣服的部分。比如，把孩子举起来够一样东西、搂抱一个遭遇不幸的孩子和帮孩子清洗伤口是任何人都可以做的，没有年龄和性别的限制。

男人常常更多使用拍背和握手的动作，而其他可以触摸的部分则受到较多的限制（Richmond，McCroskey，& Hickson，2011）。相较于男性，女性会更多地触摸孩子或其他成人，也会得到他人更多的触摸（Hall，2006）。孩子在6岁以前的触摸行为会很频繁，在这以后会慢慢减少，并且开始有了明显的性别差异，直到进入青少年期后就形成了与成人完全一样的动作模式。

在孩子出生的头3年里，触摸是建立认同感的主要方式，而且身体接触对于发展良好的人际互动关系也是必不可少的（Sansone，2004；Hansen，2007）。此外，它对身体的健康发展也很有益处，而这对今后社会能力的提升是极为重要的（Hansen，2007）。因此，成人看护人员给予孩子（特别是6岁以前的孩子）适宜的身体接触是必要的。触摸还是体现人际关怀的重要方式。与某人“贴近”不仅意味着彼此的亲密无间，而且带有强烈的情感交融。

除了礼节性互动（握手）、嬉戏（追赶）、表达情感（拥抱）和做一件具体的事（清洗擦破的膝盖）外，触摸还可以起到控制形势的作用（比如，过马路时紧紧抓住孩子的手）。虽然世界各地的看护人员与孩子的触摸大体相同，但触摸的频率、时长和规则还是带有明显的文化特征。成人和孩子在触摸和被触摸方面也有各自的喜好。

面部表情

马克在操场上绕着树走来走去，他的脸朝下，肌肉紧绷。德克尔先生走近他说：“马克，你看上去不高兴啊。”马克怒视着他，回答道：“不是不高兴，简直要气疯了！我想待在家里！”

面部表情是肢体语言中最明显的部分，表达了最大量的非言语信息，特别是情绪方面的信息（Matsumoto & Hwang，2013b）。在交谈过程中，说话的人会将面部表情和手势与语言结合起来传递

从上面4幅图片中可以看出，孩子们可以用身体动作和面部表情进行很好的沟通

信息以及他的情绪（Bavelas & Chovil，2006）。人们可以有意识地控制自己的面部表情，从而给别人造成假象。在一般情况下，面部表情能够对语言起补充和完善的作用，让说话的人和听话的人都获益（Fridlund & Russel，2006）。

面部表情可以传递许多方面的意思，包括判断、感兴趣的程度以及通过高兴或不高兴的表情反映对环境的参与程度。虽然面部会清晰地呈现特定的情绪——高兴、惊讶、恐惧、生气、悲伤、厌恶、轻蔑和感兴趣——但它也是会改变的，并且可以表达多重情感。小孩子比再大一点的孩子或成人更易通过面部表情表达自己的情绪，因为成人更能控制自己，不让情绪过于外露。

因为孩子从婴儿时期开始就能用面部表情来表达自己的情绪，所以我们必须密切关注这些表情所代表的暗示。噘嘴是众所周知的表达不高兴的表情；伸舌头在西方文化中明显带有侮辱的色彩。闻到不好闻的气味时皱鼻子和在尝试新的或不同的口味时流露出厌恶的表情都比较容易理解。但其他一些更复杂的表情，比如先表现出吃惊，接着马上是感兴趣或生气，就比较难以识别了。

一般来讲，即使是很小的孩子也能准确理解别人的面部表情。如果发现同伴的面部表情与环境不契合，他们马上就不和他玩了（Doherty-Sneddon，2004）。有些孩子好像不懂得什么时候应该微笑，什么时候应该表情严肃，以及什么时候应该表现出关切。对他们有必要进行引导，让他们学会用表情回应不同的情境。

微笑

微笑是孩子最早学会的表情之一。淡淡的笑、开怀大笑和咧着嘴笑表达了不同的含义，使用的肌肉也不一样。如果笑得很明显，眼角都出现了皱纹，就说明这个人非常高兴或开心。咧嘴笑常常出于淘气，也可能是在自娱自乐。淡淡的笑，有时也被称为社交性微笑，可以用来表达愉悦和问候，也可以表示对环境的满足或顺从。用这样的微笑可以避免冲突，或者表示服从——社会地位低的人可以用它来体现与社会地位高的人取得了一致（LaFrance & Johnston，2008）。通常在他人面前呈现出放松的微笑更多是出于友好和社交的目的，而未必是发自内心的高兴（Kraut & Johnston，2008）。几乎没有表情的淡淡的笑被称为**面具微笑**（Key，1975），因为它实际上隐藏了不快或不接受的情绪。这种面具微笑经常被形容成“涂在脸上”或“贴在脸上”的假笑，显得很僵硬。

如果一个面具微笑或习惯性微笑配上非常严肃或带有负面情绪的言语，就会令孩子特别反感。不

孩子从很小开始就能清楚地表达情绪了——从镜子中看到自己的开心表情，或者是在雪地里摔跤后的沮丧表情。

真诚的微笑缺乏热情和真情实感。孩子会将面无表情或者表情虚假解读为不感兴趣、缺乏爱心或者不值得信赖。看看图 3.3 中的画，这是一个孩子画的，她不信任学校里的一个成人，因为这个成人的微笑很“僵硬”，而且她也不尊重孩子。如果成人使用的面部表情与他们的情绪不一致，孩子就会感到困惑和警惕（O’Hair，Friedrich，2001）。但是，无论是成人还是孩子，只要他们感受到了对方真诚的微笑，他们都会用微笑作为回应，也会对友好的面部表情做出积极反应（Knapp，Hall，& Horgan，2013）。

微笑在不同的文化中传递的意思也不尽相同。比如，来自西欧国家的孩子在与他人打招呼时会面带微笑，可是日本的孩子在和人打招呼时表情就比较严肃。不过来自不同文化背景的孩子在互动过程中会调整其微笑的差异。

最后一点，成人在解读孩子的面部表情和使用表情来渲染要传递给他们的信息时一定要非常谨慎。比如，看到一个人在冰上滑倒时，小孩子会笑，这并不是因为他看到别人受伤反而开心，其实只是因为觉得那个人手脚动作不平衡很滑稽而已。

目光接触

凝视与掌控、权力或咄咄逼人有关，也可表达依恋和培养的意思（Matsumoto，2006）。两个人之

图 3.3　这是一个三年级的学生画的一幅画，描绘了一个成人的“面具”微笑。他不信任这个人。①

① 图中左侧拿着面具的大人说：“大家好，欢迎来到沃伯乐小学！在这里，我们所有的人是一个大家庭！”右边的男孩心想：“女士，你被我看透了。”——译者注

间的目光接触是一种特殊的交流，它能够迅速将两人的关系拉近，哪怕他们之间相隔甚远。拉丁裔美国人比欧洲人和非洲裔美国人更倾向于在交谈时长时间地目光接触（Ting-Toomey，1999）。目光锁定某人或长时间凝视某人都意味着一种更加亲密的关系或交流。婴儿与成人之间长时间的凝视是一种很正常的沟通方式，但如果再大一点的孩子也与成人长时间对视，就会被认为含有敌意或攻击性。彼此熟悉的人之间的一瞥也是有意义的，它可能想表达“你见过这么可笑的事吗？”或者“咱们走吧！”符合文化特征的目光接触能表明一个人对参与社会交往的兴趣和意愿。

目光转移可以在正常的对话中表示轮流。在西方文化中，人们希望听话人比说话人有更多的目光接触（Krannich & krannich，2001）。讲话的人通常在讲话结束时瞥一眼别处，然后又收回目光转而凝视别人。他们期望听讲的人这时正看着他们。而同样的情况在非洲文化中却正好相反，因此不同族群的人在交流时都需要做些调整（Fehr & Exline，1987）。在跨族群的互动中，非洲裔美国人在听讲时不像白人听众那样使劲看看讲话的人。在日本人、波多黎各人、墨西哥裔美国人和非洲裔美国人中，人们普遍会选择目光向下，因为这代表尊重（Johnson，1998）。

很遗憾，有时候当成人认为孩子在目光接触时没有遵守约定成俗的人际关系规则时会非常生气，但他们没有意识到，孩子的行为实际上是符合另一种文化所认定的规则的。而且如同不同的家庭间存在差异一样，即使是在同一文化中，不同的地区也存在差异。

辅助语言

辅助语言是指人们在讲话时发出的声音，它们虽不是常规的词语，但也包含了实际的意义；辅助语言还包括人的讲话方式。由于辅助语言为语言添加了更多的含义，因此听者会对说话人的意图有更好的了解，而且它们常常会对语言的内容产生一定的影响。表 3.1 中列举了一些辅助语言的类型。

表3.1 常见的辅助语言行为和表现

行为类型	表现	意思
非词发音	咳嗽	生理需要或紧张、惊讶、怀疑
非词发音或表征	啊？哼？	不同意
言语的节奏	强调和停顿； 拖长辅音	对重点词的强调； 起到夸张的效果、恐惧
说话的速度	说得非常快； 说得非常慢	激动或紧急； 强调或犹豫
听者的反应	重复一些词，例如，“是的”“嗯嗯”“对”	对讲话人的意思的肯定、赞同
迟疑	嗯、啊； 说话人在并不结巴的情况下重复一个辅音	在说话人思考要表达的想法时，填补话语的间隙； 激动
强度	说话时的力量和声音大小：高且有力； 轻声，但可能同样有力	高强度通常意味着非常强烈的情绪，比如快乐、恐惧、愤怒； 小声讲话一般代表着私密或个体间的交流
沉默	没有动作、没有声音、直视； 没有声音； 没有声音	挑衅、抗拒； 表示礼貌、不让自己或他人感到尴尬； 在强调某词之前或之后
音高和音调	高音、轻或重的音调； 中等音高、中等音调； 音高和音调都在不断变化； 低音高和低音调	恐慌； 掌控、坚定； 讲话的人对局面无法做出预知； 或安抚或命令

辅助语言的一种类型是**非词发音**，它们是一些有意义的声音，但不是单词。每个人都能发出这样的声音，而且它具有非言语沟通的所有功能。其中的生理动作包括：咳嗽、清喉咙、打喷嚏、吐唾沫、喷口水、舔牙齿、打嗝、吞咽、呛噎、打哈欠和叹气等。它们可以单独用来表达一种生理反应，也可用来反映说话时的情绪。比如，咳嗽，除了有想清一下喉咙的意图外，还可以用来表达紧张、不安、批评、怀疑、吃惊、提醒注意或在说话过程中发现自己说了谎话。几个常见的非词发音及它们通常代表的意思是：嗯？（不同意的意思）；啊啊（表示警告）；嗯哼（表示同意）；噢——（好！表

示赞许）；嘶（看这里）；啧（表示不爽）。

大量的情感信息都是在说话的同时，再加上特别的声音传递出来的，而且声音的变化还能使人际沟通变得更容易。比如，句子结尾处语调的变化可以体现陈述、感叹和疑问的句式，还可用来暗示交谈时讲话的轮换。

言语的**节奏**包括重音、说话时声音的**持续时间**、停顿以及某些词语的口音。说话时重音放在句子的不同的地方会决定整个句子的意思。我们来看看在下面这句话中重音位置的不同会使整个句子的意思发生怎样的改变。原句是：菲利普在与哈里特合看一本书。说的时候如果把重音放在“菲利普”上，就是强调是菲利普，而不是其他人，在与哈里特互动；可是如果重音放在“合看”上，则意在强调“合看”是关注的重点。

在英语中，辅音的拉长可以起到吓唬人或者夸张的效果。“Runnnnnnnnn!（跑——）”作为催促的命令，体现出了紧张、迫切和担心的情绪。成人在给孩子讲故事时常常会拖长声音，以达到戏剧化的效果。不过在一般的对话中，元音音长的变化只反映了不同方言的差别。

节奏的另一个方面是人际间交流时的同步互动。当一个人说话时，谈话中的另一方可以说出“是的”“没错”或者“嗯哼”等，以配合对方。这样做不是要打断说话人，而恰恰是对说话人言语内容的肯定。与此同时，也可以再使用诸如点头或其他的手势和肌体动作。非洲裔和拉美裔美国人对说话时的情境高度敏感，因此他们比欧洲裔美国人更多地使用这种充分交流的方法。

孩子说话时的**语速**或快或慢，整个节奏则可能很流畅，也可能断断续续或显得很突兀。由于地区和文化的差异，说话的时机选择也大不相同，有些人在句子间的停顿远远长于其他人（Remland，2009）。成人如果能根据孩子的年龄和经历调整自己说话的语速，就更能得到孩子的接纳和理解。比如，成人如果说话过快，孩子或第二语言的听者就会感到比较困难。此外，成人还应该给孩子留出足够的时间让他们把自己的想法表达出来，而不要抢着替他们把话讲完，也不要不等孩子说完自己就急着说。这是对孩子表示尊重的做法。

说话时**迟疑**一会儿或者停顿一下，可以让说话的人在思考接下来要说的内容时继续保有说话的机会。如果发言已经被打断，说话的人可以停下来思考一会儿；或者在说话中遇到外部干扰时，比如关门声，也可以稍停一下。停顿的时候可以用一些声音，比如“嗯”“唔”或“啊”；或一些非词发音，比如咳嗽；以及不发音的表情，比如吞咽，来填补这段空白。孩子在对成人说话时常常会停顿，因为他们需要时间来组织其想法。

音高和音调的变化可以传递各种情绪信息。高音通常用来表达强烈的情绪，如极度兴奋或恐慌。说话时音高不断变化则是生气的表现。音高和音调很难控制，所以可借此捕捉人际交往时态度和情绪的细微变化，特别是对那些想竭力隐藏真实情绪的人（Frank，Maroulis，& Griffin，2013）。音质本身会向听者传递一定的含义，常能给语言表达出的信息加入情绪因素。音质可以用下面这样一些词来形容（Key，1975，p.61）。

刺耳的、猛烈的、粗暴的、尖锐的、沉闷的、饱满的、严肃的、难听的、吱吱响的、柔和的、哀怨的、深沉的、微弱的、沙哑的、间断的、喉音的、呻吟的、吟唱的、洪亮的、暴躁的

相较于说话声音不那么悦耳的人，说话声音热情、有表现力的人通常被认为更令人喜爱、值得信赖、有影响力和能干（Semic，2008）。这不仅适用于成人，也适用于孩子。爱尖叫的小孩、爱嘀咕的成人以及过于沉默、口齿不清的青少年都不太会受欢迎，教师也会认为这样的孩子不够聪明（Semic，2008）。因此，成人应当尽可能帮助孩子将他们的声音变得更具吸引力。比如，温特斯普小姐常常告诫一个说话嘟囔的孩子，“你那样讲话的时候我听不太明白，请用清晰的声音告诉我。”另一个孩子说话时总爱低头看着脚，声音很小，温特斯普小姐就要求他，“说话的时候大点声”。

在紧急情况下，心情急躁的成人可能会用刺耳、起伏的语调快速说话，可是这样的说话方式并不能增添解决问题的信心和能力。与此相反，如果成人在说话时，能保持正常的音高和音调，反而有助于他更好地应对局面（Mehrabian，2007）。

说话时如果增加**强度**，通常与当时强烈的情绪有关，比如激动、兴奋、期待、恐惧、愤怒和压抑等。不过至于说话时多大的声音就是“太大了”，

需要根据实际情况和所处的文化背景来决定。比如，如果在体育场馆或大街上大声说话就是完全可以接受的，但同样的音高如果出现在教室或电影院就不合适了。如果在应当用中等或稍低的声音讲话的地方使用很大的声音，会被认为是粗俗、不妥和令人厌恶的。人们在接打手机时也要注意自己的声音高低，不要影响旁边的人。

特别小声地说话或近乎唇语会被认为是非常秘密或私人的行为。当正常的声音降低到耳语的音量时，可能是说话的人想讲一些略显尴尬的事情。无论出于什么原因，听者都必须更用心地听，才能准确接收对方想传递的信息。

沉默是在应当发声的时候没有发出任何声音，但它仍然是一种很有力的交流方式。在回答问题时故意选择沉默是轻蔑、挑衅和抗拒的表现，不过也可能是因为不知道怎样回答。人们也可以有选择地使用沉默来表示礼貌，避免给别人造成压力，或者不想让他人感到尴尬（Sifianou，1995；Jaworski，2008）。沉默还可以强调接下来要表达的内容，使后面的信息显得极为重要。成人在面对一个刚开始学说话的孩子或一个说第二语言的人时，表情轻松但内心专注地沉默是为了等待对方想好要表达的内容。

人与人之间所有的互动都发生在特定的时间和地点，有着强烈的环境特征，因此说话的人和听话的人都需要了解一些基本原则，才能实现有效沟通。沟通是需要推断的，也就是说，听话的人不仅需要明白说话人所说的内容，还要能领会他伴随着语言发出的非言语信号，这样意思才完整。沟通是有目的的，在一般情况下，人们发出的信息包含了他的意图；沟通又是遵循规则的，在同一文化背景下，同样的非言语信号表达出了同样的意思。通常，沟通在听话的人和说话的人之间协商进行，大家既会按规矩依次轮流发言，也会根据参与者之间的社会关系做出不同的安排（Haslett & Samter，1977）。因此，成人在向孩子传递信息前要认真想一想，确保自己的表达是准确的；对孩子的表达也要仔细听和观察，确保对它们的理解也是准确的。两个人在沟通时，当然应该是更有经验的一方要多承担一些责任。

读一下下面这个事例，然后试着回答后面提出的问题。切记：非言语交流在互动过程中是不间断的、迅速的并且很快变化的，它很可能引发对个体身份和彼此关系的误读。

詹妮穿着干净但皱巴巴的裙子，在上校车时，她妈妈提醒她要注意听老师讲话，不要和老师顶嘴。詹妮为了表示顺从，用手掠过脸前飘逸的棕色头发，走到了老师旁边。她小心翼翼地站在那里，一动不动，非常安静，直直地看着塞布尔小姐，她的非洲裔教师。她虽然很认真地听着老师说话，但对老师的问候和要求没有任何反应。

塞布尔小姐冲着詹妮微笑，竭力想安慰她，但她内心明显感到这个孩子很不好相处。当她注视着班上其他的非洲裔孩子时，她更觉得这个孩子充满了怨气。她暗中希望这个家庭不要因为她是个非洲裔教师而找她的麻烦。

1. 塞布尔小姐可能很快觉察到了有关詹妮身份的哪些非言语暗示？
2. 还有哪些更细微的暗示让她觉得詹妮充满怨气和不好相处？
3. 在开学第一天这样繁忙的时候，你认为塞布尔小姐为什么会对詹妮产生这样的印象？

非言语信息可以清楚地表达诸如感兴趣或厌倦、友好或敌对以及掌控或服从等信息。大多数时候，它们都是自然发生的，不会被有意识地控制。但是如果能有效接收孩子发出的非言语信息，细心的成人就能及时了解孩子的意图和情绪，从而做出更准确的回应。

与儿童发展非言语关系

在每天的互动过程中，人们会用非言语行为传递许多具体的信息。此外，借助各种非言语的渠道，人们还可以将他们与别人的整体关系反映出来。非言语行为能够在很大范围里传递体现热情、接纳、真诚、共情和尊重的信息。

当成人审慎地对待自己传递的非言语信息时，与他们交流的儿童更可能获得理解、尊重和帮助。

因为如果成人发出的非言语信息是儿童不熟悉或者没有想到的，他们会感到很无助；可如果信息是熟悉且预知的，他们就会很放心。那些认真思考自己和儿童的非言语行为的成人能够留意并且适时调整他们的行为，从而为儿童提供一个更放松、舒适的环境。

热情、接纳、真诚、共情和尊重都可以通过各种非言语渠道表达出来。注意观察图中教师放松的身体、给予儿童的帮助、安抚的触摸以及她凝视孩子的目光。

热情

儿童怎样才能知道你是喜欢他们的？事实上，爱的信息只有一小部分是通过语言表达出来的，更多的则要靠声音，尤其是面部表情来传递。而热情也主要是借助非言语行为来表达的（Gazda et al.，2006）。

希望向儿童传递爱和关切的成人通常会选择走近他们，在他们附近与他们互动，他们会时常与儿童有目光接触，但不会使劲盯着他们；他们会直面儿童，和儿童保持同样的高度；当打手势或说话时，他们会将身体向儿童倾斜。微笑、点头以及放松、友好的面部表情和身体也都是热情和感兴趣的表现。说话时保持正常的音高和语速，音调要放松、柔和。对儿童表达认同、赞许或承认也是热情的体现。热情的成人乐意花时间与儿童待在一起（Andersern，Guerrero，& Jones，2006）。总之，热情带给人的是和谐、舒服和放松的感觉，并且有助于缓和成人与儿童之间力量的差异。

焦躁不安、转向别处、表情虚假或嘲讽、说话声音尖刻以及站起身观望或走到很远的地方都是冷漠、疏远或缺乏热情的表现。将双臂交叉抱在胸前或者跷起二郎腿，眼睛一直盯着对方或者完全没有正常的目光接触是最冷漠的行为。只顾打理自己、皱眉、眼望天花板、握手时很敷衍或者故意打哈欠等动作也都是很冷漠的行为。所有这些动作都会给人留下紧张、漫不经心和不感兴趣的印象。当一些学生对自己没有把握或者担心做错事情的时候也会有这样的表现。孩子会把上述行为误解成对他们不关心和不感兴趣。

接纳

接纳要求成人不断地发出非言语的积极信息。如果得不到他们生活中重要成员的肯定，儿童的积极的社会性发展就不可能实现；而完全被接纳意味着他们得到了无条件的珍视。能够接纳儿童的成人很关心他们，并且不会在意他们的个性、家庭背景或者行为表现，同时他们会把这种关爱表现出来（Remland，2009）。在教室里使用积极的非言语行为（微笑、目光接触、打手势、在学生中走动以及身体表现出开放、轻松的姿势）的教师能够营造一种有益的气氛，让学生对自己和所学的内容产生良好的感觉（Burgoon，Guerrero，& Floyd，2010）。下面列举的是一些被认为属于积极的行为：

- 身体前倾；
- 更多的目光接触；
- 彼此贴近；
- 伸开胳膊和身体；
- 身体面对对方；
- 更多的触摸；
- 姿势放松；
- 积极的面部表情和声音（Knapp，Hall，& Horgan，2013）；
- 更多的声音变化和表达方法（Ray，Flord，2006）。

© Cengage Learning

这位成人通过她的身体方向和手势向这个孩子传递出了怎样的信息？

接纳常常会被误解。一些成人以为接纳就是宽恕孩子所有的行为，哪怕是违背社会规则的行为。有经验的成人能够做到在接纳和爱孩子的同时规范他们的行为。尼布鲁克小姐就做到了这两点。当她发现两个孩子在操场上用树枝互打时，她马上赶了过去，蹲下来，看着他们。两个孩子显然都很生气。她伸出胳膊，将他们搂在怀里，用行动接纳了他们的情绪。与此同时，她用冷静但坚定的语气清楚地告诉他们，打人是不可接受的行为，并让他俩把树枝从手里交了出来。

真诚

在第2章里你已经知道，成人与儿童之间的积极关系应该是真诚的。如果非言语行为与所说的话是一致的，就是真诚的体现。当给予儿童积极的反馈时，成人的身体动作、面部表情和说话的语调也应当与反馈的信息吻合；反之，也是一样。其实，真挚和诚恳比试图遮盖真实的情感更容易做到，因为这时的人们更加放松和直接，他们的笑容里没有厌恶、恐惧、轻蔑或悲伤；说话也显得更流畅，而且那些值得信赖的人的声音更富有感染力。儿童从婴儿时开始就能够识别哪些成人是真诚的。

真诚的成人能够得到孩子的信任，因为儿童明白他们的言语和非言语反应都是可信的。当塔希玛夫人花时间认真地看孩子们画的画，并且指出每个孩子绘画中的特别之处时，她就表现得非常真诚。比如，她对孩子们说，“你用了许多明亮的颜色”或者“你找到了一种方法能够把房子画得显得很远”，而不是看都不仔细看一下就简单地说一句“画得很好”。

共情

共情要求能准确地解读儿童的非言语信息，并且对他们在特定环境中所说和所做的给予密切关注。成人一定要了解儿童的感受，并以同理心回应他们，同时也要配合孩子发出的非言语暗示。反之，如果成人不认真关注儿童的言语和行为，而忙于其他的事情，就没有做到与孩子共情。看看下面两个教师对艾米丽的反应，艾米丽上三年级，她花了1小时的时间粘、钉一个木制品（Steiner & Whelan，2004）。

艾米丽腼腆地笑着说，“这是一棵心愿树，你同它说出你的心愿，然后就能实现了”。

戴利先生快速地瞥了一眼，说道：“不要把树皮撕下来啊。还有，你的数学作业做完了吗？”然后就忙着干别的去了。

下午晚些时候，比威克先生来教室看孩子们的课外活动。艾米丽犹犹豫豫地把自己的心愿树拿给他看。

比威克先生蹲下身，面带微笑地说，“哇！心愿树，我以前从未见过心愿树呢！我可以许个愿吗？”然后他等着艾米丽的回应。

比威克先生的反应就是共情的；而戴利先生的就不是。戴利先生只关注自己的安排，对艾米丽精心制作的礼物一点也不敏感。他很敷衍地看了一下艾米丽的手工制品就走开了，这是缺乏兴趣的表现。但比威克先生意识到艾米丽所表达的信息的重要性，并且让她感受到他也和她一样兴奋，他通过自己的非言语行为和话语表达出他对艾米丽制作的礼物非常感兴趣。

尊重

如果你关注儿童的想法，并且给他们机会让他们尝试自己做事情，而不表现出你认为他们可能会失败，你就是**尊重**儿童的。反之，如果成人表现出认为儿童不会成功地习得某种技能或完成某项任务时，他显然就是对儿童不尊重。表 3.2 中对比了一些尊重和不尊重儿童的行为。

表3.2　尊重和不尊重儿童行为的对比

尊重的行为	不尊重的行为
当儿童说话时安静、有礼貌地倾听	用鼻子发出哼的声音；眼睛上翻；擤鼻涕；叹气；倒吸气；发出其他嘲弄的声音
眼睛看着儿童	当儿童说话时看着别处或窗外
关注儿童想要表达的意思；给儿童留出足够的时间想好要表达的意思	打断儿童讲话；抢着替儿童说完
在帮儿童做清洁时，避开他人，而且方法得体巧妙	当儿童上厕所遇到麻烦或身体有异味时，转过身子或表现出厌恶
根据儿童的文化背景和个人喜好调整互动时的空间、触摸方式以及接近他的时间	完全根据自己的文化喜好决定与儿童互动时的空间和触摸方式

时间概念对关系的影响

许多社会规则都基于对时间概念的共同认知。首先，你必须清楚自己的时间观念，这样你才能理解自己对儿童行为做出的回应。然后，你还必须了解他人，特别是那些来自不同文化背景的人对时间有怎样的认识。否则，成人与儿童之间对于时间的误解是不可避免的。比如，一个成人可能会认为一个 8 岁的孩子在参加一个童子军集会时迟到了，因为他比规定的时间晚到了几分钟。可是儿童可能会觉得他“准时”到了，因为对他来讲重要的活动还没开始呢。

儿童必须学习本土文化中关于使用时间的一整套极其复杂的规矩。美国原住民和西班牙裔的儿童一般会认为时钟上显示的时间不如他们自己的**主观时间**重要，这就非常可能引起不必要的误会（DeCapua & Wintergerst，2007）。因为相较于钟表上显示的时间，主观意义上的时间太模糊了，完全基于人们自己的感觉。参加帕瓦仪式的美国原住民成人会只记住舞会在某个周末举行，而不知道更具体的时间。在他们看来，日期比具体的时间更重要。

对时间的掌控也能反映一个人的社会地位。因此成人常常会对迟到、懒散或做事慢吞吞的儿童生气。但另一方面，成人也同样会对急躁、一刻也不能等的儿童感到不满。一件事的用时可能太长也可能太短，取决于当事人的看法。

愿意花时间倾听儿童讲话的成人用行动表明儿童是重要的，他讲的话是有趣的。相反，那些打断儿童说话、一有机会就打算走开以及因身边其他事情而心不在焉的成人表现出了明显的不感兴趣。总之，立即对儿童做出回应，遵守和他们的约定以及对他们做出的承诺，并且花时间观察他们的一切行为，都是为了让儿童感觉到自己是受重视的。但另一方面，你必须清楚，虽然儿童可以明白别人发出的这些暗示，但他们才刚刚开始学习把这些行为化作自己的行动，所以他们还没有完全形成时间意味着尊重和感兴趣的观念。

除了在培养儿童方面的作用外，非言语行为还可以表达权力，这不仅适用于成人的行为，儿童在与同伴互动时也是如此。

通过非言语行为表达权力和安全感

值得庆幸的是，成人有合法的权力或**权威**保障他们所看护儿童的安全和健康，因为他们掌控着儿童生活、学习和游戏所需的各种场景，并且可以对儿童的好行为做出奖励。成人具备教育儿童所需的技能和知识，而且大多数与儿童打交道的成人的权威基于他们与儿童建立起的亲切、积极的关系，以及儿童想取悦他们的愿望。此外，这些成人还必须有足够的力气，并且身材强壮，这样才能确保在儿童身处危险环境时将他们迅速抱起并撤离（Guerrero & Floyd，2006）。一个不太被关注的事实是，成人还应当为儿童提供所需的秩序、安全和平安的感觉。

权威大多是通过非言语行为传递给儿童的。当成人与儿童进行近距离交往，保持目光接触，并且使用坚定、带有信心的声音时，他们就展现出了自信。哪怕触摸一下儿童的胳膊都有助于使儿童顺从（Segrin，2008）。有时他们可能需要紧紧搂住儿童以防他们伤害自己或别人。社交经验丰富的人能够成功地借助体现其自信和能力的控制型行为对他人产生持久的影响，而不是依靠强制性（无论是身体上的还是口头上的）做法（Guerrero & Floyd，2006）。儿童知道教师有权力奖励好的行为，公平地分配各种资源，并且保证他们不会受到伤害。使用社交策略能比强迫儿童服从产生更加深远的影响（Burgoon，Guerrero，& Floyd，2010）。随着你对儿童非言语信息的解读能力的提升，你对什么时候、以怎样的方式来回应他们的判断能力也会增强（Langford，2013）。

不自信意味着无法控制局面，或者不愿意采取负责任的行动，这些都是通过非言语行为表现出来的。即使是很小的孩子也能发现成人在生气时的声音会变得起伏、紧张和高亢，在畏惧时则会变得微弱、颤抖和犹疑，而且他们更可能注意成人发出的非言语信息，而不是所说的话。

权力并不只体现在成人的关系中，年幼儿童也会通过对空间和玩具的占有、自身的身高和力量、充满活力和能量的动作以及彼此的争执来体现他们的权力和地位（Burgoon & Dunbar，2006）。控制型儿童更可能让别的孩子按他们的要求做事；服从型儿童则会通过非常礼貌地提出请求来避免与他人发生争执。控制型儿童一般会使用这样一些策略来显示他们的权力：吹嘘自己、身体靠近别人、霸占玩的区域、在对方坐着的时候自己站起来、在争抢过程中使出比别人更大的力气或者对别人做没有任何实际意义的妥协。这些控制型儿童通常更善于表达，身体总是呈张开的状态，与别人互动时离得很近，用词简单，声音很大，总是打断别人讲话，做事情时很少犹豫（Knapp，Hall，& Horgan，2013）。这样的与别人接触的行为不一定会引发暴力或对个体的伤害，而且可能对儿童习得怎样在社会制度下生存是必要的，因为毕竟社会上个体的目标各不相同，一个群体中的每个人的能力也大不一样。

鲁迪重新走回他15分钟前离开的积木区，大声嚷着，“我没说过你们可以动这些积木”。他走近那些正在玩积木的孩子，沉着脸看着他们。大卫、德文和弗利斯特刚开始时不想理睬他，可是鲁迪走上前，对他们怒目而视，说道：“把它们放回去，放到那儿……我说话你们没听到吗？”说着他抓住一块积木，拿起来就走。德文表示抗议，他对鲁迪说：“你刚才已经离开了，我们现在正在玩。”鲁迪大声、肯定地回答说：“我是离开了，可我马上就回来了。”然后他换了一种稍微轻柔、缓和的声音继续说，“我不在的时候你们可以玩。”由于鲁迪很少不在，所以这个看似妥协的建议其实是没有意义的。游戏继续进行，依然是鲁迪在指挥、安排和命令，其他三个孩子只能服从。这基本上就是控制型儿童与服从型儿童在一起时的状况。不过所有孩子都知道，如果有人采取太过激的行为，教师是会出面干预的。

在上面这个事例中，鲁迪为了控制他的玩伴使用了这样一些策略：情绪高亢、占据空间、高声、控制谈话和霸占玩具。其他的儿童为了避免冲突先是选择回避，后来就只能服从。鲁迪也提出了一个妥协方案或者说解决问题的办法，这个建议如果是真诚的，对减少给别人情绪造成的伤害当然是有效的。

发出和解释非言语信息可能遇到的潜在挑战

非言语沟通的任何一种渠道都传递出了无言的信息，而且还有一种可能就是人们用一种沟通渠道表达一个信息，比如用面部表情；同时又用另一种渠道（比如音调）表达另一个完全不同的信息，而这两个信息与用语言表达出来的意思也不一致，这种现象被称为**“混合信息”**。比如，一个成人会面带微笑地说，“没问题，我可以再帮忙”，可他同时表现出的是僵硬的姿势、绷紧的嗓音和握紧的拳头，这些非言语行为显然与他所说的话完全不符。之所以可以从言语中觉察到相互矛盾的信息，也可能与四个非言语过程有关，即控制、挑衅、负面情绪和认知的复杂性。相较于真诚的交流，不诚实的人在交流时会小心选词，用的句式也不太合乎语法，而且他们说话时声音极不自然，身体也绷得紧紧的，还会加上一些不必要的动作。显然，做个真挚、诚实的交流者更容易（Remland，2009）。

婴儿到了9个月大的时候就能发现一个成人的言语和情绪有不一致的地方，并且会把这种混乱的信息用到社会环境中（Blanck & Rosenthal，1982）。婴儿在与他的看护人员互动时，会完全依赖这些成人发出的非言语暗示，而且很快就学会用了（Burgoon，Guerrero，& Floyd，2010）。当学龄前儿童发现成人的面部表情和说话的语调不吻合时，他们会很敏感和警惕，而且他们通常会往最坏的方面想。年幼儿童不太能够解读用来表达掌控的混合信息（Burgoon，Guerrero，& Floyd，2010）。不过随着他们渐渐长大，他们能越来越快速准确地解释人的面部表情。他们从以前主要听信别人所说的话，发展到在以往习得的技能的基础上，将对方的面部表情作为重要因素来理解其真实意图。随着技能的不断增加，儿童能从非言语交流中捕捉更多细微的情绪信息，而他们对言语的依赖程度减少了。他们不容易被骗了，相反能更准确、更有能力地理解交流中呈现的全方位信息。视觉暗示是年纪稍大一点的儿童和成人用来解读混合信息的主要渠道。

但是，有学习障碍的儿童不太能准确解释别人的情感，特别是一些男孩，很可能不会借助面部表情的暗示来判断他人的情绪，而只会依靠对方做出的动作（比如大幅度的手势和大范围的走动）。虽然他们也能慢慢学会更准确地理解别人，但许多这样的儿童即使进入青春期也会在与人沟通时感到困惑（Nabuzoka & Smith，1995）。这将是一个非常严重的问题，比如，如果一个儿童微笑着跑向另一个在社会学习方面有障碍的儿童，那这个有障碍的孩子很可能认为他是来挑衅的，而不是来找他玩的。在与比自己经验丰富的同龄人玩的时候，几乎所有的社交互动都可能引起儿童的误解。同样的，对患有自闭症的儿童更要给予大量干预，帮助他们理解别人的非言语暗示，因为他们在提要求、共同关注、社会交往和按次序轮流做事等方面都面临很大的困难（Chiang，Soong，Lin，& Rogers，2008）。

嘲讽是把负面的语言内容和挖苦人的语调与开心的面部表情结合在一起的一种表达方式，它用来表达轻蔑、嘲笑对方无能或者贬低对方（Guerrero & Floyd，2006）。当言语信息与非言语信息表达的意思矛盾时，成人一般倾向于相信非言语信息，而儿童则会相信言语信息（Burgoon，Guerrero，& Floyd，2010）。因此，年幼儿童一般会因对方嘲讽的表达方式而恼怒，因为它的语言信息和语调都是极负面的，而他们又是依靠这些来理解对方的意图的。青春期以前的儿童大多认为嘲讽是不好的或者是令他们反感的玩笑；而成人一般觉得这种明显的混合信息很有趣或者仅仅是开玩笑而已。

在你试图与儿童建立积极、亲密的关系的过程中，你很可能对一些儿童发出的非言语暗示感到不解，有时候儿童甚至可能会误解你的好意。不同的

具有挑战性的案例

杰伊

杰伊7岁了，可看上去比实际年龄小很多。他总是穿着长袖的衬衣，哪怕外面已经很热了。他对成人和比他大的孩子都很戒备。每到一个新环境，他都会先去找出口。除了时不时警惕地扫视一下房间，他总是面无表情。如果有人突然走近他，他会马上躲开，走到让人看不见的地方。偶尔当教师抚摩他时，他也会避开。普兰娜普小姐觉得他很难让人理解，而且也无法接近。她只能在他能够看到她，但又和她保持一定距离时，先询问可不可以教他怎样做某件事，然后再试着接近他。

杰伊的这些非言语行为如果出现在一个忙乱的教室里很可能会被忽视，因为他不会给别的孩子或者教师造成什么麻烦。但是，他这种戒备的性格和对他人的不信任会严重影响他学习社交技能。他虽然是一个很安静的孩子，可是又非常具有挑战性，因为他太难接近和沟通了。

如果你是杰伊的教师，你会使用哪些非言语行为？又会避免哪些行为？为什么？

文化背景可能是造成这种误解的一个原因。因为儿童在家、在社区和在学校的经历是不一样的，所以你不可能永远知道该怎么做。根据迄今掌握的知识和技能，思考一下应当怎样与上面事例中提到的杰伊互动和沟通。

儿童对非言语交流技能的学习

你若能娴熟而恰当地使用非言语交流技能，将为儿童树立学习的榜样。非言语行为的习得，包括表达的风格和程度，是从出生到长大成人不断社会化的结果。有的家庭善于使用大量的非言语行为进行表达，有的家庭却不习惯这样做。相比之下，前者的孩子比后者的孩子更早就能准确地理解这些暗示。但是，如果家庭成员较多使用比较模糊的、不那么明显的非言语暗示，孩子长大以后的解读能力则会更敏锐、更独到，因为他们从小就一直在学着弄明白成人行为方面的细微差别 (Halberstadt, 1991)。遗憾的是，有些正在发展中的孩子在获取这些技能时遇到了困难。一些 8—10 岁的孩子虽然也很渴望与人交往，可是又非常害怕不被别人接纳，结果他们就会面临这样的挑战，因为他们很可能会选择避开能使他们得到学习和锻炼的社会环境，最终他们通过别人的面部表情和声音来解读其情绪的能力就比同龄人差一些 (McClure & Nowicki, 2001)。由于存在这样的现象，因此专业人员在制订方案时有必要将非言语沟通的技能考虑在内。

在课程设置中安排非言语沟通技能的内容

你可以通过许多方法帮助儿童：

- 更准确地解读非言语信息。
- 在人际交流过程中有效地使用非言语技能。
- 恰当地将非言语行为规则用于日常生活。

这些是与非言语沟通相关的重要能力，因此，应当将它们纳入为儿童准备的教育方案，并体现在学习标准里。表 3.3 就列举了几个例子。

表3.3 与非言语沟通有关的学习标准

州	年级或年龄	标准
印第安纳州	3—5 岁	在沟通过程中能够使用眼睛直视、靠近和手势
新罕布什尔州	二年级	理解沟通包括言语和非言语两部分
康涅狄格州	四年级	沟通过程中能够借助音量、音频、短语、节奏、语调和手势更清晰地表达意思

来源：Indiana Department of Education, 2012；Connecticut State Department of Education，Bureau of Teaching and Learning, 2006；New Hampshire Department of Education, 2006.

获取非言语技能的方法

儿童学习非言语沟通技能的途径包括三个方面：模仿、与成人的互动以及教师的教育和指导。下面对这三种途径分别做进一步的阐述。

儿童通过模仿学习

他们会从与他们最亲近的家人、同伴和邻居那里模仿一些具体的沟通方法。最开始的时候，儿童主要模仿与其同性别的人和有相同文化背景的人的非言语行为，不过媒体也有助于儿童解读和模仿非言语行为（Feldman，Coats，& Philippot，1999）。

毫不奇怪，沟通方式会因为种族、文化、性别、甚至地域而不同，甚至在根本上存在着巨大的差异（Richmond，McCroskey，& Hickson，2011）。事实上，成人虽然可能讲同一种语言，但他们的非言语行为与原生家庭的所在国的文化紧密相连。比如，一个人可能讲美式英语，但从他使用的手势很可能看出他是典型的意大利人。

同样的情况也出现在讲西班牙语的家庭中，例如，虽然从总体来讲说西班牙语的成人在交流时的距离要比北欧裔的北美人近很多，但他们之间也因为来自不同的国家而有着很大的区别。因此，看护人员要充分意识到非言语沟通的差异的存在，并且密切观察儿童身边成人的非言语行为，这样你就能够快速理解儿童在沟通时所表达的全部信息。

儿童通过与成人进行社会交往学习

与有经验的、善于表达的成人互动的儿童能学会熟练地进行非言语交流。那些在家庭中获得的文化体验与在学校或社区经历的文化体验不一样的儿童会逐渐根据不同的场景调整他们的非言语沟通方式，最终能恰当用代表两种文化的非言语行为进行社会交往。

成人有责任了解儿童习得非言语行为的环境，尤其是6岁以下的儿童所处的环境，同时还应该告诫儿童遵守一些非言语行为的规矩。当成人发现一个孩子在做一件“所有人”都认为不合适的事情时，比如随地吐痰，他就应当严肃地告诉孩子，“你把痰吐在地上了，这样做会传播细菌，以后用纸巾吧。”当一个孩子犯了错误但得到及时纠正后，他就学会了一些文化认知。对于裸露和交往时的私密空间，人们有着非常严格的应遵守的规则。而且年幼儿童也绝对不可以在公众场合随地小便。但是在教室里，教师很少给儿童就这些非言语行为规则做出解释。

儿童通过教师的教育和指导学习

成人可以给儿童一些建议，比如，怎样对人友好和怎样捍卫自己的权利等。家庭成员也可以教儿童一些与非言语行为一致的表达方法，比如，告诉他们当想感谢某人时，应该说“谢谢”；当真的对某人感到歉意时，应当说“对不起”。儿童会在学校学到正式的表达方法，可是对于非言语行为，他们很少能得到类似的指导，除非是在表演时，即扮演自己并不熟悉的角色的情形下。因为成人通常会在儿童参加演出时对他们的非言语交流给予严格的要求（“坐着别动，表演时不要小声说话”）。但实际上，更多的教导应该是非正式的，并且是针对个体的。对于规范在教室发生的非言语行为，应当采用这样的方法（参见表3.4）。

表3.4 在教室里表达对非言语行为的期望

方面	现象	成人应采取的做法
声音	儿童大声讲话	你自己使用平和的声音（即教师给儿童示范适当的音高）
触摸	儿童在小组活动中坐得很近	把你的手放在自己的膝盖上或者不要触碰别人
空间位置	当儿童试着排成一队时	告诉他们：道格拉斯，请站在威廉后面；米切尔，请站在道格拉斯后面；你们应当与前面的人保持一定的距离，当你们向下看时，可以很容易看到自己的鞋。

其实人的非言语发展模式与言语的发展模式是极其相似的。随着儿童渐渐长大，他们的能力也会逐步提高。他们表达出的信息会越来越复杂，而且也能有所控制。随着年龄和经历的增加，他们也开始能理解传递出的不一致的信息。儿童到4岁的时候就能出于礼貌讲一些善意的谎言了（Talwar & Lee，2002）。理解先于表达，儿童在7—10岁这个阶段会渐渐从依靠言语沟通向更多依靠面部表情发展，越来越像成人的表达模式了。

表达规则是儿童在非言语行为学习过程中的一个尤其重要的方面，它们是具有文化代表性的指导非言语行为的具体原则。儿童会学着根据场合和社会环境来夸大、减少或隐藏他们的真实情绪。学龄前的儿童会从父母、教师和朋友那里学习哪些有礼貌和可接受的行为是可以表达的，哪些不礼貌和不可接受的行为是不能表达的。比方说，在美国，男孩在学校应当掩饰自己的负面情绪，像悲伤和难过，也不能表现得太温柔或情感外露；而女孩则要显得举止文雅，尽量不要表现出咄咄逼人或生气的样子（Burgoon，Guerrero，& Floyd，2010）。

3岁的米基在家里尝了一种他从未吃过的东西后做了个鬼脸，说道：“啐，太难吃了！”然后他就把盘子推到了一边。又过了几天，当他在幼儿中心吃饭时又遇到一种他不喜欢的菜时，他还是尝了尝，没有说什么，也没有表现出什么，只是不再碰它了。

儿童到了8岁的时候已经可以向别人解释怎样使用表达规则了（Saarni & Weber，1999）。

玛莎刚刚向一些其他的8岁孩子夸完口，自己就摔倒在冰上了，她感到很尴尬。可是她笑着站起来后又故意摔了一次，就是为了让别的孩子笑。事后她向她最好的朋友承认，她其实摔得挺疼的，可她不愿意在别的女孩面前显得“很蠢”。

在第5章中，你将会学到更多有关这些行为的知识。现在你只需记住，那些善于解读非言语行为并且理解影响交流过程的表达规则的儿童更受同伴和成人的欢迎，而且他们的社会能力也更强（Haslett & Samter，1997）。

那些不仅能够有效使用非言语沟通技能，而且懂得替儿童着想的成人在指导儿童的行为时能够让儿童感到安全和放心。我们通常不太会思考自己的非言语信息，可是专业人员有必要注意自己和他人发出的非言语信息，并且要刻意对它们进行认真思考，同时还要考虑其文化因素、特定的场景以及所涉及的儿童的发展能力。仔细观察和对所发出的非言语信息的悉心选择能够使你对儿童的了解更加敏锐，并且在与他们交流情绪和表达期望时更有成效。下面这些技能有助于提高你与儿童进行非言语沟通时的效果和准确性。

帮儿童用非言语的方式发展积极关系的技能

关注儿童

1. **关注你所看护的儿童的非言语行为。**观察你与儿童之间的互动、儿童与儿童之间的互动以及儿童与其他成人之间的互动，这有助于你了解这个儿童的各种动作和手势。例如，当老师发现安妮·詹妮特一个人安静地在桌旁玩拼图游戏时，她就马上过去看看她是不是发烧了，因为安妮平时喜欢大声说话，非常活跃，爱和其他儿童一起玩，而且总是动个不停。她果然是发烧了，体温超过了37.8摄氏度。这个事例反映了老师对儿童行为的变化非常警觉。
2. **识别并了解儿童的非言语行为中的文化和家庭因素。**由于各个文化群体中存在大量的差异，所以只有在具体的情境下亲自观察才能获得足够的信息来理解儿童每个行为所体现的实际意图。平常，这个孩子在听他人讲话时是看着对方还是看着别的地方？这个3岁的儿童在听故事时轻轻地扭动身体，这是不是意味着他感到不舒服、厌倦或者想去上厕所？注意观察儿童发出的一连串动作，从中理解这些暗示的意思。要尊重儿童在个人空间受到侵犯时的非言语表达。
3. **尊重儿童的私密空间。**成人可以拍儿童的后背，握他们的手，在祝贺他们时拥抱他们，但不要心不在焉地摸他们，或者拍他们的头和屁股，因为这样的动作显得傲慢和不够尊重。
4. **跟儿童沟通时要走近他们，身体朝向他们，与他们面对面，并且和他们的目光在同一水平线上。**在你想向儿童传递信息时，先走入他们的轴向空间，获得他们的注意。与儿童交谈时，无论你是站着、坐着还是蹲着，都不要与他们超出一臂的距离。不要隔着家具或物件与儿童说话。确保你的头的高度与儿童的高度一致，这样儿童才能看清你的脸，否则他们无法理解你所说的话。说话时的面部表情也有助于儿童更好地理解你言语的意思。与儿童经常有目光接触，但又不要总是盯着他们看。当孩子们在一起玩时，要在他们中来回走动，并分别与每个孩子说上几句话。对于年龄较小的孩子，要蹲下来和他们面对面地交流。
5. **身体稍微倾向儿童。**将身体倾向儿童表明你对他感兴趣，而且这样也能够听得更清楚。保持身体放松，懒懒散散或者身体僵硬都显得不感兴趣或不够关心，而且身体的姿势也不要表现出“好像随时要离开”的样子。胳膊和腿应该是张开的，不要紧紧合拢或者交叉起来。使用一些表现关注的动作；点头或通过其他一些手势表明你理解了对方的意思。但千万不要把它们与坐立不安混淆，因为后者是不感兴趣或者烦躁的表现。脚不要晃来晃去，其他像挠头、掸衣服、敲桌子这样的动作也要尽量避免。总之，你的动作一定不要影响儿童说话时的注意力。
6. **关注儿童发出的非言语信息，并且表现出你在努力理解它们。**不要对儿童表现出不屑一顾或者急于替他们做解释，尤其是在儿童还和你不熟悉时或者来自其他的文化背景时。要密切注意他们所说的、是怎样说的以及他们所做的。根据你对其文化、性别、年龄和交流技能的了解，对他们表达出的情绪、行为和信息做出判断。如果他人认为你在试图理解他们（不论你是否真的理解了），他们就能感受到你给予的温暖和关心。
7. **尽快对儿童说的话做出回应，同时要愿意花时间听他们讲。**有时候，真正愿意花时间听儿童讲话并不是件容易的事。如果你实在没有时间听儿童说话，也要让他知道你对他是感兴趣的，并向他保证你一有时间就会非常认真地听他说。之后，一定要按你承诺的去做。比如，伍德里奇先生正在教室里大声地讲故事，这时凯莉突然说她放春假时要去佛罗里达。伍德里奇先生告诉凯莉她可以待会儿在别的孩子写作文时再同他讲这件事，因为现在是大家听故事的时间。

8. **在表达你的情绪时，要确保所有渠道表达的内容都是一致的**。当你向儿童表达你的情绪时，要确保你的言语与你的非言语行为是一致的。在与儿童互动时，你可能会经历多种情绪，如：快乐、开心、恼怒、生气、惊讶、困惑和感兴趣等。沟通时各个渠道的表达应该是一致的，并且都是真挚、诚恳和可信赖的。通过不同的渠道表达同一个信息能够得到清晰和易于理解的效果。即使是多种情绪，只要态度真诚，也可以在短时间里快速表达出来。

9. **触摸儿童时要亲切和体现尊重**。儿童越小，就越愿意甚至渴望别人的抚摩。但是对大一点的儿童，在触碰之前就应当征得其同意。一般来讲，男孩过了 8 岁就不太愿意让别人摸他了。因此成人一定要尊重儿童的喜好。不过，如果已经与儿童建立了信任关系，那么用一种友好的方式或者在祝贺他的时候拍拍他的肩膀、手或者后背上方是可以的，无论他是多大年纪。使用得当的话，触摸能够起到带给人安慰、平静和情感支持的作用，因为它将你与孩子用肢体联结在一起了。比如在给儿童采血时，如果护士抓住儿童的手，就能减轻儿童的恐慌和不安。

10. **与儿童说话时声音不要太大，音调保持适中或略微偏低，语气应该是放松、认真和关切的**。说话时的语速应当不快不慢，声音要清晰，让儿童能听到，在说话过程中避免使用太多像"嗯""啊"这样的口语词。说话要有节奏，既不能显得不耐烦，也不能故意拖长声音。在回答一个简单的问题或对某件事进行评价时，语言要流畅，不要断断续续或者犹疑不决。

11. **即使在儿童拒绝的时候也要用非言语技能表达接纳和尊重**。有时候，当儿童情绪不好时，他可能会躲开你或者拒绝你，比如，他可能会说，"走开！""我不想看见你！""我讨厌你！"。这时，能够接纳儿童的成人应继续为他提供安慰、劝说和引导，而千万不要使用表示拒绝的非言语行为。

12. **当发现自己忘记使用恰当的非言语行为时，一定要当即纠正**。在与儿童互动时，要时刻注意自己的非言语行为。如果你发现自己在俯视儿童，就弯下腰或者蹲下来，和他们面对面地交流。如果你发现自己的声音过高、过低、过快或过慢，就立即停下来，将音量和语速调整合适后再讲话。如果你发现自己的眼睛看着别的孩子时，就重新聚焦到眼前的这个孩子，认真听他说话。留意你需要改进的非言语行为，并为此不断努力，使你这些方面的能力逐步提高。下面列举了一些显示热情和尊重的总体原则。

> **怎样显示热情和尊重**
>
> 热情
>
> √ 走近儿童。
>
> √ 弯下身、坐着或蹲着，这样可以和儿童的高度保持一致。
>
> √ 微笑，脸上带有欢快、友好的表情。
>
> √ 身体倾向儿童。
>
> 尊重
>
> √ 认真倾听。
>
> √ 在与儿童说话时看着他。
>
> √ 保持面对面的姿势。
>
> √ 鼓励儿童尽可能多地自己做事。
>
> √ 不要心不在焉、打断儿童说话或者在儿童说话时抢着说话。

展示权威和安全感

1. **衣着得体**。穿着、服饰、发型和整体外观都能传递出一定的信息，特别是权威性。负责儿童监管和教育的人，尤其是那些比儿童的父母还年轻的看护人员常常未得到重视。如果儿童与你不熟悉，他就不会向你寻求帮助。如果你看上去非常年轻，那么 10 ～ 12 岁的儿童很有可能会把你当作他们的同伴。由于在不同的场合需要穿着不同的服装，所以最简单的办法就是注意观察同事中最德高望重的那些人的穿着。

2. **说话时保持坚定、亲切和自信的语调**。说话时音调要平和，音量适中，不要大喊大叫，也不要用太大的声音讲话。音质要放开（声音饱满，音调优美），语速平稳。要想发出理想的音质，应该压低下巴，放松喉咙并且用嘴而不是鼻子发声。说话时频繁变换音高或者语速过快会给人留下不确定的印象；可激弱、冷漠、颤抖或者太低的声音又会显得不自信，可能表达出这样的信息："我告诉你做这个，但我觉得你不会去做。如果你不做，我也没办法。"平时说话声音太弱或太低的成人在表达非常重要的信息时需要加重语气，这样才能引起对方的重视。

3. **说话的时候要直视对方，并且经常保持目光接触**。相较于普通的谈话，如果需要较长时间用非常坚定的语气与儿童讲话，应当与其保持目光的接触，不过没有必要一直盯着他看。有时候，当儿童的行为不当时，持续而坚定地看着他足以提醒他纠正自己的错误。避免与儿童目光接触或者恳求地看着他是不自信的表现。由于有些成人的个子可能比十一二岁的儿童还矮，因此如果想传递重要的信息时，成人和儿童最好都选择坐着的姿势，因为身高的差异一般来自腿长。如果儿童比成人还高，成人表达权威性信息的效果就不会太好，而面对面的互动更为有效。

4. **交流时恰当地使用手势，如果有必要，可以轻轻抓住儿童的手，直到交流结束**。当年幼儿童不想听你说话时，他们很可能会跑开。他们也可能扭动身体，把后背转向你，或者用手捂着耳朵。这时，你可以紧紧地搂着他们，但不要太用力，直到你把要说的话说完。在列举要点、描述词语的意思或者指示所处的位置时，使用手势是有帮助的。但是不要在儿童面前摇动手指或用手指着他们说话。

5. **放松、身体靠近他们、胳膊和腿保持张开或半张开的姿势**。在儿童面前，你本来就具有权威性，因此没有必要再表现出咄咄逼人的样子，比如把手向后放在臀部、两脚分开或身体僵硬，以此来让儿童服从。但是，蜷缩着身体、表情沮丧或者靠着某个物体讲话也是不自信的状态。孩子们看到你这样的姿势时，很可能不会服从你的要求。当某个孩子显得很难控制或者非常沮丧时，可以将上述技巧结合起来以应对。

通过权威性的非言语信号给儿童提供安全感

√ 俯下身子与儿童进行面对面的交流。

√ 保持目光接触。

√ 轻轻抱着或抚摩儿童给予安慰，或者紧紧搂着他给他安全感。

√ 通过各种恰当的非言语渠道与其共情。

√ 语气坚定，语速和音量适中；在儿童情绪极其激动和大喊大叫时，先保持沉默。

√ 保持身体姿势放松。

√ 确保你所有的非言语渠道所传递出的信息与你所说的话的内容是一致的；向孩子明确表示你会保证他的安全。

6. **当儿童都在玩游戏或者分散在不同的地方时，通过使用非言语信号来吸引他们的注意力**。如果是在室内，吸引儿童注意力的有效方法有：摁一下琴键、把灯打开再关上、唱一个特别的曲子、拍手、安静地坐着等孩子们来找你或者提高你说话的声调。然后，你可以把一个手指放在自己噘起的嘴唇上，表达要求安静的信息；你也可以用手势让孩子们更加靠近你。如果是在室外，有效的办法有：吹口哨、挥手或挥一面旗子、高举你的胳膊且手掌朝向儿童、打铃或者吹哨。

   如果儿童不知道你在试图与他们交流，你就不能期望他们收到并且理解你发出的语言信息。只有当他们转向你或者开始安静下来时，你才能确定他们收到你的信息了。在吸引了他们的注意力之后再开始同他们讲话。对于特别小的儿童，你需要先教他们刚才提供的那些非言语信号的意思，因为他们在家里肯定很少见到这些信号。比如，你可以告诉他们，"当我像这样打开灯，然后又关上时（这时你需要示范一下），你们就要停下手里正在做的事，也不要再说话了，要看着我。咱们现在试着做一遍。"

7. **公平地分配你的时间给每个儿童**。体现权威的一个表现是对时间和注意力的掌控，因此要公平地分配它们。公平并不意味着要绝对一样，有的孩子确实比别的孩子需要更多的帮助。因此要根据显而易见的需要，这样孩子们就会认为你是公平的，而且对他们是有帮助的。

通过教育和引导增强儿童的非言语行为能力

1. **给儿童示范有效的非言语行为，并在必要时向他们指出。**当你与儿童沟通时，要确定你的声音、面部表情和言语的内容都是一致的。俯下身与儿童保持同样的高度；保持目光接触，因为这些动作反映了你对他们是感兴趣的。时不时地吸引年幼儿童注意你发出的非言语暗示。比如，对他们说，“看着我的脸，我现在没有笑，因为有人受伤了，我很着急。”再比如，当你建议孩子如果想对别人表示友好应该冲他微笑时，你首先要对着孩子微笑。
2. **帮助儿童解读别的儿童的非言语行为。**有时候，儿童会忽视或误解另一个孩子的非言语行为，你需要给他解释这个非言语暗示的意思，比如，告诉他，“你看山姆，他在皱眉头，这说明他不愿意让你从他的盘子里拿走饼干。”或者，“塔妮亚是有点笑容，但这并不意味着她现在很高兴。有时候，人们虽然感到不舒服或者尴尬，还是会面带笑容。”或者，“劳伊在往后躲，说明他不想抓那条蛇。”又或者，“你瞧罗布，他正在怎样看着你，他的样子表明他对你的说法非常感兴趣。”
3. **教儿童那些他们可能不会自行使用的非言语技能。**有的儿童需要你不断提醒才能记住要与他人保持目光接触；或者在别人对他微笑时也要回报他们微笑；或者说话时用适当的音量，不要大声尖叫，也不要小声嘀咕。提醒儿童注意这些非言语行为，并在必要时为他们进行示范。要教儿童到了一个新环境应当怎样表现，同样在必要时示范给他们看，比如，怎样与人握手、发言或者讲故事时声音怎样抑扬顿挫，以及与人谈话时应当保持怎样的距离等，这样的教导会让儿童非常受益。

运用非言语沟通技能与儿童的家庭成员进行交流

1. **在接近儿童的家人时，身体放松，面带微笑，表示欢迎。**儿童的家人会出于各种原因来幼儿中心找你。在确保儿童的安全后，你可以走上前去，迎接和问候他们，询问他们有什么需要帮助的地方。有些刚开始从事看护工作的专业人员在与儿童的父母第一次交流时可能由于害羞或紧张而显得有些冷淡和漠不关心。这时一定要切记，专业人员有责任帮助儿童的父母感到放松和自在。
2. **在与儿童的家人沟通时，要和他们近距离地保持面对面的姿势。**这是一个成人之间互动的习惯方式，会让彼此都感到舒服。但是如果这个时候你还需要照看孩子，就要请家长进到房间里面，而你的姿势应该能够继续顾及孩子，并向家长做出解释。
3. **在与儿童的家人的短暂交流过程中要保持目光接触，或者目光在儿童与父母之间来回切换。**比如，在儿童到达或离开幼儿中心时，你在与他们的互动中可以先看看父母，再关注一下孩子。在教室时，你自己可以坐着，让儿童的父母根据需要或坐或站，来保持与你的目光接触。
4. **与儿童的家人说话时，声音要柔和，音调要正常或略低。**尽量让你的声音听上去既放松又严肃和关切。对成人和对儿童使用的体现热情、尊重和接纳的非言语沟通策略都是一样的。相见时的友好感觉有助于儿童的家人与看护人员建立起和谐的关系。
5. **当儿童的家人彼此交流时，注意他们的非言语行为，同时确保你的非言语沟通方式能够使你准确地获得他们传递出的信息和你希望他们接收的信息。**当儿童的家人表现得非常焦急时，专业人员充满信心的表情会让他感到放心和安慰。当儿童的家人沮丧或生气时，应当用严肃的表情和镇定、平和的声音对待他，而紧张地假笑只会激怒他们。如果儿童讲了一个虽然好笑但可能不太合适的故事或者孩子的家长在接孩子时讲了个低俗的笑话，你还是应当保持微笑，说话声音也尽可能友好。你传递给儿童父母的非言语信息对于你的工作和你留给他们的印象远远超出了其他交流方式所能产生的效果。
6. **在与儿童的家长进行电子邮件或短信沟通时，可以表达你的感情，但要适可而止！**在短信结尾处用一个笑脸的表情符号表明你很亲切、容易接近。在选择给他们看的照片时要慎重。

注意事项

在你使用非言语交流技能时，无论是面对一个孩子还是一群孩子，也无论是在非正式场合还是在有组织的活动中，你都应当努力避免犯下面这些错误：

1. **发出互相矛盾的非言语信息，或者非言语信息与言语表达的内容不一致。**当你生气、陈述一个规则或者试图表达警告和不满时，不要笑；告诫孩子时，语气中不要充满爱意；在表达赞许或喜爱时，不要用冷漠、疏远的语调。因为这些相互矛盾的双重信息会令儿童感到困惑，导致他们对你的不信任。
2. **没有考虑好就贸然行动。**有时候，缺乏智慧、不加思考的成人表现出的非言语行为没有替对方着想，甚至可能会让对方受辱。对于那些英语非母语的人来说，跟他们说话时声音太大或者说得太慢对他们理解言语的意思并没有帮助。急于对一个12岁的留刺猬头并且把头发染成紫色的孩子发表评论，而且对他表现得很生气，很可能非但不会使他顺服，反而更会激起他的逆反心理。虽然真诚并且实事求是的反应是应该的，但为了建立积极的关系和理解对方，认真思忖一下怎样回应还是很有必要的。这里就反映了专业人员与那些没有受过培训的人之间的区别。专业人员拥有并会使用能使他们与别人沟通得更有效果的知识和技能，而没有接受过培训的人只能凭借自己的经验行事。
3. **只对那些顺服的儿童或者得到你认可的儿童表现出热情、接纳、真诚、共情和尊重。**如果你想提升每个孩子的社会交往能力，那就有必要通过使用非言语行为与他们建立积极的关系，否则，你的目标就不可能达到。此外，其他的孩子也会随时关注你的行为，如果你不能平等地对待每个孩子，他们就会认为你不值得信赖，这会影响你与所有孩子的有效沟通。
4. **伤害或者威胁要伤害儿童。**一些为引起儿童注意的非言语行为，比如，用铅笔敲打孩子的头，把他们强拽进队伍里，或者为了让他们听你说话而过分用力地摁住他们，都具有侵犯性，是不适当的。明显的暴力行为还包括：举起手或拳头、逼近孩子、强拉硬拽或者紧紧贴着孩子并瞪着他们。这些行为会给孩子造成恐惧和痛苦，是美国幼儿教育协会伦理准则坚决不允许的，因为它首先要求专业人员不得伤害孩子。
5. **使用“婴儿式”的语言。**孩子的父母或身边的亲人会在同孩子说话时故意使用“婴儿式”的语言表达一种爱意，但是专业人员与儿童的互动应当建立在尊重的基础上（Denton，2007）。因此不要使用假声、昵称和象声词；也不要使用第一人称复数，要用“你”。如果孩子的家人都用正常的名字称呼他，那你就更不能再用昵称叫他了。
6. **打断儿童说话。**一定要给儿童说话的机会。即使你知道他们想说什么，也不要替他们说。儿童在说话时会有正常的停顿，这时不要插话。打断儿童说话或者抢着替他们说话都是带有冒犯性的居高临下的和不尊重人的表现。让儿童自己选择他们想用的词，不要催促他们，这样能够体现出你是一个很好的倾听者，也为儿童树立了一个好榜样（Jalongo，2008）。
7. **冲儿童大喊大叫。**前面已经提供了吸引儿童注意力的更为有效的办法，而且大声喊或尖叫会吓着孩子。成人如果这么做，只能表明自己已经失控了。
8. **在房间的另一边对儿童说话。**在正常情况下，成人会走到孩子旁边再与他们说话。可是如果遇到紧急或危险的情况，成人往往就忘记这样做了。他们通常会立即向儿童大声发出警告，但遗憾的是，这样的做法并不是很有效，因为儿童并不一定明白你的指令是传递给他的，而且很可能因被吓坏了而受到伤害。所以最好还是花几秒的时间，快速跑到儿童旁边，然后再告诉他做什么。

9. **用手捂嘴、下巴或者遮住脸和嘴。**如果你说话时捂着脸，你发出的声音就会不清楚，甚至可能会被误解，而且儿童也看不到你的面部表情。如果在室内戴着棒球帽，也会把脸遮住，让儿童看不见你的表情。所以一定要尽可能让儿童看清楚你的脸。

10. **忽视你附近的儿童的家人。**当儿童的家人走近你时，简单的礼节肯定是必要的。如果忽视他们，会让人觉得你冷漠和无礼。儿童的家人可能是他们的父母，也可能是家里的其他人，一定要弄清楚他们的确切身份，这对于你所看护的儿童的安全非常重要。

总　结

人们通过有效、巧妙地使用非言语行为来表达对一种关系的情绪，同时也可以更多地反映他们所传递的言语信息的内涵。非言语沟通还具有许多其他功能，包括代替口语、影响互动的过程、显明身份和社会地位、表达情绪以及隐藏或伪装真实的情感等。它们可用于帮助建立人际关系和加强儿童的社会能力。非言语信息通常是含蓄的，并且一闪而过，因此很可能会被忽视或误解。

非言语沟通的所有渠道和模式都可以独立发挥作用，它们与言语信息之间的关系可以是互补的，也可能是相矛盾的。沟通渠道中的空间位置、身体动作、身体方向、触摸和手势都与沟通过程中的另一方相关，而面部表情和辅助语言也是沟通中非常重要的内容。

在每天与他人互动的过程中，人们还会传递对于人际关系的态度，而且在大多数时候，它是通过非言语行为而不是言语来表达的，这其中包括热情、接纳、真诚、共情和尊重。

成人可以通过非言语行为向儿童表达权威性和传递安全感，这些非言语行为包括：保持目光接触，用肯定、自信的声音讲话，以及抚摩或靠近儿童。儿童同样也可以借助和他人保持近距离、身体放松和张开、说话时不犹豫、声音洪亮和变化语调等方式来表现其对环境的掌控。

如果所有沟通渠道传递的信息是一致的，就比较容易理解，而且能够体现说话人的诚恳、真挚和实在。混合信息，即不同渠道传递的内容不一致的信息会令儿童感到困惑，让他们以为受到了欺骗或者不被重视，导致他们对成人不信任，当然也就无法期望他们能予以积极的回应。

儿童在学会表达非言语信息前先要学习理解它们的意思。他们所习得的大部分基于模仿和与有经验的成人交流，因此那些有幸与经验丰富的成人交流的儿童能逐渐发展成为好的交流者。他们也可以从成人的直接教导中学习。儿童从婴儿时就能察觉接收到的混合信息了，并且会借助这些信息的辅助语言特征做出判断。长大一些后，他们就能更娴熟地理解和发出非言语信息了。他们也会通过面部表情来解读信息的意思，除非他们感觉受到了欺骗。

理解非言语信息意思的成人可以在沟通过程中有意识地使用它们，以加强沟通的效果。本章提供了大量的有关借助非言语行为在交流中表达热情、接纳、真诚、共情、尊重以及权威的技巧，可以帮助你增强这方面的能力。使用这些技巧会让你的沟通更加清晰顺畅，并且能够与儿童及其家人发展积极的关系。

在本章的注意事项中列举了在进行非言语沟通时应当尽量避免的行为，因为它们被证明不仅是无效的，而且会破坏你与儿童建立起的积极关系。现在，既然你已经掌握了一些有关与儿童进行非言语交流的最基本的要素，你就可以探索一些方法，把它们与言语交流的技能结合起来，促进你与儿童及其家人的关系朝着积极的方向发展。

关键词

表达规则（display rules，p.77）
沉默（silence，p.70）
迟疑（hesitations，p.69）
持续时间（duration，p.69）
非词发音（nonlexical sounds，p.68）
非言语沟通（nonverbal communication，p.58）
辅助语言（paralinguistics，p.68）
个人空间（personal space，p.60）
共情（empathy，p.72）
沟通渠道（channel of communication，p.59）
混合信息（mixed message，p.74）
接纳（acceptance，p.71）
节奏（rhythm，p.69）
面具微笑（mask smile，p.66）
内部空间（internal space，p.61）
强度（intensity，p.69）
权威（authority，p.73）
手势（gestures，p.63）
说明性姿势（illustrator gestures，p.59）
私密空间（proximal space，p.61）
象征动作（emblems，p.58）
音高和音调（pitch and tone，p.69）
语速（tempo，p.69）
元沟通（metacommunication，p.59）
远端空间（distal space，p.61）
轴向空间（axial space，p.61）
主观时间（subjective time，p.73）
尊重（respect，p.73）

问题讨论

1. 叙述非言语沟通的功能，以及每种功能在日常互动中该怎样使用。
2. 非言语沟通对社会交往有怎样的影响？
3. 在讨论与儿童建立关系时，为什么有必要叙述非言语沟通的不同渠道的表现方式？
4. 假设你观察到两个10岁的孩子正面对面，其中一个拿着棍子指向另一个。如果他们两个人之间的距离分别是3.6米、1米或者非常接近，你会怎样解释每一种情况？为什么你的解释会不一样？你又会做些什么？
5. 运用私密、轴向和远端空间这几个概念回答第4题。如果这两个孩子只有2岁，你又会有怎样的解释并采取哪些不同的行动？
6. 在解释儿童的非言语行为所表达的意思时，为什么了解儿童的文化背景很重要？
7. 年龄、关系和性别会对非言语沟通行为有怎样的影响？请举例说明。
8. 为什么看护儿童的专业人员应当使用适当的言语和非言语方式与儿童进行交流，并且要杜绝发出不适当的信息？
9. 与语言艺术不一样，非言语交流方式不会在学校正式传授，儿童是怎样习得它们的？
10. 在你与他人互动时，你的时间观念会怎样诠释你与对方的社会关系？
11. 哪些非言语行为最可能传递热情和自信？
12. 回忆一件你被误解或者你误解了他人的事情，是不是因为你发出或者收到了一个混合信息（不管是有意还是无意）？误解是否与文化差异有关？
13. 成人的非言语交流会对与儿童建立积极关系产生怎样的影响？
14. 比较一下成人的非言语技能与儿童的非言语技能之间的异同。

案例分析

阅读附录一中马尔科的案例，然后思考下面这些问题：

1. 在第一栏中记录描述马尔科行动时的词或短语（包括以怎样的方式、动作的频率和在什么时候）；在第二栏中用一个词形容当时的环境；然后在第三栏中给出你对他的行为的解释。
2. 记录描写马尔科面部表情的词或短语、当时的情景以及你对此的解读。
3. 成人在什么样的情形下抚摩了马尔科？马尔科又抚摩了谁？在怎样的情形下？
4. 从9月6日的记录中找出斯奈德小姐所使用的你认为有效的非言语行为。有没有一些时刻是你认为她可以做得更好的？如果有，你认为她应当采取怎样的行动？

5. 在这个案例中，成人使用了怎样的方式来向马可表现出热情和包容？
6. 在这个案例中，你从哪些地方看出了成人对马可的非言语信号是非常敏感的？

课外作业

1. 在任何一个地方观察两个你可以看到却无法听到其交谈的成人，可以是在商场、便利店或者餐厅。观察他们并将你所看到的记录下来，同时也记录下你对他们的情绪和交谈内容的猜测，还要记下当时的环境、两个人的姿势、身体的动作和方向、手势以及面部表情。
2. 重读有关体现热情、关爱和权威的行为指导，并在你看护的一两个孩子身上进行实践。记录下你所做的以及孩子的反应，评估自己使用这些技能的程度。
3. 在面对一组孩子时，练习微笑、与孩子面对面并保持目光接触，通过使用一些策略来表达你热情的态度。观察儿童对你的行为的反应，记录他们对你行为的非言语反应。
4. 听一位有经验的成人是怎样向儿童发出指令的，注意他的位置、手势、面部表情、声调以及与儿童的目光接触。他都做了些什么？将他的行为与另一位和儿童互动的人的行为进行比较。
5. 比较与一组孩子在一起的两个成人的衣着，把他们在穿着方面的细节都记下来，你认为他们的衣着得体吗？你认为儿童和儿童的父母又会怎么看？
6. 假设你正在叙述你的一位同事的行为，把下面引号里的话大声地说给班上的另一个同学听，试图表达：（1）你对这个人的尊重和敬佩；（2）你对这个人的反感和不敬。通过手势、面部表情、辅助语言以及其他方式来表达你的意图。问你的同学是否能很容易地分辨你的意思。“里尔逊小姐是一位专业人员，她对孩子的家庭情况有很多了解。当她说话时，孩子们能马上明白她的意思。要是我有时间，我会告诉你更多有关她的情况。”你会选择美国幼儿教育协会（NAEYC）的伦理准则中的哪些条款来判断这些交流方式是否合适？

检查你的做法

下面是一个对照检查表，作为一个刚入门的专业人士，你可以用它来检查自己是怎样实践这些技能的。你还可以在附录二中获得更多的观察教室行为的检测标准。

通过非言语沟通提高儿童的交流效果

√ 当你想与一个儿童讲话时，需要走向他，同时要注意尊重个人空间。

√ 与儿童讲话时俯下身、坐着或蹲着，和他保持面对面的姿势。

√ 轻轻抚摩儿童，给他安慰、帮助或者引起他的注意。

√ 儿童说话时耐心等他说完，不要打断他。

√ 观察儿童，解读他们发出的非言语信号，并做出回应，满足他们的需要或渴望。

√ 保证儿童个人空间的完整。

√ 使用适宜的言语和非言语信息。

√ 在与儿童讲话时，使用恰当的音量、节奏和音调。

√ 借助各种类型的非言语暗示（面部表情、声音变化、手势等），帮助言语交流更具效果。

第 4 章 通过言语交流培养儿童积极的自我意识

本章目标

在学习完本章后，你应该了解：

明白与自我意识、自我概念和自尊有关的发展标准。

区分积极的语言环境与消极的语言环境的特征。

了解为创造积极的语言环境，教师应该做些什么。

掌握与培养儿童自我意识和自尊相关的言语沟通技巧。

注意避免在与孩子及其家人进行言语沟通时容易犯的错误。

NAEYC标准

1. 提高儿童的发展和学习能力。
2. 与儿童的家庭和社区建立关系。
3. 观察、记录和评估儿童的行为以达到帮助儿童及其家人的目的。
4. 运用适应发展的教学法与儿童及其家人进行沟通。
5. 使用相关的知识来设计有意义的课程内容。

一天，蔓迪正在桌旁忙着画一幅画（见图4.1）。她眯着眼睛，噘着嘴，画了很长时间。她认真地把自己和家人都画到了画里。画完以后，她满意地放下笔，说道：“瞧，想看我画的画吗？这是我和我的家人。看，这是我，这是V，这是我的双胞胎妹妹，这是我的爸爸和妈妈。我是个大个子，因为我很特别。我是家里的第二个孩子，是女孩里最大的……这点很重要。”

蔓迪有一个非常快乐的自我意识。她虽然只是个学龄前儿童，但已经能够解释她是谁、不是谁以及她在社会环境中的位置。刚开始，在她眼里，这个世界主要是由她的家人组成的，但慢慢地，她开始把她的学校也包括进去了。当她给别人讲述那幅画时，她实际上就是在扩展她对自我的认知。

儿童自我意识的形成

儿童并不是天生就知道“他们是谁”的，这是他们在成长过程中逐渐明白的；这也不是孤立获

图4.1 蔓迪和她的家

得的，而是在与他人的互动过程中意识到的（Rose-Krasnor，& Denham，2009）。在此过程中，孩子们通过了解周围的环境，获取有关他们自己的信息并对此做出解释，然后将它用于对自己的认识，比如，“我是怎样一个人？我能做成事情吗？如果我……人们会对我有怎样的反应？我知道应该做哪些事情和怎样做吗？人们喜欢我哪些地方？我喜欢自己的哪些地方？”渐渐地，这些零零散散的信息结合在一起就可以帮助儿童形成对一个更为深刻的问题——“我是谁？”——的回答了。这个日趋复杂的自我定义是社会交往和自我认知发展的双重结果（Harter，2012；Widen & Russell，2003）。

儿童通过待人接物以及对这些经历的分析解读形成了对自我更加透彻的理解（Lewis & Carpendale，2004）。这样的理解最终会影响儿童对自身的评价、与其他同伴和成人的互动、对未来社会交往失败或成功的期望以及探索和学习新事物的动机（Thompson & Virmani，2010；Domitrovich，Moore，& Thompson，2012）。他们对自我形象的认识和评估还会影响他们认为自己能对当下的环境做怎样的改变，以及能否在未来对社会做出贡献。下面就从自我意识开始，逐一探究有关自我的各个方面。

自我意识

儿童获得的第一个、同时也是最重要的社会知识就是他们是独一无二的个体，与他人和周边的环境是不一样的。这样的认识被称为**自我意识**（Marsh，Ellis，Craven，2002）。新生儿的生活是与他们的看护人员紧密联系在一起的，但逐渐地，在个性化和与家人分离的过程中（参见第2章），婴幼儿初步形成了对自我的认知，并且很快就与他人在生理和心理上有了明显的区别（Thompson & Goodman，2009）。比如，在18个月大的时候，许多儿童在照镜子时知道他们看见的就是自己（Nielson，Suddendorf，& Slaughter，2006）。再过6个月，他们就能在照片中认出自己了。2岁的儿童已经可以很清晰地用语言表达他们对自己身体的自我意识。他们已经知道自己的名字了，比如，“我是米切尔”，并且可以用人称代词来表达自己拥有某个喜欢的物品，比如，“我的……”（Harter，2012；Thompson，2006）。同时他们也已经知道用“你”“他”和“她”来称呼别人了，因为他们明白，“我是我，我不是你，你是另一个我以外的人”。2岁末时，儿童已经对自己有了完全的认知，并且可以开始影响周围的人和事了(Laible & Thompson，2008)。儿童从出生时对自己和世界一无所知，发展成具有自我意识的独立个体，这一具有里程碑意义的变化的确是很了不起的（Bjorklund，2012）。它为儿童接下来认识社会和社会能力的发展奠定了基础，每个儿童自我概念的形成也是以此为前提的。

自我概念

马克正在教师的帮助下编一本“关于我的书”，他是这样说的：

我五岁。

我有金黄色的头发。

我有一个印着“愤怒小鸟”的毯子。

我喜欢玩冰球。

我以前不会倒着滑，现在可以了！

马克说的这些话就是他的自我概念。自我意识是意识到自己是与别人不同的独立个体，而**自我概念**则是一个人的生理和心理特征、能力、态度和价值观的汇总，是定义他作为一个个体的全部内容（Shaffer，2009）。随着大多数方面的逐步发展，自我概念的内容也从具体、简单的定义发展为更加抽象、复杂的概念。个体自我概念的发展从其很小的时候就开始了，一直持续到童年期及青少年期。

在描述自己时，这个学龄前儿童说道：“我有金色的头发，穿着黄色的衬衣，我可以跳很高。”

幼年

当儿童刚开始学说话时，他们通常会用年龄和性别作为明显的特征来描述自己是谁（Derman-Sparks & Edwards，2010）。步履蹒跚的孩子会骄傲地宣布，“我两岁”“我是个男孩”。渐渐地，2岁、3岁、4岁的儿童会扩展他们的表达内容，并且开始用一些有形的、可观察到的描述词（Harter，2012）。他们的自我描述包括：

- 身体特征（“我的眼睛是棕色的。”）
- 能力（“我可以爬那个坡。”）
- 拥有（“我有辆自行车。”）
- 关系（“我有个姐姐。”）
- 喜好（“我爱吃冰激凌和巧克力。”）

这个阶段的儿童的言语表达大多与实际展示的内容有关，比如画一幅关于自己和家人的画、爬坡或者“炫耀”自己的自行车。虽然这时他们也已经可以明确表示对一些物品或活动的喜欢或者不喜欢（我喜欢玩洋娃娃；我不喜欢吃豌豆），但学龄前儿童几乎还不能表达自己的心理活动（比如，“我很难过”或者“我是个很友善的人”）。他们的思维或者说他们的自我概念还处于当下、具体的阶段，与实际经历紧密相关，尚不能反映内心的状态（Bjorklund，2012）。由于同样的原因，这个年龄段的儿童还不能将自我的各个方面真正地联系在一起，就像马克一样，他们会觉得自己的每一个特征都是单独出现的，彼此没有任何关联，这是因为年幼儿童的自我概念还不够完整或统一（Harter，2012），需要再过一段时间才能完善。

童年早中期

刚上小学的时候，年龄、性别、所属、能力、关系和喜好仍是儿童在定义“我”和“非我”时所用的主要内容，但是从5岁、6岁、7岁开始，儿童会逐渐将焦点从以前只会关注此时此地转向思考过去、现在和未来。因此他们对自我的定义已经包括了对比自己当下能做的和以前所做的（Harter，2012）。这方面典型的表达方法有：“我现在跑得比以前快了”或者，“我小的时候很怕黑，可我现在已经不怕了”。这样的对比反映了儿童自身的成长，所以它并不是夸耀，只是在对自己发展过程中的变化进行描述。儿童也已经开始思考他们未来能做些什么了，“等我长大以后，我要当个厨师！”或者，“明年我就能骑马了。”与此同时，儿童开始能将相关的行为联系在一起来呈现一个更完整的自己。比如当马克上到二年级时，他就会说，“我能跑、跳和爬”；或者，“我能读书，我也会算术”。这样一来，原本孤立的特征就被联系到一起，变得更加完整和统一了（参考工具表4.1“我的记录”中的指令，以此作为模板，提供给你负责看护的孩子，让他们练习这样来描述自己。）

工具表4.1　我的记录

目标：让儿童学会定义自己独特的基本特征、能力、行动和喜好。

指令：帮助儿童在纸上记录下有关自己的信息，儿童可以口述想要表达的内容，用有关他们家庭或学校的照片，用杂志上的图片或者自己把想表达的内容画出来。把所有这些信息装订起来，成为每个儿童的一本“我的记录”。鼓励儿童及时更新他们的记录：或在原来的每一页加入新的内容，或后续添入新的进展。让儿童随时带来这本记录，这样他们在谈论自己时就可以拿出来使用了。

示例：这是“我”——自画像或者照片

- 我是……或我有……（让儿童自己用文字描述，例如，我是个男孩；我长着红头发）；
- 这是我们家——家庭画像
- 这是我的手或脚——手印或脚印
- 我能做这些事情……
- 这些是我喜欢的事……
- 这是我喜欢在学校里做的事……
- 这些是我的朋友……
- 我以前……可是我现在……

小学中后期

儿童的自我概念会在8—11岁发生重要转变。这时，他们对“我是谁？”这个问题的回答不仅包括看得见的特征，同时也涉及他们内在的性格和情绪因素，比如“我是可信赖的”“我很高兴”（Harter，2012）。上学的时候，除了继续与他们以前的自我进行比较外，他们还会与他们的同伴比较彼此的外表、能力和取得的成绩。马克会说，“我跑得比彼得快；瑞贝卡的拼写比我好。”这样的对比不仅有助于孩子进一步了解自己的特征，而且也能使他们意识到自己与别人的不同之处，同时他们还能对自己的各种能力进行更具体的划分，比如，学业方面的、社交方面的或身体方面的，并且予以区分。这意味着他们已经意识到自身在不同的方面有着很大差异。“我的数学很好，可是我的体育不太好”（Harter，2012）。此外，人际关系是自我概念中最为基本的内容，比如，“我是莎拉和乔西的朋友”“我是杰罗姆妹妹的朋友”。儿童之所以能够表达更加复杂的关系，是因为他们已经具备了对过去做过的事情和未来将做的事情或可能成为怎样的人有了认知。因此，他们能描述出已经形成的行为模式并构想未来将有怎样的持续发展（比如：我很聪明；我很害羞；我很努力）。他们对自己在这些方面的评价能反映出他们有了更抽象和内在的自我概念，这是在有了更多的经历和更高级的认知能力后实现的。所以说，儿童在进入青少年阶段后，其自我意识和自我概念都有了大幅度的扩展和完善。

刚上小学的孩子就可以对自己在不同领域的能力做出判断和比较，比如在音乐与体育方面的不同能力。

自尊

难道你不是最乖的孩子吗？

我告诉过你多少次了，不要再惹人烦了，别闹了！

等等，我们给曼尼一个机会，让他告诉我们他的故事。

罗谢尔，你回来了！我们很想你。

自尊是社会交往的产物。当儿童与家庭成员、其他熟悉的成人以及同伴互动时，每个人都是一面“镜子”，让儿童透过它看清自己，并且判断自己是个怎样的人（Epstein，2009）。与此同时，成人怎样与儿童互动、怎样与他们交谈以及怎样对他们的成功和失败做出回应都会对儿童的价值和能力发出重要信息。如果儿童认为他们接收的信息是好的，他们就会对自己做出积极的评价；如果他们认为接收的信息是不好的，他们就会对自己做出负面的评价。儿童从出生就开始构建他们的经历了，最终，有的儿童会得出这样一些结论：

- 我是一个人们喜欢的人。
- 我知道很多事情。
- 我可以做很多事情。
- 我能够做出选择和决定。
- 我喜欢我自己。

而别的儿童可能会这样认为：

- 我不是人们喜欢的人。
- 很多事情我都不知道。
- 很多事情我都不会做。
- 我不能做出选择和决定。
- 我不太喜欢我自己。

这种对自我的评价就是**自尊**，它包括三方面内容：价值、能力和控制力（Bagwell & Schmidt，2011）。每个方面都会影响儿童认为自己是否可爱、有能力、能不能对自己所生活的环境有一定的掌控力（Hewitt，2002）。

价值

人们对自己评价和喜欢的程度以及他们认为别人对他们的评价就是他们对其**价值**的衡量。我们都听过儿童问这样一些问题（用言语或者用行动）：“你喜欢我吗？”“你有多喜欢我？”“你为什么喜欢我？”“如果我……你还会喜欢我吗？”“我喜欢我自己吗？”人与人之间的关系尤其能反映一个人的价值，比如，我们常常会问，“谁会关心我呢？”同时也会问，“我关心哪些人呢？”所以，儿童常常会通过自己与某人之间是否有关系来决定自己的价值，他们会说，“你是我的妈妈！”“艾米小姐是我的教师。”“我是姐姐。”“希莉娅是我的朋友。”“卡拉不想和我交朋友。”

能力

能力是个体认为自己能够完成任务和实现目标的程度。当儿童玩玩具、尝试新事物、探索新的技能和与同伴及成人互动时，他们希望知道，“我能做什么？我怎样才能做好？我能成功吗？人们认可我所做的吗？”他们在平时的活动中得到的答案会让他们对自己的能力感到满意或失望。

控制

控制是指人们认为自己对生活中发生的事件及其结果的影响程度。儿童会在很多方面尝试其控制力：婴儿通过微笑或发出咕咕的声音来延长与看护人员互动的时间；幼儿可以自己决定选择红色的而不是绿色的杯子；学龄前儿童能够自己系紧外衣；上学以后的孩子甚至可以自己组装一列小火车！儿童在做这些事情并观察其产生的结果时，会感知自己能在什么时候发挥多大和怎样的控制力。

自尊的“三位一体”

每次当儿童面临一个新环境时，他们都会做出这样三个判断：我有价值吗？我能行吗？我能以怎样的方式发挥怎样的作用？这些内在的思考就是个体对其价值、能力和控制力的评估。这样的评估有时是有意识的，有时是无意识的。无论出于哪种情况，儿童对这些问题的回答能反映他们对自己的了解程度的不断加深。图 4.2 体现了自尊这三个方面的关系。请注意，它们出现在一个圆里，被称为自尊的“三位一体”，说明它们是彼此关联的，并且是同样重要的。花一点时间思考一下在特雷莎去新学校上学的第一天，这三个方面对她的“自我”评价产生了怎样的影响。要点 4.1 描述了她对自己的价值、能力和控制力的内在判断。

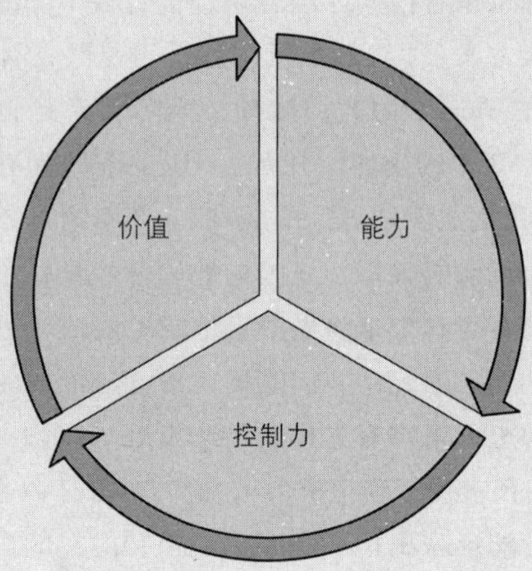

图 4.2 自尊的“三位一体”：价值、能力和控制力

要点 4.1

特雷莎和自尊的“三位一体”

7 岁的特雷莎在年中时第一次进入她二年级的新班级，因为她家刚刚搬入这个社区。她很紧张地扫视了一下教室的环境。一位成人面带微笑地走向她，她蹲在特雷莎面前，向她表示问候，“嗨，你好！你一定是特雷莎吧，我们都很高兴你能加入我们班。教室后面有带锁的储物柜，这个是你的，上面有你的名字。待会儿我会给你拍张照片，和其他孩子的照片都贴在布告板上。现在我先带你和你的妈妈看看教室里的一些有趣的东西。我们现在正在做一些项目，你先看看，然后决定从哪里开始。”

与此同时，特雷莎也默默地在头脑中对周围的环境展开了分析，并对自己在新环境中的价值、能力和控制力进行评估。虽然她未必意识到了自己的这些想法，但它们的确影响了她对自己的评价。

特雷莎对价值的想法是：“我有价值吗？”

她认为：老师看到我很高兴，我有自己的储物柜，她还要给我拍照片……看来，我是“属于”这里的。

特雷莎对能力的想法是："我有能力吗？"

她认为：班级里似乎有许多活动在进行，有些活动是我在以前的学校也参加过的，我觉得我可以试一试……

特雷莎对控制力的想法是："我能有什么影响吗？以怎样的方式发挥影响力呢？"

她认为：我可以从自己喜欢的地方入手，这听上去不错！

特雷莎认为自己第一次见到新老师的经历是对其价值、能力和控制力的肯定。但是，假设她面对的是另一种情况，她就很可能得出完全不一样的结论。比如，如果当时教师很忙，没能立即过来问候她，她就会以为自己没有价值；如果她以前几乎没有与其他同学在一起的经历，她就可能会觉得自己不具备适应新环境所需的技能；再或者，如果这个班级里的孩子习惯自由地走来走去，而这与她以前班级的情况不同，她也许会感到很乱，担心自己很难驾驭这样的局面。不管特雷莎最终得出怎样的结论，她的认知都与其以前的经历、文化背景、性格、与他人的关系、所讲的语言以及她当前对自己的自我定义有密切关系。

特雷莎在新学校的经历虽然不会固化，但是肯定会对她的自尊产生影响。事实上，正是无数次这样大大小小的经历使孩子渐渐形成了对自己持久的认识。与孩子发展的其他方面一样，自尊也是一个在发展与经历相互作用的过程中不断变化的概念。

自尊的发展

对自我做出评判初始于孩子的早期，并随着孩子逐渐长大变得愈加丰富和复杂。非常年幼的儿童在完成了一件成人交给他们的任务时会发出微笑，这是他们第一次对自己做出评价，比如把积木堆起来或者摆成一个形状。如果他们失败了，他们的眼睛就会朝别处看或者皱起眉头，这是他们自我否定的表现（Berk，2013）。一旦学龄前儿童学会用语言表达他们对自己的评判，他们马上就会这样做。我们经常听到孩子这样说，"我是一个好孩子"，或者"那些小孩都喜欢我"。从这样的评论中可以看出这个年龄段的孩子对自尊已经有了整体的认知，但同时也反映出他们尚且不能区分自我的不同领域，比如自己在社交时的特点和身体方面的特点。等儿童到了四五岁的时候，他们就可以从自己在不同行动中的表现发现自己在不同领域的能力差异了，比如，他们会说自己投球有多么好，或者自己数数能数到多少。刚开始的时候，他们的评价大多是正面的，而且他们常常会夸大自己的能力，比如，"我能把球扔过这个房顶"，或者"我能数到100，你想听我数吗？"（Harter，2012）。这种不够准确的表达反映了儿童认知的局限性和缺乏经验，而绝非他们想自欺欺人。这个年龄的大多数儿童都对自己极为满意，并且对自己新发展的能力感到非常骄傲。他们不认为"真实的自我"与他们想象的"理想的自我"之间有多大差别。图 4.3 中的维罗妮卡的自画像就非常形象地说明了这一点。

图 4.3　维罗妮卡 5 岁时的自画像

上小学以后，儿童开始细化对自己的评价，他们至少可以将对自己的评价分为四个方面：社交、学业、体育和身体状况（Harter，2012）。到 8 岁时，大多数儿童都能对自己在这几个方面的能力予以区分，而且也就是从这个时候开始，自尊成为多方位认知的综合体现（Harter，2012）。在这种情形下，一个儿童可以对他的学业有非常正面的评价，但对自己在体育方面的表现就不是那么满意了。承认自己在某一方面的不足能够使儿童面对现实，而并不会让他们轻看自己。同时在儿童的自我判断中，他们会认为某个方面对自己来说更为重要，因此，他们可能会这样说，“我不太擅长拼装玩具，不过这没什么。”到童年中后期时，大多数孩子都能对自己做出既有正面也有负面的评价，而且比以前的评价更加准确（Harter，2012）。

孩子自我评价的升级是与其自我意识和自我概念的完善同步发展的。下面，我们再通过表4.1来回顾一下与孩子自我意识相关的三方面发展进程，请注意自我意识、自我概念和自尊是怎样同时发展的。

儿童自尊的差异

虽然所有的孩子都在沿着更好地认识自己的方向上发展，并且所经历的阶段也大致相同，但是每个孩子在自尊的“三位一体”方面的发展结果是不同的。有些孩子在进入青少年期时已经对价值、能力和控制力有了很强的意识，但是也有些孩子的自我认知能力不尽如人意。孩子的这种差异会给他们造成严重的影响。看看下面这个事例，由于自尊方面的差异，艾米丽娅和朗达在幼儿园里搭积木时有不同的反应：

艾米丽娅和朗达正在堆不同大小的积木，就是把一个摞在另一个上面，直到最高的一个能够达到1.2米。她们已经试了三次了，可是每次都没等达到那个高度，积木就倒了。第三次失败后，朗达喊着说：“我永远也不能让它待住！”说完她就沮丧地离开了。艾米丽娅也试了几种方法，而且也没有成功，可她仍继续看着示意图，然后说：“我知道了……”接着又开始新的尝试。

艾米丽娅和朗达都经历了失败，可是两个人的反应不尽相同。朗达试过之后就放弃了，艾米丽娅虽然也感到很难，但仍继续坚持。面对同样的情况，艾米丽娅的自我认知和技能使她能够在经历挫折后锲而不舍。科学家们如果目睹了这个案例，可能会认为艾米丽娅的行为反映了她比朗达更具有健康的自尊意识（Gartrell，2012）。

如果孩子认定自己是可爱的，具备有用的知识和技能，并且有能力影响生活中的一些事情，我们就认为他拥有**健康的自尊**。反之，如果孩子觉得被排斥或忽视，自己也不具备成功所需的技能，而

表4.1　自我意识的形成

年龄	从出生到1岁	2—4岁	5—7岁	8—11岁
	婴儿期	幼年时期	童年早中期	童年中后期
对自我的描述	当与看护人员分离时，开始呈现自我意识。	通过具体的、可观察的特征定义自己。 一次只能关注一个特征。 只能关注此时此地的自我。	通过具体的、可观察的特征定义自己。 孩子将相关的、具体的特征结合在一起，形成更具综合性的描述（比如，我跑得很快。我跳得很高；我能投球）。	通过内在和外在的特征定义自己 孩子对自己的各种特征进行分类：社交、学业、体育和外表。 自我定义已经包括持久的性格特征和长期的行为模式。
使用比较	没有	没有	孩子能够将当前的自己与以前的自己进行比较。	孩子能够将自己与他人进行社会比较。
自我评价	开始有意识	整体是正面的评价。 尚未看到自己的不足。 过度夸大自己的能力。	整体是正面的评价。 尚未看到自己的不足；过度夸大自己的能力。 孩子视真实的自我和理想的自我为一体。	意识到自我的多样性：既有正面的，也有负面的。 从不同的方面对自己进行评价：社交、学业、体育和外表。 意识到不同方面的评价存在着差异。 较之前更具自我批评的能力；对自己的评价也更加准确。

且对遇到的事情也无能为力，我们就认为他是**低自尊**的。长期在孩子的思维中占上风的自尊类型会对孩子的欢乐感和幸福感产生极为深刻的影响（Furnham & Cheng，2000）。

健康的自尊

对自己大多数时候持正面评价的孩子会对自身有比较好的感觉（Harter，2012）。他们会认为自己是可爱的、有能力的，而且他们的决定和行动能够对他们和别人的生活产生积极的影响。他们在价值、能力和控制力方面的认知让他们觉得发生的大多数事情都是有理由的，并且是可以解决的（NICHD，2002）。当遇到困难时，拥有健康自尊的孩子会利用以前有益的经验来帮助他们迎接挑战。而且由于他们对自己的能力充满希望和信心，所以即使不能马上成功，他们也不会轻易放弃，会坚持到底（Baumeister et al.，2003）。到了小学高年级，有着健康自尊的孩子能够对自己做出客观的评价，认识到自己的不足之处，而且他们会将自己在某一方面的弱项与其他方面的强项区别对待（Harter，2012）。这样只会使他们更加发挥自己的长处，而不是只关注自己的短处，同时他们会充分利用自己的优势千方百计想办法解决问题。由于健康的自尊有这些益处，所以它会带给人欢乐、对生活的满意感和内心的幸福感。

低自尊

与健康自尊相比，低自尊带给人的是沮丧、焦虑、自杀的想法和不适应（Harter，2012；Leary & McDonald，2003）。它还与侵犯、反社会行为和青少年犯罪有关（Donnellan et al.，2005）。对自己的价值、能力和控制力持负面评价的孩子通常会感到不能适应环境、遇到事情无能为力、恐惧和被排斥。他们也不太可能对自己的能力做出客观的评价，只会更在意自己的弱点。这样的孩子不认为自己会对别人产生影响，而且他们觉得大多数的人际交往对他们来说都是浪费时间。他们固执地认为即使自己非常努力，也不会有好的回报。这种悲观的想法常常导致他们拼命把自己保护起来，以避免脆弱的自我受到伤害或遭到别人的拒绝。他们用于自我保护的方法包括：贬低自己、与他人保持距离或者以伤害他人身体或心理的方式树立自己的权威（Berk，2013）。低自尊的这些表现会大大降低孩子和他们身边人的生活质量。

自尊不是非此即彼的意识

有时候，人们把健康的自尊和低自尊看成天平的两端，以为有的人完全属于其中一端，有的人完全属于另一端。但事实上，人们对自我的评价常常会摇摆于这两个极端之间（Denham，Bassett，& Wyatt，2008）。拥有健康自尊的儿童对自我做出的积极评价一般多于负面评价，而低自尊的儿童正好相反。有一点非常重要，即儿童的自尊类型不是由一件事造就的，只有日积月累的经历才会最终影响他们的自尊。比如，没有被邀请参加另一个孩子的生日聚会可能会让一个孩子在短时间里感到受了伤害，但并不会对他的自尊造成永久的损害；可是如果一个孩子一直被其同伴排斥，就会产生长期的不适感（Brown，Odom，& McConnell，2008）。

在童年时期，儿童的自尊是很容易改变的，也就是说他们会根据环境对自己做出积极或不那么积极的评价。但是随着他们日渐成熟，过往的经历会影响他们对新情况的理解。如果他们的理解偏向健康自尊的一端，儿童就会期待积极的结果，并且朝这个方向努力；可如果他们的理解偏向低自尊的一端，就会产生消极的想法，而最终的结果也很可能就如其预期（Frost，Wortham，& Reifel，2011）。这样的经历发生过多次后，儿童的自尊类型就基本固化下来了。

自尊在行动中体现

儿童通常不会用语言表达他们对自己的评价，更常见的情况是，他们会在可观察的行为中将自尊体现出来（Harter，2006，2012）。图4.4中列举了一些与自尊相关的典型行为。

再重新思考一下艾米丽娅和朗达搭积木的例子。图4.4中的哪些方面出现在了她们的行为中？如果你是她们的老师，你会为她们两人的发展做些什么？在思考你的回答时，你可能想知道提升自我意识和自我了解的内容应该安排在课程设置的哪个环节；你或许还会问，既然它们很重要，那和所有其他有关幼儿教育的项目以及学校的课程设置标准相比较，儿童发展和习得的这一部分应占据怎样的位置呢？近期，学业、社会和情绪习得合作协会

有健康的自尊的儿童倾向于：	有低自尊的儿童倾向于：
• 自信地表达自己的观点	• 对自己的观点缺乏信心
• 自信地迎接挑战	• 不愿面对挑战
• 主动参与活动和人际交往	• 不愿主动参与活动和与人交往
• 为自己设定目标	• 畏缩不前
• 对事情和环境具有好奇心	• 等待别人来设定目标
• 喜欢探究和提问题	• 冷漠、袖手旁观
• 渴望尝试新事物	• 用负面的语言描述自己（“我实在太笨了。”“我永远也学不会怎样做这件事！”）
• 用积极的语言描述自己（“我能做这件事！”“我正在学着用一种新方法做这道算术题。”）	• 对自己的工作不感到骄傲
• 对自己的工作感到骄傲	• 轻易放弃
• 遇到困难时仍然坚持不懈	• 遇到困难时显得很幼稚
• 能够接受挫折	• 面对变故或他人的错误时有反社会行为
• 能够调整自己来适应改变和转折	

图 4.4　与健康的自尊和低自尊相关的行为

Source: Based on Harter (2012)

（Collaboration for Academic Social, and Emotional Learning, CASEL）对全美各州的学习标准进行了核查，发现绝大多数州都将自我了解列在第一位，并且一致认为它是从幼儿园直至小学阶段儿童社交和情绪学习标准中最重要的内容（Domitrovic et al.，2012）。图 4.5 中给出的是在这方面的国家整体标准，注意看一下这些标准与你刚刚学过的有关自我意识、自我概念和自尊的关联。

范围	社交和情绪学习标准
自我了解	1. 儿童能够意识到自己是一个独立的个体，并且珍视自己的个体价值 2. 儿童呈现出对自我能力、喜好和特征的觉察 3. 儿童呈现出对自身能力的认可和自信心

图 4.5　整体标准

Source: Based on Domitrovic et al. (2012)

确认自我了解是全国课程设置标准的重点是极其重要的，但这并不能保证儿童在这方面得到足够的、最佳的训练。你还必须知道有经验的教师和看护人员是怎样将这些认识转变成适当的方法的，这是我们接下来要学习的内容。

成人的行为对儿童自尊的影响

成人在面对儿童时，如果能表现出热情、接纳、真诚、共情和尊重，最有可能帮助他们对自己形成积极的自我判断。当父母和教师对儿童表现出爱心时；当他们对儿童所做的事情表现出兴趣时；当他们给儿童提供机会进行创造和独立完成任务时；当他们让儿童自己制订计划、做出决定并加以实施时，成人就充分体现了能够增进儿童自尊的品格（Eccles，2007）。与之相反，如果儿童遇到的成人表现出拒绝、缺乏爱心、不能给予儿童帮助，就会让儿童形成自己不可爱、无能和无助的印象。当成人对儿童忽视和漠不关心，或者当他们对儿童不耐烦、粗鲁和苛刻时，他们呈现出的态度就是负面的（Harter，2012）。

虽然成人向儿童表达态度的方法有好多种，但最明显和关键的还是他们与儿童的谈话方式，因为语言对儿童的自我意识有很大的影响。成人对儿童所说的内容以及他们的表达方式会深刻影响儿童对自己是怎样的人和将成为怎样的人的看法，所以成人的话对儿童来讲有重大意义，必须引起重视（Denton，2007）。看看下面这个事例。

你应邀参观一个儿童项目。当你到达时，你被告知孩子们外出实习了，要等一会儿回来。于是你就先自己看了看那里的环境，你注意到原木制成的家具很舒适地摆放着，阳光透过窗户柔和地照进屋里。孩子们的手工作品陈列在室内，令人赏心悦目，其他物品也都保护得很好。绿色植物随处可见，一个角落处放着一个很大的、冒着气泡、供观赏的水族箱。看着这一切，你忍不住想："这对孩子们来说是一个多么美好的地方啊！"可就在这时，一个孩子叫喊着冲进房间，跟在她后面的教师厉声说道："萝丝，你怎么可以表现得像个孩子，现在不要再说话了。"当其他孩子排着队一个个走进房间时，你听到其中一个孩子说道："看看我在外边发现了什么！"一个成人答道："你没看见我在忙吗？待会儿再说。"又过了一会儿，你无意中听到一个孩子问："我们什么时候能把这些拿回家？"然后有人对他说："你刚才要是认真听了的话，就应该知道。"

你刚才的美好印象一下子灰飞烟灭。虽然环境布置得不错，可是成人对孩子讲话的方式让它变得冷漠而不友好，而且成人对孩子的回应也让你质疑孩子在这样的环境中能否感到愉快。你无意中听到的反映了儿童生活中的一个虽看不到但极为重要的因素——语言环境。

语言环境

语言环境包括所有在特定环境中发生的语言交流，其中既包括所说的言语，也包括言语间的停顿，即说了多少、说了什么、怎么说的、谁在说和谁在听。这些方面的应用和结合方式能够决定环境会对儿童的价值感、能力和控制力产生促进作用还是削弱作用。所以说，不是所有的语言环境都是一样的，有的能产生积极影响，有的则能产生负面影响。表4.2中列举了它们之间的区别。在每种情形下，成人使用语言的方式和他们对儿童交流的期待是最大的区别。从表中你会发现，成人所说的话可以为儿童提供机会来以积极的方式了解自己；成人也可能替儿童把这些自我发现抢先表达出来了；更糟糕的是，有些成人的言语甚至会对儿童的自我造成伤害。先思考一下它们之间的区别，然后我们将就每一种语言环境展开分析阐述。

表4.2 对比消极与积极的语言环境

消极的语言环境	积极的语言环境
成人的语言带有伤害性（指责的、贬低的、不尊重的）	成人的语言能够让儿童产生一种集体感和归属感（鼓励的、回应的和尊重的）
成人不鼓励儿童表达他们的想法	成人鼓励儿童与他们或其他同伴就他们感兴趣的事和生活中发生的事进行沟通
成人忽略儿童的话	成人认真倾听儿童所说的话，并且予以积极回应
成人使用的语言旨在掌控儿童的行为	成人通过语言与儿童建立关系，并且帮助他们学习新的技能
儿童只能被动地接收信息	成人通过语言帮助儿童建立自主意识和一定的控制能力（帮助儿童做出选择和决定；通过语言来表达他们的需求、想法和感受）
儿童在多数时候只能回应成人的指令	成人通过语言帮助儿童形成自我意识：自己对什么感兴趣，自己有哪些感受，自己在做些什么，以及自己正在发生怎样的改变
儿童没有多少机会与同伴交流	成人通过语言鼓励儿童之间展开更多的交流，并在彼此的互动过程中对自我产生更多的了解
儿童在与同伴讲话时使用带有伤害性的语言，而成人也没有及时纠正他们的行为	成人通过语言帮助儿童学习更多有效互动的技巧，并在儿童使用伤害性语言时及时进行干预

消极的语言环境

消极的语言环境是指成人对儿童所说的或没说的话令儿童感到自己没有价值、没有能力和没有收获。对于这类的极端现象，你是能够马上察觉的，比如成人对孩子大喊大叫、嘲笑他们、责骂他们或对他们进行种族歧视，这都是非常明显的带有伤害性的行为，有损儿童的自我意识。但是，成人还会有一些不十分明显却更为普遍的做法，也会导致消极的语言环境，并且最终对儿童的自我意识和自尊造成负面影响。表4.3就列举了一些这方面的具体现象。

表 4.3 列举的消极语言行为传递出成人冷漠的态度和对儿童缺乏应有的接纳、真诚、共情和尊重。在这样的环境下，成人完全操控了局面，而孩子却被剥夺了更多地了解自己的机会，而且他们很快就会觉得自己的想法、观点和关切没有得到重视，并且他们似乎也不配获得礼貌的对待和尊重。因此，成人应当尽量不使用会造成消极语言环境的言语，从而避免让儿童感到不适、困惑和愤怒（Jimerson，Swearer，& Espelage，2010）。反之，如果这样的语言环境成为常态，儿童的自我理解能力就会受到极大的损害。

庆幸的是，在现实环境中还存在一种与之相反的积极的语言环境。

积极的语言环境

在呈现出**积极的语言环境**的教室里，到处都能听到令人愉悦的语言——无论是孩子们彼此的交

表4.3 成人行为导致的消极语言环境

成人行为	事例
成人忽视儿童，没有找机会与儿童进行交流	• 没有和他们打招呼或问候他们 • 没有和儿童进行交流，对他们的活动也没有表现出兴趣 • 当儿童接近成人时，成人表现得很不耐烦或很冷淡
成人忙于自己的事情，对儿童只是表面上的关心	• 不认真听儿童说话 • 问儿童一些不相关的问题，表明他们根本没有注意听儿童说话 • 与儿童沟通时没有目光接触，不是站在儿童对面关注他们
成人对儿童说话时不礼貌	• 当儿童正与成人或其他儿童讲话时打断他们 • 要求儿童对成人说的话立即做出反应 • 对儿童说话时使用不耐烦的、命令式的或争吵的语调 • 嘲笑儿童（“你把你的脑子忘在家里了吗？”） • 忽视对儿童使用礼貌用语，比如，“请”“谢谢”和“对不起”
成人在形容儿童时使用带有判断性的语言	• 在对别的成人形容儿童时使用负面的词语，比如，过分、自私、懒惰、贪吃等 • 直接或在儿童能听到的范围内对儿童使用负面评价（“你太懒了”“你简直像个孩子”“萨曼莎太自私了”） • 用语言打击儿童或者取笑儿童（“她以为她很聪明，不需要注意听讲）
成人忽视或贬损儿童的兴趣	• 不理会儿童说的话或者提出的问题 • 让儿童说别的事（“我听烦了你跟我说关于罗里的事和你的事，跟我说点别的，否则就别再说了。”） • 常常要求儿童停止正在做的事情，而遵循成人的安排（“你看蝴蝶的时间够长的了，现在赶快过来坐下。”）
成人在与儿童沟通时主要是发出命令或者提出要求	• 大多数的语言都是命令式的（“坐在你自己的椅子上，把书翻到第一页空白页，画一条线，开始画画……”）
成人不鼓励儿童表达自己的想法	• 问一些并不真正指望儿童回答的问题（“你今天有什么问题？”） • 跟儿童说，“先别说话，待会儿再跟我说”（但从此不再给儿童机会） • 命令儿童长时间保持安静
成人只在责备儿童时才叫出他们的名字	• 只在不让或不许儿童做某件事时叫他们的名字 • 只在纠正儿童的行为或者批评他们时才称呼他们的名字，但表扬他们时很少用（“大卫，我告诉过你多少次了……）
成人在表扬儿童时显得不真诚，甚至会伤害其他的儿童	• 把正面行为与负面评价放在一起使用（“我很高兴看到你现在终于坐下来了，你这一天都没有坐在座位上。”） • 对所有人和所有事都使用同样的称赞的词（“干得不错”“好”“非常好”） • 在夸奖一个儿童的同时责备其他的儿童（“吉娜，你做得很不错；可是其他人都做得很差。”） • 声音故作甜蜜
成人对儿童在交流时会导致消极语言环境的行为不予制止	• 当儿童忽视或者把其他儿童排除在外时，没有进行干预 • 当儿童彼此使用伤害性的、嘲讽的和评判性的语言时，没有采取行动予以制止

流，还是孩子向成人述说他们经历的事情，以及成人通过语言扩展孩子自我理解的能力和技巧。在这样的环境中成长的儿童在与看护人员、老师和同伴互动时能够得到对其社交发展有益的经历。因为如果成人用积极的语言和儿童打招呼或者交流，儿童会感觉受到了重视（Thompson & Twibell，2009）。在积极的语言环境中，成人会认真倾听儿童所说的话，并在思考后给予儿童回应。任何时候，当他们与儿童讲话时，他们都不仅关注讲话的内容，也在意他们所传递的信息能否带给儿童积极的影响。成人期望帮助儿童发展真正的价值感、能力和控制力，因此他们在使用语言时会朝这样的方向努力。表 4.4 列举了一些更为具体的技巧，可以帮助教师构建积极的语言环境。

表4.4　成人行为导致的积极语言环境

成人行为	事例
成人通过语言向儿童传递热情	• 与儿童打招呼时叫出他们的名字；邀请他们与自己或他人互动。 • 当接近儿童或被儿童邀请互动时，马上做出热情的反应。 • 使用言语表达愿意与儿童在一起的心情（“很有意思。”“我很开心咱们能一起看这本书。”） • 与儿童一起笑。
成人用语言表明他们对儿童是感兴趣的	• 对儿童的活动做出评价（“你一直在很努力地解这个字谜。”） • 注意到并且表达出儿童取得的成就（“你一直在很耐心地等着玩那个 iPad，现在该轮到你了！”） • 用相关的信息回答儿童提出的问题，或者继续向他们提问。
成人认真对待儿童说的话	• 与儿童保持目光接触；注意儿童交谈时的举止。 • 认真听每个儿童讲话，并始终关注他们。 • 鼓励儿童进一步阐述他们的观点。 • 让儿童讲完他们的“故事”。
成人对儿童说话时非常有礼貌	• 让儿童把想说的话说完，不要打断他们。 • 与儿童讲话时要使用礼貌用语，如：请、谢谢和对不起。 • 在与儿童讲话或评价儿童时要使用客观的语言，而不是评判性的论断（比如可以说，“萨曼莎想要所有的玩具车”，而不要说，“萨曼莎太自私了”）。
成人随时与儿童保持言语交流	• 每天都分别与儿童交流他们当下的需求和兴趣（比如吃饭、画画、对马上要进行的考试感到焦虑、校车等）。 • 每天确保与每个儿童有一两分钟一对一的交流。 • 安排好每天的日程，保证有时间与每个人、每个小组和整个集体进行交流。
成人通过语言与儿童建立关系	• 培养儿童。 • 引导儿童的行为。 • 扩展儿童的语言技能。 • 对每个儿童的家庭和文化背景都要表现出兴趣和尊重。
成人鼓励儿童表达他们的想法	• 肯定儿童的观点、看法和感受。 • 鼓励儿童多观察、多发表他们的观点和意见。 • 在与儿童交谈时按他们的思路展开。 • 问儿童一些你的确希望知道答案的问题。 • 通过点头、停顿和说“再多告诉我一些”等方式使交谈进行下去。
成人在肯定儿童时一定会叫出他们的名字	• 准确地叫出每个儿童的名字（对一个叫“李英”的中国儿童，叫她的中文名字，而不要给她重起一个英文名字 Lily）。 • 帮助儿童记住其他儿童的名字。 • 在肯定儿童时，叫出他们的名字（“米卡，这一切都是你自己独立完成的！”）。
成人在表扬儿童时是真诚的	• 表扬儿童时要具体、个性化。 • 及时肯定儿童的积极行为。 • 与儿童讲话时，声音要热情、真诚。
成人帮助儿童发展能够创造积极语言环境的言语技能	• 鼓励儿童用语言表达他们对别的儿童的兴趣。 • 对于那些不确定应该怎样表达的儿童，可以先帮他们打好草稿。 • 当儿童使用伤害性语言时，要马上干预，并且将他们不当的行为纠正到正确的轨道。

积极的语言环境对参与交流的成人和儿童都是有益的，而要想营造这样的环境，就需要成人在与儿童沟通时传递出热情、接纳、真诚、共情和尊重，因为这样能让儿童从看护人员和教师那里得到安慰和鼓励，同时他们也会将教室视作生活和学习的安全之地（Epstein，2009）。此外，通过成人与儿童的互动能够让儿童更加了解自己，并对自己的未来充满信心。所以，积极的语言环境对提升儿童的自我意识、自我概念和健康的自尊有着良好的促进作用（Meece & Soderman，2010）。

成人可以通过和儿童交流他们感兴趣的事情而为他们建立积极的语言环境。

建立积极的语言环境

大多数教师和看护人员都不会故意阻碍儿童自我意识的发展或者损害他们的自尊心。可是有时候，我们会在无意中使用负面的语言习惯（Kostelnik & Grady，2009）。下面列举的就是出现这种现象的几个最普遍的原因：

- 我们低估了自己的语言给儿童造成的影响。
- 我们讲话时没有经过认真思考。
- 我们由于工作繁忙、节奏紧张，没能找出机会与儿童进行单独、积极的语言交流。
- 我们已经习惯于普通的交流模式，没有努力学习与儿童沟通所需的特殊技能。

研究表明，积极的语言环境如果不认真和刻意地营造，是不可能自动出现的，也不会持久（Meece & Soderman，2010）。它需要仔细规划和实施才能成为常态，而且成人还必须为此学习和掌握一些新的技能。幸运的是，与积极的语言环境相关的策略并不复杂。但是要想让它们产生效果，一定要经常反复地使用，这是需要不懈努力的。一些最为有效的策略包括：行为反应、有效表扬、谈话、开放式问题、解释性反馈和共同叙事。图4.6呈现出了这些策略。我们接下来会逐一解释每一种策略。

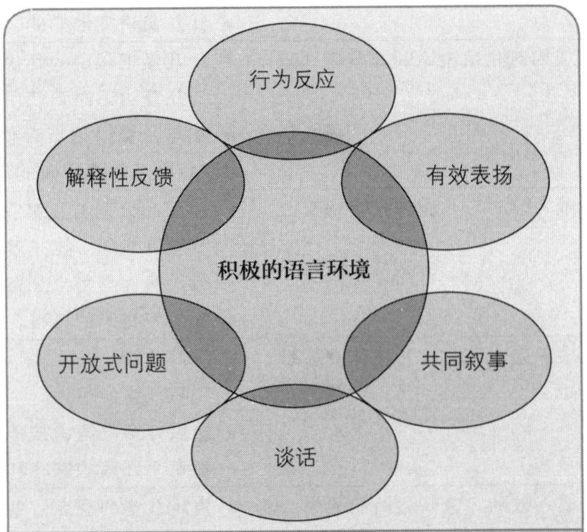

图 4.6 营造积极语言环境所需的策略

行为反应

行为反应是对儿童的行为和为人做出的非评判性评价。成人观察儿童，然后对其身体特征或行动做出评论，这样的评论并不反映成人自己的意见或评价，只是表明成人从儿童的行动中观察到的一切（Tu & Hsiao，2008）。

情境：一个孩子趴着从滑梯上滑下来。

成人：你已经滑下来了。（或者，你找到了一种滑下来的新方法，你是头朝下滑下来的。）

情境：乔和梅利莎在一起画壁画。

成人：你们两个在一起画画。（或者，你们俩都对这幅壁画有所贡献；你们俩画画时非常专心；你们俩配合得不错，每个人都有所贡献。）

情境：一个孩子来到幼儿中心

成人：杰森，你今天穿了双网球鞋。（或者，你看上去已经准备好了；你背的大包看上去很沉。）

注意，每个情境中，成人都从称呼儿童（“你”或者名字）开始，然后提及所观察到的行为或某个特别之处（如鞋），成人没有采取行动来改变儿童的行为。当然，成人有时需要采取行动，但不是在进行行为反应的时候。行为反应仅仅是叙述实际发生的情况，而没有任何附加的评论。

对儿童使用行为反应的意义

行为反应是显示成人对儿童及其经历感兴趣的有效方法。成人在叙述儿童所做的事情时实际上是在谈论对儿童来说最具意义的事件——儿童的亲身经历（Jalongo，2008）。对观察到的现象向儿童进行语言叙述能够加强他们的自我概念，并帮助他们形成自我记忆，可以在今后时常想起。行为反应对儿童的价值感和能力能起到促进作用，因为这表明成人注意到了他们，并且愿意花时间把他们做过的事情讲出来（Thompson，2006；Tice & Wallace，2003）。

从成人的行为反应中，儿童可以知道他们的日常活动都很重要，并且已经得到了成人的注意，因此他们完全没有必要通过采取极端的行为来获得关注。这一点非常重要，因为儿童有时会以为成人只会在意那些不同寻常的行为（Essa，2008）。儿童对所谓“不同寻常”的理解可能包括在某个方面特别出众或者把自己的情绪宣泄出来。儿童这样想一点也不奇怪，因为在很多地方，除非你过生日、考试成绩全部是“优”或者感到特别难受，你才能引起成人的注意。但是行为反应则是成人会注意到儿童非常普通的事情，比如，“你在和沃利合用颜料”；或者“你很努力地试着自己扣外衣”；或者“你看咱们的数学书是崭新的”。这些看似普通的话语会让儿童觉得你想告诉他，“你是重要的”。说一句这样的话用不了几秒钟，但是对那些需要同时看护不止一个儿童的看护人员来说是非常有用的。比如，在帮妮克塔穿外衣时，看护人员可以同时关照迈卡和利昂。他可以对迈卡说，“迈卡，你差不多把所有的扣子都扣好了。”对利昂说，“利昂，你今天穿了件棕色的外衣。”还要对妮克塔说，“你要先穿哪个袖子？”这么做就可以同时注意到三个孩子，让他们感到老师对他们是一视同仁的。这样做还有一个好处就是不止这几个孩子听到了成人对他们说的话，而且附近其他的一些孩子也会听到，于是更多的孩子会将他们自己的经历和同伴的经历用语言联系起来（Meece，Colwell，& Mize，2007）。

因为反应不会对行为做出评价，所以儿童不会觉得成人的关注是一种威胁。反应的非评价性使成人能更积极准确地表现对儿童的接纳，而儿童也会将这样的反应理解为成人在努力更多地了解他们。此外，如果希望使用得当，行为反应要求成人在和儿童交流时从儿童的角度思考。透过儿童的眼睛观察在某件事上什么对他们来说是最重要的，这能让成人更共情地对儿童做出反应（Epstein，2009）。还有，密切注意儿童并且细心捕捉他们身上反映的信息更能够使儿童对与成人的互动产生良好的感觉。所以，当一个成人看到孩子们排成一排跳康茄舞时，可以这样对他们说，“你们排成了很长的一队”“每个人都想办法坚持了下来”，或者，“每个人都面带微笑，你们看上去很开心”等。这些以儿童为中心的评论对应的是儿童所处的环境，而不是成人的。

行为反应还能增强儿童接受语言的能力，因为儿童可以听到描述他们当下经历的词语并学习掌握它们的意思（Epstein，2007；Meece，2009）。当儿童听到新的词语或者用各种不同的遣词造句的方法描述日常活动时，他们就可以根据当时的语境习得这些新词语。比如，当儿童听到看护人员在不同的场合这样说时，“你正走向门口”“你和杰瑞米一起走进衣帽间”“我们一直走就能找到一只瓢虫”，他们就能根据自己介入的每一个场景来理解这几个动词的不同含义。在此基础上，当他们再接触更多新的词语时，就能学着弄清楚它们的意思了（Byrnes & Wasik，2009；Thompson，2006）。

还有一点，通过行为反应的方式用语言来描述儿童行为的做法本身就能起到拓展儿童词汇量的作用。因为他们直接接触的语言越多，就越容易理解新的语言，而且他们今后在认知和社交方面的能力也会更强（Hart & Risley，2003；Nemeth，2012）。

使用行为反应的另一个益处是，它为儿童打开了与成人进行交流的大门——只要他们愿意，他们随时都可以这样做。通常，儿童会用自己的方式回应成人的反应，这样一来，围绕着儿童感兴趣的话题，成人与儿童的语言交流就得到了发展。另一方面，儿童也无须对他们听到的成人的每一个反应都做出回应，也就是说，行为反应并不要求儿童停下正在进行的活动来回应成人的问询。即使儿童默不作声，他们也明白成人对他们是关心的，这对他们是有益的。行为反应对于跟儿童讲话和与儿童交流都是一种理想的方式。

什么时候使用行为反应

行为反应可以单独或反复使用，也可以与后面将学到的其他方式结合起来使用。当与幼儿、学龄前的儿童、母语非英语的儿童以及语言接收能力有障碍的儿童互动时，最好使用一系列行为反应。比如，在水池边10分钟的互动时间里，教师可以这样说，“你往管子里面注水，然后可以看到它会从另一端流出来。”“你发现可以用漏斗。”“你们都记着穿上了罩衣。”“露西，你在用搅蛋器搅水。”“米米，你在用手划水。”这样的话可以对着一个孩子讲，或者对几个孩子讲，也可以对一组孩子讲。无论他们是否回应你说的话，这个年龄段的儿童都会因有成人在他们旁边关注他们而感到欣慰（Epstein，2009）。

另一方面，上学以后的儿童已经有了自我意识，他们能感受到哪些话是针对他们本人的。因此，对他们来讲，单独的行为反应可能更为妥当，因为这会让他们觉得成人是对他们感兴趣的，而且只要他们愿意，他们就能持续得到这样的关注。比如在操场上，如果成人对他说，“你接球很准”或者“你自己就弄明白了游戏规则”，儿童就会认为成人的态度很友好。在此情形下，如果儿童对成人的反应做出了回应，成人就要明确表现出继续互动的意愿；反之，如果儿童仍在继续他的活动或者谈及别的话题，成人就应明白儿童此时不打算继续进行互动。

当专业人员使用行为反应作为交流手段时，儿童和成人都会从中获益。最重要的是，行为反应为成人提供了最佳的方法，可向孩子表明自己对他的关心（价值），并且对他的活动充满兴趣（能力）。与儿童进行沟通的另一个行之有效的方法是有效表扬。

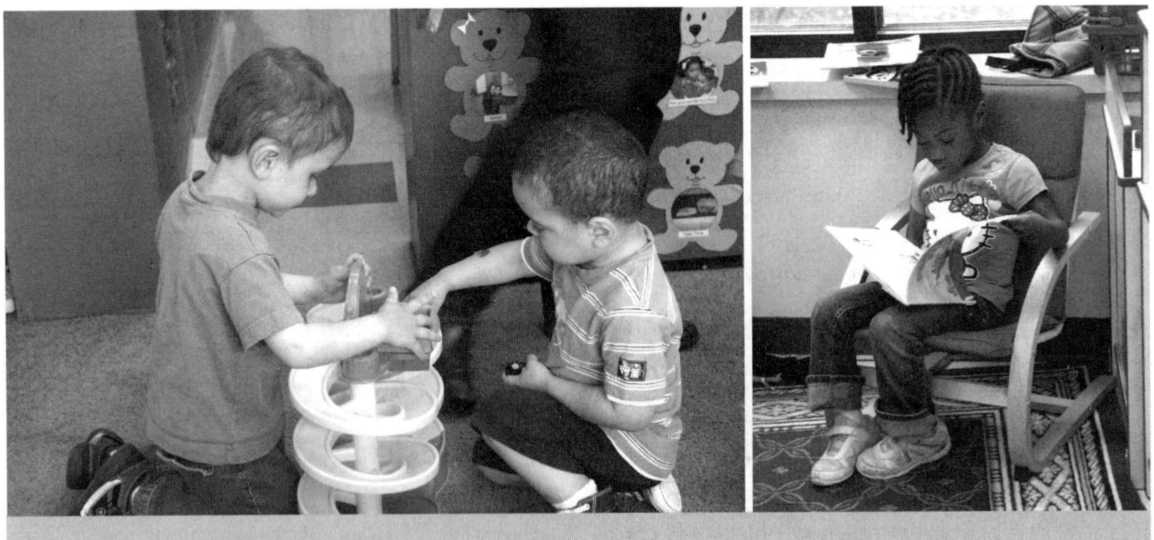

对于这些孩子，你可能使用哪些行为反应？

有效表扬

人人都知道儿童需要大量的正面肯定，因此认为表扬儿童能够促进他们自尊发展的推理是合乎逻辑的。但是研究也表明，情况并非总是如此。如果老师不加区别地表扬儿童，儿童就不会把表扬当回事（Alberto & Troutman，2009）。儿童甚至可能对成人不够真诚的表扬产生怀疑，这会对成人与儿童之间的关系造成非常不利的影响。如果儿童得到过度表扬，他们本能的积极性和兴趣就会降低，整体的自主意识也会减弱（Hester，Hendrickson，& Gable，2009；Lepper & Henderlong，2000）。而且，有一些表扬实际上还可能削弱儿童的自信心，影响他们取得更大的成就，并且造成儿童更依赖外界环境而不是内在的控制能力（Leary & McDonald，2003）。所有这些都对儿童的自尊发展是不利的。

与此相反，对于儿童正在做的事情以**有效表扬**的形式给予有意义的反馈更可能培养儿童健康的自尊（Katz，1993；Kerns & Clemens，2007）。为此，教育专家对有效表扬和无效表扬的特点进行了研究，并做出了区分。

要想使表扬有效果，必须满足三个条件：必须是有选择的、具体的和正面的。有选择的表扬用于真正值得表扬的场合，它既不可以用于所有的场合，也不能对所有的儿童统一使用。它更应该出现在某个特别的时刻，针对某个孩子或某一小组的孩子，而不是针对全班的孩子。表扬要具体，这意味着要给出清晰的内容，让儿童明白为什么会受到表扬。最后一点，表扬必须是正面的，就是说不可以在负面的情形下进行比较，也不可以在夸赞某人时贬损其他的人。表 4.5 对有效表扬和无效表扬进行了比较和总结。你在阅读那些有效表扬的例子时，会发现它们大多只是对儿童行为的反应或简单陈述，与教师的情绪无关，也没有对儿童做出任何评价。如果使用得当，有效表扬会对发展儿童的自我概念和社会能力起到极大的促进作用，因为它让儿童从别人的视角看清了自己。

对儿童进行近距离表扬对发展其积极的自我认知的效果是最好的，因此，表扬儿童时不要出现儿童在教室的一端，你却在另一端的情况（Gable et al.，2009）。此外，要在儿童表现出好行为后马上给予表扬，这样被表扬的孩子以及附近的孩子都更有可能在今后不断重复这一行为（Hester，Hendrickson，& Gable，2009；Kerr & Nelson，2010）。

最后一点，研究人员发现教师和看护人员都高估了自己在教室里表扬孩子的次数。当被问及这一问题时，许多教师都说他们经常表扬孩子，但实地考察后发现，事实并非如此（Hester，Hendrickson，

表4.5　无效表扬和有效表扬的对比

无效表扬	有效表扬
评价儿童 “你画得很好！”	赞赏儿童 “你的绘画中用了许多颜色。”
太笼统 “做得不错！”“很好！”	表扬的内容很具体 “你画画时很用心。”“你花了许多时间思考画什么。”
在儿童之间进行比较 “你写的故事比其他人写的都有趣。”	把儿童的进步与他们以前的表现进行对比 “你在这篇故事中用了两个你以前从未用过的词。”
把儿童的行为与外部奖励联系在一起 “你读了三本书，可以从盒子里选一个画片。”	把儿童的行为与他们愉快满足的经历联系在一起 “你读了三本书，看来你很喜欢读书。”
把儿童的成功归结为运气或者是由于任务简单 “你能接住它真是运气。”	把儿童的成功归功于他们的努力和能力 “你一直在追那个球，然后把它接住了。”
表扬的内容和语气都很随便	经过深思熟虑
表扬时声音很假、缺乏激情	用非常自然的声音和语调
表扬的内容总是一样	针对某个孩子或某种情形，内容非常具体
打断儿童的工作或正聚焦的事情，强行插入表扬	不会打断儿童正在进行的工作

& Gable，2009）。也就是说，教师并没有像他们自己认为的那样经常对儿童使用有效表扬。但是当他们使用表扬时，会出现两个非常重要的现象：（1）使用有效表扬能够令全班的学习成绩和综合表现整体提升（Sutherland，2000）；（2）使用有效表扬的教师觉得自己在班级里更有权威，而且也更有成就感（Hester et al.，2009）。由此可以说，有效表扬对儿童和教师的价值感和能力的提升都是有益的。

谈话

成人帮助儿童提升积极的自我意识的一个最有意义的方法就是，就儿童感兴趣的事情与他们进行谈话沟通。我们都知道，最佳的谈话模式首先要求你是一个好的倾听者。因此，成人在与儿童谈话时，主要负责倾听（Jalongo，2008）。也就是说，成人在与儿童开始谈话时，要做好倾听的准备，让儿童的需求和兴趣成为交流的主题。如果成人表现得很认真，并且能够对儿童所说的事情做出有意义的反应，就表明他对儿童是感兴趣的。因为成人本身就代表着权威，所以如果他在交流时显得很关注，就能让儿童深切地感到自己是有价值和受到重视的（Jalongo，2008）。此外，如果谈话围绕着儿童感兴趣的话题，他们在交流时就更能即兴发挥，并且不断展开，远胜于由成人主导或者挑选的话题（Jalongo，2008）。

在以儿童为中心的谈话过程中，儿童在表达他们的想法、观点和感受时更有自信。由于成人主动表现出愿意与儿童进行这样的交流，儿童会认为他们是值得信赖的，今后也会愿意接受他们提供的指教和信息。这样一来，通过以儿童为主导的交流模式，成人与儿童之间的积极关系得到了加强。这样的谈话还有助于增进儿童对自己的认识，因为当儿童在讨论诸如操场上发生了什么事情、沙鼠为什么会死、他们愿意和谁交朋友等话题时，他们实际上是在探讨自己的观点、想法和感受是否与他人一致。这样的经历让儿童对自己有了更深刻的了解，并且为他们提供了与他人进行比较的机会，从而使他们看清了自己是怎样一个人，自己有哪些独特之处，又有哪些与他人一样的特征（Jenkins et al.，2003；LaBounty et al.，2008；Lewis & Carpendale，2004）。正如你已经知道的，这些是儿童自我认知方面的重要因素。

谈话阻止者

但是不是所有的成人与儿童的谈话都能产生这样的效果，一些谈话方式阻碍了“真正交流”所需的给予和收获。阻碍与儿童进行积极交流的做法多种多样，下面列举了一些：

• 成人在儿童还没有讲完话时就打断他。	• 儿童得到的信息是他所说的并不重要。
• 成人在儿童讲故事时，打断他来纠正语法错误。	• 儿童得到的信息是句子结构比故事内容更重要。
• 成人问许多封闭式问题，或者一口气问许多问题。	• 儿童觉得他们在被审讯，而不是在进行真正的交流。
• 成人替儿童把话说完。	• 儿童得到的信息是说话的速度比他们想要表达的想法更重要。
• 成人问一些带有引导性的问题，从而使谈话朝着他们希望的方向发展。（“你不认为……”“如果我们……不是更好吗？”）	• 儿童得到的信息是他的想法一点也不重要。

以上这些不好的谈话方式会影响成人与儿童的交流，甚至削弱儿童对自己的价值、能力和控制力的认知。当这样的互动结束时，儿童会认为，“我一点也不重要，他对我完全没有兴趣。”这会让儿童希望迅速结束交流，而且这样的谈话模式如果形成习惯，对儿童发展与健康自尊相关的自信心和乐观精神都是非常不利的（Denton，2007）。有两个语言策略有助于避免这种现象的发生，并且能够丰富你与儿童之间的交流，它们是开放式问题和解释性反馈。

提问题

提问这一方法如果使用得当，可以有效地让儿童参与谈话，但是成人所提问题的类型会决定他们得到的答案的质量（Cassidy，2003；Denton，2007）。

开放式问题

如果希望激发语言交流，所提的问题应该能够引起儿童的兴趣和思考，这样的问题被称为开放式问题或者创造性问题（Weissman & Hendrick，

2014）。**开放式问题**意味着可以有许多的答案，而非只有一个正确答案。提这样的问题是为了让儿童讲出他们的想法、观点和感受。开放式问题能够让儿童做到：

- 预知。（"接下来会发生什么？"）
- 回溯一段过往的经历。（"当你去看望你的祖父母时，发生了哪些事情呢？"）
- 进行对比。（"这些动物有哪些相同或不同之处呢？"）
- 做出决定。（"你觉得我们午餐后应该做什么呢？"）
- 进行评估。（"你认为莎拉会有怎样的感受呢？"）
- 想象某件事。（"如果恐龙活到现在，它会是什么样子的呢？"）
- 提出选择。（"还有别的办法跨越这道横梁吗？"）
- 规划下一步。（"接下来你打算做什么？"）
- 解决问题。（"要想查明这个罐子里有多少颗弹珠，我们能做些什么？"）
- 进行归纳。（"你昨天想出办法与别人合用了颜料，今天你打算怎样和别人一起玩橡皮泥呢？"）
- 增强意识。（"迄今为止，你都学到了些什么？"）
- 做出推理。（"你是怎么知道它们相匹配的？"）

所有这些问题的答案都有很多个，儿童可以尽情表达他们所想到的。这样一来，儿童就可以选择谈话继续下去的方向了，而且他们肯定会对交流保持兴趣，并且在这一过程中既有释放，又有收获。这种开放式问题还能提升儿童思考和解决问题的能力（Denton，2007）。它们也有助于儿童在交流的过程中学会彼此接纳，并进一步发展与成人的积极关系（Marion，2011）。最重要的是，由于开放式问题鼓励由儿童来引导谈话的发展，它们能够提升儿童在价值、能力和控制力方面的感觉！

封闭式问题

与开放式问题相对的是**封闭式问题**，它们的答案只有一两个字。虽然这样的问题有时也是有意义的（比如，"你带交通卡了吗？"），但它们通常不能使谈话继续下去，也不会让儿童从中得到自我发现。当教师问"你支持老虎队吗？""你喜欢吃桃子吗？"或者"这是一种什么鸟？"时，儿童会给出回答，但是回答之后他们就没什么可说的了。所以说，封闭式问题对于构建关系没有太大的帮助，也无法提升儿童对自我产生更多的了解。

显然，有时我们需要开放式问题，有时则需要封闭式问题。在考虑选择哪种问题更恰当时，要充分考虑提问的目的。表4.6将这两种类型的问题进行了对比。

表4.6 开放式问题与封闭式问题的对比

特征	
封闭式问题	**开放式问题**
要求儿童给出非言语回应或者一两个字的回答	鼓励儿童用更多的语言给出回答
答案一般只有对与错的选项	有不止一个正确答案
通常，成人已经知道了这些问题的答案	通常，成人不知道儿童会做出怎样的回答
要求迅速给出答案	给儿童时间让他们整理自己想表达的内容
注重事实和思考的相似性	注重观点和思考的创造性
了解信息	要求推理
注重归类或定义	注重思考和解决问题
要求儿童从记忆中提取某个内容	要求儿童运用想象力
示例	
封闭式问题	**开放式问题**
这是什么形状？ ……方形。	你认为接下来会发生什么？
你看到了几头牛？ ……一头也没看到。	我们还能怎么做？
你住在哪条街？ ……广森街。	你有什么想法？
你好吗？ 很好。	你是怎样……的？
今天是谁送你来学校的？ 妈妈。	如果……会发生怎样的事情？
你的双肩背包在哪儿？ 在家。	对于……你有怎样的想法？
你知道这是什么吗？ 知道。	你会怎么解释……

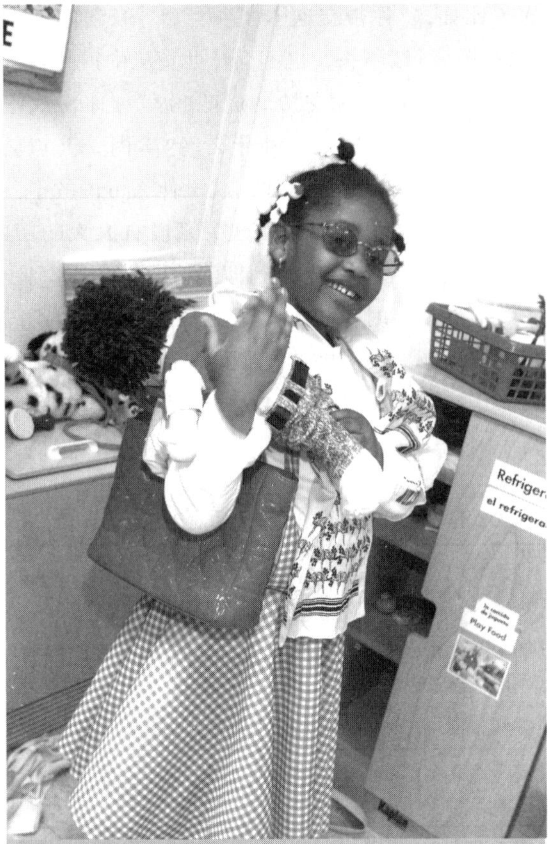

“如果你在商店的时候，你的孩子饿了，你会怎么做？”是一个你可以问这个孩子的开放式问题。

使用开放式问题的意图是让儿童对自己有更多的了解，有助于自尊“三位一体”的发展，同时还能提高他们的语言能力。另一个鼓励儿童更多地认识自己的方法是解释性反馈。

解释性反馈

解释性反馈就是成人将儿童说过的话再叙述一遍。成人首先仔细倾听儿童所说的话，然后再用和儿童所用的词略微不一样的词向儿童重复一遍。与行为反应一样，解释性反馈也是不带评判的叙述。成人对儿童想表达的内容不能发表个人意见，它只是向儿童表明成人认真听了儿童所说的话。例如：

艾比盖尔：你看我的新衣服和新鞋！

成人：你今天穿了一身新衣服。（或者说，“你想让我看你的新衣服。”“你看上去很喜欢你的新衣服。”）

马特（在午餐桌旁）：哦，不！又是通心粉。

成人：你最近总吃通心粉，受不了了。（或者，“你不喜欢吃通心粉，你认为应该换点别的了。”）

萨姆森：我们是不是该出发了？

成人：你觉得我们应该尽快出发了。（或者，“你想知道是不是该出发了，你希望现在就出发。”）

在以上对话中，成人先听儿童说话，然后重复儿童的话或问题。在每一种情境下，可以有不止一种方法进行解释性反馈。

使用解释性反馈

解释性反馈可以用于儿童同成人讲话的任何时候，可以是一个简单的词语，或者是一些完整的叙述（Meece & Soderman，2010）。有时候，对儿童说的话给予一个简单的言语认可就够了。

巴巴拉：我已经看到第15页了。

成人：在这么短的时间里你看得很快。（巴巴拉继续看书。）

请看下面两段对话。第一段对话里的孩子是5岁的克里斯；第二段对话里的孩子是他6岁的哥哥凯勒。两段对话都是即兴的。

与5岁的克里斯的对话：

克里斯：我们周末时有了一只新的小狗！

成人：你听上去很激动，再跟我说说。

克里斯：嗯，它的鼻子是平的……哦，它会咬人，还有，它，它很可爱……嗯，你知道吗？它总是要咬东西。10月，噢，不对，8月7日是它的生日！不过不是它真正的生日，它真正的生日是……它真正的生日是几号来着？我觉得它真正的生日是2月7日。

成人：噢，不过虽然不是它真正的生日，但是你们会在另一个时间给它庆祝生日。

克里斯：8月，嗯，8月。它只有6个月大，6个月……

成人：哦，它只有6个月大，它还是只小狗。

克里斯：不，它不是小狗。它差不多，你知道，有这么大（孩子张开手臂，描述狗的大小），你知道，它……

成人：啊，它确实是只大狗。

克里斯：是的，它很大。它肚子很圆，但腿很细！（说完他笑了。）

成人（也笑着说）：听上去，它长得很滑稽，还有个扁鼻子。

克里斯：是，还有，你知道，它的头上有褶，它的脸看上去好像很悲伤……

成人：脸很悲伤。

克里斯：嗯，唉。

成人：不过有时候脸上悲伤的狗其实看上去很可爱。

克里斯：是的。

与6岁凯勒的对话：

凯勒：知道发生了什么事吗？我们家的狗真的特别可爱……我们把它放在一个围栏里，就像那种防止小孩从台阶上掉下去的围栏。嗯，我们就把它放进那里面。我们把它放在我们家的洗衣房里。我们是从北卡罗来纳把它弄来的。我爸爸说它叫，噢，不是，是它的爸爸叫内森·黑尔。对了，它的爸爸得过美国牛头犬比赛的冠军。我们没有花钱就得到它了，因为我们认识一个人，他认识内森·黑尔的主人。

成人：听上去你们非常幸运，能够得到这样一只特殊的狗。

凯勒：是的，我们是……我们是从北卡罗来纳把它弄来的。

成人：它来自一个很远的地方。

凯勒：是的，他们花了8小时把它运到我们这里，它在路上吐了4次。

成人：这可真是一次长途旅行。

凯勒：是啊，当我们把它从车上拿下来时，它躺在那里，看上去真的非常难受。嗯，它这个阶段腿长得很快，不过你真应该看看它的肚子！

成人：完全不是一回事。

凯勒：是的。

如同上面两个例子所体现的，面对同一个话题，儿童展开叙述的方式可以完全不同。这两个孩子在谈论同一只狗，可是选择的内容不一样。因此，成人也要对克里斯和凯勒分别给出不同的解释性反馈，同时也应注意他们分别对哪些方面最感兴趣。如果成人在谈话时问这样一些问题，“你得到的是一只怎样的狗？”“它有多大？”“它叫什么名字？”“它是什么颜色的？”“你从哪得到它的？”那他从两个孩子那里得到的回答就差不多是一样的，而不会像现在这样各具特色。而且成人也绝对想不到去问狗脑门上的褶，或者它途中吐了几次，但这些对孩子来说是非常重要的。还有一点要注意的是，克里斯很自然地纠正了成人的一个他认为不准确的回应，就是当成人说那只6个月大的狗还小的时候（其实成人的意思是它“年纪小”），克里斯觉得这不符合他想表达的意思。由于解释性反馈是成人对其所听到的内容的重复，因此孩子觉得他可对重复的内容给予纠正。让谈话沿这样的方向进行，能够让儿童感到他是有价值和有能力的，并且可以在互动的过程中适当地使用控制力。

解释性反馈的另一个益处是它可以提升儿童的表达能力，这是儿童的发展过程中的一个重要技能。有两种方法在丰富儿童语言能力的同时也能加强儿童的自尊意识，即扩展和重组。

扩展　补充或者延伸儿童所说的话被称为**扩展**。这种类型的解释性反馈和直接引用儿童所说的话相比略有不同，也稍微复杂一点，但是它可以鼓励儿童说出更长且句型不一的内容（Kontos & Wilcox-Herzog，1997）。在儿童18—36个月时，简单的扩展对他们是非常有帮助的（Thiemann & Warren，2010）。

儿童：基蒂睡觉。

成人：是的，基蒂正在睡觉。

儿童：我吃。

成人：你正在吃一个三明治。

在上面这个例子中，成人把儿童说的像电报一样的简短信息扩展成了有连接词的短句。

重组　**重组**就是对儿童所说的句子进行结构调整，使其更符合语法要求。4岁以上的儿童会从成人有意的修改中获益（Tsybina et al.，2006）。

儿童：小猫在睡觉。

成人：雪球正在窗台上睡觉。

儿童：这辆车跑得快。

成人：你坐的车沿着马路跑得很快，很快它就能跑一大圈。

重组保留了儿童原句的意思，但使用了一种与原句不太一样的表达方法。不一样的地方体现在改变了句子的结构，加入了辅助动词，或者使用了其他同义词。它可以让儿童注意到更为复杂的语法结构。适度替换儿童的用词而不是完全改变他们的话语是最为有效的重组方法。因为如果将儿童的原话改变得过于复杂，他们反而会忽视那些新的句型或语法结构，自己也不会去使用。

解释性反馈为什么对儿童是有益的

要实现真正的交流，最重要的是成人倾听儿童所说的话，而真正的倾听绝不仅仅是保持沉默。它需要你用自己的语言对儿童所说的话做出回应，从而表明，“我听到你说的话了，我明白了你的意思。”（Jalongo，2008）解释性反馈恰恰可以传递这样的信息。

解释性反馈有时也被称为主动的、思考的或重视的聆听，专业看护人员应该广泛使用这一方法来体现热情、尊重和理解。当成人使用解释性反馈时，儿童会认为他们对自己是关注的、感兴趣的和认真的，于是会很自由放松地交流，这样的互动对儿童和成人来说都更有价值（Gazda et al.，2006）。此外，当儿童听到自己的想法被成人用类似的话表达出来时，也对自己有了更多的了解。这样的交流增加了儿童的自我意识，肯定了他们的价值，也提高了他们的语言能力——所有这些都是自我发展进程中的重要方面。

花点时间与孩子坐在一起进行交流，让他感到自己是有价值的。

共同叙事

我们的下雪日

雷诺德小姐的蝴蝶小组

雷诺德小姐先开始用大家熟悉的词语说：

“还记得那次我们都出去在雪地里跳舞吗？”

接着孩子们一个个开始叙述：

“是的。”

“我们穿着靴子。”

“安吉穿的是红色的靴子。”

“莎拉的靴子是绿色的，上面还有青蛙。”

“我们在雪地上踩出了一个圆圈。”

“我们有的人在靴子里穿了两双袜子。”

“我们围成一圈，大家沿着这个圈走。”

“天气很冷。”

（这时教师插话说，“后来又发生了些什么？”

“我们说我们要热巧克力。”

“然后我们得到了一些。”

“我的是棉花软糖。”

“我的也是。”

“是的。”

（这时教师又问，“后来又怎么啦？”）

“杰克把他的热巧克力洒了。”

“南希给他拿了条毛巾。”

“你（指雷诺德小姐）解决了这件事。”

“我的头发上都是雪，山姆也是。”

“我在雪地上不停地转圈。”

“我也是。”

“我们非常开心！”

雷诺德小姐的蝴蝶小组里的孩子们（差不多4岁）在这一年中已经讲了几次关于下雪日的故事了，每一次都是先以“还记得那次我们都出去在雪地里跳舞吗？”从这个问题开始，然后孩子们补充他们记忆中的经历，老师偶尔会给他们一点提醒。有些事情在每一次叙述时会稍有不同，但基本上是一致的，事情的发展顺序也没有变化。这个故事让孩子们感到很开心，而大家在一起分享的过程对他们来说也是一段美好的时光。

每个家庭也都会有这样不断重复讲述的故事，

有的是令人高兴的，有的却让人感到难过；有的是关于家中发生的某个不幸事件，有的则回忆的是家里发生的一件盛事。家庭成员之所以感到他们是一家人，就是因为他们共同经历了一些事情，并且能有机会坐在一起重新讲述它们，互相补充，甚至还会就一些细节发生争论。孩子也会遇到同样的情形，因为他们在教室时也是“一家人”。他们所讲述的那些教室里发生的故事被称为**共同叙事**。与在家庭中发生的故事一样，儿童们在一起的共同叙事能够增强他们作为小组一员的自我意识和自我身份。儿童与教师用共同叙事的方式，以儿童为主角，一起讲述一段共同的经历，故事的“情节”可以是发生在大家身上的某件事（比如，几个孩子怎样用纸盒子搭起了一个建筑物，或者他们去南瓜乐园的游玩经历），也可以是大家共同努力取得的一项成就以及每个人为此做出的贡献。

这位老师用一个电子平板装置来记录一个故事，它将成为小组成员共同叙事的基础。

当孩子们重述一件班上真实发生过的事情时，成人应当诱导并认可他们的说法，这样他们就编织了一个完整的故事（Shiel，Cregan，McGough，& Archer，2012）。老师可以和几个孩子一同扮演叙述者的角色，但他的主要任务是提出问题，让故事得以发展，并且帮助孩子们将一个人的说法与另一个人的说法衔接起来。当这些通过共同叙事构成的故事被重复多次后，常常会被加入新的内容，变得与最初的版本不太一样了。不过，对于那些不一致的地方没有必要指出来加以纠正，因为孩子们这么做是有目的的，他们希望掌控故事的发展并加强自己在团体中的位置。当孩子们发现他们有机会参与创作共同叙事的内容时，会觉得自己受到了重视，而且这也有助于提高他们的表达能力和与他人的沟通能力（Bohanek et al.，2006）。有的共同叙事完全是口头的，而且就是靠着一遍遍地重复延续下来的；而另一些会被录音或拍摄下来。无论采用哪种方式，重点都在于孩子们在讲述事情经过的同时也是故事中的演员。

无论儿童的母语是哪种语言，也无论他们的实际语言能力如何，以上探讨的所有言语技巧对他们都是适用的。作为幼教专业人士，你很可能遇到许多母语非主流语言的孩子，要发展这些孩子的自我意识和健康的自尊，还需要除此以外的其他技能。下面就让我们来更多地关注一下这类孩子。

帮助讲其他语言的儿童：言语技能

“你有过这样的经历吗：你身处某个环境，周围没有一个人使用你所说的语言？这时，你会有怎样的感觉？你觉得孩子们又会对这样的经历有怎样的感觉？”

——摘自德曼－斯帕克斯（Derman-Sparks）和爱德华（Edwards；2010，p.65）

双语学习者（DLLs）这个术语用来指学校里的生活在两种甚至多种语言环境中的儿童（Nemeth，2012）。在美国，许多儿童在家里不说英语，很多这样的儿童的英语听、说、读和写能力只处于很低的水平（What Works Clearinghouse，2007；Soderman，Gregory，& McCarty，2005）。母语的概念对于那些虽然说英语，但有着明显地区或族群口音的人来说也是非常重要的。对于这样的孩子，他们的自我概念和自尊与他们的母语有着紧密的联系（Thompson & Virmani，2010）。儿童所使用的母语能够传递出儿童在社交、情绪和认知领域的发展情况（Hammer，Scarpino，& Davison，2011）。早在儿童进入学校接受正规教育之前，他们就已经可以通过自己的母语与别人互动了（Genishi & Dyson，2009）。如果儿童的母语在社会上受到尊重，儿童就会觉得自己也得到了重视。可如果他们的母语被认为无足轻重，甚至被视为“有问题的”，那他们对自己的感觉也不会好（Derman-Sparks & Edwards，2010）。因此，在学校或幼儿中心这样正规的学习环境中拒绝让儿童使用其母语是有潜在危害的。有时候，人们错误地认为，“只能说英语”的要求能够加速儿童学习的速度，但是研究并不支持这样的观点，对于第二语言的习得，其实更自然的方法才更有效果。

我们建议尊重儿童的语言多样性，并且注意到儿童在将英语作为第二语言学习时的差异。有的儿童在刚开始学英语时会有一个阶段的沉默期（一般6个月左右）；有的儿童可能在学习时将英语和其母语混在一起使用；还有一些儿童虽然似乎已经掌握了英语的语言技能（正确的发音；能够使用英语俗语、单词和语法规则），但并不熟练；当然也有一些儿童能够迅速达到使用标准英语的水平。在学习语言时，应该允许儿童采用不同的方法（Genishi & Dyson，2009）。

掌握在一些孩子的母语中表达安慰的词能够向她传递你对她的关心，并且肯定她的价值。

正规教育机构接纳儿童语言多样性的一个具体做法就是让讲儿童母语的成人成为学校的教职员或志愿者。如果教职员能说两种语言，或者他们当中有人可以讲儿童的母语，儿童就会有很多机会听到和说他们熟悉的语言（Genishi & Dyson，2009）。此外，他们还能听到与自己的母语不同的语言。这样的安排拓宽了孩子的学习领域，也让他们意识到英语与他们的母语同样重要（Berk，2013）。接纳语言多样性的做法还包括录制多种语言的故事磁带和歌曲磁带，出版多种语言的书，制作多种语言的墙报、符号和海报等。用不同的语言唱歌或朗读是另一种向儿童表明对其母语重视的方法。第14章还将介绍其他一些方法，为讲各种语言的儿童庆祝和纪念他们的文化和民族遗产。

儿童在说英语的环境中可以通过正规指导和非正式交流相结合的方法进行学习。本章所提供的技能对于后者是很有帮助的。行为反应和解释性反馈扩展了孩子的语言技能，也体现了对他们的兴趣和接纳。对于那些刚开始学英语的孩子，行为反应尤其有效果，因为简单的单词和短语配合手势和演示，可以帮助孩子获得信息。教孩子一些简单的英语短语，比如“该我了”“我是下一个”或者“给我看看”，实际上就为他们提供了进行社会交往所需的基本词汇，这对提升孩子的价值感、能力和控制力也是非常有好处的。

在本章中，我们分析了增强儿童的自我认知的各种方法，不过我们的重点是发展积极的关系和创建一个积极的语言环境。与此相关的教育和引导技巧既包括一些基本方法，比如，与孩子打招呼，叫他们的名字；也有一些比较复杂的用于构建积极语言环境的策略，即行为反应、有效表扬、开放式问题、解释性反馈、谈话和共同叙事。图4.7的社会支持金字塔对所有这些进行了总结。

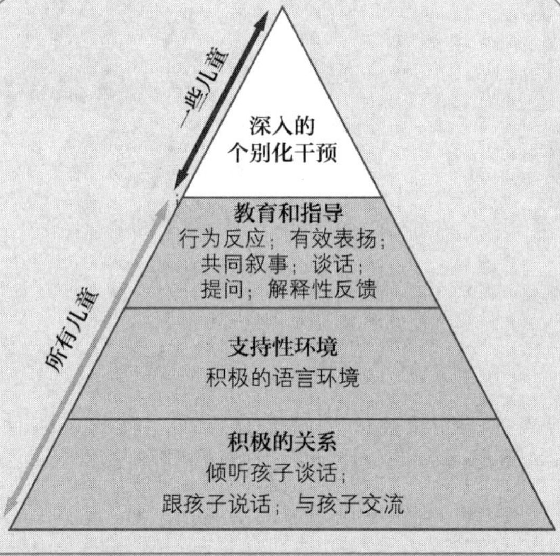

图4.7　社会支持金字塔：通过语言交流提升儿童对自我的积极认知

现在就让我们进一步探讨如何将这些技巧转换成切实可行的具体方法，用于你与儿童及其家人的互动。

通过言语交流促进儿童的自我意识和自尊发展的技能

使用与积极语言环境相关的技巧

1. **当儿童到达幼儿中心或学校时，主动与儿童打招呼**。每天当儿童抵达你所在的幼儿中心或学校时，都马上和他们打招呼，并且通过你已经在第3章中学过的非言语交流技巧表达你对见到他的喜悦之情。
2. **叫出儿童的名字**。当和儿童讲话时，要叫出他们的名字，这是谈话的一部分。因为这让儿童感觉你每天都记着他的名字；把他们作为有别于他人的独立的个体看待；你所说的话只是针对他的。一定要把儿童的名字念准确，千万不要为了方便而给儿童起其他的昵称或英文名字。
3. **主动邀请儿童与你互动**。你可以对儿童这样说，“我们正在玩橡皮泥，过来一起玩吧。”“在西尔维亚旁边特意给你留了位子。”“咱们聊会儿天吧，我想知道你今天过得怎么样。”或者，“你看上去很不开心，如果你愿意，你可以告诉我怎么啦。”
4. **与儿童讲话时要有礼貌**。在你开始讲话前，一定要让儿童先把话说完。如果一个儿童正在同你或其他孩子讲话，而你却不得不打断他，记着先对他说，“对不起”“请原谅”，或者，“非常抱歉，我得打断你说话”。当儿童表示理解或同意时，要向他们致谢。在向儿童提出要求时，一定用以“请”开始，而且声音和语气都要平和、友好，不能不耐烦或者带有命令口吻。
5. **仔细倾听**。通过目光接触、微笑、点头和不打断儿童说话的方式表现出你对儿童的兴趣，也可以用声音来表达兴趣，比如时不时地说出如“嗯”“啊哈”“是的”这样的语气词。如果你当时实在没有时间听儿童说更多的内容，可以表现出你渴望听，但得向他解释为什么你不能再听下去了，并对他保证稍后一有时间你会继续听他说。要记住兑现你对儿童的承诺。
6. **当儿童在技能方面取得进步时，要给予他们语言上的鼓励**。可以给予儿童适当的语言信息，比如，“还差一块，你就能把整个拼图完成了”。你也可以明确地告诉他们，你对他们的能力有信心，比如对他们说，“这件事是有一些挑战性，但我确信你能完成它。”

做出行为反应

1. **在与儿童的谈话中描述一些他的个人特征或行为**。在仔细观察儿童后，选出一个对其较为重要的特征或行为予以评论，注意要聚焦在儿童的角度而不是你自己的角度。比如当曼妮在试着自己系鞋带时，你可以对他的行为做出适当的反应，“你正在系左脚的鞋带”，或者，“你知道怎样把鞋带系成一个蝴蝶结”。
2. **用陈述句而不是问句来做出行为反应**。问句需要儿童做出回应，但行为反应并不需要回答。
3. **行为反应要直接指向儿童**。在你陈述时可在某些地方使用“你”这个称谓，这样儿童就能断定你的反应是针对他的。
4. **在对儿童的行为做出反应时，使用描述性语言**。你的言语中如果使用了副词、形容词和具体的物体名称，对儿童来说更有意义和价值。比如，如果你说，“请把颜料放在最宽的架子上”，就比“请把颜料放在架子上”显得更生动丰富。
5. **在对儿童的行为做出反应时，不要使用评判性词语和声调**。只对你所看到的做出反应就够了，不要说你的感觉。“你的画里用了许多颜色”就是正确的反应；“你用了太多的颜色”则不是。
6. **反应时的声音应当和蔼可亲**。在对儿童的行为或语言做出反应时，应当使用有表现力的声音。如果成人的声音过于单调，听上去就显得有些居高临下或不够重视。
7. **总结儿童的行为和话语**。总结比对儿童的每一个行为或表达的想法都做出反应更有效果，也就是说，可以把儿童的一系列行为汇总在一起做出反应。比如，如果马尔克勒姆正在用各种颜色的积木搭一个建筑物，这时你可以说，“你搭的建筑物用了许多颜色”，而不用说出每块积木的具体颜色。

使用有效表扬

1. **使用行为反应来认可儿童付出的努力和取得的成绩。**“你琢磨它已经很长时间了”
2. **做出非评价性评论。**“你找到了一个制造隧道的新方法”，或者，“你做成了”。
3. **指出儿童在一段时间里在能力方面的发展。**“你练习了很久，现在你已经可以使它在穿过整个横梁时不掉下来了。”或者，“你现在配图的速度非常快。”
4. **指出儿童对别人有所帮助的行为。**“你发现马赛尔不会使用计算机，你帮助了他，现在他会用了。”
5. **关注儿童努力过程中的积极方面，而不是只关注结果。**最好这样说，“我看到你用那些画笔在纸上画画了，你已经画了10分钟了。”而不是仅仅说一句，“画得不错”。
6. **表扬要实事求是，并向儿童提供真实的反馈。**比如，如果埃利奥特很吃力地大声朗读了一页书，可以对他说，“你正在学习一些新单词”，或者，“你自己把那一整页都读下来了”。比起，“很好”或者“太棒了”这样的评价显得更实在，因为埃利奥特可能很清楚自己读得并不那么流利。过度的称赞让人感到不可信，而且听上去像是在对孩子施恩。成人的表扬如果令人信服，起到的作用会更大。
7. **要求自己每天都要使用更多的有效表扬。**注意观察自己是否经常表扬孩子。可以将自己的行为记录下来，看看是否做到了经常并且有效地表扬孩子。工具表4.1或许对你有一些帮助。

工具表4.1　有效表扬记录

要求：每天重点关注3个儿童，记录你在一天里分别表扬了他们几次，是在什么时候表扬的。一天结束时，仔细察看一下你表扬的频率和时机。你使用有效表扬的状况是怎样的？你觉得还可以做出哪些调整？

时段	曼迪	迪奥	莉兹
随时	√		
午餐时		√	√
在集体活动时		√	
在小组活动时			
室外活动时			√

制造对话

1. **鼓励儿童扩展他们所说的内容。**通过对儿童说，“告诉我一些那件事的情况”“后来又发生了什么”，或者“我想多了解一些”，来延续你与儿童的语言交流。
2. **提前想好谈话的开场白，侧重于儿童以前表达过的兴趣点。**提前想好一两个可能会引起儿童兴趣的话题（“告诉我昨晚游戏的情况。”“你那个新出生的小弟弟怎么样啦？”或者，“我真的对你写的有关马丁·路德·金的报告感兴趣，告诉我你最喜欢他哪一点？”）
3. **用沉默的方法让儿童继续讲下去。**保持足够长的沉默时间，让儿童充分思考怎样把自己的想法表达出来。提出一个问题或者做出一个评价，然后停顿一会儿（至少数到5）。儿童需要一些时间思考接下来要说些什么，特别是如果他们之前一直在认真地听你说话。由于他们在关注你所说的话，所以他们还没想好接着应该怎样说。有语言学习障碍和进行双语学习的儿童需要更多的时间来思考他们的回答。在儿童没有给出回答前，不要急着继续说或提问，因为那样会令儿童不知所措，并且会让他们觉得交流实际上完全是成人操控的，而不是共同参与的。
4. **经常与儿童进行交流。**随时随地与儿童展开交流，只要有时间就要设法分别与不同的儿童进行交流，可以是事先计划好的，也可以无须计划。非正式的场合或活动的间隙都是交流的极好时机。请记住，会影响儿童自我认知的不仅有谈话的质量，谈话的数量也有影响。
5. **如果交流会影响儿童正在进行的与他人的互动，就先不要说话。**有时候，交流也会离开积极的语言环境。当你看到儿童忙于自己的事情或正在与别人互动时，就让他们的互动继续。这时你应当保持安静，因为在这样的场合不再说话也体现了你对他们的体贴和尊重。

6. **努力营造环境和时机，使儿童能够与你或他人进行交流**。在日常安排中寻找机会与儿童交流，比如，午餐时、集体活动时和小组活动时。在非正式场合也要抓住一切机会与他们聊天。总之，只要时机合适，就要利用起来。

提出有意义的问题

1. **注意你所提问题的类型**。最好通过开放式问题使谈话能够继续，只在需要一个具体答案时使用封闭式问题。
2. **仔细选择提出开放式问题的时间**。提出问题时既要考虑时间的合理性，也要考虑当时的环境。选择不急的时候提问，这样可以给儿童足够的时间做出回应，也不会让你或孩子感到紧张。
3. **对儿童的提问要重视质量而不是数量**。通过倾听儿童回答问题的内容和语气来判断你所提问题的效果。如果儿童的回答很简单，口气也显示没精打采，就赶快停止提问。如果儿童的回答很生动，描述得也十分详细，就可以继续提问。
4. **等候儿童做出回答**。给儿童至少1分钟的时间回答你的问题。如果你希望得到一个经过深入思考的回答，等候的时间就是非常必要的。

做出解释性反馈

1. **认真倾听儿童说的话**。注意儿童传递的信息，看着他，听他把话说完，不要打断他。多思考儿童的想法，而不是你的回应。
2. **将儿童说过的话用你的语言再说一遍**。要确保你的重述只包含了儿童的原意，而没有掺杂你自己的观点。
3. **纠正错误的反馈**。有时，当你的反馈与儿童的原意有出入时，他们会表达出来。他们可能会直接纠正你，“不，我不是这个意思”；他们也可能使用一些巧妙的暗示方法，比如，重复他们说过的话、补充新的信息或者深叹一口气。这时，你需要立即纠正自己刚才的反馈。
4. **你做出的解释性反馈要与每个儿童的语言理解能力匹配**。在对年幼儿童做出解释性反馈时，要使用简短的语言。可以在儿童电报式的表达中加入一两个连接词。但是如果是和4岁以上的儿童沟通，就不能这么简单了。这时，应当在儿童的信息中再加入一些助动词或相关的同义词。而在与学龄前儿童交流时，可以在反馈中时不时地使用一些复合短语。

   儿童：周二有聚会，所有的孩子都会去，我也去。

   成人：听上去你要参加一个特别的聚会，你的许多朋友都要去。

   一定要清楚儿童对口语的理解能力，说话时可以配合使用一些手势和动作演示，以加强交流的效果。
5. **每次挑选儿童的一个想法予以反馈**。从儿童的谈话中挑选一个主要或突出的想法予以反馈。如果它不是儿童说话的重点，他们会告诉你或者会再说一遍。没有必要把儿童说过的所有的话都重述一遍。
6. **偶尔可以通过用与儿童所用句式相反的句式来增加你反馈的趣味性**。如果苏尼尔说，“我想让门开着”，你可以这样说，“你不想让门关着”；如果马特宣布，“我每样都想再来一份”，你可以说，“你不想错过任何一样东西”。

营造共同叙事的机会

1. **鼓励儿童讲述和重述班里发生的、他们也参与了的事情**。
   - 鼓励儿童回忆教室或者幼儿中心曾经发生过的事情（“还记得那次……”）。可以与单个儿童或一组儿童共同叙述过去发生的某件事。
   - 使用开放式问题和解释性反馈来确保故事的展开，邀请儿童轮流参与叙述。
   - 充当解说员角色，把每个儿童讲述的部分串联起来，构成一个完整的、合乎逻辑的故事。
   - 让儿童在互相叙述的过程中发表意见，并且允许不同观点的存在。
   - 讨论事件“当事人”的想法、愿望和情绪。当儿童对故事情节存在分歧时，允许他们调整以考虑大家的意见。

- 可以提及以前相关的共同叙事内容，帮助儿童看出正在讨论的经历与以前的经历之间的联系。

2. **将班里发生的事情拍成照片，作为儿童叙述时的提示**。可将这些照片用在当前或今后的叙述过程中，鼓励儿童讲出关于“自己”和“我们”的故事。
3. **制作班级相册、显示板或者博客，以此鼓励儿童投身于社交环境**。用这种方法提醒儿童曾经发生过的事情，让他们参与讲述自己在其中的经历。

帮助说其他语言的儿童

1. **了解你所处的教育环境为说其他语言的儿童提供了哪些便利设施**。注意观察你所在的教育机构中的专业人员是怎样在日常活动中为使用不同语言的儿童提供交流机会的，查阅教育机构所提供的反映儿童母语语言和文化的材料。
2. **评估一下你对儿童使用母语的敏感程度**。你可以问自己这样一些问题：我知道班上所有儿童的母语是什么吗？当他们用母语和我说话时，我做出的反应是否得体？如果我不能用儿童的母语与他们流利地交流时，我是否仍感到自信？如果你对上述问题的回答都是“不”，就需要重新复习一下我们迄今学过的相关技能，从中找出你可以使用的具体方法来更敏感地与语言多样性的儿童进行交流。
3. **学一些班上儿童的母语中的有关词汇**。可以查字典，也可以问其他教师或儿童的家长，可能的话，还可以直接让儿童教你一些重要的用语。

与儿童的家庭就有关儿童的自我理解能力进行沟通

1. **在与儿童的家庭成员沟通时，也要使用积极语言环境的原则**。首先要与儿童的家人打招呼，询问他们的名字。称呼他们时，要用他们的姓，并加上合适的称谓，如医生、先生或夫人等。如果你不知道他们的姓名，先将他们作为某个儿童的父母、监护人或祖父母和他们打招呼，然后再做自我介绍。比如，“您一定是和艾丽斯一起来的，我是茉莉小姐。”如果儿童当时在场，也要和儿童打招呼。
2. **邀请儿童的家人进入教室看看儿童的情况，并与他们进行交流**。你可以这样说，“你是来看乔斯的吧，他正在小组里看书，你可以去那里和他一起看。”或者，“欢迎来我们的教室，我们马上就要讲完故事了。这里有一个很舒适的休息区，你可以在这里等一下。”又或者，“谢谢你能来与我交流，咱们先看一会儿乔斯，然后我很乐意回答你任何有关他在学校的问题。”
3. **允许儿童的家人在你做自我介绍前先说出他们的要求或想法**。注意倾听，并且通过非言语行为来表示你对他们的话很感兴趣。
4. **在与儿童的家人互动时，同样可以使用解释性反馈和开放式问题**。使用解释性反馈是为了向成人表明你对他们的尊重和兴趣。如果经过思考后对成人使用解释性反馈，其效果会非常明显。首先，将解释反应与其他语言策略结合起来使用。其次，一定不要完全重复成人说的话，你可以运用本章介绍的一些技巧，对成人的话做一点改变，比如转换词语的次序、用与原句相反的句式或者把一个句子拆成几个短句等。虽然解释性反馈可以用于所有的互动，但在儿童的家人表现出关切时使用的效果最好。因为这种方法有助于明确对方想要表达的信息，进而让你对其要求和希望做出更有针对性的回应。用你的话重复儿童的家人所说的内容，表明你已经明白了他所传递的信息。如果对方指出你的理解有误，不要犹豫，要立即予以纠正。
5. **使用通俗易懂的语言，不要使用术语**。在与儿童的家人交流时，用朴实、自然的词和句子来准确地叙述当下发生的事情。无论是听还是说，都要使用正确的言语和非言语交流原则。如果你觉得被误解了，就换一个词或短语来解释你的真实意思；如果你发现你可能误解了别人，可以这样问对方，“我认为你的意思是……”或者，“听上去你似乎认为……”
6. **给儿童的家人充分的时间梳理他们的想法**。一般来说，孩子的父母或家人不会轻易去学校与专业人员沟通孩子的情况，因此他们说话时可能会表现出犹豫，用词也不够准确，甚至会结结巴巴。这时你一定要有耐心，千万不要替他们把话说完或者打断他们。

7. **通过有效表扬感谢儿童的家人对幼儿中心或学校活动的参与**。对儿童家人的积极参与要给予真诚的回应。如果儿童的父母或其他家庭成员对幼儿中心或学校组织的活动提供了有益的帮助，要对他们付出的努力表示真诚、明确的感谢。“我真的非常感谢您对我们这次旅行给予的帮助，这意味着更多的孩子能有机会把他们的想法记录下来。谢谢您！”
8. **与儿童家长合作帮助那些母语非主流语言的儿童**。让儿童的家人教你一些与儿童互动时可能有用的词语，同时也可邀请他们来分享和介绍一些其民族的传统、音乐、艺术品或食品。对于年纪稍大一点的儿童，要设法让其家人在家里用母语帮助儿童完成布置的作业或任务。在学校和家之间建一个小图书馆，这样家长可以从那里借一些书来与孩子分享，帮助他们解决语言障碍。

具有挑战性的案例

西莉亚

西莉亚是家里六个孩子中最小的一个。去学校上一年级时她非常高兴，可是一个月之后，她还没有和班上任何一个孩子交流过。她显得特别害羞，她会冲她的老师微笑，但她似乎不愿意开口讲话。你给她的妈妈打了电话，很随意地了解她的语言能力。当她妈妈听说西莉亚在学校不爱说话时，有一点惊讶。她说每天晚上吃晚餐时，西莉亚总是第一个抢着叙述她在一天中遇到的事情，而且她说的时间很长。你决定找一个方法来鼓励西莉亚讲话。思考一下在本章所学的各种策略，对于西莉亚，你打算使用哪些策略？为什么？

注意事项

在你开始尝试与积极语言环境相关的新技能时，要注意避免犯下面这些错误：

1. **鹦鹉学舌**。成人对儿童做出解释性反应的一种常见方法就是完全重复儿童说过的话和他说话时的语气。这种鹦鹉学舌的方法常常会让儿童很不高兴，因为它听上去不够真诚或者显得居高临下。虽然鹦鹉学舌是初学解释性反应的第一步，但是成人应当尽快有意识地改变这样的做法。
2. **持续不断的反应**。对儿童所说或所做的每一件事都做出反应是错误的。行为反应和解释反应的目的是给成人机会观察儿童、倾听儿童、理解他们的想法和更多地了解他们，因此如果成人自己不停地说，那么这些目的一个也不可能达到。采用归纳总结儿童的反应是一个不错的代替方法。
3. **敷衍了事的反应**。不加思考的反应也是不对的，它是鹦鹉学舌的另一种形式。如果你发现自己仅仅是走走过场或者心不在焉地回应儿童，应当赶快停下来，让自己更用心地听儿童说话的内容，并且观察他们的行为。
4. **用第三人称和儿童说话**。有时候，成人虽然希望儿童听到对他们的评论，却没有特意针对儿童讲话。比如，梁小姐正在和2岁的柯蒂斯搭积木，附近也没有别人。这时她说，“克蒂斯正在用正方形搭积木，克蒂斯在搭一个高塔，哎呀！克蒂斯的塔倒了。”如果周围有其他儿童，她这样说可以帮克蒂斯和其他孩子建立联系。可是现在克蒂斯旁边并没有别人，她这种不针对个人的讲话方式就不利于对话了，肯定无法从克蒂斯那里得到回应。她应当将说话的方式从评论改为反应，即在每句话中插入“你”，像这样，“克蒂斯，你正在用正方形搭积木，你在搭一个高塔，哎呀！你的塔倒了。”
5. **纠正儿童对自己能力的过高评价**。有时候，为了实事求是，成人会觉得必须纠正儿童对自己不准确的评价。比如，当蒂雷尔说，“我的拼写是完美的”时，成人可能会回答说，“嗯，大多数时候你确实拼得不错，但你也把有些词拼错了。”在童年早中期，儿童普遍会过高地评价自己的能力，这时纠正他们并不能帮助他们更准确地认识自己。因此，反映他们说话时的情绪其实更有意义。在上面那个例子中，成人可以这样回答，“你很为你的拼写能力骄傲”。

6. **将反应变成提问**。在句尾加上诸如“不是吗？”“是吗？”“对吗？”“好吗？”这样的词，就把反应变成了提问。在说话结束时把声音提上去也会产生类似的结果。如果养成这样的习惯，那你就把交流的性质从体现你的兴趣变成了一件必须做的事情。这是在做出反应时最常见的一个错误，它的出现是因为成人急于让儿童确认自己的反应是正确的，但实际上，我们很少会听到这样的对话：

杰克：我在屋顶。
成人：站得那么高令你很激动，是吗？
杰克：老师，你说得对。

- 其实，如果儿童继续自己的活动或交谈，才是真正对你的反应的肯定。反之，如果儿童停下来或者纠正你的说法（比如，如果杰克说，“不对，我很害怕”），就说明你没有反应出他们真实的意图，否则他们没有必要再回应。如果你发现自己正在犯这样的错误，要立即停下来，用正确的方法重新表述你的反应。

7. **回答自己提出的问题而不是等儿童来回答**。成人时常回答自己提出的许多问题。比如，库珀小姐问：“谁记着把授权信带回来了？”然后，她几乎一刻未停地说道：“约翰，你带回来了；玛丽，你也带回来了。”过了一会儿，她又问：“你们认为为什么鸟在冬天会往南飞？”还没等孩子们想好怎样回答，她自己就说出了答案，“它们往南飞通常是为了觅食。”在这两个例子中，库珀小姐都没有等孩子们做出回答就自己抢先说出了答案。如果这种现象成为习惯，她就会认为孩子们回答不了她的问题；孩子们则会觉得她对他们的回答根本没有兴趣。如果你发现自己有这个毛病，就主动把它大声地说出来，然后重复一遍你的问题，停一会儿，让孩子来回答。你可以这样说，“哎呀，糟糕，我忘了给你们回答的机会了。你认为……”

8. **习惯性地用自己的问题回应儿童提出的问题**。有时，当孩子向成人问一个问题时，成人会无意识地又反问孩子一遍，比如：

儿童：熊冬天睡在哪里？
成人：你认为它睡在哪里？

这样的反问会让儿童对成人产生不好的印象，因为它听上去像是在贬低儿童。儿童会把它理解成：“你真笨，对这样的问题你应该知道答案。”“我知道，可我不告诉你。”或者，“我先让你给出错误的回答，闹个笑话，然后我再说出正确答案。”虽然成人的本意并非如此，但造成的结果就是这样。因此，为了避免给儿童留下不好的印象，你要么直接告诉他们问题的答案；要么叙述一遍他们的问题（“你想了解更多有关熊的情况”），然后和他们一起通过查资料或咨询专家来找出答案。

9. **使用无效表扬**。当成人发现自己不加分别地表扬或滥用表扬时，最好的做法就是赶快停下来，认真看看儿童所做的一切，然后使用本章提及的有关有效表扬的原则重新表达你的意思。如果马上纠正有难度，就记住这件事，在安静的时候认真想一想，看看应该怎样说更妥当。第二天如果遇到类似的情形，就换一种更为有效的方法对孩子进行表扬。

10. **打断儿童的活动**。当孩子全神贯注地玩或兴致勃勃地与其他儿童交谈时，和他们讲话或向他们提问是不合适的。遇到这样的情形时，成人应当在旁边静静地观看，用微笑、点头

教师观察孩子，并且注意倾听他们有关搭坡道的谈话，但不会打断他们。

或在恰当的时候大笑等非言语行为做出回应，以体现对他们的兴趣。当儿童正在非常认真地做一件事时，可以偶尔对他们的做法做出一些反应，但一定不要太频繁。

11. **说话犹豫。**有时候，当你试着使用本章提到的方法时，感到不知道该怎样表达。当你还在思考如何反应时，机会可能就溜走了，或者最终说出来的话听着还是很不自然。不要气馁！找到适当的表达法的最好办法就是锲而不舍地练习。事实上，刚开始时，多侧重使用这些技能比说多少更重要，随着你逐渐掌握了使用它们的方法，你就可以自如地掌控说话的时机和反应速度了。

12. **在尝试新的语言技巧时显得很刻板和不自然。**刚开始使用反应、有效表扬和开放式问题时，可能会觉得有些别扭和不自然。初学者常抱怨自己说出的话听上去不像他们自己想说的，而且他们在说之前还要花比以前更长的时间考虑应该怎么说。当他们的反应听上去只是重复并且缺乏他们期望的亲切和自然时，他们会感到非常失望。出现这种情况时，有些人可能会选择放弃，又用以前习惯的表达方法。其实，与学习任何一种新技能一样，唯有反复操练才能真正掌握。

学习这些语言技能就像学滑冰一样。初学滑冰时很难掌握平衡，需要人拉着往前滑，时不时还会摔跤。往前滑对他们来说都很难，更不用说倒着滑、转弯或者转圈了。即使滑过几次后，他们在冰场上仍然感觉很艰难，常常显得非常笨拙。这时，如果他们因此而放弃，就不可能再进步了，也永远学不会了。他们应当继续练习，这样不仅会提高技能，而且能够渐渐走出机械模仿的笨拙阶段，形成自己的风格。

学习本章出现的所有技巧的过程也是如此。但是只要你愿意坚持不懈地练习，克服困难，一定能取得明显的进步。初期做作的表达会逐渐被更自然的反应取代。假以时日，你的语言将会变得更加流畅，你也会发展出具有自己特色的表达方法。

总　结

儿童的自我认知以及随后对社会认知的发展对他们的社会能力有直接的影响，当他们的文化背景、性格、和他人的关系及语言能力与他们的社会交往结合在一起时，就形成了他们在这个世界中的价值感、能力和控制力。自我认知包括三方面的内容：自我意识、自我概念和自尊。自我意识就是意识到自己是一个独立的个体，与他人不同，并且存在于环境之外，这是婴幼儿阶段最需要认识清楚的一个方面。自我概念是对自己的描述，孩子从幼儿阶段开始就能对自己的身体和具体行为做出描述，之后会不断增加对自己各方面特征的描述。到童年中期时，他们的自我概念已经包括了心理特征以及其他更为复杂综合的内容。自尊则是对自我的评价，它包括：价值、能力和控制力。对自己这三个方面有着积极评价的儿童拥有健康的自尊；否则就被认为是低自尊的。与那些对自己持负面评价的人相比，拥有健康自尊的个体能够过更加幸福的生活。自尊的发展遵循规范的程序，学龄前儿童只能对当下的自己做出评价，上学以后则可以对自己分门别类地做出评价，上中学后就能对自己有个综合评价，这时形成的或正面或负面的自我认知在人的一生中会基本保持不变。

儿童的自我认知会受到与之互动的成人的极大影响，成人的行为能给儿童造成对自己或正面或负面的评价。如果成人在与儿童交往时能表现出热情、接纳、真诚、共情和尊重，儿童就非常有可能对自己的能力、价值和控制力形成良好的判断。成人对儿童所说的话也能表达这样的信息，当然也能表达完全相反的信息。传递信息的一个重要方法就是语言交流，它同样既可以是积极的，也可以是消极的。在消极的语言环境中，儿童的自我概念和自尊会受到伤害；而在积极的语言环境中，他们积极的自我判断将得到增强。

营造积极的语言环境所需的策略包括：行为反应、有效表扬、谈话、开放式问题、解释性反应和共同叙事。这些策略不仅有助于加强儿童对自己和他人的了解，而且对于初学者和双语学习者来讲也能起到促进作用。此外，你还可以将它们用于与儿童的家人的互动，因为它们对发展和维护与儿童家人的关系也是非常有益的。

最后，有些不当的做法是需要尽力避免的，比如，鹦鹉学舌、反应过多或者敷衍了事、用第三人称和儿童交流、使用不妥当的提问方式和打断儿童的说话。刚开始学习这些新技能时，我们说话时会显得有些犹豫，听上去也比较刻板，这些都是肯定会遇到的挑战，只要持之以恒地练习，它们都会被克服。

关键词

重组（recasting，p.107）
低自尊（poor self-esteem，p.95）
封闭式问题（closed-ended questions，p.105）
共同叙事（shared narrative，p.109）
积极的语言环境（positive verbal environment，p.98）
价值（worth，p.92）
健康的自尊（healthy self-esteem，p.94）
解释性反馈（paraphrase reflections，p.106）
开放式问题（open-ended questions，p.105）
控制（control，p.92）
扩展（expansion，p.107）
能力（competence，p.92）
双语学习者（dual-language learners，DLLs，p.109）
消极的语言环境（negative verbal environment，p.97）
行为反应（behavior reflections，p.100）
有效表扬（effective praise，p.103）
语言环境（verbal environment，p.97）
自我概念（self-concept，p.89）
自我意识（self-awareness，p.89）
自尊（self-esteem，p.91）

问题讨论

1. 按照顺序叙述儿童从出生到青少年期在自我概念方面所经历的发展的不同阶段，并且指出为什么了解这些对你与儿童的沟通很重要？
2. 叙述一件在你的童年阶段发生的提升你自尊的事情，以及一件伤害你自尊的事情。第一件事怎样提升了你的自尊？它对你与儿童的行为有什么影响？同时运用在本章学过的知识对产生负面影响的那件事进行分析，看看怎样才能将它转变成一件能产生积极影响的事。
3. 重温积极语言环境和消极语言环境的特点，看看是否还有其他可列入其中的特点。
4. 描述当前与儿童相处的环境中的情绪氛围，并且列出从语言环境方面你可以做出改进的三个地方。
5. 你的一位同事在提到那些刚刚开始学英语的儿童时使用了“那帮孩子”的说法，请参考美国幼儿教育协会颁布的职业伦理行为准则，对她的观念进行分析，并设想一下她可能会怎样与这样的儿童进行交流。
6. 列举出至少四点对儿童使用行为反应的益处。
7. 阐述为什么成人使用解释性反馈会对儿童的自我意识和自尊产生影响。
8. 阐述开放式问题的特点，并讨论使用它与加强儿童自我意识和自尊的关系。
9. 解释为什么与儿童的互动策略同样适用于与成人的互动。
10. 讨论有效表扬和无效表扬的区别，并列举你曾亲身经历过的有效或无效表扬，当时你有哪些反应？现在你对它又有怎样的认识？

案例分析

阅读附录一中赛斯的案例，然后思考下面这些问题：

1. 根据你读到的有关赛斯的情况，你觉得本章中的哪些技巧可以用来有效地帮助他对自己有更深的认识？解释你选择它们的原因。

2. 阅读3月7日—6月21日的教师观察记录，从中你发现他使用了哪些在本章介绍到的技巧？
3. 根据教师观察记录的内容，你认为成人在与赛斯互动时还可以怎样更好地使用行为反应和解释性反馈？这样的反应可以起到怎样的作用？它们与他父母为他设定的目标之间有怎样的关系？
4. 评估一下，语言环境的好与坏对赛斯这样的孩子能否造成影响？对你的评估做出合理的阐述。
5. 可以怎样将本章中出现的技巧用于赛斯与其他同伴间的互动？

课外作业

1. 指出你在营造积极语言环境时对儿童使用过的三种策略。针对每一种策略，简要叙述当时儿童的行为和你使用的策略（记录当时的经过和你说的话）。然后再讨论一下儿童对此做出的回应。
2. 记录你对儿童使用的行为反应和解释性反馈。有机会时记录下至少四个你曾做出的反应。先描述当时儿童引发你反应的行为或话语，然后记录下你说的话。如果有不准确的地方，要予以纠正。最后写下至少两个在当时的环境下更为适当的反应。
3. 在与儿童交流时，重点使用开放式问题和有效表扬。记录至少四个使用这些技能的情境。先写下儿童促使你这么做的行为或话语，然后原原本本地记录你所说的话。如果记录有误，要纠正过来。最后，写下至少两个可替换的说法。
4. 记录一次你听到或观察到的与儿童家人的互动过程，包括其中涉及的积极语言环境，比如，行为反应、解释性反馈、开放式问题和谈话扩展等。对整个互动过程给出你的评价。

检查你的做法

下面是一个对照检查表，作为一个刚入门的专业人士，你可以用它来检查自己是怎样实践这些技能的。你还可以在附录二中获得更多的观察教室行为的检测标准。

教师如果想要通过语言交流提升儿童积极的自我意识，就应当做到以下几点：

√ 主动和儿童打招呼并邀请儿童参与活动。
√ 注意倾听儿童说话，让儿童说完他们想要表达的内容。
√ 使用行为反应来增强儿童的自我意识。
√ 使用开放式问题让交流持续进行下去。
√ 使用有效表扬肯定儿童取得的成绩。
√ 解释儿童说的话。
√ 与儿童共同叙述教室里发生的事情，加强他们对自我身份的认知，并形成小组回忆。
√ 鼓励主流语言非母语的儿童积极参加交流和活动。

第 5 章 支持儿童的情绪发展

本章目标

在学习完本章后，你应该了解：

什么是情绪。

情绪对人的生活的影响。

儿童的情绪从出生直到童年中期经历的几个重要的发展节点。

儿童情绪发展方面的个体差异。

儿童在情绪发展中遇到的挑战。

成人怎样有效地帮助儿童应对情绪问题。

支持儿童情绪发展的策略。

对儿童的情绪做出回应时应当注意的地方。

NAEYC标准

1. 提高儿童的发展和学习能力。
2. 与儿童的家庭和社区建立联系。
3. 运用适应发展的教学法与儿童及其家人进行沟通。
4. 使用相关的知识来设计有意义的课程内容。

一只蝴蝶落在肖恩的手上——他**惊讶**地睁大了眼睛。

第一天去幼儿中心，在她妈妈要离开时，茉莉忍不住**难过**地哭了起来。

埃米莉冲过去接球，当她把球握在手中时，她非常**激动**。

隔壁房间传出成人愤怒的争吵声，而且声音越来越大，托尼感到很**害怕**。

当拉里说她笨时，詹妮弗**愤怒**地喊道："不对，我不笨！"

儿童每天都会经历数百种情绪。情绪存在于儿童的每一个活动中，由各种大大小小的事引发，也就是说，儿童周围的人或事引发他们产生了不同的情绪。表达自己的情绪和理解他人的情绪是儿童社会能力的重要组成部分。

情绪是什么？它来自哪里？

任何文化中的人都有情绪，快乐、悲伤、厌恶、生气、惊讶、感兴趣和恐惧等都是人普遍的情绪（Ekman，2007；Wellcome & Trust，2010）。虽然这些情绪之间有着明显的不同，但它们也有一些共性，即每一种情绪都是由内部或外部事件引发的，然后将信号传送到大脑和中枢神经系统。情绪的爆发是瞬间出现的，甚至连当事人都没意识到就发生了。

由于这些传送到大脑的信号，人被唤醒了，其身体机能也会随着心理变化产生反应。他的心跳加快，手掌出汗，喉咙发干，这些都属于情绪的身体反应。情绪还会带来其他可观察的变化，比如面部表情、姿势、声音和身体动作等方面的变化。

微笑、皱眉和大笑都是人的情绪的外在呈现，被称为情绪的表现部分。通过它们，个体传递了自己正处在怎样的状态的信息。当然，他们的整体情绪还受到当时的环境、他们的目的和过往的经历等影响（Calkins & Williford，2009）。综合所有因素，人们意识到自己正在一定程度的快乐、悲伤、愤怒或恐惧中，这被称为情绪的认知部分。

虽然科学家们对于身体感知、所表现出的反应和认知出现的顺序有不同的看法，但他们都一致认为，情绪是由这三方面共同构成的（Aamodt & Wang，2008）。为了更好地理解它们之间是怎样相互作用的，让我们看看下面这个例子：老师要求8岁的凯蒂朗读她写的报告时所发生的情况。

传达到凯蒂大脑的信号：老师叫出凯蒂的名字；其他的孩子保持沉默；教室后面传出一阵吃吃的笑声。

身体反应：凯蒂的嘴巴发干；心跳加快；胃有痉挛的感觉。

表现出的反应：凯蒂面带愁容；双肩下垂。

认知反应：凯蒂想到了自己以前在众人面前糟糕的表现，但同时她也非常渴望表现得好一点。

情绪：凯蒂感到很紧张。

如果凯蒂的认知反应能聚焦在过去在公开场合讲话成功的经验上，她就很可能认为自己此刻的情绪是兴奋，而不是紧张。无论是哪种情况，凯蒂都会根据自己的感觉做出最终的判断。即使别人认为凯蒂可以表现得很好，可如果她自己坚持认为当时的情形令她感到很害怕，她还是会紧张。这就是为什么面对同样的事情，两个人会因为认知反应的不同而产生完全不同的情绪反应。虽然凯蒂会觉得紧张，可班上的另一个孩子可能正盼着读自己的报告呢。这里没有对错之分，只是反映了不同儿童的实际情况而已。由于情绪与我们所做的每件事情都有关系，因此类似这样的情绪反应每天都会出现很多次。

情绪为什么很重要

儿童的情绪有许多种，既有快乐和喜爱，也有生气和沮丧。有些情绪可以带给人愉悦，有些则不能，但所有的情绪在儿童的生活中都起到了重要的作用。

从最基本的层面讲，情绪能够帮助儿童生存。在一些情形下，比如，快速躲过一辆急速驶来的三轮车，或者与生活中重要的人形成依恋关系，都说明表现出的反应可能盖住一个人的认知反应。在这两个事例中，情绪无意识地促使儿童做出了自我保护的反应，而无须"思考"发生了什么事（Ekman，2007）。

当他们确有机会思考时，情绪能给儿童提供有关幸福的信息（Lewis，2007），其结果是，儿童会采取一些行动以维持或改变他的情绪状态。比如，高兴和信任的感觉能让儿童产生一种安全和踏实感；爱的感觉会让儿童觉得自己是可爱的，并且得到了别人的珍视；骄傲感则证明他是有能力的。所有这些正面的情绪都给儿童提供了安全感，使他们继续或重复带给他们快乐的经历。反之，有些情绪会发出不满、不幸或危险的信号，提醒儿童事情有些不对头。生气会促使儿童去努力克服困难；悲伤会使儿童的精力下降，需要给他时间去适应损失或失望；恐惧则会让儿童以逃离、避开或者其他方式保护自己，远离一些事端。在每一种情形下，情绪都可以帮助儿童理解发生在他们身上的事情，并暗示他们要去适应变化了的环境。表 5.1 对这些情绪做出了归纳。

表5.1　各种情绪传递出的有关儿童状况的信息

情绪	给儿童传递的信息
快乐	我是安全的。 这个世界一切安好。 我需要继续或维持现状。
喜爱	我是可爱和有价值的。
骄傲	我是有能力的。
生气	出问题了。 我需要克服这个障碍。
悲伤	出问题了。 我遭受了一个损失。 我需要调整自己接受这个损失。
恐惧	出问题了。 我处于危险中。 我必须赶快逃离。 我需要保护自己。

此外，情绪还是一种交流方式。比如，在婴儿学会说话前，微笑或哭泣等情绪表现是他们与成人进行沟通的第一语言。即使在人们可以用言语和非言语暗示交流后，情绪仍然可以起到表达感受和

这些孩子表现出的行为反映了他们完全不同的情绪。

更好地理解他人的感受的作用（Jaswal & Fernald，2007；Widen，Russell，2008）。

情绪还可以影响儿童的认知功能（Steedly，Schwartz，Levin，& Luke，2008）。最近的研究发现，大脑中控制情绪的神经回路与那些和智力活动有关的神经系统高度互动，所谓的智力活动包括：关注细节、设定目标、制订计划、解决问题和做出决定等（National Scientific Council on the Developing Child，2006）。所以，情绪既能协助也能干预人的认知行为。情绪如果管控不当或者是负面的，很可能削弱人的智力活动；而如果管控得当或者是正面的，则非常有助于人的更高层次的认知活动（Raver，Garner，& Smith-Donald，2007）。

鉴于上述原因，我们每天都不能忽视儿童的情绪发展。事实上，研究人员建议，对儿童情绪的密切关注应该覆盖其家庭生活和幼儿中心或学校生活的方方面面（Steedly et al.，2008）。

情绪发展要体现在课程设置中

作为幼儿教育工作者，你可以有很多机会帮助儿童：

- 更好地理解自己的情绪。
- 对他人的情绪更为敏感。
- 找到有效的方法来管控自己经历的各种情绪。

这些都是与情绪发展相关的重要能力，因此，从上幼儿园的儿童一直到十二年级的青少年都应当通过课程来学习与此有关的内容。表 5.2 中列出了美国几个州的学习标准。

你可以通过很多方法提高儿童管控情绪的能力，包括每天的互动、有意的引导和有组织的活动。无论你采取怎样的方法，要想把工作完成好，你首先必须对儿童情绪的发展有一个透彻的了解。

幼儿教育人士需要了解儿童情绪发展的哪些方面

从出生开始直到小学早期，儿童的情绪发展受到下面几个因素的影响：

- 儿童的情绪是怎样出现的。
- 儿童怎样发展其情绪意识。
- 儿童怎样觉察他人的情绪。
- 儿童控制情绪的能力。

表5.2 各州关于情绪发展的习得标准

州	年龄	要求	习得结果
田纳西州	3—4 岁	儿童能够说出他们的感受、需要和愿望	儿童可以： ■ 告诉别人（也包括洋娃娃、木偶或者假想的朋友）自己的想法和感受 ■ 当感受非常强烈时，可以使用肢体动作来进一步表达
密苏里州	3—5 岁	儿童能够通过合适的手势、行为和语言表达他们的感受	儿童可以： ■ 识别自己的不同的情绪（比如，“我真是气疯了”；或者“这个故事让我很伤心”） ■ 分享他人的快乐和成功 ■ 主动帮助一个受到伤害的人 ■ 通过假装游戏来对不同的情绪给予理解和回应
伊利诺伊州	9—10 岁	儿童能够识别和管控自己的情绪和行为	儿童可以： ■ 识别一系列情绪 ■ 描述引发各类情绪的情境 ■ 觉察情绪的变化及其原因 ■ 呈现各种情绪（比如，制作海报、画画、参加表演等） ■ 展示应对烦躁情绪的方法

来源：Illinois State of Education(2010，June)；Missouri Department of Elementary and Secondary Education (2012，January)；Tennessee Department of Human Services，Adult & Family Services Division Child Care Services Section(2009，April).

- 儿童解决童年期情绪问题的能力。

所有这些发展过程都与儿童的成熟程度和经历有关，了解它们能够帮助你对儿童做出恰当的回应，从而提升他们的社会能力。

情绪的出现和成熟

纳迪亚出生刚两天，当她的哥哥把她一会儿抱起来，一会儿又放在大腿上时，她的脸上露出了难受的表情。一些科学家认为，这就是纳迪亚真实的情绪反应（Izard et al.，1995；2000）。不过也有一些学者认为，新生儿的这种表情只是一种条件反射，他们的观点是人的真实情绪要在出生几周后才会表现出来，因为只有到那个时候，他们的认知能力才发展到了足以使他们反映自己的经历（Sullivan & Lewis，2003）。尽管有不同的观点，但研究人员一致认为，在出生的第一年中，婴儿会体验各种不同的情绪，但他们并不能把所有情绪都表达出来。只有随着儿童日趋成熟，他们的情绪才能变得更加丰富和复杂。成熟的情绪在发展到一定阶段就会出现，它与语言能力和身体发育一样，都是可预期的（Copple & Bredekamp，2009）。1 岁以前，纳迪亚可以表现的情绪有：快乐（大约 6 周时）、生气（大约 4—6 个月时）、悲伤（大约 5—8 个月时）和恐惧（6—12 个月时）。

快乐、生气、悲伤和恐惧被认为是**初级情绪**，从它们开始，儿童会发展出其他各种情绪（Widen & Russell，2008）。比如，从婴儿的第一次社会性微笑中可以看到快乐，因为它是一个明白无误的表达愉快的信号，通常是他在看到主要照料者时发出的，并且被作为一个有重大意义的社会性事件而受到全世界所有家庭的欢迎（参见要点 5.1）。

> **要点 5.1**
>
> **在传统的印地安纳瓦霍家庭中，人们要庆祝快乐的出现**
>
> **一个正在微笑的婴儿**
>
> 在传统的纳瓦霍文化中有这样的习俗：看到了孩子第一次笑的朋友和家人可以荣幸地主办一场名为“孩子笑了”的庆祝活动，以节日的形式祝贺孩子的生活中有了快乐，这也标志着孩子从此成为一个真正的社会人和家庭成员。

快乐会被渐渐细分出惊奇、喜爱和骄傲；同样地，作为初级情绪的生气也会发展为沮丧、愤怒、妒忌、狂躁和厌恶。而这些情绪结合在一起还会产生更加复杂的反应，比如生气和厌恶在一起出现时就变成了轻蔑。图 5.1 整理归纳了四种初级情绪以及由它们衍生的情绪群。

新的情绪出现也就意味着早期的情绪变得更加丰富了。1 岁末时，儿童的情绪就超出了最初的四种，而增添了由吃惊、激动、沮丧、分离造成的焦虑和因接触陌生人引起的痛苦。2 岁开始会出现更多的、变化多端的情绪（Ekman，2007）。因为到了这个年龄，儿童有了更多的自我意识，所以诸如尴尬、喜爱、妒忌、抵抗和轻蔑这样的情绪也都出现了。3 岁时，儿童开始越来越关注他人了，他们身上有了共情的迹象，并且他们对别的儿童的喜爱和他们对成人的爱也出现了差别。

3 岁左右的时候，儿童也开始可以对自己的行为做出判断了，因此当他们成功地做完一件事后会感到很骄傲（他们会微笑、拍手或者大喊“我成功了”）；如果失败了，他们会表现得很羞愧（他们

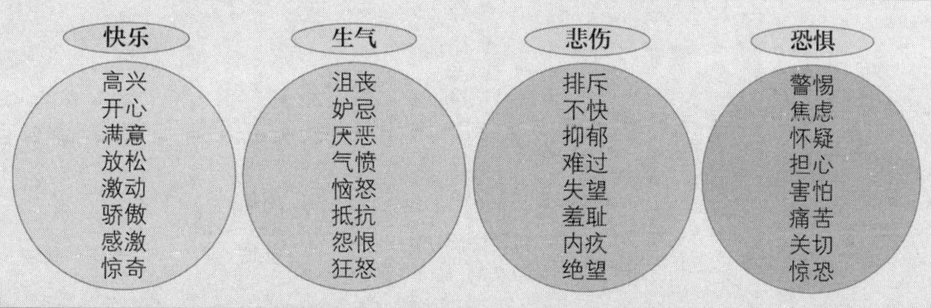

图 5.1　初级情绪以及由它们衍生的情绪群

会显得很沮丧，避免与他人目光接触，声称“我不擅长做这个”）（Harter，2012；Widen & Russell，2008）。图 5.2 记录了在儿童出生后的头 3 年中各种情绪出现和发展的大致顺序。到儿童上小学时，他们经历的情绪种类就更多了。

在生命的早期，儿童的初级情绪表现得非常强烈，情绪突然地爆发对婴幼儿来讲是非常普遍的现象。不过，随着情绪的逐渐细化，他们的反应也开始呈现不同的状况。

在逐渐长大的过程中，儿童不再完全靠着尖叫来表达愤怒了，他们会生气地大叫、失望地噘嘴、沮丧地抽泣，或者用语言表达他们不爽的感觉。新增的情绪表达方式是一些因素相互作用的结果，包括初级情绪、环境以及儿童不断发展的认知能力和语言能力。它们也促进了儿童对自己和他人情绪的理解。

儿童对自己情绪的理解

“老师，我很烦你，走开！”

——亚历克，3 岁，来自美国费城

“所有的孩子都看着我说：瞧那个又丑又驼背的小男孩，这让我很生气，也让我很难过。我虽然驼背，可这并不等于说我的耳朵听不到，我的心不会感到受伤。”

——约翰，11 岁，来自英国伦敦

从上面这两个例子可以看出，儿童在童年期对自己情绪的认识发生了极大的变化。在短短的几年里，他们就从简单地宣泄发展到能够进行复杂的推理，并且理解的范围也增大了。儿童刚开始时以为他们在一个时间内只会有一种情绪，幼儿或学龄前孩子的生气是彻头彻尾的，他们的高兴也是酣畅淋漓的（Harter，1998）。而且这些情绪反应变化得非常快，1 分钟前，一个孩子还可能大叫着“不”，没过几分钟，他就会对着另一样东西大笑起来。情绪的急速变化是这个年龄段的儿童的典型特征（Gonnalez-Mena & Eyer，2012）。

到五六岁时，儿童已经能够识别自己的各种情绪了，并且承认他们在同一时间里会存在不止一种情绪，不过它们都属于同一情绪群。比如，一个幼

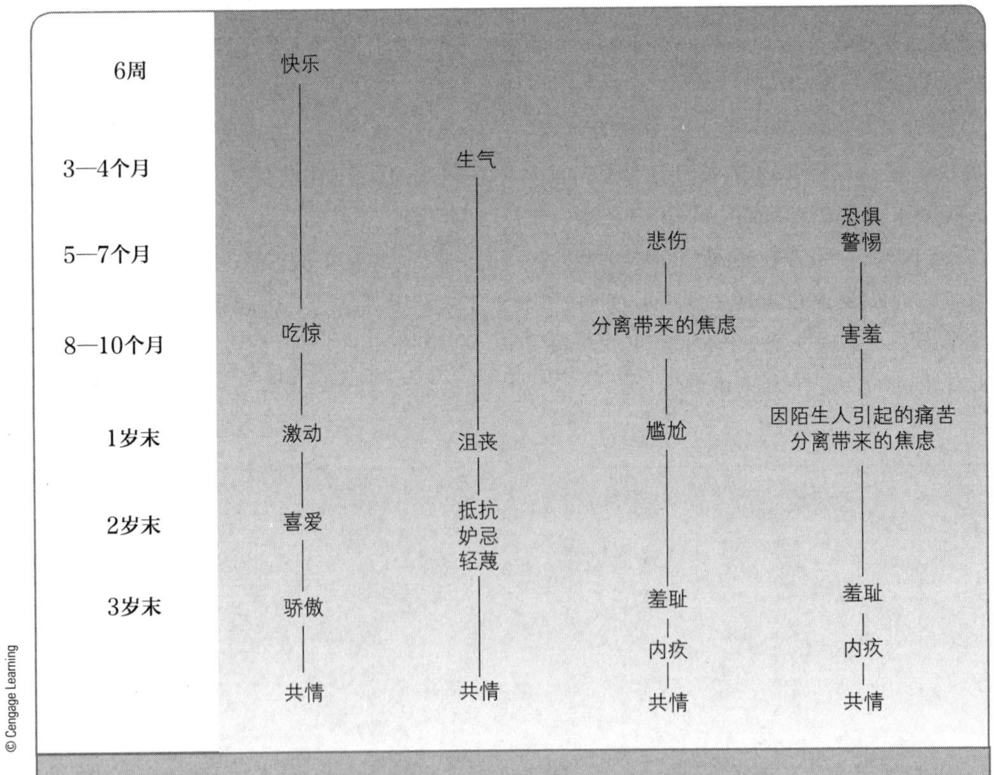

图 5.2 在出生的头 3 年里，各种情绪出现和发展的顺序

儿园儿童可能会说他对去参加同伴的生日聚会感到既高兴又激动（Saarni et al.，2006）。但是他肯定不会说他对参加生日聚会感到既高兴又紧张，因为他知道这两类情绪只能针对不同的情境。

8—11 岁时，儿童会意识到面对同一件事产生多种甚至相反的情绪是完全可能的。由于有了这样的认识，儿童可能会对一个人待在家里产生既害怕又骄傲的情绪（Harris，2008；Copple & Bredekamp，2009）。不过，刚开始的时候，儿童会认为这些情绪是一个接一个出现的，不是同时出现的；并且后面的情绪会取代前面的情绪，而不是共存的。也就是说，对一件事可以既高兴又难过，但不是同时发生的。

到了 10—12 岁，儿童终于承认他们可以在同一时间对同一件事持有两种或者多种情绪了。这意味着他们开始意识到“混合情绪”的存在了。起初，这种混合情绪会让他们感到不知所措，于是他们会对此表现出焦虑，觉得他们的情绪好像在“打架”（Whitesell & Harter，1989）。儿童只有在变得更成熟并且有了更多经历后才能学会理性地梳理混合情绪。这时候，他们差不多已经处在青少年期后期了（Larsen，To，& Fireman，2007）。这个阶段的儿童还会表现出另一个情绪特征，那就是他们的情绪不再像年幼儿童那样变化无常了。他们的情绪持续的时间比以前长了，而且反映的不仅是此时此地的状况，也与过去和未来有关。实际上，年龄稍大一点的儿童更愿意形容他们自己的心情好或不好，也就是说，他们希望自己的整体情绪能够在一段时间里保持相对稳定。图 5.3 总结归纳了上述情绪发展的顺序。

这两个一年级的孩子无法想象可以同时表现出既高兴又紧张的情绪。

儿童学习识别他人的情绪

3 岁的麦琪发现另一个孩子在哭泣，泪水从她的脸颊上流下来。于是，她指着这个哭泣的孩子说，“老师，你瞧露西，她很难过。”

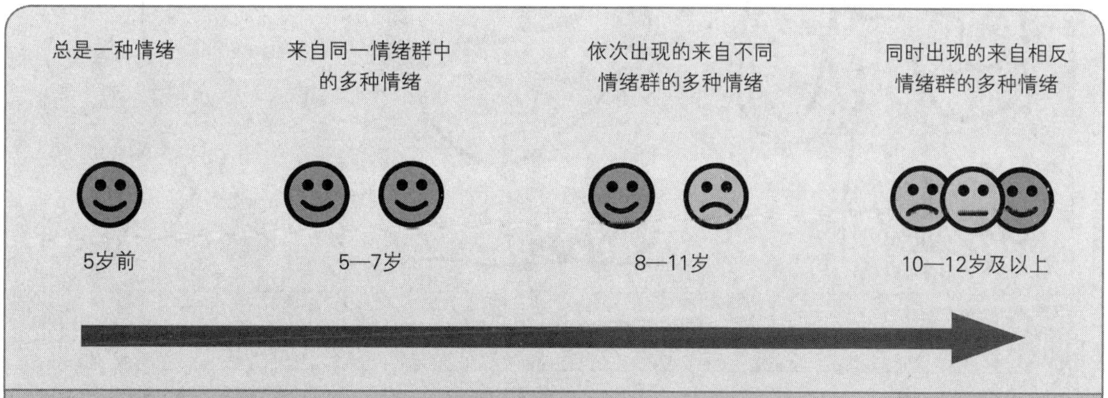

图 5.3　儿童的情绪认知的发展顺序

在一次学校组织的家庭聚会上，妈妈要去冰箱拿饮料时，她让自己2岁的孩子和6岁的马克斯待在一起。这时，她的孩子小声地哭起来了。马克斯看到这一情景后，抓起2岁孩子的手说，“噢，没事的，她没有走远，她马上就回来了。别害怕，我在这里呢。”

能够察觉别人的情绪并做出解释是一项很重要的技能，而且随着儿童的成熟，他们在这方面的能力会越来越强。就像麦琪和马克斯所表现出的那样，在短短几年的时间里，儿童在解释他人的情绪并做出回应时，能够将注意力从身体方面发出的暗示转向其当时所处的环境。对情绪的识别在出生后的头3年里就开始了，只是那个阶段进展得比较缓慢，到了快上小学时，这方面的进步一下子加快了。

3岁以前

虽然婴幼儿也会对他人的情绪有反应，但他们尚不能够准确地解读这些情绪的含义，这是由于他们没有什么经历，而且词汇量有限 (Widen & Russell，2008)。

3—5岁

学龄前儿童已经能够越来越准确地判断他人正面或者负面的情绪了（Berk，2006）。他们主要是通过别人的面部表情和说话时的声音做出判断的，也就是说，他们的判断更多地依赖对方的外表和声音，而不是当时的情境（Harris，2008）。根据这些表情暗示，儿童可以判定一个正在哭的人是悲伤的，因为他的眼泪正顺着脸颊流下来，但他并不清楚发生了什么。而且对他们来讲，识别那些初级情绪要比识别更复杂的情绪容易许多（Thompson & Lagattuta，2008）。同时，这一阶段的儿童在识别别人的情绪时，就如同识别自己的情绪一样，一次只能识别一种（参见图5.4）。因此，如果别人经历的是多种情绪，他们就很难都觉察到。

上小学后

上小学后，儿童就可以将他人的外在表情、情境以及以前的经历综合在一起理解和解释他的情绪了。随着日渐成熟和经验的增加，儿童会理解另一个孩子显得悲伤是因为他的玩具坏了或者因为他的小狗丢了，而不只是因为他在哭。他们还会发现，当玩具修好了，或者走失的小狗回来了时，那个儿童的情绪就转变成高兴了。通过图5.5中儿童的画可以看出儿童已经学会查明他人外在情绪的实际缘由了。儿童会逐渐明白一个人的情绪既可能是内在原因引起的，也可能是身体原因或外部环境造成的（Calkins & Williford，2009）。比如，他们会发现有

图5.4　儿童聚焦他人的面部表情来识别情绪，可以从儿童的画中看出表情的变化[①]

① 画中的文字从左到右依次为：惊讶的、生气的和悲伤的。——译者注

些事情虽然是很早以前发生的，但仍可能对人的情绪造成影响。10 岁的贾内尔说：“汤姆很难过，因为他感到很孤独，以前他有一只小狗，可是丢掉了。”这反映出她不仅清楚汤姆呈现了怎样的情绪，而且知道产生这种情绪的原因。此外，她这个年龄也能够理解人可以表现出一系列情绪，甚至是混合情绪。比如，汤姆既可能因丢了小狗而难过，也可能因家人正商量再买一只小狗而高兴起来（Pons et al.，2003）。小学结束时，大多数儿童还会意识到即使面对同一件事情，人们的情绪反应也可能不尽相同；同样的环境也会带给不同的人不同的反应，以及同一个人在不同的场合下会有不同的情绪反应。比如，很强烈的音乐会让特里西娅非常开心，却会令卡特里娜受不了。又比如，同样的音乐在周一还使詹妮特很兴奋，到了周二却让她变得很紧张。由于人的复杂多变，对小学生来讲，准确及时地识别情绪仍是一个很大的挑战。

图 5.5　从画中可以看出，儿童最终能够识别情绪及其来源①

儿童学习控制自己的情绪

儿童在发展对情绪的理解力时，也在学习更好地控制自己的情绪，也就是说，他们渐渐懂得怎样管控自己的情绪，从而不让自己完全受到情绪的影响，并且能够与他人继续保持正常有效的沟通。控制情绪需要能够将情绪意识应用到现实生活中，特别是在那些令人感到沮丧、烦躁或尴尬的场合（Gross，2008；Ekman，2007）。即使是正面的情绪也需要控制，比如狂喜在有的场合是适宜的，在有些场合却是不妥当的。有时候，控制情绪意味着需要抑制一些情绪（比如，在应对一件不公平的事情时，需要先让生气的人平静下来）；而有时候则需要加强它们（比如，当儿童面对一个欺凌他的坏人时，需要鼓起足够的勇气）。

控制情绪的过程始于婴儿期。婴儿通过发出声音来获得看护人员的关照，或者在互动中情绪过于激烈时转身离开。幼儿则会在烦躁时晃动自己的身体；在沮丧的环境中或者在等待的时候心不在焉。当儿童开始上幼儿园时，他们已经掌握了许多技能，并且可以非常娴熟地使用它们。在这个阶段，语言成为他们的主要工具，同时他们可以根据不同的环境来调节自己的情绪（Calkins & Williford，2009）。儿童控制情绪的常见策略包括：

- 抑制表达一些情绪，比如，当汤姆向获胜者表示祝贺时，他会掩盖对自己没有得到第一名的失望之情。
- 安慰自己，比如，当格雷莉亚走向地下室的黑暗之处时，她会自言自语地给自己壮胆；斯宾赛会在感到疲倦或难过时抱抱他的泰迪熊。
- 寻求安慰，比如，一个孩子会在别人抢走他的玩具后爬到看护人员的膝盖上。
- 回避或者忽略一些可能会触动情绪的事情，比如，当康妮在电影中看到一些恐怖镜头时，会用手把眼睛捂起来。
- 从困境中转移目标，比如，拉里会放弃加入摔跤队，转而专注于数码摄影。
- 换一种方式来理解引发情绪的事情，比如，当弟弟突然对他很无礼时，凯尔文并没有特别在意，因为他知道弟弟还在为刚刚与妈妈发生的争执而生气。

情商

儿童对自我情绪的意识、对他人情绪的理解以及控制自身情绪的能力都对其社会能力具有重大影响，这方面知识和行为的结合就是我们通常所称的**情商**（Goleman，2011）。有关情商的基本功课是在童年期学习的，要点 5.2 对此进行了归纳总结。

① 画中文字从左向右依次为：免费小动物、激动、紧张和校长室。——译者注

要点 5.2

童年早期应当学习的有关情绪的功课

1. 人人都有情绪。 我今天早上感到很高兴，尼克也是，还有莉莎。我的老师伯恩巴克小姐也有情绪，有时她很激动和高兴，但有时她会不开心或者生气。

2. 情绪是由不同的环境引发的。 有许多事情令我开心：穿上我最喜欢的衬衣；休息时多得到一块饼干；在地毯上找齐我搭一条路需要的所有积木。但是当有人占了我走的路或者我在操场上摔倒时，我会变得很生气或难过。

3. 表达情绪的方法有许多种。 我高兴的时候有时会唱歌，有时会大笑，有时只是坐在那里自己冲自己乐。

4. 别人的情绪反应和我的反应不一样。 当运垃圾的大卡车到学校时，我喜欢爬上驾驶台，坐在驾驶员的座位上，我觉得那很刺激。可是贾尼斯更愿意与克莱因小姐待在后面，因为她感到很害怕。

5. 我做的一些事情会影响自己和别人的情绪。 当我感到难过的时候，我会坐在索菲姑妈的腿上或者一个大椅子上，这样过一会儿我就会觉得好受一些。有时，当卡米拉不高兴时，我会冲她做鬼脸，然后她就笑了。

来源：Based on Hyson(2004)

我们已经越来越清楚那些对情绪有较好理解并且知道怎样应对的儿童（也就是情商高的儿童）比其他儿童更容易取得成功。比如，如果儿童表现出对情绪有很强的认知，那他的同伴或成人就会认为他是可爱的、擅长与人合作的和友好的，而缺乏这样认知的儿童就不会得到这样的认可（Rose-Krasnor & Denham，2009）。同样的，能够学会管控情绪的儿童在遇到失望、沮丧和伤害等成长过程中必经的挫折时应对起来也相对容易。这样的儿童总体会感到幸福，并在步入成年后仍然能够享有快乐的生活。与之相反，对情绪缺乏控制能力的儿童会随意宣泄情绪，遭到别人的负面反应，自己也对自己的情绪表现感到不满（Orpinas & Horne，2010）。如果这些儿童持续处于对情绪“无意识”的状态，他们未来获得幸福生活的可能性就很渺茫（参见要点 5.3）。

要点 5.3

对情绪无意识的代价是很高的

当从来不学着控制情绪的儿童长大成人后，很可能遭遇下面的情况：

- 极其容易愤怒、沮丧和抑郁
- 对自己或他人有虐待倾向
- 做父母很失败
- 极容易对某样东西上瘾
- 有犯罪和暴力倾向

来源：National Research Council and the Institute of Medicine (2000); Goleman(2007); Garbarino(2006).

童年期的情绪任务

许多现代的专业人士都认为，人们在生活中要应对一系列情绪任务。在此研究方面最有影响力的是埃里克·埃里克森（Erik Erikson，1950，1963）。半个多世纪前，他将人的情绪划分成了八个阶段，这一理论至今仍是我们理解儿童情绪发展的核心（Berk，2013）。

每个阶段都有其典型的正面和负面情绪及其需要应对的情绪任务，所谓任务就是要设法解决发生在这两种极端情绪之间的冲突。虽然所有儿童在某一特定阶段都会经历两种极端情绪之间的某种情绪，但是只有比较偏向正面情绪时，儿童的情绪发展才能取得最佳效果。这些阶段是彼此衔接的，每个阶段都是下一个阶段的基础。表 5.3 列出了埃里克森提出的八个阶段。

表 5.3 中的前四个阶段发生在童年期，下面我们会对它们逐一展开阐述。

信任对怀疑

情绪发展的第一阶段出现在婴儿期，这一阶段的情绪冲突是儿童将发展对自己的信心和对世界的信任，还是将发展无助、不确定和怀疑的感觉。在这个阶段，发展正面情绪的孩子会认为，“我是可爱的，我的世界是安全、稳定的”。这时，如果成人能与他们发展积极的关系，并且关注他们的需要，他们便能在学习过程中得到更多的帮助。

表5.3　埃里克森关于发展阶段的总结

大致年龄	阶段	任务	主要的社交联系人
从出生到 1 岁	信任对怀疑	与主要的看护人员建立信任关系，从而发展对自我、他人以及这个能满足我们需求的世界的信任	父母、家庭、看护人员
1—3 岁	自主对羞愧和疑虑	努力实现独立	父母、家庭、看护人员、教师
3—6 岁	主动对内疚	计划并完成任务，了解社会边界	家庭、教师
6—12 岁	勤奋对自卑	争取取得效果和成功	家庭、教师、同伴
12—20 岁	自我同一性对同一性混乱	建立职业和社会认同	同伴
20—40 岁	亲密关系对疏离	与他人形成牢固的友谊；获得爱和陪伴	朋友、情人、配偶、合作伙伴
40—65 岁	繁殖对停滞	在家庭和工作方面都有所收获	配偶、合作伙伴、孩子、文化环境
65 岁以后	自我完整对绝望	回顾自己的一生时感到有价值和成果	家庭、朋友、社会

自主对羞愧和疑虑

从 1 岁多开始，那些已经建立起强烈信任感的年幼儿童开始从婴儿时的完全依赖别人逐渐变得有自己的思想和意愿。因此，这一阶段的冲突是儿童感到自己是独立的、能够自我引导的，还是对自身的价值感到困惑和怀疑的。有独立意识的儿童会做自己能做的事情；而缺乏独立意识的儿童则对自己控制世界和自我的能力感到怀疑，结果变得非常依赖他人。受羞愧和疑虑强烈支配的儿童很少有机会去探索、尝试、独立做事情和做出决定，因为当他们试图探索和表现出独立时，可能会遭到不耐烦、严厉的批评、嘲笑、身体的抗拒或外部环境的阻拦。与他们的状况不同的是，具有健康自主意识的儿童能够得到许多尝试的机会，他们不仅可以自己做出选择，而且很清楚他们的行为在哪些方面要受到限制。成功经过这一阶段的儿童认为，“我可以做出决定，我也能够自己做一些事情。”

主动对内疚

在四五岁的时候，儿童又会发展一种新的能力感，因此这个阶段的情绪冲突是，这种新的能力感是会对儿童产生积极影响，并使其受到别人的尊重，还是会让儿童觉得自己无用和被拒绝。在学龄前和刚上学的这段时间，儿童会在经历下列方面时体会主动和内疚：

- 把计划和想法付诸行动时
- 尝试掌握新的技能和实现目标时
- 努力获取新的信息时
- 通过幻想来探索自己的想法时
- 体验身体的感觉时
- 在社会允许的范围内找到保持行为的方法时

如果儿童在经历上述方面时得到了成人的帮助和接纳，他们就非常有可能形成强烈的主动意识。他们会对自己日渐增长的能力欢欣鼓舞，并且会建设性地使用自己新掌握的能力。他们能更好地与他人配合，并接受来自他人的帮助。他们同时会认识到，只要行为正确，就可以做他们想做的事情。但另一方面，那些没能实现自己的期望或成人对他们的期望的儿童会产生内疚感。这时，如果成人让儿童感觉他们的行为是错误的；他们的幻想是愚蠢的；他们略带夸张的说法是谎言；他们开始做某件事可最终没能完成的做法是不负责任的；以及他们对自己身体和语言的探索是令人厌恶的，就会加深他们的内疚感。在儿童与周围世界的互动过程中，占据支配地位的经历会强烈影响儿童的自我判断力。这一阶段的最好的结果是儿童能够认为，“我能做，而且我可以成功。”

勤奋对自卑

情绪发展的第四个阶段出现在童年中期（大约

6—12岁)。在这个阶段，儿童忙于生产性活动和与成人类似的任务。他们对与别人合作完成任务和共同为社会做一点事表现出更大的兴趣。这一阶段情绪的主要问题是：儿童是感到自己有能力并且能干，还是觉得无论自己怎样努力都无法成功。虽然所有的儿童都可能偶尔无法实现自己设定的目标，但其中一些儿童会有一种彻底失败的感觉。当成人、同伴或者学校制定的标准明显超出了他们的能力范围，或者当他们对自己产生了不切实际的想法时，就会出现这种状况。如果儿童误以为自己薄弱领域的技能最重要时，也会导致他们产生强烈的自卑感。

© Cengage Learning

上学以后的儿童喜欢掌握新的工具和技能。

当成人认可并表扬儿童取得进步时；当他们鼓励儿童在各个领域开发自己的潜能时；当他们帮助儿童制订切实可行的目标时；当他们给儿童布置任务让儿童体会掌握某种技能的愉悦时，就是在培养儿童的勤奋精神。当儿童的努力失败时，给予他们引导和帮助能够减轻他们的痛苦，并能让他们产生勇往直前的信心。这个阶段还有一件重要的事，那就是成人要鼓励儿童与他人一同合作，并且要学会合作的技巧。当勤奋战胜自卑后，儿童就会进入青少年的思维模式，即“我能学会；我能有所作为；我能与他人配合。”

儿童在童年时代会不断地通过日常活动、交谈以及与别人的互动来践行这些情绪任务（Epstein，2009）。此外，幼儿教育专业人士也会刻意将它们纳入儿童学习的各种科目中。可以看看下面这个案例，凯瑟琳·布朗幼儿园里这些五六岁的孩子在学习写字的同时也学到了有关“主动”的一课（参见要点5.4）。

要点 5.4

关于“主动”的一课

凯瑟琳·布朗幼儿园里的孩子们正在学习当作家。他们认为，所有作家都必须明白的一件事就是如何知道书已经写完了。今天，孩子们就在小组里讨论了这件事。苏珊说：“我们需要在书上写上日期。”阿尔文提到作家应当确定自己的名字出现在封面上，“就像我们幼儿园里的那些书一样。”孩子们还讨论了书里必须得有文字和插图。在教师的帮助下，他们制作了一张表格，命名为“当……，我知道我完成了”，把所需的信息都列了出来。上写作课时，孩子们对照这张表格，检查自己的书是否包含了所有这些内容。他们又加了两项：与其他人或在小组里与同学分享自己写完的书；把书拿回家或者把它放在图书馆里。列举所有这些步骤使孩子有机会操练将计划和想法变为行动，同时也学到了新的技能，可以让他们觉得，“我能做，我能成功。”

当……，我知道我完成了

- 我的每一页纸上都写满了字或插图。
- 我的书上有日期和我的名字。
- 我画的所有的画都与我的文字有关。
- 我把它拿给别人看了。

来源：Based on Brown (2010)

在本章的这一部分，我们已经讨论了体现儿童情绪发展的五个阶段：(1)情绪是怎样从初级情绪演变出更多的形式的；(2)儿童怎样理解自己的情绪；(3)儿童怎样识别他人的情绪；(4)儿童怎样学会控制自己的情绪；(5)儿童早期的情绪任务。

这些过程强调的都是儿童在情绪方面的相似性。现在，我们需要进一步了解他们在情绪方面的差异性。

儿童表达情绪时的个体差异

虽然所有儿童都有情绪表现，但其强烈的程度以及它们的表达方式各不相同。这是由他们的表达差异、性别差异以及家庭和文化背景差异造成的。

儿童表达风格的差异

如果让你用一些形容情绪的词描述你认识的一些儿童，你可能会这样说，“塔尼娅通常很安静、腼腆”“杰罗拉莫总是精力充沛，并且愿意尝试新的事情”“布兰登比较爱生气，不讨人喜欢”。这些描述针对的是儿童的情绪反应模式，也可以说是他们的**表达风格**（National Scientific Council on the Developing Child，2006；Hyson，2004）。儿童的表达风格受他们的性格以及下列因素影响。

儿童所表现出的正面和负面情绪的比例

有的儿童偏乐观；有的偏中性；还有的偏悲观。虽然每个人每天都会经历各种情绪，但每个人都有较固定的情绪趋向，它决定了我们在遇到事情时的情绪表现。

儿童表现情绪的频率

儿童对不同情境会有不同的情绪反应。比如，菲里克斯每次在尝试新事物的时候都非常小心，但他哥哥的反应正相反，他对新事物总是充满期待。

儿童表达情绪的强烈程度

虽然两个儿童会对某件事做出近似的情绪反应，但反应的强烈程度很可能不一样。比如，休和里卡多很高兴被邀参加学校组织的才艺比赛，休会因此拍手大笑，可里卡多过了一会儿才露出笑容。

情绪持续的时间

有的儿童的情绪持续的时间比其他儿童长。比如，莎拉可能会因为排队时没有排到第一而生气，可她很快就会投入室外活动的快乐情绪中了；但是莉莎可能因为同样的原因而闷闷不乐一下午。

儿童受初级情绪或混合情绪控制的程度

虽然所有儿童在渐渐成熟的过程中都会呈现混合情绪，但其中有一些儿童会始终更多地表现出初级情绪。比如，教师会形容 7 岁的凯尔“一切都写在脸上了”，因为只要一看他的脸，就能知道他是高兴还是生气。可是他的孪生兄弟雷蒙德让人很难琢磨，因为他表现出的情绪很复杂，别人不容易理解。

儿童做出情绪反应的速度

有些儿童遇到事情后会马上做出情绪反应，另一些儿童会过一会儿再表现出来。桑德拉和宝芬妮就是两个截然不同的例子。桑德拉是个暴脾气，一点小事都会惹她不高兴；而宝芬妮则冷静许多，不轻易动怒。

情绪反应方面的这些差异并没有好坏之分，都是正常的，只是因为人与人是不同的（Ekman，2007）。成人在看护儿童时要注意识别并尊重每个儿童表现出的独特的风格，因为它能反映每个儿童的情绪特点，并据此判断他需要怎样的帮助。

儿童情绪表现的性别差异

传统的观点认为，女性比男性更善于情绪表达，而且女性对他人的情绪更加敏感，研究结果也表明这样的观点是成立的（Bajgar et al.，2005）。从出生的第一年开始，女孩笑和哭的次数都多于男孩。女孩在与成人或同伴交谈时，会使用更多与情绪有关的词语。她们也更容易觉察别人有怎样的情绪。这些现象会一直持续到十几岁。

性别的这些差异固然有生理方面的原因，但科学家们认为它们更多地是由于社会因素造成的，比如对不同性别的塑造和强化（Chaplin，Cole，& Zahn-Waxer，2005）。举例来讲，在美国，当父母与刚出生的女婴在一起时，他们的面部表情比与男婴在一起时丰富。同样的，成人在与女孩交谈时会比与男孩交谈时使用更多的表达情绪的词语。与此同时，他们也鼓励女孩充分表达各种情绪，却不太要求男孩这么做（MacGeorge，2003；Fivush et al.，2000）。这就是男孩和女孩会有不同的情绪表现的根本原因，同时它也提醒我们应当怎样与儿童沟通，来有效地改变他们的情绪行为。

© Cengage Learning 2015

年幼的孩子很开心自己具备了日渐增多的能力。

儿童情绪表现的家庭和文化差异

两个8岁的孩子正在大厅里跑来跑去。一位老师拦住他们，告诉他们说她很失望，他们没有遵守大厅里只能走不能跑的规矩。安德鲁立即停下来说“对不起”，吴凡则只是笑了笑，什么也没说，然后慢慢地走回了教室。两个孩子都按照他们家庭和文化的习俗表达了悔意。

为了更好地融入社会，儿童必须学习一些表达情绪的规则，包括怎样表达情绪以及在某些特定的场合哪些情绪是可接受的，哪些是不可接受的。这样的习得过程会受其家庭和文化的影响（Galinsky，2010）。比如，在美国的许多欧洲裔家庭中，当儿童受到批评时，他们应当看着对方以示尊重，同时还应表情严肃地表达自己的悔改之意；可是在墨西哥裔和非洲裔家庭中，儿童被要求避开对方的目光来表示尊重。中国儿童被告知在被长者批评时要面带笑容地致歉，而韩国儿童在遇到同样的情形时却被要求应当面无表情（Lynch & Hanson，2011）。

儿童会在家中和社区通过观察和与他人互动的形式学习不同的情绪表达方式。刚开始时，儿童遵守情绪表达规则可能是为了得到家人的认可，避免他们的负面评价，但久而久之，他们就会将这些规则作为他们所生活的家庭和文化中的习惯而自然地传承下来。随后他们还会在社会交往中学到更多这方面的规则，他们习得的方式包括模仿、反馈和直接指导（Cole & Tan，2008；Ekman，2007）。

模仿

在外婆葬礼后的午餐时，3岁的梅雷迪发现自己的妈妈表情很难过，正在哭泣。她妈妈掏出纸巾，啜泣着，擤着鼻涕。于是梅雷迪跑向餐桌，抓起一张纸巾，也开始哭和擦鼻涕。在这个例子中，梅雷迪显然是通过模仿妈妈的情绪表现来指导自己的行为反应的。

还有另一种类似但更隐晦的学习方法，被称为**社会参照**。乔治在操场上跑的时候摔倒了，他抬起头，想看看附近的成人对此的反应。如果成人的表情很紧张，乔治会以为这是件很让人焦虑的事情，那他很可能就会哭；如果成人的反应很正常，乔治就认为这不是件大不了的事，他可能会自己站起来继续玩。当孩子获得一些经验后，他们会在像这样的场合尝试表达各种类型的情绪。

反馈

成人要为儿童选择的情绪表现方式的得当与否提供反馈，反馈的形式包括手势、声音和语言。比如，当婴儿微笑时，看护他的人会反馈给他兴奋的声音，成人的这种反应就是一种社会性奖励。如果这种现象屡屡发生，婴儿就会越来越爱笑。可是如果他的微笑总是被忽视，他这种微笑的行为就会减少。同样的，当卡门在看有趣的动画片时哈哈大笑时，她的老师也会和她一起笑。可是如果她讥笑另一个正在很吃力地背诵诗词的孩子，她的老师就会冲她皱眉头，并且摇头让她知道这是不对的。

在刚才的两种情形下，卡门的情绪表现都得到了反馈。类似的情况在儿童的童年期会频繁出现。根据他们得到的反馈，儿童逐渐懂得应该在什么时候、什么场合和以怎样的方式表达他们的情绪。

直接指导

有时候，对于应当怎样表达情绪，成人会给予儿童具体的指导。他们会向儿童指出，在别人的情绪反应中哪些是合适的，哪些是不妥的；同时他们也会明确告知儿童在特定的情况下应该做出怎样的反应。

“约翰在会上为自己辩护时表现得很好。虽然他生气了，但是他没有发脾气。”

“你不可以嘲笑那些坐轮椅的人。”

“你刚获得了第一名的好成绩，你应该微笑。”

儿童在成长过程中要学习大量的此类功课，然后渐渐地理解人的各种情绪，并且能够以合乎其家庭和文化背景的方式来表达自己的情绪。由于每个儿童所处的家庭和文化各不相同，所以他们表达情绪的方式也千差万别。

至此，我们已经探讨了成熟的情绪常规的发展标准，并且重点聚焦了儿童在情绪习得过程中的个体特质。接下来，我们需要谈谈各个年龄段的儿童在应对情绪时遇到的挑战。

儿童在应对情绪时遇到的挑战

马丁知道要去动物园玩后特别兴奋，他的爸爸正在忙着查询路线，他却不停地问这问那。

安吉拉一直在等着玩风筝，她已经等了好久了，可还没轮到她，她很生气，就径直从巴巴拉那里把风筝抢了过来，自己跑到操场另一边玩起来了。

妈妈住院后，弗雷德非常担心，他不知道会发生什么事。可是他不愿意让别人知道他的恐惧，于是就装出一副不在意的样子。

上面的三个孩子在应对自己的情绪时都处理得不够好，换句话讲，他们所使用的方法对提升个人满意度、解决问题和增强自身的社会能力都是没有帮助的。

儿童从婴儿期到 7 岁经历的情绪挑战

儿童并不是一出生就懂得应该怎样管控情绪的。有时，他们所使用的方法对自己或他人都是无益的（Kaiser & Rasminsky，2012）。比如，由于缺少社会技能，语言能力也很有限，年幼儿童常常会通过动作来表达他们的情绪。生气时会板着脸，兴奋时则会跳上跳下，他们指望通过这样的方式让别人明白他们的心情，并做出相应的反应。但遗憾的是，情绪的非言语表达很可能被人误解。比如，成人会以为一个正在哭的孩子是累了，可实际上他沮丧的原因是遭受了挫折。这时，如果把他放到床上，对一个累了的孩子来说是解决之道，但对一个受挫的孩子来说就无济于事了。

2 ～ 7 岁的儿童还常常遇到的另一个问题是表达情绪时所用的行为欠妥，这是由于他们可模仿的选择太少，自己不知道该怎么做，或理解能力有限（Cole & Tan，2008）。还有一点，即使年幼儿童可以用语言来表达自己的情绪，但他们仍不知道该如何应对。

7 ～ 12 岁的儿童经历的情绪挑战

儿童上小学以后对自己的情绪已经有了很多认识，并且也懂得怎样用语言表达。但另一方面，他们不愿像小时候那样公开地表达自己的情绪。7 ～ 12 岁的儿童很可能会隐藏或者淡化自己的情绪（Denham，Bassett，& Wyatt，2008）。这是因为他们已经知道社会规则对情绪是有制约的，他们不希望自己因表达了某些情绪而招致负面的社会反应。遗憾的是，儿童的真实情绪和他们对这些情绪的认知是有出入的，这会造成更大的情绪压抑。当儿童隐藏自己的情绪时，他们就不会知道其实别人也有同样的经历，隐藏只会使自己感到孤独、自我怀疑和自卑（Goleman，1995）。处在这种情形下的儿童会以为自己的情绪是不自然的，和普通人的情绪不一样。这样的想法越强烈，造成的影响就越不利。在因隐藏情绪而造成不良后果方面，我们可以看看下面这个较极端的例子。事例中的主人公凯瑟琳·布鲁克在“酗酒之家”这样描述自己的生活：

> 我成长在一个酗酒的家庭里，我记得最清楚的事情就是当我感到难过、生气、痛苦或受到伤害时，我找不到安全的地方或者可靠的人来倾诉我的感受。
>
> 我真的认为大喊大叫、吵架和让人感到不快是使家里一团糟的原因，所以我在自己的生活中总是尽量不出声，总是表现得很好，从不让任何人感到不舒服。
>
> 但是，这一切都没有用。
>
> 后来我开始喝酒，它起作用了。
>
> 神奇的是，这东西真的挺管用。11岁以前我没有喝过酒，11岁时它开始进入我的身体。从此，我成为了自己希望成为的人。令人惊讶的是，酒精成了唯一对我有意义的东西。如果那个时候你想劝我戒酒，我敢肯定我会置之不理，说不定还会嘲笑你。
>
> 但是如果那时你能告诉我你在意我的感受，你可能就会帮到我。如果你对我说你了解我的一些感受，我甚至可能会相信这个世界上还有人可以依靠（Woll，2009，p.1）

当然不是所有儿童在遇到情绪困难时都会用酒精或毒品来应对，但是的确有一些人走上了这条道路，他们的经历告诉我们，情绪发展并不总是一个轻松、容易的过程。

对儿童情绪的消极反应

在儿童应对遇到的情绪困难时，情况有时会因为成人不当的反应而变得难上加难。想象一下当佩德罗骄傲地宣告他在作文比赛中获得了提名时，接下来会发生怎样的情况。如果他的老师评价说“太棒了”或者“你的确应该感到激动”，佩德罗的骄傲就得到了认可，而且他会认为感到骄傲是一种可以被接受的情绪。相反，如果老师说，“你不应该这么得意，不要吹牛”，佩德罗就会以为骄傲感和成就感是不妥当的。被告知自己的情绪是不对的会让儿童对自己产生负面评价。由于儿童会经历各种各样的情绪，因此如果他不断遇到成人负面的反应，他就会以为自己整体都是不被接纳的。

如果儿童得出了这样的结论，从此以后就会选用不当的方式来应对情绪。比如，佩德罗可能会用自负来维护自己日渐消失的自信，会拒绝别人的表扬，不再努力让自己出色以避免产生骄傲和成就感。他甚至可能会在本应感到骄傲的场合出现头疼或者胃痉挛的症状，或者必须拼命压抑自己，强迫自己故作谦虚。所有这些做法都会严重影响他未来的幸福。

下面四种回应儿童情绪的做法都是无效的，甚至可能对儿童造成危害，它们是忽视儿童、对儿童撒谎、否定儿童的情绪和羞辱儿童。这些做法对儿童是有危害的，而且会让儿童觉得成人不可能给予他们情绪方面的帮助。

忽视儿童的情绪

有时，成人以为如果他们对儿童的情绪视而不见，那些情绪就会自动消失，但事实并非如此。情绪仍然存在，而且儿童始终不知道该怎样应对它们。更糟糕的是，这还会让儿童认为他们的情绪是不重要的。这些后果对提升儿童的社会能力和建立健康的自尊无疑是毫无益处的（Ahn & Stifter，2006）。

对儿童撒谎

有时，成人为了“保护”儿童不要遭遇对他们来讲比较艰难的情绪环境，会故意向他们隐瞒真相。比如，3岁的尼娜得去医院采血，她很害怕，快要哭了。虽然针头肯定会造成刺痛感，可是成人对她说，“一点也不疼”。这样的谎言不能使儿童对必须面对的现实做好心理准备，还会破坏成人在儿童心目中的信誉。花好长时间才建立起来的信任关系一下子就被削弱了（Marion，2011）。

否定儿童的情绪

成人否定儿童情绪的做法有许多种。有时，他们禁止儿童流露某些情绪，会对儿童说“别紧张”“不要生气”或者“你不应该这么害怕”。有时，成人会否认儿童情绪的重要性。比如，卢卡斯哭着说，“看啊，我的手指流血了”，成人回应说，“那不过是划了个小口，你又不会死”。还有的时候，成人会告诉儿童他们并没有真的在经历他们声称的情绪，比如，他们会对儿童说，“你要知道你们俩并没有真生气”“给我们笑一个”。当成人否定儿童的情绪时，他们实际上向儿童传递了这样的信息：那些情绪是错误的，有那些情绪的孩子是坏孩子。显然，这样的信息既不是真实的，也不会对儿童有任何益处 (Katz & Katz，2009)。

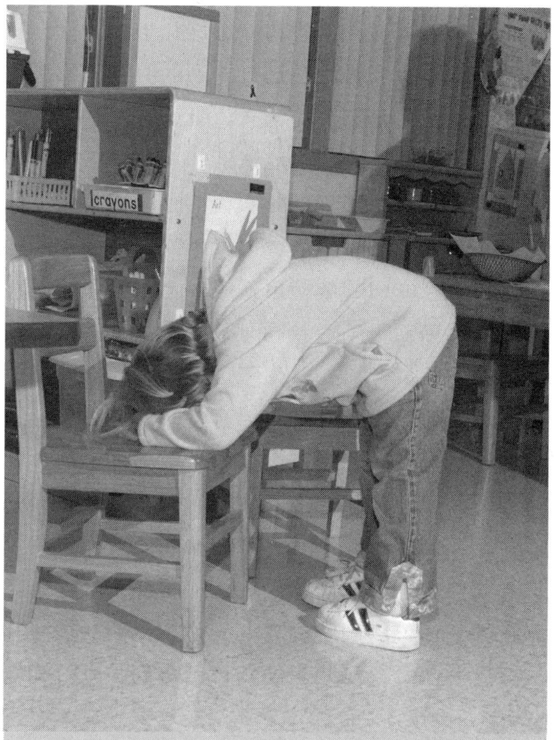

当消防员穿戴上他的帽子和氧气罩时，萨琳娜捂上了自己的眼睛。

羞辱儿童

取笑儿童或者试图羞辱他们是非常不好的做法。成人会对儿童这样说，“你哭什么啊？我真没想到你会是这样一个孩子。”“其他孩子都很开心，为什么就你不高兴？”或者，“曼尼从来不害怕，可你怎么像个胆小鬼？”这些说法会令儿童很受伤。与向儿童撒谎和否定儿童的情绪一样，羞辱儿童也会让他们对自己产生怀疑并且感到内疚和自卑，而绝不可能期望他们有积极的反应或产生好的感觉。因此，希望能对儿童有所帮助的专业人员千万不要采用这样的做法（Hyson，2004）。

成人使用上述不当做法的目的是避免或化解当时与儿童形成的紧张气氛，并且能够安慰他们，但实际上事与愿违。它们不仅会让情况变得更糟糕，而且会阻碍儿童学习更为有效的应对情绪问题的有效方法。

摒弃这些有害的方法后，成人可以选择一些能够提升儿童的信任、能力和价值感的积极策略，同时帮助他们增强应对情绪挑战的技能。

对儿童情绪的积极反应

成人可以采用许多策略来帮助儿童有效地应对情绪问题。与其试图消除或限制他们的情绪，不如首先接纳它们，然后再努力帮助儿童改变表达情绪时的一些行为。成人需要记住下列几点，从而更好地对儿童的情绪做出反应：

- 儿童的情绪对他们来讲是真实合理的。
- 情绪没有对错之分，所有的情绪都来自初级情绪，是自然出现的。
- 儿童不善于控制他们的情绪，而且成人也无法靠简单的命令就使他们做出改变。
- 所有的情绪在儿童的生活中都是有意义的。

相较于肢体动作，语言是表达情绪的一种更令人满意、准确且适当的方式。因此，在与学龄前以及上学后的儿童在一起时，帮助他们应对情绪挑战的最显而易见的方法就是鼓励他们坦诚地说出自己的感受。

与儿童交流他们的情绪

有充分的证据表明，如果成人经常与儿童就情绪进行交流，儿童应对情绪的能力就会得到提高（Epstein，2009；Calkins & Williford，2009）。这样的交流可以出现在每天的各种场合中。与儿童开始一次以情绪为重点的谈话的最简单的方法就是成人先觉察儿童正表现出的情绪（Thompson & Twibell，2009）。因为儿童从自己的亲身经历中得到的收获最大，所以如果别人能及时指出他们的情绪并加以描述，对他们来讲是非常有益处的。比如，如果马特很生气，而一位成人恰好觉察到了（“马特，你看上去很生气”），马特就会从自己的亲身经历中理解生气的概念。而且他不仅能够明白自己的情绪状态，还可以了解情绪产生的内部原因和环境因素。这样的方法综合了培养成熟情绪认知所需的三个方面：情境、身体反应和理解。这种向儿童告知并描述情绪的基本策略被称为情感反应。

情感反应

情感指的是一个人的感受或情绪，**情感反应**包括识别儿童正在经历的情绪并运用反应性陈述对其进行命名。

情境1：巴里爬上了儿童游乐场里立体架的顶端，他大笑着宣布，“嘿！你们都看看我！”

成人这时可以说：“你很骄傲自己能爬那么高。”“爬那么高一定感到很爽吧！”“你成功了，真令人激动！”

情境2：马琳对她还没有玩完就得做清洁非常不满。

成人这时可以说，“你希望你不用现在就做清洁。”“你还没有玩完呢，这确实让人生气。”“被打断的确令人很沮丧。”

情境3：厄尔对体育课后得和其他孩子一起冲澡感到很难为情。

成人这时可以说，“在公众场合冲澡让你觉得不舒服。”“你希望不要当众脱掉衣服。”“你似乎认为让你这么做很不公平。”

像这样的情感反应能承认并帮助儿童对情绪做出定义。在每个情境中，成人所使用的语言和声调都应当与所描述的情绪状态一致，这样传递出的信息才更完整和准确。

使用情感反应带给儿童的益处

使用情感反应的方法定义儿童的情绪能够让抽象、内在的内容更容易被感知，也就是说，能使它变得更具体（Epstein，2009；Gergen，2001）。此外，已知的事情当然比未知的事情更容易理解，给情绪贴上标签也便于儿童尽快熟悉它。由于情绪无法触摸或把握，也不能直接观察到，因此给它们贴上标签的做法显得尤其重要。

语言标签也是人们用来识别和回忆过去发生的事情的主要方法（Thompspon & Twibell，2009）。如果一个感到愤怒的儿童以前听说过愤怒这种情绪，就比较容易觉察自己当前的情绪状态。这样的认识可以帮助儿童从过往的经历中提取应对当前局面的可行性行动方案。

另外，语言还可以帮助孩子区分相似却并不完全相同的情绪（Denham，Bassett，& Wyatt，2008）。比如，对于生气、厌恶和愤怒这几个词，你会知道它们所反映的情绪状态是有差别的。它们都是生气的表现，但有着各自的含义。听说过这些不同的情感反应能使孩子更准确地识别和理解自己当下经历的情绪状态。而且听到的表达情感的词越多，他们可以使用的也就越多。词汇量越大，他们在向他人表达情绪时可用的选择也就越多，这会令他们对自己的表现感到很满意。同时，他们呈现的情绪反应也会更加丰富。比如，生气、厌恶和愤怒可以引发儿童不同的行为反应。对语言的研究也很支持这种观点。研究表明，当人们习得了新的词汇后，他们对经历的理解能力和对事情的归纳能力都会受到强烈影响（Domitrovitch，Moore，& Thompspon，2012）。

如果成人通过情感反应认可了儿童的情绪，就以一种儿童可以理解的方式表达了他们的关注和关心，这种认可会让儿童感到自己得到了倾听和接纳（Duffy，2008）。而且儿童不仅能意识到成人尊重他们的情绪，当听到自己和他人的情绪被描述时，还会发现大家的情绪其实并没有太大分别，这样他们就不会觉得自己的情绪经历有什么不正常了。情感反应能够帮助儿童认识所有的情绪——无论是令人快乐的还是不快的——都是生活中不可避免的一部分。要点5.5里归纳了对儿童使用情感反应的益处。

要点 5.5

反应儿童情绪的益处

情感反应

- 帮助儿童更好地理解他们正在经历的感受。
- 可以让儿童很容易地借鉴以往的情绪经历。
- 帮助儿童区分不同的情绪。
- 提升儿童的语言及自我表达能力。
- 体现成人对儿童的关爱和尊重。
- 让儿童明白情绪是生活中很正常的一部分。

情感反应是增进儿童情绪发展的基本要素，可以用于各个年龄段的儿童和所有的环境中。有时，成人使用这种方法是为了在互动时更侧重关注儿童的情绪；有时则是为了在承认儿童的情绪的同时加入其他内容，比如给他们制定规则或强调后果。情感反应还有利于营造积极的语言环境，增强儿童对自我的认知。最后一点，在你学习本书的过程中，还会不断发现情感反应是许多其他技能的基础。

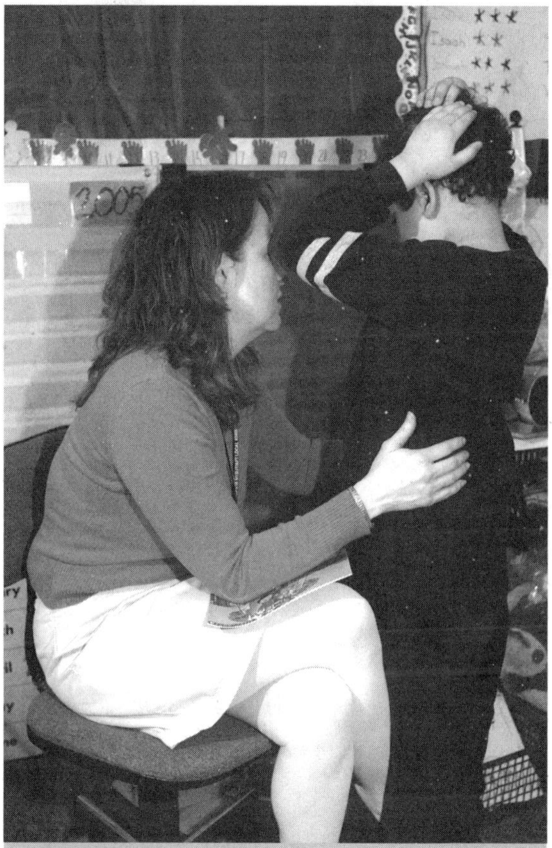

老师认为这个孩子正呈现怎样的情绪？

利用一切适当的机会向儿童定义各种情绪。这些儿童有什么样的情绪？

帮助儿童使用语言向他人表达自己的情绪

除了帮助儿童通过情感反应识别情绪外，成人还可以教导儿童以能被他人接受的方式谈论和表达自己的情绪。能用语言讲述自己情绪的儿童可以很容易地让别人知道他们的感受，这样就会减少误解，并且得到更多的帮助。

这种分享情绪的方法通常被称为**自我表露**，它被看作人与人交流的基本技能。强调公开和坦诚交流的互动理论所提及的那些技能大多与自我表露这一概念相似或相同（Gazda，Balzer，Childers，& Nealy，2006）。有足够多的证据表明，一个人向他人表达自己情绪的程度对他与别人能否构建亲密关系有重要影响 (Ladd，2005)。此外，当儿童学会使用语言后，就不再通过肢体动作来表达负面情绪了。当儿童会说“我很生气”时，他会感到很满意，因为他觉得他可以用语言来表达自己的情绪，而无须通过对别人推推搡搡来宣泄。

如果成人向儿童解释清楚人会有哪些情绪以及为什么会这样，而不是指望他们自己弄懂，儿童对情绪的表述就会更加清晰（Thompson & Twibell，2009）。年纪小一点的孩子会从成人提供给他们的表达情感和情境线索的信息中获益（比如，“科琳看上去很兴奋，她又笑又跳”；或者，“雷夫没接住球，所以他很沮丧”）；而年纪稍大些的孩子会从成人描述的有关人的内在情感状态中有所收获（比如，“埃斯特还在为昨天的成绩难过”；或者，“凯莎，你津津乐道于讲述我们去年的野餐”）。而且，儿童在情绪环境中使用适当的词语或句子还能增强他们的社会能力（Hyson，2004）。比如，如果儿童能说“我还在用”或者“我用完以后你可以用”，他们就清晰地表达了暂时不想放弃某样东西的想法，否则他们只能采用不妥当的肢体动作或者只好放弃，两者都会让他们感到不爽。同样，像“该轮到我了”或者“我应该是下一个”这样的话能够帮助儿童应对一些情绪紧张的局面，比如决定下一个该轮到谁骑三轮车或者使用计算机了。

如果成人能在帮助儿童识别自己情绪的同时指导他们怎样管控情绪，那么他们即使处在激烈的情绪状态下，也能够学会应对。成人可以根据具体的情形教他们一些可行的方法，或者在他们自己设法应对时给予他们相应的帮助（Epstein，2009；

Denham，Bassett，& Wyatt，2008）。

明白这些道理后，接下来就需要学习一些有助于提升儿童情绪管控能力的技能了。它们与社会支持金字塔中的前三个阶段密切相关（参见图 5.6），适用于所有儿童。这些技能能够提高你在下面几个方面的能力：

- 与儿童建立积极关系。
- 营造对情绪有利的环境。
- 在帮助儿童识别、表达和应对每天遇到的数以百计的不同情绪状态时，能采用有益的教学和引导方法。

假以时日，绝大多数儿童都会对这些技能报以积极反应，并逐渐提高他们的情绪能力。但是，也有一些儿童仍会表现出对自己或他人有害的情绪行为，需要得到更多的额外帮助。当出现这样的情况时，深入的个别化干预就在所难免了，稍后我们会进一步探讨。

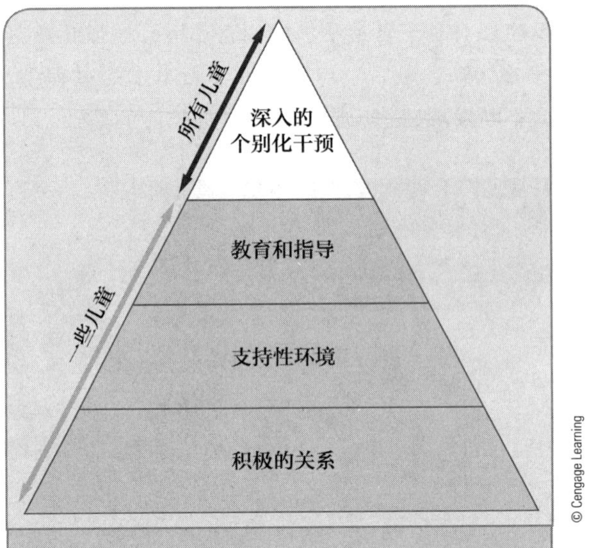

图 5.6　社会支持金字塔：帮助儿童的情绪发展和学习

支持儿童的情绪发展和学习的技能

表达情感反应

1. **说话前先要仔细观察儿童**。环境对意思非常重要，因此要密切关注儿童的面部表情、声调、姿势和用词。相对于年龄大一点的儿童，年幼儿童一般愿意敞开表达他们的情绪，他们的行为也比较容易理解。因此对那些大一点的儿童，尤其要注意他们的非言语暗示。一个看上去很“沮丧”却说自己很“开心”的孩子更可能是沮丧的。
2. **对儿童表现出的各种情绪都要非常敏感**。儿童会表现出许多情绪，有的比较极端，有的相对温和；有的是积极的，有的却是消极的。但是所有的情绪都是重要的。如果你只花时间关注他们表达出的激烈情绪或负面情绪，儿童很快就会认为只有这些情绪才值得表达。一定要注意他们所有的情绪并做出情感反应，这样他们才能对情绪具有广泛的理解。
3. **不要对儿童正在经历的情绪发表判断性评价**。只用有确切把握的证据来形成你对儿童情绪的印象，不要急于给儿童情绪产生的原因下结论。比如，杰克哭着走进教室，很显然或是因为悲伤或是因为生气，但真正令他出现这样情绪的原因并不明显。

   虽然你可以猜测他可能是由于不愿意妈妈离开而哭的，但他实际上也完全可能是因为他得穿他不喜欢的橘色毛衣。由于你并不能确定让他难过的真正原因，所以对你来讲，比较适当的做法是对他说，“你看上去有些难过”，而不要说，“你很难过，因为你想妈妈了”。与儿童用第一种说法开始交流比用第二种更加准确。
4. **对你观察到的儿童的情绪向他做一个简单描述**。你的反应要简洁，不要试图把你看到的所有和儿童情绪有关的内容都反映出来。年幼的儿童对短句子的理解能力是最好的，对那些英语非母语的儿童来说也是如此。年纪稍大一点的儿童虽然能够理解长一些的句子，但他们不喜欢成人的长篇大论。

埃琳娜是一个四年级的学生，她受邀去给一些学龄前的孩子读书，她会有哪些感觉？

5. **变化着使用各种表达情绪的词语**。一定要使用许多不同的词语来形容儿童的情绪，这样可以扩展儿童关于情绪的词汇量，同时也能让你的反应显得丰富多样。

从使用初级情绪的词语开始（高兴、生气、悲伤和害怕），渐渐地扩充相关或相似但又不完全相同的近义词。然后提前想好两三个你最近没有用过的词语，并计划好在某一天特意试着对儿童使用它们。每当合适的情景出现时，就用一个你储备好的词，每天都可以用不同的词重复这样的过程。

最后，当你用一个较常用的词反映了儿童的情绪后，可以接着再用一个意思稍有不同的词（"你好像很难过，听上去你对这个模型飞机不能飞感到很失望"）。工具表 5.1 里列举了一些可供使用的表达情绪的词。

工具表 5.1

常见情绪词	高兴	生气	悲伤	害怕
各种表述	心满意足的	恼怒的	失望的	关切的
	高兴的	沮丧的	泄气的	不舒服的
	满意的	生气的	不安的	不确信的
	充满希望的	闷闷不乐的	抑郁的	紧张的
	快乐的	厌恶的	没信心的	害怕的
	骄傲的	妒忌的	排斥的	担心的
	开心的	不满的	尴尬的	惊讶的
	激动的	愤怒的	难过的	恐惧的
	兴高采烈的	愤慨的	不快的	谨慎的
	震撼的	嫉妒的	内疚的	受惊吓的
	放松的	狂怒的	压抑的	怀疑的
	感激的	厌烦的	悲哀的	犹豫的
	有信心的	困扰的	焦急的	迟疑的

6. **认可儿童的情绪，即使它们可能令你感到不快**。有时候，儿童表达的一些情绪会让成人感到没有道理、难以理解或者很难应对。比如，桑德拉怒气冲冲地进到游乐场，她咬牙切齿地吼道："我讨厌那个教师，她就知道留作业，让人根本没有时间做其他事情。"在这种情况下，成人很可能会采取下列做法：

- 告诫：我和你说过，对任何人都不应该用"讨厌"这个词，这样说别人是不对的。
- 分析：她必须那么做，这样你才能学会算术。
- 否认：你不能讨厌任何人，知道吗？
- 忽视：行了，别再那么说了，去玩游戏吧。

遗憾的是，这些反应都没有顾及桑德拉的想法，她以后很可能就不再愿意与你分享她的情绪了。而且，这样的反应可能会让她更抵触或者会用更极端的方法来表明她的情绪。她对老师的印象不仅不会改变，而且无法学到应对愤怒的更积极的方法。比较适宜的反应是，"要做那么多作业听上去确实不太公平"，或者，"听上去你今天在学校过得很糟糕"。这样的情感反应让你搁置了自己的情绪，完全从一个不同的视角去认识一种观点。这样，儿童就会信任你，让你有机会接近他们的私人空间。

7. **修正不恰当的反应**。情感反应是你对儿童情绪状态所做的尝试性陈述。如果你说，"你看上去很焦虑”，儿童却说“没有”或者“我只是在想事情”，那你应当很得体地纠正自己刚才的说法，“噢，我误解你了”，或者，“对不起，我不应该打断你的思考”。

8. **等儿童的情绪变得更清晰了，再逐渐尝试着使用情感反应**。不很极端的情绪有时很难理解，而且相比一般的儿童，有的儿童不善于表达。如果你对一个孩子不够了解，或者他没有发出明显的信号供你做出判断，那么在与他互动时应先使用行为反应或者解释性反馈。等一会儿再用情感反应来获取关于儿童当前情绪的更多线索。

   场景：儿童独自坐在台阶上。（没有明显的情绪表现）

   成人：你一个人坐着呀？（行为反应）

   孩子：我在休息。

   成人：你想待会儿，喘口气。（解释性反馈）

   孩子：他们说我不可以玩，得等到他们玩完以后再玩。

   成人：你听上去是因为这个有点不高兴。（情感反应）

提高儿童对情绪的理解和沟通能力

1. **使用故事、书籍和歌曲来引发儿童对情绪的讨论**。可以给儿童读一本书，例如，朱迪思·维奥斯特（Judith Viorst）写的《亚力山大和糟糕的、可怕的、不好的和非常不快的一天》（*Alexander and the Terrible, Horrible, No good, Very Bad Day*, Macmillan，1987），或者杰夫·凯尼（Jeff Kinney）写的《一个懦弱的孩子的日记》（*Diary of a Wimpy Kid*, Amulet Books，2004），并指出故事中各个人物经历的各种情绪。让孩子们找出他们发现的表达情绪的词，解释书中人物产生这种情绪的原因，或者让他们设想在某个环境下这个人物会有怎样的情绪。任何类型的故事都可以用来引发这样的讨论（比如，“那个金发的小女孩吓坏了”，或者，“劳拉·伊格尔斯知道能跟爸爸进城兴奋极了”）。确保故事中既有正面情绪，也有负面情绪。工具表5.2提供了一些在与儿童讨论故事中的人物情绪时可以使用的语言提示。

工具表 5.1

这里列出了一些从具体到较为抽象、从简单到较为复杂的建议，每次与儿童交流时都可以使用其中的两三个，而不要一次使用所有的。

	讨论一本图画故事书中的情绪时可以使用的提示词	取自《亚力山大和糟糕的、可怕的、不好的和非常不快的一天》一书中的一些例子（这本书适合5～9岁的儿童阅读）
1	看这本书里的这些图片，你看到了哪些情绪？	看看这幅画里的亚历山大，他有怎样的情绪？ 再看看安东尼和尼克，他们有怎样的情绪？ 吃早餐时，安东尼和尼克与亚历山大的情绪一样吗？你是怎么知道的？
2	从这本书里找出一个开心（悲伤、生气、害怕）的脸或人物	从书中找出一个愤怒的亚历山大。 从书中找出一个快乐的亚历山大。 早餐时谁看上去是快乐的？ 看看车里的那些人，找出一张开心的脸，再找一张生气的脸。
3	从这本书里找出表达开心（悲伤、生气、害怕）的词语	咱们找出一些表达不开心的词：“可怕的、恐怖的、不好、糟糕。”
4	看这个人，他的情绪是怎样的？	看看亚历山大的老师的脸和身体，她的情绪是怎样的？
5	听这个人说的话，他的情绪是怎样的？	亚历山大说，“我说我正蜷缩在车里，被挤来挤去。我说如果我不能找到一个靠窗户的位子，我会晕车的。可是没有人理我。”这时，亚历山大的情绪是怎样的？
6	你觉得×××的情绪是怎样的？	你是如何知道亚历山大感到很难过的？
7	发生了什么事让×××觉得……？	是什么事情让亚历山大那么生气？尼克又为什么高兴？
8	×××为什么会觉得……？	亚历山大为什么感到失望？
9	什么样的事情会让×××感到……？	怎样才能让亚历山大感觉好起来？
10	如果×××希望感到……他会做些什么？	亚历山大怎样才能让自己感觉好起来？

11	如果×××……你觉得他有怎样的情绪？	如果亚历山大在他早餐吃的麦片里找到了奖品，你觉得他会有怎样的情绪？ 如果晚餐改吃比萨饼，你觉得他会怎么样？
12	你认为×××会有怎样的情绪？	如果亚历山大得到靠窗户的位子，你觉得他会有怎样的感受？
13	你是怎么想的？让我们来看看你的想法对不对？	亚历山大接下来会做什么？我们来看看。
14	如果你是×××，你会有怎样的感受？	如果你是亚历山大，没有在麦片里找到奖品，你会有怎样的感觉？ 你曾有过与亚历山大一样的感觉吗？是什么时候？你当时做了什么？

歌曲也可以用来扩展儿童的理解能力和词汇，下面这首歌曲《如果你快乐，而且你知道》就是这样一个例子。

《如果你快乐，而且你知道》

如果你快乐而且你知道，就说：我很高兴。我很高兴。

如果你快乐而且你知道，就说：我很高兴。我很高兴。

如果你快乐而且你知道，而且你知道怎么表达出来。

如果你快乐而且你知道，就说：我很高兴。我很高兴。

如果你生气而且你知道，就说：我很愤怒。我很愤怒。

如果你生气而且你知道，就说：我很愤怒。我很愤怒。

如果你生气而且你知道，而且你知道怎么表达出来。

如果你生气而且你知道，就说：我很愤怒。我很愤怒。

2. **先对儿童谈你自己的情绪，让儿童明白应该怎样谈论他们的情绪**。可以在平时的交流中提及生活中各种事情对你的情绪的影响。（“今天太棒了，我很高兴看到了日出。”“抽水马桶总是堵，让我烦死了。”）主动与儿童谈论一些会影响大家情绪的事情。（“听上去午餐没有通心粉，大家肯定会很失望。”“如果我们离开前不和琼斯小姐打招呼，她会着急的。”）然后询问孩子在一些事情发生时的感受。（“哦，下雨了，这里谁喜欢下雨？谁不喜欢下雨？”）也可以和孩子讨论他们认识的人或新闻里的人所经历的情绪。（“咱们的校长桑切斯先生今天感觉很开心，因为他当上祖父了。”“洪水暴发时，斯普林河沿岸的人们吓坏了。”）
3. **帮助儿童找到向他人描述自己情绪的机会**。儿童常常误以为他们的情绪对周围的人来说是显而易见的。要告诉他们情况并非如此。（“梅琳达没有像她承诺的那样帮助你，所以你很失望，可是她并不知道你的情绪，因此你应该告诉她，这样她才会明白。”“你不想让克劳迪娅拿走这个锤子，但是她并不知道，所以你要告诉她。”）
4. **教儿童一些合适的词语来帮助他们表达自己的情绪**。有时候，儿童不能用语言表达他们的情绪，因为他们缺乏相应的词汇，或者他们的情绪太强烈了，以致他们都不知道该如何表达了。如果出现这样的情况，可以采用下面两种方法：
   a. 给儿童提供一些适合当时情境的词语。也就是说，告诉他们该怎么说（可以建议凯西这样说，“克劳迪娅，我还没有用完锤子呢。”“克劳迪娅，我不喜欢你抢东西。”）对较小的儿童或者缺乏经验的儿童应教他们简短的词语，但对年纪稍大一些或者比较有经验的儿童则应该为他们提供一些长一点的句子或者不止一种说法。在儿童可以自如地使用你为他们提供的词语和句子后，再帮助他们思考自己的表达法。（“你对克劳迪娅很生气，告诉我，你打算用哪些词来让她知道你的情绪。”）
   b. 问儿童一些能促使他们讲述自己情绪的问题。先从简单的只需用“是”或“否”回答的问题开始提问。（“马科拿走了你的钳子，你愿意他这么做吗？”）过一段时间后，再加入开放式问题。（“马科拿走了你的钳子，对此你有怎样的感觉？”）。
5. **帮助儿童通过分析他人的行为来判断他有怎样的情绪**。儿童并不总能意识到他人的情绪，而且即使意识到了，也不一定能够做出准确的解释。因此，要为年幼儿童以及那些缺少经验的学龄前儿童指明人们在表达情绪时的一些具体特征（“珀尔在哭，这说明她不开心”）。对于年纪稍大一点的儿童，可以提醒他们注意观察他人表露出的一些暗示（“你看珀尔，告诉我她在干什么以及她表现出了怎样的情绪”）。如果儿童没能给出正确的回答，你应该予以纠正，并告诉他们正确的信息。

6. **提醒儿童注意引发人情绪的环境因素**。直接告诉学龄前的儿童导致一种情绪产生的环境特征。（“朱莉和克里斯都想吃最后一块蛋糕，他们决定把它切成两半，然后他们都很高兴。当人们能够解决一件事情时，他们通常会很高兴。”“加兰，你为了用那个画架已经等了好久了，可是现在下雨了，你一定感到很失望。”）对于大一点的儿童则让他们告诉你是什么环境因素造成了某种情绪反应，无论他们是旁观者还是参与者，都可以让他们这样做。

 此外，指出不同儿童在面对同一件事时情绪反应中的相同和不同之处。（“你们两个都看了这部电影，听上去你们都很喜欢它。”“你们两个都看了这部电影。爱玛，听上去你觉得它非常有趣。詹尼斯，你好像不这么认为。”）

7. **帮助儿童梳理复杂的情绪**。先听儿童描述他的状况。如果你听出或者观察到他有不止一种情绪，要认可他的每一种情绪，并且告诉他同时具有几种情绪状况是一件很正常的事。如果儿童用言语表达的内容与其非言语行为有不相符的地方，要向他指出来。（“你告诉我一切都好，可是你看上去很难过。”）

8. **要有意识地与男孩和女孩讨论他们的情绪**。如同本章前面提到的，成人总是倾向于和女孩更多地谈论她们的情绪，虽然他们并非有意为之。留意一下你每天的谈话对象，可能的话，最好记录一下你每天分别与男孩和女孩就情绪进行交流的次数。如果时间分配得不合理，要做出调整，一定要确保和每个儿童都有沟通，并且涉及他们表现出的所有情绪。

9. **更多地了解班上儿童及其家庭在情绪表达方面的文化差异**。留意儿童及其家人在家中或其所处的文化环境中怎样表达情绪。也可以阅读一些与文化交流相关的杂志和书籍。这里给大家推荐一本很不错的书：《发展多元文化的能力：与儿童及其家庭的相处指南》(*Developing Cross-Cultural Competence: A Guide for Working with Young Children and Their Families,* Paul H. Brooks Publishing Company，2011)，作者是埃莉娜·林奇（Eleanor Lynch）和马西·汉森（Marci Hanson）。要认识到儿童会因为年龄差别和在其家庭中习得的不同的文化习俗而有不同的情绪表达方式。要尊重他们的这些差异，无须让他们用统一的方法做出反应，而且尤其不能忽视那些可能不同于你在成长过程中所习得的情感信号。

帮助儿童处理激烈的情绪

1. **承认儿童的激烈情绪**。阻止伤害性行为。先做出情感反应，然后明确告诉儿童不可以做出伤害性行为，可以给儿童建议或示范一个更加妥当的方法来表达他的情绪。比如，“你确实非常生气，但我不能允许你打人，因为打人会造成伤害。你可以告诉他，‘我不喜欢这样的做法’。”“你很激动，我担心你会把鼹鼠弄窒息，甚至让它停止呼吸。应该像这样轻轻地握着它。”（关于干预的类型，本书后面的章节还会探讨。）

2. **安慰感到悲伤或害怕的儿童**。可以为他们提供肢体或言语方面的安慰。

3. **重新解释发生的事情来帮助儿童处理激烈的情绪**。有时候，儿童表现出激烈的情绪是因为他们误解了别人的行为或意图，因此当即向儿童做出解释可以让他们重新考虑或缓和他们过激的反应。也可以直接指出事件中的孩子可能误判或忽视的地方。比如，“你以为安德鲁在取笑你，其实他笑是因为他刚听到的一个笑话，不是冲着你的。”“你以为梅尔巴插队了，但实际上她已经等了很长时间了，现在真的该轮到她了。”

4. **提前考虑到一些儿童在新环境中可能遇到的不安全感和激烈反应**。与儿童就新情况或可能遇到的挑战进行沟通，告诉他们可能会发生的事情。后期，当儿童实际经历这些情况时，再进一步向他们做出解释。比如，“当你听到火警警报时，它的声音会特别大，你们有些人可能不喜欢这样的噪声。但是它是为了让建筑物里的人无论身处何

关于悲伤或生气的情绪，这个儿童学到了什么？

处都能够听见。警报声告诉我们要迅速撤离，所以我们听到后都要马上安静地走到外面。我会一直和你们在一起。"

5. **教儿童一些能够有效地自我调节情绪的方法**。可以通过交流、现场指导和示范的方法。当你发现儿童能够自己使用这些有效的方法时，可以当场或者稍后赞许他们的做法，这样有助于促进他们技能的发展，并且让他们意识到可以在今后遇到类似的情况时使用它们。

   下面是一些具体的做法：

   a. **限制感觉输入**：把孩子的耳朵或眼睛捂上以减弱情绪刺激，让他们看别的地方，转移他们的注意力。

   b. **让他们观察其他孩子在同样的环境下是如何应对激烈的情绪的**：尤其让他们注意观察当别的孩子遇到恐怖或令他们生气的事情时是怎样处理的。

   c. **让他们自己安慰自己**："妈妈很快就会回来了。""水很好玩。""我能做这件事。""停下来，喘口气，放松一会儿。"

   d. **改变他们的目标**：在告诉孩子游戏室已经没有地方玩了或者还没有轮到他时，让他玩其他的游戏。

   e. **解决问题**：让一个害怕去新学校的孩子画一张图，标出从主楼到她房间的路线；让一个爱生气的孩子每次在面对嘲笑他的同伴时先做三次深呼吸。

   f. **让孩子用乐观的话语重新叙述一个充满挑战的情境**："这样的结果已经很好了。""明天我还有机会。""她又不是我唯一的朋友。"

6. **为儿童提供尽可能多的机会让他们体验快乐、高兴和幽默**。所有儿童都需要有机会体验快乐的情绪，因为它可以感染别人，并且提升儿童自身的幸福感。所以要花时间与儿童一起嬉笑、做游戏、讲笑话、故意装傻和随时感受快乐。这些愉快的经历能够增强儿童的适应能力，让他们充分体会情感世界不全是阴暗的。互动时，如果儿童在你的脸上看到了喜悦的表情，就会觉得你愿意与他们为伴，而且你绝不会认为他们身上只有负面的情绪。

与儿童的家人就儿童的情绪进行沟通

1. **将儿童与你在一起时的情绪状况告知他们的家人**。留意儿童每一天的情绪反应，不要等到危机或者极端反应出现时才告诉他们的家人。（"贾马尔今天用所有的积木搭了一座城，他对能把每一块积木都用上感到特别激动。""今天泰德非常专注于把他在新泽西的经历写进日记中，后来他把它读给大家听，其他的孩子问了他许多关于这次旅行的问题。他看到他们很感兴趣非常开心。"）把这样的信息通过面对面的交流、写便条或者定期打电话的方式告诉儿童的家人。每月与每个儿童的家庭至少进行一次这方面的沟通，并将交流的内容记录下来，确保你与每个家庭分享的信息量是差不多的。

2. **从儿童的家人那里了解儿童在家时的情绪表现**。同时也要密切关注儿童在家时的变化。一些看似日常的事情，比如夜里因受干扰而没休息好、期待放学后去逛商店或者有朋友会去家里玩等都可能引起儿童的情绪反应。同样的，一些较为重大的事情，比如父母即将离婚、妈妈要出差一段时间、爸爸的女朋友要搬来同住或家中将发生一件大事等也会影响儿童与你在一起时的情绪。与儿童的家庭成员保持这样的交流能够使你对儿童做出更能理解他的反应。

3. **帮助儿童的家人更好地理解儿童的情绪发展**。拉米雷斯先生提到，他3岁的孩子本来一直很高兴，但在看到一个小丑在购物中心里发放气球时突然吓得大喊大叫，他不明白孩子为什么会在瞬间产生这样强烈的反应。开家长会时，一位母亲提到她上四年级的女儿对即将到来的舞蹈演出表现得心神不安，她说，"一分钟前她还很激动，可一分钟后她又紧张得要命，她的情绪似乎变化无常。"用你在本章学到的知识帮助这些家长认识到儿童的这些行为源于他们仍处在发展阶段。比如，可以告诉家长，学龄前的儿童看到夸张的装扮和面具会感到紧张，这是正常的。同样，在小学阶段，儿童出现多重情绪也是正常的，这连他们自己也无法解释。当家长听到儿童的行为符合发展规律后，就会感到放心和安慰。如果条件允许，还可以向家长传授一些应对这类情绪问题的方法。

4. **注意儿童的家人流露出的情绪**。成人在儿童的生活中也会出现许多的情绪，它们会通过言语或非言语表达出来。要留意他们的这些暗示并做出适当的情感反应（"你今天看上去很激动""你似乎有些生气"）。

   然后可以问他（"你愿意说说吗？""有什么我能帮你的吗？"），接下来等他的反应，不要逼他们说出更多内容。

   尊重儿童的隐私。如果儿童做出了回应，那就仔细倾听，并使用你在第4、5章中学过的技巧表现出兴趣、接纳、真诚、共情和尊重。

5. **接纳儿童的家人表现出的情绪，即使它们令你感到不快**。有些时候，儿童的家人表现出的情绪与你的情绪或你认为他们应有的反应不一致。比如，当你告诉一位母亲她儿子很喜欢画画时，你可能会吃惊地发现这位母亲表现得很生气，并且说，"我不想让他在画画上浪费时间，我希望他把注意力放在学习阅读上。"当一位家长很得意地宣称他10岁的儿子"把他的堂兄痛打了一顿"时，教师会感到很失望。当另一位家长要求校方让他14个月大的孩子远离另一个患有癫痫的孩子时，教师也会感到很为难。遇到这些情形时，你首先要通过解释性反馈或直接认可的方式对家长表现出的情绪给予理解（"你不愿意俊赫学画画""听上去雷蒙德是在捍卫自己的利益""你担心杰西和郎达接触太多"）。实事求是地接纳儿童的家人的观点需要你先将自己的情绪置于一边，尽量聚焦他们的想法。要做到这一点确实不太容易，但如果你希望他们信任你，愿意在你面前坦诚地表达他们的感受，你就必须这样做。我们将在第15章中进一步探讨你应如何反应以及怎样在坚持的自己的价值观的同时对儿童的家人给予尊重。

6. **当儿童的家人对你或你所工作的场所表现得非常愤怒时，要克制采用攻击性反应**。一位愤怒的家长在大厅拦着你说，"我告诉过你要让杰西远离郎达，可是我刚才看到他们又在一起玩了。难道你听不懂我的话吗？"你可能会接到一位孩子奶奶打来的电话，生气地喊道："泰莎今天回来时袖子上沾满了颜料，这已经是第三次了，她的好衣服都毁了，我已经没钱再不停地给她买新衣服了。你们为什么就不能照看得仔细一点呢？"

   当你从儿童的家长那里得到这样的信息后，你会觉得受到了攻击和冒犯。有时候，这样的攻击会让你不想再关注这个家庭、使劲为自己的行为做出解释或者反过来指责对方，因为在你心里一直把儿童放在第一位，家长怎么可以对你做出这样糟糕的评价？他们的想法怎么可以这样狭隘？他们怎么能要求你对发生的所有事情负责呢？

   当你头脑中有了这样一些反应时，先花点时间整理一下自己的想法，控制自己不要马上做出反应。试着从儿童家长的角度来理解这件事——家长不满的背后通常是为了保护自己的孩子或者为孩子争取更多的机会。如果这样想，你就能够理解家长的情绪了——家长提出了要求，可是后来她认为其要求没有得到重视；或者当儿童到家时衣服弄得脏兮兮的，她当然会很恼火。

   在上述情形下，最好的做法是承认儿童的家长感到生气或不公的情绪，然后想出对双方都有益的解决办法。即使儿童的家长的愤怒情绪似乎没有道理或者难以理解，也要记住他们有权利表达自己的情绪，而且也无法期望他们在表达愤怒情绪时不伤害你的感受。另一方面，作为专业人员，无论实际情形是怎样的，你都应当在做出反应时保持对对方的尊重和理解。这不是一件容易的事情，但它是伦理行为标准的一部分，从中可以看出专业人员与外行的区别。

遇到愤怒的家长时，首先不能冲动，不要马上做出反应，要谨慎行事。可能的话，先让自己冷静一会儿再做出反应。然后，试着从儿童家长的立场看待这件事。如果你能把家长说的话当成了解其观点的机会而不是对你的不满，就再好不过了。然后，在面对问题时，一定要认可儿童家长有权利表达他们的情绪。最后，按照第 15 章中提供的方法采取措施解决问题。

注意事项

在回应儿童的情绪时，无论你是单独面对一个人，还是一个整体；也无论是在非正式的场合，还是在有组织的活动中，你都要注意避免犯下面这些错误，它们同样也适用于你在与儿童的家人交流时。

1. **听上去“什么都知道”。**

   “你肯定感觉很难过。”

   “我知道你感到很难过。”

   “你感到很难过，是吧？”

   这样的说法使你听上去好像什么都知道，而且让儿童很难纠正你错误的理解。因为情感反应应该是尝试性的、可纠正的，所以像这样的用词是应当避免的。

2. **指责儿童。**带有恶意的、固执的、不配合的、龌龊的、贪婪的、操纵的和挑衅的词语都不能用来描述儿童的情绪，即使以情感反应的形式也不可以。这些指责性的词语依据的是成人对儿童行为的评价，而不是对他们情绪的正确解读，因此应当避免使用。比如，如果一个孩子想完全占有某样东西，这是他的愿望，可以理解，他也有这样的权利，绝不能把它说成贪婪，因为那样会让别人误以为他想获取更多不属于他的东西。同样，如果一个孩子坚持用一种固定的方法做某件事情，我们可以认为他很坚定，而不要觉得他固执或不可理喻。一旦你发现自己用了指责性词语，要马上停下来，看看儿童究竟想表达怎样的意思，然后再重新做出非评判性的反应。

3. **强迫儿童谈论他们的情绪。**为了体现他们对儿童的关切，成人可能会使劲打探儿童的情绪状态，完全不顾忌这么做有时会让儿童很抗拒和烦恼。对于那些学龄前的儿童，如果不停地问他们“你很失望吗？”或者“你为什么这么生气？”这样的问题，他们是没有能力回答的，结果会给他们造成很大的压力。在同样的情况下，年纪稍大点的儿童会觉得这种询问很干扰他们，因为他们可能更愿意自己思考。当儿童明显表现出沮丧的情绪但又不想与他人交流时，最好这样对他们说，“你好像很生气，可现在又似乎不愿意讲出原因。等你想沟通的时候可以随时找我。”或者，“如果你改变主意了，你可以过来找我。”

   避免这种消极情境的最佳做法是留意儿童暂时不想交流的行为。他们转移话题、躲避、含糊其辞或模棱两可的回答、愈发的不耐烦以及直接告诉你“我不知道”或“别管我”的反应都应得到理解和尊重。

4. **没有向儿童介绍更多新的表达情绪的词语。**有时，成人在做出所有的情感反应时总是反复使用一些常用词，因为他们担心儿童不熟悉他们可能不认识的词。帮助儿童掌握新的表达情绪的词语的一个方法是通过你的肢体、面部表情和声音来演示你想表达的情感反应。比方说，如果蒂拉好像很沮丧，你可以对她说，“你看上去很沮丧”，与此同时，你可以做出皱眉和耸肩的动作，并且口气严肃。第二种办法是告诉蒂拉她的哪些行为让你认为她很沮丧，“你好像很沮丧，因为你的身体绷得很紧，又皱着眉头”。还有一种行之有效的办法则是先使用一遍那个新词，接着再用另一个句子对它进行解释，“你好像很沮丧，就是说你已经想了许多方法，可还是不能把它们拼在一起”；或者，“你很失望，你希望我们可以别因为下雨而待在屋里”。

总 结

情绪人人都有，它由我们经历的事情引发，同时我们的身体也会做出反应，也就是说我们通过情绪反映我们经历的事情，并依照自己的情绪采取行动。

情绪是儿童生活中很重要的一部分。积极的情绪，比如喜悦和爱，会让人产生好的感觉，它们能鼓励儿童呈现开放的心态，接受更多的人和经历。消极的情绪，比如恐惧和生气，则让人感觉不快，它会导致儿童回避、逃避或者忽视困难。

情绪的发展是可预知的，并且是有序的。儿童的情绪从初级情绪（即快乐、生气、悲伤和恐惧）开始发展，逐渐加入更多相关联的情绪，形成了情绪群，也就有了更复杂的情绪反应。在人的一生中，引发某个情绪群的事件大体来讲是相似的，但认知的成熟和阅历的增加会影响个体对这些引发情绪的事件的理解。

人在一生中需要应对一系列情绪任务。在每个阶段，如果正面情绪占据了支配地位，人就能够得到最好的发展。在儿童经历的发展阶段中，他们需要应对的情绪任务包括：信任对怀疑、自主对羞愧和疑虑、主动对内疚、勤奋对自卑。此外，随着儿童逐渐走向成熟，他们对情绪的看法也会发生改变，这也会影响他们的情绪发展。儿童很小的时候认为人在某一时间只可能有一种情绪；到了五六岁时，他们开始意识到其实两种情绪是可以同时出现的（但应分别针对不同的事情）；10—12岁时，他们又发现针对同一件事，也可以有不同的情绪反应。儿童对他人情绪的认知也经历了类似的过程，但是即使是年纪较大的儿童也仍然无法准确地解释他人的情绪，因为相似的行为暗示可能反映的是不同的情绪；而同一件事又会引发不同人的不同反应；就连同一个人在不同时候的反应都不尽相同。在社会认同怎样的情绪和如何适当地表达自己的情绪方面，成人是儿童最重要的老师。

儿童会依据表达风格对情绪做出独特的表达，而表达风格受诸多因素影响，其中包括：儿童情绪中正面情绪和负面情绪的比例、儿童表达情绪的频率、情绪的强烈程度、初级情绪的混合以及情绪的反应速度。性别和文化差异也会影响个体情绪的表达。

儿童在应对情绪时会遇到许多困难。他们常常要靠别人觉察到他们的非言语暗示，可是这时很可能会被忽视或误解；他们可能会选择一些不恰当的行为来表达他们的情绪；他们也可能竭力隐藏、淡化或回避自己的情绪。这时，如果成人也做出了不当的反应，比如忽视儿童的情绪、对儿童撒谎、否认儿童的情绪或者羞辱儿童，则会使问题变得更加严重。

通过情感反应的方式与儿童就他们的情绪进行交流是一种有益的方法。情感反应首先需要觉察儿童正在经历的情绪，然后把它说出来。它能够使抽象、内在的心理活动变得更为具体，而用语言对情绪进行描述可以让儿童回忆起自己以前类似的经历，同时帮助他们区分相似却并不完全相同的情绪感受。成人还可以通过情感反应表达对儿童的关心和理解，并且与儿童构建积极的语言环境。能够帮助儿童应对情绪问题的其他方法包括：使用一些策略让儿童与他人谈论情绪并处理一些强烈的情绪状态；与儿童的家人就儿童生活中的情绪表现进行交流。

成人在帮助儿童情绪发展时要注意避免犯一些错误，包括：听上去什么都知道、对儿童使用指责性语言以及在儿童没有做好准备时强迫他们说出自己的情绪。

关键词

表达风格（expressive style，p.133）　情感反应（affective reflections，p.138）　社会参照（social referencing，p.134）
初级情绪（primary emotions，p.125）　情商（emotional IQ，p.129）　自我表露（self-disclosure，p.139）

问题讨论

1. 讨论情绪在儿童生活中的作用，并根据你自己童年的经历或你对儿童的观察举出一些具体的事例。
2. 马尔科姆 3 岁，他的哥哥威廉 10 岁。讨论一下他俩对自己的情绪分别会有怎样的认识，对对方的情绪反应又会有哪些认知。
3. 对照要点 5.4，说说你打算怎样使用本章提及的技能帮助儿童主动性方面的发展。
4. 列举情感反应有益于儿童情绪发展的至少三个地方。
5. 探讨你认为能够使情感反应更有效的方法。
6. 针对下面的情景，说出：
   a. 每种情形下的儿童经历的情绪。
   b. 你会怎样使用在本章学到的技能来帮助儿童对自己和他人的情绪有更清晰的认识；同时你会怎样帮助他们有效地应对局面。

   情景 A：凯尔文和乔治正在玩沙箱。凯尔文想用乔治的桶，就把它拿走了。结果乔治开始哭，但是凯尔文仍然继续玩，并不理会。这时乔治跑到你面前说，“他拿了我的桶。”

   情景 B：桑迪一直站在那里看别的孩子跳绳，看上去她很想参加，可是她没有动。

   情景 C：科蒂斯面对着一个两难的处境，他刚被邀请参加斯蒂文家组织的野餐，可是他最好的朋友特拉维斯没有被邀请。
7. 叙述儿童在应对情绪时遇到的典型问题，并提出成人可以使用哪些策略来帮助儿童有效地解决这些问题。
8. 用 5 分钟的时间写出所有你能想到的有关表达情感的词和短语，然后将你的词汇表与别人的进行对比。
9. 参照美国幼儿教育协会的伦理行为准则，找出下面这个情景中的教师的行为符合准则中的哪些方面。

   情景：当一位孩子的母亲黄女士告诉老师她很担心自己的儿子总是吸吮拇指时，老师给她提供一篇有关儿童吸吮手指的文章让她阅读。这位老师还向她介绍了另一位去年也有过类似困扰的家长，让她对此了解了更多的情况。

案例分析

阅读附录一中阿德里亚娜的案例，然后思考并回答下面这些问题：

1. 根据阿德里亚娜对自己情绪的认知和对他人情绪共情的现状，你认为她在情绪方面的发展状况是怎样的？
2. 如果你正在制订一个计划来提高她的情商，你打算从哪里入手？
3. 老师使用了哪些策略来增强她的情绪意识？
4. 如果你是她的老师，你打算怎样与她的父母配合，让他们在家中也使用类似于你在学校所用的方法来帮助孩子增强对典型情绪的意识？你会怎样与他们沟通——你会说些什么？
5. 你会从阿德里亚娜的行为中找出哪些信号来证明她正在取得进步？

课外作业

1. 记录你与儿童在一起时所使用的情感反应，每一次不要少于四种反应。同时记下儿童当时的言行以及你对应的反应。想想在这种情形下你还能够做出的至少两个反应。

2. 叙述你在使用本章提供的技能时所犯的一个错误，并与同学就今后应如何避免犯错进行讨论。
3. 叙述一件儿童表现出情绪的事情，并讨论你或其他成人当时的反应以及儿童随后的反应。评价一下成人的方法是否有效。如果这个方法无效，采用什么样的方法更有效？
4. 叙述一个你听到或观察到的与儿童的家庭就情绪问题进行交流的方法，详细描述当时的情境以及儿童家人的反应。你认为这次交流的效果如何？

检查你的做法

下面是一个对照检查表，作为一个刚入门的专业人士，你可以用它来检查自己是怎样实践这些技能的。你还可以在附录二中获得更多的观察教室行为的检测标准。

要支持儿童情绪的发展和学习，教师应当做下列事项：

√ 说出儿童的情绪。
√ 说明引发儿童情绪的事由。
√ 向一个儿童解释另一个儿童的情绪。
√ 向儿童介绍新的有关情绪的词语。
√ 与儿童谈论他们自己的情绪。
√ 与儿童一起看书，分享书中人物的情绪。
√ 让儿童讲述他的感受。
√ 让儿童描述另一个儿童的情绪。

第 *6* 章　培养儿童的韧性

本章目标

在学习完本章后，你应该了解：

什么是韧性。

韧性是怎样发展的。

压力、风险因素和逆境对韧性的影响。

培养韧性时儿童自身的优点以及保护性因素所起的作用。

怎样与儿童的家人配合培养儿童的韧性。

培养儿童抗压性和韧性所需的技能。

培养儿童的韧性时的注意事项。

NAEYC标准

1. 提高儿童的发展和学习能力。
2. 与儿童的家庭和社区建立联系。
3. 观察、记录和评估对儿童及其家庭的帮助。
4. 运用适应发展的教学法与儿童及其家人进行沟通。
5. 使用相关的知识来设计有意义的课程内容。

萨琳娜是一个小学二年级的学生，从幼儿园开始，她就一直在亚利桑那州西南部一个很小的学校上学。虽然她所生活的社区属于美国最贫穷落后的地区之一，而且她的家庭也整天麻烦不断，但是她在学校的表现非常好，同学们也都很喜欢她。最近在班上组织的一次模拟活动中，她被选为“银行家”，这是一个人人都极其渴望的位置。她的同学们认为，“她的数学特别好，而且对每件事情都知道应该怎样做”。萨琳娜的教师私下也说，“有时候，真难想象她是如何应对每一天的——可是一直以来她都是如此。”

在今天的研究人员和教育从业人员中，儿童的韧性这一概念正在引起越来越多的兴趣和关注，而且与20年前相比，这方面的研究已经取得了新的、更有前景的发展。因为它不再只关注儿童会遇到的风险和怎样“解决”导致的问题，而是将重点放在了预测儿童在逆境中生存并成长时的各种可能性。

像萨琳娜这样的孩子不再被简单地认为是面对压力和创伤能够做到“坚不可摧”，事实上，每个孩子都可以具备这样的适应能力（Goldstein & Brooks，2013）。现在，提升儿童的社会能力和加强对儿童的各种保护已经成为韧性理论和实践中最具发展的标准（Masten & Powell，2003）。在本章中，我们将探讨这些有关培养韧性的最新观点、它与压力、逆境和保护性措施之间的关系，以及在培养儿童应对困难的能力时怎样与儿童的家长更好地配合。

什么是韧性

韧性的定义是这样的：“它是逆境中奋起的能力。它不仅能使我们在这个不那么完美的世界中生存下来，还能让我们在遇到逆境时依然乐观地、充满信心地前行”（Ginsburg, 2006, p.4）。几乎所有对韧性的定义都会提到“反弹因素”，它是一种能够使一些儿童和成人更有效地应对挑战的素质。有一些人似乎天生就具备了这样的个人素质，他们能很快摆脱压力，也拥有更强大的力量去战胜挑战。不过现在，韧性一词的使用范围更广了，它将人天生的特质与后天习得的能力结合在一起。内在和外在的因素都会影响人的身份认同和自尊，对儿童逐渐养成自尊意识有着重大的意义。

具有韧性的儿童看上去是怎样的

具有韧性的儿童表现各异，而且他们也不是能够适应所有的情况。尽管他们有许多不同之处，但他们都具有**社会能力强的儿童**的一些共性，即使面对严重的逆境，他们通常也能表现得“没问题”（Masten & Powell, 2003）。他们有自己的目标，感觉受到了重视（不一定是来自父母的重视，也可以来自其他成人），乐于帮助别人，并且能够表现出与其年龄相符的自控力、独立意识和责任感。这些特质与种族、社会阶层和地理环境无关，经过岁月的历练后将演变成深受他人喜爱和尊重的个人品格（Werner，2013）。我们能从那些整体看上去比较快乐和乐观的儿童身上看到这些特征，他们通常都能

韧性强的孩子能够将自己的情绪、身体、认知和社交协调得非常好。

遵守父母、学校和社区的要求，行为得体，与他人相处得不错。他们在学校的学习成绩也很好，在语言和数学方面都能达标（Masten，2009）。总之，他们能够将自己的情绪、身体、认知和社交协调得非常好。

韧性是怎样发展的

虽然我们在本章主要探讨的是外部因素及环境给儿童韧性带来的影响，但是有充分的证据表明，遗传的作用也不可低估，而且儿童在母亲子宫里的状况不仅会影响其健康，甚至会一直持续到他步入成年（Cloud，2010）。比如，研究发现，如果母亲酗酒或者患有精神分裂症，她的孩子就很可能比一般的孩子更脆弱（Werner，2013）；父母或者祖父母遭遇过战争、社会暴力和自然灾难的孩子以及那些在生理方面面临诸如遗传易感性和滥用药物这类风险的孩子也都有类似的可能性。相较于女孩，男孩其实更脆弱，但由于社会对他们的普遍期望，他们只好将自己**脆弱**的一面隐藏起来（参见图 6.1）。这样一来，就很难发现他们什么时候会感到困惑、抑郁和孤独（Pollack，2006）。毫无疑问，我们还需要对影响儿童性格的内在因素有更多的了解，因为只有持续不断的研究才能让我们更了解内外因的互相作用和影响（Werner，2009）。

图 6.1　我是强大的

令人振奋的消息是，虽然遗传因素对大脑的发展意义重大，但是外部环境已经被证明对人的神经结构以及由此产生的行为有更重要的影响（Luthar，2008）。与身体其他部位的发育一样，在童年早期为其今后的韧性发展打下的基础无疑是极为重要的。

接受正规教育前的一项重要任务是自我调节和执行功能的发展，它们对于儿童学业的成功以及今后生活的幸福都有着可预见的影响（Bredekamp，2014；Calkins & Williford，2009）。**自我调节**可以帮助儿童适应艰难的处境并且控制自己的情绪、想法和行为（Bodrova & Leong，2012）。它源自前额皮质的发育，会促进儿童的**执行功能（EF）**。执行功能可以反映儿童控制情绪的能力、专注度、计划性、记忆力、与他人的配合、持之以恒的韧性和对自己认知过程的密切关注（Obradovic，Portilla，& Boyce，2012）。研究已经发现执行功能方面的缺陷与孤独症和阿斯伯格综合征有着非常密切的联系，虽然它们之间的关系具体表现在哪些方面还未完全确定（Pennington & Ozonoff，1996）。有这种缺陷的儿童会出现精神盲的现象，就是说他们无法意识到别人会有与他们不一样的想法、感受或意图；他们也不能确定别人的行为是有意还是无意的（Pellicano，2012）。

如果儿童在 2 岁时表现出比其他同龄人更强的**自主性**、独立性和社交成熟性，他们到了 10 岁时就能具备更强的学习能力，在生活中遇到的压力也会比别人少。这样，他们在青少年阶段的发展就会比较顺利，并且能够表现出更强的**自我效能**，即制订计划和处理问题的能力（Werner，2013）。如果儿童在童年时一直得到成人的关爱和帮助，会对他们未来适应生活产生重大且持久的影响，哪怕他们在青少年阶段可能会有一段短暂的叛逆期（Goldstein & Brooks，2013）。

明尼苏达大学的研究人员安·马斯滕（Ann Masten）经研究得出了这样的结论：韧性不是仅存在于一些个体身上的某种特质或特殊的优势，它不过是一种“普通的魔法”，只要成长过程中基本的适应性系统运转正常，大多数儿童都可以具备这种能力。所谓**适应性系统**，指的是儿童在发展阶段经历的许多不同种类的身体和文化系统之间的协调配合。儿童平时就生活在这些系统中，其中包括家人、同伴、学校、社区和社会。在儿童的发展过程中，它们可以起到缓解压力和逆境的作用。如果这些系统是强大且灵活的，生活在其中的儿童就是健康的、有能力的；如果这些系统在一定程度上受到了损害或削弱，身处其中的儿童可能变得越来越脆弱，无法得到正常发展（Masten，2009）。

接下来你会看到，韧性源自儿童的发展阶段中的任何一个时间节点上逆境与保护性措施之间此消彼长的相互作用和影响。儿童通常可以自己应对低强度和中等强度的压力，但当多重压力一起出现时，可能就承受不了了，甚至会让他们感到潜在的风险。认识到这一点是非常重要的。类似的，虽然一个风险因素不致给儿童造成挑战其正常**内稳态**（即自动回到良好运转状态）的逆境，可是如果把一个接一个的挑战丢给他，他就无力应对了，需要外界的干预。

压力、风险因素和逆境对韧性的影响

大卫刚转入汉布列学校五年级，他以前从未见过这么大的学校，因此他很担心会记不住自己的柜子，找不到每间要去上课的教室，以及在健身房里当着那么多人的面脱衣服。最近，他常常感到头昏、虚弱，同时他又很想知道别人是不是了解他内心的感受。

3 岁的凯伦开始时紧跟着妈妈，一旦分开她就会大哭，谁劝也没用。她总是想着爸爸妈妈曾经打架打得很凶，而且后来爸爸就因此不再回家了，所以她非常害怕妈妈也会离开。

凯文今年 6 岁，他很害怕去学校，尤其害怕上阅读课。要完成老师交代的事情对他来说很困难，如果他能完成他当然愿意完成，可是他的确不会。他很想知道别的孩子为什么可以读出和理解那些字母和单词。现在他常常会感到胃疼。

虽然大卫、凯伦和凯文在性别、年龄、家庭环境和许多方面都完全不同，但他们在童年期压力上是相同的。专家认为，对一些儿童来说，生活在今天这样的环境中是很不易的。大约有多达 1/4 的儿童因为身体、情绪或社交方面的原因会在学习上遇到麻烦，或者因为饥饿、疾病、困扰和抑郁而无法适应学校的环境。而且与过去相比，他们从成人那里得到的帮助也减少了，许多儿童都面临着想快点长大的压力（Honig，2009；Marks，2002）。

我们需要对日益严重的**童年期压力**现象予以重视，并且关注儿童在应对压力时的不同反应。实际上，儿童在很小的时候就从父母、兄弟姐妹、其他家庭成员、教师和同伴那里习得了应对压力的反应。渐渐地，这些反应无论是否适当都变成了他们的习惯做法。如果习得的应对模式是积极有益的，它们就将成为儿童终生受用的资源，增强了他们的**抗压性**，即儿童适应和应对社会心理方面**逆境**（也就是累积的风险）的能力，可继续沿着发展的轨道前行，并且能在经历逆境期间及之后都保持健康的状态。可是如果应对模式是消极的，就只会加重儿童的需求，让他们未来的生活变得更加脆弱（Aldwin，2007）。

杰里米有了一个刚出生的小弟弟——有时这对他来讲是一件高兴的事情；可有时这也让他感到很有压力。

压力的本质

压力没有好坏之分，它只是需要我们发展更多的能量去达到非同寻常的要求。它以一种我们在生活中从未碰到过的、不同于以往的形式出现，迫使我们动用自己的能量储备。这样的事情被称为**压力源**，可能由重大的变故、过量或厌倦的情绪、对未来无法确定的环境或者任何令我们感到恐惧或失控的事件引发。儿童在成长过程中会时常经历它们，比如一个新出生的弟弟妹妹、宠物的死亡、生日聚会、打碎了一个最喜欢的玩具、偷拿东西或撒谎时被发现、在朋友家过夜、不小心撒了牛奶、祖父母的离世或者从学校拿回一个不好的成绩报告单。它们既可能是成长的机会，也可能是噩梦般的经历。这时，如果儿童能够得到关爱他的成人的帮助，并且建立强大的**压力应对机制**，即成功战胜困难的方法，负面影响就不会在他身上持续太久。但是有一些事件，比如大地震、长期的贫困或者家庭暴力，则严重得多。它们很可能演变成风险，即使是很有能力的儿童和家庭也无法轻而易举地应对。

如果压力应对机制失效

今天的儿童生活在极其复杂的环境中，比如

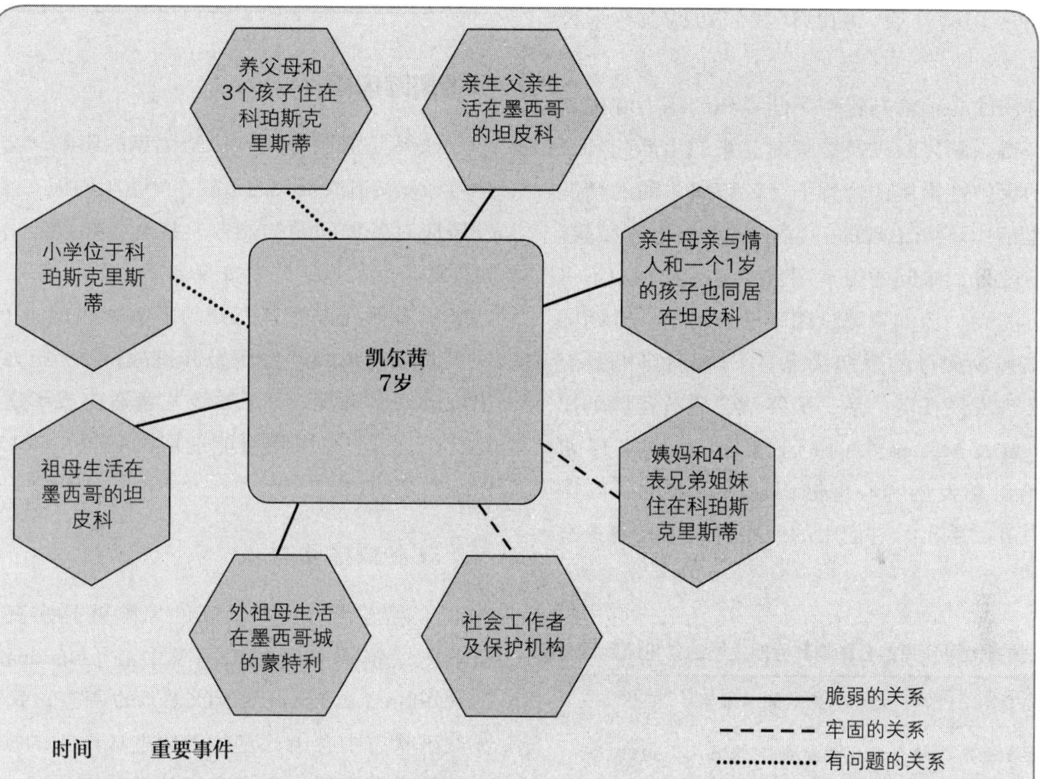

时间	重要事件
2006.2.27	出生在墨西哥的坦皮科（出生时体重只有2.3千克）。
2006.6.14	因发育不良被送往医院治疗。
2009.2.3	与父母分离。
2009.6.17	迁往得克萨斯州的科珀斯克里斯蒂，与母亲、姨妈和4个表兄弟姐妹生活，父亲仍留在坦皮科。
2010.6.12	报名加入科珀斯克里斯蒂的美国联邦政府的“启智项目”。
2011.6.18	与母亲回到坦皮科和父亲团聚。
2011.7.3	被送往医院，诊断出患有慢性哮喘。
2011.7.27	被送往科珀斯克里斯蒂与姨妈生活，母亲仍留在坦皮科。
2011.9.7	报名进入当地的幼儿园。
2012.6.20	继续待在幼儿园。
2012.7.1	父母离异。
2012.8.16	母亲在坦皮科又生下一个男孩。
2012.3.10	幼儿园通知她的姨妈，凯尔茜长期旷课（自开学后已经有34天未到校）。
2012.5.26	迁入寄养中心。
2013.6.18	开始上一年级。

图 6.2　7 岁的凯尔茜的生存环境（2013 年 9 月 12 日）

图 6.2 中 7 岁的凯尔茜身处的社会关系。去年，当凯尔茜上一年级时，她的老师在她身上发现了一些危险信号，这让她意识到凯尔茜比班上的其他孩子需要更多的关心和帮助。她注意到凯尔茜有慢性的影响健康的疾病、长期的家庭问题、生活贫困、多动和学习障碍，她还发现这个小女孩有抑郁倾向，与所有人都很疏离。不过也有好的一面，她留意到凯尔茜会用大量的闲暇时间看书，而且她似乎很有决心要学会阅读。领养她的父母都参加了秋季的家长会，还主动邀请凯尔茜的老师家访，并对她说，“我们要改变她，我们需要你与我们保持密切的沟通，随时让我们知道她在学校的表现。”

理解韧性必须将其置于不断累积的压力源或者没有处理得当的风险以及能够对儿童的生活起到缓解作用的保护性措施的背景下。就以凯尔茜的情况来说，生活中不断出现的问题注定对其构成风险。所谓风险就是如果问题得不到减少而不断增加不良后果的可能性。而如果**风险因素**继续增加（像她的学习成绩差、父母的婚姻状况等），而且影响甚至威胁其实现发展任务的话，最终就会导致逆境的出现（Wright & Masten，2013）。表 6.1 总结了最常见的会给后期发展和心理健康造成影响的风险因素。从中可以看出，它们中的一些在凯尔茜身上已经出现了。

表6.1　儿童身上可预见的会影响其后期发展的常见风险因素

风险的类型	特征及可能造成的后果
生活在社会经济劣势的环境中	复杂的、相互影响的方面：身体状况有问题；得不到受教育的机会；卷入邻里间的帮派团伙；居住环境非常拥挤；无家可归
儿童的成长环境处于非正常状态	父母在养育儿童方面有缺陷：忽视对儿童持续的照顾；性、情感和身体方面有虐待倾向；不能对儿童提出连贯的纪律约束或者监督不到位；将孩子寄养在别人那里
家庭矛盾不断、父母的婚姻出现问题	父母离异或分居；家庭严重无序和有暴力倾向
父母自身具有心理健康或韧性问题	滥用药物导致身体出现功能失调、犯罪倾向和生理方面的紊乱

续表

身体器官或遗传因素	性别因素（男性遇到的风险多于女性）；健康状况差；智力发育迟滞；较特殊的性格气质（饮食、睡眠不规律、经常呈现负面情绪、很难适应新环境）；遗传可能性（从易染病体质到精神失常）；出生时体重过低；严重的吸毒或酗酒后遗症以及其他神经系统障碍
同龄人引发的问题	滥用药物
生活中经历了一些惨痛的事件	父母中有人去世；战争；恐怖事件；严重的事故；暴力犯罪；自然灾害；政治、宗教或种族迫害

多重风险因素

如果儿童遭遇多重风险因素的影响，会给他的学习和社交造成很大的干扰，严重阻碍他在童年时期发展应对各种问题的能力，甚至会导致他出现神经机能障碍。教育工作者如果希望帮助儿童发展韧性，就必须对下列方面有充分的了解和认识：（1）当今许多儿童面临的严峻压力和挑战；（2）压力和挑战出现的现实环境；（3）导致儿童适应或不适应的个体特征；（4）高风险可能造成的后果（Goldstein & Brooks，2013）。

社会经济劣势

儿童遇到的一个最高的风险就是家庭缺乏经济收入。根据贫困儿童国家中心（National Center for Children in Poverty, NCCP）的调查，每天生活在贫困状态中会给儿童的健康造成严重的损害。有充分的证据表明，贫困家庭的儿童在学习、社交和体力方面表现出的能力都比较差。现在在美国，有 1600 万的儿童（占儿童总数的 22%）生活在贫困中，其中大部分是非洲裔和拉美裔儿童（美国人口统计局，2010）。他们中的许多儿童无家可归。据估计，如果将所有无家可归的家庭聚集在一个城市，他们的人口数量相当于亚特兰大市或丹佛市的人口数。但是由于他们“分散在 1000 多个城市里，所以很容易被忽视”（Kozol，2006，p.3）。很多儿童生活的家庭中有严重的吸毒、家庭暴力和精神障碍问题，因此贫困儿童更容易出现发展障碍以及行为和纪律方面的问题就不足为奇了。他们营养不良，健康出现问题，在学校的表现低于平均水平，并且许多人都需要精神病方面的帮助。

从全美人口调查的结果看，只与母亲生活的儿童是最贫困的。在这样的家庭中，约有 60% 的儿童生活在贫困线以下，而在双亲家庭的儿童只有 11% 生活在贫困线下（Kirby，2004）。相较于父母的婚姻状况，生活在单亲家庭中的儿童遇到的压力更多地来自物质的匮乏。当然也有一些单亲家庭的儿童没有遭遇太大的压力，这主要是由于他们的父母能够有效地应对单亲家庭这一现状，他们表现出积极的自尊，经济情况稳定，得到了其他家庭成员和朋友们的帮助，自己也知道应该怎样做父母，而且大多与以前的配偶保持着良好的关系。他们本身就具有很强的韧性。

毫无疑问，儿童的健康、情绪和认知的发展结果与其所处的社会和经济状况紧密相连，比如家庭收入和结构、父母就业和受教育的情况、对儿童的关照和居住环境 (Fass & Cauthen，2008)。生活在贫困中的儿童会面临各种困难，比如身体和牙齿的健康得不到关照、居无定所和糟糕的学习成绩带给他们的影响。在消费意识如此强烈的环境下，物质的匮乏会让他们对自己的穿着及生活方式感到羞耻。而他们的父母也不可能注意到这些，因为他们自身也面临着比中产阶级家庭更多的危机，同时有着许多心理方面的问题 (Shipler，2005)。我们相信生活在贫困中的家庭也会竭尽全力地为他们的孩子创造最好的条件，但有时无论他们怎么努力，还是不能满足孩子的基本需求。

家庭冲突和父母婚姻出现问题

父母离异是令大多数儿童感到最困扰和苦恼的一件事。每年有 100 多万的儿童要经历这样的痛苦，而且早在父母最终决定离婚前，家庭压力就已经出现了。父母离异和重组家庭会引发一系列问题，包括孤独，成人不当的**应对**方法，与兄弟姐妹、同伴、邻居、学校、教堂和亲戚的关系出现裂痕，以及在维护重要关系时遇到的更为复杂的状况。

对于儿童如何看待父母离婚，有这样两种观点：一种观点认为儿童会和父母一样为结束一段错误的婚姻而感到解脱；另一种观点认为儿童看到许多朋友的父母也离婚了，所以受到的创伤可能并不严重。但事实上，这两种观点都是不正确的 (Soderman，2006)。年幼的儿童绝对无法理智地看待父母离婚这件事，他们看重的是自己的家庭，根本不会考虑自己家以外的社会上有多少家庭也分崩离析了。虽然看到父母争吵会让他们很有压力，但父母的分手还是会让他们更难以接受，特别是对 5 岁以下的儿童来说。

由于儿童早期的依恋感很强，因此害怕被遗弃的想法会让他们片刻也不愿离开留在他们身边的父亲或母亲。他们会在被要求去学校或幼儿园时无缘由地大发脾气，会紧跟在监护他们的父亲或母亲的身后，不让他们离开自己的视线。

儿童的这种紧张情绪在很大程度上是由于在父母分开或离婚后对自身安全感的不确定引起的。在早上起床时，他们担心负责监护他们的这位父亲或母亲也会离去。父母的离异是不是意味着他们要搬到别处住或者转到别的学校上学？离开他们的父亲或母亲会不会把狗也带走？儿童还担心父亲或母亲离开是不是因为他们不喜欢自己？父母如果不能与孩子坐下来用其能够理解的方式向他解释清楚父母婚姻关系的变化给家庭造成的各种变故，就更会增加儿童的压力。

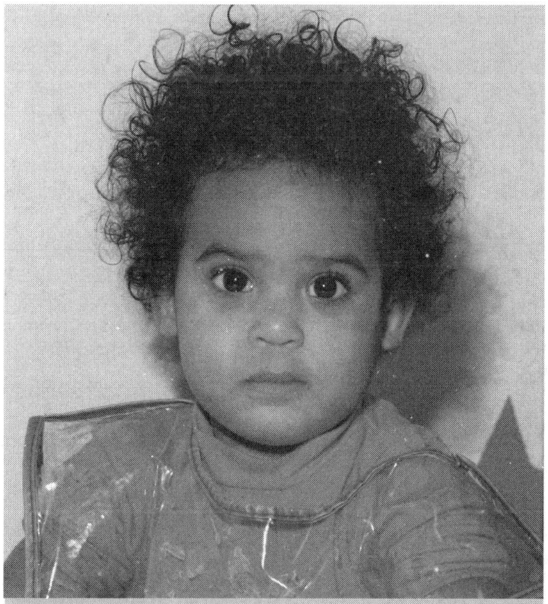

每当加比听到父母吵架，她就会很害怕。

因为儿童在童年时的想法总是有些以自我为中心和“奇怪”的，所以 6 岁以下的儿童常常对家里发生的一些事情感到内疚。一些儿童会认为是他们做的某件事情（比如淘气或者曾因某个原因希望其中一位家长离开家）造成了父母的分居或离婚。

如果父母离婚后没有能够成功地重组家庭，会给孩子带来更大的问题。有些家长仍会一有机会就当着孩子的面责骂对方，他们还会让孩子充当索要抚养费的人质，或像间谍一样去打探另一方的状况，或作为信使在他们之间传递信息。当年幼的儿童往返于两个家庭，被迫适应不同的生活方式或父母不同的要求时，他们会感到很困惑。如果父母和孩子期望见面时一切都很完美，他们会更有压力，结果大家在一起时，谁也不会像正常家庭中的家人那样感到放松。这是因为他们始终会有一种要维护好关系的感觉，而且由于见面的机会不多，所以应当确保在一起的时间是“高质量的”。

如果限制了谈话的话题，也会导致紧张的情绪。孩子会陷入两难的处境，当他们表现得对一位家长很忠诚时，又会觉得背叛了另一位家长。如果一位家长公开表达对另一位家长的敌意，并向孩子揭发对方的“罪恶”以发泄自己的不满，还要求孩子不能把某些信息告诉对方，就更增添了孩子的压力，因为他们被迫要面对处理成人问题带给他们的担忧和内疚，这对他们是很不公平的（参见图 6.3，Soderman，2003）。

图 6.3 “我不希望妈妈和爸爸离婚”，一个三年级孩子的画作

© Cengage Learning

但是带给一些儿童更大压力的是，他们不能与非监护人的那位家长及祖父母见面，因为作为监护人的家长对另一方依然持仇视的态度，或者非监护人一方的家庭成员对他们很苛刻。成人为了减轻自己的痛苦而中止了彼此的关系，可是他们严重地伤害了儿童的自尊和社会支持网络。

对大多数家庭来说，离婚后他们通常需要至少2年的过渡期才能重新恢复正常。在此期间及之后，并非离婚事件本身会给孩子造成多大的伤害，而是父母间持续不断的冲突导致了孩子的许多问题，比如生气、抑郁和学习成绩差等。父母如果能够试着将自己的问题放到一边，多考虑一下离婚带给孩子的影响，同时能以全新且健康的方式重组家庭，孩子的未来就会变得快乐和安定。

不过对几乎所有的儿童来说，包括那些父母在过渡期处理得比较好的孩子，都会因父母离婚这件事表现出一些**心理不平衡**或者不安全感。因此，父母离婚被列为导致孩子在童年期间出现抑郁的最主要原因。

离婚导致的家庭解体还可能让许多家庭陷入贫困状态，因为过去的收入是两个人的，现在只剩下监护人一方了，这也无疑加大了风险。

父母中一方或双方的再婚也可能在一些新组成的家庭中引发新一轮的压力，包括：两性禁忌的削弱、亲生父母与继父母的冲突、不同的生活经历、在忠诚和爱方面的纠结以及适应新角色的困难。比如，在妈妈再婚前，林恩是家里年纪最大的孩子，但是在现在这个新家庭中，她处于中间位置，上面有一个哥哥，下面有一个弟弟，她不知道该怎样适应这样的环境。此外，亲生父母与继父母、亲兄弟姐妹与继兄弟姐妹之间的较劲也会引发问题。

死亡

在通常情况下，年幼儿童的老师在帮助他们正确认知生活中的普通事件方面发挥了很好的作用，可是他们中的许多人不知该怎样安慰遭遇祖父母、父母或宠物去世的孩子，而且当孩子谈到死亡时，还必须考虑他们各自的宗教信仰。

2 岁以前，儿童对死亡知之甚少。从大约 3 岁开始，儿童需要经过三个重叠的发展阶段才能对死亡形成比较现实的认识（参见表 6.2）。

表6.2　儿童对死亡理解的三个阶段

阶段	典型想法	行为
第一阶段：3—6 岁	死亡是暂时的、可逆的、不是最终的；死人可以复活；死了的人仍然可以吃饭、睡觉和走动；死亡就像睡着了或者外出旅行一样	对死亡可能不会马上做出反应，也不会马上表现出悲伤的情绪；还需要再过几年才能理解死亡；可能只是表现出悲痛，不会哭太久，看上去似乎无动于衷；这个年龄段的儿童还不能理解永恒和丧失的内涵；他们对细节很好奇，比如葬礼和棺材；他们只专注于当下发生的事，而不会思考是什么导致了死亡以及应该怎样避免死亡
第二阶段：4—10 岁	意识到死亡是最终的、不可逆转的；但尚未意识到自己有一天也会死；相信外界的力量，比如火、枪和汽车，能够给予也能夺取生命；如果一个人非常聪明和小心，就可以避免死亡；虽然对具体的事情有了一定的了解，但对死亡真正意味着什么仍然感到困惑	可能会将死亡拟人化，当成鬼怪、骷髅或死去的天使；他们会玩一些杀人游戏（比如警察与强盗、战士与敌人、好人与坏人）；会在噩梦里梦到以某种形式出现的死亡
第三阶段：9 岁以上	能够现实地看待死亡是个人的、普遍的、不可避免的和最终的；明白所有的生物都会死去，包括他们自己；意识到除外界力量外，内在因素（比如老龄、心脏病、疾病）也可以造成死亡	开始对生命的意义感兴趣，并对生死发展出了带有哲学色彩的观点；在亲人离世时需要得到大量的安慰，因为他们已经明白死亡不可逆转的性质；这个年龄段的儿童很容易感到抑郁或遭受心灵上的伤害；特别是当死亡来得突如其来时，他们的悲痛情绪会更强烈（Kasternbaum，2004）

备感压力的孩子常常看上去就很有压力，成人如果能给予他们呵护，对他们来说是有益的。

因为儿童经历的丧失很有限，所以他们会觉得自己悲痛欲绝的情绪或哭泣的状态无法停止。他们还会表现出其他一些强烈的情绪，比如内疚、生气和怨恨。如果儿童意识到他们表露出来的悲哀会令身边的成人不安，就会尽量掩饰自己的心情。处在这种情形下的儿童需要成人的呵护，帮助他们认识到难过的阶段有始也会有终。不过在这种时候，平时能够给予孩子保护的家庭成员往往由于自己也深陷痛苦而无法顾及孩子的需要。

有工作的父母

如今，无论儿童是生活在完整的家庭，还是单亲家庭，或者是重组的家庭，他们都会面临的另一个压力就是父母二人都得工作。根据美国劳工统计局 2012 年的调查数据，至少 64% 的母亲在儿童尚小的时候就得外出工作，她们中的大多数人在儿童还不到 3 个月大时就外出工作了。由于这是儿童依赖需求最强的阶段，因此这给父母和儿童都造成了巨大的压力。

对于父母都得工作的儿童的需要，幼儿教育工作者、父母、企业和社区负责人应齐心协力想出应对之策，现在这方面的呼吁已经越来越强烈了。家务事的繁杂和工作的责任常常让父母们感到筋疲力尽、焦虑不安和充满内疚。

4岁的卡梅伦和他19个月大的妹妹艾米还不能清楚地表达他们对于质量与数量的看法，但是他们已经习惯了每天早上匆匆忙忙地冲出家门，然后一整天待在乱哄哄的幼儿中心，与父母长时间分离，两个人也不能待在一起，一直以来都是如此。他们虽然有时很不情愿，可也只能忍着。下午6点接他们回家的途中也同样是匆匆忙忙的，还得顺道去超市、药店和洗衣店。

到了晚上8点，两个孩子就该上床休息了。其实，卡梅伦和艾米的父母非常在意与孩子相处时的质量，而且这给他们带来了很大的压力。可是他们向孩子做出的承诺总是因为各种各样的事情而无法兑现。在现实生活中，“高品质的与孩子相处的时间”总是不得不与日常生活事务的需要发生冲突，比如去洗衣店送取衣服、回复邮件、准备第二天给客户提交的报告、参加一位同事的退休聚餐、处理漏水的地下室和清理浴室等。

卡梅伦和艾米家的邻居也在努力协调家庭生活和高强度的工作需要。他们今年决定不再找人在萨米去学校前和放学后到家里来看护他了，他们准备把6岁的萨米独自一人留在家中，直到他们下午5点半下班回家。萨米觉得早上在父母走后他去学校前的那段时间里自己只是偶尔会有点害怕，可是放学后的那段时间他真的很害怕。但是他并没有把实情告诉父母，而是选择了一回到家就把所有的灯和电视都打开的办法。他自己想象着如果“强盗闯进来”，他应该怎样逃跑。

在美国至少有700万像萨米这样的孩子，在上学前和放学后得独自待在家中（Hymowitz，2012）。我们现在有一些可靠的证据可以证明，这种自我照料的做法对儿童的发展是有损害的，尤其是对那些低收入家庭的儿童来说。对小学一到三年级时在上学前后的大部分时间里无人看管的儿童的调查发现，与那些有人看护的同学相比，他们的社会能力比较弱，学习成绩也比较差。不过一些负面影响是可以纠正的。在许多社区，情况已经有了改善，创办了全日制幼儿园以及负责在上学前和放学后看护儿童的机构。它们根据所服务的儿童的需要，精心设计、安排了许多项目，使儿童不仅可以享有一个舒适的环境，还能够选择他们喜欢的游戏和活动。孩子们可以在这样安全的地方学习新的技能、互动、读书、做功课或者放松自己。

在没有这种条件的地方，或者针对放学后更愿意回家的儿童，社区和学校的专业人员也为他们传授了在遇到紧急情况时自助及安全方面的常识，希望能够减少儿童的紧张感。

受虐待和暴力或遭忽视的儿童

现在，许多成人自己就需要面对一些人生的转折，当它们与为人父母的压力聚合在一起时，会给儿童造成很大的损害。据估算，有300万～1000万的儿童经常遭遇家庭暴力，这些儿童的健康、安全和稳定会在长时间或短时间里受到严重伤害（Hamel & Nicholls，2006；Miller，2010）。儿童并不愿意公开讲这样的事情，因为他们会感到羞辱、恐惧和孤立。但实际上，他们生活在恐惧和紧张的气氛中，他们的家庭生活充满了辱骂、侮辱、威胁、拒绝、羞辱和贬低。其中，在身体方面遭受的侵犯和暴力是最吓人的，它们给儿童的心理和行为发展造成了严重问题，而且最危险的是，它们会让儿童误以为家就是这样的，暴力是解决问题的唯一办法（Bancroft & Silverman，2004）。

被收养的儿童

目前没有来自收养机构的准确数字，但据估计，出入这些机构的儿童已经多达50万。虽然1997年通过的收养和家庭安全法规中要求有领养意愿的家庭应当尽快做出决定，同时也颁布了一些规定使领养的程序简单化，但是仍有大量儿童要在领养机构中待上很长的时间（Mapp & Steinberg，2007，p.29）。寄养家庭从其定义就可知是暂时的，专业人员必须意识到被寄养的儿童会不断经历丧失：失去一个又一个家庭成员、失去自己的衣服、玩具及其他物品，还要失去住房、邻居和学校。这些儿童都遭遇过暴力、性虐待、忽视或是他们的父母无法为他们提供最基本的照料。短期或长期的家庭混乱、被忽视和遭受虐待导致许多孩子的行为已经出现了问题，比如打架、无法与别的孩子建立友谊、在课堂上无法集中注意力、扰乱教室秩序、情绪忧郁、学习成绩差、害怕去上学和旷课。这些孩子明显缺乏适宜的社交技能，需要得到特别的照顾。可遗憾的是，他们通常又不能在一个地方待很长时间，结果就无法获取这样的帮助。而且由于他们总是在换地方，收养机构的工作人员也不能了解或评估他们的行为问题。

教育工作者如果能对这样的儿童抱有合理的期望，并且着重培养他们解决问题的能力和树立自尊意识，儿童在领养机构里就能取得很大进步。要求儿童完成的任务必须与他们的发展水平相匹配，而不是与他们的年龄相匹配，也就是说，对他们的期望要充分考虑他们在那个阶段的实际水平和能力。专业人员一定要在满足其需求前对他们做出准确的评估，并在必要时及时提供参考意见和持续的照顾，这样才能成为这些儿童强大的保护力量。

领养家庭也很重要。必须承认进入一个领养家庭生活对许多儿童来说是一件很尴尬的事。他们不愿意让同伴了解他们的情况，而且他们总是会想起自己的亲生父母。在为他们考虑领养家庭时，一定要记清他们原生家庭的状况。在选择课堂上的学习材料时也要很用心，比如可以特意为他们选一些这样的书，书中的孩子没有与亲生父母在一起生活。有一些孩子虽然童年时历经艰辛，但他们的韧性很好，长大后也非常成功。这些孩子有一个共同点，就是在生活中都深受一位很重要的成人的影响，而这个成人往往就是他们的老师。

少数幸运的孩子很早就能找到合适的领养家庭，这样他们恢复得就比较快，并且也能得到积极的发展。但是还有一些孩子由于各种原因不得不经历一个又一个领养家庭，可以想象，他们的处境很难尽如人意了。

与健康相关的威胁

在美国，越来越多的儿童仍然面临着严重的健康风险，特别是那些生活在城市贫穷地区的儿童。他们所生活的环境是对其健康的一个极大威胁，导致许多慢性病的发生。糟糕的空气质量、有毒的化学物品和其他的污染物都会对年幼儿童的健康造成恶劣影响，因为他们的器官和免疫系统还处在发育阶段。不幸的是，儿童经常聚集的公园、操场和社区恰恰就是遭受污染的地方。

现在哮喘已经影响到美国 480 万的儿童，这种疾病的表现是肺部呼吸受阻，造成呼吸困难，它已成为学校学生请假的主要原因。流行病、住院率和死亡人数都呈上升趋势，其中非洲裔家庭的儿童比白人家庭的儿童更容易受到感染，他们的死亡率是白人儿童的 4 倍。引发哮喘的原因可能是长时间的体力活动和像参加考试这种有压力的事情。成人一定要了解儿童的病因和哮喘发作时的症状，比如咳嗽和呼吸吃力，他们还应该清楚对于用来治疗哮喘的抗组胺剂的管理和使用。美国哮喘病城市工作研究会（National Cooperative Inner-City Asthma Study, NCICAS）的调查发现，如果负责照料患有哮喘的儿童的看护人员缺乏有效的方法和社会的支持，并且自身也面临着很大的压力，那么这些儿童遭遇心理或社会方面的不适应和死亡的风险都会增大（Montes et al., 2012）。因为我们越来越意识到环境污染对弱小儿童造成的终生伤害，所以政府已经规范了相关的保护性措施并制定了更加严格的规定。要保护儿童，必须有效地实施这些措施和规定，并实施监管。

儿童还会患上的其他**慢性疾病**，包括：癌症、白血病、囊性纤维化、糖尿病、血液病和类风湿关节炎。每种病每天带给儿童和家人的挑战、压力、创伤和需求不尽相同，但是痛苦、住院、不停地上医院、忍受治疗带来的副作用和治疗效果的局限性都是患儿必须面对的，与此同时，他们还得应对正常儿童在各个阶段的发展要求（Brown et al., 2008）。如果儿童发现自己是那么无力，希望又那么渺茫，他们的自我同一性就会受到严重损害。

今天的儿童还面临一个极其重要的健康威胁，那就是缺乏锻炼和营养不当。与心血管疾病（高血压和高胆固醇）和内分泌失调（特别是糖尿病二期和心理疾患）密切相关的儿童肥胖症已经影响了 14% 的 2 ～ 5 岁的儿童和 17% 的 6 ～ 11 岁的儿童(CDC，2011)。而且在需要互动的社交环境中，这样的儿童也会遭到同伴的排斥和拒绝。

母亲在怀孕时滥用药物也会造成脆弱儿童综合征（vulnerable child syndrome, VCS）的严重后果，包括新生儿体重过轻、传染病、肺炎和先天畸形等。在美国，**胎儿酒精综合征（FAS）**已经成了被查明的引起儿童智障的主要原因，最严重的症状是孩子的身体变形，比如面部明显的畸形和身材矮小。

虽然在儿童步入青春期以后，由胎儿酒精综合征造成的面部缺陷会变得不再明显，但是疾病在他们的智力、学习和韧性方面造成的影响不会消失。他们的智商分数大约只有 68 分，仅有 6% 的儿童后期能在无须额外帮助的状况下正常学习。他们的阅读、拼写和算术能力都不会超过四年级的水平，其中算术方面的问题尤其严重。社交和与人沟通的技巧和能力也存在明显的缺陷。由于做事情往往不考虑后果，缺乏应有的主动性，对别人在社交时发出的暗示无动于衷，而且无法与他人建立互惠的友谊，这些儿童的生活在童年阶段就会陷入困境。

由于在孕期使用毒品的父母人数越来越多，致使儿童在胎儿阶段就生活在毒品中。虽然 20 世纪 90 年代时对“毒瘾婴儿”的数量以及他们会给社会和看护人员造成麻烦的说法略微有些夸大，但专业人士还是发现这些儿童的确表现出了多动、混乱、易激动、冲动、对刺激过度敏感和对外部环境反应不够的特征。他们很难适应变化，却总想挑战极限。有些儿童不能顺应别人，自我调节行为的能力也很弱。他们不容易交到朋友，因为他们不会对别人微笑，交流时也没有目光接触。

影响儿童发展的因素还包括其出生后生活的环境，由于他们仍将长期处在与毒品和药品接触的环境中，他们肯定会在有意或无意的状态下或者通过哺乳直接或间接地吸入毒品，结果导致神经发育方面出现各种问题。儿童可能遇到的最大麻烦是如果父母还在吸毒，就会全然不顾儿童的安全、家庭生活环境、营养和智力开发，而只沉溺在吸食和购买毒品中。

与其对生活在这样的环境中的儿童表示难过和惋惜，更有实际意义的做法应该是仔细观察和识别引发他们负面反应的原因，并且采用最佳的方法使他们尽快回归正轨。直截了当地要求他们遵守别的儿童“自然养成”的一些行为规范是必要且有益的，同时也要教给他们一些具体的得体的社交行为。

自然灾害、战争、恐怖主义和暴力

如同我们看到最近的飓风桑迪让许多美国家庭不得不撤离家园一样，地震、洪水、火灾、龙卷风或飓风这样的自然灾害可以顷刻间摧毁儿童的世界，令他们失去财产、家园或者亲人。因此，围绕儿童的各类保护性体系是尤其重要的。比如，在海地，由于与教育、住房、道路、政府、医疗机构以及其他系统配套的基础设施不够完善，导致人们在地震后陷入了极度的混乱和困境中。

当儿童的生活失去稳定或者变得不可预知后，他们就会处在失衡的状态，并且会因为恐惧和不确定而变得更有压力和感到焦虑。他们的归属感和幸福感被严重的混乱无序所取代，因此他们非常渴望快速回到正轨。但是在这种极端情况下，平时能够带给他们安稳的父母、教师和社区负责人常常也感到无能为力，至少在短期内是这样。

总的来说，自然灾害并不常见，因此造成的伤害也比较有限，可是人为因素引起的社会灾难越来越频繁，也越来越严重地影响许多儿童。有些儿童生活的社区被称为战争区域，结果他们成了枪战、强奸、抢劫和袭击的牺牲品或见证人。有过这些经历的儿童会害怕黑夜，不敢出去玩，而且在小小年纪就觉得生活没有目标、意义和未来。他们会表现出焦虑、冲动、没有食欲和注意力不集中的特点，厌学和逃学的现象也很常见。

当孩子的生活失去稳定后，就会处在失衡的状态。

对这些儿童的干预可以从几个方面着手。在教室时，专业人员要让儿童讲出令他们担心或痛苦的事情，同时让他们觉得与这样一位关心自己的成人在一起很安全。这样一来，儿童能够在最贴近自己的环境中亲身感受到关爱、平等、真诚和社会公正。还要帮助这些儿童的家庭采取更适当的方法来应对出现的问题。所在的社区则应加强对这些儿童、家庭以及社区的服务（Linares，2004）。

即使儿童没有亲身经历这些暴力事件，但是他们通过媒体同样会感受到残酷现实对他们生活的影响。现在，儿童花在媒体上的时间已经超过了其在校时间和与家人在一起的时间。在近80%的黄金时段的节目中，他们会看到枪击、刺杀和打仗。这样的场面平均每6分钟就会出现一次。他们会听到恐怖袭击这样摧毁生命和破坏安全的事件，而且由于这样的新闻事件通常会不停地滚动播出，儿童会误以为它们在一次又一次地发生。他们在新闻广播中看到成人在讨论枪杀儿童的细节，然后又目睹了刺杀政治领袖的血腥场面，以及令人恐怖的战争带给家人的悲伤；儿童的无家可归、寒冷、饥饿、疾病、伤残和眼睛失明等（见图6.4）。他们也可能在新闻中听到母亲溺死亲生孩子的事件，甚至在牛奶箱上看到寻找被绑架儿童的图片。

图6.4 孩子眼中的战争："危险、不好玩、有时候可能很重要、但总是很吓人"

儿童心理学家非常担心这些事件会让孩子重新思考自我调节的意义和待人的方式，他们可能会由此认为对待别人就可以推、撞、打或踢。事实上，暴力"常态化"已经对儿童造成了越来越严重的影响，这种现象从儿童，特别是从男孩所玩的游戏和选择的玩具中就可以明显地看出来。随之而来的是青少年暴力犯罪比例的大幅度增加，美国已经成了工业化国家中青少年犯罪率最高的国家。

表6.3是莱文（Levin）研究的一个发展框架，可以用来了解暴力对儿童的整体影响，以及专业人员应当怎样采取措施削减它们造成的不良后果。

表6.3 了解如何应对暴力给儿童造成的负面影响的发展框架

暴力给儿童造成了怎样的影响	如何应对这些负面影响
当儿童看到这个世界是危险的，而且成人也无法保证其安全时，他们的信任感和安全感都会被减弱	为儿童创造一个安全、可预知的环境会让他们懂得怎样能够保护自己和他人的安全
瓦解了他们感觉自己作为一个独立的人能够在非暴力状态下对世界产生积极的、有意义的影响的信念	帮助儿童学会承担责任，让他们觉得自己是有能力的，可以对周围的环境产生积极的影响，并且无须通过打架就能满足自己的需求
相互尊重和相互依赖的感觉也会被削弱，因为他们会以为依赖别人是软弱的表现，暴力才是人与人之间互动时的主要手段	利用各种机会参与社区组织的爱心活动，因为在那样的环境中，人们互相帮助，互相依靠，可通过大家都能接受的方式解决问题
在讨论、创造性活动、艺术创作和讲故事时越来越热衷于暴力内容	在艺术创作、讲故事和游戏中（最好是在成人的辅导下），利用各种机会让儿童认识暴力的真实含义
由于应对机制已经被削弱，儿童没有办法面对遇到的暴力情况	借助游戏、艺术和语言交流的方式帮助儿童安全地应对暴力处境
作为思想、感受和行为的组织者和支配者，儿童会越来越倚重暴力的成分	向儿童灌输有深远意义的价值观以取代含有暴力倾向的思维

来源：Adapted with permission from Young Children in Violent Times by Diane E. Levin，2003 Educator for Social Responsibility，Cambridge，MA.

有证据表明，儿童所遭遇的风险数量（比如贫困、大家庭、失去父亲、邻里中有人吸毒等）可能是预知其长期的自我修复能力的重要因素。正在进行的研究发现，如果一个人会遇到八九个这样的风险，他肯定难以应对(Sameroff，2005；Olsen，Sameroff，2009)。

儿童自身的优势及保护性因素

不是所有儿童在高压之下都会受到重创，而且这些伤害也不一定会给他们造成长久的影响。为什么有的孩子会因此在心中留下很深的伤痕，而有的孩子却表现出很强的韧性，这是艾米·维尔纳（Emmy Werner）和其他一些心理学家长期以来研究的重点。他们从1955年开始就跟踪观察一些人，结果发现其中大约2/3的人都无法战胜逆境而在后来的生活中获得一定的成功；可是也有另外1/3的人可以避免其他人身上出现的行为问题，比如青少年犯罪、心理健康问题或早孕等。

在韧性方面的研究已经多次证明，自身具备的**优势**和**保护性因素**能够帮助儿童及其家人从创伤中复原，并使他们有别于那些一直陷在困境的人。要点6.1中列举了一些具体的自身优势和保护性因素，它可以帮助你设计能提升儿童韧性的课堂活动，并且与其家人和所在社区进行有效沟通。

要点 6.1

自身优势和保护性因素

儿童表现出的特点

- 婴儿期就表现出的社交和韧性气质
- 良好的认知能力和解决问题的技能
- 有效的情绪和行为调节技能
- 积极的自我意识（自信、自尊和自我效能）
- 对生活积极的态度（充满希望）
- 有信仰并且认为生活是有意义的
- 具备社会和自己认同的品格（聪明、有幽默感、对他人有吸引力）

家庭表现出的特点

- 稳定互助的家庭环境
- 父母很少争吵
- 与看护人员保持亲密的关系
- 父母表现出权威性（热情、对儿童有纪律约束并进行监督、对儿童充满期望）
- 兄弟姐妹间关系和睦
- 与整个大家族的成员保持互助的联系
- 父母关注儿童的教育
- 父母明显表现出对儿童的保护
- 具备社会经济优势
- 父母都受过高等教育
- 有宗教信仰

社区具备的特点

- 邻里环境好
- 环境安全
- 犯罪率低
- 负担得起的住房条件
- 有娱乐设施
- 清洁的空气和水
- 称职的学校
- 受过很好的培训且待遇不错的教师队伍
- 课后项目
- 学校组织各类娱乐活动（包括体育、音乐、艺术等活动）
- 为父母安排与儿童互动的机会
- 良好的公共卫生医疗条件
- 配备各种急救设施（警察、救火和医疗设施）
- 与一些有爱心的成人辅导教师和表现优秀的青少年保持联系

文化或社会特征

- 保护儿童的政策（儿童劳工、儿童健康和福利等方面的政策）
- 针对教育的资源
- 针对压迫或政治暴力的干预和保护性措施
- 不允许施行肢体暴力

培养儿童的抗压能力和韧性

每年你可能都会面对一批新的儿童，他们的韧性肯定千差万别。很快你就会发现他们各自独特的与人互动的方式、对自己和他人的态度以及应对学习和社交挑战时的做法。值得庆幸的是，在一般情况下，你都有机会在开学前或开学后不久与每个儿童的家人见面，了解儿童在校外的情况，比如通过家访或开家长会的方式获取儿童的重要信息，以便有效地评估每个儿童的优势和劣势。你还可以了解到他们有怎样的兴趣爱好、遭受过什么创伤以及可能需要哪些额外的帮助（参见表6.4）。如果你所在的学校或社区在保护性措施方面比较薄弱甚至缺失，那你所起的作用就更加重要了。

表6.4 压力、风险和逆境与儿童所需帮助之间的关系

压力、风险和逆境的程度	儿童可能的反应	儿童需要的帮助
正常的压力源（比如冰球比赛输了）	继续发展能力和正常的发展；有韧性	正常的保护性措施
具有风险因素（比如父母离婚）	过一段时间后能够回到正轨并适应新环境	针对性的保护性措施
多重风险因素（比如母亲有精神疾病、父母有暴力倾向、贫困）	韧性受到严重挑战；脆弱性增加；有偏离正轨发展的迹象	更多的保护性措施并给予监管
逆境（比如海地发生的地震导致孩子失去父母、家园；健康问题和营养不良；疾病）	可预见的脆弱和丧失韧性；负面后果	必要的干预以确保孩子回到正轨，避免负面后果

祖父母也可以给那些遭受虐待或被家庭忽视的孩子带来安慰。

即使你无法在很大程度上改变儿童在社会或家庭中的不良环境，你每天仍然有无数次即兴或计划好的机会来帮助儿童提高抗压性。你可以关注他们的健康状况，教他们怎样做决定，培养他们的乐观精神和自我效能感，引导他们学会与别人建立联系和发展友谊，并且帮助他们在多个方面走向成熟。

与他人建立友谊有助于加强孩子的抗压性。

著名专栏作家托马斯·弗里德曼（Thomas Friedman）曾经说过，这个国家最好的学校应该具有这样的文化，即相信每一个学生都有无限的可能性。除了聘用具有良好的知识结构并致力于不断提升学术水平的教师外，好学校还应注重培养学生的“软技能”——按时完成工作、韧性强、持之以恒、守时——并且能够与儿童及其家人积极互动（Friedman，2013）。

你在培养儿童的上述能力时，可以针对个体、一小组儿童或是整个班级。儿童从幼年开始就需要得到抗压性和韧性的训练，然后一直持续下去。如果你希望你的努力取得效果，你在接近儿童并对他们做出回应时应当采用热情的、不带任何威胁的、友好的和对他们有帮助的方法。

关注儿童的健康

谢拉进入了当地一所小学，这所学校在一座工业城市，由于失业率居高不下，导致城市的治安很差。她父母也越来越焦虑，因为他们的4个孩子都出现了营养不良和健康问题。孩子们的老师注意到了这一现象，于是学校为他们提供了免费的早餐和午餐，还为他们安排了课后活动，这样在他们回家前不仅可以在学校写完作业，还能参加许多活动。校方还给他们的父母提供了一个心理健康机构的信息，孩子们可以在那里接受免费咨询，而且在需要时，那里的义工还可以负责接送他们。

儿童早期的健康与他们长大成人后应对问题的能力紧密相关，因此儿童的健康史，包括是否得过重病、慢性病、出过事故、医护人员的意见、儿科医生在儿童2岁时对其身体状况的评估以及儿童的母亲是否有过妊娠和分娩并发症等，都应当被汇总起来，作为了解儿童早期发展的重要信息（Werner，2013）。

高强度的压力会严重影响儿童的身体和心理健康，所以处于高压状态下的儿童通常看上去很压抑。与很放松的儿童相比，他们常常显得很颓废，身体则明显僵硬。他们要么好像随时准备着要做什么，因为他们身体的一个或多个部位总在不停地动着；要么表现得非常消极。他们的声音总是很高亢或刺耳，说话时的语速很快。那些经历过长期或极度风险的儿童的头发一点都没有光泽，总是有黑眼圈（这些在健康的儿童身上是不常见的）。他们会有尿频和尿急的现象，也经常抱怨自己头疼、胃疼和耳鸣。他们要么暴饮暴食，要么完全没有食欲，因此他们的体重要么过重，要么过轻。这些儿童还有呕吐、腹泻、吞咽困难、脸上或身上出红疹以及经常喘气或咳嗽的毛病，他们的睡眠也成问题，并且特别容易感冒和被传染，导致他们经常缺课（Aldwin，2007）。

如果你班上的学生中有人出现了上述一些症状，要与他们的家人及时进行沟通，看看他们是否也有这些关切，是否需要咨询他人帮儿童减轻痛苦。我们为儿童提供教育的责任有时需要我们将注意力转向教室之外，为家庭无法为其提供所需保护的孩子充当监护人。

在孩子的童年时期，还要帮他们养成注意营养、个人卫生、休息和睡眠、劳逸结合、健身和锻炼等良好的生活习惯。每天与儿童在一起时，要训练他们养成一些习惯（比如洗手），并且向他们传授关于营养和日常锻炼的重要性的知识，这样他们就能慢慢学会自己照顾好自己。

凯·克莱文杰是中国北京一所国际幼儿园的教师，她非常清楚在儿童感到紧张时设法让他们平静和放松下来的益处。因此每天一吃完午饭，她就会拿出一个小铜锣和槌，孩子们则盘腿坐着，双手放在膝盖上。凯敲锣后，他们就会闭上眼睛，完全保持沉默，只关注自己的呼吸并感受房间里的宁静。一两分钟后，凯再敲一下锣，下午的其他活动就开始了。

从今年早些时候开始，凯就让孩子们注意观察自己身体的各个关节（包括鼻子、胳膊肘、手腕、手指、骨盆、膝盖和脚腕），她先让他们活动这些部位，然后每次固定一个部位不动，目的是让他们意识到在紧张或放松时，身体会有怎样的反应。她让他们在放松一个又一个关节时把自己彻底变成"松软的洋娃娃"，蜷着身体躺在地毯上。接着，她又像变魔术一样让他们迅速呈现战士的状态，绷紧所有关节，挺胸，直着胳膊和腿在房间里一圈一圈地走。

指导儿童学会自己做决定、制订计划并且实施和进行评价

索菲和玛吉很激动，因为她们俩同一天过生日。可是过6岁生日时她们遇到了一个问题：就是谁去坐那个特别安排出来的生日椅。当她俩去问老师怎么办和应该谁坐时，肯特先生反问她们，"嗯，你们俩认为应该怎样解决这个问题？你们有什么建议吗？"

两个孩子一致认为，"我们应该准备两把椅子，我们现在可以再装饰一把新椅子。"可是当另一把椅子装饰好后，新的问题又来了：两个孩子都想坐这把新椅子，没人愿意坐那个旧的。肯特先生继续问她们，"你们觉得我们应当怎样解决这个问题？"两个女孩想了一些办法，又听取了其他孩子的一些建议，最终她

们非常严肃地决定，把两张纸条放进一个盒子，其中一张上面画了个 ×，谁摸到那张谁就可以去坐那把新椅子。结果，索菲没有摸到那张画 × 的，她立刻表现得非常失望，她把双臂交叉抱在胸前，低头看着地板，生气地嚷道："这不公平！"这时，肯特先生微笑着对她说，"记着，我们既要做一个好的赢家，也要做一个好的输家，遵守协议的内容很重要。咱们丢掉失望，这样我们就能投入马上开始的各种好玩的活动中了。孩子们，坐到你们的椅子上吧。"

在这个班级里，只要时机合适，老师就让儿童自己想出解决问题的办法，但同时也告诫他们要得体地接受决定产生的结果。当儿童能够自行**制定决策**时，他们会对自己形成好的认知，而且可以拓展他们为了有效应对生活中的各类挑战而应具备的技能，包括：想出各种方法、搜寻信息、考虑结果、实施自己制订的计划和为最终的结果承担责任（Hendrick & Weissman，2014）。

从儿童两三岁开始就可以在这些方面对他们进行引导了，成人可以先给儿童提供两个简单的选择，比如让儿童从玩具中挑选他们喜欢的。到儿童 4 岁时，如果遇到问题，他们也许自己就能够想出几种解决办法。比如，4 个女孩在沙箱旁边玩，由于铲子不够用，她们发生了争执。这时，卡罗尔向成人提出要勺子、调羹和小罐子，这样每个人就都可以玩了。有智慧的老师懂得成人的角色是在此过程中视情况给予孩子示范、解释和引导，而不是直接给出解决方案。因此在这种情形下，卡罗尔的老师及时肯定了她非常灵活的思维方式，"卡罗尔，你真棒！你想出了一个让大家都能玩的办法。咱们去工具箱那里找找，看看能不能找到我们需要的工具。"儿童通过思考哪种方法可行来学习做出决定，这样他们就会对自己做出的决定负责。即使最终的结果不像他们期望的那样，他们也不会人抱怨。

所有的儿童在学习决策制定的过程中都需要成人的引导。儿童年纪越小，就越难以理解为什么他们的目标会与别人的不一样。不过，随着他们渐渐长大，他们的理解能力也提高了，而且由于他们自己的经历增加了，因此他们在做出解决问题的决定时也会想出更多的选择。这一过程需要假以时日，并且要先从为一些小的、简单的事情做决定开始。你要密切关注班上每个儿童在此方面的成长，并在需要时为他们提供及时的帮助。当儿童对自己所做决定的后果感到失望时，应该给予他们安慰，但要让他们勇敢地面对和接受这样的结果，并且告诉他们每个人都是从失败中学习的，吸取经验，今后就能更好地应对了。

学习小组共同做出决定比学习自己做决定要花更长的时间，需要的帮助也更多，因为儿童通常需要经过大量的交流才能做出最后的决定。但是花费这些时间很有必要，因为如果儿童参与了做决定的过程，他们就会更认真地投身于随后所采取的行动。一组儿童共同做决定的事情可能涉及唱哪首歌、做哪个游戏、是否参加一个募捐活动和怎样庆祝一个节日等，也可以让他们共同决定展出哪些作品、怎样重新布置教室和如何整理贮藏室。

两三岁的儿童已经可以制订一些短期、简单的计划了，不过对他们来讲，在做出选择和采取行动之间几乎没有停顿。但当儿童到了四五岁时，他们会表达出在搭一个建筑物时打算用哪些积木、画画时打算用哪些颜色或者出去玩时打算和谁为伴，这些都是制订计划的开始。随着儿童变得越来越成熟，他们会为更长时间以后的事情提前制订计划，而且涵盖的内容也愈发复杂。比如，一个 4 岁的孩子只会提前想好外出时跟谁搭乘一辆车，而一个 12 岁的孩子则可以根据自己以前的经历对整个晚上的露营活动需要用到的材料和设备提前制订计划。

不论儿童处于哪个年龄段，他们在考虑决定会带来怎样的结果和应当如何实施计划时都需要成人的帮助。具体来讲，成人要帮助儿童认真思考和应对下列问题：

- 清楚出现的问题是什么（或者打算实现的目标是什么）?
- 获得尽可能多的相关信息。
- 想出不同的解决方案。
- 从不同的方案中做出最后的选择，并且不再改变。
- 获取所需的材料和设备，布置好环境。
- 实施计划。
- 对整个活动过程进行讨论，并做出评估。

对于年纪大一点的儿童，可以让他们非常认真地履行上述步骤。比如，一组三年级的孩子在商量一起玩棋盘游戏，首先他们需要摆放好棋盘，然后制定游戏规则和规范行为的社会规则。在玩了几个回合后，他们可能需要调整游戏的内容。他们还要讨论怎样让游戏更好玩（即评估）。在成人的指导下，孩子们逐渐学会和掌握了这些技能。

培养儿童的乐观精神

在困难的环境中仍满怀希望不是愚蠢的浪漫。它基于这样一个事实，即人类的历史不仅充斥着残酷，也充斥着牺牲、勇气和良善。在这个复杂的历史进程中，我们看重哪些方面将决定我们会过上怎样生活。如果我们只看到它最坏的一面，它就摧毁了我们做事情的能力。如果我们能记住人们有出色表现的时间和地点——这样的时候和场合有很多——我们就有了行动的动力。一旦我们采取行动，无论它多么微小，我们就不再是坐等那些宏伟的乌托邦式的未来了。未来是由无数个现在组成的，因此不管周围的环境多么恶劣，以人类应用的生活方式活在当下本身就是一个了不起的胜利。

——电影制作人霍华德·津恩（Howard Zinn）

图 6.5 我是快乐的！

想想那些你最愿意与之相处的人，他们一定在大多数时候都是乐观向上的，有幽默感，积极参与自己喜欢做的事情。而且他们对世界肯定有着积极的看法（参见图 6.5），同时愿意迎接挑战，并总是期待好的结果。

那些在基本相同的环境下却凡事总往坏处想的人会用大部分的时间聚焦让他们感到有压力的事情，而不是去想怎样解决、重新定位和规划或者干脆把它抛在脑后继续前进。马文·塞利格曼（Marvin Seligman）在 2007 年时根据研究指出，在这样的人中，有大约 50% 的人是由于遗传因素而变得如此悲观的；真正的环境因素只占 10% 左右；而其余多达 40% 的人完全是因为自己主观持这样的想法，并且按照这样的思维行事。他和其他研究韧性的研究人员认为，人对自身幸福的操控程度远远超出了他们所认为的。

我们应该让儿童明白，特别是那些性格偏负面的儿童，我们对于乐观和悲观的掌控能力是一样的。推荐他们阅读一些带插图的书是一个非常好的方法，他们可以看到书中的人物虽然遇到了困难，但是没有放弃，最终得到了满意的结果（Forgan, 2003）。还有一种方法就是鼓励儿童用**积极自我对话**（“我很害怕，但是我可以应对”“我能够做这件事，我可以保持镇定”“今年我交了许多新朋友”），同时让他们克服对自己和别人消极的看法（“我就知道事情会变得这么糟”“无论我做什么都无济于事”“这里没有一个人喜欢我”）。

学会乐观的孩子具有更强的适应能力。

无论儿童来自怎样的家庭背景，韧性强的儿童都明显具有**乐观**的性格（Mandleco & Peery,

2000）。因此，他们会表现出“我是一个有理想、有创造力、灵活、韧性强并且愿意接受改变的人。我愿意积极地想方法解决遇到的问题，我做事主动，也喜欢与别人在一起！”像谢利·戴维斯（Sherry Davis）这样的老师就认为，乐观的心态是可以培养的，因此她会在课堂上设计许多发展儿童乐观精神的活动。比如，每天结束时，她都会要求孩子们写下一件令他们在这一天感到开心的事情，并且签上自己的名字。孩子们会把它写在一张黄色的被称为“快乐卡片”的纸条上，然后在放学回家前将纸条放入门口的一个纸盒里。谢利在下班前会把这些纸条拿出来，钉在布告板上，让孩子们在第二天来时可以看到。孩子们会写下和一个朋友玩得很开心、学到了一些新东西、看了一本有趣的书、玩了一个很喜欢的游戏、点心很好吃等事情。谢利说，“他们每天到校后的第一件事就是跑去看每个人都写了些什么，这样我们每天都是在一个美好的气氛中开始的！”

培养儿童的自我效能感和自主意识

与乐观精神紧密相关的是自我效能感，即当遇到阻力时，我们在多大程度上相信自己仍然可以取得成功。它是我们在希望儿童能具备韧性时又一应当发展并保持的重要内容（Wang & Deater-Deckard，2013）。

即使是婴儿也会表达自己的需求，当他们感到疼痛、饥饿、无聊或疲乏时，他们会哭。如果他们的需要得到了合理的回应，渐渐地他们就会养成乐观的情绪，并且随之发展出自我效能感或自主意识。可是如果他们的需要被忽视了，他们就会感到**习得性无助**（Seligman，2007），这会影响他们的心理健康，并且可以预见他们的适应能力也会很弱。这样的儿童从很小的时候开始就会认为自己无法改变环境或者自己的状况，他们觉得自己根本不可能掌控环境或者与他人互动。

与之相反，健康的儿童会让别人知道他们的需求。蹒跚学步的孩子在饿的时候会指着冰箱，在渴的时候会指着水龙头。学龄前儿童可以直截了当地表达他们的需求或者对别人的需要，他们的这些表达通常很简洁，比如，黛安娜会走近斯特金夫人很腼腆地说，“我想和杰克一起玩。”斯特金夫人回答说，“好啊，让我看看你应当怎么做。我看到杰克正忙着搭积木呢，你去问问他，你是否可以帮他把所需要的红色积木找齐，放在那个自动倾卸车里传送给他。你觉得这个办法行吗？试试看吧。”斯特金夫人意识到黛安娜心中有一个目标，可是由于缺乏沟通技巧，不知道怎样实现它。很幸运，杰克的反应很积极。黛安娜感觉到如果她提出请求，别人（在这件事上就是她的老师）可以帮助她。斯特金夫人不是简单地去问杰克愿不愿意和黛安妮玩，而是让黛安娜自己参与到解决问题的过程中。她这样做是为了让黛安娜逐渐学会灵活地处理问题——想想怎样能对别人有所帮助。

自我效能和自主意识的重要性在于能够促进儿童自尊和自我价值的健康发展（参见第 4 章的相关内容），如果我们在自己所处的环境中受到重视并且被他人需要，我们就会产生这样的感觉。而当我们有了这样的感觉后，我们与他人相处时就会自信且放松，能够提出建议，听取别人的建议，并且越来越善于控制身处的环境（Wang & Deater-Deckard，2013）。有位教师在二月份时制作了一张表格，她称之为“列出去年九月你不能做但现在可以做的事情”。托姆说，“去年九月我不会骑两轮自行车，但是现在我可以骑了——在我摔了无数次以后！”大家听了都发出善意的笑声，包括托姆本人。于是教师就把他的这项成就写在了表格里。

让 3 岁的儿童对比自己从去年九月到今年春天在同一件事情上发生的变化可以让他们意识到，如果努力做一件事并且持之以恒，对自己的成长一定是有益的。比如，把安德鲁分别在幼儿园和一年级结束时画得自画像拿给他看，他看后说，“我那时真是个小孩子！我连自己的名字都不会写。”他脸上呈现出的笑容表明，他对自己在绘画方面取得的进步非常满意。

随着儿童渐渐长大，如果他们能继续得到成人真诚的回应、有效的表扬和有帮助的纠正反馈，他们早期的积极情绪就能在 8—10 岁时转变成适应能力（Lengua，2009）；而那些情绪消极的儿童则可能表现出缺乏适应能力，并且无法应对压力。

你在课堂上选择使用的语言和行为对于鼓励儿童勇于克服困难和迎接挑战具有非常重要的意义，会对他们看待自己和自己能力的态度产生重大影响（比如对他们说，“来，再试一次……看看你行不行”)。莉莲·卡茨(Lillian Katz)在她的新书中这样写道:“当你向学习者表达出这样的态度:‘我对你克服困难和坚持不懈的能力有信心’时,你就是在使用体现尊重的教学法。而一个尊重学生的教师对各个年龄段的儿童都是有帮助的,他们会在你的帮助下学会面对失败不退缩,同时也能欣然地承认自己的局限性,并对自己的努力感到满意。”(Katz & Katz,2009,p.49)

纠正儿童有问题的性格

许多经常与儿童在一起的成人都有过类似的困惑:当几乎所有孩子都向右走时,有几个孩子却偏偏向左走。总有一些孩子似乎对学习任何内容都感到不适应,即使他们可以有许多的选择。他们在与别人相处上也有问题,包括与自己的家人和同伴相处;而且他们总是表现出不可预知、高度紧张和消极情绪。如果不对他们的这些行为进行干预,他们长大后的社会技能也会很弱,很难与别人沟通,对自己也缺乏自尊——所有这些都会严重影响他们的韧性。因此,我们需要努力让这样的儿童掌握更好的技能,以避免出现上述后果。

具有挑战性的案例

朱莉

朱莉如今4岁,她的家人一切都得围着她转,每次争执的结果都会让她大发脾气。她拒绝穿任何她认为让她“发痒”的衣服,哪怕是新的也不行,而且她常常要穿着衣服睡觉。她的父母说她从来不能安静地坐在那里做游戏或者猜字谜,总是要看那些不停闪动的、吵闹的摇滚音乐录影带。如果不让她看,她就会大喊大叫,直到达到目的为止。不断的争执给朱莉和她的家人都带来了伤害。朱莉平时总是家里的中心人物,她的父母、哥哥、祖父母、朋友、同学和老师似乎都得配合她。有时候,她妈妈觉得整个世界都得围着她这个麻烦的孩子转,而且从一定程度上讲,事实的确如此——每个人都要对朱莉的行为做出反应,而她的大多数行为又是消极的,这就导致他们也会做出消极的反应。(改编自 Turecki,2000,pp.86-90)

那些在早期就表现出性格问题的孩子对外部环境极端敏感,而且很难控制自己的情绪和行为。正如我们已经知道的,儿童的父母对儿童的照顾是发展其韧性的一个重要的保护性因素,因此这些父母对于他们的孩子能否积极适应学校的环境起着非常关键的作用(Stright,Gallagher,& Kelley,2008)。在儿童很小的时候,无论在家里还是在学校,当他们与成人互动时,成人一定要极为耐心,并且要为他们提供可预知的内容和清晰的边界,同时要特别强调积极的、可接受的行为。此外,前面几章中关于交流和情绪发展的技巧在此也是非常适用的,因为它们可以帮助儿童学会更好地管控自己的行为和强烈的情绪。下面来看看朱莉的案例,她由于自身性格的一些问题表现出了许多具有挑战性的行为,考虑一下你将对她采用哪些已经学过的技巧。

提升儿童与他人交朋友和进行社会交往的能力

一位著名的心理学家常常提到有很多朋友(或者缺少朋友)对韧性的重大影响。每当有心理困扰的来访者向他咨询时,他问的第一个问题总是:“当你遇到问题时,你会向谁求助?”这时,那些韧性差的人经常会沉默一会儿,然后承认他们几乎想不起能够求助的人。而那些最终从逆境中走出来的人则会马上说出一些人的名字(Broderick,2008)。要获得幸福和发展,需要依靠我们与他人建立联结的能力,而它又要求我们不断地修正和完善自己的社交方式,这正是韧性的必备条件,因为事实上,适应过程中最重要的环节就是我们与他人相处的能力(Goldstein & Brooks,2013)。

以前,孩子在儿童时代可以在学校里无忧无虑地玩耍,但是现在由于竞争加剧,这种现象已经越来越少见了。研究人员发现,其结果是儿童变得越来越具有攻击性,越来越自私,而另一方面则是越来越缺乏合作精神、平等意识、平和的态度和与人分享的品德。他们很少考虑别人的感受和快乐,只顾忌自己的利益。实际上,社会能力中最重要的一点就是能够在满足自己需求的同时让他人也得到欢乐。如果儿童能与他人自由自在地玩,并且令对方感到开心,他们就学会了从别人的角度看世界。这与幽默感一起可以培育与他人和谐相处的能力,同时也能避免骄傲，并构建自主意识（Science Daily，2009）。

儿童在玩的时候较少表现出攻击性，更愿意合作，并且愿意与他人分享。

当儿童离开家庭后，有些儿童在与别人建立友谊方面需要得到成人更多的帮助，教师在其中所起的作用是非常重要的。因此，做教师的要对此予以特别重视，因为它是培养儿童韧性的一个极为关键的保护性因素。如果教师肯花时间为儿童提供与同伴相处时应具备的社交技能，包括公平、灵活、避免偏见和权利分配等，他们就能更好地应对平常遇到的这方面的挑战（Derman-Sparks & Edwards，2010）。在接下来的第 7 章和第 8 章里，你还会进一步学到更多技能，它们涉及增强和拓展儿童玩耍的技能，以及在课堂上为儿童提供能让他们充分发展友谊的气氛，所习得的这些能力将伴随他们直到成年。

帮助提高儿童的智力和学习能力

阅读测试快要结束了，只剩下最后三个孩子了。这时，研究人员叫了马库斯的名字，他坐下来，打开书。从外表判断，这是一个被忽视的孩子，因为他身上很脏，长得瘦小，看上去很疲倦。通常，这样的孩子会让人认为其阅读能力肯定很差。

当马库斯打开利奥·利奥尼所著的《鱼就是鱼》（*Fish is Fish*）一书时，他的眼睛一亮，马上快速读出了头 100 个字，而且没有一个错误。研究人员着实吃了一惊，她在记录他的分数时问他，“哇，你读得真棒！谁教你的？”

马库斯回答说，“没有人教我，我是自己学的。”说完他恋恋不舍地把书还给了研究人员。

儿童较高的智力水平和学习成绩有助于他摆脱逆境，因此如果儿童在学校时跟不上大家的学习节奏，常常意味着他的发展已经遇到了阻力。韧性强的儿童通常学习也很好，考试成绩不错。他们的阅读能力很强，并且能够对自己的行为进行约束和做出合理的解释（Mandleco & Peery，2000；Bernard，2004）。但这里有一点非常重要，那就是在儿童第一次遭遇失败时，如果有人愿意帮助他，让他尽快回到正轨，并且引导他对自己的失败进行反思和调整，就可以促使他发展出后期会被称为“韧性强”的性格特点。

对于马库斯这样的来自极其贫困和混乱生活环境的儿童，如果教师一开始就对他们的看法不佳，并且认为他们的学习能力和自我管控能力肯定都很差，他们很可能就真的会遭遇失败。所幸，大部分的教师还是认为所有的儿童都具有健康发展和学习的能力（Espinosa，2010）。他们明白只要对儿童有所期望，并且为他们提供各种有益的、可让他们参与其中的活动，就能吸引所有儿童投身于学习中。同时，教师也不放弃与孩子家长的配合，让他们也努力使儿童能在正常的环境下生活和学习。他们会与父母中的一方或双方（也可能是祖父母）紧密沟通，确保儿童能每天到校上课，有学习所需的书和学习用品，并且饮食健康和睡眠充分，因为这样他们才能有一个好的精神状态。放学后，他们在家里也应该有一个安静平和的环境。

儿童良好的智力表现在做事有计划性、头脑灵活、能够随机应变、懂得批判性思维和对事情有深刻的洞察能力。这些都是解决问题所需的能力，因此韧性强的儿童必须具备和发展它们（Bernard，2004）。我们之前已经讨论过计划性，它需要儿童在做出正式决定前先将整个过程中的各个环节都深思熟虑一遍。计划性能让儿童有一种掌控感，并且让他们在步入青少年期之前就具备了“计划能力”。随机应变是指儿童能够在离开家人的保护时发展自己应对生活的能力，它源自儿童的自主意识，在儿童需要自己照顾自己或者承担责任时体现出来。批判性思维是一种更高级别的思维方式，它强调的是思考和解决问题时的分析和逻辑推理能力以及思考结果的有效性。这样的能力不是依靠教师单纯的教导就能学会的，它需要教师在学习环境中刻意安排相关的活动，让儿童参与其中。对事情深刻的洞察能力对于那些身处逆境的儿童来说尤其重要，它能够让儿童明白自己在家中遇到的问题（比如饥饿、虐待或其他怪异的行为）并非普遍现象，而且经过努力，他们的生活是可以有改变的（Bernard，2004）。教师可以推荐他们阅读相关的励志书籍，让他们与有爱心的同伴或成人进行沟通，并且让他们在平时的学习环境中感受到人世间的善良。

毫无疑问，即使儿童已经很有能力面对压力和避免逆境给自己带来的困扰了，他们也不可能做到一点问题都没有或者没有一点消极情绪，对发生的事情也不可能完全从容应对。如果得不到成人的鼓励和帮助，儿童（特别是年龄较小的儿童）无法做到每天都自己应对出现的问题。对于有些儿童来说，班级和学校可能是他们获取这样的帮助的唯一地方。

与儿童的家人共同培养儿童的韧性

埃莉上二年级了，她很难忘却令自己感到失望的事情。最近，她们班上的儿童正在进行一个项目，就是要求每人都要写一份书面“申请”，申请班上的“银行家”工作，以此来让大家理解挣钱和花钱的概念。她很想申请银行家的工作，可是最后这份工作给了她最好的朋友萨琳娜。而埃莉只能在图书馆里收集图书。那天晚上，她向妈妈抱怨说，“班上每个人做的事情都很蠢”，她说她很厌烦这所学校，不想再去上学了。埃莉的妈妈听后也很沮丧，她联系了校方，质问老师们为什么要花时间做这种既“让学生感到不快”又“毫无意义”的练习。

维特尔夫人正在和她的助理讨论4岁的威廉已经持续了很久的悲伤情绪，这是因为他爸爸离开家住到别处了。他们在考虑要不要与他的父母见见面，看看他们能帮上什么忙。维特尔夫人说，“他通常在遇到问题时都能自己应对，可是这次的情况真的与以往不同。”

当儿童进入一个新的环境时所能得到的大部分关爱都来自其他成人而非他们的父母时，这里所有的成人都有责任引导儿童的社会性发展，也就是说，有责任培养儿童的韧性。

如果希望校方的教师与儿童的家人保持紧密且有效的联系，彼此就必须经常交流有关儿童的信息，这样才能全面地了解儿童的需要。而且交流的方式应当是坦率诚恳、开诚布公、不具威胁性和判断性的，特别是如果儿童的父母因状况不佳而没能很好地配合，沟通就更要耐心细致。如果只是一味地指责或批评另一方，双方的交流就会被严重削弱。如果你能做到下面这几点，对儿童父母的帮助会非常大：

- 让儿童的父母知道儿童是否表现出了备受压力的迹象。
- 对儿童父母自身的压力也要非常警觉。
- 尊重儿童的父母。
- 可以通过定期举办研讨会或发通讯的方法向儿童的父母提供一些有关风险和逆境对儿童和成人的影响的信息和知识。
- 当儿童的父母讲述他们的压力时，一定要认真倾听，还要肯定他们在这种情况下为减轻儿童的压力所做出的努力。
- 让儿童的父母知道你愿意在他们艰难的时候与他们密切配合来帮助他们和孩子。
- 要与那些分居或离婚的父母进行沟通，告诉他们一定要向孩子解释清楚离婚可能会给家庭生活带来的影响，并且让他们明白这纯属成人自己的问题，与他们一点关系也没有。要求父母尽可能保持儿童的正常生活不受影响，并给予他们更多的安慰和情感帮助（虽然这对父母来说可能很难，因为他们自己也正在承受巨大的压力）。

现在你已经了解了逆境会给儿童带来怎样的后果，以及韧性对儿童发展的重要性，接下来问问自己：

- 在班上，我能为培养儿童的韧性做些什么？
- 虽然我无法改变儿童的家庭环境，但我能做些什么来改变他们的生活？
- 为了给儿童提供更多的保护性措施，我是否需要求助于其他专业人士（参见图 6.6）？

要把这些问题转换成行动，请认真阅读下面提供的具体方法。

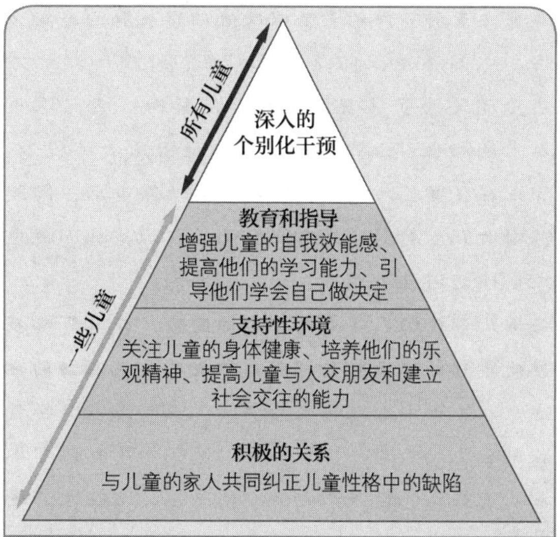

图 6.6　社会支持金字塔：培养儿童的韧性

帮助儿童发展抗压能力和韧性的技能

1. **充分考虑儿童的性格特点和能力的差异性，为他们制订切实可行的目标。**不要只注重结果，要考虑儿童目前的实际情况，然后决定应当采取怎样的步骤来帮助他实现最终的目标。在孩子发展的每个时间节点上都要将其看作一个独立的个体，并且相信只要给予适当的帮助，他就一定能发挥更大的潜能。
2. **帮助儿童学会重新看待让他们感到烦恼的经历。**比如，如果儿童正在经历父母分居或离婚的事件，就要向他们解释清楚，这绝对是成人自己的问题。告诉他们，父母离婚是因为他们觉得在一起已经没有幸福可言了，同时安慰儿童无须为此承担任何责任，而且他们也不必非要把父母重新拉回到一起。还要让他们相信，即使父母分开生活了，他们也仍是一家人，爸爸和妈妈在过去、现在和将来都永远是他们的父母。
3. **与社区的其他帮助机构取得联系，因为它们也能为身处重压和逆境中的儿童及家人提供保护和帮助。**你自己的能力毕竟有限，所以如果能让儿童和家人在其他地方获得更多的帮助，对他们是非常有益的。
4. **要及时发现儿童身上表现出的压力过重的迹象。**注意观察那些沉默寡言和明显表现出消极情绪及行为的儿童。对这些儿童一定要非常有耐心，因为他们很可能在你刚开始竭力想帮助他们时表现得很抗拒。孤僻的儿童会极力躲避你；而那些愤怒的、具有攻击性的儿童起初会拒绝你试图控制他们的行为。如果你因此就放弃或者忽视他们，只会加重他们的不安全感，所以仍然要继续帮他们变得更积极。
5. **在儿童身陷过重的压力前就教他们一些应对压力的方法。**告诉儿童在遭遇可怕的情形或紧急情况时应该怎样应对。可以与他们讨论可能遇到的压力或风险；也可以借着使用洋娃娃、木偶和通过角色扮演的方式来拓展他们积极应对的意识，让他们能从思想上为可能发生的情况做好准备。比如，你可以问他们，“如果你在百货商店里与父母走散了，你会怎么做？”或者“如果一个比你大、比你壮的人企图抢走你的零花钱，你打算怎么应对？”

6. **尊重儿童对事件的看法以及他们所采取的应对方法**。这并不是让你总是赞同他们处理问题的方法，而是为了体现你与他们的共情，这点很重要。同时也可以让你通过儿童的视角看待压力。而且在了解了儿童及其家人的其他需求后，你能够对他们面对的压力有更全面的认识，从而避免把事情想得过于简单。
7. **告诉儿童他们具备自我控制的能力，并且可以在身处紧张的环境时尝试使用积极的自我激励的方法**。儿童不会控制自己的情绪，但他们可以学着控制自己的行为。你可以帮助他们学习和练习本章前面提到的自我激励的积极做法，这在他们遇到具体问题时是非常起作用的。
8. **鼓励儿童积极看待和认知自我**。如果发现孩子对自己养成了消极的认知，或者在描述自己时总是使用负面的语言（比如，"没有人喜欢我""我太笨了""我知道大家都在嘲笑我""我什么也记不住"），你要用积极的言语去纠正，这样就能从他身上产生积极的行为。注意不要否定儿童的情绪（比如，不要说"你不应该那么想""没你想得那么糟糕"）。相反，你应当指出环境或事件中潜在的益处或好的一面，同时建议儿童在面对困境时尽量不要使用"愚蠢""无能""无力"这些词来形容自己。比如，在一次拼写比赛中，阿尔文没能拼出"混乱"这个词，于是他就坐在那里说"反正我就是不擅长拼写"，这时你可以对他说，"你对你没能拼出一个词感到很失望，可是你已经坚持五轮了，这相当不错了。"
9. **要求儿童学会放松的技巧和具有想象力**。每天在学校花一点时间让儿童练习彻底放松肌肉和深呼吸，渐渐使之成为习惯。此外，有些儿童在某个方面比较弱，或者缺乏自尊，他们常常在还没有开始做事情前就认为自己肯定做不好，结果这很可能会导致他们最终真的做不好，甚至连马马虎虎都谈不上。所以一定要让他们想象能够把他们害怕做的事情做好。可以告诉他们这样的方法：开始前先在脑海中把整个事情想一遍，要一个步骤一个步骤地想，一直想到最后成功地完成，而且想象时要把自己的感官都调动起来。比如，当他们想象自己要做一个口头演讲时，就要从搜集材料开始，接着是整理卡片，然后走上讲台，看着那些认真听演讲的同学。对于可能让自己感到恐惧的经历，要鼓励他们想象自己完全有能力面对和战胜挑战。一定要让儿童学会这种方法，并且在每当遇到困扰他们或让他们害怕的事情时，都使用它。
10. **引导儿童学会有效地做出决定，这实际上也就发展了他们的执行功能**。可以先从给他们几个选择入手，然后让他们逐渐参与解决实际问题的过程。
    - 每天都给儿童许多不同的选择。可以刻意设计一些情境供儿童选择。比如，如果你打算给一组儿童讲一个故事，就可以考虑让儿童选择坐在什么地方；他们是否愿意在听完故事后根据故事的内容写一首诗、画一幅画或者扮演其中的某个人物。
    - 利用实际发生的事情让儿童做出选择。比如问儿童是否愿意帮忙传递一下盘子或餐巾。即使所用的东西看上去是一样的，也可以让儿童自己挑选他们想用的。或者也可以就某件事征求儿童的意见：他们是愿意独立完成还是与别的儿童一起完成。还可以让儿童决定是愿意先收拾好大的积木还是小的积木。
    - 在给儿童选择时一定要用积极的言语来表达。告诉他们可以做出哪些选择，而不要说他们不能选什么。比如，最好说"你可以用这些积木铺一条路、搭一座房子或者造一个火箭"，但不要说"你可以用它们搭任何东西，但就是不能造枪"。因为前者让儿童明白他们可以有哪些选择，后者却会把儿童的注意力引向你不希望他们关注的东西。
    - 给儿童提供的选择最好是无论他们选择哪一个，你都会乐意接受的，也就是说，你对跟进他们的任何一个选择都不会有问题。如果你对他们说，"你们可以选择给植物浇水或者喂鱼"，那么不管儿童最后选择做哪件事，你都会很满意。但是如果你只希望儿童去给植物浇水，就不要只将它列为选择之一。你可以就这件事本身给他们提供一些选择，比如问他们是想上午浇水还是午饭后再做。在让他们做出选择时，要用"这个，或者那个"或者"你选择哪个"这样的句式，比如，"你可以先给大的植物浇水，也可以先给小的植物浇水"或者"你来选择：先浇大的植物还是小的植物”。但是不要用在一个肯定句后面加上“好吗？”这样的句式，因为如果你这样表达，儿童就可以选择拒绝，而这肯定不是你的本意。

- 给儿童留出做决定的时间。在做出选择时，儿童肯定会犹豫一阵子，所以不要催他们，要给他们留出足够的时间。你可以对他们说，“过几分钟我再过来，看看你们是怎样决定的。”或者，“画完画后，你们可以选择整理哪部分。”又或者，“你去问问苏珊娜她想做什么，然后告诉我你的决定。”
- 如果做出决定后尚未开始行动，可以允许儿童改变主意。比如，如果卡米拉对于是选择蓝色杯子还是红色杯子很纠结，刚开始她选择了蓝色杯子，可是后来她又想改选红色的。只要她的那份牛奶还没有倒进蓝杯子里，或者红色的杯子还没有被别人选走，就可以允许她做出改变。
- 鼓励儿童自己独立完成他们制订的计划。让儿童按照他们的选择行事，可以给他们提供必要的示范，但还是要尽量让他们自己去做。比如，让儿童自己选择想看的书、想一起玩的同伴等。不要替他们做他们可以做的事情，因为那样会让他们觉得自己是无能的，会让他们的自尊心受挫。
- 要让儿童为自己做出的决定承担责任。只要不危及他们的安全和健康，无论结果好与坏，都要让他们亲自经历。儿童在做出决定并开始执行时，要帮助他们把它坚持到底。
- 帮助儿童学会评估自己取得的成绩。主要让他们将结果与他们的初衷进行比较，比如可以问他们，“这幅画是你当初想象的样子吗？”“下次你打算做哪些改变？”一定要向儿童指出他们经过努力后最终取得的成功，“你穿靴子时试了两次，但你最后还是穿上了。”有时候，儿童需要知道怎样评估自己完成任务的程度，你可以提前问他们这样的问题，“你怎样才能知道盘子已经真的洗干净了？”或者，“你怎么知道你写的故事已经可以发表了？”慢慢地，他们就能学会对自己的表现做出评价了，但这需要许多次的练习和实践。在此过程中，切记不要在儿童之间进行对比。

11. **给儿童提供尽可能多的机会让他们自己做事情。**在课堂上不要替儿童做他们可以独立完成的事情，否则你就会减弱他们增强韧性的能力。在课堂上花一些时间让儿童思考并制订计划，以实现他们想达到的目标。
12. **对那些患有慢性病或可能危及生命的疾病（比如囊性纤维化或癌症）的儿童，要给予他们更多的帮助，但不要过度保护他们。**对于病情已经缓解甚至已经可以上学的儿童，还是要给予他们额外的关照，比如更多的休息、提醒他们按时服药和注意营养等，但是在其他方面，对待他们应该和对待其他儿童一视同仁，比如行为规范、合理的学业要求、帮助他们与他人建立友谊等。
13. **告诉儿童在遇到挫折后尽快恢复的方法。**让儿童明白没有人可以做到无坚不摧，但是我们可以学会尽快从失望和逆境中恢复过来。告诉他们如果重回正轨太艰难时可以向他人求助。可以给年纪小的儿童准备一些名言警句；而对年纪大一些的儿童则可以指导他们应当怎样说或做。
14. **在死亡和丧失方面给予儿童具体的帮助：**
    - 在和儿童讨论死亡或临终时要使用准确的词语。（比如，直接使用“死亡”“临终”和“已经死亡”这样的词，而不要用比喻的说法，例如，“死亡就像睡着了一样”；或者委婉用语，例如，“离开了”“失去了”“走了”。）
    - 向儿童准确地解释死亡为什么会发生。（比如，告诉他们人有时会生病，在大多数情况下，他们能重新恢复健康，但有的时候他们的身体功能不能再正常运转了；有时身体会因为年龄而衰老；有时则可能遭遇事故。）
    - 用儿童熟悉的身体功能来描述死亡。（比如，豚鼠的心脏停止了跳动；它的肺不再能呼吸了；它什么也感觉不到了。）
    - 实事求是地回答儿童提出的有关死亡的问题。对于和墓地、棺材、墓碑、葬礼、鬼魂和骷髅等有关的问题，都要镇定且如实地回答他们。
    - 不要从宗教的角度对死亡做太多的解释，并且要尊重每个家庭对待死亡的不同观点。
15. **与儿童的家人共同探讨一致的方案以化解逆境**

给儿童造成的影响。即使儿童的家人自身正在承受巨大的压力，他们也仍然会非常关注儿童的健康和幸福。因此要与他们进行沟通，并在可能的情况下，与他们共同协商有助于儿童发展的方案。对于儿童家人的参与和付出要表示感谢。

16. **了解你所在学校、机构和社区拥有的各种资源，以备特殊事件发生时可以求助**。可以根据你所处环境的实际情况向儿童的家人推荐其他专业人员，以寻求其他帮助。

注意事项

所有的儿童和家庭都会经历挫折或面临压力，有人甚至会身处逆境。但正如前面所指出的，他们对此的反应在很大程度上取决于个体和家庭感受到的外界的帮助。下面就是一些你在和处于压力中的儿童及其家人交往时需要特别注意的地方：

1. **责备受害者**。要永远铭记，你的认知（包括你所拥有的资源）仅限于你本人，绝对不能以它们做标准来要求儿童的家庭，因为他们的智力水平、能力、家庭成员的构成、种族习惯、经济状况和能采取的保护性措施都可能与你的情况相距甚远。许多家庭在压力或逆境中做出的反应不仅来自他们对该环境的认知，也取决于他们在维持现状的情况下能做些什么。有的个体或家庭做出的决定可能看上去很糟糕，但事实上这已经是他们在自己的能力范围内做出的最好安排了。换句话讲，没有人会故意把自己的生活搞得一团糟的。

   千万不要把有问题的儿童随便归类（比如，“所有被领养的儿童”“所有来自那个地区的儿童”），因为这么做并不能使我们对儿童遇到的问题有真实准确的了解。专业人员要分别处理处在逆境中的儿童，对症下药，这样才有助于提高他们的适应能力。
2. **完全让儿童自由选择**。没有人可以完全随心所欲地行事，因为任何事情都有限度。儿童应当参与到做决定的过程中，可是如果放任他们各行其是，反而会给他们带来压力，因为他们还不具备这样的能力。如果给予儿童没有约束的绝对自由，让他们想做什么就做什么，他们会感到很困惑和不知所措。
3. **以为儿童的家人明白做决定的原则，并且知道在这方面怎样引导自己的孩子**。虽然专业人员了解做决定的方法，并且会在这方面给予儿童适当的引导，可是孩子的父母对此很可能一无所知。他们甚至没有想过可以让年幼的孩子做出诸如先穿哪只袜子这样简单的选择。因此要与家长分享这些方法，以确保儿童在学校和家里持续学到一样的技能。
4. **当怀疑儿童受虐时，无动于衷**。你虽然无法确定儿童是否真的遭到虐待，但其他专业人士在经过调查后可以得出结论。因此，你有责任是把你的关切按照学校的规定汇报给相关机构，并且严格执行当地在这方面的法律法规。
5. **做出错误和不当的反应**。成人一般倾向于迅速对惹怒他们或给他们造成压力的儿童做出反应，但会忽视那些比较温顺的儿童。由于沉默寡言的孩子很少会在课堂上引起麻烦，所以专业人员常常以为那些具有攻击性或依赖感强的孩子最需要帮助。他们的行为加重了成人的压力，促使成人想赶快采取行动解决他们的问题。

   安静的孩子其实可能是最脆弱的，我们需要关注他们身上的不易察觉的迹象。他们可能需要你帮助应对他们自己无法承受的想法和情绪，或者需要你帮助他们把困扰在心中的问题表达出来。如果要培养这类孩子的适应能力，就必须让他们学会面对压力，而不是逃避。

   如果我们在学校只注意孩子惹人生气的行为，没有发现他们抑郁的情绪，那就是我们的认知出问题了。当我们对孩子的消极表现感到生气时，我们应该明白这其实是他应对某件事的方法。行为的改变不可能一夜之间就发生，它需要我们坚定且持续不断地对他们做大量耐心细致的工作，并且能够取得他们的信任。对于比较棘手的孩子，我们无须对他们太“软”，因为孩子通常在与强硬的人在一起时更感到安全，但是他们不会愿意与总是对他们非常苛刻的成人相处，因为这种人除了指责他们错误的应对方法外，并不能为他们提供任何行之有效的策略，结果只会让本来已经非常脆弱的孩子变得更加无助和失控。

6. **命令儿童做出“合适的”反应**。虽然每个人都会经历同样的情绪，但对特定情境的反应不尽相同。在一些情形下，你期望别人能有相应的反应，比如内疚、悲伤或者紧张，可是当别人没有做出这些反应时，你可能会将他的反应视为“不适当的”。可是事实上，情感是没有对错之分的，因此你的工作不是要告诉儿童及其家人应该有怎样的感受，而是要帮助他们学会用正确的方法让别人了解他们的感受。

   如果一个孩子或其家人拒绝你的帮助，你可能会感到不高兴或者不能理解。但是切记，在大多数情况下，个体的反应基于其当时的情绪状态，并非针对你。儿童常常会通过行为而不是言语来表达他们的沮丧情绪。虽然谈话可以对一个身陷困扰的儿童有帮助，但前提是必须在他愿意的情况下，而不同的儿童产生这种愿望的时机是不一样的。

   因此你可以让儿童知道你愿意随时为他提供帮助，但不要强迫他与你交流。你可以这样对他说，“如果你想沟通，我随时都可以与你交流。”或者“有时候，人们把自己内心的想法说出来会感觉好受一些。”如果儿童看上去仍然犹豫不决或者表现出想一个人待会儿，要尊重他的选择。你可以告诉他，“如果过一会儿你想聊聊，我还在这里；如果你不想说，也没有关系。”

7. **对儿童行为的分析马马虎虎**。当专业人员听说儿童及其家人正在遭遇压力时，他们可能会错误地认为儿童所有不当的行为都是压力导致的。比如，成人会说，“他咬人是因为他妈妈外出工作了”“她交不到朋友是因为她父母离婚了”，或者“她说她胃疼，其实是因为她妒忌家里又添了个孩子”。虽然来自家庭的压力很可能是造成这些行为的原因，但也不能就此排除其他因素的存在，因此成人有必要认真考虑各种可能性。比如，那个孩子咬人或许是因为他不知道还能通过别的方法得到他想要的；没有朋友的那个孩子可能是因为没有感觉到别人想与她交往或者是由于缺乏基本的交流技巧；而胃疼的孩子事实上真的可能是吃了什么不合适的东西。

8. **寻求立竿见影或表面的解决方案**。当我们感到对某个问题没有时间、精力或者现成的方案去解决时，我们可能会希望赶快摆脱这件事。这对儿童来说很不好，因为成人的这种做法没有真正满足他的需要。比如，我们所有人都曾见过有些成人试图用哄骗或羞辱的方法让哭闹的孩子安静下来，一旦这种方法没有奏效，就会听到成人威胁说，“你不要再哭了，否则我会让你哭个够！”还有的时候，成人会强迫儿童在没有准备好的情况下不得不面对某种局面，因为他们误以为这样能让儿童“克服”恐惧、厌恶或不快的感觉。比如，他们会对儿童这样说，“没什么好害怕的”“去做就行了”“你能行”。在这种情形下，成人只是为了自己省事，忽视了儿童的真实感受。帮助他人不是一件容易的事情，给予他人情感方面的帮助尤其需要付出大量的时间和精力。而且问题的解决方案通常不会一试即灵，需要不断的尝试和考量。

9. **没有认识到自己的局限性**。你不可能消除儿童所有的不快。虽然在提供情感帮助方面你可以起到非常重要的作用，但你不可能改变儿童所处的环境或者他周围给他造成负面影响的其他人的行为。还有一点很重要，你必须清楚自己的影响力是有限的，在某些时候，你需要把儿童及其家人介绍给其他的专业人士或相关机构。对于一些极端行为，一定要求助于校外资深的专业人士。

10. **忘记儿童的父母还有其他的身份需要占用他们的时间和精力**。当年幼儿童在超市或社区的其他地方碰到老师时，他们的反应通常会令成人觉得好笑，因为儿童会对在教室以外的地方遇到自己的老师感到非常惊讶。但略带讽刺的是，其实专业人员和父母也会有和儿童一样的想法，除非他们碰巧处在相同的社交圈子，从而使他们有机会在学校以外经常相遇。父母和专业人员对彼此的理解经常带有局限性，即只看到对方与自己交流时的身份。因此，当父母想到教师时，他们可能会忘记对方也有着为人父母、配偶、子女、选民和一家之主的身份；同样的，教师也可能会忘记儿童的父母虽然24小时扮演着家长的角色，但与此同时，他们在生活中还承担着许多其他的重要责任，他们有工作的压力，得操持家务，要与儿童以外的其他人保持亲密关系，还得进修和接受培训，也要照顾他们的父母，并且在社区活动中承担责任和义务。

11. **对于那些经济有困难的父母、双职工父母、单亲家庭、未成年父母、离异父母、继父母、残疾儿童的父母和双语或移民家庭缺乏敏感性和灵活性。**有时候，一些专业人员会忽视许多父母在每天的生活中所需面对的压力。如果只是按部就班地定期提醒儿童的父母要让儿童早点休息、要为他们提供一个安静的学习环境和要保证他们的饮食均衡，会让那些住房很小很拥挤的父母、失业的父母、正在经历离婚折磨或其他意想不到的危机的父母备感压力。因此，要感知每个孩子的生存和发展环境，就一定要充分了解他们的家庭状况，同时对他们的家人给予理解并提供贴心的帮助有助于减轻他们的负担。
12. **对态度消极的父母反应过度。**在一些有争议的事情上，如果我们的观点受到了挑战，这时，我们对自己的立场越缺乏信心，我们就越会表现得不容置疑。但随着经验的积累和知识储备的增多，我们能够将自己对儿童及其家庭的认识与别人的看法结合起来思考，这时如果别人再发表与我们不一致、甚至有敌意的观点，我们就能变得比较从容和开放。因此，如果我们对一个持批评或消极态度的父母反应过度，恰恰反映出我们担心自己的看法有误，以及我们对事情的不确定和困惑。

父母实际上是出于好意提出了一个想法，而且这个想法对我们是很有帮助的，但是他们可能在表达时采用了比较负面的方式（比如责备、讽刺或嘲笑的口吻），结果我们没有认真听取。用这种方式传递的信息的确会令听者很不爽，所以常常得不到采纳。面对这种情况，我们要尽量让自己保持冷静，仔细倾听他们所表达的内容，并且可以这样对他们说，“看来你真的很生气，我想我们需要谈一谈，不过我已经听出你是说我们需要一个更好的沟通机制，我认为你说得对。”有时候，父母带有敌意的话或行为很可能与你本人以及当下发生的事情毫无关系，他们只不过是在别的场合遇到了麻烦或受挫却无处发泄而已。这时候，如果我们能注意观察并加以理解，会让对方意识到自己的做法不当，从而纠正自己的行为。

总 结

如果希望儿童具备韧性，也就是从容应对不利环境的能力，那他就必须具有很强的社会交往能力，对生活有自己的目标，并且在性格方面表现得非常成熟。

韧性来自内外因素。当压力和风险因素加重时就会导致儿童的生活陷入困境，这时如果他的应对机制失效，很可能面临严重的后果。

这时，一些保护性因素（包括儿童自身的性格特点以及来自家庭、社区和社会的关爱）能够缓解处在逆境中的儿童面对的一些压力。在社会环境中，教育工作者可以通过以下方法加强对儿童的保护：

- 注意儿童的健康。
- 指导儿童学习制定决策。
- 培养儿童的乐观精神。
- 提升儿童的自我效能感。
- 纠正儿童有问题的性格特征。
- 帮助儿童与他人建立友谊。
- 帮助儿童提高学习能力。

家庭是培养儿童韧性和乐观态度的重要且有效的因素，因此学校要与儿童的家庭及时全面地沟通儿童在家和在校的各种表现，并且互相配合来发展儿童的韧性。

在培养儿童的抗压性时，需要为他们制订切实可行的目标，提供有帮助的管控压力的方法，引导他们做出有效的决定，并尽可能多地鼓励他们独立完成任务。

在本章的注意事项中提到了要避免这样一些做法：责备儿童，疏于给他们设定界限，发现儿童身上的被虐迹象时无动于衷，寻求立竿见影的解决方案，以及其他无益的反应。

关键词

保护性措施（protective factors，p.164）
脆弱（vulnerability，p.153）
风险因素（risk factors，p.156）
积极自我对话（positive self-talk，p.168）
决策制定（decision making，p.167）
抗压性（stress hardiness，p.154）
乐观（optimism，p.168）
慢性疾病（chronic illnesses，p.161）
内稳态（homeostasis，p.154）
逆境（adversity，p.154）
韧性（resilience，p.152）
社会能力强的儿童（socially competent children，p.152）
适应性系统（adaptive systems，p.153）
胎儿酒精综合征（fetal alcohol syndrome，p.161）
童年期压力（childhood stress，p.154）
习得性无助（learned helplessness，p.169）
心理不平衡（psychological disequilibrium，p.158）
压力（stress，p.154）
压力应对机制（stress-coping mechanisms，p.155）
压力源（stressors，p.155）
应对（coping，p.157）
优势（assets，p.164）
执行功能（executive function，EF，p.153）
自我调节（self-regulation，p.153）
自我效能（self-efficacy，p.153）
自主性（autonomy，p.153）

问题讨论

1. 和其他三四个人组成一个小组，互相比较在面对压力时最常见的来自身体、情绪和行为方面的反应。你们的反应有什么相似之处吗？又有哪些不同之处？
2. 一些儿童的家长要求你请一位专家来与他们一起探讨帮助儿童增强韧性的问题。如果讨论会的时长只有 1 小时，你认为专家的发言应该着重谈论哪些方面内容？
3. 你是否还记得你在童年时克服过哪些重大问题？当时外界有什么保护性措施为你提供帮助吗？
4. 一位孩子的家长告诉你，她正在提交离婚申请，她很担心这会对她 5 岁的儿子造成不好的影响。你能为她提供一些帮助孩子适应这一家庭变故的方法吗？
5. 和其他两三个人一起做这样一个检测：测测你的乐观精神（假设 1 代表极其悲观或者不乐观；10 代表极其乐观）。你会将自己置于哪里？他们几个的情况是怎样的？乐观或者悲观的态度对你们的生活有什么影响？
6. 思考一个说法："无论发生什么，他们最终都能摆脱逆境。"根据在本章所学的内容，你认为这一说法是真的吗？为什么？
7. 与他人讨论：（1）你认为贫困会在哪些方面直接或间接地加重儿童生活中的压力；（2）在来自中产阶级家庭的儿童的生活中，有哪些方面虽然与贫困无关，但也给他们带来了很大的压力。
8. 回到第 2 章，重温一下对气质的不同分类：简单型、慢热型和复杂型。对于你班上年纪最大的那个孩子，你会把他归入哪一类？你这么做的理由是什么？
9. 专业人员通常会比较关注来自离异家庭的孩子，因为他们可能会很抑郁。讨论一下在这样的家庭中可能存在的重要的压力源，它们或许尚未被察觉，但很可能会引发严重的问题。
10. 思考一下本章提到的"适合的距离"这一概念，在你认识的成人中，有人这么做吗？这么做令他们受益了吗？

案例分析

阅读附录一中22个月大的马尔科的案例，然后思考并回答下面这些问题：

1. 教师对于马尔科在发展方面取得的进步给予了怎样的鼓励？
2. 马尔科的父母的哪些做法对于他的独立和自我控制是有害的？
3. 如果你是马尔科的老师，你会怎样与他的父母沟通以确保他们在家里也能采用与你在学校所采用的一样的方法，从而改善他的自主意识，促进其社会性发展。确切地讲，你会对他们说些什么？
4. 当他的父母工作时，他们家的其他成员会照顾他。如果这些成人对待他的方式各不相同，对他的期望也不一样，会对他的发展造成怎样的影响？
5. 你在本章中已经知道，当儿童的生活压力过大时，应当采取一些保护性措施。你认为马尔科承受着怎样的压力？他是否得到了保护？

课外作业

1. 去当地的图书馆或书店，找出并阅读至少三本刚出版的涉及家庭面对的某种压力（比如父母两人都得工作）的书。从中你获得了哪些新的信息有助于你更好地帮助班上的孩子。
2. 参照图6.1，找你班上一个孩子的父母，从他们那里尽可能多地了解这个孩子从出生到现在的所有情况。
3. 观察另一位专业人员的工作。记录他会在哪些事情上让儿童做出选择；他是怎样表达这些选择的；以及儿童之后是怎样完成这些选择的。在儿童的行动过程中，他给予了儿童哪些许可、鼓励和帮助。你认为在他的做法中有哪些不妥之处，可以怎样予以纠正。
4. 走访你所在社区里的收容所，从负责人那里了解他们怎样安排儿童的入学和教育。他们对这样的家庭能够给予怎样的帮助？能够持续多长时间？

检查你的做法

下面是一个对照检查表，作为一个刚入门的专业人士，你可以用它来检查自己是怎样实践这些技能的。你还可以在附录二中获得更多的观察教室行为的检测标准。

我通过以下做法帮助儿童加强了他们的韧性，从而促进其社会性发展：

√ 我在课堂上给儿童制订了切实可行的目标。

√ 我帮助儿童学会了重新看待令他们受挫的经历。

√ 我联系了社区辅助机构，让它们为那些备受压力困扰的儿童和家庭提供必要的保护性措施。

√ 我会及时观察到班上儿童表现出的压力过重的早期迹象。

√ 我会教儿童一些应对压力的技巧。

√ 我会教给儿童怎样有效地做出决定。

√ 我会尽可能多地给儿童提供机会，让他们自己做事情。

√ 我会帮助那些正处在失去亲人的痛苦中的儿童。

√ 我会与儿童的家人配合，共同协商如何帮助儿童应对所处的逆境。

第 7 章　将社会性发展融入游戏中

本章目标

在学习完本章后，你应该了解：

游戏的本质及其与社会能力的关系。

各种游戏类型的发展进程。

成人在儿童游戏时的引导和促进作用。

NAEYC标准

1. 提高儿童的发展和学习能力。
2. 观察、记录和评估对儿童及其家庭的帮助。
3. 运用适应发展的教学法与儿童及其家人进行沟通。
4. 使用相关的知识来设计有意义的课程内容。

情　境：两个孩子正在玩过家家的游戏，他们分别扮演丈夫和妻子。

安　妮：（看着摇摆木马）走了啊。

菲利普：去哪？

安　妮：去上班啊。

菲利普：不，你去做饭。

安　妮：我不做饭，我要去上班。（说着就爬上木马，摇了起来）

菲利普：不行，你做饭和收拾家，我去上班。（说着就要去抢木马）

安　妮：我上班要迟到了，你待在家里做饭吧。

菲利普：你听不明白吗？你做饭，我去上班。

安　妮：（想要继续玩木马，但没有成功）我去上班的路上先把你放下。

菲利普：（骑上马，坐在了安妮的后面）

这两个孩子由于对他们扮演的角色缺乏一致的认识几乎玩不下去了。幸运的是，他们最后终于达成了一致，一起骑马去上班，虽然他们仍然没有意识到两个人对妻子角色的理解完全不同。安妮的妈妈在她出生后的这4年里一直在工作，而菲利普的妈妈是全职家庭主妇。不过通过做游戏，两个孩子找到了解决办法。

游戏既普通又复杂，它是儿童童年时期最主要的社会活动，并且始终陪伴他们成长。在游戏时，他们需要决定许多细节，包括玩什么、怎么玩、制定游戏规则以及怎样能让游戏继续下去。由于游戏在儿童的生活中占据了非常重要的位置，因此成人需要充分了解游戏所能起到的作用以及他们在这方面能够给予儿童的帮助。遗憾的是，游戏常常会被误解、忽视、遗忘或者被成人其他的日常事情所取代。担心儿童安全的父母会限制儿童的活动范围；而注重短期学习目标的学校可能会在很多时候限制儿童玩的时间。其实，游戏对大脑的开发非常有益，因为儿童在游戏时不仅可以强身健体，还能调动身体的各个功能，与他人进行广泛的接触，并且锻炼他们的社交技能。在接下来的阅读中，你可以问问自己，如果儿童的生活中没有了游戏，他们乃至整个社会会是怎样的？

游戏的本质及它与社会能力的关系

在为游戏下定义时，我们肯定会想到它们：年幼儿童玩得非常开心的追赶游戏、假扮成杂货店里生气的顾客的表演、小男孩们玩的打斗游戏、10岁儿童全神贯注玩的投篮、有节奏感的跳绳以及上学以后的儿童玩的需要耐心和技巧的大富翁游戏。游戏与生活中其他经历的最大不同就是人人都明白它“不是真的”（Johnson，Christie，& Wardle，2005）。游戏有一些只属于它的特点（Hughes，2010）。

真正的游戏只需玩伴们自己商量决定什么时候开始、什么时候结束以及可不可以改变其中的一些玩法。由成人安排的活动不能称为游戏，虽然它们也可能很好玩。与玩相对的是真实或者严肃，而不是工作。人们可以在工作时游戏，并且感到很享受；也可以为某个体育项目而努力发展他们的技能。六七岁的儿童已经可以区分工作与游戏了，但他们在描述两者时，更愿意使用一些“模糊”的字眼，结果让游戏听上去很像工作，而工作又很有趣（Wing，1995）。参见要点7.1。

要点 7.1

游戏的特点

游戏是：

- 有趣的
- 主动和投入的
- 内在驱动的
- 自愿的
- 不必严肃的
- 注重过程的
- 一切由游戏者自己说了算的

基因基础

游戏是各物种都具备的行为（Power，2000），所有的哺乳动物都具备游戏的能力。通过游戏，动物和人类增强了韧性、行为的灵活性和身体的强壮，这使得他们能够生存下来。总体来说，活动多的动物通常都有强健的体魄，广泛的社交网络，而且适应能力也很强（Bekoff & Pierce，2009）。游戏有属于自己的交流信号和社会规则。与灵长类动物类似，年幼儿童一般也喜欢玩客体游戏、运动游戏和追逐游戏（Power，2000；Hughes，2010）。而且年幼儿童和动物一样，会在游戏过程中学着理解对方发出的信号和动作，了解他们的想法和情绪，学习合作和领导，以及其他诸如协商和解决问题这样的社交技能（Frost，Wortham，& Reifel，2012）。最重要的是，游戏是社会性大脑发育和发展必不可少的部分（Panksepp，2008）。

在课程设置中安排游戏的意义

作为早期教育工作者，你可以在许多方面帮助儿童：

- 通过游戏提升他们的社会能力。
- 锻炼他们的交流技巧。
- 增加他们的社会参与程度。
- 通过在游戏中扮演完整的角色成为娴熟的游戏者。

在美国威斯康星州，游戏被视为实现教育标准中社会性发展的一个途径；而在明尼苏达州，它是检验语言和阅读能力的一个方法（见表 7.1）。游戏为儿童的教育增添了丰富的知识和技巧，因此美国各州都将其体现在了学习标准中。

表7.1　课程设置中的游戏内容

州	年龄	标准
威斯康星州	3—5 岁	• 能够与其他 3 ～ 5 岁的儿童进行社会交往 • 能够与其他儿童做游戏，并且可以持续相当长的时间 • 能够与其他儿童做一些需要互相配合的游戏
明尼苏达州	二年级	能够在一个自己熟悉的故事中识别不同人物的行为和情绪

社会性发展与游戏

加里看到查尔斯充满期待和兴奋地进入 3—4 岁孩子的教室，就跑向他，想和他一起玩。他抓住查尔斯的膝盖，结果把他撞倒在地。查尔斯哭着跑开了，加里沮丧地说，“他不愿意和我一起玩”。

琳达走进操场，手里拿着一根长度足够和其他两人同时玩的跳绳。她告诉别的女孩，她从表姐那里学会了两个人一起跳的技巧。于是奥利维亚和安吉琳开始摇绳，琳达则开始跳，而且她还邀请凯思琳和她一起跳。在经过多次的跳跳停停和琳达的指导下，孩子们终于学会了按着节奏一起跳。弗兰妮站在旁边，观望着，等候着。等了很长时间后，凯思琳出现了失误，该轮到弗兰妮了。现在，安吉琳和奥利维亚把绳子摇得更均匀了，并且放慢了节奏。弗兰妮开始跳了，她没有出现凯思琳犯的错误。

弗格斯和保罗在幼儿园的水台边玩，他们把水倒入一个能装下 250 毫升液体的容器中。弗格斯注意到保罗还在不停地往一个已经装满水的沙拉罐里倒水，就对他说，“当它满了的时候就不能再倒了，你再倒，水也进不去了。把它倒掉或者再换一个瓶子吧。”保罗这时也注意到瓶子里的水满了，就把水倒掉，重新开始往里面注水。

加里从自己行为的后果中明白了抓住别人并不是让别人跟自己玩的好方法。琳达学会了在别人需要时指导他们并且让他们保持兴趣；奥利维亚和安吉琳在摇绳的过程中学会了互相配合，并且在轮候时体会到延迟满足的含义；弗兰妮则从凯思琳的错误中掌握了跳绳的技巧。弗格斯懂得了他可以为别人提供有用的信息；而保罗也意识到他可以接受别人的帮助。

上面几个例子中的每个孩子都学会或掌握了一种新的社会技能。游戏和社会习得之间有着极其复杂的关系，学习新东西不仅出现在一次游戏中，而且需要在多次游戏中反复练习。游戏能够促进儿童的发展，也为他们开发新的能力创造了条件，同时他们还能在游戏的过程中不断修正和改进自己的方法。比如，当儿童越来越成熟后，他们会意识到公平和不公平的存在，并逐渐形成了自己的社会伦理观念（Edmiston，2008）。他们在游戏前会先制订计划，就像琳达带跳绳去学校那样。最终，他们会在游戏的过程中学会自我控制并且影响别人，从而使得大家都能在一起开心地玩下去。事实上，游戏所起的作用涉及社会能力的各个方面（参见图7.1）。

通过阅读本章，你会进一步了解游戏对社会能力各方面所起到的作用。我们先来探究一下儿童的性别、社会参与度和他们在玩伴中的地位对于即兴游戏的影响。

性别

18～24个月的儿童在玩的时候是没有性别区别的（Power，2000；Hughes，2010）。但是在他们了解了自己的性别身份并且也能够分清其他儿童的性别后，玩的内容就彻底改变了（Fagot & Leve，1998）。虽然男孩和女孩在玩的方面用的时间是一样的，但游戏的主题、喜欢扮演的角色以及表现形式截然不同。大多数男孩更喜欢玩活力四射和带攻击性的游戏，他们也不太愿意和成人在一起玩。社会习俗倾向认为男孩应该玩彼此竞争的游戏，而女孩应该聚在一起玩。女孩更关注人际关系和社会协助，玩的时候也更愿意体现出培养友情和共情的特点（Geary，2004）。这些天生的性别差异会在社会学习过程中表现得越来越明显。在儿童的成长过程中，家庭成员、媒体和其他的社会机构也会向他们传递清晰的信息，让他们知道什么样的行为适合男孩，什么样的行为适合女孩，以及自己应该参

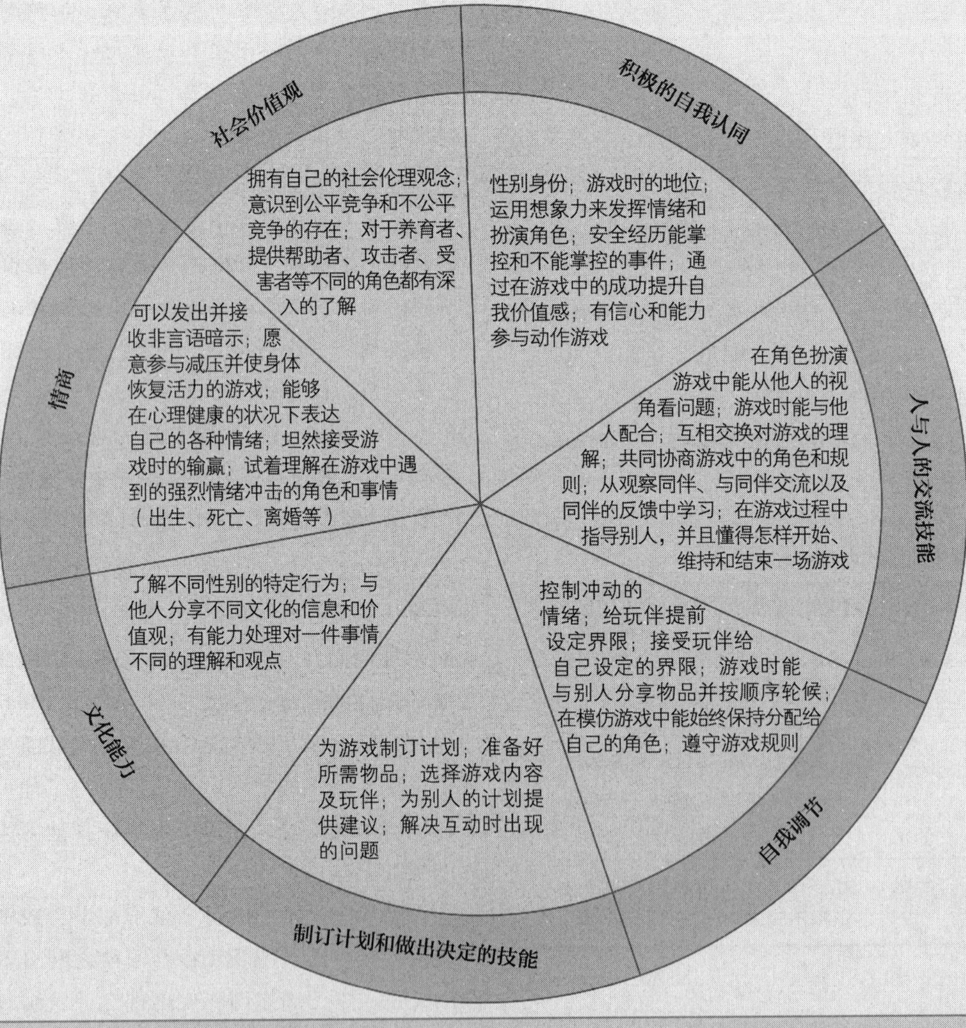

图7.1 游戏在社会能力方面所起的作用

与哪些游戏。成人通过其言行使儿童明白他们对儿童的期望。此外，父母（特别是父亲）非常不希望自己的儿子和女儿参与不适合他们性别的游戏（相对来说，女孩玩汽车比男孩玩洋娃娃更易被接受）（Honig，1998；Freeman，2007）。媒体和玩具制造商也会给不同性别的儿童提供具有强烈性别偏好的玩具和动漫内容（Willis，1999；Hughes，2010）。

总之，儿童从 2 岁开始就表现出愿意和同性别的同伴玩属于他们这个性别的儿童玩的玩具。女孩倾向于扮演家庭环境中的社会性角色；男孩则更愿意选择体现权力关系的角色，游戏假设的场景通常是在车库、宇宙飞船或与工作有关的地方（Howe et al.，1993）。尽管儿童不必限制自己对玩具的选择，但他们还是会主动根据性别挑选玩具。但另一方面，很有意思的是，男孩和女孩都认为只因为性别不同而将一些儿童排除在游戏以外的做法是不应该的，也是不公平的，虽然他们仍然会按性别挑选游戏时的玩具（Theimer，Killen，& Strangor，2001）。

学龄儿童在挑选游戏角色时仍然保持着以前的性别习惯，不过他们常常将媒体或文学作品中出现的人物纳入他们扮演的游戏中。儿童到了 7 岁以后，性别知识和意识会越来越统一，而且他们对男女性别特点的认识也更加清晰和具体了。与此同时，他们会根据性别身份扮演自己的角色，并且只选择参与适合自己性别的活动（Bem，1985；Schmalz & Kerstetter，2006）。

整体来讲，年纪稍大一点的女孩会通过游戏学习规则、模仿、坚持、求得认可、合作、与成人保持亲密关系和寻求帮助；而男孩会借着游戏在解决问题、探索、运动肢体和重新认知已经习得的知识方面发展自己（Frost et al.，2012）。他们的这些行为通常也被社会视为其性别角色的典型行为。男孩和女孩都会参与竞争性游戏，但男孩的游戏里的竞争更加直接和公开，而女孩的游戏更偏重地位和职位的较量，经常会以伤害他人的感情作为代价（Goodwin，2006）。对游戏的选择不光有性别方面的差异，也有很强的个体差异。心理健康的男孩同样会参加一些类似培育下一代和互相配合的游戏；心理健康的女孩也会参与一些主要是男孩玩的需要充沛体力的游戏。在世界各地的游戏中都存在性别差异，但具体情况会因文化的不同而有很大区别。相较于其他文化，在美国主流的文化中，游戏中的性别差异有很大的灵活性（Frost et al.，2012）。

社会参与度

儿童参与游戏的程度各有不同，有时完全不参与，有时只愿意自己玩，还有的时候更喜欢集体活动。这些不同的参与程度是按照儿童的社会性发展依次呈现出来的（Parten，1932），每种类型的参与都有其独特且重要的特点，应当引起重视。

1. **无所事事的行为**：儿童走来走去，有时随便拿起一个玩具，但并不是真正想玩。大多数时候，他们也不关心别人在玩什么，顶多瞥上一眼。
2. **旁观者**：儿童只作为旁观者看别人玩，自己丝毫也不参与。大多数时候都只看别人在做什么，却很少亲自做点什么。
3. **单人游戏**：儿童独自玩玩具或其他物品，和别人没有互动。他们用自己的智力和解决问题的能力饶有兴致地琢磨它们，有时也会装出扬扬自得的样子（Bornstein，2007）。
4. **平行活动**：儿童们在一起，并且玩的是同一个游戏，但各玩各的。他们没有互动，可是彼此又都很自意对方的存在。两个儿童坐在同一张桌子旁边，各自玩拼图游戏是最典型的例子。他们有时会微笑着对视一下。
5. **联合游戏**：儿童们聚集在一起玩，但玩的内容不一定完全一样。很多时候他们需要分享一些物品，或者互借一些工具（比如铲子等）；有些活动需要大家轮着来，在这期间他们可以看别人玩，并互相交流（Hughes，2010）。他们之间并没有什么共同的目标或主题，每个人也没有分配好的固定角色。比如，尼科开着他的玩具卡车在积木区附近来来回回地转，丹尼斯和马克也在那里玩。尼科偶尔会停下来，看着他们玩，并且发表点评论，然后又开着卡车“送货”去了。
6. **合作游戏**：参加小组游戏的儿童会共同制作某个东西，或者实现某个目标，比如作为整体参加比赛，一起做游戏，或者每人扮演一个分配的角色。击鼓传花就是这样一个游戏，前面提到的丹尼斯和马克一起搭积木也属于这一类型。

单人游戏以及各种类型的小组游戏都没有等级区别。事实上，单人游戏有利于儿童养成新的行为模式，并且培养儿童的创造力；而集体游戏有利于加强个体之间的联结（Dolgin，1981）。对于那些特别小的儿童，单人游戏是最常见的形式，一方面因为他们尚缺乏与同伴互动的经验和机会，另一方面因为他们会在一段时间内把同伴当成物品，而不是人。得等到差不多一岁半时，两个儿童之间才会逐渐开始互动，并且学会在玩的时候轮流玩（Hay，Ross，& Goldman，2004）。

© Cengage Learning 2015

单人游戏可以让孩子充分探索、想象和按照自己的意志行事，虽然他们可以找到别的孩子一起玩。

通常，你可以在游戏中看到各种类型的社会参与。比如，旁观者行为虽然意味着其本人没有介入别人的活动，但他还是可以间接获得一些知识和信息，这对他今后的直接参与是有帮助的。有些儿童需要在做出决定前先观望一阵子，对各种活动进行一下比较。在合作游戏之前，儿童经常需要通过平行游戏先让彼此有一些近距离的接触。所以说，每一种社会参与对儿童的社会性发展都是有益的。

社会地位

当儿童在一起玩的时候，他们会不可避免地遇到各自的身份定位、有支配权的角色以及其他和权力有关的情况。通过做游戏，他们不仅可以了解自己在集体中的地位，而且可以间接地探讨存在的权力关系（Pellegrini，2004）。儿童还可以在自己的建议遭到别人反对时要求按照教室里既定的规则执行。比如，当一个儿童组装了一个玩具武器并引起其他儿童的兴趣时，另一个儿童可以提出在教室里有不许玩枪的规矩。当儿童觉得一些规则对他们自己有利时，他们就会把它们提出来，要求按此执行，比如“只能四个人玩”“小心保管你们拿出去的东西”和“先到先得”等（Jordan，Cowan，& Roberts，1995；Winther-Lindqvist，2009）。其他一些用意不太明显的策略也同样有效。比如，托比面对着珍妮特说，“咱们玩过家家吧”，这表明了她想和珍妮特玩的意愿，同时她却将玛丽排除在外，因为她背对着玛丽。她的这一举动还传递了其他信息：因为她主动提出了玩的建议，这就确立了她在活动过程中的领导者地位，所以她可以继续决定玩的具体内容。

在群体中具有较高地位的儿童倾向于向别的儿童发出指令，而且不是只针对一个人。但是他们要想得到其他儿童的认可，也必须时不时地对别的儿童的要求做出回应，以确保游戏能够继续下去。即使不想采纳别人的建议，他们也不会断然拒绝，而是会给出充分的理由或者提出另一个选择，这样才能互动下去（Hazen & Black，1989）。在集体游戏中比较有地位的儿童还可以根据游戏的具体情况决定和改变游戏规则。比如，如果儿童分成两组玩，每组原定的人数是一样的，可是后来游戏中有决定权的那个儿童的好朋友也要求加入，他就会选择同意，结果有一个组的人就会多出一个（Winther-Lindqvist，2009）。

能力较强的学龄儿童在游戏时能做到自己的行为是与游戏内容相关的，他们对玩伴的非言语暗示很敏感，并且会做出合适的反应。而能力较弱的儿童不太会控制自己的情绪，对游戏的环境不敏感，对别人发出的暗示也无动于衷，因此很可能不停地与同伴互相攻击，最终常常会被玩伴排斥或孤立。这样的儿童在群体中处于弱势的地位，与其他儿童的关系不紧密，而且由于他们看不清所处的环境，就无法与别人很好地配合和互动（Pettit & Harrist，1993）。在各种类型的游戏中，儿童都需要用到所有的社会交往策略，并且将自己的社会身份，比如在小组中的地位、特殊的技能和友谊网络等，融入其中。

游戏的种类

探索行为

4 岁的雷塞尔拿起一个听诊器，看了看耳塞，然后把它们塞进耳朵里。他走向一个洋娃娃，宣布自己是来给病人看病的医生。他给好几个洋娃娃都做了检查，仔细听了它们全身。这时米歇尔走了过来，雷塞尔对他说，“我觉得你生病了”，然后就把听诊器放在他的胳膊上听。米歇尔指着自己的胸脯对雷塞尔说，“你应该听这里”。雷塞尔按他指的地方听了听，觉得不对，又听了听他胸脯周围其他的地方，并不时地问米歇尔，“你能听到吗？”然后他又拿着听诊器去听暖气片、玩具仓鼠和别的孩子，完全忘记了自己的医生身份。

从事探索行为的儿童会审视环境，他们会通过检查、触摸、闻、尝、摇晃、称分量、移动、操作、勘查以及其他方式来了解手中物品的性质。探索性游戏一般先于真正的游戏，通常有三种方式：获得客体、动手研究和提出问题（Power，2000）。提出的常见问题有：它能做什么？它怎样工作？这件东西或者这种情形是怎么回事？儿童在真正开始做游戏前都会先对手里的新玩具探究一番（Hutt，1971；Hughes，2010）。该客体的**复杂性**和**新颖性**会影响儿童在玩它之前探究时间的长短，同时探究方法也会越来越有章可循（Power，2000）。

客体的复杂性与其零部件的数量（比如，各种拼图或汽车模型）、反应性或柔韧性（沙子和水比玩具卡车柔软得多）以及用途的多寡（球就比球棒的用途多）有很大关系。儿童对于太新的客体一般会表现得比较小心，他们更愿意接触自己比较熟悉的客体。不过随着接触次数的增多，他们用来探索的时间也会越来越少。电动玩具不仅新颖而且复杂，因为它们内设的软件里有许多选择，儿童既要掌握软件的使用，又要弄清楚该怎样玩。在这种情况下，在正式玩之前，成人一定要给儿童提供足够的工具并留出充足的摸索时间。

探索性游戏可能是有计划的活动，也可能是没有计划的活动。通过这样的游戏，孩子们扩展了他们的理解能力。

刚出生的婴儿可能会用他们的嘴、手和脚来探索。上幼儿园的儿童在使用贴纸之前会先舔、闻和涂抹它，他们还会倾倒、拍打、品尝和嗅闻水和沙子。六七岁的儿童在使用各种客体时，动作会越来越娴熟；探索周围环境时，视觉和听觉的反应也越来越准确。比如，当他们看到一个手工制作的陶艺转盘时，会用手指转动它，同时认真观察它是怎样运转的。而且在用它制作东西前，也会先用一块泥巴试试。年纪再大点的儿童会更仔细，动作也更快。所有儿童都会或独立或共同探索一些客体，他们通常会先自己观察一会儿，然后喊其他同伴来分享他们的发现。

儿童刚开始会问，“这个客体能做什么？”到后期，他们又会将问题稍作改动，变成“我能用这个客体做什么？”在对客体有了一些认识后，他们会开始用它做游戏，进一步了解它的用途。就像雷塞尔和他的听诊器一样，在一段时间内，探索性游戏一次次地变成了想象游戏。成人在此过程中可以扮演多重角色，包括对游戏技能已影响其社会性发展的儿童予以深入的个别化干预。参见图 7.2 的社会支持金字塔对此进行的总结。

以客体作为玩或游戏的工具

任何年龄段的儿童都会玩点什么：实际的东西（比如，器皿、家具、树叶、棍子和小动物）；改造过的或者有教育目的的物品（比如，记忆游戏、拼图和堆叠玩具）；建筑材料（比如，木块、颜

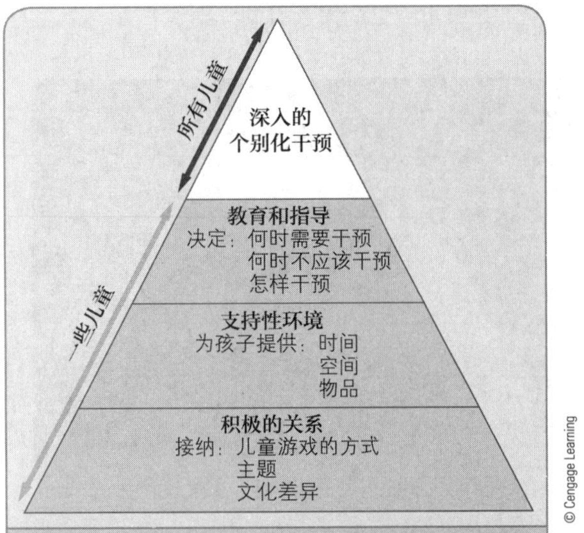

图 7.2 社会支持金字塔：利用游戏提升儿童的社会性发展

料、泥巴和纸板）；流体材料（比如，水、沙子和雪）；玩具（比如，小汽车、洋娃娃以及其他微型复制品）；体育用品（比如，球和球杆）；棋盘游戏（比如，《大富翁》、《滑坡和梯子》）和多媒体游戏（比如，掌上电动游戏和计算机里的游戏）。玩的行为也随处可见：在车上、院子里、操场上、幼儿园里、餐厅里、教室里或者走廊里。玩耍会涉及空间、物品、时间和其他的人。儿童的经历以及环境中的地形、植物和其他客体也会影响室外活动的内容和类型（Reifel & Yeatman，1993）。此外，玩耍的质量与儿童的社会性发展和解决问题的能力也是紧密相关的（Goleman，2011）。

玩的客体常常是微缩或简化的实体（比如，玩具炉子、玩具卡车或用大小不一的彩环堆砌成的圆锥物），它们的结构可以将一些基本概念表现得一清二楚。这些作为玩具的客体有的非常实在（比如，供年幼儿童玩的各种小家具）；有的比较抽象（比如，大一点的儿童玩的雕刻玩具）；还有的玩具具有象征含义——可以反映家庭关系、为适当的性别角色行为提供暗示、体现儿童的自我身份并且传递其代表的文化价值。比如，当儿童知道世界上其他地方的儿童也喜欢玩他们玩的玩具时，他们就渐渐懂得了社会价值的存在。

客体是各种游戏的必要工具，无论是单人游戏、平行活动、联合游戏还是合作游戏，都离不开它的存在。在与他人使用客体玩游戏的过程中，儿童的动手能力、认知功能和社交技能都发挥了很大的作用。

使用客体带来的发展性变化

儿童先对客体进行琢磨，然后将它们与其他相关的东西用于游戏中。年幼一点的儿童会用自己的玩具吸引别的儿童和他一起玩，因为拥有一件人人渴望的玩具或占据玩的空间可以让一个不起眼的儿童在游戏中也占有一席之地。如果你的工作需要经常与儿童在一起，你会发现客体是按照下面这样的顺序被使用的。即使是对年纪大一点的儿童来说，情况也是如此，只不过他们能使用得更娴熟一些而已。

1. 重复的肌肉运动，会用嘴接触客体。
2. 系统地探究客体。
3. 开始恰当地使用客体。
4. 把在功能上相关的客体放在一起使用。
5. 多种行为方式结合起来从而使玩的内容增多（比如，搅动、倒水和洗碗）。
6. 使用可用于自身的行为方式（或许就是简单地扮演，例如，演吃东西或睡觉）。
7. 使用可用于他人的行为方式（比如，给洋娃娃喂饭）。
8. 让第三方复制自己的行为方式（比如，让洋娃娃给泰迪熊喂饭）。
9. 对于那些虽然缺失但有需要的客体，可以把它想象出来使用（比如，假装在用一个勺子搅拌）。
10. 为了达到目的，改变客体的使用功能（比如，把铅笔当勺子用）。

变换的意思是用一种客体代替另一种客体。比如，一个 3 岁的儿童会在没有勺子的情况下用铅笔、棍子、压舌板或改锥来搅拌饮料或者喂洋娃娃吃饭。

列在前面的六种行为方式有时会结合在一起，其目的是掌控一个客体。这些类型的游戏会不停地重复进行，直到儿童了解了客体的性质并掌握了其所有功能后才会稍有一点改变。一个 2 岁的幼儿会用 30 多种不同的方法变换着玩一组 7 个的立方体。他可以把每个立方体与其他 1 ～ 3 个立方体组合在一起，也可以将它们全部排列在一起，他也可以把它们堆在一起。任何年龄段的儿童在遇到新奇或复杂的客体时都会采用这样的游戏方式或者探索性行为。即使是年纪大一些的儿童在遇到新技术产品时也会采用类似的处理方法。儿童从 2 岁半开始会在一起配合，共同琢磨怎样掌握客体的使用。

孩子从很小就开始系统地探索客体，并对它们采取恰当的使用方式。任何时候当他们遇到新客体时，他们都会继续这样的行为方式。

客体使用的不同风格

如果成人想了解儿童最喜欢的游戏方式，必须先知道儿童对使用客体的观点以及他们是怎样向玩伴解释这一客体的。儿童一般会在两三岁时形成自己的游戏**风格**，并会将其贯穿整个童年时代（Shotwell，Wolf，& Garnder，1979）。有些儿童比其他儿童更容易对带有象征意味的客体做出反应，并且在使用它们时能够更淋漓尽致地发挥自己的想象力，这种游戏风格被称为**戏剧家风格**。这些小戏剧家们用简单的材料搭建起供人们生活或购物的房间或商店，他们在面对材料时头脑中思考的是“我能用这些东西讲一个怎样的故事呢？”同龄的另一些儿童则会对客体的颜色、质地、形状、轮廓以及它们在空间的位置更感兴趣，他们的游戏风格被称为**模型师风格**。这些儿童在面对材料时想的是“我应该怎样摆放它们，让它们看上去更漂亮呢”。他们更关注设计元素，比如他们在玩玩具卡车时，会按照大小、颜色、功能或其他标准排列它们。成人如果意识不到这一点，就不能理解他们的做法，可能还会要求他们把其中一些拿出来给别的孩子玩。殊不知这样做完全破坏了儿童心中既定的方案。善于观察的成人会先了解清楚儿童的游戏风格，然后再决定要不要让其把自己的玩具拿出来与他人分享。对于模型师风格的儿童来说，更好的方法是在材料使用的顺序方面给他们切实可行的建议。而对于戏剧家风格的儿童来说，与别人分享玩具一点也不成问题，只要他手里的玩具够他讲明白他脑海中的故事就行了，而且他们甚至觉得把多余的材料拿走更好，因为他们自己的想象力才是游戏真正的来源，而非材料本身。

年幼的孩子需要有形的材料来帮助他们完成想象的情节。

戏剧游戏

戏剧游戏，又称假装游戏，可能是儿童最爱玩的一种游戏形式。他们从差不多 1 岁时就开始玩这种游戏了，到五六岁时玩的时长达到顶峰，然后随着他们进入学校学习，玩的时间减少了。在整个童年时期他们都会玩这种游戏，年纪大一些的时候，他们会开始表演读过的文学作品或从媒体上看到的内容。如果有机会并且时间允许，上学以后的儿童会顺着一条故事线连续几天、甚至几周地一直演下去。

儿童从 3 岁（如果他们那时已经获得了这种表演技能）开始就可以和别人玩这种假装游戏，又称**社会戏剧游戏**。他们会在游戏中分享目标、主题和物品，并且乐此不疲地在整个童年一直这么玩。也有一些儿童因为条件所限，没有机会尽早开始尝试这种颇具挑战的游戏。如果儿童自己不具备这样的技能，成人就要尽可能地在这方面引导和培养他们。

戏剧游戏的不同风格

和客体游戏一样，儿童在戏剧游戏方面也有着各自的风格，详见表 7.2（Rosenberg，2001）。所谓风格指的是一个人在表演过程中的行为特点，而且他一直以来的都保持着这些特点。有些儿童兼具两种风格或者看不出有哪种明显的风格。通过观察和了解儿童的戏剧游戏风格，成人可以帮助他们在必要时做一些改变，并且协调好怎样让别的儿童加入。

在小组中，当表演因剧情转换而被打断时，**实用主义者**会乖乖地停下来，配合成人的要求；可是那些**爱幻想者**仍沉浸在自己的幻想状态中，往往不理睬成人的要求，拒绝改变。如果强迫他们配合别人，他们会表现得心不在焉，而且很不开心。对这样的儿童需要反复不断地提醒甚至警告才能让他们从自己的幻想中走出来。不过如果他们在前期叙述剧情时觉得自己很适应，这类儿童也完全可以与别人很好地配合。实用主义者在成人的帮助下很容易接纳别人，因为他们总体来讲反应没有那么激烈。

不论他们属于哪种风格，所有儿童都使用了同样的基本技巧来假装。他们从父母、兄弟姐妹、同伴和教师那里学习了这些技巧，然后将它们用于自己的社会交往中。

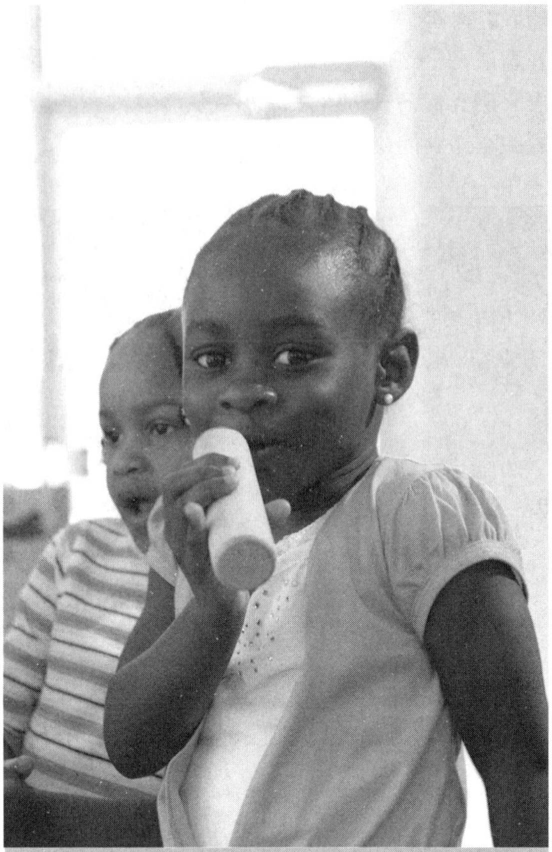

孩子在游戏时会使用手头的客体代替他们表演所需的客体。

客体代替

首先，儿童必须学会用一个客体代替另一个，或者把一个客体转换成另一个，这就是所谓的**客体代替**。在代替时，代替物与需要表现的客体越相像，儿童就越容易使用它。比如，贝壳可以用来代

表7.2 孩子在想象游戏中的戏剧游戏风格

	特点
爱幻想者	1. 这类儿童完全沉浸和痴迷在想象游戏中，他全神贯注，不害怕失败，处于忘我的状态。 2. 他们处于内控状态，对周边的成人视而不见。 3. 他们在游戏过程中会自言自语，就好像和别人讲话一样，而且会扮演多个角色。 4. 他们一方面会从自己的经历中提取一些细节并将它们逼真地用于自己扮演的角色中，另一方面也会想象一些从未发生的情节。他们会在记忆和想象之间不停地转换，并且对原有的记忆进行雕琢。 5. 他们要么立即倾情投入游戏当中并开始表演，要么就选择完全不参与。 6. 他们似乎对周边的暗示非常敏感，如果对环境不满或者感觉不好，他们就不会参与。
实用主义者	1. 这类儿童很在意现实世界，很容易因为周边发生的情况而分心。 2. 他们对观众的反应也非常关注，而且他们需要得到看护人员的认可和鼓励。 3. 在游戏过程中，他们会停下来寻求成人的指示和不断的认可，然后才会继续，因此游戏不是在非常紧张激烈的状态下进行的。 4. 他们也会自言自语，不过大多是对自己的行为等做出评价，比如，"我真的不喜欢这项帽子"。 5. 他们一般只会呈现自己生活中已经发生过的事情，他们的想象比较笼统，比如一只猫，而不是具体某只猫。 6. 他们不太在意游戏时的环境，即使条件不好也会继续游戏，对所处的空间也没有什么要求。 7. 他们希望游戏的过程有章可循，可以预知，并且得到成人的许可。

替一个杯子，但不能用来代替球棒。儿童在两三岁时可以在游戏时使用一个代替物，但不能同时使用两个。比如，一个抽象的木制品可以用来代替马，然后用杯子代表水槽，可是如果同时给儿童一个抽象的木制品和一个贝壳，表演就进行不下去了。从3岁开始，儿童就可以用杯子代替任何一种容器了，比如便盆、碗、帽子或盘子。这时，成人也明白儿童在使用代替品，因为物品被重新命名了，或者因为使用这个客体的行为与它所代替的客体的行为极为匹配。不过等儿童到了4岁时，他们在使用客体时就会变得更加现实（Trawick-Smith，1990）。他们更愿意参与社会戏剧游戏，而且在游戏时所有的儿童都会事先对每一个假装的客体所代表的意义达成一致。在小组游戏中会使用更多的代替客体，因此游戏会变得更加复杂。

客体发明

接下来，儿童需要能够发明一个客体——虽然客体不在手中，但也可以通过行为表现它的用途。**客体发明**是一种形式最简单的哑剧表演类型，一次只能表现一个假想的客体。儿童可以在碗里通过搅拌动作来假扮在使用勺子，或者把胳膊在头上旋转来表现晃动绳子的动作。对于年纪非常小的儿童来说，这种没有一个代替物（即用一个实际存在的客体代替另一个客体，比如用石头代替汽车）的纯粹动作表演太困难了。到三四岁的时候，他们就可以无实物表演，上学以后就更没有问题了。

没有学过怎样无实物表演的儿童可以先用探索性方式摆弄玩具，然后对它们像真物品一样做出反应。在一个学前儿童活动室里，艾米丽走进厨房，检查玩具炉子，她转动开关，轻轻摸了摸炉子，又打开烤箱往里面看了看。然后她把炉子从墙上取下来，又检查了一下它的背面。她把双手放在屁股后面，非常生气地对老师说，“这个讨厌的炉子坏了！”当老师告诉她这是一个玩具炉子，不能像真炉子那样使用时，她看上去很不高兴。

时空的转换

儿童还得学会转换时空的概念。他们可以用一个攀缘植物代替飞行中的宇宙飞船，或者把沙箱当成史前动物生活的海滩。儿童在游戏时必须非常清楚这些转换，并且始终在这样的情境中进行各种表演。比如，“婴儿”黛比从床上爬下来，走到熨衣板那里准备熨衣服，她的“妈妈”告诉她小孩不能熨衣服，因为他们会被烫伤。黛比爬回到床上，嘴里念叨着，“长大、长大、长大，我现在已经是大姐姐了。”然后她又回到烫衣板那里。她这么做就等于把好几年的时间压缩成了几秒钟。时间和空间本身没有界限，只要游戏中的儿童能够理解和接受它们的转换。

角色扮演

在游戏中，年幼一点的儿童必须学会扮演角色。最简单的角色是**功能角色**（Watson，Fisher，1980），比如扮成一个卡车司机。这种角色不具有永久性身份或个性，但在当时的情况下是确定的。扮演**人物角色**的儿童则需要表现许多适合这一角色的行为。人物角色包括家庭成员（母亲、父亲、姐妹等）、职业角色（比如，消防员、医生）和虚构的角色（比如，超级英雄、巫师）。扮演家庭角色的内容会比扮演其他角色的内容更丰富。年幼的儿童倾向于扮演自己亲身接触过的角色（比如，婴儿、父母），而大一点的儿童更愿意扮演他们观察过的角色（比如，丈夫和妻子）并尝试一些职业角色。还有一点，儿童在上学前就已经能够扮演多重角色了。你会看到一个30个月大的儿童可以同时扮演婴儿的母亲和丈夫的妻子，而且她会指导“丈夫”怎样当好父亲（Miller & Garvey，1984）。小学高年级的学生基本可以扮演各类人物角色。角色及其表现出的行为最初需要相关道具的协助。后面的两个观察对照表（工具表7.1和工具表7.2）可以帮助你了解儿童在这方面技能的发展。

儿童在文化和经验方面的差异

我们在跨文化（包括对美国境内的不同族群）研究中发现，儿童在这方面技能的发展程度以及对表演主题的喜好有很大差异（Power，2000；Gaskins，Haight，& Lancy，2007）。儿童所处的文化背景（包括经济状况、所在社区的特点、成人在儿童游戏时灌输给他们的价值观以及儿童的成长环境）会对其游戏技能和游戏的内容产生重要影响（Goncu，Jain，& Tuermer，2007）。很显然，相较于其他类型的游戏，假装游戏对儿童有更多的触动和鼓励作用（Smith，2005），不过，儿童在各种游

工具表 7.1 对于年纪较小或者经验不足的儿童的戏剧游戏技能的观察

姓名	客体代替	客体发明	时空转换	角色扮演	社交参与度
1					
2					
3					
4					
5					
6					
7					
8					
9					
10					
11					
12					
13					
14					
15					

工具表 7.2 对于年纪较大或者经验较丰富的儿童的戏剧游戏技能的观察

姓名	为假装游戏准备物品	时空转换	娴熟的叙事能力	持续时间达到 10 分钟或更长	社会戏剧游戏的参与人数
1					
2					
3					
4					
5					
6					
7					
8					
9					
10					
11					
12					
13					
14					
15					

戏中做出的选择并不会造成太大的差别（Ramsey，1998）。

儿童会将自己的文化背景和生活习惯带入游戏，有些儿童的表演内容可能是教师都不太熟悉的，比如鸡尾酒酒会、乘船巡游、去外国旅行、被放逐、帮派打架、离婚大战、偷盗以及明显的性行为。成人可能会对它们中的一些内容感到不安，可儿童觉得他们只不过是把自己遇到的一些亲身经历表演出来了而已。这时，可以引导儿童扮演家庭角色的其他行为，比如工作或者整理家务，而不要因为这些不妥的表演批评或羞辱他们，那样会阻碍他们游戏技能的发展。

此外，男孩和女孩在呈现社会戏剧游戏的情境时所使用的手法也完全不同。男孩倾向于用陈述的方法介绍自己或者自己将要做的事情，比如当米尔顿用椅子和积木搭建一辆公共汽车时，他会说，“我是一个公共汽车司机”，然后其他的男孩或者通过帮助他搭建这辆车，或者通过坐在车里来加入游戏。女孩则更看重小组作为整体以及彼此的关系，她们在开始游戏时先要确定好关系。比如，琼用颤抖的声音对她的同伴们说，“咱们假装走迷路了，非常害怕”，然后她们就拉起手，藏在桌子下面。

接受一组儿童中存在的文化多样性是接受他们的基本条件。儿童的种族、民族、宗教、年龄、性别、家庭构成、生活方式、经济状况、身体缺陷、家庭中成人的性取向以及与所在社区的特殊关系等都会在他们的游戏内容中反映出来。一个 11 岁的儿童可能会追问怎样称呼他继母与其前夫的孙子们，以及是否应该邀请他们来参加她这一次的婚礼。成人如果了解每个儿童所处的文化背景，他们在听到这类问题时就不太会感到惊奇、震惊或不解了。游戏时的行为来自生活中的各种行为，经过重复和再加工，然后加入幽默的元素使之变得轻松，或者通过游戏对主题予以突出。缺乏经验的儿童需要先观摩别的儿童游戏，并且学习一定的技能，否则他们的表演就会显得过于幼稚。经验丰富的成人在辅导儿童游戏时应将他们的性别及文化背景充分考虑进去。

儿童为自己制定的社会假装游戏规则

儿童在 2—6 岁时会逐渐制定出在小组假装游戏中应该遵守的规则。两三岁的孩子在与更多的同伴参与较为复杂的游戏前还没有意识到他们需要游戏规则。他们中的一些人还没有能力参加这种复杂的社会性游戏，所以无法理解游戏规则的必要性，也不懂得怎样将规则运用于行为中。儿童在这方面的发展也是有差异的，因此，他们无疑都需要在与他人的不断互动中制定和调整适当的游戏规则，这是一个需要时间和实践的过程（见表 7.3）

表7.3　明确的规则和隐含的规则

明确的规则	隐含的规则
1. 第一个到达换衣区或第一个提出游戏建议的儿童应该成为游戏的负责人。 2. 所有儿童都必须提出加入游戏的要求。 3. 所有儿童都要在表演中扮演一个角色。 4. 所有儿童都要公平地参加游戏（虽然对公平的定义可能并不清晰，但通常涉及轮流、分享和不要太霸道等）。	1. 在幻想情境下，儿童应该能够分清虚拟与现实。 2. 除非一个人玩，否则儿童可以与其他人一起玩假装游戏 3. 儿童可以根据发展脉络构建并继续一个游戏，同时他们也能接受别人对剧情的建议。 （Curran，1999，p.49）

从图中可以看出有两组孩子在做游戏。前面有三个孩子、积木、小汽车和搭建积木的空间；后面有两个孩子、积木和模型。此外，后面还有一个孩子，站在那里，没有参加任何一组的游戏。

假装游戏过程中同伴间的交流

元交流是关于交流的交流，即通过语言或者行动去解释应当怎样诠释一个行为（Farver，1992；Whitebread & O'Sullivan，2012）。它们会明确该行为应该表现得严肃一些还是诙谐一些。言语上的元交流用来说明游戏的场景和状况，比如，“咱们假装这火是真的”；非言语的元交流表达的意思可能没有这么清晰，比如，一个儿童可能会在夏天时“铲雪”。元交流清楚地将现实与虚幻区分开来，并且确保游戏能够维续下去（Goncu，Patt，& Kouba，2004）。这样当有的儿童从游戏的场景中走出来或者不再扮演某个分配给他的角色时，也不会引起别的儿童的困惑或误会（Dockett，1998）。仔细阅读表7.4，你就会更好地理解儿童通过言语和非言语方式对游戏进行元交流的目的。元交流传递出的有关剧情和场景的信息与游戏一样，并不是“真实”的，而且有些信息是“跳出场景”来叙述的，其目的都是为了让游戏继续进行下去。

年纪稍大一点的儿童会设法通过一些不是很清晰的信号来调整剧情，从而将每个儿童对游戏的想法尽量体现出来（Dunn，2009）。在准备阶段，由于儿童彼此还不熟悉，而且对角色、剧情还可能有分歧，同时也需要准确理解虚幻的部分，因此清晰的元交流是非常必要的（Whitebread & O’Sullivan，2012）。在表演过程中，儿童需要通过模仿、非言语暗示、角色扮演以及讲故事等方式把一个非真实的现实呈现出来。在游戏过程中出现意外时，或在某个问题得到解决从而游戏结束时，需要更加明晰的策略（Dunn，2009）。每一位游戏者都应根据需要调整自己的游戏内容以配合其他的游戏者以及整个剧情的发展，这需要大量复杂的思考和自我调节。

游戏框架包括儿童游戏内容的全部，即与游戏情节有关的所有客体和人物。游戏的参与者通过交流和共同的目标联结在一起。比如，当游戏中的某个儿童必须离开“饭店”去房间的另一边获取更多的“食物”时，他仍然处于游戏的框架中。再比如，如果一位摄影师想给本章开篇提到的那个假装游戏拍照片，他会自动向后移，以确保把儿童和

表7.4 通过言语和非言语交流对游戏进行元交流的目的

儿童的目的	言语交流	非言语交流
发起游戏	“想玩吗？” “咱们赛跑吧。”	进入游戏场景，开始发起游戏的行为，比如“做饭”或者“给另一个孩子提供积木”
确定主题	“咱们假装在太空，然后迷路了”。 “我是医生，你的孩子生病了吗？”	使用道具来表现一个主题，比如饭店的菜单或者商店的收银台
转换场景或设计场景	“现在是晚上，这里很黑。” “这是我的房间，那是你的房间。” “任务控制中心在桌上。”	表现出暗示某种场景的行为，比如对着软管发出流水的声音
确立自己的角色	“我是妈妈。” “我能修好这艘船。” “这是我建造的最大的建筑物。”	“安慰”一个洋娃娃 把“工具箱”放到船上 搭建积木
确立别人的角色	“你最好看好你要往哪儿走。” “你是爸爸。”	递给另一个孩子他要用的物品，比如花店里的花
确立共同的角色	“我们都是小孩，我们跑开了。” “你先当怪物，然后我再当。”	（仅适用于经常在一起玩的孩子）表现出正在忍受巨大的痛苦，在另一个孩子面前瘫倒在地
转换客体或者想象客体	“把这艘船送上火星”（坐在一堆大型积木前）。 “这是钱”（孩子只是比画一下）。	在用积木搭建的“农场”里，用茶杯给玩具动物喂水或食物
为他人的情绪或行为制订方案	“咱们假定你很小气。”	用面部表情和手势来表达情绪
为自己的情绪或行为制订方案	“这个地方真的很吓人，所以我最好躲起来。”	用声音和手势来表达情绪
确定他们共同的情绪或行为	“我们能很快把火扑灭，再拿一个水管来。”	用声音和身体动作来表达情绪和想法
对游戏的主题、角色或环境进行交流，然后结束游戏	“我不想让你再追我了。” “咱们玩……” “把这些东西放进箱子里，咱们吃点点心吧。”	走开 看别的地方，注意别的东西 摇头或用别的姿势来表明已经脱离游戏

木马都拍进去。这时候，照片的背景中可能会出现附近的人或物，但如果他们与游戏的参与者没有交流，也没有共同的目标，那他们就不属于这个游戏框架。游戏框架中的儿童需要发出和接收信息以确保游戏能够顺畅地进行，同时框架中还可以有一些幽默和解释的内容。

影响游戏进程的方式

儿童往往不想随意暴露他们的假装幻想。他们会尽可能地让交流限定在游戏框架中。但是元交流既需要深度融入游戏框架，也需要完全脱离它（Griffin，1984）。

儿童会在游戏时使用**隐秘对话**的方式，即表面上是在扮演角色，但实际上已经改变了游戏的内容。比如，一个“孩子”问，“是晚上了吗？”这时，他实际上是希望得到来自“妈妈”的一系列照料行为。

伴音能够为其他的游戏参与者提供信息（游戏者说，“现在我要吃饭了”），比如，通过发出“洗、洗、洗”的声音来表达正在洗碗或者洗衣服。这些声音应当是有节奏的、悦耳的。

讲故事通常用过去时，并且声音抑扬顿挫。这样可以使情节得到更细腻的发展，比如，“我们看到宇宙飞船上升，进入轨道……计算机停止了工作……月亮不在那里。”

提示是让游戏过程中一位参与者要求另一位参与者怎样做或者说什么的一种方法。它通常应当是耳语或者很轻的声音，比如，一位参与者说，“我现在已经做好准备吃早餐了”，这时另一位参与者小声对他说，“不对，你应该在吃饭前先煎好鸡蛋”。

正式的假装建议有时可以出现在游戏过程中，比如，建议“咱们假装一家人去海边”。当游戏的情节变得重复或不紧凑时，可以当场采用这样的建议。不过在游戏正式开始以后，最好尽可能使用较为间接的方法。表 7.5 对以上方法进行了总结。

当儿童使用玩具、积木或玩具小屋做游戏时，通常都是由他们自己作为叙述者来讲述故事的情节发展的，而不是单靠玩具做出动作。但是当儿童自己扮成某个人物时，他们就会更多地使用非言语交流的方式来为游戏添加内容。

角色的选择

一组儿童的社会关系会反映到他们的游戏中。社会地位高的儿童可以随便挑选一个角色或者安排一个活动从而加入正在进行的游戏中（“我来扮演那个姑妈，要来做客”）；而社会地位低的儿童必须在得到许可后才加入游戏（“我能扮演妹妹吗？”），而且他们可能会被限定只能扮演一些角色。通常，社会地位高的儿童会给社会地位低的儿童安排他们可以扮演的角色（“你可以扮演奶奶，她生病了”）。给他们安排的角色常常与他们的实际社会地位相接近。游戏中的主导者还可以拒绝和反对角色的分配或内容的安排（“你不能在这儿玩”“我们不是在森林里，我们是在丛林中”）。

儿童的角色扮演是一件很复杂的事情。他们一方面必须在游戏的框架外参与游戏的创作，另一方面又要在框架内将构思出来的角色和事件表演出来。

表7.5　儿童在游戏框架中改变游戏进程时所使用的方法

方法	叙述	例子
隐秘对话	它属于假装游戏的一部分，同时建议其他的游戏参与者下一步应当做什么。	“这些孩子真的非常饿。”
伴音	一位游戏参与者做出的叙述，旨在告诉其他人做什么。它适用于非言语交流不能起作用的时候。	“我要去上班了，然后我会再回家。”
讲故事	对游戏主题进一步细腻的叙述，或者提出一个必须在游戏框架内解决的问题。	“烟！烟！房子着火了，我们得赶快离开这里！”
提示	一位游戏参与者告诉另一位应该怎样做或说，提示时一定要小声，或者可以通过模仿和手势传递想表达的意思。	（小声地）“那是新娘的帽子，如果你想戴帽子，戴这个给新郎准备的。”
正式的假装建议	在游戏过程中一位参与者对游戏的进程提出重大改变，其目的是在变换主题的同时能够让所有人都继续参与游戏。	（在家庭游戏中）“现在让全家人去海边度假你觉得怎么样？”

儿童倾向于抵制一些假扮行为，他们更愿意改变辈分而不是性别。男孩会选择男性的角色，不论是当祖父还是婴儿。社会地位高的儿童在假装游戏中不会愿意扮演地位低的角色，他们更愿意扮演父母而不是孩子；船长而不是水手。当儿童拒绝扮演某个不满意的角色时，通常会被重新安排一个令其满意的角色。比如，如果一个孩子不愿意扮演牺牲者，他可能会被调换去扮演妖怪，而原来那个牺牲者的角色会被重新设计。

儿童还会排斥用现实来干预他们的假装游戏。比如，如果一个孩子在行走时摔倒了，他很可能立刻开始假扮医生的角色，而不是停止游戏寻求成人的帮助。他们总是尽一切可能把生活中发生的事情融入游戏。

男孩更可能在户外或其他场景中而不是在室内展示他们的元交流技能。

综合假装游戏的技能

一旦儿童拥有了一定的游戏技能，他们就会调整和增加他们游戏的内容。刚开始的时候，游戏的内容比较单一，但很快他们就可以将多种技能结合起来使用了。他们的**游戏主题**会被命名为“烹饪”“玩过家家”或者“开车”等。总体来说，这些游戏都是在真实生活的基础上加入了动作、客体和角色扮演这些游戏成分（Roskos，1990）。随着儿童的日渐成熟和习得技能的增多，他们会将几个相关的话题结合在一起，从而令**游戏情节**更具有社会性，也更加丰富细致，而且能解决某个具体问题，比如，一家人要去度假了，却发现没有准备行李箱。不同的情节围绕着一个共同的主题，并且借着角色间的语言交流合乎顺序和逻辑地渐次展开。

一个游戏的情节会分成几步：首先，儿童需动手准备游戏场地，找齐所需的客体和道具；接下来，他们需要分配角色，确立游戏规则，设定问题，叙述整个过程，从而确保游戏按照设计好的思路进行下去（Roskos，1990）。

主题和情节通常都被认为属于戏剧游戏或主题游戏，它们可以涉及生活中的各种内容，但情节中往往会有一个问题需要解决。比如，亲戚来访，可是家里的床不够用；假扮一个商店，可是没有人来买东西；假扮一个邮局，可是邮票不够了，这些都是一些典型的问题。受孩子欢迎的主题，比如“照看婴儿”，会不断出现在他们的游戏中；但游戏的情节需要他们准备一个故事结构，有清晰的开始、问题的产生和解决以及结尾。当孩子们彼此非常熟悉后，他们会分享许多游戏主题，并且充分发展上述技能，这样假装游戏也就能持续相当长的时间了。

儿童上学以后进行的游戏就更复杂了，只要环境允许，他们的游戏中就会有更多的角色和细节（Curry & Bergen，1987）。而且他们会选取更具戏剧效果的问题，比如抓捕和营救；同时游戏的主题也更有意思了。7 ～ 12 岁的儿童会学着增加假装游戏的层次，就像剧院里作家和演员那样。假装游戏的排演和剧本的创作要比游戏本身花费更多的时间。他们也会举办即兴表演比赛或者模仿故事书中的情节和电视上的节目。儿童间的假装游戏需要他们彼此配合、共同努力、有序地组织资源以及错综复杂的社交互动。

娴熟的游戏参与者

儿童可从家庭成员、邻居家的孩子、同伴和老师那里学习怎样做游戏。当你与他们在一起时，你可能会发现有些儿童在这方面的技能少之又少，比如他们会在游戏时走开，随便乱动道具，心不在焉地东张西望。有的儿童只具备一些而不是全部技能。游戏带给儿童的智力和社会性发展方面的益处体现在儿童能够同时和其他几个人一起玩、主动发挥自己的想象力、游戏中经常有创新而不是简单重复、游戏时间能够持续 10 分钟以上或者随时可以进入角色；他们还能带动其他儿童充分发挥他们的技能；在游戏过程中，他们能够与其他儿童一起沿着时间脉络将故事完整地呈现出来（Bredikyte & Hakkarainen，2011）。技能娴熟的男孩常常在户外游戏中以及搭建积木和交通工具时表现出他们的优势，女孩则更多是在照料家和养育孩子这类游戏中表现出她们的本领的。

一个娴熟的游戏参与者应当具备并且能够熟练使用假装游戏所需的全部技能：

- 探究客体并用它来做游戏。
- 游戏时能够使用代替的客体，或者想象客体的存在。
- 设想出游戏主题发生的时间和地点。
- 在与他人的游戏中扮演并持续扮演一个角色。
- 遵守与玩伴们制定的游戏规则。
- 能够通过元交流来影响游戏的进程，但同时也能保持在游戏框架中。
- 与其他参与者进行假装游戏的时间不少于 10 分钟。
- 能够自制一些游戏所需的道具。

建构游戏

客体不仅能够引发儿童进行假装游戏的兴趣，还会让他们投身于建构游戏中。对于前者在上面已经进行了阐述，后者则是指孩子用客体制作或搭建某样东西。**建构游戏**取决于场景、可获得的材料和参与者的人数，形式多样。

年纪小的儿童

儿童从 1 岁开始就可以参与建构游戏了，他们会学着把客体联结在一起（比如，用线把珠子穿在一起，或者把火车的各个车厢连接起来），同时他们也发展了相应的拆分能力（比如，扯断串珠）。儿童还会学着搭建和推倒积木，以及横向和纵向摆弄它们。

2～3 岁时，儿童开始玩正式的建构游戏并将它命名为“盖房子”，他们会使用许多种材料，比如把小汽车、玩具和积木混在一起，这实际上是玩假装游戏的前奏。这时候，如果他们能得到成人的帮助，他们还会学习使用工具，比如玩橡皮泥时需要用到的小刀和滚筒、切曲奇饼的刀以及剪刀、锤子和钉子等。在这个年龄段，儿童能建构的东西还非常简单，他们更感兴趣的是建构的过程而非最终的结果。

到了 4 岁时，他们建构的东西开始变得细致和复杂了。他们可能会建一个有地毯、箱子和街区的房子，或者一个有玩具卡车和士兵的玩具世界。他们还会学习使用乐器，特别是打击乐器。他们也开始对绘画和剪纸表现出兴趣。他们会有组织地展示自己的技能，其中最常见的是平行活动和联合游戏，有时也会同时有一些社会戏剧游戏。

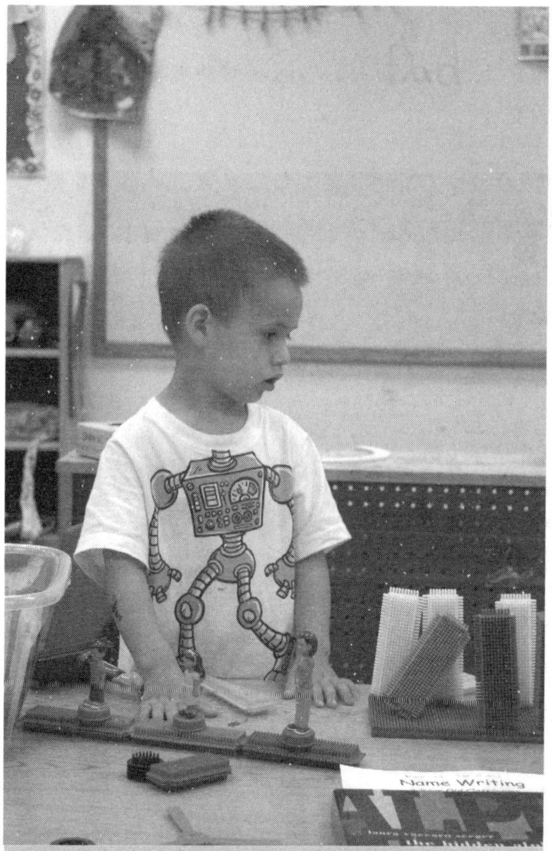

孩子们常常会因为他们假装游戏的需要而自制一些道具，可以是任何材料的。

5—7 岁时，儿童控制自己肢体动作的能力更强了，因此他们能够设计和制作的东西也就更多了。他们建构的东西更加复杂，并且需要大家共同配合才能完成。在这个阶段，他们可以开始为自己的假装游戏制作衣服或其他辅助材料了。

年纪大一些的儿童

儿童上小学后对建构模型更感兴趣，他们开始喜欢手工艺、编织、木工、铸造、装订、编筐、雕刻以及其他各种手工活动；他们还会自己设计游戏内容，并且尝试创作性写作。在假装游戏的参与者中，技能娴熟的儿童可以自己搭建背景、制作服装、创作剧本、分配演员、设计动作和准备道具等。他们常常会为此花上数小时、数天或数周的时间，虽然实际的可能还不到10分钟。这个阶段也是儿童积累经验和培养兴趣的时期。在校的儿童用各种材料建构物品可以扩展他们的兴趣范围，从而增强他们的科学和实验能力（Johnson，1998）。

社会能力弱或与别人沟通有困难的儿童通常在玩建构游戏时更喜欢平行活动，因为那只需偶尔与别人交流一下，而不必像假装游戏那样和他人有密集的交往。

检查一下你的理解程度

儿童在游戏时表现出的个体差异来源于哪些方面？

- 年龄和与其他人交往的经历
- 性别
- 家庭的文化背景
- 喜欢的物品种类
- 对喜欢的假装游戏种类
- 基本游戏技能的水平
- 家庭中是否有和他一起玩的人或者是否能找到新的玩伴
- 对其他玩伴的了解程度

运动游戏

我们都很清楚儿童喜欢在户外快乐地奔跑、跳跃和大笑。这些身体的运动能够增强他们的体力、耐力、平衡能力和协调能力，同时也能展示他们的本领，从而得到社会认同。比如，保持平衡和抓紧绳索是学会荡秋千的第一步。技能较差的儿童会一遍遍地模仿别的儿童的动作，但由于他们的协调能力弱，他们很难取得成功。荡秋千虽然令他们很受煎熬，可他们仍很渴望尽快轮到自己玩。最终他们找到了适合自己的方法，他们会在开始前先用脚使劲蹬一下地面，这样可以提升他们摆动的幅度。在不断的练习之后，他们会高兴地向别的同伴展示自己的技能，有时甚至敢提出比赛，尽管他们仍未达到最理想的高度。当儿童能够在安全的状态下通过各种办法使秋千荡起来时，他们的动作就娴熟和有效了（Fox & Tipps，1995）。在安全的环境下，通过观察其他技巧高超的同伴的动作，再经过长期坚持不懈的练习，儿童终将获得受人称赞的动作技能，并能与他人展开积极的社会交往。

当一个儿童从山上往下奔跑时，他能明显感觉到脚重重地踩在草地上，风吹过他的头发和皮肤，这种感觉对他来讲实在是太美妙了；另一个胆小的儿童一步一步小心翼翼地爬上了攀岩物的顶端；还有一个滑雪橇的儿童兴奋得忘记自己的肚子已经咕咕叫了。这几个儿童都处于运动状态，他们对自己的表现都非常满意，而且运动还增强了他们的自尊意识。有些社交能力弱的儿童在与同伴进行运动游戏时有非常出色的表现，因为运动游戏对调节情绪的能力、语言能力和社会能力的要求都比较低，所以他们能表现得得心应手。

运动游戏从婴儿期就开始了，一直持续到他长大成人，为其社会交往创造了条件。随处可见的游泳馆、滑雪场和保龄球馆就充分说明了这一点。儿童在玩运动游戏时有四个方面需要引起特别注意，因为它们关乎儿童的安全。这四个方面是：实践游戏、挑战、风险和打闹游戏。

© Cengage Learning 2015

荡秋千这个运动游戏需要身体技能，它有时也需要互相配合，并能带给孩子社交的欢乐。

尊重儿童的重复性活动

所谓**实践游戏**就是儿童不停地重复某个动作或玩某个客体，而且通常是与其他同伴一起。比如，5岁的埃斯特想尝试滑公园里那个很高的滑梯，一位成人陪着她，并在她第一次滑下来时接住了她。

刚开始时，她有点犹豫和紧张，她走上滑梯，滑下来后非常高兴和满意。她一共滑了 21 次，每次的姿势都稍有不同。她会变换手脚的位置、趴着滑、坐着滑、躺着滑、头先滑下来或者脚先滑下来。成人一直站在离滑梯很近的地方观察她，对她的表现发出评论，并密切关注她的安全。这个孩子来的时候有点胆怯，但离开时已经心满意足，而且对自己的能力也更加有信心了。

从婴儿期到青春期，儿童实践的内容会不断改变，但过程基本是相同的。儿童在蹒跚学步阶段会走路、投掷、爬和跳舞。2—3 岁时，他们会从比较低的地方往下跳、在一个横梁上保持平衡和用胳膊抓住吊环将自己悬空起来。3—4 岁时，他们开始能接球、爬高和骑三轮车了。4—5 岁时，他们已经可以滑旱冰、游泳、骑两轮车、随着音乐跳舞、拍球和玩捉迷藏了。5—7 岁时，他们能踩高跷、荡秋千和跳绳。年纪再大一点的儿童可能会喜欢练习更特别的体育项目。儿童的运动技能强，在社会交往中就会占据优势，反之就会处于不利的局面。运动游戏需要技能、记忆力和反复不断的练习，而且在儿童逐渐长大后，还会在彼此间展开竞赛，又需要配合的能力。运动游戏能够反映一个儿童在其朋友中的身份地位和能力高低。

保持对儿童的运动游戏的兴趣

对游戏活动的选择通常建立在对儿童潜在挑战的基础上，而所谓的挑战就是所选的活动要比儿童已经掌握的技能更难一些。在一般情况下，儿童会先观察别人的动作，自己尝试一下，必要时还会向他人寻求帮助，然后就开始练习，直到自己完全掌握。身体较胖、动作笨拙或者有残疾的儿童会发现对别的儿童非常普通的动作对他们来说却很有挑战，他们需要得到成人更多的帮助和鼓励才能完成这些动作（Javernik，1988）。

因为游戏并不是“真实”的，所以儿童如果认为某个任务对他来说太难了，可以很随意地将它放弃而不会感到有失自尊。有时，这种现象被称为“随意而为”。儿童会对游戏保持很大的兴趣直到他完全掌握了它所需的技能。在儿童掌握了一项技能后，比如传球，他会把它和其他技能结合起来使用，比如躲避和奔跑，这样他就能持续保持对整项活动的兴趣了。从某种意义上讲，挑战来自游戏参与者本身，是他对自身技能的一个检测。当一些五年级的儿童聚在一起，自己用球棒和球设计不同的玩法时，他们的目的就是要给自己不断设立新的挑战，以确保大家仍有兴趣继续在一起玩（Hastie & Andre，2012）。带有挑战性的游戏有助于儿童更好地认识自己，并且感受到自己较之前取得的新成就。

了解游戏中存在的风险

运动游戏中总会存在一定的风险。滑雪肯定比跑步更具风险。有些儿童像猴子一样灵活，他们可以爬到树上很高的地方；可有些同龄的儿童非常胆小，哪怕下面有气垫，他们也连一些普通的架子都不敢爬。儿童不同的性格和他们过往的经历对于他们在游戏时是否愿意冒险有很大的影响。蹒跚学步的幼儿对周边环境是否有危险尚缺乏意识，因此他们必须得到成人的看护。但是对于学龄前儿童来说，应该多为他们提供机会，在有人看护的情况下

孩子们测试自己能做些什么，对自己提出挑战，并愿意冒一定的风险。成人要为他们提供安全的器械，同时要注意看护和引导他们，以确保他们的安全。

让他们多尝试各种游戏技能，这样他们就会知道自己有多大的潜能。

到了 7 岁时，大多数儿童都能对活动中存在的风险做出判断，除非被强迫，否则他们一般不会做超出自己能力的事。比如，7 岁的格温多林的协调性很好，他游泳游得非常棒，还能骑两轮自行车。可是只比他小 2 周的杰夫虽然可以四处走动，但既不会游泳，也不会做操，他大部分时间都在室内活动。当孩子们一起在外面玩时，格温多林爬上一棵树，并让杰夫也爬上来。在被催了几次甚至被称为胆小鬼后，杰夫只好试着开始爬。他摔下来了三次，因为他不会像格温多林那样用手抓住树枝，用胳膊支撑整个身体。他身上摔肿了，摇摇晃晃地抓着树干，这时格温多林赶紧把他拽了上去。格温多林意识到爬树对杰夫来说的确太危险了，于是他从树上下来，又去拿了一个梯子帮杰夫下来。儿童常常以为自己能做的事是别的和自己同龄的孩子也能做的，因此成人需要引导儿童认识到在进行有潜在危险的活动时帮助同伴与向他们提出挑战的不同意义。除非受到压力，在一般情况下，儿童是不会愿意尝试超出自己能力范围的行为的。

帮助检测儿童的社交和身体行为

许多儿童都喜欢参加比较激烈的运动游戏，它们都既有挑战也有风险。在游戏进行到高潮时，他们会尽情地奔跑、蹦跳、翻滚、追逐、躲藏、角斗、击打、大笑和做鬼脸（Pellegrini，2007）。一群孩子间进行的**打闹游戏**与攻击性行为是不同的，因为攻击性行为指的是推搡、霸占、抓捅、真正的威胁和在冲突中对对方怒目而视（Pellegrini，2004）。成人可以根据儿童游戏时的表现准确判断其行为属于哪一类型（Carlson，2011；Pellegrini，2009）：

- 打闹时，儿童的面部表情是放松的，带着微笑或者显得很激动；但是如果他们处在攻击状态时，就会带着怒气，身体僵硬，表情压抑。
- 打闹时，儿童会主动邀请其他儿童一起参与，目的是为了开心，因此他们绝不会使用愤怒的言语，更不会威胁别人。
- 打闹游戏如果被迫中断，参与的儿童都会希望能继续，而且他们会经常在一起玩这样的游戏；可是如果是真打架，孩子们都会赶快远离攻击者。
- 充满活力的行为、夸张的举动、只是用手脚比画的踢打动作、开心的表情，再加上自己宣布扮演的角色——“我是毒蛇”，都属于打闹游戏中常见的现象。

参与打闹游戏的儿童明白发生的一切都不是真的。比如，一个孩子向另一个孩子做出开枪的动作，同时嘴里喊着“砰”，不过并没有与他有真正的身体接触。一般情况下，儿童可通过其他儿童发出的非言语信息来理解他的意图。但有时候，儿童也会发出清晰的一起玩的邀请。比如，一个三年级的儿童给另一个女孩递纸条，清楚地表达了她的意思（见图 7.3）。

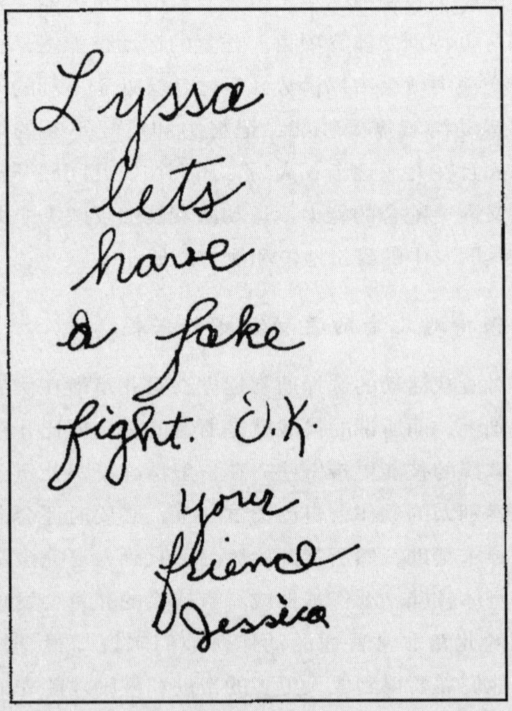

图 7.3　这是两个 9 岁女孩在学校传递的纸条，上面写明了一起玩打闹游戏的意愿 ①

所有的学龄前儿童都会玩打闹游戏，不过男孩

① 纸条上写着：“让我们假装打一架吧。”“好的。你的朋友杰西卡。”——译者注

比女孩更爱玩这种游戏。他们喜欢一大群孩子聚一起在大操场上玩，大家的动作都非常有力；而女孩则喜欢围着一些器械玩这种游戏，而且动作幅度不会很大。这种游戏总是伴随着尖叫声、叫喊声、吼声和笑声。这个年龄段的儿童在玩这种游戏时常常会加入扮演超人这类角色的内容。年纪小的儿童在更多的时候是看别的儿童玩，而不是自己参与其中。

上学后的儿童通常愿意与同性别的儿童一起玩，除非游戏中必须有一个异性角色。有一个被叫作"亲吻还是杀掉"的游戏，要求一个孩子追逐另一个不同性别的孩子，追上后要问，"亲吻还是杀掉？"然后按对方的选择亲一下或者将其"杀掉"。儿童通常特别愿意在完成规定的任务或者坐了很长时间后玩一会儿打闹游戏。年纪稍大一点的儿童会渐渐从打闹游戏发展成带有规则的游戏，而不会具有攻击性（Pellegrini，2004）。这种游戏在童年中期最为普遍（Smith，2005），十几岁以后慢慢就不再玩了。有趣的是，对于男孩来说，打闹游戏与他们的社会能力和社会地位有着很密切的关系。

另一方面，会有一些孩子不受欢迎，因为他们不清楚攻击性行为和打闹游戏的区别，这显然是由于他们没有学会分清两者不同的暗示，结果做出了不恰当的反应（Pellegrini，2004）。成人应当告诉这些儿童打闹游戏的特点，注意观察他们的行为，并让他们向同伴学习。其实两者的区别从面部表情就能很明显地看出来，比如微笑、傻笑或皱眉头。笑声和噪声（比如，"怪物的声音"）通常意味着游戏是在欢快的气氛中进行的；还有其他一些信号可以用来传递打闹游戏的意图，比如，向他人建议，"咱们玩追人游戏吧！"成人的任务是帮助儿童向同伴表明自己是否想玩（"别追我了，我不再是飞龙了"；或者"我不玩了"）。一定要为儿童留出安全地带，以避免不想玩的儿童被无意卷入游戏。

打闹游戏有助于儿童发展一些社会和情绪技能，比如，读懂和发出非言语暗示、调节情绪、社交关系和凝聚力、与同伴建立并保持互动的能力以及在男性群体中获得并保持社会地位等（Pellegrini，2009）。打闹游戏可以帮助儿童结交朋友，并且保持这种友谊关系。此外，儿童还能在游戏过程中建立和维护自己的控制权，从长远来看可以减少彼此的冲突，因为大家的组织结构已经界定清楚了。当有新的人加入时，会有更多的打闹游戏，比如秋季开学时和儿童开始上中学时（Pellegrini，2009）。打闹游戏还有助于儿童的体能训练，特别是在强身健体方面，这会为他们进入青少年期后参加更多的游戏打下身体基础（Pellegrini，2007）。

成人经常阻止儿童玩打闹游戏，认为它带有攻击性。但有经验的专业人士注意到，如果不让孩子在某个环境下（比如学校的操场或者娱乐场所）玩打闹游戏，他很可能在别的场合下玩（比如在公共汽车上、邻居家附近或者家中的后院）。因此，最好的办法是让儿童在有成人在场时玩打闹游戏，以避免出现安全问题。

充满活力的游戏，比如追逐，需要成人的仔细看护，因为男孩们在追赶的过程中时常跑出操场，离开成人的视线。

比赛游戏

比赛游戏需要其他的玩伴，有规则，而且显然是社会性的。一般情况下，如果儿童不遵守既定规则，会受到约束和制止。不过对于一些年龄很小、尚不明白规则的儿童，年长一些的儿童也会尽量原谅他们（Pellegrini，2009）。比赛游戏的形式会随着儿童社会技能的成熟而逐渐发生变化，从年幼的儿童简单地一个接一个轮流玩到年纪大一点儿童玩的更复杂的比赛游戏。比赛游戏能带给儿童什么样的乐趣呢？在 3—8 岁，儿童玩的运动比赛游戏能够使儿童之间产生一种聚合力，而且比赛游戏中令他们感到惊讶之处也会让他们欣喜。7 ～ 12 岁的孩子更喜欢在比赛游戏时显示他们的本事以及体能和智商，同时随着年龄的增长，他们也会越来越看重输赢，他们希望通过展示能力来获得他人的认可和社会地位（Winther-Lindqvist，2009）。

儿童在3—5岁时喜欢玩捉迷藏或者以一个人为中心的比赛游戏，比如捉人游戏（Frost et al., 2012）。只要等候的时间不长，他们就会轮流扮演那个中心人物。经验多一点以后，他们会变换角色，并且对捉迷藏的方式不断进行更改。在5—7岁时，儿童会玩拒绝和接受的比赛游戏，比如“谷地里的农夫”；或者攻击和防御的比赛游戏，比如打雪仗。在7—9岁时，他们在比赛游戏中会加入支配和服从的内容，比如“妈妈和我”；一些较为复杂的纸牌和棋盘游戏以及一些球类游戏。刚上学的儿童在比赛游戏过程中会由于过于激动或冲动而出错，比如在玩棒球时，所有的垒手都跑去接球，而不是待在原地等别人传球给自己（Davies, 2010）。儿童年纪大一点后会开始关注比赛游戏的结果，他们会更喜欢一些智力游戏，比如看手势猜字谜或者难题问答比赛，而且他们希望玩耍的团队能够组织有序。他们在游戏中扮演的角色取决于他们各自的技能，比如在篮球比赛中扮演防守的角色。那些经常不遵守游戏规则、爱发脾气或者总是干扰别人的孩子会遭到玩伴们的排斥（Davies, 2010）。

比赛游戏有偶然性（大多数的掷骰子游戏），但也需要技能（棒球）或策略（下棋）。小学生会根据自己在假装游戏和运动游戏中获得的经验来重新设计游戏内容和讨论角色（Frost et al., 2012）。五年级的儿童能够在时间和材料允许的情况下，经由成人的帮助，自行设计新的球类游戏内容（Hastie & Andre, 2012）。许多运动游戏（比如垒球）都已经发展成为正式的体育比赛，由成人而非儿童管控和指挥其过程。它们的规则及赛程不再属于儿童可以决定的范围了。不过在本书中，我们主要聚焦非正规的比赛游戏，儿童既需要遵守这些游戏规则，也可以设定、修改和更换它们。

年纪小的儿童在玩游戏时与成人或年纪大的儿童的做法是不一样的。3～5岁的儿童做游戏的方式与他们玩运动游戏的方式差不多，他们会先观察别人的某个动作，然后再模仿。事实上，他们常常感到困惑，比如，在玩捉迷藏游戏时，一个年纪小的孩子知道要快跑以免自己被捉到，但是如果他真被捉到了，要他承认就有难度了。他可能会拒绝继续玩下去，或者就站在那里不动。出现这种情况时，如果年纪大一点的孩子能主动提出让这个年纪小的孩子捉他们，游戏就可以继续下去了。

玩比赛游戏时所需的遵守规则、互相配合和自我约束通常要到儿童7岁时才能实现。

三四岁的儿童常常认为游戏规则是怎样做游戏的一个有趣例子，而非他们需要遵守的行为。他们在一起玩的时候，很难制定比赛游戏的顺序。他们也不关心别人在做什么，只在意自己的行动，每个人都自行其是。这并不是欺骗，虽然你可能会有这样的感觉。幼儿园的儿童清楚地知道如果一个人通过欺骗的方式获得最有利的结果，那他就是个骗子。有些儿童认为，有时在下棋的时候作弊是可接受的，特别是当对方也这么做时（Holmes, Valentino-McCarthy, & Schmidt, 2007）。他们倾向于将游戏公平视作机动灵活的，而不是一成不变的。但是如果有人违反了规则，他们能够马上识别出来。他们还明白可以向别人施加压力以要求他们公平地游戏，尤其是对那些“不公平”的人（Holmes, Valentino-McCarthy, & Schmidt, 2007）。

儿童到了七八岁时开始在意游戏时互相控制的问题以及输赢的结果。他们会在游戏开始前讨论规则，但很可能会就什么是“真正的”规则产生分歧。他们可能会爆发冲突，对此的处理办法将在第8章中予以讨论。这个年龄段的儿童通常会把规则视为神圣的、不可更改的、由成人制定的和永久不变的（Piaget, 1976; Sutton-Smith & Sutton Smith, 1974）。有些游戏的规则会因人而异，这主要是由于孩子在用言语表达它们时的差异造成的。游戏规则可以被要求遵守，也可以被更改、忽略、强制执行和设计，这都取决于游戏的具体内容或者儿童认为什么是公平有趣和可接受的。在通常情况下，游戏规则不可能由一个人说了算，在小组里大家共同协商对游戏内容做出调整是很有必要的。比如，在垒球比赛中如果所有有经验的选手都聚集在一队，就有必要对人员结构做出调整，否则就不可能有真正意义上的比赛了。游戏规则的改变还与小组中儿童的社会等级以及他们认为哪些做法可接受、哪些不可接受有关（Winther-Lindqvist，2009）。儿童在一起确定规则时也发展了协商技能。

游戏的种类各种各样，而且它们还可以结合在一起，比如有唱歌跳舞的游戏、使用各类客体的游戏、运动游戏、戏剧游戏、语言游戏和建构游戏，同时与之类似的电子游戏还可以在电视、平板电脑和智能手机上下载，就连运动游戏也可以在无线网络上找到。我们现在真的非常幸运，一方面可以在大多数图书馆里找到所有传统的适于儿童单独或集体玩的游戏，另一方面又可以很容易地从互联网上搜索到许多新的电子游戏。

成人要为所有年龄段的儿童提供游戏所需的材料、空间和时间，同时告诉他们游戏应当怎样玩和要遵守哪些规则，必要时还应示范给他们看。事实上，在儿童刚开始学习一个新游戏时，成人最好亲自充当一个选手参与，这对儿童的帮助是很大的。在儿童掌握了游戏的玩法后，成人就要从游戏中退出来，扮演观察者的角色，且最好与他们保持一定的距离，但又要确保他们的活动都在自己的视线内。当儿童对游戏规则产生不同的理解时，成人要帮助他们找出问题，同时一定要确保他们的安全（比如当球滚到马路上或停车场里时）。除去这些方面，就让儿童尽情地自己玩吧。

幽默感

成人通常不认为很年幼的孩子的幽默感是有趣的，尽管他们也承认孩子是想开玩笑。孩子的幽默感确实是有限的，因为它受到他们的经历和认知发展水平的制约，但是渐渐地，情况会有所改变。幽默感能够加深群体间的关系，释放心中的压力和负担，忘却烦恼，开心生活，而且它可以将咄咄逼人的生活态度转化成人们可以接受的轻松诙谐，同时也为儿童管理他人和环境提供了另一种方式（Scarlett et al.，2005；Klein，2003）。幽默感是伴随人一生的社交资产。幽默与环境有着密不可分的关系，了解儿童不恰当的幽默表现的发展进程能帮助你理解那些非常年幼的儿童在幽默方面所做的尝试和努力（McGhee，1979）。

儿童不恰当的幽默表现

当想法、社会期望或客体与人们的正常期望表现出不一致时，它们就是不恰当的。虽然这种不恰当并非幽默的唯一元素，但它的确是儿童幽默的最常见的组成部分。尽管这种不恰当的幽默并不一定能给人带来欢乐，可儿童会对此做出感兴趣、好奇、紧张、害怕或开心的反应。

与其他的游戏形式一样，幽默也有其特定的表达信号。如果不恰当的表述姑且可被称作幽默，那么儿童越小，就越需要这种清晰的表达信号，比如大笑或者传统笑话的开场白，否则儿童就会忽视它或者对它感到奇怪。

夸张

对故事情节或动作进行夸大的表述，导致其超出人的可信范围就是**夸张**。儿童常会做出怪异的动作或者给狗画上特别大的耳朵，然后对自己或他人的滑稽行为大笑不止。年纪稍大一点的儿童会用语言表达夸张的情形，比如一个 10 岁的儿童会在学校里模仿播音员的声音宣布，“请车牌号是 BL72958109936210 的车主把车子移出停车场，因为它阻挡了通道。”

幽默是社会性的，所以儿童在群体中比独处时笑的时间长。幽默需要儿童具有假装的能力，同时还能在可以产生幽默的环境中具备搞笑的本事。因为如果他们不具备搞笑的本事，那他们虽然可能也喜欢夸张或一些不恰当的表现，却不会认为这是有趣的。儿童也会试着与自己熟悉的人分享知道的笑话。幽默的状态或情绪也是在群体中比独处时更容易保持。儿童通常会先选择让父母来听他讲述一个笑话，比如丘科卡斯基（Chukovsky, 1976，p.601）就写下了这样的记录：

> 在我女儿 23 个月大时的一天，她走向我，看上去既顽皮又有点紧张——看起来她要搞点小把戏……当她离我坐的地方还有一些距离时，她冲我喊道：“爸爸，狗狗喵喵。”然后她就发出了一阵既做作又吸引人的笑声，希望我也能对她的“发明”感到好笑。

儿童幽默的发展趋势

幽默与其他方面的发展一样，有一定的顺序。表7.6给出了儿童在不同年龄段发展出的幽默类型，虽然他们仍会继续保持之前已经掌握的那些搞怪方法。儿童必须处在幽默的思想状态，并且认知发展到了能够理解和欣赏幽默时，才可能产生幽默感。比如，学龄前儿童会无意识地喜欢笑别人不对称的面部特征、身体缺陷或明显的残疾。当别人很滑稽地摔倒时，他们也会忍不住哈哈大笑。由于他们的认知有限（年幼儿童在不熟悉的环境下还不会与他人共情），所以他们这么做并非出于无情。儿童大一点并且认知能力得到发展后，就能理解一些基于不合逻辑的行为产生的笑话了，而且他们更喜欢有智慧成分的幽默。年幼儿童会竭力模仿年长儿童的幽默，可是他们常常会忘记笑话真正的笑点或者对问题给出一个合理的答案，结果“破坏”了幽默出彩的地方。

珍视儿童的幽默

了解儿童幽默发展轨迹的成人能够明白儿童希望营造幽默的意愿，所以他们会认真倾听儿童讲的笑话，并报以微笑或大笑。反之，如果告诫儿童不要犯傻或者做一些愚蠢的动作，则会抑制他们发展幽默感。其实儿童经常模仿别人的幽默，因此成人如果平时也喜欢夸张搞怪，他们就成了儿童模仿的对象。幽默有助于儿童尽快融入集体，并且能巩固其在集体中的地位或者令他更受人欢迎。在儿童比较小的时候，许多成人不认为儿童身上有幽默感，因此他们会忽视、抑制甚至斥责儿童试图制造幽默的意愿。虽然幽默的内容会随着儿童的成长而发生改变，但是儿童在这方面练就的技能和培养出的自信心能够帮助他们成功地参与各种社会环境。

虽然各种类型的游戏都遵循一定的发展顺序出现在儿童的生活中，但如果希望它们对儿童产生最佳影响，成人需要给予儿童许多的帮助和引导。成人要教儿童必要的技能，并为他们提供时机发展这些技能。在这方面你是否做好了准备？认真思考一下你将怎样利用下面列举的策略帮助儿童在游戏方面得到发展。

表7.6　儿童的幽默感的发展轨迹

级别	年龄	描述	事例
0	婴儿初期	没有幽默感，但是会微笑或大笑	对成人的笑会报以微笑
1	婴儿后期	当看护人员竭力做出有趣的表情时，会用大笑作为反应	开始学玩藏猫猫；和成人玩“孩子在哪？”的游戏（就是用毯子盖住儿童的头，然后再掀掉）
2	1岁时	故意用不当的方式使用某个客体	儿童用鞋当电话或者用碗当帽子，然后大笑
3	4岁前	做出与客体不相称的动作；非言语表达的幽默；故意叫错一个人或客体的名字	把猫叫成狗，然后大笑；故意摔倒或做怪样；画画时故意把人的腿画得很长或者把猫画得没有耳朵然后大笑；故意做出身体有缺陷的样子然后大笑；故意把亨利叫成温妮
4	4岁以上	愚蠢的话、傻话；围绕不妥的想法或话题开玩笑；混淆性别	当儿童说“便便”或“尿尿”时，其他的儿童会大笑；男孩穿着高跟鞋走路
5	7岁左右	所用的词有多重含义；会讲一些传统的笑话；会用双关语；故意表现出不合逻辑的行为；使用文学作品中出现的幽默；开始考虑听众的反应	成人在花园里干活，让儿童把水管拿给他，结果儿童拿来了一个女士穿的长筒袜；会讲一些冷笑话；对有些笑话的内容提出质疑；为了把低价买的猫粮用掉，特意去买一只猫
	10—12岁		西尔弗斯坦的诗或其他的儿童文学作品

来源：Chukovsky，1976；McGhee(1979)；Scarlett，et，al.，2005；Fuhler，Farris，& Walther，1999，wrote about children’s humor and some of their ideas influenced the table.

帮助、强化和扩展儿童游戏能力的技能

为儿童的游戏准备相应的环境

1. **对儿童在幽默、假装游戏或其他游戏方面的意愿要表现出热情、接纳、真诚、共情和尊重**。让儿童放松并尽情享受游戏带给他们的欢乐，因为儿童只有在放松和没有外部压力的状态下才会有最好的表现。
2. **为所有类型的游戏提供有品质的游戏材料，鼓励儿童展开探索和发挥想象力**（Klein，Wirth，& Linas，2004）。其实儿童可以玩任何东西，它们中的一些来自大自然，比如沙子、水和泥土。要给儿童提供一些建造的材料，比如木块、积木、颜料、纸、乐器和橡皮泥。给年幼儿童准备一些更具现实性的道具，但对年纪大一点的儿童则可以准备些略微抽象的东西。为儿童的运动游戏，比如骑车、滑冰和投篮，提供跳绳、各种球以及其他器械。鼓励儿童参与各种类型的游戏：需要互相配合的游戏（比如，举起降落伞里的一个孩子）；需要相互竞争的游戏；小范围的室内游戏（比如，收银游戏）和大范围的户外游戏（比如，排球）。在玩假装游戏时可以让儿童使用真实的物品，比如盘子、锤子和婴儿毯等。
3. **为儿童提供道具、物品和必要的信息，帮助他们创作各种社会戏剧游戏的内容**。许多游戏主题都是围绕家庭活动（如野营、园艺和旅游）、社区活动（如邮局服务、医院和兽医诊所）和文学作品中的人物（如三只小猪、金发姑娘或玛德琳）展开的，要为儿童准备相关的道具；同时要为他们一遍又一遍地阅读相关的文学作品，并尽可能多地提供背景资料。可以把他们喜欢的故事录下来，让他们自己反复听。
4. **鼓励儿童对于物品的探究**。使用非言语策略，比如微笑、观察以及提供和接受物品。只要不会影响到其他儿童的安全或毁坏物品，就应该允许儿童随意地使用和探究任何物品。在儿童没有求助前不要主动向他们展示物品的用途，而且只要儿童没有误操作，就不要对他们做出限制。在时机合适时可以告诉他们别的孩子发现的新的或有趣的使用物品的方法。
5. **确保儿童在游戏时身体和心理的安全**。让儿童参与制定规则，以保证他们自己及他人身体和心理方面的安全。鼓励他们绘画、讲故事或者应对游戏中出现的暴力事件。
6. **在儿童做游戏时站在或者坐在他们附近**。与儿童保持一定的距离，但要在你的视线内。不论儿童处于哪个年龄段，都要待在他们游戏场地的附近。既不要与儿童离得太近，因为那样会影响他们的游戏；也不要与他们距离太远，以防他们脱离你的监控。

最大程度地帮助儿童挖掘物品的游戏潜能

1. **把不相关的物品放在一起**。在户外儿童经常骑三轮车的地方贴一些白纸，并在旁边放一些颜料。把乐高玩具和其他小的建筑玩具放在假装游戏区，搭建成一个办公室或者医院的样子。让儿童思考所有可能和不那么可能的物品组合。物品之间不需要有明显的关联，要激发儿童的创造潜能。
2. **逐渐给儿童介绍新的玩具和物品**。不要把新的玩具或物品一次全拿出来，因为那样会令它们很快失去新鲜感。
3. **轮换游戏使用的物品**。先拿掉一些游戏的物品，过段时间再把它们摆出来，这样能重新唤起儿童的兴趣。与此类似的做法是，专门把一些玩具留到下午晚些时候再拿出来让儿童玩。虽然这些“新”玩具其实和他们上午玩过的玩具很相似，但会比那些玩具更激起他们玩的兴趣。
4. **给儿童提供与文化有关的物品**。在给儿童准备玩的物品时，应当将社区里的常见工作种类、儿童的家庭传统、社区的地理位置以及儿童所在小组中各个成员的情况都考虑在内。比如，生活在渔村的学龄前儿童应该比平原的儿童更多地接触与捕鱼有关的客体。但是要确保这些与文化相关的物品是具有代表性的（Jones，2004）。

5. **鼓励儿童在游戏时有更多的社交互动**。准备两套乐高玩具而不是一套；提供足够的供儿童表演穿的服装。当很多儿童都想玩过家家时，建议他们中的一些人在旁边再搭建一个房子，这样他们就可以扮演邻居了。年纪稍大点的儿童喜欢玩重在配合、和大家一起玩的游戏。随着儿童渐渐长大，他们可以与更多的人一起玩，像纸牌和棋盘这样的游戏可以让多达 6 个儿童同时参与。
6. **帮助儿童识别在游戏中遇到的问题，并学会从同伴那里寻求信息或帮助**。比如对儿童说，"看起来你的小汽车在地毯上不能开很长的距离，你去问问宋金怎样才能让它走得更远。"宋金可能会建议把小汽车放在一个硬的平面上移动，或者成人可以给他这样的建议。然后放手让儿童自己尝试。他可能会在一条围巾上试，虽然这仍然行不通。对于新游戏的内容，可以给他们提出一个比较笼统的问题，比如，"安吉洛需要一些钱，有谁知道他要用这些钱干什么吗？"
7. **鼓励儿童通过口语或者文字进行交流**。在所有的活动中心都要准备文字材料和书；教会儿童看懂社区里各个建筑物的规划图；随处为他们准备合适的纸、笔、尺子及其他必要的工具。在厨房里为他们准备便笺簿和真正的有关烹饪的书。在儿童的游戏中也可加进需要动笔写的内容。

通过作为游戏的直接参与者，帮助儿童获得所需的技能

1. **用客体做游戏**。儿童喜欢看成人涂指甲或者用沙子搭建筑物，因此你可以对你所做的事情发出评论，比如，"我把指甲油涂得到处都是"或者，"我很高兴沙子是湿的，这样我的房子就能建起来了"。然后等待儿童说出他们自己做的事。在给儿童做示范时，要尊重自己的游戏内容，并且要有明显的收尾：把沙子重新抚平，宣布你的游戏已经结束了。不能让儿童以为当他们也想玩时你会立刻停下来让给他们玩或者他们可以随便抢走你的物品。在你结束你做的事情时，可以告诉他们，"我快完成了，之后你可以在这里玩。"
2. **在游戏框架外对他们给予言语或非言语的提示**。当儿童与你对视时，可以让他模仿一些对其适宜的动作。这一做法对于那些想要使自己的游戏水平再上一个台阶或者那些实在不希望成人对自己进行干预的儿童来说尤其有意义。这样的动作包括在儿童玩运动游戏时做一个"投掷"的动作；在幽默的情境中与他们一起开怀大笑；或者在玩假装游戏时示范一个肢体动作等，在舞台上通过耳语给儿童一些指导或提醒也是很有益的。

具有挑战性的案例

乔纳森

乔纳森是一个总被其他孩子忽视的孩子。无论是在室内还是在户外，其他孩子对他总是视而不见。他们并非故意这样对待他，可就是不想邀请他一起玩。他向自己的老师抱怨说，"没有人愿意跟我玩。"老师清楚，如果长此以往，他很可能就被孤立了，但另一方面，显然他必须纠正自己的一些行为表现。基于我们正在学习的方法，如果你是乔纳森的老师，你会采取哪些措施使他参与别的孩子的游戏？

3. **在儿童的假装游戏中亲自扮演一个角色**。你可以选择扮演一个行为角色，比如，当你"开着"一辆卡车沿街区道路行驶时，你的嘴里可以发出"呜、呜"的声音；也可以扮演一个人物角色，比如扮一个家长或宇宙飞船的船长。在游戏过程中要通过各种方法来影响剧情的发展，同时对其他儿童发出的角色暗示做出回应。开始时要保持在游戏框架的角色中，然后渐渐地减少自己的角色内容，直至你可以完全退出游戏框架，但是要通过元交流的方式清楚地表明你将脱离游戏，比如告诉儿童，"这顿午餐真好吃，不过现在我又是老师了。"
4. **如果儿童间的游戏似乎衔接不起来了，你可以进入游戏**（Trawick-Smith，2013）。出现这种状况时，要立即采取行动，进入他们的游戏。比如，你可以敲门，同时说，"我是位游客，我迷路了，而且非常饿。"
5. **在必要时给儿童示范一些动作**。如果你希望看到一个 2 岁的儿童跳下台阶而不是走下台阶，最好

的方法就是给他做示范。双脚并拢，膝盖微微向前弯曲，用双臂保持平衡。示范即是信息，如果做得简明、有趣，也能成为正在进行中的游戏的一部分。示范时还可以说一些提示性的话，比如，“当你的腿着地时，要弯曲你的膝盖”，然后让他们继续游戏。

6. **充分参与到儿童的游戏中**。按照你理解的游戏规则，充分参与到儿童的游戏中，与他们一起按顺序轮流玩。儿童在学习一些游戏时，特别是象棋这种讲求策略的游戏，就是靠观察其他技术娴熟的选手而学会的。因此你也可以与其他参与者讨论游戏的内容，并在适当的时机告诉他们你做了什么以及为什么要这样做。但是一定切记，不要太投入游戏，以致忘记了自己的目标是帮助游戏顺畅进行。

帮助每个儿童提升其在玩游戏时的社交参与程度

1. **注意儿童在玩个体游戏和集体游戏时的不同方式**。在决定自己是否需要干预时，先要考虑儿童的年龄、经历和文化背景。比如，如果一个 24 ～ 30 个月大的孩子大部分时间都在观察其他年纪大一点的孩子玩游戏，这是很正常的。可是如果一个 10 岁或者 11 岁的孩子也长时间观察别人玩，就不应该了。如果儿童具备了各个阶段所需的社会参与技能，就可以让他自己决定怎么玩了。
2. **重点关注游戏的过程，这样就能够让它得到延展或更加细致** (Klein，Wirth，& Linas，2004)。可以给儿童提供一些线索，然后让他想象游戏接下来应该怎么玩，比如你可以对他说，“对这个一直在哭的孩子，你需要提供帮助吗？” 或者，“如果下雨，这些牲畜怎样办？你应当请布莱恩帮忙建一个牲口棚。”
3. **注意儿童表现出的当前的社会交往水平不令人满意的暗示**。儿童可能需要帮助的暗示包括：长时间只观察别人玩（10 分钟以上）；跟着游戏能力强的儿童从一个活动转往另一个活动；强行跨越游戏的界限或者干扰别人的游戏；哭闹、抱怨或嚷着要参加别人的游戏。如果儿童对自己的社会参与水平感到满意，并且在游戏时放松、开心和全情投入，就允许他们继续保持现状。
4. **鼓励儿童在游戏中学习一种新技能时注意观察那些技能强的儿童的表现，比如对他说，“你看看劳拉是怎样移动迷宫中的方块的”**。传统游戏通常会让儿童一个一个轮流玩，因此这种观察方法在整个儿童时代都是很有益的。
5. **确保游戏参与者的目标与其实际技能水平相符**。先让孩子们自己玩或者从事平行活动，直到他们感到很自在后再一起玩。如果一个孩子还不会拍球，那他肯定也不会传球。要特别注意观察每个孩子从平行活动转向有更多人参与的社会互动的那些瞬间。通常，平行活动不会持续很长时间，孩子们要么就很快开始一起玩，要么就沉浸在单人游戏中。
6. **亲自与儿童一起做游戏**。游戏能力弱的儿童更愿意与成人而不是其他孩子一起玩，因为他认为成人是可预知的、有回应的。给这些儿童发出清晰的信号或者通过各种元交流的方式让他们知道你愿意和他们一起玩。同时留意儿童发出的细微暗示，并且及时调整你的参与程度。要明白有许多儿童在上学时还不懂得怎样与别人一起玩。
7. **安排两个游戏技能差不多的儿童与你一起玩，然后自己慢慢退出游戏**。不要安排游戏技能最强的儿童或者最受欢迎的儿童与能力最弱的儿童在一起玩，因为他们之间的差距过大，会令游戏无法进行下去。要知道，儿童在发展他们扮演的角色时对自身的社会地位是极其敏感的。

通过变换你参与游戏的表现或通过游戏信号或元交流的方式发出暗示，逐渐提升儿童游戏的品质

1. **先模仿儿童的动作，然后稍稍加入一些新动作，这样可以扩展客体游戏的内容**。把儿童内心的一些想法用你的动作呈现出来。对同一个客体，展现一些与儿童的做法略有不同的方法，比如用手拍一个会发声的砂槌而不是摇晃它；或者饱含感情而不是单调乏味地和洋娃娃说话。
2. **建议儿童使用特别的信号发起或维持游戏**。告诉技能弱的儿童应该怎样表达自己的想法，“你告诉詹姆斯，你要当警察”。这种主动的方法比笼统地问“你想玩吗？” 更容易取得成功。选择小

组中其他儿童常用的游戏信号，也可以考虑隐秘对话、伴音、讲故事、提示或正式提出假装游戏的建议。比如，当一个游戏参与者似乎对另一个孩子不能准确扮演其角色而生气时，你可以隔着道具小声对这个孩子说，“你小声告诉邮递员，她应该把信交给别人，而不是自己读。”或者如果发现游戏的主题混乱不堪，可以向一个孩子建议采用讲故事的方法使之能够继续进行下去，“想想如果地震了，整个城市都要重建，会出现哪些情况。大家一起讲这个故事吧。”

如果孩子希望简化游戏内容，就要向他们示范怎样使用非言语游戏信号。比如，在假装的医院外通过呻吟或者似乎因为疼痛而捂着身体的某个部位的动作来表现出“生病”了的样子；在假装的家庭外向儿童示范怎样表现出“伤心”以获得其他孩子的关注。有些儿童可能需要得到更多的帮助和引导，不过游戏的技能是可以习得和提升的。

3. **鼓励9～12岁的儿童在自己对游戏内容的想法遭到否定或拒绝后“顺从大家的意见”**。建议他们对于通过增添一些表演或动作的方式来使已经达成一致的游戏情节更精彩。一旦游戏开始，年纪大一点的儿童都不愿得到更多的提示，而更愿意将它当作真实发生的事情随兴表演下去。
4. **当儿童的游戏步入正轨后，你要从中撤出来，继续充当观察者的角色**。想一种合适得体的退出方法（“咱们假装我是老师，现在我要去工作了”），或者离开孩子们正在游戏的场所，并且直截了当地告诉他们，你不再参与他们的游戏了。如果你原先在游戏中扮演了一个非常重要的角色，比如垒球比赛中的投球手，那么你可以告诉他们你的任务结束了，看看谁可以接替你。

直接参与儿童的游戏

1. **向儿童展示一些夸张的做法**。可以在平常的环境中做出一些滑稽有趣的表现。比如，菲普斯先生常常把生活中发生的很普通的事编成小曲或作成打油诗，像雨水落到窗台上、搭的积木倒了、爸爸妈妈去上班和孩子不想睡午觉等。他会通过漫不经心的方式来逗孩子开心。起初没人注意到这一切，直到父母们发现自己的孩子竟然能够编儿歌和歌词时，才开始好奇学校是用什么方法开启和激发了孩子的创造力的。

   另一种方法是向儿童提出一些不可能的情况：“我想知道如果……会出现什么情况？”“如果下很大的雪，房子全被雪覆盖了，我们怎么办？如果我们都长了翅膀并且可以飞，会是什么情况？”鼓励儿童尽情发挥想象力，尝试一切可能性，这能带给他们许多的乐趣和欢笑。无论他们的想法多么可笑或不切实际，都要表现出你对他们的兴趣。
2. **接受儿童表现出的幽默**。即使他们讲的笑话一点也不可笑，也要露出微笑并表现出兴趣。当一组儿童一边走一边大声说笑时，你也跟他们一起笑，渐渐地他们会安静下来。有时候，他们自己都不清楚因为什么而笑，这是很正常的事。
3. **如果一个孩子只是在开玩笑，而其他的孩子误解了他的意思或者没有意识到他的游戏信号，要向他们做出解释**。要帮助不太成熟的儿童识别游戏信号。比如，除非是开玩笑，否则把一个男孩叫成女孩是一件很侮辱人的事，但这在四五岁的儿童中极为常见。乱叫别人的名字或者给别人起绰号也会让年幼的儿童生气，因为他们太小，理解不了这只是开玩笑而已。遇到这种情况，要告诉他们这只是个玩笑，必要时可以直接向他们指明游戏信号以减少误解。
4. **当学龄前的儿童嘲笑身体有缺陷或残障的人士以及不小心摔倒的人时，要先做出情感反应，然后再简要地告诉他们准确的信息**。比如，对这样的孩子说，“你觉得诺斯先生走路的样子很滑稽，那是因为他的一条腿比另一条腿短，所以他只能那样走路。如果别人嘲笑他，他会感到很难过的。”
5. **对于有特殊需求的儿童，明确地告诉他们其他儿童的游戏信号**。患有自闭症、学习障碍和发育迟滞的儿童常常对于理解非言语暗示和非直截了当的表述有困难，因此应当小声向他们直接说出游戏信号，比如，“雅各并没有真的认为约翰是个坏孩子，你看他俩笑得多么开心。”

偶尔从游戏框架外指导儿童

1. **给他们建议一个相关的主题**。如果孩子正在玩的过家家游戏已经进行不下去了，可以建议他们将游戏的主题扩展成外出野餐、看电影、度假或从事其他与家庭相关的活动。

2. **给他们的游戏增添一些必要的道具。**儿童如果去“度假”就需要一个旅行箱，没有的话，游戏就没法进行下去。因此，你可以去储藏室找一个旅行箱，放在他们游戏区域的附近。不过在你去找物品的时候，不能让儿童长时间处在没人看管的状态。可能的话，可以随手帮他们找一些代替物品。

3. **从游戏框架外介绍其他儿童参与到游戏中。**可以直截了当地告诉儿童，比如，“玛丽一直在看你们玩，她也想玩。”正在玩游戏的儿童可能接纳玛丽，也可能不接纳她，那是他们的选择。如果他们不愿意让玛丽加入，就要设法帮玛丽再找一个可以玩的地方。相较于艺术活动或搭建积木类的活动，小组活动和假装游戏更不容易让别的孩子加入，因为孩子们已经确定好了每人扮演的角色。一定不要强迫儿童接纳别人，那样的确会影响他们已分配好的角色和已确立的主题及人物关系。游戏从其定义上来讲就是由儿童自己主导的并且是他们自愿的活动。

   另一种办法就是给新加入游戏的孩子安排一个新角色（“这是外祖母，她来看你们了”），比如，邮递员、抄表工、亲戚和参加聚会的客人等，这些都可以加到正在进行的游戏当中。但是不要给新加入的孩子过于重要的角色，比如从天而降的外星人，因为那样会让他被其他孩子“剔除”或者拒绝。

4. **当参与游戏的儿童想撤离时，要教他们使用清晰的信号。**可以说，“告诉莎拉你不想再扮怪兽了”或者“约翰不知道你不想追着他跑，你把你的想法告诉他”。这样的建议能够让儿童适当地退出游戏，同时也可以减少未参与游戏的儿童用攻击性做法回应打闹游戏的可能性。

5. **为了使儿童的游戏持续下去，可在必要时给予他们帮助。**比如，如果一个儿童搭建的积木摇摇晃晃，你应当告诉他问题出在什么地方。如果儿童对于一个游戏该怎样进行下去感到困惑，就需要向他重申游戏规则。当儿童在玩超人游戏时，建议他们考虑希望超人解决的问题并且讨论真正的英雄应该具备的品格。让他们找出武力以外的解决问题的办法，并提醒他们分清谁在参与游戏，谁没有参与游戏。

6. **与年纪稍大一点的儿童讨论拒绝或孤立同伴导致游戏进行不下去的事件的原委。**帮助他们找出可能遭到误解的社交暗示，并建议他们改变自己的行为。让他们告诉你发生了什么事情，探究其中的细节，纠正误解，同时告诉他们能够带来积极反应并使游戏继续下去的行为。对许多儿童来讲，主动开始社交互动、进入一个正在进行的游戏框架和参与打闹游戏都不是一件容易的事情。

7. **在必要时教儿童应当怎样做游戏。**首先要让他们准备好所有的物品，了解游戏规则，主动邀请别的儿童参加。然后简明地告诉他们游戏应当怎样玩，一次介绍一个步骤。比如，在教他们玩“丢手绢”的游戏时，你对他们说，“拉起手来”（目的是为了形成一个圆圈），之后你可能需要再给他们一些更具体的指令，比如，“雅各，你要拉苏珊的手”。当所有儿童都肩并肩地站成一个圆圈后，让他们坐下。然后你站起来对他们宣布你先来丢手绢，接着你就开始围着他们转圈，并且轻拍每个孩子的头，嘴里唱着“丢手绢，丢手绢，轻轻地放在小朋友的后面，大家不要告诉他……”。然后悄悄地把手绢放在一个孩子的身后，唱道：“快点快点抓住他”时，要求那个孩子开始追你，然后你就绕着圈跑，最后坐在那个孩子空出来的位子上。这时，你告诉那个孩子轮到他丢手绢了。如果是和很小的孩子一起玩，你需要陪着那个第一次丢手绢的孩子，一起绕着圈走，嘴里唱着“丢手绢，丢手绢……”并且和他一起跑到新空出来的位子上。有的时候用言语给出指令，有的时候则要示范给他们看。对于年幼的孩子，不要一次性给出全部指令。

   允许儿童一直玩，直到他们每个人都至少玩过一次并且渐渐没兴趣了。每一次轮到你的时候，可以根据情况把游戏的规则重复一遍，直至孩子们都能自己玩为止。

8. **鼓励儿童自己解决问题，在玩假装游戏或非正式的比赛游戏时自己制定游戏规则。**通过行为反应和情感反应来帮助儿童分清社会性冲突或问题。通常，问题源自不同的视角，比如，“芭芭拉，你认为所有人都应当按同样的方法来玩这个游戏；可是杰森认为对于年幼的孩子来讲，游戏规则应当做一些调整，因为他们不能跑得那么快。告诉我你打算怎样解决这个问题。”即使儿童在解释、遵守、修改或制定假装游戏的规则时与你预想的完全不同，也要尊重他们的决定。

儿童在玩打闹游戏时要给予引导

1. **首先要确定这个打闹游戏是否合适；如果合适，应该在什么时候、什么地方和怎样的环境下进行。**你的要求应当是清晰并且始终如一的。可以把这样的游戏限制在特定的区域或空间以及某个合适的时间段。在对时间和地点做出明确规定后，可以使用下列方法帮助儿童在游戏时有一个更为愉快的经历。
2. **要减少游戏中的暴力倾向，而不是彻底禁止这种游戏。**尽量不要让儿童使用有暴力色彩的玩具，或者选择可能会导致暴力内容的游戏主题。当儿童用积木、木棒、纸或其他物品“制造”武器时，提醒他们不可以用它来“杀人”或把它当成武器使用。不要让儿童看有暴力内容的动画片和电视节目。我们将在第12章中讲述怎样教儿童应对威胁和言语攻击。
3. **让儿童使用明确的语言信号来发起打闹游戏。**所有的儿童都必须自愿参加这种游戏，这样他们才不会在游戏时感到恐惧或认为受到了攻击。每个儿童都有权利拒绝参加这类游戏。
4. **教儿童怎样对这类游戏说“不”。**如果儿童不想参加这种游戏，可以让他们学会说，“不，我不想让你追我”，或者“我想玩点别的”，这些都是拒绝参与游戏的适当说法。
5. **为儿童提供“安全区域”，一旦儿童进入这个区域，打闹游戏就终止了。**这与捉人游戏类似，在捉人游戏中，有一些客体就是处于“安全”的地方。玩打闹游戏的儿童有时会感到害怕，这时他们需要用一种简单的方法来结束游戏。
6. **给儿童提供有关英雄的信息。**儿童在玩超人游戏时通常会聚焦在其最暴力的一面，因此有必要向他们指出其保护弱者、故事情节以及其他非暴力的方面。其实，帮助、保护和正义才是超人的主要特征，但儿童经常会忽略它们。
7. **告诉儿童假装游戏中的坏人或受害者都是假想的。**这样所有的儿童都可以只是奔跑，而无须认为自己在被追赶。
8. **与参与打闹游戏的儿童保持比较近的距离。**如果你看到三四个孩子在一起跑，远离其他的孩子和玩具器械，要尽快接近他们，因为这很可能是他们几个玩打闹游戏的开始。如果成人能始终待在儿童附近，他们的游戏就可以一直都处于嬉戏有趣的状态，而不致演变成明显的攻击性行为。
9. **如果打闹游戏不再有趣了，或者有人受伤和感到害怕了，就要停止这一游戏。**游戏必须是有趣的、自愿的。如果不是这样，就要立刻停止。要确保儿童既不伤害别人也没有被别人伤害。这方面的具体措施已经在第4章和第5章里进行了讨论，还将在第10章和第11章里继续探讨。

关注儿童的个体差异

1. **接受年幼儿童在游戏时对规则的做法。**年幼儿童如果在做游戏时没有完全遵守规则，也不等于说他们是在欺骗或者犯了什么道德方面的错误。可以把相关的规则再向他们叙述一遍，然后继续游戏。儿童通过与其他更懂规则的孩子一起玩渐渐就能学会在游戏时遵守规则。
2. **要给儿童提供时间、物品和引导，以确保每个儿童都能改进他们在游戏时的表现。**所有的儿童都是先从简单游戏入手的，然后随着游戏技能的提升，他们可以开始参与一些更具挑战性的游戏了。
3. **要帮助游戏技能弱的儿童参与室内外的游戏。**唯有这样才能使他们逐渐增加社会交往的经历，而不致总是被排除在游戏之外。
4. **接受儿童对游戏风格的不同喜好。**游戏风格和内容安排都是决定游戏质量的重要因素。有的儿童在游戏时充满想象力，有的则比较实际，但他们都可以从各自的游戏风格中获益。在你介入之前，要先注意观察他们的游戏风格，特别是来自与你不同的文化背景的儿童的游戏特点。只要儿童在游戏时开心快乐并且全情投入，并且没有任何暴力倾向，就不要试图改变他们的风格。

5. **在玩运动游戏时，如果女孩的表现远远超过男孩，要给予男孩一些帮助**。女孩的运动技能通常发展得比男孩快，直到小学后期这种状况才会反过来。因此，如果女孩跑、跳和骑自行车都比男孩强，男孩会产生一种挫败感。这时要安慰他们，告诉他们很快就能赶上。对于那些发展较慢的儿童也应当采用这样的做法。
6. **在儿童选择活动内容时为他们提供帮助，不要用性别限制他们的游戏内容**。鼓励儿童探索各类物品，尝试各种角色。无论是男孩还是女孩，只要他们能在游戏中发展与性别角色相关的技能，就应当尊重他们的选择。注意游戏时团队的人数，尽量做到男女比例基本相当。
7. **尊重儿童在文化和经历方面的差异性**。要允许儿童尝试你可能不熟悉的游戏内容，鼓励他们在游戏时充分表达自己的想法和情感，一定不要不加思考地拒绝或贬低他人的文化经历。

对于有特殊需要的儿童，要为他们的游戏做特别安排

除去上述技能外，下列做法也有助于你帮助那些有特殊需要的儿童（Sandall，2004）：

1. **从儿童的家人和专家那里了解他们的情况，并且通过你的观察发现儿童的能力**。不要只关注儿童不会做什么，应当通过前面的建议帮他们找到合适的玩伴，为他们挑选合适的物品，并指导他们怎样玩。
2. **简化游戏的内容**。可以把游戏的内容拆分成几部分，不要使用过于复杂的物品，物品的数量也不要太多。给予他们的指令要简洁易懂，甚至可以考虑调整游戏的一些内容。比如，在玩记忆游戏时，可以把纸牌的数量从 40 对减为 5 对或 10 对。也可以按顺序用一系列照片向儿童展示游戏的内容，因为有时候这样做比口头的指令更易于儿童理解。
3. **在做游戏时要为这些儿童提供一个心理安全的环境**。可以这样向别的儿童解释，“戴金还没有学会怎样玩这个游戏”，让他们理解一个儿童不可能会所有其他儿童会的游戏。一定要时刻注意，不要让那些有特殊需要的儿童彻底被排除在所有游戏之外。在适当的时候可以给予干预，并为这些儿童提供帮助和鼓励。在使用物品方面，也要让他们有所期待。比如，可以让一个听力有障碍的儿童先看别的儿童是怎样拿起玩具玩的，然后再让他照着做（Sluss，2005）。
4. **鼓励儿童玩他们喜欢玩的玩具**。如果一个儿童对火车有兴趣，就让他渐渐地在游戏中加入其他相关的内容，比如铁轨和车票；还可以鼓动其他儿童也参与进来。总之，可以以火车为主体不断变换游戏的内容。
5. **让这样的儿童借助一些特殊设备和同伴一起玩**。比如，给坐轮椅的儿童加个坐垫，这样他就能和其他儿童处于同样的高度并可以一起玩了。也要帮助其他儿童弄明白和理解这些儿童使用的特殊设备，比如助听器。如果可能，可以把这些特殊设备或工具作为探索性游戏的一部分。
6. **鼓励其他儿童对他们给予帮助**。每天都为这样的儿童安排一个帮助者。比如当游戏轮到埃瑞克时，他自己不能抓住骰子，也不能移动转盘。这时，奈德作为他的帮助者，会把骰子放到他的手里，然后按他的指示移动转盘。这样在奈德的帮助下，埃瑞克也能参与游戏了。

与儿童的家庭成员分享儿童游戏的信息

1. **当儿童的家庭成员质问“为什么要让孩子花那么多时间做游戏呢”时，要告诉他们游戏对儿童整体发展的意义**。在给他们提供相关信息时，还应提供你的游戏项目对儿童发展的具体帮助。要保持冷静，有理有据地陈述你的想法，同时也要尊重儿童的父母与你观点的不一致。
2. **要全程记录儿童在游戏过程中的成功表现**。把儿童搭建积木的照片拿给他的家人看，同时告诉他们儿童在此过程中取得的重大进步。当儿童能够与他人成功地在一起游戏时，要把它记录下来。让儿童的家人懂得怎样通过他们在家中的交流帮助儿童发展与同伴刚刚建立起来的友谊。向儿童的家长介绍那些能够激发儿童综合理解能力的游戏项目。
3. **告诉家长为你所负责的这个年龄段的儿童准备合适的游戏物品**。文字材料可以从国家协作服务中心的州立附属机构、国际儿童教育联合会以及美

国儿童教育联合会那里获得。此外，每年十一月份的家庭杂志上也会发表许多这方面的好文章。

4. **鼓励儿童的家长多参与社区举办的非正式的有助于提升儿童的游戏技能的活动**。告诉家长，节假日期间社区举办此类活动的信息。当其他机构或小组举办类似打扫公园活动日这样的活动时，你可以前往参加，同时也可以邀请儿童的家庭一同参加。

5. **向家长了解儿童在家中或其他场合做游戏的情况，以及儿童对学校游戏活动的反应**。儿童的父母在这方面的观察对你是非常有用的，因为它能帮助你计划和管理每个儿童的游戏内容。

注意事项

在你努力尝试上述技能时，一些想法和行为可能会影响你对它们的实施。

1. **认为儿童只能学会教给他们的东西**。其实学习是他们可以独立完成的事，成人虽然可对他们的学习做一些安排，但实际上他们直接学到的东西是有限的，更多的是在所处的环境中、家庭和朋友那里以及在游戏的过程中学习的。成人可以帮助儿童尽快掌握游戏的要领，但无须要求他们做游戏时的表现一成不变。
2. **安排游戏时仍主要以他们的学习为目的**。其实儿童可以从任何一种游戏中学到东西。对儿童来说，游戏只是游戏，它应该是自愿的、有趣的。如果儿童碰巧愿意在玩商店游戏时数一下帽子的数量，那很好，但绝对不能要求他们必须这么做。同样，如果儿童愿意选择玩字母拼图游戏，非常好，但如果他们选择拼小丑也没问题。
3. **在儿童游戏时挑毛病**。游戏不是件非常严肃的事情，因此如果在游戏过程中出现了失误算不了什么。总之，在儿童游戏时一定不要专挑他们的毛病，除非他们主动向你求助。让儿童自己发现错误。许多有趣的产品都是人在游戏时从错误中发明出来的。
4. **因为特别的目的而对游戏提出要求**。学习有关游戏材料的知识和在游戏时玩这些物品不可互相代替。比如，你可以在课堂上给儿童讲解不同颜色的颜料混合后可能产生的结果，并让他们预测混合后的颜色，但是这种对于颜料的科学解释应当与创造性地绘制一幅图画的活动区分开，因为在绘画时，不同颜色的颜料需要按创作者的想象进行混合。如果儿童提出问题，可以给予他们回答，否则就让他们尽情地玩好了。在对事物进行科学的探索和通过游戏探究事物的真相之间并没有非常清晰的界定。如果儿童在掌控局面，而你只是在他提出疑问时予以解答，那你的行为就是适宜的；如果儿童处于被动的地位，而你一直在讲话和给出一系列指令，并要求儿童回答你的问题，那就成了上课而不是游戏。
5. **期望游戏时小组中的每个成员的表现都是一样的**。游戏时，儿童的文化差异会表现得很明显，游戏风格也会很不一样。除了男孩和女孩之间的整体不同外，个体间的差异也是很大的，因此要求他们表现一致是不应该的。
6. **设立太多的限制条件**。如果要求儿童在游戏时不要说话、不要动、不要互动触碰、保持干净整洁和不要把东西弄乱，那他们根本没法玩。游戏肯定要有动作，而动作必然会导致混乱、无序、嘈杂、兴奋、交流和拥挤。如果成人为儿童设立了许多不现实的规定，就等于禁止儿童游戏了。当然，即使是针对很小的儿童，也可以要求他们在游戏之后把场地和玩具收拾整齐，但那是对他们社会责任的一种要求，而非对游戏本身的要求。
7. **遏止儿童游戏时对物品进行创造性使用**。你可能会出于安全或省钱的考虑限制儿童使用某个特别的物品。比如，用纸牌游戏中的筹码比用拼图游戏中的图块代替钱更合适，因为那些图块一旦丢失了，整个拼图游戏就玩不成了。但是你不可能用那些筹码去代替通心粉、绳子、乐高积木和其他的小玩意。你需要面对的挑战是在一天的游戏结束后怎样将这些物品全部物归原处。有位教师为这些小玩具准备了一个小桶，儿童无论什么时候发现它们，都可把它们放进桶里，这样最终它们都能被放到原来的位置上。

8. **在儿童游戏时对他们一点约束也没有**。游戏应当是有计划的无序，或者说它既有组织和规则，又不可能完全按成人预先设定的方案进行。如果游戏没有规则，也缺乏管控，就不可能顺利进行。要想获得高品质的游戏，制定有关安全、权利、他人感受以及其他基本要求的规则是重要的先决条件。如果不对儿童加以约束，他就会花大量的时间尝试其行为可被接受的底线，而不是充分利用时间进行有效的游戏。对于应当怎样约束儿童，我们将在第10～12章进一步讨论。

9. **忽视儿童的游戏**。只要条件允许，儿童就可以在没有成人干预的情况下自己展开游戏。但是高品质的游戏——就是那些能够激发儿童想象力并提升其社交和认知能力的游戏——是不可能在真空状态下发展出来的。因此在儿童游戏时，你如果忙着写教案、整理柜子或者与他人聊一些和游戏无关的内容都是不合适的做法。

10. **打断儿童正在进行的游戏**。让儿童在游戏时突然停下来完成成人布置的一个任务是对儿童游戏的干扰。比如，儿童正在搭积木，你却让他停下来找剪刀，这就是一种不尊重儿童的表现。你应当在游戏开始前或结束后提出你的建议或要求、给他们指令和向他们提供相关信息。只有在存在安全隐患时才可以要求孩子停止游戏，比如，"赶快把石头放到地上""你还能用火箭做什么？"或者，"仓鼠不会游泳，你可以和它在地板上玩（不要在水池里玩）"（Jones，Reynolds，2011）。偶尔给他们一些游戏框架外的指点是可以的，但不要让正在进行的游戏停下来，通常在游戏进行不下去了或者进展不顺利时，再这么做。

11. **过快地指导儿童的游戏**。儿童可以从确定规则或设计一个假想的游戏情境的过程中学习，但这花费的时间可能比你认为的要长一些。遗憾的是，成人总会过快采取行动，剥夺了儿童自己制订计划和做出安排的机会。除非儿童请求帮助，或者彼此发生了冲突并且自己无法解决时，否则成人尽量不要参与，只在旁边表现出兴趣就行了。

12. **让儿童解释他们玩笑的意思**。这么做会立刻扼杀儿童讲笑话的乐趣，因此，如果你不明白他们笑话的意思，只需报以微笑、大笑或流露出愉快的表情作为回应就可以了。

13. **当儿童正沉浸在玩笑中而兴奋不已时，告诫他们要保持安静或要求他们不要犯傻**。有时候，成人会觉得儿童的大笑很烦，特别是当它发生在不恰当的时间或场合时。出现这种情况时，要让儿童知道你能理解他们的快乐（"你们讲笑话讲得这么开心"），然后再向他们解释为什么这样做是不合适的（"可是我担心如果汽车司机因此分散了注意力，他就不能安全驾驶了"）。在通常情况下，不要用一种不满的方式给儿童的玩笑设限。

14. **自己过多地参与儿童的游戏**。有时，你在儿童的游戏中玩得非常开心，以至忘记了自己参与的目的是提升儿童游戏的质量。你在游戏中不再过于活跃后，儿童的游戏应当仍能正常进行。如果不是这样，就证明你一直在掌控游戏的进程，而且游戏的内容也可能超出了儿童的能力；或者你选择扮演的角色对游戏太重要了，导致没有了你的参与，游戏就无法进行下去。

15. **限制有特殊需要的儿童的游戏内容或者在游戏时完全忽视他们**。所有儿童都能从游戏中获益，特别是当他们与游戏技能较强的儿童一起玩时，能够学到不少东西。不要在儿童游戏时安排专家进行辅导。有些儿童可能在游戏时需要一点帮助或指导，有时也应为一些有特殊需要的儿童调整一下游戏的内容。要根据每个儿童的实际情况安排游戏的内容。大多数儿童都会从游戏中得到一些成功的经历。

16. **在召开家长会时，忽略向家长汇报儿童在游戏中的表现**。父母对孩子在社交关系方面的发展很感兴趣，而这恰恰经常是通过游戏表现出来的。如果他们能准确地了解自己的孩子具备和不具备哪些技能，他们将会为孩子的发展提供最好的帮助。

总 结

游戏是儿童童年时代重要的社会活动，而且儿童天生就具备游戏的基因。儿童的年龄和性别都会影响他们对游戏内容和玩伴的选择。游戏应当是自愿和有趣的，它需要儿童调动自己身体、心理和情绪方面的全部能力。游戏对儿童社会能力的各方面都会产生影响，不过不同的游戏对儿童的社会参与程度有不同的要求。

游戏的类型各种各样，包括探索性行为、客体游戏、运动游戏、建构游戏和假装游戏。儿童在每一种游戏过程中都需要经历一定的发展顺序，才能成为技艺娴熟的参与者。这些发展阶段大多出现在儿童的童年早期，然后在他们长大一些后会加入更为复杂的游戏形式。

在本章中，我们讨论了儿童为自己的游戏所制定的规则以及他们为发起、展开或改变游戏内容所使用的策略；同时我们也对成人怎样帮助技能较弱的儿童参与游戏提供了一些建议。

我们特别强调了儿童在游戏时的个体差异性，并对儿童构架游戏、展开游戏和结束游戏的方法进行了叙述。幽默感也是儿童游戏中的一部分，它能反映儿童在团体中的社会地位。

成人的作用是帮助所有年龄段的儿童能参与到游戏中，这意味着他们必须为儿童提供一个有利于游戏的环境，准备合适的物品和器材，并指导他们发展技能从而提升游戏的水平。对观察到的儿童的行为做出反应并保持与儿童父母在这方面的沟通也是成人的责任。

本章最后也列举了注意事项，它们提醒你在帮助提升儿童的游戏技能时应避免犯一些不必要的错误。

关键词

爱幻想者（fantasizer，p.190）
伴音（underscoring，p.195）
比赛游戏（games，p.201）
变换（transform，p.188）
打闹游戏（rough-and-tumble play，p.200）
单人游戏（solitary play，p.185）
风格（style，p.189）
复杂性（complexity，p.187）
功能角色（functional role，p.191）
合作游戏（cooperative play，p.185）
建构游戏（construction play，p.197）
讲故事（storytelling，p.195）
客体代替（object substitution，p.190）
客体发明（object invention，p.191）
夸张（exaggeration，p.203）
联合游戏（associative play，p.185）
模型师风格（patterner style，p.189）
旁观者（onlooker，p.185）
平行活动（parallel activity，p.185）
人物角色（character role，p.191）
社会戏剧游戏（sociodramatic play，p.189）
实践游戏（practice play，p.198）
实用主义者（pragmatist，p.190）
提示（prompting，p.195）
无所事事的行为（unoccupied behavior，p.185）
戏剧家风格（dramatist style，p.189）
戏剧游戏（dramatic play，p.189）
新颖性（novelty，p.187）
隐秘对话（ulterior conversations，p.195）
游戏框架（play frame，p.194）
游戏情节（play episode，p.196）
游戏主题（play schemes，p.196）
元交流（metacommunication，p.193）
正式的假扮建议（formal pretend proposals，p.195）

问题讨论

1. 为什么将游戏作为人的一种行为去除是不可能的？
2. 根据图 7.1 的内容，游戏对儿童的社会能力起到了哪些作用？如果儿童没有足够的时间做游戏，你认为会出现怎样的结果？这些结果又会对儿童本身、学校和社区造成怎样的影响？
3. 叙述一下游戏的特点，并且举出有趣的行为和无趣的行为的具体事例。
4. 为什么说工作和游戏并不是反义词？为什么说更准确地讲，游戏对应的是严肃，而非工作？通过你的亲身经历进一步阐述这一说法。
5. 列出儿童参与戏剧游戏时所需具备的技能，并针对每种技能举出具体事例。
6. 叙述一下客体游戏和假装游戏的风格差异。
7. 元交流是什么意思？阐述一下言语和非言语的游戏信号。
8. 当一个年幼儿童开始讲一个笑话，但是忘记了它引人发笑的地方，可他自己笑个不停，这时你应当做出怎样的反应？
9. 当一群不同年龄的学龄儿童在玩垒球时没有遵守既有的规则，你应当做出怎样的反应？
10. 如果年纪较大的儿童全情投入在游戏中，而且游戏也进展顺畅，你应当怎么做？
11. 具体解释一下游戏对社会能力的七个方面（即社会价值观、积极的自我认同、人与人的交流技能、自我调节、制订计划和做出决定的技能、情商以及文化能力）的作用，可以用你自己的生活经历或你观察到的儿童游戏时的行为作为例子加以说明。
12. 按照美国幼儿教育协会的道德行为准则，确定下列情况中是否存在道德风险并说出你的理由：
    a. 一位老师离开了操场，将孩子们独自留在那里。他打算透过窗户观察孩子，并且认为如果真发生什么紧急情况，总会有孩子来找他。
    b. 三个孩子在玩戏剧游戏时发生了激烈的争吵，但老师对此没有采取任何措施。
    c. 一位老师向同事抱怨说加斯小姐（另一位同事）把活动内容安排得太紧凑了，孩子们得不到真正游戏的时间。
    d. 一个小女孩正在玩过家家的游戏，这时另一个孩子走过来，想当游戏中的妈妈。小女孩同意了，认为家里可以有两个妈妈。这时成人出面进行干预，坚持说每个家庭中应当只有一位父亲和一位母亲。

案例分析

阅读附录一中埃尔莎的案例，然后思考并回答下列问题：

1. 研究埃尔莎的案例，列出其中涉及游戏的部分。
2. 在每个游戏中，埃尔莎的社会参与程度处于怎样的水平？
3. 根据你对埃尔莎的情况的了解，你认为如果她与一群讲西班牙语的孩子一起游戏，她能达到那个水平吗？你为什么这样认为？
4. 为埃尔莎制订一个简单可行的游戏计划，列明游戏的主题和背景，以及游戏所包括的其他有助于提升她的社会游戏能力的孩子的数量和类型。
5. 从本章提到的技能中选出八种你认为有助于实施上述计划的技能。

课外作业

1. 用简单、直接的语言写一个给儿童的游戏指令，讲明你将会向他们示范哪些内容，以便他们对游戏有一个了解，然后与一组儿童尝试这个游戏。他们是否能很好地配合你的指令？你其实还能有别的方法吗？
2. 花几天时间观察一组儿童的行为，记录下每个儿童是否有下列行为表现：
    a. 在假装游戏中会用一个客体代替另一个；
    b. 想象一个客体，并通过手势或动作来表明它的存在；
    c. 在游戏过程中变换时间和参与者或自己的年龄；
    d. 在游戏过程中变换场景；
    e. 在游戏时能够扮演行为或职位角色；
    f. 在游戏时能够扮演家庭里的角色或虚构的人

物角色。

然后你参与到儿童的游戏中，设计一些策略帮助他们发展这些技能。你将需要哪些物品？你打算怎样引导他们？如果儿童已经具备了这些基本技能，那么你应当扮演怎样的角色？

3. 给不同年龄段的儿童的家长提供一些信息，帮助他们在为儿童选玩具时做出明智的选择。
4. 亲自参与儿童的游戏，利用本章介绍的技能来影响儿童游戏的进程。留意你的参与对儿童产生的影响。

检查你的做法

下面是一个对照检查表，作为一个刚入门的专业人士，你可以用它来检查自己是怎样实践这些技能的。你还可以在附录二中获得更多的观察教室行为的检测标准。

教师应当通过下列做法提升儿童的游戏能力：

√ 从儿童身上发现暗示，然后向其他儿童解释这些暗示。

√ 对儿童表现出的幽默做出积极反应，报以微笑或大笑。

√ 愿意与儿童一起玩各种玩具，并且邀请其他的儿童也一起玩。

√ 鼓励儿童逐步提升游戏的水平，并且提倡更多的儿童在一起玩。

√ 在游戏框架外给予儿童必要的指导，可以给他们一些建议，并提供游戏需要的道具，或者介绍其他儿童也加入游戏。

√ 为了让儿童的游戏正常进行，不要干扰他们。

√ 在合适的时机对儿童的游戏发出指令和激励，并帮助他们延展游戏的内容。

第8章　帮助儿童发展与同伴的关系和友谊

本章目标

在学习完本章后，你应该了解：

儿童与同伴和朋友关系的重要性。

了解儿童对朋友和友谊的认识。

儿童在选择朋友时的标准。

帮助儿童掌握交朋友的技能。

如何在儿童的早期课程设计中加入发展友谊的内容。

成人帮助儿童掌握增进与同伴关系和友谊的有效方法。

在支持儿童发展友谊的过程中需要注意的事项。

NAEYC标准

1. 提高儿童的发展和学习能力。
2. 与孩子的家庭和社区建立关系。
3. 运用适应发展的教学法与儿童及其家人进行沟通。
4. 使用相关的知识来设计有意义的课程内容。

露西和梅斯跑向她们的老师，她俩都面带微笑，梅斯冲老师喊说，“我们俩是双胞胎！我们俩是双胞胎！”教师看着她们俩，很奇怪她们怎么会得出这样的结论。梅斯又高又瘦，有一双蓝眼睛，长着金发的头发；而露西个子很小，长着亚洲人的黑头发，眼睛很大，却是棕色的。于是教师问她俩，“你们怎么就成了双胞胎了？”她俩咯咯地笑着，张开嘴说，“你瞧！”原来她俩都掉了一颗门牙！就这么简单，没有考虑任何种族、文化或发展方面的差异。朋友间只在乎她们共同的东西和分享她们认为有意义的经历，这令她们感到愉快，也加深了彼此的关系。（Zavitkovsky，2010）

露西和梅斯正在经历所有儿童在童年时期最愉快的一个时刻——交到了第一个朋友、一个新朋友、一个最好的朋友！对儿童来说，得到同伴的认可并与其建立友谊是其社会性发展和学习方面的一件具有里程碑意义的重要事情 (Caspi & Shiner，2006)。与同伴和谐相处、找到朋友并且和他们保持友谊是一个相当复杂的社交过程，它所需具备的知识和技能需要儿童在与他人的互动过程中获得。事实上，这方面的活动要求儿童发展出第1章提到过的各种社会能力，包括：

- 积极的自我认知；
- 人际交往的技能；
- 自我调节；
- 制订计划和做出决定；
- 文化能力；
- 情商；
- 社会价值观念。

人们曾经认为，交朋友是自然而然发生的事情，但现在我们知道事实并非如此，它绝不是那么简单的一件事，而且不是所有儿童在交朋友这件事上都那么顺利。不过幸运的是，如果儿童希望增加自己这方面的潜能，他们可以学着思考和实践许多方法。成人也可以通过每天与儿童的接触和特别的干预对他们这方面能力的发展产生重大影响（Gallagher & Sylvester，2009；Hemmeter & Conroy，2012）。所以，这正是你发挥自己作用的地方。作为一名有追求的幼儿教育专业人员，在帮助儿童与同伴发展积极关系和建立友谊方面，你所扮演的角色极其重要。

儿童与同伴和朋友关系的重要性

儿童在成长过程中会面临许多关系，有与成人的关系，有与同伴的关系，还有与朋友的关系。所有的关系都需要他们面对人类社会，并帮助他们更好地定义自己、看到自己未来的发展、认识到自己为什么对别人具有重要性以及自己应当怎样帮助他人（National Council on the Developing Child，2009）。但是在亲疏程度、儿童在其中的地位以及儿童对互动结果的影响方面，每一种关系都有很大的不同（Rose-Krasnor & Denham，2009）。总之，孩子和成人的关系与他们和同伴的关系截然不同，而且也不是所有的同伴关系都能发展成友谊。

成人与儿童之间的关系

儿童与有爱心的成人建立安全、稳定的关系是其得到最好发展的首要条件，但是社会对这样的关系是有一定的期望的，而且在这种互动关系中，成人与儿童的地位和影响力也有着明显的差别（Siegler，DeLoache，& Eisenberg，2011）。由于成人具备更多的知识、技能和经验，因此他们在儿童面前也享有更大的权威性。不论是父母与孩子、教练与选手，还是教师与学生，成人都被认为应当扮演专家和领导者的角色，而儿童应当是学习者和跟随者。虽然成人与儿童的关系对儿童的生活至关重要，而且这种关系中充满着爱和尊重，但成人与儿童的权力绝对是不同的。成人处于掌控的位置，儿童对此几乎无法做出任何改变。比如，吉莉安很喜欢餐厅的助理谢丽尔小姐，她愿意和她说话，把自己在课堂上学会的歌唱给她听。虽然吉莉安可以认为谢丽尔小姐是她的朋友，但她们的关系并不能算作真正的友谊，因为她们在互动时的角色是不一样的。当她们在一起时，通常都是谢丽尔小姐制定规则，并在一同做事情时拥有最终决定权。

同伴之间的关系

随着孩子渐渐长大，他们会花越来越多的时间与同伴在一起（Rubin，2003）。**同伴**顾名思义就是年龄相同的伙伴，他们通常兴趣相同，喜欢一起活动，比如一起去上学，一起打球。但是除此之外，他们并没有更多的其他接触，而且他们之间也缺乏很深的感情（Bukowski & Motzol，Meyer，2009）。比如，吉莉安和达科塔是同班同学，但是在学校之外，他们并没有更多的互动，关系也不是那么亲密，所以他们之间是同伴关系。

同伴关系对儿童的生活有怎样的影响

作为同伴，吉莉安和达科塔可以从彼此身上和其他同学那里学到许多东西。在学校期间，女孩们有机会学会分享和轮流、考虑他人的想法和需要以及管控自己的冲动等（NSCDC，2009）。在回应同伴的反应时，她们会学着控制自己的情绪（比如，学习什么时候可以表达自己怎样的情绪）和调节自己的行为（比如，了解哪些动作是可以做的，哪些是不允许的）（Rubin，Bukowski，& Parker，2006）。这些都是非常重要的社交技能。

同伴间会彼此呈现在当今儿童中盛行的流行文化（比如，玩哪种游戏，吃什么样的快餐，有哪些迷信的说法，喜欢讲怎样的笑话，什么电影受欢迎，什么人物受到崇拜，等等），孩子们通过这些来建立和维持他们之间友好的关系。与此同时，他们也会欣赏彼此取得的成绩，比如，吉莉安做鬼脸的搞怪本事或者达科塔搭建坡道和跳车的技能。在这些情形下，儿童经常能够看到并赞赏别的儿童表现出的可能被成人忽视的优点。通过这样的互动，儿童不仅加强了对自我身份的认同，也能够彼此帮助，找到他们在诸如教室、合唱团和球队这样的社会环境中的位置（Howes，2009）。

同伴关系为孩子提供了一种归属感。

在儿童与同伴相处时，他们还能学会在平等状态下的社交规则，也就是说，他们会更加关注讨价还价、争论、妥协和共同承担日程安排等技能，而这些在成人与儿童的关系中是很少有机会得到操练的。他们也可以在没有太大风险的情况下尝试不同的社会角色（NSCDC，2009）。比如，儿童可以今天练习当一个决策者，明天则学习做一个跟随者；可以扮演一个搞笑的角色，也可以表现得“正经八百“；可以时而很勇敢，时而又很谨慎。在此过程中，他们会渐渐识别哪些是有效的社交行为，哪些不是；哪些行为适合他们，哪些不适合（Gest，Graham-Bermann，& Hartup，2001）。

图 8.1 中列出了研究人员发现的儿童在与同伴

孩子可以和彼此学到下面这些东西！

- 开始与别人的谈话
- 邀请他人参加游戏
- 对游戏的邀请做出回应
- 使用音量适中的声音讲话
- 说话时配合相应的面部表情和身体动作
- 使彼此的谈话能够持续下去
- 回答其他儿童提出的问题
- 表达赞赏和感谢
- 表达感情
- 意识到别人的感受和需要
- 等候和轮流
- 遵守游戏规则
- 分享物品
- 主动给予别人帮助和安慰
- 倾听别人的想法
- 提出自己的建议
- 制订计划
- 不用打人、伤人或躲避的方式解决冲突
- 控制愤怒的爆发
- 承认自己的错误
- 原谅别人的错误

图 8.1　同伴彼此间可以学到的东西

互动过程中能够学到的东西（Kostelnik，Rupiper，Soderman，& Whiren，2013），这是一张令人印象深刻的图！

通过与同伴的互动，儿童和与自己年龄相仿的其他孩子建立了联系，并且有一种归属感。在此基础上，他们开始从这一重要的社交网络中选择自己的朋友。

友谊

相较于同伴关系，友谊的纽带更为特殊，也更私密。**朋友**是彼此特别认可的亲密关系，他们之间有强烈的感情，并且愿意为这样一种关系承担责任。在真正的**友谊**中，双方都视对方为朋友。即使遇到冲突，他们也都会为了能够继续保持关系而努力化解（Rubin et al.，2006）。虽然吉莉安与她的老师、牙医、足球教练、阿姨以及她的同班同学玛丽亚和达科塔都保持着很友好的关系，但她只将胡安妮塔视为自己真正的朋友。

儿童为什么需要朋友

朋友在一起有很多乐趣，因此他们非常喜欢彼此的陪伴。更重要的是，朋友能带给儿童情感和安慰，这会让他深感一位与他“平等”的人在意自己，而且他不是“不得不”这么做的，而是“愿意”这么做。这种主动选择是友谊的根本，同时它也能对儿童生活中遇到的压力起缓冲作用（Bukowski et al.，2009）。所有这些因素都使朋友成为儿童获得安全和社会帮助的重要源泉。

朋友还能带给儿童认知方面的刺激和社交时的比较。在互动过程中，朋友们会在一起比较他们各自拥有的东西和能力，并且探讨对生活的看法。他们会表达自己的意见、公开批评对方的观点、阐明和深入展开自己的想法并寻求对方的反馈。朋友间这种思想层面的给予和索取能够让儿童更好地了解自己的观点、态度和各种技能，从而增强他们的自我认知（Harter，2012）。

儿童可以从彼此建立的友谊中进一步提升自己已掌握的社交技能，同时尝试新的技能，并且学着操练和平衡自己和他人不同的需求和欲望（Rubin et al.，2006）。与朋友在一起最利于儿童发展和提升亲社会技能，比如合作和利他主义。此外，朋友还能帮助儿童操练解决社会问题的技能，比如，沟通、管控冲突和在出现分歧时继续保持信任等。虽然朋友间可能比非朋友之间更容易发生争执，但他们也更可能通过积极的方式解决争执，比如，协商、努力找到公平合理的办法或者放弃暂时的得胜以换取接下来更为积极有益的结果（Siegler et al.，2011）。朋友们会在一起分享自己最私密的情感，管控分歧并妥善解决彼此间的困扰，这为他们进入成年后与他人建立亲密关系奠定了最坚实的基础。

当同伴们在一起玩时，他们就是在尝试建立友谊的行为。

儿童有朋友对他们非常有益处，因为这样让他们有许多机会操练社交技能，掌握解决问题所需的各种方法，并且增强在本章开篇列出的社会能力。最终他们更会被同伴接受，而不太会在社交时遭到拒绝，这会令他们无论在家中还是在学校都收获更多的快乐和信心。而且有朋友的儿童在学业上往往有更好的表现 (Rubin Bukowski，& Laursen，2009；Sebanc，2003)。因为他们在学校时无须担心被排斥或怎样与他人相处，这样他们学习阅读、了解科学或做数学题时就会感到比较容易了。这也是为什么和那些与同伴关系不融洽、几乎没有朋友的儿童相比，上学时交到了朋友的儿童通常都更愿意去学校、很少缺课、更主动参加课堂活动和成绩更好 (Hyson，2008；Epstein，2009)。所有这些益处最终都有助于儿童建立健康的自尊意识。图 8.2 里总结了儿童交朋友的益处。无论从个体、人际关系还是学业的角度看，交到朋友都会对儿童的生活产生积极的影响。这也是儿童希望并且需要朋友的原因，而且不足为奇，他们会用许多时间和精力去思考：“谁会成为我的朋友呢？”

有朋友的儿童更可能……

快乐并且拥有：

- 更强的**社会能力**
- 更好的**解决问题的技能**
- 更强的**自信心**
- 更优秀的**学习成绩**
- 更**健康**的自尊意识

图 8.2　交朋友的益处

如果儿童没有朋友会出现怎样的情况

杰西难过地说，“老师，他不愿意做我的朋友！”从他脸上的表情和说话的声音能明显感到他很受挫。

所有的关系都会有起伏，因此大多数儿童都可能碰到被他们希望结交的某个孩子拒绝的令其难过的经历。这是成长过程中肯定会出现的情况，大部分儿童在经过一段时间的失望后都能回归正常的社会交往。不过也有一些儿童一直处于没有朋友的状态，对他们来说，交到朋友似乎是一件很困难的事（Hemmeter & Conroy，2012）。这样的儿童不仅体会不到有朋友的益处，而且他们的生活不会快乐，年纪再大一点的时候，他们会遇到更多的挑战。步入中年后，他们还可能遭遇困扰其终生的问题，比如抑郁、心理疾病、心脏病和极度焦虑等（Bukowski et al.，2009；Ladd & Troop-Gordon，2003）。青少年犯罪、辍学和自杀也更可能发生在从童年开始就没有朋友的儿童身上（Ladd，2005）。目前还没有人能够确定究竟是没有朋友造成了这些严重的问题还是儿童的这些反社会行为和情绪不稳定导致了同伴对他们的排斥。无论是哪种情况，儿童不能和别人建立友谊与其后期对自己的不满，有时甚至是绝望，有着非常密切的关系。图 8.3 总结了这些不良后果。

虽然童年时期一个朋友也没有的儿童很少见，但许多儿童在成长过程中还是会感到孤独，并且渴望交到更多的朋友。显然，交朋友对儿童来说很重要，他们对此有很多思考。不过他们对于朋友的理解以及怎样交到朋友会受其年龄和经历的影响。

没有朋友的儿童很可能……

不开心而且：

- 感到**孤独**
- 有**抑郁和焦虑**的经历
- 表现出**糟糕**的社会能力
- **缺乏**自信
- 在学校表现**不佳**
- **缺乏**自尊意识
- **辍学**
- 在中年时出现**心理疾病**

图 8.3　没有朋友会引发的问题

儿童对于朋友和友谊的理解

老师问，“谁是你的朋友？”

4 岁的特瑞说，“格里是我的朋友，他和我一起搭积木。”

10 岁的桑迪说，“奥德丽是我的朋友，我们一起踢足球，很高兴。有时候我们还会在对方家里过夜，也很开心。我们互相保守秘密。如果我们俩有谁感到孤独，我们就一起去骑自行车，直到感觉好起来。我们对彼此真的非常好！”

特瑞和桑迪对朋友有着完全不同的看法。儿童对于友谊的理解——他们认为友谊应该是怎样的、他们对友谊的期望以及指导他们对待朋友的行为规则——受到他们的年龄和经历的影响。

友谊的框架

年纪很小的儿童会被同伴吸引，他们从婴儿阶段开始就喜欢与其他的婴儿在一起，蹒跚学步时也希望身边有个伴。到 18 个月大的时候，孩子们会开始彼此模仿，并在一起做一些简单的社会性游戏（Wittmer，2008）。2 岁时，他们就会骄傲地称某个孩子是“自己的朋友”。这些都是亲密关系的早期迹象。

在过去的 20 年中，研究人员对儿童的友谊进行了细致的研究，并且总结了一套他们称之为**友谊框架**的体系，他们在这套体系中将儿童在不同年龄段对朋友的不同理解和认识进行了分级（Selman，Levitt，& Schultz 1997；Kennedy-Moore，2012）。这个框架从孩子3岁开始分级，因为儿童从这个阶段开始最为急切地想寻找同伴，而且巧合的是，儿童对他人想法的理解以及自我意识的增强也是从这时开始的（Gallagher & Sylvester，2009）。从3岁开始，儿童对朋友的理解和认识经历了五个互相重叠的阶段。每个阶段都有符合其年龄的特征，他们对朋友的理解、对友谊的珍视以及交到朋友并保持友情所使用的方法都是不尽相同的。

下面我们逐一分析这五个阶段，首先从阶段零开始，也就是寻找临时玩伴的阶段。

阶段零：临时的玩伴（3—6岁）

年幼的儿童把那些最经常和他们一起玩或者在固定时间一同参加活动的同伴称为“朋友”。3岁的曼迪画了一幅关于友谊的画，当她被问到“她们为什么是你的朋友”时，她回答说，“因为我们一起玩，而且我们都穿了粉色的衣服。”（见图8.4，这是她画的和朋友一起玩的情景。）她的回答明显代表了这个年龄段儿童对朋友的理解。在阶段零，儿童会把住在附近的其他孩子看作自己的朋友（“他是我的朋友；他就住在隔壁”）；也会因为某个孩子拥有某样东西（“她是我的朋友；她有一个芭比娃娃”），或者因为某个孩子表现出某种特殊的技能（“他是我的朋友，因为他跑得很快”），而将他们视为自己的朋友。

这个年龄段的儿童希望有朋友，而且他们的确对一些玩伴的喜欢程度超过了对其他孩子的喜欢。但是他们自己并不算很可靠的朋友，因为他们通常会以自我为中心，只考虑关系中对自己有利的一面以及别人能为他做什么。他们还不会考虑自己应当为友谊承担的责任，或者自己应当为别人的需要做些什么（比如，一个儿童可能会说“她让我玩她的芭比娃娃”，但可能不会说“我让她玩我的芭比娃娃”）。而且这个阶段的儿童一般认为他的朋友也会有和他一样的想法。如果情况并非如此，他们反而会感到很惊讶或不安。

阶段零的儿童更愿意主动发出互动的邀请而不是对别人的提议做出回应，因此他们可能会很不当地忽视或拒绝其他孩子希望加入他们的游戏的请求，特别是当他们的游戏已经进行了一段时间后，“每个人”也都有了自己固定的角色（妈妈、爸爸、姐姐、比赛中的选手或者记分员）。一旦一个孩子或一组孩子已经沉浸在当下的游戏情节中，就很难扩展思维去考虑怎样让一个新的伙伴参与进来。这种拒绝其他孩子参与游戏的做法属于其认知方面的困境，而绝非刻意表现出的冷酷行为。等到了第二

图8.4 曼迪和她的朋友们——阶段零

天，那个被拒绝的孩子可能早已沉浸在游戏中，而另一个晚到的孩子又会同样因“没有位置”而被拒。所有这一切都充分说明儿童早期对朋友的认知的短暂性特点。

阶段一：单方面的帮助（5—9 岁）

在这个阶段，儿童开始认识到友谊其实超出了他们当下进行的活动，不过他们的想法仍然很现实，他们觉得朋友应该是让他们感到愉快的人。比如 6 岁的维罗妮卡画了一张画，画面上的她和她的朋友凯利在一起遛狗，同时她很得意地说凯利要在她的生日聚会上送她一个粉色的洋娃娃（见图 8.5）。对一些孩子来说，如果一个玩伴能让他们参与游戏、和他们分享口香糖、让他们骑自己新买的自行车、比赛时主动挑选他们入队、替他们在公共汽车上占座或者送他们一个很特别的生日礼物，就能激发他们对他的好感。而对于另一些孩子，快乐则来自有另一个孩子愿意和他们玩、分享他们的糖、和他们一起骑车、比赛时加入他们的队、接受他们提供的座位或礼物。每个儿童都只关心自己的需求能否得到满足，他们并没有考虑应当做什么让对方感到高兴。如果个体间的需要和行为碰巧非常契合，友谊就形成了；反之，友谊就可能瓦解。

这个阶段的儿童的另一个特点是愿意尝试不同的社会角色：领导者、跟随者、协调者、鼓动者、滑稽的人、合作者、平息纷争的人或者安慰者。在此过程中，他们会经历各种与其平时习惯相同或不同的行为。结果，想表现得更果决的孩子可能会变得很跋扈和盛气凌人；而一个觉得喜剧很有趣的孩子可能会变得傻乎乎的或举止荒谬。

处在这个阶段的儿童有着交到朋友的强烈愿望，以至他们中的许多人宁愿与一个“不那么好”的同伴一起玩，也不想自己一个人玩。他们会想尽办法与他人建立关系，甚至为了让别人喜欢自己而不惜采用贿赂或胁迫的方法，比如他们可能会说，“如果你做我的朋友，我就让你参加我的聚会”；或者“如果你不让我玩，我就不做你的朋友了”。使用这种方法的儿童并没有什么恶意，他们只不过是在尝试哪种方法能够奏效、哪种不行而已。

处在阶段一的儿童还有一个显著的特点，那就是男孩只跟男孩玩，女孩只跟女孩玩。出现这种现象的原因是孩子们仍然在关注外表的相似性，而性别显然是区分彼此是否相似的最明显的标志。儿童上学以后交的朋友从外表上看也有许多相同之处，比如穿的衣服、发型和说话的语气等（Rubin et al.，2006）。

虽然儿童对友谊倾注了大量的精力，但他们在同时保持与多人的密切关系方面仍有不少困难。在这个阶段，孩子们常会在一起讨论谁是他们的朋友，谁不是。你会听到他们说，“你不是我的朋友；玛丽才是我的朋友。”他们的朋友可能每天都在变，而且这通常是由彼此穿了相同的衣服、新发现了一个共同的兴趣或者仅仅是出于巧合（某个孩子碰巧第一个到）决定的。因此，儿童变换朋友是常有的

图 8.5　维罗妮卡和凯利在一起玩耍——阶段一

事。不过，如果两个孩子能经常见面，他们也可能保持一段相对稳定的友谊（Rubin et al.，2011）。

阶段二：双向的、顺境时的配合（7—12岁）

处在阶段二的儿童已经能够考虑友谊关系中双方的观点了，不过还做不到同步。他们更期望朋友都能对彼此好，都能从朋友关系中满足各自的利益："你昨天帮助了我，所以今天我要帮助你。""咱们先玩我提议的游戏，然后再玩你提议的游戏。"他们认为每个人都应从关系中获益，如果不是这样，那关系就该终止了："如果你再骂我，我就不做你的朋友了""这不公平！我昨天等你了，你今天为什么不等我？"朋友之间非常在意对方对自己的看法，同时他们会评价自己的行为，因为他们觉得别人也会这么做："如果我接球的本事再大一点，史蒂夫就会喜欢我了。""我的发型这么难看，没有人会喜欢我。"儿童为了融入群体而追求与他人在着装、语言和行为方面保持一致的做法在这个阶段达到了顶峰。因此，背和其他孩子一样的双肩包、留与他们一样的发型、选修同样的课程或参加同样的课外活动对这个年龄段的儿童来说非常重要。

由于这一阶段强调的是统一性，因此结成同伴群体就是很正常的事了。这样的群体通常是由几个为数不多的"朋友"组成的，这种群体不一定能持续很长时间，但也有很周密的规则。小组里最重要的一件事就是决定谁可以被吸纳进来，谁应该被排除在外（见图8.6，这是考丽恩画的酷猫俱乐部）。为了更进一步体现他们之间的团结和统一，他们会分享秘密，共同制订计划，并力求凡事都达成一致。

处在阶段二的儿童对彼此有很强的占有欲，他们常常会对谁是谁的朋友感到很嫉妒。有一个朋友，特别是有一个最好的朋友，能够加强他们对自我的肯定，并且有助于他们更自信地与更多的同伴交往（Siegler et al.，2011）。

阶段三：亲密和相互分享的关系（8—15岁）

从这个阶段开始，儿童才真正将友谊视为拥有共同目标和价值观的一段正在发展中的关系（Rubin et al.，2006）。这时候，儿童更愿意为友谊而妥协，而不只是简单地配合。也就是说，他们不再像上一个阶段那样强调互惠互利了，而是更关注彼此的生活，更看重彼此的快乐。他们从友谊中得到的情感帮助令他们感到满足。在此基础上，他们分享情感，帮助彼此解决在个人生活中遇到的冲突和问题。他们还会向对方倾诉不能与别人言说的想法和感情。

友谊在这个阶段成为一种亲密关系，最好的朋友之间的关系对儿童来说极其重要，因为那是一种非常直接和紧密的学习经历，而且儿童通常在某个时期内只会有一位好朋友，就像JJ画的他和他最好的朋友的绘画（见图8.7）。因此他们自然会为对

图8.6 酷猫俱乐部，看看谁在里面，谁不在里面——阶段二

方全情投入。同时，这样的友谊既具有排他性，也具有占有性，也就是说，朋友间不希望对方还有其他比较亲密的朋友，他们期望做的每一件事都限于他们之间。他们会介绍对方认识一些自己认可的熟人，但不允许对方与他们不喜欢的人保持关系。如果有人违背了这些规矩，那在朋友眼里就是最大的背叛。只有在经过这个阶段后，他们的朋友圈才会扩大，并且可以在同一时间内拥有不止一个朋友。

图 8.7 JJ 和他最好的朋友——阶段三

阶段四：成熟的友谊（12 岁以上）

在这个阶段，儿童最珍视友谊带给他们情感和心理方面的益处。他们对朋友的占有欲不像前一个阶段那么强烈了，他们之间可以有不同的兴趣并分别从事不同的活动，而且他们也能允许彼此与他人发展亲密关系。因此他们在同一时间会有不止一个朋友，并各自拥有其他的朋友。此时的友谊建立在彼此信任和互相扶持的基础上，因此他们的关系可以持续很长时间，而且即使不在一起或长时间分离也能够保持（见图 8.8，瑞秋画的两个朋友通电话的绘画）。

这个框架为什么重要

友谊的框架向我们揭示了儿童在不同年龄段对朋友和友谊完全不同的认知（Kennedy-Mooore，2012）。虽然并不是所有的儿童都会发展到友谊的最高阶段，但这个框架清晰地显示了儿童在这方面的发展轨迹，并且为我们给予儿童所需的帮助提供了线索。我们或许不能加速儿童的发展进程，但我们可以通过了解儿童在各阶段对友谊的看法更好地

图 8.8 远距离——阶段四

友谊的阶段	名称	年龄段	儿童主要的思维方式
阶段零	临时的玩伴	3—6 岁	“今天我的朋友是你。”
阶段一	单方面的帮助	5—9 岁	“一切都是关于我的。”
阶段二	双向的、顺境时的配合	7—12 岁	“你捧我，我就捧你。”
阶段三	亲密和相互分享的关系	8—15 岁	“朋友要在一起做任何事。”
阶段四	成熟的友谊	12 岁以上	“永远做最好的朋友——不论在什么情况下，也不论相隔多远。”

图 8.9 对友谊框架的总结

理解他们的行为。这也有助于我们意识到儿童在寻觅朋友时不良的社交行为表现是由于他们尚不成熟或对朋友的理解有限，而绝非性格使然。你可以借助在本章将学到的有利于儿童发展的教育方法来帮助他们纠正这些错误的行为。首先，先看一下图 8.9 对友谊框架中所有五个阶段的简要总结。

儿童怎样选择自己的朋友

埃里克和史蒂文就像一个豆荚里的两粒豌豆。他们穿得差不多，说的话几乎一样，行动也没什么分别。他们是最好的朋友。

莎莎和塔比瑟之间的差别就如同白天与黑夜。她俩一个个子高，一个个子矮；一个活泼，一个安静；一个喜欢猫，一个喜欢狗。可是她们也不能分开。

成人常常好奇儿童选择朋友的标准。事实上，外表、族群、性别、年龄、行为、观点或者喜好都可能是儿童在选择一个朋友时考虑的因素（Howes，2009；Bukowski et al.，2009）。

外表

影响儿童选择朋友的一个因素是对方的外表。儿童会很自然地喜欢那些看上去和自己挺像的人——同样的头发、同样的肤色和同样的身体特征（Rubin et al.，2006）。他们也认为那些友好、智慧和社会能力强的人更有吸引力，而有负面特质的人在他们看来则毫无魅力可言。

族群

儿童会根据族群选择朋友，并且往往更愿意选择与自己同族群的孩子做朋友（Graham，Taylor，Ho，2009）。当儿童有意选择其他族群或文化背景的人做朋友时，是受到家庭很大的影响。如果儿童认为他们的家庭成员能够接受族群差别，他们就很可能吸纳不同种族和民族的孩子作为自己的朋友。此外，如果教室和游戏环境中有来自各族群的孩子，那么儿童结交的朋友也就可能是多元的（Howes & Lee，2007）。

性别

性别是选择朋友时的另一个重要考量，因为儿童对不同性别的行为有自己的认知。一般来讲，如果女孩有一些“假小子”的行为，不会有什么问题，仍然会招人喜欢。可是如果男孩表现出与其性别不相符的举动，就会让人不悦并遭到排斥（Rubin et al.，2006）。在童年阶段，儿童喜欢与同性别的孩子一起玩，而且这种对异性的排斥在他们很小的时候就表现出来了。2 岁的时候，女孩就开始喜欢和其他女孩在一起玩，而男孩则是从 3 岁开始表现出愿意与其他男孩一起玩的倾向，不过这种倾向一直要到他们 5 岁时才会固定下来（Fabes et al.，2003a）。女孩喜欢两个人或少数几个人在一起玩，而男孩则更愿意扎堆，一群人聚在一块儿玩（Rose & Smith，2009）。女孩在一起时常常会交流个人信息，而男孩通常因为更愿意玩动作游戏而没有太多的个人交流（Rubin et al.，2006）。虽然男孩和女孩之间也会产生友谊，但还是同性间的友谊持续得更长久，而且关系也更稳定。

© Cengage Learning

女孩喜欢两个人一起玩。

年龄

儿童最愿意从与自己年龄相仿的其他孩子中挑选朋友（Siegler et al.，2011）。如果不同年龄的儿童间产生了友谊，通常是因为他们的发展在一定程度上是相近的。比如，腼腆的、在与人互动方面缺乏自信的儿童可能会愿意与比他们年纪小的孩子在一起玩，因为这能让他们在社交时感到比较放松。

行为特征

两个儿童结成好朋友的可能性与他们是否拥有许多共同的行为特征密切相关（Bukowski et al.，2009）。无论在西方文化还是东方文化中，朋友间在亲社会行为、反社会行为、内向、抑郁、受欢迎程度和取得成就等方面都有很多的相似之处（French et al.，2000；Barbu，2005），而且朋友间的身体技能、认知水平和社会能力也很接近（Coplan & Arbeau，2009）。因此，喜欢运动、阅读、下棋或集邮的儿童聚在一起并结为朋友是很常见的事情，而开朗、机敏、冲动或外向的儿童愿意找和自己类似的孩子做朋友也是非常普遍的。

不过，儿童有时候也会选择与自己性格和特征互补的其他孩子做朋友（Rubin et al.，2006），这通常是由于他们自身缺乏一些特质，而其他孩子恰恰又在这方面为他们树立了榜样。于是，爱嚷嚷的孩子和安静的孩子，主动的孩子和被动的孩子，一本正经的孩子和嬉笑搞怪的孩子，可能会选择彼此做自己的朋友。但是即便如此，有一点也需要牢记，那就是他们之间在足够多的方面的相同之处远大于分歧。儿童很少会被其他在他们看来与自己截然不同的孩子吸引（Hartup & Abecassis，2004；Kennedy-Moore，2012）。

观点和爱好

当彼此在一些方面不相同的孩子发现他们其实有一些相同的观点或爱好时，马上会对对方产生积极的看法，而这非常有助于他们逐渐发展友好的关系，虽然他们最初以为彼此完全不同。它也能够促进不同族群的孩子之间以及身体有残疾的孩子与发育正常的同伴发展友谊关系（Hemmeter & Croyer，2012）。当两个孩子发现他们都喜欢数学、都喜欢狗狗或都想当消防员时，身体上的差别似乎就不那么重要了，共同的兴趣为他们建立一种新的关系开辟了一条通道（参见图 8.10）。这也是为什么成人希望儿童能感受与异性、其他族群的孩子或者有不同能力的孩子发展友谊所带来的益处，而且他们会在儿童的日常互动和安排的活动中为儿童提供机会去让他们发现彼此的共同点。

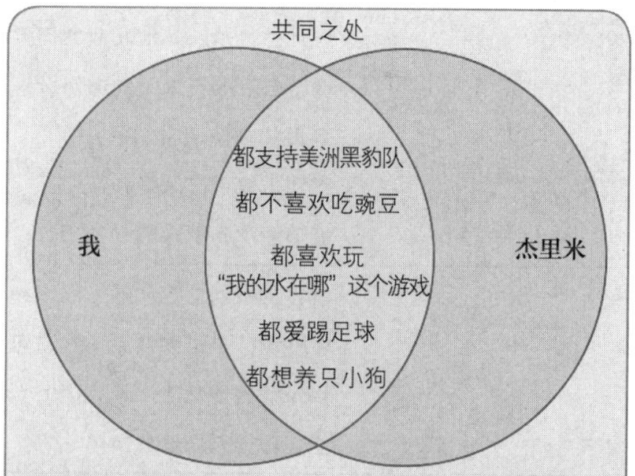

© Cengage Learning 2015

图 8.10　能够找到“共同之处”的儿童更可能成为朋友

社会能力

从以上的讨论中我们可以发现，相同性和相似性是影响儿童寻找和结交朋友的最重要因素，但实际上，还有一个更重要的特征能令儿童比别人更受欢迎，即社会能力（Bagwell & Schmidt，2011）。

那些社会能力强的儿童很容易得到同伴的青睐。因为与善良、懂得控制愤怒情绪和知道什么时候应该做出妥协的孩子相处是令人愉悦的和有意义的，所以儿童出于各种原因都愿意与社会能力强的孩子交朋友。

首先，也是最重要的一点，儿童希望大家在一起时感到有趣，他们非常重视这一点。“他很有趣”；或者“我们在一起很开心”是儿童在选择玩伴时的第一反应。由于社会能力强的儿童在互动时是自然而风趣的，因此大家都愿意和他们在一起。他们具备一定的社会能力和语言能力，会主动问候别人，邀请他人一起玩，并且会对新来的同伴希望加入游戏的要求做出积极回应，同时他们也很擅长与别人配合或协商（Hebert-Meyers et al.，2009）。他们的这些技能使其他孩子愿意与他们接近和交往。

社会能力强的儿童也具备很强的洞察力。他们能迅速捕捉别人对他们的反应，并且会根据环境需要及时调整自己的行为和情绪（Biddle，Garcia-Nevarez，Henderson，& Valero-Kerrick，2014）。这样的儿童也懂得怎样取悦别人，并会以令彼此都满意的方式行事。由于他们能够管控自己的情绪，尽快从失败中走出来，同时懂得怎样将彼此的冲突减少到最低，这些使得其他孩子更加愿意和他们做朋友。

还有一点，社会能力强的儿童能够接纳各种类型的人，也可以容忍朋友间在喜好和观点方面的诸多差异（Rubin et al.，2006）。他们全力支持自己的朋友，而当朋友遇到不公正的待遇时，他们也会挺身而出。他们对同伴的忠诚和深厚感情自然使他们成为其他孩子信任和依赖的对象，而这是友谊框架中高层次友谊的必要条件。表 8.1 对上述特质进行了总结，从中你会看到发展对儿童社会能力的影响，而社会能力又对儿童交朋友产生了影响。

上述技能使社会能力强的儿童成为其他儿童渴望建立友谊关系的理想人选（Rose-Krasnor & Denham，2009）。最终，与发展能力以及社会能力相关的技能帮助儿童与同伴建立了积极的关系和友谊。这对一些儿童来说比较容易，但对另一些儿童来说并非如此。

表8.1 同伴社会能力的发展概括

发展领域	与社会能力相关的能力	对同伴关系和友谊的益处
社交	• 察觉并且关照其他儿童的需要和兴趣 • 调节自己的行为（知道什么样的行为适合什么样的场合，并且会得体地使用它们） • 对他人表现出关爱和帮助 • 能够意识到别人遇到的不公，并做出回应	被同伴认为可接近和有爱心，不冷漠无情
情绪	• 能够觉察到自己和他人的情绪 • 能够调节自己的情绪（知道可以表达哪些情绪、什么时候表达以及怎样表达） • 能够对他人表达共情	被同伴认为非常友好和有自控能力，对别人不会疏远、怀有敌意或冲动
语言	• 主动与他人互动 • 懂得在不同的场合使用不同的措辞 • 能够理解别人传递出的信息和意图 • 通过语言交流使互动能够继续下去 • 通过语言进行协商并做出妥协	被同伴认为愿意交流和合作，不孤立或总是与他人作对
认知	• 想象他人可能的想法和需要，并据此调整自己的行为 • 处理事情时会有不同的解读和策略，并预先想到可能产生的不同结果 • 能够看到别人可能没有觉察到的相关和相似之处	被同伴认为是一个好的玩伴，在一起时不尴尬或显得笨拙

不成功的同伴互动

4 岁的阿莉莎与同伴在一起时显得特别内向和安静。她常常站在活动场所的边缘，看别人玩。即使别人邀请她一起玩，她也总是摇头拒绝。在她拒绝过几次后，其他孩子就不再邀请她，并渐渐把她忽视了。

8 岁的兰迪是学校操场的“恐怖分子”，因为他总是推、打和绊倒他的同班同学。在集体游戏时，他跑到操场中间，抓住球，要求别的孩子都要接他的球。由于他说话嗓门特别大，行为又具有攻击性，因此别人都认为他太霸道和欺负人，大多数孩子只要看见他就躲得远远的。

一般来看，阿莉莎和兰迪是两个截然不同的孩子，但实际上，他们都反映了儿童在与同伴互动时遇到的困难。经常遭遇不成功互动的儿童有两类：一类是被同伴忽视，另一类是被同伴拒绝。这样的儿童会受到许多负面的影响，就像图 8.3 所总结的那样。

被同伴忽视的儿童

同伴常常会忽视那些非常腼腆和不主动的儿童（Coplan，Schneider，Matheson，& Graham，2012）。这种**被同伴忽视的儿童**大多不爱讲话，几乎从不主动加入他人的游戏，也不愿意成为关注的焦点。他们不够外向，缺乏与他人的互动，因此常被同伴忽视或遗忘。在通常情况下，儿童被忽视都是因为他们不知道或不会通过可被接纳的社交方式吸引别的孩子的注意（Ladd，2005）。由于遭到了忽视，这些儿童会愈加希望不被注意或者退出与他人的互动。这种恶性循环的结果就是被遗忘的儿童彻底失去了与人互动的机会，甚至包括学习怎样与人互动的方法。

这使得被同伴忽视的儿童更加感到孤独。比如，鲁迪一直在看史蒂夫和杰米在户外玩，他的看护人员罗杰斯先生建议他也过去和他们一起玩。鲁迪回答说，“不，我不喜欢那个游戏。”说完就走开了。鲁迪不认为自己能获准加入那个游戏，他甚至都不愿意尝试一下。

被同伴拒绝的儿童

这些儿童是被同伴刻意拒绝的，所以他们也找不到玩伴（Ladd，2005）。当儿童遭同伴拒绝后，他们会变得更加具有攻击性，特别是如果他们已经表现出了这方面的倾向。这种先攻击他人后又被他人拒绝的状况很可能会导致他们后期出现反社会的行为（Jimerson，Swearer，& Espelage，2010）。这类儿童所表现出的行为都基于他们试图战平对手，甚至打败对手的想法。但是，无论是进攻还是反击，对促进社会关系都是毫无用处的。**被同伴拒绝的儿童**一般会有两种表现：或者遭拒后远离同伴，或者遭拒后更带有攻击性，两者都会引发相应的问题。

拒绝—退缩型儿童在社交方面是不自然的。他们有不成熟或不同寻常的表现，对同伴们的期望也缺乏反应。他们知道别人不喜欢自己，因此就想被遗忘或远离社交环境（Damon，Lerner，& Eisenberg，2006）。比如，6 岁的珍妮在看她的同伴们玩过家家，她也想加入，可她觉得她们不会让她一起玩。结果她没有主动提出请求，而是大叫着冲向那四个同伴，干扰她们正在进行的游戏，故意惹怒她们。那几个孩子很厌恶地看了她一眼，然后继续玩，根本不理睬她。她只好走开，自己一个人玩。这些遭拒绝后远离同伴的孩子其实是很孤独的，而且他们可能有自尊意识弱、抑郁、社交时表现出更多的负面情绪和其他情绪紊乱的倾向。这样的儿童容易被人欺负，常常成为他人伤害的目标（Rubin et al.，2006）。

拒绝—攻击型儿童正好相反，他们通常是恃强凌弱的人。由于他们总爱动手，因此其他孩子都不愿意跟他们玩。而且他们玩的时候总要掌控局面，批评他人，极端不配合（Alsker & Gutzwiller-Helfenfinger，2010），同时他们反过来认为别人对他们做出了怀有敌意的行为。比如，乔希想和邻居的孩子们一起踢足球，他骑着自行车来到他们玩的地方。由于没有人邀请他加入，他就骑着车径直穿过踢球的场地，然后在另一边下车，把车子放在场边，走过去将一个孩子推倒在地，又把球踢飞了。造成这种现象的部分原因在于这些儿童不能顾及自己的行为给别人带来的后果，以及别人可能会有怎样的反应。由于他们缺乏这样的思考，因此他们不会为自己的行为承担责任，而总认为过错都是别人引起的（Jimerson et al.，2010）。

遭拒后远离同伴的儿童知道别人不喜欢自己，可是这些遭拒后更具攻击性的儿童以为他们很受欢迎，虽然事实并非如此（Ladd，2005）。这些儿童比别的儿童更容易形成长期对人充满敌视的态度，行为举止不守规矩，甚至走向了暴力犯罪。无论是遭拒后远离他人还是更具攻击性，如果得不到积极干预，这些遭到拒绝的儿童都有可能终生持续这种具有反面效果的模式（Rubin，Bowker，& Kennedy，2009）。

被忽视和被拒绝的儿童都对他人缺乏准确的认知，对其他孩子发出的社交暗示会错误地解读或误解（Hay，Ross，& Goldman，2004）。这最终会让他们陷入非常孤独的处境。在所有遭遇互动障碍的儿童中，遭拒后远离同伴的儿童最孤独，心理压力也最大（Asher & Paquette，2003）。了解上述情况能够让我们意识到要帮助儿童改进其交友行为并学会交友的正确方法的重要性。

每个儿童都需要掌握的交友技能

当7岁的乔纳森被要求写一本“怎样做一件事”的小书时，他决定写“怎样交到一个朋友”。下面是他一步步的叙述：

1. 首先你要和他交谈。
2. 然后问他是否愿意一起做游戏。
3. 这样你就和他认识了。
4. 如果你们之间发生了不愉快的事情，在大多数情况下，你应当尽力解决。

乔纳森列出的这些步骤表明他很清楚他所写的主题！他意识到了如果希望顺利交到朋友，他们必须掌握三个最基本的**交友技巧**（Rubin et al.，2011），即：

1. 与一个潜在的朋友进行接触。
2. 和他保持积极的关系。
3. 朋友之间要学会通过协商化解冲突。

接触

在一段友谊开始之前，其中一方必须主动与对方接近，而另一方也应立即接受。这个接触过程进行得顺利与否会影响每个儿童对对方的感知。如果儿童能像下面举例的那样行动和交谈，就会给对方留下一个不错的印象：

- **微笑并主动问候对方：**“嗨！”“你好！”“怎么样啊？”
- **向对方询问信息：**“你叫什么名字？”或者，“咖啡馆在哪？”
- **回应别人的问候：**“我也是新来的。”或者，“跟我走吧，我给你引路。”
- **给对方提供信息：**“我叫罗莎丽，今天我是第一次来这里。”
- **邀请对方参与：**“你想玩接球游戏吗？”或者，“你可以加入我们队。”
- **承担一个角色或者完成一项简单的任务：**“我会帮着记分。”或者，“我会帮你把它们挪开。”（Shapiro，1997；Evans，2002）

除此以外，儿童还可以借助非言语暗示向对方表现出兴趣并进行接触。他们通过观察、倾听、靠近和从容地进入对方的环境而不是直接闯入的方式展开与对方的互动（Rubin，2003）。他们也可能模仿别的儿童的行为来表明他们在跟随对方的引领（比如，加入追逐游戏，或者在假装的杂货店里购物）；或者就在对方旁边玩，待到时机合适并且对方发出了友好的邀请后加入游戏当中。通过这样的信号，儿童让别人知道了他们希望与对方交朋友。儿童通常认为和蔼可亲和友善是友好的行为，因此那些外表亲切的儿童会获得积极的反应，也更容易被他们的同伴接受（Kennedy-Moore，2012）。当这样的儿童主动提出与他人建立友好的关系时，结果也是一样的。

研究的结果也证明了那句古语：“用蜂蜜而不是醋才能捕到更多的蜜蜂”，意思是你只有通过友善而不是粗鲁才能吸引更多的朋友。但是许多儿童没能做到这一点，他们或者是因为选择的时机不对，或者虽然本意是好的，可是表达的方式有问题。他们可能没有意识到正确方法的重要性，或者没有觉察到自己不当的行为给别人造成的不良影响。结果他们常常试图通过抓、推、硬闯、抱怨、威胁、忽视、乞求、指责或跋扈等不当的方式与其他孩子进行接触（Ladd，2005），但这些方法只能使他们遭到拒绝。如果他们一次又一次地失败，他们就可能选择远离或者变得更加敌对。时间一长，他们就落下了不友好或者不值得做朋友的名声，令问题变得更严重了。出现这种情况时，成人需要对儿童进行干预，帮助他们习得一些正确的接触方式，从而增加他们找到朋友的可能性。

保持积极的关系

即使刚开始接触时行为得当，如果希望关系能持续，接下来仍然需要继续做出积极的行为。我们已经通过友谊的框架知道各个阶段的儿童都喜欢与风趣、敏感、积极和善良的孩子在一起了（Rubin et al.，2006）。尤其对于交朋友来说，儿童的言语和非言语行为对他们是否具有吸引力有着很大的影响（Hebert-Meyers，2009）。讲话直接、专注于互动中的每一个孩子、对他人表现出兴趣并做出回应、能够接收他人发出的游戏信号并且总能提供一些有趣的想法的儿童比较容易交到朋友，下面是这类儿童在与他人互动时表现出的一些明显特征：

- **表达兴趣**：微笑、点头、保持目光接触、问一些相关的问题。
- **互相配合**：轮流、分享、合作。
- **表示认同**：注意倾听其他孩子的观点，在游戏时采用另一个孩子建议的方法。
- **表达感情**：拥抱、握手，或者说“我喜欢你”“让我们做朋友吧”。
- **表达共情**：“你画的画很干净。”“你看上去很伤心，我坐在你旁边好吗？”
- **提供帮助和有益的建议**：“如果你愿意，我可以在你捆这个箱子时举着它。除了胶带，可能还需要一些绳子。”
- **称赞玩伴**：“你击球的技术真棒！”“好主意！我认为它可行。”

马克斯和贾斯汀在一年级时建立了友谊，在可以自由选择的时间里他们总是待在一起。

主动使用这些策略的儿童表现出了对别人的尊重和喜爱，因此他们具备了与他人建立长期关系的品格（Rubin et al.，2006）。此外，这样积极的行为也能唤起别人同样积极的反馈，这样就使得他们都愿意在彼此的关系中继续这样的努力。

儿童间关系的良性循环就是这样建立起来的，而恶性循环的过程也是如此。那些表现出攻击性、不配合、举止乖张或炫耀以及行为不成熟的儿童会令同伴感到愤怒、郁闷和受到冒犯；当他们不能对对方做出得体的反应时，彼此的关系也会出现问题。他们可能会表现出一点也不真诚的奉承、过于粗俗地表达自己的感情（比如粗鲁的熊抱）或者太做作的赞赏；还有的儿童总是纠正别人而不是提出建议；或者越俎代庖而不是提供帮助。无论是哪种情形，这些行为模式都会破坏孩子们刚刚建立起来的关系。

协商解决冲突

朋友间出现分歧是对他们关系最大的考验，双方怎样管控冲突在很大程度上决定了他们之间的友谊能否继续保持。在维持长久关系方面，如果儿童能通过积极的方式解决分歧，同时仍能满足自己的需要，那就非常成功了（Rubin，Bukowski，& Laursen，2009）。因为他们既维护了自己的尊严，又照顾到了别人的想法。如果他们表现得过于被动，从来不懂得坚持自己的立场，就会失掉自尊，并最终失去同伴对他们的尊重。那些总是对别人做出攻击性行为的儿童也同样会被排除在朋友圈外。这两种极端的行为对于发展彼此的关系都是非常不利的。

儿童的语言技能与其能否与他人很好地协商沟通有着非常密切的关系（Hebert-Meyers，2009）。如果希望冲突得到有效解决，冲突各方都需要首先了解问题产生的根源，然后对解决它提出自己的看法。如果儿童试图通过使用威胁、羞辱或者胁迫的方法来强迫问题得到解决，就违反了这些基本原则。最终，其他儿童就会避开他或者采取相应的反击措施。在协商沟通方面最成功的儿童会使用下列协商技能（Stocking，Arezzo，& Leavitt，1980；Evans，2002）。

- **表达个人的权利、需要或感受**：“我希望这次能有机会看这部电影。”
- **倾听并且认可别人的权利和感受**：“是的，你为看那部电影已经等了很长时间了。”
- **对冲突建议非暴力的解决办法**：“咱们简单看看这件事。”
- **提出解决方案，并且解释背后的理由**：“通过这个方式，我们每个人都能有机会。”
- **坚决制止不正当的要求**：“不，上一次是你玩的，现在该轮到我了。”
- **接受合理的分歧**：“是的，我没有想过那个问题。”

这些是儿童应当在幼儿教育专业人员的帮助下学会的所有的技能。

课程设置中如何安排有关友谊发展的内容

我们的社会显然对提高年幼儿童的识字能力和数字能力非常重视，你或许也想知道在正规的课程设置中是否应有关于怎样培养友谊的内容。事实上，同伴之间的有效互动和发展友谊对儿童的社会性发展是极其重要的，美国大多数州的学习标准都将其列入，表8.2是其中的几个例子。

在达到与建立友谊相关的学习标准时，儿童会遇到的典型挑战

孩子不可能一生下来就知道交朋友并维护友谊的最佳方法，要靠观察他人、不断地练习、尝试各种社交行为和经历一些行为结果才能获得这些方法。如果儿童的观察能力强，并且能够对什么是有效的交友方法做出准确评估，那么他们相较于观察和评估能力弱或者身边的成人和同伴没能在这方面为他们树立榜样的儿童来说，就会更容易交到朋友。但这并不等于说在交友方面经历挑战的儿童就没有改进的可能了。

事实恰恰相反，有充分的证据表明，所有儿童在社会韧性强的同伴和富有爱心的成人的帮助下都能学会交友的基本技能（Frankel & Myatt，2003），

表8.2 美国一些州制定的有关建立友谊的学习标准

州	年龄	期望	学习的结果
内布拉斯加州	3—5岁	得到社会的帮助，并对朋友表现出忠诚	儿童应当： 在玩的时候注意到有人缺席并提出来，以表示对他人的关心。 与一两个孩子建立比较亲密的友谊关系，同时又能与许多孩子一起玩。
伊利诺伊州	六～八年级	使用沟通和社交技能与他人进行有效互动	儿童应当： 操练与同伴保持积极关系的策略（比如，分享共同的兴趣并一同游戏、花时间在一起游戏、给予和得到别人的帮助、学会原谅他人）。
阿拉斯加州	60个月大至上幼儿园	与同伴发展友谊	儿童应当： 给予他人社会帮助（比如，帮一个同伴找其丢失的玩具）。 在游戏时按照同伴的建议进行游戏。 在不同的环境中都有自己的朋友（比如，在邻里间、学校和大家庭中）。

来源：Nebraska Department of Education(2005)；Illinois State Board of Education(June，2010)；Alaskda Department of Education and Early Development Division of Teaching and Learning Support(December，2007)

即便是那些遭到拒绝和忽视的孩子也是如此。这样的儿童需要经过强烈的干预，从而增强他们这方面的意识，掌握所需的社会行为，并减少带有攻击性的和无效的反应，之后他们同样可以取得可喜的结果（Ladd，2005）。

无论他们目前处于怎样的状态，所有年龄段的儿童都会遇到的最大障碍就是他们通常不知道：

- 什么是交友时得体的行为？
- 与友谊相关的技能有哪些？怎样使用它们？
- 在与其他同伴互动时，应当怎样注意或者调整自己的行为（Bagwell & Schmidt，2011）？

如果儿童希望在交友方面收获好结果，他们就必须知道并掌握以上技能。如果富有爱心的成人能够给予他们正确引导，他们取得的进步会更大。

在帮助儿童与他人建立和保持友谊方面，成人所起的作用

作为幼儿教育专业人士，你对儿童在建立和保持友谊方面所能给予的帮助应当始于仔细观察他们，密切关注他们的游戏模式、社会地位以及他们在交友方面的整体行为（Thompson & Twibell，2009）。你从观察中获得的信息能够让你更好地了解儿童已经掌握了哪些技能，他们在哪些方面还需要得到你的帮助。你在前面几章中学习的教学策略对你帮助提升他们的社会能力和发展他们与同伴之间的积极关系是很有帮助的，而且它们也有助于你帮助儿童达到表8.2中列的那些学习标准。比如，构建一个积极的语言环境，帮助儿童学习怎样有效地表达自己的情绪，培养儿童的抗压性和韧性，以及辅助和扩展儿童的游戏技能，这些都非常有利于儿童在班级里的互动和友谊的发展。此外还有五种策略与改进儿童的交友技能密切相关（Mize & Ladd，1990b；Epstein，2009），它们是：（1）构建有利于交友的课堂环境；（2）利用木偶和道具示范一些交友的技巧；（3）让儿童参与体现交友技能的角色扮演游戏；（4）让儿童彼此进行交友技能的训练；（5）为需要特别干预的儿童提供密集的一对一辅导（Hemmeter & Conroy，2012）。作为课堂上的教师或幼儿中心的看护人员，你可以采用上述的单个策略，也可以将几种策略结合起来使用，以满足儿童的需要。下面，我们对这几项策略逐一进行介绍。

构建有利于交友的课堂环境

在发展友谊方面，儿童对成人帮助的需求各不相同，但如果成人能为儿童创造一个尊重和鼓励其发展友谊的环境，所有的儿童都会从中获益。这样的环境有利于儿童之间的有效互动及发展吸引其他儿童与他们做朋友的技能（Hamre，2008）。

成人为儿童构建其所需的社交环境的一个方法就是给他们提供更多非正式的彼此间互动的机会。如果彼此不认识，肯定很难成为朋友；而如果儿童始终局限在教师指导的活动中，他们根本就没有机会实践交友的技能。因此要为他们提供机会，让他们彼此认识，在一起交流，并且共同探究怎样建立社会关系。他们需要开放式的、能够自我掌控的时间、空间和物品，在同伴中充分平等地实践各类社会角色和操练基本的社交技能，成人只需为他们准备好这样的场合，并且帮助他们掌握一些简单的互动要领，积极的同伴关系就可以建立起来了。这类活动中最具成效的方法就是假装游戏(Esptein，2009；Bodrova & Leong，2007)。事实上，研究人员告诉我们，儿童早期在假装游戏中的表现对他们后期在生活中的交友行为有着极为重要的影响（NICHD，2008）。游戏对友谊的形成来说非常重要，以至如果儿童在假装游戏过程中没有得到所需的帮助，他们在整个童年期与同伴的和谐关系很可能都会受到影响（Hay et al.，2004）。这些研究发现对于安排儿童从学龄前直至整个小学阶段的常规活动来说意义重大。可以自由安排的时间、假期、带有明确目标的任务以及富有创意的戏剧表演能为儿童提供许多锻炼其“友谊肌肉”的机会，从而发展成为具备社会能力的成人所需的技能。

成人还可以采用的另一种方法就是借助儿童的日常经历帮助他们学习怎样与他人相处并使自己受到大家的欢迎。成人不能只是简单地将孩子们聚拢在一起，他们需要注意观察每个孩子的表现，找准机会培养他们发展新的技能。他们可以教儿童学会解读他人发出的社交暗示和情感流露，然后适时地

调整自己的行为。成人应当了解每个儿童不同的经历，并在此基础上提升他们的社会能力。他们也可以通过事先安排好的、旨在令儿童达到前面提到的学习标准的活动中现场辅导儿童。表演与培养友谊相关的短剧就是其中一种方法。

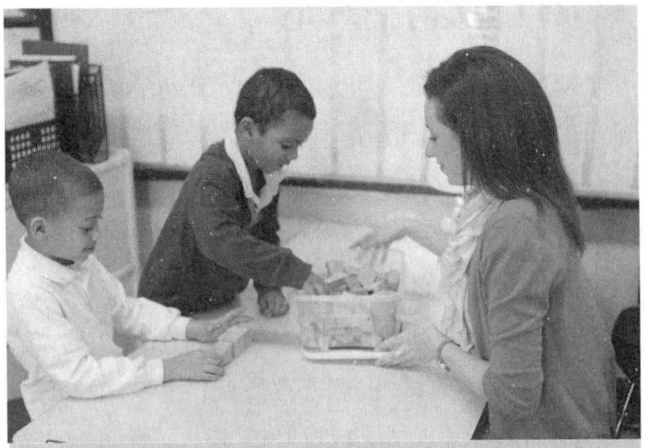
© Cengage Learning 2015

要帮助儿童培养他们之间的友谊，应当将能力相当的孩子安排在一起，指出他们之间共同的优势和兴趣，建议他们一起玩，共同做成某件事。

利用木偶和道具示范一些交友的技巧

即使是年纪非常小的儿童也喜欢看成人用木偶或者玩具假扮一个故事中的人物。木偶也可用在与培养友谊相关的短剧中，增强儿童在这方面的认知，并且理解基本的交友技能以及和同伴互动有关的情绪。成人先进行示范，然后再让儿童自己动手实践，这样可以很有效地让他们知道什么是友好的行为，并可就此展开讨论（Joseph & Strain，2003）。教师可以先基于某项技能设计一个小短剧，比如图8.11就是这样的一个例子，它围绕着怎样与一个潜在的玩伴进行有效接触。它设计了两个场景：第一个场景中的儿童在接近其他孩子时表现得缺乏社交技巧；第二个场景中的儿童则在这方面显得很成熟。只要在语言方面稍做些修改，这个短剧可适用于3—8岁的儿童。教师一周至少应当使用一次这种短剧的形式，有时可针对同一技巧，但变换不同的情境；有时则需将剧情改为针对另一种技巧，比如大家一起协商决定玩哪个游戏。

© Star City Photography

教师可以使用角色玩偶来向儿童示范解决问题的策略。

这类短剧的另一个好处就是它是开放式的，并且其情节来自教师对儿童在课堂上的实际观察（Luckenbill，2011）。在使用这种方法时，教师可通过设计出的故事帮儿童思考教室里真实发生的事情，以及它们潜在的解决办法。每一个短剧都是按照下面这六个步骤规划的：

- 发现问题；
- 谈论涉及的情绪；
- 归纳各种解决办法；
- 讨论其他可能的解决办法；
- 达成一个最终方案；
- 在课堂上把该方案执行一遍。

图8.12是另一个例子，它叙述了加利福尼亚大学儿童及家庭研究中心的教师们如何通过**角色玩偶**来表演一个类似的短剧。

图8.11和图8.12中的这两个短剧把共情和善良等比较抽象的概念演化得更加具体。借助木偶或玩偶，而不是生活中真正遇到问题的孩子，可以让儿童将其视为一个共同的问题进行探讨，也就是说大家都要为它的解决承担责任（Luckenbill & Nuccitelli，2013）。这种形式可以将技能强的儿童与技能弱的儿童聚合在一起，丰富讨论的内容，并且在班级出现分歧时有更多的“帮助者”提出各种可能的解决办法。这种短剧已经被发现对于从学龄前儿童直至小学高年级的学生都是非常有效果的，它对于提高自闭症儿童的语言能力和社交技能以及

情景短剧：教孩子一种交友技巧：怎样表达你参与游戏的意愿

道具

两个人偶玩具（或者人形塑像或者洋娃娃）、几块小的彩色的积木、油彩笔和张贴纸或白板

程序

成人：今天我们要来谈谈朋友这件事。这里是两个木偶，我们将用它们来假扮像你们一样的孩子，他俩的名字是马克斯和格斯。他俩都是 4 岁，和你们一样在上幼儿园。他是谁？（成人举起一个木偶，孩子们说出了他的名字）；他是谁？（成人又举起另一个木偶，孩子们也又说出了他的名字）。现在大家仔细观察当马克斯和格斯想做朋友时发生了些什么情况。

场景 1

一个木偶（格斯）好像在玩积木，另一个木偶（马克斯）面对着他，但中间有一些距离。

成人：这是格斯，他正在独自玩积木，并且玩得很开心。马克斯看到格斯在玩，也非常想加入，来和他一起玩，于是他非常认真地看着格斯玩。格斯继续自己玩，头没有抬起来。马克斯感到很难过，他认为格斯不愿意和他做朋友。

问题讨论

1. 谁正在玩？
2. 谁也想玩？
3. 格斯知道马克斯想玩吗？你是如何知道的？
4. 为了让格斯知道自己也想玩，马克斯还能做些什么？

当孩子们回答这些问题时，可以给他们提供一些信息：“格斯忙着自己玩，他没有抬头向上看。这意味着他根本不知道马克斯站在那里，他也不知道马克斯也想玩。我们再看看马克斯这次又做了些什么。”

场景 2

成人：这是格斯，他正在独自玩积木，并且玩得很开心。马克斯看到格斯在玩，也非常想加入，来和他一起玩，于是他非常认真地看着格斯玩。格斯继续自己玩，头没有抬起来。于是马克斯走了过去，对格斯说：“嗨，我喜欢你搭的积木，我想帮你再搭一些。”

问题讨论

1. 谁正在玩？
2. 谁也想玩？
3. 格斯知道马克斯想玩吗？
4. 马克斯说了什么？
5. 格斯接下来会做什么？
6. 咱们一起想想，马克斯还可以用什么方法让格斯知道他也想玩。

在引导讨论时的一些建议

当孩子们给出不同的建议时，把它们重述一遍，并且写下来，这样可以让所有儿童都看到。接纳儿童提出的所有建议，无论是否可行或正确。如果儿童在思考时遇到了困难，可以给他们提供一些信息：“有时候，当人们想加入别人的活动时，他们可能会说“嗨，我也想玩”，他们也可能问这样一个问题，“你想搭一个什么东西？”这样就可以让别人知道他们想交朋友了。你认为马克斯可以做些什么？一旦孩子们给出了他们的想法，根据他们的每个建议把剧情再演一遍，并且每次都让大家预测格斯会有什么样的反应，然后按照他们的预测继续往下演。在此过程中，你还可以在适当的时机提供更多的信息：“约翰，你说马克斯会帮助格斯搭建积木，咱们就这样试试。”（你可以一边操纵木偶，一边设计一些合适的对话）。“现在告诉我，你认为格斯会怎么做？”

图 8.11　与友谊相关的短剧的例子

问题	教师观察儿童搭积木的区域，发现……	一个控制自己身体动作有困难的儿童遭到了训斥，“你根本不会玩，你总是把我搭好的积木撞倒。我讨厌你，你不是我的朋友。”
期望的结果	教室里的几位教师讨论后为这些儿童设立了目标	儿童需要意识到被排除在外的感受，并且要想出解决的方法；儿童应当接纳别的孩子一起参与游戏，即使他们可能有缺陷，也要多考虑他们的长处。
为短剧做准备	教师写下关于两个玩偶的故事：艾米莉和齐克（这不能是班上孩子的真名），教师的角色由教室里的一位成人扮演	艾米莉正在搭积木，齐克把它们撞倒了。 艾米莉非常生气，因为齐克以前也干过类似的事情。 虽然齐克向艾米莉表达了歉意，但艾米莉仍很不高兴，并且指责齐克总是这样，说她讨厌他。齐克认为艾米莉这样说让他很伤心。艾米莉向教师求助：“我有个问题，他不能做我的朋友。” 教师把发生的事情又叙述了一遍，然后与他们讨论两个人都不高兴的感受。 然后她开始归纳可供选择的解决办法，重点强调的是齐克身上的优点以及两个孩子玩的时机。另一位教师也补充了一些她观察到的现象。围坐在一起的孩子们也被要求提供一些建议。
完成短剧	圆圈教学——孩子们坐成半圆的形状，成人拿着玩偶站在前面	教师介绍这两个玩偶，然后它们开始表演剧情。
为解决问题所进行的讨论	讨论解决问题的各种方法	教师让孩子们都发表意见，并对他们的建议做出评论，但教师使用的是开放式问题，并对孩子们的思考做出解释性评论，从而使讨论得以继续。
结束	根据孩子们的建议，玩偶结束演出	艾米莉听取了大家对齐克的评价后，主动建议可以换一种游戏，不玩搭积木了，而且他们可以继续做朋友。齐克觉得这是一个好主意，并且认为他们已经解决了这个问题。他们开始玩另一个游戏。

图 8.12　一个关于发展解决社交问题的能力的短剧

来源：根据 Luckenbill & Nuccitelli (2013)

对那些在说话和语言方面存在障碍的儿童的效果尤其明显（Frandsen，2011）。总之，短剧可以全方位地帮助儿童解决友谊方面的需求，它通常在圆圈教学时被采用，不过针对小范围人群时也可使用这种方法。成人帮助儿童发展有关友谊的知识和技能的另一种方法是借助角色扮演的方式。

通过角色扮演教儿童交友的技能

儿童天生就会被角色扮演吸引——因为它有趣、好玩，同时又有意义，而且儿童还很喜欢在假装游戏时进行自我创作。当儿童玩假装游戏时，他们首先需要编一个故事，然后建立场景和确定人物和对话，并且设计游戏的开场和结尾（Dombro，Jablon，& Stetson，2011）。在帮助儿童学习交友技能时，这些同样可以用于与之相关的角色扮演中。

通过角色扮演的方式教会儿童解决社交问题的技能对于提升儿童在交友过程中的能力非常有效（Thompson & Goodman，2009）。孩子们在一起轮流扮演不同的社会角色，其他孩子则注意观察他们的行为。在与交友相关的情境中，角色扮演者们有机会练习通过语言沟通解决问题，并表现出适宜的交友行为；而在旁边观察的孩子则可以看到交友行为的实际应用。在角色扮演结束后，演员们可以讨论他们在扮演角色时所感受到的情绪或者他们对别人言行的反应，观众们也可以表达他们的观感。通过这种将社交困扰及其可能的解决办法表现出来的方式，儿童能够学习与交友相关的具体做法，这比仅通过口头讨论更令他们印象深刻。虽然大多数 4～12 岁的儿童都喜欢角色扮演这种方式，但这并不等于说他们知道怎样刻意安排或在他人面前呈现。许多儿童仍需要按照成人的指令进行角色扮演才能从中获益，本章后面介绍技能的部分提供了这方面的指导方法。

同伴间的技能训练

在帮助儿童发展交友技能方面的第四种方法是**同伴间技能训练**，或称**结伴**，简言之，就是让一个交友能力强的孩子与一个能力弱的孩子搭配在一起训练。在这种情况下，成人在儿童一起玩之前、其间或之后可以充当“教练”。只是把儿童聚在一起对于培养他们的交友技能是远远不够的。儿童需要有一个目标，这样才能让他们知道应该怎样做或者怎样改变自己的现状，成人恰好可以起到这样的作用。这种给儿童搭伴的方法对于提高被忽视的儿童的社交技能和地位尤其有作用（Zimbardo，1999；Bagwell & Schmidt，2011）。通常，这些被社会忽视的儿童不知道怎样才能跟上其他同龄玩伴的节奏，出于这个原因，有时候可以安排他们和比他们年幼的孩子在一起玩，从而使他们有机会练习与他人接触的适当方法和建立友谊所需的行为模式（Rubin，2003）。成人可以设计或布置一些需要几个人共同完成的活动或任务，这样就能把儿童配搭在一起，比如让蒂姆（一个社会能力比较强的孩子）与格雷戈里（一个社会能力较弱的孩子）搭档，每天花 10 ～ 15 分钟在一起搭积木；或者让一个三年级的孩子给一个二年级的孩子读书；也可以根据不同搭档的具体情况为他们布置不同的任务。无论是哪种情况，教师干预的目标都是提升儿童的交友技能，而不是要求他们必须成为最好的朋友。

将不太受欢迎的孩子与非常受欢迎的孩子安排在一起玩。

比如，患有自闭症的儿童通常在交友方面发展滞后，但通过这样的社交技能训练，他们会有很大的收获。但是只将有自闭症的孩子与社会能力强的孩子组合在一起还不足以改变其行为，因为如果得不到他人的提示，这些孩子无法意识到社交互动中值得引起重视的地方，他们也不会模仿别人表现出的积极的社交行为。成人可以给予他们这样的提示，那个社会能力强的孩子也可以这样做。发展中的孩子在经过清晰的培训会知道应该怎样与患有自闭症的孩子互动，从而引起他们对游戏细节的关注。比如，一个社会能力强的孩子可以用语言叙述游戏的过程（“现在我们正在搭一个房子，看到了吗？看这里，看到我们的房子了吗？”）。他们也可以一起观察其他同伴的游戏并做出评论（“罗莎在为我们准备晚餐，尝一点，表现出很喜欢的样子”）。精心选择游戏的搭档，让他们能够“待在一起，玩在一起，并且一起交流”，这样就可以提高儿童社交互动和游戏的水平了（Laushey & Heflin，2000；Hughett，Kohler，& Raschke，2011）。孩子间的最佳组合应当是一方面他们的社交技能有差别，但另一方面差距又不是太悬殊，以致能力强的那个孩子会对这样的关系完全失去兴趣。这样的安排还有助于孩子们发现彼此的共性，并且增加他们发展友谊的可能性。看看下面这个带有挑战性的案

具有挑战性的案例

雅各——一个没有朋友的孩子

雅各是你班上的一个学生，他患有阿斯伯格综合征，即一种发展紊乱的病症，会严重影响其与他人有效社交和沟通的能力。其实雅各非常聪明，也具备很好的语言能力，但他很少与别的孩子交流。你试着把他与乔纳森配搭在一起，因为乔纳森是一个非常喜爱社交的孩子，你希望他俩能友好相处。虽然乔纳森似乎也愿意和雅各一起玩，但他们之间的共同点太少了，很难找到可以一起做的事情。

根据在本章学到的内容，你觉得下一步应该怎么做？你会采用哪些方法来帮助雅各交到朋友？

例，思考一下你应当怎样通过同伴间技能训练的方式帮助雅各掌握交友的技能。

密集的一对一辅导

如果儿童表现出非常消极的互动模式；或者因为自己不能交到朋友而不开心，却又不知道该怎么办，就需要密集的**一对一辅导**（Bagwell & Schmidt，2011）。这样的辅导是深入的个别化干预的一种类型，它是短期的、有固定时间的、由一位成人与一个孩子进行的单独交流，他们每次只学习一种交友技能，期望能够改善儿童与同伴相处时的表现（Bierman & Powers，2009）。每次辅导都要有提前计划好的学习内容，地点应当安排在孩子们平时互动的区域外。这种辅导应当包括：成人首先说出要学习的技能并且告诉儿童它的重要性；成人向儿童示范这项技能；儿童练习这项技能；最后成人对儿童的表现做出评价。如果在平时的课堂上出现了可以利用的时机，也可以立即对儿童进行这样的辅导。要点 8.1 就是这样一个例子。

要点 8.1

通过辅导改善儿童与同伴的交流

幼儿园的孩子们正在一起搭积木，马修——其中的一个孩子——经常对别的同伴大喊大叫，而且语言粗俗，导致别的孩子都躲着他或者拒绝和他一起玩。马修的老师注意到了这一点，开始对他进行简短的辅导，帮助他学习使用友善的语言。她还通过在积木区域内的现场辅导加深了马修对这项技能的理解和掌握。

马修：（指着自己搭好的积木，大喊着）杰森！看！

杰森：（既没有抬头看，也没有说话）

马修：（用更大并且带着愤怒的声音）杰森！

教师：（轻声对马修说）如果你希望杰森看你搭的积木，要用温和的声音对他说，像这样，“杰森，看我搭的积木。”

马修：（用比教师还温和的声音说）杰森，看！

杰森：（只抬头看了一眼）嗯。（然后又继续搭自己的积木）

教师：或许你可以告诉他你搭的是什么东西，用温和的语气说，像这样，“我搭的是一条公路，看清楚了吗？”如果你这样说的话，他可能会注意听。

马修：杰森，这是一条公路，看清楚了吗？

杰森：（看着马修）噢，看到了，可是车在哪儿呢？

接着两个孩子开始一起搭积木，这时教师退到一边，让他们自己玩。

上述五种策略的强度有所不同，并且体现在社会支持金字塔的不同层面，参见图 8.13 对其直观的描述。

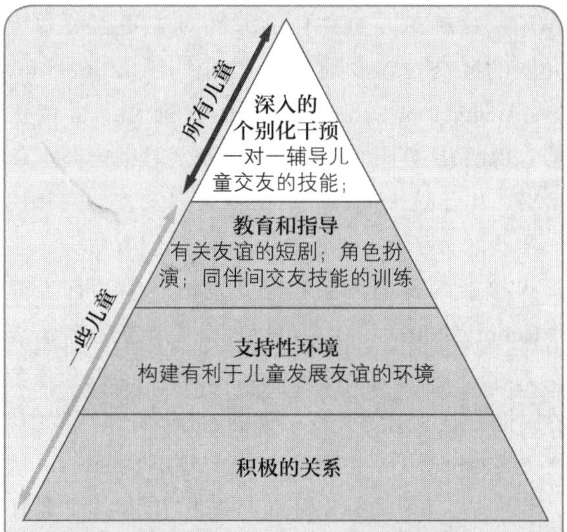

图 8.13　社会支持金字塔：帮助儿童发展同伴关系和友谊

从图 8.13 你会看到，最基本的策略是构建有利于儿童发展友谊的环境。在这样的环境中，成人为儿童提供机会，让他们能够与同伴自由地互动，同时也可以使他们在平时互动的基础上促进友谊的发展。和友谊相关的短剧、角色扮演以及同伴间交友技能的训练为教育和指导儿童交友时需要掌握的基本技能提供了多种方式。对那些需要更多密集干预的儿童来说，一对一的辅导可以帮助他们应对遇到的与友谊有关的最具挑战性的问题。现在你已经对这些策略有所了解，接下来我们需要一步步引导你对儿童实施与每一种策略相关的具体方法。

帮助儿童发展同伴关系和友谊的技能

构建有利于发展友谊的环境

1. **为儿童提供尽可能多的与同伴以非正式方式在一起的机会**。让他们可以交谈、做游戏和彼此陪伴。每天都做好日程安排，让儿童有充分的时间在一起随意互动。在为儿童提供的机会中，既要有事先安排好的内容，比如许多人在一起学习和就餐；也要有一些不那么固定的活动，比如自由活动的时间和户外活动。成人切记尽量不要占据或控制这些时间，在旁边观察和倾听就可以了。让孩子们自由交流，不要刻意引导他们谈论你想让他们谈论的话题。
2. **鼓励所有儿童参与假装游戏**。在室内外为儿童提供假装游戏所需的道具和空间。邀请或引导所有的儿童都参与这类游戏，"山姆和西莉亚在玩杂货店游戏，你也可以去那里买点东西。"如果儿童仍然表现得犹豫不决，就和他一同加入游戏，"我需要买一些鸡蛋，和我一起去，帮我把它们放进我的购物袋。"也可以使用你在第 7 章学到的相关方法让游戏进行下去。但是如果孩子们能够自己继续游戏，你就应该立即撤出来。这个方法适用于所有儿童，但对那些容易被忽视或被拒绝的儿童来说尤其重要。
3. **帮助儿童记住彼此的名字**。经常提及每个孩子的名字，这样孩子们也会熟知它们。对于年纪较小的孩子，可以和他们玩猜名字的游戏，也可以把他们的名字编成儿歌朗读或者唱出来。无论儿童年龄的大小，都可以在班上把写有他们名字的照片或自画像张贴出来。
4. **举办大型或小型的讨论会，帮助儿童发现他们与同伴间的相似之处**。设定一些话题，让孩子们展开讨论，比如，"我最喜欢的东西"，然后让每一个孩子找出另一个与他有共同喜好的孩子，比如，"保罗和我都喜欢……"或者，"我喜欢大都会棒球队，××× 也喜欢。"
5. **当观察到同伴间友好互动的行为时，应当立即指出来**。通过行为反馈的方式或给予儿童明确的信息，充分肯定他们友好的互动，"你帮助杰米把积木挪开了。""米歇尔把饼干递给了你，这是一个很友好的行为。"
6. **每天，当游戏小组或活动团队形成时，帮助儿童尽快参与进去**。注意观察每个儿童参与社交活动的方式。如果你发现有的儿童开始对参与活动犹豫不决，后来被同伴们排除在外时，可以尝试下面这些策略。
   - **提前做出规划**。在游戏小组刚要组成时就让孩子选出他想参加的活动。如果这对他来说仍有难度，就让他和你一起加入小组。这样做的时候，可以为自己在游戏中选择一个角色。比如，如果几个孩子在一起玩假装飞向宇宙空间站的游戏，你可以走向他们说，"卡罗尔和我将扮演太空航行的地面指挥中心的工作人员，你们在太空空间站时，我们会与你们通话。"在卡罗尔渐渐适应了游戏且其他孩子也接纳了她以后，你就可以退出游戏了。如果当你离开时，卡罗尔也跟着你走出来，你也不必感到惊讶。只要你给予她持续不断的帮助，她最终肯定会放松下来，并能够在小组中独立扮演自己的角色。
   - **帮助游戏中的其他孩子为新加入的孩子安排合适的角色**。对于已经在进行中的游戏，比如乔纳森和但特已经开始在积木区域搭建牲畜棚了，可以建议科恩拿一些用塑料制作的动物玩具去找他们，并对他们说，"这里有一些动物想住在这个棚里。"随时做好准备给予参与游戏的每个孩子所需的帮助。
   - **建议犹豫不决的孩子先在他想加入的小组旁边玩同样的游戏**。渐渐地，那个小组就会让他加入他们，并和他成为朋友。另一种方法就是帮这个孩子自己成立一个小组，邀请其他的孩子来和他一起画画、搭积木、做算术或者假装煮饭等。
7. **帮助儿童在每天的互动过程中及时觉察别人主动发出的友好表示**。要警惕儿童在互动时对别人意图的误解。当你发现一个孩子在没有任何原因的情况下断然拒绝了另一个孩子想加入游戏的请求时，要迅速介入查明情况。向他进一步解释另一个孩子的好意，当然也要尊重这个孩子不愿意别人加入的决定。只要对方能把自己的友好意愿表达清楚，孩子们通常是会接受别人的请求的。

比如，4 岁的马特是个非常活跃的孩子，他渴望交一个朋友。他经常和教师谈论谁可能成为他的朋友，可是他的行为总是与他的想法相矛盾。一天他独自霸占了整个搭积木的区域，他用了很长时间搭一列火车。当他在忙着“开往芝加哥”时，考特尼走过来，问可不可以也搭乘这列火车。马特怒视着她说，“不行”。考特尼又请求了一遍，但马特还是拒绝了她。于是她说，“好吧，那我就站在这个拐角处，等有人下车了，我再上车。”马特看上去没听明白。这时，一位成人走过去对他说，“马特，你能开车去芝加哥很开心啊，考特尼想告诉你她也想和你一起玩，她想成为你车上的一名乘客，这样她就可以成为你的朋友了。”马特听了很高兴，也松了一口气，因为他之前没有意识到考特尼对他的游戏感兴趣，他误以为她是想抢走他的积木，并占领他的地盘。成人及时提供的信息让他豁然开朗，结果那个上午这两个孩子都一直在一起玩开火车的游戏。

8. **帮助儿童意识到他们的行为对他们交友和保持友谊造成的影响。**
   - 提供相关信息帮助儿童更好地了解同伴对他行为的理解。比如，史蒂文为了引起戴西的注意故意去推她。结果戴西走开了，史蒂文很生气，因为他认为戴西拒绝了他。成人注意到史蒂文吃惊的表情，就把他拉到一边，对他说，“看起来你很想与戴西交朋友，可是推人是会伤人的。当你推她的时候，她会很生气，当然就不愿意和你玩了。朋友间是不能互相伤害的。下次你可以叫她的名字，然后告诉她你的想法。”成人给史蒂文提供了重要信息，这是他自己意识不到的。这样的信息需要在不同的场合重复几次才会被史蒂文理解和采纳。如果情况仍得不到改善，史蒂文就需要前面提及的一对一辅导了。
   - 告诉儿童他们表现出的积极技能，这样下一次他们还会使用这些技能。比如，当你发现儿童能够分享、轮流、对对方微笑或做出妥协时，应当立即把这些有利于他们发展彼此关系的好行为指出来：“你们两个找到了一起擦黑板的办法，这是一种解决分歧的好方法。”
9. **通过在儿童间重复他们的问题并加以评论的方式帮他们建立联系。**比如，杰瑞米走到其他孩子正在玩积木的区域并对你说，“我能玩吗？”让他把问题转向另一个正在搭积木的孩子，“杰瑞米，你也想搭积木，是吗？那你问问罗素。”必要时你甚至可以告诉他应该怎样问，“你对他说，‘我想帮你搭积木’。”如果罗素没有理会，就继续给其中一个孩子提供信息让沟通向下进行。“杰瑞米，罗素没听清你的话。你走近一些，再说一遍。”或者，“罗素，杰瑞米想告诉你一件事，你先停一下，看着他，听他想说什么。”
10. **帮助儿童保持语言沟通。当儿童之间进行交流时，听着就行了，不要打断他们的对话。**但是当他们间的沟通出现障碍时，可以通过开放式问题或任何类型的反馈方式进行干预。比如，如果儿童之间的谈话已经跑题了，继续不下去了，就应当帮他们使交流重新回到原来的话题，“杰瑞米和罗素，你们刚才在讨论怎样使这个拱门保持平衡。罗素，你告诉杰瑞米你的发现。”有时候，如果儿童彼此之间还不太熟悉，帮他们解释一些意思不明确的话语是很有必要的。比如，玛莉莎问简，“你想喝橙汁吗？”简回答说，“Ju”。玛莉莎可能听不明白，这时先看看她是否有会什么回应，如果她看上去很困惑，那你就需要向她解释简的回答，“她说的是果汁。”另一种可能是，如果玛莉莎问简，“想要一些果汁吗”，而简没有回答，你同样需要充当翻译的角色，“简，你听到玛丽莎的话了吗？看着她，她会再问你一遍。”当孩子们开始正常交流后，退出他们的对话，不要让自己成为他们关注的焦点。
11. **教儿童协商和妥协时应当使用的语言。**在正常自然的环境下使用或提供一些恰当的语言帮助孩子解决同伴间出现的冲突，比如：
    - 表达权利的语言：“是我先拿到它的，你可以下次拿它。”
    - 建议解决方案的语言：“或许我们可以……”“有

时候当出现这种情况时，人们会……”“有这么一个方法”“你有什么想法？”

- 反对不合理要求的语言：“不行，我还没玩呢。”
- 做出妥协的语言：“给我一点，给你一点，这样咱们就都得到了一些。”

当儿童遇到交流障碍时，要马上把这样的语言教给他们，不要等到他们之间的争论全面暴发后才这么做。在第 12 章，你将学到更多有关如何帮助儿童调解更严重的或攻击性更强的冲突。不过那些方法对于已经掌握了一些化解冲突的语言和懂得怎样与他人相处的儿童来说效果更好。

12. **帮助儿童接受友谊受挫令他们感到难过的情绪：**
    - 当儿童因同伴冒犯了他或者为失去了一个朋友而感到难过或悲伤时，倾听他们宣泄自己的情绪，不要做出评判。
    - 使用情感反应和开放式问题的方式和儿童沟通与友谊相关的情绪。
    - 向儿童表达你的安慰：“我很难过你和特西莉亚没能解决你们之间的分歧，失去一位朋友确实很令人伤心。”
    - 要给儿童留出一段时间从失去朋友的难过情绪中恢复，不要催促他赶快忘掉发生的事情或者尽快找一个新朋友。
    - 思考并安排活动，或者为儿童物色新的伙伴，为他们建立新的友谊创造机会。

安排同伴间的技能训练

1. **安排儿童参加各种不同的活动**。给儿童布置需要一起完成的工作，这样可以让他们感受同样的经历。要确立孩子们在活动中会“待在一起，玩在一起，并且彼此交流”的期望。
2. **把一个比较腼腆的儿童和一个年纪较小、缺乏社交经验的儿童搭配在一起**。开始时，先将这样一个孩子与比他小的同性别孩子安排在一起，再逐渐让他和同龄的孩子一起玩，然后可以让异性的孩子也加入进来。这样的安排可以使害羞的孩子先与年纪比他小又认可和欣赏他的孩子在一起，放松地练习社交技能。
3. **当你首次把一些儿童聚拢在一起时，指出他们之间的共性或者找机会让他们自己发现彼此共同的兴趣**。
4. **既要帮助社会能力强的儿童，也要帮助社会能力弱的儿童，学习和使用社交技能**。比如，社交技能弱的儿童可能不知道怎样才能恰当地引起别人的注意；而社会能力强的儿童可能需要学习怎样更仔细地观察别人的行为并对自己看到的做出评价。

设计短剧来示范交友技能

1. **选择一种交友技能教给儿童**。每次示范时只聚焦一种技能（比如展开接触、保持友谊关系或者怎样进行协商），并且要向儿童指明你所示范的技能，这样他们才能知道应该关注什么。“今天我要给你们示范一个故事，故事中的那个孩子想加入别人的游戏。”
2. **为示范选择合适的人物和道具**。木偶、微型娃娃和图片都是不错的选择。记住一定要选用具体、有形的道具，这样有利于儿童识别、操作和讨论。
3. **短剧的内容应当包括下面五个部分：**
    - 示范错误的交友技巧或者没有使用应有的交友技巧（比如，剧中人物没有与他人进行接触，却希望别的孩子注意到他想参与游戏）。
    - 向儿童解释这样的行为为什么没有奏效。
    - 示范正确的交友技巧（比如，剧中人物进行有效接触）。
    - 然后再解释为什么这样的行为能够成功。
    - 与儿童就短剧的内容展开讨论，将它与他们自己的亲身经历联系起来。
    - 鼓励儿童使用道具重演这个短剧或者自己创作剧情。

    短剧的时间不要太长，确保儿童始终保持注意力，有几句交流就够了。
4. **写下你打算用来激发儿童讨论的话题和问题**。重点让儿童识别短剧中哪个人物表现出了交友技能，哪个没有；他们由此得出了怎样的结论；他们会建议那些人物下次使用什么样的技巧。
5. **提前排演短剧**。找齐所需的道具，先提前把短剧演一遍，修改需要改动的地方，记清楚所有的情节，确信自己可以放松地在孩子面前表演。
6. **你的短剧可以呈现在小组中或者与儿童一对一的互动过程中：**
    - 让儿童坐成半圆形，确保每个儿童都能看清你的脸和手，并且在你的前面留出一定的空间。如果你坐在地板上，最好采取跪姿，这样可以让儿童更容易看清你；如果你是坐在椅子上，就用一个矮板凳或者小桌子来展示你的道具。一边向儿童介绍剧情，一边摆弄这些道具。你的脸部和声音都要带有表情。根据剧情为剧中的人物安排一些对话，用不同的声音代表不同的人物。

- 给儿童介绍每个人物，并让他们重复这些人物的名字，以确信他们记住了每个人物。
- 给儿童介绍剧情，可以这样说，“今天我们要来谈谈交朋友的事。这里有两个木偶，我们假装他们和你们一样是真正的孩子。他俩的名字是……和……（选择两人的名字时，不要选择太接近的），他们……岁了，去一所和我们的学校一样的学校上学。仔细观看，看看当他俩想交朋友时发生了什么事情。
- 对儿童讲话时声音要清晰和带有表情，并让他们就剧情展开讨论。认真听他们表达自己的想法，并且不带评论地予以接受。如果发现儿童跑题了，提醒他们回到当下讨论的内容。同时也提醒自己下次再表演类似短剧时，要让主题更明确。如果儿童能认真观看表演并发表自己的看法，要对他们提出表扬。

7. **评估你的短剧的效果**。表演结束后要抽出时间对其效果进行评估。如果儿童对这个短剧表现出了兴趣，并且能够就此话题展开讨论，那么下一次可以在变换一些道具和对话后重复它。但过一段时间后，要考虑为儿童提供新的内容。如果儿童对这个短剧缺乏兴趣，就要分析是环境影响了表演还是你的表演不够吸引人。认真观察儿童的反应或征求他们的意见可以发现问题所在。
8. **鼓励年纪稍大一点的儿童自己根据交友时遇到的问题设计剧情**。有时候，10～12岁的儿童会愿意为同伴或小一点的孩子表演自己设计的短剧，让他们依照上述程序进行尝试，不用在乎他们的年龄。
9. **针对教室里发生的同伴关系问题设计一些开放式结尾的短剧**。注意观察教室里出现的与同伴间关系相关的问题，然后设计一个社交短剧作为回应，确保其中包括了解决问题的所有六个步骤：发现问题、讨论涉及的情绪、提出解决办法、讨论解决办法、就解决办法达成一致和照此执行。

教儿童参与角色扮演

1. **先向儿童解释清楚角色扮演需要做什么**。告诉儿童角色扮演就是一种特别的假装游戏，可以从中学到或实践一些东西，同时向儿童描述他们要在某个场景中扮演的角色。让儿童表现出自己在特定环境中的感受或者他们认为别人会有怎样的情绪。要向儿童讲明在每一次的角色扮演中，一部分儿童参与演出，其他儿童先观看，然后大家一起讨论演出的内容和结果。同时也要向他们展示表演的区域以及可以使用的道具。
2. **设定场景**。确立表演的主题、对话内容或者要提出的问题，你也可以建议儿童呈现一些情绪。让每个孩子扮演一个具体的角色，并且提示他一些与这个角色相关的动作或言语。
3. **帮助参与演出的儿童进入其所扮演的角色**。让儿童自己挑选道具或服装，这样有助于他们更清楚自己要扮演的角色。这对于7岁以下的儿童尤其重要，否则他们对角色的理解会有困难。此外，对于年纪较小的儿童，如果他们要扮演一个抽象的角色或者现场没有合适的道具，可能需要在他们的脖子上挂一幅图片或一个象征物。
4. **认真观看儿童的表演，并对他们的努力报以掌声**。
5. **与儿童讨论在角色扮演中发生的情况**。要让参与的儿童和观看的儿童都发表意见。
6. **让儿童自己发展不同的情节**。允许儿童把他们的想法演出来，然后与他们讨论各种结果。
7. **对讨论的重点进行总结**。归纳儿童想法中的相似之处和不同之处，然后强调一两个对他们来讲最重要的地方。

对部分儿童实施密集的一对一交友辅导

1. **选择一种儿童有待提高的交友技能，从而帮助他们克服交友时遇到的一个困难**。如果你认为一个孩子在交友方面几乎没有对的地方——忽视同伴，拒绝别人，对其他孩子采用推、抓、打扰、侵占或嘲笑的方式——可是又只让你选择其中一种有待提高的技能，你会觉得很难，因为你肯定更想制订一个方案一下子把他所有的毛病都改好。但是一次性解决全部问题的尝试只会造成更加困惑和失败的结果。相比之下，一次解决一个问题的方法可行得多。通过这种方法，儿童和你都能时常体会到成功的喜悦，也就有了继续努力的动力。

2. **开始辅导**。选择一个适当的时机开始辅导，不要在儿童刚刚受挫后立即进行辅导。在儿童平静下来后，把他带到一边，然后向他解释，“罗伯特，现在我要和你单独待一会儿，跟我来，我会告诉你咱们要做什么。”
3. **向儿童介绍要给他传授的技能**。介绍时要使用意思明确具体的词语，不要用太笼统的语言。比如，“当你想和某个人交朋友时，非常重要的一点就是要听他说出他的想法，这意味着你要看着他，在他想告诉你一件事时不要说话。”注意使用很具体的行为叙述，不要这么说，“当你想和某个人交朋友时，你应当表现得很感兴趣。”（这样的表述就不够具体，结果儿童可能仍无法掌握什么是你所期望的行为。）
4. **示范这个技能**。亲自给儿童示范这个技能，或者向他指出别的儿童正在其行为中表现出的这种技能：“现在我示范给你看，你告诉我一种玩这些木偶的方法，我会认真听你说。”或者，“你看杰瑞米——桑德拉在和他说话，他听得非常认真。”
5. **向儿童解释为什么这个技能是重要的**。“当你认真听别人说话时，他们会感觉不错，这样他们就会更加喜欢你。”
6. **与儿童一起操练这个技能**。使用木偶向儿童示范好的和不好的行为表现，“这里有两个木偶，雷和吉娜。雷正在告诉吉娜他的一个想法。注意看和听，然后告诉我吉娜怎样很好地表现出想与雷交朋友。”在你示范几次后，给儿童机会，让他也通过角色扮演的方式与你、另一个孩子或使用木偶来练习这一技能。只有经过反复练习，儿童才能自如地使用它。同时，鼓励儿童就这个技能展开讨论，提出问题，谈他们自己的情绪和反应。
7. **对儿童使用这个技能的状况做出评估**。表扬儿童为此付出的努力，以及通过实践得到改善的表现，并且特别指出他们恰当地使用这个技能的具体行为。鼓励儿童勇于尝试，并以微笑和拥抱的方式给他们充分的肯定。为了让他们更好地使用这个技能，也要给予他们准确的反馈。总之，要聚焦在他们的行为上，“这次你一直与他保持了目光接触，这是很了不起的进步。明天我们会学习一些新的技巧。”
8. **将辅导的程序重复几次**。通过变换道具和假设的场景，将辅导的内容重复几次。当你看到每个孩子在平时与他人的互动过程中已经能够使用这些经过辅导获得的技能时，要表扬他们的努力，并及时给他们提供一些可以做得更好的建议。在儿童的行为得到改进后，可考虑向他们介绍新的技能，也可以考虑逐渐结束这种一对一的辅导。
9. **继续给予儿童反馈，巩固他们持续使用每项技能**。在尚未完全掌握当下辅导的技能前，先不要急着向他们介绍新的技能。

与儿童的家庭进行交流

为了让儿童的家庭成员理解并帮助儿童提升交友技能，可以采取下列策略：

1. **就儿童平常的交友状况与其家庭成员保持交流**。认真听取儿童家长所讲的内容，并反思他们的想法和情绪。向他们仔细解释儿童在每个阶段表现出的不同的交友特征，并给他们提供一些本章提及的方法，帮助他们更好地理解儿童的行为，并以积极和帮助的方式应对儿童的不能被接受的举动。当儿童家长提出具体问题时，与他们一同分析探讨，比如，儿童想交“最好的朋友”或者如何应对他们在交友失败后的沮丧情绪。按照本书的观点为他们提供一些建议，比如，不要急于给孩子建议，而是应当主动倾听孩子的真实想法，甚至可以给家长提供一些你在使用这些方法时用过的语言。
2. **建议儿童的家长多为他们提供提高交友能力的实践机会，强调要让儿童掌握一些交友技能**。与儿童的家人共同探索一些能够提升儿童的交友能力的机会和方法。
3. **帮助家长促进孩子在校外发展友谊**：

a. 在家长为他们的孩子寻找新朋友时，你可以给他们推荐一些你认为比较适合的孩子。要注意考虑儿童的年龄、性别、喜好、兴趣、平时与他人的关系以及目前的交友能力，以确定他是否合适与这个孩子交朋友。

b. 鼓励家长在孩子间安排以游戏为目的的互访，可以与家长一同事先确立一些相关的规则，这样孩子在互访时会感到很有趣，家长也能够接受。

4. **与家长明确在校外举办聚会并发出邀请时的正确做法**。比如，除非所有的孩子都得到邀请，否则一定要通过分别发邮件或打电话的方式邀请孩子参加家庭举办的聚会，以免伤害那些未获邀请的孩子，或者因信息传递有误而造成不必要的混乱。

5. **在班级组织一些活动，使儿童的家庭认识彼此**。如果家长或监护人不太愿意邀请不太熟悉的孩子到家里玩或者让自己的孩子去别人家玩，这是完全可以理解的。在这种情况下，可以组织其他形式的活动，比如让每个家庭带一道菜来学校参加聚会，借此使孩子的家庭有机会认识彼此。鼓励孩子们介绍自己的家庭。这样随意的场合会令成人感到放松，于是他们很可能会为自己的孩子物色到适合进行家庭互访的其他孩子。

6. **要与那些被同伴忽视或拒绝的儿童的家长进行沟通**。单独与这些孩子的家长进行直接但带着同情的交流，仔细倾听他们想表达什么。通过情感反应的方式对他们的痛苦或不确定做出反应。了解儿童在学校以外的交友情况，特别是他们在家中的情况（比如与兄弟姐妹、表亲等的关系）。要意识到有的孩子在校外有许多朋友，因此他们对于在学校交朋友没有强烈的愿望，在与儿童的父母交谈时要留意这一点。记录儿童在交友时不成功的尝试或者被别人拒绝的原因，并针对它们使用本章提供的策略。如果在经过相当长一段时间后（比如，数周或数月），儿童的状况仍无起色，要更严肃地对待这件事，并且采取更强烈的干预措施。也可以帮助家庭利用其所在社区的资源，比如咨询顾问、社会工作者或者心理学家，他们或许能够提供必要的帮助。

注意事项

在帮助儿童交友方面，无论你是单独行动，还是与其他同事一起；也无论你是采取随意的方法还是通过安排好的活动，你都有一些需要注意规避的地方。

1. **对儿童急于进行干预**。当成人看到儿童因交友出现问题而犯难时，他们通常会想马上予以干预，因为谁也不愿意看到儿童陷入痛苦。但是除非儿童的身心遇到了危险，需要马上采取措施，否则一定要先观察一下形势，仔细想清楚怎样的干预是最有效的，不能贸然行事。有时候，你只需稍微走近他们一点就能缓和局势；而在另一些时候，直接使用本章提供的相关方法更为合适。无论你采用哪种方法，请记住一点：儿童只有在尽可能不依赖你的帮助下多多练习交友技能，才越可能在与同伴的实际互动过程中取得成功。他们一有机会就试着自己使用这些技能和解决问题的办法对他们的成长是最有益的。

2. **错失促进儿童间进行友好互动的机会**。成人有时会重点聚焦自己与儿童的互动，而忽视了帮助儿童发展友谊技能的机会。比如，一个正与一个孩子交流的成人会将另一个孩子的出现视为一种干扰，或者他会同时分别与这两个孩子交谈。但事实上，更好的办法应该是通过做出反应、提出开放式问题或者提供信息的方式让两个孩子间展开交流，或者与成人一同交流。

3. **坚持认为所有儿童都可以做朋友**。成人希望孩子们都能彼此喜欢，这是很正常的想法，但事实并非如此，儿童更愿意在某个时间段里只与一些孩子交朋友。坚持人人都可以做朋友的想法不仅不切实际，而且可能会遏制儿童真实情感的发展。在每个小组中，都会出现人与人之间的摩擦。儿童应当学的是怎样与自己最喜欢的人和最不喜欢的人相处，同时为他们示范怎样以可被接受的方式按自己的意愿行事。

4. **要求所有的儿童总是待在一起。**认为友谊是建立在始终相伴之上的想法是错误的。虽然彼此熟悉确实可以培养共同的兴趣，但是在儿童不愿意的情况下强迫他们待在一起只会适得其反。因此要允许儿童有时间玩单人游戏，并且还要向其他感到好奇或者出于善意的儿童正面解释他们这种希望独处的行为。此外，成人应该帮助那些被愿意自己玩的同伴拒绝的孩子，一方面向他们解释清楚那个孩子只是想自己玩而已，并无敌意；另一方面再帮他们物色其他活动或其他玩伴。

5. **拆散儿童已经建立起来的友谊。**如果儿童已经有了一个最好的朋友，他们之间很可能会密不可分。这时，成人常常会担心他们之间过于亲密的关系可能影响他们与别人发展友谊。于是，他们或许会对此采取干预措施，比如限制两个孩子在一起的时间。但这是一个错误的做法。当儿童开始发展"特殊关系"时，他们会首先聚焦自己欣赏的目标，这是非常正常的事情。我们应当记住，当儿童开始对交朋友感兴趣时，他们的主要目标很简单，就是能与更多的同伴一起做游戏。

   但是在这个目标实现后，他们就开始希望自己对彼此间的关系产生影响了。也就是说，他们希望别的孩子能听他们的想法、接受他们的建议并让他们做出决定。不过在儿童看来，这是一个充满挑战的过程，于是他们就先选择了相对安全的一对一的关系，从中检测自己的技能。在两个人的关系中，风险减少了，因为彼此都非常了解，能很准确地预料对方的反应。此外，由于他们已经有了友好相处的基础，所以当不愉快的事情发生时，也能够一起正确面对和解决，不过所有这些都是儿童花费了大量的时间在一起才取得的。如果成人要强行干预这个过程，他们实际上就剥夺了儿童真正理解和建立友谊的机会。因此，成人一定不要干涉儿童经历关系构建过程中的这个重要阶段。

6. **没能觉察儿童在努力交友时出现的错误行为。**儿童在努力与他人交朋友时会有一些不当的行为。比如，儿童可能会用嘲弄对方的方式开始与他的互动；强行把别的孩子赶出某个地方而只与他最喜欢的同伴独自享用这个地方；或者威胁一个朋友不能再和别人交朋友以巩固他们之间的友谊。从表面看，这些都是很明显的不当行为，会产生不良的后果，但是善于观察的成人会意识到这其实是缺乏交友技能或对友谊理解有误造成的。他们会利用这些场合作为帮助儿童习得更具建设性的交友技能的机会，而不是简单地制止这些行为或者因此而惩罚儿童。

7. **忽视孤独的儿童和被他人拒绝的儿童。**我们曾经以为儿童能够自行克服这样的困境，但现在我们知道，这样的儿童需要得到安慰和帮助，使他们能够改变自己的方法和状况。这需要成人的仔细观察，并且应用本章提到的技能在必要时予以干预，可以从社会支持金字塔的最下方所列的那些技能开始自下而上地进行尝试。如果那些策略没有产生效果，成人可以向其他专业人士求助。总之，一定不要让这样的问题任意发展下去。

总 结

同伴关系和友谊是儿童生活中极为重要的事情，它们为儿童的社交、情绪和智力的发展提供了独具特色的机会。同伴关系和友谊都需要儿童实践其社会能力技巧。有些儿童很容易交到朋友，有些则会在交友时遇到困难。没有朋友或者对自己与他人的关系感到不满会严重影响儿童在童年期的发展，而且这种状况甚至可能会持续到成年后。虽然完全没有朋友的儿童很少见，但有证据表明，许多儿童都希望自己能有更多、更好的朋友。

成人或许想知道儿童是否真的明白友谊的含义。虽然儿童对友谊的认知与成人的看法有很大的不同，而且随着日趋成熟，他们对友谊的理解也会发生变化，但是有一点是毫无疑问的，那就是即使是年纪非常小的儿童也对交朋友非常有兴趣。研究人员已经得出结论，在儿童的成长过程中，他们对友谊会经历五个不同阶段的认识。在早期阶段，他们选择朋友时主要出于与自己亲近和方便的考虑，他们看重的是自己的观点、同伴的外表特征和当下正在发生的事情。到了后期，他们逐渐开始顾及别人的想法和关切，同时他们已经能够欣赏对方表现出的幽默和值得信赖的特质，而且他们对这种关系的当下和未来都有思考。

当孩子第一次选择朋友时，他们比较在意对方身上很明显的特征，比如外表、族群、性别、年龄、能力和态度。总体来讲，他们那时会选择与自己非常相似的儿童做朋友，有时相似之处只体现在他们能在一起做游戏方面。

儿童的社交技能也对他们建立和维持友谊有重大影响。交朋友既不可能自然发生，也没有什么神奇之处。那些能够“赢得朋友，影响他人”的儿童懂得怎样与别人接触，如何保持积极的关系，以及在遇到不可避免的冲突时协商解决。虽然有些儿童依靠自己就能掌握这些技能，但大部分儿童还是需要成人的帮助。因此，儿童交友能力的发展是幼儿园和小学课程设置中的一项极其重要的内容。

在改进儿童的交友行为方面，成人能够发挥至关重要的作用。他们可以采用非正式的、日常的方式，也可以借助策划好的活动和专门的辅导来给予儿童帮助。儿童的家庭成员在提升孩子在校内外的交友技能方面也有义不容辞的责任。专业人士在这方面也可以为儿童及其家人提供有益的帮助。

成人在帮助和辅导儿童增强交友能力时要注意避免犯一些错误，其中包括：没有为儿童发展交友技能创造条件；错失促进儿童间进行友好互动的机会；坚持认为所有儿童都可以做朋友；要求儿童总是待在一起；拆散儿童间建立的朋友关系；没能觉察到儿童在努力交友时出现的错误行为等。

关键词

被同伴忽视的儿童（peer-neglected children，p.229）
被同伴拒绝的儿童（peer-rejected children，p.229）
交友技能（friendship skills，p.230）
角色玩偶（Person Doll，p.234）
结伴（peer-pairing，p.237）
拒绝—攻击型儿童（rejected-aggressive children，p.229）
拒绝—退缩型儿童（rejected-withdrawn children，p.229）
朋友（friends，p.220）
同伴（peers，p.219）
同伴间技能训练（buddy skills training，p.237）
一对一辅导（one-on-one coaching，p.238）
友谊（friendships，p.220）
友谊框架（Friendship Framework，p.222）

问题讨论

1. 亚伯拉罕·林肯说过，“友谊是一个人生活中最美好的一部分。”针对这种说法，讨论人需要朋友的原因。
2. 想一个你童年时期的朋友，说出为什么那个朋友对你来说是重要的。
3. 叙述儿童对于友谊的理解会随着时间发生怎样的变化，分辨你所认识的处于每个阶段的儿童，并对你的结论进行解释。
4. 描述两个你认识的孩子——一个似乎有许多朋友；另一个好像没有朋友。讨论是什么因素导致了他们不同的状况。
5. 在小组中，设计一个旨在教儿童怎样与一个潜在的朋友进行接触的短剧。然后根据剧情，提出至少五个问题让儿童进行讨论。

6. 假设你被邀请参加一个家长会，去向家长们介绍有关儿童交友技能的辅导。列出一个提纲，写下这种做法的理论基础以及它的组成部分。
7. 按照美国幼儿教育协会的道德行为准则判断下面的做法是否正确：你和你最好的朋友在同一个幼儿园工作。一天晚上，你的朋友告诉你，有时候当孩子们玩得都很开心时，她会离开他们，出去抽支烟。
8. 从你认识的孩子中找出一个你认为能够通过一对一交友辅导获益的孩子。说出对他进行辅导最有用的方面，并且详细阐述你的具体程序。
9. 假设一位儿童的家长同你谈了他对自己孩子与同伴关系的担心。为了给他提供一个适当的答复，你需要首先了解哪些信息？为了促进儿童在校外的友谊发展，你会给家长提出哪些建议？
10. 从本章注意事项中找出你最可能犯的错误，然后叙述你打算怎样规避它。

案例分析

阅读附录一中赛斯的案例，然后思考下列问题：

1. 叙述赛斯所呈现出的行为会引起他的同伴对他怎样的看法，将我们在本章讨论过的一些因素考虑在内：社交认知、情绪调节、游戏经历和语言能力。
2. 叙述你将怎样通过下列方法帮助他改善与他人的互动能力：塑造、示范、辅导和同伴间的指导。
3. 设计一些合作游戏活动来鼓励赛斯与同伴进行互动。你会选择一些怎样的游戏？需要一些特别的客体来强化赛斯参与进来吗？你会选择怎样的同伴来参加这些游戏？
4. 将这个案例与社会支持金字塔联系起来思考，然后指出要增加赛斯与其他同伴的互动有哪些潜在的机会。你会教赛斯哪些技能来充分利用这些机会？你还想教赛斯的同伴哪些技能以便他们可以更顺畅地与赛斯互动？
5. 在与赛斯交流时，你应当注意哪些地方？你怎样才能避免犯这些错误？

课外作业

1. 设计三个你打算帮助儿童发展交友能力的场景并就此展开讨论。先描述在你设计的场景中，孩子们在做什么。然后介绍你做了些什么，特别指出你使用了本章中的哪些技巧，以及孩子们对你采取的方法有什么反应。最后评价一下你的方法所产生的效果，以及今后遇到类似情况时你会做出哪些改进。
2. 选择一种交友技能，然后设计一个活动，通过它教儿童这个技能。详细记录你的方案，包括你预料儿童可能会做出怎样的反应。在一小组儿童中完成这个活动。写下你对整个过程的评价，特别说明一些未预料到的结果。如果今后你有机会重复这个活动，你会做出哪些改进。
3. 挑选三个孩子，分别介绍他们与同伴互动的情况。借用图 8.9，指出每个孩子在其中所处的阶段，并且使用本章中的内容给出你的理由。最后针对每个孩子的状况，在改进其与同伴的关系方面分别提出一个建议。

检查你的做法

下面是一个对照检查表，作为一个刚入门的专业人士，你可以用它来检查自己是怎样实践这些技能的。你还可以在附录二中获得更多的观察教室行为的检测标准。

教师应当采用下列方法帮助儿童发展友谊：

√ 促进儿童之间的互动。

√ 在不干预的情况下让儿童与同伴之间自由互动。

√ 帮助儿童觉察自己及他人在互动时的情绪。

√ 帮助那些处在观望中的儿童参与游戏。

√ 帮助儿童主动与别人接触，在必要时可以告诉他们应当使用的语言。

√ 帮助儿童察觉对方发出的交友信号。

√ 帮助儿童解决问题或者协商化解冲突。

√ 帮助那些遭到别人拒绝或者交友失败的儿童：倾听他们的经历，对他们做出反应，和他们展开讨论，并且帮助他们找到其他可能接纳他们的同伴。

第9章　布置促进儿童社会性发展的物质环境

本章目标

在学习完本章后，你应该了解：

布置意味着什么以及它如何提升儿童的社会能力、独立意识、自我引导和自我控制。

对时间、空间和室内陈设做出规划有利于儿童的社会性发展。

布置物质环境能够培养儿童的社会能力，同时防止或消除他们身上不能被接纳的行为。

构建物质环境时的注意事项。

NAEYC标准

1. 促进儿童的发展，并提高其学习能力。
2. 与儿童的家庭和社区构建关系。
3. 观察、记录和评估对儿童及其家庭的帮助。
4. 运用适应发展的教学法与儿童及其家人进行沟通。
5. 使用相关的知识来设计有意义的课程内容。

2岁零7个月大的格雷斯在外面玩了一会儿后进到教室。她觉得很饿，因此对于马上就能吃点心充满期待。她走到水池边，看了看水池上方贴的用图片演示的洗手步骤。她打开水龙头，挤出一点洗手液，开始洗手，嘴里还哼着儿歌。然后她关掉笼头，又看了一遍贴的图片，从架子上取下一张纸巾擦手。当她又想拿第二张纸巾时，她想起了老师曾经告诉过他们用一个就够了，而且她看到图片上在使用纸巾的下方也写着数字1，于是她用刚刚那张纸巾上干的地方来擦自己手上还湿的地方。

3岁半的杰瑞安静地坐在地毯上聚精会神地搭积木，这时一个小朋友从他旁边经过，他手里举着一个牌子，上面写着“用5分钟清理干净”，同时他还按响了一个小手铃。杰瑞看了看自己搭建的作品后小心翼翼地把它拆了，然后把自己的积木分别放回标着不同形状的架子上。

5岁的米茜迅速走进自己的小房间，取下她的连身滑雪服。她把它铺在地板上，然后自己坐在中间。她飞速地穿好衣服，准备往外走，嘴里喊着，“我穿好了，我都拉上拉链了！”

7岁的爱德华扫了一眼他的周计划表，确定自己已经完成了上面所有标有星号的事情。他很高兴，因为今天才周四，可他已经做完了所有需要完成的事情，现在他可以做自己想做的事了。他用了几分钟观察了一下别的孩子在干什么，然后走到科学区，他的一个朋友正在那里观察一只豚鼠，并在自己的日记上记笔记。爱德华用笔在那里的图表上做了参与记录，然后对他的朋友说，“这不是一只豚鼠！”

上面这几个孩子都在一个旨在培养他们的自主性和成就感的环境中独立活动。水池上方张贴的告知孩子洗手步骤的图片提醒格雷斯不要浪费纸巾；架子上面有着清晰标志的积木存放区，让杰瑞可以准确地把自己的物品归位；方便拿取的外衣存放区和清楚的穿衣说明使米茜可以快速穿好衣服走到户外；为每个人制订的周计划帮助爱德华在参加其他活动前先确保自己已经完成了“必须完成”的任务。在每种情形下，儿童所处的环境都对其社会能力产生了积极影响。但这些都不是碰巧发生的，所有环境都经过了刻意的布置，才具备了可供儿童在最大范围内独立活动的视觉及其他条件。对儿童社会性发展在这方面所给予的帮助被称为布置。

布置就是为促进儿童社会能力的发展而对与其相关的时间、空间和物品进行管理。其实，儿童在发展和技能的其他方面也会受到环境因素的影响，但我们在本章将重点关注它与儿童社会性发展的关系。

研究儿童早期发展的专业人士认为，布置物质环境对儿童有三个最根本的益处：第一，成人在预料到儿童可能的行为后，提前为他们准备好相应的环境，这样有利于他们表现出更多受欢迎的行为，同时尽量减少不当的行为。这是最常见的布置类型，它要求成人事先考虑好要对儿童强调的社会目标，以及怎样对时间、空间和物品做出最佳安排以帮助儿童实现这些目标。第二，成人在现场为解决突发事件而迅速对环境做出布置，它能够尽可能减少儿童之间、儿童与成人之间的争执和冲突。快速对环境做出调整能够有效改变情境，从而帮助儿童摆脱困境，改善社会活动的结果。第三，成人对环境的合理布置能够促进儿童间的交流和互动，并且有助于他们在完成任务时表现出更得体的行为。表9.1列举了布置环境能够对社会能力的七个方面起到改善作用。

对空间和物品的布置

对空间和物品的布置是成人通过布置环境来促进儿童积极的社会行为的一种方法。建筑物、家具、各类物品以及大自然中的各种元素都是具体、有形的资源，可以用来促进儿童的社会能力。儿童学习和游戏的物质环境对于他们行为的得体与否有着很大的影响，许多教室里出现的“纪律问题”都可以直接追溯到教室内家具和材料的选择与安排（Weinstein & Mignano，2010）。而另一方面，在设计和布置得当的空间里，儿童的自我控制能力会得到发展；友谊也会在温馨、舒适的房间里通过儿童

表9.1　社会能力目标、布置的类型、教学目标和成人的布置之间的关系

社会能力要素	布置的类型	教学目标	事例
社会价值	提前布置	把他们使用过的物品放归原处	提供容易接近并且安排有序的储存区域
积极的自我认知	提前布置	为小组活动出一份力并得到他人的认可	将艺术品、项目用品或其他所需物品陈列出来
交往技能	现场布置	儿童间配合共同实现一个目标	为想加入小组活动的儿童及时提供所需的物品
自我调节	现场布置	全程参与小组的活动	在小组活动时把架子上的玩具罩起来或者让架子背对他们
制订计划和做出决定	提前布置或现场布置	在物品或活动中做出选择	为儿童提供（或增添）可供选择的合适物品
文化能力	提前布置	认识到人们有不同的文化背景	在儿童的活动中心增添一些照片或其他物品，借助它们反映不同的背景和能力
情商	提前布置或现场布置	使用各种表达感受的词来形容他们对新物品的反应	每次新增一些物品或工具；在列有形容各种情绪的词的旁边张贴相应的表情

间非正式的互动得到培育。总之，专业人员希望儿童学和玩的空间能让他们产生一种归属感，并且愿意在这里与其他的儿童互动。空间的布置最好是灵活的，其所容纳的物品也是开放式的，这样就可以实现多重目标。此外，天然物品的合理利用也能带给儿童神秘和好奇的感觉（Curtis & Carter，2003）。

布置环境时要有利于儿童之间的交流和互动。

建筑物和操场

建筑师、园林设计师、室内设计师和项目管理人员都有责任为儿童创造一个安全的环境。美国大多数州的立法机构或教育部门在此方面都有明确的要求和标准。比如，密歇根州就在 1997 年通过了公众第 16 项法案，对儿童操场设备的安全做出了严格规定。佛罗里达州的教育部专门成立了学校安全办公室，确保和帮助所有学生都能在安全的学习环境中学习和成长。在这方面需要考虑的因素包括安全、方便、耐用、维护、美观、易用以及能够适应一些特殊的需要。操场通常需要护栏来保证安全。虽然这些设施的固定特性（比如，门、房屋的高度、房间的尺寸等）会对儿童的社会行为产生影响，但从业人员自己很难对它们进行改造或做出调整。不过，另一方面，专业人员可以对那些不是永久固定的物品进行一些调整，比如家具的摆放、灯光或者房间里颜色的数量。

保证健康和安全

儿童与成人同样有责任维护周边的物质环境以促进健康和安全的发展，他们通过目睹成人对环境健康和安全的维护可以学到清洁、秩序、安全和为他人着想这些社会价值观。比如，由于事先已经学过饭后应该做什么，因此劳拉会在饭后主动把餐桌清理干净，这样等杰森吃饭时，就能有一个清洁的环境。再比如，由于观察到老师在其他场合是这样做的，因此大卫和迈克赫尔也学着把橙色的圆锥筒作为界限放在操场中间，以避免他们在玩追赶游戏时越界。安全和健康对儿童来说是第一位的，他们需要渐渐学会与此相关的技能。而一旦环境处在健康和安全的条件下，成人就可以轻松地让孩子们在其中自由地互动。不过一定要平衡安全保障与儿童渴望尝试合理挑战之间的关系（Kostelnik & Grady，2009）。

调整室内空间以利于儿童的社会性发展

只要对儿童的学习有利，对环境的大小和形状是没有要求的。有些教室一开始就是为儿童设计的，但也有许多空间（特别是那些为幼儿提供的地方）最初有别的用途。不过值得庆幸的是，这些空间通过修改也可以适应孩子们的需要（Knapp & Hall，2010）。大部分的调整都已包含在对场所进行的改造过程中了，但是有时候，现场还需要做一些进一步的完善。

墙

颜色对人的情绪和空间的气氛有很大的影响。像橙色或红色这样的暖色调对人更有刺激作用；蓝色或绿色这样的冷色调更能起到镇静的效果；而白色、黑色和棕色则可能令人感到压抑或失去吸引力（Knapp & Hall，2010）。成人可以在墙上挂布告板或贴宣传栏，并在上面展示孩子们的作品，也可以把家具靠墙摆放，或者悬挂一些合适的经典艺术及其他印刷品。最具吸引力的教室应当是孩子们“自己的”教室，即教室里陈列的都是孩子们的作品，而非其他商品（Sansing，2012）。这种人性化的设计表明这里是属于他们的，能让孩子们感到非常放松和舒心，也会很愿意在这样的环境中与他人展开互动（Trenholm & Jensen，2011）。也可以在室内搭建一个阁楼或者带梯子的加高的平台，这样不仅可以增添儿童的兴趣，也增加了一些个人活动空间。

灯光

灯光距离儿童近一些并且在整个房间呈放射状最有利于儿童的社交互动（Bogle & Wick，2005）。而在学习的时候打开台灯，关闭头顶的照明灯会有更好的效果，因为阅读之类的近距离工作需要的光线更强。光线太刺眼或者太昏暗都会干扰儿童的行为（Tanner，2009）。天气热的时候关掉灯能够减少热量，同时调整百叶窗可让更多的自然光线进到室内以增加舒适度。有证据表明，如果房间里温度过高，会影响人际互动，而且加大攻击行为发生的概率，尤其是在拥挤的空间里（Burgoon，Guerrero，& Floyd，2010）。

声音调控

在地面铺设地毯可以减少噪声，从而舒缓压力，并且有利于交谈。小块地毯可以随时撤掉，便于搞卫生或举办大型活动。噪声在一定范围内是可以接受的，因为儿童毕竟需要说话和走动。但是如果在喧嚣的环境里学习，会分散儿童的注意力，并令他们感到不悦和疲倦（Evans，2006）。确定一个环境中的噪声是否处在可接受的范围的方法就是在儿童和成人正常活动时仔细倾听。如果无法听清他们的对话，就说明噪声太大，需要采取额外的吸音措施，并且添一些柔软的材料。

地毯便于孩子们坐在上面玩，而且由于它比较柔软，因此即使孩子在上面摔倒也不要紧。在积木区域，表面比较紧实的地毯不仅能够减少噪声，同时也可以确保积木搭建时所需的稳定性。一位有创意的教师在水泥墙上挂了三块运动时用的垫子，这样不仅解决了不用它们时的存放问题，而且减少了房间的回音，同时又给墙面增添了色彩和质感。大多数学校和幼儿园的行政管理人员允许员工把其他的垫子或毯子置于这样的环境中。表9.2里就提供了一些调整室内环境的例子。

地面铺地毯很适于孩子们坐在上面玩。

表9.2 调整设施的布局促进儿童的社会性发展

观察到的状况	做出调整	对儿童的影响
房间里太热、太挤	打开窗户，关掉暖气	减少压力和潜在的攻击性；促进更令人感到放松和更加积极的社交互动

续表

观察到的状况	做出调整	对儿童的影响
积木区域一次只能容纳两个儿童玩	增加积木区域的面积	增加儿童间互动的机会
通往操场的门闩被损坏	在门上拴一根绳子或弹力绳，保证它在上课时是关着的；将此事报告给有关部门尽快修理	防止儿童离开监管的区域；使成人与儿童更轻松地互动，而无须站在门口把守
儿童不愿去显得很造作的玩具区玩	使用双面胶把隔板用樱桃色或橙色的建筑用纸包起来作为临时性改变	儿童会被明亮的颜色吸引，这样就可能去那里玩
儿童在玩敲钉子游戏时，锤子落在桌面上的声音太大	在玩具下方放一张折叠的报纸	儿童可以继续他们喜欢的游戏，但又不会影响别人
儿童的靴子放在储物柜里的书上面或者散落在储物柜的外面	在走廊处添置长的间隔匣，专门用来放孩子们的靴子	教室会更具吸引力；书籍也能得到更好的保护；成人也不需再对儿童发出警告

这位老师通过给孩子提供清晰指令的方式帮助他提升自理能力。

调整外部空间以利于儿童的社会性发展

- 爬到顶端
- 跑和追逐朋友
- 一起用塑料管搭建一个很大的造型
- 在沙箱里挖“河”筑坝
- 两个小伙伴一起在树荫下读书

上面是一些儿童最喜欢在户外做的事情，有助于提升他们日渐形成的社会能力。由于一定的户外活动时间是儿童社会性发展的基本条件，因此幼儿园或学校里必须为年幼儿童提供带护栏的户外活动场所，而且每个儿童应该拥有不少于 7 平方米的面积，同时还要为 0 ～ 8 岁的儿童准备各类适合的设施和材料。儿童应当定期到户外参加各种活动（NAEYC，2009）。

从婴儿期到青少年期的儿童都应该参加户外活动。在户外，儿童有各种进行运动和社交互动的机会，也可以更好地锻炼自己的独立能力。自然环境非常有利于人们减缓疲劳，增进感情和调节情绪，对那些有多动症的儿童来说尤其如此（Evans，2006）。人类多与自然接触对他们的身心健康很有益处。一个孩子对自己在运动时的能力的判断通常都是在户外获得的，而且这也成为其自我效能和身体形象的一部分。在安全的环境里自由活动能够让各个年龄段的儿童都在探索自然和掌握运动技能时发现自己的能力所在。与其他区域一样，户外活动的空间也应当有利于儿童的社会性发展，符合儿童人数的规模，并且能够促进儿童的成功体验和自理能力。

在户外活动时，儿童还有机会与同伴互相帮助和鼓励（Hearron & Hildebrand，2012）。当他们在户外活动时，他们的活动内容会发生变化。比如，男孩子在室内时不太愿意玩假装游戏，可当他们转移到户外时，他们就开始愿意玩这种游戏了。在室外的空间里，领导者的角色和游戏小组的成员也会有所改变。

为了让所有儿童都能全身心地投入户外活动，成人需要设计大大小小的各种运动游戏、构建游戏、假装游戏以及其他活动内容（Hohmann，Weikart，& Epstein，2008）。室内的活动可以移至户外，同样，来自自然界的材料也可以拿到室内（Oliver & Klugman，2005）。户外活动与室内活动一样，都需要成人积极的规划和监督，否则，年幼的儿童就可能不敢出去玩，在户外的行为也变得更具攻击性，觉得没意思或者在户外时始终抓着成人不松手（Bilton，2010）。由于户外具有更大的空间和更灵活的移动性，因此儿童在户外时更需要成人的帮助，以成功应对遇到的挑战。

植物是户外环境的一大重要特征。当儿童跑来跑去或不小心摔倒时，草地能舒缓他们受到的冲击或伤害，因此非常适合玩集体游戏或追逐游戏。操场周边的树篱能够减少路上交通带来的噪声和尘土，同时也能保护儿童玩耍时的隐秘性。孩子们还可以互相配合，在户外建一个花园，使环境变得更优美，不过这必须在成人的指导下进行，以确保花园里栽种的植物都是无毒的，而像常春藤这样有毒的植物一定不能种在花园里。树荫下是儿童小组活动的最佳场所，有些儿童还会学着种一些种子并从中获得一些经验。精心布置的灌木丛可以为小组里的儿童提供一个封闭的活动空间，而院子里的篱笆处是种豌豆、西葫芦或凌霄花的好地方。由于各地的气候和土壤类型很不一样，适合在户外种植的植物也千差万别，因此，这方面最好先咨询一下当地的专业人士。

许多学校、公园和儿童活动中心都有一个固定的攀爬设施，儿童可以借助玩它们的时候学会按次序轮流玩，在那个设施上小心安全地上下，并且在必要时互相帮助。梯子、箱子和木板之类的可移动的户外设施有助于儿童在玩的时候互相配合，并且能够让他们体会自己对环境做出的改变（Felstiner，2004）。

在户外活动时可以根据当日的计划适时增减所需的玩具和设施来推动儿童社会能力的发展。冬天的时候可以用雪橇代替三轮车；天气好的时候，室内的玩具都可以拿到室外玩。

总体来讲，帮助儿童在户外进行社交互动的策略与室内的策略是一样的。可能在非言语沟通方面需要略微做点调整，因为在户外的时候，儿童会跑得很快和很远，而且他们有时会由于距离太远而听不到你发出的指令。

无论是室内还是户外，如果布置和安排得当，可以减少成人出于安全考虑而给儿童制定的各种规则。在一个布置得非常好的地方，成人与儿童之间的互动是积极而有益的，其重心就是提高儿童的社会能力。

布置家具和设施

一个有利的环境可以让身处其中的儿童以适当的方式掌控一切，并且能够使他们随意地接触物品和与人互动（Marion，2011）。因为安全永远是第一位的，所以成人应当妥善规划环境，尽最大的可能减少儿童会遇到的风险。

所谓有利的环境既包括儿童的**学习中心**，也包括个体、小组或大组活动的场所（Stuber，2007）。如果布置得当，儿童就会很清楚活动范围的界限、正确使用物品的方法以及规范的行为举止，这样就能够避免冲突，而学习或游戏的质量会有所提升。此外，一定要考虑残障儿童的需要，尽量让他们也能够独立行动（Sutterby & Frost，2006）。

有些活动区域，如果能控制人数，效果会更好。

活动区域的数量和类型是根据儿童的年龄和小组的规模决定的。如果**活动空间**指的是儿童使用一种物品的特定区域，那么用于搭积木的活动空间应该有 4 个或 6 个，因为要确保所有儿童在同一时间都能玩。为了避免让儿童等候，建议比儿童实际人数多准备出大约 1/3 的活动空间 (Marion，2011)。如果有 20 个儿童，就需要按 27 个人来准备活动空间。根据儿童年龄来确定小组的规模对取得期望的效果是非常有必要的。总体来说，对于学龄前的儿童来说，2 ～ 4 人一组比较合适；而对于上学后的儿童，最好在人数更多的组里安排活动。对于每个人都需要使用的物品，比如拼图和水彩颜料，应当为每个人都准备一份。除非物品本身的供应很充足，比如积木，否则不要指望孩子们能分享使用。大多数的建构材料一套只适合一个或最多两个孩子玩，因此如果有更多的孩子要玩，一定要多准备几套。活动空间的布置可以参考下面的搭配比例：

操作桌：2 ～ 4 个；
假装游戏的区域：4 个；
积木：4 ～ 6 套；
拼图：6 套；
棋盘游戏：2 ～ 4 套；
配有 6 个耳机的听力设备：6 套；
写作区域：1 ～ 4 个；
阅读区域：2 ～ 4 个；
绘画架：1 ～ 2 个。

对于户外活动区域也需要做出类似的规划，对每个区域的数量、围篱或游戏区域都应当进行仔细的估算，因为它们的差别很大。简单的设备只适合一两个孩子玩；而如果许多孩子参与，则需要准备较为复杂的设备组合。

私人空间

私人空间是为一个儿童或者最多两个儿童设计的，孩子可以利用它在一段时间内远离与他人的社交互动。在一个二年级的教室里，教师把一个旧浴缸涂成红色并在里面放了许多垫子。一个孩子坐在里面，通常是自己看书或者观察别人，不受任何人的打扰。这种类型的私人空间绝不是用来惩罚孩子或让孩子休息的，而是为了让孩子在这里得到放松和安慰，并在公众环境中能够暂时独处。私人空间可以起到减轻压力的作用，并最终帮助儿童获得更高水平的自控能力。在这样的地方，儿童可以暂时避开喧嚣，享受安全和慰藉（Frost et al.，2008）。

小组空间

小组空间是为不超过 8 个儿童安排的。在大多数为年幼儿童设计的活动中，一般都是 4 ～ 6 个孩子在一起玩（比如，过家家、搭积木和玩水）或学习（比如，收集昆虫、猜数字和称重量）。小组活动的区域里应当有坐的地方和工作台。小学教师常常在小组区域指导儿童阅读，这时儿童会坐成一个圆圈，或者围坐在桌子四周。年纪稍大些的儿童在大多数时候会把四张桌子聚在一起。有些区域，比如艺术区，是经过专门设计的，因此它所需要的物品会放在附近的架子上。还有一些小组可能经常用到水或电，所以应当根据需要把它们安排在方便的地方。有的区域的用途并没有明确规定，各种物品也很容易拿进取出，布置时就可以比较灵活。在小组空间中充满了各种社会交往的机会。

大组空间

大多数教育机构都准备了**大组空间**，可以同时容纳所有儿童。通常，在这样的空间里应该配有公告栏、大的书架和视听设备。这种类型的室内空间一般主要用于语言艺术活动、创作舞蹈、小组讨论、游戏和音乐活动等。参与大组活动有助于儿童意识到自己是一个大的社会网络中的一部分。

密度

每个空间里的儿童数量就是该环境的密度。当房间里既有儿童又有家具时，整个房间会显得很挤，这会对年幼儿童的行为产生负面影响，迫使

教室如果太拥挤，会对儿童的行为产生负面影响。

他们拼命保护自己的地盘或干脆远离集体。反之，如果儿童很容易就能拿到自己需要的物品，就会避免不良的行为。教室太挤还会导致儿童间互动的减少、更多攻击性事件的发生和社会合作的缺失（Evans，2006）。在只能容纳一个孩子的私人空间挤进两三个孩子会造成拥挤；在小组空间里，如果孩子的数量过多或者家具占据的面积太大也会如此；而在大组空间，如果孩子们时常互相碰撞，也说明人流太密集了。调整活动区域的空间能够使拥挤的程度缓解，比如把隔板向后移30厘米或者去掉一些家具，都可以起到有效减少小组空间密度的作用。这样一来，儿童会感到更舒适，也会增加他们互动的机会（Maxwell，2003；Knapp & Hall，2010）。

边界和活动区域

清晰、有形的**边界**可以阻止儿童四处乱跑，让他们知道应该在哪些地方活动，不要乱闯或干扰别人，同时也指明了儿童在房间里走动的正确路径。通常，家具和较低的隔板可以用来划分空间的界限。大多数8岁以下的儿童会忘记或忽视不够清楚的界限，比如在地板上用线条标出边界，或者来自成人的口头要求（比方说，当一个地方正在举行大型活动时，告诉孩子不要在那里玩汽车，更恰当的做法应当是直接把架子上的汽车玩具盖起来）。每个学习区域可以用更明显的物品来呈现其功能，比如把书和垫子放在一个区域，而将儿童用的桌子和椅子以及棋盘游戏放在另一区域。

在同一个房间里布置不同的区域时，还要考虑在这些区域的活动不会发生冲突或者影响别人。安静的活动应当与激烈的活动分开，比如，最好把书桌放在工作区或者单独的学习区域，而不要让它靠近积木区或者游戏区，以免那些地方的儿童在无意中闯入，干扰他们的学习。此外，可以把两个学习中心并排布置，这样在这两个区域的儿童可以互相影响和交流（Hohmann et al.，2008）。活动区的数量、类型和内容都应由专业人员做出安排，并且可以为了实现既定的目标或计划而增加、撤换或重新布置。

户外的活动区域与室内的一样有用。可以在地面上用颜料涂出不同的颜色或者画出区域的界限。在球场和三轮车通道上应当铺上沥青；游戏和跑步的地方则可以铺上草；而在攀爬玩具的下方需要覆盖沙子或其他有弹性的材料。地面上的弹性材料能够确保安全，避免成人发出过多的警告或限制。搭建起来的边界，比如篱笆或者过道，对儿童来说是很清晰的，能够起到规范他们行为的作用，也为他们的活动增添了安全感。在界限分明的区域内，成人可以借助可移动的材料和设备促进儿童间的互动，比如在挖掘区提供水、铲子和桶。有时可以根据需要临时添加一些边界设施以取代对儿童的训斥和提醒，比如，下雨时可以把操场上积水的区域用橘色的圆锥筒围起来。

通道

在布置活动区域时，还必须做到既让孩子们在不同区域随意出入，又不干扰别人正在进行的活动。这样的通道一定要足够宽敞，可以让孩子迎面走过时身体不会碰到一块。户外的通道应该更宽一些，以避免孩子们奔跑时撞到一起。如果有孩子需要拄拐杖或者坐轮椅，通道就需要再拓宽一些。在有的房间里，供大组活动的区域也可以作为通往其他活动区域的通道。

有时候，通道就像一个没有墙的走廊，大组在中心通道的一侧活动，小组和私人空间则安排在另一侧。这样的安排既可以让蹒跚学步的孩子四处跑动，对年纪大一点的孩子的活动也有很好的效果。

存放

方便的存放空间既有利于对物品的保管，也能让儿童学会整理环境。对存放的物品要进行分类，按照使用频率码放在适当的地方，并且应当使那些最经常用它们的孩子容易看到、拿到和替换（Berns，2012）。同类的物品应当存放在一起，而最常用的东西则应放在通道或活动区域中最方便拿到的地方。户外的设备和物品应当存放在便于在其游戏场所使用的地方。

出于安全考虑，应当将成人不希望儿童擅自使用的物品存放在儿童拿不到的地方，清洁剂、药品、工具和可能对儿童造成危害的物品和设备要锁进柜子里，确保儿童无法拿到。锋利的剪刀、电炒锅以及其他对儿童有危险的物品则要存放到儿童够不到的地方。这些物品有时也可集中存放在儿童不会去的几个房间里。

可控因素

物质环境的布置需要考虑儿童使用的一系列设施、家具和物品的各方面因素，包括软的和硬的、开的和关的、简单的和复杂的、侵入的和隔离的、移动性强的和移动性弱的（Prescott，2008）。在对环境进行布置时，会因项目内容和目标以及成人的理念的不同而综合考虑这些因素（比如，教室、医院、游戏室和娱乐中心）。这些因素影响整个物质环境的舒适度和交流的氛围。表 9.3 简要列举了这方面操作的一些实例。

物质环境的品质对于身处其中的人与人之间的互动有着重大且持续的影响。从**软—硬维度**看，硬通常意味着有效和规范，软则与放松和舒适联系在一起。年纪小一点的儿童在柔软的环境中会更自在，然后逐渐学会怎样在更正式的硬的环境里行动处事。说到**开放—封闭维度**，如果一个物品是封闭的，它的使用方法只有一种；但如果它是开放的，它的使用方法及其结果都是不受限的。开放式场景能够激发儿童的好奇心、探索精神以及与他人交往的愿望，而完全封闭的场景则绝对阻止了儿童在这些方面的发展。**简单—复杂维度**指的是儿童所使用物品的单一性或多样性。儿童一般都倾向于一起配合玩较为复杂和有多种变化的物品，而不是那些只能供一个人玩的单一物品。复杂性要求儿童向深度挖掘，多样性则鼓励儿童向更广的领域拓展。学校在布置环境时应当将这两个因素都考虑进去，这样，儿童一方面可以长时间参与一些复杂的活动，另一方面也能适时变换一下活动内容，调整一下节奏。

侵入—隔离维度涉及两种渗透性：一种是某个项目与它之外的人和物之间的渗透；另一种则是项目内的人与物之间的边界。许多教室里没有任何隔离的地方，这会让一些年纪较小的儿童感到很疲劳。如果儿童被长时间的互动搞得疲惫不堪，他们很可能会胡闹、哭喊，以求逃离一会儿。前面提到的私人空间可以带给儿童一定程度的隔离，小组空间也带有部分的隔离性，能够缓和儿童的紧张情绪。**移动性强弱维度**是指儿童所选择的活动内容的动作幅度。久坐的活动会迫使儿童不得不扭动身体来舒张肌肉，而且无论活动多么有趣和重要，时间太长都会让他们感到厌倦和躁动。于是他们常常会表现出不当的行为，惹怒同伴和成人，并且故意挑衅规矩的底线。因此为了避免出现这种现象，每天的**日程安排**应尽量平衡激烈运动、适度活动和静止不动的比例。在考虑儿童对不同运动的需求时，对器械的选择和空间的利用常常也要做出相应的调整。

表9.3　物质环境中的可控因素

因素及定义	一个极端	中间	另一个极端
柔软性：人在触摸物品材质时的反应	**柔软**的物品：枕头、布面椅	**可改变形状**的物品：沙子、水、泥巴、草或草坪	**坚硬**的物品：水泥、三轮车、墙
开放性：物品或活动本身可供使用的程度	**开放式**的物品：积木、玩具炉、球、橡皮泥	**半开放或半封闭**的物品或活动：带门的壁柜、纸牌游戏	**封闭式**的游戏：拼图游戏、棋类游戏、按轨迹搜索游戏
复杂性：物品的组成部分的数量和多样性	**简单**的物品：梯子、洋娃娃的衣服、只需上发条的玩具汽车	**较复杂**的游戏：跳绳、需要组装的玩具汽车、积木、建筑模型	**复杂的**游戏：一个大型的攀岩设施，可以玩出不同花样的活动、计算机
隔离性：界限间的渗透性	**隔离**的区域：阅读角、私人的学习空间、单独带门的卫生间、大型带顶的积木建筑、儿童可以藏在里面的箱子或帐篷	**半隔离**的区域：灌木丛——儿童在那里玩，但成人可以很容易看到；攀爬装备——年幼儿童可以躲在下面向外张望；墨镜和口罩	**渗入式**区域：教室里打开的窗户、儿童外出时发出的声音、允许客人参观的学校实验室
移动性：儿童在学习中心能够移动身体的程度	**移动性强**的区域和物品：体育馆、操场、三轮车、室内攀爬区、不同活动的转换期	**移动性适度**的区域：带有通道和边界的花园、大多数年幼儿童的教室、假装游戏区域、搭积木区域、科学区	**移动性弱**的区域：教室里固定的座位、写作区、阅读区、算术区

上述因素与物质环境的联系各不相同，而且它们在一年甚至一天中的不同时间段对环境的影响也会有所改变，但是每种因素的确都对环境中的儿童的社交关系发挥作用。比如，对于交谈来讲，一个开放的、适度隔离的、轻柔的和移动性不太强的环境是最理想的，它很像家庭中的客厅，儿童可以在这样的环境中放松随意地互动。

需要经常对空间是否有助于儿童的社会性发展进行评估，同时要及时做出调整。有时候，成人已经意识到环境布置出现了问题，但他们仍不肯动手改变，因为他们认为“一直以来都是如此”。在儿童使用环境时或者在没有人的场合下，可以坐在地板上，与儿童的目光保持在同样的高度，从各个角度对环境进行检测。要点 9.1 里提供了一些评估环境是否有利于儿童社会能力发展的指标。

在布置物质环境时，要计划好户外游戏的内容以及使用各种器械的儿童的数量。

要点 9.1

评估空间的有效性

- 这个环境是否为合适的社交行为提供了条件？
- 在学习中心或项目区域之间是否有清晰的界限？
- 是否设计了通道可以让儿童不干扰别人的活动？
- 是否将安静的活动与充满活力的活动分隔开来？
- 是否按照儿童的数量合理安排了活动空间的规模？
- 儿童等候使用物品和设备的时间是否降至最短？
- 存放物品的地方是否有标识并且易于接近？
- 这个环境是否为儿童之间的交谈提供了机会？
- 这个地方是否是柔软的、舒适的和非正式的？
- 是否准备了小组空间，每次只让几个儿童参与其中？
- 是否为一两个儿童准备了私人空间？
- 空间是否有吸引力并令人感到舒心？
- 所提供的物品和所安排的活动是否有利于大家配合？

这个环境是否最大限度地减少了对成人发出指令或纠正儿童行为的需要？

- 是否在容易弄脏的区域使用了硬地板（便于清洗）？
- 是否在一些区域使用了柔软的表面来尽可能减少噪声（比如，积木区域）？
- 学习中心是否维护得很好并且秩序井然？
- 室内外的所有物品是否充分考虑了儿童的安全（比如，墙上的插座、电线和电器；药品是否远离儿童；门是否关闭好了，等等）
- 需要自我处理的事宜是否指令清晰（在洗手间、洗手池、穿脱衣服的步骤等）？

这个环境是否能够提升儿童的自我认知能力？

- 是否定期更换儿童的作品、艺术品等？
- 是否张贴了反映各个族群、拥有不同技能和从事不同职业的男人和女人的照片？
- 室内是否陈列了体现儿童文化背景的手工艺品和图片？
- 学习中心是否对所有儿童开放（无论他们是正常儿童还是残障儿童）？
- 是否为儿童提供了探索、经历挑战和取得成功的机会？

这个环境是否有利于促进个体对环境和他人承担责任？

- 是否准备了清理室内卫生的用品？
- 操场附近是否准备了垃圾桶和打扫卫生所需的手套？
- 对于日常的维护和清洁是否张贴了清晰的图示？
- 收纳物品的箱子外是否有标识？
- 在室内外是否准备了合适的存放空间？

选择合适的材料

成人可以通过为儿童提供大量的探索性材料来提高他们的行为能力和独立意识（Dodge，Colker，

& Heroman，2008）。精心挑选、保护、陈列和存放这些材料的目的就是为了让儿童在集体或单独活动时使用它们。所选的材料应当既能满足儿童的兴趣，又有助于他们实现游戏项目的目标，并最终能够全面改进他们的行为和情绪，同时提高他们的自我认知和自我控制水平（Frost et al.，2008）。儿童所使用的器械和材料还能有效提升他们在游戏过程中的社交互动质量（Sutterby & Frost，2006）。

对发展有益的材料

儿童所使用的材料能够反映他们的能力水平。如果儿童敢于挑战各种活动并最终获得成功，无疑能够增强他们的自尊意识。如果给一个 5 岁的孩子一套化学制剂肯定会令人不解，因为孩子不仅有把它喝下去的危险，而且非常可能很快就让它报废了，还会为此而生气。但是如果把同样的东西给一个 12 岁的孩子，就会带给他好几小时的快乐，并且能够让他增长知识。在通常情况下，为年纪稍大一点的孩子准备的材料可能会对年幼的孩子有危险，而且对他们来说也太难了。另一方面，如果让大孩子使用适合小孩子的器械和材料，他们又会感到没意思，因为一点挑战性也没有。如果一定要他们玩，他们也许会找出新的玩法，但更可能会把它搞坏。

结构安全的材料

在儿童使用材料前，成人一定要进行仔细检查，确保它们没有安全隐患。安全的产品应当具备坚固、耐用、精致和用材适当的特征。比如，商店里的普通三轮车就不如专为儿童设计的车更牢固。还要注意不要让儿童使用那些可能会引起他们窒息的材料。如果一个物品太小，年幼的儿童很可能把它放进嘴里，结果卡在喉咙里。安全的材料可以放心地供儿童自己玩耍，而无须成人过多的关注或提醒。

好用的材料

如果设备或材料不好用，会令儿童感到很沮丧，有时候还会导致他们的破坏性行为。汽车的轮子应该是能转动的；剪刀应该可以剪东西；手指画的颜料应当稠一些；书的页数必须是完整的，而用的纸张应当足够厚和有光泽，不会轻易被撕坏。描字时让儿童用打印纸的效果肯定不行，应当用描图纸和纸夹。不应当让儿童使用没有充满气的篮球、足球或排球。只有在取得成功时，儿童的能力感才能得到提升，应避免让他们经历因工具和材料的不当而造成的失败。

完整的、随时可用的材料

拼图玩具必须是完整的，如果少了一块，就要用塑化木重做一个代替它（大部分的五金商店都有这种材料）。因材料不完整而造成不必要的失败会令儿童感到沮丧，减弱他们的自尊意识。

此外，在儿童学习做科学实验时，应事先把所需的相关材料找齐，放在一起，不要让他们因为成人在柜子或抽屉里手忙脚乱地找一把剪刀而等候在那里，因为这样的等候常常会让儿童失去兴趣或变得烦躁。

充分的准备还包括提前制订清理计划，比如备好一块湿海绵，以便随时清洁被儿童弄脏的地方。这样，成人在儿童活动时不用离开他们，可以给他们持续的指导，儿童也可以在不被分散注意力的情况下完成任务。

© Cengage Learning

沙子能够保护孩子不致摔伤，也有利于各个年龄段的孩子在一起玩。因为它很松软，并且可以塑造成不同的形状，所以也是一种极好的用于学习的材料。

安排好材料的存放

材料应当存放在最经常使用的地方。如果儿童知道它们存放在那里，他们自己就可以去取用，特别是像纸、蜡笔和剪刀这样的常用物品。妥善保管材料还能让儿童懂得爱惜它们。比如，在每个箱子上标出积木的形状，让儿童知道不同形状和大小的积木应当分别放在哪里，这对提高他们的独立能力是有好处的。在塑料盒外面用颜色标出里面书籍的难易程度也是出于这样的目的。有许多小部件材料，比如珠子、小算盘和供儿童学算术用的奎茨奈棒，最好放在结实的容器里，比如透明的塑料鞋盒或小型的洗衣筐里，因为纸盒子很容易破损。这样，儿童就明白要把所有的部件放在同一个地方，从而体现他们对整理教室的责任感。

用吸引人注意的方式摆放材料

整洁和有序能够吸引人的注意，而吸引力可以影响儿童的情绪并加强他们对维护空间的责任意识。在一个温馨、舒适和吸引人的空间里，成人和儿童都会感到轻松自在。摆放在比较容易够到的架子上而且彼此间隔宽绰的物品最可能被儿童拿取，也最具有吸引力。年幼儿童很难在拥挤不堪的架子上挑选物品。比起一大堆摞在一起的各种拼图，放在拼图架上或者摆放在桌子上供儿童使用的拼图肯定更有吸引力。陈列图书时，最好把封面呈现出来，而不要只露出书脊，这对于年幼的儿童来说尤其重要。

尺寸合适的设备和材料

只有当餐桌、椅子、书桌以及其他设备的尺寸合适时，才能增加儿童的舒适度，同时减少疲劳感。成人应当为自己准备至少一把适合的椅子，用作偶尔所需（Knapp & Hall，2010）。

如果在吃饭时给学龄前儿童准备了 15 厘米的盘子、吃沙拉需要的叉子和 100 ～ 150 克重的杯子，在一般情况下不会有什么问题。上菜时配上匙子（包括上汤时）能够让儿童自己学会吃多少取多少。用小的、不易碎的罐子盛牛奶和果汁也能鼓励儿童自己动手满足需要。当儿童自己决定需要的量时，可以减少浪费，而且他们也能感受到自己具有控制能力。在每个环境中，设备及所有物品的规格都应考虑儿童的人数和年龄，以保证他们可以独立行动并感到舒适。

材料的数量应与儿童的数量一致

如果为某一项活动准备的材料足够，儿童在一起就能很好地配合。如果材料不足，就应当立即增加材料的数量或者减少儿童的人数。比如，如果一个三年级的教师手里有 12 本书，可班上有 14 个学生，那她要么得把学生分成两组，轮流使用这些书，要么得迅速再搞到 2 本书。这两个方法中的任何一个都比让学生闯进阅读区自己抢书好。年幼儿童和一些阅历不够丰富的学龄前儿童还没有学会与人分享，况且，别人正在玩的玩具总显得比放在架子上的玩具更有吸引力。因此，让大家都玩同样的玩具既可满足儿童的需要，又不会引发冲突。

无论儿童处在哪个年龄段，如果希望他们参与的项目或活动有满意的结果，就有必要为他们准备充足的材料，因为这决定了儿童在此过程中能否与他人友好相处并有所收获。所有的儿童都应该可以拿到材料，包括那些有特殊需要的儿童，这样才能培养他们独力行动的能力，并且与其他的儿童和谐相处。

为给儿童提供一个安全的环境，适时增减材料

购买材料和设备以及布置家具和存放物品通常是教育机构中行政管理人员的责任，而选择合适的材料并且仔细布置和陈列它们则属于教师考虑的范畴。在这方面，教师应当采取有效的策略来防止儿童遭受挫折、爆发冲突、损坏物品和遇到危险。对这些策略需要提前进行规划，并以帮助儿童发展积极的社交互动和得体的行为为最终目标。与儿童直接打交道的专业人员要对各种材料进行不同的布置以符合儿童的实际需要，同时还要确保整个物质环境对儿童的社会性发展是有益的（Kostelnik，Soderman，& Whiren，2011）。此外，当儿童在空间中互动、使用设备和用材料参与活动时，在旁边监督的成人还要根据个体或小组的需要及时做出必要的调整。这其中最常见的调整就是为了给儿童提供安全的环境，有必要适时添加或移走材料。

在环境中添加材料

添加材料的方法有许多种。每个儿童的家庭照片或者他们社区的照片都可以挂在教室里，供儿童进行讨论。也可以把能够代表某个儿童的文化背景的工艺品或者衣服拿来与大家分享。此外，偶尔在儿童待的地方放些鲜花、活的植物和某些小动物能够使环境变得更有生活气息，也能增加儿童的兴趣。

添加这些材料出于对环境的整体考虑，并且可以事先安排好。除此以外，每天在现场还有必要对

环境做出一些即时调整。比如，如果两个儿童同时想看一本有关火车的图画书，就必须再找一本；如果孩子们为使用胶棒已经等了很久了，就应当马上为他们提供更多的糨糊或胶水；如果爱丽丝因为特雷莎没有“付钱”就离开了商店而与她发生争吵，就问她们哪些东西可以被当作钱使用，然后帮她们找到这种代替品。这种当场的调整行动通常可以使情形发生改观，有利于孩子们继续社交互动，也让他们学到了一些解决问题的技能。

从环境中移走材料

通常在对教室环境进行了最初的布置后，教师们就以为无须再移走材料、设备和家具了。但事实上，移走一些物品能够引发儿童对重新组织活动的兴趣，也为他们提供了新的学习机会。比如，赛斯夫人在周末时把平时放在清洁区域的物品都挪走了，她把它们临时存放在一个刚搭起轮廓的杂货店里。孩子们周一早上一到教室就发现了这一变化，他们都非常兴奋，马上跑到这个新建的区域，而且随着游戏的展开，不断为它添加新的“家具”。

© Cengage Learning 2015

小动物偶尔可置于孩子所处的环境中以增加他们的兴趣。

有时候，当儿童不知道怎样使用一些材料和器械或者不明白它们的用途时，将这些东西暂时移走是非常必要的。比如，如果儿童一点也不爱惜地拿着书乱翻，在操作桌边推推搡搡，欺负小豚鼠，或者在积木区把玩具汽车扔来扔去，就可以先把这些物品收起来。然后告诉他们你希望他们怎样使用这些物品，并亲自给他们示范，然后再把它们拿出来交给他们，同时要关注儿童是否确实开始按照你的要求做了。

总的来说，添加和移走材料是为了有利于游戏的进行，减少儿童间的潜在冲突或问题，并且增进他们的合作意识和自我控制能力。我们居住和生活的环境的确会影响我们彼此的情绪和行为，因此在儿童的活动开始前或进行中对环境进行必要的调整对他们是非常有益的。

保证儿童所处环境的安全

添加、移走或调整材料对保证儿童所处环境的安全是很有必要的，因为保障孩子的安全就是要对环境中的不合理现象进行及时的纠正。如果能在儿童进入某个环境前就排除了安全隐患当然很好，不过在现场发现潜在危险时，立即采取措施也是完全可以的。表 9.4 列举了一些这方面的具体事例。

表9.4　调整材料确保安全的示例

观察到的现象	采取的措施
一个年幼的孩子正在走廊里用手摸电源插座	给插座加一个盖子，并且带孩子离开那里
一个 3 岁的孩子洗手时把热水开到最大	立即过去帮她调节水温
一群三年级的孩子把箱子和纸放在走廊上，挡住了门	提醒他们把这些物品收起来，如果有必要，可以帮他们
咖啡壶的电线垂落在教师桌子的边缘，孩子们可以看见	把电线折好，并且用橡皮筋捆牢
一位母亲给她上幼儿园的孩子一个装着药的塑料袋，并在告诉她应该怎样服药后，把她送进了教室	立即把药从孩子那里拿走，并放在一个安全的地方

有时，在做活动前对所需空间面积的预估可能会出现失误，比如，有一天天气很热，邦加德先生把一个室内用的梯子放在了距离一扇打开的、带框窗户半米远的地方，因为他认为让窗外的自然风吹进来会有好处。可是这时他发现布拉德和杜格爬上了梯子的顶端，他们想站在最靠近窗户的地方。于是他赶快抱起布拉德，并让杜格自己从梯子上下来，然后他把梯子放到了距离窗户至少 1 米远的地方。像这样迅速进行调整以确保孩子的安全是完全必要的。

其他调整

还有些时候，空间应当缩小而不是扩大。阿德金小姐带幼儿园的孩子到体育馆跑接力赛。开始时，她按照跑道的长度设置了每个孩子跑的距离，结果她发现孩子们很快就累了，而且因为他们要等很长时间才能轮到自己，所以变得很烦躁。于是她立即进行了调整，将跑道的宽度作为孩子们跑步时的距离。这样跑步时的空间并未受影响，但孩子们减少了等候的时间。对于大多数以儿童为中心的活动项目来说，适时调整和增减设备或材料以利于活动的有效进行是极为常见的事情。

有时，调整是通过给予指导的方式进行的。在本章开始，我们看到格雷斯通过张贴的图片指导自己洗手和用纸巾的步骤。对于一些日常活动，比如将物品归还原处、系鞋带或者脱去外套，用照片或图画依顺序把操作过程示范出来是简单易行的方法，可以用来帮助儿童更清楚地知道应该怎样完成一个任务或做一件事情。

但是，个别儿童可能仍不明白那些有关使用设备或材料的指示，对他们就需要做出更进一步的解释和示范。比如，现在有各种各样的新电子设备进入了学校和幼儿园，教师也在使用平板电脑、电子画廊、全球网络社区、智能板和音频播放器等新型工具，以有利于儿童发展的方法拓展和提高他们在文化、阅读和交流方面的知识和技能。今天的成人中的许多人在童年时代只看过《芝麻街》（*Sesame street*）和其他一些类似的电视节目，可是他们在教室里面对的是一群被称为“网民”的儿童（Luke，1999；Vasquez & Felderman，2013）。因此，当今的教师正面临的一个挑战是怎样利用机会使所有的儿童都能理解和应用这些新技术。洛克先生就发现，只给孩子们示范一遍怎样使用某个新技术，然后期望他们都能独立并准确地使用是不合理的，尤其对那些平时在家里几乎接触不到这种新鲜玩意儿的孩子来说。因此，他调整了方法，先教会了几个孩子使用这些设备或软件，然后再让他们分别负责教一个同伴。这种“一对一”的方法既有利于儿童间的互动，又能够发展他们的亲社会行为和助人行为。

偶尔也可以关闭某个区域并对其进行调整。比如，当佩里夫人发现孩子们只是在乱扔种子而不是认真种植时，她果断地关闭了那个主题游戏区。经过仔细分析后，她意识到孩子们的行为源自他们不理解种子是什么、它有怎样的用途以及如何对它们进行买卖。于是她为孩子们进行了相关知识的普及。几天后，游戏区重新开放时，效果大为改观。很多时候，调整就是一些简单的干预，但会对儿童的学习结果和彼此间的互动起到很大作用。

3岁的乔治哭了，而且显得很生气，他用画笔敲着自己画的画，喊道：“它不是红色的。”图克斯先生赶忙过去了解发生了什么事。原来颜料管口外面滴出的红色与里面实际的深紫色并不相符。图克斯先生先向他示范了怎样清洗画笔和管口，然后又给了他少量的三原色，并且告诉他要用不同的画笔蘸不同的颜料，这样红色就能保持不变色了。乔治又开心地继续画画了。

波尔青小姐注意到尼古拉斯把自己的玩具车开进了积木区，还撞倒了克莱尔和拉斐尔正在搭建的积木。当他俩冲过去要打他时，他却似乎不明白他们为什么生气。在调解完孩子间的争端后，波尔青小姐在地上用胶带标出了一条小车通道，这样大家就明白在通道上是不能搭建积木的。

在上述例子中，成人通过对环境的调整确保了儿童能够顺畅地进行各自的活动。对环境中家具、设备和材料的合理布置有利于儿童间的积极互动，因为他们的行为规范和所需物品都展示得清清楚楚、一目了然。在对大量的三四岁儿童进行调查后，研究人员发现，学习环境对儿童的影响极大，因为他们对环境的理解与其认知和社会能力有密切的关系，对3岁的儿童来讲，情况更是如此（Maxwell，2007）。

运用你学到的技能来面对来自“快乐日子儿童活动中心”的教师们遇到的极具挑战的环境，思考一下你会怎样应对这些四处乱跑的孩子。

具有挑战性的案例

孩子们“四处乱跑”

有时候，成人会因为出现的问题而责备儿童，而问题其实是物质环境布置不当所致。下面我们就来看看“快乐日子儿童活动中心”的情形。

这个中心位于一个教堂的活动室。停车场就正对着一个非常大的铺了地板的房间（周末时，它会被用作小型健身房），里面的空间很大，共有六个小教室。木制的小壁柜位于房间最里面的一个最小的教室里，这意味着孩子们要穿过整个大厅去那里脱外衣。每天有 50 个孩子差不多同时到达。

四个活动区域（分别是集体活动区、积木区、假装游戏区和艺术区）分散在房间的四个角落，吃饭的地方则位于厨房附近。大厅中间有一个很大的空地。三个比较安静的学习中心（图书室、手工区和听力中心）位于三个小教室里，另两个教室则用于午睡。

一位教师告诉新来的负责人，“孩子们每天早上来的时候，场面会完全失控，他们从车里冲下来，一边跑，一边喊。他们好像一整天都不能安定下来，我们需要不停地训斥他们不要跑和不要喊。我从来没见过这么“疯”的孩子。我们必须管管了。”

观察了几天之后，这位负责人建议不要先从社会支持金字塔的最顶端着手解决儿童的失控行为，她认为首先应当为儿童提供一个更有益的物质环境。于是教师们一致决定先做出以下改变：

- 把放衣服的小木壁柜移到房间的入口处，这样，孩子们就会在进入房间前停下来，因为他们得在那里脱衣服。
- 在几个学习中心的地面铺上地毯，这样可以减少噪声，同时也能使那里的空间更舒适。
- 把几个活动区域集中起来，减少房间中的空地，从而避免孩子们总是跑来跑去。
- 调整校车到达的时间，这样每次只有几辆车一起到，减少了在同一时间进入房间的孩子的数量，这样他们每个人都能得到等候在门口的成人的问候。
- 把孩子分成三个组，这样 1/3 的儿童先在户外玩，1/3 的儿童在小教室里学习，另 1/3 的儿童则在房间中间玩。
- 必要时安排更多的人参与对儿童的监管，这样当孩子们从壁柜区按要求走向不同的区域时，就会有人告诉他们应该怎么做，直到他们完全掌握了这些规矩。

看看表 9.1 中社会支持金字塔中的每一层级涉及的方面，你认为教师还可以做出哪些调整来使环境变得对儿童更加有利。

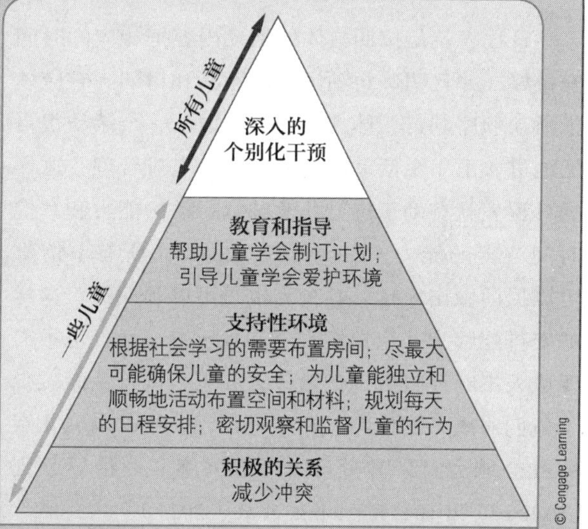

图 9.1　社会支持金字塔：通过布置物质环境来影响儿童的社会性发展

除了对物质环境做出规划外，成人还需要提前为活动的时间制订计划，为儿童设计一个有序的、可预知的活动方案，这也是确保成人与儿童有效互动的必要条件。

安排时间

成人将时间视为一种资源，并且喜欢按照自己对时间的理解帮助儿童使用时间。成人帮助儿童有效使用时间的一种方法就是教他们对那些重复发生的并且有规律的日常行为形成一种习惯。在许多幼儿教育机构中，儿童已经养成了洗手、上厕所和刷牙等健康的习惯，这些都是通过从教师那里得到明确的指令，再经过反复练习，并且充分理解了其用意后逐渐形成的（Oshikanlu，2006）。有时候，如果儿童没能尽快养成一种好习惯，成人会很生气。其实，出现这种情况可能是因为儿童尚不清楚行为的合理顺序，或者整个过程中的每个环节对他来说都比较陌生，因此他每次只能专注于其中一个行为。不熟悉行为顺序的一个典型事例就是幼儿园的儿童可能会在穿滑雪裤之前先穿上靴子。成人有时会因此而急躁，因为那可能导致其他人要额外等候一些时间，但他没有意识到，对这种情况更应该做的是对儿童进行指导而不是提要求或限定时间。还有一种方法是把事情细分成一个可预知的过程或程序，让儿童从中体会时间的文化含义。

每天的日程安排

日程表就是按照具体的活动内容把相应的时间安排好，并且明确每项活动的意义和目的。它应该依活动顺序制订，体现出儿童可以从一个活动很自然地进入下一个活动。如果教师的安排合理，这样的日程表就有助于提升儿童独立行动的能力和掌控时间节奏的能力（Gestwicki，2011）。所有事情都可以提前做出安排，其行为也是可以预期的。这样的安排能够为儿童提供安全和稳定感，而且也不需要成人不断地告诉他们做什么和怎么做，从而减少了他们对成人的依赖。在制订日程安排以发展儿童的社会能力时，教师可以考虑采用下列指导原则（Bullard，2010；Kostelnik et al.，2011）：

- 在制订日程表时，要充分考虑儿童的年龄和他们的兴趣爱好，确保这样的安排有利于每个儿童的能力发展（独立能力的最大化等）和价值感（展示他们的作品，用图表反映他们取得的进步，在环境中陈列一些能够代表儿童所属文化的物品等）。
- 对于安排的活动，应保持儿童自选活动与成人组织的活动之间的平衡，并且确保儿童有足够的机会掌控他们所做的事情。
- 应当安排形式多样的小组活动和集体活动，促进儿童间的社交互动。
- 活动中既要有安静的，也要有充满运动量的，这样儿童才能既有机会独处和休息，也能够与他人积极互动。
- 活动中应包含一些需要深度体验和需要与他人合作的内容，这样儿童参与其中的时间会长一些，有助于他们集中精力，并且促使他们学会与同伴配合一起完成一项任务。
- 对于活动之间的过渡时间要做出特别安排，以确保它是可预知的，同时也尽可能减少了纯粹等候的时间。
- 要把每天的日程表通过图片、图例或文字的方式置于孩子及他人可以看见的地方，必要时还要再口头强调一下，让儿童能非常清楚每天常规的事情，以及接下来该做什么。
- 定期对日程表进行评估，并根据儿童新的需要做出适时调整。

当一个儿童新加入一个环境时，他在以前环境中（包括在家中）养成的习惯或许需要做出调整，以适应当下的环境并符合新的要求。刚开始时，这样的改变可能会令儿童感到沮丧和困惑，因此最好在他已经适应和接受了新环境后再让他改变那些旧的习惯。

日常的规矩是一定要学习的。成人需要先了解清楚年幼儿童的生活习惯，然后再逐渐教他们顺应小组的日程。6岁以下的儿童最多可能需要1个月的时间来适应新的日程安排；小学生则只需要2周或更短的时间就够了。在他们这个年龄，张贴图表或者日程表有助于他们更快地适应。常规也应有一定的弹性，只要与其他活动的要求不发生冲突，就可以为完成每个活动略微多留出一点时间。但如果是大型集体活动，因为大家都要使用同样的资源，所以就要严格执行日程表上规定的时间。比如在夏令营中，使用游泳池的时间就应当是统一的，所有的儿童都必须有序地一同抵达、进入泳池和离开，因为只有这样才能确保大家的安全。如果所有的小组都希望每天都有机会游泳，每个组就一定要准时行动。与之相反，在课外活动时，只要有成人的监督，儿童就可以随时选择在室内或室外玩，没有必要完全遵守日程安排。

可以预知的常规为儿童提供了一种情感上的安全感。在与另一个孩子经历了一些不愉快后，4 岁的卡拉反复念了几遍日程表："我们先一起游戏，然后洗手，然后吃点心，然后听老师讲故事，然后去外面玩，然后妈妈就来接我回家了。"每重复一次，她就变得高兴一点，最后终于能够在剩下的时间里开心地玩了。年幼儿童在理解时间的概念之前先明白了日常事情发生的顺序。3 岁半的罗斯在妈妈把他留在幼儿中心后很难过。他大概玩了 45 分钟，然后问可不可以出去玩。这是对日程安排的一个重大挑战，因为户外活动通常是每天活动中的最后一项内容，但是老师同意让一位助理陪他和另外两个孩子出去玩。罗斯在外边开心地玩了一会儿，然后告诉老师他妈妈马上就会来接他了！他错误地以为出去玩就能让妈妈很快来接他，因为平时这两件事是前后发生的。年纪大一点的儿童也需要记清楚他们的常规安排。珍明白她得在中午前把对她来说最难的阅读任务完成，这样在其余时间，她就可以在小组里学习数学和科学了。

过渡

一个合理的日程安排应当是环环相扣和自然顺畅的，并且每个安排都有明确的目标。它为儿童完成每项任务规定了具体的时长，但也会考虑个体在速度方面的差异。等候的时间要减到最少，小组从一个活动转向另一个活动的过渡时间也要尽可能缩短。所谓小组**过渡**是指小组在一个时间段的活动结束了，接下来将开始另一时间段的活动。比如儿童从一个房间转移到另一个房间，或者一个活动的内容发生了彻底的改变。卡拉在说到他们的常规活动时，在每个过渡的地方都用了"然后"。在小学，过渡通常出现在课间休息时和午餐前后，也可能发生在两个活动之间，比如数学课与社会考察之间。个体过渡则是指一个孩子完成了一个任务，然后按照日程安排进入下一个环节。

总的来说，在小组过渡期间，儿童之间以及儿童与成人之间的互动问题会明显增多。儿童在一个活动结束而另一个活动尚未开始时常常会对该做什么感到比较困惑。有时候，年幼的儿童会在这期间乱跑、大喊大叫或者无所事事地闲逛。上学以后的学生一般会利用这段时间聊天或做游戏，这样难免使场面比较吵闹。因此减少过渡的次数也就可以避免这些问题的出现。

如果儿童的注意力长短不一致，做事情的节奏也不一样，就可以考虑把各种活动安排在一起，给儿童更多的时间，让他们根据自己的实际情况做出安排。比如，在一个二年级的教室里，教师把阅读、手工制作和自选游戏安排在同一个时间段，让学生自行选择完成它们的先后顺序和耗时。在为年幼儿童设计的活动中，每次都要为他们准备大量的材料。个体过渡一般来讲比较容易，特别是如果儿童清楚接下来该做什么，就完全没有问题。总之，日程安排应当适合不同的儿童完成不同任务所需的时间，而不是一成不变的。此外，还要考虑儿童的实际年龄和一年中不同季节的因素，因为年长一点的儿童能花更多的时间聚焦自己做的事情；而在从秋天到次年春天的这段时间，儿童的注意力也普遍能保持得更长一点。

在任何情形下，日程安排的目的都要符合儿童的个体需要，而且要按照不同活动的内容选择相应的策略和标准。不过，下面这些原则应该适于应对所有年龄段儿童的过渡：

- **事先制订周密的计划**。这样你就清楚每个儿童应该做什么和怎么做了。认真教他们一些过渡期的行为，逐渐使之成为他们的习惯。进入一个建筑物就是一个过渡期里常见的行为，应当通过教育使儿童在这件事上养成好习惯。比如，儿童应该知道从哪个门进入；如果需要使用楼梯，用哪个楼梯；上楼梯时应该走在哪边；怎样抓住扶手确保安全；怎样脱去外衣；把外衣放在哪里；进入教室前应当怎样洗手和擦手；进入教室后应当聚集在哪里开始第一个活动等。这一系列的规范要求和相应的监督措施可以避免儿童出现在走廊里乱跑、在楼梯口闲逛和聚在洗手间或储物柜附近聊天等现象。应将过渡期的行为视作一种技能，认真教育和引导儿童呈现良好的表现并形成习惯。
- **预留合理的时间**。这样既能够避免在过渡时的匆忙和慌乱，又可以尽可能减少等候的时间（Lamm et al.，2006）。如果准备的材料不够分给每个孩子用，可以让他们填写报名表。图画书这类物品可以在小组活动时让大家一起使用。让儿童等候成人是最不可取的做法，而且也会浪费他们的时间（Bullard，2010）。

- **给儿童指令时一定要清晰、准确。**对他们说话要简单、直接，一次给出的指令不要超过三个。比如，当一个小组该从学习中心转移到另一个活动场所时，斯旺森小姐走近几个一直在玩积木的孩子，对他们说，“把每块积木按形状放回架子（说着她指了指架子上的各个盒子）”。然后她就待在那里，为了确定孩子们听懂了她的意思，她又说了一遍，“把所有的积木都放回架子上。”看到孩子们开始行动后，她又转到另一个区域，向在那里还在使用颜料的孩子发出指令。如果有必要，她可以再回到积木区对那里的孩子提一遍要求，甚至可以给他们示范一下。
- **提醒儿童很快要改变活动内容了。**这样，儿童就可以开始准备结束当下的活动或者把所使用的材料收拾好了。每天都要使用同样的提醒信号，比如让一个孩子摇一个铃铛，同时宣布该搞卫生了，或者让一位助手举起一个写着“再玩五分钟”的牌子，在孩子中间走动，提醒他们。
- **提前规划好儿童的行动。**比如在小组过渡时，孩子们应当怎样穿过走廊。把他们分成更小的小组，或者让他们一个一个地经过门口这样比较窄的地方，以避免拥堵。要考虑通道的宽度，确定儿童是否可以与另一个孩子并排通过。在比较宽敞的户外，年纪稍大一点的孩子在一起玩时会懂得彼此避让。
- **在过渡期间要密切关注和监督儿童的行为。**当一个小组进入某个空间时，如果你希望孩子们表现出得体的社会行为，就需要给予他们支持和帮助。先环视一下整个房间，然后走向那些不安定的孩子，对这些闲逛、与他人疏远、单独待着或者不知道该帮忙做点什么的孩子给出一些明确的指令，比如，“弗兰克，把20块积木放回原处，你自己数着点。”这样可以让他们学到一些亲社会行为，比如帮助他人或与他人合作。
- **告诉儿童接下来该做什么了。**如果是小组过渡，提前告诉他们接下来该做什么了；如果是个体过渡，则可以问他们接下来计划做什么。这么做有助于培养儿童制订计划的技能，也能增加他们对事情发展的预知能力。
- **如果儿童正在自由活动，在让他们清理房间时应当一个小组一个小组地开始。**先让那些手里物品最多的小组开始整理，然后再让其他小组开始整理，这样，最后大家差不多可以同时完成。
- **一定要让儿童有事情做或者有人跟他们玩。**无论是个体过渡还是小组过渡，都不要让儿童无所事事或者只丢给他们一堆物品。一定要让他们知道他们将去哪里和做什么。模糊不清常常会导致儿童产生不确定感，令他们不安，或者使局面失控。
- **帮助有特殊需要的儿童适应过渡期。**患有多动症、自闭症或者听力有障碍的儿童可能对于在过渡过程中因“移动”而发出的混乱的声音尤其敏感，所以要给他们额外的关照。

工具表 9.1　物质环境出现问题，需要引起警惕的信号

下列行为意味着物质环境对儿童和教师来说是有问题的。

儿童：

- 漫无目的地闲逛或者找不到能让他们感兴趣的事情做。
- 经常在教室里跑来跑去。
- 总是一遍又一遍地重复同样的活动。
- 因为丢失或者打碎了物品，或者因为活动太难而自己无法参与而生气和沮丧。
- 不断地因争抢物品和空间而与别人打架。
- 破坏性地使用物品。
- 从教室的一边向另一边的老师或他人大喊大叫。
- 在桌子或架子下面爬来爬去。
- 总是依赖成人为他们拿取物品或帮他们做事情。

教师：

- 总是在抱怨儿童的行为。
- 为了引起儿童的注意，冲儿童大声喊叫。
- 没有及时觉察儿童去了哪里和正在做什么。
- 与单个孩子或几个孩子只待一会儿就会觉得不自在。

所有的小组在过渡的时候都会比较吵闹：把书合起来的声音、人们走动的声音以及孩子们互动时发出的声音等。刚开始时，过渡的过程会长一些，但等儿童养成习惯后，时间就会缩短了。可是如果儿童总在乱跑、推推搡搡、玩一些激烈的游戏或者没有一点秩序，成人就必须立即采取行动了。比如，当这种现象出现在豪登小姐负责的小组时，她就马上打开灯，让所有儿童都立即躺在地板上，直到房间里完全安静下来。然后她说，“大家都一动不动地躺着，直到我让你们起来。你们要像老鼠一样安静，不许碰别人。我摸到谁，谁就站起来把你用过的物品放回原处，再回来坐下。”接着，她按刚才说的让孩子们一个一个站起来，像老鼠一样悄声地走动。她的声音很温柔但很坚定。之后她让孩子们讨论刚才在过渡时发生的一切，她没有责备任何人，只是让孩子们思考他们做了些什么使现场那么混乱。她既没有批评也没有羞辱任何孩子。这件事结束后，她又认真分析了自己当时采用的方法、发出的指令和制订的方案。

当物质环境布置不当时，会发出一些危险的信号（Dodge，Colker，& Heroman，2008；Kostelnik & Grady，2009），在要点 9.1 中提供了一些需要引起警惕的现象，可以用它来评估班里的环境是一切正常还是有需要额外关注的地方。

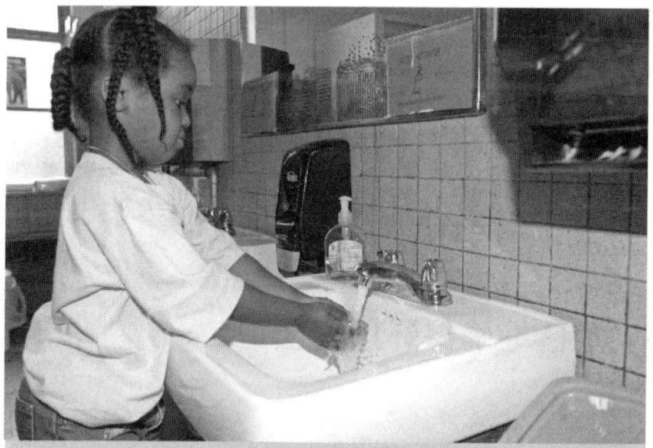

过渡刚开始时需要的时间会长一些，等孩子们养成习惯后，时间就会缩短。

计划的进度和强度

一天内发生过渡的次数决定了计划的进度和强度。比如，有的儿童可以在 1 小时内经历三次甚至更多次的过渡，这样的节奏非常快，意味着每个活动只能持续 15 ～ 20 分钟。适度的节奏应当是让其中至少一项活动持续 45 ～ 60 分钟，其他活动的时长可长可短。慢节奏的计划只有很少的过渡，常常在半天时间里只安排两个活动内容。

计划的强度通常与一个时间段内变化的内容以及成人对儿童的关注程度有关。高强度的计划意味着儿童每周会有 3 ～ 5 个新体验，而重复和练习的机会比较少。成人会和儿童有许多互动，但大部分是由成人发起的。在低强度计划中，儿童每周会接触一个或两个新活动，因此他们有许多机会来重复和改变活动中的内容，成人则主要扮演观察者和促进者的角色。高强度计划可能会对儿童产生过度刺激，让他们感到很辛苦；低强度的计划又可能令他们觉得乏味。在这两种极端情形下，儿童很难与自己的同伴进行志趣一致的、轻松自如的互动。过度刺激和厌倦都会让儿童感到疲劳，这又会影响他们与他人互动的能力。一个得到充分休息的儿童能够解决好人际交往过程中出现的问题。可是如果他感到很疲惫，他很可能在面对同样的情况时大哭起来或者变得烦躁不安。

有些小学制订的计划要求学生用 2 小时阅读，这个要求属于高强度的，而供其他儿童练习的内容则是低强度的。无论孩子处于哪个年龄段，也无论计划的内容是什么，教师都必须平衡各方面的因素，最大限度地降低儿童的疲劳感。

在一个计划进行的过程中，肯定会有儿童感到挫败；有的儿童感到乏味；也有儿童因跟不上节奏、压力太大而感到疲惫不堪。影响儿童节奏的因素包括动机、健康状况、知识水平、技能、练习时间、年龄、精力、习惯以及一个活动中参与的人数（Berns，2012）。环境过于拥挤比低密度的环境更容易让人感到乏力。一天中如果不停地与一个人互动也会比定时接触更让人觉得疲劳。在一天的活动中，如果日程安排的节奏和强度不那么紧张而比较适度，儿童的疲劳感就会处在正常状态。年幼的儿童在午睡后就能恢复，下午可以继续开心地参与其他活动。

下面的技能部分能够帮助你从单纯知道这些原则到可以将它们实际操作出来。

布置物质环境促进儿童社会性发展，同时防止或消除不当行为的技能

布置房间以促进儿童的社会性发展

教室、游戏室、体育馆和其他空间常被用来作为孩子活动的场所。下面是一些最初布置这些地方时的基本原则，但是计划的内容和空间的特征也会对它们产生很大影响。

1. **检查周围的环境**。要特别注意可能存在危险的地方，比如电源插座和可能的通道，比如门口、下水道和窗户。坐在地板上，向四处张望。感觉这个地方很引人注目或者很有吸引力吗？它能激发儿童的好奇心，并利于维护秩序吗？
2. **想象儿童会在这个空间怎样活动，尽可能预估他们可能会遇到的问题，并且提前为此设定界限**。儿童能很容易地从一个游戏空间转移到另一个空间吗？地面方便儿童走路吗？在空间设计方面是否规避了危险？儿童可能会把水洒在地上或者把颜料滴到地上，这都属于正常现象。伸出来的电线对儿童和成人来说都是有危险的。即使是年纪已经比较大的儿童也会把东西塞入没有覆盖的插座里。楼梯口和儿童站队时紧靠的那面墙最容易被他们摸来摸去，留下很脏的手印。年幼儿童常常会在到达和离开教室时以及过渡期间乱跑。
3. **按照社会性发展的目标评估空间中家具布置的合理性**。如果儿童经常在同一个地方发生冲突，就需要考虑对它进行重新布置。儿童在穿过某地时是否很自信和放松，并且不会影响到别人？大多数需要设定界限的活动会在哪里发生？根据对这些问题的回答来帮助你重新布置环境。
4. **按照儿童应对身体或智力挑战的需要布置房间**。坐轮椅的儿童比能正常走动的儿童需要更宽敞的通道。对那些摔断了胳膊导致活动暂时受限的儿童也要为他们调整一下布局，让他们尽可能做自己能做的事情。反应慢或者智力发育迟滞的儿童尤其需要更多的关注，一定要确保他们经过的地面没有障碍物，有时甚至可以把他们待的地方隔离起来。儿童的父母和专家通常能够就个体儿童的特殊需要提出建议。总之，成人在布置环境时要确保所有参与其中的儿童的安全。
5. **根据需要调整家具和设备，帮助儿童在现场的社会性发展**。把桌子或其他大型设备向旁边移动十几厘米，这样儿童就可以自由活动而不会妨碍别人了。教师要注意儿童推推搡搡、大喊大叫及其他的不良举动。在对环境设限前先要考虑对其做出调整的可能性。如果一个活动与其他活动在距离上挨得太近，可能会影响其他儿童的正常体验，就需要换个地方。
6. **增减客体**。为了实现儿童社会性发展方面的具体目标，应当在物质环境中适时增加或减少物品。
7. **如果发现儿童所处的空间或房间布置有问题，应立即报告校方负责人**。如果儿童在互动过程中总是出现问题，应立即与团队中的其他人员协商和讨论空间的布置是否有问题。在检查房间的布局时，要从儿童的视角去考察它是否有利于儿童社会能力的发展，或者它是否存在一些潜在的问题。

最大范围地确保环境安全

不论具体从事什么工作，儿童的安全是每个成人义不容辞的责任。通常，教育机构的负责人首先要对环境进行认真检查，确保儿童的安全。但是人们难免会忽略一些不那么明显的危险或者未能及时做出适当的调整。因此所有成人都必须养成每天检查的习惯，提前采取防范措施远胜于告诉儿童要小心或者责备他们在危险的地方玩。当你觉得某个地方不够安全时，你永远都可以提出质疑。

1. **在看护儿童时，先要检查室内外环境，看看有没有安全隐患**。一旦发现，需要立即排除。有时候，当其他人在其他时间使用这个空间时，很可能会遗落一些物品，而它们对这些儿童来说可能是危险的。途经或使用操场的人也可能会在那里留下不适合儿童的东西。

2. **在监督儿童的活动时要将安全放在第一位**。有些物品平时可能是安全的，但使用不当就具有潜在的危险。一个订书机正常使用时是安全的，但有时儿童可能会把手指放在它的下面。大型积木在一般情况下也是安全的，可如果把它搭建得很高，就需要调整下方的积木，以确保其整体结构的平稳。在一天中要时刻保持警惕和关注。
3. **一旦发现危胁儿童安全的危险要马上采取措施**。但是行动时要谨慎。如果你的判断不一定准确，那对于儿童正在进行的活动多一些防护措施总是胜于措施不够。比如，3 个学龄前儿童都站在滑梯顶端，而且都想马上下来，这时你应当立即上去，帮助他们一个一个按顺序下来。并且察看一下上面可以同时容纳几个孩子等候。行动时一定不要犹豫。
4. **与其他工作人员一起仔细检查一天中安排的所有活动**。比如，先把不确定是否安全的植物移出活动区域或者用栅栏围起来。那些不是全天与儿童在一起的教师也要知晓所有必要的信息，以确保危险的情形不会再发生。
5. **了解当地的法律规定**。并且定期对照检查，确保一直在认真执行它们。

管理好物品，提高儿童的独立能力

按照下列原则对物品进行管理，尽可能减少儿童做清洁时出现的问题。

1. **将儿童要使用的物品存放在耐用的容器中，并且放在最常用之处的附近**。这样儿童拿、取和用就会很方便。必要时可以帮助儿童把它们放在正确的收纳箱中。
2. **固定物品的存放区域，这样儿童就能知道去哪里可以找到它们**。用文字、颜色、标志或者图片将物品在存放区域一目了然地标出来。
3. **检查设备和材料**。保证它们是完整的、安全的和可用的。
4. **示范怎样妥当地保护各类物品**。如果有必要，要通过示范一步步地准确告诉儿童应该怎样存放和保护物品。然后再把它们取出来，让儿童自己操作一遍。
5. **告诉儿童你制定标准的原因**。比如，你可以告诉他们，"先把各块拼图放进盒子里面，然后再把盒子放在架子上，这样拼图就一块也不会丢失了。"
6. **监督儿童存放物品的过程**。必要时可以提醒他们一下。对那些按要求做的儿童和那些帮助别人的儿童要提出表扬。允许儿童在两三个任务中选择自己愿意做的。如果他们不肯自己选择，就分配给他们一个任务，同时在他们完成任务的过程中提供一些帮助。定期检查儿童是否一直在按要求完成任务（这方面的具体技能将在第 10 章和第 11 章中讨论）。

布置空间和材料使儿童知道应当怎么做

1. **按照参加某个活动的最多人数准备椅子或相应的空间**。如果桌子边有 5 把椅子，可是只有 3 个孩子参与活动，他们常常会感到困惑。因此为了避免出现这类情况，应把多余的椅子挪走。
2. **用标记、符号或图片加以说明，让儿童通过查看这些可视线索得知应当怎么做**。比如，把一个有颜色的立方体放入一个塑料袋里面，再把它粘在一个放同样立方体的不透明储藏箱的外面，同时在储藏箱外面做一个标记。然后在存放这个储藏箱的架子上画出这个立方体的形状、颜色和外在的标记。这样当儿童取材料时，立刻就能知道去哪里和怎样找到它们。
3. **做集体活动时要预留大一些的空间，而做小组活动时则用不了那么大的地方**。比如，在图书室旁边放一个计算机、一张桌子和两把椅子，小组活动就很舒适了。但是主题活动的空间应该是这个面积的三四倍大，因为会有更多的儿童参加。儿童通常会在宽敞的空间走动或者拿物品到这里玩。
4. **让所有的活动看起来都很有趣和有吸引力**。在儿童活动的空间增添色彩来吸引儿童。比如，可以在拼图下面放一张画图用纸，像垫子一样。把一些图书翻到插图非常漂亮的那一页，然后把它们摆放在显眼的位置，这样儿童在很远的地方就能看到，并会被吸引过来。无论是最初布置教室时还是之后定期检查时，都要坐在地板上或者小椅子上，环顾四周，确保所有活动区域都同样具有吸引力。
5. **让儿童自己布置房间，可以让他们使用公告板或在某个区域展示自己的作品，鼓励他们使自己的**

空间个性化。所有的文字信息、图片和照片都不要超过儿童视线可及的高度。可以把儿童的照片贴在他的柜子上，或者把他家庭的照片贴在公告板上，这样，孩子们就能与彼此谈论自己的家庭了。

6. **在私人空间安排合适的活动**。安排一些孩子想一个人玩的活动，要允许儿童偶尔离开集体单独在别处玩一会儿。
7. **为儿童提供适合其社会性发展的材料和活动**。准备的活动既不能太简单，也不能太难。如果你发现儿童玩的时候很吃力或者由于太容易而缺乏兴趣，就要马上调整活动内容。
8. **当活动开始时，备齐所有的材料和设备，并将家具布置到位**。在活动过程中，教师要持续不断地指导和监督儿童，不要因经常离开去拿取材料而分心。在活动开始前先要检查材料的质量、数量和安全性，确保活动的顺畅进行。这样在活动开始后你就可以放松地与儿童一起互动了。
9. **合理安排材料，尽可能减少成人和儿童的工作量**。观察儿童和其他成人的工作，从中找到消除或简化不必要的工作的方法。比如，用托盘一次装几种物品，而不要往返许多次。给儿童提供有益的建议，使他们在做事情时更有效率。
10. **让儿童参与另一个活动或者前往另一个区域，不要置他们于不顾**。在一个活动结束后明确地告诉儿童接下来可以做什么。给他们一个清晰的指令，比如，“把你的书放回原处，来集体活动区域。”或者问儿童接下来想做什么。但是不要这样说，“你应该完成”或者“你都做完了”，因为这样的说法让儿童无法决定他接下来还能做些什么。

减少可能因材料引起的冲突

1. **根据活动内容和场景准备适量的材料**。在教室里，要为每个儿童准备 1.5 ～ 2.5 倍的活动空间。当儿童过于频繁地走动或者当儿童间发生冲突时，要立刻检查空间和材料的数量，因为那些很可能是由于活动内容太多或太少造成的。检查后应当根据实际需要增加或者减少活动区域和材料。
2. **对于年幼的儿童，尤其是那些刚刚开始学走路的儿童，要为他们准备相同或相似的物品**。如果年幼儿童因彼此的物品不一致而发生争执，要马上为他们替换一个相同或相似的物品。
3. **合理布置空间，使儿童能够在不打扰别人的情况下拿到物品并保管好它们**。合理摆放存放物品的家具，使儿童可以在拿取和归还时不碰到别人或者影响别人的活动。

按照每天的日程表安排工作

1. **了解日程表对你工作的安排，并保证准时**。当你到达工作地点时，先检查一下周围的环境，确定它对儿童来说是安全的，而且你所需要的物品也都在那里。如果你可能会迟到或因病不能到场，要及时通知校方负责人。
2. **了解儿童每天的日程表，如果需要与其他小组的儿童共用一些空间或设备，也要了解这些小组的日程安排**。一定要非常清楚你在每个时间段应该出现在什么地方，同时要密切关注因日程表中的特殊事件而造成了哪些变化。在与儿童交流时也要告诉他们每天的日程安排。比如，如果距离打扫卫生的时间只有不到 10 分钟了，你发现有个儿童要拿着一桶挖掘用具去沙堆那里，这时你就应该建议他，“我看到你拿了不少挖掘工具，可是马上就要打扫卫生了，所以你最好只拿一个铲子和一个桶，这样待会儿你就不需要收拾太多东西了”。
3. **了解你所工作的机构的所有常规安排**。特别要清楚有关儿童入园、离开、换尿片、上厕所、吃饭、午睡、休息、在走廊活动、集合以及其他常规活动的处理方法。尽可能遵守既定的规则。儿童只有在了解了常规并且掌握了合乎规范的行为后，才可能以适合社会交往的方式发展。
4. **根据需要当场做出调整，以促进儿童发展得体的行为**。在过渡期间不要催促儿童，但是如果你意识到此次活动明显超出了平时所用的时间，你可以提前安排清理和为过渡做准备工作。你自己可以做一些小的调整，或者与其他同事商量那些超过 5 ～ 10 分钟的变动。

当儿童借助周边的环境资源自己制订计划、实施计划并且对它们做出评价时，要给予积极支持

儿童有自己的社会性目标，在关于怎样、何时、何地以及与谁共同使用周围的资源方面也有自己的主意。这意味着成人有许多机会帮助儿童制订一天的计划和在一个活动中的每天的内容。学会怎样对使用资源做出计划是对儿童的发展最有帮助的一项技能。

1. **发现能够让儿童参与制订计划的机会。**帮助儿童发现一天的活动中出现的问题。（下一个该轮到谁了？一次可以有多少人去餐桌那里吃点心？我们可以用积木搭些什么东西？）在不会给他们或别人造成危险的情况下，先让他们自行解决这些问题。通过对他们的选择和选择的结果做出回应的方式给予他们一定的帮助。
2. **通过行为和情感反应的方式帮助儿童认清问题。**用你的反应来鼓励儿童表达他们当下的感受，因为他们的这些情绪可能已经影响他们理性的思考了。观察、倾听并且思考他们的目的是什么，然后再据此做出你的反应。
3. **帮助儿童识别潜在的选择机会。**尽可能对他们使用开放式问题，比如，“你有什么想法？”“你认为我们对此应该怎么做？”“你认为它需要花多长时间？”“其他人也想做这件事还是想玩？”“还有其他的选择吗？”“你做这个需要多大的空间？”尽量不要给出你对解决问题的想法，也不要回避问题的存在。帮助儿童找到潜在的选择方案。认真倾听他们的想法，即使并不可行。比如，肯德尔和埃里克正在铺的火车轨道侵占了别人需要途经的通道。当大家向他们指出这个问题后，他们想出了一些解决方案：
   - 继续搭建，让别人从火车轨道上跨过去。
   - 移过来一张桌子拦住通道，让别人绕行。
   - 做两个铁道穿行的标志，放在椅子上，再把椅子置于轨道的两端。
   - 改变轨道的方向，避免它挡住通道。
4. **鼓励儿童制订具体的计划来实施自己的决定。**可以问他们一些带有启发性的问题，比如，“你打算怎样完成？”“你需要哪些材料？”“做这件事还有其他的方法吗？”或者“要完成这个任务，你需要采取哪些步骤？”
5. **给儿童提供足够的时间，让他们在小组里进行集体思考，或者让他们想出一些比较复杂的计划。**认真倾听儿童的想法，不要急于下结论。可以给儿童预留思考的时间，这样就不会显得急促了。如果实在没有时间让儿童进行小组讨论，就由你做出决定。但如果你已经告诉过孩子们可以自行选择了，就尽量不要把你的选择强加给他们。
6. **在儿童权衡了各种选择，并且制订出行动方案后，要与他们一起再思考一遍这个方案。**如果在定出计划与开始实施之间能有几小时，就应当把这个计划再认真思考一遍。写下他们的行动计划，如果涉及空间和家具，就在纸上画出来。可以画得很简单，只要能体现他们的想法就行。比如，几个4岁的孩子想用两个“房间”一起玩做邻居的游戏。他们向老师提出了这个想法，老师与他们一起分享了各种方法，最后又让更多的孩子加入进来。为了安排好一切，他们画了一张草图，标明每样东西应当摆放的位置。
7. **通过你对儿童的反应以及开放式问题来帮助他们评估自己的方案。**比如，这个儿童对这一过程满意吗？（你可以对他说，“你想出了一个方法来……”）结果符合他或她的预期吗？（你可以说，“你把活动室分成了两部分，告诉我，你为什么认为这样是可行的。”）如果儿童对计划感到满意，而且它实施的结果也基本满足了他们的需要，就可以认定这个过程是成功的。接受儿童的计划，即使它与你的想法有出入。要多帮助小组

你会给这个孩子什么选择？

中那些对计划不太满意的儿童，因为这也是小组共同制订计划的一个特点。给年纪大一点的儿童更多的时间评估他们的方案，这样他们以后在遇到挑战时就懂得怎样调整了。

通过认真督导来促进儿童社会能力的发展

1. **保持全方位的视角关注环境中的所有人以及那些离你最近的人。**快速扫视现场，对噪声和气味保持警觉，密切观察所有的儿童。在重点聚焦离你最近的儿童之前，先注视一下其他的成人和儿童。特别关注那些玩材料有困难或者与他人互动有问题的儿童，也要注意一下其他成人是否有需要帮助的地方。在督导儿童的时候，思想不要走神或受别的事情的影响，因为他们时刻需要你的关注。与儿童在一起时要关掉手机，也不要发短信。
2. **调整你所处的位置，确保你能够看到整个环境和所有的人。**一般情况下，你最好背对墙，或者站在一个角落或一个边界旁边。如果你坐着的时候视野有限，就需要时不时地站起来张望一下。当你听到混乱的声音或觉察到孩子们有一些不同寻常的动作时，应马上重新选择你所处的位置。
3. **需要时要立即采取行动保护儿童。**如果发现儿童搭的积木不稳固，要帮他们重新进行调整。如果一个尚处于蹒跚学步阶段的儿童想自己开门走出去，要赶快过去把他领回来。如果你发现有陌生的成人在操场附近待了一会儿了，就应当上前去问他们是否需要帮助（因为他们可能会对儿童造成威胁，当然也可能不会）。凡是涉及安全的事情都要刻不容缓地采取措施。不过，如果附近有另一个成人，并且他已经走向事发地点了，你就可以回到自己待的位置上，扫视一下整个环境，继续做你该做的事。如果真的有突发情况发生，除了立即处理该事件外，也要想着安慰其他的孩子，并确保他们的活动正常进行。
4. **在进行针对"恶劣天气"的演习和消防演习时，要认真清点现场成人和儿童的人数。**在你撤离教室前，一定要清点一下人数，然后当你到达安全地点后，要再清点一次（当儿童感到害怕时，他们可能会藏在一个他们自认为安全的地方，而不是跟着大家一起撤离）。定期进行这样的演习能够使儿童懂得事件发生时应该怎么做。
5. **及时根据需要调整对材料、空间或设备的使用，帮助儿童实现社会目标。**在这方面，你可以做三件事：增加材料、设备或空间；去除或限制一些材料；通过一些方式调整空间的布局。在对环境进行整改时，参考本章中所确立的那些指导原则。

与儿童的家长分享一些有关布置环境的有益想法

1. **对家长提出的儿童身上表现出的有问题的行为，可以建议他们用调整环境布局的方法去解决。**通过合理布置环境来发展儿童的得体行为适用于家长遇到的许多情况。适用于小组环境的一些方法可以在稍加修改后用于家庭环境。下面就是一些非常典型的通过对环境的改造达到家庭和谐的例子。
2. **针对儿童的行为问题与家长分享下列建议：**
   - 上厕所：孩子可以很容易地走到厕所、脱掉衣服、方便且独立地坐在马桶上和下来吗？他们上厕所的时间固定吗？是不是总出现在同样的情况下，比如在户外玩的时候？可以考虑给孩子穿容易脱的衣服、在厕所增加一个凳子或者把提醒孩子的注意事项张贴出来。
   - 在车里打闹或大声叫喊：这些行为很容易让司机分心，因此是有危险的。家长可以在车里放一些玩具让孩子玩。其实，孩子在车里时可以做许多的游戏。
   - 兄弟姐妹间打架或者年纪大的孩子欺负年纪小的孩子：这种现象通常发生在年纪小的孩子闯入了年纪大的孩子的空间或者拿走了他们的物品时。家长应当给孩子们讲清楚哪些东西是个人的，哪些是共有的，以及它们分别存放的地方。同时，家长也要想办法避免让孩子在玩的时候互相干扰。
   - 整理游戏空间：这方面可以采用有关存放和日程安排的原则。事先需要提醒他们，在家里和在学校一样，游戏结束时要把环境收拾整齐，这样他们就能逐渐养成习惯。对于年幼的孩子，刚开始时要给予他们一些帮助，慢慢地他们就会记住东西放在什么地方了，也明白自己应当怎么做了。家里的架子和塑料收纳箱也应当是开放式的。

3. **当儿童要换所在的小组、房间布置有变化、日程安排有调整或者将增减设备和家具时，都应事先告知家长。**如果家长提前知道了这些信息，他们就能与教师一起安慰孩子。而且如果是他们自己发现了这些变化，他们有可能会不高兴，可如果事先就告诉了他们，他们一般是能够接受的。无论是在幼儿中心还是在学校，当儿童从他们非常熟悉的环境进入一个陌生环境时，儿童和家长都需要一个过渡期。幼儿园在学期中增设一个阁楼还是会让一些儿童和家长觉得不适应，虽然它本身是件好事。小组整体的变化可以以通知的形式告知家长，但如果只涉及个体的变化，则应亲自或打电话告诉儿童的家长。
4. **告诉儿童的家人在小组环境中合理的布局有助于儿童适当行为的发展。**在听了你的解释后，家长很可能在家庭环境中也采用同样的方法。比如，在教室里，让孩子们坐在一起玩有利于培养他们的友谊。在意识到这种身体亲密接触的效果后，孩子的父母就会考虑邀请住在附近的孩子来家里玩。把不同年龄的儿童玩的物品分开存放也是一个容易被家长采纳的方法。
5. **组织儿童的家长来机构参观，并参与儿童的一些活动，同时安排好他们抵达和离开的时间是一种有益的体验。**有些母亲要来幼儿中心给孩子喂奶，因此事先要为她们安排好一个隔离区域和一些带扶手的椅子。新转入的儿童的父母可能想多观察一会儿儿童的状况；但也有一些家长只是简单看一下就离开了；而那些愿意为学校活动做志愿者的家长会待比较长的时间。无论家长有怎样的需要，专业人员都应对他们的来访进行合理的安排，让父母、儿童和工作人员都感到满意和舒服。
6. **邀请儿童的家长参与维护和美化环境的活动。**定期邀请儿童的家长参与清扫院落或者修缮设施（这样的活动一年可安排 2 ～ 4 次，每次 3 ～ 4 个小时），这样做可以比找承包商或雇外面的人节省费用。这种活动通常由非营利机构组织，也可以由公立学校或公园出面安排。只要组织得好，成人会非常乐意参加的，而且他们觉得能为孩子所在的机构出一份力是很令他们自豪的事。
7. **请儿童家长为机构捐一些材料或设备。**像纸筒、抹布、盛食物的塑料托盘、婴儿用的食物罐、胶卷盒、包装纸、假日卡片以及许多在家里可能会被扔掉的物品在给儿童组织活动时都是有用的。家长们也很愿意把可能会被处理掉的旧衣服、计算机、玩具或多余的家庭用具捐出来。如果你想获得捐赠物，你应当给儿童的父母写一些非常具体的请求。
   - 清楚地列明可接受物品的状况，比如，“一个还能正常使用的玩具马车”“去掉商标的干净的婴儿食物罐”。
   - 在接受所有的捐赠时，要礼貌地逐一表示感谢。
   - 如果儿童的家长因为额外开支的原因不能或者不愿意提供捐赠，比如捐赠点心、蜡笔、纸张、胶水、铅笔、清洁用品等，千万不要为难他们，同时依然要确保所有的孩子都能平等地享用机构中的一切资源。

注意事项

在布置物质环境增强儿童的社会性发展时，有一些需要注意避免的地方。

1. **一次做出太多的改动。**儿童需要安全感和确定性。即使你认为一些重要的改动是有必要的，比如调整日程安排或者重新布置房间，但最好一次只进行一个变动。
2. **期望儿童立刻适应新变化。**对于日程和环境的重大调整，年幼的儿童比年纪稍大些的儿童更会感到困扰。有时候，当房间里增添了新的材料，对布局进行了改动或者日程安排有了调整时，孩子们会觉得有些混乱。这时，他们非常需要你的耐心和帮助，使他们能尽快适应新的变化，他们的活动也能更顺畅地进行。但这需要一定的时间，因此千万不要对他们感到“失望”。

3. **监督不到位**。永远不能让儿童处于无人看管的状况下。儿童有时会误用一些通常被认为是很安全的东西。哪怕你只离开一小会儿，危及儿童安全的情况都有可能发生。此外，儿童还可能会失去兴趣，结果做出不当的行为。
4. **在监督儿童的时候，对他们采用指令而不是引导的方法**。有时候，成人会更关注活动的结果而不是活动的过程。因此，他们倾向于自己做所有的决定，确定各种标准，并且事无巨细地告诉儿童做什么和怎么做。其实，这样的**指令**只有在涉及安全和健康的事情上才是最佳的选择。如果成人的指令过多，就会削弱儿童的自主意识、自信心和责任感。
5. **在让儿童做决定时加入你的选择，或者过早地对他们的计划表达你的想法**。成人倾向于替儿童安排计划，因此他们总是过早地给儿童提出建议。应当先让儿童提出问题，然后一起思考一下他们的想法，再问问他们对另一些想法怎么看。尽量让他们自己完善想法，同时丢弃那些不可行的方案。采用这样的方法，能够让他们意识到有许多想法可供考虑，即使有些被最终证明并不可行。如果越俎代庖就会影响儿童的自信心和他们对你的信任。
6. **给予儿童不必要的或过多的指令**。在儿童已经有能力应对一项任务时，成人有时还会给予他们过多的指令。这么做可能会导致儿童想设法避开成人，因此给他们的指令应当言简意赅。如果你不确定儿童是否知道怎样完成某项任务，你可以直接问他们。
7. **混淆了需要设定界限的情况和需要给出指令的情况**。如果一个孩子明白怎样做一件事情，或者知道你对他的行为的期望，但是选择拒不照办，那你就应当明确地告诉他界限，而不要一遍又一遍地向他重复指令，以期得到他的服从。但是如果一个孩子似乎不知道怎样完成一项任务，就有必要多向他重复几次相关的指令。这里的关键是根据儿童以前的经历和知识水平判断他的实际状况。
8. **以为儿童对日常安排已经很了解**。要学会区分儿童是不知道怎样做这件事还是拒绝做。儿童不可能自动学会穿衣、脱衣、洗手、把物品归回原处、去餐厅吃饭或者整理壁橱。当你在监督儿童的时候，应当教会他怎样正确地做某件事，而不要批评他付出的努力。有些指责是非常不当的，比如，“你妈妈什么也没有教过你吗？”“如果你做不好，就干脆别做了。”“你连擦桌子也不会吗？还是我自己干吧。”相反，你可以这样说，“你做得很吃力，我来告诉你怎么做，然后你肯定可以做好。”
9. **以为辅助人员对儿童的观察无关紧要**。辅助人员通常离儿童很近，能够对儿童在某个区域的活动和使用材料的情况看得非常清楚，因此将他们观察到的现象汇报给小组负责人是他们的责任，这样小组负责人才能做出更有效的规划。如果你是一位负责人，一定要鼓励其他辅助人员把他们看到的情况与你分享，并且使之成为你们常规工作的一部分。如果你是一位辅助人员，就要密切观察儿童的行动，并将你所看到的与负责的教师或其他负责人分享。

总　结

本章讨论的重点是为了实现提高儿童的社会能力这一目标，需要对他们所处的环境进行合理布置以及布置的过程。为儿童提供一个有效、愉悦的物质环境能够减少他们的疲劳感，增强他们独立行动的能力，并且有利于彼此间的互动。在小组环境中合理布置材料、家具和设备还能够减少彼此间不必要的冲突，为他们的学习创造安全的环境。制订计划并根据目标进行调整可能会很耗时，但它能让成人和儿童都感到满意。

整体的布置过程同样适用于对儿童的时间管

控。在这方面尤其要考虑可预知性和常规对儿童的重要性，因为它们为儿童提供了安全感，并且能够让儿童根据环境调整自己的情绪。过渡通常会令儿童感到不安，但也有一些策略可以帮助儿童表现出得体的行为。

布置的原则也可用于对材料的选择、存放和使用以及对空间的布局。环境布置得好坏对儿童与成人间的社会性互动有非常重要的影响。本章还列举了一些具体技能，它们涉及确立和改变房间的布局、督导儿童和有效地使用材料等，以及为了更有利于社交互动，怎样根据环境的需要增加或去除材料。

本章最后的注意事项部分特别强调了在改变环境时可能引发的问题，它们对儿童和成人来讲都具有挑战性，不过只要有耐心，并且经过反复实践，问题是可以避免的。

关键词

边界（boundaries，p.256）
布置（structuring，p.250）
大组空间（large-group space，p.255）
过渡（transition，p.265）
活动空间（activity space，p.254）
简单—复杂维度（simple-complex dimension，p.257）
开放—封闭维度（open-closed dimension，p.257）
侵入—隔离维度（intrusion-seclusion dimension，p.257）
日程安排（schedules，p.257）
软—硬维度（soft-hard dimension，p.257）
私人空间（private space，p.255）
小组空间（small-group space，p.255）
学习中心（learning centers，p.254）
移动性强弱维度（high mobility-low mobility，p.257）
指令（directing，p.274）

问题讨论

1. 解释专业人员为什么要对儿童所处的环境进行布置以及他们是怎样布置的，尽可能用最简单的语言进行叙述，这样即使是行业新手也能够理解。
2. 叙述一下你将怎样使用布置原则来应对一些容易出现问题的场合，比如混乱的场合、吵闹的场合或者从自由活动到听讲故事的过渡。
3. 为什么在不同的环境下，即使是相似的活动，秩序和效率的标准也会不同？
4. 讨论成人之间交流的意义，比如，如果有人对房间重新进行了布置或者对日程安排做了重大调整，是不是应该马上与其沟通？哪些方法能够促进彼此间想法的分享？在怎样的情形下，成人之间就环境布置的沟通会出现问题？
5. 讨论了解并且遵守一个可预知的日程表的重要性。为什么不能忽视它或者经常违背它？
6. 解释管控时间与儿童的社会性发展和情绪发展的关系。它在儿童的童年会起到很重要的作用吗？为什么？
7. 解释在小组活动中设立私人空间的必要性。
8. 回忆一下你的童年，你是否有过被拒绝做选择的经历？当时你有怎样的感受？你又有怎样的表现？成人有没有给你任何解释？他们当时有怎样的行为？
9. 给儿童的家人写一封信，请求他们为学校捐赠一些物品或者让他们参加学校的义务劳动。信应当写得友好并且能打动人，同时也要非常具体。与你的同事交换你们写的信，看看你们的信有哪些不同，并分析造成这些不同的原因。
10. 根据美国幼儿教育协会制定的道德行为准则，确定在下列行为中是否有不合乎道德规范的地方，并且说出对你的想法产生影响的具体原则和观点。
    a. 上班时迟到了 20 分钟，而且没有提前打电话告知校方。
    b. 没有及时报告操场的门坏了。
    c. 让一个学龄前儿童拿一壶很烫的水。

d. 为了抓紧时间整理，把不同种类的材料混在一起，随便放入一个收纳箱。

e. 在布置环境和安排活动时，没有考虑所有族群的成人和儿童，也没有照顾到那些身体有残障的儿童。

f. 在没有提前告知儿童家长，也没有让儿童有所准备的情况下，就把儿童从小班转到学前班。

案例分析

阅读附录一中埃尔莎这个双语学习者的案例，然后思考并回答下列问题：

1. 为了让埃尔莎感到放松，在进入教室前，教师对环境进行了怎样的布置？
2. 为了让她感觉更自在，并且有利于她的社会性发展，刚开始时，教师对她在教室的时间安排与其他孩子的安排有怎样的不同？
3. 为了让埃尔莎结识班上的其他孩子，教师从什么时候开始以怎样的方式安排孩子们两两配对一起玩？
4. 教师通过怎样的方式与埃尔莎的父母进行沟通？为了让她的父母对她产生积极影响，使她在学校的表现更出色，教师给她的父母提出了哪些建议？
5. 教师可以在教室里增加哪些内容来体现埃尔莎的文化背景？

课外作业

1. 督导一组正在从事简单活动的儿童，然后记录下你对他们和他们所处的环境做了哪些检查；对环境做了哪些调整；对儿童进行了哪些引导。对你自己的工作做出评价。
2. 观察儿童的一项活动，注意他们张贴出来的日程安排，然后将它与实际发生的情况进行对比。在实际活动中做了哪些调整？为什么？孩子们是怎么知道什么时候活动的内容会有变化的？详细描述过渡过程中发生的一切，注意成人说了些什么和做了些什么，以及孩子们有怎样的反应。
3. 参观一个童年早期教育项目，详细画出一个房间的平面图。列出房间的布置对于儿童的社会性发展有哪些可取之处和不足之处，并且在平面图上标出建议改进的地方。

检查你的做法

下面是一个对照检查表，作为一个刚入门的专业人士，你可以用它来检查自己是怎样实践这些技能的。你还可以在附录二中获得更多的观察教室行为的检测标准。

负责布置促进儿童社会性发展的物质环境的教师应当做到：

√ 提供一个事先准备好的、安全的环境。
√ 亲自参与每天教室活动的全部内容。
√ 展现出能够与教室里的其他教师合作与配合的能力。
√ 能够预见可能出现的问题，并且能采取措施防止它们的发生。
√ 始终全方位地注意环境。
√ 提前为儿童在一天中要做的重要改变做好准备。
√ 确保儿童所处环境的绝对安全。
√ 能够为儿童提供不同的活动内容。
√ 将一些任务分解成可掌控的几个步骤，让儿童逐一完成。
√ 给儿童提供一些适当的选择。
√ 要求儿童承担适当的责任。

第10章 培养儿童的自我调节能力：交流期望和规则

本章目标

在学习完本章后，你应该了解：

自我调节的定义以及它的发展过程。

发展对儿童自我调节能力的影响。

个体经历对儿童自我调节能力的影响。

不同的指导方式对儿童行为和生活态度的影响。

什么是个人信息以及应当在什么时候以怎样的方式使用它们。

怎样有效地使用个人信息与儿童进行互动。

NAEYC标准

1. 提高儿童的发展和学习能力。
2. 与儿童的家庭和社区构建关系。
3. 运用适应发展的教学法与儿童及其家人进行沟通。
4. 使用相关的知识来设计有意义的课程内容。

帮忙把积木放回原处。

打喷嚏时用袖子挡住鼻子。

轻轻地拍宠物。

等着轮到自己。

这是一些成人对儿童在成长过程中的典型期望。虽然世界上并没有统一的行为标准，但每个社会都会有一些像这样的保证别人安全并与他们友好相处的规则（Berns，2013）。成人在这方面对下一代肩负着主要责任，我们通常将此称为教给儿童得体的言行举止，而社会化则是我们对这一过程的另一定义。成人通过让儿童学会分享、礼貌待人和讲真话等好的行为来帮助其走向社会，同时也会告诫他们要避免推人、讲别人的闲话、随地吐痰和一个人拿走所有樱桃夹心巧克力等不当的行为。像这样正反面的教育对于儿童社会能力的发展起着至关重要的作用。

儿童的行为能在多大程度上达到社会期望将影响到他们在家、幼儿中心、学校和社区中的表现。开始时，成人在教育儿童识别对与错方面扮演着重要角色，但逐渐地，我们希望他们能变得更独立、并且能够在没有别人监督的情况下思考和约束自己的行为。如果做到了这一点，儿童就实现了人生发展过程中的一个里程碑——自我调节。

什么是自我调节

两个三年级的学生凯西和威廉急着赶去参加一个球类比赛。他们路过一大块新铺的草坪，上面还覆盖着稻草，旁边的牌子上写着“请不要靠近草坪”。凯西看了看四周，他很希望参加这次比赛，因此不想因迟到而失去机会。他看见周围没有别人，就迅速地穿过了草坪。

威廉内心也很着急，而且他也发现四周没有别人，可是他知道如果踩在新铺的草坪上就会毁了它。因此虽然他也受到抄近路的诱惑，但他最终打消了这个念头。他快步绕道前行，虽然这意味着得多花一点时间。

在上面场景中，那两个孩子都有过对警示标视而不见的想法。最后，凯西在诱惑面前投降了，因为当时没有人在场强调这个规则，也没有人帮助他做出更好的选择。他的推理和想法表明他仍不够成熟，而且缺乏自我调节的能力。与他相反，威廉控制住了想穿越草坪的想法。他决定绕道前行，因为他认为那样做是对的，而不是因为有人在监督他的行为。他的想法和行为就体现出他具备了自我调节的能力。

当人能够决定某些行为的对与错，并且愿意按照自己认定的想法采取行动时，就表现出了**自我调节**的能力（Calkins & Williford，2009）。正如你所看到的，那些能够控制自己行为的儿童会基于理智做出判断，他们也会考虑别人的感受，并且清楚地知道哪些做法是可接受的，哪些是不可接受的。他们不需要依靠别人告诉他们去做正确的事情，或者不要做不适宜的事情。这种程度的自我监督已经做到能主动采取一些行动，同时又遏制另一些行动。最终，儿童可以做到无须他人的指教就进行积极的社会交往，并实施有建设性的社交计划。他们能够抵御诱惑，控制负面冲动，并且在没有监督的情况下延迟满足（Rose-Krasnor & Denham，2009；Wagner & Heatherton，2011）。表 10.1 是这方面的一些具体事例。

自我调节能力是怎样发展的

自我调节能力的发展贯穿儿童的整个童年期，它是一个“由外到内”的过程。刚开始时，儿童需要依靠别人规范他们的行为，逐渐地，他们就能够自我引导了（Eisenberg，Smith，& Spinrad，2011）。在本章中，我们将这一发展过程称为从非道德定位到内化。

非道德定位（没有任何控制）

孩子出生时并没有对与错的概念，所以说他们是**非道德**定位的，因为他们既不能对自己的行为做出道德判断，也无法有意识地按照道德要求控制自己的行为。比如，小勒罗伊一有机会就要去抓妈妈的眼镜，他没有考虑到如果他把她的眼镜拿下来会给她造成不便，而且虽然妈妈皱着眉头告诉他停下来，他也完全不理会。这是因为小勒罗伊还不能理解父母的行为，也不懂得应当怎样控制自

表10.1 体现自我调节能力的事例

行为	事例
儿童进行积极的社会互动	沃尔特安慰拉托莎，拉托莎因为想念妈妈而难过。 在视听中心，迈克主动与一个新来的孩子合用一个耳机。
儿童实施有建设性的社交计划	马可斯想画水彩画，他想出了一个办法，即用粉笔换颜料，然后他就和另一个孩子进行了交换，达到了目的。 考特尼发现格雷厄姆正吃力地把一打呼啦圈拿到健身房，于是她走过去，从他手上拿了几个，并和他一起下楼。
儿童抵御诱惑	吴静走了好远的路才找到垃圾箱，然后把三明治的包装纸扔了进去，虽然她刚开始时也想过把纸直接扔在地上。 胡安把在走廊捡到的钱包上交了，虽然他曾动了自己留着的念头。
儿童遏制负面冲动	在足球比赛中，希斯把鲁本撞倒了，但鲁本克制住了自己的愤怒，没有回击对方。 理查德周末时剪了个很“难看”的发型，但拉瑞达控制住了自己，没有嘲笑他。
儿童延迟满足	卡拉等到特里西亚和别人讲完话才告诉她自己要去迪士尼乐园玩的这个好消息。 莱昂内尔等到每个人都拿到布朗尼蛋糕后才又拿了一块。

己的行动。

不过随着他渐渐长大，而且经历的事情也多了，这种完全缺乏自我控制的状况就会有所改变。大多数的幼儿和学龄前儿童开始学着对父母、看护人员和教师对其行为的引导做出反应。这种类型的控制被称为依从。

依从（外部控制）

依从是自我控制最表层的阶段，因为它需要依赖他人对其行为进行密切监管。童年时，儿童需要这样的外在帮助来学习什么是得体的行为。下面就是这方面的几个例子。

小勒罗伊的妈妈把她的眼镜放到他够不到的地方，这样勒罗伊就不能拿它了。

3 岁的纳里在教室里跑来跑去，这时老师走过来，抓住她的手，和她一起走到积木区，帮助她安静下来。

幼儿园里，两个孩子在操场上推推搡搡，抢着玩荡秋千，工作人员走过去，把他俩分开，这样他们就不能动手了。

儿童还能逐渐学会注意那些让他们做什么或不要做什么的语言信号，比如：

4 岁的加里一次拿了三块饼干，工作人员对他说，“记住，一开始只能拿两块。”加里听后就把其中的一块放了回去。

当纳里在教室里跑来跑去时，老师提醒她应该走，不要跑，她就慢下来了。

老师的助手告诉莫里斯当他想玩荡秋千时，应该告诉别人而不是推人，并且教给他怎样表达。于是莫里斯就对另一个孩子说，“下一次让我玩行吗？”

从上面这几个例子中可以看出，成人为儿童提供了他们自己尚不具备的控制力。

依从的另一种表现形式出现在当儿童为了得到成人的奖励或避免某种惩罚时所表现出的行为（Laible & Thompson，2008；Bear，2010）。比如，3 岁的汉娜已经有过无数次的“分享经历”了，每次当她主动将玩具拿给同伴或兄弟姐妹玩时，都会赢得微笑和夸奖；当然她也因为不愿意与玩伴分享或者从别人那里抢玩具而遭受过指责、皱眉和警告。基于自己的这些亲身经历，汉娜逐渐能够分清什么是可接受的行为，什么是不可接受的行为。但是仅仅凭借奖励和惩罚还不足以让她弄清应该怎样行动。在依从阶段，她并没有真正理解为什么分享是对的，她只知道这是人们所期望的。虽然她会把自己的蜡笔拿给一个同伴使用，但她这么做是为了得到表扬，而并不是真的考虑到了别人的需要。在这种情形下，当有成人在场时，她就可能与别人分享；可如果妈妈或者老师不在，她恐怕就很难与人分享了，甚至可能还会为保护自己的蜡笔而与别人动手。

这就是依从的局限性。依赖外部控制的儿童需要不断得到成人的帮助和监督，以确保他们的行为得当。如果这样的外部控制缺失，他们就会不知所措。因此，依从是儿童走向成熟过程中的重要环节，但它本身并不是终极目标。

这些孩子非常认同他们的老师，因此努力按照老师示范的做法清洗刷子。

认同（共同控制）

当儿童掌握了一定的行为模式，并且能够像他们喜爱的人那样行事时，他们就达到了自我控制的又一个更高级的阶段。在**认同**过程中，儿童会模仿他们生活中重要的人的行为、态度和价值观念（Kalish & Cornelius，2006）。儿童对一些期望的服从也反映出他们希望与某些人建立或保持令双方都满意的关系。无论是哪种情况，儿童所表现出的举止、谈吐和行为模式都是为了与他们崇敬的人保持更亲近的距离。

在这方面最典型的现象就是儿童对父母或其他家庭成员的认同。此外教师和看护人员也是他们认同的对象。总之，儿童能够认同的人必须是哺育他们成长并且有权威的人——通常是成人或者是比他们年长许多的其他孩子（Maccoby，2007；Bjorklund，2012）。

认同体现出儿童的发展，它已经不再是简单地为了获得奖励和惩罚，而为他们提供了许多将带他们步入成年的观念和标准。但是当儿童以认同为目的与别人分享自己的东西时，他们还是希望借此实现个人目标——确定他们与某个他们崇敬的提倡与人分享的人具有相似性，或者通过他们的行动取悦这个人。他们依然不明白分享本身所代表的公平性，也没有意识到别人的真实需要，而且处在认同阶段的儿童仍是凭着揣测别人在某种场合会有什么样的行动来决定自己的行为的。如果他们以前从未遇到过类似的情景，他们可能就不知道应该怎样做，并且也缺乏自己独立做出判断的能力。

内化（内部控制）

内化是实现自我调节的最高阶段。当人将一些期望看作他们自己的观点和个人价值观念的自然延伸时，我们就认为他们已经把这些期望内化了（Epstein，2009）。这些内化的模式指导着他们在各种情境中的行为。他们所做出的每一个行动不再是为了得到外部的奖励或者他人的赞许，而是为了避免遭受自我谴责。行为来自内化的人理解某些行为标准后面的推理，并且感到受道德的驱使，他们必须按照这些标准来行事，同时他们也能意识到有些

伊恩耐心地等泽维尔玩完，这是自我控制的一个范例。

行为遵循的是更大的价值观念，比如公正、诚实和平等。能够根据内化观念采取行动的个体已经考虑到了他们的行为对他人产生的影响。比如，已经内化了分享观念的玛丽亚会主动把自己的一些蜡笔拿给另一个孩子使用，这不是因为老师这么说了或者因为别人在观察她，而是因为分享在她看来是一件应该做的事，而且这种积极的行为也令她感到很开心，因为她很高兴让那个孩子也有机会画画了。同样地，伊恩很想玩电子鼓，可是泽维尔正在玩，于是他就在一边等着，看着泽维尔摆弄出不同的声音，后来终于轮到他玩了。他在不需要别人提醒的情况下能安静地等候就反映出了他的社会成熟度和自我调节能力。

儿童在将一个期望内化后，就懂得了在任何情况下应当表现出哪些合适的行为，即使是面对他们不熟悉的环境。了解了规则后面的道理就能让儿童学会权衡不同行为的利弊，然后选择符合他们观念的行为，这样就不需要别人长期监督了，而由儿童控制自己的行为。最重要的是，内化后的行为是能够持续的。那些把公正、诚实和公平作为自己信念的儿童会一直用它们指导自己的行动，即使在他们不再与某些成人接触、遇到诱惑或者哪怕违反规矩也不会被人发现时（Rose-Krasnor & Denham，2009）。因此，玛丽亚可能除了会与人分享外，还会表现出其他的亲社会行为，比如和他人配合或安慰人，因为她觉得帮助他人是一件“正确的”事情。伊恩则也可能在其他场合表现出耐心和延迟满足，因为他认为让每个人享有“公平的”机会是非常重要的。

图 10.1 对非道德定位、依从、认同和内化进行了归纳总结。

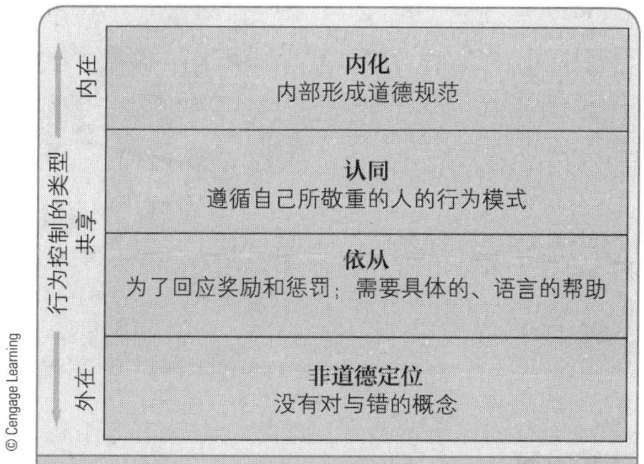

图 10.1　各种定位直至自我调节

学习自我调节是一个渐进的过程

儿童需要花许多年的时间才能做到内化自己的行为，学龄前儿童的自我调节能力远远低于上小学高年级的学生（Epstein，2009）。虽然年幼儿童有时候也能服从一些简单的要求和命令，但大多数时候，他们还得依靠外部控制来指导他们的行动。由于儿童总是先与养育他们的成人建立起亲密关系，所以认同会逐渐成为他们发展过程中的一个重要因素，促使他们仿照某种方式行事。再经过一些时间（这个时间的长短是无法预知的），越来越多的儿童会表现出他们已经内化了一些普通规矩，比如，在餐桌旁轮流拿取食物，或者经过走廊时用走路的方式而不是跑。到小学后期，儿童的自我调节能力已经有了极大的提高，无论是在一般环境下还是特殊环境下，他们都能够很好地控制自己的行为（DeVries & Zan，2003；Siegler，DeLoache，& Eisenberg，2011）。

在发展自我调节能力的过程中，每个儿童的节奏和达到的程度是不一样的

虽然我们知道随着儿童的日渐长大，他们的自我调节能力会越来越强，但是在他们从非道德定位阶段向更高级阶段发展的过程中，并没有严格按照一个与年龄密切相关的时间表。相关的研究支持儿童会在成长中不断取得进步这一事实，但也明确指出在发展自我调节能力方面，孩子们的节奏和所达到的程度是大不一样的（Kochanska & Aksan，2006；Bear，2010）。比如，4 岁的露西尔在分享方面可能需要非常具体的帮助；而桑德拉，虽然也是 4 岁，却只需要口头提醒一下。卡尔可能要花数月甚至数年才能学会克制自己不要跟嘲笑他的人动手；而约瑟夫却很快就能做到这一点。在童年，这样的行为差异是很正常的，这就意味着你遇到的儿童所表现出的自我调节能力会有极大的不同。

发展对自我调节能力的影响

许多发展性因素可以解释为什么儿童的自我调节能力会随着年龄的增长而提高，这其中最重要的就是儿童在情绪、认知、语言和记忆力方面的发展。

情绪发展

对于行为的正确与否，情绪能够给予儿童非常强烈的内部信号，而当他们学着关注这些信号时，他们监督自己行为的能力也加强了。对自我调节能力最具影响力的两种情绪是内疚和共情（Kochanska & Aksan，2006；Eisenberg，Fabes，& Spinrad，2006）。**内疚**感提醒儿童，他们当下、以前或计划中的行为是不可取的。这样的感觉就像刹车一样，能让儿童安静下来或者重新思考自己的做法。**共情**传递的却是相反的信息，它需要通过设想自己经历了同样的感受而理解别人的情绪，这就要求儿童对别人的感受主动做出积极的反应。比如，一个孩子在安慰另一个不高兴的孩子，或者为了不让他失望而主动与他分享自己的玩具或一起轮流玩，这些都是共情的具体表现。儿童从 3 岁开始就具备了内疚和共情的能力（Pinker，2008），但是需要靠发生的不同事件来唤起这些情绪。

内疚

引发内疚情绪的情境从幼儿时简单、具体的事件发展到青少年期后期抽象、复杂的情形(Thompson，2006)。刚开始的时候，孩子会为自己的过失感到内疚，即那些违反了已知规则和别人期望的行为。把牛奶洒在了地上、玩玩具时把它弄坏了或者从同学那里偷拿了某个东西都属于会令儿童在童年早期感到内疚的典型事例。到了小学阶段的后期，当他们的不当行为影响了别人的情绪时，他们也会感到内疚。比如，上五年级的托马斯看到别的同学在操场上嘲笑一个孩子而他自己一点也没有制止时，就觉得很内疚。上中学以后，越来越多的青少年会因为没有履行自己的责任而内疚，比如上学前忘记遛狗，或者没能达到自己给自己制订的目标，像加入田径队或考试得到某个分数（Mills，2005）。随着儿童日趋成熟，令他们感到内疚的事情会更侧重于没有实现个人目标，而非没能达到他人的期望。这样的转变过程会让他们加强自我调节所需的内在控制力。

共情

共情也始于生命的早期（Thompson & Goodman，2009）。比如，许多婴儿会在看见或听见其他婴儿哭时也开始哭，在别的婴儿笑时他们也会跟着笑。也就是说，婴儿会受其他儿童的情绪感染。1—2 岁时，婴儿的模仿反应会发展成为对某个人更为真切的感受。在这个阶段，儿童还意识到了他们需要做出一些行动反应。比如当一个孩子因摔倒而哭泣时，另一个孩子会轻轻拍他。在学龄前后期和刚上小学时，儿童对别人的需要和痛苦有了更客观的评价（Eisenberg et al.，2006）。他们开始发现别人会有与自己不同的情绪反应，并且能够用各种不同的方式为他们提供安慰和帮助。等儿童到了 10—12 岁时，他们会对那些与自己没有直接关系的人也产生共情，如无家可归的人、残障人士和自然灾害的受害者。这种对别人痛苦的敏感性也使他们的自我调节能力得到了发展。

耶马挑选玩具时的快乐情绪感染了拉莫内，这就是共情的表现。

认知发展

儿童区分得当和不得当行为的能力与他们的认

知能力的发展是同步的。随着他们认知能力的发展，他们内在地规范自己行为的能力也增强了。儿童的是非观念的改变、对他人观点的理解以及认知方面的单维注意和不可逆性的特点都会对其自我控制能力的发展产生影响。

儿童的是非观念

在幼儿阶段，儿童需要通过外界的奖励和惩罚来判断自己的行为或者其他孩子行为的对与错。如果因与人分享而受到表扬，他们就认定这是一个好行为；而当他们因在图画书上乱写遭到纠正时，他们就知道这是一个错误的做法。随着他们经历的事情日渐增多，他们还发现对每个过失的处理也有不同。

到三四岁时，儿童发现打自己的妹妹遭到的惩罚远比没有洗干净手就去餐桌上吃饭受到的指责严重得多。在有过若干次这样不同的经历后，儿童开始认识到了**道德错误**（撒谎、偷窃、伤害他人）与**违反社会常规**（在餐桌上举止不当、不会礼貌地与人打招呼、握手时很粗鲁）之间的区别了（Smetana，2006；Yau & Smetana，2003）。等到他们上幼儿园时，儿童已经明白，伤害别人和损坏别人的财产（比如，打人或摔坏东西）或者侵犯别人的权利（比如，不给某人机会或者分配东西时不公平）都是“非常错误的”行为（Turiel，2006）。而另一方面，儿童会认为那些不合乎社会常规的行为（比如，忘记对别人说“请”或者没有把玩具归回原处）“不是非常严重的错误”。但对于这两种情况，他们都只能考虑现场的状况，他们尚不懂得思考自己当下的举动会在今后对他人或他人的财产产生怎样的影响。

年纪再大一点的儿童（8 岁以上的儿童）在思考规则和他人的期望时会开始使用更为复杂的推理过程。他们对伤害性行为的定义已经超出了身体动作的范围，将对他人造成的心理影响也考虑进去了，比如，伤害了别人的感情、泄露了别人的秘密或者辜负了别人的信任等。他们也认识到，维护社会秩序对于保护个体和集体权利的必要性。这个年龄段的儿童在判断一个行为的对与错时已经可以将眼下的结果和长期的影响放在一起考虑了。因此，四年级的儿童会意识到比赛时作弊从短期来看是有利的，因为可以在比赛中获胜，但最终会让你和你的团队丧失名誉，所以，作弊是一个“错误的”选择。

读一下要点 10.1，看看孩子们是怎样看待他们日常行为中的对与错的。

要点 10.1

道德思考与道德行为的关系

想的和做的并不总是一致的！

当大家围坐在一起时，威尔逊小姐问一组 3 岁的孩子，“用打人的方法得到你想要的东西对吗？”孩子们异口同声地回答道：“不对！”威尔逊小姐又问，“与别人分享对不对？”，孩子们又齐声说：“对！”大家还一起鼓掌表示赞同。

类似这样的对话表明，即使是很小的孩子也懂得一些道德标准，比如人的幸福、公正以及应当维护的权利。事实上，这是全世界儿童共有的道德定位（Neff，Helwig，2002）。但是，在童年期知道什么是对的和只做对的事情并不是一回事。年幼儿童都比较冲动，他们的行为并不总接受理性思维的指引。因此，在轻松的环境中所说的内容在遇到具体的情况时会很快被遗忘。这说明对于学龄前儿童和刚上小学的学生来讲，道德思考与道德行为之间的联系是很弱的。只有当他们日趋成熟，并且获得了本章提到的发展性理解能力和方法后，正确的思考与正确的行为间的关联才会变得越来越牢固。

观点采择

为了有效地与他人互动，并且在面对某个具体情况时对自己的行为做出准确判断，儿童必须了解别人的想法、感受和经历，这需要他们在头脑中构想出别人眼中的世界（Epstein，2009）。这就是所谓的**观点采择**，即考虑别人观点的能力。它在年幼的儿童身上尚未得到充分发展。与发展的其他方面一样，儿童需要逐渐从简单的、以自我为中心的想法发展到能够理解更复杂的、从他人的角度出发的观念（Johansson，2006）。

总体来讲，3 ~ 6 岁的儿童尚不能意识到自己以外的别人的想法，因此他们常常很难做到换位思考，特别是当别人的观点与他们自己的想法发生冲突的时候。儿童错误地以为，他们对事情的理解是具有普遍代表性的（“我觉得用这些积木建一条路是个好主意，你也必须这么想。”）。

在 6—8 岁时，儿童开始觉察到别人对事情的看法可能会与自己的有差异，但是他们仍认为出现这种差异是因为每个人得到的信息不一样。（“如果你知道我们这条路上能有多少辆车通过，或者我们建的这条路有多宽，或者我们能在这条路上再加一个令人惊叹的隧道，你肯定会同意建这条路的。”）他们还是难以真正理解别人有不同的想法。

8 ～ 10 岁的孩子能够意识到即使他们与他人拥有一样的信息，彼此的观点也可能完全不一样。不过他们倾向于将自己的想法与他人的想法分开来思考，这就使他们很难应对面对同一个问题出现不同想法的局面（“我认为我们应当平分这些票，可是杰瑞米说这不公平，这真是麻烦啊”）。

而 10 ～ 12 岁的儿童不仅能理解自己与他人有着不同的观点，而且能同时考虑两者的不同之处。同时，他们既能发现别人当下是怎么想的，也能揣测他们以后可能会有什么样的想法。这些新具备的能力能够帮助儿童决定在各种场合应当有怎样得体的表现（“杰瑞米和我对于怎样解决这个问题有不同的想法。如果我坚持我的想法，就可能对杰瑞米造成伤害。我们应该把我们的想法综合起来考虑，或者我们可以先尝试其中一个，再试另一个，看看哪个更好。”）。

表 10.2 总结了儿童观点采择能力的发展顺序。

表10.2 观点采择的发展顺序

3—6 岁	6—8 岁	8—10 岁	10—12 岁
别人看待世界的观点和我的都一样	如果我们拥有同样的信息，你就会和我的想法一样了	我可以理解多种观点，但每次只能思考其中一种	我可以同时理解和思考多种观点

单维注意

儿童小的时候倾向于只关注事情的某个主要方面，而忽略了其他大多数方面 (Shaffer，2009)。这种现象被称为**单维注意**，它限制了儿童纵观全局的能力和面对问题思考不同的解决方案的可能性，因此，年幼儿童对事情的认知是有限的，而不是全面的。这也就解释了为什么儿童会反复尝试那些失败的方法（比如，尽管别的孩子已经拒绝了，可有的孩子还会不停地恳求），以及他们为什么不能在互动时将注意力从一个方面（“她把我的积木打翻了”“他拿了所有金光闪闪的颜色”）转向另一个方面（“她其实是想帮我把积木搭得更高”“这里还有其他闪亮的颜色可供挑选”）。

即使儿童意识到抱怨之类的行为不妥当，他们也不能够找到比这更好的其他办法。儿童越小，情况越是如此。同样的，对儿童来讲，情境中的情绪因素越多，他们就越难想出其他的方法。只有在儿童遇到越来越多的有多种观念和多种解决方法的情况后，他们才能逐渐学会去除单维注意。如果成人能够向儿童建议不同的选择，或者和他们一起做头脑风暴，思考类似情境中出现过的合适的方法，就可以帮助他们加快这一进程（Goleman，2006）。这样的帮助在儿童进入青少年期前一直都是非常有益的。

不可逆性

年幼的儿童和学龄前儿童不会自动想到其行动的反面（Shaffer，2009），也就是说，他们的想法是**不可逆**的。这意味着他们无法想到自己正采取的行动的反向行为。如果他们正在做推这个动作，他们就不会想到拉；如果他们正伸手拿某个东西，让他们把手收回来就是一个挑战。让年幼的儿童立即停止一个正在进行的行为也很不容易，比如，如果一个孩子正在打人，他很可能要完成这个动作后才能把手收回来或者放在身体两侧。从詹妮芙在美术课桌旁对看护人员的指令的反应就能明显看出她的行为的不可逆性。

3 岁的詹妮芙正忙着把干树叶粘到她的拼贴画上。当她极力想抓住胶水瓶的瓶底时，她把整个瓶子翻倒了，胶水流了出来。看护人员对她说，“不要反着拿瓶子”，可是詹妮芙继续只管粘自己的东西，胶水则不停地往外流。

在对詹妮芙发出提醒时，成人以为她懂得怎样把瓶子正过来。对成人来讲，不要反着拿瓶子就意味着要把它拿正，这是显而易见的事情，可是年幼儿童由于经历不够，无法想象怎样把一个正在进行的动作调换方向。因此，成人必须通过给儿童做示范或者告诉他们怎样做来帮助学龄前儿童纠正其不当的行为。对处在陌生环境中的大一些的儿童也需要这么做。比如，如果成人对一个上小学的儿童说，“不要在走廊里跑”，儿童就会停下来或者慢下来；可是如果他们身处一个新环境或者周围都是他们不熟悉的情况，他们就不一定会很好地配合了。

语言和记忆的发展

儿童自我调节的能力不仅受到其情绪发展和认知能力的影响，语言、自言自语和记忆也在这一过程中发挥着重要作用。

语言

儿童早期语言习得的惊人速度对其内部行为控制能力的发展意义重大，这是因为语言能够帮助儿童理解为什么要制定规则，并且为他们以社会可接受的方式实现自己的目标提供了更多的途径。到 3 岁的时候，大多数儿童已经掌握了大量的词汇，同时可以用语言表达他们的基本需要。不过他们并不总能成功地对别人的言语指令做出回应或者准确地告诉他人他们的想法（Jalongo，2008）。因此，年幼儿童有时候仍会使用肢体动作进行交流也就不足为奇了。他们可能会抓人、推人、不理人、扭动身体甚至打人，而不是用语言表达自己的想法。出现这种情况时，成人要告诉他们应当怎样表达，这对他们是很有帮助的。

上小学以后，儿童学习语言的能力更强了。他们可以越来越顺畅地告诉别人他们的想法，同时也能很好地理解和回应他人发出的言语指令、要求、解释和推理（Marion，2011）。最终他们会发现语言是最令人满意和最准确的交流方式。到了这个时候，他们的肢体动作就自然而然地减少了。不过在这个阶段，如果遇到情绪激烈的场合或者他们不熟悉的环境，在选择用词时，他们仍需要成人的指导。

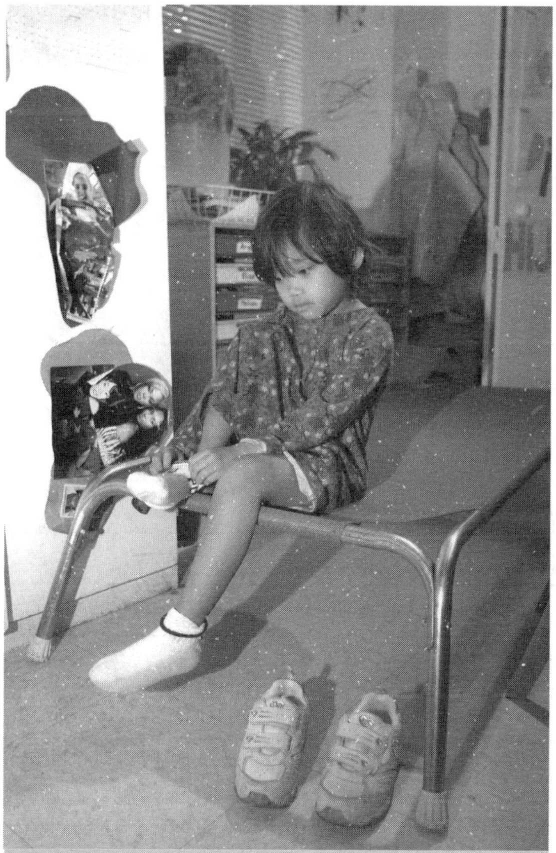

玛塞拉用自言自语的方法提醒自己怎样穿袜子和鞋。

自言自语

儿童可以通过**自言自语**的方式来规范自己的行为（Bodrova & Leong，2007；Winsler，Naglieri，& Manfra，2006），即他们会用对自己大声说话的方法来消除挫败感、延迟满足或者提醒自己遵守一些规则。奥尔加坐在写作中心处，自言自语地说道：“嗯，我需要什么呢？我知道了，纸、笔和尺子。”阿巴斯正在搭一个模型，当他快要失去耐心时，他轻轻地反复对自己说，“慢一点，别着急，你会成功的。”这样一种说话方式在儿童的童年早期和中期是极其常见的。对 3 岁以前的儿童来说，正常的发展进程就是不断重复他们听到的声音。4 ～ 8 岁的儿童会大声地把他们与行动有关的想法说出来，他们会用完整的短语说出他们的计划和具体做法。等儿童到了小学后期，他们会用几乎听不见的声音咕哝一些单个的词语 (Winsler & Naglieri，2003)。对儿童在解决问题时的表现的研究表明，如果问题特别难，他们自言自语的时候就会特别多，而且在他们给予自己命令后，他们的表现会有明显的改善（Bailey & Brooks，2003；Winsler，Nagieri，& Manfra，2006）。到了青少年期，自言自语变成了不再发声的内在讲话，这种方式将一直伴随他们的生活，用来安排和规范他们的日常活动。虽然自言自语是一种自然出现的现象，但成人可以利用它来帮助儿童控制自己的行动。

记忆技能

记忆是影响自我调节的另一变量。虽然科学家们尚未确证记忆力会逐年增加，但随着儿童年龄的增长，他们的确可以更好地使用他们储存在记忆中的信息来决定他们接下来要采取的行动。渐渐地，他们就不再需要别人来示范或告知他们应当如何应对每一个新出现的情况了，而会运用自己记忆中的信息来指导他们的行动（Bjorklund，2012；Golbeck，2006）。这意味着在教育机构与儿童打交道的教师应该预料到儿童偶尔会“忘记”一些规则，或者有时会不知如何在陌生环境中做出适当的反应。从幼儿期到八九岁，儿童经常需要他人关于规则和程序的提醒，并且在常规情况发生变化或者引入新的活动时，要给他们清晰的解释。

年纪大一些的儿童可以从时常温习规则中获益，因为这样他们就能记牢它们，而不再需要成人的帮助了。表10.3对上述内容进行了总结。

经历对自我调节能力的影响

由于大多数儿童都经历了前面提到的发展性变化，并且能够内化其中一些基本要素，但是他们在符合社会期望方面的表现不尽相同。这其中的原因就是他们各自的经历存在着很大差异。儿童从他人那里通过直接指导、观察、强化和惩戒等方式学到了社会规则（Thompson & Twibell，2009）。婴儿和学龄前儿童主要受到与他们有着积极关系的父母或其他成人的影响；而上学以后的儿童还会受到同伴的影响。

直接指导

正如本章前面所述，成人通过使用动作和言语控制来规范儿童的行为，这就是**直接指导**。起初，成人主要依靠身体干预来确保儿童的安全，并帮助他们学习与他人相处。他们会把争吵的兄弟姐妹分开，把危险品放到儿童够不着的地方，从儿童手中取走禁止他们玩的东西，拦着他们不要去车水马龙的路上乱跑等。通常，这些动作伴随着一些简短的口头指令，比如，“停下来”“不行”“把它给我”或者“等我一会儿”。渐渐地，身体干预会被更多的语言指令和警告取代，因为儿童已经可以听懂它们并做出相应的反应了。表10.4里列出了成人发出指令的典型案例。口头指令是告诉儿童什么是得体的行为、什么是不当的行为以及应当怎样纠正的最快捷的方式，如果把它们与示范结合起来，效果会更加显著。

示范

成人可以通过自己的行动把行为准则**示范**出

表10.3 儿童的发展与教师培养其自我调节能力的关系

由于儿童在这些方面存在不够成熟的自我调节能力……	所以教师应当……
内疚	与儿童讨论他们的行为会对他们自己和别人产生怎样的影响
共情	就儿童自己及他人的情绪与他们展开讨论，并且指导儿童怎样对情绪做出回应
是非观念	向儿童解释期望和规则的原因
观点采择	帮助儿童意识到他们对世界的看法可能与别人的看法一致，也可能有差异
单维注意	帮助儿童形成全局观念，并且提醒在解决问题时应该思考多种方案
不可逆性	向儿童示范应当怎样做，并且用积极的语言叙述他们应当遵守的规则
语言	给儿童讲道理；在出现问题时与他们交流；必要时可以为他们提供具体的帮助，并且告诉他们应当怎样表达
自言自语	允许儿童大声说出他们的想法；在他们自言自语时给予一定的引导
记忆	提醒儿童记住相关的期望和规则

表10.4 成人发出口头指令的事例

告诉儿童什么是对的、什么是错的：	"你们可以一起玩球，也可以轮流玩。"
"如果你揪猫的尾巴，它会疼的。"	"如果你想点别的事，时间会过得快一些。"
"和别人一起玩你的玩具。"	**纠正儿童的行为：**
"偷东西是不对的。"	"到外面玩，不要在室内拍球。"
告诉儿童期望的标准：	"那个勺子太大了，试试这个。"
"轻轻拍小猫。"	"你可以告诉他你很生气，但不能咬人。"
"把你的玩具归回原位。"	**告诉儿童他们的行为对他们自己和别人有怎样的影响：**
"亲亲奶奶。"	"他打你是因为你先打他了。"
限制儿童的一些行为：	"每次当你嘲笑她时，她都会哭。"
"荡秋千的时间还有最后 5 分钟。"	"马丁先生真的非常感谢你帮他打扫落叶。"
"在开始画画前，先穿上罩衣。"	**告诉儿童别人会怎样看待他们的行为：**
"使用纸巾，不要用袖子。"	"梳梳你的头发，否则别人会以为我没有照顾好你。"
给儿童提供一些达到设定标准的方法：	"如果他和你打招呼，而你却不理他，他会认为你不喜欢他。"
"你可以把所有的大盘子摞在一边，把小盘子摞在另一边，就像这样。"	"如果你忘记说'谢谢'，别人就不知道你很感谢他们为你做的事情。"

来（Fox & Lentini，2006）。按时归还从图书馆借的图书、照顾受伤的小动物或者在晚餐前抑制住吃糖的想法等都向儿童传递了什么是可取的行为的信息。在教育儿童对与错时，树立一个好榜样是至关重要的。事实上，示范积极的态度和与人互动的建设性方法是唯一的、同时也是最有效的向年幼的儿童传授各种社会能力的途径（Thompson & Twibell，2009）。

向孩子演示怎么做，同时用语言进行解释是最有效的示范方式。

儿童天生就会模仿他们看到的大部分行为，但是只有当示范的行为对儿童来讲显而易见时，它才能实现效果的最大化。也就是说，当示范人与他们进行互动或者其行为直接指向他们时，儿童更容易学会模仿示范者的做法（Kostelnik，2005）。这样的辅导方法可以帮助儿童觉察在其他场合他们可能会忽视的重要细节。比如，如果你示范的目的是让儿童懂得应该怎样对待小动物，最好的方法就是与他们在一起，一边向他们示范你的动作，一边用语言加以描述。"看，我正在轻轻地摸这只豚鼠，这样我就不会伤到它。你们看我是多么轻地抚摩它的背。"如果只是给他们示范动作，但没有加以解释，儿童以后还是不会知道应该怎样模仿这些行为。

如果成人希望儿童注意某人正在抵制诱惑或延迟满足时，对他的行为辅以口头描述尤其有意义，因为这些都是一些比较细腻的行为，如果没有人向他们指出来，儿童通常是不会觉察到的。比如，这位老师就把她所看到的说出来，帮助儿童意识到雷蒙德正在努力延迟满足，"虽然学生字典可以随时取用，但雷蒙德还是很想用那本带插图的字典，于是他决定等卡伦用完后再接着用。"这样的叙述对帮助儿童将示范者的行为转化成他们自己的社交方式有着很大的促进作用。

强化和消极结果

除了指示儿童应当采取怎样的行动并向他们示范得体的行为外，成人还要向儿童强化好的行为和惩戒那些不可被接受的行为。**强化**意味着要让儿童看到某个行为的结果，从而增加他们在其他相似的情况下重复该行为的可能性。**消极结果**则是为了减少儿童重复某个不受欢迎的行为的可能性。虽然强化和消极结果的原则总的来说已经非常清楚了，但要适当地使用它们并不容易，因此本书的第11章将专门探讨这两种技术的具体操作。在这里，我们只需先意识到儿童会因自己的行为而受到奖励或产生消极结果，而且它们对于自我调节能力的提高也起着非常重要的作用。

发展与经验的结合

儿童每天经历的个体之间的互动有助于他们在头脑中构建一幅独特的图画（Cole & Dodge，1998；Goleman，2006）。也就是说，儿童会在脑海中绘制自己的经历图，并且记录下哪些行为令他们感到内疚，哪些行为让他们感觉很好，哪些行为使他们受到了表扬，哪些没有令他们受到表扬，以及这些情形会在怎样的情况下发生。渐渐地，这幅图会变得越来越大，也越来越复杂。在经过相当的时间后，他们会对这些与日俱增的经历进行分类，并对它们加以区分。他们会从这些经历中获取信息，并将相关的行为用于今后合适的场合，而不再依靠别人的指引。此外，他们日益发展的能力使他们能够更准确地理解他们收到的暗示，并对这些暗示做出各种不同的回应。最终，他们在监督自己的行为方面会变得越来越有效果。

渐渐地，儿童也能从其他同伴那里理解哪些行为是可取的，哪些是不可接受的。将与成人的经历和与其他同伴的经历结合起来能让他们的自我调节能力提高得更快。因为与成人的互动让儿童理解了责任、义务和尊重；而与其他同伴的关系则让他们亲身体会了合作和公正。这些在不同方面的认知导致儿童得出了整体的看法，那就是，与成人在一起时应当顺服，而与同伴在一起时需要互惠，比如分享或轮流。本章和下一章将重点关注成人在帮助儿童获得自我调节能力方面能起到的作用。

成人对儿童的引导方法

两个学龄前儿童骑的三轮车在车道上撞在一起了。这本来是一个很开心的活动，现在却令场面变得紧张和失控了。

1号成人：严厉地对孩子说，“别再撞了，赶快停下来！”

2号成人：想了一会儿后说，“他们自己能搞定，孩子们经常遇到这种情况。”

3号成人：几乎没有注意到孩子们的行为。

4号成人：走过去把两个孩子拉开，用镇定的语气对他们说：“本来骑车是很有趣的，可是现在它变得不安全了，我真担心你们会被撞伤。咱们来想想应该怎样使用这条车道。”

上面这四个成人表现出了对儿童不同的引导方法。即使所有的成人都是通过指导、示范、奖励和消极结果的方式来教导儿童的行为的，他们在如何结合这些方法和怎样使用它们方面仍存在着很大的不同。对这些不同方法的研究自20世纪60年代就开始了，截至目前的研究发现，成人所采用的各种社会化策略对儿童的性格发展以及他们是否能凭着顺从、认同或内化而服从规则产生了极其重要的影响。这方面的短期和长期效果都获得了充分的证据支持（Eisenberg et al.，2011；Kochanska et al.，2008）。虽然大多数研究更侧重于父母与儿童的关系，但其他的成人与儿童的互动，包括儿童与教师的关系，也有所涉及。研究得出的大部分结果是非常相似的。

在一系列具有里程碑意义的研究中，研究人员确定了成人普遍使用的四类引导方法：专制型、放任型、冷漠型和权威型（Baumrind，1967，1991；Maccoby & Martin，1983）。这四种类型迄今为止依然是研究时的对照标准（Eisenberg et al.，2011）。每一种类型的引导方法都具有其典型的成人态度和在控制、对成熟的要求、沟通和培养方面的实际行为。

- **控制**是指成人使儿童服从他们期望的方式和程度。
- **对成熟的要求**是指所设定的期望的高度。
- **沟通**是指给儿童在行为方面提供的信息。
- **培养**是成人对儿童表达关心和照顾的程度。

图10.2描述了这四种类型的引导方法在上述方面的侧重程度。专制型成人对儿童有极强的控制，同时对他们的成熟程度的要求也很高，但给予

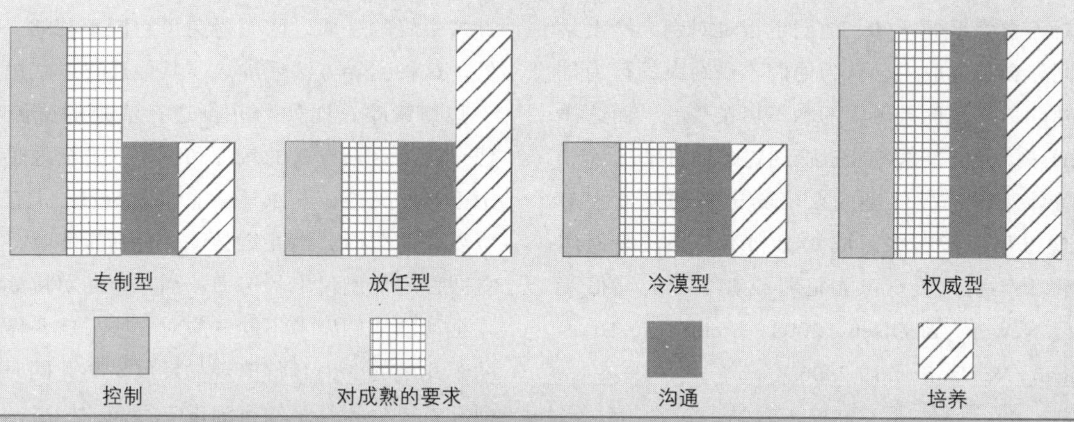

图 10.2　专制型、放任型、冷漠型和权威型的不同态度和做法

他们的沟通和培养非常低。放任型成人对儿童的控制和成熟的要求都很低，与他们也没有很多沟通，但对他们非常呵护。冷漠型成人在这几个方面表现得都很弱。而权威型成人在每个方面都很投入并对儿童有很高的要求。虽然很少有成人会只表现出单一的类型，但他们的行为在大多数时候仍具有明显的倾向性。了解每一种类型的特征以及它对儿童产生的影响有助于你形成自己的工作模式。

专制型

“按我告诉你的去做。”“因为我这么说了，所以你就得这么做！”

这样的命令是**专制型**的典型特点。采用专制型引导方式的成人认为儿童无条件服从是最重要的。为了让儿童达到他们设定的高标准，成人会时刻关注儿童对规则的执行，而不愿花时间与儿童进行交流。在他们看来，给儿童解释和推理无益于他们自己在儿童面前绝对权威的形象。如果儿童违反了规则，他们会马上采取极其严厉的措施，通常是嘲讽、羞辱或体罚。毫无疑问，专制型成人与儿童的关系是冷淡和疏离的，而儿童也会把这些成人看作只会找茬而忽视他们所付出的努力的苛刻的监工。这种完全通过权力对儿童进行控制的做法导致儿童只会依靠成人去辨别是非（Eisenberg et al., 2011；Dodge，Coe，& Lynam，2006）。在这种情形下，儿童遵守规则只是出于恐惧或盲从，而非对他人的共情或关切。这就严重妨碍了他们发展内化所需的推理能力和情绪的敏感性。此外，大多数时候，只与专制型成人互动的儿童普遍会变得不友好、多疑、怨恨和不开心。他们无法正常发挥自己的潜能，不愿与同伴接触，行为不当，甚至会表现出一些极其出格的行为（Kochanska et al.，2002，2008）。

放任型

“我爱你！你想干什么都行。”

放任型成人与儿童的关系非常深厚，同时对他们的行为几乎没有任何约束。他们与专制型成人的做法截然相反。他们为了与儿童建立关系，不惜放弃引导他们走向社会化的必要行动。他们将自己视为儿童的爱的源泉，而不是负责塑造他们现在和未来行为的引路人。他们或者因为觉得外部控制会制约儿童的发展，或者因为不知道该怎样让儿童服从，所以就无限制地接纳儿童的大部分行为（Oyserman et al.，2005）。放任型成人对儿童几乎完全听之任之，他们无视儿童的违规行为，很少提出要求，也不让他们为自己的行为承担责任。如果遇到非管不可的情况，他们最常使用的方法就是暂时不再向儿童示爱了（“我不喜欢伤害别人的孩子”）。

遗憾的是，用这种方法培养出来的儿童无法将好的行为内化，因为他们几乎没有得到任何暗示来让他们意识到哪些行为是适当的，哪些是不可取的，而且他们也无法在头脑中根据自己对日常事件的处理形成一定的指导原则和策略。此外，由于缺乏对因果关系的认知，他们也很难对别人产生共情。同伴和其他成人会认为他们不受约束的行为是不成熟的、不替他人考虑的和不可接受的，而这样负面的评价又会令这些儿童感到焦虑和自卑。

总体来讲，放任型成人培养出来的儿童大多会表现得很孤僻、缺乏成就感和不开心。等他们到了青少年期，很有可能犯罪或者学习成绩很差（Hart，Newell，& Olsen，2003；Steinberg，Blatt-Eisengart，& Cauffman，2006）。

冷漠型

"随便。"

冷漠型成人对他们看护的儿童漠不关心。他们与儿童的互动很少，也不愿意指导他们的社会行为。这些成人比较自私，只关注自己的需要，全然不顾儿童的需求。他们的这种极端自我的表现往往是由抑郁或压力导致的。不论出于什么原因，冷漠型成人的行为导致了与放任型方法同样的后果（Collins & Steinberg，2006；Kochanska et al.，2008）。

更为糟糕的是，由于缺乏放任型关系中的儿童能够得到的照顾，这些儿童在与同伴和其他成人相处时会更孤独，出现的问题也更多，这就导致了他们会情绪低落、缺乏安全感和极其自卑。小的时候，他们总是会表现出破坏性和与人疏远的行为，长大以后则变得叛逆、不负责任和不成熟，学习成绩也不好。到了青少年阶段，逃学、犯罪、吸毒和过早的性行为在他们中间司空见惯（Aunola & Nurmi，2005；Clark & Gross，2004；Kochanska et al.，2002，2008）。显然，这样的儿童缺乏帮助他们实现行为内化的重要经历，在自我调节的发展过程中，他们只能停留在非道德定位阶段或依从阶段。

权威型

"我在意你，所以我要告诉你应当怎样表现。"

采用**权威型**方式的成人结合了专制型和放任型方式中好的一面，同时避免了它们不利的一面。此外，这种引导方法还加入了其他几种方式里没有的一些新策略，比如与儿童进行清晰的交流和讲道理。使用这种方式的教师和看护人员会鼓励儿童承担适当的义务，并以社会能够接受的方式获得他们所需要的东西。当儿童尝试一种新技能时，成人会立即肯定他们付出的努力；当儿童面对挑战时，成人会帮助他们思考不同的应对办法。这些做法都有助于儿童的能力和价值观的发展。与此同时，权威型成人还会为儿童的行为设立很高的标准，并积极指导他们怎样达到这些标准。解释、示范、建议、讲道理和再次给予指令等都是他们常用的具体做法。当儿童有不当行为时，权威型成人会利用这样的机会与儿童讨论内疚、共情和他人的想法等（Russel，Mize，& Bissaker，2004；Bear，2010）。他们会在现场辅导儿童，让儿童意识到哪些行为可取、哪些不可取以及有哪些潜在的改进办法。这种对儿童非惩罚性的教育方式有时也被称为引导教育，因为成人是通过引导儿童理解自己的行动对自身和他人产生的影响来规范他们的行为的。

对儿童采取权威型引导方式是与其自我调节能力的发展联系得最为紧密的一种控制方式（Domitrovich et al.，2011；Fox & Lentini，2006；Milevsky et al.，2007）。当儿童知道这个世界上有人关心和在意他们时，他们会感到安全。同时，他们也知道别人对自己的期望，并且会学着用多种方法实现这些期望。最重要的是，儿童能够得到从依从到认同、再到内化这个过程所需的信息和示范。

权威型成人结合了专制型和放任型方式中好的一面，同时避免了它们不利的一面。

因此在这样的环境中，儿童会很关注他人的需要，自己也总是很快乐，还可以很好地与别人配合。他们能够抵御诱惑、延迟满足并控制自己的负面冲动；他们也会与别人保持积极的社会交往，并且自己制订有建设性的社交计划。他们在内化行为方面无疑也是做得最好的。综上所述，如果幼儿教育的专业人士能对儿童采用这种权威型方式，儿童的受益肯定是最大的。

表 10.5 总结了上述四种控制类型以及与之相对应的儿童的行为反应。研究已经表明，这些结果会从童年早期一直持续到成年后期（Eisenberg et al.，2011；Kochanska et al.，2008；Pratt，Skoe，& Arnold，2004）。

表10.5　成人的约束类型以及儿童相应的行为反应

约束类型	儿童的行为反应
专制型	没有目标 恐惧、担心 充满敌意 自理能力差、自我控制能力差 喜怒无常、不开心 多疑 不友好 疏离 具有攻击性
放任型	具有攻击性 没有目标 飞扬跋扈 不成熟 冲动 低成就感 自理能力差、自我控制能力差 叛逆 不开心 疏离
冷漠型	具有攻击性 不成熟 冲动 缺乏安全感 没有责任感 低成就感 自卑 自理能力差、自我控制能力差 喜怒无常 不服从
权威型	合作 好奇 共情 友好 有确定目标 快乐 有成就感 自理能力强、自我控制能力强

续表

儿童的气质与成人对儿童的引导方法间的动态关系

9 岁的杰西是一个非常安静的孩子，她对新环境和与人接触都感到很紧张和胆怯，因此如果说到气质，她应该属于慢热型的。

雷温正好相反，她在社会交往中很容易冲动，什么也不怵。她是个爱与人争论的孩子，很多人都认为她的性格令她很难与人相处。

气质上的不同表明像杰西这样的孩子会比像雷温那样的孩子更容易培养出自我调节能力 (Rothbart，Ellis，& Posner，2011；Kochanska et al.，2002)。但这绝不等于说杰西能自然而然地具备自我调节能力，而雷温永远不能发展这种能力。它只意味着安静的、爱思考的儿童在通往内化之路上会比那些天生爱冲动的、叛逆的和任性的儿童走得容易一些。

成人对待这两个女孩的方法也将成为影响儿童日渐形成的自我调节能力的因素。成人在与每个儿童互动以提升其自我调节能力时，既有一些共同之处，也一定要有不同的地方。比如，杰西可能更喜欢那些重视培养和沟通的温和的方式，而不过分强调对成熟的要求和控制。像她这样比较胆小的孩子总是很紧张，受到一点点责骂就会哇哇大哭。如果出现了这种情况，他们就无法集中精力学习本应掌握的道德规则了。因此，成人在辅导杰西这样的儿童时一定要非常谨慎。而对待雷温，虽然也需要成人与她之间有一个亲密和安全的关系，但那些能在胆小的儿童身上产生效果的温和的方法常常无法引起这些比较鲁莽的孩子的重视。雷温还需要成人明确并且坚定（不是严厉）地告诉她，什么是被期待的行为以及怎样与生活中重要的成人保持融洽和互相配合的关系。你可能已经注意到了，这两种方式都是建立在权威型方法的基础上的，只是略有变化而已。

与之相反，专制型方法对这两个女孩都不适合。因为很显然，它对杰西来说太重了，会让她变得更畏缩。而对于像雷温这种比较难相处的孩子，如果外部命令过于强硬，他们也会有过激的表现。这样的反应会促使成人采取更加严厉的控制，最终导致结果越来越糟（Kochanska，Padavic，& Koenig，1996；Kochanska et al.，2002）。在这样两种情况下，成人和儿童都陷入了难以自拔的恶性循环，而且会在后期引发更多的行为方面的问题。

当成人努力在约束模式与儿童的性情之间保持契合时，所产生的效果是最好的（Rothbart et al.，2011）。如果成人能够给予胆怯的孩子充满爱的帮助和温和的要求，就可以促进他们自我调节能力的提升，并且使他们在与其他孩子互动时感受到自己的能力。而那些极力与行为乖张的孩子保持积极关系的成人会发现，经过一段时间后，这些急躁的、爱与人争执的孩子的情况已经变得越来越好了。对于难相处的孩子，如果能通过耐心、热情和坚定的方式引导他们，他们会逐渐控制自己的反应，并且使其与社会能力密切相关的自我调节能力得到发展。但是如果成人采用的方法与儿童的气质不符，那么成人和儿童都会很痛苦。

跨文化视角

有些人想知道用权威型方式对儿童进行引导是否适用于不同族群、文化和社会经济背景。在美国和加拿大，对欧洲裔美国儿童、非洲裔美国儿童、来自中产阶级的儿童以及那些来自社会经济底层的儿童进行了充分的调查研究，得出的结论都是相似的。只要成人与儿童建立了温暖的、有爱心的关系；为他们设立了高标准和明确的期望；同时为他们的行为设定了合理的界限，所有背景的儿童都会表现出高度的自尊意识、自主性、亲社会行为和自我约束能力（Domitrovich et al.，2011；Ladd，2005）。这些结果在其他西方国家也得到了证实。因此，权威型模式是这些国家使用得最普遍的教导方法（Rothbaum & Trommsdorff，2008）。但是，一些东亚国家和其他一些非西方文化不太推崇个人自主和独立，更看重集体责任和社会义务，所以在这样的文化氛围下，成人所采取的方式可能会更强调控制和对成熟的要求。不过，在这样的文化中，儿童可能也会将成人的这种控制视为关心、爱和在意的表现（Rothbaum & Trommsdorff，2008；Eisenberg et al.，2009），也就是说，他们眼里看到的不是控制，而是关爱。一个人身处的文化环境会影响他对不同行为的理解，因此我们一定要考虑每个孩子所处状况的细微差别。在不同环境下建立关系的过程和怎样实现成人与孩子间的和谐相处有着巨大的差别，局外人对一些行为的理解与这个文化团体或家庭对它的看法可能完全不一样。

此外，即使我们选择了使用权威型模式，也要根据儿童生活状况的不同在具体措施方面做出适当的选择。比如，格雷一家生活在一个充满毒品和暴力的社区，格雷夫人不得不面对怎样在这样一个环境下保护儿子安全的问题，因此她可能会要求孩子迅速并且绝对地服从。如果换一个地方，她或许就不会这么做了。儿童和他们生活中非常重要的成人对于热情和帮助的理解也会基于他们以前的经历和现在的认识（Rothbaum & Trommsdorff，2008）。这意味着，一个孩子可能会将成人的玩笑看作一种建立积极而且亲密关系的方式，另一个孩子却会认为这是一种排斥的表现。同样的，一些孩子会把讽刺挖苦（“赶快开始吧，我已经对你说第二遍了”）理解成一种轻度的责备，很认真地对待；而另一些孩子则完全不把这样的提醒当一回事。儿童的理解能力与他们熟悉的说话习惯和互动方式有着紧密的关系。

因此，专业人员一定要谨慎，不要片面判断其他成人的做法，而是要尽力为背景各异的儿童及其家庭找到最合适的方法，将自己所掌握的技能恰当地贯穿其中。

成为权威型的人

有些人曾经以为成人天然就具备专制、放任或权威的特质，但现在我们已经知道，虽然一些人的性格或气质似乎更接近某种类型，但所有人都可以通过培训和实践使自己变成更偏权威型的人（Fox & Lentini，2006；Epstein，2009）。权威型成人很自然地将自己看作孩子的老师，他们认为“教”孩子怎样表现和教他们其他课程是一样的（参见要点 10.2）。

要点 10.2

成为一个权威型成人

当孩子不知道怎样洗手时，我们教他们。
当孩子不知道怎样读字母时，我们教他们。
当孩子不知道怎样做乘法时，我们教他们。
当孩子不知道怎样跳舞时，我们教他们。
当孩子不知道怎样表现自己时，我们教他们。
来源：Adapted from Herner (1998，p.2)

如果你希望自己对儿童使用权威型的教学方法，必须关注你与儿童建立了怎样的关系，你在教室里营造出了怎样的气氛，以及你是怎样向儿童表达期望的。在前面几章中，我们已经探讨了在改善与儿童关系和构建有利于儿童安全发展的环境方面需具备的技能，也就是说，你已经掌握了权威型方法的一些要素，因此本章重点讨论怎样向儿童表达期望和要求。

表达期望

表达对儿童行为的期望和要求的最佳途径就是使用个人信息。**个人信息**包括三个部分：第一部分是你要向儿童反馈你理解他的观点；第二部分是你要说出你对他的行为的情绪反应，一定要具体指出他的哪些行为引发了你的情绪，并且解释你为什么会产生这样的情绪；第三部分只用于需要做出改变的时候，即向儿童描述他需要采取的另一种行为。事实上，最后一部分是对儿童在某个情境下应当遵守的某个规则的陈述。看下面这个例子：

5 岁的凯拉正在用一把塑料黄油刀切一根香蕉，打算用它做水果沙拉。她玩得太兴奋了，竟然把刀当成剑，在空中挥舞起来。老师看到后很担心她会伤到自己或别人，于是就对她说："凯拉，你很开心啊。但是我担心你那样挥舞刀会伤到别人。把刀拿低一点，就像这样。"（老师向她示范应当怎样拿刀。）

个人信息为儿童提供了他们现在和未来所需的参考信息，它们也帮助儿童更好地理解了自己的行动对他人产生了怎样的影响，并且让他们懂得了哪些行为是可取的，哪些是不可取的（Kaiser & Rasminsky，2012）。

在儿童的行为正确的情况下，个人信息让儿童知道他们所做的是对的，这样他们今后再遇到同样的情形时就会重复这一行为。比如，如果一位成人认为合作非常重要，他就应当肯定两个孩子的分享行为。他可以对他们说，"你们两个能一起玩，我很高兴看到你们一起分享玩具，因为分享是合作的一种方式。"在那些有问题的情况下，个人信息可以帮助儿童最终自愿选择服从或在儿童不肯服从时让成人对他们强调其行为的严重后果。比如，如果成人想指导儿童用沟通而非打人的方法表达愤怒时，他可以对儿童说："我知道你生气了，可是当你打人时，我很紧张，因为打人很疼。你可以告诉斯图亚特他的行为让你很生气。"现在我们先来关注一下旨在改变有问题的行为的个人信息，然后再探讨个人信息在积极情况下的应用。

清楚何时改变儿童行为是必要的

教师和看护人员每天都会面对需确定儿童的行为是否适当的局面。如果某个行为不可接受，他们还必须决定什么行为更为合适。在做出这些决定时，成人应当问自己下面这几个问题：

1. 这个儿童的行为会给他自己或别人造成危险吗？
2. 这个儿童的行为具有破坏性吗？
3. 这个儿童的行为侵犯到别人的权利了吗？

规则是儿童必须坐在秋千上，而不是趴在上面。而这样的行为属于有必要纠正的行为吗？

如果对这些问题中的任何一个的回答是肯定的，就需要进行干预（Levin，2003；Malott & Trojan，2008）；如果回答都是否定的，就没有必要改变儿童的行为。

比如，阻止儿童拿着剪刀四处跑、不允许儿童自己过繁忙的马路或者不让儿童玩火柴都是出于安全的考虑。同样的，禁止儿童在图书馆的书上乱写乱画也是出于保持公共财产的需要。如果有儿童抄袭别人的作业或者欺负其他弱小的孩子，成人也要在制止他们的同时教育他们要尊重别人的权利。在所有这些情境中，改变儿童的行为都是合理的。

最后一点，成人还必须决定儿童的某个有问题的行为是否极其重要，需要对其长期保持关注（Denno，Carr，& Bell，2011；Edwards，2007），这被称为重要性原则。这也就是说，儿童的某个行为是否相当严重，需要在每次出现时都立即严肃对待。如果儿童的行为确实已经达到这种程度了，就需要引入个人信息了。

比如，每当史密斯先生看到有儿童在操场上扔石头时，他都会马上采取措施加以制止，不管当时他有多忙或多疲劳。因为扔石头是一个很危险的行为，所以史密斯先生认为阻止它是非常紧迫的一件事。在这种情况下，禁止扔石头这样的个人信息是很有必要的。

还有一件事也很令史密斯先生生气，那就是孩子们总是把他们的书包堆在地板上，而不是挂在专门提供的挂钩上。他曾为此制定了规则，要求所有的孩子都不许把书包随便扔在地板上，一定要挂在挂钩上，以免别人被绊倒。不过如果他感到太累或者太忙了，即使他发现孩子又把书包放在地上了，他也会假装没看见，不会马上就处理。他对挂书包这一行为时断时续的关注就说明这件事不是那么重要，至少不需要立即发出个人信息。

成人之间存在着差异，因此他们对什么是危险的情况和什么可能会伤害一个人的自尊的理解也不一样。比如，一位成人可能会出于安全的考虑而不允许儿童从下往上爬滑梯；另一位成人却认为这样的动作能加大儿童的活动量，只需将活动内容重新调整一下，确保滑梯上每次只有一个儿童就行了。每个人的标准都受其过往的经历、家庭背景、社区环境和文化的影响，这意味着没有两个成人对标准的理解完全一样。但是当成人按照安全、保护公共财产和保障他人权利的标准来给儿童设定规则时，就应与其他成人达成共识，这样会让儿童比较容易理解为什么有些行为可以接受，有些却不行。这些标准应当既简单又全面，它们要成为判断儿童行为的基本准则，并且适用于不同年龄和不同能力的儿童，包括那些有特殊需求的儿童（参见要点 10.3）。

个人信息的第一部分

要想有效地教儿童怎样合理地实现社会目标，成人必须首先了解儿童的目标是什么（Kaiser & Rasminsky，2012；Dowling，2005）。一旦明确了这一点，如果儿童的行为有不妥之处，帮他重新选择一个能让成人和儿童都可接受的行为就变得容易了。按照这样的推论，个人信息的第一步就是理解并认可儿童采取某个行动、使用某种表达方式或做出某种情感反应的出发点。

以理解作为个人信息的起点有这样几个原因：首先，在出现问题的情境中，成人和儿童的看法常常会有分歧。比如，当 4 岁的艾丽森在超市把自己的裙子掀过头顶向别人展示她的新内裤时，她感到很得意，可是她妈妈觉得很难为情。在这种时候，成人希望孩子能有不同的表现，因此他们会只考虑自己的想法，却忘记了孩子的情绪虽然与自己的不同，但也是合乎情理的。反思一下有助于成人避免犯这样的错误，因为这样一来，成人就会想到孩子也有其独到的认知，而且正是这一认知促使他有了后来的行为。

先理解儿童的另一个益处是它向儿童发出了明确的信号，让儿童意识到成人正在竭力理解他的立场（Calkins & Williford，2009）。当儿童觉得自己的想法得到了重视后，他就会愿意聆听成人发出的信息。即使儿童是用肢体动作来表达要求的，成人对他的理解也会减少他为了表明自己的情感而加剧动作幅度的冲动。比如，如果山姆很生气，他可能会用把一本书扔到房间另一边的做法来宣泄他的情绪。这个时候，如果成人对他说，“一定发生了什么事让你这么生气”，他可能就会因为有人能理解他而不再觉得一定要扔书才能表达怒气了。

理解的第三个好处是它能让成人在采取具体行动前先保持头脑冷静，花片刻时间梳理一下自己的情绪，整理一下自己的想法或者重新调整一下方

要点 10.3

给罗西设定界限

一个有特殊需求的孩子

4 岁的罗西上午和其他同龄的孩子一起去上学前班，下午则要参加一个特殊教育的培训项目。她生来就患有脑瘫，但她其实很聪明，喜欢音乐、故事书以及带着围巾和帽子的化妆演出。现在她不能走，不能讲话，除了眼睛和嘴唇，她无法控制身体的其他部位。

经过一年的时间，罗西已经成了班上不可或缺的一位成员，她参加了班上所有的活动，还和许多同伴交了朋友。但是一段时间后，她的老师意识到罗西每天不仅需要像其他孩子一样的学习机会，也需要知道一些界限。

下面是罗西上午的老师告诉我们她是怎样试着帮罗西掌握一些在教室里应遵守的规则的。

罗西能发出一些有限的声音，但她不会控制自己的发声，因此她无法用声音与别人交流。她只能依靠眼睛，当她的眼睛向上翻时就代表同意；向下看时就意味着拒绝。她的眼睛也可以向左右转动，表达方向；或者盯着某个东西让别人知道她的需要。

刚开始时，老师给罗西准备了一个图画板，它是一个圆形板，上面用楔形呈现了各种图片，像一张饼那样。这些图片代表了她在教室时经常需要的东西或者要做的事，比如水或洗手间，有的图片上画着积木区或假装游戏区。这块板永远放在她身旁，这样她就随时可以盯着某张图片以表达她想做什么了。

最初的时候情况很复杂。罗西可能想要某样东西，可老师和其他孩子都不明白她的意思，于是她就很沮丧，她会哭或者尖叫。只要她不想做某件事时，她都是这种表现。刚开始，只要罗西一不高兴，教室里所有的成人都会把她想要的东西拿给她，因为大家都为她感到难过，觉得她这么小就得坐在轮椅上，不能讲话，也不能随意走动。因此，即使她的行为不当，大家仍然顺着她，结果情况反而越来越糟。有一天，我在课前会上说，“如果我们只是一味地满足罗西所有的要求，我们其实并不是在帮助她。”我问其他老师如果别的孩子提出同样的要求，他们是不是也会同意（比如，吃饭前不洗手或者在没有轮到她的时候就抢着要戴帽子），每个老师都说他们不会答应。然后我说，“我们在这里的目的是要帮助罗西，而我们绝不能让她像现在这样。”于是我们决定对她也采用保障安全、保护财产及权利原则（就像我们要求其他孩子那样）。我们努力把我们对她的期望表达得明确而连贯。这对我们所有人都是一个挑战。但几周后，我们在罗西身上看到了改变。她变得越来越轻松，在教室的表现也越来越好。她懂得了凡事都有界限，而且我们非常关心她，能够确保她的安全，对待她和别的孩子一样。这对我们所有人都是非常重要的一课。

来源：Rosie's story was adapted from a case study included in *Children with Special Needs□Lessons for Early Childhood Professionals* written by Kostelnik，Onaga，Rohde，and Whiren (Teachers College Press，2002，pp.32-48)

法，这样就可以避免一些过激或草率的行为。比如，罗曼诺夫人在房间的另一端看到丹尼正在画一幅蛋彩画，颜料滴得满地都是。她的第一反应是极为生气。她快步走向画架，训斥的话就在嘴边。可是当她接近丹尼时，她发现丹尼对自己的作品很满意，他完全沉浸在绘画中。于是她没有脱口说出“我跟你们说过多少次了，画画时要把颜料放在纸上！”她调整了自己最初的反应，改口对他说，“你画得很着迷啊！”然后她很平静地给他提供了一些重要信息，“有些颜料滴到地上了。我担心有人会滑倒受伤。去拿个海绵过来，我们把它弄干净。”通过这种方法，原本可能会令情绪紧张的局面变成了和颜悦色的讲道理。

最后一点，理解也是成人向儿童表达尊重和关怀的一种方式（Denham，Bassett，& Wyatt，2007）。这样的正面表达必须是持续的，尤其是在需要控制他们的行为时。当与个人信息的其他部分结合起来使用时，理解就体现了权威型模式的两大特征：关爱和明确的行为期望。

下面的要点 10.4 对上述在采取行动之前先给予儿童理解的原因进行了总结。

总之，在出现问题时，儿童有自己的想法，成人也有自己的观点。要想妥善解决问题，彼此都要认真准确地考虑对方的想法，这样的互相理解构成了双方求同存异的基础。既然理解体现出了成人愿意考虑儿童的观念，那么个人信息的第二部分就该是帮助儿童理解成人的思想了。

要点 10.4

为什么理解是个人信息的第一步

先对儿童给予理解的益处：

- 帮助你明白儿童的想法。
- 向儿童发出你竭力理解他的信号。
- 让你在采取行动前，先在脑海中思忖一下。
- 体现你对儿童的尊重。

© Cengage Learning 2015

老师先向这个孩子表达了这样的个人信息，"你很喜欢用橘色颜料啊。"

个人信息的第二部分

个人信息的第二部分叙述了成人的情绪，并且指明这些情绪来自儿童的某个行为以及情绪产生的原因。

"当你打人时，我感到很生气，因为打人是很疼的。"

"当你打断我的话时，我很烦，因为它干扰了我的思绪。"

成人为什么要说出自己的情绪

专业人员对儿童的行为通常都会有自己情绪上的反应。当儿童非常配合时，他们会很高兴；当儿童打架时，他们会很烦恼；当儿童拖延时间时，他们则会很生气。有情绪对成人来讲是很正常的，就如同它对儿童一样。有经验的从业人员会试着用自己的情绪来引导与儿童的有效沟通，具体做法就是当情绪出现时把它讲出来（Miller，2013）。

当成人向儿童披露自己的情绪时，要让儿童知道这些情绪都是普遍存在的。他们应当告诉儿童，所有人在某个时间节点上都会感到不高兴、开心、沮丧、紧张、得意、满足或者生气。这样可以让儿童意识到人人都有情绪，于是他们既能接受自己的情绪，也会觉察到别人的情绪（Hendrick & Weissman，2011）。与儿童谈论情绪还有助于他们理解面对同一情况，不同的人会有不同的反应。他们会发现令他们开心的事情可能让别人感到难过，而引起他们焦虑的事情对别人来说却完全无所谓。由于儿童的社会认知能力尚不成熟，所以他们不可能自然而然地懂得这些。当他们听到越来越多的别人对情绪的描述时，他们渐渐就会理解每个人的情绪反应是不一样的。把成人的情绪告诉儿童的另一个好处是成人亲自向儿童示范了怎样用语言来表达情绪。儿童会发现，人可以有各种各样的情感反应，而且能用语言把它们表达出来（Thompson & Twibell，2009）。最终，儿童自己也能学会用语言表达情绪，并借此实现与他人的有效沟通。

如果成人希望与儿童保持积极的关系，就应当牢记情感分享会让他们之间的关系变得更加紧密。诚恳地说出自己的情绪会让对方觉得你值得信赖，也有助于你们之间的沟通，而如果刻意回避，就不可能产生这样的效果（Gazda et al.，2006）。当成人呈现自己内心的真情实感时，儿童会将此视为一个愿意与他们亲密交流的积极信号。当成人的这种做法常态化后，儿童也就不再畏惧表露情感了，这样双方的理解和尊重就加强了。

最后一点，儿童非常在意他们生活中重要人物对他们的言语行为的看法，他们也想知道那些成人对他们的情绪的感受和反应。事实上，如果成人对儿童的某个行为表现出失望或不满，这对那个儿童来说是有益的，因为它能激起儿童了解其中原因的愿望（Kochanska et al.，2008）。如果儿童感受不到成人的情绪，他就无法认真思考成人给他讲的那些道理。另一方面，如果成人仅仅通过权威而没有用爱去对儿童表达他的关切，会让儿童非常反感，导致他根本不会去注意成人想表达的具体内容。因此，当儿童控制住自己不去打人是因为他知道那会令老师不快时，或者当他主动与别人分享物品是因为看护人员提倡互相配合时，儿童实际上已经认同了成人的要求。在这一基础上，他会逐渐内化一些成人认为非常重要的行为。

聚焦儿童的行为

在成人说出了自己的情绪后，更重要的是告诉儿童，他们的哪个行为引起了这样的反应。因为儿童通常意识不到自己的哪个行为会让成人产生这样的情绪，所以成人有必要明确指出儿童不可取的行为，这有助于儿童弄清自己需要纠正的具体行为（Essa，2008；Malott & Trojan，2008）。像“你不停地从椅子上跳下来让我心烦意乱”这样的个人信息能让儿童知道他的哪个行为令成人不快，而且他也会意识到该怎么做。但是，如果使用像“你总在炫耀自己让我很生气”或者“你这么懒真让我厌烦”这样的信息，则会对儿童造成伤害，也就无法达到彼此进一步的尊重和理解。

行为就是你能看到的动作，像轮候、打人、踢人和守时都是能够看到并可向儿童做出客观描述的动作。但是，像懒惰、不配合、多动、固执、贪婪、敌对和肮脏则属于主观且带有谴责性的定义，它们会让儿童很抵触，却又不知道自己的什么行为导致成人发出了这样的信息。所以如果使用这样的语言，会令儿童对你产生敌意，或者让他们觉得自己没有能力让你满意。在这种情况下，让他们改变自己的行为就变得更困难了。因此，为了避免出现这样的不良后果，在与儿童谈论他们有问题的行为时，一定要使用客观的描述，而不要主观地贴标签。

给儿童讲道理的重要性

如果成人能够在把自己的期望告诉儿童的同时讲出其中的原因，儿童就能更好地理解并做出回应（Helwig & Turiel，2002；Denno et al.，2011）。这也是为什么在个人信息的第二部分需要向儿童解释成人的反应。

当孩子打人的时候，成人为什么会很着急？

因为打人很疼。

当儿童磨磨蹭蹭的时候成人为什么会很不安？

因为儿童可能无法按时做完一件非常重要的事情。

在听故事时，如果儿童不停地插话，成人为什么会很生气？

因为插话会干扰讲故事的人的思路，或者让其他人没法集中精力。

虽然这些原因对成人来讲是很明显的，但对大多数儿童来讲并非如此。

当成人向儿童解释他们的期望时，他们就帮助儿童意识到了这些行为标准是合理的而非随意的。给儿童讲道理就等于帮助他们理解成人期望的内在逻辑，而这是他们自己无法做到的。此外，这些解释还能使儿童明白他们的行为给别人造成的影响，这就加强了他们对人与人交往时因果关系的理解，即自己的行为与他人的身心幸福之间的关系（Wells，2009）。解释能够让行为之间的关系显得更清晰（参见要点 10.5）。

在多次听到这些解释后，儿童就能慢慢学会自己确定一些行为适当与否了。比如，儿童可能会自动地联想，“打人是不对的，因为它会伤害别人。咬人一定也是不对的，因为它也会伤害别人。”这样，儿童最终就学会了使用推理来引导自己判断什么行为是对的，什么行为是错的（Thompson & Twibell，2009）。同样，一个孩子会对自己说，“我不应该在晚餐前吃糖，因为它会影响我的食欲。”这时，他就是在使用以前听到的解释来调节自己当下的行为。

解释是权威型成人的特点。儿童如果能看到成人用讲道理的方法来解决出现的问题，他们也会表现出更好的自我调节能力并且减少攻击性；但如果他们没有看到，他们自然也就不可能表现出来（Thompson，2009）。此外，儿童只能内化那些对他们来说有意义并且可以帮助他们预测其言语和行为后果的标准，而讲道理对他们就是有意义的，同时也为他们长期管控自己的行为确立了基础。向儿童解释为什么一个规则是必要的也有助于成人再次确定这个规则是否相当重要，必须马上贯彻和实施。

要点 10.5

解释有助于发展儿童的认知联想！

年幼的米亚把手指放进一个电源插座里，她的爸爸看到后告诉她，这样会让她的手指受伤，所以不要再碰它了。可是她接着改用胳膊肘去碰插座，于是爸爸走近她，把刚才的话又说了一遍。结果她听后转过身，一屁股坐在了插座上！爸爸弯腰抱起她，语气坚定地对她说，身体的任何部分都不能碰带电的东西。

米亚将自己身体的每个部位和她的每个行动都看作单独存在的。虽然她爸爸明白手指、胳膊肘和屁股都属于该“远离插座”的身体部分，但米亚无法理解它们之间的联系。她爸爸给她做了一个解释，即身体会受伤，这让她将两者联系了起来。如果成人能向孩子解释清楚不同行为的相同之处（用手指、胳膊肘和屁股碰都是不安全的），那么孩子在理解它们之间的相关性时就容易多了。

解释要与儿童的理解能力吻合

儿童当下的发展水平决定了应当怎样向他做出解释才是最有意义的。学龄前儿童最容易对可以用实物进行示范的解释产生反应，比如，“拿放大镜时要小心，它是易碎的，所以不要把它掉到地上。”他们也能够理解那些强调行为会对身体造成直接影响的解释，比如，“如果你一直推他，他会摔倒和哭的”（Hoffman，1983）。年幼的儿童不太能理解强调他人的所有权或权利的解释，比如，“那是蒂姆从家里拿来的放大镜，你用之前要征得他的同意。”不过等儿童到了 6 岁以后，他就可以接受有关别人的权利、特权和情绪的解释了。给这个年龄段的儿童讲道理的最有效的方法就是让他们知道自己的行为给别人的心理造成的影响。（“他很难过，因为他对自己搭建的塔感到很骄傲，可是你把它给弄倒了。”）同时，可根据别人行为的动机向他们解释公平的含义。（“在你大声叫喊之前先冷静一下——他其实是想帮你。”）图 10.3 勾画出了应该给不同年龄的儿童讲不同的道理。

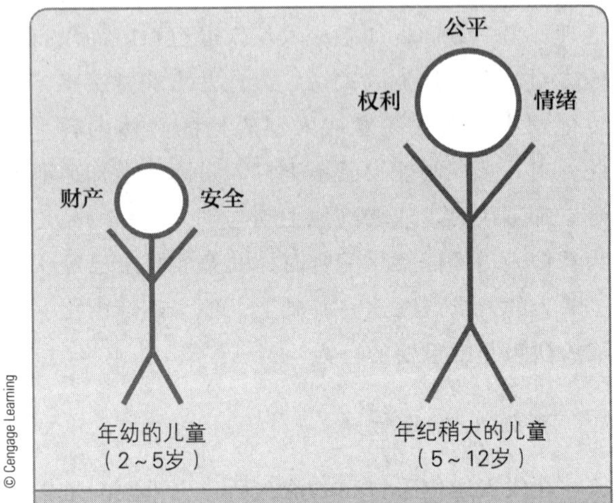

图 10.3　给儿童讲道理是有意义的

个人信息的第二部分中的变量

如前所述，个人信息的第二部分包括了成人对自己情绪的叙述、该情绪涉及的儿童的行为以及产生这种情绪的原因。这三方面的内容可以安排在第一部分之后，无须考虑先后顺序。首先进行第一部分解释，然后进入第二部分，根据情况选择恰当的顺序把上述三方面内容向儿童表达出来，这里没有什么固定模式。比如，对于艾丽森把裙子掀过头顶得意地展示新内裤这件事，下面两种处理方法都是可行的：

第一种方案：“艾丽森，你很满意你的新内裤，可是内裤属于非常隐私的衣服，不应当展示给每个人看。所以当你把裙子掀得那么高时，我很着急。”

第二种方案：“艾丽森，你很满意你的新内裤，可是当你把裙子掀得那么高时，我很着急，因为内裤属于非常隐私的衣服，不应当展示给每个人看。”

成人如何表述个人信息的第二步取决于他们最先想到的构思和他们的个人风格，真正重要的是前面提到的三个方面都要有所涉及。

此外，每个个体的反应也是不同的。一些成人可能对艾丽森的行为感到很好笑，一些成人会很生气，还有一些人或许会觉得有点难为情。个人信息应当表达出成人的不同反应。成人可以根据自己的印象针对每一种情形做出自己的反应，无须猜测别人可能会有怎样的反应。成人依照自己的情绪指导自己接下来的行为就可以了。比如，对于上面提到的这个例子，如果成人真的觉得很有趣，可以只微笑地看着，什么也不做；如果成人确实很生气或者感到尴尬，则可以告诉艾丽森把裙子放下来。在后一种情况下，成人可以根据自己的情绪表达自己的看法，并向儿童解释为什么要她这么做，解释的内容也可以各有不同。

最后，如果成人使用行为反应来表述个人信息，在第二部分中就无须再重复该行为了。比如可以直接说，“艾米森你把裙子掀过头顶，这让我很不安。因为内裤属于很隐私的衣服，不应该展示给每个人看。”这里由于在第一部分中已经对行为做了描述，因此接下来就没有必要重复了。

个人信息的第三部分

个人信息的第三部分的重点是告诉儿童在特定场合里什么样的行为是得体的。由于儿童缺少经验，并且受单维注意和不可逆思维方式的影响，只告诉他们某个行为是不可接受的仍然不够，还必须告诉他们应当怎样纠正（Curwin，Mendler，& Mendler，2008；Bear，2010）。合适的代替行为就是儿童今后应遵循的规则，因此个人信息的规则部分也是对他们行为的指导——告诉儿童应当怎么做。

下面举几个例子：

“走。”

“把裙子放下来。”

“一到学校就去交作业。”

“和别人一起跳绳。”

“在餐厅时，说话的声音要轻一点。”

规则使环境变得可以预知，因为它帮助儿童知道什么可以做，什么不能做。在这样的环境中，他们与同伴和成人的互动也就能够更加顺畅了（Marzano，2003）。如果儿童对规则不清楚，他们就不太可能知道怎样以积极而非消极的方式得到自己想要的东西。此外，如果他们必须遵守的规则是随意的、不合理的或者在他们这个发展阶段是不适宜的，儿童就不能或者不愿意服从。所以制定规则时，一定要考虑儿童能否很好地执行它，为此，成人首先需要清楚好的规则的特点。

规则必须是合理的

合理的规则就是儿童能够遵守的。所谓“能够”意味着儿童既有这样的能力，也能因为理解它的意图而愿意执行它。要制定合理的规则，成人必须考虑儿童现阶段的发展水平、他们过往的经历、他们当下的能力以及需要他们实现的目标（Copple & Bredekamp，2009）。比如，如果你希望儿童把积木按照形状和颜色放回原来的盒子，你首先应当确定他们是否具备完成这一任务的能力。具体来讲，就是儿童能够摆弄积木、区分颜色、知道应该把相似的积木块放在一起，而且会把所有的积木平着并按同一个方向摆放。只要儿童有一个方面做不到，你就得修改你的期望，使之与儿童的实际能力相匹配。你可以只让他把积木放在一起，或者把它们随意放入盒子里，或者与一位成人一起收拾。

规则必须是对儿童有益的

规则不仅要得到成人的认可，更要对儿童产生长期的积极效果（Katz，Chard，& Kogan，2013）。因此，成人必须非常清楚某个规则对儿童的发展是具有促进作用还是阻碍作用。如果成人的期望能够极大地提高儿童在人际交往、学业和生活中的技能，那么与之相关的规则就具有促进作用；如果成人没有考虑到儿童的个体需求和能力或者禁止儿童参与有建设性的活动，那么因此而制定的规则就会阻碍儿童的发展。有时，成人为了图省事，给所有孩子制定统一的标准就属于这种情况。比如，在一个由不同年龄的儿童组成的小组里，只因为年纪最小的儿童害怕，就禁止所有的儿童爬高攀登架；只因为成人认为儿童已经长大，就不允许某个哭泣的儿童抱着毯子寻求安慰；只因为成人觉得男孩织毛衣太女孩气，就不让他们动纺织机；只因为校长希望儿童在午餐时不要隔着桌子大喊大叫，就命令他们吃饭时要保持绝对安静。这些都属于不利于儿童成长的规则，因为它们剥夺了儿童可能获益的机会。

如果成人能够意识到每个儿童都是独立的个体，虽然有些标准适用于一组儿童（比如，在室内时应当走，不要跑），但还有一些标准需要根据每个人的情况来考虑，他们就可以避免出现上述问题。比如，体育运动对每个儿童来说都很重要，因此年纪小的儿童可以爬低一点的攀岩物，而年纪大点的儿童可以尝试一些更具挑战性的装备。而且成人需要时常检查自己的态度，不能带有任何偏见，以防止使儿童失去发挥潜能的机会。前面提到的毯子和纺织机的例子就存在不够包容和有性别偏见的现象。此外，在纠正某些有问题的行为时，比如在午餐时大喊大叫，成人也要谨慎，不要制定过于严苛的标准。同伴间的交流对儿童是有益的，应当鼓励他们聊天，因此只需提醒他们注意说话时的声量，不要干扰别人，完全无须禁止他们讲话。最后一点，成人需要经常审核已经制定并执行的规则，看看它们是不是过时了。一个对4岁儿童适用的规则可能不利于6岁儿童的发展。

规则必须是可定义的

可定义的规则就是说成人和儿童对规则的意义有着同样的理解（Malott & Trojan，2008）。好的规则会详细说明成人所珍视并认可的具体行为。如果成人在讲解规则时使用的语言有多种含义，就容易造成儿童的困惑。比如，当成人告诉儿童要“行为得体”“表现好”“乖一点”或者“像个淑女”时，儿童可能会不知所措。不同的人对这样的用语有不同的理解，儿童对这些笼统的要求有自己的想法，而成人则可能有其他的解释。当儿童竭尽全力想按这些要求去做可仍未达到成人的标准时，他们会非常沮丧。比如，当老师说“乖一点”时，意思是让孩子安静地坐在那里，手放在膝盖上，可是喜欢动来动去的孩子会认为他只要不向嘲笑他的同伴吐唾沫就很乖了。

如果成人认为某个规则已经讲过好多遍了，因此儿童肯定明白它的意思了，情况就可能变得更加复杂。比如，老师在阻止两个孩子打架时说，“我知道你们生气了，可当你们打架时，我也很生气，

艾米莉一上午几乎都在制作一件手工艺品。这时，打扫卫生的铃响了，可是她迟迟不想打扫。于是老师对她说：
理解：你还没有做完。
反应：我很担心你一直这么做下去。
解释：因为你会错过室外的活动。
规则：在架子上找个地方把你做的东西先放在那里，明天接着做。

因为你们可能会把人打伤。你们可以用嘴说啊。”结果按照她的说法，一个孩子对另一个孩子说道：“你是一个浑蛋！”这时，这位老师才恍然大悟，她当然不是让孩子去骂人！如果成人想告诉儿童应当用言语来表达自己的情绪，或者想让儿童学会互相配合，或者希望儿童不要动手，一定要告诉他们具体的做法。

规则必须是正向的

正向规则告诉儿童应该做什么而不是不要做什么或者停止做什么，这样的规则对儿童来说是最有效果的（Marion，2011）。换句话讲，告诉儿童“把手放在口袋里”，而不是命令他们“不要推”；要求他们“走路”，而不是警告他们“不要跑”；或者让他们“好好吃饭”，而不是对他们说“不能玩吃的东西”。这样，儿童接受起来会更容易。这是因为儿童的思维具有不可逆的特点，所以他们很难理解反面的禁令。此外，儿童更愿意服从纠正后的新指令，而不是撤回或打断正在发生的行为。

快速掌握上述内容的方法就是记住个人信息包括三个部分和四个“R”：即第一部分的理解（Reflect），第二部分的反应（React）和解释（Reason），以及第三部分的规则（Rule）。它们构成了一个完整的个人信息体系，要点 10.6 对其进行了总结。

要点 10.6

构建完整的个人信息体系

第一部分：理解（Reflect）——使用行为、解释或情感反馈。

第二部分：反应（React）——叙述你的情绪和儿童的行为；

解释（Reason）——对你给出的信息加以解释。

第三部分：规则（Rule）——告诉儿童该做什么和不能做什么。

清晰地表述完整的个人信息——四个“R”

下面的几个情境都使用了个人信息的三个部分，也包括那四个“R”。

情境 1：一个孩子不停地用手捅金先生，让他听她说话。

成　人：你很着急地想告诉我一些事情，可是我不喜欢你用捅我的方法来引起我的注意，因为那让我很疼。你可以叫我的名字或者轻拍我的肩膀。

情境 2：几个孩子把他们用过的毛巾乱扔在更衣室里。

成　人：我知道你们都急着回教室，可是你们把用过的脏毛巾乱丢在更衣间里让我很不高兴，因为我得把它们捡起来。在你们离开时，应当把它们放到洗衣筐里。

情境 3：天气又潮又热，整个教室都显得躁动不安。当一个孩子向大家介绍索杰纳·特鲁特的生平时，孩子们开始坐立不安地小声聊天。

成　人：我知道你们觉得很热，不舒服，可是你们在卡尔发言时小声讲话会让他无法集中精力，我想他一定很伤心，因为他为搜集那些资料费了很大的劲。安静地坐好，听他讲完。

这些的信息既可以是给单个儿童的，也可以是给一组儿童的。而且除了用于纠正儿童的不当行为，个人信息也可以强化他们的好行为。

积极的个人信息

积极的个人信息只包括第一和第二部分个人信息。我们之前对问题的强调并不意味着儿童只会表现出负面行为，而且事实也证明情况正好相反。

儿童在大多数时候都会努力达到成人对他们的期望，而且实际上，他们也会主动表现出积极的行为，因此由儿童的行为引发的情绪并不都是生气或不安。基于此，成人的个人信息也应用于表达儿童的正面行为。成人一定要善于“捕捉”儿童“表现好”的时候，即当他们展现出社会所期望的行为时，并且马上告诉他们，比如，“你们在玩宇宙飞船时制定了规矩，让大家轮流玩，我很高兴你们通过一起讨论，想出了这个方法，这样大家就都能有机会玩了。”或者，“在没有人提醒你们的情况下，你们自己把所有美术课后的废品都打扫干净了，我非常高兴。现在这张桌子可以用来做爆米花了。”

向儿童传递这样一个信息实际上就是在对他们提出表扬。成人不只是简单地夸儿童“你们做得不错”或“太棒了”，而是告诉他们某个行为对他们所具有的特殊意义。研究表明，这样的反应是非常有效的，因为它体现出该行为对发出称赞的人产生了影响。如果反复使用像“好”“不错”或者“太好了”这样笼统的夸奖或者没有任何区别地使用，很快就会对成人和儿童失去实际意义。而且儿童会认为那些对他们的行为过度的赞美很虚伪或者不够可信。因此，更有效的表达方法应当是这样的：“你的文章写得很认真，我真的非常喜欢，它让我想更进一步了解哈莉特·塔布曼了”，而不是简单地夸他，“你真是个天才的作家”。同样的，儿童也能从这样的具体表扬中学到更多，比如，“你想尽力安慰安德鲁，这让我感到很开心，因为你注意到他很难过，他现在确实非常需要一个朋友。”这比“你真是一个很棒的孩子”对儿童更有帮助。当成人在儿童身上发现了某个好行为并告诉他原因时，他们就是在鼓励儿童下次重复这样的行为。很多时候，成人会把儿童主动表现出的好行为或者他们的顺从视为理所当然的，他们期望儿童自动按照吩咐去做或者很自然地表现出得体的行为。如果是这样，成人就没有意识到儿童需要付出很大的努力才能取得这些令人满意的结果。

积极的个人信息与前面讨论过的有效表扬有许多共同之处，它们都是帮助儿童认识到自己表现出了积极行为的有效途径。两者的不同之处在于，是谁对儿童的行为做出评价：是儿童还是成人。有效表扬是儿童对其行为做出的自我评价，他们觉得成人认可了他们付出的努力或者取得的成绩，而成人并未发表任何评论。积极的个人信息则是成人直接告诉儿童他们认为儿童的哪些行为是适宜的，这对于儿童初次学习怎样在特定情境中表现并且希望得到成人的具体暗示尤为重要（Miller，2013）。在儿童越来越适应自己遵守规则后，大多数积极的个人信息就该让位给有效的表扬了，因为后者能让儿童自己判断其行为在多大程度上符合其逐步内化的准则。不过，成人可在任何时候告诉儿童，他的行为对自己产生了积极影响，因为儿童对听到像“你帮我把这么多书放回架子上，我很感谢你，因为这减少了我的工作量”或者“你知道我嗓子哑了，所以我讲故事时你特别安静。我很开心，因为这让我说起话来容易多了”这样的评价，都会很高兴的。

陈述积极的个人信息

积极的个人信息从表达理解开始，并且要从儿童的视角表达理解，并且让儿童意识到成人已经注意到了他们所做的一切。接下来，成人针对儿童的行为叙述自己的情绪并且给出理由，成人还要指明儿童引发其情绪反应的具体行为。因此，不要以为只说“谢谢”或者“非常好”就够了，应当讲出更多的内容。积极的个人信息旨在让儿童明白他们应当保持哪些行为并在今后不断使用，也就是说，它能帮助儿童内化这些积极行为。表达积极的个人信息的重点在于使儿童从被动的服从上升到社会行为的更高层次。

儿童需要知道为什么他们的一些行为被认可而另一些不被认可，他们也要允许他们所认同的成人对他们的行为给予赞同或纠正。

权威型模式与适合发展的教学法之间的联系

现在，我们来花一点时间对比一下权威型模式与适合发展的教学法在构建充满关爱的群体方面的指导原则（见图 10.4），看到它们之间有哪些相同之处了吗？

在课堂上使用适合发展的教学法的教师应当做到：

- 帮助儿童提升责任意识和自我调节能力。
- 对于儿童在习得过程中出现的干扰行为，要采取监督、管控、预期、阻止和纠正等各种方法。
- 教儿童正确的行为。
- 为儿童的行为设定清晰、合理的界限，并且始终如一地执行。
- 倾听并认可儿童的情绪反应以及对失败的感受。
- 帮助儿童化解冲突。
- 为儿童示范一些技能，培养他们独立解决问题的能力。

图 10.4 适合发展的教学法在构建充满关爱的群体方面的指导原则

来源：Based on NAEYC，2009，p.16

对儿童表达期望和规则的技能

在出现问题的情境中表达理解

1. **在讲话之前先仔细观察儿童的行为**。弄清楚儿童试图做什么及其原因。
2. **使用反馈的方式准确叙述儿童的想法**。在倾听儿童的想法时不要做任何评判，反馈时尽量做到像这样，"你还想再击一次球"或者"你认为轮流的方法对你不公平"。话语中不要带有明显的指责成分，比如，"你今天就是不配合"或者"你以为你能蒙混过关"。
3. **提醒自己先叙述儿童的想法，然后再讲你自己的**。在出现问题的情境中，你自然想马上做出反应，但是如同我们在前面讨论过的，这样做的效果并不理想。为了避免冲动，讲话之前可先做一次深呼吸，它能提醒你先叙述儿童的想法。如果你发现自己又忘记这个环节了，就赶快停下来，重新开始。事情过后，你可以设想一下，如果类似的情况再发生，你还可以用哪些其他的反馈方式。这样的思考练习有助于你在今后应对类似的情况。
4. **在选择反馈的方式时要考虑儿童的年龄**。对于 8 岁以下的儿童，情感反应通常最有效。比如，当两个一年级的儿童为下一次该谁击球而争执时，你当然可以对其中一个说，"该你了"，然后再继续表达其他个人信息。但是更符合情感反应的表达方法应该是这样的，"你们很生气，因为你们都觉得该轮到自己了。"这样的表达认可了儿童正面临的问题（关于该轮到谁了的争执），为后面的信息提供了一个有益的开始。不过年纪大一些的儿童有时很反感成人当着别人的面说出他们的感受，因为他们觉得这是非常个人的情绪。在这种情况下，采用比较中立的行为反馈或者解释性反馈更为合适。
5. **避免使用"但是"作为反馈与其他个人信息的连接词**。"但是"的意思是"正相反"，当用它来连接两个短语或句子时，后者的意思与前者的意思是相反的。比如，如果一个朋友在街上碰到你，并对你说，"你看上去很不错，但是……"你马上就会知道他刚开始的夸奖不过是一个敷衍的开场白，真正重要的是他后面要说的话。对于个人信息，情况也是如此。如果成人对儿童说，"你希望这个故事快点结束，但我还是要讲完它"，就等于告诉儿童，他的想法根本不重要，这就有悖于理解的真正含义了。

向儿童表达你的情绪

1. **把你感受到的情绪阐述出来**。向儿童表达情绪时意思要非常清晰，不要只用非言语暗示。成人有时会用轻叩手指表示愤怒，用皱鼻子表示厌恶，或者用叹气表示不满，但儿童常常会误解这些肢体语言或者完全没有注意到。他们不会自动知道你的感受，而且事实上，他们经常会对你的感受与他们的不一样而感到惊讶。细微的暗示无法传达你的信息，儿童需要言语表达出来的清晰的信息。你所使用的语言应当具体并且直截了当，这有助于儿童明白你的情绪及其产生的原因：
   "我感到很高兴……"
   "那让我很气愤……"
   "我很生气……"
   "这对我来说非常重要……"
   "我希望……"
2. **关注你自己内部体现特定情绪的暗示**。当你开始生气时，你的面颊可能会发热；当你紧张时，你的胃也许会疼；当你过于激动时，你的头会感到很沉。刚开始时，那些比较极端的情绪，比如生气、恐惧或者激动，最容易被识别和表达出来。渐渐地，你就能够觉察一些更细腻的情绪了，比如满意、不悦、不适和困惑。
3. **使用大量表达情绪的词语，体现不同程度的感受**。有意识地选择各种表达情绪的词语。你能选用的词越多，你的表达就越准确。如果你发现自己总在重复使用一些词，可提前想好一些新词供未来使用。

指明具体的行为

1. **说出影响到你的具体行为**。一定要具体，详细说出你所看到或听到的行为。不要把几个行为放在一起给出一个整体的说法，因为那样容易引起误解。比如，不要说“当你表现不好时我很生气”，而应当说“当你打我（扔东西、嘲笑杰奎尔、用拳猛击弗兰克）时，我很生气”。你和儿童都必须清楚地知道你认为什么行为是可接受的，什么是不可接受的。
2. **叙述儿童的行为，而不是儿童本人**。直接说儿童不好、很坏、难相处、令人生厌或不可救药是非常不妥当的，这样的说法是对儿童的人身攻击，因此不可以对儿童使用。

阐明原因

1. **告诉儿童为什么你赞同或者不赞同他们行为**。将原因与安全、保护个人财产或他人权利联系起来。如果只是简单地说，“因为我这么说了”“因为我让你这么做”“因为它很重要”“因为这样不好”“因为这是规矩”或者“因为我们这里就是这么做的”，是没有效果的，因为它们与任何标准都没有直接关系，而且儿童也不知道应该怎样纠正自己的行为。当成人想不出其他的表达方法时，他们常会这么说。如果你对你的反应给不出一个合理的解释，就再审视一下环境，以确定你的期望是否恰当。
2. **用儿童能够理解的话解释你的原因**。用儿童比较熟悉的语言和简短的句子，并且聚焦一个要点，不要给出太多理由。
3. **每次当你试图改变儿童的行为时，都要把原因讲一遍**。不要以为你昨天给儿童解释过一遍不要跑的原因他今天就能记住了。儿童常常会忘记那些原因或者意识不到它们在一段时期内是一直有效的。在他们能够做到将一个原因从一种情形推及另一种情形前，你需要不断地向他们重复同样的解释。

制定规则

1. **基于安全、财产保护、尊重他人和重要性原则来决定制定怎样的规则**。如果儿童的行为与这几个方面无关，就有必要重新考虑一下是否需制定规则。
2. **明确告诉儿童规则的内容是什么**。规则的内容应当是清晰的，不要模棱两可。不要以为你懂这个规则，儿童就也会了解它或凭借他们以往的经验而记住它。每当儿童表现出疑惑时，都要马上提醒他们规则的内容。与儿童冷静、理性地讨论为什么要实施某些规则有助于他们理解特定期望的意义和原因，并且要记着在应当使用该规则的情境中提醒儿童注意使用。比如，当你看到一个儿童在跑时，与其对他说，“我跟你说过多少次了不要在室内跑”，不如说，“记着在教室时应该走”，因为前者以为儿童知道“走”这一规则，而后者属于个人信息的第三部分，更为有效。虽然儿童可能知道不应该跑，但你无法确保他们一定清楚应该怎么做。
3. **在制定规则时，内容一定要具体**。明确说出你期望看到儿童有什么行为：走路、把球放下、早上一到学校先交作业，或等别人讲完话再发言。不要笼统地说，“乖一点”“别那么小气”“不能动手”“干点你这个年龄该干的事”“干点让我为你骄傲的事”“表现好点”“在学校要有好的表现”“别让我为你感到丢脸”或者“注意你的行为”。一方面，这些表达的意思很模糊；另一方面，儿童对它们的理解可能与你对它们的理解不一样，从而导致他们的误解和错误的行为。
4. **及时修改不合理的规则**。如果你发现在你已经向孩子解释了某个规则而他仍无法遵照执行时，不要错误地认为规则绝对是正确的。最好在一个孩子能够接受的层面上修改这一规则。比如，这可能意味着要将规则从“在发言前必须先举手，并且安静地等着，叫到你的名字后才可以讲话”改为“每个人都必须先举手，叫到你时才可以讲话”。原规则中“安静等待”这部分可以在大多数儿童已经能做到举手后再加进去。

工具表 10.1 分析拟制定的规则和期望

想象一个你策划的或者打算与儿童一同参与的活动，制定一个与此活动相关的规则，将它写下来，然后通过下列标准分析该规则：

规则：____________________

1. 这一规则对所涉及的儿童的发展是合理的吗？　是　否
   如果回答为否，需要修改。
2. 这一规则可定义或具体吗？　是　否
   如果回答为否，修改其内容，达到你和儿童都清楚的程度。
3. 这一规则是用正向的方式陈述的吗？　是　否
   如果回答为否，需要修改。
4. 制定这一规则的原因是什么（健康、安全、财产、权利）？　是　否
   如果没有合适的原因，需要修改。
5. 我将这样陈述这一规则。（你将怎样向儿童陈述这一规则？）　是　否

5. **当儿童的行为基本符合规则时，要予以奖励。**不要期望儿童每次都能完全遵守所有的规则。要及时觉察儿童竭力遵守规则的行为，哪怕它们并没有完全到位。比如，规则要求小组里的儿童在发言前要先举手，等叫到自己时才可以讲话，而当你在察看那些在你面前挥动的手时，你别期望教室里会一点声音也没有，让儿童一下子达到那样的标准太难了。开始时即使儿童举手了，他们也会激动地说话，目的是为了引起你的注意。这个时候与其聚焦他们仍在说话，不如表扬他们记住了举手。在多次提醒后，举手时说话的儿童就会越来越少。
6. **经常使用积极的个人信息。**当儿童遵守规则或表现适当时，用个人信息让他们注意到自己的好行为，并且告诉他们这些行为在安全和保护他人财产和权利方面产生的良好效果。这种现场指教会令儿童印象深刻，能够使他们长久地记住相关规则。当儿童在独立遵守规则方面表现出日趋娴熟的技能时，可以转向更多地使用有效表扬。
7. **要及时指出儿童表现出的延迟满足、控制冲动、抵御诱惑以及其他亲社会行为。**
   - “你在耐心地等待。”
   - “你还想再要一个蛋糕，可是你把它让给了卡罗尔。这很不容易，但你做到了。”
   - “当你想打安东尼时，你控制住了自己，这需要很强的自制力。”
   - “你记得豚鼠没有水了，所以在午餐时回来给它们的瓶里加满了水，你真的非常负责任。”
8. **弄清楚儿童是否和你一样了解规则。**让儿童用他们的语言重复规则的内容，或者让他们把规则示范出来。注意观察他们对规则的理解程度。如果发现他们对规则尚不清楚，就把它解释得再清楚些，可以考虑下面这些方法：
   - 尽可能用清晰的声音慢慢重复你的话。
   - 把信息用儿童熟悉的、简洁的语言再说一遍，对一些关键词要加以强调。
   - 重述你的信息时可以用手势配合你的语言。
   - 带儿童到安静的、没有干扰的地方进行讲解。
   - 可以用一些实物来强调你的信息，比如图片或者实物与手势结合。
   - 亲自向儿童示范你的信息。
9. **注意不要让自己说“不”或“不许”。**把禁止性命令改为正面陈述。这可能意味着你得打断自己的话，或者同时使用否定与肯定的指令，比如，“走，不要跑”。可以让你的一位同事用工具表 10.2 监督并记录你在一天里说“应该”和“不许”的次数，你也可以自己做记录，然后分析你使用

工具表 10.2 对使用“应该”和“不许”的分析

方法：在一天里找出 20 分钟的时间重点关注。让你的一位同事帮你记下你对儿童说“应该”和“不许”的次数，并且写下你每次的具体用词。时间结束时，分析每一种说法的使用频率，将“不许”换成“应该”，供以后使用。

时间	应该	不许	怎样纠正
自由活动时间			
午餐时间			
圆圈教学时间			
小组活动时间			
室外活动时间			
你用过的词	你应该穿一件罩衣		
		不要把颜料滴在地上	把颜料用在纸上

否定和肯定表达的状况并提醒自己纠正。

10. **直接告诉年幼的或缺乏经验的儿童应该怎么做，而让年纪大一些或比较有经验的儿童自己想出其他代替方法**。如果一个年幼儿童推搡着要到门外去，你可以对他说：

“我知道你急着想出去，可我担心当你推别人时，有人会受伤。在门口退后一步，我们重试一次。”

对于大一点的儿童同样的意思可以改为：

“我知道你急着想出去，可我担心当你推别人时，有人会受伤。咱们再想一个大家都能安全出去的方法。”

在你做选择时，还要考虑儿童过往的经历以及他们潜在的协调能力。2岁的幼儿、首次聚在一起的五年级的学生或者一群兴奋不已的儿童恐怕没有技能、耐心或必要的信任去达成一个共同的想法。

但是那些已经有了许多实践经验的儿童能够产生自己的想法，找到不同的方法；那些头脑冷静的儿童则往往可以面对挑战。

11. **说和做同时进行**。对那些可能会伤害自己和他人的行为要立即予以制止，必要时甚至需要身体干预。比如，如果两个孩子在打架，应当抓住他们的手或把他们分开，使他们马上停止。如果一个孩子想从一个过高的台阶上往下跳，也要赶快过去阻止。如果孩子在使用锯子时的方法不正确，则应把它拿走或由你来掌控。只有在危险的情况被及时处理后，儿童才能更好地听你讲话，这个时候表达个人信息的效果也最理想。

12. **邀请儿童帮助制定规则**。将孩子们聚在一起，让他们参与为自己或某个活动制订计划。把他们的想法写下来，贴出来让他们看。过一段时间后，再让他们检查自己制定的那些规则，并且定期与他们讨论有无需要修改的地方。让儿童参与自我管理能够增强他们对规则的理解，增强他们的自我控制感，同时也让他们感到自己的想法是有价值的，并且可以对教室里发生的事件产生影响。

与儿童的家庭进行沟通

1. **了解儿童的家庭对他们行为的期望**。每个家庭都对儿童在家里和外面的表现有一定的期望。了解这些期望有助于专业人员更好地理解每个家庭的实际状况，并且能够帮助家庭在培养儿童方面发挥积极作用。可以通过单独沟通或者在开家长会时了解这方面的信息，也可以让家长填写一些表格，在上面列出他们给儿童制定的“家规”，并在出现相关情况时与家长进行非正式沟通。对家长的做法要保持开放和接纳的态度，不要随便做出评判。

2. **与儿童的家庭就你制定规则的方法进行沟通**。儿童的家庭有权利知道你在学校的环境中执行规则方面的计划，即规则的内容以及怎样实施它们。与儿童的家庭分享这些信息的方法有许多种，包括特意召开介绍会、写在家长手册里、列入儿童带回家的简报中、在开家长会时或者平时与儿童的家人聊天的过程中介绍。下面就是这样一个例子：

6岁班儿童的家长们：

许多家长希望了解我们学校对孩子们有哪些行为方面的要求，以下就是我对一年级学生的一些基本期望。这些规则旨在保护孩子及其财物的安全和他们作为个体的权利。我会在未来几天里和孩子们就这些规则的细节进行认真讨论，同时我也很乐意回答你们对此的任何问题，并且愿意听到你们的建议。

- 学生在室内时要走，不要跑。
- 学生要安全地使用物品。
- 学生不可以伤害其他同学，应当用语言表达他们的情绪。
- 学生每天都要参与教室的清扫。

在这一年中，我会经常和孩子们讨论这些规则以及他们认为重要的其他规则。我们会采用各种方法确保教室是一个安全且充满爱心和快乐的生活和学习场所。

3. **如果儿童的家人在制定和实施规则时使用的不是权威型方式，那你在与他们沟通时就要着重强调你们之间的相同之处而非不同点**。专业人员有时认为他们与那些在制定和实施规则方面没有采用权威型方式的家长几乎毫无共同之处，同样的，更偏重专制型或放任型方式的家长也会对你所使用的权威型方式产生质疑。出现这种情况时，最有效的方法就是强调彼此的共同之处而非存在差异的地方（Derman-Sparks & Edwards，2010）。掌握了这一原则，你就会发现专制型和权威型教育方式都倡导对儿童有严格的管控并设定高标准；而放任型和权威型教育方式都提倡成人与儿童建立温暖、接纳的关系。提及权威型方式的这些特点为你们之间的沟通提供了共同的基础。比如，更多地采用专制型态度对待儿童的家长会认为给儿童讲道理是没必要或者不可取的，因为儿童只需按他们的要求去做就行了。要帮助这样的家长接纳你跟儿童讲道理，就应对他们指出你会给儿童制定一些规则并告知儿童，同时在必要时也会实施它们，从而给儿童的行为设定了适当的界限，然后你可以进一步向他们解释你给儿童讲道理是为了帮助儿童更好地理解规则。这样一来，儿童今后会主动遵守规则。这样的解释会在权威型教育方式（帮助儿童全面思考问题）和专制型教育方式（达到服从的目的）之间建立一座沟通的桥梁。

在玩降落伞时，你会和孩子们制定怎样的规则？

注意事项

无论你是单独地还是在集体中培养儿童的自我调节能力，也不管你是在非正式场合还是在有组织的活动中进行教育，最初你都可能使用一些不当的做法，但逐渐地，你一定要避免下列错误。

1. **长篇大论。**有效的个人信息应当是简短而明确的。但是刚开始时，由于你极力想把所有四个R的内容都包含进去并解释清楚，因此你很可能会使用较多的词或句子。比如，“你看上去对没有轮到自己很不高兴，但是让我难过的是，你因为没有轮到自己就用棍子打塔妮亚。当你用棍子打她的时候，我觉得她可能会受伤的。因此我希望你把棍子交给我。”儿童不可能认真注意听这段话的全部内容，而且他们也分不清哪句话是重点，并会很快忘记老师前面说的话。冗长的个人信息往往会被儿童忽视，他们会感到厌倦而根本不再理会。

   刚开始学习这项技能时，多说几句要比忘掉某个重点好。如果成人觉察到自己表达的个人信息过多时，可以在之后想一种更为精练的表达法。比如，前面那个例子就可以缩减成：“我知道你很生气，可如果你用棍子打塔妮亚也让我很不安，因为你会伤到她的。把棍子交给我。”
2. **由于害怕出错而不敢使用个人信息。**有时，在需要使用个人信息时，成人却表达不出来，他们害怕用错词、颠倒了顺序或者漏掉了某个部分。可惜，成人越耽于表达，就越得不到练习的机会，结果这种能力也就越不可能改善或提高。唯一的补救办法就是一有机会就赶快尝试。从积极的个人信息入手会比较容易，因为它涉及的风险较少。在能够熟练地使用之后，再表达那些带有纠正内容的信息也就不那么困难了。
3. **只在出现问题时才表露自己的情绪。**有些成人只关注儿童犯的错误，一旦发现就马上表达自己的不满，并且责备儿童没有达到他们的期望。这种做法没有意识到在纠正儿童的行为时，不仅需要告诉他们哪些表现是不可接受的，还需要加强和巩固他们表现出的积极行为。而如果希望儿童保持某些好的行为，就必须让他们感受到成人对此的喜悦、兴奋、高兴、赞赏、满意和支持。

4. **中途放弃**。儿童并不总能一直耐心地听你表达个人信息的全部内容，他们的头可能会朝别处看，甚至干脆就走开了。当出现这种情况时，成人有时会很生气，中途就放弃了。其实这时可以采用第3章中讨论过的非言语策略。成人可以轻轻抓住不感兴趣的儿童或追上走开的儿童，但不要与他们发生冲突，也不要使劲拽他们或强迫他们看着你。

   这么做只是为了让儿童关注你所表达的信息，同时也可以告诉他们你对他们不听讲很生气，你可以这样对他们说，"你不想听我说的话，在我说话时你走开了令我很生气。站着别动，听我说完。"

5. **只在意短期目标而忽视长期目标**。在出现问题时，成人有时会觉得直接说"不行"或者"这里不可以这样"更省事。这种简单的做法偶尔会取得期望的效果，即儿童停止了他们正在做的事，但遗憾的是，这样的结果只是暂时的，因为它不能让儿童内化这一规则。于是成人不得不一遍又一遍地重复这些命令。而且一旦离开了成人的监督，儿童就不会再遵守这些规则了。花时间表达完整的个人信息是值得的，因为它们能够促进儿童自我调节能力的发展。

6. **从远处表达期望**。当成人发现儿童处于危险环境时，他们的第一反应就是冲儿童大声发出警告："小心！你要把鱼缸掉到地上了！"或者"当心！地板很滑！"在这样的情形下，儿童常常不会注意到成人发出的信息，因为他们根本没有意识到成人是在对他们喊话。而且成人的大喊声会令他们紧张或者刺激他们变得更活跃。如果出现这种情况，儿童显然没有正确接收成人的信息。更恰当的方法应当是快速赶到儿童身边，面对面地向他表述你的期望。虽然这么做可能需要多花几秒钟的时间，但它产生的效果要好得多。

7. **过很长时间后才表达你的情绪**。有时，成人为了省事，会控制一些不太强烈的情绪，任其逐渐加剧。而当他们有所表现时，通常是因为他们已经忍无可忍了。这时，他们的生气会演变为狂怒；担心会演变为焦虑；困惑则发展成为恐慌。这些显然不是积极的反应，可是由于这些情绪本身非常激烈，成人此时已经很难再表现出理性的行为了。儿童经常会被成人的这种极端情绪吓到，而且他们真不明白这一切是因何发生的。成人这么做还会让儿童误以为只有极端的情绪才可以表达，于是他们也会跟着学。避免这种现象的方法就是在你刚觉察到自己产生了某种情绪时就把它表达出来。

8. **隐藏期望**。当成人对告诉儿童该做什么感到紧张时，通常会将规则加以掩饰。最常见的做法就是用问句来表述一个规则，比如他们不说"打扫卫生的时间到了"，而是哄着儿童说，"难道你现在不想打扫卫生吗？""打扫卫生好吗？""你不希望我们的房间很乱，对吗？"或者，"我们应该有一个干净的房间，对吗？"

   当成人这样表达时，他们是希望儿童能自己看到问题并找出解决办法。但是儿童常常认为这样的信息不是规则，因此无须遵守。而成人提出的问题是让他们选择的，所以他们既可以选择同意，也可以选择拒绝接受。如果成人不想听到否定的回答，就不要用这种模棱两可的说法，应该直截了当地告诉儿童，"开始打扫卫生"或者"该打扫卫生了"。

   模糊规则的另一个问题是成人将自己也置于规则内，而实际上他们并不打算真正按规则去做。比如，当成人说"咱们把屁股擦干净"时，他们其实是指"把你的屁股擦干净"；或者当他们说"咱们来刷牙吧"时，他们的意思是"你去刷牙"。成人这样说的本意是在儿童对某个行为有疑问时给他们做示范，可是如果这样的表达没有准确反映现实情况，儿童会更感到困惑。

   使用掩饰方法的成人会影响儿童对规则的执行，因此要用陈述、肯定的语气将规则准确地表达出来，不要用问句或者模棱两可的词语，也不要让儿童在谁应该执行规则方面产生疑惑。

将个人信息与你学过的其他技能结合起来使用

个人信息对于明确期望和提醒儿童遵守一些重要的规则是非常有帮助的，当它们与第 1 章中提及的社会支持金字塔中的技能结合起来使用时效果会更明显（参见图 10.5）。

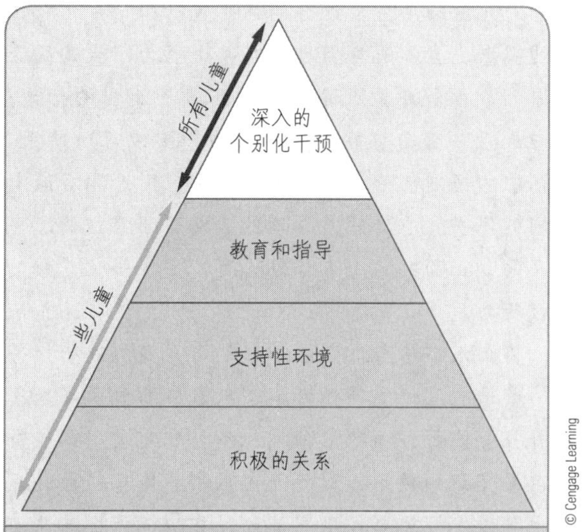

图 10.5　社会支持金字塔：培养儿童的自我调节能力——与儿童交流期望和规则

具有挑战性的案例

伊森

伊森是个 4 岁的孩子，他有时会趁人不注意离开教室，他的这种行为让老师很头痛，因此老师试着将个人信息与其他技巧结合起来解决他的问题。

工作人员观察到伊森有时会想妈妈，然后他就会离开座位去找她。老师虽然能够理解他这种难过的情绪，但他独自一人离开教室肯定是不安全的，于是她使用了下面的个人信息来提醒伊森为什么待在房间里是非常必要的。

"伊森，我知道你想妈妈，可是你离开房间让我很担心，因为如果我不知道你在哪儿，会很不安全，所以待在屋里，除非有老师陪你出去。"

除了给予伊森这样的个人信息，工作人员还使用了社会支持金字塔里前三个层次的策略，目的也是帮助伊森待在房间里。下面是几个具体的例子：

教育和指导

- 成人通过情感反应的方式认可伊森想妈妈的情感，他们安慰他，并且试图把他的注意力转向他喜欢的活动。
- 为了给他营造一个能让他感到舒服的环境，成人给了伊森一些他可能喜欢的物品，让他挑选和玩。
- 成人使用同伴辅导的方法帮助伊森与别的孩子接触，并且着手为他在班上物色一个朋友。

构建支持性环境

- 老师每天都为伊森安排他喜欢的活动。
- 伊森的家人让他把自己的玩具熊从家里带到学校，以此减轻他对环境改变的感觉。他把它放在自己的柜子里，每当感到难过时就把它拿出来抱抱。
- 老师把教室的门关了起来，并且安排了一位成人待在门的附近。学校还给门内的把手安装了一个"安全帽"，这样伊森自己就很难把门打开了。
- 老师每过一段时间就会提醒伊森这一天的安排，这样他就可以知道妈妈什么时候快来接他了。

建立积极的关系

- 每天都有固定的老师在门口迎候伊森，并且每隔一会儿就与他简短地交流一下。
- 活动时，成人会通过发出邀请、行为反应和有效表扬等方法帮助伊森充分参与活动。
- 老师每天都会让伊森带一个便条回家，告诉他妈妈他今天在学校的表现，包括他做了些什么以及第二天可能要做些什么。

尽管有这么多的策略，但如果伊森仍然会趁人不注意就离开教室，那么他的老师可能就得采取深入的个别化干预措施来解决他的问题了。我们将在第 11 章中对这方面的具体做法展开讨论。

总 结

如果希望被社会接纳，所有儿童必须学习按照其文化的期望来规范自己的行为。成人有责任让儿童了解这些期望，并需要为此投入大量时间和精力。他们的最终目的是帮助儿童发展自我调节的能力，包括几方面的内容：抑制那些可能会伤害自己或他人的冲动、抵制诱惑、延迟满足、执行计划和表现出社会认可的行为。人们通常认为，随着儿童日渐长大，他们的自我调节能力也会加强，但是事实上，即使到了成年期，人们也会有不同的行为表现，有些人仍然无法管控自己，有些人则有很好的自制力。非道德定位、依从、认同和内化是经常用来描述不同表现的术语。在不同的时间和不同的场合，个体可能会有不同的表现，但整体来讲都会属于其中的某一种。

内疚和共情是影响自我调节能力的两个情绪因素。此外，从认知的角度看，儿童对是非观念的判断、社会观点采择能力、单维注意、不可逆性思维以及语言和记忆能力也在自我调节能力提升的过程中发挥着作用。

成人可以通过直接的指令、监督、奖励和惩罚的方式让儿童习得社会价值取向和期望，同时还可以告诉儿童或向儿童示范什么是他们所期望的，即用明确的语言和自己的行为让他们明白。

在给予儿童引导方面，有各种方式：专制型、放任型、冷漠型和权威型，它们会对儿童的情绪和行为产生不同的影响。权威型模式的效果最好，因为它能让儿童自我感觉良好，并且最有可能将合乎规范的行为内化，因此我们极力推荐大家在与儿童互动时采用这一模式。

采用权威型模式的成人会通过个人信息来表达自己对儿童的期望，这样的信息包括：认可儿童自己的观点、告知儿童自己对其某个行为产生的反应和原因，以及希望儿童怎样纠正其不适当的行为，其中最后一部分仅在儿童的行为需要改正时使用。信息中的规则部分应重点关注安全、财产和对他人权利的保护。它必须是合理的、对孩子有益的、可定义的和正面的。个人信息也可以用来强化儿童的积极行为。

将个人信息与你已经学过的与儿童构建积极关系、营造有利的支持性环境，以及教育和引导孩子提升社会能力方面的其他技能结合起来使用，能够取得最理想的效果，对于儿童的自我调节能力的提高也可以发挥重要作用。此外，在培养和引导儿童这方面的发展时，与其家长及时沟通也是非常重要的，这样一方面能够让儿童的家人知道你所采用的方法，另一方面也能了解其家人所采用的原则和做法。

在刚开始向儿童表达期望时，可能会犯一些错误，比如说得过多、遗漏个人信息中的某些部分或者使用模棱两可的语言等。不过，通过反复练习和经常性的自我反思，对这些失误逐渐都能够克服。

关键词

不可逆（irreversible，p.284）
单维注意（centration，p.284）
道德错误（moral violations，p.283）
对成熟的需要（maturity demands，p.288）
放任型（permissive style，p.289）
非道德（amoral，p.278）
个人信息（personal message，p.293）
共情（empathy，p.282）
沟通（communication，p.288）
观点采择（perspective-taking，p.283）
合理的规则（reasonable rules，p.299）
可定义的规则（definable rules，p.300）
控制（control，p.288）
冷漠型（uninvolved style，p.290）
内化（internalization，p.280）
内疚（guilt，p.282）
培养（nurturance，p.288）
强化（reinforcement，p.287）
权威型（authoritative style，p.290）
认同（identification，p.280）

示范（model，p.286）
违反社会常规（social-conventional infractions，p.283）
消极结果（negative consequences，p.287）
依从（adherence，p.279）
正向规则（positive rules，p.301）
直接指导（direct instruction，p.286）
专制型（authoritarian style，p.289）
自我调节（self-regulation，p.278）
自言自语（private speech，p.285）

问题讨论

1. 解释什么是自我调节能力以及它的组成部分。
2. 贾马尔是个学龄前儿童，他的哥哥埃米德 10 岁。讨论一下应当怎样分别培养他俩的内疚感和共情能力。
3. 研究表明，儿童越成熟，其自我调节能力越强。解释一下导致儿童能力增强的发展因素。
4. 分别对非道德定位、依从、认同和内化做出定义，然后讨论哪些行为暗示反映出儿童处在哪个阶段。
5. 说出三个在你是儿童时必须遵守的规则，并且分析你在服从这些规则时分别属于依从、认同和内化中的哪个阶段。
6. 说出你在教育儿童安全饲养豚鼠时会使用的有关命令和示范的所有做法，确定你充分考虑了儿童不同的成熟度。
7. 回想你在成长过程中遇到的一位老师，向他人描述他的行为，描述时记着我们在本章讨论的四种教育方式。看看听者会怎样根据你的描述对他的行为进行归类，然后分析他的模式对你的学习的影响。
8. 叙述一下如果你希望自己与儿童在互动时采用的是权威型模式，你打算做出哪些改变。
9. 与你的同事明确个人信息的三个部分，并且对每一部分为何应包含在其中说出至少三个原因。
10. 按照美国幼儿教育协会所制定的道德行为准则找出应对下列与规则相关的情境的要求。
    a. 布朗一家和史密斯一家都有孩子在你的班上，布朗夫人对你说她不想让自己的孩子和史密斯家的孩子交往，她希望你能接受这一要求。
    b. 你班上有一个孩子的家庭来自其他国家，这个孩子的爸爸对你说他想让他 4 岁的女儿学习他们文化中的行为举止。这意味着她在与成人接触时必须恭恭敬敬的，可是他发现他女儿在小组里总爱大喊大叫，做游戏时也很强势，通常都是由她来决定玩什么。这令他不安，因为他认为她应该温顺一些，他希望你能帮他实现他对孩子的期望。

案例分析

阅读附录一中关于阿德里亚娜的案例，然后思考下列问题：

1. 你认为阿德里亚娜目前处在自我调节能力的哪个阶段？并且找出三个论据来证明你的结论。
2. 如果你打算将她的能力提高一个层次，你会采用哪三个方法来帮助她？
3. 指出案例中的教师所使用的提升她自我调节能力的策略，你认为效果如何？
4. 为了帮助阿德里亚娜与其他的孩子有更多的互动，你会在他们中间制定一些怎样的规则？
5. 叙述案例中成人对阿德里亚娜的不同期望，并找出证据加以证明。你认为在他们的交流中增加哪些内容或者做怎样的改变能取得更好的效果？

课外作业

1. 记录你在工作中所使用的个人信息，并在有可能时，记录下至少三个你得到的反应。按照这样的顺序：首先，叙述儿童说了或者做了什么引发你给出个人信息；其次，原原本本地写下你所说的话，对它的效果做出评价，并且纠正那些不准确的个人信息；其次，写下另外两个可使用的传达个人信息的方法，其中一个用来纠正儿童不当的行为，另一个用来强化儿童积极的行为。
2. 叙述一个你使用个人信息效果很好的例子，而且不仅是你自己这样认为，儿童也有同样的反应。然后再叙述一个你使用个人信息没有取得良好效果的例子，分析一下问题出在哪里，今后应当怎样改进。

3. 在你与儿童互动的环境中找出一个你认为应该制定规则的情境，写下你定的规则，同时记录下它是否符合本章所讨论的制定有效规则的标准。如果有必要，修改你的规则使之更加恰当，然后与大家讨论你应该怎样做和说来提醒儿童遵守规则，并在必要时强制他们执行这一规则。

   在尝试之后，与大家讨论你是否真的应当使用这一规则，叙述你在执行时对它进行的调整及其原因，并将儿童对这一规则的反应也描述出来。

4. 阅读一些旨在让儿童的家长了解他们及对儿童需要遵守的规则的说明（比如，入学资料、规则手册、介绍性简报等），从中列出至少五个对家长的要求、政策或者期望，并叙述其背后的原因。如果你不理解制定这些规则的原因，就与相关人士进行沟通，了解它们形成的原因。

检查你的做法

下面是一个对照检查表，作为一个刚入门的专业人士，你可以用它来检查自己是怎样实践这些技能的。你还可以在附录二中获得更多的观察儿童在教室中的行为的检测标准。

教师如果希望通过制定有效的规则来帮助儿童发展他们的自我调节能力，就应当做到以下几点：

√ 邀请儿童参与制定教室行为规则。
√ 当安全、财产或权利遇到危险时，要立即予以干预。
√ 执行可定义且合理的规则（即儿童可预期并能够做到的规则）。
√ 在制定了规则的环境中，理解（或者认同）儿童的想法。
√ 向儿童叙述你对他们的行为的反应。
√ 向儿童解释制定规则的原因（重点强调安全、财产或他人的权利）。
√ 通过告诉儿童应该做什么和不可以做什么来纠正他们的错误行为。
√ 修改或放弃不合理的规则。

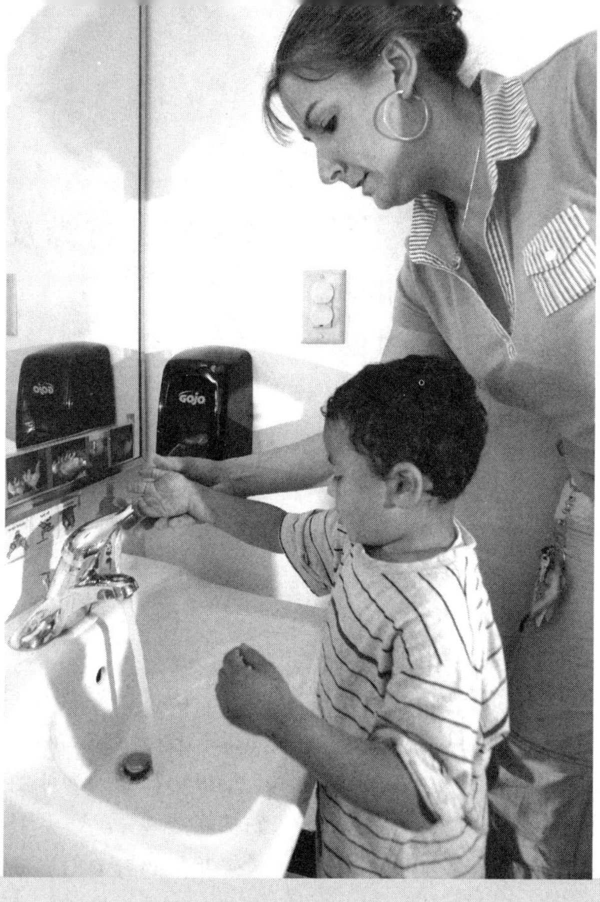

第11章 培养儿童的自我调节能力：结果的意义

本章目标

在学习完本章后，你应该了解：

儿童有时会有不当表现的原因以及成人能够给予的帮助。

四种结果类型：积极的、自然的、合乎逻辑的和无关的，以及它们与惩罚的区别。

怎样将个人信息与结果有效地结合起来。

深入的个别化干预的必要性以及如何规划和使用它来提升儿童的社会能力。

怎样让有特殊需求的儿童遵守规则和承担后果。

在执行结果中的注意事项。

NAEYC标准

1. 提高儿童的发展和学习能力。
2. 与儿童的家庭和社区构建关系。
3. 运用适应发展的教学法与儿童及其家人进行沟通。

下面这个片段发生在一个学前班：

教师：你们都很爱画画，可是现在该打扫卫生和准备吃午餐了，大家把颜料盖好或者把已经干了的作品放好。

拉尔夫：我还没画完呢。

朱丽：我不想打扫卫生。

雅各：（什么也没说，继续很放松地画画。）

学会自愿遵守合理的规则和要求是社会能力的一个重要体现。但是正如我们所知，孩子有时候会拒绝做要求他们做的事，会有不当的表现，或者没有遵守某个规则。面对这种情况时应该怎么办，是教师、看护人员和儿童的父母都极为关心的问题（Charles，Seuter，& Barr，2014）。成人一方面希望儿童服从，另一方面常常不知道应该以怎样的适合儿童发展的方法实现这一目标。在这一章，我们就将应对这两方面的关切。

你在本章读到的所有内容都基于三个假设：第一，年幼的儿童对社会行为还比较陌生，因此，虽然大多数儿童通常都愿意按成人和同伴所希望的去做，但有时候做不到；第二，学习社会规则是一个非常复杂的过程，需要假以时日并反复练习，它既不可能无师自通，也不是一件容易的事情；第三，儿童是会犯错的。

儿童做出错误行为可能出于下列原因：

- 不清楚规则的内容。
- 不知道该怎样遵守规则。
- 不知道应该用什么适宜的行为来取代不可接受的行为。
- 不具备执行某个规则的能力。
- 认为规则是没有意义的。
- 认为规则与自己无关。
- 反而从负面行为中得到了好处。
- 关于一些规则的重要性得到了混乱的信息。
- 在执行规则时，会试探成人的底线。

在多数情况下，儿童行为不当均出于上述某个原因或某几个原因，不过如果成人能够调整他们在制定和执行规则时使用的方法，儿童的行为就会有所改变。下面让我们进一步分析这些原因。

有问题的行为及其可能的解决办法

第一个问题：不清楚规则的内容

第二个问题：不知道该怎样遵守某个规则

第三个问题：不知道该怎样替换有问题的行为

第四个问题：缺乏执行规则的能力

这四个问题都源自成人没有妥当地制定规则（MacKenzie & Stanzione，2010）。在每个问题中，儿童出错都是因为他们无法遵守某个规则，而非他们不愿意遵守。事实上，恰恰是规则制定得不当导致了儿童的行为出现偏差，因为他们不具备正确执行规则的知识和技能。

解决办法

如同第 10 章所述，有效的规则应该是儿童能够遵守的。这意味着儿童在发展过程中能逐渐达到成人的期望，同时他们也很清楚为了服从，自己应该做些什么。有效的规则还能让儿童知道哪些行为是适当的，可以用它们来代替那些不当的行为（这就是个人信息中第四个 R 的内容）。如果儿童缺乏相应的知识或技能，成人就要帮助他们学习掌握。合理的、可定义的和积极的信息符合这些标准，它们能帮助儿童纠正自己错误的行为。

第五个问题：没有意义的规则

第六个问题：与自己无关的规则

儿童通常会拒绝遵守看似与自己不相关或者没有必要的规则（Kohn，2006）。如果儿童认为某些规则没有意义，就会忽视它们。同样的，如果儿童认为有些规则与自己无关，就不会像成人期望的那样赞同它和执行它。

解决办法

如果成人能够向儿童解释清楚制定规则和要求的原因，儿童对规则的排斥就会大大减少。我们在第 10 章中已经指出，对于年幼的儿童来说，先要让他们关注保障安全和保护财产的规则，然后再让他们逐渐理解和接受关于保护他人权利和公平的规则。

此外，儿童更愿意执行他们能够参与制定的规则，因为他们能从集体讨论出现的问题以及怎样解决的过程中获益。而在这样的讨论中，规则的重要性以及应该制定怎样的规则都会被反复强调（Epstein，2009）。如果儿童能够自己发现问题并且制定相应的规则，他们就会认为这些规则是合乎社会规范的，而自己作为规则的制定者理应遵守它们，这还能促使他们参与构建一个人人都遵守规则的环境。

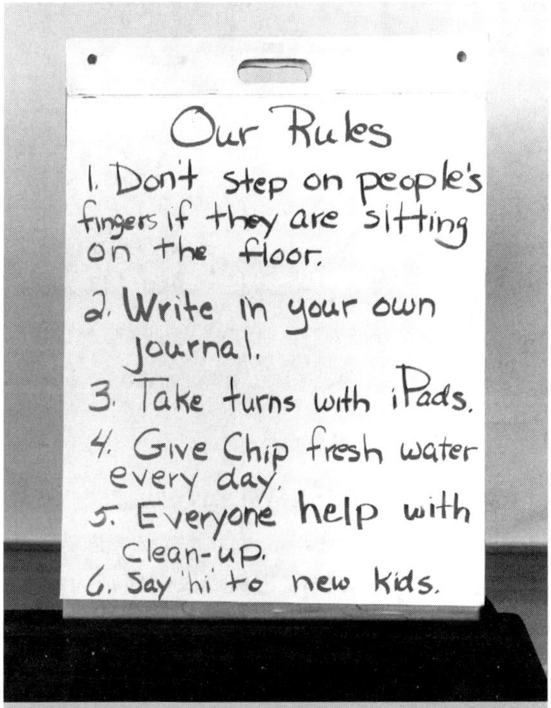

© Star City Photography

一年级的儿童自己制定的规则。①

第七个问题：从负面行为中得到好处

有时候，儿童的行为虽然不当，可他们依然得到了他们想要的东西（Allen & Cowdery，2012）。比如，肯德拉打了胡安，结果胡安就把玩具给他了；莎拉故意嘲笑埃莉，结果埃莉放弃了第一个尝试的机会；吉姆的纠缠使他能再多玩 15 分钟的计算机。在这几种情形下，儿童的行为本来是不对的，却让他们得到了想要的结果。不仅如此，不当的行为有时候还能让他们逃避做自己不想做的事，比如，借着哭就不必遵守某个规则；故意走开就不必参与打扫卫生；在小组活动时故意大喊大叫，从而被允许不参加自己不喜欢的活动。儿童如果感到很无聊，也可能会通过大叫、乱跑或者偷偷掐一下别的孩子来寻求刺激。

解决办法

如果不希望儿童借助不当的行为达到自己的目的，成人必须仔细观察儿童，了解他们的真实意图；基于这些观察，教师可以告诉儿童怎样通过更积极的方法取得同样的效果（Dunlap & Fox，2009）。要想很好地做到这一点，成人首先要觉察到儿童的不当行为，然后分析其成因以及会导致的结果，在此之后才能找到合适的代替做法。稍后，你将会在本章学到更多这方面的办法。

第八个问题：信息混乱

有时，虽然规则叙述得很清楚，但成人的一些行为起到了反作用，这是指成人没有及时肯定儿童的服从，忽视儿童的违规行为，或者对儿童的不服从妥协（MacKenzie & Stanzione，2010；Miller，2013）。这些做法构成了一个不可预知的环境，让儿童无法确定成人的期望到底是什么。比如，学前班规定儿童在画架前画画时应当穿上罩衣。有时候，成人要求儿童严格执行这个规定；但有时候，他们自己也会忘记，结果许多儿童在画画时就没有穿罩衣。在这种情况下，儿童对这一规定会感到不确定，而且也很少会自己想着要穿罩衣。类似的情况也出现在罗斯福小学，那里要求儿童在离开餐厅时把自己用餐的地方收拾干净。但实际的情况是，当儿童将托盘放到清洁区时，没有人注意到；可有时候，他们又会因为把吃剩的东西留在桌子上而遭

① 图中写着：我们的规则：1. 别人坐在地板上时，不要踩他们的手指。2. 在自己的日记本中写日记。3. 轮流用平板电脑。4. 每天给齐普（豚鼠名）喂干净的水。5. 每个人都要帮忙清理。6. 对新来的孩子说“你好”。——译者注

到批评；但也有时候，他们又被要求“就把盘子放在桌上好了”（因为成人觉得时间来不及了）；还有时，虽然他们没有把吃剩的食物清理干净，也没有人责备他们（成人实在太累，顾不上了）。结果，儿童对这一规定感到很困惑，这是完全可以理解的，因为成人在执行它时太随意了。久而久之，学生们就会认为这个规定没什么实际意义，因此遵守与否都无所谓。

第九个问题：试探底线

儿童经常会试着确定哪些行为在许可的范围内，哪些行为超出了这一范围，而找出这之间的区别的唯一方法就是不停地试错（Denno，Carr，& Bell，2011）。此外，由于成人在获得儿童的服从方面也持不同的期待，因此，儿童就会对每一个和他们接触的成人进行试探，发现他的底线。这两种试探方法都会导致儿童的错误行为。

解决办法

解决与混乱信息和试探底线有关的行为问题的方法是通过运用结果来不断强化规则。下面就将聚焦这一非常重要的技能。

当孩子将积木放回原处时，他们的行为就应当通过积极的个人信息得到强化。

结　果

结果是指很可能会使某个特别的行为在未来发生的事情。积极的结果会加强行为被重复的机会；而自然的、合乎逻辑的和一些不相关的结果则会降低这样的可能性。

加强积极行为的结果

积极结果能够强化儿童对规则的遵守，或者鼓励他们在今后不断重复某个积极行为（Marzano，2003）。最常见也是最有效果的做法是用积极的个人信息强化儿童的行为。比如，莫尔先生说：“拉蒂莎，我很高兴看到你能记着发言之前先举手，这样就能让我把话说完。”他发出的信息高度评价了儿童的适当行为，会给拉蒂莎留下很深的印象。此外，他也肯定了儿童为遵守规则付出的努力。

当成人通过使用个人信息来肯定儿童遵守规则的行为时，儿童今后就非常可能继续这一做法，因为积极的个人信息会提醒儿童意识到规则的存在，同时也让他们愿意展示出自己有能力遵守规则。这样的肯定对任何年龄段的儿童来讲都是有益的。

积极结果的另一种表现形式是我们在第4章中提到的有效表扬。比如，成人对儿童说，“这周你一直在提醒自己每天记着带作业到学校，你已经坚持到周四了。”这种对儿童遵守规则不带评价的肯定会让儿童按照社会可接纳的方式行事的能力日益增长。

同样的，当成人多次认可儿童遵守规则的行为后，他们就激发了儿童的自我满足感和对自己行为的自豪感。比如，如果规则要求“每天练琴”，成人可以对儿童说，“你在演奏会上的表现很出色，你所有的练习都得到了回报。”

积极结果还可以搭配获得特殊待遇，例如，如果规则要求“爱护图书馆的书”，成人可以告诉儿童只要他们做到了，他们就可以在没有成人在场的情况下自己拿取图书。这样的奖励方式实际上可以固化儿童积极行为的结果，也是对他们行为的正面肯定。这样的信息表述得越明确，儿童对行为和结果之间的关联也就认识得越清晰。

最后一点，有时候对于积极结果可以采用公开表彰的方式，比如在受表扬儿童的名下贴一个贴纸或者画一个五角星，张贴出来让大家都可以看到（Essa，2008）。比如，如果一个儿童做到了一天都没有打人，就可以在他的名字下面贴一个贴纸。这种有形的奖励是对儿童积极行为予以认可的证明，同时也能让他们感受到自己取得的成绩。虽然有形奖励不必过于频繁使用或者出现在每个场合，但在一些场合使用它的确会产生有益的结果。

要点 11.1 中列举了强化积极行为的言语和非言语方式。

要点 11.1

可能的强化方式

负责早期教育的教师可以通过许多方式对儿童进行积极强化。

使用非言语信号：

- 与儿童击掌
- 向儿童竖大拇指
- 对儿童微笑
- 轻拍儿童的后背
- 仔细倾听
- 满足儿童的需要
- 参与儿童的活动
- 请求保留儿童作品的复制品
- 展出儿童的作品

使用语言：

- 邀请儿童与你互动和沟通
- 与儿童沟通他们正在做的事情
- 让儿童讲述他们是怎样做成某件事的
- 询问儿童的家庭情况、家中的宠物、他们的兴趣爱好以及他们在家里和学校参加的活动
- 与儿童分享一些有趣的笑话
- 请孩子帮助你或另一个孩子
- 重述儿童说过的话，在交谈过程中让儿童扮演主角
- 征求儿童的意见，听听他们想做什么
- 使用有效表扬和积极的个人信息
- 表达你或他人对儿童的赞赏，并且愿意将儿童视为你的好朋友

来源：Based on *Challenging Behavior in Young Children; Understanding, Preventing and Responding Effectively*，by B.Kaiser and J.S.Rasminsky，2012，Boston，MA：Pearson.

减少错误行为的结果

社会科学家通常认为减少错误行为的做法只能是惩罚，但研究表明，有些惩罚对于提升儿童的自我调节能力是有效果的，可也有一些是无效的。为了更清楚地区分两者，我们将能促进自我控制能力的策略称为**纠正型结果**，而把不利于发展自我控制能力的做法称为**惩罚**。它们之间有很大的差别，参见表 11.1。

表11.1 纠正型结果与惩罚之间的区别

纠正型结果	惩罚
即使儿童的行为有问题，仍向儿童表明他们是受到关爱的	对儿童采取拒绝的态度
具有指导性——告诉儿童怎样纠正自己有错误的行为	没有任何指导——只是告诉儿童出了问题，却不教儿童怎样纠正
只聚焦有错误的行为本身	聚焦犯了错误的“坏”孩子
直接联系错误行为本身	与错误行为本身没有直接关系
执行时经过了深思熟虑	执行时带有随意性和侮辱性
让儿童知道他们有能力纠正自己的错误行为	强调成人的个人权力
促使儿童改变自己的行为	要求成人在改变儿童行为方面承担全部责任
更关注今后不再犯类似的错误	侧重对错误的报复
就事论事	带有明显的怨恨、愤怒、冷漠或蔑视
根据错误的严重程度采取不同的措施	其程度已经超出了儿童错误的严重程度
针对儿童的错误行为讲道理	对儿童进行逼迫

来源：Curwin，R.L.，Mendler，A.N.，& Mendler，B.D. (2008). Discipline with Dignity：New Challenges，New Solutions. Alexandria，VA：ASCD；Malott，R.，& Trojan，E.A.(2008). Principles of Behavior 6E.Upper Saddle River，NJ：Pearson；Gartrell，D.(2011).A Guidance Approach to the Encouraging Classroom. Clifton Park，NY：Delmar Learning.

惩罚

像打孩子、冲他们大声叫喊或者羞辱他们这样的惩罚会令儿童感到痛苦，其目的是给他们一个教训（Kohn，2006）。这些严厉的、不合理的做法依靠权力和力量强迫儿童改变他们的行为或者让他们不得不做某件事。惩罚时不会发出警告，而是采取一种威胁或羞辱儿童的方式。如同表 11.1 所指出的那样，惩罚旨在让儿童为他们的错误行为“付出”代价，而不是教给他们适当的行为。惩罚不会给儿童讲道理，不可能发展儿童的共情能力，也没有教儿童怎样用正确的行为取代他们的错误行为（Sigsgaard，2005；Bear，2010）。结果，经常受惩罚的儿童也会使用这种强迫方式对待他人，并且变得越来越抗拒和敌对（Beaudoin & Taylor，2004）。这样的儿童在大多数时间里都在想着怎样在不被发现的情况下做自己想做的事（McCord，2005）。由于这些原因，惩罚只能让儿童在短期内服从，他们始终处在依从阶段，因为他们没有掌握内化所需的工具（共情、推理和新的、正确的行为）。

纠正型结果

在韦查特小姐的班上有一条规定，所有的孩子在午餐前都必须洗手。当马里特走近餐桌时，教师提醒她要用肥皂洗手。可是她没有做到，于是韦查特小姐就开始介入。她很平静地告诉马里特为什么洗手是很重要的，然后她又带马里特回到洗手间洗手。与老师一同洗手让马里特清楚了洗手的正确动作，这样她今后每次洗手时都会想起来。这就是一个教会儿童“应当怎样”表现的结果。

对儿童的错误行为进行纠正的结果有助于让他们意识到自己的行为给自身和他人造成的影响，这与提高他们的自我调节能力这个长期目标是吻合的（Thompson & Twibell，2009；Bear，2010）。这样的结果还能帮助儿童从被纠正的经历中学习和掌握适当的行为，从而逐渐自发表现出接近的行为。它们还可以成为儿童未来行为的参照标准，使他们今后不断独立地使用这些正确的行为。如果应用得当，这样的结果还能促使儿童思考出现问题的情境的特征，这对他们以后应对类似情形是很有帮助的。比如，事情是怎么发生的？人们对儿童的行为有怎样的反应？为什么会有这样的反应？成人建议了哪些更可取的代替做法？这样的自我分析是可能的，因为纠正型结果不会让儿童感到恐惧或羞辱，而这两种情绪会破坏儿童的推理能力。

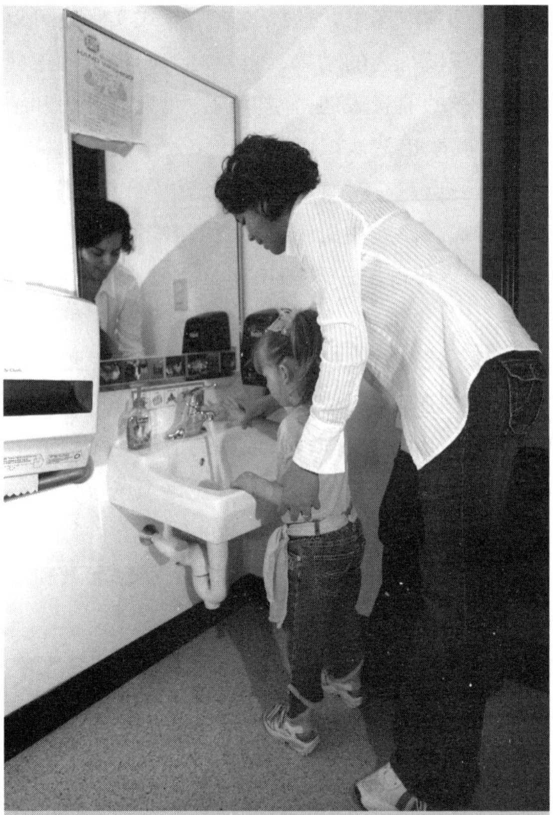

马里特在洗手时忘记了使用肥皂，教师就手把手地教她怎么做。

纠正型结果的另一特点是使儿童的世界变得更可预知，也就是说，儿童完全清楚如果违反规则会出现怎样的情况。无论谁违规了和违规了多少次，都只会就事论事和一以贯之地处理，这样儿童就容易理解行为与后果的关系，并且逐渐内化能够被接纳的行为模式（Denno，Carr，& Bell，2011）。

纠正型结果的类型

可有效应对错误行为的结果分为三种类型：自然结果、逻辑结果和无关的结果。

自然结果

自然结果是在没有成人干预的情况下自然发生的（Nelsen，2006），是儿童行为本身的直接结果。因此，自然结果会让儿童意识到他们的行为是重要的，可以导致一些后果。比如，如果儿童没有把外衣挂在自己的房间，自然结果就是它被放错地方了；如果儿童午饭时迟到了，自然结果就是饭菜冷了，或者因为别人都吃完了，所以他们只能自己吃。如果结果显而易见或者儿童非常在意其结果，自然结果就是最有效的。因为经历了这样的结果后，儿童就会知道如果他们想很快找到自己的衣服，就应当把它挂在固定的地方；或者如果他们希望吃到热的食物并且和别的朋友一起吃，就得按时去吃饭。

逻辑结果

它与规则有着“逻辑上的”关系，也就是说儿童的行为与纠正行动之间有明显的联系（Fields，Merritt，& Fields，2014）。当杰米在教室的桌面上画画时，一位成人走过来与她讨论她的行为以及它对教室物品造成的影响，然后她帮杰米找来擦干净桌子的清洁用品。擦桌子这个行动不仅让杰米修复了损坏的桌面，而且能让他把在桌面上画画这个不当的行为与需要把桌面清理干净的后果联系起来（Gartrell，2014）。在这里，擦桌子就是一个逻辑结果。**逻辑结果**通常有下面三种形式：

- 练习：儿童接近或者练习一个期望的行为。
- 恢复原状：儿童为自己的错误行为做出补救。
- 暂时失去某种特权：在短时间里因儿童的错误行为取消其享有的特权。

练习 如果鲁迪在走廊上乱跑，运用逻辑结果的做法就是让他回去，重新走过来。走这个动作更能提醒他遵守这个规则，其效果比指责他或者罚他静坐几分钟更好。走还能让鲁迪“练习”期望他以后使用的正确行为。让儿童反复练习你希望他能记住的规则也可以增加他日后自觉遵守规则的可能性。

恢复原状 但是有时候练习并不可行，而恢复原状的做法更合适。杰米在桌面上画画，之后他被

© Cengage Learning 2015

没有早点把书放回原处的逻辑结果就是现在得把它们放回去。

© Cengage Learning

上厕所后忘记冲水的逻辑结果就是重新回去冲水。

要求把桌面清理干净使它恢复原状就是这样一个例子。同样的，如果儿童把食物扔在地上，那么逻辑结果的做法就是要求他把地面清扫干净。这种做法不仅令现场恢复原状，也让儿童明白把食物扔在地上是不可接受的。

练习和恢复原状是逻辑结果最常见的两种形式（Charles et al.，2014）。它们有助于各个年龄段的儿童的自控力的发展，并且也适用于绝大多数需要结果的情况。因为练习和恢复原状是非常具体的方法，所以它们主要用在年幼的儿童和那些思维尚处在前运算阶段的儿童身上。随着儿童抽象思维能力的发展，暂时失去某种特权作为逻辑结果的另一种形式能够帮助他们更好地发展自我调节能力。

暂时失去某种特权 在李先生的班上，儿童可以在无人陪同下去大厅的柜子里取东西。二年级的科琳说她要去取书包里的东西，可实际上她在走廊里闲逛，这时教师就暂时取消了她可以自己待在大厅的特权。不过第二天还是会再给她一次机会看她能不能值得他人信赖地享有这个权利。在没有人监督的情况下走入大厅既是一种特权，也要负起相应的责任，如果儿童不能同时做到这两点，就需要采取逻辑结果的方式进行干预，同时也要帮他意识到如果他想获得某种特权，就应该肩负起与之相应的责任。只要成人对儿童是亲切的，向他们陈述的规则也是清晰的，并且之后还会再给他们一次机会，那么像这种暂时收回某种特权的做法就是非常有效的（Bee & Boyd，2009）。

使用逻辑结果的另一个好处是，它们能让儿童知道让他们做的行为是他们所表现出的不能被接纳的不当行为的结果（Stormont et al.，2008；Bear，2010）。比如，清洗桌面是因为在上面画画的行为不能被接纳；打扫在干净地板上扔的食物是因为往地上扔东西的行为不能被接纳。如果通过练习和积极结果的方式强化这些对不接纳行为的反应，儿童最初表现出的不当行为就会减少。而当儿童在这方面有进步时，应当立即指出来并予以表扬，这样他们最终就能学会完全用适当的行为取代那些不被接纳的行为。表 11.2 中列举了更多有关逻辑结果的事例，从中你会看到，针对某一具体情境，可以有不止一种选择，不过成人每次只选择其中一种就可以了。

无关结果

纠正型结果的第三种类型是**无关结果**，它实际上是一种对儿童的错误行为的非直接惩罚。顾名思义，它既不是儿童行为的自然结果，也不会让儿童学到正确的行为或改正不正确的行为。相反，它是成人针对儿童的不当行为设计出的结果（Malott & Trojan，2008）。例如，在丽莎刷完牙之前不让她看电视，或者在她把衣服挂好后才让她选择活动场所。刷牙与看电视无关，因此不让她看电视既不能教会她怎样刷牙，也无法改善口腔卫生，但是如果丽莎非常想看电视，她就能意识到看电视取决于她是否刷牙了。挂衣服的要求也是一个道理。不让她选择活动场所并不能使她有机会练习挂衣服，但制造了一个儿童不喜欢的现实，这样就可以促使她积极地按要求去做。

这种用与行为无关的惩罚的无关结果不同于逻辑结果中暂时失去某种特权。由于它们与违规行为无关，因此成人必须非常注意这些结果所产生的意义，而非惩罚本身。此外，当无关结果虽然与儿童的行为无关，但与行为发生的时间有关系时，效果是最明显的，比如取消一个即将发生的而不是很久以后才会发生的事情。因此，如果丽莎没有挂好衣服，最好不让她马上参加活动，而不要等到几小时后再限制她。在三种纠正型结果中，无关结果用的时候最少，但实际上，使用它有时候是必要的，有助于儿童在这个过程中学到更多可接受的行为。

决定使用哪种纠正型结果

在特定的场合下，成人必须认真思考哪种纠正型结果最适合，而要做到这一点，他们需要按照自然结果、逻辑结果和无关结果的顺序将三种形式都考虑一遍。最终的目的是看哪种形式的结果既可以妥善解决儿童有问题的行为，又可以给予儿童最大的机会去操练自我引导。

第一步

通常总是先考虑自然结果，成人可以问自己下列问题：

- 我能接受这个结果吗？

表11.2　逻辑结果的事例

有问题的行为	逻辑结果	逻辑结果的形式
莱西把另一个孩子的积木撞倒了。	莱西帮那个孩子把积木重新搭好。	恢复原状
林赛把东西弄乱了。	林赛把它们整理好了。	恢复原状
克里斯一怒之下打了另一个孩子。	克里斯安慰那个被打的孩子，掏出一张纸巾给他擦眼泪。	恢复原状
	老师把克里斯和那个被打的孩子分开，并且一直和他待在一起，提醒他不能再打人了。	练习
	克里斯必须制订出生气时该怎样做的方案。	练习
	成人告诉克里斯应当怎样表达生气的情绪，而不是打人，并且让他不断地练习。	练习
泰勒把书撕了。	泰勒把书粘好了。	恢复原状
	泰勒用自己的书换了那本书。	恢复原状
	泰勒付款赔偿了那本书。	恢复原状
朗尼浪费了上课的时间。	朗尼及时把落下的内容补上了。	练习
吉娜说她已经做完了作业，所以她可以去玩了，但实际上她没有做完作业。	在参与下一个活动前，她必须先完成作业并交给老师，否则她不可以玩。	暂时失去某种特权
利亚在集合时不停地与她的朋友说话。	利亚必须单独静坐一会儿。	暂时失去某种特权
	一位成人坐在利亚旁边，提醒她注意听讲。	练习
9 岁的梅维斯在和同伴做游戏时总爱作弊。	老师要求梅维斯离开小组，自己单独待一会儿。在她保证不再作弊后，方可再回到小组里。	暂时失去某种特权
在郊游时，宝芬妮不肯和其他人待在一起，总是跑到小组前面。	在郊游的剩余时间里，宝芬妮必须一直跟一位成人在一起。	练习和暂时失去某种特权

- 儿童自己会意识到他的行为产生了这样一个结果吗？
- 这个结果对儿童有什么影响吗？

显然，会对儿童的身体造成伤害的结果是不可接受的，喝有毒的东西或者在交通拥挤的地方玩所产生的结果就属于这一类。不过除了安全以外，其他因素也会影响结果的可接受性，而且一个人认为可接受的结果在另一个人看来也可能是不可接受的。就像我们在前面提到的，儿童如果吃饭时迟到了，就得吃冷的饭或者独自一个人吃饭。一些看护人员可能会认为这样的结果是正常的；另一些人则会给儿童重新把饭菜热一下或者在儿童吃饭时陪在一旁。如果成人清楚自己无法对结果坐视不管，自然结果就不是可选之项。同样的情况也适用于结果不明显时，因为儿童可能根本没有注意到所产生的结果（比如，儿童的家人就总是单独吃饭，所以他们不认为这有什么关系）；或者当儿童对结果不在意时（比如，儿童就愿意一个人吃饭）。如果出现了上述现象，自然结果就不会对儿童今后的行为构成影响，这时就应当考虑使用逻辑结果或无关结果了。

第二步

如果自然结果不适合，接下来就需要考虑逻辑结果了。同样问自己下列问题：

- 儿童会从练习中获益吗？
- 在这种情况下有必要恢复原状吗？
- 根据儿童的发展情况，他能将自己的违规行为与暂时失去某种特权联系起来吗？

如果对上述问题的回答是肯定的，就说明逻辑结果是可行的。

虽然逻辑结果需要更多的想象力，但与让儿童静坐或者暂时不让他参加活动这样的无关惩罚相比，它在帮助儿童纠正自己的行为方面更具效果（Gartrell，2014）。

第三步

无关结果应放到最后再考虑，而且一定不能频繁使用它，因为它只是起到了暂时限制儿童行为的作用。要从根本上改变儿童的行为，儿童还必须学会可接受的代替行为，而这需要采用逻辑结果，因此只有在逻辑结果无效时才可使用逻辑结果。图11.1总结了纠正型结果的三种形式之间的关系。

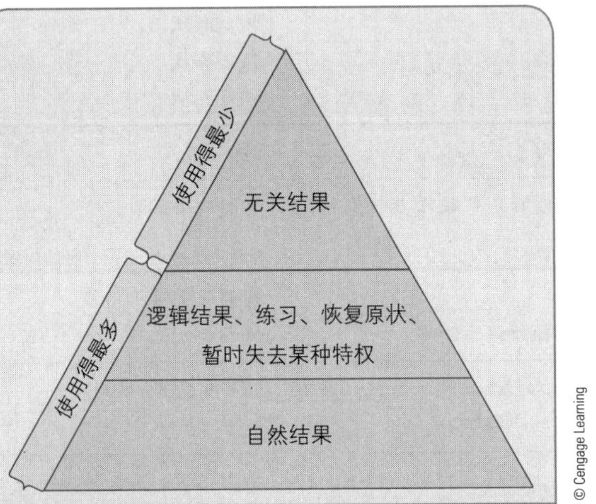

图11.1　帮助儿童发展自我调节能力的三种结果

纠正型结果的应用

几个孩子挤在饮水机周围，突然，他们开始推推搡搡。意识到这样可能会让儿童受伤之后，威尔逊先生决定予以干预。

当儿童面临这样可能遇到危险的情境时，成人需要用镇静的语气通过个人信息的方式提醒儿童注意遵守相关的规则（Charles et al.，2014），因为个人信息中的规则部分能够起到这样的作用。在上面的例子中，威尔逊先生对孩子们说，“看起来，你们每个人都想喝水，可是我担心，如果你们这样推推搡搡，会有人受伤。大家轮流来，每次一个人走到饮水机前。”这样的提醒可以让所有孩子都服从。如果孩子们做到了，就要使用有效表扬来强化他们的行为。可是如果他们仍对规则置之不理，成人就必须采取适当的纠正型结果了。

可以先以警告的形式向儿童表述结果（Curwin，Mendler，& Mendler，2008）。**警告**可以采用非此即彼的表达方法，即先向儿童重复一遍规则的内容，然后告诉他，如果他不遵守，会发生什么情况。威尔逊先生的规则是“轮流来，每次一个人走到饮水机前”，然后他可以发出这样的警告，“要么你按次序等轮到自己，否则就得站到队尾。”这样的警告给了儿童机会按照成人的期望改变自己的行为，而且是在成人进一步采取干预措施前的最后一次机会。

警告并不是要恫吓、辱骂或者威胁孩子，它只是讲明实际情况，因此成人在对儿童发出警告时应当心平气和，而不可以大喊大叫或者使用带有威胁性的动作。

警告的例子

“要么（成人叙述他们期望的行为）……否则，（成人说出将出现的后果）……”

例如：要么你按次序等轮到自己，否则就得站到队尾。

发出警告后，成人应当稍微停顿一会儿，给儿童时间做出服从的行为。有时，儿童做出反应的时间可能会比成人期望得慢一些，这个时候，成人要小心，不要在儿童最终做出反应前急于采取措施（Denton，2007）。比如，阿里克斯仍在饮水机前的队伍里推推搡搡，威尔逊先生告诉她等着待会儿轮到她，否则就让她站到队尾。阿里克斯可能需要几秒钟来思考应当怎么做。她的拖延并没有真正给周围的人造成威胁，因此可以多给她一点时间，让她有机会自行决定遵守规则。

有时候，如果儿童的安全遭到危胁，立即采取干预措施是必要的。在这种情况下，成人在发出警告的同时也要执行结果。比如，如果玛瑞亚要向别人扔石头，成人就应立刻抓住她的手，同时对她说，“要么你自己把石头放下，否则我就得从你手里拿走它。”当成人抓着玛瑞亚的手时，可以停一会儿不说话，给她机会让她自己把石头放下。在停顿的时候，成人要极力感知玛瑞亚的打算，可以注意观察她是仍很紧张，还是已经放松下来了，也可以听听她会说什么。如果玛瑞亚能自己放下石头，就证明她还具有一定的自控能力；如果她不肯这么做，成人就需要采取外部措施，把石头从她手里拿走。这最后一步就是表明结果后的后续行动。

结果的后续行动

只简单告诉儿童他们的行为会产生怎样的结果是不够的，如果儿童仍不服从，成人必须强制执行已经告知他们的结果（Deno，Carr，& Bell，2011），这一做法被称为**后续行动**。比如，如果阿里克斯继续在饮水机前的队伍里推别人，威尔逊先生就可以按照警告过她的那样，把她带到队尾。后续行动是整个教导过程中的一个重要组成部分，因为它涉及纠正型结果的贯彻执行。

适当的结果对儿童是具有教育意义的，而且后续行动也为他们如何纠正自己的行为提供了重要信息，同时也能让他们意识到成人的讲话是当真的，说到做到，不会无底线地允许越轨行为重复发生。有过这样的经历后，儿童就能更准确地看清他们的行为对环境造成的影响以及环境对他们的行为的反应。

当成人发现需要采取后续行动时，首先必须向儿童说明理由，这样儿童才能理解行动背后的原因，因为最重要的是让他们知道纠正型结果是他们自己的行为引起的，而绝非成人的报复或者故意为之。

成人在后续行动开始时可先从儿童的角度对事发场景做一个简要概括，然后再重复一遍警告，最好这样说，"记得吗？我告诉过你……"接下来，成人陈述由于儿童的行为导致的将要发生的结果，通常以"现在……"开始。

后续行动的例子：

概括发生的事情；

提醒（重复警告：要么你做某件事，否则将出现什么后果）；

现在（开始执行结果）。

因此，一个典型的后续行动听上去应该是这样的，"阿里克斯，你还在急着跑到队前。记得吗？我告诉过你，要么等着轮到你，否则就站到队尾去。现在你得站到队尾去。"威尔逊先生在说这些的同时，把阿里克斯带到了队尾。

什么时候执行结果

有两个关键因素会影响儿童从经历的结果中获

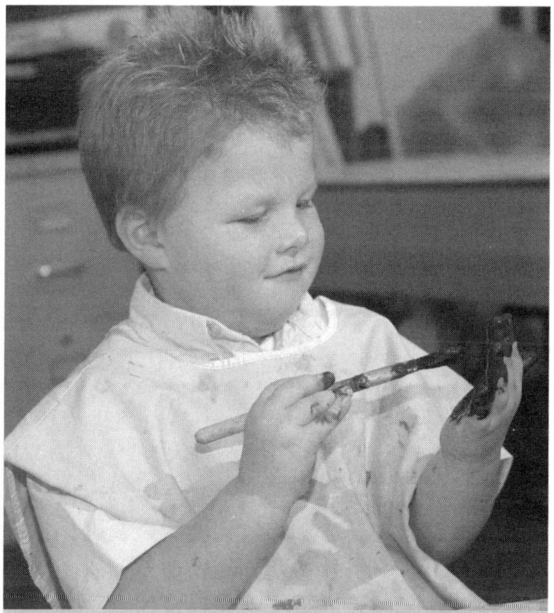

马克喜欢在手上涂上颜料，而且他想把它们一直保留着。老师通过个人信息的方式提醒他规则是"午餐前要洗手"。

老师警告马克，"要么他自己洗手，否则她会帮他洗。"当马克拒不服从时，她把他轻轻地拉到水池旁。

益，它们是一致性和及时性。一致性涉及规则执行的频率；及时性是指从儿童违规到启动执行结果之间的间隔。规则的执行必须一以贯之（Conroy，Brown，& Olive，2008；Bear，2010）。每次一旦有人违规，成人就一定要准备好执行相应的结果以保证人人都能遵守规则。

如果规则只执行一天，第二天就不再执行了，那它就会失去效果。因为当孩子不确定这项规则是否还有效用时，他们是不可能遵守的。结果，那些在执行规则时经常遭遇飘忽不定状况的儿童会比正常执行规则的儿童表现出更多的不当行为。既然保持一致性如此重要，成人在一段时间里最好只要求儿童坚持遵守几个规则，因为坚定地执行一两个重要规则比半途而废地尝试多个规则有意义得多。

执行规则不仅要一以贯之，还必须及时。如果从发现儿童违规到采取后续行动间隔太长时间，就会削弱结果的效果（MacKenzie & Stanzione，2010）。也就是说，如果威尔逊先生告诉阿里克斯要是她继续在饮水机前推别人，她那天晚些时候就别想有机会玩好玩的东西了，那么这种说法是不会产生什么影响的。一发现她在推别人，就马上把她带到队尾，能够令她对自己的错误行为及其后果留下深刻的印象。儿童必须亲自体会这种将不当行为与即刻产生的结果结合起来的经历。行为与结果隔的时间越长，儿童就越难把它们联系起来理解。出于同样的原因，在执行积极结果时，一致性和及时性也是极为重要的。

警告和后续行动与个人信息相结合

至此，我们已经讨论了怎样合理地使用积极结果以及自然结果、逻辑结果和无关结果。后三种结果在执行时要遵循以个人信息开始，之后是警告，最后如果必要再配合后续行动的顺序，这样才有利于发展儿童的自我控制能力。我们已经在第 10 章中了解了个人信息，图 11.2 中将它与警告和后续行动放在一起进行了归纳。

个人信息	警告	后续行动
• 解释 • 反应 • 讲道理 • 规则（将错误行为纠正为适当的行为）	• 要么（重复规则）…… • 否则（陈述结果）……	• 概括现状 • 重复警告 • 现在……（执行结果）

图 11.2 帮助儿童发展自我调节能力的完整顺序

© Cengage Learning

下面这个情境很好地呈现了上述过程。

霍华德先生是一位老师，当他走进卫生间时，发现艾伦正在把好几张纸巾塞进马桶，然后他对马桶冲水时发出的很大的声音哈哈大笑。地上到处都是水和纸巾。他没有看到老师进来。

个人信息：霍华德先生迅速走近他，站在他旁边。当艾伦又想拿另一张纸时，他抓住了他的手。霍华德先生说，“艾伦，我看到你玩得很开心，可是我担心如果地上到处是水，有人会滑倒受伤的，所以赶快开始清理一下吧。”之后他停顿了一会儿，等着艾伦服从。可是艾伦试图往门口走，于是霍华德先生拦住了他。

警告：“你最好把这里清理干净，要么你自己想好从哪里着手，否则我可以告诉你从哪儿开始。”霍华德先生再次停顿了一会儿，希望艾伦能自己开始，可是他仍站在那里不动，于是霍华德先生递给他一个桶和一块海绵。

后续行动：“看来你很难做出选择。记得吗？我说过，要么你自己决定怎样清理，否则我来告诉你。你可以先从这个角落开始。”霍华德先生把海绵放在艾伦手里，然后和他一起慢慢走向一摊水的旁边。

这种语言表达顺序的合理性

将个人信息与警告和后续行动结合起来，霍华德先生按照设计好的顺序，一步步地在短时间里改变了艾伦不可接受的行为。而这种做法的长期目标是给艾伦提供一个框架，帮助他今后表现出更强的自律能力。

短期的益处

表 11.3 对按次序使用个人信息、警告和后续行动带给霍华德先生和艾伦的即时益处进行了归纳总结。

长期的益处

上述技能不仅可以让成人和儿童在短期内获益，而且能使他们长期获益。将个人信息、警告和后续行动结合起来能够帮助成人长期应对某个儿童不断出现的不当行为或者每个儿童不同的问题。这种一致性可以让专业人员与儿童在互动时建立起一种权威型模式，而且成人越早在这方面投入时间，儿童后期犯错的次数就越少（Denno，Carr，& Bell，2011）。

当儿童与成人的冲突减少后，他们自己也是受益者。他们会更有成就感，并且觉得自己能够以社会认可而不是排斥的方式实现需求。这种积极的自我评价也提升了他们的自尊意识。此外，当儿童在各种场合经历了一系列对自律的约束后，他们就能从完全依靠外部的和成人的管控逐渐发展出更强大的内部控制。

当刚开始执行这种程序时，大多数儿童会试探成人的可预知性和决心，他们在每个环节都会试探：个人信息（不改变自己的错误行为）；警告（不改变自己的错误行为）；执行结果的后续行动阶段。不过随着儿童对成人和程序的日益了解，他们一般在警告阶段就会做出反应，而不用经历后续行动。这是因为他们已经清楚成人是认真的，在发出警告后，如果自己还不纠正错误行为，他们是会采取后续行动的。如果儿童纠正了自己的行为，就证明他们开始训练自己的自我调节能力了。这时，他们尚处在依从阶段，表现出避免结果或者为得到服从带来的益处的状况。

最终，儿童会达到只需个人信息来引导自己行动的阶段。这时，他们已经能够控制自己的行为了，而成人的干预则越来越少。儿童刚开始这么做时是因为顾及他们所认同的成人的情绪，但渐渐地，他们就会考虑成人的期望背后的原因以及自己的行为会给周围的人造成的影响。这样的推理最终能促使行为的内化。

到了这个阶段，是儿童而不再是成人开始对自己的行为负起最大的责任，因此成人在使用上述程序时需要与儿童自己的内控力相吻合。如果儿童已经能够基于个人信息的推理而主动服从，成人就不要再干预了；但如果一个儿童仍需要外界帮助，成人也应及时提供帮助。儿童的自我调节能力与使用技能的顺序的关系见表 11.4。

表11.3　使用个人信息、警告和后续行动的短期益处

	对霍华德先生的短期益处	对艾伦的短期益处
第一步 a：个人信息	镇定、理性地进入情境； 和儿童交流时体现出尊重和接纳，但不赞同他的行为； 提前想好要告诉儿童的信息。	得到尊重和接纳； 被告知他的行为不得当及其原因； 根据规则知道自己应当怎样纠正（清理干净洗手间）。
第一步 b：停顿	在进一步实施外部控制前，有机会看到艾伦是否能主动按要求去做； 有时间考虑必要时应采取的结果。	有机会自己改变不当的行为，从而培养内部控制力。
第二步 a：警告	以建议性的方式对艾伦的行为施加外部控制； 为必要时采取后续行动建立了合理的基础。	提醒他规则； 清楚地知道如果他不服从会出现怎样的结果。
第二步 b：停顿	在进一步实施外部控制前，有机会看到艾伦是否能主动按要求去做。	有机会自己改变不当的行为，从而培养内部控制力。
第三步：后续行动	采用权威型方式解决问题，既没有虐待儿童，也没有妥协； 能够阻止儿童的不当行为并且予以纠正； 能够向儿童显示他们的谈话是认真的，加强了他们在儿童眼中的可预见性。	能够在成人的辅助下操练一个自己无法独立完成的正确行为； 意识到成人的话是当真的，他们是会采取行动的。

表11.4 儿童自我调节能力的水平与语言技能顺序的关系

儿童自我调节能力的水平	适用的顺序阶段
非道德定位	儿童需要后续行动
依从	儿童会对警告做出反应
认同	儿童会对个人信息做出反应
内化	儿童能够自己监督自己的行为

技能顺序的依次使用

对儿童来说，试图通过把成人的注意力从眼下发生的事情上转移开的做法来抗拒服从是很常见的。他们会用大喊大叫、反抗、激化矛盾或者跑开的方式极力避免纠正型结果（Divinyi，2011；Calkins & Williford，2009）。这时，如果成人真的就此放弃了，就等于让儿童明白他们的招数得逞了，于是儿童今后会越来越经常地采用这些不当的方法。

因此我们必须避免这种情况的发生，否则一旦他们对此习以为常，就真的很难纠正了。最好的办法就是从一开始就予以坚决制止，也就是说在发出警告后，如果儿童仍未服从，要马上采取后续行动。比如，如果给出的警告是“要么你自己走，否则我来帮你”，就一定要按这个执行。如果有儿童跑开了，必须把他拉回来；如果有儿童故意僵硬地或者一瘸一拐地走，就要纠正他走路的姿势，哪怕只走几步，也是必要的。

有时候，一个错误的行为会导致另一个错误行为的发生，出现这种情况时，成人每次都需要重复一遍上述程序和后续行动。比如，4岁的凯拉在小组里负责给做蔬菜汤所需的蔬菜削皮。在这个过程中，她不停地用塑料削皮器捅查理，然后自己咯咯地笑。查理对她表示了抗议，可是凯拉还是一遍又一遍地捅他。这时，教师开始采取干预措施，他先陈述了个人信息，然后发出了这样的警告：“要么你只使用削皮器削皮，否则我就会没收它。”当凯拉又捅查理时，教师采取了后续行动，结果凯拉一怒之下把所有的蔬菜皮都扔到了地上。这实际上是又一个不当行为，因此成人表达了一个新的信息，“你的削皮器被没收了，这让你很生气，可那些丢在地上的蔬菜皮让我很担心，因为有人会滑倒和受伤的。把它们扔到垃圾桶里。”如果儿童拒绝，教师就继续相关的警告和后续行动，但是要保持冷静和就事论事的态度。比如，他可以发出这样的警告，“要么你自己把蔬菜皮扔进垃圾桶，否则我来帮你。”后续行动则可以这样，“你很生气。记得吗？我告诉过你，把蔬菜皮扔进垃圾桶，否则我来帮你。现在我要来帮你。”然后成人可以把蔬菜皮放在凯拉手里，带她走向垃圾桶。

每次当成人因儿童违规而强制执行规则时，都应为儿童构建一个可预知的、稳定的环境，让儿童非常清楚遵守规则或者不遵守规则分别会导致什么情况发生。如果希望儿童明白成人的反应是公平和合理的，保持一致性就是绝对必要的。在任何时候，成人都应以冷静合理的方法对待儿童，特别是在儿童大发脾气、失去理智时，这一点尤其重要。

怎样应对儿童的发脾气

大多数人都知道儿童**发脾气**时是什么样子的，他们会满脸通红、胳膊和腿脚乱动、尖叫和大哭。任何儿童在任何时候都可能会有这样的表现，不过相对来说，这些现象在1～4岁的儿童中间更加常见，而上幼儿园的儿童和学龄前的儿童只有在遇到实在无法承受的事情时才会爆发。

儿童发脾气通常是有原因的。最初可能是因为他们的一些迫切需要没有立刻得到满足。后期则是因为他们感到疲倦或者不舒服，压力过大，自己的积极行为没有得到关注，成人不断对他们提出不切实际的要求，强制执行的规则出乎他们的意料，他们需要更规范的生活，或者成人以前曾因他们发脾气而做出让步（Brooks，2011）。

造成儿童发脾气的许多原因是可以避免的，其中最好的预防措施包括满足儿童的身体需要，在儿童的情绪变得激烈之前就给予认可，给儿童做出可预知的日常安排，教儿童用不同的方法来得到自己所想要的，对儿童适当的行为做出积极反应，以及给儿童制定合理的规则并且一以贯之地以积极和适当的纠正型结果来执行它们（Harrington，2004）。不过即使采取了这些预防措施，儿童有时还是会发脾气。

当儿童发脾气时，他们的身体和情绪都会处在激烈的状态，这时他们是不会理性思考的。情绪激动的儿童既听不到成人的指令，也不会对此做出反应，即使是成人的安慰也起不到什么作用。他们的行为会丧失逻辑，不能被社会接纳，而他们也不再顾及自己的行为所引发的后果。在这种情形下，成人应当做的就是帮助儿童重新回到能够控制自己的状态。

年幼的儿童发脾气时会表现得很激烈，但持续的时间不会长，让他们重新平静下来的最好的方法就是不去理会他们冲动的行为，给他们点时间让他们用自己的方式安静下来。年纪大一些的儿童的情绪会持续得长一些，帮他们恢复正常的方法是将他们带离事发现场，单独应对。有的教师称之为“平静时间”“离开时间”或者“暂停时间”（Kaiser & Rasminsky，2012）。无论是哪种说法，目的都是一样的，即帮助儿童平静下来，但绝不使用羞辱或者惩罚他们的方式。这段时间可以被视为一种逻辑结果，儿童在这期间要练习让自己平静下来的技能。

平静时间

这段时间应该安排在一个安全、容易监控并且能够让儿童单独待会儿而不会被干扰的地方，但是绝不能让儿童陷入完全的孤立，也不要在房间的角落里刻意给他安排什么“平静座椅”，把他隔离开来（Warner & Lynch，2004）。同时，成人也要注意不要太关注他，因为那样很可能更刺激他或者加剧他的行为，结果延长他发脾气的时间。如果有其他儿童接近他，教师应轻轻地把这个儿童引开，告诉他那个发脾气的孩子绝不会受伤害，等他平静下来后就会重新回到集体中。对学龄前儿童来说，这样的时间有一两分钟就够了；对年纪稍大的儿童，则可能需要 5 分钟左右。一旦儿童恢复正常，就应当立即安排他重新参加到教室的活动中（Essa，2008）。成人不要对儿童长篇大论地说教，而应找准时机向他示范适当的行为；同时，成人还要与儿童建立积极的互动，让他感到状况已经回归正常。如果这个儿童在重新进入教室后仍然表现得不成熟，行为仍然不妥当，成人可以对他说，“我发现你还没有做好加入大家的准备”，然后再把他带回平静区域，重新等他安稳下来。

有时候，儿童会自己主动进入平静时间，因为他们感觉自己要失控了。年幼的儿童会到自己的小房间里待上一会儿；年纪大一点的儿童会在房间里的一个安静的角落待会儿或者请求暂时离开教室的喧嚣让自己安静下来。当儿童这样做时，要通过积极的个人信息和有效的表扬来肯定儿童为控制自己的行为而付出的努力。

隔离

与平静时间略有不同的另一做法是**隔离**（Reynolds，2008）。所谓隔离就是让儿童暂时离开小组活动，因为他正在给大家制造麻烦或者影响活动的进行，而不是因为他自己在发脾气。对下面这个例子就有必要使用隔离的做法。

当大家围坐在一起做游戏时，埃尔卡总喜欢用自己的脚踢布兰登的背。老师已经告诉她把脚收回来不要动了，可她不听，而且越踢越厉害，这让布兰登非常生气。看到这种情况后，奥尔特加夫人对埃尔卡说，“要么你让自己的脚不再动，否则你就得离开小组，这样你就不能踢布兰登了。”但是埃尔卡还是继续踢布兰登，于是奥尔特加夫人只好采取后续行动。她把埃尔卡带离小组活动的地方，让她坐在另一个仍能看见大家活动却无法与别人有身体接触的地方，同时告诉她只要她能做到不再踢人了，就可以重新回到小组中。

埃尔卡需要待在那个地方直至她示意自己准备好了或者小组活动结束了，这样她就能在那里练习成人期望的行为了。用这样的隔离方式让她练习不再踢人能够产生合乎逻辑的结果，给成人使用有效的引导策略增加了一种方法。

在日常引导策略中需要使用结果的时机

结果有助于儿童按照规则和期望来保持或改变自己的行动，因此它是引导儿童的社会行为并让他们每日学习的极具价值的方法。要想有效使用结果，首先必须充分考虑当时的具体环境。有时候，儿童的行为极其危险，或者可能会伤及他人或公共财产，这时成人就有必要立即采取干预措施。在这样的情况下，成人可以使用前述的技能顺序（个人信息、警告和后续行动）。在另一些情形下，如果儿童有问题的行为并不是那么迫切需要解决的，成人就可以通过更委婉的干预方式引导儿童表现出积极的行动。因此，对于解决教室里出现的问题行为，有不同程度的引导策略可供使用：从成人尽量少干预儿童的积极行为到在执行结果时成人需要施加极大的外部控制。图 11.3 归纳了不同程度的引导策略，包括了成人用来帮助所有儿童获得更强的社会能力的方法。

图 11.3 中的策略是教师每天都可用在所有儿童身上的。它们不仅可以限制儿童的不当行为，也能让儿童明白怎样的做法更能被他人接受。已经有大量证据证明这些策略在大多数时候对于大多数儿童是有效果的（Dunlap & Fox，2009）。但是有些儿童需要更特殊的帮助才能达到自律，对于这样的儿童，深入的个别化干预措施是必不可少的。

深入的个别化干预措施的必要性

所有儿童的表现都会有起伏——有时表现得好一些，有时又差一些。但是有些儿童身上的错误行为会一直持续，而且很难纠正，以致严重影响他们的学习、发展和与他人的友好相处，甚至会造成他们在学业方面的失败并引发更多的潜在问题（Kaiser & Rasminsky, 2012）。比如，任何儿童都可

引导策略

最大程度的自我调节 ↕ 最强烈的外部调节

1. **观察和倾听。**在附近观察儿童的行为。确保自己在儿童需要时能够及时出现，但在他们能够自己应对时不要介入。
2. **添加或挪去物品。**使儿童更容易自行活动。比如，如果美术课桌上的材料太少，就容易引起儿童的争执，这时给他们增添一些材料能让他们的活动进行得更顺畅。但另一些时候，如果桌上的东西过多，也会造成儿童之间的互相影响，拿走一些对儿童来说更为有利。
3. **叙述你所看到的情形。**“好像有两个人都想用那把剪刀”；或者，“你们决定分享这些装饰物，我很高兴你们找到了一起玩的办法。”
4. **提供信息。**“你认为她是故意把胶水洒在你的画上，其实她是想把胶水放回瓶子里，但不小心洒出来了，这不过是个小事故。”或者，“有时，当两个人同时想要某样东西时，他们会决定一起分享或者轮流使用。”
5. **提出问题。**“你打算怎样解决这个问题？”或者，“除了打人，你还能用什么方法来表达你的愤怒？”
6. **给出选择。**“约翰正在用那支细画笔，你可以用粗笔或者炭笔。”或者，“到打扫卫生的时间了，你们把穿的罩衣脱下来放回原处，或者把托盘摞起来。”
7. **身体干预。**阻止儿童带有伤害性的动作，比如抓住打人的孩子的手；抱紧一个不停扭动的孩子让他注意听你说话；把两个推来推去的孩子拉开。
8. **帮助儿童协商解决问题。**充当现场的翻译，“如果他推你，你愿意吗？你会对他说什么？”或者，“凯丽，你觉得大家轮流是可以的；梅兰妮，那你觉得呢？”（关于这个技巧我们将在第 12 章学到更多内容）
9. **通过个人信息的方式提醒儿童遵守规则。**“我知道你的确想要那些装饰物，可你那样去抢让我很担心，因为有人会受伤的。你可以请求丽莎下次给你。”
10. **通过警告或有效表扬的方式将行为与结果联系起来。**“你们可以轮流玩那些饰品，不然你们就只能玩别的东西了。”或者，“你决定用闪光瓶换胶水，这样就解决了问题。”
11. **强制执行逻辑结果。**“你很难记住与别人分享这些饰品，那我们就找个别的东西给你玩。”或者，“你不小心把胶水洒在摩根的画上了，咱们找块毛巾把它擦掉。”
12. **对那些发脾气的儿童或者快要控制不住自己情绪的儿童采取“平静时间”的做法。**

图 11.3 针对所有儿童采用不同的引导策略

能在冲突激烈时打别人，但是有些儿童会把打人作为他们与人相处时的典型做法。同样的，任何儿童都可能因没有轮到他讲话而生气，于是干扰小组的活动，但这种行为是偶发的，并非常态。可是有些儿童总是在小组活动时捣乱（比如，在地板上打滚，在听故事时大声说话，或者突然站起来走开），结果把每次活动都搅得一团糟。如果儿童把这种带有挑衅性的行为常态化，其他儿童就会对他们退避三舍；而成人也会对与这样的儿童互动发怵或者不知所措。但是这些反应都不利于儿童纠正他们的行为，更好的做法应当是发起深入的个别化干预，也就是图 11.4 中社会支持金字塔的顶层。

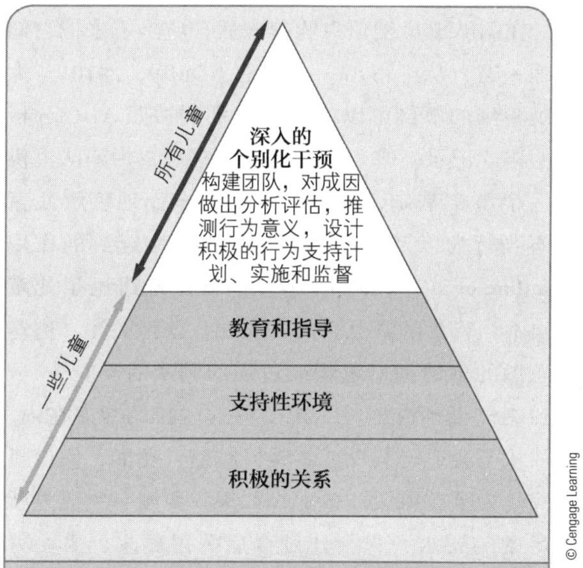

图 11.4　社会支持金字塔：通过结果培养儿童的自我调节能力

深入的个别化干预

深入的个别化干预是专门针对某个儿童的实际情况而特意设计的方案。它要求儿童的看护人员每天在各种场合都对孩子采用相近的策略，因此成人首先需坐在一起制订一个行动方案，然后互相配合、共同努力来帮助儿童纠正他们不当的行为，同时发展新的能力（Hemmeter & Conroy，2012）。

深入的个别化干预过程涉及下面五个步骤：

1. 为某个儿童成立一个积极行为支持小组；
2. 对儿童所处的环境及其具体情况做出分析评估，充分了解造成他不当行为的原因；
3. 推测其行为的目的和意义，并在此基础上制订相应的计划；
4. 制订一个积极行为支持计划；
5. 实施和监督该干预计划。

下面我们以一个孩子的具体行为为例进一步解释怎样操作这五个步骤。这个孩子名叫凯蒂，她的经历是这样的：

具有挑战性的案例

凯蒂

凯蒂是一个二年级的学生，特别爱哭，她的同学都很烦她这一点，因为这会影响大家的正常活动。她每天总要哭三四次，同伴都开始躲着她，成人也发现他们每天要花许多时间来应对凯蒂的哭闹。

她的老师认为，凯蒂的行为对别人造成了干扰，也严重影响了她与其他同学的友好相处。因此，她给凯蒂制定了规则，要求她用语言表达自己的情绪或想法，而不能用哭的方式，可是该方法没能成功。她估计其他与凯蒂接触的成人也会遇到同样的问题。

成立一个专门的团队

在采取深入的个别化干预措施时，需要一个团队的共同努力（Stormont et al.，2008），因为每一个经常与儿童交往的成人都可能有一些有价值的信息可与大家分享，然后大家一起制订一个**积极行为支持计划**，并一起执行它和判断它的效果。这个团队应当包括孩子的家庭成员、教师和教室里的工作人员、校方管理人员、专家、厨师、校车司机、操场管理人员以及其他经常和孩子接触的成人。你可能就是这个团队中的一员。

在上面那个例子中，团队成员包括：凯蒂的老师、教室里的辅助人员、负责课外活动的老师及其助手，还有凯蒂的妈妈。他们在一起商量怎样帮助凯蒂。

对行为的成因进行分析

在团队成员制订积极行为支持计划前，他们需要先回答下面四个问题：

- 什么因素引发了儿童的不当行为？
- 儿童呈现出怎样的不当行为？
- 在对儿童的不当行为做出反应时，是什么使他的行为变得更加激烈或者不断持续的？
- 儿童从他的不当行为中得到了什么（比如，权利、关注度、逃避任务和刺激等）？换句话讲，这样的行为能对他的生活产生什么作用？

这几个问题可以通过ABC分析法做出回答（O'Neill et al.，1997）。

A代表前例　所谓前例就是指在儿童做出不当行为前发生了什么，导致他表现出这样的行为。任何事情都可能是不当行为的“诱因”，例如，成人的命令、同伴的某个动作、常规的改变、过渡的发生、周围环境中的某些因素、一天中的某个时候以及刺激不够或过多。不当行为的导火索是最基本的信息，只有先了解它，才能制订相应的计划。

B代表行为　行为是儿童为达到目标而采取的行动。这部分的分析针对观察到的儿童不当行为的全部细节。比如，打人是一个可观察到的不当行为。你不仅要注意观察一个孩子打人的行为，还要计算一下他打人的次数。而且，有的孩子打人后会四处张望，希望有成人能够注意到；也有的孩子会在打人后赶快跑开，不想让成人看到。虽然同样是打人，但他们的表现是不一样的，因此应做出的反应也不同。详细分析不当行为的全部细节能够确保团队中的每个成员对儿童出现问题的成因达成共识，这样才可能针对其制订出有效的个体方案。

C代表结果　在ABC分析过程中，结果指的是儿童的不当行为立即引起了什么结果。人们做出了怎样的反应？这个孩子得到了他想得到的东西吗？这个孩子摆脱了他不想做的事情吗？这些信息能够给团队提供线索，让他们明白是什么让儿童持续做出这种不当行为的，以及他从中得到了什么好处。

收集对这些问题的回答既需要在不同场合对儿童进行观察，也需要许多信息记录，包括日常笔记、跑步记录、逸事记录、登记表和成绩册；报名表、体验表和事故报告也是有用的信息记录。此外，采访相关人员（儿童本人、同伴和成人）也是有帮助的。

在上例中，团队成员都同意每天至少拿出1小时专门观察凯蒂，一连观察3天，然后做出ABC分析。观察可以在学校中、课外活动中和家中进行。

推测儿童行为的目的

在团队成员把信息收集齐后，应坐下来把它们梳理一遍，从中得出一些结论（Duffy，2010）。大家观察到的事例可以像表11.5那样按照ABC分析表的格式记录下来。研究这些观察现象为团队提供了一个事实基础，可以让他们更全面地理解儿童的不当行为以及它们在儿童的生活中起到的作用（Hanline et al.，2009）。本章前面已经讨论了儿童做出不当行为的常见目的（比如，获得关注、逃避不想做的事情和对过弱或过强的刺激的反应）。成人在制订干预措施时一定要将这些目的考虑在内，这样才不会适得其反或者越弄越糟。比如，假设凯蒂哭是为了获得关注，那么如果只要她一哭成人就满足她的要求，只会让她今后哭得更多。另一方面，假设凯蒂哭的原因是她不知道应当怎样服从，那么通过语言的引导能增强她这方面的能力，从而减少挫败和哭闹的现象。从表11.5里的事例中你看出了哪些问题？你同意她的团队对她的行为做的假设吗？

根据表11.5所列的事例，凯蒂的积极行为支持团队认为，她哭的“收获”就是可以借此逃避做她不喜欢做的事情。凯蒂还发现，成人并不总是要求孩子按他们的期望去做，只要她一哭，他们就可能做出让步。如果想改变凯蒂的行为，成人的这些行为也必须得到纠正。

制订一个积极行为支持计划

在充分了解和分析了儿童的行为目的后，团队成员可以着手为这个儿童制订一个积极行为支持计划，这个计划应当包括下面六方面的内容。

表11.5　凯蒂哭的成因分析

凯蒂		
A　前例或诱因	B　行为	C　凯蒂行为的结果
默读时间：老师让凯蒂找一本书来读	凯蒂哭了起来，因为她找不到自己喜欢的书	成人走开了，凯蒂没有读书
过渡时间：老师让凯蒂穿上衣服准备回家	凯蒂哭了起来，因为她的外套太厚，而且穿上后很痒	成人说，"你会着凉的。"凯蒂把她的衣服放在衣柜里
上课时：凯蒂想和坎迪坐在一起，可是坎迪旁边的座位被别人占了	凯蒂哭了起来，因为她非常想和坎迪坐在一起	麦迪逊站了起来，把自己的座位让给了凯蒂，老师开始上课
课外活动时：教师的助手让凯蒂在进行自选活动前把两张餐桌擦干净	凯蒂哭了起来，因为她很累，不想擦桌子	成人改让她只擦一张桌子
在家：妈妈宣布："该吃饭了，都到餐桌这边来。"	凯蒂哭了起来，因为她还没有用完计算机	凯蒂在计算机前吃饭
行为假设：凯蒂做出不当行为的主要目的是逃避——哭能帮助她避开她不喜欢的场合或事情		

- 侧重于让儿童的行为得到改善的干预目标。
- 对于可能引发儿童不当行为的做法的预防措施。
- 取代不当行为的替换行为，而且它们同样能帮儿童达到目的。
- 强化正确行为的策略。
- 确保不当行为不再被强化的策略。
- 记录儿童进步的方法。

一个完整的计划应当结合各种引导策略，包括规则和结果。它应当经过团队成员的广泛沟通，并且建立在非常系统的信息采集基础上，这样才有利于它的不断完善和实施。

表 11.6 是为凯蒂制订的积极行为支持计划。

表11.6　针对凯蒂的积极行为支持计划

目　标	凯蒂能够在不哭的情况下服从合理的要求。
预防措施	在过渡开始时，给班上和家里所有人警告前，先提前 5 分钟特别警告一下凯蒂。 给凯蒂几个选择，让她从中选一个可以服从的时间。 注意环境的布置，避免与服从有直接冲突的地方。
代替行为	在要求凯蒂服从的情境中，给她一些选择： • 外套：穿上你的外套，你可以拉上拉链，也可以不拉。 • 与坎迪坐在一起：红色的桌子已经坐满了人，你可以坐在蓝色桌子或绿色桌子旁边，你自己决定。 • 书：你可以读这本或者那本，你自己选。 给凯蒂明确规定一个规则：只在她用正常的语气说话时与她进行交流。 每天在凯蒂第一次哭的时候对她说，"当你哭的时候，我无法明白你的意思，所以等你不哭的时候再告诉我你想干什么。"给她示范怎样在不哭的情形下说话，并且让她也这样练习。
强化	当凯蒂没有哭就服从了规则时，要对她使用有效表扬。 当凯蒂用正常的语气表达出她的需要时，要向她表达积极的个人信息。 让凯蒂用正常的语气重复她的话，如果她在重述时没有哭，就对她说，"很好，现在我明白你的意思了。"
避免不当行为被强化	对于合理的期望要坚决贯彻执行（使用简短的个人信息、警告和后续行动）。
记录孩子的进步	每天花 1 小时观察凯蒂，连续观察 3 周，把她的行为记录下来。 可以使用下面的指标检查凯蒂行为的改进程度： • 需要对凯蒂采用后续行动的方法来限制她的行为的次数减少了。 • 凯蒂用哭的方式来逃避做事的次数减少了。

实施和监督积极行为支持计划

对于一个积极行为支持计划而言，无论它设计得多么完美，只有在团队所有成员都能准确而系统地执行后才有其真实的效果。因此，只要有可能，成人就要提醒自己实施这些代替、强化和去强化策略。在执行计划的过程中，成人要注意收集儿童的行为信息，包括他什么时候执行得好，什么时候执行得不好。他们也要定期碰面，讨论措施实施的情况和儿童的进步幅度。碰面时，团队成员可以对计划做出调整，或者在必要时以自己的方式促进儿童的改观。逐渐地，随着儿童行为的进步，他所需的个体干预帮助就可以减少，而转向接受图 11.3 中可针对所有儿童采用的引导策略，以保证自己的行为始终合乎规范。

凯蒂可能出现的结果：如果成人坚持对她采用他们制订的计划，凯蒂最终会对警告或个人信息做出反应，开始服从合理的要求（“来参加小组活动”或者“坐下来吃饭”）。她会逐渐减少通过哭来逃避要求的做法。达到这种程度后，凯蒂就需要通过学习和掌握新的技能来帮助她表现得更好，同时也能与同伴有更好的互动。

深入的个别化干预方式对于年幼的儿童、小学生和再大一点的儿童都是有效的（Stormont et al., 2008），不过它们更适用于有少数行为需要引起特别关注的儿童。这些儿童的行为从一开始就会引发成人的思考，“我该怎么办呢？”在执行规则和结果时，另一类要求你深入思考的儿童是那些有特殊需要的儿童。

帮助有特殊需求的儿童适应规则和结果

早上在迎接孩子的时候，老师就把在画架前画画的每一步要求重复了一遍，其中包括在画画前要穿上罩衣。自由活动开始后，3 岁的凯尼恩没有穿罩衣就开始画画了。老师又向他提醒了一遍规则要求，可他还是继续画画，根本不理睬。

这时，老师该怎么做呢？

在幼儿园的小组活动时间，戴维尼很难一直坐在那里。她常常打断老师讲故事，起来站在别的孩子面前，或者捅旁边的孩子，然后自己咯咯大笑。

这时，老师该怎么做呢？

杰拉尔德是个三年级的学生，看书时，他嘴里会不停地说着，“傻瓜”，有时声音很大，有时很小。他的这一做法非常干扰别的孩子。

这时，老师该怎么做呢？

根据你在本章学过的内容，你可能会考虑进行干预，提醒他们规则的要求，并在必要时采取结果措施。可是如果你得知这里面有些孩子在健康方面有些残障，比如有听力受损、唐氏综合征或者抽动秽语综合征，你是否想做一些调整？

所有儿童都需要懂得约束、分享和轮流，以及在不同的场合应有的得体表现，对于残障儿童也是如此，虽然有时候让他们学会和应用这些技能需要花更长的时间（Odom, McConnell, & Brown, 2008）。你目前学的这些引导策略大多适用于所有儿童，但是要顾及这类儿童的特殊需要，在执行时还是需要做一些修改。有时应当根据每个儿童的具体情况，特意为他们做一些调整。比如，你对一个听力受损的儿童使用的方法应该有别于你指导另一个视力有缺陷或者大脑受过损伤的儿童的策略。

在为某个有特殊需要的儿童制订具体方案时，你可以与儿童的家人进行沟通，咨询该领域的专家，阅读相关文献，并与这方面的专业机构取得联系。此外，特殊领域的教育工作者还建议了一些一般性策略，可以用来帮助所有有特殊需要的儿童适应规则和结果，要点 11.2 中列举了其中一些。

要点 11.2

帮助有特殊需求的儿童适应规则和结果的策略

- 仔细观察儿童。
  - 确定是否有一些情景、声音、气味、感觉、人、日常安排或一天中的某个时候引发了儿童的不当行为，或者让他很难有适当的表现。

- 确定什么是令每个儿童感到开心的事，以及什么被他视为积极结果。
- 提前制止不当行为。
  - 减少过多的感官输入。
  - 对环境和日常安排进行调整，去除可能导致儿童不当行为的诱因。
  - 增加必要的监管和社会援助。
- 在告知儿童规则和结果前，先要得到儿童的关注。对于这一点，需要根据每个儿童的不同情况实施不同的方法。
- 重复使用策略来提升儿童对规则和结果的理解。
  - 制订可预知的日常安排，便于儿童执行规则，并且对于每天的安排给儿童提供各种暗示（从视觉和语言两方面提供）。
  - 经常重复为数不多的规则。
  - 持续使用个人信息、警告和后续行动。
- 将规则和期望分解成可掌控的步骤，这对于正在发展的儿童来说更容易操作。
  - 每次只执行其中的一个步骤。
  - 对儿童在每一步上取得的成绩都给予奖励。
  - 不要期望儿童每次都能百分之百地服从。
- 给予儿童更多的时间来对规则和警告做出反应。
  - 熟悉每个儿童的反应模式。
  - 不要指望他们立刻服从。
- 智慧地要求儿童服从。
  - 忽略儿童表现出的一些虽令人不悦但对安全、财产或他人权利没有威胁的行为。
  - 在要求儿童完成应当做的事情时，可以采用逻辑结果的方法，这对儿童及其周围的人都更有效果，但在执行这一结果时要做好花更多时间的准备。
  - 切记不要羞辱儿童的表现。

来源：Adapted from Klein，Cook，& Richardson-Gibbs (2001)；Stephens(2006)；Brown，Odom，& McConnell(2008)

现在你已经知道了指导有特殊需要的儿童的社会行为的一般策略，让我们再回到前面提到的凯尼恩、戴维尼和杰拉尔德的例子中。

凯尼恩有听力障碍，这使他很难对别人的语言交流做出反应，因此最好用看得见的方式向他传递信息，比如图片、示范、手语或者口手标音法（即将手语和嘴型结合起来，发出与口语不同的声音）（美国残障儿童宣传中心，2004）。刚开始时，教师通过这些看得见的方式与凯尼恩交流，确保他明白了规则的要求（可以用图片把画画时每个步骤的要求展示出来，然后再递给他一件画画时要穿的罩衣让他穿上）。如果凯尼恩仍然不肯在画画前穿上罩衣，教师可以对他发出警告，告诉他如果不穿罩衣，就只能把他带离画架了。如果凯尼恩对警告置之不理，教师就要过去把他从画架前带走，并帮他穿上罩衣，之后再允许他继续画画。

戴维尼患有唐氏综合征，这是一种因染色体异常引起的紊乱，属于先天性缺陷，表现为不同程度的智力迟钝，通常还伴有视力和听力的障碍（March of Dimes Birth Defects Foundation，2007）。戴维尼在小组活动时的干扰并无恶意，但的确对别的孩子造成了影响。教师给班上的所有孩子都制订了一些非常重要的规则——坐在你的地方，把手放在身体前。每次在小组活动前和过程中，她都会再重复几遍。她的助手坐在戴维尼旁边，每当他想站起来时，她就会轻轻提醒他规则的要求（戴维尼，记住规则要求大家都“坐”着，这样大家才都能看见黑板）。如果戴维尼还是要站起来，她可以对他发出警告，让他单独坐到小组后面，与成人一起练习在不干扰别人的情况下倾听。如果有必要，这位助手可以采取这样的后续行动。此外，戴维尼幼儿园的教师还与课后看护中心的教师商量好一起执行同样的规则。这样，戴维尼在幼儿园班上和课后看护中心经历的规则要求和结果都是一致的。

杰拉尔德患有抽动秽语综合征，这是一种脑神经失调的病症，表现为面部无意识地突然抽搐或者儿童无法抵制地发出一些完全无意义的声音（美国神经失调和中风研究院，2005）。虽然儿童费很大劲也能控制住这样的抽搐或发声（一次从几秒到几小时不等），可是这种刻意的抑制只会导致后期的发作更加严重。儿童在情绪紧张时会抽搐得更频繁和严重，而在放松状态时，就会不那么明显。了解到这一切后，杰拉尔德的老师就不再禁止他不停地说“傻瓜”了，而是在阅读时给他在房间里单独找了个地方，这样他就不会干扰别人。但与此同时，教师仍可以通过指导和为他制定规则并执行的方法帮助杰拉尔德练习一些能够自我控制的社会行为，比如，轮流和与人配合。在这些方面对待他可以和对待其他孩子一样。

通过上面几个例子，我们可以知道怎样使用规则和结果帮助身体有缺陷的儿童提升他们的社会能力。在第 14 章和第 15 章里我们将会提供更多帮助有特殊需要的儿童的方法。

在本章中，我们探讨了怎样对社会性发展和学习程度不同的儿童有效使用结果策略。接下来，我们需要掌握的是在执行结果策略时所需的实际技能。

执行结果的技能

制定合适的结果

1. **预先制定适合执行规则的结果**。提前想好为配合规则实施可能需要的结果，比如，如果面对的是一群学龄前儿童，你需要思考的结果策略就是在执行分享、在活动中坐着不要动和在午休时要保持安静这些规则时可使用的结果。如果你面对的儿童年纪更大一些，你需要考虑的结果策略就应是与解决操场上出现的同伴冲突、集中注意力、按时交作业和独立工作这些规则相关的结果。这些都是典型的需要执行规则的情境。思考结果时可以先考虑可使用的自然结果，然后是可行的逻辑结果，最后再考虑无关结果。同时也要设想积极结果，想想可以使用的表扬类型以及可以给予的特殊权利，也可以通过言语和非言语方式强化儿童的积极行为。

工具表11.1 预先制定适合执行规则的结果

规则	积极结果	练习	恢复原状	暂时失去原有的特权

2. **给儿童机会让他们自己想出解决问题的办法或者可能产生的结果**。就如同让儿童参与制定一些与自身有关的规则对他们有益处一样，让他们参与思考解决办法和结果对他们也是有帮助的。向儿童描述一个存在潜在问题但尚无不当行为出现的情境，用开放式问题帮助他们思考，比如，“如果有人把别人的积木撞倒了，我们应当怎么做？”或者，“如果有人不停地在房间里走来走去，并且干扰别人的工作，我们应当怎么做？”当儿童意识到规则的意义以及怎样的行为更能让人服从时，他们就直接体会到了行为与结果的关系。而且他们也有机会深入思考为什么规则是重要的，并讨论结果的作用。在这样的讨论中，儿童一开始可能会提出一些严酷的或者完全不可行的处罚作为不执行规则的结果。这很正常，不要否定它们，而应将它们与其他建议结合在一起分析探讨。经验已经表明，等这些鲁莽想法的新鲜劲儿一过，儿童就会开始进行认真的讨论。

   此外，要鼓励儿童接受小组对他们提出的问题给出的解决办法。当儿童提出他们的问题时，要把它们列在纸上并张贴出来（比如，约翰想讨论午餐时出现的问题；贾梅尔想讨论骂人的问题）。可以在每天的班会上特意安排时间讨论这些问题，但要注意避免指出做错事的儿童的名字或者针对某个儿童制订出要采取的结果，最好以小组中任何儿童在遇到这类情况时应当怎样应对来展开讨论。记录下儿童提出的解决方案，方便以后拿给他们进行对比。鼓励他们用一周时间持续不断地尝试这些办法，然后再评价它们是否可行。如果有必要，可以对它们加以修改。

3. **以警告的形式陈述纠正型结果**。将规则与结果用“要么……否则……”的句式结合起来告诉儿童：“要么你自己选择坐的地方，否则我来帮你选。”“要么你把这个拼图整理在一起，否则你不可以再从架子上拿其他拼图。”或者，“要么你们停止小声说话，否则我就要把你们分开。”

4. **单独给儿童发出警告**。儿童也是爱面子的，因此如果当众羞辱他们，他们反而不会服从规则。在对某个儿童发出警告时，应走近他并蹲下来，和他保持同样的高度。用坚定平和的语气告诉他如果继续不当的行为，会出现怎样的结果。

5. **指出儿童行为的自然结果**。用就事论事、不带评判的语气告诉儿童他的行为的自然结果。这种基于事实的信息对儿童是有益的，比如，“如果你愿意和蒂姆分享你的糨糊，他就会愿意和你分享他的小饰品。”或者，“如果你忘记喂鱼，它们整天就得饿着了。”儿童能够从你的语言或行为中读懂“我告诉你”这样的暗示，然后他们会照此行动。不要在儿童面前表现出你什么都知道，他们从你对事实的解释中能够学到更多的东西，这样的帮助更有意义。因此，不要说，“瞧，不按次序摆放，它们就没法放回盒子里吧”，而是应当说，“你们已经发现了，如果不按次序摆放，就不能把它们都放进盒子里。”
6. **按顺序使用个人信息、警告和后续行动**。一定要按照这个顺序，并且不要略去任何步骤，否则就无法获得本章前面提到的短期和长期益处。
7. **给儿童充分的时间对每个步骤做出反应**。儿童需要花至少几分钟时间对规则要求做出反应，因此在技能顺序的进行过程中，每个环节都要等上几秒钟，给儿童留出服从的时间。在你认为有危险的情况下，你一方面可以用身体阻止儿童的行动，另一方面可以注意观察他们是否有服从的迹象。如果情况不那么紧迫，可以在个人信息和警告之间留几分钟的时间，但之后的警告和后续行动的间隔就不能太长了。比如，戈麦斯先生认为是时候让爱伦·罗选择一个具体的活动项目安稳下来了，而不能再跑来跑去干扰别人。于是他对她说，“爱伦·罗，你还没有选择好你真正感兴趣的活动，可是你这样跑来跑去让我很不安，因为那会干扰别人的。选一个你比较喜欢的活动，然后安静下来。一两分钟后我来检查你选择了什么。”3 分钟后，戈麦斯先生过来检查，结果发现爱伦·罗还没有选择好。他走近她，对她说，“爱伦·罗，你还没有选择好玩什么，要么你现在马上选一个，否则我将帮你做出选择。”之后，他在她旁边站了大约 30 秒钟，可是她仍然没有行动。这时，戈麦斯先生开始执行规则，他说，“你还是没有做出选择。记得吗？我告诉过你，要么你自己选，否则我帮你选。现在我决定咱们来玩学鸟叫的游戏。”然后，戈麦斯先生握着爱伦的手，带她走向那个活动区域。

在延长的互动过程中，要在每个环节开始前进行反思，这有助于你重新分析情形，并确保从一个环节进入下一个环节的连续性。

一个团队中的专业人员还应随时注意其他同事的进展情况，如果发现有人卡在某个环节了，其他人员就要密切关注，确保其将后续行动执行完毕。单独工作的专业人员在按顺序执行时要有全局观念，在特别关注某个儿童状况的同时，也要注意掌握其他儿童的动向。而且他们还应经常提醒其他儿童应该做什么。（“我和德洛丽丝要完成这个，你们在我们完成前先自己做数学作业。”）

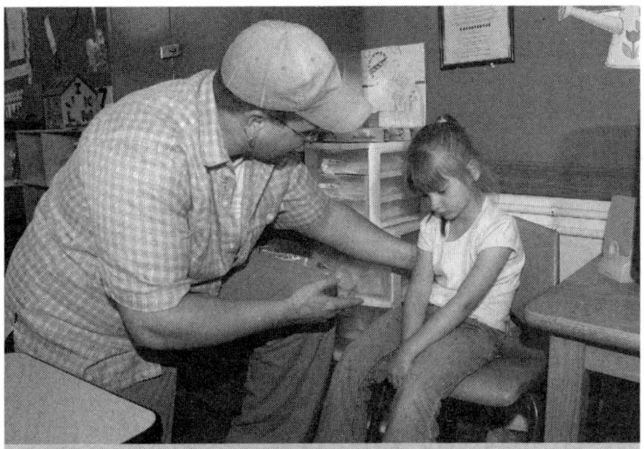

在按技能顺序进行的过程中，不要催促儿童，给他们足够的时间对你的要求做出反应。

8. **一旦开始，就一定要坚持到最后一个环节**。虽然给儿童足够的时间做出反应是非常重要的，但一旦你开启了规则的执行程序，就必须坚持到后续行动阶段。如果你对儿童说过，“记得吗？我告诉过你……”之后儿童可能会保证再也不那么做了或者答应你，“好的，好的，我会那么做的。”但你仍要继续平静且坚定地执行结果，不能在这个阶段被其他事情打断。你可以对儿童的重视或承诺做出反应，并且对他予以肯定，但你仍需告诉他结果针对的是当下的行为，而不是以后的表现。
9. **就有关规则的执行与其他成人进行交流**。有时候，儿童在一个成人那里表现出不服从，可是当成人马上要对他执行后续行动时，他却跑到另一个成人那里。这样一来，他就会到处表现出不当行为，却没有被采取任何强制措施。如果不想让这种现象发生，你就要告知其他成人你给过这个儿童怎样的警告，而且要让他听到，这样他就会明白即使他跑到别的地方，警告仍然有效。同样，当其他成人告诉你他们给儿童发出过的警告时，你也要记住并在必要时与他们配合执行。比如，如果你已经警告过凯思琳如果再在操场上推其他孩子，她就必须在操场边独自静坐5分钟，并要把这个警告告诉其他成人，这样只要任何一个成人看到凯思琳又在推别人，就都可以执行结果。这就给凯思琳构建了一个可预知的环境，让她彻底懂得推人是不可接受的行为，所有的成人都会团结一致保证孩子的安全。

10. **避免权力争执**。

成人：是的，你要做。

儿童：不，我不做。

成人：是的，你必须做。

儿童：不，我就不做。

这是成人与儿童之间常见的有关权力争执的对话。它通常出现在成人要执行规则而儿童拒绝服从的时候（Essa，2008；Miller，2013）。如果双方都不肯妥协，情况就会变得愈发严重。这种关于权力的争执一般都会通过口头的形式表达，并且会当着许多人的面表达。非常遗憾，这样的争执是不会有胜者的，双方都会有损失。成人也许能得到儿童暂时的依从，但最终会失去儿童对他的尊重。另一方面，如果儿童暂时占了上风，让成人做出了让步，但他以后很可能会遭到成人的报复，因为成人觉得自己受到了蔑视或嘲弄。为了避免出现这样的争执，可以考虑采取下列策略：

a. 不要制定没有必要的规则。

b. 不要让儿童难堪——尽可能安排你与儿童单独交流。

c. 保持冷静。

d. 不要直接反驳儿童的说法。比如，如果你给儿童的警告是，"要么你喝水时不要发出怪声，否则我就要把你的吸管拿走。"可是他还是继续发出怪声，那就果断地将吸管拿走。如果儿童说"可我不是故意的"，这时不要与他争执他的行为的目的性，你可以认可他的解释，对他说"那可能……"，但同时仍要继续执行结果，"你可能不想故意要发出怪声。但是记得吗？我告诉过你，只要发出任何怪声，我就要拿走吸管，所以现在我得把它拿走。"

e. 抓住重点，不要为了细枝末节与儿童争执。

f. 私下与儿童讨论有关权力的争执，这种做法对年纪较大的儿童来说尤其有效果，因为他已经习得了一些妥协的方法。你可以直截了当地告诉儿童，关于权力的争执似乎在不断升级，但你希望通过另一种方法解决它。

g. 避免陷入这样的争执。当儿童想与你争执时，你不要让自己卷进去。你可以继续平静地重复规则和结果，然后继续进行你的正常工作；你也可以告诉儿童你希望等大家都冷静下来后再进行讨论。

11. **肯定儿童服从规则和期望的行为**。通过采用积极的个人信息、有效表扬和给予特殊权利的方法帮助儿童强化和重复社会可接受的适当行为。对小组中的每个儿童都要这么做，尤其是对那些平时表现得不太好的儿童。

12. **当儿童发脾气时，可以对他们采取"平静时间"的做法**。切记，平静时间的做法只有在儿童的确在乱发脾气时才能作为一种逻辑结果使用，一定不要随意使用。如果有另一种逻辑结果能更好地教儿童遵守规则，就不要使用它。比如，当本尼忘记举手就抢着回答问题时，最好告诉他，在他举手之前，你是不会叫他的，而不要立即把他带到房间的另一区域让他平静。

介入深入的个别化干预

1. **全方位地仔细观察行为有问题的儿童的表现，充分了解他们在教室的所有表现**。你可以问自己下列问题（Kaplan，2000；Hanline et al.，2009）：

a. 这个孩子的哪些行为是有问题的？这些行为有怎样的表现？

b. 这个孩子一般会在什么时候和怎样的情况下有适当的表现？

c. 一般在谁在场的情况下孩子会有好的表现？

d. 这个孩子在什么时候和在怎样的情况下会表现出不当行为？

e. 这个孩子在哪些活动、安排或者一天中的哪些时候更开心，也更容易管理？

f. 这个孩子在哪些活动、安排或者一天中的哪些时候更不开心，也更难管理？

g. 哪些方法对这个孩子是看似可行的？哪些似乎是不可行的？

h. 这个孩子和谁相处得最好？

2. **观察儿童在特定环境中的不当行为，更好地理解环境对他造成的影响**。你可以记录下自己对下列问题的回答（Stormont et al.，2008）：

a. 这一不当行为发生在什么时候、什么场合？

b. 当这一行为发生时，谁在场？

c. 在这一不当行为发生之前，有过什么活动、发生过什么事情或者儿童和谁有过接触？

d. 不当行为之后又发生了些什么？其他人有怎样的反应？他们做了些什么？这个孩子又做了些什么？

e. 这个孩子这么做的目的是什么？

f. 这个孩子应当用什么方法代替自己的不当行为？

你可以使用 ABC 分析法帮你梳理这些信息，工具表 11.2 会对你有帮助。

工具表11.2　ABC分析表

A 前例或诱因	B 行为	C 行为之后的结果
行为推测：		

3. **将儿童的不当行为详细记录下来，作为对你的认知的现实检查**。有时候，儿童的不当行为确实很令人生气，以致成人会觉得这个孩子“总是表现得很糟糕”。检查一下这种行为实际发生的次数，你可能会很吃惊地发现，它发生的次数远远少于你以为的，而且只发生在某些特殊的环境下，而非一直如此。

4. **在谈论儿童的不当行为时要使用不带评判的语言**。就如同我们一般不会将身有残疾的儿童称为“我班上的那个自闭症小孩”或者“那个听力有毛病的小孩”，我们也不应该给表现不好的儿童贴上标签，比如“我班上那个很麻烦的小孩”或者“那个叛逆的孩子”；也不要形容儿童“完全失控”“要求太多”或者“反社会”。因为这样做会让人误以为儿童的整个人都是这样的。直接讨论儿童的具体行为就行了，“每次让凯特等一会儿再摸兔子，她都会哭。”

5. **自始至终参与团队为这些儿童制订、实施和监督积极行为支持计划的工作**。使用大家达成一致的策略，包括适当的个人信息、警告以及必要时的后续行动，并且利用任何可能的机会强化儿童表现出的好行为。如果你发现自己在无意中强化了儿童的不当行为，可以向团队的其他成员请教怎样避免这样的做法。可以用工具表 11.3 这样的积极行为支持计划表来帮你执行这个计划。

工具表11.3　积极行为支持计划表

目标（侧重于期望的行为）	
预防措施	
代替行为	
强化	
怎样避免强化不当的行为	
怎样记录儿童取得的进步	

6. **确保每天都与行为不当的儿童有积极互动**。向这样的儿童说或做一些友好、肯定的事，并且通过你的言行让儿童感到自己是讨人喜欢和有价值的。从他们身上挖掘闪光点不是一件容易的事，需要想象力并花费很大的精力，可是如果你不去努力发现，儿童自己就更找不到了。

与儿童的家庭进行沟通

1. **在倾听儿童的家长俎表地向你叙述儿童的不当行为时，要能够与他们共情**。儿童的父母或监护人有时需要在不感到内疚或难堪的状态下与他人敞开谈论儿童的负面行为。有的时候，他们希望能在表达他们的关切和确定儿童行为的严重程度的交流中有所收获。在这些情形下，你应当做的就是倾听。有些时候，儿童的家人其实只是想把事情说出来而已。对于那些确实遇到了麻烦的家长，你可以给他们推荐专业人士，因为他们的工作职责就包括咨询。

2. **帮助儿童的家人发现儿童的自控能力提高的迹象**。及时告诉儿童的父母和监护人，儿童在延迟满足、抵御诱惑、抑制冲动和执行积极的行动计划方面取得了哪些进步。让儿童带回去一张便条或者简短地口头告知一下都是传递这种信息的好办法，“今天，琳恩把该她画画的机会让给了另一个担心自己画不完的孩子，而且她做这个决定完全出于自愿。我想你听到她开始懂得考虑别人的需要一定很高兴吧。”或者，“佩里对我们取消出游很生气，他把这件事写在日记里了，并且建议我们下次应当准备一个备选计划。他能通过这样有建设性的方法表达他的沮丧，这令我很感动。所以我也很想让你知道他在这方面取得了很大进步。”

3. **在儿童的家人和学校工作人员都在场的情况下，可提前明确应该由谁来执行规则**。当儿童的家人和专业人员同时目睹了儿童在某个场合下的不当行为时，大家常常都不能确定应该由谁来介入。比如，在学校组织的“家庭之夜”活动中，儿童不愿意和他人配合；教师家访时，儿童不愿意从床上下来；或者在生气时打别的孩子。为了避免出现这样的困惑，最好提前就针对这种情况制定出执行原则。许多家庭和专业人士找到了下面这些既公平又有用的方法：
   a. 父母负责家里出现的问题。当专业人员家访时，或者专业人员与儿童及其父母在公共场合相遇时，比如在商店或音乐厅，应由儿童的家长负责执行规则。
   b. 专业人员负责学校及相关的场所，包括在外出游玩的地方。
   c. 在学校做志愿者或助手的家长可以负责除自己的孩子以外的其他孩子，而将自己的孩子交由其他家长或专业人员负责。
   d. 当你必须当着儿童家人的面对他的孩子进行干预时，做法一定要实事求是，并且严格按照在本章中所学的技能去做。如果条件许可，你可以提前与儿童的家人打个招呼。比如，如果杰瑞米想竭力追上妈妈到门外，你可以对他的妈妈说，“我会帮杰瑞米找点好玩的事情做，我会和他一起待在教室里。”然后，你告诉杰瑞米个人信息和警告。如果你不得不执行后续行动，哪怕他哭得很厉害，也要镇定地把他留在教室里。对家长的配合表示感谢，并答应她稍后会告诉她杰瑞米的情况，让她放心。

4. **与儿童的家人探讨怎样互相配合帮助儿童达到自律**。这既可以通过非正式的方式进行，也可以作为深入的个别化干预计划的一部分。与儿童的家人沟通，共同找出可以在家中和在学校采用的方法，从而促使儿童有更多的积极行为，同时改掉那些不当行为。向家长了解如果儿童在家里有不当行为，他们通常会怎么做。记下家长使用的方法，并在合适的时机在学校采用同样的方法。如果儿童在家里没有表现出某个不当行为，可以与其家长沟通，告诉他们儿童在学校的情况以及你目前采取的措施，同时征求他们的意见和建议。同样的，认真倾听家长叙述儿童在家时的不当行为，告诉他们儿童在学校时是否也有类似的行为以及你可能使用的方法。专业人员应当与儿童的家人达成一致，共同使用一两个策略，并且制订一个时间表来检查儿童取得的进步以及需要做出的调整。如果你是负责执行的专业人员，就一定要按照计划执行，并与儿童的家人确认进展情况以及是否有必要调整计划。如果你目前只是一个实习的助手，当儿童的家人向你提到上述情况时，你应肯定他的关切，并告诉他你会立即将此事报告主管教师或其他相关人员。之后要按你承诺的去做，同时也要让儿童的家人知道你已经这么做了。

注意事项

无论你是单独地还是在集体中培养儿童发展其自我调节能力，也不管你是在非正式场合还是在有组织的活动中进行这项工作的，下面这些做法都应努力避免。

1. 不愿意执行后续行动。

乔纳森，我知道你在那边玩得很开心，可是我担心你会摔下来，所以下来吧。

乔纳森，我是认真的，快点下来。

乔纳森，我这次绝对是认真的。

乔纳森，我还要告诉你多少次，赶快下来！
乔纳森，你是想让我发脾气吗？
乔纳森，我真的生气了。
乔纳森，现在我是真生气了，马上下来。
乔纳森，够了！我要上去把你带下来。

这是许多成人都遇到过的普遍现象：不愿意执行他们设定的底线。为了避免对儿童采取行动，他们会一遍又一遍地重复警告或者类似的话语。这会让儿童产生疑惑，他们无法知道成人到底什么时候才是真正认真的。在乔纳森的这个例子中，成人会在第三次警告后、第五次警告后还是第六次警告后对他采取后续行动？或许，头一天成人是在第五次警告后采取行动的，等到了后一天他可能在第二次警告后就行动了。儿童无法猜透成人的心思，因此也就不可能知道他什么时候会彻底失去耐心。避免这种现象的唯一办法就是永远在第一次给出警告后就执行后续行动。只有这样，儿童才能明白对结果的叙述预示着他们要么改变自己的行为，否则就得面对这个结果。

2. **总是采用容易或者自己熟悉的结果，而不愿寻找真正的最佳的方法。**有些成人总是愿意一遍又一遍地使用同样的结果。如果有必要采用纠正型结果，他们通常会选择使用无关结果，比如把儿童带离事发现场或者暂时让他失去某种特殊的权利。虽然这样的结果在当下可以阻止儿童停止不当行为，但并不能教会儿童适当的行为，让他们今后在类似的情况下有更好的表现。时间久了，儿童就能够预料到成人要采用的结果，但他们或许会认为某些不当行为值得一做。要避免这种现象，就需要根据不同的情形不断改变使用的结果策略。

同时还应使用大量的积极结果。如果对每件事都采用同样的为数不多的几种强化方式，

当你在小组里讲故事时，达尼用衣服捂着脸唱歌，这时你会采取什么结果策略？

如果罗谢尔不停地用袖子擦鼻子，你会采取什么结果策略？

儿童的反应就会越来越弱。可以参考要点 11.2 中提供的各种言语和非言语强化方式，使用它们来帮助儿童努力实现自律。

3. **忽视自然结果**。有时候，成人没有意识到自然结果已经出现了，仍要采取其他不必要的结果策略。比如，佩吉不小心踩在了豚鼠上，她很担心小动物会受伤，于是极力安慰它。她表现的难过其实就是其不当行为的自然后果。可是她的老师完全没有注意到这一自然结果，仍然不停地责备她的粗心。而且虽然佩吉已经认识到自己的行为错误了，老师还是要把豚鼠没收 1 小时。执行结果的目的是帮助儿童意识到自己行为产生的影响，因此再对她实施进一步的惩罚完全没有必要。相反，成人应当与佩吉谈谈以后怎样才能避免这样的伤害。

   遗憾的是，许多成人还是会忍不住对儿童进行说教、指责或使用更过激的做法。可是如果儿童感觉自己受到了伤害，他们反而不会改变其行为。因此，最好的做法就是仔细观察当时的情况，看看是否出现了自然结果。如果自然结果已经非常明显了，就把它们指出来，而无须再采取其他结果策略。

4. **要求儿童高兴地服从**。在成人执行后续行动时，他无法指望儿童能高兴地服从，也就是说，儿童可能会在服从规则时抱怨、噘嘴、咕哝或者跺脚。这时，成人切记后续行动的目的是强化结果，如果要求儿童在做他实在不想做的事情时面带笑容就太过分了，而且成人执意那么做会造成与儿童的不必要的冲突。看到儿童对执行规则表现出反感虽然会令你感到不快，但儿童的态度是成人无法控制的，因此不要让它影响成人与儿童的正常互动。

5. **心存不满**。在对儿童执行结果后，成人应当"原谅并忘却"。把对儿童以前行为的愤怒、不满或敌对情绪带到当下与儿童的接触中是非常有害的。一旦执行完结果，事情就结束了，要将每一天都当作新的开始。此外，如果成人在某天持续与某个孩子发生争执或者对他实在感到生气或受不了了，可以暂时休息一下，或者请团队中的其他教师代替应对。

6. **坚持让儿童道歉**。成人经常认为，如果他们能让儿童对自己做错的事表达歉意，问题就解决了。出于这样的想法，因此他们会强迫儿童说"对不起"，即使儿童并非心甘情愿的。但遗憾的是，这会让儿童误以为道歉就能搞定一切，于是他们会继续我行我素，只要准备好最后道歉就行了。而且他们会认为虚情假意的做法也是可接受的。难过和自责都属于个人情绪，我们无法要求儿童去经历这些情绪。

   但是我们可以教会儿童弥补自己做错的事，比如可以让他去安慰他伤害过的人、用湿毛巾帮受伤的儿童清洗碰伤的膝盖或者修补好一件损坏的物品等。研究已经表明，在儿童心中，弥补过错的概念的形成绝对早于其真正理解道歉的意义（Weissman，Hendrick，2014）。因此，具体的弥补过失的行动对儿童最有作用。等儿童真正感觉到难过时，再鼓励他通过说出"对不起"来表达他的歉意。

7. **忽视表现有问题的儿童所做的积极的事情**。如果一个孩子总是表现不好，人们很容易认为他就是这么一个孩子。成人必须意识到这样的想法是非常错误的，因为如果一个孩子感到自己永远也不会做"对"的事情，他就会停止尝试（Curwin，Mendler，Mendler，2008）。同样的，成人如果认为某个孩子不可救药了，就会放弃努力。要避免这种把儿童的负面行为扩大化的现象，最好的办法就是要刻意发现儿童身上的长处。可以让不止一位成人同时观察一个孩子的行为并记录他们的发现，这样就容易捕捉他表现出的积极方面和能力。哪怕只收集到了几个正面的例子都能让成人对这个孩子产生希望，也能减轻其与这个孩子接触时的压力。这也有利于成人更全面地看待儿童，并为纠正儿童的不当行为提供了重要线索。看看下面这个例子，当全方位观察塞米时，三年级的这位老师有了怎样不同的认识。

"克罗小姐，克罗小姐，你知道帝王和 8 千米吗？"塞米在班上经常表现得很冲动或不听话，在等待我的回答时，他会不停地蹦蹦跳跳。我说："我不知道。"他听后用得意的口气说："什么？你不知道中国的长城？"虽然与塞米相处对我来说经常是一种挑战，可是他对历史特别感兴趣，而且有幽默感。我们常常一起大笑，这让我们间的关系变得亲密了，我也不再仅仅把他看成一个麻烦的孩子了。

——卡尔莎·克罗，三年级的教师，2010

总　结

有时候，儿童会不服从成人制定的规则。这可能是由于他们尚缺乏这方面的能力或者还不能理解遵守规则的意义，或者是因为成人给出的信息比较混乱和不清晰，也或者是因为他们认为没有必要遵守规则，结果他们表现出了不当行为。成人如果希望避免或者解决这些问题，在制定规则时就应考虑儿童所处的发展阶段，明确表述自己的期望，同时还要帮助儿童培养积极的、适当的可代替行为。此外，成人也应注意自己的言行，确保它们之间是一致的；并在向儿童解释规则时邀请他们参与规则制定的过程。

成人可以通过积极结果或纠正型结果确保规则的执行，它们都能帮助儿童意识到其行为对自身和他人的影响。积极结果能够强化好的行为；纠正型结果则可以减少儿童的不当行为。它们以推理为基础，富有教育意义，其使用方式既具有人性化又实事求是。纠正型结果分为自然结果、逻辑结果和无关结果三种类型。自然结果发生时，成人并没有直接干预；逻辑结果与某一项规则有直接的关系；而无关结果完全是由成人设计出来的。后者应当在儿童违规后的最短的时间内使用，并且尽量少用。成人在决定使用哪种类型的结果时，一定要综合考虑该具体情境中的诸多因素。

成人可通过提醒儿童规则的方式执行纠正型结果。如果儿童不愿意服从，成人应再次重述该规则，并给予他一个“要么……否则……”的警告，之后成人停顿一会儿，给儿童机会来自己纠正行为。如果孩子仍拒绝服从，成人就可以采取后续行动。所有结果在执行时都必须保持一致性和及时性。

将个人信息与警告和后续行动结合起来可以帮助儿童逐渐学会自我控制。当儿童对这一过程越来越适应后，他们就可能在早期阶段做出反应，减少成人执行全部程序的必要性。

有时候，当一个不当行为引发了另一个不当行为时，成人必须表现出足够的耐心，针对每个有问题的行为执行相应的结果。当儿童完全失控时，可以考虑采取平静时间这一合乎逻辑的做法，但不要频繁使用。对一些具有挑战性的行为，还可采用深入的个别化干预措施，包括五个步骤：组织一个积极行为支持团队、对成因做出分析评估、推测行为的目的、设计积极的行为支持计划以及实施和监督该干预计划。

所有的儿童都应学会在各种环境下遵守规则、与他人轮流和分享并且表现出适当的行为，这其中也包括有特殊需要的儿童。本章列举的大多数引导策略均适用于各种能力的儿童，不过对于有特殊需要的儿童，可能需要花更长的时间才能让他们适应这些规则并获得更强的社会能力。

在本章中，我们还讨论了怎样制订适当的结果和怎样参与为个别儿童制订的个体干预计划，也探讨了在培养儿童的自我控制能力时与儿童的家长保持密切沟通的重要性。

在使用结果策略时，应当注意避免的做法包括：不愿意坚持到底，反复使用同样的结果，忽视自然结果，要求儿童必须高兴地服从规则，心存不满，坚持让儿童为自己的错误行为道歉，以及对经常表现不佳的儿童只注重其负面行为而忽视其长处。

关键词

惩罚（punishments，p.317）
发脾气（temper tantrum，p.326）
隔离（sitting apart，p.327）
后续行动（follow-through，p.323）
积极行为支持计划（Positive Behavior Support plan，p.329）
积极结果（positive consequences，p.316）
警告（warning，p.322）
纠正型结果（corrective consequences，p.317）
逻辑结果（logical consequences，p.319）
深入的个别化干预（Intensive Individualized Intervention，p.329）
无关结果（unrelated consequences，p.320）
自然结果（natural consequences，p.318）

问题讨论

1. 说出儿童行为不当的五个原因，并同时给出相应的解决方案。
2. 讨论儿童不当行为背后的好处，不具名叙述你观察到的一个孩子，指出其不当行为带给他的好处。探讨应当使用怎样的策略来纠正儿童的这一行为。
3. 讨论积极结果、纠正型结果和惩罚之间的相似之处和不同之处。
4. 为下面这些规则设计积极结果或自然结果、逻辑结果和无关结果：
   a. 在大厅里走，不要跑。
   b. 扔球，不要踢它。
   c. 用你自己的毛巾。
   d. 敲键盘时要轻。
   e. 走人行道，不要进入花坛。
   f. 当你需要帮助时，告诉别人。
   g. 叫别人的原名，不要嘲笑他们的名字。
5. 讨论执行后续行动作为结果的重要性，以及不这样执行的后果。
6. 参考美国幼儿教育协会制定的道德行为准则，看看在下列情况下，你可以采用的道德行为原则和方法：
   a. 一位家长正和孩子朝车子走去，突然间孩子挣脱她，自己跑进车来车往的停车场。这位家长显然吓坏了，她抓住孩子，使劲打了三下，并对她说，“你吓死我了，再也不许这么做了。”当这一幕发生时，你正好从附近的车子里出来，看到和听到了一切。
   b. 你在走廊里看到你的一位同事正在与她的孩子（4岁）发生争执，她的孩子也在这个幼儿园。当你的同事想把他带进教室时，他尖叫着，并且拼命想挣脱。你的同事突然把他的身子转过来，在他的屁股上猛打了两下。你和你班上的几个孩子目睹了这一切。
   c. 一群三年级的孩子正在操场上玩球。一位成人走过来对你说，“我现在要进去了，我告诉过杰夫他今天不可以再玩球了，因为他打人了。你帮忙看着点，不能让他玩球。”说完他就进里面了。这时，离活动结束还有20分钟，杰夫一直在旁边观望。几分钟后，杰夫的朋友喊他进操场一起玩。于是他看着你说，“我已经吸取教训了，能让我玩吗？”
7. 如果一位专业人员认为“个人信息、警告和后续行动执行下来时间太长了，而且儿童也不可能对那么多话都做出反应。直接告诉他们什么不能做就行了。”你会怎样回应他？
8. 将图11.3中的引导策略与要点11.2中帮助有特殊需求的儿童适应规则和结果的策略进行对比，它们有哪些相似的地方？讨论一下，如何使一些引导策略更适用于有特殊需求的儿童。
9. 叙述你观察到的一个孩子有问题的行为，并就成人的解决方法展开讨论。他们的方法是否有效果？为什么？
10. 假设你被安排去向一些孩子的家长解释你们中

心是怎样使用深入的个别化干预措施的。给你班上的同学做一个 5 分钟的演讲，然后列出家长们可能会提出的问题，并共同讨论应当怎样回答。

案例分析

阅读附录一中关于阿德里亚娜的案例，然后思考下列问题：

1. 教师决定采用逻辑结果来帮助阿德里亚娜发展不具攻击性的行为。看一遍案例中提供的行为记录，对于她的每一个不当行为，想出可使用的适合的逻辑结果。
2. 你觉得需要对阿德里亚娜采取深入的个别化干预措施吗？你所得出的结论的基础是什么？
3. 如果你打算使用 ABC 分析法，案例中的教师记录是否给你提供了足够的信息，让你能够推测出她行为的目的？如果可以，你对她的行为推测是什么？如果不可以，你还需要哪些信息？
4. 叙述你将为阿德里亚娜设计一个怎样的 ABC 分析法。你估计她的行为会在什么时候和在哪些方面有进步？
5. 考虑一下执行阿德里亚娜的行为计划的那个团队，你觉得所有应该包括进去的人都在里面了吗？如果没有，你会把谁加进去？每个团队成员应该做些什么来使她的社会能力发展到最好的状态？

课外作业

1. 简要叙述一下下周你要与孩子们在一起时的大致情况，找出孩子们可能出现问题的行为。使用在本章学过的所有技能，逐步写下你在问题实际发生时的应对过程。在那周之后，记录下该问题是否出现了。如果出现了，谈谈你是怎样应对的，你是否对原计划做过一些修改以及修改的原因，同时也找出你今后还能进一步改进的地方。
2. 记录下当你与儿童在一起时，你使用了或者应当使用从个人信息到警告再到后续行动全过程的三个情境。首先写下儿童说了或者做了什么促使你有这些反应；然后原原本本地记录下你当时说的话（不论它们是否正确），并简要说说儿童的反应；接下来讨论你的做法中的长处和不足；最后看看是否还有其他更好的代替方案或者更好的信息表达方法。
3. 观察另一位同事是怎样在工作中应对儿童的不当行为的。叙述当时的情形以及问题是如何解决的；叙述那位同事所使用的方法，并将它与你在本书中学过的策略进行比较。
4. 就你（或者校方负责人和另一位同事）使用本章所列出的某个与儿童的家庭进行交流的策略展开讨论，叙述你（或者他们）所做的、家庭成员发挥的作用以及最后的结果。对所使用的技能做出评论。如果今后再遇到类似的情况，你打算怎样处理。

检查你的做法

下面是一个对照检查表，作为一个刚入门的专业人士，你可以用它来检查自己是怎样实践这些技能的。你还可以在附录二中获得更多的观察教室行为的检测标准。

教师如果希望通过有效使用结果策略来帮助儿童发展自我调节能力，就应当做到下列几点：

√ 使用积极结果强化儿童的好行为。
√ 在执行纠正型结果前先提醒儿童相关的规则（通常借助于个人信息的方式）。
√ 提前告诉儿童将会有怎样的结果（通过适当的警告）。
√ 使用逻辑结果来帮助儿童练习更适当的行为。
√ 在设有规定的环境中要保持冷静。
√ 使用结果时要确保一致性和及时性。
√ 按照规定执行后续行动。
√ 与其他成人互相配合，最有效地帮助儿童发展自我调节能力。

第 12 章 应对儿童带有攻击性的行为

本章目标

在学习完本章后，你应该了解：

什么是攻击性，它与果决的区别。

导致攻击性的因素。

攻击性怎样从童年时代开始出现。

成人加剧儿童攻击性的行为。

减少儿童攻击性的策略。

什么是欺凌及其应对措施。

阻止和应对攻击性行为的技能。

在应对攻击性的方面应避免的注意事项。

NAEYC标准

1. 提高儿童的发展和学习能力。
2. 与儿童的家庭和社区构建关系。
3. 观察、记录和评估儿童的行为，以达到帮助儿童及其家人的目的。
4. 运用适应发展的教学法与儿童及其家人进行沟通。
5. 使用相关的知识来设计有意义的课程内容。

嘿！你把它弄坏了！

不，我没有！

是，就是你！

教师，他打我！

他先打我的！

像上面这样的情景太常见了，毕竟儿童刚开始学习与他人相处的技能。由于他们仍然缺乏经验，因此，他们有时会使用攻击性行为来表达自己的情绪或者得到自己想得到的东西。如果对这种攻击性行为不予理睬，它会伤及他人，损坏物品，扰乱日常活动，并且给集体活动造成负面影响。而且，如果儿童在早期就频繁表现出攻击性行为，未来很可能在学校、家中和社区与他人互动和认知自己的能力时遇到更多的问题（Alsaker & Gutzwiller-Helfenfinger, 2010）。所有这些都使得儿童的攻击性行为成为专业人员不容忽视的重大问题，需要引起认真思考并学会有效应对。

什么是攻击性

攻击性是反社会的行为，它会损伤或毁坏物品，或者对他人造成身体或情绪的伤害。攻击既可能是言语方面的，也可能是动作方面的（Dodge，Coie，& Lynam，2006），拍、抓、掐、踢、朝人吐唾沫、咬人、威胁、羞辱、贬损、嘲弄、制造谣言、攻击、辱骂和毁坏都属于攻击性行为。

攻击性行为的种类

在本章，我们重点讨论两类攻击：工具性攻击和敌意攻击，了解它们之间的相似与不同之处能够提升你在儿童表现出攻击性时有效应对的能力。

工具性攻击

有时候，当儿童极力获取他们想要的东西或者捍卫某个属于自己的东西时，他们会在无意中用言语或肢体对他人造成伤害，这就是**工具性攻击**（Ladd，2005）。比如，玛莎和塞莱斯特在争抢一个擀面杖，在争执过程中的推拉动作导致玛莎被抓伤，塞莱斯特的手指也被弄破了。最后的结果是两个孩子都不开心，也都受伤了。但其实他俩最初并没想伤害对方，只是想先得到擀面杖。

遗憾的是，玛莎和塞莱斯特都想凭借力量达到目的，最后出现的互相攻击是她们互动时的意外结果，绝非其主要意图。非预先设计或非故意伤害是区别工具性攻击和故意试图伤害别人或打压他人自尊的两个重要因素。大多数的工具性攻击都是由为了争抢物品、地盘或权利而引起的（Doll & Brehm，2010）。

因物品引起的工具性攻击 杰西卡和兰特莎同时跑到了秋千那里，她们都想自己玩，于是两人很快就为此发生了激烈的争吵，并且开始又推又拽。她们行为的目的就是获得秋千的使用权，在这样争抢的过程中就产生了攻击性。

因地盘引起的工具性攻击 雷蒙德占了积木区很大的一块地方搭建他的飞机场。当别的孩子搭的东西要进入他的区域时，他就变得很生气。于是他们就到底是谁的地盘发生了争执，并很快动起手来。虽然他们动手只是想让自己占据积木区域，但结果是两个孩子都受伤了。

因权利引起的工具性攻击 当几个孩子都冲向门口时，争吵发生了，因为他们都想“排在第一个”。在这种情形下，孩子们的主要目的是确定谁有权利站在第一个，攻击性行为只是为达到这一目的的意外结果。

敌意攻击

表现出**敌意攻击**的儿童是故意要给他人造成痛苦（Doll & Brehm，2010）。他们的伤害性行动或言语是有意的攻击，旨在报复自己曾受到的侮辱，或者迫使受害者按他们的意愿做事。敌意攻击有两种表现：

- **身体攻击**：通过肢体攻击或者这样的威胁对他人造成伤害。
- **关系攻击**：通过散布谣言、制造谎言或者营造其他形式的社会舆论对他人的社会地位或自尊构成严重破坏。

无论是上述哪种情形，敌意攻击的故意性质是它与工具性攻击的最大区别。

在上课铃响之前，几个四年级的学生跑向他们的储物柜，简为了赶时间，在奔跑的时候不小心把克劳迪亚撞到了墙上。在别人还没有意识到发生了什么的时候，克劳迪亚涨红了脸，跳起来跑进了教室。后来当孩子们在饮水机前排队的时候，克劳迪亚使劲推了简，并且对她说，"瞧，也让你知道知道是什么滋味。"

简刚开始的行为不是故意的，可是克劳迪亚把它理解成对自己的蓄意攻击，因此她决定晚些时候一定要报复。通过推简，她觉得她们之间"扯平"了，她也给自己挽回了面子。在这个例子中，推简的这个行为就是故意要对她造成伤害，属于典型的敌意攻击。如果在此之后，简为了报复克劳迪亚，在操场对所有人说，"不要让克劳迪亚玩，她不是个好人"，那她的行为同样也属于敌意攻击。

果决

与攻击不同，社会可接受的另一种得当行为是**果决**。当儿童在尊重别人的权利和感受的前提下，能表达自己的想法或捍卫自己的权利时，他们就呈现出了果决的行为（Ostrow，Pilat，& Crick，2006）。行为果决的儿童有下列表现：

- 拒绝不合理的要求："不，我现在还不能给你这把刷子，因为我还需要用它。"
- 拒绝忍受攻击性行为："不许再骂我了。"或者，"不要再推我了。"
- 抗议不公平的待遇："你忘记该轮到我了。"或者，"嘿，插队是不公平的做法。"
- 接纳合乎逻辑的分歧："好吧，我明白你的意思了。"
- 对冲突给出解决建议："你可以过一会儿用它。"或者，"你用完以后我再用。"

当儿童能够有效地表达自己的想法，并且还能对他人施加控制和影响时，就证明他们具备了很好的社会能力，同时对自己的能力也有了更积极的感知。在儿童日趋成熟的过程中，他们会不断地尝试各种方法以期展示自己的影响力。但是由于他们的社会阅历尚浅，因此他们努力表现出的果决有时会被误解或者不能取得期望的效果。不过，经过观察、他人的指点、收获的反馈和不断的实践，儿童逐渐能够呈现出积极的果决行为。

在本章中，我们要学习怎样帮助儿童变得更果决，同时尽可能减少攻击性行为。首先，我们需要弄清楚儿童为什么会有攻击性，以及它是怎样发展的。

儿童为什么会有攻击性

在解释攻击性的起源时，科学家们并不能准确地说出这其中有多少是生理因素造成的，有多少是习得的结果。不过大家普通认同，从婴儿开始，这两方面因素都对儿童的攻击性行为产生了影响（Moffitt & Caspi，2008）。

生理因素

人们有时候会好奇，"是不是有一些生理因素促使人表现出了攻击性？"这个问题至今尚未得到完整的回答。迄今为止，科学家们还没有找到某个"超"基因应当对人的攻击性负责，但是世界各地的研究都证明，一个人的攻击性的强弱的确受基因的影响（Dodge et al.，2006；Xu，Farver，& Zang，2009）。这一结论对于身体攻击（相较于关系攻击）尤其适用（Brendgen et al.，2005）。一些研究表明，一个人身上的攻击冲动源自其遗传基因的比例可以高达 50%（Rhee & Waldman，2002）。研究人员还发现，雄激素和睾丸激素水平高与更高的攻击性行为水平有关系（Hermans，Ramsey，& van Honk，2008）。这并不是说雄激素引起了攻击性行为，只是表明它们之间有一定的联系。气质在人的攻击性倾向中似乎也发挥着一些作用（Denham，Bassett，& Wyatt，2008；Rothbart，Ellis，& Posner，2011）。一些孩子一来到世上就表现出了比别的孩子更强烈的情绪，他们对事情的反应更极端，而且一旦产生了激烈的情绪就很难消除，这在气氛紧张的场合下很容易导致攻击性反应。一些儿童在气质方面具有易怒、不专心或者很难适应日程改变的特征，因此比起气质温和的儿童，他们更具有攻击性。性格鲁莽的儿童更喜欢通过身体动作，包括触摸、打人和抓抢，来满足自己的需要。而与他们相反，性格安静的儿童会与他人保持一定的距离，这样也就避免了可能导致攻击性结果的互动。这些发现有助于我们了解儿童的攻击性行为的生理因素，但它并不是唯一的因素。

受挫—攻击性假设

4岁的杰基用积木搭的塔总是立不住！按照受挫—攻击性假设，如果她因塔立不稳而受挫，她就会变得具有攻击性。当这一假设首次被提出的时候，人们认为攻击性是受挫后不可避免的反应，换言之，受挫是绝大多数攻击性行为的根源（Dollard，Doob，Miller，Mowere，& Sears，1939）。但是渐渐地，这一说法被纠正了。现在科学家们承认，一个受挫的孩子比一个愿望得到满足的孩子更可能具有攻击性（Rothbart，Ellis，& Posner，2011），但这不等于说这些受挫的人一定会做出攻击性行为。比如，杰基还可以通过其他方法应对挫折，包括更努力地尝试、寻求帮助、简化任务、放弃或者先休息一会儿。因此，受挫可能会导致攻击性，但它并不是攻击性的唯一成因，而受挫也不必然引发伤害性行为。

扭曲认知假设

有些儿童会在没有任何缘由的情况下表现出充满敌意的倾向（Hubbard et al.，2002；Nelson，Mitchell，& Yang，2008）。比如，当特雷弗穿过操场时，一个球从后面击中了他。他以为一定是有人故意这么做的，但那其实只是碰巧发生的。可是他产生了激烈的反应，大喊大叫，并做出攻击性手势。任何儿童都可能对这种突如其来的冒犯做出反应，但一些儿童的反应明显比别的孩子强烈，他们坚持认为对方怀有敌意，是故意为之。这种儿童的社会观察能力都很弱，他们很难准确地理解别的儿童表达出的暗示，比如本来有助于理解其没有恶意的面部表情或言语（Zins，Weissberg，Wang，& Wallberg，2004）。

即使其他儿童会因在无意中让球击到特雷弗身上而向他表达歉意，特雷弗仍想要实施报复。他的攻击性反应又会引发其他儿童的反攻击行为，这就更让特雷弗认为同伴们是对他怀有敌意的。恶性循环就这样开始了，导致他与其他孩子之间的对立越来越严重。不仅如此，由于特雷弗好斗的名声已经在同伴中传开了，大家会在与他互动时更缺乏耐心，与对待另一个没有攻击性的同伴相比，他们可能很快就和特雷弗动起手来了。最终的结果是所有参与其中的儿童的攻击性都增强了。

强化和亲身经历

已经有令人信服的证据表明，强化和亲身经历对孩子的攻击性行为的形成和持续发挥着至关重要的作用（Frick et al.，2003）。比如，儿童可能会通过打、咬、抓、挑衅或者威胁的方式达到自己的目的，如果别的儿童或成人从冲突中退出了或者屈服了，就意味着这个儿童的攻击性行为得逞了。这样的情形让攻击者和受害者都认识到了伤害性行为是有效的。如果这样的行为总能够奏效，攻击者就会产生一种权力感，并且进一步强化自己的负面行为。他们甚至会因此而臭名远扬，更让他们认识到攻击性行为所具有的价值。所有这一切都对攻击性行为起到了强化而不是禁止的作用。

模仿和来自观察的经历

对儿童的攻击性行为的另一个解释是他们通过观察他人而习得了这种行为（Goleman，2006；Dogan，Conger，Kim，& Masyn，2007）。他们模仿的对象可能是家中、幼儿中心、学校或社区里的成人或同龄人，模仿对象还可能来自媒体。比如，儿童在电视节目中看到人们通过暴力的方式解决了争端；他们发现托尼的母亲为了让他记住她的话而使劲摇晃他；他们还观察到同伴与他的兄弟姐妹总是凭借身体的力量来得到他们想要的东西。而当他们因错误的行为而被打、摇晃或推搡以示惩罚时，他们对攻击性行为就有了亲身体验。

所有这些事例都向儿童表明，攻击性行为是实现自己意愿的有效途径，它们还会使儿童不再在意不能动手的禁令（Garbarino，2006）。而且平时成人教育儿童不能使用暴力或者让他们“表现得乖一点”的要求也都失去意义了，因为对儿童而言，“耳听为虚，眼见为实”。更为遗憾的是，儿童在目睹了攻击性行为后，在很长一段时间里仍会受到它的影响，即使是数月之后，他们仍能记得自己听到和看到的语言和行为，甚至会模仿它们（Bell & Quinn，2004）。所有这些都使攻击性行为给儿童的生活造成了巨大影响。

缺少知识和技能

儿童有时候不得不采取攻击性行为，因为他们不知道在自己的想法被阻止或者遭到其他孩子的欺负时还能怎么办。在他们尝试过所有的社会技能但仍不能得到自己想要的或者捍卫对自己来说重要的东西后，他们只好凭借身体的力量了（Crothers & Kolbert，2010）。这一方面是由于儿童尚不成熟，另一方面则因为他们仍缺乏经验。缺少机会练习非暴力策略或学习与果决相关的技能的儿童更容易变得具有攻击性（Levin，2003）。

攻击性行为的出现

你在前面已经看到了，产生攻击性行为的原因各种各样，而且非常复杂。上述因素结合起来就会导致反社会行为的出现。儿童如何表现出攻击性及其程度也受年龄、经历和性别的影响。

儿童在不同阶段会有不同的攻击性行为

从蹒跚学步的幼儿到童年中期的小学生，其攻击性行为的发展通常会表现出三种趋势。

- 年幼的儿童更容易为达到目的而使用身体力量；年纪大一点的儿童会更多地依靠语言技能。
- 年幼的儿童的大多数表现都属于工具性攻击；而敌意攻击则在年纪大一点的儿童身上更加常见。
- 对大多数儿童来说，攻击行为的高潮出现在 3 岁左右，之后会逐渐减少。

这些发展方面的转变出于几个原因。

攻击性行为最早的表现形式

学步儿和学龄前儿童是最冲动的。当他们想要某个东西时，必须马上得到。这个年龄段的儿童的语言技能还不成熟，而且只懂一点点得到自己想要的东西的方法。如果这为数不多的方法行不通，他们常常就会靠力量来获得自己所需要的东西或者捍卫他们认为属于自己的任何东西。当被要求与他人分享时，他们的认为世界以自我为中心的观点使其很难自愿放弃某个客体。要点 12.1 就真实地叙述了年幼儿童对自己玩具的既有趣又有道理的认知。所有这些发展方面的特点都增加了他们通过打、抓或咬来解决分享和占有争端的可能性 (Baillageon et al.，2007)。结果，在这个年龄段的儿童中就会出现高比例的工具性攻击。事实上，工具性攻击在童年早期非常普遍，大多数儿童在这个阶段经历的这类攻击都超过了其他年龄段（Bell & Quinn，2004）。

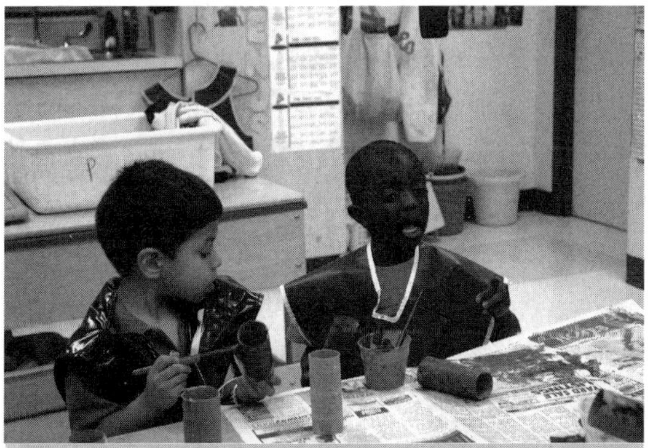

当雷尼想使用更多的绿色颜料时，萨希德表示了极大的抗议，他喊道："已经不够了。"

老师给他们示范了怎样把另一管颜料搅在一起，萨希德和雷尼学到了一个新技能（混合颜料），并且也找到了应对激烈冲突的新途径。

要点 12.1

一个年幼儿童对“什么是我的！”的看法

如果我喜欢它，它就是我的。

如果它在我手里，它就是我的。

如果我能从你那里拿到它，它就是我的。

如果它是我的，它就永远也不可能是你的。

如果我在制作或搭建某个东西，那它所需要的所有物品就都是我的。

如果它看上去像是我的，它就是我的。

如果我先看见它，它就是我的。

如果你在玩某个东西，可是你把它放下了，那它自然而然就变成我的了。

如果它被打碎了，它就是你的了。

4 ~ 6 岁的儿童的攻击性行为

年纪稍大一点的学龄前儿童和一年级小学生已经能够控制自己的冲动了，并且可以用语言来表达自己的需要。他们已经多次听到了有关分享和轮流的“规则”，同时对于怎样和平有效地解决争端也有了一些经验。在这样的基础上，身体攻击开始减少，争执也少了（Alink et al.，2006）。不过，冲突还是不会消失的，因为物品、权利和特权而引发的争抢仍会继续，只是形式可能会从打或推改为语言上的坚持、嘲弄、打小报告和骂人（Dodge et al.，2006）。儿童还会在这个时期通过对友谊的威胁而将对方排除在社交活动之外，比如，“我不再是你的朋友了”，或者，“如果你……你就不能玩”（Wheeler，2004）。总之，这个阶段的儿童在不断地发展他们的社交策略，其中既有积极的，也有不那么具有建设性的。

年幼儿童需要得到成人的帮助来处理工具性攻击。

小学阶段的攻击性行为

等儿童上学后，好消息是他们的认知能力和语言技能都得到了进一步的发展，他们和平地解决争执的能力也加强了。他们更愿意用协商化解冲突和用有效的方法解决问题，而不像以前那样动不动就付诸武力（Levin，2003；Alink et al.，2006）。

但遗憾的是，认知和语言能力的提高也导致这个年龄段的儿童的敌意攻击增加了（Laursen & Pursell，2009）。由于认知的发展，儿童会觉察到他人的不良企图（“他是故意绊倒我的”“她想让所有人都嘲笑我”）。儿童**观点采择能力**的发展也使得他们变得更加具有攻击性，因为他们能够准确地预料他人是怎么样的。而且由于他们的记忆能力有了长足的发展，因此在一些令他们不快的事情结束很久以后，他们仍会记得自己受过的伤害。在这些能力提高的同时，他们还渐渐认识到社会关系应当是互惠的，这就使得一些儿童在认为自己受到了委屈后会采取报复措施，而且他们觉得这样做是对的，因为他们要在其他同伴面前捍卫自己的“面子”（Olweus，2010）。在这种情形下，一点小小的分歧或者误解都可能通过侮辱、折磨或排斥的方式迅速升级成带有敌意的攻击性行为（Garbarino，2006）。他们会彼此来回地报复直到最后扯平。因此，这种敌对的状态可能会持续数日，甚至可能会持续数月（Nelson，Robinson，& Hart，2005）。在小学阶段的最终结果就是身体方面的打斗会逐渐减少，但言语方面的争执和关系方面的攻击会变得更突出。

攻击性行为的性别差异

谁会更具有攻击性——是男孩还是女孩？以前

男性和女性在攻击性方面的差异

1 岁时：男孩和女孩的攻击性几乎是一样的。

15 个月—2 岁：攻击性方面的性别差异开始显现。男孩和女孩都具有攻击性，但他们的表达方式是不一样的，而且这些差异会一直贯穿整个童年期。

- 男性比女性在身体方面更具有攻击性，他们比女性更爱使用肢体动作和语言威胁。如果他们遇到了他人的攻击时，他们也会反击。

  在这方面，全世界不同社会阶层和文化背景的男性和女性都存在类似的情况。
- 女性比男性更多地使用关系攻击，她们更爱散播谣言、看不起或者孤立同伴和说一些刻薄的话以显示自己的权力或应对他人的侮辱和伤害。

  女性在关系攻击方面的表现与男性在身体攻击方面的表现是一样的。

攻击性方面的性别差异与下列因素有关：

生理方面：由于男性更看重自身的睾丸素、体力和活力，导致他们表现出了很强的身体攻击性。

社会学习：人们更容易接受男孩表现出身体攻击，因此他们这样的行为会得到强化；与之相反，对于女孩，如果她们操控和诋毁对手的自尊或地位也是可以被接受的。

但是无论是男孩还是女孩，如果他们表现出了强烈的攻击性，都会遭到同伴排斥。

图 12.1　童年时期儿童的攻击性行为在性别方面的差异

来源：Based on Garbarino，J.(2006).See Jane Hit：Why girls are growing more violent and what we can do about it.NY：Penguin Group；Olweus，D.(2010).Understanding and researching bullying.In S.R.Jimerson，S.W.Swearer & D.L.Espelage(Eds.)Handbook of Bullying in Schools：An international perspective. New York，NY，NY：Rouledge，9-33.

普遍的回答是男孩从早期开始就更具有攻击性，但现在的研究人员正在重新研究这一假设，图 12.1 对这一领域目前的研究进行了总结。

正如图 12.1 所表明的，所有的儿童都会在某个时刻表现出攻击性，而且男性与女性都一样。因此，在学习怎样通过更积极有效的方式满足自己的需要方面，男孩和女孩都需要得到帮助。

儿童要学会用其他合适的方式代替攻击性行为，在很大程度上取决于成人的干预。大多数成人都认同这是他们应当承担的一个重要责任，可是他们常常不知道具体应该怎么做。结果，他们会在无意中选择使用刺激或引发攻击性行为的策略，而不是消除它的策略。因此，幼儿教育的专业人员不仅要学习哪些策略是有用的，也要了解哪些策略是行不通的。

成人应对儿童的攻击性行为时使用的无效策略

幸运的是，大量的研究证据已经能够清楚地将有效方法与无效方法区分开。我们将逐一讨论，先从那些应当避免的做法开始，其中包括忽视儿童的攻击性行为、转移、不一致和体罚。

忽视儿童的攻击性行为

伊桑和安托尼正在争论该由谁来当“舰船”的船长。渐渐地，他们对彼此使用的语言发展成了大喊大叫和骂人。成人目睹了这一切，但假装没有看到。她认为，“如果我不理睬他们，或许他们自己就会停止。”

有时候，成人会忽视儿童的攻击性行为，希望它们自动停止，这样的想法是错误的。研究表明，如果成人对儿童的反社会行为置之不理，攻击性行为是会加剧的（Espelage & Swearer，2004）。忽视攻击性行为是不利的，因为它会让攻击者和受害者都误以为利用攻击能够获益。于是具有攻击性的儿童会继续有恃无恐，而那些受到伤害的儿童只好忍着或采取反击。如果受伤害的儿童忍了，攻击者就“赢”了，所有人——包括围观的人——都会这么认为。而如果儿童反击并且获胜了，他们就亲身感受到了攻击所起的作用。他们有时会从先前的受害者变成了攻击者，以此作为保护自己安全并在同伴中获得地位的方式（Rigby & Bauman，2010）。无论是哪种情形，不加阻止的攻击行为都会继续存在，并且导致儿童出现更多而不是更少的伤害性行为。

转移

奥维尔和丹正在争论该由谁来当“舰船”的船长。渐渐地，他们对彼此使用的语言发展成了大喊大叫和骂人。成人过去把两人拉开，并且让他们都到房间里设的“平息愤怒的区域”通过击打枕头来发泄他们的怒气。孩子这么做了之后，才允许他们继续玩。

这位教师使用的方法就叫**转移**，它让处在愤怒和攻击状态的儿童把愤怒从原来的出处（彼此）“转移”到另一个“安全”的目标（枕头）。成人认为，击打枕头能够让每个儿童重新找到发泄的渠道，从而减弱他们的攻击性行为，但有证据证明事实正好相反。

转移愤怒情绪的儿童并没有学会怎样应对当下真正出现的问题，比如这个例子中的与同伴的冲突问题（Berkowitz，1993）。因此，他们解决问题的能力根本得不到发展，他们也不知道应当采用怎样的措施防止今后发生类似的冲突，这会让他们产生一种挫败感。这种做法还会造成另一个负面影响，即儿童可能会把成人给他们选择的“安全目标”改成自己的选择，比如，街上的另一个孩子、家里的宠物或者自己的弟弟妹妹（Slaby，Roedell，Arezzo，& Hendrix，1995），最终结果仍是进一步的攻击行为。

不一致

应对儿童攻击行为的第三种无效方法是不一致。如果成人采用的方法是无序且混乱的，会令儿童的行为更加带有攻击性（Snyder，Reid，& Patterson，2003）。看看下面发生在坎农小姐和雅各之间的情况：

第 1 天：坎农小姐认为，“我今天一定要非常坚定地阻止雅各欺负人。”

第 2 天：坎农小姐认为，“我今天太累了，不想管雅各欺负人的事了。”

第 3 天：坎农小姐认为，“我今天已经和雅各有过太多次争吵了，我得重新想一个别的方法。”

第 4 天：坎农小姐认为，“我今天一定要非常坚定地阻止雅各欺负人。”

从第 1 天到第 4 天，雅各一直认为，“在欺负人之前，我不知道到底会发生什么。”

今天采用一个规则，明天又不坚持了；或者对一个孩子极为严厉，却不愿与另一个发生争执，这些都会让儿童感到困惑和沮丧。成人的反应没有固定的模式，结果儿童唯一能做的就是先采取攻击性行为，然后看看会发生怎样的情况。在这种情形下，儿童的攻击性行为只会增加，不会减少。

体罚

一些成人坚信“孩子不打不成器”，因此为了阻止儿童的攻击性行为，他们会采取让儿童在身体上感到不舒服的方法，比如拍他们或者使劲摇晃他们（Gershoff，2008）。他们以为儿童为免受体罚会减少攻击性行为（Lessin，2002）。但有证据表明，这样的体罚只会适得其反。

比如，在美国针对儿童的攻击性行为所进行的 27 次来自实际经历的元分析发现，体罚导致儿童的攻击性行为增加了，而不是减少了（Gershoff，2008）。类似的，国际研究也显示，体罚与儿童高比例的攻击性行为密切相关（Nelson，Hart，Yang，Olsen，& Jin，2006；Lansford et al.，2005；Paganini et al.，2004）。大量的证据也证明，儿童在小时候遭受的体罚越多，长大后越会变得反叛和具有攻击性。与此形成对比的是，虽然体罚能迫使儿童在短期内服从，但几乎没有证据证明它能长期改善儿童的行为表现（Afifi，Dasiewicz，MacMillan，& Sareen，2012）。有几个因素导致了这种结果，我们可以从奥利维亚的老师约翰逊小姐和奥利维亚的妈妈的交流中来了解一些。

奥利维亚的妈妈走近约翰逊小姐。她为阻止6岁的奥利维亚一生气就掐别的孩子的行为已经尝试了各种办法。她与孩子沟通过，取消了她原来享有的权利，责骂过她，也警告过她如果再这么做就没有同伴会和她玩了，但是奥利维亚还是继续掐人。奥利维亚的妈妈说，“小的时候，如果我掐人，我的父母也会掐我，我们可以这么做吗？”

奥利维亚的妈妈想知道，通过掐奥利维亚能不能让她学到两个重要的教训：“掐人很疼”和“掐人不是表达自己的想法的好方法”。遗憾的是，奥利维亚可能会学到一些教训，但不是她妈妈所期望的。我们来看看奥利维亚实际上学到了什么。

第一个教训：攻击就是这样的

掐奥利维亚会让她亲身感受到攻击是怎样的。我们在前面已经提到过攻击的模仿效应，因此奥利维亚更可能模仿成人的伤害性行为，而不是从此放弃自己的做法（Gershoff，2008；Bear，2010）。

第二个教训：力量决定对错

成人掐人的行为会令儿童意识到，让对方的身体受折磨是一种能有效传递信息的策略，而且力量强大的人可以通过它迫使弱小的人就范（Alsaker & Gutzwiller-Helfenfinger，2010）。因此，奥利维亚得到的信息是通过伤害比自己弱小、年幼或者没有权力的人来得到自己想要的东西是可行的。

第三个教训：攻击是唯一的选择

奥利维亚掐人是为了表达自己的不满，因为她不知道如何通过其他更有效的方法来满足自己的需要。遗憾的是，成人掐人竟然也是出于同样的原因，她已经无计可施，不知道该怎么办了。掐奥利维亚会更加让她感到伤害别人是表达不满的正确做法，因为成人并没有表现出其他的可代替的适当方法（Malott & Trojan，2008；Gershoff，2008）。

第四个教训：成人是无法信任的

当遭到体罚时，一些儿童会将这种带有敌意的动机归咎于成人（“这个大人就是想这样对我”）；另一些儿童则会感到恐惧。这些反应都会破坏儿童对成人的信任和尊重，而这种不信任会造成儿童拒绝接受成人极力传递的纠正型信息（Gershoff，2008）。

第五个教训：提防为主

有关发展的研究告诉我们，如果一个成人掐奥利维亚，她就可能会聚焦在自己的反应上（比如，疼痛、生气或者报复的意愿）。在这种情况下，她不太可能考虑别人的需要或者对受害者形成共情。而如果没有这些情感来引导她的行动，她的思想就很难上升到一个新高度，她也无法减少其攻击性行为（Society for Adolescent Medicine，2003；Bear，2010）。

第六个教训：千万不要被发现

有些儿童从体罚中学到的一个重要教训就是要想避免它，最好的办法是不被发现。于是他们在攻击时会变得很隐蔽或带有欺骗性。他们注意的是避免被发觉，而不是找到与他人互动的更积极的方法（McCord，2005；Rigby & Bauman，2010）。在这种情况下，奥利维亚会在有成人在场时表现得顺服，一旦成人没有注意到，她仍会掐人。儿童的这种想法会让他将攻击性行为隐藏起来而不是放弃它。

综上所述，我们可以肯定，如果奥利维亚身边的成人真的掐她，她的攻击性行为只会加剧，而不会消除。而且，她与她父母和教师的关系也会严重受损，对她整体的学习过程造成阻碍。更重要的是，奥利维亚完全没有学到应该怎么做，也没有发展社会能力所需的内控力（Gershoff，2008；McCord，2005）。这些负面结果使体罚成为应对儿童攻击性行为的一个糟糕的选择。

这时，也许你会提出这样的疑问：如果体罚有这样的负面结果，那么校方或者教育机构也使用体罚措施，会出现怎样的情况呢？下面我们就来回答这个问题。

美国学校和幼儿中心的体罚

奥利维亚的老师把她带到了校长办公室，校长与她谈了掐人会给他人造成伤害，然后他解释说，“掐人在我们学校是不被允许的，为了帮你记住这条规则，我们要用板子打你。”

从法律上讲，**体罚**指的是“合理地使用武力”给儿童造成“身体上的不适”，以此来惩罚儿童的不当行为和维护学校或幼儿中心的纪律（Fatham，2006）。最为常见的现象就是用板子打儿童几下。采用这种做法的大多数机构和学校都会要求当事人记录下打儿童的全过程，同时也会要求儿童的父母事先提供书面许可。

学校一般会在儿童不尊重教师、扰乱课堂纪律、使用污秽的语言或者迟到时采用这种打板子的体罚（Dobbs，2004）。根据美国健康和公共事业部门2010年的统计数字，下面这些儿童最有可能在学校被打板子：

- 幼儿园的儿童
- 刚上小学的儿童
- 有残障的儿童
- 有色人种儿童
- 来自单亲家庭和低收入家庭的儿童

许多人（包括父母、教师和管理人员）在体罚这件事上都有鲜明的态度，有些人非常赞同，有些人强烈反对。赞同的人认为，学校的这种体罚能够引起儿童的注意，让他们不敢再捣蛋了，这样他们就长记性了。反对的人则认为，它阻碍了儿童的学习进程，并且削弱了儿童在对其行为进行内部控制方面的发展（McCord，2005；Bear，2010）。如果仅从大家的意见看，这是一个有分歧的做法。但是如果从研究的角度看，基于对事实的分析，就没有什么不同的观点了。

医疗、心理和教育方面的科学家们进行的研究一致认为，学校所采取的体罚只能产生负面结果。这些发现与前面讨论的有关体罚的结论是一致的。有证据证明，许多遭到体罚的儿童会变得更加具有攻击性、威胁性和破坏性（美国儿科学会，2006；Gershoff，2008）。这其中既包括亲身经历了体罚的儿童，也包括只是参与了此过程的其他人。而且，相较那些不这么做的学校，在实施体罚的学校里，损害公物、殴打教师和其他更具破坏性的行为的发生率高很多（青少年医疗协会，2003）。

由于这些已知的原因，现在美国提倡体罚儿童的学校和机构已经呈现不断下降的趋势。在20世纪70年代，几乎每个州的学校、幼儿中心和托管所都可能将此作为阐明纪律的一种方法（有效约束中心，2013），但现在的情况已经发生了很大变化。有31个州已经通过法律或规定明令禁止在公立学校体罚学生。即使在体罚仍被允许的州，许多学校也自动放弃了使用它。除爱达荷、路易斯安那和南卡罗来纳这三个州，其余所有的州都禁止在幼儿中心使用体罚措施，46个州禁止在儿童托管所体罚儿童（有效约束中心，2013）。

体罚的代替方法

如果去除体罚的做法，就需要一个更为有效的策略取而代之，并以此来应对儿童的攻击性和不当行为（有效约束中心，2013；Zins et al.，2004）。下面是一些可考虑的代替做法：

- 所有的儿童都必须受到有关社会技能的教育和辅导。
- 课程设计中应包括性格塑造的内容。
- 学生可以参与规则的制定。
- 应当让所有儿童都清楚规则以及制定它们的原因。
- 规则必须一以贯之，并公平和坚定地予以执行。
- 对攻击性行为总要在第一时间进行处理。
- 积极的社会行为应该得到强化。
- 教育工作者、家庭成员和其他的社区专业人员要共同努力来应对儿童的不当行为，包括攻击性行为。
- 教育工作者和家庭成员要参与有关积极行为管控的持续学习。
- 除上述策略，还可以考虑其他一些方法，比如同伴和跨年龄的辅导、冲突协调、校内监管、星期六学校、家长参与方案和医疗诊治干预等。

即使你所在的州允许在学校或看护机构中使用体罚措施，作为儿童早期教育的专业人员，你也有义务积极探索比它更有益的其他方法，这一义务在美国幼儿教育协会的道德行为准则中也有提及（见图 12.2）。

美国幼儿教育协会的道德行为准则

"……我们不应当伤害儿童，我们不可以对儿童有任何不尊重的、贬低的、带有危险的、欺负的、威胁的、伤害其心灵的或对其身体造成伤害的做法。"

图 12.2　摘自美国幼儿教育协会的道德行为准则

从幼儿教育的视角看，体罚显然违反了这一道德准则，因此美国 40 多个专业机构联名发表正式声明，响应美国幼儿教育协会的立场。

至此，我们已经讨论了对待攻击性行为的四种不当做法——忽视、转移、不一致和体罚——它们都加剧了而不是减少了儿童的攻击性行为。它们不可行的原因在于它们一方面使攻击性行为继续存在，另一方面又没有帮助儿童学到可行的代替行为。现在，我们就要将注意力转向应对儿童的攻击性行为的更积极的方法。

怎样有效地应对儿童的攻击性行为

一组 4 岁的女孩正在极力制止班上的另一个孩子加入她们的活动。当那个孩子走近她们时，女孩中的一个说，"来了个麻烦的人！"然后她们就都离开了这个女孩，显然是故意把她排除在外了。

如果你是一位老师，并且目睹了这一幕，你会怎么做？让儿童自行解决吗？去跟那组女孩沟通，告诉她们其做法伤害了那个小女孩？要求每个儿童都要有好的表现？还是其他什么方法？

这些儿童的老师是这么做的。

看到那些孩子的行为后，老师走近她们说，"我的名字是麻烦，谁愿意和我玩'跟随领队'的游戏？"所有的女孩都很高兴地排在了她后面，那个之前被她们排斥的女孩也加入了这个游戏。（Wheeler，2004，p.230）

几秒钟之后，教师就将孩子们的关系攻击扭转成了一种积极的互动，她避免了孤立，实现了联合，并且平息了孩子们对那个孩子不礼貌的行为。这不是什么机缘巧合，也不是成人随意安排的，它是教师刻意的干预。她有意缓和了儿童攻击性行为的强度，并且亲自向她们示范了该怎样接纳一个不太受欢迎的孩子加入游戏。她既给那些使用过攻击性行为的孩子提供了机会，使她们在互动时更具包容性；也同样给那个被伤害的孩子提供了机会，让她可以练习游戏技能，逐渐使自己被同伴接纳。所有这些方法都旨在减少儿童的攻击性行为，并且提升她们积极互动的能力（Jimerson，Swearer，& Espelage，2010；Epstein，2009）。

经过无数次的社交互动，儿童渐渐学到了代替攻击性行为的适当行为。当然，应对这样一个情境也不是只有这一种方法。但是无论处在怎样的情况下，教师都必须有意识地决定是否要、在什么时候和以怎样的方式进行干预（Epstein，2007）。这个决定取决于你的目标、你对儿童的了解程度以及你所掌握的有利于减少儿童攻击性行为的策略。幸运的是，有许多有用的策略可供你选择。

在这一部分，我们将分三步探讨应对攻击性的对策。首先，你将学习许多有关预防或纠正攻击性行为的策略，它们对所有类型的攻击性行为都是有帮助的。只要我们了解儿童表现出攻击性行为的原因以及他们在社会环境中发展和习得的进程，就可以使用这些通用的策略。接着，我们会讨论最有利于减少工具性攻击和调解冲突的策略，掌握这一技能可以让你帮助儿童将争吵变成有益的学习机会。最后，我们要探讨当攻击发展成充满敌意和带有欺凌的行为时应当怎么做。这样的攻击是最具挑战性的，需要根据具体情况采用特别的方法来有效应对攻击者、受害人以及其他目击者。我们先从第一步开始！

应对攻击的通用策略

减少儿童的攻击性行为的关键是帮助他们内化在与他人互动时不使用暴力的意义和方法（Levin，2003）。其中最有效的方法要求做到这样几点：

- 明确攻击性行为是不可接受的。
- 教儿童怎样采用积极的方法满足自己的需要。
- 教儿童怎样对他人的攻击性行为做出回应。

表 12.1 中列举了大量的合乎这些标准的措施，而且它们的有效性也得到了研究证据的支持。这些措施与你之前读到的产生攻击的根源是密切相关的。

在阅读上述干预措施时，你可能会发现，对它们中的一些你已经非常熟悉的了。许多减少攻击性行为的措施确实源自我们在前面几章学过的观念和技能，而且事实上，你已经拥有了大量的可应对儿童攻击性行为的方法。这些基本技能对应的是第 1 章中提到的社会支持金字塔的四个层级，图 12.3 又对它们进行了整理。

表12.1 应对儿童攻击性行为的有效措施

发展和学习原理	教学实践
因为生理因素导致攻击……	• 成人应当根据那些比较活跃、爱冲动和情绪激烈的儿童的需要安排活动和日程
因为受挫导致攻击……	• 成人要为儿童营造尽可能减少他们挫败感的环境 • 成人要帮助儿童找到应对挫折的积极方法 • 成人要为儿童提供使他们变得更有能力的机会
因为扭曲的认知导致攻击……	• 成人要为儿童更准确地解释社交环境
因为强化和亲身经历影响攻击……	• 成人要对儿童的攻击性行为设立界限，并在必要时执行适当的后续行动 • 成人要在儿童游戏时帮他们缓和攻击性行为 • 成人要强化儿童的非攻击性行为和为解决问题付出的努力
因为模仿和观察到的经历影响攻击……	• 成人应向儿童示范充满关爱和尊重的行为，同时冷静理性地对他们的攻击性行为做出回应
因为缺乏知识和技能导致攻击……	• 成人要教儿童一些应对情绪的技能（比如，怎样理解自己和他人的情绪） • 成人要教儿童恰当的游戏和交友技能（比如，怎样加入一个小组游戏和怎样按次序轮流玩） • 成人要教儿童充满自信的沟通技能 • 成人要教儿童代替攻击性行为的其他方法 • 成人要教儿童有效应对攻击性行为的方法
因为忽视攻击导致攻击行为的增加……	• 成人要及时阻止儿童彼此伤害或损坏物品的行为 • 成人要鼓励儿童帮忙劝阻他人的攻击性行为
因为转移策略导致攻击行为的增加……	• 成人要帮助儿童直面问题 • 成人要教儿童怎样平和地化解冲突
因为不一致导致攻击行为的增加……	• 成人要一以贯之地执行禁止攻击性行为的规则 • 专业人员和儿童的家庭成员要齐心协力共同应对儿童的攻击性行为
因为体罚导致攻击行为的增加……	• 成人可以使用合乎逻辑的并且恰当的无关结果来纠正儿童的攻击性行为 • 成人应寻求代替体罚的更可行的方法

来源：Based on Brown，Odom，& McConnell(2008)；Crothers & Kolbert(2010)；Frey，Edstrom，& Hirschstein(2010)；Kaiser & Rasminsky(2012)；Orpinas & Home(2010).

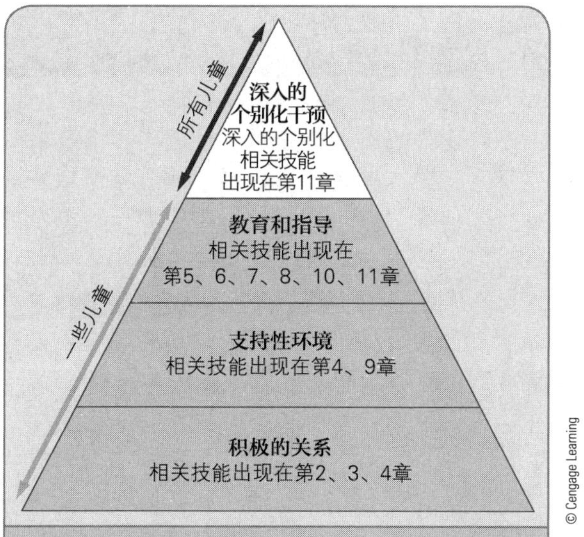

图 12.3　社会支持金字塔：应对儿童的攻击性行为

你应该已经看到，应对攻击性行为始于在教室里构建积极的关系，这既包括成人与儿童之间的关系，也包括同伴之间的关系。我们知道这对所有的儿童都非常重要，但它对那些表现出攻击性倾向和会对别人做出攻击反应或在面对攻击时显得无助的儿童来说尤其重要（Miller，2013）。这样的儿童常常觉得自己很孤立，因此只能靠表现出不当的行为来引起关注。如果儿童在教室里被当作局外人，他们就认为自己没有必要为集体行动负责，也不愿在意对非攻击性行为的要求。要改变儿童的这种看法并把他们凝聚起来，需要成人付出努力。成人要刻意地和那些行为不招人喜欢甚至带有破坏性的儿童交朋友，需要极大的耐心和合适的技巧，才能使儿童适应没有攻击行为的环境，并让他们深切地体会到在这样的环境中，人与人和谐相处所产生的美好感觉 (Crothers & Kolbert，2010)。本书的第 2、3、4 章提供了与儿童建立积极关系所需的技能。

营造计划周密、秩序井然和适于发展的环境是非暴力的、有爱心的行为的基础（Kaiser & Rasminsky，2012）。教室中既要有第 4 章中提及的积极的语言环境，也要有第 9 章中专门讨论过的安全的、布置得当的空间以及合理的日常安排。

旨在提升儿童发展技能的教育和辅导是帮助孩子减少攻击性行为必不可少的环节。有攻击倾向的儿童通常缺乏沟通技能、管控情绪的技能、与他人一起做游戏的技能以及和别人交朋友的技能（Frey et al.，2010），对那些经常遭到别的孩子攻击的儿童来讲，情况也是如此。具有攻击性的儿童也不具备抑止冲动和延迟满足的内控能力，他们总是立刻不假思索地任由自己的情绪爆发。最重要的是，他们不知道怎样平和地解决问题，也不知道怎样遵守那些保障人身安全、保护公共财产和尊重他人权利的规则。虽然没有一个儿童能够自然而然地明白这一切，但具有攻击倾向的儿童在这些方面的确需要得到更多的帮助（Orpinas & Horne，2010）。本书的第 5、6、7、8、10、11 章为成人应对这些现象提供了大量实用的策略。

最后，有些孩子在发展过程中需要得到额外的帮助，即深入的个别化干预措施。大家可以参考第 11 章介绍的那些机制。下面的具有挑战性的案例就是这样一个例子，从中可以看到教师如何通过与家长及其他专业人士共同制订计划来帮助布莱恩减少攻击性行为。

布莱恩的老师使用了表 12.1 中的一些干预措施，在布莱恩开始取得进步后，他也会考虑对布莱恩和班上的其他儿童采取冲突调解方法，以期进一步提升其社会能力。

工具性攻击的特例

早期教育的专业人士遇到的最常见的攻击类型就是工具性攻击。即使是那些已经懂得分享和轮流的儿童也会在冲突激烈时忘记规则而付诸工具性攻击。出现这种情况时，成人一般会把发生争执的儿童拉开，或者把他们争抢的东西拿走。虽然这样的做法能够制止攻击性行为的继续，但它并不能教会儿童怎样更好地应对冲突。更为有效的方法应该是利用这样的情境帮助儿童练习用非暴力的方法来化解冲突（Epstein，2009）。在此过程中，教师的角色就是在儿童自己尝试解决分歧时给予他们必要的帮助。

要有效地做到这一点，首先应当明白，冲突并不一定是坏事，而且它也不总是带有暴力行为。集体活动时出现意见分歧或者方法不一致是很正常的。事实上，冲突为儿童提高其社会能力提供了一个极其自然的机会（Laursen & Pursell，2009），他们有时可以在没有成人介入的情况下自己想出解决办法。明白这一点后，教师只需注意观察，只要他们的争论没有发展成暴力行动或者开始使用侮辱性语言，就先不要制止。如果他们想出了解决办法，

具有挑战性的案例

布莱恩：一个努力学习与人沟通的孩子

布莱恩的老师的叙述：

布莱恩3岁时来到我的班上，他在讲话和语言方面需要特殊的帮助，因为他患有失用症，这意味着他说话时非常吃力。由于大脑受过损伤或者发育不足，他不能像大多数孩子那样很自然地讲话，他需要有意识地脑体并用才能发出声音来。

在班上，如果别的孩子有一个布莱恩想要的玩具，他会直接抢过来。他还会掐人或者踩别人的脚，这样的攻击性行为在他身上频繁发生。通过对他的仔细观察，我发现这些伤害性行为与他无法用语言交流有关系。他实际上在用行动表明，“我没办法与你交流，我也不能获得你的注意或者让你做我想让你做的事。”

为布莱恩设定的目标和应采取的措施

我与布莱恩在一起时的一个目标就是帮助他减少攻击性行为；另一个目标是改进他的沟通能力，这两个目标之间是互补的。

每次当布莱恩伤害别人时，我就会帮他调解。我会抓着他的手，把他带到那个孩子面前并对他说，“看，你做了什么！看她的脸，她在哭，因为你伤了她。你想对她说点什么吗？”然后，我会向他建议我认为他想说的话，比如，“我想要它”。刚开始的时候，布莱恩会试着挣脱我跑开，但渐渐地，他会在这些交流过程中抓紧我。他会发出声音，并指着他想要的东西，我就一遍又一遍地对他重复那几个字。刚开始时，都是我在帮他做，而且我整天都在这样做。

一段时间后，其他孩子开始意识到伤害人并不是布莱恩的初衷，他只是想借此得到他想要的东西。即使是这样，我们并没有让他们认为自己就该迁就布莱恩。我们教给他们一些手势，比如，把手举起来不让布莱恩抓到，或者让他们给布莱恩写个便条，告诉他他们的感受和他应当怎么做。于是他们不仅了解了布莱恩的需要，也能够在他伤害他们时告诉他不可以。这样一来，他们的防御能力加强了，也阻止了布莱恩的攻击性行为。

我们还使用了一些其他的策略，包括对布莱恩的行为进行可预期的安排（比如，参加小组活动的时间、与他人分享玩具和待在教室的时间）；给他介绍一些手语（我们先教他用手势表达“更多”和“想要”这两个用得最多的词）；将手语与声音结合起来；对他取得的小小进步进行奖励；为他提供各种语言疗法，并与他的父母保持沟通，确保对他在学校和家里采用的措施都是一致的。

后记

布莱恩的攻击性行为并没有立即停止，他的改变是渐进的。一年后，他的攻击性行为基本消失了。现在他在一个为4岁的有特殊需要的儿童开设的班里，他只会在极偶尔的情况下表现出攻击性行为。

童年时患有失用症的儿童不可能自动康复，但是如果在早期给予合理干预，像布莱恩这样的儿童就能够学会说得更清楚一些，并且也能较为有效地与他人交流。

来源：Brian's story was adapted from a case study included in Kostelnik，Onaga，Rohde，Whiren(2002，p.120-135).

要通过积极的个人信息肯定他们的行为，并让他们感到你注意到了。如果儿童开始采取攻击性动作或者变得不知所措，你就可以作为冲突的调解人直接参与进去。

冲突调解是需要采取一系列步骤的一个过程，先要搞清楚造成问题的原因，最后以双方达成满意的解决办法而告终。在得出结果前，成人可以根据需要为儿童提供或多或少的指导。成人介入儿童的冲突的目的不是要直接告诉他们该怎样解决问题，而是要帮助他们自己想出办法来。儿童通过这样的方式解决分歧会有不少收获（Epstein，2009；Wheeler，2004）。

调解冲突应当具备下列特点：

- 营造平和的环境。
- 在成人与儿童之间以及在儿童之间建立信任。

© Cengage Learning

蒂娜在沙盘边一次非故意的事故中受伤了，教师检查了她的眼睛后说，“刚才你被吓到了吧，把沙子扔到你脸上肯定让你很不高兴。不过乔并不是故意伤害你的，这只是个不小心的事故。”

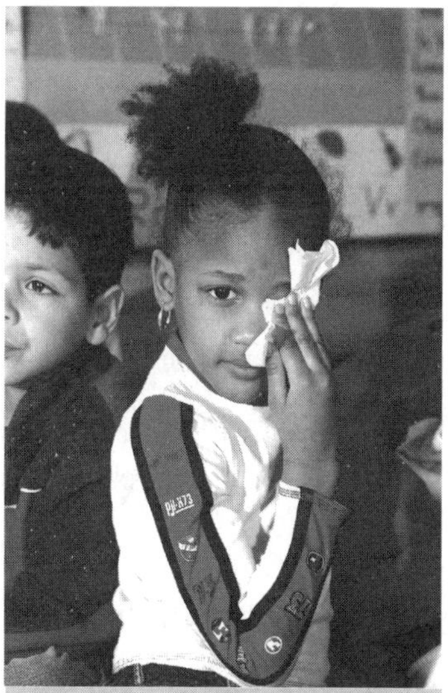

© Cengage Learning

乔递给蒂娜一张纸巾，弥补他的过失。

- 教儿童应对激烈情绪的有效方法。
- 教儿童解决问题的策略，并让他们在激烈争抢的过程中充分操练这些策略。
- 促进儿童间发展友谊。
- 增强儿童的能力感和价值感。

在调解冲突的过程中，儿童能够学到达成和解所需的技能，这些技能包括妥协和同时考虑自己与他人观点的能力（Levin，2003）。刚开始时，儿童需要很多的帮助才能实现争端的解决，成人作为协调人就要提供这样的帮助，既要给他们做出示范，也要为他们提供一些指引。随着儿童对这一过程以及应使用的语言的熟悉，他们解决问题的能力也就越来越强了。有证据表明，童年时学到的这些技能将伴随儿童进入成年期（Rimm-Kaufman & Wanless，2011）。

与学习其他社会技能一样，儿童需要在有经验的成人的引导下通过大量的实践来掌握解决冲突的技能（Beane，2005）。在多数情况下，进行协调的人应当是一位成人，但是过去十多年的调查发现，10～12 岁的儿童也可以学着在操场和餐厅调解同伴间发生的冲突。无论谁是调解人，解决大多数冲突时所采取的步骤是相似的（Epstein，2009；Kaiser & Rasminsky，2012）。下面是一个实际案例，在调解孩子的冲突并教他们适当的解决问题的技能时，可以用它作为一个系统的模型。

冲突调解的模型

几个女孩正在一起商量跳舞的顺序，突然，负责课外活动的沃斯纳夫斯基夫人听到莎拉大声喊道：“把那个呼啦圈给我，我跳舞要用！”然后比安卡也大叫着说：“你先用别的，我还没玩完呢。”感觉到她们可能会出现问题，沃斯纳夫斯基夫人在远处密切注意她们的争执。不一会儿，争端升级了，孩子们开始拽那个呼啦圈，沃斯纳夫斯基夫人意识到她可以利用这个机会进行冲突调解。

第一步：开始协调

进入冲突情境的第一步就是担负起协调者的角色，阻止他们的攻击性行为，把争执的双方分开，讲清楚他们闹矛盾的事由：“你们两个都想要那个呼啦圈，但看起来你们对怎样解决这个问题有不同的想法。”这时你最好站在他们中间，并让双方都聚焦在出现的问题上，而不是聚焦在争抢的物品或区域上。而且此时由你来暂时掌控那个发生争执的物品对双方都比较有益，你可以向他们保证，在冲突解决之前由你保管它能让他们更放心，“我会看好这个呼啦圈，直到咱们共同决定应该怎么办。”这样，比安卡和莎拉就不会再继续争抢它了，并能集中精力听你说话或者与彼此进行沟通，为他们用客观的方式应对处于激烈情绪状态中的事件创造了必要条件。

第二步：了解清楚每个儿童的想法

了解清楚冲突中每个儿童的想法是化解冲突的第二步。让每个儿童轮流说出想要得到什么，给予他们充分的机会表达自己的最终愿望，在他们说话时不要打断他们。他们之所以争吵很可能是为了抢一个玩具或者轮到自己的机会。你可以这样表达，“你们俩看起来都很生气。莎拉，告诉我，你想要什么。比安卡，等莎拉说完后你再告诉我你想要什么。”这一步非常关键，因为孩子们必须相信你能够不偏向任何一方，也不会随意做出决定。你要保持中立，因此不要对任何一个孩子的说法表达自己的看法，但是你可以解释性地把一个孩子的想法反馈给另一个孩子，因为这既能确保你理解了每个孩子的观点，也有助于他们弄清彼此的想法。那些过于急躁或过于腼腆的儿童可能需要几个回合才能把自己的立场表达清楚。必须特别强调的是，这一步进行的时长取决于儿童冲突的程度，而且有的儿童可能需要成人的帮助才能把他们的想法表达清楚。在解释性反馈他们的观点时一定要做到非常准确，可以和每个儿童进行核实。

第三步：总结

当你得到了足够的信息，并且了解了每个儿童对冲突的看法后，你就可以开始第三步了。你要从双方的立场叙述出现的问题，并告诉他们每个人都对问题及其解决方案负有责任。“莎拉和比安卡，你们每个人都想自己玩呼啦圈，于是就出现了问题。现在我们需要找出一个让你们两个都满意的解决办法。”也就是说，这时你应当叙述出现的问题，同时告诉他们必须找到一个解决方案。

第四步：提出选择

提出几个可选择的方法是调解冲突的第四步，这些提议可以来自儿童自己，也可以来自他人。每次当一个儿童提出一个建议时，你要用解释性反馈的方式把它说给身陷冲突的儿童听：“乔纳森（另一个孩子）说你们可以想出一个两人一块儿玩的方法。”这时，你要问每个儿童对这个建议的反应：“莎拉，你怎么认为？比安卡，你怎么认为？”尽可能让大家提出各种各样的方法，不用考虑最终会选择哪个解决方案。但每个儿童都应是自愿参与，也不要将选择强加给任何一个儿童。在这个环节中，儿童很可能会拒绝某个建议，但后来又发现其实它是可以被采纳的。

因此，当某个建议被再次提出时，你应当将它再叙述一遍，而不要以为它肯定还是会被拒绝。如果儿童实在想不出其他方法，应设法帮助他们，比如这样对他们说，“有时候，当人们遇到这样的问题时，他们会决定用某种方式一起使用、轮流使用或者彼此交换使用，你们觉得可行吗？”有时候，儿童会在这个环节感到厌倦，其中的一位可能会这么说，“我不再想要它了。”或者，“好吧，让她玩吧。”也有些时候，其中一个儿童会走开。如果出现了这样的情况，你可以在思考后对儿童说，“这的确不是一件容易的事。”或者，“你们已经对解决这个问题感到厌倦了，但想出办法总是需要花很长时间的。”如果儿童仍打算通过放弃来解决问题，也要尊重他们的选择。经过不断的练习，儿童的技能会增强，他们就能耐下心来花更多的时间协商解决争端。至此，两个儿童亲历的调解过程已经达到了一定程度，他们都对今后应当怎么做有了很好的认识。

第五步：就解决办法达成一致

儿童会直截了当地拒绝一些建议，同时也会认为另一些建议看上去更可行。第五步的最终目标是让儿童就一个令双方都感到满意的方案达成一致。你作为协调者的工作就是要帮助儿童寻求最能被他们接受的可能性。这个最终方案中不能是有其中一方坚决反对的选择，而应当是双方都做出了一些妥协的协议。如果有一方完全不肯考虑另一方的需求，就不能对他采取的行动予以采纳。在协调过程中，儿童最终会表现出一些行为暗示其能够找到一个可接

© Cengage Learning 2015

调解让这些女孩有机会实践怎样解决问题。

纳的办法或者一个综合了几方意见的方案。

持续进行协调工作直至各种可能性最后汇聚成了一个切实可行的解决方案。这个时候，成人要向儿童宣布大家已经达成了一致意见，这一点很重要，不能省略。比如，你可以对他们说，“你们认为你们可以轮流玩呼啦圈，同时再加上玩跳绳。听上去你们已经解决了这个问题，试试你们想出的办法吧！”

第六步：强化解决问题的过程

调解工作的第六步的目的是对儿童能够想出一个令双方都受益的方案予以表扬。你要向他们传递的信息应当是，协调的过程与达成的结果一样重要，因此既要认可他们在冲突初期的情绪，也要肯定他们为取得一致意见而付出的努力，“对你俩来说，能玩呼啦圈是非常重要的一件事，为此你们努力想出了一个可行的办法，而且没有造成对彼此的伤害。”

第七步：后续行动

调解过程的最终结果是帮助儿童执行达成一致的方案，因此，接下来可能还要时常提醒儿童方案中的一些具体内容，并在必要时亲自动手帮他们或向他们进行示范。这时，成人可以待在附近观察孩子们的执行情况，如果发现方案在执行时又开始出现了问题，就要把孩子们再次召集在一起，共同讨论怎样进行必要的修改。

要点 12.2 对调解冲突的七个步骤进行了总结。

要点 12.2

调解冲突的模型总结

第一步：开始协调过程
第二步：了解清楚每个儿童的想法
第三步：总结
第四步：提出选择
第五步：就解决办法达成一致
第六步：强化解决问题的过程
第七步：后续行动

执行冲突调解

下面是一份有关两个 5 岁儿童之间发生的冲突的真实记录，从中可以看出专业人员是怎样使用这一模型的。

第一步：开始协调过程

安吉拉：勒温先生，埃文和亚伦打起来了。

成人：埃文和亚伦，我知道你们两个都想玩听诊器。（制止他们两个的争抢，蹲下身与儿童保持平视，并要求他们俩都看着他。）在咱们讨论该怎么办时，我先拿着它，我保证它在我这儿是安全的，我说话算数。（从儿童那里把听诊器拿过来，并举在他们面前。）

第二步：了解情况

亚伦：我想要它！

成人：你想要这个听诊器，那么你呢，埃文？

埃文：我也想要。

成人：你也想要这个听诊器。（另一个孩子递过来一个听诊器。）

埃文：我不喜欢那种听诊器。

亚伦：我就要这个。

成人：亚伦说他真的想要那个听诊器，你呢，埃文？

埃文：我也要它！

第三步：总结

成人：你也想要它。埃文和亚伦，你们俩都想要这个听诊器，我们现在遇到问题了，我们该怎么办呢？大家有什么建议吗？

第四步：提出选择

亚伦：他可以玩安吉拉的那个。

成人：你认为他可以玩安吉拉的，可是安吉拉看上去也想玩他自己的。（安吉拉转身离开了。）

埃文：我也想玩我的。

成人：埃文，你也想玩你的。有时候，当我们遇到这样一个问题时，我们可以想出一个解决办法。有时候，我们可以一块儿玩；有时候，我们可以轮流玩。大家有什么建议吗？

另一个孩子：一起玩。

成人：莎娜认为你们可以一起玩，你觉得呢，亚伦？

亚伦：轮流玩。

成人：亚伦认为你们应该轮流玩，你怎么认为，埃文？

埃文：不，不。（他不停地摇头。）

成人：你不想轮流玩。

埃文：我就是想自己玩。

成人：你就是想玩这个，嗯，这可真是个问题。

亚伦：我想玩。

成人：你真的愿意轮流玩。埃文，你呢？你怎样想？

第五步：达成一致

埃文：不，亚伦只能玩一次。

成人：你认为亚伦可以玩一次。

埃文：是的，我这样认为。

第六步：强化

成人：谢谢你，埃文。

埃文：不能玩太长时间。

成人：不能太长时间。你想确信你能拿回听诊器。亚伦，埃文说你可以玩一次，然后你要把它归还给他。

埃文：只能玩一小会儿。

成人：只玩一小会儿。亚伦，你只可以玩一小会儿。谢谢你，埃文，你能这么做很不容易。

第七步：后续行动

成人：还有5分钟就该打扫卫生了，因此亚伦还可以玩2分钟，埃文也可以玩2分钟。

成人：（2分钟后）亚伦，2分钟到了，现在该埃文玩了。谢谢你们，亚伦遵守了我们讲好的规则，埃文也做到了。

儿童对解决冲突的认识

3岁的孩子：给我那个，我想要它！

6岁的孩子：我们可以轮流玩，我先玩，然后你再玩。

12岁的孩子：我们可以把彼此的想法综合在一起。如果那样行不通，我们可以举手表决，选出一个最好的办法。

儿童对于解决冲突的认识有一个发展过程，它与他们对关系越来越深入的了解以及他们的语言和认知能力的提高密切相关。明白孩子的认识与年龄有关能够帮助你理解从儿童的角度形成的那些“合理的”解决方案，也有助于你感受到他们在练习解决冲突的过程中所取得的进步。

学步儿的认识：都是我的

儿童在很小的时候认为自己的需要是最重要的。在为争抢玩具出现分歧时，他们典型的应对方式就是动手、语言上坚持和放弃，因此可以简单地把他们的行为归纳为“决斗或者逃避”。当两个孩子抢一个玩具时，他们会通过使劲拽或护着不放的方式解决问题。不过大多数时候，如果一方不肯放弃自己喜欢的东西，另一方就会放弃，重新将注意力转向附近的别的东西（Wheeler，2004）。无论结局如何，他们都会采用自己的办法解决冲突，而非共同想出一个一致的方法。

学龄前儿童至刚上小学的儿童：公平最重要

这个年龄段的儿童解决冲突的策略可能是动手，也可能是动口；可能是攻击性的，也可能是非攻击性的。其结果也是多种多样的，包括冲突没有得到解决；成人强加给他们一个解决方案；一方被迫屈服于另一方；冲突双方共同想办法达成妥协；经过其他同伴的协调得以解决（Charlesworth，2011）。冲突中的儿童在判断下一步该怎么做时基于互动应当是对等的这样的认知。如果冲突中的一方先表现出和解的姿态，另一方也可能这样跟进。反之，如果第一个举动是攻击性的，对方就会认为以同样的方式进行报复是非常合理的。虽然儿童从5岁开始就不再随意攻击别人了，但为捍卫自己的权利或为反击对方的攻击而采取的攻击行动被认为是可接受的（Wheeler，2004）。这样的认知导致儿童会说，“是他先打我的”或者“它是我的”，以此证明自己做出攻击性反应是合理的。同样，如果想让冲突得到圆满解决，受到伤害的儿童会要求攻击者做出补偿，比如，明确承认受害者的权利或者向其表达歉意。当你听到孩子要求“说对不起”或者“你把那个东西还回来”时，就是他在申明这样的主张。这个年龄段解决冲突的最佳方案就是冲突双方都参与了结局的达成。

小学后期的儿童：讲道理和劝解是关键

到了三年级，差不多所有的儿童都会拒绝使用攻击性行动来解决有关物品、空间或权利的分歧。他们期望大家通过积极的方法化解争执，并且会对那些靠动手的方式得到自己想要的东西的儿童产生反感（Ladd，2005）。在这段时间里，儿童渐渐认识到冲突双方都对冲突负有一定的责任，而如果它能得到妥善解决，双方也都会受益（Orpinas & Horne，2010）。他们也会发现解决分歧的办法可能不止一种。表12.2列出了一组12岁儿童用来解决冲突的各种方法。

表12.2 12岁的儿童解决分歧的方法

解决方式	具体做法
讨论	我们应当讨论这个问题，双方都提出想法。 我们应当进行小组讨论，分享各自的想法和观点，然后确定一个共同方案。 我们可以表决。
由第三方裁决	我们可以让“C”来决定。 听“B”的意见吧，这样他就不会再生气或难过了。 如果我们自己解决不了，就告诉老师吧。
综合各种想法	把咱俩的想法结合起来吧。
劝说	我将极力劝说别人，让他们觉得我的想法是最好的。 找别人来帮你解决或者让他们支持你的想法。
寻找代替方案	找出一个咱们都喜欢的想法并用它来解决分歧。 咱们来个头脑风暴，想出更好的办法。
比较和评估	先试试他的想法，然后再试我的。 把两个想法都试一下，看看哪个更好一些。

来源：Adapted from Kuhn(2005).

冲突调解有用吗

你可能会有这样的疑问：冲突调解真的能够减少儿童的攻击性行为或者提升他们自己解决冲突的能力吗？研究表明，参与冲突调解的儿童的确

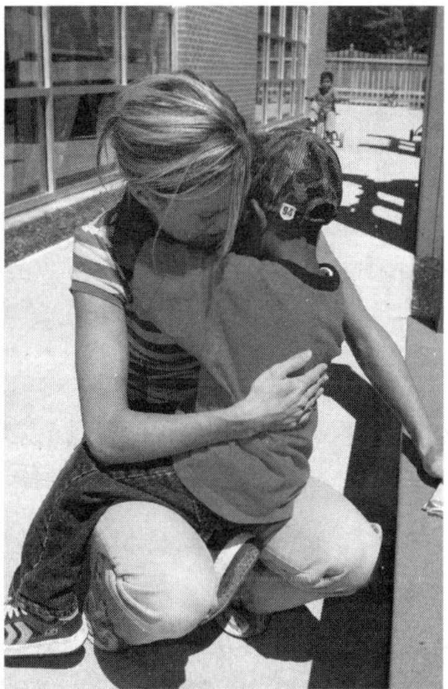

教师在调解特勒尔和欧内斯托因一辆双人自行车而引发的争执。孩子们决定让特勒尔先骑，欧内斯托坐在后面。在操场绕两圈后，他们两个应该互换位置。可是到了该换位置时，特勒尔变得很生气。教师先安慰他，然后帮他继续执行约定好的协议。

在和平解决分歧方面具备更强的能力（Crothers & Kolbert，2010）。而且他们想出的办法也更多、更丰富，但花在解决争端上面的时间减少了（Evans，2002；Kuhn，2005）。时间久了，儿童对调解过程愈发熟悉，那些旁观其他孩子的冲突的儿童也会积极参与到协调过程中，帮忙出主意想办法。渐渐地，他们就能学会独立解决冲突而无须成人的帮助了（Epstein，2009）。最终，我们会欣喜地发现，在通过协调解决冲突的儿童中，工具性攻击的行为大幅度减少，取而代之的是积极的亲社会行为的增加（Lopes & Salovey，2004；Orpinas & Horne，2010）。因此，冲突调解与本章建议的其他策略相结合对于减少儿童的攻击性互动是大有帮助的。

前面提供的调解模型既可用于3～12岁的儿童，成人可以根据具体情况将其用于某个教室或整个教学机构，而且儿童在充当他人的调解人时也可使用它们。

冲突调解尤其适用于应对工具性攻击，而对于敌意攻击，需要考虑其他技能。

当攻击性行为发展成欺凌后

4岁的萨兰娜已经习惯于找卡米的岔儿了。卡米是她班上一个比她小、也比她弱的孩子。看护人员注意到萨兰娜总爱生气，而且她经常打那些与她意见不同的孩子。她尤其爱欺负卡米，她骂他，并对他进行人身攻击。卡米开始表现得很紧张，比如早上当他妈妈离开时他会哭，并且一整天都会紧紧抓着看护人员。

特里斯坦的父母正在考虑给他转学的事情，因为这个四年级的孩子抱怨说总有一帮男孩在走廊和操场上威胁他，他们对他玩一些很残忍的恶作剧，比如，往他的储物柜里塞垃圾或者在餐厅时往他身上倒食物。那些男孩说他身上有股难闻的味道，警告别的孩子不要接近他。他们还取笑他的家庭、文化和能力。他们的这些做法令特里斯坦感到很难受，可是他的老师不愿进行干预。她认为成人的干预只会使局面变得更糟糕，她让特里斯坦“自己解决问题”。

所有儿童都会有表现出攻击性行为的时候，但有些儿童会习惯性地故意对他人采取伤害性行动，比如，排斥、骂人或者进行胁迫。这些做法已经超出了儿童间普通的冲突，反映出某人或某些人长期对另一个人所施加的不当影响。这种形式的敌意攻击通常被称为**欺凌**。

欺凌这种现象在小学高年级中最为常见，但一些学龄前儿童也会显现出这种敌意行为的早期迹象（Gartrell，2014）。孩子从3岁起就开始议论它了，并能识别它的一些特征：

故意：“他是故意这么做的。”

不对等：“这不公平——那个欺负人的孩子比被他欺负的孩子强壮有力得多。”

持续：“已经发生过多次了。”

图12.4和图12.5是孩子们画得两幅画，从中可以看出他们对欺凌的理解。

欺凌的受害者

每个人都可能会受到欺负。据估计，多达80%的儿童在童年早期和中期都有过这样的经历（Hanish，Kochenderfer-Ladd，Fabes，Martin，& Denning，2004）。遭遇过欺凌的儿童或者在身体方面受到了伤害，或者会产生挫败、恐惧、羞辱和脆弱感。这些对于促进他们与同伴的关系或营造积极的学习环境都极为不利。一些孩子只是偶尔会被欺负，但是有大约10%～15%的孩子经常经历这样的遭遇，也就是说他们长期处于受害者的状态（Craig et al.，2009）。这些孩子所受的折磨是深切的，因为他们的生活遭到了持续被欺负的严重影响——身体的伤害、羞辱、无助、被排斥和痛苦。更糟糕的是，他们每天都要生活在这样的噩梦中，担心这些屈辱会重复无数遍。

欺凌的长期受害者是那些对嘲弄和身体攻击完全不能做出有效反应的儿童。他们的交流技能非常有限，不知道怎样与他人进行社会交往。他们的气质大多表现出与人疏离、焦虑、顺服和不安全的特征；他们的身材则比较弱小（Olweus，1993；Stassen Berger，2007）。做游戏时，他们肯定最不可能被选中，而且即使参与了，也肯定最先被淘汰。他们没什么朋友，通常都是远离集体，独自一人玩。他们大多是**被动型受害者**，因为他们很少会主动发起敌意攻击，而且在遭到攻击时也几乎不会申明自己的权利。但是也有一些儿童属于**挑衅型受害者**，因为他们在所处的环境中先表现出了易怒和不当的行为，导致别人对他们做出了攻击性反应。这样的儿童常常会为一点小事而喋喋不休地争吵，而且总爱发脾气、抱怨或者动不动就因受挫而哭闹，他们对一些毫无恶意的玩笑或恶作剧也会有过激的反应，认为这是对他们的语言攻击，而事实上并非如此（Toblin，Schwartz，Hopmeyer Gorman，& Abou-ezzeddine，2005）。无论出于哪种原因，每次当被动型受害者或挑衅型受害者陷入攻击性事件时，他们的无效反应都会强化欺凌者的行为，导致攻击持续下去。

在通常情况下，长期遭受欺凌的儿童不会被他们的同伴喜爱，因此即使陷入了困境，也很少得到他人的同情（Veenstra et al.，2007）。比如，当自己不当或惹人愤怒的行为造成了别人对其的攻击时，旁观者会认为受害者是“自作自受”（青少年医疗协会，2003）。而且，无论是攻击性儿童还是非攻击性儿童，都期望在与这些长期受伤害的儿童互动

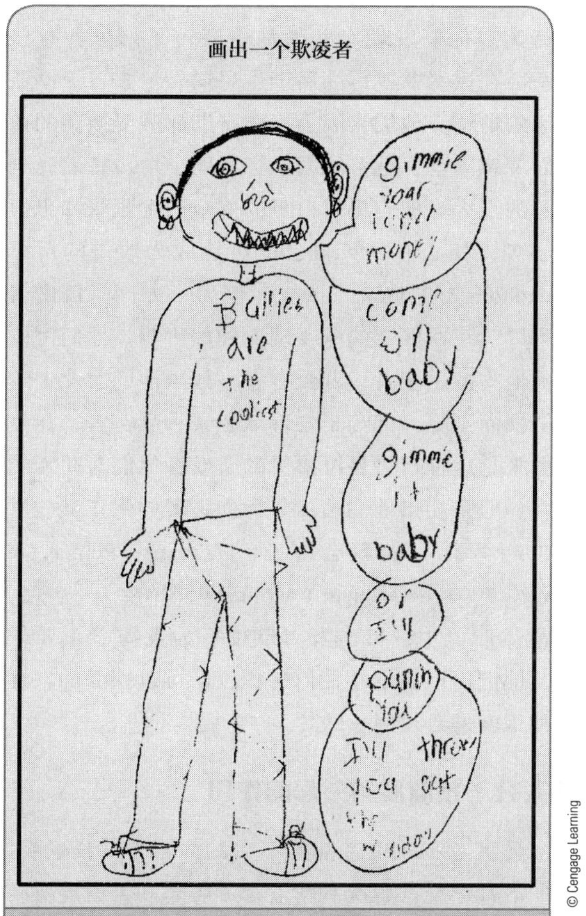

图 12.4 孩子心目中欺凌者的样子[①]，内布拉斯加大学林肯学院（Swearer，2012）

图 12.5 孩子心目中欺凌者的样子[②]，内布拉斯加大学林肯学院（Swearer，2012）

① 画中的孩子上身写着：“欺负人是一件很酷的事。”他右边写着：“给我你的钱。小家伙过来。给我钱，小家伙。否则我就要揍你。我要把你扔到窗外。”——译者注

② 上面两个孩子在哈哈大笑。中间那个大孩子说道：“这是我的座位，起来，走开，马上！”右边那个小孩子说道：“不是，我一直在这里。”——译者注

时获得回报，得到他们想要的东西。也就是说，大家都把这些受害者当成傻瓜，随便占他们的便宜。因此受到欺负的儿童的能力和价值感会严重减弱也就不足为奇了。

这些儿童经常表现出不适的症状，比如食欲不振、失眠、真的生病或佯装生病、无法集中注意力、越来越害怕面对他人、无缘由地大哭、极度焦虑、不愿意去幼儿中心或学校以及对比自己弱的人（常常是年幼的同伴、自己的弟弟妹妹或家中的宠物）做出非常凶狠的动作等（Troop-Gordan & Ladd，2005）。他们的自尊意识很低，并且对未来缺乏很好的预期。不幸的是，受害者的这些行为表现早在 3 岁时就开始了，如果一直持续下去，到八九岁时，他们很可能会被彻底“固化”成不受欢迎的受害者（Pepler，Smith，& Rigby，2004）。因此，儿童的童年早期非常重要，既可能导致儿童今后发展出无法应对他人攻击的反应，也可以为他们掌握更多积极有效的策略打下良好的基础。

欺凌者

欺凌者最常见的表现就是大胆、胁迫和冲动，他们使用攻击性行为实现自己的目标，并以此为乐，这样的儿童会因自己力量强大而自视甚高。但也有一些儿童其实很自卑且具有不安全感，他们只是通过攻击性行为来掩盖自己的真实感受并控制别人。所有的欺凌者都很看重攻击性行为，因为它能带给他们超过别人的力量。他们凭借这样的行为满足自己的需要，而且认为这种敌对行动是可行的（Horne et al.，2004）。了解他们的背景后会发现，有些欺凌者也曾在某个时候或某个场合遭受过欺凌，这使得他们决定要欺凌他人。有些欺凌者则几乎没有受到过任何约束，这让他们以为自己可以为所欲为。也有一些欺凌者对同伴怀有敌意，因此他们觉得为捍卫自己的权利所采取的攻击性行为是正当的。还有一些儿童因为经历了巨大的生活变故而变得很愤怒和困惑。他们因为无法控制周围的环境，所以采用了胁迫的方式来控制别人的行为。他们不敢冒险向自己身边的人表达愤怒，而是在同伴中选择了一个“安全”的目标进行发泄。最后一类儿童生活在施暴的家庭中，于是他们也会对其他同伴采取欺凌行为（Dodge et al.，2006）。

无论儿童出于哪种原因对他人实施欺凌，如果在学龄前或者小学前期不对这样的行为加以纠正，就会导致他们在中学阶段出现青少年犯罪和学业失败的后果（Troop-Gordan & Ladd，2005）。而且如果他们对欺凌习以为常，不当回事，成年后他们极有可能陷入暴力犯罪、入狱、家庭暴力、虐待儿童和无法找到工作的深渊（青少年医疗协会，2003）。

欺凌的目击者

除了欺凌者和受害者，还会有一些儿童经常目睹欺凌的发生，这些目击者虽然没有直接介入欺凌，但同样会受到这种敌意攻击的影响。在此过程中，他们知道了欺凌是怎么回事并在内心强化了这种行为。他们发现有些人从中获得了好处。有些孩子会在目睹欺凌行为后产生恐惧、沮丧、无助或愤怒的情绪。他们会因为不能帮助那些受欺负的孩子而深感内疚，也可能因从旁协助了欺凌者而感到一时的强大。他们将对自身的安全产生紧张和恐惧的心理，担心有一天自己也可能成为攻击的目标（Beaudoin & Taylor，2004）。但另一方面，目击者也可以对正在发生的欺凌现象施加影响，他们可以明确地支持欺凌者或者受害者。如果他们对发生的事情视而不见，就等于告诉欺凌者和受害者，在他们看来，这种行为是可接受的，或者他们对此无能为力。但是如果他们站出来为受害者伸张正义，欺凌的行为很可能就会终止（Hawkins，Pepler，& Craig，2001；Kaiser & Rasminsky，2012）。总之，在集体环境中，目击者对欺凌行为发挥着重要作用，他们可以决定它在何种程度是可以接受的，在何种程度是必须制止的。

成人在干预欺凌时所起的作用

受害者和欺凌者都是不幸的，因为从长远看，他们的社会交往状况和学业都不容乐观，就连欺凌的目击者也会受到负面影响。因此，成人必须认真对待儿童的这种破坏性行为，而不能任由他们自己想办法解决。对受害者和欺凌者，要事先在整个教学环境中采取一些预防措施，因为只有将干预（当欺凌发生时）与预防（努力构建一个无欺凌的环境）结合起来，才能取得最理想的结果。专业人员和家庭成员都需为此付出不懈的努力。

帮助受害者

如果儿童能够具备一定的语言表达能力来阐述自己的意愿和捍卫自己的权利，他就不太可能沦为受害者（Horne et al.，2004；Crothers & Kolbert，2010）。所有的儿童在发展这方面的能力时都需要成人的帮助，但对那些不能熟练使用语言并且缺乏社交技能的年幼儿童来说，成人的帮助更加重要。长期以来研究得出的证据可以证明，在减少欺凌行为的各种干预措施中，果决性训练是最为有效的方法。教儿童怎样做能让他们显得更自信，从而显得没那么软弱，受害者的行为表现常常与本章前面提到的扭曲认知假设有关，他们会误将别人善意的行为当成攻击性行为，然后挑起真正的攻击，结果却使自己陷入其中无法脱身。因此，成人有必要指导儿童学会准确识别他人发出的社交暗示，这是一个对他们很有帮助且有效的对策（Frey et al.，2010）。最后一点，相较于没有朋友的儿童，有朋友的儿童能更好地应对欺凌者的攻击，而且即使遇到了攻击，也能尽快调整过来，因此帮助儿童多交朋友和发展交友技能对他们摆脱总是受欺负的状况是很有用的（Crothers & Kolbert，2010；Zins et al.，2004）。本书第 8 章已经探讨了怎样帮助儿童发展与同伴的关系和友谊及其所需的技能，它们都可以用来帮助受害者。

应对欺凌者

幼儿中心或学校里的成人绝对不能对儿童的欺凌行为视而不见，否则他们就会毫无底线，强化自己的恶劣行为。因此，在应对敌意攻击的欺凌者时，明确界限并坚持始终如一的期望是最重要的两点。成人必须严肃地告诉儿童那样的行为是不可接受的，同时也要帮助这些心怀敌意的儿童控制他们愤怒之下的冲动行为（Essa，2008）。像自言自语、情绪认同、察觉反映别人感受的行为暗示和逻辑结果等已探讨过的策略都是控制冲动的有效做法。此外，许多欺凌者也可以从那些帮助受害者的方法中获益，包括果决性训练、社交技能训练和参与需互相配合的活动，同时也要帮助他们提高在与人交往时准确理解对方意图的能力（Frey et al.，2010）。

有朋友的孩子能够更好地应对欺凌。

帮助目击者

每个儿童都可能目睹欺凌现象，因此有必要让他们知道他们是会得到保护的，不会成为受害者，也不会在遇到敌意攻击时孤立无助。最重要的是，要告诉他们当目睹或者获知有人欺负别人时应当怎么做。首先也是最重要的一步就是不能对欺凌事件默不作声（Beane，2005）。也就是说，目击者要将看到的欺凌行为公开说出来，告知所有孩子，这样才能共同营造一个没有欺凌的环境。目击者有权利通过各种方式帮助受害者，并且设法找到与欺凌者互动的可行方法，从而使大家都能处在一个包容的环境中，没有人会遭受威胁或被抛弃。

包容这个概念是维维安·佩利在她的名著《大家一起玩》（*You Can't Say, You Can't Play*）中倡导的一个基本原则。在这本书里，从幼儿园到小学五年级的儿童一致认为，拒绝一个孩子请求参加游戏的做法是一种带有敌意的攻击行为（Paley，1992），于是他们制定了一个规则：大家一起玩，意思就是不可以因为一个孩子的长相、说话方式或者是否招人喜欢而决定他能否参加集体活动。这一规则是孩子和成人经过许多次讨论共同制定的，目的是构建一个安全的、有利于成长的环境，让所有孩子都感到受得了重视。仅仅制定一个规则还不够，孩子们要与老师一起进一步体会它的意义，遵守它，并且持续讨论它给他们的生活以及整个班级和学校环境带来的变化。显然，在一段时间后，环境变得更好了，拒绝和排斥的现象减少了。

这个例子说明，如果有更多的儿童参与到营造美好环境的过程中，而且预防欺凌的策略不再只针对受害者和欺凌者，敌意攻击的问题是能够得到有效解决的。此外，虽然我们迄今讨论的每个策略都是有效的，但如果让儿童、学校的教师和儿童的家人都参与进来，通过全面综合的方式预防欺凌，效果是最理想的。因此，我们认为减少欺凌这种敌意攻击的最佳方案是制订覆盖整个教学机构的解决方案。

校园里应对欺凌的方案

Willow Creek 学校和 Walnut Hills 学校从外表看没什么两样，但其内部存在着巨大的差别。

在 Willow Creek 学校，几乎没有人谈论欺凌的现象。学生如果受到欺负，也很少会告诉成人，因为他们知道没有用，甚至还可能让事情变得更糟糕。成人即使知道了也不会采取行动，他们让儿童自行解决。欺凌的现象会出现在走廊、卫生间和操场上，可是当问到在这所学校里是否存在欺凌时，每个人都立刻给予否定的回答。但真实的情况是，有几个学生经常欺负别的学生，有不少学生是受害者，而更多的学生几乎每天都会目睹这样的现象。

但在 Walnut Hills 学校，情况就完全不同了，因为这里非常注重预防欺凌。学生、学校员工和学生家长都在谈论欺凌，以及应该怎样减少它的发生。每个教室里都贴有一张有关应对欺凌的海报，上面总结了学校对于欺凌的原则：

欺凌在我们学校不是好的行为。

我们不嘲笑人，不骂人，也不欺负人。

我们不打人、推人、踢人或猛击人。

如果我们看到有人被欺负了，我们会站出来加以制止（如果我们能做到）或者立刻寻求帮助。

当我们集体活动时，我们会在一起玩，绝不抛弃或排斥任何一位同学。

我们有权利阻止欺凌！我们会一起努力！

在 Walnut Hills 学校，欺凌的现象很少发生。如果真发生了，学生和教师都知道应当怎么做来保护儿童的安全。

在面对欺凌时，这两所学校选择了不同的应对方法，最终的结果也完全不一样。而这与研究得出的预测是一致的（Espelage & Swearer，2004；Olweu & Limber，2010）。

当下列情况存在时，最有可能导致欺凌的发生：

- 儿童得不到应有的监管。
- 对儿童的行为期望不明确，也没有做到始终如一地贯彻。
- 成人采取专制或纵容的纪律约束方法。
- 成人对欺凌视而不见。
- 成人没有采取预防性措施来应对欺凌。
- 成人和儿童都缺乏消除欺凌的知识和技能。
- 学校和儿童的家庭之间对此缺乏沟通。

这样的教育环境可能成为“欺凌的实验室”，每个身处其中的儿童都会受到伤害（Beans，2005）。另一方面，那些没有欺凌发生的学校所采用的方法与那些不体罚学生的学校的做法一样。它们侧重于使用权威型纪律管理策略，既给予学生应有的尊重，又要求他们对自己的行为承担责任。学校的工作人员率先垂范，亲自向儿童示范期望他们做到的行为。他们在执行纪律要求时能够一以贯之，同时始终对儿童采取适当的监管。校方也非常重视与儿童的家庭建立并保持密切的沟通和合作关系。

最重要的是，欺凌一定要引起重视并被严肃对待。成人与儿童要联合起来共同以积极的方式应对它，并且努力构建一个没有欺凌的环境。本章所提供的许多策略都有助于这一目标的实现。接下来，我们就将探讨怎样使用这些重要技能。

应对攻击性行为的技能

在教育机构中应对攻击——通用策略

1. **指导儿童怎样控制他们的愤怒冲动**。和儿童就他们的激烈情绪进行交流——这是些怎样的情绪以及它们是怎样被引发的。与他们一道识别情绪即将失控的迹象。教儿童通过自我对话来克制自己，告诉他们被伤害的儿童的感受，让这些处在愤怒中的儿童与那些受伤害、不高兴而且同样很生气的儿童产生共情。也要教他们一些让自己平静下来的方法，比如可以用语言提示他们，“安静下来”“吸一口气”“在你重新开始前先停一会儿”。必要时可以采取身体干预，比如抓住儿童的手、让儿童面对你或者把儿童带到一边。帮助儿童把一个任务分成几个独立的步骤，使他们可以放慢节奏，从容应对。通过反馈和有效表扬的方式充分肯定儿童为控制冲动而付出的努力，“你在很耐心地等待。”“你在拿书的时候一次只拿了一本，这样它们就不容易被撕破了。”可以考虑在短期内使用有形奖励的方法鼓励儿童在激烈紧张的环境中做出非攻击性反应。
2. **合理布置环境，尽可能减少儿童遭遇挫败的可能**。检查设备，确保可供儿童正常使用。为儿童的不同发展阶段选择适宜的物品，如果发现不适合，要及时进行调整。如果设备出现毛病，也要及时修理或更换。要为孩子准备充足的物品，这样他们就不用等候太长时间了；而在他们使用时，也尽可能给他们提供足够的时间，让他们能够尽兴。

   教室的布局也要方便儿童出入各个活动区域，并且尽量使每个区域都能容纳不止一个儿童。仔细检查教室的整个空间，确保儿童在走动时不会撞到别的同伴或物品，也不会影响到其他儿童的活动。

   在日常安排可能出现变化时要提前告知儿童，这样当变化发生时，他们就不会感到吃惊。在活动之间的过渡出现前也要事先提醒他们，这样他们能快速完成正在做的事，再着手准备接下来要做的事。
3. **对那些表现出挫败的儿童保持关注**。注意观察儿童显现出的挫败迹象，如果一个孩子已经表现得非常沮丧了，要开始进行干预。给予他们所需的安慰、支持、信息或帮助，并且和他们一起重新评估自己设定的目标是否可行，或者将所需完成的任务分解成可掌控的几个步骤。鼓励儿童直面挫败的根源，比如可以对他们说，“你很生气！那个模型总是立不起来。你用的胶水更适于涂在纸上而不是塑料上，咱们再找另一种更适合的胶水吧。”如果条件允许，可以问儿童打算怎么办——休息一会儿，请求另一个孩子的帮助，获得更多的信息，观察一会儿别人，等等。如果他们想尝试其中某个解决方案，要给予他们相应的帮助。如果某个孩子陷入了困境，可以让其他孩子也给出解决难题的建议，“罗尔感到很沮丧，因为颜料把他画画的纸都浸透了，把他画的画也破坏了。山姆和卡洛斯，你们认为罗尔应当怎样解决这个问题？”通过这样的方法，教师可以将一个受挫的情境变成一个对大家都有益的学习机会。
4. **为儿童提供发展其能力的机会**。给儿童布置适合其年龄的工作：给植物浇水、喂鱼、在每天结束时检查一下计算机关了没有等。让他们自己选择、尝试各种任务并且可以独立行事。给儿童安排的这些工作或任务要具有一定的挑战性，但又不能太艰巨而根本不可能成功。教儿童实现目标所需的技能：怎样选择工具，怎样做游戏，以及怎样与他人交往。对于那些有攻击性表现的儿童，也要给予他们同样的帮助，因为他们其实比普通的孩子更需要其他能体现其能力和在集体中的地位的机会。
5. **帮助儿童学会更准确地理解社交暗示**。为儿童提供练习识别社交暗示的机会，这些暗示包括说话的语音语调、面部表情以及区分攻击性行为与非攻击性行为的用词。可以给他们假设一些情境，用木偶扮演短剧或者通过角色扮演的方式表现出这些不同。然后让儿童讲出他对所观察到的现象的理解，告诉他们对同一件事可能会有不止一种解读："你认为他撞她是因为他不喜欢她，但其实很可能是因为桌子旁边有太多的人挤在一起，每个人站着的时候都会碰到其他人。"鼓励他们从受害者的角度思考问题，但同时也让他们设想攻击者在采取胁迫行为时的想法："你认为如果杰拉尔丁推马文并冲他大喊大叫，马文会有怎样的感受？"在儿童能够比较准确地得出结论后，让他们对你假设的情境做出非攻击性的反应："当马文触碰到杰拉尔丁的双肩背书包时，她除了使劲推他还可以采取什么方法？"或者，"如果她那么做了会出现怎样的情况？"又或者，"接下来会发生什么呢？"对于每一个提议，让儿童展开批评性评论，"你为什么认为那会是一个好主意？"或者，"你为什么认为那不可行？"又或者，"这些建议中的哪个最好？"最后，在儿童给出各种提议后，帮助他们理性地分析每个提议的利弊，这是要在现实生活中有效控制攻击性行为所必须掌握的一项技能。

此外，对于生活中实际发生的事件，要进行现场指导，尤其要帮助那些表现出攻击性行为的儿童练习上述步骤（察觉对方的暗示、准确地理解它们、设想各种非攻击性代替反应、从中做出选择、执行它）。在如何指导儿童方面，可以参考第 8 章的内容。要注意发现儿童能在一开始就控制住攻击冲动的表现，或者能在以前采用攻击性行为的场合下使用了非攻击性反应，对这些现象要及时给予有效表扬，帮助他们意识到自己正在取得进步。

6. ***为攻击性行为设定前后一致的约束***。及时阻止儿童的攻击性行为，并在必要时亲自动手进行干预（比如，抓住儿童的手或把激烈争吵的儿童分开）。认可攻击者的情绪，表达你的关切，但同时要向他解释为什么这样的行为是不可接受的。对于年纪小的儿童，可以给他们建议一些具体的代替方法；而对于年纪稍大的儿童，可帮他们自己想出更好的解决办法。要向他们清楚地说明继续使用攻击性行为的后果，并在他们仍一意孤行时立即采取后续行动。对于那些属于工具性攻击的情况，如果儿童的发展能力尚未达到可与之协商的阶段或者时间来不及这么做，可以采取这样的措施。在你发现有的儿童为了给自己挽回"面子"而采用敌意攻击时，也可以这么做，比如，因为自己在人群中被挤了而使劲推别人的儿童，或者因遭到别人嘲笑而恼怒的儿童。这时既要认可他们行为产生的原因，又要明确告诉他们攻击性行为是绝对不允许的。

7. ***帮助儿童尽量少参与具有潜在攻击性的游戏***。在儿童做游戏时，要留意他们的举动，尽早发现他们表现出的不对劲的地方。当发现他们不笑了，嗓门提高了或者开始抱怨了，面部流露出恐惧、愤怒或沮丧的表情以及说出带有伤害性的言语时，要开始介入。重新引导他们关注游戏的内容，或者亲自参与其中来帮助他们去除潜在的攻击行为。

   如果你观察到年幼儿童假装用积木、木棍或手指做武器，也要立即干预并且纠正他们的这些动作。你可以对他们这样说，"你把木棍当成武器使用了，并且觉得这样很有趣，但是当你用它向别人射击时，我很紧张，因为武器是危险的，它们不是玩具。你可以用木棍来挖东西，但不能用它做武器。"儿童可能会说他们不过是"假装"而已，但对此你不能妥协。你可以说，"我知道你们并不是真的在向对方射击，可能的确如此，但即使是假装伤害别人也让我很不安。我们可以有更好的玩法，咱们找找看。"

8. ***强化儿童的非攻击性行为***（Epstein，2009）。要充分肯定儿童助人、合作和共情的反应，尤其是那些平时经常带有攻击性的儿童表现出这些好行为时，应当特别加以表扬。虽然所有的儿童都能从积极性强化中获益，但具有攻击性的儿童更需要听到对他们得体行为的认可。我们都很容易形成惯性思维，总认为有那么几个孩子干的都是不好的事，而忽视了他们身上表现出的积极行为。为了避免这种不公平的做法，你要让自己特别留意那些儿童的非攻击性行为，并且告诉他们你对观察到的现象很满意。

9. ***在你平时与儿童的互动过程中，亲自示范非攻击性行为中的核心要素——尊重、共情和讲道理***（Wheeler，2004）。当儿童或其他成人的行为令你生气或烦恼时，要保持镇静和理性，不要提高声音，也不要有夸张的动作。当别人的意见与你的意见出现分歧时，要花点时间尽可能理解对方的观点。把自己的想法坦诚地说出来，找出能够互相妥协的办法，在情况非常复杂困难的环境下，尤其需要如此。然后按照你的承诺去做，这样孩子们就会明白你是个说到做到的人。

10. **让儿童自己预测攻击性行为可能产生的后果**（Miller，2013）。可以问儿童这样的问题，“如果你把她搭的塔撞倒了，你认为会出现什么情况？”“如果你说你的朋友是讨厌鬼，他会有怎样的感受？”“如果有人骂你，你会有怎样的感受？”

11. **对无意的攻击进行干预**。利用这样的机会培养儿童的共情能力，同时提前制止儿童可能会采取的报复措施。安慰受害者并向他解释事件发生的偶然性。如果攻击者没有意识到自己的行为造成的后果，要非常具体但不带评判地指出来：“你看苏珊，她在哭。你把椅子撞倒时，伤了她的背，她很疼。”教攻击者使用类似这样的语言，“这是个意外”“我不是故意这么做的”或者“那不是故意发生的”。如果时机合适，可以帮助攻击者找出补救的方法。如果攻击者真的对自己的行为感到后悔，这就是教他说“对不起”的最佳时刻。有时候，受害者也可以为做出弥补提供建议：“苏珊，凯思琳可以做点什么让你感觉好一些？”

12. **关注攻击行为的受害者**。当着攻击者的面安慰受害者，并且帮助他想出如果今后再遇到类似的攻击时应当怎样回应，“你很生气，因为吉玛打了你。下次如果她又这么做了，把手举起来，并对她说，‘住手’”此外，在任何可能的情况下，要让攻击者也来帮助受害者，但是在你极力抚平受害者的难过情绪时，先不要羞辱攻击者或者逼迫其道歉。

13. **当儿童试图通过非攻击性方式解决复杂的问题时，要对他们给予表扬**。如果你观察到孩子自己解决了一个潜在的分歧，在解决冲突时抑制住了打人的冲动，或者为故意攻击中的受害者提供帮助，要通过积极的个人信息和有效表扬对相关的儿童提出表扬。即使他们的非暴力方式遭到了别人的拒绝，也要充分肯定他们为此付出的努力。你在安慰他们的同时也可以给他们一些建议，让他们以后可以做得更好。

14. **教儿童使用果决的语言**。如果儿童想学会表达自己的意愿或者坚定地捍卫自己的权利，可以为他们安排事先策划好的讨论或活动，并在此过程中重点强调儿童应该掌握的表达法。然后在一天中的任何合适的场合来教他们使用这些用语。第 8 章已经提供了怎样利用幽默故事来教他们使用这些词句的例子，接下来的第 13 章还将提供出于同样的目的而安排活动和进行现场辅导的指导原则。下面是其中一些可供儿童学习并掌握的短句：

© Cengage Learning

安慰攻击的受害者。

- “我还在用呢。”
- “你可以下一次玩它。”
- “我希望大家轮流玩。”
- “我什么时候能知道你不玩了？”
- “不许骂我。”
- “请不要再抓我了。”
- “这是我的，对不起，它不可以分享。”
- “我还没有准备好呢。”

15. **寻找代替体罚的其他可行方法**。大多数学校和幼儿中心并没有要求所有专业人员都使用体罚手段，虽然有些工作人员可能会那么做。在接受一份工作前，先要弄清楚这份工作是否要求你打儿童。如果有这样的要求，最好另寻一个工作；如果没有这样的要求，就需要与你的主管探讨在规定允许的范围内可以使用怎样的管教方式。

怎样应对工具性攻击

1. **给儿童提供通过练习分享、轮流、交易和协商的方法得到他们想要的东西的机会。**练习的方式包括做游戏、角色扮演和讲幽默故事，并且可以采用各种策略，比如现场辅导和事先策划好的活动。每天都要求他们练习这些技能。
2. **调解儿童间发生的冲突。**当工具性攻击发生时，可以使用本章提供的冲突调解模型，按顺序进行：

   第一步：开始协调过程——担负起协调者的角色，让物品、区域或权利先处于中立的位置。

   第二步：了解——清楚每个儿童对冲突的想法。

   第三步：总结——从双方的角度定义分歧，让每个儿童都意识到他们对问题及其解决方案应承担责任。

   第四步：提出选择——让当事双方以及其他旁观的儿童都提出建议。

   第五步：就解决办法达成一致——帮助儿童制订一个令双方都满意的行动方案。

   第六步：强化解决问题的过程——表扬儿童努力提供双方都能接受的方案并且竭力执行它。

   第七步：后续行动——帮助儿童执行达成的协议。

   确保自己有足够的时间完成整个程序。如果你只有不到5分钟，就不要开始这样的调解，改用第10章和第11章提到的个人信息策略和纠正型结果的方式。比如，“你们两个都想再玩一次天平，这是一个问题。我希望我们能有时间想出解决办法来，但我现在更想提醒你们该出去等校车了。把天平放回去吧。你们可以明天再玩。”

怎样应对敌意攻击

1. **与每个人谈论有关欺凌的现象。**告诉儿童欺凌是怎么回事，与他们分享听到的有关事件；也可以让他们把自己经历过的欺凌画出来和写下来；或者给他们讲一个故事作为引子，然后让他们展开讨论，让儿童谈论他们对欺凌的认识以及作为其中的受害者、攻击者和目击者的感受。
2. **对欺凌现象做出具体的规则并严格执行相应的后续行动。**制定规则是为了让儿童明白，欺凌是绝对不可接受的，同时大家都有责任营造一个没有欺凌的环境。可以像本章前面提到的 Walnut Hills 学校那样，让儿童也参与制定相关的规则。规则尽量制定得简单一些，让儿童能用自己的语言表达出来，并且就违反规则应该怎么办与儿童展开讨论。如果你亲眼看到了欺凌现象，要立即执行已制订的后续行动；如果你听说学校里发生了这样的事情，也要进行干预。一方面与攻击者、受害者和目击者沟通，了解情况并帮助他们改进；另一方面同样要采取后续行动。与儿童沟通的方式多种多样，可以是一对一沟通，也可以在小组里进行讨论，还可以在整个学校范围内展开讨论，其目的都是最大程度地确保建立和维护一个没有欺凌的环境。
3. **帮助儿童区分打小报告和汇报欺凌事件的不同。**构建无欺凌环境的关键是人人参与，大家共同努力来阻止它的发生。由于许多欺凌事件发生时成人并不在场，没有亲眼看到，因此目击的儿童应当将它立即报告给值得信赖的成人。Allan Beane（2005）制定了一些简单的规则来帮助儿童理解告诉成人欺凌现象的重要性。工具表12.1就是这样一个可供参考的欺凌须知。

工具表 12.1 欺凌须知

- 如果你看到有人被欺负了，告诉老师。
- 如果你知道有人被欺负了，告诉老师。
- 如果你觉得有人遭到了欺负，告诉老师。
- 如果你对欺凌现象听之任之，就等于你认为它无关紧要。
- 我们有权利和义务禁止和阻止欺凌在教室中出现，而且我们需要共同努力。

年幼的儿童在发现欺凌后会告诉老师，这对他们来说没什么问题。但对于年纪稍大一些的儿童，则有必要提醒他们区分打小报告和告知欺凌事件。打小报告涉及的是无关紧要的事，而告知老师欺凌事件则是让老师知道存在危险的情况。

打小报告只会给别人带来麻烦，而汇报欺凌事件是为了保障大家的安全。

4. **与实施欺凌的儿童进行交流**。在任何时候和任何场合，只要看到欺凌行为都应使用个人信息和相关的后续行动立即加以制止。在此之后，可将攻击者带到一个私密的地方与他讨论发生的事情或者他刚才的行为模式。提醒儿童有关的规则（反对欺凌和保障人和公共财产的安全），告诉他们其行为会给别人造成怎样的影响并会给其本人带来什么后果（比如，失去朋友、在教室持续经历后续行动等）。给儿童机会充分表达他们的愿望和目的，并与他们探讨应当怎样合理地实现它们。如果可能，应当设法让攻击者弥补自己的过失，这样他们就能学会一种取代攻击的正确的行为模式，同时也能让他们重新得到同伴们的接纳。

   在与实施欺凌的儿童沟通时，重点是要让他们知晓欺凌是不可接受的行为，必须立即停止，但不要对他们做出带有敌意的反应，比如大喊大叫、嘲讽、威胁或者羞辱 (Kaiser & Rasminsky, 2012)。记住，你的方法是否有效取决于你能不能与儿童建立良好的信任关系，以及能不能帮助儿童以更加具有建设性的方式实现他们的目标。

5. **要与被欺负的儿童进行交流**。这样的谈话要单独安排在私密的环境下。首先要再次向儿童重申每个孩子都应享有安全感，谁也不可以受到欺负（Olweus & Limber, 2010）。可以使用开放式提问的方式与儿童讨论他对刚才发生的事情的反应，和他一起寻求改变局面的各种方法，并从中选出一两个让他尝试一下 (Kaiser & Rasminsky, 2012)。给予儿童必要的辅导，比如怎样使用果决性语言、与他人玩游戏的技巧等。同时也要告诉他，你或他人后续将采取怎样的行动来帮助他。

6. **帮助儿童找到避免成为欺凌受害者的方法以及在遭遇欺凌时应当怎样应对**。可以进行小组讨论，也可以一对一辅导。让他们掌握一些策略，比如，远离欺凌者，表现出自信，在对语言攻击做出回应时先做一个深呼吸，走开，要求攻击者“住手”，将情况告知成人，向他人寻求帮助，以及和朋友待在一起等。

7. **帮助儿童在目睹欺凌现象时采取一系列应对策略**。一些研究预防欺凌策略的专家给出了这样一些建议，包括拒绝加入欺凌行动，明确自己的立场，告诉欺凌者他们的行为是不被接受的，将自己目睹的欺凌事件报告给成人，邀请遭到欺负的孩子与自己及自己的朋友们在一起，当着欺凌者的面对受害者给予援助，私下帮助受害者，以及找几个目击者一起保护受害者等（Beane, 2005; Jackson, 2003）。

与儿童的家庭保持沟通

1. **与儿童的家庭成员进行沟通，告诉他们你打算怎样应对学校出现的攻击行为**。告诉他们，你会做些什么以及你不会做什么，并且解释其中的原因。不要强迫儿童的家长也采用你的方法，但要向他们明确，成人在学校里的哪些做法是可接受的、哪些是不妥当的。如果儿童的家长告诉你当他们的孩子表现不好时，你可以打他们，你可以这样对他们说，“你确实很担心孩子在学校的表现，这对我来说也同样重要。我会向孩子明确我们制定的规则，并且会采取后续行动执行它们，但打孩子不是我想使用的方法。”你可以给他们举一个简单的事例，介绍你所使用的方法，来让他们理解你的做法。

2. **如果儿童的家长向你反映有别的儿童欺负他们的孩子，一定要认真倾听，并且做出适当的反应**。据报道，在通常情况下，当父母提及孩子遭到欺凌时，校方人员总是会弱化问题的严重性，认为他们对这种情况也无能为力，或者将话题转移到儿童自身可能存在的问题上（Roffey, Tarrant, & Majors, 1994）。这种对欺凌现象的否定态度对儿童的发展是非常有害的，因为如果成人对欺凌视而不见或者不当回事，就不可能帮助欺凌者和受害者发展正确的互动技能。因此，如果你意识到有儿童被欺负了，要立即与其家长讨论解决办法，在其家里或在学校讨论都可以。如果儿童或家长向你抱怨一个你尚未察觉的欺凌现象，应当向他们承诺你会密切关注。使用本章中提供的策略制订一个应对方案，解决受害者和攻击者的关切。对于能否在家中采取同样的方案，应当征求家长的意见，同时也可以听取他们的建议。制订方案后一定要严格执行，并且定期与家长交换信息。在此过程中，如果家长表现出了失望或焦虑，要给予他们相应的帮助。要求儿童的家长对儿童取得的进步予以表扬。

3. **与有欺凌表现的儿童的家人进行沟通**。如果有儿童在学校里已经开始习惯于欺负别人，一定要让其父母予以关注（Crothers & Kolbert，2010）。将情况如实地告知他们，言语中不要有责备的意思。向他们叙述具体的事例并表达你的关切，但要明确地告诉他们，无论对于儿童本人还是学校里的其他儿童，这种行为都是不可接受的。与此同时也要让他们知道孩子的优点，并让家长提供孩子的一些优点。征求家长的意见，看看他们认为在儿童发展的这个阶段需要学习和掌握什么。利用你在与儿童的家长（或者其他合适的专业人士）的沟通中获得的信息，制订一个深入的个别化干预计划来处理儿童的攻击行为，定期与家长沟通，探讨儿童取得的进步。

注意事项

在应对儿童的攻击性行为时，最需要引起注意的地方已经在关于“无效策略”的那一节中探讨过了（比如，体罚、忽视攻击性行为、转移和不一致）。但是冲突调解对许多人来说还是一项新技能，当你刚开始尝试这么做时，可能难免出现一些失误。下面所列的就是一些成人在调解儿童的冲突时经常会犯的错误。

1. **没能与儿童建立良好的关系**。在进行冲突调解前，成人必须在儿童心目中树立起关爱他们、能够保障他们安全并且能预知他会对儿童的行为做出怎样的反应的形象。如同我们在前面几章学过的，热情、接纳、真诚、共情和尊重是进行有效沟通的基础。如果没有这样的前提，协调过程就会很困难。因此，要想让调解模型在执行时取得最佳效果，必须先让儿童认为他们的看护人员、老师、周围的环境以及日常安排都是他们熟悉的，并且是让他们感到安全的。
2. **忽视儿童的发展性**。如果希望通过调解来解决冲突，儿童必须能够表达对代替方案的接受或者拒绝。如果孩子的年龄或发展能力尚未达到能表述自己的意愿的水平，或者与协调者使用了不同的语言，就不能使用这一模型。在这种情况下，只能与他们进行口头交流或者使用手语。

此外，试图调解冲突的成人还要对儿童承受挫折的能力保持敏感。不是所有的儿童都能一次经历所有的步骤，绝大多数儿童在调解过程中会渐渐平静下来，但也有些儿童会变得越来越激动，他们显然没有做好调解的准备。对他们只能终止调解程序，由成人针对冲突采取强制措施来解决：“你们两个都想要听诊器，但我不能允许你们用彼此伤害的方法来决定谁可以拥有它，所以让我来决定。埃文，你先玩两分钟，然后亚伦再玩两分钟。”同时也要表扬儿童在此之前做出的各种努力：“埃文和亚伦，你们俩都竭力想告诉我你们的想法，这对我很有用。”逐渐地，儿童将能够配合协调人员按调解模型的步骤一步步进行调解。

3. **完全略去调解过程**。有时候，成人会回避采用冲突调解的方法，因为他们不习惯将注意力从全部儿童身上转向一两个儿童，而且他们担心调解过程所需的时间比他们预期的长。因此，他们就只是把儿童分开，拿走引起争执的玩具，并直接给出一个权宜之计。这个方法在短期内是有效果的，但它没有为儿童提供练习解决问题的机会。结果一段时间后，成人仍需继续承担解决冲突的责任，而不太可能逐渐将它交给儿童，让他们自行解决。

还有一个需要引起考虑的重要事实是调解要在冲突的事发地进行，并且不要把出现分歧的儿童引开，这样其他没有直接卷入冲突的儿童也可以作为旁观者或者建议者参与此过程。这种做法可以使尽可能多的儿童同时受益，而且由于儿童都全神贯注于这件事的处理，所以在同一时间里再发生其他冲突的可能性也会减少。

4. **拒绝儿童合理的要求**。当儿童努力与他人达成妥协时，专业人员却可能很不恰当地拒绝了他们希望继续拥有某个自己特别喜欢物品的要求。协调者可能会听到儿童这样说，“是我先拿到它的”或者“她把它从我这儿抢走了”。这时，他应当转移焦点，帮助那个抢别人东西的儿童采用一些合适的措施达到自己的目的，比如征求对方的同意、与对方做一些交换或者协商等。不过，有时候即使儿童使用了适当的方法表达出自己对某物品的渴望，其拥有者也不答应。出现这种情况时，协调者要帮儿童重新找一个合适的时机提出请求。如果协调者无法确定谁的要求是合理的，可以通过个人信息的方式向儿童强调，出现意见分歧时，任何武力的解决方法都是不对的。
5. **责备儿童**。有时候，当成人听到儿童吵闹时，在冲动之下说出的第一句话就是：“告诉我，是谁挑起的？”或者“我没告诉过你们不要打架吗？”儿童对此的反应通常是否认或告状，这既不能澄清事实，也无法有效地解决问题。因此对待冲突最好这样说，“你们两个看上去都很生气”或者“看起来你们两个都想玩听诊器”。这样的说法聚焦在儿童间出现的问题上，而不是单方面地指责某个儿童。
6. **偏袒**。如果希望儿童接纳你作为协调人的身份，并让他们认为你是值得信赖的，成人就必须做到公平公正。因此应当避免在一开始就明确表态赞同或否定任何一方，也就是说一定不要做出非言语暗示，比如点头、皱眉和拍手，也不要使用语言来表达支持、同情、厌恶或轻蔑。
7. **否定儿童的想法**。在调解冲突时，儿童有时会发表一些听上去很可笑或不切实际的看法。这个时候，成人很可能会忍不住纠正他们的想法，“你知道你并不是真的讨厌约翰。”“你不应该因为等着轮到自己就那么生气。”或者，“你那么对待约翰，他仍愿意跟你玩，你应该感到高兴。”虽然在成人看来这样的表达内容并无不妥之处，但它们与儿童对事情的看法完全不一致。结果本来想让双方共同解决问题的初衷变成了无果的争论。成人有责任表现出极大的耐心，让儿童在讨论问题时充分表达自己的情感和想法，虽然做到这一点不是一件容易的事。

当托比和玛丽亚为读谁的书而发生争论时，老师保持中立，因为她肩负着协调者的责任。

8. **替儿童出谋划策**。成人通常都希望能迅速解决冲突，有时候，为了加快调解的节奏，他们会急不可耐地说出解决方案，而不是让儿童自己想出解决办法。常见的做法就是强迫儿童接受一个成人事先已经想好的结论，他们会这样问儿童，“难道你不认为……？”“你不觉得你应该……吗？”或者，“如果我们……不是更好吗？”如果教师选择开启调解模式，就应当让儿童共同解决问题，否则儿童会感到很沮丧，因为他们一方面被告知对达成一致负有责任，另一方面却只能接受教师的决定。如果是这样，持续发生冲突的可能性就会很大，因为儿童不会愿意真正遵守一个强加给他们的方法。而且这种强迫的做法不利于儿童练习化解分歧所需的技能。最后一点，成人如果采用这样专制的方法，可能会严重危害自己今后处理儿童的冲突时的威信。

总 结

攻击性行为是指任何会造成伤害、损坏或破坏的言语或身体行为。攻击主要有两种类型：工具性攻击和敌意攻击。工具性攻击是互动时无意造成的伤害结果；而敌意攻击则是故意为之。果决性与攻击性完全是两回事，虽然它们都会给对方施加影响，但果决的儿童一点也没有伤害或侮辱对方的意图，也完全不会引发儿童的暴力行为。

现代研究表明，攻击行为既受生理因素的影响，也与后天通过示范和强化进行的学习有关。随着儿童的成长，由于认知的提升和经历的增加，表达攻击性的方式也会发生变化。年幼时，以工具性攻击占主导（为物品、空间或权利而发生争抢）；而年纪大一些后，敌意攻击就明显多起来了（即有意给他人造成伤害）。

男孩和女孩都会表现出攻击性行为，不过他们使用的方法略有不同。男孩的攻击性行为更直接，并且主要是给对方的身体造成伤害；女孩则会通过关系和语言来伤害对方。

成人尝试过多种方法来减少儿童的攻击性行为。忽视他们的攻击性行为、转移、不一致和体罚等做法其实只会增加儿童的反社会行为，因此一定要尽力避免。

有效的预防措施必须考虑到攻击发生的原因并且努力构建一个使攻击行为不太可能发生的环境。而当攻击行为出现时，成人应当利用各种通用的方法让儿童知道这是不可接受的，并且要帮助他们学会用可代替的方式消弭他们的冲动，同时要让他们学会用建设性的方法来应对别人的攻击性行为。要想有效地做到这些，成人首先必须与儿童建立并保持积极的关系，为他们营造有利的环境，并且教授和辅导他们发展在表达自己的意愿和得到自己想要的东西时应具备的技能。有时候，可能需要对一些儿童采用深入的个别化干预方案，这时专业人员应与儿童家长密切沟通，共同设计出帮助儿童纠正攻击性行为的计划。

欺凌是一种带有敌意的攻击行为，它是指一人或多人故意通过伤害性行为压制他人。对于欺凌者、受害者以及所有的目击者都必须予以关注，整个机构也要对这种带有敌意的攻击采取必要的措施。尤其重要的是与有关儿童的家人进行交流，共同努力减少这些儿童的不当行为。

针对工具性攻击，成人可以在现场通过调解冲突的方式帮助儿童协商解决分歧，这意味着儿童每天发生争执的时刻也是教育他们的最佳时机。逐渐地，他们自己就能够很好地使用积极的途径化解分歧了。当敌意攻击发生时，成人必须迅速做出反应：一方面对儿童的行为加以限制，另一方面要教他们一些策略来抑制冲动、准确地理解别人发出的社交暗示和用更适当的行为取代攻击性反应。

在应对儿童的攻击行为时，有一些做法要尽量避免。在调解儿童间的冲突时，也有一些注意事项，包括：避免在没有和儿童建立起积极关系之前就调解孩子间的冲突；没有考虑到儿童的实际发展水平；花在协调方面的时间不够；拒绝考虑儿童的合理要求；随意责备儿童；偏袒其中一方；不理睬儿童的看法；总是强迫儿童接受你提出的解决办法——我们将此现象称为替儿童出谋划策。

关键词

被动型受害者（passive victims，p.366）
冲突调解（conflict mediation，p.359）
敌意攻击（hostile aggression，p.346）
工具性攻击（instrumental aggression，p.346）
攻击性（aggression，p.346）
关系攻击（relational aggression，p.346）
观点采择能力（perspective-taking abilities，p.350）
果决（assertiveness，p.347）
欺凌（bullying，p.364）
身体攻击（physical aggression，p.346）
体罚（corporal punishment，p.354）
挑衅型受害者（provocative victims，p.366）
转移（displacement，p.352）

问题讨论

1. 叙述两种类型的攻击性行为，讨论它们之间的不同之处，并就每种类型讲出你亲历过的实际事例。
2. 叙述一个你见过的儿童或成人在与他人互动时的攻击性表现，讨论可以怎样用果决的行动取代他的攻击行为。
3. 选择一个有攻击倾向的虚构作品中的人物或公众人物，在小组中展开讨论，分析他的性格特点，并应用你学到的有关攻击的知识对他的行为做出解释。
4. 叙述儿童身上出现的攻击倾向，并且讨论成熟和经历对儿童在不同年龄段的攻击表现的影响。
5. 在本书中，我们对体罚持坚决反对的态度，谈谈你对此的个人看法。
6. 成人可以通过哪两种方法在教室里示范非攻击性行为？儿童会从中学到什么？你觉得怎样能使他们的收获更大？
7. 在不暴露儿童身份的前提下叙述他的一个攻击性行为，使用在本章中学到的策略和技能帮助你制订一个纠正其不当行为的计划。
8. 两个儿童把周末时新买的玩具刀剑带到了学校，他们想在教室里玩它们。根据你在本章学到的内容，说说你在面对这一情况时打算怎么做。
9. 再看一遍本章的具有挑战性的案例（布莱恩），指出案例中的教师使用了哪些在本章中提到的减少攻击行为的有效策略。如果你是布莱恩的教师，你还会采用其他方法吗？
10. 在小组里分享你在尝试使用本章提供的冲突调解模式时出现的情况，包括儿童的反应、你自己的反应以及最终的结果。与他人共同探讨怎样能更好地改进你的方法。

案例分析

阅读附录一中阿德里亚娜的案例，然后思考并回答下列问题：

1. 认真阅读教师的观察记录，从中找出阿德里亚娜对其他同学的攻击性行为，你认为她的攻击性行为属于哪一种？说出你的理由。
2. 在 9 月 10 日和 27 日，阿德里亚娜与别的儿童因为物品发生了冲突，这时采取冲突调解的方法合适吗？为什么合适或为什么不合适？
3. 阿德里亚娜的父母想知道，在她打堂兄妹或损坏他们的物品时，是否应该让她的堂兄妹也打她。他们认为她或许没有意识到自己的行为带给别人的痛苦，因此应该让她受到应有的惩罚。对此你有什么建议？为什么？
4. 阿德里亚娜的行为属于欺凌吗？为什么是或为什么不是？
5. 根据你从受害者和目击者那里了解的情况，你会建议其他儿童在与她互动时采用什么方法？你怎样才能确保计划有效？

课外作业

1. 叙述一个发生在你的工作环境中的儿童攻击事件，与他人讨论成人当时的处理方法，评价其所使用的方法的有效性。然后再叙述一起由你亲自处理的儿童攻击事件，并且评价你使用的方法的有效性。
2. 采访两位在你所在社区里与年幼儿童打交道的专业人士，从他们那里了解一些帮助有攻击行为的儿童的方法，并将它们以及你观察到的现象记录下来。
3. 叙述你亲自参与调解的一个冲突情境，先介绍冲突的原因，然后再描述儿童在调解过程中的反应以及最终的结果。特别说出两个你自认为做得比较好的地方，同时也指出一个在下次遇到类似情况时应当改进的地方。最后总结一下你作为协调者的反应。
4. 观看一个给儿童看的电视节目（动画片）或电影，记录其中出现攻击性行为和暴力情节的次数，讨论它们可能会给儿童造成什么影响。
5. 重新检查一下你们班使用的家长联系手册，找出其中旨在减少儿童攻击性行为的策略和程序，看看它们是否恰当，是否应当修改。

检查你的做法

下面是一个对照检查表，作为一个刚入门的专业人士，你可以用它来检查自己是怎样实践这些技能的。你还可以在附录二中获得更多的观察教室行为的检测标准。

有效应对儿童攻击性行为的教师应当做到：

√ 设计一些情境让儿童充分练习分享、轮流、交换和协商。
√ 通过近距离控制的方法（待在离儿童比较近的地方），及时为儿童提供所需的非言语和言语暗示，减少他们的攻击性行为。
√ 当儿童伤害他人或损坏物品时要予以干预。
√ 强化儿童的非攻击性行为。
√ 为儿童示范解决冲突的非攻击方式。
√ 通过冲突调解来帮助儿童提升解决问题的能力。
√ 迅速解决教室里发生的言语或行为方面的欺凌事件。
√ 对欺凌者、受害者和目击者直接进行干预。

第 13 章 促进儿童的亲社会行为发展

本章目标

在学习完本章后，你应该了解：

亲社会行为的实例。

影响亲社会行为的因素。

促进儿童亲社会行为发展的策略。

在促进儿童的亲社会行为时应避免的注意事项。

NAEYC标准

1. 提高儿童的发展和学习能力。
2. 与儿童的家庭和社区构建关系。
3. 运用适应发展的教学法与儿童及其家人进行沟通。
4. 使用相关的知识设计有意义的课程内容。

什么是亲社会行为

帮助他人	牺牲自己的利益
有同情心	有志愿服务的精神
抚慰他人	援助他人
与人合作	捐助他人
与人分享	支持他人
鼓舞他人	激励他人
给予他人	保护他人
安慰他人	帮助他人振作起来

所有这些都是亲社会的行为，代表了社会的正能量。与它们相反的就是反社会的行为，比如自私和攻击性行为。**亲社会行为**都是自愿的行动，旨在帮助别人或使他人受益（Hearron & Hildebrand，2013）。这些行为的执行者在这么做时完全不是出于个人的利益（Penner & Orom，2010）。有时候当他们做出这些行为时，自己甚至可能要冒一定的身体上或舆论上的风险，比如保护一个受到欺凌的人或者为一个遭到不公指控的人主持正义。儿童如果在童年时就能表现出亲社会行为，那么他们步入成年后依然会保持（Eisenberg，2010）。有证据表明，关爱、分享、助人和合作等行为在童年时期就开始萌发了。虽然年纪大一点的儿童会表现出更多的亲社会行为，但即使是很小的儿童，在各种环境中也可能有亲社会的反应（Eisenberg，Fabes，& Spinrad，2006）。

亲社会行为是社会能力的一个重要组成部分。无论年龄大小，儿童在与他人互动时都倾向于做出积极的而不是消极的行为。比如，30多年前的研究就表明，儿童的亲社会行为与反社会行为之间的比率不低于3∶1，有时甚至可能高达8∶1（Moore，1982）。这等于说，在儿童的每个负面行为的背后都蕴藏着3～8个积极行为。近期的研究也充分证明了这一说法（Dovidio，Pillavin，Schroeder，& Penner，2010）。比如，相较于攻击性行为，学龄前的儿童更多地表现出的是帮助他人、同情他人以及其他的亲社会行为，而且这种助人和善意在整个学龄前阶段和小学阶段都能保持得相对稳定（Rose-Krasnor & Denham，2009）。因此，童年是发展儿童的亲社会态度和行为的最佳时期。

亲社会行为对儿童的益处

善良能够在社交、情绪和学业方面给儿童带来不少益处。有亲社会表现的儿童能够通过帮助他人获得满足感，同时加强自身的能力。当儿童帮家人洗碗、与朋友分享信息、安慰一个不开心的同学或者与他人配合制作一个物件时，他们都会禁不住认为，“我是有用的，我能做一些事情，我很重要。”这种觉得自己有能力和价值的认知让他们树立起一种非常健康的自我形象（Trawick-Smith，2014）。善良还能带给儿童情感和友谊，让行为的执行者和接收者产生积极的感受，对他们融入社会和加强与他人的关系都非常有利（Hartup & Moore，1990）。

互动时充满善意的儿童能够在社交过程中获得最满意的结果，而这又会促使他们在今后表现出更多的善举。事实上，一个孩子在4岁时表现出的与人分享的行为和他成年后的亲社会行为有着直接的关系（Eisenberg et al.，1999）。亲社会行为也有助于儿童在需要时得到别人的帮助和合作，因为一个孩子的行为越亲社会，他就越可能得到同样的回报（Persson，2005）。

当儿童成为亲社会行为的受益者时，就更能零距离地感受到这种行为带给人的美好。每一次这样的经历对他们来说都是一个很好的范例，他们可以从中获得许多有用的信息，并将其用于今后的行为中，同时他们也有机会学习怎样对别人的善举做出积极的回应。儿童如果学不会这些技能，他们今后从他人那里获得的安慰和帮助的机会就会越来越少。

亲社会的儿童更可能与同伴建立良好的关系（Hughes & Ensor，2010），他们至少会有一两个朋友，不太会与别人发生攻击性行为和冲突，在同伴中会深受欢迎（Eisenberg et al.，2006）。成人常常认为亲社会儿童的社会能力也很强。

最后一点，有清楚的证据证明，儿童早期的亲社会行为对他们当下和后期的学习成绩也有重大影响（Wentzel，2009）。这可能是因为亲社会的儿童更可能从同伴和成人那里得到帮助，这有利于他们进一步发展认知能力，并在学校为自己营造一个更积极的学习环境。要点 13.1 里总结了亲社会行为产生的益处。

要点 13.1

亲社会行为产生的益处

1. 带来满足感。
2. 建立能力认知。
3. 提供融入社会环境的途径。
4. 促进与他人的关系。
5. 提升在同伴中的知名度。
6. 增加获得帮助或合作的机会。
7. 提高学业成绩。
8. 营造积极的团体氛围。

亲社会行为不仅对个体有益，对整个集体也很有好处。在鼓励儿童互相配合和帮助的集体环境中，儿童间的互动会更友好，产生的效果也更理想；反之，如果团体不注重强调这些有意义的行为，结果就会大不一样（Dovidio et al.，2010）。此外，对于一些日常事务或比较单调乏味的杂事，比如打扫卫生，在气氛融洽的环境中会变得更容易安排，因为如果每个人都参与其中，任务很快就可以轻松完成了，而且不会有人感到负担太重。另一个好处是儿童开始逐渐形成一种积极的团体形象，他们觉得在这样一个集体中，无论是自己还是他人都是友好的、有能力的（Marion，2011）。

儿童做出亲社会行为的动机

儿童做出善良、助人和合作的行为有许多原因。有的出于不想让别人感到受伤害（邀请一个孩子一起玩游戏，这样她的情感就不会受伤）；有的是在面对一起突发事件时的自发行动（杰罗姆从秋千上摔下来了，弗雷德立刻跑过去，并大声问道："你没事吧？"）；还有的是为了弥补因自己的行为给别人造成的不快（库尔特为了第一个抢到机器人，把杰瑞米推到了一边。但之后他发现杰瑞米快哭了，就马上笑着又递给了他另一个机器人，并对他说，"你可以玩这个"）。亲社会行为也可以是在别人的指导下出现（"请给她一些你的积木"）。他人的求助是亲社会行为出现的另一个原因（"你能帮我找一下老师吗？"）。还有一个原因就是儿童这么做只是为了让他人获益，没有其他的考虑（Hastings，Utendale，& Sullivan，2008）。

儿童做出亲社会的意愿会受到发展因素的影响，比如年龄、为别人着想的能力、对受害者同情的程度和道德动机（Malti et al.，2009；Vaish，Carpenter，& Tomasello，2009），同时也与他的个人经历有关——观察到的别人的亲社会行为、亲身获益于别人的善举以及当自己表现出亲社会行为时得到的反应。小的时候，儿童与父母和同伴在一起时可学着践行好的行为。学龄前儿童和刚上小学的儿童会以自我为中心或者需求导向行事，从而选择对他们自己有利的行为（停止哭泣或者从成人那里获得表扬），不过这种出发点在小学后期开始减少。逐渐地，他们的亲社会行为的原因会变得更抽象，在采取行动时会更多地受原则和道德标准引导（Eisenberg et al.，2006）。

亲社会行为的步骤

人们曾经以为，只要教儿童亲社会的思维方式，他们自然就会选择亲社会的行为。遗憾的是，善意的想法与亲社会行为并没有非常直接的关联。虽然学龄前儿童已经懂得与人分享、轮流和合作是好的行为，但是当他们真正行动时，未必能够这样做。比如：

> 在假扮警察时，布莱恩当着老师的面清楚地说道："规则是不能动手，因为打人很疼。"说完之后他就跑开了。然后当他看到有的孩子正在做他认为错误的事时，他从腰间掏出一块积木（这是他的警棍），用它打了那个做错事的孩子的头。

布莱恩的想法是对的，但随之而来的行为是错的。要真正做到亲社会，儿童不仅要有正确的想法，还必须做正确的事。从思维到行动，需要三个步骤：

1. 意识到分享、助人或合作是必要的。
2. 决定这样行动。
3. 真正采取亲社会的适当行为。

图 13.1 中列举了这三个步骤在实施时的一些事例，认真阅读这张图，从中了解儿童的能力、当时的环境以及潜在的挑战对每个步骤的影响。

亲社会步骤	必要的发展能力	潜在的挑战	情境	分析	可供参考的策略
认识	儿童必须能够将着眼点转向他人。儿童必须能够准确地理解他所听到和看到的肢体语言、动作和言语。	儿童可能过于关注自己的需要而没有察觉别人的需求。儿童可能没有注意到别人发出的暗示或者无法准确地解读它们。	豪尔赫正吃力地把满满一桶水提到玩沙子游戏的地方。他不停地调整姿势，以确保不把水洒出来。当水还是洒了出来后，他很沮丧地把桶放了下来。里巴这时就只是站在旁边观望。	里巴没能从豪尔赫的非言语行为中解读出他需要帮助的信号。因此，她没有意识到豪尔赫需要帮助。	教师可以直截了当地告诉她豪尔赫需要帮助，“里巴，你看豪尔赫，他提那个桶很吃力，他需要我们的帮助。”或者，教师可以对豪尔赫说，“你看上去很需要帮助，如果你说，‘我需要帮助’，别人就会马上赶过来。”
决定	儿童必须了解清楚别人的需要。	儿童可能不知道别人需要什么。儿童可能错误地解读了别人的需要。	拉多娜3岁，非常活跃，可是她的左腿比右腿短。她可以自己在教室里走来走去，但是达琳常常把她抱起来从一个地方移到另一个地方。当老师问达琳为什么要这么做时，她骄傲地回答道:“我在帮她！”	达琳决定帮助拉多娜，可是她并不知道拉多娜需要什么。	教师可以说，“你想要帮助她，那咱们问问她是不是愿意让你抱她。”或者，教师可以这样说，“我知道你想帮助拉多娜，可是拉多娜更愿意自己走，就让她自己走吧。不过她非常需要一个朋友，所以你可以和她一起玩游戏，这也是一种帮助。”
行动	儿童必须有能力做他应该做的事。	儿童可能尚不具备所需的技能。	孩子们正一起用硬纸盒搭建一个大理石迷宫。滕诗想把两个纸盒用胶水粘在一起，可是一直粘不住，于是她发脾气了。卡特走过来想把几个盒子用胶带绑在一起，可是胶带太薄了，他的手指总是被胶带缠住。		教师告诉他们，卡特的想法不错，但是胶带太薄了。她给卡特和滕诗展示了怎样用弹力胶带把这些盒子固定在一起。

图13.1 亲社会行为的步骤

第一步 认识

首先，同时也是最重要的是，儿童必须意识到，人们能够从亲社会行为中获益（Schwartz，2010）。这需要他们能够准确地解读自己所看到和听到的，特别是要能够觉察到表达沮丧情绪的信号，比如哭泣、叹息、面部表情扭曲或挣扎，以及言语暗示，比如，“我一个人做不了这么多工作”，或者，“如果我们一起做，我们能完成得快一些。”相较于清晰的信号，意思不明确或比较隐秘的信号对儿童来说较难理解。比如，帕蒂观察到杜安拿摔倒了，在那里呻吟，但她不能肯定他是否需要帮助。但是如果杜安拿哭出声来并且发出了求助的声音，帕蒂就会很容易地明白他的痛苦。同样的，如果有成人告诉她杜安拿已经表现出了难过的迹象，她也会意识到自己应当采取亲社会行为。在大多数情况下，当人们遇到一个貌似有问题的情形时，会先看看受害者，再看看周围其他人的反应，然后再判断是不是真有问题。

在情况不明朗或比较模糊时更是如此。如果围观的人都表现出一副无所谓的样子，本来有意给予帮助的人可能就会以为干预是不必要的。比如，阿卜杜勒搭建的积木倒了，他看上去很不高兴，可是他什么也没说。旁边的几个儿童抬头看了看他，发现他没有哭，也没有其他特别明显的沮丧表情，就又继续玩自己的游戏了。罗杰也目睹了这一切，他也认为不需要帮助阿卜杜勒，因为他发现没有人过去做什么。但是如果这时成人或某个孩子对阿卜杜勒说，“你没事吧？”或者，“你搭的塔倒了，实在太可惜了。”情况可能就会不同，因为这样的说法能够让人意识到阿卜杜勒确实很难过。

对所有的儿童来说，提醒他们注意有人需要帮助都是有益的。对于那些听力有障碍而无法听到别人发出的难过暗示的孩子，成人的介入就更有必要了。巴克利小姐每年都会教她在幼儿园班上的孩子学习表示“停”和“看”的手语，并且让他们每天都练习使用它们，遇到同伴有需要时，他们就可提供帮助了。在任何时候，当她发现一个潜在的情境时，她就会说出这两个词并同时做出相应的手语。这令她班上的所有孩子都获益良多。

当儿童觉察到别人处于困境的暗示后，就会对这个人产生同情或共情，或者对其处境感到难过。为别人感到难过更可能引发他们的亲社会行为，而为自身感到难过不太会引发这样的行为。在刚开始时，儿童对处于困境中的他人的情绪反应是跟着对方一起哭或叹气，长大一点后，他们就有了共情能力，并且能够将情绪反应与实际帮助结合起来。事实上，一个儿童表现出的同情心和共情越多，他就越有可能采取亲社会行为（Eisenberg et al.，2006）。

第二步　决定行动

旦儿童意识到有人有需要，他们就需要做出要不要出手相助的决定。影响儿童做出决定的因素有三个，即儿童与此人的关系、他们当时的心情，以及他们是否认为自己基本上是一个亲社会的人（Dovidio et al.，2010）。

关系　各个年龄段的儿童都极有可能对他们喜欢的人和与他们建立了良好关系的人做出善意的回应（Eisenberg et al.，2006）。虽然儿童也可能对陌生人表现得很有感情，但朋友间的关系总是比陌生人之间的关系友好得多。以分享这一亲社会行为为例，如果对方曾经与给予者分享过他的东西，或者如果此时的分享要求对方今后做出同样的回报，那分享就有可能出现（Dovidio et al.，2010）。因为在这样的情况下，儿童会从公平和互惠的观念出发，觉得自己有义务与彼此分享。大家同属一个集体的意识也能帮助个体表现出助人行为。比如，儿童更可能帮助自己班上的同伴，而不是外班的同学（Dovidio et al.，2010）。

心情　人的行为会受到情绪的很大影响。目睹一起突发事件时，人会感到紧张；看到一个不公平的现象时，人又会觉得很不舒服。当你选择帮助他人时，实际上你也是在消除他的困境带给你自己的负面情绪，所以说共情能力越强，人越有可能对别人做出亲社会反应（Dovidio et al.，2010）。儿童自身的心情也会影响他是否决定采取亲社会的行为。心情好的时候，所有年龄段的儿童都可能是亲社会的；心情不好或者没有心情时，儿童可能就不会这样做（Ladd，2005）。当儿童感到高兴的时候，他们会对自己努力的结果持乐观的态度，他们甚至会为了达到助人的目的而不惧困难或付出大量的时间和精力。但另一方面，当儿童正处在生气或难过的状态时，他们通常无法忘掉自己的不快而去帮助别人，或者可能会认为自己起不到什么作用。不过也有例外的时候，一些年纪稍大的儿童觉得，如果这时做出善举，或许能改变自己糟糕的心绪，他们期望用积极的行为让自己的感觉变好一些。可一旦他们发现这么做并不能给自己带来益处，就会停止亲社会行动。

自我认知　儿童是否采取亲社会行动也与他们的自我认知有关。如果儿童经常听到别人夸他能与人配合或者乐于助人，就会认为自己的确是这样的人，并且表现出符合这一评价的行为（Paley，1992）。而如果儿童缺乏这样的自我认知，就不会做出那些亲社会行动，因为他认为那不符合自己与别人的关系模式。

社会和个人准则　当儿童从他人身上看到亲社

会行为时，他们就开始意识到助人是一件有价值的事。通过自身的经历和学习，儿童渐渐具备了判断对错的能力，他们也了解了相关的社会准则，知道在不同的环境中什么样的行为是合适的。随着他们长大并掌握了越来越多的道德观念，他们也会形成自己在帮助别人方面的行为准则。总之，儿童的行为决定受这些社会和个人准则的影响（Dovidio et al.，2010）。

第三步 采取行动

如果儿童认定自己有分享、助人和合作的义务，就会选择并采取自认为在某种情形下合适的行动。他们的行为会受两种能力的影响：观点采择能力和工具性知识（Berk，2013）。

所谓观点采择就是儿童能够意识到什么样的行动对对方是有帮助的。年纪小的儿童这方面的技能是很有限的。比如，教师正忙得不可开交，2岁的朱妮塔却递给她一张兔子图案的毛毯。她的用意是好的，但不知道怎样才能帮老师的忙，因此她的这种无效行为也就不足为奇了。等儿童上小学后，渐渐就具备了这样的能力，知道应该怎样帮助别人和与别人合作。如果出现的情境是他们所熟悉的，或者他们自己有过类似的经历，他们就更清楚该怎么做了。到6岁时，儿童的观点采择能力会与他们的社会认知能力一同发展，即使是面对自己不熟悉的环境，他们也懂得怎样做出适当的回应（Carlo et al.，2010）。

工具性知识则是指具备有效行为的知识和技能(Brown，Odom，& McConnell，2008)。掌握许多技能的儿童在实施他们的想法时更容易取得成功。但对那些只有良好的愿望而缺乏必需技能的儿童来说，他们的努力常常会适得其反或徒劳无益。而且越具亲社会倾向的年幼的儿童往往也越有可能做出反社会的行为，因为他们缺乏经验，无法区分哪些行为是合适的、哪些是不妥当的。不过，随着年龄的增长，他们会慢慢发现两者间的不同，并且能够更多地对他人采取有帮助的、得当的行动。

儿童在经历上述三步时会遇到一些困难。比如，他们可能会误读或忽视别人发出的需要其做出亲社会反应的暗示。他们也可能在试图给予对方帮助时采用不当的方法。一个想极力安慰另一个孩子的儿童可能会在把他最喜欢的故事书递给对方时不小心把书砸到对方的脸上；在拥抱他时用力过猛而把他弄疼；说了一些不适当的话，比如“你身上的味道不是那么臭”。年纪小的帮助者可能在稀释颜料时没有注意刻度，结果加的水太多了；使用牙膏擦白板，因为他们以为那样能擦得更干净。有时候，他们会以为合作就意味着要放弃自己的所有想法，或者要取悦每个人就不能让自己表现得出众。这些都是儿童在学习怎样善待别人的过程中很容易犯的错误，随着他们逐渐长大，积累的经验也不断增加，这样的错误就会越来越少。

儿童的亲社会行为受到的各种影响

两个四年级的孩子坐在餐桌边等他们的朋友。这时，他们看见一个二年级的学生把自己的午餐盒掉在了他们旁边的地上，里面的食物全洒出来了。一个孩子看到后咯咯地笑起来，另一个孩子也笑了，但同时起身走过去帮助了那个孩子。

为什么一个孩子会采取带有善意的行动，而另一个没有呢？与儿童在其他领域的发展一样，科学家们一直试图确定除日常互动外，其他会导致儿童做出亲社会行为的因素。这些因素包括生理因素、社会认知理解能力、语言、社会经历、文化期望和周围成人的行为。

生理因素与亲社会行为的关系

亲社会行为与生理因素有一定的关系（Simpson & Beckes，2010）。研究提供的证据表明，人的生理因素与共情、同情心和亲社会行为的发展有很大的联系（Eisenberg，2013；Hastings，Zahn-Waxler，& McShane，2005）。

气质

一个人能否对遇到的情况做出亲社会反应与他的气质、对自己和他人的敏感性以及他对情绪的管控紧密相关（Eisenberg et al.，2006）。比如，如果一个孩子性格开朗，能够体察别人的困境，但又不会因此过度心烦意乱，他就很可能做出亲社会反应。与之相反，如果一个孩子总是以悲观的态度看待周围的世界，或者很容易被别人的困境搅扰，他就不太可能做出适当的、助人的行动。此外，能够调节自己的情绪并采取行动的儿童一般都是亲社会的（Eisenberg et al.，2006）。

性别

大多数的研究发现，儿童的亲社会行为意愿不存在性别差异，也就是说，男孩和女孩都具有亲社会的能力。不过也有一些研究认为，男女在亲社会行为上还是有一些差别的。女孩会比男孩表现出更多的亲社会行为（Keane & Calkins，2004；Russell et al.，2003）。但也有人不认为有这样的差别（Hastings，Rubin，& DeRose，2005）。

年龄

总体来讲，儿童做出亲社会行为的能力会随着年龄与日俱增。婴儿和学步儿能够觉察到有其他孩子在哭或者不高兴，并且会通过跟着哭或试图安慰他的方式做出情感反应（Thompson，2006；Wittmer，2008）。在学龄前阶段，儿童会愈发意识到并表现出亲社会行为（Eisenberg et al.，2006）。像分享、助人、与人合作、捐助、安慰和保护他人这样的行为都会随着儿童的成熟而越来越常见（Pratt，Skoe，& Arnold，2004）。

社会认知与亲社会行为的关系

在儿童走向成熟的过程中，他们理解他人想法和情感的能力以及管控自己行为的能力都会促使他们表现出越来越多的亲社会行为。社会认知需要一定程度的同情心、共情、观点采择和思维方式，而这些又都与亲社会行为紧密相关（Carlo et al.，2010；Hastings et al.，2008）。因此，能够理解别人情绪的儿童最有可能采取亲社会的行动，并表现出较强的综合社会能力（Hughes & Ensor，2010）。

语言与亲社会行为的关系

语言是很有力的。儿童理解和使用语言的能力在他们表达需要和满足自己的需求时非常重要。特别是当他们能使用更多的词语表达自己的情绪时，他们也就能对自己有更多的了解并对他人的行为有更好的理解了，同时还能对别人做出共情和同情的反应（Saarini et al.，2006；Epstein，2009）。当儿童具备了用语言进行讨论、思考和反思自己及他人行为的能力后，他们的亲社会行为就会增多，而有问题的行为则会减少（Hughes & Ensor，2010）。

分享

分享就是自愿将资源拿出来共享。按照这一定义，如果儿童被强迫或者被要求与他人共同使用某个东西，就不是真正意义上的分享。分享实际上综合了亲社会行为发展过程中的生理、社会认知和语言方面的因素。在儿童了解了别人的需求并理解了他希望分享的意愿后，即使是很小的儿童也会开始采取相应的行动。在为学步儿和学龄前儿童开办的幼儿园里，你肯定会看到儿童间的分享行为。事实上，儿童从 2 岁开始就能主动把玩具拿出来和大家一起玩了（Rose-Krasnor & Denham，2009）。不过他们发现与成人分享更容易一些，而且和年纪大一点的儿童相比，年幼儿童能够与他人分享的次数还不够多，这是因为儿童天生就有占有和以自我为中心的欲望（Eeynolds，2008）。由于他们非常看重拥有某个东西的那个时刻，因此即使他们自己不再用它了，也不肯轻易放弃。比如，4 岁的米歇尔骑了会儿三轮车，然后就跑去玩沙子了。可是当他看到另一个孩子要去骑那辆三轮车时，他马上大声地表示抗议。对米歇尔来说，三轮车是属于他的，因此即使他现在不骑，他也要占有它而不愿意让别人使用它。

戏剧游戏是练习分享的一个好方法。这两个孩子就在一起完成做饭这个任务。

此外，年幼的儿童尚缺乏解决分歧或通过彼此妥协达成满意结果所需的语言沟通技能，因此他们分享的出发点起初还是为了自己的利益，比如现在拿出自己的东西与别人分享是为了让对方今后也能把他的东西拿给自己玩，或者是因为受到同伴的威胁而不得不做出妥协，“如果你不给我玩，我就不再做你的朋友了。”

在学龄前阶段的后期和刚上小学的前期，儿童开始意识到分享其实是与别人一起玩，这比自己玩更有意思（Reynolds，2008）。在这个阶段，儿童之间的互动增多了，他们的分享能力也增强了。最大的改变发生在6—12岁，因为他们的观点采择能力在这个时期也大幅度提升了（Carlo et al.，2010）。

年纪大一点的儿童出于几个原因而更愿意与人分享。第一个原因是他们的智力水平已经有了进一步的提高，这使得他们能够理解两个人同时想要同一个东西的合理性，把自己的东西拿出来与他人分享并不意味着自己就不再拥有它了，而且分享在通常情况下是互惠的（Berk，2013）。同时他们也明白了分享（只是暂时失去对某物的拥有权）和捐献（意味着永远失去了所有权）的区别，并且还能向他人清楚地表达他们的真实意图是哪一个。第二个原因是他们掌握了更多的技能，可以通过各种方法与人分享。如果其中一种方法（例如，轮流）不能令大家满意，他们会尝试其他方法，比如交换、谈条件或用一个代替物等。第三个原因是年纪大点的儿童能够分清他们所拥有的物品的价值，所以他们比较容易放弃一些自己不再特别需要的东西。

刚上小学的儿童在分享的时候也可能是出于得到别人认可的目的。像分享这样的亲社会行为被视为好行为，因此儿童更愿意这么做，从而得到同伴的赞许，而赞许可以弥补他们为分享而做出的自我牺牲。

随着儿童渐渐走向成熟，他们的推理能力也会受到公正原则的影响，而分享恰恰符合这一原则。起初，儿童会将公正定义为绝对的平等，也就是说，在任何情形下，每个人都必须得到平等的待遇。当需要分享时，儿童会认为每个人一定要获得同样的次数，每一次持续的时间也必须一样，而且每个人要得到同样多的东西。

最终，儿童会认识到平等中也包含特殊情况，对其中一些特别的人，因为他们付出了更多的努力、有更出色的表现或者身体有残障，应该得到特殊的对待。这时，儿童会决定分享并不需要绝对的一致。他们觉得，对于那些很少有机会玩的儿童，可以让他们玩的时间长一点；或者如果某个孩子在某件事情上付出得最多，就应该让他先玩。有些儿童在8岁时就明显表现出了这样的认知，有些儿童则要等再晚一些才能做到。不过，无论在什么时候，只要儿童有了这样的认知，都证明他们对亲社会行为的理解能力增强了，他们也会在较早期表现出更多带有善意的行为。

年幼儿童和年长儿童在分享的能力方面有着很大的不同，这由他们的发展水平和理解能力的差异所致。儿童需要逐渐从以自我出发的动机（“如果我与他分享，他就会更喜欢我一些”）转向为他人考虑的动机（“如果轮不到她，她会不高兴的”）；从具体事实（“是我先得到的”）到较为抽象的想法（“她需要它”）。最终，儿童能够达到“换位思考”的境界，并且通过这么做来彰显他的自尊意识。后者通常要到青少年后期才能出现，一般在12岁以前的儿童中不太常见。最后，有证据表明，我们在这里提到的推理能力与儿童所表现出的实际行为是相关的（Eisenberg et al.，2006）。儿童越成熟，在道德方面的推理能力越强，他就会表现出越多的亲社会技能和行为；而如果他仍处在低级阶段，他的表现可能就差多了（参见表13.1）。儿童的行为不仅由其成熟程度决定，也深受其社会和文化经历的影响。

表13.1 年龄对分享的影响

年幼的儿童（2—6岁）	年长的儿童（6—12岁）
从自我出发的动机	为他人考虑的动机
必须确认自己的所有权	认可别人使用的合理性
看重此刻自己对某物的拥有权	能够分清不同物品的价值
“此时此地”的思维方式	会考虑未来的益处；也会用过去的经历来指导自己的行为
很少的进行协商或交易的语言技能	语言能力已经得到了很好的发展
尚难以找到更多的选择	可以发现更多的解决办法

社会经历与亲社会行为的关系

儿童在家庭、同伴和学校等社会环境中获得的经历对他们的亲社会行为的发展发挥着重大影响。在家里，儿童一出生，其生活的环境就开始对他的亲社会行为产生影响。婴儿与父母间的依恋被认为是亲社会性发展的基础（Diener et al., 2007）。此外，父母与年幼儿童的交流也会影响其共情的发展（Garner, Dunsmore, & Southam-Gerrow, 2008；Thompson, 2006）。如果儿童的父母自己能表现出亲社会行为，同时也鼓励孩子做出类似的行动，并向他们解释这样做的意义，儿童就很有可能是亲社会的（Hastings et al., 2008）。等他们再大一点后，要让儿童学着做一些家务事，这样他们就能懂得作为家庭中的一员应当为家庭出一份力，从而也可增强他们的亲社会行为的意识（Eisenberg et al., 2006）。就像一位妈妈在给她的孩子布置家务活时说的，“大家一起动手做，然后一起玩。”

儿童在一起时也可以互相学习，在此过程中，他们有机会既练习又收获亲社会的行为。最重要的是，同龄人之间的互动能够让他们充分践行各种亲社会行为，而且大家互相影响，都能从他人身上学到好的行为（Bukowski, Velasquez, & Brendgen, 2008）。儿童对彼此的影响很大，因此一个儿童在目睹了同伴表现出的亲社会行为后，渐渐地，也会跟着那么做了（Fabes et al., 2005）。此外，哪怕只与一个孩子建立起互惠的朋友关系，对于促进双方的亲社会行为也是有益的（Wentzel, Barry, Caldwell, 2004）。

学校整体的环境，特别是教师与儿童的关系以及儿童之间的关系，会对儿童的亲社会行为产生或多或少的影响。比如，儿童在幼儿中心得到的关心和照料越多，他们表现出的亲社会行为也会越多（NICHD, 2002）。而且学校的整体环境与儿童的自我调节、共情和社会能力也有很大关系（Eisenberg et al., 2006；Wilson, Pianata, & Stuhlman, 2007）。最后，教师自身的态度和行为对儿童在教室里能否表现出亲社会行为也会产生重要影响。如果教师喜欢自己的学生，他就会在行动中把这样的态度表现出来，并会对学生做出积极的回应。但是如果他的想法与此相反，他的反应就会很负面，这样，学生中的攻击行为就会较常见（McAuliffe, Hubbard, & Romano, 2009）。因此，要营造出有利于促进儿童亲社会行为的良好互动环境，成人需要认真思考和周密策划。

文化期望和经历与亲社会行为的关系

不同的文化对于分享、助人或合作这样的亲社会行为的重视程度是不一样的。有的文化强调竞争和个人成就；有的文化更重视合作和集体和谐。有的文化能接受暴力现象的存在，有的文化则坚决不允许这种现象出现。但是不管怎样，文化对人与人互动时对善良的要求标准起着重要的作用。

在崇尚善良、助人和合作的社会中成长起来的儿童更容易内化这些价值观，并在日常生活中表现出相应的行为。此外，如果儿童生活的文化既倡导成人与儿童建立温暖、贴心的关系，又会让儿童从很小的时候就开始为家庭或集体承担一些任务或责任，这样的文化就非常可能培养出具有亲社会能力的儿童（Hastings et al., 2008）。

在现实生活中为儿童创造让他们互相帮助或合作的机会能够提升他们的亲社会技能。

成人的行为与亲社会行为的关系

成人对儿童学会助人和合作也起着重要作用，因为他们可以通过许多途径对儿童施加影响，其中最为有效的方法来自社会支持金字塔的前三个层面（见图 13.2）。

如同你已知道的，在促进儿童的亲社会行为方面，最根本的一点就是成人首先要与儿童建立和发展积极的关系。当成人对儿童是热情的、有帮助的时，儿童就会对他们产生安全感和依恋感，也就更可能表现出亲社会行为（Hastings et al., 2008）。

成人能够对儿童产生影响的另一个途径就是为其构建的环境，它既可能有助于儿童的亲社会行为的发展，也可能对此起阻碍作用（Laible & Thompson，2008）。在集体环境中，能够培养儿童分享、合作和援助的氛围应当具有以下特点（Bronson，2006）：

- 参与者能够期望这里的每个人都会竭尽全力帮助他人。
- 成人和儿童共同做决定、进行练习和执行程序。
- 沟通是直接的、清晰的、双向的。
- 个体的差异会受到尊重。
- 期望是合理的。
- 大家彼此喜爱，有一种集体归属感。
- 既强调集体成就，也肯定个人表现。

成人在营造这样环境的同时，还应配合使用权威型管束方法，亲自为儿童示范亲社会行为，对儿童在亲社会行为方面做出的努力给予奖励，向他们传授亲社会行为的价值和技巧，并为他们提供各种练习亲社会行为的机会。

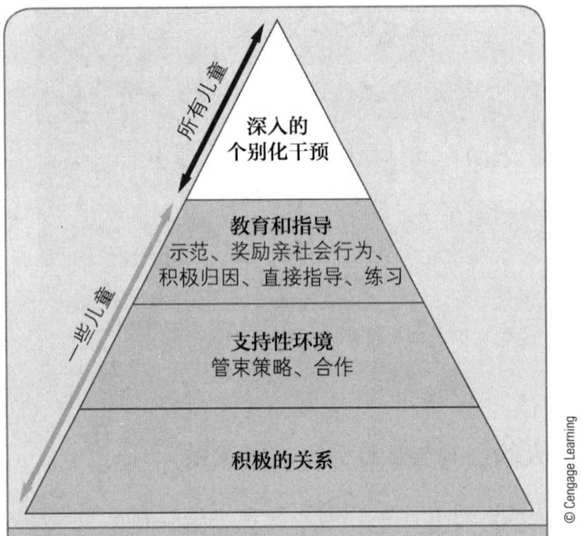

图 13.2 社会支持金字塔：促进儿童的亲社会行为

管束策略

使用权威型管束方法来帮助儿童学习亲社会行为是非常积极有效的（Hastings et al.，2008；Laible & Thompson，2008）。如果成人针对不同的情形为儿童提出了不同的行动要求，并且向他们解释了这样做的原因及意义，就能够使儿童内化这些价值（Eisenberg et al.，2006；Hastings，McShane，Parker，& Ladha，2007）。如果成人对儿童的亲社会行为抱有很高的期望，同时又严格执行规则来确保它的实现，儿童就能够在当时乃至今后对同伴做出善意和公平的行动（Pratt et al.，2003）。但是如果成人在此过程中缺乏爱心，又非常专横，结果可能就会相反（Knafo & Plomin，2006）。关于这部分，可以参考前面的第 10 章和第 11 章的相关内容。

示范

经常看到别人与人配合、助人、分享和给予的儿童最有可能也表现出这些行为（Hastings et al.，2008）。当成人向其他成人或儿童这么做时，他们就是在无声地让儿童模仿这些亲社会的行为，并且在潜移默化中变成他们今后的行动（Ladd，2005）。如果能在示范的同时告诉他们这样做能给别人带来的益处，效果就更好了（Hastings et al.，2008）。比如，可以这样说，“如果咱们花点时间给詹妮特制作一个‘早日康复’的卡片，这真的能够让她感觉好受些。”但是不要说，“给她寄一张卡片是做了一件好事。”因为要将焦点放在对方身上，而不是放在自己身上。

儿童在模仿他人的行为时更愿意模仿在他们看来动作熟练、有一定身份、乐于助人又对人友好并且具有奖励和执行结果权利的人（Thompson & Twibell，2009）。而那些冷漠的、爱批评人的、指手画脚的、动不动就惩罚人的或者没有任何影响力的人绝不是他们效仿的对象。此外，如果成人能做到言行一致，他们带给儿童的示范效应将是最大的（Shaffer & Kipp，2013）。研究人员发现，如果成人的言行不一，他就不会令儿童感到值得信赖，他的示范行为也就起不到作用了，甚至还可能削减儿童的亲社会行为。因此，如果成人要求儿童学着助他人一臂之力，可他自己很少这么做，或者在做的时候不停地抱怨，他就等于在告诉儿童帮助人并不是一件重要的事情。可是如果儿童看到成人表现出了亲社会行为并从中获得了明显的快乐，模仿就变得很自然了（Fox & Lentini，2006）。

强化亲社会行为

拥有一个亲社会的环境易于强化儿童这方面的行为，而当他们的亲社会行为得到特别认可后，他们就更加可能在同样的环境下更多地表现出这样的行为（Eisenberg et al.，2006）。从操作层面讲，成人需要做的就是注意观察儿童表现出的好行为并通过积极结果的方式予以肯定。但是遗憾的是，成人常常忽略了使用这样的策略。他们将儿童的亲社会行为视为理所当然的，没有给予经常的和充分的表扬，有时反倒很随性地对儿童的一些不利于助人或合作的行为进行奖励。类似糖果或贴纸这样的有形奖励反而会减少亲社会行为的发生（Ramaswamy & Bergin，2009）。

请记住，亲社会行为需要依靠后天习得，和学习其他东西所需具备的条件一样，也就是说，一定要激起儿童学习并取得成功的动机。如果成人没有觉察到儿童在努力达到成人的期望，或者总是花大量时间纠正他们不太适当的行为，就无法实现这一目标。成人应该做的是在纠正儿童行为的同时采取积极结果的方法对他们给予充分的鼓励。

亲社会行为归因

如同前面提及的，人们对自己的助人行为的定义是另一个影响其亲社会行为的因素。如果儿童认为自己是善良的、慷慨的和富有同情心的，他在与别人交往时就很可能也这么做（Bronson，2006）。因此促进儿童亲社会行为的一个方法就是采用**亲社会归因**（也被称为**性格归因**或者**素质归因**）的方式鼓励他们对自己有积极的认知。所谓亲社会归因就是成人明确地告诉儿童，他表现出了亲社会行为，比如，"你愿意分享，因为你喜欢帮助人。"（Wittmer & Honig，1994）。当儿童将自己看成助人的或善良的时，他们就更可能用行动来支持这样的认知。因此，亲社会归因为以后的亲社会行为创造了条件。如果希望效果明显，在表述时就一定要具体，要与儿童所说过的话或做过的事密切相关。同时还要把儿童善良的品性或内在动机讲出来，而不仅仅是标榜他的行为是好的。比如，如果你说"你是一个好的帮助者"或者"你帮忙把玩具都收拾起来了"，效果就不如你说"你把玩具都收拾起来了，因为你是一个乐于助人的人。"只简单表扬其行为而没有讲明其内在归因就很难使他在今后将该行为用于其他场合（Eisenberg et al.，2006）。但是如果将表扬和亲社会归因结合起来，该善意的行为再出现的可能性就大大增加了。

合作

当儿童为了共同完成一个工作或任务在一起合作时，他们需要与彼此分享想法或物品。教师首先要为儿童间的合作创造条件，做出示范，并对他们的行为进行引导。如果成人偏重于通过竞争来调动儿童的积极性，他们合作的可能性就很小了。如果教师对儿童这样说，"咱们来看看谁放回去的积木最多"，或者"画得最好的画将被放在陈列柜里"，儿童一定会彼此竞争而不是共同合作。因为他们很清楚，只能有一个获胜者，而如果帮助别人或者与别人合作，就会减少自己夺冠的可能性。但其实只要对这种情形稍加调整，就可以将儿童关注的焦点转向通过合作赢得集体的而不是个人的成就。比如可以说，"咱们来看看大家怎样配合才能最迅速地把这些积木收拾好。"或者，"你们画完画后，咱们出去把它们挂在大厅里。"这样的说法能促使儿童互相帮助或者共同配合。

此外，还可以通过对小组进行奖励的方式鼓励儿童为达到一个共同的目标而合作。以小组为单位记录他们读过的书或做过的好事有利于儿童作为一个整体而不断进步，也可以将他们的关注点转向整个小组取得的成就。注重集体的进步并在他们取得一定进步时给予其积极的肯定而不总是只表扬个体是一个非常有效的方法，它能令参与者之间的行为变得更加友好和配合（Crothers & Kolbert，2010）。如果成人只是一味地用有形的奖励鼓励儿童的亲社会行为，结果常常事与愿违。因为这样会让儿童把自己的行动归因于这些有形的奖励，而不是他人的需要或自己愿意善待别人的想法。而且一

© Cengage Learning 2015

这些孩子以团队的形式共同用积木搭建了一个造型。

旦没有得到期待的奖励，他们就很可能减少自己的亲社会行为。

直接指导

如果教儿童怎样用善良、助人和合作的方式去思考和行动，他们的亲社会行为也会增加（Dovidio et al.，2010；Brown，Odom，& McConnel，2008）。这样的指导应当将重点聚焦在让他们掌握助人和与人合作的具体技能上，及时觉察亲社会行为、发现别人的需要、预期行为的结果和对互动过程中出现的问题想出各种解决办法都属于亲社会技能。对于不同年龄段的儿童可以采用不同的策略向他们传授这些技能，包括：

- 与儿童讨论亲社会行为的意义，并且给他们提供一些可以怎么做的事例。
- 给儿童讲一些体现亲社会原则的故事。
- 通过使用玩偶、木偶、录像或者真实的例子向儿童示范和介绍亲社会行为。
- 让儿童把观察到的亲社会行为做一遍。
- 在角色扮演游戏中，让儿童通过扮演帮助者和求助者把亲社会行为表演出来。
- 做一些能够促进合作和体察别人需要的游戏。
- 在现实生活中为儿童提供助人或合作的机会。

那些积极参与排演或练习亲社会技能活动的儿童最有可能在遇到类似的情境时表现出这些行为（Ladd，2005）。这一发现对从学龄前儿童到青春期前期的儿童普遍适用，而在6岁以下的儿童身上表现得尤其明显。在相关的情形下，将这些行为身体力行不仅有助于儿童更好地使用它们，还能让他们读懂在什么场合可以使用它们的暗示（Alsaker & Gutzwiller-Helfenfinger，2010）。比如，当海蒂看一部木偶剧时，她必须通过各种线索判断哪个木偶需要帮助。如此一来，当现实生活中的别人有同样的需要时，她就能马上觉察到。因此，让直接指导最有效的方法就是将语言描述和解释与相应的行为练习结合起来。

实践亲社会行为

亲自参与亲社会活动的实践能够培养儿童未来的亲社会行为（Eisenberg et al.，2006）。许多研究人员都认为，要让儿童体会亲社会行为的意义，他们必须实际参与并亲身经历因共情带给自己的回报。当儿童做出善良和关爱的行动时，他们也会因得到成人的赞许而产生满足感。还有一点，当儿童以亲社会方式行事时，他们会认为自己是有能力和有用的人，因而也是亲社会的人。

上述这些成人的做法可以转变成更加具体的、或单独使用或综合使用的干预技能，它们能够对儿童的亲社会行为产生积极的影响。认真阅读下列技能，同时思考怎样将它们用在你与儿童相处时。在此之前，先读一下这个具有挑战性的案例，看看案例中的考特尼的“助人”行为给每天与她互动的其他儿童和教师带来了怎样的挑战。

具有挑战性的案例

考特尼

考特尼今年8岁，她喜欢帮助别人做所有的事情！只要有东西洒在了地上，她都是第一个找来海绵进行清理的孩子。同伴遇到困难不知所措时，她总是第一时间给出建议。别人感到沮丧时，也会向她寻求安慰。可是最近，教师发现在操场上（是与小班的孩子合用的），她会抱起那些年纪最小的孩子，把他们从一个地方移到另一个地方，“帮助”他们明白该干什么；她还会强迫小孩子坐在她腿上，这样她就能“帮助”他们读故事书；她也会在沙箱和秋千旁“帮助”他们，尽管那些孩子都说希望能自己玩。如果有孩子对她的帮助表示抗议，考特尼就会变得很生气。她的行为越来越带有胁迫性，也越来越粗暴，教师对此感到有点为难。因为他们实在不想伤害她助人的愿望，可是她过于强势的行为又给她本人、其他孩子和负责监管的教师带来了挑战。

如果你是考特尼的教师，你会怎样应对这样的局面？在学习过本章提供的这些技能后，思考一下考特尼和她同学的状况，看看你能使用哪些技能来帮助考特尼把她的“助人行为”引领到正确的轨道上。

促进儿童亲社会行为的技能

营造一个亲社会的环境

你可以使用在前几章里学到的相关技能来构建一个有利于儿童的亲社会行为发展的环境，除此以外，还可以参考下面这些策略：

1. **当儿童的亲社会行为在日常出现时，要立即向他指出来**。当孩子们清扫豚鼠笼时，要告诉他们这是一个关心动物健康的行为；当特雷莎说在她因病请假期间收到过祝愿她早日康复的卡片时，要告诉她这是某个同学选择的安慰她的行为；若一个同学发言时其他同学都能保持安静，就要告诉他们这是一种可帮助发言的同学集中精力的行为；当孩子们采用轮流的方法玩的时候，要告诉他们这是一种互相配合的行为。所有这些事例都能让你无须说教或讲道理就清楚地说明什么是亲社会行为。
2. **当发现儿童在无意中表现出不够友善的行为时，要立即指出来，并向他建议可代替的更亲社会的行为**。由于缺少经验或考虑不周，儿童有时会有不顾及他人、自私、不配合或缺乏同情心的表现。当出现这种情况时，要向他们指出这种行为会给对方造成的影响，同时向他建议一个更适当的做法。不要轻易指责儿童"自私"，你可以这样对他说，"你如果不给她一些，她会很难过的。"如果有孩子跌倒了，把餐盘里的食物洒在了地上，其他孩子却哈哈大笑，你可以这样说，"如果你们这样嘲笑山姆，会让他很尴尬，他真的会很难为情。你们应当过去帮他把盘子捡起来。"
3. **给儿童创造合作的机会**。每天都安排一些需要大家共同完成的活动或事务，比如，喂小动物或做实验等需要孩子们一起完成的任务（见工具表 13.1）。鼓励孩子们学会互相帮助。即使是那些自身有特殊需要的孩子，也要让他们在可能的情况下帮助其他同伴。如果有儿童请求你的帮助，尽量找另一个有能力的儿童来帮忙完成。可以找一些具体的办法帮助你筹划班上的集体活动。

工具表 13.1　鼓励儿童合作和分享的活动

- 通过玩像降落伞、摇船和跷跷板这样的玩具和物品来促进儿童间的合作。
- 让儿童玩大型的地板拼图或大理石迷宫游戏，锻炼他们的协作能力。
- 鼓励孩子们一起画壁画，而不是每人单独完成自己的作品。
- 建议他们玩一些需要大家轮流玩的游戏。
- 把一大堆橡皮泥放在桌子中间让孩子们共同分享。
- 鼓励儿童制订一个杂事清单，大家每天都要负责完成其中的一部分。
- 与儿童讨论怎样利用空间或使用物品，从而使大家都能享用它们，比如一起玩积木或者都待在艺术区域。
- 当儿童表现出替他人着想的行为时，要立即指出来，比如帮别人更换拼图方块，或者把不同的颜料刷放入不同的颜料罐里。
- 安排儿童共同完成一些日常事务（比如，摆放午餐的餐桌）。
- 给儿童读一些有关分享的书。

4. **与儿童交谈时，要让他们理解亲社会行为的合理性**。要向儿童解释班级的规则要求的亲社会本质。比如，告诉他们轮流玩的做法可以让每个孩子都有机会尝试新的玩法或感受新的体验；而安慰一个处在难过状态中的孩子不仅可以令他感觉好一些，还能让安慰者本人产生好的感受。在向儿童解释替别人着想的行为时，不仅要强调它给予被帮助者的好处，也要指出它对行为执行者同样有益。和大家一起讨论每个孩子的不同需要，并且让他们意识到，所谓公平就是应当充分考虑每个人的具体需求。在课堂上让儿童自己说出一些规则背后的亲社会因素，比如为什么要等别人讲完再发表自己的观点。给儿童留出时间让他们讲出彼此做过的友善的事情，帮助他们对这些过程进行思考，并一起讨论亲社会行为带给他们的感受。

5. **奖励亲社会行为**。注意捕捉儿童在助人、合作和友善方面所做的尝试，不要认为这些行为都是理所当然的，或者一定要等到发生非常引人注目的事情才表扬儿童。相反，要及时肯定儿童哪怕微不足道的好行为，比如给别人让路，帮别人拿东西，没有任何争吵地在一起玩，分享彼此的想法，或者主动给予他人鼓励。可以通过微笑、使用积极的个人信息和亲社会归因等方式对儿童的这些表现做出肯定和赞赏。
6. **安排集体活动**。尽量寻找能让儿童在一起活动的机会，你可能需要对通常更重视个体成就的环境进行调整。比如，如果以前你只要求每个儿童负责自己所待的区域或使用的物品，现在可以改变这一要求，鼓励儿童一起清理更大的范围。然后对儿童使用有效表扬，强化他们合作和助人的行为。
7. **亲自示范各种亲社会行为**。对于你自己在儿童和其他成人面前表现出的行为采取审慎的态度，要为他们树立好的榜样。安慰、援救和帮助等行为比较容易被儿童觉察到，但也不要忽略表现出的分享和合作。在你示范这些好行为时，可以加上一些评论起到强调作用，比如，"我看到雷蒙需要帮助，我要去帮助他搬那个盒子。"在你与其他同事以及儿童的家人互动时，也要注意示范亲社会行为。
8. **对他人的亲社会行为示范做出积极的回应**。对他人给予的帮助做出积极回应有利于营造亲社会的环境。如果你很渴望别人给予你帮助，一定要说，"谢谢"，并且脸上应当有非常开心的表情。如果你更愿意自己做事情，或者别人提供的帮助没什么用处，千万不要对帮你的儿童或成人置之不理。相反，要感谢他们的好意，同时可以告诉他们你想自己做，或者告诉他们怎样才能更好地帮到你。这两种说法都是在接受或谢绝帮助时的得体方法。
9. **在做出亲社会行为时要有积极的态度**。因为儿童很愿意模仿成人，所以当你在做出助人和与人合作的亲社会行为时，应当显得很乐意这样做，面带微笑，并且对他们说，"能够帮助你让我感到很开心。"
10. **向儿童指出你或他人示范的亲社会行为**。如果儿童在目睹亲社会行为的同时也能得到解释，他们就能更好地理解。因此，可以这样对儿童做出解释，"亚瑟感到记住那些歌词很吃力，所以雷蒙就帮他把其中一些写出来了。"或者，"兰迪和迈克决定一起使用那个工作台，兰迪用锤子的时候迈克就用锯，然后他们再互换。"
11. **通过积极归因的方式增强儿童亲社会的自我形象**。对儿童具体地说出他所做的好事，比如，"艾克，你从那么高的地方帮丹尼尔把他需要的字典拿下来了，真是帮了他的大忙。"或者，"朗尼和加温，你们刚才在制作立体背景图时能够彼此配合，这样你们的工作就变容易了。"或者，"杰克森，你给妹妹擦眼泪说明你很善良，她知道你关心她，感觉会好一些。"

使用指导和辅导的方式促进儿童的亲社会行为

直接在现场发生的情形下或者通过提前安排好的活动对儿童进行有关助人和合作的指导和辅导。在此过程中，成人所起的作用就是使儿童明白善良意味着什么，并向他们展示怎样在生活中做出带有善意的行动，同时让儿童有机会练习相关的技能。每种方法间都有一些共性，但也有各自的特性，对此必须有所了解，才能成功地加以应用。

提供现场指导

回想一下发展儿童亲社会行为的三个步骤：认知、做出决定和采取行动。现场指导的目的是当儿童自己执行不下去时成人好给予及时的帮助。

1. **注意观察儿童表现出的亲社会行为的迹象**。当儿童表现出为他人着想、尝试想帮助别人或者完成任务时协同努力等迹象时，哪怕只是很微不足道或短暂的表现，也要认真观察并记录下来。
2. **直接向儿童提出需要帮助的请求**。这一点对学龄前儿童来说尤其重要，因为他们尚未形成自己的观察能力，无法准确地识别他人是否有需要帮助的地方。因此，当你告诉他们你需要帮助时，就等于给他们提供了练习识别他人的暗示继而采取相应的助人行动的机会。
3. **帮助儿童意识到他人什么时候需要帮助或合作**。

儿童有时候觉察不到处于困境中的他人发出的需要帮助或配合的信号。这时，可以给儿童提供一些相关的信息帮助他们意识到正在发生的情况。比如，如果玛丽安娜看上去没有注意到巴尼正在吃力地搬一块很重的木板，你可以说，“看巴尼，他太吃力了，看来他需要一些帮助。”同样的，如果达肖恩在听 iPod 时不留神自己也跟着唱起来，干扰到了别人的阅读。于是别人可能会对他说“闭嘴”或者“小点声”，这很容易让达肖恩产生误解，甚至可能让他认为这是对他的挑衅。这时，你为他做出一些解释就是必要的，“你很喜欢你正在听的音乐，可是如果你唱出声，别人就无法集中注意力看书了，所以他们希望你能够配合，声音小一点。”

4. **教儿童学会一些信号，用它们来表达希望别人帮助或配合。**正如上面那个例子，其他儿童在希望达肖恩配合时，使用了不妥当的方法，结果很可能适得其反。因此他们同样需要学习一些适当的表达方法，比如，“达肖恩没有发现他干扰到你们了，与其冲他大喊大叫，不如走过去跟他解释为什么希望他安静。”学步儿和学龄前儿童以及那些正处于情绪激动状态的儿童最需要这样的直接建议。可以给他们提供一些例句，让他们学着使用，“你去告诉玛丽安娜，这块木板太重了，你一个人拿不动。”在你的帮助和鼓励下，大多数学龄儿童会从以前对这样的情境不知所措转变为积极参与并且表达自己的想法。
5. **告诉儿童应当在怎样的情形下给予他人帮助或配合。**有时候，孩子虽然已经看出来有人需要他们的帮助或配合，可是他们不知道接下来该怎么做。这时就要告诉他们是时候做出亲社会行动了，比如，可以对儿童说，“贾妮斯看上去需要你的帮助，我们应该去帮助她。”或者，“克罗奇先生想让我们一起完成这个项目，我们来决定一下要不要做。”
6. **与儿童讨论在怎样的情形下合作是不适当的。**这样的情形可能包括会使他人或财产遭受危害，或者违反了道德原则。比如，大家合伙去偷东西、在考试时作弊或者破坏财物。对于已经上学的儿童，可以和他们讨论如果因此遇到同伴的压力，应当采用怎样的策略和说法应对这种令人不爽的局面。
7. **帮助儿童决定在某个特定的情境中，怎样的助人和合作的方法是最合适的。**在儿童表现出愿意帮助他人或与他人合作的愿望后，帮助他们决定应当怎样采取行动。可以给他们提供一些信息，“有时候，当别人感到不开心时，给他一个拥抱或者对他说点安慰的话能让他觉得好受些。”或者，“有时候人们愿意做些有挑战性的事情，这能带给他们满足感，这时如果别人非要替他们做，反而会破坏他们的兴致。”
8. **向儿童示范对他人有帮助的行为。**在与儿童讨论怎样帮助别人时，为了使讨论的内容更具体，可以加入一些示范动作，比如，怎样帮一个有需要的同学打开轮椅的锁，怎样在一个孩子给洋娃娃穿衣服时帮她把洋娃娃扶好，或者两个人怎样坐到一起玩电脑游戏等。此外，还可以告诉儿童即使不通过直接的、肢体的帮助，也可以用其他的方式给予他人关心或支持。

   让他们知道对别人发出会心的微笑、竖起大拇指或在一旁替他们加油鼓劲都很有意义，能够带给对方安慰和鼓励。最后一点就是教儿童提出像这样的问题，“你希望得到帮助吗？”“我怎样才能帮到你？”“你有什么需要？”“你希望我做点什么？”这样可以让儿童懂得在某个特定的情形下，什么样的行为在别人看来是有帮助或者是合作的。
9. **教儿童怎样分享。**教儿童怎样分享不是简单告诉他们就够了，在儿童真正学会与人分享前，需要体会许多次由成人引导的分享经历。通过安排好的活动和现场指导可使儿童熟悉各种分享方式，比如轮流、大家同时使用某个地方或物品、平分物品或区域、找到另一个代替物或场地以及互相做出妥协等。要点 13.2 提供了一些在教儿童分享时可使用的策略。

   教排队等候的儿童学会问，“我怎样才能知道你什么时候就用完了？”这需要那个正在使用该物品的孩子设计一个结束信号并且让等候的孩子看到。年纪稍大些的儿童会对此表示感谢，“好的，下一个就轮到我了”。让他们建立次序轮流占有某个物品能够满足他们对在一定程度上控制局面的需要。

   最后一点，还要帮助孩子区分在怎样的情形下可以期望与他人分享（比如，分享班上的物品），而在怎样的情形下不可以有这样的期望（比如，使用他人的私人物品）。所有这些技能都涉及分享这一行为在执行时的细微差别。如果只简单要求儿童“分享”，他们是不可能认识到这些差别的。

要点 13.2

教儿童学会分享的策略

1. 示范分享应当是怎样的。

2. 给儿童提供多种分享的方式，让他们从中做出选择。

3. 当现实生活中分享的例子出现时，及时向他们指出来。

4. 给他们读一些有关分享的故事作为讨论的话题。

5. 教儿童一些表达请求使用某物品和结束使用某物品的例句。

6. 帮助儿童协调使用某物品时的顺序，比如，“接下来该我了，然后轮到玛丽。”

10. **提高儿童的观点采择技能**。要让儿童理解别人什么时候需要帮助或合作，什么时候需要你具有善意的行为，成人必须教他们站在他人的角度进行思考。虽然儿童通常在6岁时才能具备这种能力，但从三四岁开始就可以这样教育他们了。可以通过开放式问题来提升儿童的亲社会行为的意识，比如，“你怎么知道会发生那样的事？”或者，“是什么使你想尝试那么做？”同时，可通过问类似“如果……会发生什么？”或者，“接下来会发生什么？”引导儿童对结果进行思考。最后，在鼓励儿童换位思考时，可以提出这样的问题，“威廉想自己完成这个项目，你能帮他做些什么？”或者，“你还能用什么方法帮他？”

11. **为儿童增加工具性知识提供机会**。成人可以教给儿童下列策略：

    帮助儿童将自己的感受用语言叙述出来，这样他们不仅能够表达自己的情绪，也可以明白别人对其情绪的表述。

    在班上为儿童提供大量的正式或非正式的机会，让他们学着自己做出决定。这不仅可以让他们练习对问题想出多个解决办法，而且可以提升他们对自己能通过积极的途径解决问题的信心。

    最后，为他们提供学习有用技能的机会。对班上的物品进行分类和整理，当别人手里拿着东西时为他们开门，用工具修复损坏的玩具等，都属于这样的技能。

12. **与儿童一起对他们行为的结果进行评估**。在儿童的行为结束后，马上进行回顾总结能使他们有不少收获，你可以这样问他们，“跳到箱子上能解决问题吗？”“你自己做行吗？还是需要更多的人来一起做这件事？”“你能为雷蒙德提供他需要的信息吗？”或者，“你认为这个让每人每次使用望远镜5分钟的做法怎么样？”

    如果儿童不能对自己的表现做出评价，你可以给他们一些意见，或者帮助他们从别人那里获得一些信息。这样的评价可以与儿童单独进行，也可以作为集体活动在小组范围内进行。不论他们行为的实际结果如何，都要对他们付出的努力予以表扬。

13. **鼓励儿童接受别人善意的行为**。有时候，儿童可能没有觉察或者会误读别人的亲社会行为的意愿。比如，特里西娅可能没有意识到奥德雷接手这件事是为了帮助她；她也不能理解山姆不肯做决定是为了表示他愿意互相合作。出现这种情况时，你要把实情告诉儿童。

    此外，也有一些儿童希望独立，凡事都想自己完成，因此他们会拒绝别人的帮助、关心或同情。他们常常既不愿意与他人合作，也不期望别人有与他们合作的愿望。他们给出的观点就是既不想付出，也不求得到。实际上，这样的儿童是害怕被拒绝或者不敢尝试与人合作，他们需要在为他人做出亲社会行为前先经历别人给予他们的善行。由于他们的这种做法使别的儿童远离了他们，因此你必须向他们伸出援手。

    对这些看似不愿接受帮助的儿童，一定要像对待其他儿童一样热情，并给予他们同样的帮助和鼓励，因为这是帮助他们开始接受别人的亲社会行为的第一步。

14. **当儿童善意的行为遭到拒绝后，要给予他们支持**。有时候，当儿童在想帮助他人时遭到拒绝或者他们的助人行为没有得到期望的结果时，他们的热情会受到打击。出现这种情况时，要理解儿童失望或沮丧的情绪，并与他们就具体情况进行分析讨论。你可以给儿童提供一些信息，让他们明白为什么会出现这样的结果。如果你也不清楚儿童的好意为什么没有取得好的结果，至少要对他表示支持和同情。

上述策略都可以用于每一个孩子，既可只使用其中某一项，也可将几项综合起来一起用。至于具体应当使用哪种技能，需要根据你所面对的具体情况而定。我们可以通过下面这个真实的事例加以说明：

情境：肯顿和乔希是 6 岁的孩子，他俩正在玩需要拼接的建筑玩具。乔希搭了一辆非常精致的小汽车，肯顿对此很羡慕。

肯顿：给我也搭一辆小汽车吧。

乔希：行，但是如果我搭，它就是我的。

肯顿：可是我也想要一辆，给我搭一辆吧。

乔希：那它就得是我的！

肯顿：你搭吧，我找不到合适的积木块了。

至此，肯顿显然没能得到乔希的帮助，这时成人的干预就很有必要了。

成人：乔希，肯顿在请求你的帮助。有时候，当人们帮助别人时，他们会为他做某件事。可是听上去你认为如果你给肯顿搭一辆汽车，它就得属于你。帮助别人的另一种方法是教他怎么做，这样肯顿就可以在你的帮助下自己动手，你觉得这样行吗？

乔希：好的。

肯顿：太好了。

乔希向肯顿展示了他是怎样把小汽车拼接在一起的，之后的一切进行得都很顺利，成人简要地评价了他们之间的合作行为以及乔希乐于帮助朋友的表现。

在这个情境中，成人让一个孩子意识到了另一个孩子发出的求助信号，并给他提供了可采取的行动信息，她也表扬了孩子们表现出的亲社会行为。当天晚些时候，她可以再找点时间与乔希和肯顿非正式地谈谈，听听他们对助人这件事的看法和反应。

用有组织的活动做辅助，向儿童传授亲社会行为

有计划的活动是成人事先安排好的课程，儿童可以单独参与，也可以集体参加。最好的活动无须非常复杂，但一定要认真准备，并且符合儿童的兴趣和需要，下面是一些关于具体执行的技能。

1. **选择你想传授的亲社会技能**。从本章中选择一个你想教给儿童的技能，比如怎样意识到别人需要帮助、决定怎样帮助他们或者采取行动予以帮助。
2. **思考传授该技能时可使用的多种方式**。其中，组织儿童集体讨论和积极参与是最为有效的，所谓积极参与就是让儿童通过使用道具、来回走动和讨论的方式学习，而不是只坐在那里听你讲。这方面的一些成功做法包括：
   a. 读或讲有关亲社会主题的故事。
   b. 通过幽默故事或使用木偶、布娃娃等道具来制造亲社会情境。
   c. 在校园里与儿童讨论身边发生的亲社会事件。
   d. 让儿童扮演亲社会的角色，内容可以涉及怎样请求帮助或合作，如何知道别人需要帮助或合作，怎样决定用哪种方式的帮助或配合最有效果，以及怎样谢绝不需要的帮助。
   e. 与儿童就杂志、书籍或张贴画中的某些场景展开讨论，讨论的话题可以包括识别谁得到了帮助、谁提供了帮助、帮助的过程。也可以指出其中出现的合作或不合作的行为。
   f. 与学龄前儿童玩需要相互配合的游戏或者与年纪稍大一点的儿童玩寻物游戏，把大家分成几个小组，看哪个小组而不是哪个个人找到的宝物最多。
   g. 把像宾戈游戏这种传统的竞争型游戏改编成需要团体共同合作的配合型游戏。

   在改编后的游戏中，每两三个儿童分到一张牌，目的是让大家一起设法找到能够配上的数字或图案，而不是比赛看谁先打完手里的牌。一组儿童手里的牌打完后，他们可以再加入其他小组帮忙。可以购买一些着重推荐这类配合型游戏的书供你参考。

h. 设立一些集体项目，比如班级手册或板报，要求每个儿童都参与其中。

3. **选择一个你的活动方案进行更细致的准备**。仔细考虑一下你可以找到哪些道具、打算进行多长时间、应当搭建一个什么样的布景以及一次可以参加的儿童的人数。比如，如果你只有10分钟的时间，就不要选一个需要读20分钟的故事。
4. **制订一个行动方案，自始至终都要体现亲社会的内容**。把方案写下来，确保你能记得更清楚，同时也对它做进一步的考虑，包括活动开始时你将怎样介绍，你会给儿童提出哪些要求，你打算怎样摆放物品，你会让儿童怎样使用它们，你将采取的每个步骤，以及你将如何结束。同时也要预料到如果儿童对你的引导不感兴趣或者无法配合，你应当说什么或做什么。要点13.3是这样的一个活动实例。
5. **收集你所需要的材料**。必要时可以再添加一些道具。
6. **实施你的方案**。在实施过程中使用你在前面学习过的相关的言语和非言语交流、反馈、提问和角色扮演等技能来帮助你达到更好的效果。
7. **对你的活动从当下和长远来看所产生的亲社会结果进行评估**。评估时可以问自己这样一些问题：参与活动的是怎样的一些孩子？他们在活动中说了或者做了什么？他们如何表现出对活动感兴趣或不感兴趣？活动之后，他们会在自己的交谈或游戏中提及或采用活动中涉及的亲社会技能吗？一段时间后，儿童能够自发地表现出活动中强调的亲社会行为吗？
8. **在某个其他时间，重复该活动，或对其稍加修改后重复**。儿童需要在一段时间内经过不断重复才能真正掌握亲社会的理念，因此，不要期望马上就看到他们行为的转变，或者在你的一两次示范后他们就能把亲社会的技能运用到自己每日与他人的互动中。

与儿童的家人进行沟通

儿童在家中表现出的亲社会行为需要并且应当得到家庭成员的鼓励，下面是一些这方面的技能，它们能够帮助你与儿童的父母或他们生活中的其他重要成人共同发展儿童的亲社会行为。

1. **告知儿童的家人你们在班上奉行的有关合作的原则**。合作型活动、集体项目和个体的工作都向儿童释放了这样一个信息，即班里的每个人都为班级的正常运转和秩序井然发挥着重要作用。要把

要点 13.2

促进儿童亲社会行为的活动实例

活动 **分享橡皮泥**

目标：帮助儿童练习分享

物品：一块900克的橡皮泥、一张桌子、五把椅子（一把供成人用；另外四把供儿童用）、一把塑料刀、一把剪刀、一根30厘米长的线

程序：
1. 将整块橡皮泥放在桌子中间。
2. 用一只手按住橡皮泥，说："我这里有一大块橡皮泥，你们四个小朋友都想用它。告诉我怎样才能使大家都有机会。"
3. 认真听取儿童的想法，引导每个儿童给出建议。
4. 对大家重复每个人的观点，然后问他们，"你们觉得怎么样？"
5. 在整个过程中保持公正，不论儿童提出怎样的建议，都不要流露出不赞同的表情。
6. 必要时可以提醒儿童，玩橡皮泥的第一步是先决定怎么玩。
7. 如果儿童陷入了困境，再向他们重申一遍与助人相关的事实和原则。
8. 对达成一致的解决办法进行总结。
9. 表扬儿童。
10. 执行达成一致的方案。

同样的信息以简报的形式告诉儿童的父母，并让他们清楚班上所提倡的亲社会行为以及你们如何鼓励孩子表现出这些行为。

2. **邀请儿童的家庭成员到校园里帮忙**。在每一学期开始时，给每个家庭发一份家庭兴趣调查表，了解他们感兴趣做的事，比如修理玩具、缝纫、陪儿童外出考察、设计板报或者讲故事。这其中，儿童的家庭能够做的最具价值的事情就是参与介绍自己所属文化传统的活动，因为它对来自其他文化背景的儿童来说是非常陌生的。有些家庭可能不愿意对邀请做书面回应，那就与他们进行口头交流，这样既能够了解他们的情况，也可以鼓励他们积极参与。

为了鼓励儿童家长的广泛参与，要设法为不同特点的家长创造不同的机会。有的家庭成员喜欢参加即兴的活动，有的家庭成员偏重持续一段时间的项目。一些成人更愿意在“幕后”帮忙，但也有一些成人希望直接与儿童接触。要记着告诉儿童他们的家人所给予的各种帮助，同时也一定要以书面或口头的形式向这些成人表示感谢。儿童也会从你送给家人感谢便笺这件小事上有所收获。

3. **回答儿童的家人关于竞争与合作在儿童生活中的作用的问题**。在提倡合作的同时，有些家长会表达他们对竞争的关切，因为他们认为孩子要获得成功就必须具备竞争意识。

可以就这一话题与家长展开讨论，或将其作为新闻简报的内容为他们做出解释。鼓励家长发表自己的看法并对他们的观点予以认可。向他们说明“尽全力”与“打败对手”之间的区别。比如，对于儿童取得的成绩可以有多种衡量方法，比较他这次比上次的进步就是其中的一种。建议家长为孩子记日记，记录下他们在朝某个目标努力的过程中的情绪变化。帮助父母掌握当孩子在竞争或比赛中遇到不可避免的失望或挫败时给予他们支持和鼓励的技能。告诉家长不要否认孩子对“失败”的认知，同时帮助家长通过使用情感反应和持续回应的方法让孩子将自己的情绪完全呈现出来，这样才能更好地理解他们当下真实的状态。要向孩子的家长指出，孩子在不同的年龄对成功和失败有不同的看法，而这是随着他们的发展不断变化的。此外，如果有必要，也应当让家长明白，如果他们在激励孩子时过度强调竞争和挑战，那么孩子在为此而奋斗的过程中就容易与其他孩子产生更多的冲突。

4. **帮助成人想办法让儿童在家里也能帮忙做点什么**。在许多家庭中，即使是很小的孩子也要分担一些家务活。对大多数孩子来说，早上起床叠被子、收拾餐具、做餐前准备甚至在做饭时帮忙做些简单的工作都是力所能及的。承担这些工作能够让儿童产生一种对家庭有所贡献的感觉，同时也增强了他们对自己能力和价值的认知。

要鼓励儿童的家庭成员与孩子一起商量，看看他们在家里能帮忙做点什么。可以建议家长把家里的家务活列出来，然后让孩子们挑选他们能做的。有时候，孩子喜欢重复做一件事；有时候，他们更愿意经常变换工作。让家长针对孩子的实际情况做出决定，而且要告诉他们，不要对孩子统一要求，对不同的孩子可以采用不同的方法。也就是说，在一个家庭中，有的孩子可以一直只做某一件事；而其他孩子则可以经常变换做不同的家务活。在家中要用一种非常明显的方式让大家知道某个工作已经完成了，比如可以在每周的工作清单上将完成的事情划掉。

在做家务事方面，也要提醒父母谨慎对待孩子间的竞争，因为不当的对比只会产生阻碍而不是鼓励孩子参与的结果。相反，对于有些家务活，应建议孩子们一起完成，这样会更加有效。而且为了避免误解，还应制订完成标准。比如，在一个家庭中，8 岁的艾伦负责饭后打扫厨房，可是之后他的爸爸责备他没有把扫帚和簸箕放回壁橱。两个人争执了一会儿后，他们意识到虽然爸爸觉得把东西归回原处也属于工作的一部分，可孩子不这么认为。最后他们将这项工作的内容明确为打扫厨房并将所使用的工具放回原处。

最后要向家长解释清楚的是，不要将孩子做家务看成理所应当的事。只有在付出得到了肯定后，孩子才会继续这么做，因此一定要对他们为家庭做出的积极贡献表示赞赏。

注意事项

当你向儿童传授亲社会行为时，无论是通过营造有利于善意行为的氛围，还是提供现场指导，或者借助于事先安排好的活动，都要注意避免犯下面这些错误：

1. **没有意识到儿童所付出的亲社会努力。**儿童在刚开始学习帮助人和与人合作时会显得很为难，或者他们起初所采取的行动几乎看不出有什么善意。出现这种情况时，成人会误以为他们是有意不想帮助别人或与别人配合的。如果他们的行为可能对他人造成伤害，那是应当制止的，但是要肯定他们良好的初衷，并告诉他们应当怎样改进自己的行为，而且一定要先认可他们的好意，然后再纠正他们的做法。因此，如果儿童往水彩画上倒水或者用牙膏擦玻璃，不要认为他们的动机是要损坏物品或者故意惹你生气，相反，应当这样问他，“你打算干什么？”“你认为会出现什么情况？”或者，“你为什么要……？”如果发现他们的意图是好的，要先肯定他们的努力，然后再跟他们解释为什么他们的行为不可行，并向他们建议其他合适的方法。在问他们的意图时，要确保你的语气是真诚的，没有带指责的成分。

   当儿童试图以不妥当的方式帮助人、与人配合、安慰人或救助人时，可以采用上述策略。如果你对儿童的行为加以了限制或者采取了措施，但事后发现儿童的本意的确是好的，一定要向儿童解释，告诉他现在你明白了他其实想做什么，然后再与他探讨为什么纠正其行为是必要的，并且告诉儿童可以代替的具体做法。
2. **通过负面比较或者竞争的方式向儿童展示亲社会榜样的行为。**正如前面提及的，当把亲社会榜样的行为向儿童指出后，他会很乐意模仿。但是成人不可以将榜样的行为与儿童的行为进行对比，这样做是非常不合适的，比如对儿童这么说，“你看人家罗杰，多么有礼貌，你为什么就不能像他那样呢？”这会让儿童产生抵触情绪，而不愿接受对方的行为，更不会学着模仿了。更恰当的方法应当是对他说，“罗杰不小心撞了莫琳，于是他就对莫琳说‘对不起’，这是非常有礼貌的表现。”后面这种表达法用不加评论的方式给儿童传递了客观的信息。
3. **强迫儿童做一些非自愿的亲社会行为。**有时候，成人为了教儿童替他人着想，会强迫他们表现出心中并未产生的善意。比如父母会坚持让12岁的雷蒙德表现得乖一点，亲吻一下玛莎婶婶，尽管儿童已经明确表态他不愿意那么做。但他最后还是服从了，并不是出于对玛莎婶婶的友善，只是不想给自己惹麻烦而已。在儿童自己不愿意时强迫儿童道歉也会发生同样的情形，这会让他们误以为道歉可以让他们快速摆脱窘境，而非一种真诚地表达悔意的方法。同样的，催促儿童为了取悦别人而对其虚情假意地表达赞美会让他们认为伪善是可以接受的。

   要避免上述不良后果，成人一定不能只想着让儿童表现好，而忽视发展儿童善良行为背后所依托的共情能力。因此，更恰当的做法是向儿童介绍对方的情况，促使儿童对其产生同情心。可以这样跟雷蒙德说，“玛莎婶婶很高兴见到你，她非常爱你，因此如果让她知道你也爱她，她会很开心的。”对于另外两种情形，则可以对儿童说，“你在练习使用拐杖时碰到了杰瑞的腿，那很疼。”“你告诉过我，你觉得卡丽家的锅特别干净，如果你直接告诉她，她听了会很高兴。”
4. **让儿童在任何时候都要与别人分享所有的东西。**毫无疑问，分享是儿童应当学习的一项重要的与人交往的技能。但遗憾的是，有时成人的做法有些操之过急。比如，伊丽莎白正在她的“商店”里用三个购物袋将食物分类，一个装盒子，一个装罐头，另一个装塑料水果，这三个袋子她都需要用。这时，海伦走过来问她可不可以用一个袋子。伊丽莎白不同意，可成人坚持让她拿一个袋子给海伦，而且成人还亲自动手把水果倒了出来，将袋子给了海伦。

在这件事情上，伊丽莎白拥有使用这三个袋子的合法权利，如果等她玩完后再让她把袋子分享给别人会更容易。这样对她说更合适一些，“伊丽莎白，等你玩完后，海伦想用一个袋子，所以等你玩完了就告诉她一声。”另一种不当的做法是成人很武断地规定儿童以轮流的方式实现分享。比如，一个孩子上刚骑一辆三轮车，成人就告诫他说，“你在操场上骑一圈就得下来，让别人骑。”这种做法的用意是好的，为了避免儿童间发生冲突，而且似乎也很公平。但是其结果往往是没有一个孩子对这样的安排真正感到满意，而且需要成人一直在旁边监督。

与这种做法相反，应该让儿童玩尽兴。因此如果可能，最好多准备一些设施供儿童玩，这样就不必让孩子在玩得最投入时不得不放弃。如果做不到，可以告诉孩子，别的孩子也在等着玩，以此激发他们的同情心。还有就是帮助儿童想出能让各方都满意的分享方法。最后一点，当儿童终于将自己正在用的物品让给别人时，一定要表扬他们，指出他们的行为会令等着玩的儿童非常高兴。

总　结

亲社会行为是帮助别人或使别人受益的自愿行动，它是儿童的社会能力的一个重要组成部分，并且对其本身有许多好处。善良的孩子不仅能使自己的满足感和成就感得到发展，与他人的交往顺利，而且作为回报，也会从别人那里得到帮助和配合。小组中如果有亲社会的氛围，那与缺乏这种气氛的小组相比，其成员的表现会更友好和更有成效。

如果希望儿童做出亲社会行为，首先必须让他们认识到亲社会行为所构建的环境是对他们有益的；然后再让他们决定自己是否要采取行动和怎样采取行动；最后则是执行自己做出的决定（或者是不采取行动）。有做出亲社会行为的意愿和将其做到最好不一定能够同时实现。

随着儿童日渐成熟，积累的经验不断增多，他们越来越有能力将自己的亲社会行为与他人的实际需要准确地结合起来。儿童的观点采择能力对他的亲社会行为起着重大作用，也就是说，儿童越能替他人着想，就越会表现出更多的亲社会行为，而且它们之间的关联会随着年龄的增长变得更加紧密。年龄、同伴、家庭、学校和文化也会对儿童的亲社会行为产生影响。某些社会特征会对亲社会行为产生促进或阻碍的作用，比如，在不同的文化中，对亲社会行为或反社会行为的重视程度是大不一样的。

在使儿童乐于助人和与人配合方面影响最大的是成人，包括他们与儿童建立的亲密关系、对儿童采取的管束措施、向儿童示范的行为、对儿童行为的奖励以及传授给儿童的亲社会价值观和技能。给儿童灌输善良的品性可以通过这些途径：营造有利于亲社会行为的环境、现场指导和有组织的活动。专业人员与儿童的家庭成员相互配合对促进儿童的亲社会行为的意愿和技能也大有裨益。

在儿童的亲社会行为方面，专业人员也可能会犯一些错误，比如没有注意到儿童想帮助人的良好愿望，或者坚持要求儿童在任何时候都与他人分享每样东西。通过不断摸索和经常反思可以避免这样的错误。

关键词

工具性知识（instrumental know-how，p.384）

亲社会归因（prosocial attributions，p.389）

亲社会行为（prosocial behavior，p.380）

素质归因（dispositional attributions，p.389）

性格归因（character attributions，p.389）

问题讨论

1. 找出亲社会行为的几个方面，用现实生活中真正发生的事例来讨论它们之间的相同点和不同点。
2. 以小组讨论的方式谈谈亲社会行为的益处和风险。如果可能，可以用你自己做过或者没有做过的亲社会行为作为具体事例加以说明，并且说出它们产生的结果。
3. 杰拉尔德正在努力用压舌板搭建一座桥，看上去他很难让它立起来，帕特里克则在一旁观望。
   a. 叙述一下帕特里克可以对杰拉尔德采取的亲社会行为的步骤。
   b. 讨论帕特里克可能做出的所有选择以及每个选择可能产生的结果。
4. 叙述一下年龄对儿童亲社会行为的影响，并就各种类型的亲社会行为随着儿童年龄的增长会发生怎样的变化展开讨论。按照你对儿童发展进程的理解讲出原因。
5. 讨论文化对儿童亲社会行为的影响，并用你自己的成长经历加以说明，哪些来自家庭或社会的价值观念对你的影响最大。
6. 叙述有利于儿童亲社会行为发展的环境因素，特别讨论一下你学到的管束策略对环境所起的作用。
7. 叙述六种可以在学校和家里向儿童示范合作行为的方法，讨论儿童怎样才能将它们转化成自己的行为。
8. 使用你在工作中遇到的实际事例，叙述成人在下列情形下的一些做法：
   a. 奖励儿童的亲社会行为。
   b. 忽视儿童的亲社会行为。
   c. 错误地惩罚了儿童的亲社会行为。

   将你观察到的结果（无论是当时出现的还是一段时间后出现的）讲出来并与大家进行讨论。
9. 讨论直接指导对儿童的亲社会行为产生的作用，特别是在传授儿童助人和合作的技能时所应采用的具体策略。
10. 从美国幼儿教育协会制定的道德行为准则中找出相关的准则和观点来判断下列情形中的道德规范：你们学校的两位教师对他们最近在一个工作坊里听到的一个活动很有兴趣，每当儿童做了一件好事，他们就可以得一分。一周结束时得分最多的那个儿童会被命名为那天的“善良小天使”。

案例分析

阅读附录一中阿德里亚娜的案例，然后思考并回答下列问题：

1. 你会为阿德里亚娜创造一些什么样的机会使她能和别人一起工作或游戏？她在这些需要配合的集体活动中可能会遇到什么困难？
2. 看看你可以使用本章提及的哪些技能帮助阿德里亚娜表现出更多的亲社会行为？
3. 叙述你可能向阿德里亚娜示范的一些亲社会行为，从而帮助她理解什么样的行为是适当的。你会采取哪些步骤以确保她能够明白你的行为的用意？
4. 将该案例与社会支持金字塔联系起来思考，为了帮助阿德里亚娜成为亲社会的孩子，你会在金字塔的每个层面采取哪些措施？
5. 在与阿德里亚娜互动时，有哪些方面需要引起你的注意？你应当怎样避免犯哪些错误？

课外作业

1. 选择一种亲社会技能，用几句话叙述一个你打算对儿童使用该技能的活动。执行你的方案，并记录执行经过以及儿童的反应。简要地谈谈今后如果重复该方案，你打算做哪些调整或改进。
2. 挑选一个你平时在工作中经常做的事，想出至少三种能让儿童帮你的方法。实施其中一个方法，然后叙述发生的情况。讨论一下如果你以后重复这个方法，哪些方面会保留、哪些方面需要改进。
3. 聚焦亲社会行为的示范。叙述一个你曾示范过的亲社会行为及其经过。然后讨论在某个情境中，你或他人会怎样向儿童指出他们表现出的亲社会行为，记录你所使用的话语。

4. 选择一种要传授给儿童的亲社会的技能，使用本章提及的现场策略并记录儿童逐渐取得的进步。
5. 叙述你（或者另一位专业人员）与一位儿童的家人就儿童的亲社会行为进行的一段对话。简要介绍一下儿童行为的成因以及你所建议的鼓励其发展亲社会行为的策略。根据本章和前面几章所讲的内容对你们的对话做一段简单评价。

检查你的做法

下面是一个对照检查表，作为一个刚入门的专业人士，你可以用它来检查自己是怎样实践这些技能的。你还可以在附录二中获得更多的观察教室行为的检测标准。

支持儿童发展亲社会行为的教师应做到下列几点：

√ 促进儿童间的互动。
√ 帮助儿童觉察自己和他人的情绪。
√ 帮助儿童发展解决问题的策略。
√ 通过归因和有效表扬的方法肯定儿童的亲社会行为。
√ 鼓励儿童做出善良和合作的行动。
√ 减少不必要的竞争，提倡大家一起做游戏。
√ 亲自给儿童示范亲社会的行为。

第 14 章 培养儿童对性和多样性的正确态度

本章目标

在学习完本章后，你应该了解：

儿童性心理发展的各个方面。

与儿童族群认同、偏好和态度发展相关的结果。怎样包容有特殊需要的儿童。

早熟行为、腼腆和具有挑战性的气质对儿童的社会性发展的影响。

有效应对与儿童的性、族群、特殊需要和其他发展问题相关的技能。

与儿童的家人沟通应对其个体差异的策略。

在处理与儿童发展中的多样性有关的问题时应避免的注意事项。

NAEYC标准

1. 提高儿童的发展和学习能力。
2. 与儿童的家庭和社区构建关系。
3. 观察、记录和评估儿童的行为，以达到帮助儿童及其家人的目的。
4. 运用适应发展的教学法与儿童及其家人进行沟通。
5. 使用相关的知识设计有意义的课程内容。

在一个大型幼儿中心的家庭区域，一个4岁的小男孩突然宣布洋娃娃“要生孩子”了。他把一个娃娃放在另一个娃娃身上，并且对正在附近玩的其他两个孩子说“看这个”，然后做了个示范性动作。那两个孩子很好奇地看着。这时，老师走了过来，那个小男孩赶快把一个娃娃拿开，有意识地结束了这个游戏情节。

几个孩子在挑选体现不同种族的洋娃娃时发生了争执，大家都最喜欢外表是白人和亚洲人的娃娃。当成人问他们为什么没人选择盒子底部的黑人娃娃时，其中一个孩子回答说，“我们不要！他们又脏又坏。”成人听了后感到非常惊讶，因为说这句话的正是一个非洲裔孩子。

凯西是一个视觉有障碍的孩子，她被分配到了五年级的一个班里。课间休息的时候，同学们打算分成两个队玩足球游戏，凯西紧张地张望着。教师发现没有哪个队挑选她时就说，“凯西也想玩。”可是没有人说话，场面很尴尬，显然两个队都不愿意接受凯西。

在儿童不断接触社会环境的过程中，像这样的事例会经常出现。我们对他们做出怎样的回应会对他们的学习以及对自己和他人的看法产生重要影响。

成人如果能够以一种敏感但反应不过于强烈的实事求是的态度应对这类敏感问题，就能促进儿童社会能力的发展，包括社会正义的价值观、对性的正确认识以及与不同文化和族群背景的人有效交往的能力。社会能力发展良好的儿童长大以后更容易适应社会环境，能够给予和接受情感帮助，并形成积极的自我认同。

但是由于我们在看待人类的多样性方面难免受到一些束缚或产生一些误判，因此有时候我们在应对类似的情形时也会感到非常尴尬、恼怒、不安和不确定（Derman-Spark & Edwards，2010）。因为个体情绪是其道德敏感性和过往经历的自然反应，所以我们可能会发现自己反应得过于紧张、故意回避或忽视一些负面行为或者瞬间觉得不知该怎样做出最有效的回应。

如果成人对这样的情形表现得过于焦虑或刻意回避，对儿童的发展是极其有害的——主要是会让他们产生内疚感、丧失自尊或者强化他们的负面情绪、错误认知和不当行为。

在本章中，我们就将探讨怎样让你和你所教的儿童以健康有益的方式来应对性和多样性这类敏感问题。

孩子的性心理发展

在儿童的自我认知发展过程中，非常重要的一点就是要让他们对自己的性别特征感到放松。下面的讨论将涉及让儿童明白其**性心理发展**的方式，即他们所扮演的男性或女性的性别角色、该角色的道德规范和行为特征以及成人对这些行为的反应。

性别角色的发展

兰迪拒绝和罗莎莉一起玩照相机，他说，“只有男孩才能当摄影师。”对此你打算怎么做？

我们需要从一开始就要分清**性别认同**（生理方面的、男性与女性的身份）与**性别角色认同**（某种性别的行为、能力和特征）。它开始得远比我们以前认为的早，并且一直持续到成年期（Berk，2013）。父母在这方面扮演着尤其重要的角色，但教师、同伴和兄弟姐妹的作用也很重要。

在成长过程中，儿童与性别有关的行为是在不断发展变化的（参见表 14.1），这能够从他们选择玩伴、玩的内容以及后期表现出的性别隔离中反映出来。所有儿童经历的阶段都是一样的，但不同的儿童因其过往的经历和智力成熟程度不同会有不太一样的表现。

观察儿童的活动就能看出他们已经意识到了社会对男性和女性在行为和态度方面不同的定义，这一点可以从他们玩的时候表现出的与性别有关的行为中反映出来。我们会听到他们发出这样的评论，“爸爸们都很强壮”“妈妈做饭”或者“我长大后要当护士，因为我是个女孩”。如果有需要，学龄前儿童在玩的时候能够答应“角色装扮”，比如一个小男孩会在没有女孩在场或者没有其他人愿意的情况下同意扮演“妈妈”的角色。但是他们长大以后，对这种扮演异性的做法会开始感到不自在。这标志着他们不想再探究性别之间的分别了，因为他们在这部分的社会学习已经变得不可改变了。在这方面，男孩的表现要早于女孩（Hyun & Choi，2004）。

性别角色的发展对儿童理解他们作为男性或女性在社会上的地位以及对其性别角色的表现都有很大影响。此外，儿童生活的环境和他们在环境中的经历也与他们社会身份和角色表现的形成有着密切的关系。比如：

阿米德把卡丽推了出来，并且说道：“男孩总是要站在前面。”（在阿米德的家中，他们的确都是这么做的。）

贾克森和柯克在假装游戏区玩假装做饭的游戏。贾克森说，“我们是厨师，但不只是做饭，对吗？”柯克回答道：“是的，我们做这些饭能挣很多的钱！”（贾克森和柯克都明白在家里做饭和以做饭为职业的不同，前者一般是女人的事；而后者通常是男人干的。）

小组活动时，大家在一起讨论能够为社区做什么，布兰达表达了她想当一名消防员的想法。理查德听后大声喊道：“你不能当消防员，你是个女孩。”（理查德还不知道男人和女人都可以当消防员。）

成人对儿童性心理行为和发展的反应

所有人从婴儿阶段开始就有性感觉。积极的性观念意味着将这些性感觉和性冲动看成正常的而非

表14.1　性别分型概述

年龄	性别认同	性别刻板印象	性别分型行为
0—2.5 岁	开始显现区分男女的能力并不断提高。 孩子可以清楚地知道自己是男孩还是女孩。	一些性别刻板印象开始出现。	开始表现出对与不同性别有关的玩具或活动的偏爱。 出现对同性玩伴的偏爱（性别隔离）。
3—6 岁	性别守恒意识开始显现（知道一个人的性别是不可能改变的）。	兴趣、活动和职业方面的性别刻板印象开始出现并且变得非常严格。	对不同性别的游戏或玩具的喜好表现得更加明显，尤其是在男孩身上。 性别隔离现象加剧。
7—11 岁		人格特质和成就领域的性格刻板印象也开始出现。但另一方面，性别刻板印象不再那么严格。	性别隔离的现象继续加强。 男孩仍继续喜欢属于其性别的玩具和活动；女孩则对一些男孩的活动表现出（或者保持）兴趣。
12 岁以后	性别认同的意识更加显著；开始思考性别化的压力。	青少年初期对跨性别行为越来越不能接受。到了青少年后期，对大多数方面的性别刻板印象变得更加灵活。	在青少年初期，行为更符合性别分型的行为，这反映了性别强化。 性别隔离的现象不明显了。

可耻的。儿童以后能否有效应对这些感觉取决于他们最早期的经历，而这些早期的经历（包括与生活中的重要他人在心理上的亲密接触）会让他们明白人际交往是安全的还是危险的、愉快的还是可怕的。同样的，儿童对于自己的身体及其机能会形成正面还是负面的看法也取决于成人在满足儿童的日常需要（比如洗澡、穿衣和排泄）时做出的言语和非言语反应。

如果成人使用像“肮脏的”“令人厌恶的”或“恶心的”等词语形容生殖或者排泄，儿童就会以为自己身上有些地方是不可接受的。与之相反，如果成人能使用客观的语气和准确的词语，并且采用行为反应和情感反应的方式，儿童就会对自己的性感觉形成健康的认知。从本质上讲，儿童对性的了解方式和他们对其他事物的了解方式是一样的——都是通过语言、行动、互动和所建立的关系。有些儿童会对手淫、触摸性器官和使用带有性色彩的语言更感兴趣（Couchenour & Crisman，2013）。

手淫

虽然儿童期手淫是许多儿童普遍有过的经历，但它还是引起一些成人的重大关切。大多数儿童都是在婴儿期通过触摸和摸索自己的身体无意间发现了自己的生殖器的。年幼儿童在午睡前听大人讲故事时或者在看电视时偶尔会摩擦或轻拍自己的生殖器，这属于略微有点不正常的自慰动作。还有一些时候，儿童会通过抚摩一些刺激性较小的身体其他部位（如鼻子和耳朵）、拧自己的头发或者用大拇指和其他手指摩擦软的东西来寻求安慰或体验类似的感觉。

3～5岁的儿童常常会对与自己不同性别的父亲或母亲产生情感上的依恋，比如把身体靠在他们喜欢的成人身上、坐得离父母很近、抚摩、梳理或玩弄其头发或者和成人挠痒痒。任何年龄的儿童在感到疲劳、紧张、焦虑、有压力、厌倦或孤独时，想去上厕所时，想引起别人的注意时，或者只是想获得快感时，都可能会有意识或无意识地手淫，以此作为一种自我安慰。小男孩常常会在感到担心、疲倦或兴奋时无意识地抓住自己的生殖器。

出现下列情况时就需要引起成人的关注了：如果儿童在一天中玩自慰的时间过长；儿童的生殖器出现了感染；儿童目睹了成人的性行为、色情音像或性虐待的现象。成人如果认为手淫行为是不正常的或者属于早熟的性行为，因此是不能允许的，他们就可能通过羞辱、威胁或惩罚的方式来阻止儿童这么做。其实，成人真正应当做的是注意观察儿童的行为，并记录下手淫发生的频率和常态（Honig，2000）。

年幼儿童间玩的性游戏

儿童在3—5岁时已经知道有异性存在了，大多数儿童甚至还发现异性有与他们不一样的生殖器。这让他们感到很好奇，不仅是因为男女生殖器的外观有明显的不同，还因为他们小便时的姿势不一样。

由于儿童不仅有好奇心，而且也有性意识，所以他们想清楚地了解这些差异也不足为奇，他们通常会通过玩“过家家”“看病”或其他游戏来一探究竟。在这个发展阶段，儿童会对成人的性行为产生兴趣。那些在电视上或现实生活中看到过性行为的儿童偶尔会用洋娃娃和其他玩具来模仿他们看到的动作。如果他们亲眼看到了自己弟弟妹妹的出生经过，或者在电视上见过，他们有时会玩生孩子这类性游戏。

儿童在玩性游戏时可能会把一些物品插进彼此的生殖器里，这会引发严重的危险。虽然成人应当认可儿童的好奇心，但也一定要向他们解释清楚这么做可能造成的伤害，而且不只是生殖器，也不能将物品插在身体上其他有孔的部位，比如眼睛、嘴、鼻子和耳朵。成人要对儿童的性游戏有所限制，并且要及时纠正他们的不当行为。

儿童对人的身体的好奇心是不能被忽视的，成人可以通过简单、直接的方式回答儿童提出的问题，满足他们想更多地了解自己及他人身体的正常欲望。对于像性别的差异和婴儿是怎么来的这样的问题，有一些非常不错的图画书给出了能令儿童满意的答案，比如Patricia Pearse所著的《看你是怎样长大的》（*See How You Grow*），Angela Robins所著的简单易懂的《婴儿是从哪来的？》（*Where Do Babies Come From?*），或者Peter Mayle与Arthur Robins合著的较为详细的《我从哪里来？》（*Where Did I Come From?*）。父母可以使用它们以及其他一些合适的书。使用正确的术语（比如，使用“阴茎”而不是“尿尿”）是在教儿童生理学事实时的一个重要方法，它能避免性别差异带给人的神秘感觉。

儿童的偷窥或窥阴癖

当儿童关于性别差异的本能好奇心被严重扼杀后，通常被认为属于“性骚扰”的窥阴现象就发生了。一些没有异性兄弟姐妹（他们是儿童了解性别差异的天然实验室）的儿童可能会把幼儿中心或学校里的浴室作为满足其好奇心的场所。因此，学前看护中心的负责人通常会决定干脆把厕所隔间的门卸掉。

但这又让一些家长感到很不安，因为他们认为这样会促使儿童过早地对性感兴趣，虽然已经有证据表明事实并非如此。此外，由于儿童被告知上厕所是一件绝对隐私的事情，所以他们在上厕所时多少会有一点紧张。考虑到这一点，每个隔间还是应当有扇门的。

一些年纪稍大一点的儿童由于受到过性虐待或者长期因目睹成人的性行为而被过度刺激，会出现偷窥或性攻击行为。并且他们不再加以掩饰，而是非常公开、放肆地把那些行为表现出来。如果这样的事情发生在很小的儿童身上，会令人感到很震惊，因为你认为他们非常“无知”，不可能有这样的想法和行为。一位幼儿中心的助手曾经历过这样一件事，一个 4 岁的小男孩坐在她腿上听她讲故事时解开了她衬衣的扣子。当她阻止他时，他咯咯地笑着对她说，“我想看看你的乳房。”她说，“我当时简直惊呆了，一个 4 岁的孩子就完全知道他在说什么和做什么。我到现在都不能应对这件事，而且我发现自己会有意躲着他。”

虽然当儿童出人意料地表现出露阴癖、偷窥、当众手淫、同性恋行为和使用带有性内容的语言时会让我们一时不知所措，但只要我们记住一些“反应原则”，还是能够成功应对的。要点 14.1 归纳总结了这些原则，我们将在本章的后半部分进一步阐述应用方法。

> **要点 14.1**
>
> **对出乎意料的行为的反应**
>
> 1. 在对儿童的性游戏做出反应时要保持镇定。
> 2. 纠正儿童或许是极为正常但令他人感到不舒服的行为。
> 3. 在任何时候，只要发现儿童的行为不当或者其行为不是儿童应当表现出来的，都要立即进行干预（Miller，2012）。
> 4. 对儿童今后的行为表达明确的期望，并且向他们解释为什么某个行为是不可接受的。
> 5. 当你怀疑儿童可能在其他生活或玩耍的环境中受到了不良影响时，要马上进行调查了解。
> 6. 针对身体的每个部分或器官，要使用准确的用语。
> 7. 为儿童更多地了解他们的性发展提供自然的机会。

刻板的行为

如果男孩表现得女里女气或者女孩表现得像个假小子，会令一些成人感到担心，但实际上，另一类与他们完全不同的儿童也同样让成人不放心。这些儿童在玩的时候极其刻板和严格地只扮演其性别的角色，而不愿尝试更大量的男女都可以有的表现，也就是那些无须区分性别的行为。比如，一个具有两性特质的男性不会认为照看孩子只是女人的责任；同样的，一个具有两性特质的女性则会觉得学会怎样换轮胎是适宜和有益的。持双性化观念的成人看到儿童表现出狭隘的性心理观念时可能会感到不安。实际上有证据表明，无论父母怎样千方百计地避免让儿童形成传统的男女界限分明的观念，儿童在四五岁时还是会朝那个方向发展。他们这种坚决的态度受电视、书籍以及其成长环境中的诸多因素的影响。

男孩和女孩在攻击性行为方面的差异似乎是最令一些成人头疼的事。虽然女孩表现出的攻击性日益增多，但研究人员还是发现男孩的行为更具攻击性（Card et al.，2008）。有些男孩精力过剩，让成人有点承受不了，于是他们就倾向于压制儿童天生的活力，而不是为他们释放能量提供有效的渠道。男孩可能表现得比他们的姐姐、妹妹更活跃，也更难控制，但这“并不意味着男子气本身有什么问题。男孩所需要的是明确的道德指导和积极发挥其能量和竞争力的途径”（Charen，2000）。打闹游戏就是一种让他们尽情释放能量的方法。回看一下第 7 章，了解在他们玩这类游戏时应当怎样监管他们。

一位三年级的老师禁止她班上的男孩在操场上

玩摔跤和追逐游戏，也没有提供可以玩那些代替游戏的建议。当班上的两个男孩没有理会她的禁令继续摔跤时，她命令他们安静地靠墙站着，直到他们能想出别的事情可做而不是互相“欺侮”为止。很快，班上其他比较听话的孩子就开始取笑他们，称他们是“恶棍”，而老师对此也没有干预。当其中一个男孩的父母对孩子的名声表示关切时，老师竟然反驳说，“如果其他孩子能够控制自己的行为，并且用操场上提供的设备以更能被接受的方式释放他们充沛的精力，你的孩子也应当能做到。”教师的这种不愿意或者不能够应对儿童喧闹行为的态度会导致那些在情绪和习得方面有障碍的、需要接受特殊教育的儿童表现出更过激的行为。在这类儿童中，男孩和女孩的比例是 3∶1，而在某些学区，这一比例会高达 20∶1（Soderman，Gregory，& McCarty，2005）。

对于那些在性行为或性别角色认同方面表现异样的儿童，你必须首先区分他们的哪些行为是正常的，哪些不是。虽然我们生活在一个性观念和性别角色正在发生重大变化的时代（Levin & Kilbourne，2009；Deveny & Kelly，2007），但对性观念的重新诠释并不意味着要完全抛弃现有的社会认知。因此，你应当意识到你的认知会影响你对儿童做出的反应，以及你为他们制订的计划。当儿童表现出不当行为时，应当给予他们带有理解和帮助的干预。如果你不能确定怎样客观地评价一个儿童的行为，或者怎样为他提供所需的引导，一定要咨询更有经验的专业人士。

儿童的族群认同、偏好和态度

正如性别角色的发展呈现年龄和阶段性的特点，**族群**和文化意识的发展也是如此。成人有时会忽视儿童对不同族群的人所做出的轻蔑的评价。他们的这种评价有时完全出于无知，只是反映出儿童缺乏相关的经验和知识；但有些时候，他们带有明显的敌意，比如，他们会用貌似“幽默”的方式贬低其他族群、国籍和宗教的人。这样的幽默基于儿童对被蔑视人群的负面理解，因此除非他们真的已经学会区分“好人”和“坏人”，否则这样的幽默起不到任何效果。还有一些儿童已经有了**民族中心主义**的意识，即过分偏爱自己所属的族群，进而对其他群体表现出厌恶（Wolpert，2005）。

喜欢与其他孩子一起玩的孩子一般不太可能产生民族中心主义的意识或者对自己所属的族群过分偏爱。

由于有些专业人员本身就有民族中心主义意识，所以有时他们会发现自己对其他族群的儿童及其父母以及自己的同事流露出了轻微的不满或者强烈的敌意。这种感觉也可能来自社会经济方面的差异。无论它源自哪个方面，它都会影响我们与儿童的互动，造成我们对儿童采取偏袒、回避或者具有攻击性的不同态度。

Valerie Polakow 描述过这样一个情节：三个非洲裔学龄前儿童不断地被单独挑出来，被纳利夫人指责为“麻烦制造者”。

吉姆走到钢琴前，弹了一个音符，纳利夫人马上跑过来说，“你能告诉我你弹的是什么吗？”然后她很粗鲁地把吉姆拽起来。吉姆转过身，看到纳利夫人皱着眉头的脸，他只好说，“我不玩了”，然后难为情地从纳利夫人手里挣脱出来。纳利夫人回应说，“很好”，之后返回艺术台。这时，丹尼和赖安正在地板上玩，他俩故意逗吉姆，吉姆笑着倒在他们身上。三个孩子在地上滚来滚去，互相挠痒痒玩，咯咯大笑。赖安的脚碰到了一个堆放积木的架子，结果积木从架子上掉下来，落在了孩子们身上，他们笑得更起劲了。之后赖安说，“别闹了，我要用它们搭个东西。”接着，他就在地板上搭一个造型，另两个孩子也帮他一起弄。这时，纳利夫人又从房间的另一边走近他们说，"你们三个又开始捣乱，你们就不能学着安静下来吗？总是在给我找麻烦，今天别想出去玩了！"这已经是一周以来的第三次了，当其他孩子出去玩的时候，他们三个"麻烦制造者"只能待在房间里。纳利夫人告诉我，这三个孩子都没有做好上幼儿园的准备。她这样对我说，"他们真是有问题的孩子，他们的家庭也是一团糟。"（Polakow，1994，p.25）

与上述做法相反，能够娴熟应用原则的教师会通过**反偏见教育**的途径为儿童创造更为乐观的未来。这首先需要教师承认，无论是我们本人还是儿童，所目睹或经历的错误信息、刻板印象、**偏见**、歧视和恐惧对我们的身心造成了损害。同时，我们还要有两方面的意识：一方面是**内化的特权**或优越感（因归属于某种特殊的社会身份而产生的经济、社会或文化方面的优势）所起的推动作用；另一方面是由于缺少机遇或者自己所属的群体和**社会身份**不断遭到不好的对待而形成**内化的压抑**或自卑感（参见要点 14.2）。我们必须有勇气讲出实情，不再担心是否会冒犯别人，把没有按我们的期望发展的事情重做一遍，并且不要相信干预只会使"事情变得更糟"的说法。在这里，Derman-Sparks 和 Edwards（2010）提供了一个真实的事例。

要点 14.2

识别你的社会身份

要求：圈出第二列和第三列里符合你的状况的选项，看看你在这两列里画圈的模式。对于每一个选项，或与同事交流，或写下以下内容：你为此得到了哪些特权和关注，或者遭受了哪些歧视和偏见？你的哪些身份为你创造了机遇？哪些身份让你的生活遇到了挑战？

社会身份	常规人群；社会优势的既得者	受到制度性偏见和歧视的目标人群
种族	白种人	有色人种；混血儿或者多种族人群和家庭
民族渊源	欧洲裔美国人 "熔炉"	所有其他已知的族群
语言	英语	母语非英语
性别	男性	女性、双性人、变性者
经济阶层（童年时和现在）	中产至富裕阶层	贫困或工人阶层
年龄	壮年（女性 20—45 岁，男性 20—60 岁）	小孩、青少年、超过 45 岁的女性、超过 60 岁的男性
性取向	异性恋	无性的人、双性恋者、同性恋者、变性者
教育程度	大学本科 文化水平高	高中程度或者更低 文化水平很低
体型、身高	体型纤细、健壮 女性中等身高，男性身材高大	体胖、超重 身高要么很矮，要么很高
健康状况（身体、精神和情绪）	健康 各种功能正常，没有明显的残疾	有某种类型的残疾，身体、精神和情绪有不稳定的现象，行为需要控制
家庭结构（童年时和现在）	已婚 有 1 ～ 3 个亲生孩子	未婚 离婚的单亲父母、亲戚的孩子、领养的孩子、寄养的孩子或者继亲家庭

在孩子们围成一圈活动时，教师拍了录像。活动简直就是一盘散沙，有的孩子随便站起来；有的跑开了；还有的根本就没有参与。那天晚上开会讨论时，教师抱怨说是两个非洲裔男孩捣乱的行为破坏了整个小组的活动。然后大家开始看录像，这时，所有人都非常惊讶地发现，真正捣乱的是两个白人男孩，一个非洲裔男孩是后来才加入的，而另一个则始终都只是在观望。看过录像后，教师流着眼泪说，"可我真的记得是亚历克和威廉先捣乱的！我怎么会一直都有这么错误的想法？"（p.21）

由于儿童的自我认知的发展会受到与他人互动的极大影响，包括同伴和家庭以外的其他成人，因此别人的态度对儿童关于种族、社会阶层或宗教信仰的理解起着非常关键的作用。一旦儿童有了自己与他人不一样的基本认知（通常是在15—18个月大时），他们就会产生羞耻感（York，2003）。如果他们对自己的社会地位有负面的感觉，他们的自我价值认知也会受到影响。

导致对种族的态度形成和发展的因素源自儿童童年早期，其中包括直接习得、认知、理解、从媒体上获得的信息以及身边的成人对他们行为的强化——无论是好的行为还是不好的行为。从两三岁开始，儿童就开始注意到人们的外表和行为方式的差异。而且早期形成的正面或负面的态度会随着年龄的增长而增强，4岁时，这些观念会比3岁时更牢固和一致；而到了6岁时，所有儿童的态度基本上都根深蒂固了（参见表14.2）

当儿童对他们观察到的现象做出反应时，他们会从别人那里得到一些反馈，这些反馈既为他们提

表14.2 种族意识的获得

年龄	反映种族意识的特征和行为
2—3岁	注意到别人与自己在外表方面和体现其文化背景的行为方面的差异 可能会对肤色与自己不同或身体有残障的人感到害怕
4岁	对自己与其他儿童的相同和不同之处越来越好奇 开始思考和分析这些来自身体或文化方面的差异 会对一些现象感到不解（比如，"为什么有些儿童的肤色并不黑却被称为'黑人'？""女孩应该有女孩的名字，所以山姆怎么可能是个女孩呢？"） 开始根据人的外表特征进行归类（性别、肤色和外表） 对自己和成人生活中与文化相关的差异越来越有兴趣（他们在哪儿生活和工作，他们家里还有什么人，他们讲什么语言） 在与他人互动时，思维和行动会受到社会规范的影响；对于一些差异会产生负面或恐惧的认知（"如果我和一个身体有残疾的儿童一起玩，我也会被传染的。""西班牙人说话都很有意思。"）
5岁	对于人的一般特征、种族、民族和能力方面的相同与不同之处的意识更清晰了 开始对人的社会经济地位、年龄和衰老有了认识 对自己和他人是家庭中成员的意识也加强了（"莎拉怎么会没有父亲呢？"） 继续思考人与人之间为什么会出现差异 会吸收和使用更多的社会习俗来"定义他人，并且取笑或拒绝其他儿童"
6岁	可能开始分享家庭对他人的划分，但仍无法理解"为什么有些人会被归为这一类或那一类" 会由于他人身份的原因对其产生歧视 开始了解自己所生活的群体的身份特征，而他人也有自己的民族认同和生活方式
7—8岁	对他人的宗教信仰、生活方式和文化传统表现出浓厚的兴趣 在了解历史人物的生活时，开始"更深入地理解文化结构的方方面面（包括人与自然的关系、过往对现在生活的影响等） 随着认知能力的提高，能够理解人类的需要可以有不同的解决办法 群体内的团结加深了 可能会因为性别、种族、民族认同和社会经济地位的不同，以及因为对残疾或族群、宗教和社会经济地位差异形成的偏见而产生冲突或对峙

来源：Adapted from Deman-Sparks，2010.

供了一些信息，同时也带有一定的评价。比如，马丁与尤金关系很好，尤金是他班上的一个浅肤色的非洲裔儿童。当他问他的妈妈能否在放学后带尤金来家里玩时，妈妈的回答是否定的，她说她不愿意让马丁邀请黑人孩子到家里玩。过了一会儿，马丁又向妈妈恳求，并且质疑她说尤金是黑人的说法，因为他认为尤金的皮肤并不黑。他妈妈回答说，“对，他的皮肤是不黑，可是这并不是判断黑人的唯一标准。他的嘴唇很厚，头发也是黑人的发质。他就是黑人。你还是和与自己同肤色的孩子玩吧。”从此以后，马丁就开始用别样的方式看待尤金以及和尤金差不多的其他孩子了。而在迟云家的情况完全不同，她的父母积极鼓励她与不同族群的孩子交朋友。他们希望孩子在成长过程中学会珍惜与自己志趣相同并懂得尊重人的每一个人，而不要在意对方的家庭背景或出生地。

米卡和罗莎的父母都鼓励她们发展在学校里结下的友谊，让她们定期在校外一起玩。

当你发现班上有儿童对于种族和民族的认知出现困惑、误解或者负面的看法时，一个有效的方法就是找一些讲述多样性的儿童书籍，通过讲故事的方式来纠正他们的错误认知。

也可以有选择地用假面娃娃来解决儿童在教室或操场上遇到的情况或提出的问题，或者借此培养孩子的正确态度和社会行为（Brown，2001；Derman-Sparks & Edwards，2010）。由于这些假面娃娃有特殊的用途，因此在教室里不要把它们与其他洋娃娃放在一起。你要把它们分别介绍给孩子们，并且每个娃娃都有自己的个人和社会身份，包括它们的名字、年龄、性别、家庭成员和它们喜欢做的事情，这使它们看上去和真的孩子没什么两样。然后当你想说明一种现象时，你可以拿出其中一个，告诉孩子们发生在这个娃娃身上的一件事以及它的感受，接着让孩子们就此展开讨论，看看应当怎样更公平地处理这个问题。

通常，儿童 5 岁时就开始形成与种族有关的“我们”和“他们”的概念了。也是在这个阶段，他们会更关注不同种族间的差异，而同种族中的个体间的差异反而变得不重要了。比如，儿童可能会根据肤色、眼睛的颜色和形状、头发的发质、嘴唇的形状以及其他面部特征来聚焦非洲裔人、欧洲裔人和亚洲裔人之间的整体区别，而不太会注意这些种族内部的个体间的差异。很遗憾，这很可能让他们形成错误的认知，即“他们看上去都差不多”。还是在这个年龄段，儿童开始“拒绝”一些人了，而且他能很有理由地说出自己的感受和偏好。由于这个年龄的儿童开始受到规则的约束，他们的行为会比较刻板（York，2003）。结果，他们可能会选择与自己同性别、同种族的儿童一起玩。彼此间的言语攻击会增多，不过教师可以通过组织他们讨论什么是公平的来有效地缓解这种现象。

儿童通过与同伴和成人的互动形成对种族的认知。

在儿童发展其有关种族和民族的观念的过程中，我们很难测定其身上偏见（即对他人或另一个种族的先入为主的敌对态度、观点、感觉或行动）与非偏见所占的比例。除非主动为他们提供正面的榜样，否则他们很可能因负面经历而受到不良的影响。一位非洲裔教师注意到，“许多非洲裔儿童每天都在不受重视的环境中度过，只有当他们回家后与邻居们在一起时，他们才觉得自己是被接受的，是没有问题的。”有证据表明，教师与一些儿童在教室里建立的关系可能会强化这些儿童对于少数族裔的负面态度，但也可能对他们产生积极的引导作用。

对于将儿童从一种文化“移植”到另一种文化会对其产生怎样的影响的研究目前进行得还不够，但是的确有美国白人家庭领养了许多中国和韩国儿童。这种突然中断并切换儿童族群认同和民族观念发展进程的做法引发了诸多问题。许多这样的儿童在新环境中会长时期觉得自己是个局外人。被领养的非洲儿童的数量也在增加，他们的白人父母也面临同样的问题。此外，如果儿童的父母来自不同的种族，儿童也会在识别自己的种族身份或者获得接纳时感到困惑。

当儿童的观念和偏好变得越来越刻板固执后，就发展成偏见了。不过在他们步入青少年阶段时，如果能够摆脱这些局限和错误的认知，最终就不会形成带有伤害性的社会行为。但要做到这一点，就必须让他们接受挑战，认真审视自己的感觉和观点，对新的信息持开放的态度，同时能有机会结识不同族群的人并与他们展开互动。

接纳有特殊需要的儿童

幼儿中心和学校里的另一类比较脆弱的儿童就是那些身体有这样或那样残疾的儿童。虽然据估计在所有的儿童中有大约10%的儿童有特殊需要、身体有残疾或发育较迟缓，但很难给出一个确切的数字。一些残障的状况比较容易发现，比如唐氏综合征、脑瘫、肢体的一些部位缺失或者存在语言障碍，但是其他一些现象（比如，轻微的或中度的情绪障碍或者学习障碍）就比较难觉察了。如果班上有这样需要特殊关照的儿童，那些身体残障不容易被察觉的儿童通常就不能立刻得到其他儿童和成人的接受。

由于医疗技术的飞速发展，大量在出生时身体有残疾的儿童都能幸存，并且进入幼儿中心和学校学习，不过他们中的许多儿童需要得到特殊关照。虽然所有的儿童都会有些独特的需求，但是对于这些有特殊需要的儿童来说，如果早期在身处的环境中没能得到所需的帮助，那么他们的健康、发展和学习都会受到严重影响。

对于教师关于接纳的认知所进行的调查研究发现（Horne & Timmons，2009），虽然他们对于接纳有残障的儿童从认识、态度到知识结构方面都具有积极的自我认知，但是他们在合理安排时间和满足所有儿童的需要方面还是有一些担心，他们认为他们需要不断得到专业的培训来帮助他们在兼顾这些孩子的同时也能保证班级里的正常计划有序进行。

要做到有效接纳这样的儿童，专业准备的步骤之一就是要非常清楚我们在这方面给自己设定的要求。我们是否会对那些过重、过矮、衣衫不整和脏乱、讲话可笑、过于胆小、身体弱不禁风或者自作聪明的孩子产生负面印象？我们又会对那些不能自己上厕所的孩子、哪怕学习一些非常简单的规则或信息也要花很长时间的孩子，或者来自“问题”家庭的孩子做出怎样的反应呢（Honig，2004）？

看到现在为那些身体有残疾的孩子提供的综合性服务，恐怕你很难相信退回到1975年以前，许多残疾孩子是无法进入美国的公立学校的。1960—1975年，美国各州逐渐意识到及早对这些儿童进行干预的益处，并且开始为此申请联邦政府的支持，这才形成了94-142公共律法——《全体残疾儿童教育法》（后来在1990年被更名为《残障个体教育法案》，简称IDEA）。它为3～21岁的这类孩子提供所需的服务，但重点被放在6岁以上的孩子身上。1986年，99-457公共律法开始实施，确定所有年龄的残疾儿童都能得到应有的服务，包括出生时遇到危险的婴儿、一两岁时发现残疾迹象并且需要得到特殊照顾的幼儿以及需要特殊服务的学龄前儿童。1990年，101-476公共律法又将自闭症和严重脑损伤列入服务范围。

残疾儿童在接受教育时应当得到的帮助包括以下内容。

1. 确保所有残疾儿童都能免费得到在公立学校受教育的机会，“包括那些曾因残疾而被要求休学或离开学校的孩子”。
2. 确保每个残疾儿童都能享有**个体化的教育方案**（IEP）。
3. 教育机构要将残疾儿童与正常儿童安排在同样的环境下接受教育，以确保在照顾他们的特殊需要的同时不降低对他们的教育水准。
4. 采取措施保护残疾儿童及其父母的知情权。
5. 采取一切必要的措施配备足够的、合格的特殊教育工作者以及其他相关的服务人员。
6. 为改善特殊教育的状况制订“绩效目标和指标”，尤其要以区为单位对这类儿童的学业情况进行考评（Bowe，2007，p.117）。

特殊儿童理事会给为残疾儿童提供教育的教师制定的专业和道德标准

虽然美国联邦政府和各州都对给残疾儿童提供服务制定了全面的指导原则，但 2011 年 10 月，美国特殊儿童理事会又进一步针对教师制订了专业和道德标准。为有特殊需要的儿童提供教育的教师被要求做到：

- 有系统地制订个性化教学方案，从而使这些特殊个体获得最佳的学习效果。
- 识别并使用最适合他们的个别化方法，确保在满足他们的个体需要时得到最有效的结果。
- 定期对他们进行测评，准确掌握他们在学习上取得的进步。同时，对于测评的结果做出个性化的指导。
- 为这些有特殊需要的儿童提供安全、有效并且体现其所处文化的学习环境，这样有利于他们完成学习任务，刺激他们的学习积极性，并且能让他们对自己产生积极的自我认知。
- 参与选择和使用有效的、适合文化背景的教材、设备、物品及其他对其职业有帮助的资源。
- 使用在文化和语言方面适当的测评手段对期望了解的目标进行准确测评，不得对有特殊需要或来自不同文化背景的儿童采取带有歧视的做法。
- 在纠正儿童的行为时一定要基于所发现的证据，并适合他们的理解能力。同时一定要尊重这些有特殊需要的儿童所处的文化以及他们个人的尊严和基本人权。
- 鼓励儿童的积极行为。在严明纪律方面要遵守当地的相关规定，除非规定允许，否则不可以使用体罚的方式。
- 尽量不要使用会令儿童反感的方法，除非需要纠正的行为极为严重。如果反复使用积极的方法都没有效果，一定要先与儿童的父母和相关的机构官员咨询后才能考虑其他强硬的做法。
- 不得对有特殊需要的儿童进行体罚。
- 要将发现的不专业或不合乎道德规范的事件报告给校方监管人员。
- 对于在学习方面需要特殊辅导的儿童，为他们推荐特殊的教育服务。

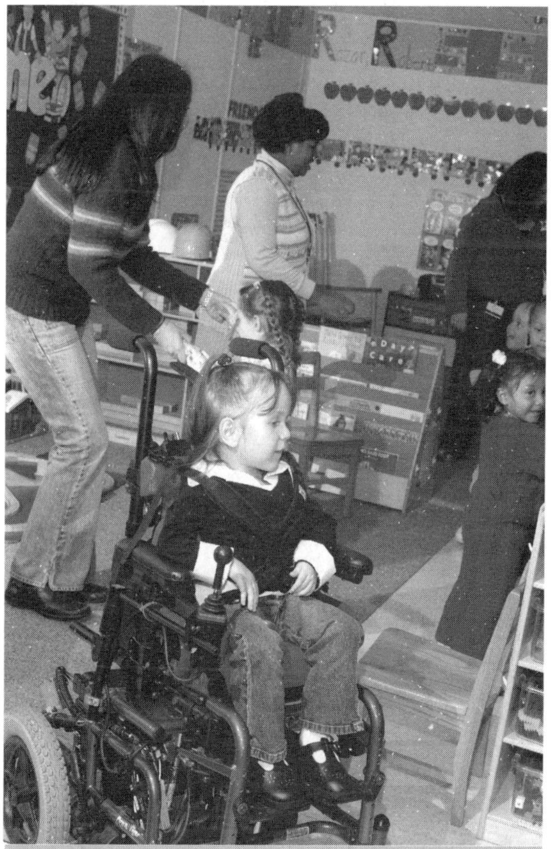

对于有特殊需要的儿童，一个需特别引起关注的方面就是必须根据他们的需要为他们安排和调整身处的环境。

进一步发展个体化的家庭服务方案和个体化的教育方案

与其他儿童的家庭一样，那些孩子有特殊需要的家庭也对他们的孩子寄予厚望。**个体化的家庭服务方案（IFSP）**就是为有 0～3 岁的儿童的家庭提供的，它需要儿童的家庭与服务协调人员密切合作，找出并使用可获得的一切有效资源来实现儿童的最大发展。它属于我们在第 1 章中提出的社会支持金字塔里需要给予深入的、个别化干预的那个层面（见图 14.1）。这个方案要想取得效果，需要以家庭为基础，对它的资源、重点和关切进行评估。在方案实施的每个环节，都必须尊重家庭的信仰和价值观念（Cook，Klein，& Tessier，2008）。

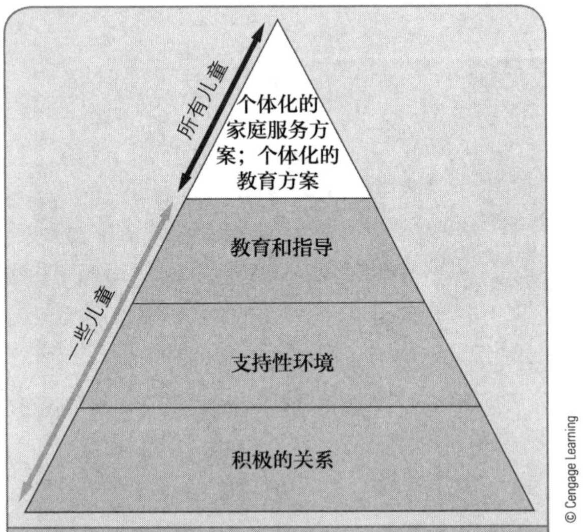

图 14.1　社会支持金字塔：培养儿童对性和多样性形成健康的态度

美国不同州和不同地区的个体化家庭服务方案的构成不太一样，但通常都包含以下内容：

- 家庭的优势和喜爱的资源（即偏爱以家庭为基础的服务还是以幼儿中心为基础的服务）。
- 家庭关切和重视的方面。
- 儿童的优势和目前所处的发展阶段。
- IFSP 的效果（即家庭在未来 6 个月里希望在其关切和重视的方面实现的目标）。
- 进入下一个服务阶段的过渡计划。
- 可靠的评估。
- 家庭对实施方案的许可（签名）。
- 该方案的参与人员名单。

个体化的教育方案

个体化的教育方案是为 3 岁以上的儿童设计的书面计划，它不限于儿童的家庭成员与服务协调人员之间的配合，而已经扩大到了所有与儿童有直接关系的人群。通常，有一个多学科的评估团队来为儿童制订恰当的教育目的及目标。团队中至少需要一位普通教育教师、一位特殊教育教师、能够满足儿童特殊需要的校方工作人员、一个能将评估结果与特殊的指导策略结合起来的专业人员、校方负责人以及其他被家长或学校认可的有经验的个人，比如幼儿中心里为儿童提供服务的人员。

个体化的教育方案应当包括以下内容：

- 关于儿童当前教育水平的报告（根据常模参照和标准参照检测）。
- 对年度目标、相关标准或者短期行为目标的叙述。
- 对特殊教育的内容、相关的服务以及为儿童提供的额外帮助做出的详尽说明。如果需要对方案内容或者配备的校方人员做出调整，也要提供解释说明。
- 如果儿童不能在普通班级中参加一些正常活动，必须做出解释。
- 方案起始的时间、进度、实施地点和持续时间。
- 恰当的客观标准和评估程序。
- 制订时间表以确保短期目标可按时完成（每年必须至少对每个儿童的方案重新评估一次）（Cook et al.，2008）。

具有挑战性的案例

加文——一个患有唐氏综合征的上幼儿园的儿童：在餐桌处吃点心

现状：到了吃点心的时间，可是加文不愿意和其他孩子到餐桌那里一起吃。当老师一再鼓励他这么做时，他发脾气了。后来，老师问他的父母他在家时吃饭的习惯，他的父母承认，为了让他别发脾气，他们允许他自己坐在地板上吃饭。加文没有听力方面的问题，语言理解能力也与同龄的孩子差不多，可以同时完成两项指令，而且就餐也没有任何障碍。

教师在 2010 年 1 月 11 日采取的措施： 老师让加文做出选择：要么在吃点心的时间坐在餐桌旁就餐；要么等到午餐时再吃饭。他可以独自坐在餐桌旁，也可以与其他孩子坐在一起，但是无论如何，他必须坐在餐桌旁，而不能坐在地板上。如果他发脾气了，在确保他和其他孩子安全的情况下，就不理会他。等到他平静下来后，会再次向他建议坐在餐桌旁吃点心。

家长在 2010 年 1 月 11 日采取的措施： 家长也让加文做出选择：要么在餐桌旁吃点心，要么就别吃了。不要理会他发脾气，等他平静下来后再次向他提出到餐桌上就餐的建议。如果他不肯到餐桌上吃点心，就不让他吃了。

2010 年 1 月 18 日与加文的父母重新评估这一做法： 如果他开始在餐桌旁吃点心了，再给他两周的时间来内化这一行为，然后要求他每顿饭都得到餐桌上吃。

对残疾状况的分类

所谓残疾并不一定是肢体有缺陷，它用来指儿童由于某方面的损伤而造成在一些环境中遇到了机能性困难或与人互动的困难。我们需要强调的是，有特殊需要的儿童与其他发展中的儿童一样，都在能力和个性方面呈现出了多样性。而且因为有的儿童可能有不止一种残疾或损伤，或者身体严重缺乏免疫力，所以很难对他们做出精确的诊断。**残疾状况**从医学、教育或法律的角度可以有不同的划分方式。在上学以后的儿童中，学习障碍的占比最大，达到近一半。对教师、父母和幼儿中心的看护人员来说，美国残疾儿童信息中心对残疾状况的划分似乎是最有用的，它包括以下内容。

- 自闭症谱系障碍
- 听觉和视觉双重障碍
- 耳聋
- 发育迟缓
- 情绪困扰
- 听力损伤
- 智力障碍
- 多重残疾
- 骨骼损伤
- 其他健康损伤
- 特殊学习障碍
- 发音或语言损伤
- 创伤性脑损伤
- 视力损伤，包括失明

具体症状见工具表 14.1 的叙述：

工具表 14.1 残疾的主要种类

1. **自闭症谱系障碍**包括严重影响言语和非言语交流以及社交互动方面的各种发展障碍，通常在 3 岁前就有明显的症状，会对儿童的学习造成极其不利的阻碍。自闭症的常见特征有重复同样的活动、动作刻板、拒绝环境或日程安排发生变化、对于感官体验会有过激的反应。如果儿童的学习成绩主要是因为情绪困扰而受到严重影响，就不属于自闭症，而属于下面的第五项。如果一个儿童在 3 岁以后才表现出上述症状，也属于自闭症。患自闭症的儿童的严重程度各不一样。比如，阿斯伯格综合征就是一种较轻的自闭症，患这种病的儿童具备正常的语言能力，智商处于中等甚至中等偏上水平，但他们的社交互动和社会认知是有问题的（Ormrod，20）。
2. **听觉和视觉双重障碍**指儿童的听觉和视觉同时出现损伤，这不仅严重影响了他们与他人的交流，也使他们在发展和教育方面的需要超出了那些特殊教育机构中为只是耳聋或失明的儿童提供的帮助。
3. **耳聋**是一种严重的听力损伤，导致儿童通过听觉获得语言信息的能力受阻，进而也就影响到儿童的学习成绩。

4. **发育迟缓**是指在0～3岁（IDEA中的C部分）和3～9岁（IDEA中的B部分）的儿童中，在下列方面出现一项或多项发展迟缓的迹象：身体发育；认知发展；交流、社交或情绪发展；行为发展。
5. **情绪困扰**指儿童在很长一段时间里有下列一种或多种表现，并且明显地影响其学习成绩：
   a. 并非有智力、感官或健康原因，但就是无法集中精力学习。
   b. 无法与同伴和教师建立或保持令人满意的交往关系。
   c. 在正常环境下表现出不当的行为或产生不适感。
   d. 持续感到不快或抑郁。
   e. 由于个人或学校的问题而引发身体出现不适或产生恐惧感。
   精神分裂症也属于这一类。但如果孩子只是在社交时有不当的行为，并不属于这一类型，除非他们被确诊有情绪困扰的迹象。
6. **听力损伤**指听力出现了障碍，无论是永久的还是阵发的。儿童的学习会因此受到影响，但它尚未达到耳聋的程度。
7. **智力障碍**是指儿童的智商远远低于平均水平，同时在其发展时期还伴随着行为不适等状况，对他的学习造成了严重影响。
8. **多重残疾**是指身体多处同时受到损伤（比如，智力障碍和失明、智力障碍和骨骼损伤等），这使得只为一种损伤提供帮助的特殊教育机构的服务也无法满足他们的需要。听觉和视觉双重障碍不属于此项。
9. **骨骼损伤**是指儿童在发育阶段骨骼受到严重损伤，对其学习造成严重影响。它包括先天性异常带来的损伤、因患病导致的损伤（比如，小儿麻痹症、骨结核等）以及因其他原因引发的损伤（比如，脑瘫、截肢、骨折和由烧伤造成的挛缩等）。
10. **其他健康损伤**是指体力、精力和反应明显不足，包括对外界环境的刺激缺乏高度警觉，导致对学习环境也不能产生足够的反应。这种现象：
    a. 是由于慢性或急性病症引起的，比如哮喘、注意力缺乏症或注意缺陷多动障碍、糖尿病、癫痫、心脏病、血友病、铅中毒、白血病、肾炎、风湿热、镰状细胞性贫血和抽动秽语综合征等。
    b. 它对儿童的学习也会造成严重影响。
11. **特殊学习障碍**是指在与理解或使用语言（无论是口语还是书面语言）有关的基本的心理活动方面出现的一种或多种失常，它会影响儿童的听力、思考、讲话、阅读、写作、拼写或做算术的能力。它包括这样一些症状：感知障碍、大脑损伤、轻微脑功能障碍、诵读困难和发育性失语；但它不包括那些主要是由于视觉、听觉或运动障碍造成的学习困难、智力障碍、情绪困扰以及因环境、文化或经济处于不利状况而引发的挑战。
12. **发音或语言损伤**是指儿童在交流时遇到的障碍，比如口吃、发音受损、语言受损或声音受损，它们也会对儿童的学习产生不良的影响。
13. **创伤性脑损伤**是由于外伤对大脑造成的获得性损伤，导致身体功能出现整体或部分障碍，或者儿童的社会心理方面出现问题，或者两者都有，对儿童的学习产生了很不好的影响。它也包括开放性或闭合性颅脑损伤，这也会在一个或多个方面形成障碍，比如影响认知、语言、记忆、注意力、推理能力、抽象思维能力、判断力、解决问题的能力、感官知觉、知觉和动作能力、社会心理行为、身体机能、信息处理能力和语言能力。但它不包括先天性或退化性脑损伤，也不包括出生时大脑受到的损伤。
14. **视力损伤**，包括失明，是指儿童的视力出现问题，即使校正后也得不到改进，因此会对儿童的学习造成影响。它包括部分视力丧失和失明。

患有注意缺陷 / 多动障碍的儿童

注意缺陷 / 多动障碍是一种神经综合征，患有这种病症的儿童通常都会被转给儿科医生、教育专家和儿童心理健康专业人士（Glanzman & Blum，2007）。毫无疑问，被诊断患上这种病的儿童的人数一直在增加，这的确很令人不安。目前，美国有 400 多万这样的儿童在儿科诊所接受治疗，其中约 200 万儿童需要服用药物来控制他们的行为。

虽然这种病的病因还没有完全确定，但注意缺陷一般被认为是由于大脑执行系统出现了问题导致的，它阻碍了儿童想约束自己行为和应对挑战的意志力和能力（Bramer，2006）。有一种生物化学理论认为，可能是大脑的网状激活系统存在问题，所以神经递质只能靠药物激活。这种病症经常同时出现在父母和儿童身上，因此也有一定的遗传原因。但几乎没有证据证明饮食、心理因素或家庭变故会引起这一失调。

虽然这种病症并没有被认为是一种残疾而列入《残障个体教育法案》，但实际上患上这种病的儿童的人数是有学习障碍的儿童的 2 倍，因此他们绝对需要得到特殊教育，并且享有《康复治疗法案》第 504 部分提供的服务。根据美国精神病学协会颁布的《精神疾病诊断和统计手册》（DSM-IV；1994），注意缺陷 / 多动障碍的主要特征是“与其他正常儿童相比，注意力不能持续集中，或者多动冲动过于频繁和严重。”诊断这种病的四个标准是：

1. 7 岁前已经出现一些症状表征。
2. 至少在两种环境下（比如家中和学校）表现出一些病症。
3. 必须有足够明显的证据表明它会影响儿童的社会性发展、学习或者职业培训。
4. 不排除这种障碍与其他障碍同时发生。

注意困难的症状包括组织活动和完成任务有困难、注意力容易分散或者无法集中注意力。

按照疾病控制中心的调查，2010 年，在 3 ～ 17 岁的儿童中，有 8.4%（即差不多 520 万儿童）被诊断出患有注意缺陷多动障碍，他们中的大多数都得到了一些种类的药物治疗。误诊的现象已经引起了有关部门的关注，因为这些药物都会产生一些副作用，包括食欲不振、体重减轻、失眠、胃疼、头疼、抽搐、抽动秽语综合征、情绪不稳、抑郁倾向、身高和发育受到影响、焦虑以及滥用药物等。

总之，除了需要非常敏感的专业从业人员的帮助外，如果能将多动冲动和攻击性行为控制到最少；儿童的智商足够高；而且儿童所处的家庭环境有利于其发展，那么儿童仍然会有积极的未来。社交技能是预测儿童应对能力和走向成功的重要和关键的标志。

记住，儿童会持续重复那些行得通的行为。我们会在一些患有注意缺陷 / 多动障碍的儿童身上发现他们经常重复一些不当的行为，这是因为这些行为能帮他们达到目的：“你让我做的事情太难了……我不明白你想要我干什么……我想要某样东西，而且现在就要……我觉得无聊了，你要关注我。”（Cook et al.，2008）

要帮助患有注意缺陷 / 多动障碍的儿童发挥他们最大的潜能，可以考虑采取下列策略：

- 相较于正常发展的儿童，要给他们提供更多的行为反馈。
- 持续为他们提供非常自然和合乎逻辑的结果。
- 让儿童对自己的行为结果产生关注，同时帮助他们意识到并且向他们说明行动可能产生的结果。
- 预料到可能出现问题的情况，提前和儿童就此进行交流并对他们提出要求。比如，“杰森，待会儿我们会去一个很大的体育馆集合，那里会比平常喧闹，而且会有许多其他的小孩。因此在你坐下来看演出前一定要抓住我的手，而且在咱们全班同学都站起来离开体育馆前，你得坐在那里不要动。”
- 当儿童在遵守规则方面出现困难时，要对他重复一遍规则：“杰森，进入体育馆时的规则是什么？是的，你要一直抓着我的手，直到你坐在自己的位子上，而且在我们集体离开前不能再动了。”
- 记住儿童不是要故意惹你生气的，只是由于他们的大脑功能与同龄的正常儿童有差别，因此他们需要得到额外的帮助。
- 尽量保持一个可预知的日常安排。
- 在引导儿童进行活动或执行日常安排时，一次只给予他们一个简单的指令，并且给他们留出足够的时间来完成任务。

- 每次给他们的选项和活动的选择不要太多。
- 将他们在每一天里有问题的行为记录下来，发现引发他们反社会行为的诱因，对教室环境的布置进行调整以减少这些诱因。
- 在教室里为儿童准备安静的、不易分心的区域，让他们在那里完成需要集中精力才能完成的任务。
- 在指导儿童学会自我控制时，教他们学习使用表达情感和愿望的语言。同时给他们提供大量的有助于强化其积极行为的机会。
- 记住，与儿童建立融洽的关系至关重要。给予他们积极的关注，比如有效表扬、微笑、点头或者拍拍他的肩膀，是最基本和最有效的方式。
- 要让儿童的父母也参与其中，鼓励他们成为儿童在各种经历中的伙伴。经常与他们进行沟通，将教室里的做法与家里的做法有效地结合起来，并且让儿童的家人充分了解所发生的各种情况。
- 与研究特殊教育的专业人士建立并保持联系，当儿童的行为对整个班级的正常秩序造成负面影响时，可以咨询他们（Miller，2012；Kostelnik & Grady，20090。

被诊断患有注意缺陷/多动障碍的儿童可能会表现出"不停地动"、坐立不安和说个没完等行为。

患有自闭症和阿斯伯格综合征的儿童

患自闭症的儿童的人数一直在增长，这实在令人吃惊。根据美国疾病控制和预防中心发布的报告，2006年，在每110个美国儿童中就有1个患自闭症（每70个男孩中有1个；每315个女孩中有1个）。2002年时，患病比例还是每150个儿童中有1个。患病人数的增加与更广泛的普查或早期诊断并无关系（Falco，2009）。

早先有人怀疑**自闭症**人数的增加与给儿童注射的疫苗有关，因为疫苗里包含了硫柳汞，而硫柳汞里有50%的乙基汞。可是乙基汞现已被从疫苗里去除了，但是患自闭症的人数没有相应地下降（Gurian，2009）。很遗憾，我们至今仍未找到自闭症的起因以及患病人数增加的原因。

虽然患病的主要成因还有待确定，但研究表明它与遗传易感性和神经性紊乱有关，现在所能知道的是，它是一种复杂且严重的全身性发育迟缓，通常在18个月—3岁开始有明显的症状。具体的表现是在社交互动、交流、惯性行为和智力功能方面出现困难，但每个儿童的症状会有很大不同，因此很难为他们设计一套标准的教育方案。在社交方面，这些儿童不能理解别人发出的非言语暗示，别人叫他们时也不会做出回应，不能与别人对视，无法对别人做出恰当的反应，不擅长做游戏，在新环境中会有莫名的恐惧，拒绝改变，更喜欢自己一个人玩，意识不到事情的因果关系，缺乏面部表情。他们会脱离集体而且自己意识不到，他们也不能对他人产生共情，甚至会对自己或别人表现出攻击性或破坏性，而且动不动就乱发脾气。

如果你在工作中遇到这样的儿童，让他们适应新环境是取得成功的第一步。在吸引他们的注意力时不要强迫他们，可以有意识地向他们传授和示范社交和游戏的技能，并且在发出新的指令时，言语一定要迅速、清晰。如果发现他们在关注别人的一些不当行为，要设法把他们的注意力引开，同时鼓励他们多参加可接受的活动；此外，教育那些平常与这些儿童交往的其他儿童也非常重要。比如，当其他儿童叫患有自闭症儿童的名字而他们没有反应时，可以拍拍他们的肩膀，并把他的名字重复一遍。因为如果别的儿童嫌麻烦，就不再理睬他们，那么这些患自闭症的儿童会更难以融入集体活动中。

阿斯伯格综合征属于一种较轻的自闭症，一般要到儿童6岁时才会被诊断出来。他们与那些患自闭症的儿童在交流、身体和动作、社交和情绪方面的行为表现差不多，但是他们没有明显的智力和语言障碍（Paasche，Gorrill，& Storm，2003）。他们的智力处于中等水平，甚至中等偏上，但是由于他们的大脑还是有问题（这个通常无法诊断出来），所以他们在交友和适应群体时会遇到困难。而且有时候他们讲话会不合时宜，并且做出一些让同伴认为很蠢或很冒犯的举动，或者完全误解别人的行为和肢体语言，导致他们会被认为爱捣乱、缺乏组织性和社会能力差，但实际上他们只是需要成人有计划地对他们进行干预，帮助他们以有效的和可接受的方式规范自己的行为举止（Ormrod，2011）。

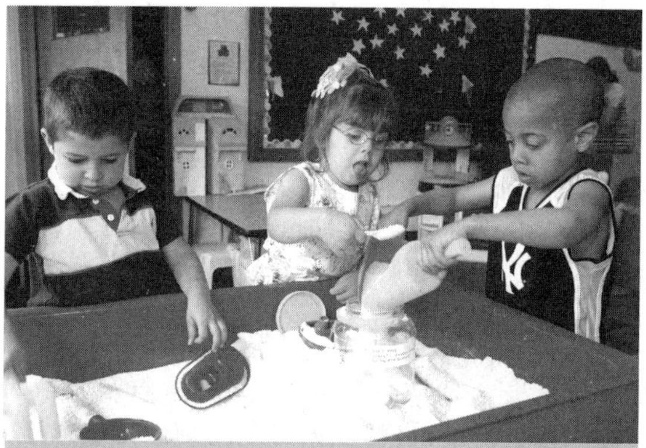
© Cengage Learning 2015

在成人的帮助下，许多残障儿童最终可以与大家融为一体。

接纳

儿童残疾的程度和社区、学校及家庭能够提供的资源将决定这个儿童应该接受特殊教育还是可以与其他儿童一样参与社交、娱乐和教育方面的各种活动。接纳的目的有两个：一是提升他们的社会能力，这样他们今后在主流社会中就能应付自如；二是通过减少和消除社会歧视促使这些儿童被认可。要想实现这些目标，需要各方面通力合作，以确保儿童得到各种服务，同时要发展并执行合乎质量的标准，并为满足儿童各异的需求以专业的方式培训合格的工作人员和管理人员（Deiner，2012）。

公立学校、幼儿中心和其他机构的专业工作人员已经取得了长足的进步，他们尽可能使患有各种残疾的儿童在“受限制最少的环境”中成长。尽管需要很多经费，但建筑、交通和如厕方面的不便都得到了显著的改善。对于那些辅导有发展方面的特殊需要的儿童的教师，要给予他们正规的培训和在职教育，包括关于儿童残疾状况的信息和技能培训、鼓励儿童参与社会融合的策略以及根据他们的特殊需要调整课程设置的方法等。增加关于专业知识和技能的在职培训是为了加强对特殊儿童所在班级的管理，对他们进行筛选和评估，理解他们的诊断报告的内容，为他们推荐合适的转诊机构，并且参与个体化的家庭服务方案和个体化的教育方案的制订。

与在族群融合方面遇到的挑战类似，在接纳有残疾的儿童时，你同样可能面临挑战，因为它们都是要让一些与众不同的儿童设法融入主流群体。有些儿童在这方面没什么问题，但也有相当多的儿童会经历不断加剧的冲突、孤立和自尊的丧失。将一个有特殊需要的儿童放在一个普通班级里，对他来讲既是机会也是风险。如果整个过程能够得到经验丰富的专业人士的监督和管理，就能增进正常儿童和有特殊需要的儿童之间真正的理解并促进其友谊的发展；可是如果监督和管控不当，有特殊需要的儿童就很可能成为被忽视的牺牲品，或遭受他人的歧视，或得到被包办一切的对待，所有这些比不把他们与正常儿童安排在一起还要糟糕。如果资深专业人士能够真正地妥善地处理好普通儿童与有特殊需要的儿童之间的接纳，那么有充分证据表明，在这样的环境下所有的儿童都能得到有益的体验，为他们将来与类似的同事和邻居相处做好准备。

儿童对残疾状况的认知

其他儿童的接纳并不完全取决于儿童的缺陷程度，也与他个人的性格特点（比如，独立、友好）以及其他社会技能有关。如果你希望他们能够很好地融合在一起，就要为他们营造一个良好的环境，同时不仅要关注硬件设施和课程设置，也要密切注意他们的差异性。如同我们在前面已经指出的那样，年幼儿童可以很敏感地意识到他人身上的与众不同之处，并会在他们遇到行为、动作、表情、说话或思维有异样的人时做出各种反应。由于儿童尚处在学习生活的“规则”和根据自己的经历来概括整个外部世界的阶段，他们通常会很教条地区分什么是可接受的，什么是不可接受的，因此他们倾向于按照自己所知道的来解释残疾。有时候，他们会试着对自己的好奇心给出答案，其结果是对残疾儿童的残疾状况表示认同（“当我还是个婴儿的时候，我也没有手指”）；对残疾现象自己臆想出一个解释（比如，当看到一个已经4岁但仍无法走路的孩子时说，“等吉瑞娜再长大一些后，她就能走路了”）；或者由于担心自己也被染上这种毛病而避免与残疾儿童在一起并且说，“我的腿也会瘸的。”

儿童对同龄的有特殊需要的儿童的态度

还没有习得对残疾的负面态度的儿童不会因为一个儿童有残疾而自动拒绝与他交往。他们对成人在他们面前呈现的社会角色是开放和接纳的，因此当成人通过行动、言语、非言语行为和解释为儿童在对待残疾人方面树立了正面的榜样时，他们就能很快习得这样的积极态度。

5岁或更大一些的儿童在步入主流社会前就可能对非正常的同伴产生负面认知，那是由第一印象引发的自然反应。通过儿童间的互动和在一起的经历，他们可以将负面的排斥转变为正面的接纳，这是因为：（1）他们之间需要互相依靠获取帮助；（2）互动后，心理上的安全感建立起来了，而排斥和威胁的感觉消失了；（3）能够客观地看待差异并认为那是正常的和可接受的；（4）大家在一起玩或合作，无论彼此有多少不同，都是令人感到欢乐和有意义的，而非无趣或不愉快的。

一位研究人员跟踪观察了克里斯一段时间，他是一个学龄前儿童，患有中度到重度的听力障碍。他正试图融入一个大学附属的学前班，这位研究人员观察到了他被接纳的全过程。起初，他一直不能得到别的孩子的接纳，后来在他玩一个自创的游戏时，在无意中吸引了其他孩子的注意，最终他用自己的方式融入了集体。

3月2日，克里斯在戏剧表演区域发现了一块挂在那里的紫色披肩。他穿上它，扮演一个吸血鬼。他在屋里用双臂挥舞着披肩跑来跑去，“吓唬”其他的孩子。他的举动引起了几个孩子的注意，他们也想穿上披肩扮演吸血鬼。

在此后的几天里，扮演吸血鬼变得流行起来。班主任教师允许孩子们穿着披肩在整个教室里走动，而不再将这一行为限于戏剧表演区域。

3月7日，卡梅伦把克里斯带到了教师面前，告诉她，“我有一个扮演吸血鬼的团队，他（指着克里斯）是我这个团队的一员。”然后卡梅伦开始“袭击”在旁边站着的一位成人，克里斯也模仿他的做法。卡梅伦用他的“翅膀”罩住克里斯，抓住他说道：“抓到你了，你这个小吸血鬼。”他把克里斯带到一个有锁的橱柜，让他进去，克里斯则竭力试图“挣脱”。卡梅伦指着其他孩子对克里斯说，“咱们去吸他们的血吧。”这时，戴维也加入进来。卡梅伦又一次抓住了克里斯，并对戴维说，“我抓住了这个小蝙蝠，我抓住了这个小吸血鬼！”然后他放开克里斯，对他和戴维说，“来，伙伴们，现在咱们是一伙的。”

克里斯现在已经完全成为了团队中的一员，并且正逐渐融入整个班级。如果当初教师坚持规定他们只能在戏剧区域玩，或者执意让他们玩一些比吸血鬼游戏“更好”的游戏，就很可能失去这个融合的机会。其实，融合过程是很脆弱的，经常会出现变故，因此负责监督的成人必须时刻保持敏感性，这样才能确保孩子间的互动仍可以像下面观察到的那样持续下去。

3月8日，克里斯又穿上了他的“蝙蝠披肩”。它对他来说太珍贵了，因此他一进入教室就去找它。它已经成为他融入团队的关键所在。当他穿着它爬上一个很高的器械时，一位看护学生的教师出于安全的考虑让他把披肩脱下来。可克里斯宁愿从器械上下来，也不愿意放弃披肩。这时，教师意识到了披肩对他的重要性，就不再勉强他了。因为如果克里斯把披肩脱下来，放回戏剧区域，别人很可能会把它拿走，那他就失去了对他至关重要的东西。

在班上，如果教师能持开放的心态，鼓励儿童自己发起活动，那么儿童在接纳和理解有残疾的同伴时可能会比在安排好的活动中有更自然和更佳的表现。

由于克里斯班上的同学对他戴的助听器很好奇，教师就把许多振动的物体放在一个桌子上展出，其中包括一个音叉和木琴，然后她让孩子们一一观看。当她给一些孩子介绍音叉时，克里斯则在观察那个木琴，它是一个带轮子的玩具，可以用一根绳子拉着走。克里斯没有用玩具所配的击槌，而是把木琴放在地板上，拉着它在房间里迈步向前走。另外几个有残疾的孩子也跟在他后面一起走，而且还边走边唱。这时，原本和教师一起观察音叉的孩子也加入了他们的队伍，只剩下教师独自一人和她精心准备的各种振动物体。

© Cengage Learning

教师有必要就特殊的残疾状况或孩子的特殊需要向其他专业人士请教或咨询。

让残疾儿童融入正常群体中的指导原则

儿童间融合过程的效果如何在很大程度上取决于你为了让有特殊需要的儿童在正常的环境中学习和生活做出了哪些特别的努力。

有特殊需要的儿童在发展过程中会出现更多的变数，因此你作为教师在与他们相处时也就需要掌握更多的技能。无可否认，每个儿童的具体情况也不一样，因此你应当根据儿童的残疾状况具备一些相关的知识，并且主动向有关专家寻求建议。不过在帮助患有较常见残疾症状的儿童时，还是有一些基本规则可以首先考虑和遵循，具体详见表 14.3。要让这样的儿童成功地融入正常环境没有什么固定模式，唯一可以肯定的就是校方管理人员、儿童的父母以及相关的专业人员必须将其作为工作的重中之重。

早熟的行为、害羞和困难气质对儿童社会性发展的影响

在教育机构中，残疾状况并非儿童在发展过程中面临的唯一挑战，还有其他一些儿童同样需要得到帮助，但常常被忽视了。他们中包括超前发展和早熟的儿童、特别有天赋的儿童、过度害羞的儿童和困难型气质的儿童。

超前发展和早熟的儿童

这些年来，哈佛大学的心理学家霍华德·加德纳 (Howard Gardner) 已经使我们更加清楚地认识到了儿童具有多元学习能力，而且在第 1 章中提及的八种智能方面，一些儿童在某个方面的发展水平的确远超其他儿童，这样的儿童可以被称为**早熟儿童**。由于儿童受教育的情况和家庭状况迥异，早期的发育情况也大相径庭，而且有的儿童确实具有天赋和天才的特质，因此这些个体的差异最终导致了他们的发展呈现出有限的、中等的或超前的不同水平。

天赋被定义为大脑有能力快速将不同的功能整合在一起，同时在某个领域表现得尤其早熟，并且在该领域技艺娴熟，思想也与众不同（Conklin & Frei，2007）。在评估一个孩子是否真正具有天赋或某种突出的潜能时，成人可以使用下列标准（Ormrod，2011，p.172）。

- 超前的词汇、语言和阅读技能。
- 对大千世界具有广泛的知识量。
- 在学习时表现出比别的儿童更快、更容易和更独立的能力。
- 具备超前且有效的认知能力和学习方法。
- 在思考和解决问题时表现得相当灵活。
- 某一方面的表现极其突出（有时达到难以置信的完美状态）。
- 更愿意挑战高难度的任务，对普通的事情缺乏兴趣。
- 积极的自我认知，特别是在学业方面。
- 中等水平以上的社会性发展能力和情绪调节能力（不过，有一些极具天赋的儿童在这方面会遇到障碍，因为他们太与众不同了）。

表14.3　为常见的残疾提供帮助

骨骼损伤与发育障碍	在情绪或行为方面遇到的挑战
1. 教室活动的节奏需调整。 2. 将这样的儿童置于尽可能让他们感到安全、舒服并能完全参与活动的位置。 3. 必要时需要重新布置空间，确保他们活动时的安全和能够随意走动。 4. 在为每个儿童创造适于他的互动机会时，帮助和鼓励他使用相关的器械和物品。 5. 要特别保护好那些不能动或者在嘈杂的环境中不能表达自己的不适的儿童。 6. 改装一些物品、玩具和用具使其更方便使用（比如，防滑材料、大一点的把手、尼龙搭扣或者带磁性的积木）。	1. 告诉儿童清晰、一致并且可预知的界限。 2. 做出解释时要简短、直接。 3. 为儿童示范你希望他们具备的行为。 4. 为儿童准备“平静下来”的空间。 5. 在过渡时给他们提供非常具体的暗示。 6. 教儿童表达情绪的词汇。 7. 密切关注儿童的互动和行为，以防他们之间发生冲突。 8. 在必要时减少噪声和移动，同时要非常清楚会让每个儿童遭受刺激的诱因。
视力损伤	**儿童在发展方面的障碍**
1. 尽可能减少混乱状态。 2. 带儿童熟悉环境。 3. 帮助儿童借助听觉或触觉线索增强独立性。 4. 支持、鼓励和促进儿童与他人互动。 5. 将物品置于儿童伸手可及的范围，并且通过加强暗示（比如，质地、气味和明显的对比）使玩具变得容易识别。	1. 在不打断儿童完成任务的同时对他们已经取得的成绩给予称赞。 2. 将一项任务分解成若干部分，让儿童能一步步学习或完成。 3. 为他们准备一些开放式游戏，随时为他们进行示范，并始终激励和肯定他们。 4. 帮助儿童实现互动，也鼓励他们学会自己玩玩具。 5. 在完成任务时，多给这样的儿童一点时间，也多给他们一些练习的时间。 6. 鼓励儿童在完成一项任务或者掌握一项技能时不放弃。
听力损伤	
1. 提供多感官线索（触觉、视觉、适度的光线、图片等），并且将物品置于儿童最容易看见的地方。 2. 每天检查儿童使用的助听器和电池。 3. 充分利用儿童尚有的听觉能力（比如，使用打铃的方式）。 4. 与教室里所有的儿童使用一些简单的手语。	

有天赋的学习者与那些显然非常聪明的儿童是不同的。比如，聪明的儿童知道问题的答案，而有天赋的学习者则能够提出问题；聪明的儿童会有好的想法并且学习非常努力，而有天赋的学习者可能会有一些听上去很疯狂或愚蠢的想法，而且他们一直在玩，考试时成绩却很好；聪明的儿童喜欢和同伴们一起玩，而有天赋的学习者却更愿意与成人待在一起；聪明的儿童通常对自己的学习很满意；而有天赋的儿童却总是对自己不满，他们的情绪和观点也都表现得很鲜明和强烈（Allen & Cowdery，2012）。

显然，不是所有超前发展的儿童都是真正的天才，但是教育工作者一定要对表现出这些特征的儿童给予特别的关注。而且由于儿童在许多方面的能力尚处于发展过程中，因此过早地给他们贴上“缓慢”或“超前”的标签是非常危险的，因为再经过一段时间的观察，或许会发现以前的结论是不正确的（McAfee & Leong，2010）。此外，在一个领域表现出的认知“天赋”有时是以其他领域的正常发展为代价换取的。事实上，世界上的一些最聪明和最具天赋的人，包括爱因斯坦、托马斯·爱迪生、路易斯·卡罗尔、温斯顿·丘吉尔、杰·雷诺、乌比·戈德堡和汤姆·克鲁兹，在小时候都被认为有严重的“学习障碍”。他们在童年时期表现出的强烈兴趣和需要非但没有得到承认，而且遭到了成人的忽视，因为当时的成人将智力、天赋和才能与服从、整洁、良好的行为、快速学习的能力和早熟混为一谈。

当儿童确实在某个领域表现出了超前发展时，人们又会误以为他在所有领域都是超前发展的，但事实绝非如此。有些儿童只是比他们的同伴长得更高大一些、词汇量更多一些或者认知能力更强一些，可是成人有时会期望他们在所有方面都有出色的表现，而一旦他们做不到，就会遭到谴责。

与其把这些超前发展和早熟的儿童置于一个特殊的环境中，不如将各种各样的群体聚合在一起，虽然他们的能力不一样，成长的轨迹、文化背景、语言、气质和个体的需求也千差万别，但这样融合的环境最有利于他们的发展（Wallace et al., 2005）。对于任何有特殊需要的儿童，无论他们是发展缓慢还是超前，为他们潜在的能力提供帮助的最佳方法就是给他们配备一位专家，这位专家要非常了解儿童的发展状况和显现出的技能，并且在制订符合儿童发展的有效方案方面得到过专业培训。不管是特殊儿童、普通儿童还是具有超前能力的儿童，最好的做法就是在所有发展智力的领域为他们提供有吸引力的、跨学科的经历，同时尊重他们在经验和发展方面的差异。

过度害羞的儿童

几乎所有的儿童在生活中都会表现出一定程度的**害羞**，其中有大约 20% 的儿童天生就害羞，另有 20% 的儿童则是由于家庭环境的变故（比如，父母离异或搬家）而导致害羞。因此，它是一种性格特点，在相当多的人身上都出现过，只是程度不同而已，从中等程度的害羞到严重害羞（Adelman，2007）。害羞的儿童很容易被识别出来，他们会避免与他人的目光接触，以减少与陌生人在一起时的紧张感。他们在进入一个新环境时会躲藏或哭泣，也可能会表现出对新环境视而不见，偶尔也许会出人意料地大发脾气以释放他们的不安。他们与家人和朋友在一起时会感到很放松，因此会很健谈。可是在不太熟悉的环境中，他们就不愿意开口说话了，对别人的提问也只用一两个音节回答。害羞的儿童宁可放弃他们的要求或希望，也不愿意鼓起勇气来提出一个简单的请求。当他们必须“登台”时，他们会感到诸多的不适——脸红、嗓子发干、胃疼和怯场，这些会严重影响他们把自己的真实能力展示出来。

害羞的儿童会对来自他人的一点点冷落都表现得极为敏感，不论这一冷落是真实的还是他们想象出来的。一方面，在社交场合他们会尽量避开他人，但另一方面，他们也渴望像其他儿童一样被人喜欢和具备社会能力。遗憾的是，由于他们总是不能正确接收别人发出的社交信号，结果导致他们感到被孤立，还误解别人对他们的看法，并且最终真的被其他儿童排斥。

虽然让这样的儿童彻底去除羞怯是不可能的，但帮助他们更清楚地意识到自言自语与他们的情绪反应之间的联系是很有帮助的。自言自语是在特定的环境中大脑不断进行的“背景谈话”，其内容可能是非常负面的，也可能是很积极的。爱害羞的儿童和成人在遇到颇具压力的事件时都倾向于用负面的自言自语的形式谴责自己。当我们经历任何一种设想的威胁或要求时，在一瞬间，我们会无意识地将它与我们能够设想到的自有资源联系起来。因此，当一个儿童要在全班同学面前发言时，他会认为自己是紧张的，不擅长做这样的事情。这时，就应当告诉他这是他的负面认知在作怪（“我不能这么做，因为我会忘记自己该说的话，大家会嘲笑我的”），这样的想法只会加重他的紧张情绪，而更加削弱他的自信心。

另一种对儿童有帮助的做法是让他们学会想象或假设取得成功后的结果，并且不断练习这一做法，而不要总是担心可能出现的最坏的结局。可以给爱害羞的儿童提供一些对他们有帮助的习惯用语，让他们在感到特别有压力的场合的起初阶段使用它们，比如加入一个已经开始做游戏的团体、结识新朋友和提出自己的请求等。向他们提前简要介绍让他们感到挑战的环境，让他们将注意力放在自己取得成功的地方，让他们利用类似的经历为今后做好准备，这些都是很重要的方法，可以帮助他们放松下来，从而增加他们的自信心和社会能力（Adelman，2007）。

气质和个性化

随着儿童对彼此差异的意识的增强，他们开始对这些差异的优劣进行评估了。自我认同的发展在很大程度上取决于个体的自尊意识，而自尊又往往与别人对自己的行为和发展能力做出的反应密切相关。

如果儿童的气质特点让他们总是做出极端的行为反应，也会被他人视为麻烦。人们认为他们情绪消极、易冲动或不可预知，并且一遇到压力就会产生激烈的反应。当面对不熟悉的人、活动或外界刺激时，他们或者选择回避，或者大发雷霆。这些特别的气质特点刚开始时有一些遗传的因素，经过一段时间的修正后，可以朝着积极的方向发展，但也可能变成固定的行为模式，使他们被归入需要特殊对待的类别。干预的效果取决于他们具有怎样的困难特质模式，以及他们的那些模式已经形成多长时间了。如果他们的行为过于极端，就必须采取深入的个别化干预措施了（参见表 14.3）。

具有挑战性的案例

亚当

亚当是个 5 岁的孩子，他被诊断患有自闭症，而且已经被两个学前机构劝退了，因为他的行为总是让人意外，同时他还对其他孩子和成人有暴力倾向。他好像特别喜欢在操场上没有明显原因地把别人推倒在地，而且在教室里如果他想要别人的东西但人家不愿意给他，他常常会事先不发出任何警告就突然打人。如果成人想纠正他的行为，他就会大发雷霆，结果成人不得不控制住他以防他迁怒于其他的孩子。亚当的父母也承认他们每天都得小心翼翼地守在他旁边，为了不让他发脾气，他们会满足他的所有要求。如果他不听话，他们也不敢采取任何措施，因为他们不想与他发生冲突。从他 2 岁时第一次发脾气开始，他们就一直在这么做。他妈妈说她实在无计可施了，对改变他的行为已经彻底绝望。幸运的是，亚当新到的这个学校的老师非常有经验，他知道应当怎样与家长联手约束和规范儿童的行为。亚当在家里和学校都取得了进步，不过改变不可能一蹴而就，它需要儿童周围所有的成人持续不断地保持耐心和恒心。但是不管怎样，亚当的反应充分证明了他的情况并不像他父母起初以为的那样“无可救药”。

困难型气质的儿童很可能会因为极端的行为表现而被认为患有注意缺陷 / 多动障碍或自闭症。以上面案例中的亚当为例，他的父母曾求助过许多专业人士，他们对他行为的成因有不同的看法。有些人认为由于总是允许甚至“鼓励”他按自己的想法行事，结果亚当的行为越来越带有挑衅性和对立性，因此如果想改变他的行为，就必须改变“对付他”的方法，但亚当的父母拒绝采纳这样的建议。虽然没有非常肯定的检测报告（比如，fMRI 或 PET 扫描）能证明造成大脑混乱的原因，但亚当的父母坚持认为他的发作是他自己无法控制的，所以他们对他继续延用避免正面冲突的方法。他的父母没有意识到问题的关键其实是他很想与班上其他的孩子交朋友，也非常想待在学校，同时他也完全具备同龄儿童的语言能力。他新去的那所学校里的专业人员发现亚当的气质特征与自闭症的症状大相径庭，于是亚当终于开启了充满希望的新生活。

一些科学家对给儿童贴上“麻烦”这样的标签提出了质疑，他们认为这种说法是不正确的，而且如果看护人员这样看待儿童是非常有害的。不过现实也告诉我们，虽然围绕着困难型气质评估正确性的争论仍在继续，但是毫无疑问，某些儿童确实比其他孩子更难应对。这种困难可能源自儿童自身的体质特点、看护人员与儿童不顺畅的互动关系或者

随便给孩子贴上“麻烦”的标签是非常有害的。

其他环境压力，但有一个事实是一直存在的，即一些儿童在很小的时候就表现出比较棘手的特征。还有一点同样重要，那就是我们必须知道，这些棘手的行为可以通过生活经历得到纠正或强化。此外，儿童作为其社会化过程的主角，在这些经历中无疑也起着极其重要的作用。

儿童生活中的一些非常重要的“他人”对其个性的形成也起着不间断的作用，而且他们之间是互相影响的。如果儿童不容易应对，不太自信的看护人员就会对自己产生怀疑，感到内疚，并且对儿童的未来发展以及他们之间的关系都充满焦虑。除非儿童具有挑战性的行为得到了纠正，或者成人对此的认知发生了改变，否则无助感会一直弥漫在成人与儿童的互动过程中。如果儿童始终不开心、难以管控并一直朝着消极的方向发展，那么成人期盼自己能成为一位称职的父母或教师的梦想就会在严酷的现实面前被彻底击碎。成人对儿童带有挑战性的行为的态度起初可能是欣赏或自豪，因为他们觉得儿童这样显得很“果决”，但很快就会转为不满甚至是排斥，因为他们实在驾驭不了。

反过来，成人的反应也会对儿童产生显著的影响，或者增加他们的压力，又或者能成功地引导他们发展自我调节能力并且使他们的行为变得更积极。对于那些互动时有障碍的儿童来说，能够增加其灵活性和内在力量的积极且彼此尊重的互动是必不可少的。看护人员不仅需要意识到儿童的气质千差万别，还要通过有针对性且有益的方式鼓励所有儿童发展积极行为，这样可以加强他们的自我保护能力，对他们的整体也是非常有利的。成人还应当帮助儿童理解因果关系，学会自己解决问题，并且从更加积极的角度看待自己和他人（Gonzalez-Mena & Eyer，2012）。

现在我们已经学完了所有相关的知识，接下来的技能部分旨在将这些理论知识转变成实用的方法，它们将帮助你把所知道的化为实际行动。

培养儿童正确对待性和多样性的技能

就性和多样性与儿童进行交流

1. 让自己熟悉不同文化、宗教、族群和发展背景下的人，并且通过下列途径拓宽自己对不同人群的理解：

- 参加不同群体的社区、社交或文化活动。
- 在你所在的社区，设法与每一个种族和文化群体中的至少一个家庭结识。
- 搜集除了饮食和节假日以外更多的信息。
- 了解尽可能多的有关社会习俗的信息，比如，对家庭、时间、自然、性别角色、审美、生态、服装和安全的观念，因为如果不理解它们，有时可能会激怒一些人（Trawick-Smith，2013）。
- 通过参加各族群的节日庆祝活动、社区为残障人士安排的活动或者其他宗教团体赞助的开放活动来增加你对他们的了解。
- 在你居住区域的商店和餐馆里找一些代表不同文化的工艺品，品尝一些特色食品。
- 在你居住的社区寻找一些从事国际项目的机构和组织。
- 去一个为残疾人提供医疗设备的商店，了解不同器材的用途以及能够对残疾人有怎样的帮助。
- 参加一些志愿者项目，和一些与你的经历不同的人多进行交流。
- 更深入地了解你所属文化的背景。
- 将你所属的文化特征与其他族群的文化进行对比，更好地理解和珍视彼此间的相同与不同之处。
- 特别注意你的非言语行为，如果你发现自己有走神、做鬼脸或者在回答儿童提出的敏感问题时回避与儿童有目光接触的现象，要立即停止这些动作。
- 提醒自己不要因为一个人做了不好的事情就责备整个群体。当听到有儿童散布关于其他群体的谣言时，要求他拿出证据。
- 不要讲虽然可能有趣但会伤害某个群体的故

事。别人讲时也不要跟着笑。当他人用带有故意的话语诽谤其他团体时要予以制止。

- 注意自己的言语反应，不要忽视或否认儿童所流露或表达出的情感。
- 与同事探讨让你感到棘手的事情，申明你的观点，同时听取他们的建议。

2. **营造积极的社会环境和尊重彼此差异的气氛。**
   - 强调在团体中的每个人都是有价值和独特的存在。
   - 利用许多讲述个体差异的儿童图书以及木偶剧、电影和录像等形式来帮助儿童增进对他人的理解。
   - 利用社区里的资源，包括那些不同族群的人和残疾人。
   - 利用录像或视频让儿童了解其他国家发生的事情以及他们不同的生活方式。
   - 在已经上学的儿童中，通过角色扮演或残疾模仿的方式培养他们的积极认知或改变他们不正确的态度。比如，可以从医疗器械商店借一个轮椅，让儿童坐上去亲自体会残疾人操纵轮椅的困难。在眼镜片上加上几层黄色的玻璃纸来模拟视力损伤等。一位有创意的老师让一个视力有损伤的孩子给大家示范她是怎样在房间里走动的，并解释她会利用哪些线索。然后，老师让学生把眼睛蒙起来，并让另一个学生在一边确保他的安全，要求这个学生按刚才那个孩子的介绍试着在教室里走动。
3. **在团队中构建合作而非竞争的环境，并且刻意组织不同的活动，使每个儿童的技能都得到展示。**
   - 大家在一起讨论人与人之间的相似之处，比如，我们都需要朋友，我们都有类似的情感，我们也都有长处和短处。
   - 鼓励儿童在解决问题时互相依靠和寻求帮助，而不是只会向成人求助。
   - 将来自不同族群、发展能力各异的儿童安排在一个小组里，培养他们的互相理解和接纳，并建立起融洽的关系。
   - 设法安排一些活动能让儿童在其中有目光对视、彼此交流和形成共同目标的机会。为他们提供必要的帮助，引导他们取得成功。
4. **用直接、非判断式的方法应对儿童刻板的评论。**

当儿童发表刻板的评论时，比如，"只有男孩可以当医生"，可以使用下面的方法帮助他们有更正确的认识。

- 用开放式问题向他们提出挑战。（"为什么你认为只有男孩才能当医生？"）
- 用实事求是的方式为他们提供正确的信息。（"有些医生是男的。有些是女的。"）
- 指出与儿童所说的错误观点相反的例子（"丹尼尔说他的医生就是女的。""这里有一张女医生的图片。"）
- 在班会上集体讨论儿童提出的观点。（"杰米认为只有男孩能当医生，你们怎么认为？"）
- 出示与其观点相反的证据（比如，图片、书籍、男女都可以穿的衣服等），再带他们实地考察和参观（比如，参观一位女医生的诊室，或者请一位女医生来教室与大家见面）。

5. **对儿童提出的关于性、族群、残疾和其他差异的问题做出慎重反应。**
   - 听清楚他们的问题，确定什么是他们真正想知道的。
   - 在回答问题前先通过复述问题来明确儿童想弄明白的地方。比如，如果儿童针对一个7岁了但还不能走路的孩子问了这样一个问题，"蒂姆还是一个婴儿吗？"你应当先与他澄清，"你是想问为什么蒂姆还不能走路吗？"
   - 在明确儿童的问题后，用其能够理解的方式做出回答。成人常常会给儿童非常全面的解答，提供的信息超出了他们所需要的或所能接受的。用儿童能够理解的语言给他们简短、准确和清晰的回答就行了，可以使用简单的句子和他们熟悉的比喻。
   - 让儿童解释你的回答以检查他们对你所说的内容的理解，比如，"用你自己的话告诉我，桑迪为什么那样讲话。"如果有必要，可以在此基础上再让儿童明白得更多一些。但不要给儿童超出他们问题的信息，同时要给他们时间消化你告诉他们的内容。
   - 当儿童对某个问题表现得过于关注时要安慰他们，并且在给予他们解释后要确定他们确实放松下来了。对于特别小或者特别担心的儿童，你可能需要对同一个问题做几次解释说明。如果孩子总是当着另一个孩子的面询问对方在身体、种族或发育方面的差异，你应当设法让这个好奇的孩子与你私下进行讨论。

6. **在提及身体器官、文化群体或残疾状况时，要使用正确的词语。**
   - 在描述身体的特殊部位时，比如阴道、阴茎和乳房，应像介绍其他器官一样使用准确的词语，否则会让儿童误以为这些生殖器官是不自然的，并对它们感到羞耻。
   - 某些群体喜欢用一个特别的名称来称呼他们。比如，有些人喜欢被称为美国黑人，另一些人则愿意被称为非洲裔美国人或者有色人种。有些人喜欢印地安人的叫法，其他人则偏爱美国本土人的称呼。有些人愿意被叫作拉丁美洲人，也有人更喜欢西班牙裔或墨西哥裔美国人的叫法。侏儒希望别人称他们为个子比较矮的人，而不是侏儒或矮子。如果你不能确定每个家庭对称呼的偏好，一定要设法查明。同样的，提及某个孩子时可用有听力障碍的，而不要说他是个聋子。在这些情形下，当与儿童沟通时，不要用含混不清或不准确的术语来回避敏感的问题，最好是真实、准确地做出解释。如果儿童使用了不当的说法，你要用正确的说法再说一遍，帮他纠正过来。
7. **冷静应对儿童玩的性游戏。**
   - 要认真对待儿童对自己身体和他人身体的兴趣。
   - 提供必要的信息，满足儿童的好奇心，比如身体器官的名称及其功能。
   - 对于一些不当或危险的行为，要给儿童设立明确的界限，比如，抚弄另一个孩子的生殖器、在公众场合手淫或者把某个物品放入别的孩子的阴道或肛门里。
8. **为儿童提供更多很自然的机会让他们对性发展有所了解。**
   - 对于非常小的儿童，学前班或幼儿中心里的浴室是问问题、观察彼此的相同和不同之处的理想场所，同时也可以在这里了解身体的各个器官及其功能。如果他们同意，可以允许学龄前的儿童在其他孩子在场的情况下使用浴室。
   - 可以给儿童提供带有生殖器的玩具让他们玩，但要注意那些部位从生理学角度讲是正确的。
   - 在获得儿童父母的许可后，可以通过相关的书籍与年纪大一点的儿童进行信息交流。
   - 如实回答儿童提出的问题，消除他们的误解。
9. **在日常与儿童的互动过程中要尽可能公平地对待不同性别的儿童。**
   - 有意识地培养儿童相反性别的特点，以鼓励其全面发展——在男孩身上注重培养温柔、合作和与人交流的性格。在女孩身上则注重塑造其勇敢、有能力和独立的品格。
   - 要意识到并且注意避免已经被记载下来的成人的习惯做法，即当女孩讲话时总打断她们。或在男孩自己解决问题时给予他们过多的帮助、关注、信息和鼓励。
   - 对于一些重要的观念，要通过不同的方式反复提供给儿童。在女孩的童年早期鼓励她们的视觉空间能力的发展和逻辑数学经验的积累（多做一些与迷宫、地图、积木、几何板有关以及其他一些找相似和区别的练习），这些有助于她们今后在女性很少有出色表现的领域取得成就。同样的，男孩则应当更积极地参与和语言相关的活动，并且帮助他们学习应对压力和冲突，增强人际交往和交流的技能，这些对他们的未来是非常有益的。
10. **对儿童自发创造的有价值的学习经验保持关注。**有时候，儿童在玩物品或者与他人互动时会产生自己的兴趣点，并以此取代我们设计好的课程安排。这时需要评估一下是否可以允许儿童偏离计划好的活动。有时，自创的活动的确比安排好的活动更能带给儿童有价值的学习体验。
11. **培养儿童对自己所属文化及其遗产、语言和传统的自豪感。**
   - 像儿童的家人那样称呼儿童，而不要采用英语的语言习惯。
   - 给儿童准备一些他们熟悉的食物，可以向儿童的家人寻求建议和食谱。
   - 让儿童分享他们在家庭的庆祝聚会上经常使用的话语，并且解释怎样正确地使用它们，也可以让他们把体现其民族文化的衣服带到学校。

- 作为常规活动的一部分，在唱歌、讲故事、做游戏和从事其他活动时，将能够体现团体中的儿童和工作人员所属文化的内容贯穿进去。最好把这些活动与平时的课程设置结合起来，而不是只偶尔安排一次“墨西哥日”或“美国黑人周”，因为后者的做法反而使少数族裔显得很特殊，这样的活动也比较做作，而实际上文化是人的生活中非常自然的一部分。

12. **如果你所在集体中的成员都来自同一族群，就介绍一些其他族群的习俗**。最好先从在社区内能够见到的其他族群开始，而不要介绍儿童根本不可能接触到的族群的习俗。
13. **如果儿童因为其他儿童的性别、种族或者特殊需要而拒绝与其交往，应冷静地处理，可以采用下面这些方法：**
    - 体谅被拒绝儿童受到伤害的情绪：“杰罗姆，你看上去很生气。当塞缪尔骂你的时候，你感到很受伤害。”
    - 表现出你对被拒儿童的共情：“杰罗姆，我理解当别人骂我们时是很难受的。”。
    - 提出抗议：“塞缪尔，我不喜欢你叫杰罗姆‘四只眼’，这样做会让他感到很受伤害。”。
14. **给儿童提供准确的信息**。“杰罗姆戴眼镜是为了能够看得更清楚。”
15. **教给儿童用更适当的方式来表达自己的情绪**。“你很生气因为杰罗姆把你正在搭建的东西撞倒了。你在生气的时候可能忘了应该怎样表达你的情绪了。你可以说，‘我很生气’，但不应该骂他‘四只眼’。”
16. **教儿童你期望的行为表现**。“在我们的教室里，大家要彼此互相尊重。你可以告诉其他人你对他们所做事情的感受，但你不可以骂他们。”
17. **使用规则和后果，让儿童知道对特殊的儿童或群体进行刻意的诋毁和刻薄的态度是不被容许的**。如果年幼儿童对他人使用了一些带有贬义的词，可是他们自己又不明白它们的实际意思，就要给他们做出合理的解释，让他们明白为什么这样的做法是不可接受的。如果儿童仍然故意通过这样的方式伤害他人的自尊，他们就是在进行充满敌意的攻击，需要借助个人信息、警告和后续行动等方法加以制止，并且在处理过程中语气要冷静、实事求是和坚定。
18. **检查所有儿童使用的教材和为他们安排的活动中有关种族、文化、性别角色、宗教和发展的内容**。经常审核课程设置会对儿童关于自己和他人所扮演的角色和能力的认知产生怎样的影响，鼓励他们根据自己的兴趣和技能而非那些过时的观点去参加丰富多彩的活动。
19. **评估教室的环境，看看它在反偏见和提供与各种文化相关的材料方面做得怎么样，你可以问自己：**
    - 教室里通过图片和照片反映了哪些群体的生活状况（包括种族、文化、性别、家庭结构、生活方式、年龄和身体残疾）？有一种群体在其中占主导吗？它们反映的是鲜活的个体还是刻板的形象？它们是当代的人物还是历史上的人物？
    - 在教室的音乐活动中、艺术品展示中（包括印刷品、雕塑、纺织品和工艺品）、服饰区和阅读区包括了哪些有关性别和文化的内容？
    - 还应当做哪些调整使陈列的东西更均衡并有更广泛的代表性？
20. **尊重并重视群体中的每个家庭**。
    - 走访儿童的家人，深入探究他们的文化。询问他们文化中的特殊的日子和家庭中的庆祝日。了解他们平时怎样规范儿童的行为，会将哪些行为视为出色的表现并特别予以表彰。
    - 为他们拍摄照片并展示出来，让儿童和家长都能看到。
    - 在定期发放给家长的新闻通讯中介绍每个家庭的特点，同时也让他们借此机会分享自己家中有意思的趣闻或故事。

针对儿童的个体差异与其家人进行交流

1. **认真倾听家长们的谈话，从中了解他们在家中对儿童的日常安排以及他们对儿童的在校经历有何希望**。比如，一位非洲裔妈妈对学校里没有其他少数族裔的儿童很关切；另一位父亲则对他小儿子的性取向表示出了担忧，因为他在玩假装游戏时总是爱穿女孩的衣服；还有一个4岁的孩子特别聪明，她的父母想知道你是怎么教她阅读的。一定要清楚地了解每位家长的想法和感受，并且思考他们认为你的责任与他们的关切之间的关系。

2. **对儿童的家人的关切做出共情和坦诚的回应**。要意识到儿童的父母或祖父母通常会将儿童当下表现出的某个问题与他的未来联系起来，而你可能更在意儿童目前的行为和表现。对于那些身体有残疾的儿童，他们的家人一般最关注的是他们能否被社会接纳以及他们的未来。

　　专业人员可以通过更多地了解儿童父母的感受、想法、行为和价值观来获取更多对儿童表现的认识和理解。他们对这个孩子有怎样的看法？他们为这个孩子感到骄傲还是失望？他们有哪些期许？在你设计出你认为最符合儿童需要的干预措施前，先告诉儿童的父母他们的关切对你来说很重要，然后在措施实施过程中要不断地告知他们最新进展。

3. **在让有特殊需要的儿童融入集体时，要把他们的家庭作为最重要的资源**。对于学校里的儿童来说，他们的父母算得上是没有职称的专家，因此你可以与儿童的父母或其他家人联手，使他们对你的工作和儿童的成长发挥作用。除了在他们向你咨询时给予他们建议外，你也可以在与儿童相处遇到障碍时向他们寻求建议。比如，问他们，"你是怎样做到让珍妮记着把外衣挂起来的？我总是没法让她做到这一点！"对于特别害羞的儿童，了解他们的喜好和兴趣可能需要花相当长的时间，在这方面，父母完全可以为你提供可行且有价值的信息。

4. **当正常儿童的家人因儿童群体中出现有特殊需要的儿童而表现出关切并向你提出相关问题时，要对他们给予充分理解并做出回应**。这样的关切是很正常的，因为儿童的父母或祖父母会担心自己的孩子因此得不到足够的关心，或者他们的发展会放缓。这时，如果你拼命为自己辩解，或者表现得很吓人，或者让儿童的父母对自己产生这样的想法感到"内疚"，你实际上就在自己与他们之间构筑了一道毫无必要的阻隔，因此要尽可能真诚地回应他们公开的或隐藏的关切。

　　比如，如果一位家长问"在有了这些改变后，今年的一切都进展顺利吗？"而你只回答"还行"，那你就失去了一次与家长分享他们关切的机会。可是如果你回答"还可以，你们家长怎样看待这些变化呢？"那么家长就可以在这个笼统回答的基础上表达他们的关切。

　　为了更好地回答这类问题，可以邀请儿童的家长到教室实地观察，这样不仅能让他们知道你对他们的问题和反馈是感兴趣的，而且也让他们意识到了你对他们是坦诚和重视的。

5. **如果儿童的父母出于偏见始终不肯接纳其他儿童，对这种具有挑战性的父母，要坚持你的做法**。如果你确实发现有的家长由于儿童间的族群或身体状况的差异而强烈鼓动不要接纳那些特殊儿童，或者对因此而引发的每一件不顺利的事情都喋喋不休地加以指责，可以单独与他们交换意见。不要和他们发生争执，但要坚持自己的做法，并且明确地告诉他们为什么偏见是有害的。在有利于儿童发展和学习的环境中，彼此尊重是最基本的前提，因此偏见是不能被容许的（参见要点 14.3）。

要点 14.3

一位国际学校的校长写给家长的一封信

亲爱的________夫人：

　　我们很遗憾地获悉你由于我们的教师是一位印度人而收回了让你儿子加入我们幼儿园的申请。这位老师的母语是英语，并且有非常丰富的幼儿教育经验，得到了其前任校长的大力推荐。这是我们决定聘用她的原因，而且我们对能够聘请到她感到很高兴。

　　我们学校是一所多元文化的双语学校，我们的办学原则之一就是尊重来自各个文化的人士，因此我们由衷地欢迎来自世界各地的家庭和工作人员。目前，我们有来自 22 个国家的孩子在这里学习。我们希望这里所有的成人都能真正做到互相尊重，给孩子们起很好的示范作用，这样孩子们就能比较容易地接受其他文化，并在长大后与来自其他文化背景的人和谐相处。

　　你提出将你的申请费转为明年秋天学前班的申请费用，但我们不能承诺明年不会有类似的情况出现，所以我们想将你的申请费退还给你，因为以那样的条件接受你的申请对我们来说是不道德的。请到我们的前台办理相关手续，我们已将应退款准备好了。如果你改变主意了，我们非常欢迎你和你的儿子哈瑞森加入我们的幼儿园，我们相信他肯定会在这里度过很美好的一年。

　　祝好！

校长，________

注意事项

在使用上述技能时，要注意避免犯下列常见错误：

1 **过度保护不太正常的或少数族裔的儿童。**如果你只给一个孩子而不给其他孩子特权，你不仅可能会疏远其他孩子，也会阻碍这个享受特权的孩子的正常发展。只有当涉及安全事项、儿童的学习方法不适于当下的任务或者当儿童从情感方面还不能应对摆在他们面前的挑战时，方可根据儿童的个体特点调整规则。如果确实需要针对某个儿童对规则做一些修改，要向其他儿童做出简单但实事求是的解释。此外，你还可以让儿童根据具体情况一起讨论怎样修改规则更合理。当你针对某个问题征求儿童的意见时，他们内心的公平感会驱使他们产生帮助他的意愿；反之，如果擅自改变规则，而且缺乏明显的公平性，儿童就会不满地拒绝，并对那个受到特殊照顾的孩子和做出决定的成人充满敌意。

2 **没有注意到儿童间不良的互动，因为在你的设想中没有它们。**由于我们希望教室里的一切都进展顺利，因此我们常常忽视那些出现的负面事件。但事实上，如实、全面地对发生的一切进行评估是基本前提。如果出现儿童被其他儿童或成人欺负、操纵、孤立或伤害（无论是身体上还是心理上）的现象都必须马上通过下面的方法加以制止：（1）阻止该行为；（2）认可所有个体的情绪；（3）明确在任何情形下欺负和伤害的行为都是不容许的；（4）为他们提供其他的方法，促进他们之间的良性互动，提升他们心理上的安全感，并让他们学会积极接纳彼此。

3 **在无意中使用刻板的语言。**所有人都可能不加思索地使用一些惯用语，而它们中的一些可能会无意中冒犯对方。比如，称某人是“印地安送礼人”（暗讽其送东西给别人但希望对方还礼）；把讨价还价的过程描述成“犹太人式的斤斤计较”；或者将某人与你吃饭时要求各自付账说成“荷兰人的方式”等。此外，用“男消防员”“男邮递员”和“女售货员”称呼从事这些工作的人会强化传统的性别角色，更平等的叫法应当是“消防员”“邮政工人”和“售货员”。同样的，要注意不要把男性和女性不必要地区分开来。在游戏时，让男孩和女孩分开来竞赛，或者让一个性别群体完成后，另一个性别群体再开始。取而代之的做法可以是用其他的特征来划分小组，比如，“穿绿袜子的小朋友现在可以穿外衣了。”或者，“这张桌子的所有人可以离开了。”。

4 **没有针对个体儿童应取得的进步做出有效规划和评估。**学校会有测评体系，但通常都是总结性的，基于提前制订好的普遍性标准来检测儿童是否在某个设定的时间段里达到了某项标准。但是对于那些因这样或那样的原因导致智力发展有障碍的孩子来说，面对这种评估标准时肯定不能达标，因此需要根据他们的实际能力为他们制订合理的目标。类似的，相较于大多数普通孩子，也有一小部分孩子平时需要安排更具挑战性的活动，所以检测他们取得进步的状况时也需据此制订相应的标准。

5 **没有向校方管理层、儿童的家庭成员、其他专业人士和社区其他工作人员寻求帮助。**就如同儿童在教室时需要与团队合作一样，专业人员也属于一个大的成人群体，他们会对你在教室所开展的一切活动发挥作用。如果你面对的儿童需要得到额外的照料，比如更多的时间、理解、耐心、工作人员和物品等，你就必须向其他专业人员求助来满足儿童的需要。如果得不到这样帮助，你很快就会感到精疲力竭和不堪重负，而且儿童的需求也无法得到满足。相反，专业人员之间如果能够建立很好的沟通和配合，这些现象就会大幅减少。

6 **只与令你感到舒服的儿童家人进行沟通，却尽量回避那些与你的价值观、种族、族群或文化**

背景不同的家庭。非主流群体的一员或者不能讲流利英语的儿童家长可能会羞于参加校方组织的活动，因为他们觉得自己不能做出什么贡献，或者他们所能做的不会得到重视。不论准确与否，他们中的有一些人认为，专业人员对他们的态度比较傲慢和冷淡。比如，一位申请参与启智项目的年轻女教师对于能和“那些优秀的”儿童在一起感到兴奋不已，可是她没有考虑到的是，她还得和那些儿童的父母打交道。她在大学时学到过许多有关教师与父母互动的技巧，因此她认为自己在这方面有不少很好的想法。可是当她第一次参加与家长的聚会时，虽然她很想与家长们分享这些技巧，却发现他们并没有打算听她说，而且他们也有自己的想法。第二天她很生气地对一位同事说，“他们就只愿意坐在那儿聊天和喝咖啡！”此后，她与那些家长再无更紧密的交流，而且她在那个职位上只勉强做到了那年年底。她在后来的工作中不再主动去询问儿童的父母对她有什么需要，而是心怀不满地等着他们“表现出对自己孩子的关心”，但事实上，儿童的父母之间确实也有必要交流他们彼此的关切。对一些群体和文化缺乏个人经验的专业人员必须努力学习以增加对这些方面的了解。

总 结

儿童的性发展、族群、特殊需要和个性差异等敏感问题有时可能让你觉得在试图选择最有效的方法来帮助儿童及其家人时会感到不适、着急、尴尬或困惑。如果这些情绪导致你对它们采取回避、拒绝、咄咄逼人或过度自我保护的态度，你对儿童的发展和能力提升的帮助就大大减弱了。

对于儿童的性行为，比如在公众场合手淫、性游戏、偷窥、带有性色彩的语言和对其他儿童或成人的性举动，成人在应对时要尽可能实事求是，冷静地引导他们做出更恰当的行为。儿童在性心理发展方面表现出的明显偏差有时会令成人感到很棘手，因为它们很难被改变，需要成人对儿童的观念有更深入的了解。严重的性偏差需向其他专业人士寻求解决之道。

儿童对于其他种族和族群的态度会随年龄和发展阶段而有所改变。在与和自己不同种族和族群或社会经济地位的儿童及其父母接触时，你有时可能会因自己的民族中心主义和经历而对他们产生负面情绪。如果你不能克服这些情绪，你工作的有效性就会大打折扣，并且会对儿童的自尊及其对族群态度的发展产生负面影响。相反，如果你采取的行为是积极的，就有助于防止和减少儿童在这方面形成偏见。

接纳有特殊需要的儿童也是你工作中需要格外引起关注的方面。将有残疾的儿童与正常儿童融合在一起有双层意义：一是通过减少和消除歧视，使更多的异常儿童能够被接受；二是增强这些儿童的社会能力，让他们今后在主流社会中生活得更加舒适和成功。把有残疾的儿童与普通儿童融合在一起所遇到的挑战和将不同族群的儿童聚合在一起的挑战相类似，都需要设法使与大多数儿童不一样的少数群体顺畅地进入主流社会。

在与早熟、害羞或者困难型气质的儿童相处的过程中，你可能会遇到一些儿童或其家人的责难、刻板对待甚至拒绝。这就需要你设法做到让正常发展的儿童与有特殊需要的儿童实现真正的良性互动。

能否成功地处理与儿童的性、族群、特殊需要和其他差异有关的问题，取决于你能否让各类儿童融合在一起，为他们营造一个和谐的环境，并在学习过程中密切关注发展他们的社会能力。尊重每一个人的个体差异能够体现出我们人性化地对待他人的能力。当你构建起一个包容、关怀和有利于发展的环境时，就能让儿童和成人都充分展示他们的技能，并且得到最全面的发展。

提升你与儿童的家庭就儿童的个体差异进行沟通的能力非常重要，并且要对他们表现出的关切做出坦诚和共情的反应。特别是对于那些有特殊需要的儿童，他们的父母是你获取信息的重要来源。

最后，在培养儿童对性和多样性的正确认识时，你还需要注意避免犯一些错误，包括过分保护，忽视不良的互动，无意中使用刻板的语言，没有对儿童取得的进步做出积极评价，以及没有与儿童的家人和其他专业人士进行有效沟通。

关键词

阿斯伯格综合征（Asperger's syndrome disorder，p.418）
残疾状况（disabling conditions，p.415）
创伤性脑损伤（traumatic brain injury，p.415）
多重残疾（multiple disabilities，p.415）
耳聋（deafness，p.415）
发音或语言损伤（speech or language impairment，p.415）
发育迟缓（developmental delay，p.415）
反偏见教育（antibias education，p.409）
个体化的家庭服务方案（individualized Family Service Program，IFSP，p.414）
个体化的教育方案（Individualized Education Program，IEP，p.413）
骨骼损伤（orthopedic impairment，p.415）
害羞（shyness，p.423）
民族中心主义（ethnocentrism，p.408）
内化的特权（internalized privilege，p.409）
内化的压抑（internalized oppression，p.409）
偏见（biases，p.409）
其他健康损伤（other health impairment，p.415）
情绪困扰（emotional disturbance，p.415）
社会身份（social identity，p.409）
视力损伤（visual impairment，p.415）
特别学习障碍（specific learning disability），p.415
天赋（giftedness，p.421）
听觉和视觉双重障碍（deaf-blindness，p.415）
听力损伤（hearing impairment，p.415）
性别角色认同（gender-role identification，p.405）
性别认同（gender identity，p.405）
性心理发展（psychosexual development，p.404）
早熟儿童（precocious children，p.421）
智力障碍（intellectual disability，p.415）
自闭症（autism，p.418）
族群（ethnicity，p.408）

问题讨论

1. 一个全部由白人组成的幼儿园的家长委员会正在考虑下一年为一个非洲裔学龄前儿童提供助学金。你认为这样的安排有哪些好处和不利之处？你觉得在实施这个方案前应当做些什么准备？
2. 在你所教的三年级的班上有个韩国裔儿童，你发现他在回家的路上遭到班上三个比较受欢迎的儿童的欺负。你打算找这三个儿童谈谈，你会怎样开场？可以找你的三位同学或同事扮演这三个儿童，通过角色扮演的方式将你与他们谈话的情形呈现出来。
3. 你在一所很大的城市的中学教书。一个11岁的女孩在午餐时接近你，告诉你学校里一个年轻的男保安企图非礼她，而且一直问她可不可以在她放学后带她回家。你会怎样回答她？你还打算采取什么行动吗？
4. 你正在准备教室开放日。一位5岁男孩的父亲走近你，问你如何看待让男孩玩洋娃娃。他还问你，“从什么时候开始就能断定一个男孩会是个同性恋？”准确地说出你将给予他的回答。记住在回答他这个问题时要回想一下关于性别身份发展的正常顺序。
5. 你发现一位自愿辅导有阅读障碍的儿童的家长对二年级的凯文特别不耐烦。今天上午你碰巧听到她对凯文说，“你的问题就是你太懒了，这是许多黑人孩子不能完成学业的原因。你也想这样吗？”你会怎样处理这件事？
6. 你在安静的阅读区拐角处发现两个5岁的男孩正在看对方的生殖器。这时你首先想到的是什么？你会对这两个孩子说什么？你还会采取进一步的措施吗？如果会，是怎样的措施？
7. 在你所教的儿童中有一个男孩显得特别紧张。有一次，他妈妈来接他时发现他正在触摸自己的生殖器，结果她当着其他男孩的面粗鲁地喊道：“特里，我的天哪！快别那么玩了，你会把它弄掉的！”你请她和你单独谈一会儿，你会对她说什么?

8. 你看到一个白人学龄前儿童正在用力地擦一位黑人助手的胳膊。当你问他们这是怎么回事时，那位助手笑着说，“他想把我皮肤上的黑色擦掉。”对此你会做出怎样的反应?
9. 在一天上午的活动过程中，一个孩子突然被一个个子高大的男士抓住。这件事让其他孩子都被吓坏了，有的孩子甚至哭了起来。你会对他们怎么说?

   这件事情过去之后，为了防止再次发生，你会从教室环境以及儿童方面做哪些调整或预防工作?
10. 幼儿中心的儿童正在吃带葡萄干的烤面包配花生酱。负责给儿童分发食物的教师被告知先给每人发一片，以确保人人都有份。这时，你注意到患有唐氏综合征的肯德拉坐在餐桌前很长时间了，并且正在吃第二片面包。你问发面包的老师这是怎么回事，她回答说，“我知道规则，可是我觉得她太可怜了。”你会对这位教师做出怎样的反应?
11. 阅读下面这段文字，并且根据美国幼儿教育协会制订的道德规范找出这个情境中的专业人员应当承担的责任:

    杰西卡是一个需要使用轮椅的脑瘫儿童，她加入了枫树大街的儿童发展中心。在户外活动的时间，当其他孩子都在外面玩时，她被推到教师休息室，待在那里看电视。负责看护她的教师解释说，“看电视对她来说是个不错的安排，因为她在操场上什么也不能做。而且这样她也不会受伤。”
12. 按照本章中对性格类型的简单介绍，对你自己的性格特点进行分析评估。当你还是个孩子时，你是个随和的孩子、慢热的孩子还是比较麻烦的孩子? 如果采访你家里的人，他们会提供什么具体的例子来赞同或反驳你的说法?

案例分析

阅读附录一中赛斯的案例，他是一个被诊断患有自闭症的儿童，然后思考下面这些问题:

1. 赛斯的哪些性格特点符合本章中对自闭症行为的描述?
2. 最让赛斯的父母担心的是什么?
3. 赛斯的老师是怎样帮助他应对那些困难的?
4. 在假装杂货店的游戏中，赛斯的老师使用了哪些特别的方法来鼓励赛斯与尼古拉斯的互动? 这个方法与一般情况下老师用于普通孩子的方法有怎样的不同?
5. 由于改变对于赛斯及其他像他这样的自闭症儿童来说非常困难，在去动物园参观前，他的老师为他提供了哪些帮助?

课外作业

1. 如果希望在应对他人的反应时更有技巧，非常重要的一点就是检查你对本章提到的一些敏感问题的感受。因此请尽可能诚实地说出你在下面这些方面的反应:

   对于你自己的性行为和你接触过的不同的种族、宗教或民族人群以及残疾人或残疾人群:
   a. 列举一些你童年时有过的负面经历。
   b. 说出一些你记忆中接受过的错误或刻板的信息。
   c. 在一个从 1 到 10 的等级中，10 代表感觉最舒服。描述一下你在和与你不同的人谈论性和互动方面的舒适度。
   d. 描述一下你成年后在上述方面的一些负面经历。
   e. 你在成年后，对于个体差异的看法和思考是否发生了改变? 如果是，发生了哪些改变?
   f. 要想减少这些方面的歧视行为，你认为整个社会应当做出哪些改变?
2. 作为幼儿教育工作者，你应当熟悉一些用来评估儿童成长和发展的筛查工具，它们使用起来很简便，也不需要特别的专业知识或临床经验，通过大学、中专、医院和诊所即可获得。早期筛选量表（Early Screening Inventory, ESI）和丹佛发展筛选测试Ⅱ（Denver Developmental Screening Test Ⅱ, DDST Ⅱ）就是其中两个可供参考的工具。选取其中一种后，对指定年龄范围内的三个儿童进行测试，但事先需征得儿童父母的同意。因为你在评估方面可能不是很有经验，所以不要将测试结果告诉儿童、儿童的家人以及其他专业人员。测试结果一定要保密。
3. 经常对教学材料和课堂活动中有关种族、文化、性别角色、性、宗教和发展的刻板印象的内容和标准进行审核和评估，具体包括:
   - 课本或儿童用书;

- 评估工具；
- 教学中提及的宗教节日；
- 准备的饮食；
- 要求教师看护儿童和管控环境的责任；
- 课堂上和课外安排的活动；
- 规则和规定；
- 被邀请来学校参与活动的人员的背景；
- 构成专业人员和辅助人员的团队。

4. 针对一个为有特殊需要的儿童制订的课堂计划进行修改，然后执行修改后的计划。哪些修改是必要的？如果针对的是另一类有特殊需要的儿童，这个计划还应再做哪些调整？

检查你的做法

下面是一个对照检查表，作为一个刚入门的专业人士，你可以用它来检查自己是怎样实践这些技能的。你还可以在附录二中获得更多的观察教室行为的检测标准。

培养儿童正确对待性和多样性的教师应当做到下列几点：

√ 构建一个积极的社会环境，使大家无论相同还是相异都能得到尊重。

√ 就儿童的个体差异与其家人进行沟通。

√ 用直接的、不带评判的方式应对儿童发出的刻板的评论。

√ 为儿童了解性发展提供更自然的机会，同时冷静对待他们玩的性游戏。

√ 帮助儿童对自己所属文化的遗产、语言和传统形成自豪感。

√ 在与儿童日常互动时尽可能在性别方面做到公平。

√ 传授给儿童表达情绪的恰当方法。

√ 告诉儿童你对他们的行为的期望。

第 15 章 做出道德判断和决定

本章目标

在学习完本章后，你应该了解：

道德判断涵盖的内容以及影响做出这种判断的因素。

做出道德判断应当遵循的原则。

怎样对儿童的极端行为做出道德判断。

针对虐待和忽视儿童应坚持遵循的道德行为准则。

与儿童的家人沟通时的道德维度。

做出道德判断应当具备的技能。

做出道德判断时应避免的注意事项。

NAEYC标准

1. 提高儿童的发展和学习能力。
2. 与儿童的家庭和社区构建关系。
3. 观察、记录和评估儿童的行为，以达到帮助儿童及其家人的目的。
4. 运用适应发展的教学法与儿童及其家人进行沟通。
5. 使用相关的知识来设计有意义的课程内容。

医院游戏区的孩子们被告知在游戏结束时必须把所有物品都放回原位。当宣布开始打扫卫生时，所有的孩子都忙碌起来。过了一会儿，他们自称任务完成了。这时，负责孩子生活的沃尔特先生把整个房间都检查了一遍。他发现虽然桌子擦干净了，物品也归回了原位，可是他们没有整理橱柜，颜料笔的笔帽也没有套上。看着孩子们笑容满面的脸，他暗自思忖，“我是应该让他们再多做一些呢，还是就这样算了？”

在一个全英语教学的学前班，两个孩子正在一起玩搭积木。他们都在说他们的母语法语。这时一个5岁的韩国男孩安迪走过来，蹲在他们旁边，也想和他们一起玩。两个孩子中的一个叫朱利安的孩子说，“只有说法语或者说英语的才能在这里玩！”安迪的英语和法语都说得不好，但他从朱利安的肢体语言和说话的语气中已经看出自己是不受欢迎的。老师碰巧听到了他们之间的对话，他觉得自己应该予以干预，可是不能确定采取怎样的方法最有效果。

在操场上，迈伦没能接住一个飞过来的球，他脱口说道：“真该死！”看上去，失误让他感到很难堪，完全没有意识到他的用词有什么不当。但德尔玛小姐碰巧听到了，她在考虑应当怎么做：对他进行一番说教、让他下场还是不必理会这件事。

斯图亚特来到幼儿中心时身上有很明显的瘀伤，这已经是这个月第二次出现这种现象了。当被问到发生了什么事时，他说是自己从楼梯上摔下来弄伤的。可是教师陷入了沉思，“真的是意外事故造成的结果吗？会不会是遭到了虐待呢？”

道德判断以及影响做出道德判断的因素

与儿童及其家人打交道的专业人员每天都需要对类似的问题做出良好而敏感的**道德判断**。**道德**是指导我们的日常行为和帮助我们解决棘手问题的基本原则，它应该是在我们行业内、社区里、同事间、家庭里和朋友中广泛达成的共识，同时也代表了我们自身发展形成的价值观、道德观和美德（Miller，2013）。

通常，当我们做决定时，我们只需在几个选项中做出一个选择，但是在做道德判断时则需要我们厘清互相冲突的价值观以及它们之间孰重孰轻。在有些情况下，我们需要当即做出决定；有些情况允许我们先仔细思考一段时间。有些需要他人最大化的干预；有些则要尽量减少干预，甚至不要干预。如果我们的抉择会影响别人，那我们在做出判断时一定应当基于是非、诚实、正义、善良、互惠和尊重他人的前提，这些是道德的基本要求。

基本上讲，最好的道德判断应当是我们经过深思熟虑并且按照做任何决定时应遵循的步骤一步一步得出来的。从表15.1中我们可以看到，前面提到的那位教师沃尔特先生是怎样做出表扬孩子们的决定的，尽管他们打扫卫生的这一任务完成得算不上完美。

表15.1 做出道德决定的步骤

程序
沃尔特先生为做决定所需做的事情：
1. 评估形势。 沃尔特先生先要搞清楚发生的事情，他应当把孩子对医院游戏区的布局并不熟悉、许多孩子在医院这样的环境中会感到焦虑、他的主管对环境整洁的要求、没有完成工作的严重性、孩子表现出的自豪感、他知道在第二天之前没有其他人会再使用这个游戏室以及孩子们能一起配合完成任务带给他们的快乐等这些因素都考虑进去。
2. 分析所有可能的应对策略。 沃尔特先生应当将所有可能的应对之策都思考一遍，其中包括：接受孩子所做的，不做评价；让他们返工；单挑出个别做得不好的孩子重做；因为他们做得不够好而批评所有人，并表扬那些愿意一起完成任务的孩子。他还应考虑，如果让孩子们返工，他们是认为这一要求合理还是会让他们产生挫败感。此外，他也不能忽略这样一个事实，即他对这些孩子并不很了解，因此他不知道他们会对批评做出怎样的反应。同时，他又担心如果他表扬孩子们付出的努力，但一些孩子能觉察到他们的表现与整理出一个真正干净的房间是存在差距的，于是他们可能会认为他讲的是假话。
3. 选择并实施某个方法或将几个方法综合起来使用。 当场，沃尔特先生决定选择表扬孩子们一起互相配合完成任务。
4. 评估结果。 沃尔特先生对他做出的反应感到满意，因为他达到了他的最终目的，即让孩子们在医院这样的环境中能感到放松，而且他们非常认真地把物品都放回了原位。

做出道德判断有一定的风险，并且没有什么保证。不过，虽然它带有不确定性，但只要我们在判断时能够慎重考虑，还是能够做出较合理而非随意的决定的。因此，做判断时经历上述步骤更可能让我们采取的行动达到我们的期望。此外，事后对实际出现的结果进行评估也能为我们提供更多的信息，可以供我们在未来做判断时参考。

道德判断受到情境和做出决定的人的影响。两个人面对相同的事情时可能会做出完全不同的决定，而且可能都不错或者都很糟。由于道德判断带有强烈的个体色彩和需要依情境而定，因此想为各种各样的情况事先准备好固定的答案是不明智的。本章的目的只是指出在做合理的判断时需要考虑的因素以及在做判断的过程中应当进行怎样的思考。

怎样制订道德判断的目标、策略和标准

在做出审慎的判断时通常需要先制订出目标、策略和标准。

目标

在所有教育机构的众多**目标**中，其中一个就是要提升儿童的社会能力，包括培养儿童的自我调节能力、人际交往能力、积极的自我认同、社会价值观念、文化修养以及制订计划和做出决策的技巧，它们都能从不同方面发展儿童的社会能力。虽然我们不可能在特定的环境和时间里完全实现它们，但只要成人确立了这些目标，他们在与儿童互动时就有了目的，这样就肯定会有所进步。目标可以是总体的或具体的、长期的或短期的、非常重要的或不太重要的、独立于其他目标或与其他目标有相互关系（Goldsmith，2013）。除此以外，我们还需要为儿童制订个体目标和集体目标，它们之间有时可能是一致的，有时可能彼此对立。在制订目标时，应该思考下面这些问题：

- 针对每一个儿童，哪些目标是适当的？
- 如果一个目标适合一个儿童，那它也会适合另一个儿童吗？
- 当个体目标与集体目标相冲突时，应当怎么办？
- 某个已确定的目标仍然有效吗？
- 当一个儿童的目标与另一个儿童的目标不一致时，应当怎么办？
- 改变一个目标的必要因素有哪些？
- 如何判断一个目标比另一个目标更重要？

特瑞兹夫人就必须考虑这些问题，因为在进行课堂讨论时，杰西没有举手就突然说出了答案。她为整个群体设定的目标就是练习更强的控制冲动的能力，要做到这一点，儿童就应当等叫到他们时再发言。可是杰西是个很害羞的孩子，特瑞兹夫人一直鼓励她要表现得果决一些。这时，特瑞兹夫人应该支持整体目标，还是为杰西制订的个体目标呢？有没有什么方法能够做到两全其美呢？特瑞兹夫人需要根据当时的实际情况做出判断。

© Cengage Learning

这位教师既为每个儿童分别制订目标，同时也为全班同学制订共同的目标。

策略

要想让儿童实现目标，成人必须采取一定的**策略**，包括做出下列决定：

- 为实现某个特定目标，哪种策略最合适？
- 某个看似最有效的策略真的可行吗？
- 用于一个目标的策略如何与用于其他目标的策略兼容？
- 需要多长时间来判断一个策略是否有效？
- 执行一个策略时必须按原计划继续吗？
- 策略可以单独使用吗？还是它必须与其他策略结合起来使用？

当西尔斯先生考虑 T.J. 在班上不断表现出的反社会行为时，他得对道德判断所需的策略进行思

考。在过去的几个月中，他一直试图让 T.J. 用积极的方式来应对自己的负面情绪，可是虽然他尝试了一些做法，却始终没有取得期望的效果。

最近，他开始思考自己用的方法是不是太多了，而且有点太着急了，同时他还担心他花了过多的精力在 T.J. 身上，导致他忽视了其他的孩子，而引起他们的不满。西尔斯先生最后做出的决定以及采取的相应措施取决于他的判断是否合理。

标准

评估目标的完成情况时需要使用到**标准**。当人们认为一定数量和质量的行为能够体现出目标已经达到时，标准就确立了。比如，早在 1857 年，一些教育工作者联合成立了美国教育协会，随后他们公布了一套标准，其序言中有下面这段文字：

> 教育工作者认可每一位个体的价值和尊严，并且承认人类追求真理、卓越和民主具有重要意义。而实现这些目标的前提就是保护学习和教育的自由，并且确保人人都能享有接受教育的平等权利。教育工作者肩负着坚守这一道德标准的责任。

除了国家的各种职业机构对教育工作者颁布的标准外，每个州也有自己的道德行为准则。比如，佐治亚州制定的道德准则就要求教师必须对学生负责和恪尽职守，其中对学生负责包括下列具体内容：

1. 在学习过程中不得无理由地限制学生独立学习的行为。
2. 不得无理由地拒绝学生接受不同的观点。
3. 不得故意压制或歪曲与学生进步相关的主题。
4. 应当尽一切努力保护学生在学习、健康和安全方面免受损害。
5. 不得故意让学生经受尴尬或蔑视的局面。

对标准的检测可以是正式的，也可以是非正式的；可以让儿童知道，也可以不让他们知道；可以是事先安排好的，也可以是抽查性质的。在考虑与道德判断相关的标准时，可以思考下面这几个问题：

- 应当建立什么样的标准？
- 同一标准适用于所有儿童吗？
- 什么时候需要对标准进行修改，以及为什么需要修改？
- 当标准之间出现冲突时，什么样的标准应该占上风？
- 儿童的行为应该在多大程度上达到既定的标准？

再想想前面提到的那位沃尔特先生，当他在考虑是否接受儿童对干净房间的理解时，他实际上就是在对道德标准做出判断。海勒小姐是一位一年级的教师，当她在决定是否同意加文再修改一次他写的故事时，她考虑的也是标准问题。让她感到为难的是，一方面她应当对加文按照她通常给一年级学生制定的标准执行；另一方面，她又觉得应该考虑加文为写这篇故事付出的巨大努力和取得的进步。在这两个例子中，成人对儿童的行为接受与否的决定都是出于他们对道德标准的判断。

最终，儿童和成人都要做出判断，“我们的房间足够干净吗？”这是一个涉及标准的问题。

影响道德判断的因素

目标、策略和标准都是可变的。已实现的目标会被新的目标取代，而那些明显实现不了的目标则需要被修改；过时的或无效的策略也应当被调整。由于它们不可能一直保持不变，因此专业人员要不断地做出新的判断。通常情况下，他们的判断会受到三个因素的影响：他们的价值观、他们对儿童学习和成长情况的了解以及他们对当下情况的评估。下面我们就进一步探讨这三个影响因素。

价值观

每个人做出的道德判断的背后是他的价值观。**价值观**是一个人认为可取的、有价值的品质和观念（Berns，2012），因此它是人深刻内化的思想并直接指导人的行动。

为了实现目标，成人会采取一些与之相关的策略，比如，奖励诚实的儿童，考试时让儿童分开坐，以及教给儿童一些正确的寻求帮助的方法而不是抄袭他人。然后，他们会用有关的标准来衡量儿童是否达到了设定的目标。成人的价值观不仅会影响他们给儿童制订的目标，而且影响他们如何解释和赞赏儿童的行为。所以，相较于说谎的孩子，成人会更喜欢讲真话的孩子。

价值观是看不见的，因此它只能从人的行为中推断出来（Goldsmith，2013）。比如，洪小姐总是提醒孩子们讲真话和自己独立完成作业的意义。她还经常安排一些活动，让孩子们从中区分事实与想象。她会把自己的真实情绪流露出来而不是隐藏起来，并鼓励孩子们也表达自己的真实反应，哪怕与她的反应完全相反。如果有孩子抄袭了别人的作业，她会让这个孩子再把作业重做一遍。从她的这些行为中我们可以判断出，诚实的价值在她心目中是非常重要的。但另一方面，假设她对一些小的欺骗行为视而不见，自己有时也会撒个谎，或者对孩子的情绪不认可，就说明诚实对她来说并不重要。即使她说她看重诚实，但她的行为也与之不符。

价值观的形成和发展

价值观是社会化的早期产物，并会一直存在下去。家庭、社会、文化、教师、宗教、朋友、同事、组织及大众媒体都对一个人的价值观的形成产生了影响。也就是说，一个人生活中的每个方面都会对其思想产生直接或间接的作用。由于价值观的形成始于婴儿期，因此家庭对儿童首先产生影响，而且其影响是最重要的。不过我们的核心价值观并不是一成不变的。随着我们日渐走向成熟，我们的观念会受生活、工作和消遣时接触到的新事物影响，从而得到补充或改善。这些观念综合在一起，最终成为我们内化了的指导方向，让我们认清人生的意义，并引导我们一生的发展。

由于我们每个人成长的环境都是不一样的，因此没有两个人的价值观会是完全一样的。不同的文化间会有不同的价值观，同一文化里的不同家庭也会有不同的价值观，即使是同一家庭中的不同成员的价值观也可能不一样。这意味着不存在一个所有人都认同的正确的价值体系。

优先价值

在人所形成的价值体系中，其内容通常是有先后次序的，从最重要的到最不重要的。重要性的大小取决于一个人将该价值视为基本的（它是固定的或无条件的，与客观环境无关）还是相对的（会根据客观环境有不同的解释）。**基本价值**通常优先于相对价值，而**相对价值**的重要性则与出现的环境有关（Deacon，2002）。以前面提到的洪小姐的情况为例，诚实就是她的基本价值，体现在她做的所有事情上。因此，当她必须在坦诚、慎重和欺骗之间做出选择时，她通常都会选择前者。

价值的排序并不总是线性的，也就是说，每一种价值不是绝对要在另一种之上或之下的。有时候，几种价值观念会同时占据同等重要的地位，它们之间可能是一致的，也可能是矛盾的。这就是为什么人们有时候会在某个特别的情况下经历价值冲突。比如，你可能认为诚实和善良同等重要，可是你有没有遇到过这样两难的处境，即是该讲真话，还是为了不伤害某人的感情而不那么诚实？

认清自己的价值观

我们对自己的价值观认识得越清晰，就能越好地审视它们。唯有这样我们才能在自身遇到价值冲突或与他人出现价值冲突时采取系统的步骤去解决两难的困境。

此外，我们还需要确定我们的行为是否与我们秉持的价值观一致。这样才可能使我们在与儿童及其家人接触时保持一致性。出于这些原因，对自己的价值观有清晰的认知是专业人员工作中的一个重要方面（参见要点 15.1）。

要点 15.1

公众对教师的道德和信任度都评价甚高

研究表明，公众普遍会对教师的道德水准和信任度给予好评，他们认为教师有很强的责任感，并且会按照最高的道德标准要求自己。在信任度方面，他们的排名仅次于医生。他们在工作中处处以儿童为中心，并且将儿童的需要置于自己的需要之前（Koch，2009）。

来源：Koch，2009

了解你的职业价值观

除去个人的价值观，更大范围的职业价值观也能为判断提供有用的指导。这些价值观通常会在职业机构或协会使用的道德行为准则中反映出来。

成员应当遵守的道德行为准则体现的是行业内的共同理想、愿望、价值观和符合这些价值观的相应行为。换句话讲，道德准则为我们提供了一个有形的框架，让我们可以使用它来思考职业价值以及如何在学校里用它们来影响我们的行为。如果我们能够始终牢记这些准则，那我们在需要做出判断时就有了可依靠的根据（Miller，2013）。

尊重家长的价值观

对与我们打交道的儿童及其家人所持的与我们不同的价值观念要保持高度敏感，这一点很重要。我们无法期望儿童家人的价值观与我们的价值观完全一样，因此我们肯定会遇到彼此在价值观方面存在不同的情况。当出现这种现象时，我们仍然要找到能与他们配合的方法，而且无论最终采取什么做法，都要尊重他们的观念。

© Cengage Learning

提供帮助的专业人士必须与和自己打交道的儿童及其家人所持的与自己不同的价值观念保持高度敏感。

将价值观与目标、策略和标准区分开来

有时候，专业人员会误将目标、策略和标准方面出现的差异与价值冲突混为一谈。但事实上，对于同一个价值观也可能会有不同的目标、策略和标准。比如，威廉姆夫人很看重能力，并且给她的儿子戴瑞设定了目标，即能够很熟练地应对各种社会情况。她教他凭借自己的力量保护自身的权利，并将打败别人视为显示其能力的标志。戴瑞的教师普里查德夫人对他也有同样的价值期许和目标，但她的方法和标准是完全不同的。她教戴瑞使用语言保护自己的权利，并将避免发生肢体冲突作为衡量他是否达到目标的标准，而不是作为懦弱的表现。

在这个例子中，教师与父母采用了不同的做法，但并不是由于他们的价值观有冲突，只不过是他们的方法不同。虽然价值观几乎无法探讨，但策略是可以协商的。这个例子中的妈妈和教师是有共同点的，如果普里查德夫人意识到了这一点，她就可以从这个相同点出发去接近孩子的妈妈；但如果她没有看到这一点，那她试图影响孩子家人的做法就注定会失败。除了需要理解彼此的价值观，专业人员在做出判断时还需要考虑另外两个因素：一个是儿童目前的发展水平；另一个是事情发生的实际环境。

做出判断时要了解儿童的发展和学习能力

当成人针对儿童的行为在目标、策略和标准方面做出道德判断时，一定要充分考虑儿童的年龄、现阶段的理解能力以及曾经有过的经历。

虽然年龄不是衡量儿童能力和理解力的绝对标准，但是它的确可以为建立合理的期望提供指导。比如，成人如果清楚学龄前儿童对游戏规则尚缺乏深刻认识，他就不会认为一个4岁的儿童在玩记忆游戏时掷了两次骰子或者偷看牌是欺骗行为。他们也不会要求非常小的儿童必须像上学以后的儿童那样遵守游戏规则。同样的，七八岁的儿童通常会花许多时间讨论谁是和谁不是他们的朋友，成人如果明白这对他们来说是正常现象，那么他在听到这样的议论时就不会对他们进行说教。他们会通过小组讨论的方式鼓励儿童发现彼此的共同之处，并借此

改善他们之间的关系。

儿童之前所掌握的知识和技能也需要加以考虑。显然，一个几乎从未经历过某种环境的儿童与另一个已经积累了不少经历的儿童相比，是不可能达到同样的目标或表现出同样能力的。比如，去农场参观时给城里孩子设定的目标和给农村孩子设定的目标就应当不一样。针对一个 2 岁孩子和一个 6 岁孩子所制定的自己穿衣服的标准也应该不同，这里不仅有年龄上的差别，还因为年纪大的儿童有更多的实践经验。

学龄前儿童尚未完全熟悉和掌握游戏规则。

事情发生的环境

我们从来不可能在真空里做出判断，它们都会受到一些因素的影响，包括时间、人的背景、物质资源、生存环境以及与行为相关的具体细节等，因此我们最终选择的目标、策略和标准都与它们有很大的关系。比如，在正常情况下，克瑞克小姐的目标是培养班上孩子的独立，因此她会给他们时间自己做决定，重复做一件事以增强自身的能力，并且尽可能多地靠自己完成该做的事情。但是在龙卷风演习时，安全的目标超越了独立的目标，所以对目标和方法必须进行修改。在这个特殊的情形下，孩子们必须毫无选择地赶快躲避起来，而且他们也没有足够的时间从容地穿衣服了，因此如果有的孩子穿衣服时动作太慢，就应当马上给予他帮助。

同样，奥尔登先生可能会认为，帮助一个爱冲动的孩子的最佳方法是成人一直给予他一对一的监督，可是考虑到这样做所需花费的大量时间和人手的缺乏，他最终认定该方案并不可行。

物质资源和可利用的时间也会影响道德判断。这就是为什么如果操场上出现了一大块泥潭，既可以把它划成绕道行走的区域，也可以把它当成进行实地探索的场所。究竟做出哪个判断在一定程度上取决于孩子们当时穿的衣服，是否有肥皂和水给他们及时进行清洗，以及是不是有足够的时间能既让他们在那里玩，又能在下一个活动开始前给他们清理完毕。

由此可见，你的价值观、你对儿童发展和学习状况的了解程度和当时的现实环境都会影响你作为专业人员所做出的道德判断。它们还会影响道德行为、优先原则、极端行为以及与儿童被虐待和忽视有关的判断。

做道德判断时应遵循的原则

专业人员在每天的工作中会经常不断地遇到一些道德困境：

斯凯格尔小姐是一位教师。一天，她在当地的杂货店里遇到了一位学生家长，这位家长向她了解了自己患有自闭症的孩子在班上与其他同学的相处情况。

克拉格·德朗先生在一所特殊小学里教一年级学生，他得知他班上的学生被要求参加一个标准化考试，他知道这会让那些孩子承受过度的压力。

赛顿小姐是一所幼儿园的助理，她发现教师在给班上的孩子发学习作业，这得用去孩子大量的时间，但取得的效果甚微。

幼儿中心新任的负责人得知他们工作的环境不合乎消防法则，可是董事会的董事长告诉他进行改造需要花许多钱，希望他能够理解和配合。

3 岁的特麦克·凯尼恩的妈妈请求莱文格小姐不要让凯尼恩先生在放学后把孩子接走，因为他们俩分居了，而且他会虐待孩子。当莱文格小姐问她是否有法庭出具的文件时，凯尼恩夫人说，“没有，不过我相信你肯定会为了凯尼恩帮助我的。”

专业人员的困惑可能来自其自身的经历，也可能是从别人那里听说的，它们也同样会影响儿童、儿童的家庭、同事、负责人或社区的工作人员。面对这种情形时，最终只能根据行为的对与错来做判断。

道德判断是没有中间地带的，必须按照职业道德准则执行，即我们本书中提及的《美国幼儿教育协会道德行为准则》（*NAEYC Code of Ethical Conduct*, 2005）。Lillian Katz 是幼儿教育领域专门研究道德问题的开创者，她认为道德准则给予了我们勇气去做对儿童及其家人最为有利的事情，而不是想办法让他们喜欢我们。这些准则强调的是什么做法是正确的而不是容易的，什么是好的而不是实用的。同时，它们也明确了哪些行为是幼儿教育工作者绝对不能鼓动、旁观或参与的（Katz，1991；Feeney & Freeman，2012）。虽然熟悉准则是从业人员必不可少的前提，但是仅了解它们并不能确保你能够将它们真正转化成道德行动。要真正做到这一点，必须使这些准则完全融入你的职业思考中（Newman，2002）。有效地使用准则也是一种技能，与其他技能一样，可以通过直接指导、示范和积极强化的方式习得。

个人对道德问题的思考（包括假设的和真实发生的）和就这些道德困境与同事展开讨论能够为将来在职业方面做出判断打下牢固的基础，因此它们是非常必要的策略。要在就职前的训练课程中、全体成员的会议中以及其他培训活动中留出时间来探讨构建一个完善的概念框架的要素，包括在做出道德判断时所需具备的知识、技能和品格（参见图 15.1）。

要想在职业领域做出正确的判断还需要具备在相互冲突的利益中甄别应优先考虑的方面，这其中包括自己的利益与儿童的利益、个人利益与集体利益以及个人利益与他人利益等。人们自己的价值体系中也存在着价值冲突，这些都会对人们做出准确判断的能力产生影响。虽然对于可能互为冲突的利益没有绝对统一的区分规则，但当专业人员需要做出一些棘手的决定时，还是可以参照一些一般性原则。

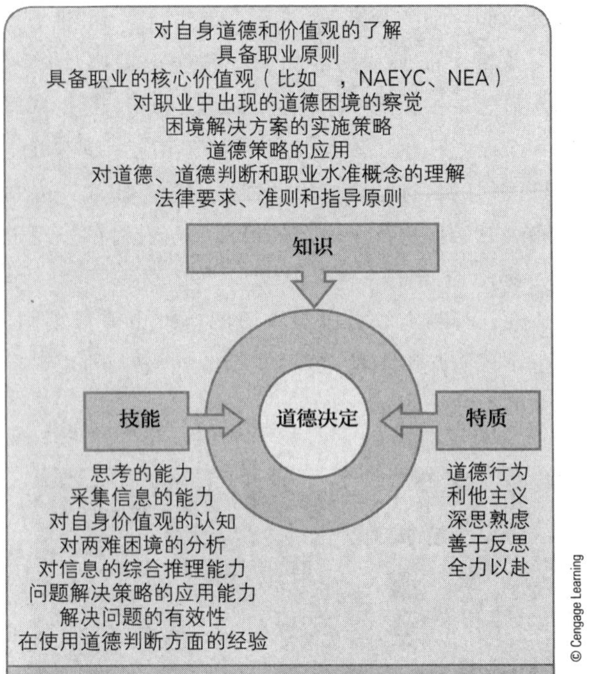

图 15.1　做出道德判断需具备的知识、技能和品格框架

优先原则

表 15.2 按照从最重要到最不重要的顺序列出了六个需要优先考虑的原则，它们中的每一个都比其后的更应当优先考虑。当面对一个具体环境时，它们可以指点我们在哪些方面需要首先考虑。这些原则基于我们与儿童及其家人打交道的经验，并且是通过和许多专业人士广泛讨论得出来的，这些专业人士也会在各种类型的环境中遇到需做出道德判断的挑战。这些原则对于当即做出决定和经反复思考后再做决定都有帮助，而且它们对于大事、小事都同样适用。正因如此，我们认为表 15.2 概括了大多数你平时需要做出的敏感判断。

对儿童极端行为的道德判断

有时候，幼儿教育人员发现他们陷入了两难的处境，很难确定一个儿童的行为是否应当得到行为专家或医生的额外关注。一方面，他们觉得儿童的行为已经表现出了令人困惑或机能紊乱的迹象，他们害怕如果对此视而不见会造成很严重的后果。另

表15.2 优先原则

优先原则	应用原则的事例
原则 1：儿童的安全需要优先考虑。每位专业人员必须首先考虑儿童的身体和心理健康。如果你必须在保护儿童的健康和平安与其他更有效率、更简单或者更省事但安全可能成问题的选项中做出选择，从伦理和道德的角度无疑要做出对儿童最安全的选择。	五年级的科学课上正在做一个加热实验，需要用到本生灯。孩子们被分成了几个小组，其中有些孩子的进度有点滞后。再过 5 分钟，另一个班的学生就要到了。当老师环顾教室时，他注意到有几个孩子在做实验时摘掉了护目镜。这时，老师感到很为难，她不知道是应当期望儿童按时做完实验，还是应当坚决要求执行安全标准。因为只剩下几分钟了，如果再让他们戴上护目镜又会耽误一些时间。但是按照原则 1 的规定，显而易见，安全第一。
原则 2：优先考虑其结果中积极的内容最多、消极的内容最少的方案。虽然所有的目标、策略和标准都会有利有弊，但可以首先去除那些最不好的选择，然后再将其余的进行比较，选出一个有利因素最多的。有时候，最佳的选择是益处最多的；有时则是因为其不利因素相较其他选择是最少的。	在一次与幼儿中心的负责人的见面会上，利伯夫人（一位家长）说她的父亲得了绝症，很可能活不到新年了。她还没有将这一消息告诉孩子们，她想征求一下校长的建议。他们一起分析了立刻告诉孩子实情的好处，比如：给孩子留出时间来接受这一令人难过的消息；让他们有机会与外祖父告别；大家能有机会一起分享最后共处的时光；可以让利伯夫人从家庭成员那里得到帮助；以及说出这个事实后能让她感到放松等。他们也列举了不好的方面，包括假日期间全家人都会感到难过；给孩子们讲出这件事也会令利伯夫人很为难，因为他们对这方面缺乏了解。他们俩也考虑了不说出实情的利弊：有利的一面是孩子们的假期不会受到影响，妈妈也不需要马上应对这件事；不利的一面则包括妈妈会变得越来越焦虑，而且她也无法与所爱的人一起度过这段最痛苦的日子；将来孩子会感到很震惊；他们可能会觉察到发生了什么不好的事但又不知道究竟是什么，并会因此而不开心。在充分考虑了所有因素后，利伯夫人决定立即告诉孩子比保持沉默更好，因为她认为相较于现在不说的好处和说出来的不利因素，立即告诉孩子真相的益处大得多。
原则 3：当儿童的需要与成人的需要不一致时，在任何可能的时候都要优先考虑儿童的需要。儿童的利益永远处于优先位置，除非成人发现那样做是不适宜的或者与其基本价值相冲突。	杰福森学校的学生们正在为春季音乐会排练。音乐老师非常希望他们能有出色的表现，因为观众席上会有许多来自其他地区的音乐老师。当她刚听到开场曲时，她发现桑德拉唱得声音很大，情绪也很饱满，可是唱跑调了。她开始考虑要不要让这个孩子参加演唱。她知道其他一些老师在遇到这种情况时会让孩子只张嘴，但不发声，但她同时也很清楚桑德拉对这次音乐会有多么期待。根据自己对原则 3 的理解，她决定优先考虑桑德拉的需要，因此应该让她唱而不能限制她。
原则 4：当同样分量的目标发生冲突时，优先考虑那个平时最不经常遇到或需要应对的。经常会碰到这样的情况，即出现了几个相互冲突的目标，可是只能强化其中的一个。这时最好选择那个较少遇到的目标。	乔治在过生日时从祖母那里得到了 10 美元。他用全部的钱给他妈妈买了一个零钱包，钱包上绘有一个半裸的女人，并且摆出了挑逗的姿势。他对自己买的这样东西很骄傲，而且很高兴地将它作为礼物送给了妈妈。他的妈妈一方面很感动，因为他是这么无私，肯用自己的钱给她买东西；另一方面她又对他不当的选择和缺乏理财意识很关切。她意识到她只能专注在这件事的一个方面上。如果她既想感谢他又想让他把这个买的不合适的钱包退掉，那么她的表扬就一点也不真诚。她必须在称赞他的亲社会行为和提醒他应当有理财意识这两个选择中挑选一个。经过反复思考，她决定遵循原则 4。她感谢乔治给她买的钱包，而对于钱包上不恰当的图案和他花钱的方法什么也没说。她认为她以后还会遇到许多场合来给他灌输理财的观念，但表扬他慷慨大方的机会并不多。
原则 5：如果某个策略对短期目标有利，但对长期目标有干扰，要选择对长期目标有利的策略。	幼儿中心的孩子们刚刚结束了一次郊外徒步旅行。他们都很疲劳，老师也急着回去，因为活动已经进行一下午了。这时，孩子们走到了街区的中部，他们的幼儿中心就在马路对面，而且当时也没有行驶的车辆。老师本想让孩子们横穿马路，但她很快意识到这违背了她平时教孩子们过马路时要注意安全的长期目标。于是她决定让他们多走几步到拐角处的人行横道时再过马路。她的这个决定就是出于对原则 5 的考虑。
原则 6：当个体需求与集体需求起冲突时，优先选择能令两者都比较满意的方法。这可能需要双方在自己的需求方面都做出一些妥协。如果做不到，对有冲突的需求只能按顺序解决，这样最后的结果肯定无法令所有人满意。无论采用哪种方法，都应努力争取双赢，而不能让一方成为“赢家”，让另一个成为“输家”。	维托极其缺少自信。他最擅长的是搭积木。日复一日，他搭的东西越来越复杂，然后他就请求别人不要碰它们，让它们一直待在那里。起初，尽管这限制了别的孩子接近积木区，但老师仍尽量尊重他的愿望，因为她觉得让维托产生成就感比让其他孩子玩积木更重要。但是，过了一段时间，老师发现其他孩子因为不能玩积木而变得越来越生气和感到不公平。考虑到原则 6，老师决定限制维托让搭好的积木保持的时间和他单独霸占积木区的时间。她让维托做出选择：或者自己单独玩一会儿积木；或者与其他孩子一起玩很长的时间。

一方面，要提醒家长、惹他们不高兴或要求他们承认一件要花费大量的时间和金钱的事，又让他们很为难。在这个问题上的矛盾让许多专业人员备受折磨，令他们无法做出理智的选择。不过幸运的是，我们有一些指导原则可以帮助专业人员更有把握地做出道德判断。

© Cengage Learning

打扫卫生的时候，这两个新认识的孩子相谈甚欢。对此应当采取怎样的判断原则？

极端行为的成因是什么

确定极端行为是有具体标准可循的（Guerney，2004）。有些行为是因其表现而极端，有些则是因为超出了儿童实际年龄的正常范围而极端。在判断行为是否极端时，必须要考虑行为的严重程度和它所属的类型。做出这一判断还需考虑其他因素，包括该行为对儿童现在和未来的正常生活的影响以及纠正它可能会遇到的阻力。

自我伤害行为和对他人或动物的残忍行为

自我伤害行为是很危险的迹象，因此应当在发现时马上予以干预。所谓自我伤害行为是指儿童故意摧残自己并造成身体损伤或心理受到伤害。典型的表现有：小女孩成心抓或拽自己的头发让自己变丑；小男孩使劲撞自己的头把自己弄伤；故意冒险以寻求刺激等。无论是哪种情况，这类行为都非常严重，不能容许它们继续下去。

类似的，如果儿童不断对他人或动物做出无端残忍的动作，也属于反社会行为，非常可能在今后引起严重的问题。在性犯罪者中，有高达一半的人供述自己有过虐待动物的行为。而在最近发生的校园枪击案中，大多数涉案的年轻人也承认曾经虐待过动物。虽然儿童在童年时期虐待过动物并不意味着他后期一定会对他人有暴力行为，但在早期发现这样的行为时，一定要及时向行为专家进行咨询，尤其是当儿童声称自己并非故意为之或把责任推给他人，但同时似乎又对行为造成的残忍后果感到很开心时。如果这样的行为在家里或在学校都屡屡发生，这个儿童就表现出了极端行为的迹象。

行为模式方面突然出现巨大变化

另一个需要引起关注的现象就是当儿童的正常行为模式突然发生巨大的变化。一个原本总是欢乐、配合的孩子忽然间表现得退缩和恐惧，一个一直性格温顺的孩子一夜之间变得非常暴躁，或者孩子开始抱怨胃总是特别疼，这些都是极端行为的症状。由于这些行为太反常了，因此需要引起更密切的关注。

与年龄不符的行为

行为的出现是有年龄范围的，如果早就过了这个年龄段可该行为仍经常出现或一直持续，就应被视为极端行为了。比如，儿童2岁时经常发脾气很正常，可如果到了9岁时还这样就不应该了。因此如果一个9岁的儿童总是乱发脾气，显然就属于极端行为。同样的，如果一个儿童会走路以后就不再尿床了，可到8岁时突然又开始尿床了，也值得引起注意。

激烈的行为

有问题的行为如果只是偶尔出现或者发生的时间很短，在一般情况下都属于正常。但是，如果它们频繁发生，或者持续时间很长，就属于极端行为了。比如，学龄前儿童会在感到害怕或疲劳时藏在毛毯里或吮吸自己的手指，这是正常的行为。但是，如果 3 岁的迈克尔在他大部分醒着的时间里都用这种方式来抚慰自己，就成了极端行为。同样的，每个人有时都会想“偷吃”一块饼干或点心，可如果一个孩子经常这么做或者试图把食品藏起来，就是极端行为的表现。至于平时与孩子打交道的家长或专业人员是否需要因儿童的极端行为而寻求帮助则取决于问题持续的时间。有时候，儿童的极端行为只持续很短的时间，比如只有几天，然后就逐渐回归正常了。针对这种情况，成人需要给予帮助，不过无须外界的干预。但是如果极端行为一直持续，就有必要对儿童的状况进行深入的探究，并寻求相关方面专家的帮助。

具有挑战性的案例

艾德里安

艾德里安是一个一年级的学生。老师发现他正用一支铅笔猛戳蜷缩在笼子一角的豚鼠，结果那只豚鼠吓得尖叫。老师迅速赶过来制止了他的行为。可是艾德里安解释说，他看到豚鼠很痛苦，觉得“很有趣”。除了这件事，老师在一个月前还注意到艾德里安在操场上曾经伤害过一个幼儿园的孩子，而且也是表现得很冷漠。这些信号让老师觉得有必要立即联系他的父母，安排见面沟通。

随性且普遍的行为

有些行为如果只在一定的范围内出现是正常的，但如果它们出现在儿童生活的各个方面，就有问题了。比如，对于 4 ～ 9 岁的儿童，在犯错后为自己辩解或为了让自己显得很有趣而说谎是正常的。虽然这不能算作典型行为，但在迫不得已或自我炫耀的状况下说谎并不能归为极端行为。

但另一方面，也有一些儿童在任何情况下都说谎，无论他们是不是真遇到了麻烦，或者说出实情并不会给他们引来不便，甚至在讲实话对他们其实更有利时，他们还是要说谎。如果出现这些现象，就应当请教行为专家看看怎样纠正他们的这种做法。

对儿童发育和成长不利的行为

对儿童的发育和成长有潜在的不良影响的行为应当被视为极端行为。比如，有的儿童在饭后总是会强迫自己呕吐；有的儿童对他人总是怀有敌意，不让任何人接近自己；还有的儿童对分数极为在意，以致他们会不惜作弊和撒谎，甚至会蓄意破坏别人的工作来突出自己。同样的，有些患有糖尿病的儿童会故意不吃药或经常吃那些不可以吃的食物。这些儿童的行为都属于极端行为。有些年幼儿童特别害羞和冷漠，以致几乎一个朋友或伙伴也没有，这也属于极端和不良的行为模式。出现这些情况时，建议及时与儿童的家长和行为专家进行沟通。

抗拒改变行为

如果经过几周合理的努力后，儿童还是不肯纠正其经常表现出的某个问题，就说明他的这一行为已经成为极端行为。所谓“合理的努力”指的是成人通过使用相关的、建设性的策略来帮儿童摒弃不良行为，同时又让他们发展积极可取的代替行为，而且一直持续这么做。也就是说，儿童有问题的行为必须在可预知的基础上得到关注，同时所采取的方法一定要长时间持续使用，这样才可能带来行为的改变。

按照这样的定义，如果一个儿童有时会因离开座位受到批评，有时竟会因四处走动得到奖赏，这就不是他在抗拒改变，而是由于成人不可知的反应造成的。与之相反，如果对儿童采取的方法是得当的，可是 2 个月下来他还是没有改掉在房间里随意乱动的毛病，这显然就属于极端行为。

类似的，所有年幼儿童在一个发展阶段都要接受如厕训练。虽然每个儿童所需的时间有所不同，但一般认为，大多数儿童到了 3 岁的时候就能够自理了，可是也的确有一些儿童会抗拒学习这项技能。刚开始训练时，儿童表现出抗拒属于正常行为，不必大惊小怪。但如果他们的抗拒一直在持续，而且到了上学的年龄还没能学会自己上厕所，就可以被视为极端行为。

常被提及的极端行为的来源

当成人发现儿童的极端行为时，常常很想知道儿童的这种行为源自哪里，又为什么会发生。虽然影响因素因人而异，但最常见的三个因素包括生理因素、童年时期的恐惧和抑郁（Goleman，2011）。

生理原因

据说一些表现出极端行为的儿童是由于饮食中缺乏蛋白质、维生素或矿物质（Santrock，2008）。比如，缺乏维生素 B 会造成儿童的注意力下降，导致他们不能长时间关注一件事，也无法聚精会神。在过去的几年中，科学家们也有过这样的猜想：一些非常极端、不顺服的行为与神经功能紊乱有很大关系。行为过分活跃有时会被诊断为注意缺陷障碍（ADD）或者注意缺陷 / 多动障碍（ADHD）。因出生时难产或者后天头部受伤而导致的脑损伤也可能使儿童无法安静地坐在那里。大脑中化学成分的不平衡还会干扰细胞之间的信号传输。无论出于哪种原因，脑功能障碍都会导致儿童不停地做出各种动作而无法放松下来（Berger，2008）。

因神经障碍导致的另一个极端行为问题是抽动症。有这种症状的儿童会表现出肌肉抽搐（即身体的某个部位无意识地不停地动，比如眨眼），还可能伴随着大叫和发出奇怪的声音。所有这些行为其实是儿童自己无法控制的。对于神经方面出现的障碍，有必要寻求训练有素的专业人员的帮助。

童年期恐惧

儿童极端行为的另一来源是恐惧，所有的儿童都可能会对某地、某人、某事或某物产生恐惧。即使因此造成的极端行为持续数日，甚至数周，通常来讲也属于正常现象。经过一段时间后，在成人的共情和帮助下，多数时候，这些行为会不复存在。但是也有一些时候，恐惧会持续很长时间，并且影响儿童生活的各个方面，严重干扰了他们的正常生活。这种极端的恐惧被称为**焦虑障碍**，它是持续性的、没有缘由的，完全超出了儿童实际遭遇的外界危险或威胁，并且会引发儿童的不良行为（Berns，2013）。

在大多数情况下，这种不良反应的表现形式是极端畏缩。比如，7 岁的维罗尼亚只要一想到要接触毛茸茸的东西就会感到害怕。刚开始时，她表现出了对老鼠的特别恐惧，但渐渐地，她的恐惧扩展到对绝大多数带毛的物体，比如，毛绒玩具、毛毯和她衣服上的毛领。再后来，她发展到一触碰棉球或在编织课上使用的毛线也会变得歇斯底里。最终，她的焦虑使她拒绝离开家中的安全地带，因为那里没有任何会让她感到害怕的东西。

学校恐惧

有一种常见的焦虑恐惧发生在上学期间，就是儿童不愿去学校上学，因此也被称为**学校恐惧症**（Papalia，Olds，& Feldman，2008）。虽然许多儿童都有过学校恐惧的经历，但每 1000 个儿童中会有约 16 个儿童发展成严重的焦虑，以致他们只要一想到每天要去学校上学就会生病（Gelfand & Drew，2003）。这种对学校的抵触就属于极端行为了，这些儿童会尖叫、大哭和发脾气，还可能出现剧烈的胃疼、头疼和喉咙疼等症状。儿童的这种抑郁的状况可能与在学校发生的某个事件有直接关系（比如，没能完成分配的任务，或者遭到了其他孩子的嘲笑）；也可能是由一些不易辨别的其他原因造成的，比如因为一次交流中的误解引发了恐惧。无论是出于直接还是间接原因，儿童的反应都是竭力远离所有的学校活动。

偶尔也有些年幼儿童不通过畏缩来躲避恐惧，而是采取直面克服的方法。但是在此过程中，他们常常会有过激的、具有潜在伤害性的行为。比如，有的儿童在对火极端恐惧了一段时间后，会突然玩起火来。他们对这一做法的解释是，自己既可以放火又可以灭火，证明他们有能力驾驭它。

向儿童的家人就儿童潜在的极端行为表达关切并进行交流非常重要。

一些儿童在应对恐惧时的另一种做法也令人担忧，就是他们养成了强迫思维或强迫行为。所谓**强**

迫思维就是不当的想法反复出现，它们一直占据着儿童的头脑，而且儿童自己也无法摆脱它们。所谓**强迫行为**则是不停地重复某些动作的冲动（Berns，2012）。其实，每个人都会偶尔表现出一些强迫思维或强迫行为，但状态是温和的，因此不算什么问题。

可是如果强迫思维或强迫行为已经对一个人的正常生活构成了干扰，而且他也不能从中得到任何快感或益处，就可以将其断定为极端行为了。比如，10 岁的杰西卡总是有一种想尿尿的想法，虽然她根本没有这一生理需要。她的这种带有强迫性的想法使她每天要去 50 多次洗手间，可是等她到了洗手间，她实际上一点也尿不出来。但如果你不让她这么频繁地去洗手间，她会因担心尿到裤子里而紧张得哭出来。她的思想已经完全被这件生理上的事侵占，以致她几乎不能考虑任何其他的事情。像杰西卡的这种超出正常范围的与恐惧有关的行为需要引起行为专家的关注。

童年期抑郁

在孩子 2—12 岁时会有越来越多的抑郁倾向，这也是极端行为的另一个来源（Papadlia et al.，2008）。与这种现象有关的行为包括情感方面的（比如，悲伤、不停地哭泣、畏惧、无法集中注意力、对生活缺乏兴趣和挫败感）和身体方面的（比如，没有生理原因的，严重且频繁的胃疼或头疼。有时候，抑郁也会通过一些极端行为表现出来，比如，偷窃、打架或挑衅等违法行为。

这些以及其他一些破坏性行为都具有完全不服从规则和坚决抵抗改变的特征。不过，必须记清楚的一点就是，所有的儿童偶尔都会出于各种原因不遵守规则，但这样的不服从并不意味着儿童抑郁了。但如果不顺服的行为表现得非常强烈，甚至充满敌意，而且持续了很长时间，就需要寻求外界专家的帮助，因为这种极端行为实际上已经发出了需要深入的个别化干预方案的信号（参见图 15.2）。这样的干预方案需要校方教师、校外咨询顾问和儿童的家庭成员共同参与。有极端行为表现的儿童能够从这样的干预中得到持久而连贯的帮助，对他们的益处是很大的。与各类儿童专业人士进行沟通能够对你的工作起到很好的补充作用，但不要完全照搬他们的做法。他们的建议可以拓宽你的思路，比你仅凭一己之力来解决问题更容易取得成功。

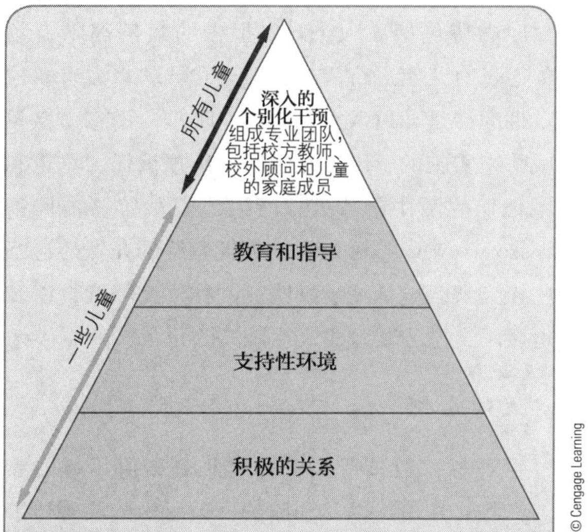

图 15.2　社会支持金字塔：做出道德判断和决定

侧重于儿童遭虐待和忽视的道德行为准则

当你怀疑你所看护的某个孩子遭到了虐待或忽视时，你的情绪或许会很冲动。你的第一反应可能包括怀疑、憎恨、生气或者恐慌，而它们会影响你对情况做出理智的判断。因此在这样的时候，控制住自己的情绪并对儿童是否真的遭到了虐待做出冷静、合理的判断是至关重要的。要想做出这样的判断，首先必须了解儿童遭虐待的本质和迹象。

虐待和忽视的定义

对儿童的虐待既包括故意伤害儿童健康的虐待行为，也包括没有适当地满足儿童基本需要的**忽视**（Berger，2008）。人们一般都认为虐待和忽视呈现为下面这些形式：

身体虐待

对儿童身体的侵袭造成了疼痛、伤口、青肿、擦伤、骨折和其他损伤。鞭打儿童、捆绑儿童、把儿童的嘴用胶带封起来、将儿童锁在柜子里、把儿童往墙上撞、烫儿童和剧烈地摇晃儿童都是常见的身体虐待现象。

性虐待

性虐待包括成人（95% 报告的案例都来自男性）通过对儿童进行调戏、猥亵和威胁来占有或控制。**性虐待**是通过武力、胁迫、哄骗、诱惑、欺骗和威胁来实施的，因为儿童通常都很信任、尊重和爱戴他们生活中的成人，所以他们很容易被操控（Crosson-Tower，2009）。遭到性虐待的儿童还包括那些接到猥亵电话或受到明显的性语言骚扰，以及被迫展示自己或观看成人性表演的儿童。

生理忽视

生理忽视包括成人没有给儿童提供足够的食物、衣物、住所、医疗和监护。被忽视的儿童可能因为没有吃饱而挨饿；因为在寒冷的天气里没有保暖的衣服而受冻；因为没有得到看护而被火烧伤（Papalia et al.，2008）。

情感虐待

情感虐待包括故意伤害儿童自尊的行为，它通常以谩骂的形式出现，还包括对儿童进行嘲笑、侮辱或恐吓。

情感忽视

情感忽视是指成人没有满足儿童对爱和情感的需要。在情感方面被忽视的儿童与成人的关系是冷漠和疏远的。

医疗忽视

成人可能没有为患上急性病或慢性病的儿童提供所需的医疗关注。

其他虐待

虐待和忽视还包括抛弃、伤害威胁以及先天性药物成瘾。

上述每一种情况都会使儿童当下的身体功能受到损害，并对他们的未来发育造成潜在的威胁。人们曾认为，这些负面行为很少发生，只有社会上的一些“变态”才会这么做，但现在我们对此有了更深入的了解。

问题出现的范围

虐待儿童是一个非常严重的社会问题，受到了前所未有的广泛重视。图 15.3 显示了由美国卫生及公共服务部提供的各类被证实的儿童遭虐待和忽视的比例（Karageorge & Kendall，2009）。最新数据发现，每 1000 个儿童中，有 10.6 个儿童遭到过虐待（其中 48.2% 是男孩，51.5% 是女孩），而且每年有 1000 多名儿童死于虐待和忽视。儿童年龄越小，遭虐待的比例越高，其中 4 岁以下的儿童受到虐待的比例高达 31.9%。据估算，在未满

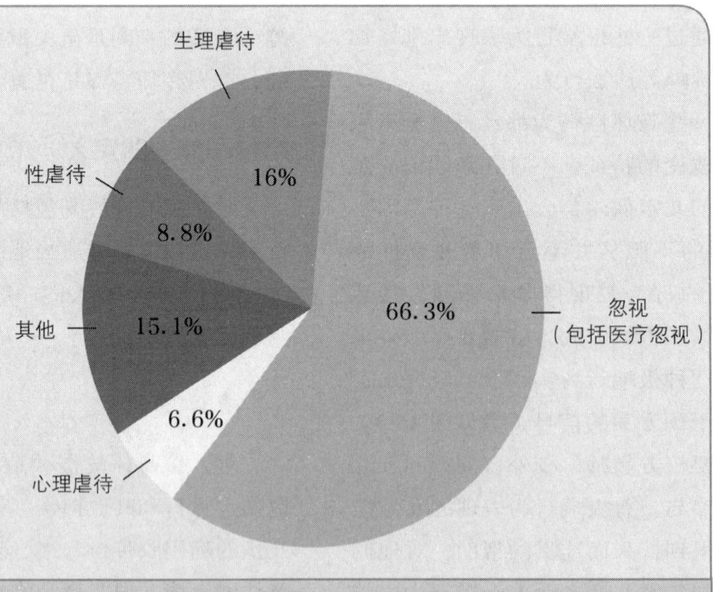

图 15.3　各类被证实的虐待和忽视案例所占的比例

来源：美国卫生及公共服务部，Karageorge & Kendall，2009

1 岁的儿童中，每 1000 个男孩中有 22.2 个受到了虐待；每 1000 个女孩中也有 21.5 个被虐待或忽视。这些数字均来自被报告出来的案例，其中 25.4% 的案例是教师报告出来的。实际的数字肯定要比这高许多，因为还有许多虐待事件从未引起官方的关注（NCANDS，2007）。

这些记录表明，每 10 个年轻人中至少有 1 人在童年阶段经历过人身伤害。根据平均律，这意味着在 12 个月的时间里，你就会遇到 2 ～ 3 个有这样的经历的孩子。虽然这并不等于说在每个学校或幼儿中心都存在受到虐待的儿童，但它的确突显出这样一个事实：在你的工作中，你可能需要就儿童是否遭到了虐待做出判断。事实上，这个问题现在已经非常普遍，因此美国的 50 个州在法律上都规定医生、教师和其他从事儿童教育的专业人员在发现儿童可能受到虐待时必须马上报告。此外，大多数州还规定，如果专业人员没有做这样的报告，他们将因儿童受到的伤害而承担法律责任。

施虐者

谁会打、揍、烫、使儿童窒息、忽视、饿、强奸、口交或以其他方式对儿童进行侵袭呢？这些令人发指的行为只是精神病患者的所为吗？证据表明事实绝非如此。相反，它们就是一些普通人的行径，这些人出于各种原因对儿童进行侮辱或者伤害行为。遭受虐待的儿童涉及各个年龄段、不同性别、所有族群、各种社会阶层、各种家庭结构以及各种社会经济群体。

在施虐者与非施虐者之间、受虐者与非受虐者之间，并没有明显的特征能将他们区分开来。虽然某些现象可能或多或少与虐待有关，但它们本身并不能完全证明虐待注定要发生。实际上，虐待的最终发生是由多重因素综合决定的。

身体虐待者

身体虐待多是儿童的亲生父母所为，而且这些对自己的孩子进行身体虐待的父母并非疯子。事实上，他们中只有 10% 的人患有严重的精神失常（Berger，2008），其余的成人声称他们是关爱孩子的，虽然他们的关爱常常表现为暴力或忽视。

虐待孩子的父母通常对孩子有着不切实际的期望，他们不清楚孩子在某个年龄段能够做什么。比如，如果一个婴儿不能按要求停止哭泣，或者一个 2 岁的孩子还在尿床或弄脏了自己的裤子，父母就可能变得很愤怒。这样的父母不能正确理解孩子行为的**意向性**，他们认为孩子这么做就是不配合或是故意给大人制造麻烦。同理，如果一个已经上学的孩子跌倒并撞破了膝盖，他的妈妈会肯定地认为他是成心这么做的，就是为了惹她生气。对孩子身体施暴的父母还信奉这样的体罚哲学："不打不成材"，他们觉得不打孩子就管不住孩子了，哪怕孩子只是犯了一点小错。不幸的是，由于这样的父母通常对压力的承受能力很低，自己的生活技能也很差，而且对为人父母并不感到高兴，因此他们认为要想成为好的父母，就得对孩子施虐。大量的事例证明，那些与自己父母关系很差的成人通常都在其童年遭受过父母的虐待（Goleman，2007）。

最后，家庭内外的环境因素对虐待的发生也起着重要作用。比如，虐待最可能发生在经济情况极其紧张的家庭中（与社会经济地位无关）。虐待还可能出现在生活充满压力的家庭中，比如父母离婚、失业、家庭冲突、居住空间拥挤、缺乏保障体系和家庭成员的地位或角色突然发生重大变故等（Berk，2013）。根据美国保护受虐儿童委员会在全国范围内进行的最新调查，儿童受虐与无家可归和父母滥用药物也有关系（儿童保护基金会，2013）。虐待儿童的家庭在社会上常常是被孤立的，也就是说他们得不到有用的育儿信息，也得不到相关人士的帮助，而且他们自己和孩子都无法与他人进行对比。这种与社会的隔绝造成或加剧了他们遇到的许多问题。

越来越多的科学家认为，虐待是上述所有因素相互作用的结果，即成人的性格、成人缺乏做父母的技巧、父母对孩子不切实际的期望、环境因素和家庭缺乏社区的帮助（Papalia et al.，2008）。孩子自身的一些特征，比如气质或外表，也会加剧这些不稳定因素。比如，在与丈夫离婚后，索妮娅常常会在看到她的小儿子做出了一些很像她前夫的举动时生气。她会冲着孩子吼叫，"你不光长得像你爸，你简直就跟他一模一样！"

忽视型父母

不能满足孩子基本的生理、情感或教育需要的父母本身就是孤立的个体，他们很难与别人建立正常的关系，也无法完成生活中的常规事项（Crosson-Tower，2009）。他们还缺乏构建一个安全、温暖的家庭环境所需的基本技能，因此他们就忽视了孩子的需求。这样的父母很可能成长在一个糟糕的环境中，儿时与生活中的其他成人的关系也很紧张，所以他们不知道应该怎样与孩子相处。

性虐待者

一直以来，父母和专业人员都警告儿童要远离陌生人。调戏儿童的人通常会被描述成一个典型的“恐怖的人”：一个陌生的中年男人，穿一件雨衣，在公园里或者学校门口闲逛，企图用糖果引诱孤单的孩子。遗憾的是，这样的情境不可能是儿童遭遇风险的唯一情景。在现实生活中，在80%的性侵案件中，儿童都认识当事人，而且这个人很有可能就是儿童家中的成员。如果是陌生人对儿童进行性侵犯，最可能发生在天气比较热的时候，地点通常会在室外、汽车上或者公众建筑物里。而如果是家庭成员或者认识的人对儿童进行性虐待，这种事情就可能反复发生，并且不分时间，地点就在家里（Shaffer & Kipp，2013）。在这种情形下，成人很少使用武力或贿赂。相反，儿童会由于成人在家中的地位、为了取悦对方，或者害怕如果不服从自己就会有麻烦，而满足成人的要求。

在家庭中，父亲或承担父亲角色的男人虐待女儿的现象是性虐待中最常见的。在这样的家庭中，人与人之间的关系很不正常，尤其是配偶间的关系。成年男性一般都缺乏自尊，性格脆弱又心怀怨气，而且不像正常的男人那样阳刚或性欲旺盛。大多数的母亲了解发生的情况，但没有能力面对这种令人尴尬的局面，只好装作不知道。事实上，一旦大家知道了性虐待事件，家庭成员往往都会指责受害者，认为是她破坏了正常的生活。而且如果外界不介入，这种情况很可能会持续数年。

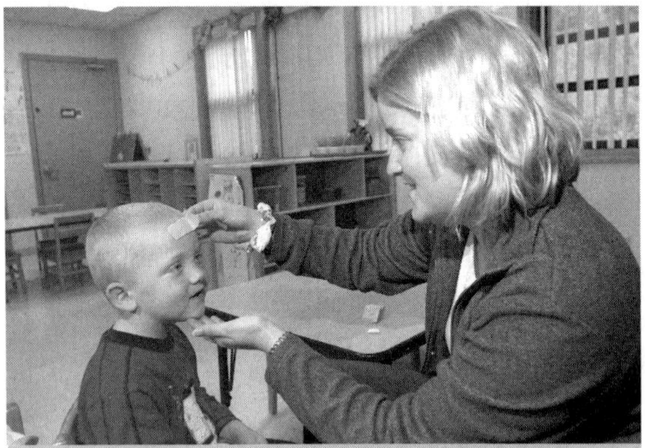

儿童身上受伤的痕迹并不表示他一定受到了虐待，但值得引起持续关注。

受害者

大多数身体遭受虐待的事件都发生在儿童上学前。虽然它会对其后代造成一定的影响，但必须指出，这不代表所有遭到虐待或忽视的儿童在长大后也都会对自己的孩子进行虐待或不予重视。虽然的确有许多虐待儿童的成人在自己幼年时遭到过虐待，但并不等于因为被虐待过，所以他们长大后一定会成为一个施虐者。对被虐待或忽视的儿童还有其他一些不实的说法，比如，认为他们成年后会很离经叛道，并且会有犯罪、吸毒或卖淫的行为；还有人认为，由于虐待或忽视给他们带来了不可弥补的影响，因此这些受害者今后都无法过上美满幸福的生活（Croson-Tower，2009）。

如果能够早点发现，并且在童年时代得到其他不虐待儿童的成人的关心（同时得到必要的治疗），个体完全可以摆脱早期遭虐待可能导致的恶性循环，并与配偶建立令人满意的非虐待关系（Shaffer & Kipp，2013）。

尽管有10%的性虐待受害者尚不到5岁，但绝大多数是9～12岁的儿童（Shaffer & Kipp，2013）。虽然女孩是遭性虐待的主要目标，但也不要忘记男孩同样可能成为成年女性施虐的受害者。而且与身体虐待不同的是，在同一个家庭中，遭受性虐待的孩子可能会不止一个。

这些性接触刚开始时只是单纯地触碰性器官，进而发展成抚弄它们，然后就是公开的性刺激，但暴力强奸的事件很少发生。相反，在接触时会引发儿童的兴奋，以致他们不明白正在发生的是怎么回事。这方面最可能的受害者是那些缺乏性虐待常识和不知道发生性虐待时应该怎么做的儿童。自尊意识低、体弱和被孤立的儿童也最有可能成为性虐待的受害者。

对受害者的影响

身体虐待和性虐待最明显的结果就是伤害。比如，研究报告发现，虐待行为是导致5岁以下儿童死亡的第四常见的原因（儿童保护基金会，2013）。虐待还会造成其他问题，包括骨折、肌肉损伤、内脏受伤、怀孕和性病。此外，我们还需考虑社会为照顾受害者和监禁肇事者而付出的代价以及受害者家庭因此而失去的正常生活。由于幼儿中心的专业人员与儿童的关系密切，因此他们在断定儿童是否受到了虐待方面起着非常重要的作用。

虐待的迹象

一些迹象可以表明孩子可能受到了虐待。它们中的一些与儿童的外表有关，一些与儿童的行为有关，还有一些则与儿童的言语有关。有时，一些儿童的家庭表现出的迹象也值得引起注意。比如，儿童是否经常在家被打或者抱怨他们的父母总是很生气？儿童是不是很早就来学校，并且放学后总是找理由尽可能晚回家？遭到虐待的儿童可能会在角色扮演时表现出施虐父母的行为，或者把他们受虐的情形画出来。他们也可能会虐待比自己小的孩子，表现出攻击性行为，甚至自虐或流露出自杀的想法。也有一些受虐的儿童会经常无理由地缺课（Driscoll & Nagel，2007）。

单独一个迹象并不能确定儿童遭到了虐待，但是如果有一个或多个迹象出现时，就需要提高警惕，并引起格外的注意（Berk，2013）。要点 15.2、要点 15.3、表 15.3 和图 15.4 总结了这方面的更多迹象。

要点 15. 2

身体遭受虐待和忽视的迹象

身体迹象

- 瘀伤
  - 脸、嘴唇或嘴上有瘀伤；背部、身上、屁股或大腿上有大面积的瘀痕；身体不止一处有瘀痕
  - 瘀痕的颜色不一样，表明它们出现在不同的时间
  - 多处瘀伤密集在一起
  - 瘀伤是皮带扣、衣架、绳子或木板抽打留下的
- 鞭痕
- 伤口、刀伤或是骨折
- 烫伤
  - 胳膊、腿、脖子、脸或身上有用绳子擦过的痕迹
  - 用不同的东西（比如，香烟、熨斗和散热器）烫过后留下的特有的痕迹
  - 屁股或生殖器外部有烫痕
  - 腐蚀性灼伤
  - 水蒸气烫伤
- 骨折
  - 在治疗过程中不断出现新的骨折
  - 不到 2 岁的儿童身上出现的任何一处骨折
- 脱臼
- 人的咬痕
- 忽视
  - 儿童总是很脏、饥饿或不按季节穿衣服
  - 被抛弃的儿童
  - 儿童有就医的需求，但未引起关注

行为表现

孩子：

- 害怕与成人有肢体的接触
- 当成人接近时会很畏惧地退缩
- 行为方面会有很大的变化
- 表现出极度的退缩或攻击性
- 表现出对父母或看护人员的畏惧
- 总是很早到校，很晚才离开
- 白天总是很疲倦，或者会睡着
- 上课经常迟到或缺席
- 受到酒精或药物的影响
- 索要或偷食物
- 很少有开心或快乐的表现

言语迹象

孩子：

- 被父母或看护人员报告受伤了
- 对所受的伤或身体出现的状况不能提供前后一致的解释
- 对所受的伤或身体出现的状况提供的解释完全不可信
- 会问，“我能来和你一起住吗？”“我必须回家吗？”或者说，“我爸爸（或妈妈）不喜欢我。”
- 告诉老师自己没有地方睡觉或者吃的食物不够

家庭迹象

家庭：

- 家里的环境很脏
- 家庭与所居住的社区没有社会交往
- 不愿与学校或孩子的朋友有任何接触

- 不允许孩子参加学校的正常活动（比如，体育运动、社交活动）
- 对孩子受的伤或身体出现的状况给出前后不一或不合逻辑的解释，甚至完全不给解释
- 对孩子受的伤或身体出现的状况表现得漠不关心
- 试图隐瞒孩子身体受伤或出现状况的事实
- 将孩子描述成邪恶的、古怪的或者屡教不改的
- 报告或者当众使用不当的体罚手段（比如，不给孩子吃东西、长时间孤立孩子或者打孩子）
- 经常对孩子使用侮辱性语言
- 滥用酒精或药物
- 当被问及孩子的健康状况时，马上做出防备性反应

要点 15.3

性虐待的迹象

身体迹象

儿童：

- 有妊娠反应
- 有性病的迹象
- 尿里带血
- 外生殖器肿胀或有瘀伤
- 外生殖器有脓或充血
- 儿童抱怨身体不适，但没有明显的原因
- 内衣被撕破或有污迹
- 直肠出血

行为迹象

儿童：

- 不停地抓挠外生殖器
- 坐在椅子上或玩器械时有困难（扭动、不停地调整姿势、经常离开座位）
- “叉开腿走路”，好像裤子湿了或受伤了
- 突然对吃东西没有食欲
- 突然报告说经常做噩梦
- 表现出极度退缩或具有攻击性
- 对与成人接触表现出警惕性
- 对成人或其他儿童做出一些不恰当的引诱动作
- 突然对生活失去兴趣
- 远离他人，陷入幻想中
- 退回到婴儿的行为，比如，尿床、吸吮手指或者不停地哭
- 很少有开心或快乐的表现
- 变得很淫乱
- 躲避
- 经常逃学、旷课
- 在性方面表现出比同龄儿童知道得更多
- 突然远离朋友

言语迹象

儿童：

- 抱怨生殖器周围疼
- 报告与成人或年纪比自己大的儿童有性接触
- 报告与成人或年纪比自己大的儿童玩秘密游戏
- 害怕与某个成人或年纪比自己大的儿童单独待在一起
- 报告说，“她（他）欺骗了我”“她（他）摸了我”或者“当没有其他人在场时，我妈妈的男朋友（我爸爸、我哥哥、我婶婶）对我动手动脚。”

家庭迹象

家庭：

- 妈妈和女儿之间出现明显的角色互换
- 与社区里的其他人没有交往
- 不愿与学校或孩子的朋友有任何的接触
- 家庭成员间的关系极不和谐
- 拒绝让孩子参加学校组织的正常活动

表15.3 情感虐待和忽视的迹象

身体迹象

- 没有

行为迹象

儿童：

- 不爱玩
- 要么被动顺服，要么具有攻击性和抗拒
- 很少笑
- 社会技能很差
- 社交反应迟钝
- 避免与他人的目光接触
- 寻求持续的关注，并且似乎总是想或需要得到更多
- 早熟，像成人一样
- 要么对食物没有兴趣，要么对食物很迷恋
- 总是摇晃身体，吸吮手指

言语迹象

儿童：

- 报告自己入睡有困难
- 总是用负面语言形容自己
- 不愿意让家人来学校参加有关的活动

家庭迹象

家庭：

- 对孩子有不切实际的期望
- 似乎要依靠孩子来满足自己的社会和情感需要
- 对孩子漠不关心或缺乏兴趣
- 对培养孩子缺乏基本的知识和技能
- 主要用负面语言来描述孩子
- 看上去更关注满足自己的需要而不是孩子的需要
- 责备孩子

报告儿童受到虐待

通常被指定接收有关儿童遭虐待事件的报告的人士包括：

- 负责照看儿童的人员
- 儿科医生及其他医护工作者
- 执法人员
- 心理健康专业人士
- 牧师
- 校方管理人员
- 社会工作者

这样的报告只意味着怀疑儿童可能遭到了虐待。根据我们掌握的最新数据，美国于 2006 年共接收了 600 万个此类报告，其中仅有 90.5 万起最终被证明是属实的（Karageorge & Kendall，2008）。但是，只要你发现有清晰的虐待迹象，就要把它记录下来，并及时报告给相关部门，这样做可以对儿童起保护作用，因为很可能在这个儿童的生活中没有他人愿意这么做。

这样的报告要简洁。虽然专门的机构和政府的司法部门有各自独立的程序要求，但大多包括以下步骤：

1. 向某位被授权人员披露可疑情况，比如，社会

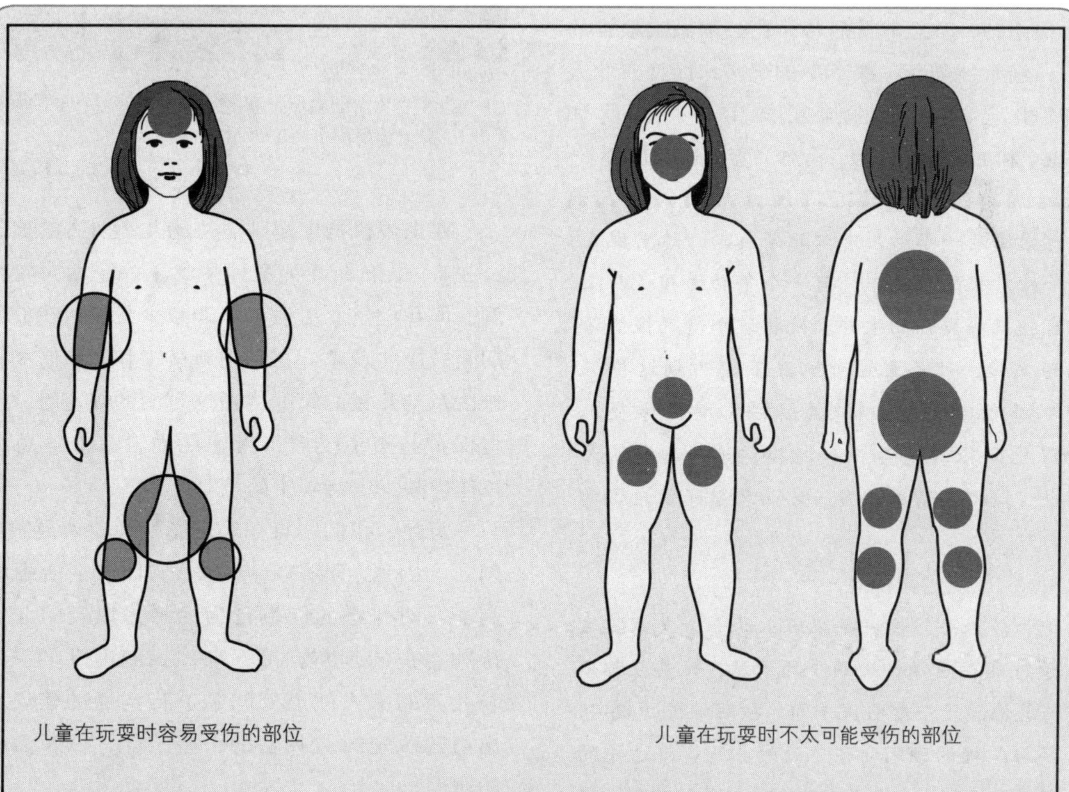

图 15.4 儿童身体出现瘀伤的正常区域与可疑区域的比较

工作者、校长或主管。

2. 向社区负责儿童保护的专门机构进行口头报告。该报告可以由怀疑者直接提供，也可以通过委托人间接转述。无论采用哪种方式，最初的怀疑者的身份必须保密，未经其本人允许，不得泄露出来。
3. 在口头报告后，还要向社会机构提交一份书面报告，这通常应在两三天内完成。书面陈述中应包含事件的基本信息，尽量简洁，使用自己习惯的语言即可，无须使用法律术语。
4. 与儿童进行交流。当怀疑儿童遭到性虐待时，这是最普遍的做法。在与儿童交流时应有一位儿童信任的成人在场，多数情况下，他们愿意向专业人员吐露实情。
5. 继续调查。从报告后开始，该事件就转入了司法机构中保护部门工作人员的职责范围。虽然与专业人员的沟通仍是有必要的，但责任的重心已经转交给保护部门的工作人员了。

尽管专业人员有义务对感到可疑的儿童受虐事件进行报告，但这样做还是让他们很有压力，并且常常会很纠结，甚至非常痛苦。在必须做出艰难的判断时，经常伴随着一些不幸的现实，而且专业人员有时也会对自己的判断产生怀疑，就如Nunnelley和Fields（1999，p.75）所描述的那样：

钦德温是一家幼儿中心的新员工，她发现在分配给她看护的儿童中，有一个年幼的孩子身上好像有被烟头烫伤的痕迹。她将这个情况报告给自己的主管，可是主管对她说不想听到这样的事情（因为这可能意味着会失去儿童的学费）。钦德温感到很迷惑和不知所措，她一方面认为应当报告这样的情况；另一方面又想保住自己的工作。

特蕾莎很关注她一年级班上的一个女孩。这个孩子特别在意保持她的手的清洁，她甚至都不愿意与其他孩子一起去洗手间。按照学校的规定，特蕾莎与学校的顾问讨论了她的担忧。可遗憾的是，那位顾问对此完全没有理会，特蕾莎对孩子可能遭到性虐待的怀疑一直没有被报告到相关机构。

玛格丽特是一家儿童家庭看护中心的负责人，她已经与一个有家暴行为的家庭周旋几个月了。在又一次发生家暴后，儿童的母亲找到了一个庇护所，因为她担心孩子的生活会受到影响。她让警察把她的几个女儿从幼儿中心接走，可是这几个孩子看到警察时吓坏了，她们紧紧抓着玛格丽特，不愿意跟警察走。这样的经历对每个人来说都是非常痛苦的。

在正规机构中保护儿童免受虐待

当儿童的父母期望孩子能得到特殊关照时，会让专业人员在道德层面上感到为难。

在正规机构中遭到虐待的儿童所占的比例不超过3%。虽然在此类案件中属于一个相对较小的比例，但我们仍要尽最大可能减少儿童在我们的看护期间被虐的现象。在聘用新员工和制定有关日常操作以及与儿童的家庭沟通这方面的规定时，一定要将保护儿童免受虐待考虑在内。图15.5总结了在工作中减少虐待发生的策略。

至此，我们一直在聚焦影响专业人员做出道德判断的因素。我们重点关注了日常生活中的道德判断、对儿童的极端行为的考虑以及对儿童遭虐待和忽视的判断。接下来，我们提供了一些如何与儿童的家人就道德问题进行沟通的建议，在做出道德决定时应具备的一些技能，以及需要避免的错误。

聘用员工时

- 要认真审核申请人，包括工作人员、替补人员和志愿者——所有与儿童有直接接触的人以及那些为机构提供服务的人，比如厨师、司机和门卫。
- 审核的方法包括本人签名的书面申请、面试、现场观察他们与儿童的互动、个人身份及专业证明、学历证书、犯罪记录以及本人签名的无虐待儿童或暴力犯罪前科的声明。如果有人不能提供以前的完整记录就应视为自动放弃。
- 新员工在上岗前要学习在干预儿童遭虐待的情况时应遵循的步骤。
- 新员工要经历一段时间的试用期。在此期间要让他们与有经验的员工搭档，为他们提供示范和咨询。要经常观察新雇员与儿童的互动并进行评估。

日常操作

- 机构要对其纪律要求和原则做出明确的规定。
- 机构要为员工创造条件，不能让他们过于劳累和疲倦，比如应限定每个成人负责看护的儿童的数量和在各活动区域的小组规模；要让他们有足够的休息时间；定期为他们组织有关纪律、课堂管理、处理与家长的关系、解决同事间的冲突和防止儿童受虐的培训。
- 机构的布局要合理，尽可能减少儿童在私下或隐蔽的地方遭到虐待的可能性。儿童待的所有地方都必须是公开的。儿童每天的日程安排和活动空间（包括室内外）都要经过认真检查，以避免在没人监督的情况下，有外人可以单独接近儿童。机构应欢迎家长随时来访，并确保儿童全天候地得到称职的专业人员的监护。

图 15.5 减少儿童在正规机构出现受虐可能性的预防策略

来源：Data adapted from *Position Statement on the Prevention of Child Abuse in Early Childhood Programs and Responsibilities of Early Childhood Programs to Prevent Child Abuse*, NAEYC, 1998; Click, 2011; Prevent Child Abuse America(formerly National Committee for the Prevention of Child Abuse).1996.

就道德问题与儿童的家人进行沟通

任何时候都要欢迎儿童的家人与校方和教师进行交流，一个幼儿中心或学校办得是否成功取决于能否定期与儿童的家庭进行沟通并与他们建立热情、友好的关系。儿童的家庭应当了解幼儿中心或学校的一切，包括经营理念、目标、所使用的纪律约束策略、校方所采取的预防儿童遭虐待的措施以及报告此类可疑事件的具体做法。但校方同时也需明白，为了保护儿童的安全，这些信息只能提供给儿童的父母、法定监护人以及儿童父母书面授权的其他成人。

虽然教师会积极努力与儿童的家长进行最顺畅的交流，但他们有时还是会在交流时遇到一些与道德有关的问题，甚至偶尔可能无法得到家长的理解。有时候，在提醒家长注意儿童的某个问题时，他们可能会不以为然，或者不相信自己的孩子存在这样的问题；同时他们也不知道应该怎样配合学校来帮助孩子改变。因此，凡是有比较重要的事情需要与家长进行交流时，教师一定要将经过记录下来。所谓比较重要的事情指的是如果得不到父母的帮助，儿童当下或今后的发育和成长会面临危险的事情（Allen & Chowdry，2012）。比如，4 岁的凯莉在讲故事的时间一直不停地大声和别的孩子说话，赖夫小姐想方设法地纠正她的这一行为，可是无济于事，因此她非常愤怒。她联系了凯莉的父母，与他们探讨“怎样解决这一问题”。凯莉的父母得知情况后也很着急，可是他们实在不知道怎样才能有效地改变这种现象。

调查显示，当被问到与儿童的家长沟通时在道德方面遇到的最令教师为难的事情是什么时，他们提到了以下这些方面：

- 怎样与家长沟通儿童可能遭到虐待和忽视的情况。
- 父母因离婚引发监护权纠纷给教师带来的挑战。
- 按照教师的职业判断，父母要求他们对儿童采取的一些做法是有害的。
- 家长要求教师提供孩子的所有信息，可教师担心其中一些会导致父母严厉地体罚孩子。
- 父母要求教师对自己的孩子给予特殊对待。
- 家长提出一些过分的要求，令教师不堪重负，甚至可能受到纪律处分（Freeman & Swick，2007，p.164）。

毫无疑问，在与儿童家人接触时，最棘手的一个情形就是告诉他们园方已经提交了儿童遭到虐待的报告。但是如果确实有必要这么做，那么之后还是要立即告知儿童的家人，这是合乎道德的做法。告诉他们的目的并不是要羞辱他们或者试图使他们悔改，而是为了向他们表明，你是非常尊重他们的，因此你并没有背着他们做这样的事情。

告诉家长，你怀疑他们的孩子受到了身体虐待或性虐待，向他们解释你在法律上有义务对这一可疑情况进行报告，同时也让他们知道你已经这么做了。向家长表明你愿意为他们提供一切他们可接受的支持和帮助，但家长在得知这一消息后可能会有充满敌意或怀疑的反应，对此要有思想准备，特别是在父母本人很可能就是施虐者的情况下。

不要痛斥儿童的家人或者花很长时间跟他们解释你的做法。如果儿童的父母对你做出回应，无论他们是对自己的行为进行辩解，还是为发生的事情找借口，又或者是指责你误解了他们，都要不带评判地听着。使用你已经学过的反应性倾听技巧做到这一点。

对整个事件要保守秘密。不要向其他儿童的家长或与此事无关的同事传播和透露事件的细节，对那些无权了解情况但又出于好奇而打听的人，应当拒绝回答他们的提问。

如果因情况需要你一直与儿童的家长保持联系，对他们采取正常、客气的态度就可以了。应在接待他们、与他们交流并且在互动时保持真诚，但你无须表现得比过去更热情或友好。跟他们沟通日常发生的事情，但不要谈论“那个事件”。

在需要与儿童的家庭做出有关道德方面的决定时，你一定要超越自己从道德角度对此事的反应，而只需完全地依照职业道德行为准则行事，“在与儿童的父母的关系中应当遵循三个 R 原则，即尊重、回应和反思每个家庭的长处、希望及梦想”（Freeman & Swick，2007，p.169）。

接下来，我们归纳、总结了你在做出道德判断时应当掌握的技能，包括做出道德判断和日常判断、管控儿童的极端行为以及如何应对虐待和忽视，它们对于你的工作都是非常重要的。

做出道德判断所需具备的技能

怎样做出道德判断

1. **学会识别含有道德因素的环境。这既包括假设的情境，也包括真实的场合。**可将你与儿童及其家人交往的经历记录下来。把在现实生活中遇到的实例分类后与你的同事在适当的时机进行讨论。
2. **熟悉美国幼儿教育协会制定的道德行为准则并经常重温它的内容。**了解准则的内容，在遇到令你感到困惑的复杂情形并对你的个人和职业价值观构成挑战时参考该准则。
3. **在遇到道德方面的困境时，按照美国幼儿教育协会的道德行为准则的内容去做。**这时你会发现对有些情形可以很容易地做出道德与非道德的区分，因为它们明显地符合或违反了准则的规定。但是也有一些情形可能由于其复杂性或模糊性而不那么容易做出判断。无论怎样，勤于实践能够提高你的技能和使用准则的信心。参加培训的学生和从业人员都一致认为，定期在小范围内进行这样的练习对他们的帮助是最大的。

- 首先，判断出是什么使一个令你感到棘手的事情变成了道德两难的困境。要记住，并非所有令人感到麻烦的事情都与道德有关。道德代表着对与错。
- 识别出那些让你警觉的、可能引发道德问题的信号。认真倾听他人认为的信号，并与自己的相比较。然后对它们进行删减或增加，留待以后使用。
- 接着，将问题的不同方面交由不同的人去解决。在对道德困境做出回应时需要不止一个人的参与，并让他们分别采取不同的行动。思考可能会有怎样的反应。
- 最后，在决定解决问题的方案时，参照准则帮助你思考优先策略和应承担的责任。

重点不是就某个单一行动达成一致，而是要找到在用道德的方法解决问题时应采用的一个或多个策略。尽量采用那些最符合你的认知的策略，然后思考你在执行方案时打算怎样说和做。

将假设情境的典型反应记录下来。对于实际发生的事件，则执行你最终确定的方案，同时也将结果记录下来供将来参考。

4. **在讨论为什么你决定采用某些做法和不接纳其他方法时，要引用准则中的原则。**这样的讨论可以在与儿童父母、同事以及其他非本行业的人之间进行。向他们解释职业道德准则能够表现出我们具备很强的专业性，因此是非常有意义的。而且它也能让别人知道我们所做出的判断和决定都是合理的，而非出于自己的冲动。比如，儿童早期专业人员认为不能将不让儿童吃饭或上厕所作为惩罚的手段，因为按照准则制定的原则，这样的行为是不道德的。作为专业人员，道德准则要求既要告知儿童的家长发生在儿童身上的事情，又要为儿童的家庭状况保守秘密。定期重温准则的内容是确保你的认知和行为始终符合其标准的一个很好的方法。

怎样做出日常判断

1. **了解对你自己来说最重要的价值观。**想一想你在自己生活中做出过的决定以及它们所体现出的你的价值观。试着确定支配你与儿童及其家人互动时的基本理念，同时也想想你所做出的那些选择是否遵循了明确的模式。将你的想法与同事和朋友进行探讨，对比你与他们的反应，并解释你做出那些选择的原因。利用一些正式的场合阐明你的价值观。
2. **综合评估你必须做出判断的环境。**先从了解以下因素着手，包括体察儿童的观点、清楚自己的情感状态、考虑儿童的年龄和过往经历，并且对具体环境做出分析。

   如果你处在一个观察者的位置，并且环境中不存在安全问题，那在做出行动前一定要先花点时间把事情的来龙去脉了解清楚。如果你处的环境需要你马上做出反应，就通过使用情感反应和个人信息的中间部分（即你对他们的情感和行为的推理）来识别儿童的观点和你自己的观点。如果此时你必须花点时间思考一下，就如实地告诉儿童，“让我想一想，然后再决定应该怎么做。”
3. **针对可能出现的结果，考虑可代替的策略。**针对特定环境，想象各种可能出现的反应，并且预测它们可能会对儿童、你本人以及其他人产生的影响。思考每个结果会对你为各方人士设定的目标起到促进还是阻碍作用。
4. **选择并实施有利于你为儿童制订的整体目标的那些策略，而且它们应当根据实际情况遵循优先原则。**时刻牢记你为每个儿童以及他们整体制订的目标。此外，使用本章中提及的优先原则帮助你厘清在特定环境下什么是最需要首先解决的。将目标和优先原则作为你行动的基础。
5. **将不干预措施也作为一个策略选项。**在特定环境下不采取行动也是你经过思考后做出的一个判断结果。对于一些不会给他人造成影响的事情，没有必要非得采取措施。
6. **根据儿童的年龄和经历确立标准。**把你对儿童发展的理解和经验应用到你对他们的表现的期望上。不要指望他们刚开始就能表现得很好，应当允许他们犯错。仔细观察儿童的表现来决定可以允许他们做什么和不能做什么，然后再为他们制定合理的标准。随着他们适应能力的增强，可以逐渐调高你对他们的要求。
7. **根据新掌握的信息对内容重新予以调整。**当你掌握了新的知识后，可以对你为儿童制订的目标、策略和标准重新做出判断，也就是说，你可以重新选择一个以前不曾考虑的选项或者增添一些全新的内容。

8. **时常对你已经做出的道德判断进行评估**。经常花点时间对你的想法及采取的相应行动的效果进行评估。看看期待的结果是否已经实现。如果已经实现了，再看看它对既定的目标是否有帮助。如果没有实现，就反思一下原因何在或者有没有什么代替措施。可以就此与你的同事或主管进行探讨。

9. **从判断失误中学习**。你有时肯定会做出一些后来会感到遗憾的判断。当出现这种情况时，在脑海中仔细回顾一下你做判断时的实际情况，想想当时是什么因素促使你做出了这样的判断以及当时其实还可以有哪些选择。努力找出失误的原因，并清楚如果能重做决定你会怎么做。有时候，你会承认自己做了一个错误的判断，另一个选择的结果会比它好；但有时你会觉得虽然现在的结果不理想或令人不满，但这个判断在当时来讲是正确的。在脑海中对这些信息进行分析归纳，供未来参考，然后就把这件事彻底放下，因为继续懊恼于自己过去错误的判断不仅于事无补，还可能适得其反。

10. **鼓励做出错误判断的同事**。当你的同事做了一个事后被证明是错误的判断时，要给予他安慰和鼓励。当他的听众，听他诉说自己做决定的经过。帮助他分析什么地方出了问题，大家一起思考补救措施或者代替方案。

11. **当你与同事或儿童家长在目标、策略和标准方面出现分歧时，要先找出你们在价值观方面的共同之处**。在方案出现分歧时展开讨论。要让他人表述他们对事情的理解以及他们的整体目标，从而充分了解他们的观点。倾听的时候要认真，保持安静，不要急于下结论、插话或者提前提出自己的意见。

    使用你学过的反思型倾听技能表现出你对对方的兴趣和接纳，而且透过他们所表达的细节获取其基本要旨。

    在沟通过程中找到彼此的共同目的，继而就双方都可能接受的目标、策略和标准进行协商。在大多数情况下，这样做能够促进互相理解并达成一个统一的方案。如果你发现你的确与对方在价值观方面存在矛盾，也要正视这一事实，然后决定你可以做些什么不要让情况陷入僵局。

怎样应对儿童的极端行为

1. **在做出哪些儿童有极端行为表现的判断前，先要了解你所负责的所有儿童**。虽然有些行为只要一出现就能被证明有问题，但是你仍然要花足够多的时间来熟悉每个儿童的典型行为和非典型行为，这一点非常重要。

2. **在判断一个行为属于极端行为前，先要努力通过适当的引导纠正它**。使用你在本书前面学过的技能作为你应对有问题的行为的最初方法。保持方法的连贯性，并给自己留出足够的时间（通常应当是几周的时间）来期望该方法能够取得效果。可以请一位同事帮你观察它的实施情况，从而判断它是否得当以及你的执行过程是否有效。如果你发现儿童之所以持续表现出有问题的行为是由于你的方法不当或者执行失误，就做出必要的修改。

3. **确认你对儿童的极端行为的判断**。在一段时间里对儿童的行为进行客观地记录。可以使用第 11 章中提到的 ABC 分析法，然后再参考对不同年龄的儿童的常规行为描述。如果确定儿童的行为是不当的，注意观察一下它是否也经常出现在其他同龄的儿童身上，包括他们活跃的时候和安静的时候。如果别的儿童没有表现出这些有问题的行为，你可以与有经验又值得信赖的同事交换一下看法，也可以请教你的主管、有名望的专业人士以及其他有咨询职责和义务的工作人员。如果他们也认为这样的行为确属极端行为，就可以约见儿童的父母了。

4. **与儿童的家庭沟通，表达你对儿童的极端行为的关切**。在与儿童的家人首次沟通时，无论是亲自见面，还是通电话，或是传递便条，都要实事求是地表达你的关切，并且要求与他们面谈。在第一次交流时不要讲述过多的细节或者表现得很神秘，因为那样做会吓着他们或让他们感到被冒犯。你可以这样说，“我观察查尔斯已经好几天了，他突然对与其他儿童交往失去了兴趣。他以前很外向开朗，可现在总是独自躲在一边，这让我有点担心。因此我想与你们约个时间详谈一下这件事。”

见面时要为他们提供你记录下来的儿童的问题行为的具体事例，向家长了解儿童在家里是否也有过此类行为，以及他们是否认为这种行为是不正常的。如果通过交流你得出结论，儿童的行为确实是极端的，要把这种关切告知家长并且讲出你的判断理由。还应当给家长提供一些具体建议，包括咨询知名的专业人士。

5. **推荐能够应对某个具体问题的最合适的专业人士**。与儿童的家人确定他们应咨询的专家。如果行为是基于生理方面的，比如吃饭、排泄、睡眠、多动或乏力以及明显的抑郁，那么儿童的家人应首先咨询内科医生。如果极端行为与生理因素无关，就应向接受过培训的行为专家请教，因为对于行为方面的问题，这些专家比内科医生更有经验，而且有名望、能力强的行为专家非常清楚与生理原因有关的问题，他们会在遇到这种情况时建议采取医药治疗。

   同时还可以在社区里寻求可提供帮助的资源，比如儿童指导诊所、大学里的心理诊所、学校的咨询顾问、社区的心理健康机构、社会服务机构、为各学区提供特殊服务的总机构以及那些专门为有类似问题的儿童开办的培训学校。即使那些培训学校并不完全符合你的需求，但那里的专业人员也能为你指点更合适的渠道。

6. **对那些因儿童的极端行为而寻求外界帮助的家庭提供情感关怀**。咨询的过程往往需要很长时间，这可能会令儿童的家人感到焦虑和烦躁，因此要给予他们言语上的鼓励和同情，并且能够倾听他们的抱怨和诉苦。使用反应性倾听的技巧向他们表达你的理解。可能的话，可以采取其他措施，帮助加速这一过程。

7. **在给儿童或其家人推荐寻求外界帮助后仍要继续跟踪**。如果你答应为他们联系合适的医生或行为专家，就要马上着手做。可以与他们直接联系或者通过你所在机构提供的渠道。然后要落实他们已经与儿童或其家人建立了联系，并定期了解咨询的进展。如果主要是儿童的家人需要寻求帮助，也要与他们保持联系并掌握期间发生的一切。

8. **为咨询专家提供准确、相关的信息**。把你对儿童行为的观察以口头或书面的形式告知他们。记录下儿童的行为模式并把它们总结在给专家提供的报告中。同时，邀请外面的专家到儿童所在的幼儿中心或学校进行实地观察，并为他们提供与儿童的家人见面的机会。

9. **把你自己应对儿童极端行为的方法与其家庭的做法以及咨询师的建议结合起来**。看看咨询师有怎样的建议，并与他和儿童的家人探讨其实施的可行性。比如，如果决定在家里或治疗期间对儿童的某些行为进行奖励，对其他的某些行为暂且不理会，那么大家都应尽可能采取一致的做法。

   要把儿童在幼儿中心或学校取得的任何进步都及时反馈给所有参与的成人。可以根据执行情况对方案提出一些调整或修改的建议，同时也请他们对你的做法给出一些反馈意见。在整个过程中要与咨询师和儿童的家人保持定期交流。

怎样处理儿童遭虐待和忽视的情况

1. **了解清楚你所在地区关于报告儿童遭虐待和忽视应遵循的步骤**。阅读有关儿童遭虐待和忽视的法律条文，包括什么行为属于虐待；应当向谁或什么机构报告此类事件；谁有举报的法律义务；报告后可以得到怎样的保护措施。

   除了了解法律知识外，你还应当清楚你所在的机构对报告程序的要求。如果你需要通过一个机构指定的人报告此类事件，那你必须知道最终所呈递的文件的内容，也要问清楚在此之后你还要扮演怎样的角色。如果规定要求你将可疑事件直接报告给官方相关机构，也应了解清楚他们的职能（他们通常被定义为“儿童保护机构”）。

2. **留心儿童遭虐待和忽视的迹象**。可以参照在要点 15.2 和要点 15.3 中归纳总结的体现在身体、行为、言语和家庭方面的迹象。

   注意观察儿童，听他们说了些什么。这些迹象可能是他们在无意中表现出来的，也可能是他们在表述其他事情时顺便透露出来的（Austin，2000）。对儿童身体和行为方面出现的变化要保持警惕。当儿童总是抱怨他非常饿，或者感觉难受，或者比利叔叔用鞭子打他时，要相信他说的话（Hendrick & Weissman，2011）。大多数儿童是不会编造遭虐待或骚扰的谎话的。

3. **把你的怀疑记录下来**。把你看到的令你怀疑儿童遭虐待和忽视的迹象书面记录下来，并注明日期。如果可疑的迹象不止一处，就要都记下来。

4. **当儿童向你披露自己遭虐待的情况时，应当做出如下反应：**

    a. 保持镇静、令人安心的态度；身体则应是开放、放松的姿势。

    b. 把儿童带到私密的、别人无法听到的地方。

    c. 使用与儿童的发展水平相当的语言，不要用儿童没有用过的词语。开始交流时可使用开放式问题或叙述的方式，不要问“为什么”之类的问题，但“什么”和“怎样”的问题是可以问的。

    d. 使用反应性倾听的方式，尽量不要打断儿童的讲话（可以说，“嗯”“噢”“我明白了”）。

    e. 要严肃对待儿童同你的讲话。

    f. 要让儿童把自己的情绪宣泄出来（比如，内疚、羞耻、恐惧、不知所措），而且告诉他这些情绪都是正常的。

    g. 安慰儿童，告诉儿童他不会是孤单的，你会帮助他。但是不要对儿童做出不实的承诺（比如，“没事的”或者“不会发生什么不好的事”）。

    h. 只询问提交报告需要的信息。

    i. 让儿童明白遭虐待不是他本人的过错，感谢儿童愿意告诉你发生的事情。

    j. 不能随意谴责儿童指控的施虐者。

    k. 帮助儿童设计一个安全方案以防虐待再次发生；万一发生，要让他在第一时间告知一个可信赖的成人（Austin，2000，pp.3-5）。

5. **及时报告儿童可能遭虐待或忽视的事件**。如果儿童或其家庭确实表现出了你认为属于虐待的迹象，就要马上进行报告。不要因指望情况可能会改变或担心你的判断可能有误而延迟报告，也不要对自己应该做的事情犹豫不决。一旦你确定了自己的怀疑，就要果断采取行动。

6. **安慰遭到虐待或忽视的儿童**。可以对儿童这样说，“你对我说出你妈妈把你的牙打掉了这件事很不容易，我真的很高兴你告诉了我。”让儿童知道你相信他所说的一切，而且你在报告这件事后不会给他造成新的伤害。充分理解儿童感到困惑、紧张、愤怒和害羞的情绪，并让他尽情宣泄自己的各种情绪。至于事件的细节，他愿意多讲就多讲，愿意少讲就少讲。无论你感到多么不舒服或难过，都先要接纳和帮助儿童。

    另一方面，要避免不停地问儿童一些超出其能力和意愿的问题。对发生的事情表达你的同情，但同时不要急着责备儿童的家庭，因为儿童即使受到了虐待，也常常对家人很忠诚。如果他认为他需要在你面前捍卫自己的家庭，他可能就会退缩了。

    许多儿童对自己受虐会产生罪恶感。他们可能会认为是因为自己“不够好”“太丑了”或者“太坏了”，所以成人除了虐待他们没有别的选择。因此要试着纠正儿童这种错误的想法，让他们明白发生这样的事情绝非他们自身的原因，相反，成人才是出错的一方。

    可以跟儿童解释成人有时候会感到生气、困惑或者孤单，但无论怎样，打孩子、踢孩子或者不适当地抚弄孩子都是不对的。

7. **告诉儿童有关身体触碰的常识**。从婴儿期直到整个童年阶段，都应使用表达情感的词语来形容身体的接触。告诉儿童身体接触会给他们和别人带来怎样的感受，比如可以这样对他们说，“拥抱的感觉很好”“掐人或者咬人是很疼的”“当杰瑞米给你的后背挠痒痒时，你会感到很舒服”“你不愿意让马里恩打你”。像这样的叙述构成了“触碰词汇”的基础，随着儿童逐渐长大，词汇的内容会越来越丰富。让儿童熟悉这些特殊词语是教会他们保护自身安全的第一步。

8. **教儿童学会保护人身安全**。人们普遍认为，教给儿童避开试探性触碰的方法对他们是非常有益的。可以通过组织一些活动或小品表演让儿童从中了解到保护人身安全的知识和信息，但要确保你所提供的内容符合儿童的理解能力和经历。比如：

    a. 与儿童组织一次讨论，先让他们说出哪些触碰让他们感到舒服，哪些让他们不舒服。然后给他们介绍一些可能会令他们感到困惑的触碰，即那些开始感觉好，但后来又让他们觉得不快的触碰（比如，挠痒、使劲拥抱和亲吻）。明确告诉他们任何人都无权对他人做出令其不舒服或感到不解的触碰。如果有人试图用他们不愿意的方式接触他们，他们完全可以对对方说，“不，走开！”之后可以将这件事告诉自己信任的人。

b. 编一个小品，其中有一个角色试图引诱另一个角色。对于年幼的、以前没有受过任何培训的儿童，先教他们一些与性虐待无关的但非常明显的挑逗伎俩。在他们了解了这些后，再告诉他们应当怎样提防不恰当的触碰（比如，勾引、让他们“保密”或故意使劲夸他们）。特别要向他们强调，任何他人都不可以强迫或引诱儿童摸他们。告诉儿童如果有人企图摸他们或引诱他们做他们不明白的事情，儿童可以跟对方说，“不，走开！”之后可以将这件事告诉自己信任的人。

c. 和儿童做“如果……怎样……”的游戏，检查他们面对危险局面的反应。可以假设一个场景，比如，“如果在路上遇到一个人让你和他去看一只小狗，你应当怎样做？”“如果照看你的阿姨让你保守秘密，尤其是对你的爸爸妈妈，你应当怎样做？”或者，“如果你和朋友在公园里打架了，之后一位你不认识但看上去很不错的女士主动提出要送你回家，你应当怎样做？”认真思考儿童给出的答案，并给他们提供尽可能准确的信息。开放式问题可以让讨论继续下去。

9. **即使怀疑儿童遭受了虐待或者已经得到了证实，也要谨慎地与儿童的家庭保持联系。**了解清楚在你所在的社区，对于那些濒临虐待边缘的父母能够提供怎样的帮助。令人欣慰的研究表明，许多虐待儿童的父母在得到帮助后就不再向儿童施行暴力了（Shaffer，2009）。因此给这样的父母找到能够为他们提供帮助的人或机构是非常重要的。尽量查清楚在你所在的区域有多少这样的帮助机构以及它们的详细情况。同时也要掌握一些在短期内可考虑的相关服务，比如热线电话、暂时的受虐儿童看护、有类似情况的家长组成的团体、教育和培训的机会以及有关的工作坊。此外，建立一个档案，把那些能提供长期帮助的机构归纳在一起，包括当地的个体和家庭治疗师、心理咨询机构、宗教和社会服务团体以及一些国家承认的组织，比如家长匿名和全国防止虐待儿童委员会。

注意事项

在决定应怎样做出道德判断时，有许多可遵守的指导原则，上述技能是你应采取的一些做法，下面则是一些你应避免犯的错误。

1. **迫于时间压力没能做出清醒的判断。**有时候，幼儿教育工作者太忙了，以致他们认为自己没有足够的时间想清楚应该怎么做，于是他们就凭直觉匆匆做出了决定。他们的直觉反应有时是对的，对于所面对的儿童或群体是适用的，但更多时候，这种凭直觉做的决定只在短期内有效，无法全面地解决长期问题。虽然长时间深思熟虑在很多时候并不可行，但还是要尽可能在做道德判断时将现实因素考虑在内。哪怕只能事后这么做也是有必要的，因为对自己的判断做出评估是一项有意义的职业技能。
2. **在错误的判断上浪费了太多时间。**有时候，人们由于在做判断时花了大量的时间和精力，因此会非常固执地恪守最终做出的选择，结果他们觉察不到其实该目标或标准并不合适，该策略针对这件事没有效果，或者这个方案整体根本行不通。如果他们持续忽视这些迹象，将来的形势会越变越糟。避免犯这个错误的最好方法就是要对环境的变化保持警惕，并且始终对新的信息持开放接纳的态度。
3. **没有意识到自己的局限性。**它是因下列判断失误造成的：
   - 认为自己是唯一能够正确解决儿童问题的人或者是最理解儿童因此知道该怎么做的人。
   - 心怀嫉妒地拼命捍卫自己在儿童生活中的保护者角色，并将其他专业人员视为闯入者。

- 没有意识到儿童处境的严重性。
- 误以为如果向外面的专家咨询是自己能力不够的表现。
- 以为自己拥有事实上没有的技能。

上述任何一种想法都不利于为儿童构建最适合其发展的环境。如果你发现自己对别人的指点很抵触，甚至当所有的迹象都表明那么做对儿童是有益的，你就应当深刻反省自己的态度了。如果你发现你缺乏热情与上述原因无关，就按顺序再思考一遍。

4. **没有区分清楚你与专业咨询人员所扮演的角色。**与一位外面的咨询顾问配合需要大家通力合作。如果大家能采用彼此一致并且连贯的方法应对儿童出现的问题，这对儿童来说是最有利的。这意味着学校教师必须非常清楚咨询师的期望是什么，对此仅有一个模糊的认识是不够的，你们必须了解彼此的目标以及为实现目标需要共同采取的策略和标准。
5. **长时间不采纳咨询师的建议，导致他的工作不能产生效果。**在与外面的咨询师工作时，最常犯的一个错误就是过早地放弃了双方达成一致的方案。当最终寻求外面的咨询师提供帮助时，校方的专业人员可能会期望马上产生效果。如果实际并非如此，教师就会在失望中放弃。为了避免出现这种情况，最好在与咨询师沟通时制订一个时间表，将预期的进展分阶段划分出来。如果事先知道一个方案要想取得成效需要几周甚至几个月的时间，你就会比较有耐心，对遇到的挫折也要坦然接受了。
6. **忽视儿童遭虐待的迹象。**有时候，为了回避应对一些困难的局面，或者希望事实不是想象的那样，专业人员会对一些已经很明显的遭虐待的迹象视而不见。如果一个孩子身上已经有了瘀伤，并向教师报告说妈妈打他，可教师或许会认为，“唉，所有的孩子偶尔都会被父母打。”当一个年幼孩子的阴道擦破了，还流血，成人却认为这可能是手淫造成的。如果一个孩子总是脏兮兮的，而且身上散发出难闻的气味，成人却把这当成某个族群或社会阶层的典型状况。

   如果成人这么认为，那么儿童就不会得到重视，但这样的想法并不是基于事实的，而只是出自他们自己心理和情感上的防御机制。显示儿童可能遭到了虐待的每一个迹象都必须引起关注，不能由于成人害怕面对现实就让儿童受苦。
7. **对怀疑儿童受到虐待的家庭进行威胁。**对于孩子可能遭到虐待的事件，专业人员有时没有马上进行报告，而是试图直接对其家庭予以干预。他们会约见儿童的家人并对他们说，“如果我再发现你这么做，我就要报告了。”或者“答应我你不再这么做了，这样我就不报告了。”这样做的动机或许是自私的（因为不想陷入法律的麻烦中）；也或许是好的（希望能让这个家庭避免尴尬）。但不论出于哪种考虑，其方法都是不当的，所以不要这么做。正确的方法是要按照本章中提供的程序去做。
8. **在教儿童学习保护自身安全时故意吓唬他们。**成人在告诫儿童要小心陌生人或他人的试探性触摸时，可能会故意使用夸张的方法，结果导致儿童对所有人和所有类型的身体接触都吓得要命。对耸人听闻的虐待事件进行过于详尽的描述，将所有的环境都视为不安全的，以及不能区分“可接受的”和“不可接受的”触摸，都会造成这样的负面局面。让儿童总是觉得自己处于危险中对其健康是非常不利的，应当让他们做到两者兼顾，既要保持警惕，又要避免不必要的恐惧和不信任。
9. **以为经过个人安全培训后，儿童就可以自然而然地免受性虐待。**即使经过个人安全培训，许多儿童仍不能对成人的一些举动说“不”，特别是如果那些人和他们有着很亲密的关系。不应该期望儿童能够完全保护自己。个人安全培训只是儿童学着保护自己的一种方式，但它不可能一次性地使儿童免除所有潜在的虐待。在整个童年期，儿童都始终需要得到成人的看护和关心。因此，不管儿童是否接受过任何培训，都要对他们身上遭受性虐待迹象保持警惕。

总　结

专业人员需要持续不断地为儿童做出道德判断，包括长期的和短期的。所谓长期的就是成人在做决定前会花大量的时间仔细考虑；短期的则是需要立即做出的判断。有些判断的影响是深远的，有些影响则相对较小，但是所有的道德判断都必须建立在理性的基础上。校方制订的目标、策略和标准都与道德判断有关，而影响人们做出判断的因素包括专业人员的个人价值观、职业的价值观体系、对儿童的发展和习得水平的了解以及具体环境。

在做出道德判断时会涉及六个优先原则，并且需要专业人员认真了解美国幼儿教育协会制定的道德行为准则，以此作为指导原则。

本章的讨论不仅涉及日常判断，还特别探讨了针对特殊情况应做出的道德判断。它们主要指的是儿童的极端行为和儿童遭虐待或忽视的问题。极端行为通常是由于儿童的心理原因、童年时的恐惧和抑郁引发的。

对儿童疑似受到虐待或忽视做出道德判断都对儿童的健康和幸福至关重要，这需要对问题出现的范围、施虐者、受害者、虐待的迹象以及怎样做出报告进行详细的了解。

你所实施的方案能否成功取决于你与儿童家人的沟通是否顺畅，因此你应当将方案的具体内容都告知儿童的家长，包括你的看法、目标、在纪律方面的要求、与儿童的交流方式以及确保儿童身体和心理的安全及健康的做法。

要对儿童的日常生活、极端行为以及遭虐待和忽视的问题做出正确适当的道德判断，你需要学习和掌握一些相关的技能，同时在做出道德判断时也要注意规避一些错误的行为。

关键词

标准（standards，p.438）
策略（strategies，p.437）
道德（ethics，p.436）
道德判断（ethical judgments，p.436）
忽视（neglect，p.447）
基本价值（basic values，p.439）
价值观（values，p.439）
焦虑障碍（anxiety disorders，p.446）
目标（goals，p.437）
强迫行为（compulsions，p.447）
强迫思维（obsessions，p.447）
相对价值（relative values，p.439）
性虐待（sexual abuse，p.448）
学校恐惧症（school phobia，p.446）
意向性（intentionality，p.449）

问题讨论

1. 讨论专业人员的价值观与他们对儿童的目标、策略和标准之间的关系。从你自己的经历中举出实例。
2. 在一个小组里讨论你所持的一个价值观，尽你所能追溯它的起源和它对你做判断的影响。
3. 思考下面几个案例，使用美国幼儿教育协会制定的道德行为准则帮你做出相关的道德判断。首先，确定每个例子中所涉及的道德准则；然后，判断例子中的人的做法是否道德；最后，讨论可能引发的反应。
   a. 塞西尔·马休斯最近刚被聘为麦克米伦幼儿中心 3 岁班的助教，她的教室就在更小的孩子的教室旁边。虽然按照规定，一个成人只可以负责看护 4 个学步阶段的孩子，可是她注意到那个班里经常是一个成人要照料 12 个孩子。她将自己的这一关切告诉了主管，可是主管对她说，“你管好自己的班就行了，其他的由我来操心。”在接下来的几周里，塞西尔发现那个班里的情况没有一点改观。

b. 一个幼儿园的家长委员会决定不聘用詹姆斯·贝克做小班的负责教师，因为他们认为对这个年龄的儿童来讲，由女性做看护者更合适。

4. 讨论本章提到的优先原则，看看你对下列说法是赞同还是反对：

a. 优先原则提出的顺序；

b. 某个或某些原则；

c. 应用它们时的正确和不正确的做法。

5. 对极端行为给出定义。叙述当判断一个行为是否属于极端行为时需要考虑的四个因素，并讨论在做此类判断时应当避免的三个误区。

6. 讨论儿童的恐惧会怎样导致其极端行为，并叙述在这种情况下，专业人员必须做出的道德判断。

7. 定义身体虐待和忽视，并讨论谁最有可能成为受害者和侵犯者。当你怀疑儿童受到身体虐待时，你会做些什么。

8. 定义性虐待，并讨论谁最有可能成为受害者和侵犯者。当你怀疑儿童受到性虐待时，你会做些什么。

9. 你在帮助一个3岁的儿童上厕所时发现她的屁股和大腿处有鞭痕。从美国幼儿教育协会颁布的道德行为准则中找出相应的职业指导原则。依照此原则，你会怎么做？

10. 就你在日常生活中所做的道德判断和你对极端行为或儿童遭虐待所做的判断之间的相同和不同之处展开讨论。

案例分析

阅读附录一中赛斯这个患有自闭症的儿童的案例，然后思考并回答下列问题：一天早上，赛斯到校时脸上有一块瘀伤，看上去像是被人很重地掌掴过。你让他自己看着镜子，并问他，“赛斯，你脸上是怎么回事？”由于他在沟通方面有困难，他只是说，“妈妈说‘坏赛斯，赛斯坏’”。你因此怀疑他可能遭到了虐待。

1. 对这件事你会首先与谁联系？
2. 如果你被要求向儿童保护机构进行口头报告，你会报告哪些内容？
3. 考虑到你过去与赛斯父母的关系，你会感到有压力吗？它会对你与他们的关系造成怎样的影响？
4. 有哪些因素会促使你对自己在这件事上的处境进行重新思考？
5. 如果在保护机构进行调查期间赛斯仍待在你的班里，那么以后你在对环境做出观察时，会尤其注意他的哪些行为迹象？

课外作业

1. 约见一位幼儿教育专业人士，就其曾做出过的道德判断进行讨论。在不违反保密原则的前提下，让他讲述一个需要做出道德判断的情境。然后提出这样的问题：在做道德判断时让他感到为难的地方是什么？他是如何应对的？现在再看其结果，如果同样的事情再发生，他会采取一些不同的做法吗？
2. 叙述至少两件发生在你工作中的事例，你在处理它们的过程中通过使用本章前面提到的优先原则做出了理性的判断。仔细描述每件事以及你所做的，特别指出你所使用的优先原则。与其他同事讨论你的做法。如果这件事再次发生，你还会这样做吗？为什么会或为什么不会？
3. 在工作中如果你发现儿童疑似遭虐待的事情，你会向谁报告？简要说出你所在的机构对报告儿童遭虐待事件的程序要求，以及你所在的社区里负责此类事件的政府机构的名称。至少知道三个组织、服务中心或培训机构，能够为那些处于虐待孩子边缘或已经虐待了孩子的父母提供帮助。
4. 了解你所在的州对报告儿童遭虐待和忽视方面的相关法律。

检查你的做法

下面是一个对照检查表，作为一个刚入门的专业人士，你可以用它来检查自己是怎样实践这些技能的。你还可以在附录二中获得更多的观察教室行为的检测标准。

当我通过以下方式做出道德判断时，就可以影响儿童的社会性发展进程：

√ 我在做出决定时会认真分析实际情况，仔细对比不同的应对策略，然后从中选择一个最佳的方案并予以实施，事后我会对结果进行评价。

√ 我所采取的行动与我自己信奉的价值观是吻合的。

√ 当我对与儿童行为相关的目标、策略和标准做出判断时，我会考虑儿童的实际年龄、理解能力和过往的经历。

√ 我熟悉职业道德准则，并依照它做出与道德有关的判断。

√ 在做抉择时我总是将儿童的安全和健康放在首位。

√ 我知道儿童遭虐待或忽视的迹象，我也很清楚报告这种事件的规则和程序。

√ 在判定儿童的行为是极端行为前，我会先尽全力通过采用适当的引导方法帮他纠正自己的行为。

√ 当儿童表现出极端行为时，我会把我的关切告知儿童的父母。

附录一　案例分析

赛斯·J　4岁零5个月　患有自闭症

生活背景：赛斯是玛丽亚和沃尔特唯一的孩子，玛丽亚是一位高中理科教师，沃尔特是银行的管理人员。玛丽亚和沃尔特最开始对赛斯的发育感到担心是当他们发现他不能做许多孩子可以做的事情时，比如躲躲猫（一隐一现逗幼儿玩的游戏）和模仿别人的面部表情或手势。当他们竭力通过玩具、唱歌或游戏吸引赛斯时，他总是表现得没什么兴趣。他很少正视别人，也不像别的孩子那样牙牙学语或发出声音，父母叫他的名字时他也没有反应。赛斯小时候就可以在有限的范围内做一些动作，可他与人交流的技能开始得很晚，2岁时还不会说话。快3岁时，他被带到一所大学附属的语言和听力诊所进行检查，结果发现他的听力基本正常。他被诊断患有自闭症，并从3岁开始通过公立幼儿园接受特殊培训。

现状：尽管赛斯在生活中会遇到一些困难，但他还是去了他所在社区的全日制幼儿园并且能融入大家。他喜欢听别人给他读书，或者自己看书，特别是那些他感兴趣的书，比如关于动物和汽车的。他也喜欢户外活动，包括那些需要运用肢体的活动，比如跳舞等。

除了上这个幼儿园，他每周要在那个大学的附属诊所接受说话和语言方面的特殊培训。负责给他辅导的老师每个月会来幼儿园两次，了解他上课和活动时的情况，并与这里的老师沟通，共同寻找能让他多参与活动的方法。赛斯目前对于别人发出的他熟悉的口头要求能够做出很好的回应，对于他已经知道的日常安排，他可以不需要别人的帮助或引导，自己就能按要求去做。但是如果有意想不到的变化出现，他还是会变得很生气。

赛斯在与他人交流方面有很大的困难，尤其是与其他同伴的互动。他几乎从不直视他们。他可以使用一些手势，比如伸手够某个他想要的物品或者摇头表示拒绝。在别人提示他使用相关的口语后，他可以学着做出回应，比如，当他指着一个自己想要的食物时，他妈妈对他说，"赛斯，你说'我想要桃子'"，然后他会跟着重复"想要桃子"，但他很少能在不经提示的情况下自己主动说出需要。他会对他感兴趣的东西发出一两个字的评论，比如教室窗外路上的汽车，但这样的评论是说给他自己的，而不是让别人听的。在一天中的大部分时候，赛斯都是独自一人待在教室的某个几乎没有人的地方自己玩。如果有同伴走过来，他通常会马上离开，重找一个没有人的地方待着。

赛斯的父母对赛斯的社会能力极为关注，非常希望他能和几个同龄的孩子发展友谊。当有同伴接近赛斯时，他们想让他做出积极反应，并且在学校时能和其他孩子互动交流。玛丽亚和沃尔特还希望他能多说话，并能不需要提示就自己说出要求。

经过一段时间后，赛斯的老师已经掌握了他会在什么样的情况下生气，并且能够很准确地明白他的行为暗示。老师也明白他的父母希望他能与其他同伴多一些互动和建立关系，他们共同为赛斯收集了一些有关社交的故事，并将它们装订在一起。这些故事讲述了社交的情境和技能，比如在一个故事框架中怎样和一个同伴打招呼或对同伴的请求做出回应，赛斯能很轻松地理解这些故事的内容，也觉得它们很有意思，而这些故事也借着叙述情境、他人的想法和妥当的反应起到了示范作用。赛斯的老师通过这些故事提醒他应当学着使用这些社交技能来满足自己的需要。

教师观察到的一些实例

3月7日

今天自由活动时，赛斯一直待在积木区里玩。他从架子上取下一筐小汽车，把它们排成了一长列。然后他一次拿起一辆小汽车，转动它的每一个轮子，然后把它放回原处，接着再拿起另一辆车。他这样做了差不多10分钟，然后达灵走过来，对他说，“咱们给这些车搭一个车库吧”，说完他就开始用赛斯身边的积木搭建起来。赛斯没有看达灵，也没有回应他的提议。他转移到了拼装玩具区域，开始拼装乐高玩具。后来的30分钟，他就一直独自待在那里。

4月23日

今天我在大厅搭了一个障碍训练场，因为下雨了，我们不能到室外玩。当我们走进大厅时，赛斯开始大声地抱怨起来。他大喊着，“不，不，不”，然后离开大家，跑回教室。他跑到通往操场的那扇门，站在门口继续大叫着。我蹲在他旁边，指着窗户对他说，“我们不能出去，下雨了。”赛斯又大叫起来，于是我靠近他，抚摩着他的后背，继续指着窗户对他说，“赛斯，你看，下雨了。”他用烦躁的语气重复道：“下雨了。”我接着说，“你想去外边，可是你看，外边下雨了。”这次他用平静的声音重复说，“下雨了。”我们一同坐下来看书，直到他彻底安静下来。

5月12日

这周我们在游戏区搭建了一个杂货店。赛斯似乎很喜欢在那里推着购物车走来走去，但他并没有做别的事情。今天，卡门（负责赛斯特殊培训的教师）到店里和赛斯一起玩。当赛斯又开始推车时，她递给他一个塑料香蕉，并对他说，“把香蕉放进车里。”赛斯从她手里接过香蕉，把它放进购物车。她又拿了几样别的东西，每次赛斯都会把它们接过来，放进车里。然后她宣布说，“该买这些食品了。”赛斯重复说，“买食品。”卡门回应说，“对，该买食品了。”她告诉赛斯，“把车推到尼古拉斯那里。”尼古拉斯正站在收款柜台，卡门指着他对赛斯这样说，于是赛斯就把车推到了柜台。卡门提醒赛斯把香蕉递给尼古拉斯，赛斯照办了。卡门又让他把另外两样东西也递给尼古拉斯，赛斯也都照着做了。然后卡门不再说话，赛斯自己从车里拿起一样东西，把它交给尼古拉斯。他继续这么做，直到购物车里没有东西了。这时，卡门递给赛斯一些做游戏用的假钱，并对他说，“把这些钱给尼古拉斯。”赛斯从卡门那儿接过钱，又递给尼古拉斯，嘴里说着，“给尼古拉斯。”在那天下午后来的时间里，赛斯在没人提醒的情况下自己将购物车里装满了东西。我告诉他，“去买这些食品。”于是他就推着车到结账柜台，把每一样东西都递给了迪德。

6月21日

当今天早上赛斯到校的时候，我提醒他今天要去动物园参观。我给他看了用图片标出的日程安排，并特别指着动物园的图片让他看。每次在我们活动转换的过渡期，我都会提醒他去动物园这件事并让他看那张图片。我注意到上午当我们围坐在一起时，他开始前后不停地摇晃并且发出抱怨的声音。我知道这是他生气的迹象，于是我小声对他说，“你对去动物园感到很紧张，咱们先来看一本关于动物园的书，这样我们就能知道在那里会看到什么了。”然后我们走到图书区，一起看我给他编的有关在动物园社交的故事。当我们看到乘车去动物园和看动物的内容时，赛斯似乎平静下来了，他可以说出故事中每一种动物的名字。

埃尔莎·R 6岁零7个月 双语学习者

生活背景：埃尔莎是1月份来到我们一年级班上的。她和她的家人来自墨西哥，她的父亲来美国学习土木工程。他们只打算在美国待2～3年，然后就回墨西哥。埃尔莎曾在墨西哥上过托儿所，后来又上了幼儿园，并且读了小学一年级的第一学期。在一年级的第一学期，学生们每周会学2小时的英语。她妈妈说，"那只不过是学学有关数字、颜色、身体的部位和形状的单词，再学几首英文歌，根本没有学怎样用英语对话。"因此，埃尔莎对英语的理解能力和表达能力几乎为零。她的爸爸和妈妈虽然能说英语，但一直都同埃尔莎说西班牙语，而且他们在家对话时也是用西班牙语。在墨西哥时，埃尔莎几乎没有接触过讲英语的人，并且在一起玩的伙伴也都是墨西哥小孩。

埃尔莎到校的第一天紧紧地抓着她妈妈，进教室时一直在哭，而且最初几周她对来学校上课非常抗拒。她为了错过校车，故意不按时穿好衣服；她还会装病，说自己肚子疼；哭着说她害怕其他的同学。到2月初的时候，她妈妈报告说埃尔莎已经开始接受现实，但仍很不开心，常常说她非常想回到以前的那个学校，因为她在那里有两个朋友，她很想念她们。她妈妈考虑过和她一起先回墨西哥，但又希望情况能有所改变，这样全家人就能待在一起了。

现状：埃尔莎已经在班上待了3个月了。她已经从最初只会说简单的句子，比如"早上好"，进步到可以用英语表达她的需要或愿望了，虽然有时她说的话别人听不明白。出现这种情况时，她会有一种挫败感。她会离开那个试图交流的人，并大声生气地说西班牙语。她现在对班上的日常活动已非常熟悉，不需要教师或其他同学提醒就知道什么时候该做什么事情。她很喜欢音乐；也很喜欢体育课，能完全投入其中。她在日记中画的画特别详细，而且她已经能写英语单词了，虽然她有时还是会夹杂几个西班牙词语。

埃尔莎的父母给她找了个家庭教师，这个教师每周课后来给她上两次课。上课时，这个老师总会给她读一些她喜欢的在课堂上已经读过的书，老师还会和她做一些学校里也安排了的旨在增强儿童语音意识和词汇量的识字游戏。她们也一起在家的附近散步，老师会和她玩"我是间谍"的游戏。这位家庭教师报告，近来埃尔莎学习英语的主动性提高了许多，不停地问有关发音和语法的问题以及怎样读或写某个她记不住的单词。她的父母问我，他们在家时是不是都应该只说英语，我让他们在和埃尔莎交流时仍使用西班牙语，这样她在学习英语这一第二语言时才不致忘记自己的母语，这是非常重要的一点。我甚至向他们建议，现在埃尔莎在学校阅读的一些英文故事也被译成了西班牙文，他们可以在附近的图书馆找找看，然后把这些故事用西班牙语读给她听。菲斯特·马克斯所写的《彩虹鱼》和《营救彩虹鱼》是埃尔莎最喜欢两本书。我还建议他们让埃尔莎用西班牙语给她在墨西哥的朋友写邮件，因为她说过她很想念她们，并且可以给她们寄一些她在这里的照片，让她们也知道她在科罗拉多的生活。

埃尔莎的父母经常与我见面，我也会时不时地让埃尔莎带便条给他们，告诉他们孩子取得的进步、正在学习的语言内容以及她已经能够和同学们融洽地相处。他们也告诉我，埃尔莎已经交了一个朋友，住在他们楼里，是我们学校一年级另一个班上的小女孩。她们经常一起骑自行车，玩埃尔莎从墨西哥带来的纸娃娃。以前她们间的语言交流很少，但现在明显增加了。每周三下午放学后，她们会一起去上体操课。两家的父母也成为了朋友，所以他们现在时常见面，大家都用英语交流。

教师观察到的一些实例

1月7日

我在节日期间学了几个西班牙单词，这样我和孩子们就能在埃尔莎走进教室时用西班牙语和她打招呼了。但我发现她太紧张了，因此没有注意到这一点。于是我们一大群人就又大声地试了一次，这次她的脸上微微露出了点笑容。我让凯莉坐在埃尔莎旁边，帮她翻译。凯莉带她看每种物品摆放的地方，并且拉着她的手去上音乐课。埃尔莎在操场上没有和任何人玩，不过上午过去一半时，她不再哭了，开始观察别的孩子在做什么。又开始上课前，我给她妈妈打了个电话，告诉她埃尔莎不再像她早上离开时那么情绪激动了。下午上写作课时，每个孩子都准备了一页纸的内容，让埃尔莎带回家。他们画了自己的画像，又贴上了一张自己的照片，并且写上，“你好！埃尔莎，我叫 ____________，很高兴你来到这个班。”我们大家一起把这些纸装帧起来，还做了个封面。埃尔莎回家时带上了它，这样她就比较容易熟悉班上的同学了。

1 月 9 日

埃尔莎一整天都没有对任何人说一句话，但她一直在观察别人，并且和他们挨得很近。有时，她会参与一些平行游戏，特别是与凯莉和吉娜。

1 月 10 日

今天，埃尔莎在吃点心和午餐时都吃得很少，我注意到了这一点，并且问她的父母是否愿意自己带一些点心和午餐到学校，直到她适应了学校供应的食物。班上还有几个孩子也是这么做的，因此她不会是唯一自带午餐的孩子。她很喜欢听录音机里播放的故事，这需要坐在其他听故事的孩子旁边。只要没有讲英语的压力，她就可以接受与别的孩子待在一起。而听故事能让她略微休息一会儿，但同时一样可以学习这门新语言。图片对她的帮助也很大，因此在上午当我介绍我为他们准备的不同活动区域时，我使用了许多视觉线索和示范动作，这实际上对孩子们更好地明白怎样使用这些物品和设备非常有益。有时候，我会忘记埃尔莎并不是唯一需要这种额外帮助的孩子。

2 月 12 日

埃尔莎今天过得不容易，她一直都自己待着。虽然她没有哭出来，但也是眼泪汪汪。我问她怎么了，可她没有回答我，于是我就拥抱了她一下。中午时，我给她妈妈打了个电话，她妈妈告诉我，埃尔莎的父亲那天早上去墨西哥出差了，要离开至少一周的时间。下午上写作课时，我对她说，“给爸爸写几句话，再画张画，妈妈会寄给他的。”埃尔莎于是忙碌起来了。她到美国还不到 2 个月的时间，因此家里或学校里的任何一点的变化都可能让她感到有压力。

3 月 21 日

今天埃尔莎拿回来了家里允许她参加一年级的外出野营的便条，她的妈妈也答应参加。她和凯莉已经是好朋友了，因此当我让每个人找一个伙伴一起记录下外出过夜打算带的东西时，她俩都很激动。埃尔莎在用口语或笔头表达时，偶尔还会夹杂几个西班牙语单词，但她在不到 3 个月的时间里对英语的掌握程度已经很了不起了。一月份她刚来时根本不和任何人说话，但很显然，她融入集体和与凯莉和吉娜一起玩的意愿非常强烈，远远超出了她对说错话的恐惧。

阿德里亚娜·L 5岁 情感缺失、无法与他人产生共情、对其他同伴有伤害行为

生活背景：阿德里亚娜在家里与妈妈、爸爸和9岁的哥哥住在一起。她是3岁时从保加利亚的一所孤儿院里被领养的。据她父母讲，孤儿院里的环境了无生气，孩子们除了能够得到生活方面最基本的关照外，得不到任何特别的关注和激励。阿德里亚娜的父母很高兴能把她从孤儿院里领养出来，因为他们确信一个充满爱的家可以弥补她童年时期的缺失。阿德里亚娜去年上过另一个学前班。她的父母说她刚去的时候很安静，可是待了差不多一年后，她开始变得对其他孩子很有攻击性。那里的老师告诉他们，阿德里亚娜的攻击行为常常是突如其来的，而且似乎也没有什么明显的原因，比如别人拿了她的玩具或者占了她的地方。最让老师感到头疼的是，她几乎一整天都没什么表情，包括在她伤害了别人或者破坏了别人的游戏时。每次当她表现出攻击性时，班上的老师和助手只能对她采取隔离的办法（即把她从集体中带走5～10分钟）。阿德里亚娜的父母说这种隔离的做法并没能改变她的反社会行为，他们还说她对邻居的孩子也有攻击行为，所以他们只能不让她和其他孩子一起玩，因为他们不知道该怎样应对这类事情。他们希望换个学校能让她有一个新的开始。

现状：阿德里亚娜是八月份来到我们这个学前班的。虽然她已经具备了上幼儿园的条件，可她的父母想让她在上小学前再上一年学前班。通过过去3个月的家访以及我们（我、助教和助手）对她在学校的观察，我们发现这个孩子有下面这些长处：

- 她的英语很不错，在她自己玩的单人游戏中，她的口语表达能力很强，尤其是在她用小道具玩假装游戏的时候。
- 她在90%的自由活动时间里都会待在美术区，她喜欢画画和做手工。很多时候，她都会把自己的作品带回家。
- 她可以专注于一些需要花费不止一天才能完成的艺术作品，比如创作一幅需要好几步的拼贴画（用胶水粘贴，然后在上面绘画，等颜料干了以后再用小木条把它搭起来）。这样的艺术作品完全是她自创的。
- 她在学习新知识时不会轻易放弃，比如，她能花差不多3周的时间学习怎样剪一个纸雪花。在那段时间里，她每天都在做这件事，直到她剪出了自己满意的雪花。

老师们还发现她有两个引人关注的地方。第一，她刚来的时候，有几个孩子接近她，提出和她一起玩，可她根本不理他们——什么也不说，只是眼睛看着别处。后来她那突如其来的攻击行为使别的孩子都远离了她，大多数孩子再也不会提出和她一起玩了，还有一些孩子甚至说他们很怕她。第二，阿德里亚娜似乎在情感上与他人很疏远。班上的老师和她的父母都注意到她始终与其他孩子和成人缺乏情感交流。我们无法知道这是不是因为她想的事情与别人不一样，或者是不是因为她不懂得应当怎样做出反应。不管出于哪种原因，她不能理解别人发出的社交暗示以及她与他人缺乏情感交流，都会成为她在班上与别人友好相处和互动的障碍。为了解决她的这两个问题，她的父母与我们这个教学团队决定采取下列措施。

1. 帮助阿德里亚娜针对不同的情境使用不同的表达情绪的词语，以此构建她的情感意识。我们将和她谈论在特定场合下她会有怎样的情绪（即使我们不能确定那是不是她的真实情绪），同时我们也会使用词语和口头暗示告诉她别的孩子的情绪。
2. 我们将采取隔离以外的其他措施对她的攻击行为设定始终如一的界限，我们主要的策略将是采用侧重“恢复原状”的逻辑，即照顾受害者或弥补造成的损害。当她表现出攻击性时，我们会予以干预，制止她的行为，并让其他孩子告诉她被打或其物品被损坏时的感受，然后我们会采取逻辑结果的方法。
3. 我们将注意“捕捉”她好的表现，若她在玩的时候没有欺负其他孩子，我们会强化她的积极行为。

4. 我们所有人（她的父母、助教、辅助人员和我）每两周见一次面，一起讨论阿德里亚娜的情况及我们的观察，并且随着时间的推移，及时重新修正我们的目标和策略。

教师观察到的一些实例

9月10日

阿德里亚娜在室外的沙箱那里铲沙子，并用手筑了个隧道。这时，3岁的迦勒沿着沙箱边走了过来，阿德里亚娜没打招呼就站起来使劲把他推倒在地（我赶紧跑过去，制止她再这么做，并且安慰迦勒）。后来我问阿德里亚娜为什么要推迦勒，她回答说，“我不知道。”我说，“当你推他的时候，迦勒很惊讶，也很受伤害。在学校里伤害别的孩子是不对的。”

9月27日

阿德里亚娜在美术台边用粉笔在一张黑色的纸上画画，琳赛坐在她旁边。突然她伸手用粉笔在琳赛的画上重重地画了一条锯齿线。琳赛大喊着表示抗议，然后她站起来，坐到了桌子的另一边。阿德里亚娜继续画自己的画，既没有说话，也没有抬头。我们的辅助人员莉薇注意到了这个情况，走过去与她们交流。

10月5日

阿德里亚娜在操场上玩海盗游戏，她用棍子、树枝和石头充当不同的角色和道具，但她没有与任何其他孩子互动。5岁的西尔维亚问她可不可以加入一起玩，可阿德里亚娜背对着她，继续自己玩，西尔维亚只好走开了。阿德里亚娜自己用不同的声音扮演不同的角色。她可以使用很长的句子（7～12个单词）以及不同的词汇来替这些海盗讲话。之后，她回到室内，径直走到美术台那里，开始用废料箱里的东西搭一条船。

10月12日

乔斯林正在用积木搭建一座桥，这时阿德里亚娜走过积木区，她什么话也没说就举起拳头把乔斯林搭的建筑物捣毁了。积木散落了一地，乔斯林感到很震惊，而阿德里亚娜就像什么也没发生一样走到了科学区。

10月24日

今天在美术区那里，托尼亚显得非常激动，因为水彩颜料渗过她的咖啡滤纸，形成了她很喜欢的朦胧效果。她把纸拿给好几个孩子看，也包括阿德里亚娜。可是阿德里亚娜一点反应也没有，她面无表情（我不清楚她是没有注意到、不在意还是不知道应该怎样做出回应）。

11月6日

埃默里正在院子里玩，他在三轮车道上被绊倒了，重重地摔在了水泥地上。他起来的时候发现自己的膝盖擦破了皮，还流出了血，他大哭起来。阿德里亚娜离他最近，大约1米的距离。她站在那里，朝这边张望，却没有动，她的脸上也没有任何表情。杰克逊小姐走向埃默里并安慰他。当她准备带他进房间清洗时，她也抓住阿德里亚娜的手并对她说，“埃默里受伤了，你瞧，他在哭。我给他清洗膝盖时需要一个帮手来帮我拿着绷带，你来做我的帮手。”阿德里亚娜和她进了房间。后来杰克逊小姐报告说，阿德里亚娜按要求拿着绷带，在她给埃默里清洗伤口时，她默默地看着。之后她帮埃默里擦去眼泪，并和他交流受伤及难过的情绪。

11月18日

阿德里亚娜在美术区里聚精会神于搭建海盗船。到了该打扫卫生的时间了，我对她说，“你很失望，因为你的船还没有搭好。”她什么也没有说，脸上也没有任何表情。后来在操场上，我无意间听到她在假装海盗的游戏中让一个角色对另一个角色说，“你很失望，但是不要哭！”

11月22日

今天在打扫卫生时，阿德里亚娜说她不想打扫，但她说她还想为自己搭的作品要一条胶带，我回答她说，“好吧，再给你一条，但只能这么多了。”她把胶带贴在纸上后提出再要一条，我说，“我知道你还想再要一条，但我告诉过你只能多给一条。先把你的作品放回架子上，明天再做。”可是她仍在不停地说，“再给我一条。”我拒绝了她，我希望她认识到我是说话算数的，因此我始终不答应再给她一条。这时杰罗姆已经完成了自己的作品，但手里还有一个胶带，就把它给了阿德里亚娜。她非常得意地把它贴在自己的作品上，终于流露出了明显且真切的表情！

2月7日

杰罗姆正在积木区搭建一座塔，可是它倒了好几次了，于是他哭了起来。阿德里亚娜走过来，看着他说，“我很难过你的积木不够。”杰罗姆不是因为积木不够而哭的，但她以为那是他难过的原因（真正重要的是她注意到了别的孩子的情绪！）

3月18日

我们正在穿外衣准备出去，这时詹姆斯对阿德里亚娜说，“你是一个伤害别人的女孩。”阿德里亚娜把自己的手放在屁股上，大声说道：“我已经不再那么做了！”

4月4日

阿德里亚娜的妈妈来学校接她。她问阿德里亚娜愿意和她出去玩还是和其他孩子出去玩，阿德里亚娜回答说，“我想和我的朋友们出去玩。”虽然阿德里亚娜出去后并没有和其他孩子一起玩，但我很高兴听到她使用了“朋友们”这个词。

马可·B 22个月 社会化

生活背景：马可是父母唯一的孩子，同时也是父母双方的两个大家庭中的第一个第三代。他妈妈生下他以后休息了7个月来照料他，然后就继续回学校教书了，他爸爸则一直把他看护到10个月大。在接下来的12个月里，他的父母、祖父母以及其他家庭成员轮流从他们繁忙的日程安排中抽出时间来照看他，有时候一天可能换3个甚至更多的人。当马可来到幼儿中心时，他的父母报告说，他把大家都累得筋疲力尽，他们实在受不了了。他们都把他称为“小王子”，并且告诉我们他还没有开始学习上厕所，也不会自己拿取玩具，而且根本不理会大人对他提出的要求。家里人希望马可的生活能有规律，表现得好一些，也能做到别的孩子会做的事情并且越来越自立。显然，他们希望喊他的时候他会过来；让他不要做某事时他就会停下来；能自己上厕所；吃饭时也能乖乖的。我给了他们一个教孩子上厕所的讲义和一套有关父母培训的资料。

现状：现在马可来幼儿中心时充满自信，他已经成了一个健康而有活力的孩子。他对一切都非常好奇，在开始决定玩什么前，他会快速地把每个活动区域都走上一遍，把所有的东西都查看一下。马可的表情很丰富，而且总是表现出很开心的样子。他爱说话，爱笑，当然哭的时候声音也很大。

教师观察到的一些实例

8月23日

今天午餐时，马可只离开了座位4次，每次都是当我关注别的孩子的时候。

8月24日

奥特小姐拍着马可睡午觉，但他在小床上扭来扭去折腾了差不多10分钟，然后抓着自己的小羊玩具睡着了，一觉睡了超过2小时。

8月27日

他在操作桌前玩时，我悄悄对他说，“再过2分钟你该换尿片了。”他脸上的表情变得很难看，吼叫着好像要哭的样子。当我站起来给他准备新的尿片时，他突然不再叫了，而且笑了起来。可是当我拉起他的手，告诉他该去换尿片时，他又表现出要哭的样子，又叫喊起来。我把他放在台子上时，他不停地翻滚、骂人，而且挥动着自己的胳膊和腿。我给他绑紧带子，把手放在他的肚子上说，“马可，你一直不停地叫喊，你这样我没法听清你到底想干什么。”他沉默了一小会儿，然后突然喊道：“下来。”我回答说，“你想下来玩，那你垫好尿片，抬腿，这样就能很快下来。”他照我说的做了。

8月29日

马可只吃自己盘子里的饭。午餐时，他又开始不停地站起来，每次我都会把手放在他的肩膀上，然后他就坐下了，如此重复了几次。他只吃别人递给他的食物，从不自己提出要求吃点别的。

8月30日

我和马可的妈妈提了他吃饭的习惯。如果他不喜欢吃给他准备的食物，他们通常会给他吃一些别的东西。吃饭时他们要么把他系在椅子上，要么允许他到处乱跑，然后大人追着喂他。我建议他们让他在椅子上坐着吃饭，饭量不要多，此外除了常规的点心和水，不要再给他吃别的东西。他们有些担心他会饿着，我让他们尽管放心，如果他在其他时间不吃零食，他吃饭时就会多吃，而且他们照顾他吃饭也会变得很容易。

9月1日

马可正坐在一个很大的玩具车上，康拉德从他背后走过来，他弯下腰，从马可的下面把车子拽走了，结果马可扑通一声跌坐在沙子上。马可皱起了眉头，张着嘴，看上去一副吃惊的表情，然后他怒视着康拉德。斯奈德小姐说，“康拉德，你想要坐这辆车，可是马可正坐在上面，你可以坐另一辆蓝色的卡车。”

当斯奈德小姐搂住他时，马可将身子依偎在她怀里。然后他把车拖到离康拉德很远的地方，嘴里嘟囔着说，“我的”。

9月2日

康拉德、伊莎德尔、马可和詹姆斯飞快地朝操场的栅栏那里跑去，这时为了避开前面的一棵树，他们必须赶快转换方向。跑在前面的詹姆斯在踉跄中摔倒了，其他几个孩子也跟着摔倒了，他们大笑起来。他们就这样一会儿跑，一会儿跌倒，来来回回好几次，但一直都在笑。

9月6日

马可走进房间，快速地走来走去，把所有的活动区域都看了一遍。2分钟后他停了下来，摸着露丝红色的卷发，但露丝没有理他。斯奈德小姐邀请他说，“马可，你可以把这些都粘在一张纸上。”说着，她把一些工具递给他。他把一些彩色的纸片放在一张大纸上，把一摊胶水也倒在纸上，然后开始粘那些纸片。他笑着，把两只手上都粘上了胶水，连手指缝里也弄上了胶水。他还把胶水倒在自己手背上和露丝的手背上，露丝对他说，“不！”他又挤了更多的胶水在纸上，呈弧线前后挥动着自己的胳膊，咯咯地笑着。露丝刚略微转向他，他就举着自己沾满胶水的双手去摸她的头发。正在辅助另外三个孩子的斯奈德小姐赶快跑向他，紧紧抓住他的手，并对他说，“你想摸露丝的头发，但胶水是用来粘东西的，不能粘头发，它粘到头发上就很难洗掉。”马可听后笑了笑。他把纸举起来，一些纸片掉在了地板上，他就笑着使劲用脚踩它们。斯奈德小姐让他把纸放回支架上，然后去洗手，但马可仍在晃动他的纸。斯奈德小姐说，“马可，我知道你很喜欢玩滴着胶水的纸，但我担心这会影响到别人，所以把纸放在架子上晾干。”可是马可继续晃动纸，结果有更多的胶水滴在地上。斯奈德小姐说，“马可，你自己把纸放在架子上，不然我来帮你放。”马可笑着看着斯奈德小姐，斯奈德小姐回应说，“你不肯把纸放到架子上，那么我来帮你。”说着她轻轻地但非常坚定地把他拉到架子旁，接着又带他去水池洗手。奥特小姐目睹了这一切，走到他们刚才待的地方，一边留意其他孩子，一边开始用一块湿海绵擦地上的胶水。

11月2日

斯奈德小姐和露丝坐在地板上玩火车和轨道的游戏。伊莎德尔过来加入了她们，并试着自己搭建一列火车。马可也跑过来，看了一会儿露丝，然后抓起伊莎德尔的一个火车车厢。伊莎德尔嚷了起来，斯奈德小姐对马可说，“你想玩火车，但那列火车车厢是伊莎德尔的，他很生气你拿了他的。你可以从筐里再拿一个。”马可抬头看了一会儿伊莎德尔，好像他这才注意到。然后他转身从筐里拿了一个车厢和一些轨道。马可、露丝和伊莎德尔一个挨一个地在一起玩了几分钟。马可偶尔会抬头看看他们俩，但什么也没说。

11月28日

露丝的妈妈带着露丝走进房间，马可走到他的储物柜旁，拿了个东西，又走近露丝的妈妈说，“这个是给露丝的。”露丝的妈妈向他表示感谢，并把那个发卡卡在露丝的头发上，对马可说，“是你找到它的。”

对马可社交活动的总结：马可大多数时候喜欢在露丝、伊莎德尔、詹姆斯或康德拉的旁边玩。他和詹姆斯都跑得很快；如果露丝在美术区，他也会在那里玩；当伊莎德尔或康德拉有火车或轨道玩具时，他就会接近他们。他善于观察和模仿。他玩一个游戏的时间几乎不会超过10分钟，而且是在露丝在场的情况下。

他说过的一些话：

“不。”

“那是我的。”

“我喜欢吃豆子。”

“我现在穿大男孩的内裤了。”

“请给我讲熊的故事。”

“我跑得很快，比詹姆斯还快。”

“露丝哭了，她摔倒了，来帮她！”

关于他上厕所的总结：

9月10日

马可通常会在8点—8点半大便。10点以前都不会小便，但到10点半时尿片就湿了。午饭后不会小便，但午睡起来时尿片是湿的。给他换尿片时，有时配合，有时不配合。

10月12日

马可这周成功地去厕所大便了三次，上周则每天至少上厕所小便一次，不过午睡后尿片还是湿的。

12月20日

马可多数时候都能去厕所大便了，并且在上午和午餐后都会分别去厕所小便一次。给他裤子扣扣子时还是有点困难，并且需要提醒他洗手。午睡后尿片仍是湿的。

1月30日

马可穿上带拉锁的裤子，上厕所时可以自己动手解决所有的事，但有时会有遗忘。需要指着图片给他看或者提醒他。父母很配合，没有给他穿带按扣的牛仔裤。午睡后尿片仍是湿的。

3月15日

马可穿着带拉锁的裤子，一直都可以使用厕所大小便，不过需要提醒他该去上厕所了，也需要提醒他擦屁股和洗手。告诉他爸爸除了午睡时，在其他时间可以给他改穿内裤。

4月12日

穿上内裤。当马可给我们看他穿的内裤时，他一直在咧着嘴笑。他自己去上了几次厕所，偶尔不用提醒也能记着洗手。午睡时也穿着带拉锁的裤子。

附录二 专业技能调查表

学期：

学生姓名：

工作场所：

督导教师姓名：

参加期次：（在所参加的期次上画圈）：1，2，3，4，5，6，7，8，9，10，11，12，13，14，15

期中测评	成绩标准	期末测评
优秀	技能应用非常娴熟：能够准确地使用该技能，并且在 90% 的场合下使用得当；在技能方面几乎无须再提高	4
良	技能应用得很好：基本上可以准确地使用该技能，并且在 80% 的场合下使用得当；不过仍应当继续操练该技能，日臻完善	3
一般	基本掌握技能或应用水平一般：在 70% 的场合下表现出对技能的基本理解，但并不总能准确或得体地使用，因此需要继续加强实践	2
及格	技能应用低于平均水平：不经常使用该技能或者使用不得当（使用比例大约在 50% ～ 60%），因此必须花更多的时间关注、练习和提高	1
不及格	技能应用不能令人满意：在许多场合使用该技能的表现很差，或者在应当使用该技能的场合不会使用（使用比例达不到 50%）	0
不能应用	在工作中完全不能使用该技能	

每项总分	期中测评	期末测评
（16）1. 参与方案的制订和评估过程	______	______
A. 每天主动了解自己应承担的责任	______	______
B. 帮助布置和维护所需的环境	______	______
C. 对自己的表现做出评价	______	______
D. 配合测评	______	______
（16）2. 对于分配的工作认真对待	______	______
A. 能够完成应尽的职责	______	______
B. 按时到岗，如果不能到岗会及早告知，替补缺席的其他人，工作时间始终在岗	______	______
C. 积极参与班级里每天的所有活动	______	______
D. 保持与儿童的互动	______	______
（12）3. 作为团队成员与他人配合	______	______
A. 在需要时能替补他人	______	______
B. 在集体活动中、过渡期以及室内外活动时能协助他人	______	______
C. 能够将自己的行动与教室里其他教师的安排配合起来	______	______
（20）4. 使用与积极交流原则相关的技能	______	______

A. 表现出积极的非言语行为
B. 表现出积极的言语行为
C. 能够读懂儿童发出的暗示
D. 根据儿童的年龄、经历和性格采用相应的交流方式
E. 对所有儿童的非言语交流都能做出回应

（28）5. 能与个体儿童或小组里的儿童有效地使用语言交流，目的是：
A. 表现出对儿童的兴趣和尊重
B. 帮助儿童识别自己的情绪和他人的情绪
C. 使儿童之间的互动以及儿童和成人的互动变得容易
D. 扩展儿童对自己的理解能力
E. 指导、规定和拓展儿童的游戏内容
F. 提出适当的问题或解释相关的概念和信息
G. 与不同年龄、性格和技能的儿童进行交流

（12）6. 有效地保持沉默，为儿童的游戏提供方便
A. 不打扰儿童，让他自己玩单人游戏
B. 不打扰儿童，让他们彼此之间互动
C. 不影响儿童的休息

（16）7. 在问题出现前进行干预以避免其发生
A. 创造一个布置得妥当、安全的环境
B. 能够预见潜在的问题并且采取行动阻止其发生
C. 保持对环境的全方位关注
D. 为儿童准备备选方案

（16）8. 帮助儿童学习解决问题的方法并培养其自我调节能力
A. 给儿童将任务分成可操控的几部分，便于他们遵守和完成
B. 给儿童提供合适的选择
C. 让儿童承担适当的责任
D. 使用积极策略帮儿童应对压力，促进灵活性

（36）9. 识别、解释并且有效地使用各种积极的引导方法
A. 制定规则保护儿童的安全和物品，帮助儿童学会尊重他人的权利和感受，并且懂得遵守合理、积极和既定的规则
B. 通过发展其自控力的方式向儿童表达你的期望
C. 采用及时、一致、合乎逻辑的结果策略
D. 在设限的环境中要采用镇静、理性的方法
E. 在执行结果前要先给予儿童适当的警告
F. 对于设定的限制，要采取始终如一的做法
G. 接纳儿童的一些负面行为
H. 当儿童表现出攻击性行为时，要给他们设立明确的界限，或者对他们采取适当的隔离或适度的约束
I. 在满足个体儿童的需要时要体现出灵活性

（8）10. 与儿童的父母配合
A. 将学校发生的情况如实地告知儿童家长
B. 以尊重且专业的方式与儿童的父母进行沟通

满分：180 分 总成绩：

术语表

A

阿斯伯格综合征（Asperger's syndrome disorder） 自闭症的一种类型，儿童的发育出现障碍，影响到他与别人进行有效沟通和社交的能力。

爱幻想者（fantasizer） 个体在叙述一件事时，在以事实做参考的同时加入自己的想象。

B

伴音（underscoring） 在假装游戏中由于角色的动作可能与该角色或整个剧情没有明显的关系，扮演该角色的儿童对此做出的说明。

保护性措施（protective factors） 帮助儿童及其家人免遭风险和抵御不利环境的方法。

悲伤过程（grieving process） 处理丧失时的行为，包括对发生的事件不能接受、争论、消沉和最终接受。

被动型受害者（passive victims） 没有做任何挑起欺凌的事情但遭到欺凌的受害者。被动型受害者很少会对欺凌做出回击，也很少捍卫自己的权利。

被忽视的儿童（neglected children） 很少甚至从未有过朋友或玩伴的儿童，因此他们认为自己比其他儿童的能力差。

被拒绝儿童（rejected children） 被同伴公开回避的儿童。

被同伴忽视的儿童（peer-neglected children） 被同伴忽视或遗忘的儿童，并不一定是由于其社交技能差，更可能是因为他们总以为自己会被冷落。

被同伴拒绝的儿童（peer-rejected children） 活动时遭到其他儿童有意拒绝或避开的儿童。

比赛游戏（games） 群体遵照制定的规则在一起玩，通常最后会有赢家和输家。

边界（boundaries） 身体或心理的界限。

标准（standards） 测评目标实现程度的方法。

表达方式（expressive state） 个体表达自己情绪的典型方式。

表达风格（expressive style） 儿童的情绪反应模式。

表达规则（display rules） 针对某个情形通过非言语行为表达出自己的期望。

表达性语言（expressive language） 用于与别人进行沟通的口头或书面语言。

表现言语（expressive speech） 有关情感内容的语言。

不可逆性（irreversible） 无法对身体发出的动作进行逆向思维，即不能想象与正在做的动作相反的动作，这在学步儿和童年早期的儿童身上最为常见。

布置（structuring） 为促进儿童社会能力的发展而对其时间、空间和使用的物品进行管理。

C

参考性言语（referential speech） 介绍客体、行动和地点的词语。

残障的条件（disabling conditions） 有特殊需要的儿童的各种类别，可能包括以下一种或几种：学习障碍、发育迟滞、智力障碍、严重的情绪困扰、发音或语言损伤以及身体或感觉损伤。

策略（strategies） 实现目标的方法。

沉默（silence） 没有声音。

惩罚（punishments） 对儿童不当行为所采取的措施或行动，它对儿童的自我调节能力的发展会起到阻碍作用。

持续时间（duration） 一段时间。

冲动行为（impulsive acting out） 冲动并且时常很强烈的行为，旨在避免回想过去或者当前行为的结果，并将自己痛苦和难过的真实感受隐藏起来。

冲突调解（conflict mediation） 为了化解冲突并找到一个令双方都同意的解决方案而使用的策略。

重组（recasting） 成人将孩子所说的句子重新组

合，用一种新的、更复杂的结构表述出来。

重组家庭（blended families） 由于离婚或死亡而重新组成的家庭；双核心家庭。

脆弱（vulnerability） 无设防；软弱。

脆弱儿童综合征（vulnerable child syndrome，VCS） 由于母亲在怀孕期间滥用药物造成的问题，包括所有与体重过轻、传染病、肺炎、先天畸形和抗药性有关的问题。

D

大组空间（large-group space） 8个以上儿童聚在一起的学习中心，他们通常都属于一个群体。

单人游戏（solitary play） 儿童独自玩游戏，没有社会交往。

单维注意（centration） 注意力只能聚焦在环境中的某一个方面，而对其他方面视而不见。

道德（ethics） 指导一个人日常行为的基本原则。

道德错误（moral violations） 撒谎、偷窃和伤害别人。

道德判断（ethical judgments） 聚焦道德行为模式的决定。

低质量的机构（poor-quality program） 那些没有达到美国公共卫生协会和美国儿科医学协会制定的标准的机构。看护人员未经过培训，儿童与成人的比例和小组的规模都不合乎要求，看护的水平也很低。

低自尊（poor self-esteem） 认为自己会被拒绝或忽视、不具备在生活中取得成功所需的技能以及对发生在自己身上的事情无能为力的自我判断。

敌意性攻击（hostile aggression） 故意破坏物品或者伤害他人，攻击者从所产生的有害结果中体验到快感。

对成熟的需要（maturity demands） 设定好期望的水平。

对儿童压力的理解（appreciation of children's stress） 尊重儿童的想法以及他们的压力应对方法。

对假装游戏的正式提议（formal pretend proposals） 对游戏提出直截了当的建议或者在游戏现场提出改变游戏规则。

对压力源的感知（perception of a stressor） 儿童对一个感知到的压力的接受程度，无论这个压力源是否真实存在。

E

儿语（baby talk） 成人用非典型的音调所讲出的语言，它们大多是很短的句子、简单的替换词和不正确的代词。儿童稍大一点后就不会这样讲话了。

F

发脾气（temper tantrum） 儿童未经理性思考就表现出的强烈的身体和情绪反应。

反馈（feedback） 有关行为表现的信息，包括做得对的地方、做得不对的地方以及下次应当改进的地方。

反偏见教育（antibias education） 给儿童灌输知识，帮助他们不要形成或持有成见、偏见、歧视和恐惧。

反社会行为（antisocial behavior） 有问题的不当行为。

防御机制（defense mechanisms） 为获得平衡感而临时使用的策略。

放任型控制模式（permissive discipline style） 强调热情和接纳，但对儿童应当怎样表现几乎没有指导或期望，所实施的惩罚通常也只是不再对儿童示爱。

非词发音（nonlexical sounds） 发出的非单词的声音，比如清喉咙或者打哈欠。

非言语交流（nonverbal communication） 用除言语以外的其他形式进行信息交流。

风格（style） 不受游戏内容影响的行为特征。

风险（risk） 很有可能出现不好结果的状况。

风险因素（risk factors） 加剧风险的成因。

封闭式问题（closed-ended questions） 只需要一两句就能回答的问题，有效地阻止了进一步交流的可能性。

否认（denial） 表现得似乎压力不存在一样。

辅助语言（paralinguistics） 口中发出的并非词语的声音。

负面的语言环境（negative verbal environment） 一种语言环境，由于成人对儿童所说的或者没有说的而令儿童感觉自己不重要、不可爱、没有价值或者无能。

负面情感（negative affect） 婴儿暴躁的表现；整

体不高兴的状态。

复杂性（complexity） 有两个或多个组成部分或具有多重用途的状态，但它们之间相互关联，比较复杂。

G

高或低的移动性（high or low mobility） 一个人身体动作的幅度。

隔离（sitting apart） 让一个捣乱或造成伤害的儿童暂时离开小组活动，以使这个儿童能重获自控力；在他安静下来或活动结束后，允许他重新回到小组中。在隔离期间，这个儿童仍然待在房间里距离活动不远的地方。

个人空间（personal space） 一个人胳膊所及的空间范围。

个人信息（personal message） 对儿童表达行为期望的陈述，它包括总结儿童的语言、行为和感受；成人对此的情绪反应及原因。如果表达该信息的目的是改变儿童的行为，还需告诉儿童应当怎么做。

个体化的家庭服务方案（individualized family service plan，IFSP） 针对从出生到3岁的儿童制订的方案，为帮助儿童的发展找出并安排最有效的资源。

个体化的教育方案（individualized education program，IEP） 针对3岁以上的儿童制订的书面计划，为帮助儿童的发展提供最有效的资源。

个性化（individuation） 自我或个性形成发展的过程。

工具性攻击（instrumental aggression） 攻击者在竭力得到或保护某物时使用了力量，结果在无意中伤害了某物或某人，这种现象大多发生在为占有物品、领地或权利时。

工具性技能（instrumental know-how） 出色表现所需具备的知识和技能。

功能性的角色（functional role） 在现有的场景下，儿童充当演员，扮演简单的角色；可以通过四处移动玩具卡车来扮演卡车司机，或者用模仿出的声音来体现卡车正在行驶中。

攻击性（aggression） 任何给他人的身体或情绪造成伤害的行为，或者任何造成财产损毁的行为。

共情（empathy） 对他人想法的觉察和理解。

共同关注（joint attention） 两个人都沉浸在与彼此的交流中，每个人都会注意到另一方的非言语暗示，并会关注同样的事情。

共同管理（co-regulation） 成人将一个对儿童来说较艰巨的任务拆分成容易管控的几部分，这样儿童不仅能够完成，而且可以学会所需的行为。成人采用这样的方法能够帮助儿童最终学会自我调节。比如，成人帮一个儿童向另一个同伴发出使用玩具的请求（而不是直接把玩具抓过来），他教儿童这样说："当你玩完的时候，我可以玩一下这个火车吗？"

共同调节（shared regulation） 在他人的帮助下能够监督和管控一个人的思维、注意、情感和行为的能力。

共同叙事（shared narratives） 一个由群体共同完成的故事，班上的每个儿童都要扮演一个主要角色。它会被一遍又一遍地讲述，从而在小组成员中形成一种情感的凝聚力。

共享的关注（shared attention） 婴儿与看护人员关注同一件事情或同一客体；婴儿会观察看护人员的脸来确定其是否也正看着自己感兴趣的东西。

沟通（communication） 成人通过言语和非言语的方式向儿童表达他们的期望或者给儿童讲明道理。

沟通手势（communicative gestures） 儿童通过用手指或者身体发出的信号来引起看护人员对某物的注意。婴儿这么做的目的是试探成人是否有反应。

关系性攻击（relational aggression） 儿童借助制造和散播某人的谣言或谎言对此人的自我形象或与他人的关系造成了损害。

观点采择（perspective-taking） 对他人在某个情境中的感受的理解能力。

果决（assertiveness） 在尊重他人权利和感受的同时，有意识地采取行动保护自我和自己的权利。

过渡（transition） 在日程安排中从一项活动结束到下一项活动开始之间的时间。

H

害羞（shyness） 一种处于从适度到严重的性格特征，会导致社交时的不安和逃避。

害羞和压抑（shyness and inhibition） 恐惧，有退

缩的倾向。

好带的儿童（easy child） 总体来说快乐、友好、可预知和适应能力强的儿童。

合理的规则（reasonable rules） 儿童能够服从的规则。

合作活动（cooperative activity） 参与者需要互相配合才能实现目标的集体活动，它与竞争性活动正好相反。

合作游戏（cooperative play） 两个或多个儿童一起玩的游戏，大家需要专注于共同的目标或主题，彼此既需要交流，也需要动作配合。

后续行动（follow-through） 在警告时强调负面后果。当儿童没有按警告的要求做时，可以采取这一做法。它包括反观儿童当前的行为、情绪或说法，然后提出警告，进而实施纠正型结果。

忽视（neglect） 没有适当地满足儿童的基本需要。

互动（interaction） 双向交流，具有互惠的性质。

化装游戏（masked play） 攻击性或暴力行为，但实施者声称他只是在做游戏。

回应（responsive） 对言语和非言语暗示能够做出回应。

混合信息（mixed message） 嘴里讲出的话与一个或多个非言语渠道表达出的意思矛盾的现象。

活动空间（activity space） 儿童在使用一个物品时所占据的空间。

J

积极的语言环境（positive verbal environment） 由于成人说了什么或者没有说什么而令儿童感到自己有能力、价值和控制力的语言环境。

积极的自我对话（positive rules） 给予自己信息来帮助自己管控情境，比如，“我可以安静地坐着”或者，“我能够镇定地应对这一环境。”

积极行为支持方案（Positive Behavior Support plan） 包括干预的目标、预防措施、代替行为、强化和不应强化的方面以及监督儿童进步的举措等在内的具体方案。

积极结果（positive consequences） 因得体的行为而受到的奖励。

积极自我对话（positive self-talk） 通过关于自己的信息来管理一个情境，例如，“我无法安静地坐着”或者“我可以冷静地处理这一切”。

基本价值（basic values） 绝对的、不受环境或外界因素影响的价值。

基本情绪（primary emotions） 强烈但相对单纯的情感，最早产生于婴儿时期，后期相关的情绪从中发展而来。这样的情绪包括快乐、生气、悲伤和恐惧。

技能（skills） 能够习得和测评的可观察行为。

价值（worth） 人们对自己的珍视和喜爱，以及他们认为得到别人重视的程度。

价值观（values） 个体认为有价值的或有意义的品格或信念。

简单—复杂维度（simple–complex dimension） 可供选择的设备或物品的数目。

见机行为（contingent behavior） 针对他人行为做出的回应行动。

建构游戏（construction play） 儿童把脑海中的一个想法用客体搭建出来的游戏。

健康的自尊（healthy self-esteem） 自我判断自己是受欢迎的，具备有用的知识和技能，并能够对自己生活中的一些事件发挥影响。

讲故事（storytelling） 一种表演方式，对场景、人物、发生的事情以及未见的客体或事情展开叙述；通常也有一个表演的舞台，并在叙述过程中说出需要解决的问题。

交流渠道（channel of communication） 一种非言语交流模式（比如，语音语调、面部表情、手势、身体姿势和朝向以及借助衣服或服饰）。

焦虑障碍（anxiety disorders） 对现实存在的威胁或危险持续的、无理由的、过分的恐惧，并由此引发了不良行为。

接纳（acceptance） 无任何条件地重视儿童。

接收性语言（receptive language） 已知的词汇。

节奏（rhythm） 可预知的、有规律的时间安排。

结巴（hesitation） 声音方面表现出的停顿。

解释性反馈（paraphrase reflections） 对儿童所说的话进行非评判性的重述，但并不是逐词重复。

警告（warning） 一种“要么……否则……”的表达法，先向儿童重复一遍规则，然后告诉儿童如果不遵守该规则，将会出现怎样的结果。

纠正型结果（corrective consequences） 针对儿童错误行为所采用的措施。这一建设性的做法可以帮助儿童意识到他们的行为给自己和他人造成的影响，长期使用的结果能够达到教会儿童自律的目标。

拒绝—攻击型儿童（rejected-aggressive children） 因其攻击性行为而在参与游戏和交朋友时遭到拒绝的儿童，这会使这样的儿童变得更具攻击性。

拒绝—退缩型儿童（rejected-withdrawn children） 因其具有社交障碍或行为不成熟而在参与游戏和交朋友时被忽视的儿童，这会使这样的儿童变得更加回避社会交往，常常也更孤独。

具体表扬（specific praise） 所给予的表扬的内容非常清楚具体。

决策制定（decision making） 在两个或多个选项中做出选择。

角色扮演（role-playing） 虚拟场景再现或创作，参与者都要扮演一个角色，并将某个情境表演出来。

角色玩偶（Persona Dolls） 外形和大小和儿童差不多的娃娃，教师会给每个娃娃一个身份，目的是在班上介绍社交活动时的方便。

K

开放—封闭维度（open–closed dimension） 材料或设备的使用程度受其设计的限制。

开放式问题（open-ended questions） 可能会有许多答案的问题；借此邀请别人加入谈话，同时可以让讲话的人掌控谈话的内容和方向。

抗压性（stress hardiness） 能够应对不利的环境。

可定义的规则（definable rules） 儿童和成人对可期望的行为有着一致理解的规则。

客体代替（object substitution） 用一个客体代替另一个客体或者把一个客体转换成另一个客体。

客体想象（object invention） 将客体想象成某样其他的东西。

控制（control）（与自尊有关）个体在掌控自己生活中发生的事件及结果时所产生的感觉。

控制（control）（与约束方式有关）成人要求儿童服从其期望采取的方式和要求程度。

夸张（exaggeration） 对事实的过度陈述；对某件事过分渲染或放大。

扩展（expansion） 一种叙述方式，回应者在重复儿童所说的话时略有添加或展开。

L

冷漠的成人（uninvolved adults） 那些忽视儿童或对儿童不感兴趣的成人。

冷漠型的约束风格（uninvolved discipline style） 由于成人对儿童不感兴趣，因此没有与儿童进行很好的交流，也没有对他们的行为进行有效的引导。

联合游戏（associative play） 一个儿童与其他儿童在一个区域玩耍，并且偶有互动，他们的活动内容相似但并不完全一样，或者活动的关联性不紧密。各自的目标也不同。

练习游戏（practice play） 在游戏中反复使用物品的行动，比如不停地往一个容器里扔球，然后取出，再接着射环。

逻辑结果（logical consequences） 与规则直接有关的结果，用来帮助儿童学会应当怎么做或者修正曾经做过的事，包括得体行为的练习、行为补偿和暂时放弃特权。

M

慢性疾病（chronic illness） 长期性疾病，比如癌症、囊性纤维化和糖尿病。

面具微笑（mask smile） 面带微笑但其实并无任何表情。

民族中心主义（ethnocentrism） 只看重自己所属的族群。

敏感的看护（sensitive caregiving） 成人在看护儿童的时候注意观察其发出的各种暗示并予以回应，同时通过言语和非言语暗示为儿童提供关爱和情感帮助。

模仿学习（imitative learning） 重复别人的行为。

模型风格（patterner style） 一个游戏的玩法取决于所用客体的外在特征，比如颜色、质地或者形状。

模型师（patterners） 那些在构建和使用物品时喜欢将模型设计或建造得非常美观和赏心悦目的儿童，并以此作为其目标。

目标（goals） 努力的方向、渴望取得的结果；可实现的结果。

N

内部空间（internal space） 从身体中央到皮肤表

面的身体空间。

内化（internalization） 基于内心拥有的道德准则而遵守规则；相当于自我约束。

内化的特权（internalized privilege） 由于在经济、社会或文化方面具有优势而产生的优越感。

内化的压抑（internalized oppression） 由于得到的机会有限或者受负面信息的影响而产生的自卑感。

内疚（guilt） 感觉到当前或已计划好的行为是不妥当的，导致对过去的过失行为感到后悔。

能力（competence） 个体能够完成某项任务或实现某一目标的信念。

逆境（adversity） 不利因素对个人发展造成影响的环境。

凝视追踪（gaze following） 婴儿看着看护人员的脸，然后随着看护人员的目光看同样的地方。

虐待或忽视儿童的家庭（abusive or neglectful families） 在心理、生理或性方面虐待儿童或者不能满足儿童的基本需要的家庭。

P

旁观者（onlooker） 注意其他儿童的儿童，他会积极观察，可能发表一点评论，但不会参与其中。

培养（nurturance） 成人对儿童表示爱和关切的范围。

朋友（friends） 两个或更多的人之间所建立的积极关系，每个人都能从这一关系中受益。

偏见（biases） 不是基于事实或现状就预先对某人或某事做出评论。

平行活动（parallel activity） 儿童与其他儿童同时活动，而且常常使用相同或近似的物品，但与其他儿童之间没有语言交流。

Q

欺凌（bullying） 经常性地对他人通过充满敌意的攻击性行为施加影响。

气质（temperament） 对情绪行为表现出的程度或强度以及发生时间和持久性的描述。

强度（intensity） 单位时间里发生的频率；力量。

强化（reinforcement） 针对某一行为提供一些结果，以增强该行为将来在类似情境中再现的可能性。

强迫行为（compulsions） 不停地重复某种行为的冲动。

强迫思维（obsessions） 无法控制地反复浮现某个想法。

侵入—隔离范围（intrusion–seclusion dimension） 各空间界限间的可渗透性；尤指群体与其外部人与物的可渗透性。

亲社会归因（prosocial attribution） 告诉儿童他们具有亲社会的特征，比如，“你注意到她没有橡皮泥，而你又愿意帮助别人，所以你就把你的与她分享了。”

亲社会行为（prosocial behavior） 在不求外部奖励的情况下表现出支持、帮助或使他人受益的行为。

情感（affect） 情绪、心情。

情感反应（affective reflections） 对儿童或成人的情绪进行非评判性叙述。

情商（emotional IQ） 体现一个人对自己及他人情绪理解程度的指标。

情绪（emotions） 情感的表露。

权威（authority） 因具备特殊的知识、在社会上所扮演的角色以及分配资源和决定奖励的能力而拥有的权力。

权威控制模式（authoritative discipline style） 成人热情地满足儿童的需要，同时在培养儿童时对其行为有很高的标准和期望。教育的重点放在教会儿童自己承担责任和做出决定上。会采用解释、示范、建议和讨论的方式来取得结果而不是体罚的方式。

R

热情（warmth） 表现出兴趣，对儿童友好，并对其做出积极回应。

人际关系（relationships） 人与人之间经过一段时间后建立起来的互动关系，它体现出一种归属感。

人物角色（character role） 儿童在假装游戏中扮演另一个角色的行为和所承担的责任，这个角色可以来自家庭、工作或是想象出来的。

认同（identification） 把模仿自己的崇拜者或得到其赞许作为行事原则。

韧性（resilience） 应对艰难环境的能力。

日程表（schedule） 对每天或每周要做的常规事情安排好顺序。

软—硬维度（soft–hard dimension） 触摸质地后的反应。

S

社会参照（social referencing） 一个婴儿通过观察看护人员的面部表情、说话的语气以及其他非言语暗示而对一个新环境进行预估，然后再做出反应；随着儿童年龄的增长和经历的增多，这样的过程会变得越来越简化。

社会常规违规行为（social-conventional infractions） 不好的餐桌礼仪、讲话粗鲁、与他人打招呼的方式不妥当。

社会化（socialization） 在集体中与他人合作的能力；按照社会规则调节自己行为的能力以及与他人友好相处的能力。

社会理解力（social understanding） 理解社会领域中行得通的方式。

社会能力（social competencies） 社会公平价值观、对性的正确认识和与不同文化、种族和民族背景的人进行有效互动的能力。

社会认知（social cognition） 对社会行为的了解和理解。

社会戏剧游戏（sociodramatic play） 一种合作的表演形式，故事情节随着演员间的相互交流而展开；有一个共同的主题，大家按照顺序并使用道具进行表演。

社会责任（social responsibility） 对公众利益有利的行为。

社交能力（social competence） 在社交场合认识、理解并做出得体回应的能力。

深入的个别化干预方案（Intensive Individualized Intervention） 位于社会支持金字塔的顶层。这样的干预行动要求相关的成人坐在一起共同制订一个方案，然后互相协调配合，帮助儿童发展新的能力，从而取代其不良行为。

实用主义者（pragmatist） 聚焦当下，直接并且具体。

示范（modeling） 一种干预方式，即把一种技能的“使用”过程展示出来。

适应发展的教学法（developmentally appropriate practices） 成人在考虑儿童的年龄、个体需求和生活状况后所采用的儿童早期教育方法。

手势（gestures） 讲话时伴随着手、胳膊或身体的动作，以起到解释、强调或代替语言的作用。

双语学习者（dual-language learners） 同时学习两种语言的儿童。

说明性姿势（illustrator gestures） 通过手或身体的动作来描述一个客体或一件事。

私密空间（proximal space） 从皮肤表面到衣服、头发和饰品外边界之间的空间。

私人空间（private space） 为一两个儿童单独使用或共处所设计的物理空间。

塑造（shaping） 采用逐步增加奖励的方式保持或鼓励可取的行为。

T

谈判技巧（negotiation skills） 一种特殊的技能，能够帮助儿童和平地解决冲突。

提示（prompting） 成人使用的一种方法，用来提醒儿童该说什么或怎样行动。

体罚（corporal punishment） 一些机构（比如，学校和监狱）所使用的对当事人的身体进行惩罚的手段，它需要受到法律和机构规则的管控。

天赋（giftedness） 以高效、迅速、得体并且经济的方式解决复杂问题的能力。

挑衅型受害者（provocative victims） 引发别人采取攻击性行为的欺凌受害者，他们的做法包括动辄大哭；一感到不合适就变得提防或生气；误解一个笑话；用嘲讽作为言语攻击的方式。

同伴（peers） 与儿童年龄相仿或成熟程度接近的其他儿童。

同伴间技能训练（buddy skills training） 将一个做游戏技能强并且热情友好的儿童与另一个技能稍差的儿童搭配在一起，当他们一起玩的时候，让那个技能强的儿童通过友好的行为“指导”那个技能弱的儿童。

同伴指导（peer teaching） 一种干预方式，把能力强的儿童与能力弱的儿童组合在一起。

同时掌握双语（simultaneous bilingualism） 在2岁前就习得了不止一种语言。

童年压力（childhood stress） 任何类型的对儿童应对能力提出过高要求的事情。

退化（regression） 一个人的行为达不到其实际年龄，或者表现得比实际年龄幼稚。

W

吻合度（goodness of fit） 成人气质与婴儿气质相一致的程度。

无道德感的（amoral） 没有对错的概念。

无关的结果（unrelated consequences） 成人针对儿童的不良行为采取了行动，但其产生的结果与该行动无关，常常包括对与该问题行为无关的特权的剥夺或无端的惩罚。

无所事事的行为（unoccupied behavior） 儿童未参与到任何谈话、操作物品或社交活动中。

X

习得性无助（learned helplessness） 对于改善自身的状况感到或认为无能为力。

戏剧家风格（dramatist style） 一种游戏模式，在这种假装游戏过程中，建筑材料或物品本身是主角，而其内在设计并不重要。

戏剧游戏（dramatic play） 假装游戏；表演者扮演一个想象的角色，然后进行像讲故事般的表演。

先后掌握双语（successive bilingualism） 指 3 岁以后开始习得第二种语言。

现场指导（on-the-spot coaching） 一种情境辅导的形式，教师将儿童同伴的意图或行为对儿童进行解释，并且建议其采取怎样的回应行动，从而提高他们之间互动的质量。

相对价值（relative values） 价值的重要性由所面对的具体环境决定。

象征动作（emblems） 某种文化中特有的手势，可以直接反映语言要表达的内容。

小组空间（small-group space） 为不超过 8 个儿童（通常是 4 ～ 6 个儿童）准备的学习中心。

心理不平衡（psychological disequilibrium） 不稳定的感受。

新颖性（novelty） 新的；与任何已知的或以前使用的都不一样。

行为反馈（behavior reflections） 对参与活动的儿童的特征和所扮演的角色进行非评判性描述。以儿童的名字而不是“我”作为开始语，而且只叙述就可以了。

行为状态（behavioral state） 反应的程度，包括在每种状态下不同的肌肉张力、动作、呼吸、眼睑的位置和警觉程度（比如睡眠或啼哭时）。

性别角色认同（gender-role identification） 某种性别所特有的行为和特征。

性别认同（gender identity） 生理上的男女性别定位。

性格归因（character attribution） 用言语的形式描述儿童的性格特征，比如，“你很善良”或者“你很大方”；使用一种语言策略来影响孩子对自己的认知。

性虐待（sexual abuse） 为了让儿童参与到性活动中而对其进行骚扰、欺侮和胁迫。

性心理发展（psychosexual development） 儿童对于性及其过程的认知观念的发展。

叙事谈话（narrative talk） 成人间交流时所使用的语言，目的是给自己的儿童编一个故事。

学习中心（learning centers） 为提升儿童的学习能力而对家具和物品进行的空间布置。

学校恐惧症（school phobia） 对上学感到很焦虑。

Y

压力（stress） 有助于帮我们满足非同寻常的需求的额外能量。

压力应对机制（stress-coping mechanisms） 成功克服困难的方法。

压力源（stressors） 生活中任何新的或与以往不同的因素，它们迫使我们必须使用自己储备的能量。

一对一指导（one-on-one coaching） 个性化的辅导形式，可以帮助儿童改进其与他人的关系以及自己的行为。儿童会被告知怎样掌握一项技能和注意避免那些不当行为，然后在儿童实践正确的技能时，教师要随时给予其反馈。

依从（adherence） 只是为了得到奖励或避免受到惩罚而服从规则；需要依赖他人来监督自己的个人行为。

依恋（attachment） 婴儿与看护人员之间相互且持久的关系，彼此都能促进关系的发展。

移动性强弱维度（dimension of high–low mobility） 孩子在某个空间范围内身体移动的可能程度。

抑制（inhibition） 制止或控制的倾向。

抑制性结果（inhibiting consequences） 减少问题行为反复出现可能性的结果。

意向性（intentionality） 儿童为了给别人制造麻烦，故意表现出不配合或不当行为。

意象（imagery） 脑海中有意想象出的画面。

音高和音调（pitch and tone） 声音的高低、音域、音质等特点。

隐秘的对话（ulterior conversations） 通常指在游戏过程中小声告诉一位角色扮演者的指令或评论。

英语学习者（English language learners） 母语非英语的学习者。

应对（coping） 对付压力。

游戏框架（play frames） 为特定游戏设定的背景（包括人、物和空间）。

游戏情节（play episode） 所有与一个很长的、有组织的社交游戏相关的材料、设备、主题及参与者。

游戏设计（play schemes） 将一连串假装游戏（比如，吃饭、醒来或做饭）结合起来构成一个戏剧游戏。

友谊（friendship） 朋友之间特殊的、积极的、彼此互惠的关系。

友谊的框架（Friendship Framework） 孩子从小时候直至成熟期对朋友和友谊渐渐形成的理解。

友谊技能（friendship skills） 建立和保持友谊所需用到的特殊技能。

有效表扬（effective praise） 选择性的、具体的和积极的表扬。

语速（tempo） 某事的常规速度。

语言环境（verbal environment） 在特定环境中发生的所有言语和非言语的交流。

元交流（metacommunication） 一种关于怎样交往或者讨论怎样讲话的交流；需要对个体交流的方式进行思考；在表演中，它会明确一切都是表演的事实或者某个说法不过是玩笑而已。

远端空间（distal space） 一个人胳膊和腿所能触及的最远的地方以及眼睛和耳朵所能感知的最远范围。

Z

早熟儿童（precocious children） 那些比普通孩子发展得早的孩子。

真诚（genuineness） 口头和非言语交流时所表现出的诚恳和真挚。

正向规则（positive rules） 对适当的行为的叙述。

支架（scaffolding） 把个体已知的或能做的事情与他将要习得的新信息或技能联系起来。

直接指导（direct instruction） 成人通过身体和言语控制来规范孩子行为的具体指令。

指导（coaching） 成人对孩子进行干预的一种方式，即教孩子掌握某项技能，有助于孩子交到朋友或维护友谊。

指令（directing） 为了实现目标采用有效且高效的方式进行监管；表达清晰、行为明确；告诉孩子做什么和怎样做。指导时会使用大量的动作。

轴向空间（axial space） 胳膊和腿伸展所能及的空间范围。

主观时间（subjective time） 与时钟和日历上的时间无关；相反，它体现的概念是当事情就绪时自然就会发生，而什么时候能够就绪则由与该事件相关的人决定。

专业人员（professionals） 使用技巧和能力帮助他人提升生活品质的人，他们具备专业知识并能将之实践出来，同时了解行业的行为标准并不断接受培训。

专制型控制模式（authoritarian discipline style） 成人在不给出解释或理由的情况下对孩子强制执行规则，并且稍有不从立即进行严重惩罚，包括嘲笑、羞辱或者体罚。

转换（transform） 转变成其他的东西；在角色扮演中，物品、情境、时间和环境都可以作为假装游戏的一部分而被转换为其他的东西。

转移（displacement） 给表现出攻击性行为的孩子提供另一个宣泄其攻击性的渠道，从而使其摆脱那种攻击性行为。

追逐打闹游戏（rough-and-tumble play） 一种动作游戏，孩子在过程中跑、跳、跌倒、追赶、摔跤或打斗，但他们是开心的，脸上呈现出愉快的表情；也可能包括假装打架。

自然结果（natural consequences） 在没有任何干预的情况下出现的结果。

自我表露（self-disclosure） 一种情感分享，被认为是人际交往的一项基本技能。

自我概念（self-concept） 一个人将自己的能力、

行为、态度和价值观综合起来，构成对自我的定义，并与他人区别开来。

自我平衡（homeostasis） 能够回复到良好功能的能力。

自我调节（self-regulation） 能够自己选择适当的行为方式，而不需要依赖他人的引导或控制。

自我效能（self-efficacy） 制订规划和应对环境的能力；自我决定。

自我意识（self-awareness） 认识到自我不同于环境中的其他人。

自言自语（private speech） 大声地对自己说话，以此作为一种思考问题、减少沮丧、延迟满足或提醒自己遵守规则的方式，它通常用于儿童自我调节时。

自主性（autonomy） 独立行动的能力。

自尊（self-esteem） 个体对自我的定义，包括三个方面的内容：价值观、能力和控制力。

族群（ethnicity） 种族的分类或归属。

尊重（respect） 相信儿童能够具备学习和自我判断的能力。

参考文献①

Aamodt, S., & Wang, S. (2008). *Welcome to your brain.* New York, NY: Bloomsbury.

Adelman, L. (2007). *Don't call me shy: Preparing shy children for a lifetime of social success.* Austin, TX: LangMarc Publishers.

Afifi, T. O., Mota, N. P., Dasiewicz, P., MacMillan, H. L., & Sareen, J. (2012, July 2). Physical punishment and mental disorders: Results from a nationally representative sample. *Pediatrics, 130*(184); DOI:10.1542/peds.2011-2947.

Ahn, H. J., & Stifter, C. (2006). Child care teacher's response to children's emotional expression. *Early Education & Development 17*(2), 253–270.

Alaska Department of Education and Early Development Division of Teaching and Learning Support. (2007, December). State of Alaska Early Learning Guidelines. Retrieved from http://www.eed.state.ak.us/publications/EarlyLearningGuidelines.pdf.

Alberto, P., & Troutman, A. (2009). *Applied behavior analysis for teachers* (8th ed.). Upper Saddle River, NJ: Merrill.

Aldrich, J. E. (2002). Early childhood teacher candidates' perceptions about inclusion. *Journal of Early Childhood Teacher Education, 23*(2), 167–173.

Aldwin, C. M. (2007). *Stress, coping, and development: An integrative approach* (2nd ed.). New York, NY: The Guilford Press.

Alink, L. R. A., Mesman, J., van Zeijl, J., Stolk, N., Juffer, F., Koot, H. M., Bakermans-Kranenburg, M. J., & Ijzendoorn, M. H. (2006). The early childhood aggression curve: Development of physical aggression in 10- to 50-month-old children. *Child Development, 77,* 954–966.

Allen, K. E., & Cowdery, G. E. (2012). *The exceptional child: Inclusion in early childhood education* (6th ed.). New York, NY: Thomson Delmar Learning.

Alsaker, F. D., & Gutzwiller-Helfenfinger, E. (2010). Social behavior and peer relationships of victims, bully-victims, and bullies in kindergarten. In S. R. Jimerson, S. W. Swearer, & D. L. Espelage (Eds.), *Handbook of bullying in schools: An international perspective* (87–99). New York, NY: Routledge.

American Academy of Pediatrics. (2006). Policy statement on corporal punishment in schools. *Pediatrics, 106*(2), 343.

American Civil Liberties Union and Human Rights Watch. (2010). Statement before the House Education and Labor Subcommittee on Healthy Families and Communities. *Hearing on Corporal Punishment in the Schools and Its Effect on Academic Success.* April, 2010.

Andersen, P. A., Guerrero, L. K., & Jones, S. M. (2006). Nonverbal behavior in intimate interactions and intimate relationships. In V. Manusov & M. Patterson (Eds.), *The handbook of nonverbal communication* (pp. 259–278). Thousand Oaks, CA: Sage Publications.

Arnett, J. J. (2008). Socialization in emerging adulthood: From family to the wider world, from socialization to self-socialization. In J. Grusec & P. Hastings (Eds.), *Handbook of socialization: Theory and research* (pp. 208–255). New York, NY: The Guilford Press.

Asher, S. R., & Paquette, J. A. (2003). Loneliness and peer relations in childhood. *Current Directions in Psychological Science, 12*(3), 75–78.

Aunola, K., & Nurmi, J. E. (2005). The role of parenting styles in children's problem behavior. *Child Development, 76*(6), 1144–1159.

Bagwell, C. L., & Schmidt, C. L. (2011). *Friendships in childhood and adolescence.* New York, NY: The Guilford Press.

Bailey, B. A., & Brookes, C. (2003). Thinking out loud: Development of private speech and the implications for school success and self-control. *Young Children, 58*(5), 46–52.

Baillargeon, R. H., Zoccolillo, M., Keenan, K., Cote, S., Perusse, D., Wu, H., Boivin, M., & Tremblay, R. E. (2007). Gender differences in physical aggression: A prospective population-based survey of children before and after 2 years of age. *Developmental Psychology, 43,* 13–26.

Bajgar, J., Ciarrochi, J., Lane, R., & Deane, F. P. (2005). Development of the levels of emotional awareness scale for children (LEAS-C). *British Journal of Developmental Psychology, 23*(4), 569–586.

Ball, J. (1989, February). The National PTA's stand on corporal punishment. *PTA Today, XIV,* 15–17.

Bancroft., L., & Silverman, J. G. (2004). Assessing abusers risks to children. In P. Jaffee, L. Boher, & A. Cunningham (Eds.), *Protecting children from domestic violence: Strategies for community*

① 为了环保，也为了节省您的购书开支，本书参考文献不在此一一列出。如需要完整参考文献，请联系 1012305542@qq.com 下载。您在下载中遇到什么问题，可拨打 010-65125990 咨询。

intervention. New York, NY: The Guilford Press.
Barbu, S. (2005). Similarity of behavioral profiles among friends in early childhood. *Child Health and Education, 1*(1), 27–40.
Barr, R. G., & Gunnar, M. (2000). Colic: The transient responsivity hypothesis. In R. Barr, B. Hopkins, & J. Green (Eds.), *Crying as a sign, a symptom, and a signal* (pp. 41–66). London, England: Mac Keith Press.
Bates, J. E., & Pettit, G. S. (2008). Temperament, parenting, and socialization. In J. E. Grusec, & P. D. Hastings (Eds.), *Handbook of socialization: Theory and research* (pp. 153–177). New York, NY: The Guilford Press.
Bath, H. I. (2008, Winter). Calming together: The pathway to self-control. *Reclaiming Children and Youth, 16*, 4, 44–46.
Bauer, P. J. (2009). Neurodevelopmental changes in infancy and beyond: Implications for learning and memory. In O. A. Barbarin & B. H. Wasik (Eds.), *Handbook of child development & early education: Research to practice* (pp. 57–77). New York, NY: The Guilford Press.
Baumeister, R. F., Campbell, J. D., Krueger, J. I., & Vohs, K. D. (2003). Does high self-esteem cause better performance, interpersonal success, happiness or healthier lifestyles? *Psychological Science in the Public Interest, 4*(1), 1–44.
Baumrind, D. (1967). Child care practices anteceding three patterns of preschool behavior. *Genetic Psychology Monographs, 75*, 43–88.
Baumrind, D. (1991). The influence of parenting style on adolescent competence and substance use. *Journal of Early Adolescence, II*, 56–95.
Bavelas, J. B., & Chovil, N. (2006). Nonverbal and verbal communication: Hand gestures and facial displays as part of language use in face to face dialogues. In V. Manusov & M. Patterson (Eds.), *The Sage handbook of nonverbal communication* (pp. 97–118). Thousand Oaks, CA: Sage Publications.
Bavelas, J. B., Chovil, N., Coates, L., & Roe, L. (1995). Gestures specialized for dialogue. *Personality and Social Psychology Bulletin, 21*(4), 394–405.
Beane, A. L. (2005). *The bully free classroom*. Minneapolis, MN: Free Spirit Publishing.
Bear, G. G. (2010). *School discipline and self-discipline: A practical guide for promoting prosocial student behavior.* New York, NY: The Guilford Press.
Beaudoin, M., & Taylor, M. (2004). *Breaking the culture of bullying and disrespect, grades K–8*. Thousand Oaks, CA: Corwin Press.
Bee, H., & Boyd, D. (2009). *The developing child.* Boston, MA: Allyn & Bacon.
Beebe, B., & Stern, D. (1977). Engagement—disengagement and early object experiences. In N. Friedman & S. Grand (Eds.), *Communicative structures and psychic structures*. New York, NY: Plenum.
Bekoff, M., & Pierce, J. (2009). Wild justice: Honor and fairness among beasts at play. *American Journal of Play, 2*(2), 451–475.
Bell, S. H., & Quinn, S. (2004). Clarifying the elements of challenging behavior. In S. H. Bell, V. Carr, D. Denno, L. J. Johnson, & L. R. Phillips (Eds.), *Challenging behaviors in early childhood settings* (pp. 1–19). Baltimore, MD: Paul H. Brookes Publishing.
Bell, S. M., & Ainsworth, M. D. (1972). Infant crying and maternal responsiveness. *Child Development, 43*, 1171–1190.
Bem, S. L. (1985). Androgyny and gender scheme theory: A conceptual and empirical integration. In T. B. Sondergregger (Ed.), *Nebraska Symposium on Motivation* (Vol. 32, pp. 1–71). Lincoln: University of Nebraska Press.
Berk, L. E. (2006). Looking at kindergarten children. In D. F. Gullo (Ed.), *K today: Teaching and learning in the kindergarten year* (pp. 11–25). Washington, DC: NAEYC.
Berk, L. (2013). *Child development.* Boston, MA: Pearson.
Berkowitz, L. (1993). *Aggression: Its causes, consequences and control.* New York, NY: McGraw-Hill.
Bernard, B. (2004). *Resilience: What we have learned.* San Francisco, CA: WestEd.
Berns, R. M. (2013). *Child, family, school, community: Socialization and support* (7th ed.). Belmont, CA: Wadsworth.
Biddle, K. A., Garcia-Nevarez, A., Henderson, W. J., & Valero-Kerrick, A. (2014). *Early childhood education: Becoming a professional.* Los Angeles, CA: Sage Publications.
Bierman, K. L., Domitovich, C. E., Nix, R. L., Gest, S. D., Welsh, J. A., Greenberg, M. T., ... Gill, S. (2008). Promoting academic and social-emotional school readiness: The Head Start REDI program. *Child Development, 79*(6), 1802–1817.
Bierman, K. L., & Powers, C. J. (2009). Social skills training to improve peer relations. In K. H. Rubin, W. M. Bukowski, & B. Laursen (Eds.), *Handbook of peer interactions, relationships, and groups* (pp. 603–621). New York, NY: The Guilford Press.
Bilton, H. (2010). *Outdoor learning in the early years: Management and innovation.* New York, NY: Routledge.
Bjorklund, D. F. (2012). *Children's thinking: Cognitive development and individual differences.* Belmont, CA: Wadsworth Publishing Co.